ŒUVRES

COMPLÈTES

DE LAPLACE.

ŒUVRES

COMPLÈTES

DE LAPLACE,

PUBLIÉES SOUS LES AUSPICES

DE L'ACADÉMIE DES SCIENCES,

PAR

MM. LES SECRÉTAIRES PERPÉTUELS.

TOME SEPTIÈME.

PARIS,

GAUTHIER-VILLARS, IMPRIMEUR-LIBRAIRE

DE L'ÉCOLE POLYTECHNIQUE, DU BUREAU DES LONGITUDES,

SUCCESSEUR DE MALLET-BACHELIER.

Quai des Augustins, 55.

M DCCC LXXXVI

1886

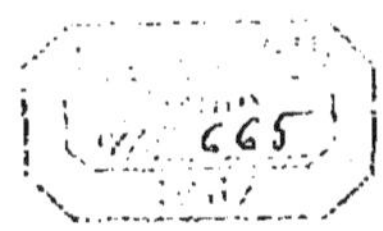

THÉORIE

ANALYTIQUE

DES PROBABILITÉS;

Par M. LE MARQUIS DE LAPLACE,

Pair de France; Grand Officier de la Légion d'honneur; l'un des quarante de l'Académie française; de l'Académie des Sciences; membre du Bureau des Longitudes de France; des Sociétés royales de Londres et de Göttingue; des Académies des Sciences de Russie, de Danemark, de Suède, de Prusse, des Pays-Bas, d'Italie, etc.

TROISIÈME ÉDITION,

REVUE ET AUGMENTÉE PAR L'AUTEUR.

PARIS,

Mme Ve COURCIER, Imprimeur-Libraire pour les Mathématiques, rue du Jardinet, n° 12.

1820.

AVERTISSEMENT

MIS A LA TÊTE

DE LA SECONDE ÉDITION.

Cet Ouvrage a paru dans le cours de 1812, savoir, la première Partie vers le commencement de l'année, et la seconde Partie quelques mois après la première. Depuis ce temps, l'Auteur s'est occupé spécialement à le perfectionner, soit en corrigeant de légères fautes qui s'y étaient glissées, soit par des additions utiles. La principale est une Introduction fort étendue, dans laquelle les principes de la Théorie des Probabilités et leurs applications les plus intéressantes sont exposés sans le secours du calcul. Cette Introduction, qui sert de préface à l'Ouvrage, paraît encore séparément sous ce titre : *Essai philosophique sur les Probabilités*. La théorie de la probabilité des témoignages, omise dans la première édition, est ici présentée avec le développement qu'exige son importance. Plusieurs théorèmes analytiques, auxquels l'Auteur était arrivé par des voies indirectes, sont démontrés directement dans les Additions, qui renferment, de plus, un court extrait de l'*Arithmétique des infinis* de Wallis, l'un des Ouvrages qui ont le plus contribué aux progrès de l'Analyse et où l'on trouve le germe de la théorie des intégrales définies, l'une des bases de ce nouveau Calcul des Probabilités. L'Auteur désire que son Ouvrage, accru d'un tiers au moins par ces diverses Additions, mérite l'attention des géomètres, et les excite à cultiver une branche aussi curieuse et aussi importante des connaissances humaines.

AVERTISSEMENT

MIS A LA TÊTE

DE LA TROISIÈME ÉDITION (¹).

Cette troisième Édition diffère de la précédente : 1° par une nouvelle Introduction qui a paru l'année dernière, sous ce titre : *Essai philosophique sur les Probabilités*, quatrième Édition; 2° par trois Suppléments qui se rapportent à l'application du Calcul des Probabilités aux sciences naturelles et aux opérations géodésiques. Les deux premiers ont été déjà publiés séparément; le troisième, relatif aux opérations du nivellement, est terminé par l'exposition d'une méthode générale du Calcul des Probabilités, quel que soit le nombre des sources d'erreur.

(¹) Un quatrième Supplément a été ajouté, en 1825, par Laplace, aux exemplaires de cette troisième Édition qui étaient encore à sa disposition. Nous l'avons reproduit à la fin de ce Volume.

T.

INTRODUCTION.

Cette Introduction est le développement d'une Leçon sur les Probabilités, que je donnai en 1795, aux Écoles Normales, où je fus appelé
comme professeur de Mathématiques avec Lagrange, par un décret de
la Convention nationale. Je vais y présenter, sans le secours de l'Analyse, les principes et les résultats généraux de la théorie des probabilités exposée dans cet Ouvrage, en les appliquant aux questions les
plus importantes de la vie, qui ne sont en effet, pour la plupart, que
des problèmes de probabilité. On peut même dire, à parler en rigueur,
que presque toutes nos connaissances ne sont que probables; et dans
le petit nombre des choses que nous pouvons savoir avec certitude,
dans les sciences mathématiques elles-mêmes, les principaux moyens
de parvenir à la vérité, l'induction et l'analogie, se fondent sur les probabilités, en sorte que le système entier des connaissances humaines
se rattache à la théorie exposée dans cet essai. On y verra sans doute
avec intérêt qu'en ne considérant même dans les principes éternels de
la raison, de la justice et de l'humanité, que les chances heureuses
qui leur sont constamment attachées, il y a un grand avantage à suivre
ces principes et de graves inconvénients à s'en écarter, leurs chances,
comme celles qui sont favorables aux loteries, finissant toujours par
prévaloir au milieu des oscillations du hasard. Je désire que les ré-

flexions répandues dans cette Introduction puissent mériter l'attention
des philosophes et la diriger vers un objet si digne de les occuper.

De la Probabilité.

Tous les événements, ceux même qui par leur petitesse semblent
ne pas tenir aux grandes lois de la nature, en sont une suite aussi
nécessaire que les révolutions du Soleil. Dans l'ignorance des liens qui
les unissent au système entier de l'univers, on les a fait dépendre des
causes finales ou du hasard, suivant qu'ils arrivaient et se succédaient
avec régularité ou sans ordre apparent; mais ces causes imaginaires
ont été successivement reculées avec les bornes de nos connaissances,
et disparaissent entièrement devant la saine philosophie, qui ne voit
en elles que l'expression de l'ignorance où nous sommes des véritables
causes.

Les événements actuels ont avec les précédents une liaison fondée
sur le principe évident, qu'une chose ne peut pas commencer d'être
sans une cause qui la produise. Cet axiome, connu sous le nom de
principe de la raison suffisante, s'étend aux actions même que l'on juge
indifférentes. La volonté la plus libre ne peut sans un motif déterminant leur donner naissance; car si, toutes les circonstances de deux
positions étant exactement semblables, elle agissait dans l'une et
s'abstenait d'agir dans l'autre, son choix serait un effet sans cause;
elle serait alors, dit Leibnitz, le hasard aveugle des épicuriens. L'opinion contraire est une illusion de l'esprit, qui, perdant de vue les raisons fugitives du choix de la volonté dans les choses indifférentes, se
persuade qu'elle s'est déterminée d'elle-même et sans motifs.

Nous devons donc envisager l'état présent de l'univers comme l'effet
de son état antérieur et comme la cause de celui qui va suivre. Une
intelligence qui, pour un instant donné, connaîtrait toutes les forces
dont la nature est animée et la situation respective des êtres qui la
composent, si d'ailleurs elle était assez vaste pour soumettre ces données à l'Analyse, embrasserait dans la même formule les mouvements

des plus grands corps de l'univers et ceux du plus léger atome : rien
ne serait incertain pour elle, et l'avenir, comme le passé, serait présent à ses yeux. L'esprit humain offre, dans la perfection qu'il a su
donner à l'Astronomie, une faible esquisse de cette intelligence. Ses
découvertes en Mécanique et en Géométrie, jointes à celles de la pesanteur universelle, l'ont mis à portée de comprendre dans les mêmes
expressions analytiques les états passés et futurs du Système du
monde. En appliquant la même méthode à quelques autres objets de
ses connaissances, il est parvenu à ramener à des lois générales les
phénomènes observés et à prévoir ceux que des circonstances données
doivent faire éclore. Tous ses efforts dans la recherche de la vérité
tendent à le rapprocher sans cesse de l'intelligence que nous venons
de concevoir, mais dont il restera toujours infiniment éloigné. Cette
tendance propre à l'espèce humaine est ce qui la rend supérieure aux
animaux, et ses progrès en ce genre distinguent les nations et les
siècles, et font leur véritable gloire.

Rappelons-nous qu'autrefois, et à une époque qui n'est pas encore
bien reculée, une pluie ou une sécheresse extrême, une comète trai-
nant après elle une queue fort étendue, les éclipses, les aurores bo-
réales et généralement tous les phénomènes extraordinaires étaient
regardés comme autant de signes de la colère céleste. On invoquait le
ciel pour détourner leur funeste influence. On ne le priait point de
suspendre le cours des planètes et du Soleil : l'observation eût bientôt
fait sentir l'inutilité de ces prières. Mais parce que ces phénomènes,
arrivant et disparaissant à de longs intervalles, semblaient contrarier
l'ordre de la nature, on supposait que le ciel les faisait naître et les
modifiait à son gré pour punir les crimes de la Terre. Ainsi la longue
queue de la comète de 1456 répandit la terreur dans l'Europe, déjà
consternée par les succès rapides des Turcs qui venaient de renverser
le Bas-Empire. Cet astre, après quatre de ses révolutions, a excité
parmi nous un intérêt bien différent. La connaissance des lois du Système du monde, acquise dans cet intervalle, avait dissipé les craintes
enfantées par l'ignorance des vrais rapports de l'homme avec l'uni-

vers, et Halley, ayant reconnu l'identité de la comète avec celles des
années 1531, 1607 et 1682, annonça son prochain retour pour la fin
de 1758 ou le commencement de 1759. Le monde savant attendit avec
impatience ce retour, qui devait confirmer l'une des plus grandes découvertes que l'on eût faites dans les sciences, et accomplir la prédic-
tion de Sénèque, lorsqu'il a dit, en parlant de la révolution de ces
astres qui descendent d'une énorme distance : « Le jour viendra que,
par une étude suivie, de plusieurs siècles, les choses actuellement
cachées paraîtront avec évidence; et la postérité s'étonnera que des
vérités si claires nous aient échappé. » Clairaut entreprit alors de soumettre à l'Analyse les perturbations que la comète avait éprouvées par
l'action des deux plus grosses planètes, Jupiter et Saturne : après
d'immenses calculs, il fixa son prochain passage au périhélie vers le
commencement d'avril 1759, ce que l'observation ne tarda pas à vérifier. La régularité que l'Astronomie nous montre dans le mouvement
des comètes a lieu, sans aucun doute, dans tous les phénomènes. La
courbe décrite par une simple molécule d'air ou de vapeurs est réglée
d'une manière aussi certaine que les orbites planétaires : il n'y a de
différence entre elles que celle qu'y met notre ignorance.

La probabilité est relative en partie à cette ignorance, en partie à
nos connaissances. Nous savons que, sur trois ou un plus grand
nombre d'événements, un seul doit arriver; mais rien ne porte à croire
que l'un d'eux arrivera plutôt que les autres. Dans cet état d'indécision, il nous est impossible de prononcer avec certitude sur leur arrivée. Il est cependant probable qu'un de ces événements pris à volonté
n'arrivera pas, parce que nous voyons plusieurs cas également possibles
qui excluent son existence, tandis qu'un seul la favorise.

La théorie des hasards consiste à réduire tous les événements du
même genre à un certain nombre de cas également possibles, c'est-
à-dire tels que nous soyons également indécis sur leur existence, et à
déterminer le nombre de cas favorables à l'événement dont on cherche
la probabilité. Le rapport de ce nombre à celui de tous les cas possibles est la mesure de cette probabilité, qui n'est ainsi qu'une fraction

dont le numérateur est le nombre des cas favorables, et dont le dénominateur est le nombre de tous les cas possibles.

La notion précédente de la probabilité suppose qu'en faisant croître dans le même rapport le nombre des cas favorables et celui de tous les cas possibles, la probabilité reste la même. Pour s'en convaincre, que l'on considère deux urnes A et B, dont la première contienne quatre boules blanches et deux noires, et dont la seconde ne renferme que deux boules blanches et une noire. On peut imaginer les deux boules noires de la première urne attachées à un fil qui se rompt au moment où l'on saisit l'une d'elles pour l'extraire, et les quatre boules blanches formant deux systèmes semblables. Toutes les chances qui feront saisir l'une des boules du système noir amèneront une boule noire. Si l'on conçoit maintenant que les fils qui unissent les boules ne se rompent point, il est clair que le nombre des chances possibles ne changera pas, non plus que celui des chances favorables à l'extraction des boules noires; seulement on tirera de l'urne deux boules à la fois; la probabilité d'extraire une boule noire de l'urne sera donc la même qu'auparavant. Mais alors on a évidemment le cas de l'urne B, avec la seule différence que les trois boules de cette dernière urne sont remplacées par trois systèmes de deux boules invariablement unies.

Quand tous les cas sont favorables à un événement, sa probabilité se change en certitude, et son expression devient égale à l'unité. Sous ce rapport, la certitude et la probabilité sont comparables, quoiqu'il y ait une différence essentielle entre les deux états de l'esprit, lorsqu'une vérité lui est rigoureusement démontrée, ou lorsqu'il aperçoit encore une petite source d'erreurs.

Dans les choses qui ne sont que vraisemblables, la différence des données que chaque homme a sur elles est une des causes principales de la diversité des opinions que l'on voit régner sur les mêmes objets. Supposons, par exemple, que l'on ait trois urnes A, B, C, dont une ne contienne que des boules noires, tandis que les deux autres ne renferment que des boules blanches; on doit tirer une boule de l'urne C et l'on demande la probabilité que cette boule sera noire. Si l'on ignore

quelle est celle des trois urnes qui ne renferme que des boules noires,
en sorte que l'on n'ait aucune raison de croire qu'elle est plutôt C que
B ou A, ces trois hypothèses paraîtront également possibles ; et comme
une boule noire ne peut être extraite que dans la première hypothèse,
la probabilité de l'extraire est égale à un tiers. Si l'on sait que l'urne A
ne contient que des boules blanches, l'indécision ne porte plus alors
que sur les urnes B et C, et la probabilité que la boule extraite de
l'urne C sera noire est un demi. Enfin cette probabilité se change en
certitude, si l'on est assuré que les urnes A et B ne contiennent que des
boules blanches.

C'est ainsi que le même fait, récité devant une nombreuse assemblée,
obtient divers degrés de croyance, suivant l'étendue des connaissances
des auditeurs. Si l'homme qui le rapporte en est intimement persuadé,
et si par son état et par son caractère il inspire une grande confiance,
son récit, quelque extraordinaire qu'il soit, aura pour les auditeurs
dépourvus de lumières le même degré de vraisemblance qu'un fait ordinaire rapporté par le même homme, et ils lui ajouteront une foi entière. Cependant, si quelqu'un d'eux sait que le même fait est rejeté
par d'autres hommes également respectables, il sera dans le doute,
et le fait sera jugé faux par les auditeurs éclairés qui le trouveront
contraire soit à des faits bien avérés, soit aux lois immuables de la
nature.

C'est à l'influence de l'opinion de ceux que la multitude juge les plus
instruits, et à qui elle a coutume de donner sa confiance sur les plus
importants objets de la vie, qu'est due la propagation de ces erreurs
qui, dans les temps d'ignorance, ont couvert la face du monde. La Magie
et l'Astrologie nous en offrent deux grands exemples. Ces erreurs, in-
culquées dès l'enfance, adoptées sans examen et n'ayant pour base que
la croyance universelle, se sont maintenues pendant très longtemps,
jusqu'à ce qu'enfin le progrès des sciences les ait détruites dans l'esprit
des hommes éclairés, dont ensuite l'opinion les a fait disparaître chez
le peuple même, par le pouvoir de l'imitation et de l'habitude qui les
avait si généralement répandues. Ce pouvoir, le plus puissant ressort

du monde moral, établit et conserve dans toute une nation des idées entièrement contraires à celles qu'il maintient ailleurs avec le même empire. Quelle indulgence ne devons-nous donc pas avoir pour les opinions différentes des nôtres, puisque cette différence ne dépend souvent que des points de vue divers où les circonstances nous ont placés! Éclairons ceux que nous ne jugeons pas suffisamment instruits; mais auparavant examinons sévèrement nos propres opinions, et pesons avec impartialité leurs probabilités respectives.

La différence des opinions dépend encore de la manière dont on détermine l'influence des données qui sont connues. La Théorie des Probabilités tient à des considérations si délicates, qu'il n'est pas surprenant qu'avec les mêmes données deux personnes trouvent des résultats différents, surtout dans les questions très compliquées. Exposons ici les principes généraux de cette Théorie.

Principes généraux du Calcul des Probabilités.

Le premier de ces principes est la définition même de la probabilité, qui, comme on l'a vu, est le rapport du nombre des cas favorables à celui de tous les cas possibles.

1er principe.

Mais cela suppose les divers cas également possibles. S'ils ne le sont pas, on déterminera d'abord leurs possibilités respectives, dont la juste appréciation est un des points les plus délicats de la théorie des hasards. Alors la probabilité sera la somme des possibilités de chaque cas favorable. Éclaircissons ce principe par un exemple.

IIe principe.

Supposons que l'on projette en l'air une pièce large et très mince dont les deux grandes faces opposées, que nous nommerons *croix* et *pile*, soient parfaitement semblables. Cherchons la probabilité d'amener *croix* une fois au moins en deux coups. Il est clair qu'il peut arriver quatre cas également possibles, savoir, *croix* au premier et au second coup; *croix* au premier coup et *pile* au second; *pile* au premier coup et *croix* au second; enfin *pile* aux deux coups. Les trois premiers cas sont favorables à l'événement dont on cherche la probabilité, qui, par conséquent, est égale à $\frac{3}{4}$; en sorte qu'il y a trois contre un à parier que *croix* arrivera au moins une fois en deux coups.

On peut ne compter à ce jeu que trois cas différents, savoir, *croix* au premier coup, ce qui dispense d'en jouer un second; *pile* au premier coup et *croix* au second; enfin *pile* au premier et au second coup. Cela réduirait la probabilité à $\frac{2}{3}$, si l'on considérait, avec d'Alembert, ces trois cas comme également possibles. Mais il est visible que la probabilité d'amener *croix* au premier coup est $\frac{1}{2}$, tandis que celle des deux autres cas est $\frac{1}{4}$; le premier cas étant un événement simple qui correspond aux deux événements composés, *croix* au premier et au second coup, et *croix* au premier coup, *pile* au second. Maintenant si, conformément au second principe, on ajoute la possibilité $\frac{1}{2}$ de *croix* au premier coup à la possibilité $\frac{1}{4}$ de *pile* arrivant au premier coup et *croix* au second, on aura $\frac{3}{4}$ pour la probabilité cherchée, ce qui s'accorde avec ce que l'on trouve dans la supposition où l'on joue les deux coups. Cette supposition ne change point le sort de celui qui parie pour cet événement; elle sert seulement à réduire les divers cas à des cas également possibles.

1er principe. Un des points les plus importants de la Théorie des Probabilités, et celui qui prête le plus aux illusions, est la manière dont les probabilités augmentent ou diminuent par leurs combinaisons mutuelles. Si les événements sont indépendants les uns des autres, la probabilité de l'existence de leur ensemble est le produit de leurs probabilités particulières. Ainsi la probabilité d'amener un as avec un seul dé étant un sixième, celle d'amener deux as en projetant deux dés à la fois est un trentesixième. En effet, chacune des faces de l'un pouvant se combiner avec les six faces de l'autre, il y a trente-six cas également possibles, parmi lesquels un seul donne les deux as. Généralement, la probabilité qu'un événement simple, dans les mêmes circonstances, arrivera de suite un nombre donné de fois est égale à la probabilité de cet événement simple, élevée à une puissance indiquée par ce nombre. Ainsi, les puissances successives d'une fraction moindre que l'unité diminuant sans cesse, un événement qui dépend d'une suite de probabilités fort grandes peut

devenir extrêmement peu vraisemblable. Supposons qu'un fait nous
soit transmis par vingt témoins, de manière que le premier l'ait transmis au second, le second au troisième, et ainsi de suite ; supposons encore que la probabilité de chaque témoignage soit égale à $\frac{9}{10}$: celle du
fait, résultante des témoignages, en sera moindre qu'un huitième. On
ne peut mieux comparer cette diminution de la probabilité qu'à l'extinction de la clarté des objets par l'interposition de plusieurs morceaux
de verre, un nombre de morceaux peu considérable suffisant pour dé-
rober la vue d'un objet qu'un seul morceau laisse apercevoir d'une
manière distincte. Les historiens ne paraissent pas avoir fait assez d'attention à cette dégradation de la probabilité des faits, lorsqu'ils sont
vus à travers un grand nombre de générations successives ; plusieurs
événements historiques, réputés certains, seraient au moins douteux,
si on les soumettait à cette épreuve.

Dans les sciences purement mathématiques, les conséquences les
plus éloignées participent de la certitude du principe dont elles dérivent. Dans les applications de l'Analyse à la Physique, les conséquences ont toute la certitude des faits ou des expériences. Mais dans
les sciences morales, où chaque conséquence n'est déduite de ce qui
la précède que d'une manière vraisemblable, quelque probables que
soient ces déductions, la chance de l'erreur croît avec leur nombre, et
finit par surpasser la chance de la vérité dans les conséquences très
éloignées du principe.

Quand deux événements dépendent l'un de l'autre, la probabilité IV⁰ principe.
de l'événement composé est le produit de la probabilité du premier
événement par la probabilité que, cet événement étant arrivé, l'autre
arrivera. Ainsi, dans le cas précédent de trois urnes A, B, C, dont
deux ne contiennent que des boules blanches et dont une ne renferme
que des boules noires, la probabilité de tirer une boule blanche de
l'urne C est $\frac{2}{3}$, puisque, sur trois urnes, deux ne contiennent que des
boules de cette couleur. Mais, lorsqu'on a extrait une boule blanche
de l'urne C, l'indécision relative à celle des urnes qui ne renferme que
des boules noires ne portant plus que sur les urnes A et B, la proba-

bilité d'extraire une boule blanche de l'urne B est $\frac{1}{2}$; le produit de $\frac{2}{3}$ par $\frac{1}{2}$, ou $\frac{1}{3}$, est donc la probabilité d'extraire à la fois des urnes B et C deux boules blanches. En effet, il est nécessaire pour cela que l'urne A soit celle des trois urnes qui contient des boules noires, et la probabilité de ce cas est évidemment $\frac{1}{3}$.

On voit par cet exemple l'influence des événements passés sur la probabilité des événements futurs. Car la probabilité d'extraire une boule blanche de l'urne B, qui primitivement est $\frac{2}{3}$, se réduit à $\frac{1}{2}$ lorsqu'on a extrait une boule blanche de l'urne C; elle se changerait en certitude, si l'on avait extrait une boule noire de la même urne. On déterminera cette influence au moyen du principe suivant, qui est un corollaire du précédent.

Ve principe. Si l'on calcule *a priori* la probabilité de l'événement arrivé, et la probabilité d'un événement composé de celui-ci et d'un autre qu'on attend, la seconde probabilité, divisée par la première, sera la probabilité de l'événement attendu, tirée de l'événement observé.

Ici se présente la question agitée par quelques philosophes, touchant l'influence du passé sur la probabilité de l'avenir. Supposons qu'au jeu de *croix ou pile*, *croix* soit arrivé plus souvent que *pile* : par cela seul, nous serons portés à croire que, dans la constitution de la pièce, il existe une cause constante qui le favorise. Ainsi, dans la conduite de la vie, le bonheur constant est une preuve d'habileté, qui doit faire employer de préférence les personnes heureuses. Mais si, par l'insta-bilité des circonstances, nous sommes ramenés sans cesse à l'état d'une indécision absolue; si, par exemple, on change de pièce à chaque coup, au jeu de *croix ou pile*, le passé ne peut répandre aucune lu-mière sur l'avenir, et il serait absurde d'en tenir compte.

VIe principe. Chacune des causes auxquelles un événement observé peut être attri-bué est indiquée avec d'autant plus de vraisemblance, qu'il est plus probable que, cette cause étant supposée exister, l'événement aura lieu; la probabilité de l'existence d'une quelconque de ces causes est donc une fraction, dont le numérateur est la probabilité de l'événe-ment résultante de cette cause, et dont le dénominateur est la somme des probabilités semblables relatives à toutes les causes. Si ces diverses causes, considérées *a priori*, sont inégalement probables, il faut, au lieu de la probabilité de l'événement, résultante de chaque cause, employer le produit de cette probabilité par celle de la cause elle-même. C'est le principe fondamental de cette branche de l'Analyse des hasards qui consiste à remonter des événements aux causes.

Ce principe donne la raison pour laquelle on attribue les événements réguliers à une cause particulière. Quelques philosophes ont pensé que ces événements sont moins possibles que les autres, et qu'au jeu de *croix ou pile*, par exemple, la combinaison dans laquelle *croix* arrive vingt fois de suite est moins facile à la nature que celles où *croix* et *pile* sont entremêlés d'une façon irrégulière. Mais cette opinion suppose que les événements passés influent sur la possibilité des événements futurs, ce qui n'est point admissible. Les combinaisons régulières n'arrivent plus rarement que parce qu'elles sont moins nombreuses. Si nous recherchons une cause là où nous apercevons de la symétrie, ce n'est pas que nous regardions un événement symétrique comme moins possible que les autres; mais, cet événement devant être l'effet d'une cause régulière ou celui du hasard, la première de ces suppositions est plus probable que la seconde. Nous voyons sur une table des caractères d'imprimerie, disposés dans cet ordre, *Constantinople*, et nous jugeons que cet arrangement n'est pas l'effet du hasard, non parce qu'il est moins possible que les autres, puisque si ce mot n'était employé dans aucune langue, nous ne lui soupçonnerions point de cause particulière; mais, ce mot étant en usage parmi nous, il est incomparablement plus probable qu'une personne aura disposé ainsi les caractères précédents qu'il ne l'est que cet arrangement est dû au hasard.

C'est ici le lieu de définir le mot *extraordinaire*. Nous rangeons, par la pensée, tous les événements possibles en diverses classes, et nous regardons comme *extraordinaires* ceux des classes qui en comprennent un très petit nombre. Ainsi, au jeu de *croix ou pile*, l'arrivée de *croix* cent fois de suite nous paraît extraordinaire, parce que le nombre

presque infini des combinaisons qui peuvent arriver en cent coups,
étant partagé en séries régulières ou dans lesquelles nous voyons régner un ordre facile à saisir, et en séries irrégulières, celles-ci sont
incomparablement plus nombreuses. La sortie d'une boule blanche
d'une urne qui, sur un million de boules, n'en contient qu'une seule
de cette couleur, les autres étant noires, nous parait encore extraordinaire, parce que nous ne formons que deux classes d'événements, relatives aux deux couleurs. Mais la sortie du n° 475813, par exemple,
d'une urne qui renferme un million de numéros nous semble un événement ordinaire, parce que, comparant individuellement les numéros les
uns aux autres, sans les partager en classes, nous n'avons aucune raison
de croire que l'un d'eux sortira plutôt que les autres.

De ce qui précède, nous devons généralement conclure que, plus un
fait est extraordinaire, plus il a besoin d'être appuyé de fortes preuves;
car, ceux qui l'attestent pouvant ou tromper ou avoir été trompés, ces
deux causes sont d'autant plus probables que la réalité du fait l'est
moins en elle-même. C'est ce que l'on verra particulièrement lorsque
nous parlerons de la probabilité des témoignages.

 La probabilité d'un événement futur est la somme des produits de la
probabilité de chaque cause, tirée de l'événement observé, par la probabilité que, cette cause existant, l'événement futur aura lieu. L'exemple
suivant éclaircira ce principe.

Imaginons une urne qui ne renferme que deux boules dont chacune
soit ou blanche, ou noire. On extrait une de ces boules, que l'on remet
ensuite dans l'urne, pour procéder à un nouveau tirage. Supposons
que, dans les deux premiers tirages, on ait amené des boules blanches;
on demande la probabilité d'amener encore une boule blanche au troisième tirage.

On ne peut faire ici que ces deux hypothèses : ou l'une des boules
est blanche et l'autre noire, ou toutes deux sont blanches. Dans la première hypothèse, la probabilité de l'événement observé est $\frac{1}{4}$: elle est
l'unité ou la certitude dans la seconde. Ainsi, en regardant ces hypo-
thèses comme autant de causes, on aura, par le sixième principe, $\frac{1}{5}$ et $\frac{4}{5}$

pour leurs probabilités respectives. Or, si la première hypothèse a lieu, la probabilité d'extraire une boule blanche au troisième tirage est $\frac{1}{2}$; elle égale l'unité, dans la seconde hypothèse; en multipliant donc ces dernières probabilités par celles des hypothèses correspondantes, la somme des produits ou $\frac{3}{4}$ sera la probabilité d'extraire une boule blanche au troisième tirage.

Quand la probabilité d'un événement simple est inconnue, on peut lui supposer également toutes les valeurs depuis zéro jusqu'à l'unité. La probabilité de chacune de ces hypothèses, tirée de l'événement observé, est, par le sixième principe, une fraction dont le numérateur est la probabilité de l'événement dans cette hypothèse, et dont le dénominateur est la somme des probabilités semblables relatives à toutes les hypothèses. Ainsi la probabilité que la possibilité de l'événement est comprise dans des limites données est la somme des fractions comprises dans ces limites. Maintenant, si l'on multiplie chaque fraction par la probabilité de l'événement futur, déterminée dans l'hypothèse correspondante, la somme des produits relatifs à toutes les hypothèses sera, par le septième principe, la probabilité de l'événement futur, tirée de l'événement observé. On trouve ainsi qu'un événement étant arrivé de suite un nombre quelconque de fois, la probabilité qu'il arrivera encore la fois suivante est égale à ce nombre augmenté de l'unité, divisé par le même nombre augmenté de deux unités. En faisant, par exemple, remonter la plus ancienne époque de l'histoire à cinq mille ans ou à 1826213 jours, et le Soleil s'étant levé constamment, dans cet intervalle, à chaque révolution de vingt-quatre heures, il y a 1826214 à parier contre un qu'il se lèvera encore demain. Mais ce nombre est incomparablement plus fort pour celui qui, connaissant par l'ensemble des phénomènes le principe régulateur des jours et des saisons, voit que rien dans le moment actuel ne peut en arrêter le cours.

Buffon, dans son *Arithmétique politique*, calcule différemment la probabilité précédente. Il suppose qu'elle ne diffère de l'unité que d'une fraction dont le numérateur est l'unité, et dont le dénominateur est le nombre 2 élevé à une puissance égale au nombre des jours écoulés depuis l'époque. Mais la vraie manière de remonter des événements passés à la probabilité des causes et des événements futurs était inconnue à cet illustre écrivain.

De l'Espérance.

La probabilité des événements sert à déterminer l'espérance ou la crainte des personnes intéressées à leur existence. Le mot *espérance* a diverses acceptions : il exprime généralement l'avantage de celui qui attend un bien quelconque, dans des suppositions qui ne sont que probables. Cet avantage, dans la théorie des hasards, est le produit de la somme espérée par la probabilité de l'obtenir : c'est la somme partielle qui doit revenir lorsqu'on ne veut pas courir les risques de l'événement; en supposant que la répartition se fasse proportionnellement aux probabilités. Cette répartition est la seule équitable, lorsqu'on fait abstraction de toutes circonstances étrangères, parce qu'un égal degré de probabilité donne un droit égal sur la somme espérée. Nous nommerons cet avantage *espérance mathématique*.

VIII⁰ principe. Lorsque l'avantage dépend de plusieurs événements, on l'obtient en prenant la somme des produits de la probabilité de chaque événement par le bien attaché à son arrivée.

Appliquons ce principe à des exemples. Supposons qu'au jeu de *croix ou pile* Paul reçoive 2^{fr} s'il amène *croix* au premier coup, et 5^{fr} s'il ne l'amène qu'au second. En multipliant 2^{fr} par la probabilité $\frac{1}{2}$ du premier cas, et 5^{fr} par la probabilité $\frac{1}{4}$ du second cas, la somme des produits, ou 2^{fr} et un quart, sera l'avantage de Paul. C'est la somme qu'il doit donner d'avance à celui qui lui a fait cet avantage; car, pour l'égalité du jeu, la mise doit être égale à l'avantage qu'il procure.

Si Paul reçoit 2^{fr} en amenant *croix* au premier coup, et 5^{fr} en l'amenant au second coup, dans le cas même où il l'aurait amené au premier, alors la probabilité d'amener *croix* au second coup étant $\frac{1}{2}$, en multipliant 2^{fr} et 5^{fr} par $\frac{1}{2}$, la somme de ces produits donnera 3^{fr} et demi pour l'avantage de Paul et par conséquent pour sa mise au jeu.

Dans une série d'événements probables, dont les uns produisent un IX° principe. bien et les autres une perte, on aura l'avantage qui en résulte, en faisant une somme des produits de la probabilité de chaque événement favorable par le bien qu'il procure, et en retranchant de cette somme celle des produits de la probabilité de chaque événement défavorable par la perte qui y est attachée. Si la seconde somme l'emporte sur la première, le bénéfice devient perte, et l'espérance se change en crainte.

On doit toujours, dans la conduite de la vie, faire en sorte d'égaler au moins le produit du bien que l'on espère par sa probabilité, au produit semblable relatif à la perte. Mais il est nécessaire, pour y parvenir, d'apprécier exactement les avantages, les pertes et leurs probabilités respectives. Il faut pour cela une grande justesse d'esprit, un tact délicat et une grande expérience des choses; il faut savoir se garantir des préjugés, des illusions de la crainte et de l'espérance, et de ces fausses idées de fortune et de bonheur, dont la plupart des hommes bercent leur amour-propre.

L'application des principes précédents à la question suivante a beaucoup exercé les géomètres. Paul joue à *croix ou pile*, avec la condition de recevoir 2ᶠʳ s'il amène *croix* au premier coup, 4ᶠʳ s'il ne l'amène qu'au second ; 8ᶠʳ s'il ne l'amène qu'au troisième, et ainsi de suite. Sa mise au jeu doit être, par le huitième principe, égale au nombre des coups ; en sorte que si la partie continue à l'infini, la mise doit être infinie. Cependant, aucun homme raisonnable ne voudrait exposer à ce jeu une somme même modique, 50ᶠʳ par exemple. D'où vient cette différence entre le résultat du calcul et l'indication du sens commun? On reconnut bientôt qu'elle tenait à ce que l'avantage moral qu'un bien nous procure n'est pas proportionnel à ce bien, et qu'il dépend de mille circonstances souvent très difficiles à définir, mais dont la plus générale et la plus importante est celle de la fortune. En effet, il est visible que 1ᶠʳ a beaucoup plus de prix pour celui qui n'en a que 100 que pour un millionnaire. On doit donc distinguer, dans le bien espéré, sa valeur absolue de sa valeur relative : celle-ci se règle sur les motifs qui le font désirer, au lieu que la première en est indépendante. On ne peut donner de principe général pour apprécier cette valeur relative. En voici cependant un proposé par Daniel Bernoulli, et qui peut servir dans beaucoup de cas.

Xᵉ principe.

La valeur relative d'une somme infiniment petite est égale à sa valeur absolue divisée par le bien total de la personne intéressée. Cela suppose que tout homme a un bien quelconque dont la valeur ne peut jamais être supposée nulle. En effet, celui même qui ne possède rien donne toujours au produit de son travail et à ses espérances une valeur au moins égale à ce qui lui est rigoureusement nécessaire pour vivre.

Si l'on applique l'analyse au principe que nous venons d'exposer, on obtient la règle suivante :

En désignant par l'unité la partie de la fortune d'un individu indépendante de ses expectatives, si l'on détermine les diverses valeurs que cette fortune peut recevoir en vertu de ces expectatives, et leurs probabilités, le produit de ces valeurs élevées respectivement aux puissances indiquées par ces probabilités sera la fortune physique qui procurerait à l'individu le même avantage moral qu'il reçoit de la partie de sa fortune, prise pour unité, et de ses expectatives; en retranchant donc l'unité de ce produit, la différence sera l'accroissement de la fortune physique, dû aux expectatives : nous nommerons cet accroissement *espérance morale*. Il est facile de voir qu'elle coïncide avec l'espérance mathématique, lorsque la fortune prise pour unité devient infinie par rapport aux variations qu'elle reçoit des expectatives. Mais, lorsque ces variations sont une partie sensible de cette unité, les deux espérances peuvent différer très sensiblement entre elles.

Cette règle conduit à des résultats conformes aux indications du sens commun, que l'on peut par ce moyen apprécier avec quelque exactitude. Ainsi, dans la question précédente, on trouve que, si la fortune de Paul est de 200ᶠʳ, il ne doit pas raisonnablement mettre au jeu plus de 9ᶠʳ. La même règle conduit encore à répartir le danger sur plusieurs parties d'un bien que l'on attend, plutôt que d'exposer ce bien tout entier au même danger. Il en résulte pareillement qu'au jeu le plus égal, la perte est toujours relativement plus grande que le gain. En supposant, par exemple, qu'un joueur, ayant une fortune de 100^{fr}, en expose 50 au jeu de *croix ou pile*, sa fortune après sa mise au jeu sera réduite à 87^{fr}, c'est-à-dire que cette dernière somme procurerait au joueur le même avantage moral que l'état de sa fortune après sa mise. Le jeu est donc désavantageux, dans le cas même où la mise est égale au produit de la somme espérée par sa probabilité. On peut juger par là de l'immoralité des jeux dans lesquels la somme espérée est au-dessous de ce produit. Ils ne subsistent que par les faux raisonnements et par la cupidité qu'ils fomentent, et qui, portant le peuple à sacrifier son nécessaire à des espérances chimériques dont il est hors d'état d'apprécier l'invraisemblance, sont la source d'une infinité de maux.

Le désavantage des jeux, l'avantage de ne pas exposer au même danger tout le bien qu'on attend, et tous les résultats semblables indiqués par le bon sens subsistent, quelle que soit la fonction de la fortune physique qui, pour chaque individu, exprime sa fortune morale. Il suffit que le rapport de l'accroissement de cette fonction à l'accroissement de la fortune physique diminue à mesure que celle-ci augmente.

Des méthodes analytiques du Calcul des probabilités.

L'application des principes que nous venons d'exposer aux diverses questions de probabilité exige des méthodes dont la recherche a donné naissance à plusieurs branches de l'Analyse, et spécialement à la Théorie des combinaisons et au Calcul des différences finies.

Si l'on forme le produit des binômes, l'unité plus une première lettre, l'unité plus une seconde lettre, l'unité plus une troisième lettre, et ainsi de suite jusqu'à n lettres; en retranchant l'unité de ce produit développé, on aura la somme des combinaisons de toutes ces lettres prises une à une, deux à deux, trois à trois, ..., chaque combinaison ayant l'unité pour coefficient. Pour avoir le nombre des combinaisons de ces n lettres prises s à s, on observera que, si l'on suppose ces lettres égales entre elles, le produit précédent deviendra la puissance n du binôme, un plus la première lettre : ainsi le nombre des combinaisons des n lettres prises s à s sera le coefficient de la puissance s de la première lettre dans le développement de ce binôme : on aura donc ce nombre par la formule connue du binôme.

On aura égard à la situation respective des lettres dans chaque combinaison en observant que, si l'on joint une seconde lettre à la première, on peut la placer au premier et au second rang, ce qui donne deux combinaisons. Si l'on joint à ces combinaisons une troisième lettre, on peut lui donner dans chaque combinaison le premier, le second et le troisième rang, ce qui forme trois combinaisons relatives à chacune des deux autres, en tout, six combinaisons. De là il est facile de conclure que le nombre des arrangements dont s lettres sont susceptibles est le produit des nombres depuis l'unité jusqu'à s ; il faut donc, pour avoir égard à la situation respective des lettres, multiplier par ce produit le nombre des combinaisons des n lettres prises s à s, ce qui revient à supprimer le dénominateur du coefficient du terme du binôme qui exprime ce nombre.

Imaginons une loterie composée de n numéros, dont r sortent à chaque tirage : on demande la probabilité de la sortie de s numéros donnés dans un tirage. Pour y parvenir, on déterminera le nombre des combinaisons des n numéros pris s à s. Ensuite on déterminera le nombre des combinaisons de r numéros pris semblablement s à s. Le rapport de ce dernier nombre au précédent est évidemment la probabilité que les s numéros donnés seront compris dans les r numéros qui doivent sortir ; ce rapport est donc la probabilité demandée. Ainsi, dans la loterie de France, formée, comme on sait, de 90 numéros dont 5 sortent à chaque tirage, la probabilité de la sortie d'un extrait donné est $\frac{5}{90}$ ou $\frac{1}{18}$; la loterie devrait donc alors, pour l'égalité du jeu, rendre 18 fois la mise. Le nombre total des combinaisons 2 à 2 de 90 numéros est 4005, et il en sort 10 à chaque tirage. La probabilité de la sortie d'un ambe donné est donc $\frac{1}{400,5}$, et la loterie devrait rendre alors 400 fois et demie la mise ; elle devrait la rendre 11748 fois pour un terne, 511038 fois pour un quaterne, et 43949268 fois pour un quine. La loterie est loin de faire aux joueurs ces avantages.

Supposons dans une urne a boules blanches et b boules noires, et qu'après en avoir extrait une boule on la remette dans l'urne : on demande la probabilité que, dans le nombre n de tirages, on amènera m boules blanches et $n - m$ boules noires. Il est clair que le nombre de cas qui peuvent arriver à chaque tirage est $a + b$. Chaque cas du second tirage pouvant se combiner avec tous les cas du premier, le nombre de cas possibles en deux tirages est le carré du binôme $a + b$. Dans le développement de ce carré, le carré de a exprime le nombre des cas dans lesquels on amène deux fois une boule blanche; le double produit de a par b exprime le nombre des cas dans lesquels une boule blanche et une boule noire sont amenées; enfin le carré de b exprime le nombre des cas dans lesquels on amène deux boules noires. En continuant ainsi, on voit généralement que la puissance n du binôme $a + b$ exprime le nombre de tous les cas possibles dans n tirages, et que, dans le développement de cette puissance, le terme multiplié par la puissance m de a exprime le nombre des cas dans lesquels on peut amener m boules blanches et $n - m$ boules noires. En divisant donc ce terme par la puissance entière du binôme, on aura la probabilité d'amener m boules blanches et $n - m$ boules noires. Le rapport des nombres a et $a + b$ étant la probabilité d'amener une boule blanche dans un tirage, et le rapport des nombres b et $a + b$ étant la probabilité d'amener une boule noire, si l'on nomme p et q ces probabilités, la probabilité d'amener m boules blanches dans n tirages sera le terme multiplié par la puissance m de p dans le développement de la puissance n du binôme $p + q$: on peut observer que la somme $p + q$ est l'unité. Cette propriété remarquable du binôme est très utile dans la théorie des probabilités.

Mais la méthode la plus générale et la plus directe pour résoudre les questions de probabilité consiste à les faire dépendre d'équations aux différences. En comparant les états successifs de la fonction qui exprime la probabilité, lorsque l'on fait croître les variables de leurs différences respectives, la question proposée fournit souvent un rapport très simple entre ces états. Ce rapport est ce que l'on nomme *équation aux diffé-*

rences ordinaires ou partielles : ordinaires, lorsqu'il n'y a qu'une variable; partielles, lorsqu'il y en a plusieurs. Donnons-en quelques exemples.

Trois joueurs, dont les forces sont supposées les mêmes, jouent ensemble aux conditions suivantes. Celui des deux premiers joueurs qui gagne son adversaire joue avec le troisième, et, s'il le gagne, la partie est finie. S'il est vaincu, le vainqueur joue avec l'autre, et ainsi de suite, jusqu'à ce que l'un des joueurs ait gagné consécutivement les deux autres, ce qui termine la partie. On demande la probabilité que la partie sera finie dans un nombre quelconque n de coups. Cherchons d'abord la probabilité qu'elle finira précisément au coup n. Pour cela, le joueur qui gagne doit entrer au jeu au coup $n - 1$ et le gagner, ainsi que le coup suivant. Mais si, au lieu de gagner le coup $n - 1$, il était vaincu par son adversaire, celui-ci venant de gagner l'autre joueur, la partie finirait à ce coup. Ainsi la probabilité qu'un des joueurs entrera au jeu au coup $n - 1$ et le gagnera est égale à celle que la partie finira précisément à ce coup; et comme ce joueur doit gagner le coup suivant pour que la partie se termine au coup n, la probabilité de ce dernier cas ne sera qu'un demi de la précédente. Cette probabilité est évidemment une fonction du nombre n; cette fonction est donc égale à la moitié de la même fonction, lorsqu'on y diminue n de l'unité. Cette égalité forme une de ces équations que l'on nomme *équations aux différences finies ordinaires*.

On peut déterminer facilement, à son moyen, la probabilité que la partie finira précisément à un coup quelconque. Il est visible que la partie ne peut finir au plus tôt qu'au second coup, et pour cela il est nécessaire que celui des deux premiers joueurs qui a gagné son adversaire gagne au second coup le troisième joueur; la probabilité que la partie finira à ce coup est donc $\frac{1}{2}$. De là, en vertu de l'équation précédente, on conclut que les probabilités successives de la fin de la partie sont $\frac{1}{4}$ pour le troisième coup, $\frac{1}{8}$ pour le quatrième,..., et généralement $\frac{1}{2}$ élevé à la puissance $n - 1$ pour le $n^{\text{ième}}$ coup. La somme de toutes ces puissances de $\frac{1}{2}$ est l'unité moins la dernière de ces puis-

sances : c'est la probabilité que la partie sera terminée au plus tard
dans *n* coups.

Considérons encore le premier problème un peu difficile que l'on ait
résolu sur les probabilités, et que Pascal proposa de résoudre à Fermat.
Deux joueurs A et B, dont les adresses sont égales, jouent ensemble
avec la condition que celui qui le premier aura vaincu l'autre un nombre
donné de fois gagnera la partie, et emportera la somme des mises au
jeu ; après quelques coups, les joueurs conviennent de se retirer sans
avoir terminé la partie ; on demande de quelle manière cette somme
doit être partagée entre eux. Il est visible que les parts doivent être
proportionnelles aux probabilités respectives de gagner la partie ; la
question se réduit donc à déterminer ces probabilités. Elles dépendent
évidemment des nombres de points qui manquent à chaque joueur
pour atteindre le nombre donné. Ainsi la probabilité de A est une fonction de ces deux nombres que nous nommerons *indices*. Si les deux
joueurs convenaient de jouer un coup de plus (convention qui ne
change point leur sort, pourvu qu'après ce nouveau coup le partage se
fasse toujours proportionnellement aux nouvelles probabilités de gagner
la partie), alors, ou A gagnerait ce coup, et dans ce cas le nombre des
points qui lui manquent serait diminué d'une unité ; ou le joueur B le
gagnerait, et dans ce cas le nombre des points manquant à ce dernier
joueur deviendrait moindre d'une unité. Mais la probabilité de chacun
de ces cas est $\frac{1}{2}$; la fonction cherchée est donc égale à la moitié de cette
fonction, dans laquelle on diminue de l'unité le premier indice, plus à
la moitié de la même fonction dans laquelle le second indice est diminué de l'unité. Cette égalité est une de ces équations que l'on nomme
équations aux différences partielles.

On peut déterminer, à son moyen, les probabilités de A en partant
des plus petits nombres, et en observant que la probabilité ou la fonction qui l'exprime est égale à l'unité, lorsqu'il ne manque aucun point
au joueur A, ou lorsque le premier indice est nul, et que cette fonction devient nulle avec le second indice. En supposant ainsi qu'il ne
manque qu'un point au joueur A, on trouve que sa probabilité est $\frac{1}{2}$,

$\frac{3}{4}$, $\frac{7}{8}$, ..., suivant qu'il manque à B un point, ou deux, ou trois, etc. Généralement, elle est alors égale à l'unité moins la puissance de $\frac{1}{2}$, égale au nombre des points qui manquent à B. On supposera ensuite qu'il manque deux points au joueur A, et l'on trouvera sa probabilité égale à $\frac{1}{4}$, $\frac{1}{2}$, $\frac{11}{16}$, ..., suivant qu'il manque à B un point, ou deux, ou trois, etc. On supposera encore qu'il manque trois points au joueur A, et ainsi de suite.

Cette manière d'obtenir les valeurs successives d'une quantité au moyen de son équation aux différences est longue et pénible. Les géomètres ont cherché des méthodes pour avoir la fonction générale des indices qui satisfait à cette équation, en sorte que l'on n'ait besoin, pour chaque cas particulier, que de substituer dans cette fonction les valeurs correspondantes des indices. Considérons cet objet d'une manière générale. Pour cela, concevons une suite de termes disposés sur une ligne horizontale, et tels que chacun d'eux dérive des précédents suivant une loi donnée. Supposons cette loi exprimée par une équation entre plusieurs termes consécutifs et leur indice ou le nombre qui indique le rang qu'ils occupent dans la série. Cette équation est ce que je nomme *équation aux différences finies à un seul indice*. L'ordre ou le degré de cette équation est la différence du rang de ses deux termes extrêmes. On peut, à son moyen, déterminer successivement les termes de la série et la continuer indéfiniment ; mais il faut pour cela connaitre un nombre de termes de la série égal au degré de l'équation. Ces termes sont les constantes arbitraires de l'expression du terme général de la série, ou de l'intégrale de l'équation aux différences.

Concevons maintenant, au-dessus des termes de la série précédente, une seconde série de termes disposés horizontalement ; concevons encore, au-dessus des termes de la seconde série, une troisième série horizontale, et ainsi de suite à l'infini, et supposons les termes de toutes ces séries, liés par une équation générale entre plusieurs termes consécutifs, pris tant dans le sens horizontal que dans le sens vertical, et les nombres qui indiquent leur rang dans les deux sens. Cette équation est ce que je nomme *équation aux différences finies partielles à deux indices*.

Concevons pareillement, au-dessus du plan des séries précédentes, un second plan de séries semblables, dont les termes soient placés respectivement au-dessus de ceux du premier plan; concevons ensuite, au-dessus de ce second plan, un troisième plan de séries semblables, et ainsi à l'infini; supposons tous les termes de ces séries liés par une équation entre plusieurs termes consécutifs, pris dans les sens de la longueur, de la largeur et de la profondeur, et les trois nombres qui indiquent leur rang dans ces trois sens. Cette équation est ce que je nomme *équation aux différences finies partielles à trois indices.*

Enfin, en considérant la chose, d'une manière abstraite et indépendante des dimensions de l'espace, concevons généralement un système de grandeurs qui soient fonctions d'un nombre quelconque d'indices, et supposons, entre ces grandeurs, leurs différences relatives à ces indices et les indices eux-mêmes, autant d'équations qu'il y a de ces grandeurs : ces équations seront aux différences finies partielles à un nombre quelconque d'indices.

On peut, à leur moyen, déterminer successivement ces grandeurs. Mais de même que l'équation à un seul indice exige pour cela que l'on connaisse un certain nombre de termes de la série, de même l'équation à deux indices exige que l'on connaisse une ou plusieurs lignes de séries dont les termes généraux puissent être exprimés chacun par une fonction arbitraire d'un des indices. Pareillement, l'équation à trois indices exige que l'on connaisse un ou plusieurs plans de séries dont les termes généraux puissent être exprimés chacun par une fonction arbitraire de deux indices, ainsi de suite. Dans tous ces cas, on pourra, par des éliminations successives, déterminer un terme quelconque des séries. Mais toutes les équations entre lesquelles on élimine étant comprises dans un même système d'équations, toutes les expressions des termes successifs que l'on obtient par ces éliminations doivent être comprises dans une expression générale, fonction des indices qui déterminent le rang du terme. Cette expression est l'intégrale de l'équation proposée aux différences, et sa recherche est l'objet du Calcul intégral.

Taylor est le premier qui, dans son Ouvrage intitulé *Methodus incre-*

mentorum, ait considéré les équations linéaires aux différences finies. Il y donne la manière d'intégrer celles du premier ordre, avec un coefficient et un dernier terme, fonctions de l'indice. A la vérité, les relations des termes des progressions arithmétiques et géométriques que l'on a considérées de tout temps sont les cas les plus simples des équations linéaires aux différences; mais on ne les avait pas envisagées sous ce point de vue, l'un de ceux qui, se rattachant à des théories générales, conduisent à ces théories, et sont par là de véritables découvertes.

Vers le même temps, Moivre considéra sous la dénomination de *suites récurrentes* les équations aux différences finies d'un ordre quelconque, à coefficients constants. Il parvint à les intégrer d'une manière très ingénieuse. Comme il est toujours intéressant de suivre la marche des inventeurs, je vais exposer celle de Moivre, en l'appliquant à une suite récurrente dont la relation entre trois termes consécutifs est donnée. D'abord, il considère la relation entre les termes consécutifs d'une progression géométrique, ou l'équation à deux termes qui l'exprime. En la rapportant aux termes inférieurs d'une unité, il la multiplie dans cet état par un facteur constant, et il retranche le produit de l'équation primitive. Par là, il obtient une équation entre trois termes consécutifs de la progression géométrique. Moivre considère ensuite une seconde progression dont la raison des termes est le facteur même qu'il vient d'employer. Il diminue pareillement d'une unité l'indice des termes de l'équation de cette nouvelle progression; dans cet état, il la multiplie par la raison des termes de la première progression, et il retranche le produit de l'équation de la seconde progression, ce qui lui donne entre trois termes consécutifs de cette progression une relation entièrement semblable à celle qu'il a trouvée pour la première progression. Puis il observe que, si l'on ajoute terme à terme les deux progressions, la même relation subsiste entre trois quelconques de ces sommes consécutives. Il compare les coefficients de cette relation à ceux de la relation des termes de la suite récurrente proposée, et il trouve, pour déterminer les rapports des deux progressions géométriques, une équation du second degré dont les racines sont ces rapports. Par là, Moivre décompose la suite récurrente en deux progressions géométriques, multipliées chacune par une constante arbitraire, qu'il détermine au moyen des deux premiers termes de la suite récurrente. Ce procédé ingénieux est au fond celui que d'Alembert a depuis employé pour l'intégration des équations linéaires aux différences infiniment petites à coefficients constants, et que Lagrange a transporté aux équations semblables à différences finies.

Ensuite, j'ai considéré les équations linéaires aux différences partielles finies, d'abord sous la dénomination de *suites récurro-récurrentes*, et après, sous leur dénomination propre. La manière la plus générale et la plus simple d'intégrer toutes ces équations me parait être celle que j'ai fondée sur la considération des fonctions génératrices, dont voici l'idée.

Si l'on conçoit une fonction A, d'une variable t, développée dans une série ascendante par rapport aux puissances de cette variable, le coefficient de l'une quelconque de ces puissances sera une fonction de l'exposant ou indice de cette puissance. A est ce que je nomme *fonction génératrice* de ce coefficient ou de la fonction de l'indice.

Maintenant, si l'on multiplie la série A par une fonction linéaire de la même variable t, telle, par exemple, que l'unité plus deux fois cette variable, le produit sera une nouvelle fonction génératrice, dans laquelle le coefficient d'une puissance quelconque de la variable sera égal au coefficient de la même puissance dans A, plus au double du coefficient de la puissance inférieure d'une unité. Ainsi la fonction de l'indice, dans le produit, égalera la fonction de l'indice dans A, plus le double de cette même fonction dans laquelle l'indice est diminué de l'unité. Cette fonction de l'indice dans le développement du produit est ainsi une dérivée de la fonction de l'indice dans A, dérivée que l'on peut exprimer par une caractéristique δ placée devant cette dernière fonction. La dérivation indiquée par la caractéristique dépend du multiplicateur de A, que nous désignerons par B et que nous supposerons développé, comme A, par rapport aux puissances de la variable t.

Si l'on multiplie de nouveau par B le produit de A par B, ce qui revient à multiplier A par le carré de B, on formera une troisième fonction génératrice, dans laquelle le coefficient d'une puissance quelconque de t sera une dérivée semblable du coefficient correspondant du produit précédent; on pourra donc l'exprimer par la même caractéristique δ, placée devant la dérivée précédente, et alors cette caractéristique sera deux fois écrite devant le coefficient correspondant de la série A. Mais, au lieu de l'écrire ainsi deux fois, on lui donne pour exposant le nombre deux.

En continuant ainsi, on voit généralement que, si l'on multiplie A par la puissance n de B, on aura le coefficient d'une puissance quelconque de la variable t dans le produit en plaçant devant le coefficient correspondant de A la caractéristique δ avec n pour exposant.

Supposons que B soit l'unité divisée par t; alors, dans le produit de A par B, le coefficient d'une puissance de cette variable sera le coefficient d'une puissance supérieure d'une unité dans A, d'où il suit que, dans le produit de A par la puissance n de B, ce coefficient sera celui de la puissance supérieure de n unités dans A.

Désignons par C l'unité divisée par la variable t, moins un; alors, dans le produit de A par C, le coefficient d'une puissance de la variable sera le coefficient de sa puissance supérieure d'une unité dans la série A, moins le coefficient de cette puissance dans la même série; il sera donc la différence finie de ce dernier coefficient dans lequel on fait varier l'indice de l'unité. Ainsi, dans le produit de A par la puissance n de C, le coefficient sera la différence $n^{\text{ième}}$ du coefficient correspondant de A.

B étant ici égal à l'unité plus C, la puissance n de B est identiquement égale à la même puissance du binôme un plus C. En multipliant donc par A ces deux puissances, les deux produits seront identiques. Or, dans le produit de A par la puissance n de B, le coefficient d'une puissance quelconque de la variable t est, comme on l'a vu, le coefficient de la puissance supérieure de n unités dans A; il est donc la fonction de l'indice augmenté du nombre n. Dans le produit de A par le développement du binôme un plus C, on aura, par ce qui précède, les coefficients correspondants en écrivant, au lieu des produits de A par les puissances successives de C, les différences successives de la fonction de l'indice dans A, et en multipliant par cette fonction le terme indépendant de C. On aura donc une fonction quelconque de l'indice augmentée de l'indéterminée n, exprimée par les coefficients de la puissance n du binôme un plus un, multipliés respectivement par la fonction elle-même et par ses différences successives, ce qui donne l'interpolation des séries au moyen des différences de leurs termes consécutifs, en considérant l'indéterminée n comme fractionnaire.

L'équation identique B égale C plus un donne l'équation identique C égale B moins un. En élevant à la puissance n les deux membres de cette dernière égalité et multipliant par A ces deux puissances, dans le produit de A par la puissance n de C, le coefficient d'une puissance donnée de la variable t sera la différence finie $n^{\text{ième}}$ du coefficient de la même puissance dans A. Dans le produit de A par le développement de la puissance n du binôme B moins un, le coefficient de la puissance donnée de la variable sera la somme des termes de ce développement multipliés respectivement par les valeurs du coefficient de la même puissance dans A, lorsqu'on fait croître successivement l'indice de ce coefficient des quantités n, n moins un, n moins deux, etc., ce qui donne la différence finie $n^{\text{ième}}$ d'une fonction de l'indice, au moyen des valeurs successives de cette fonction.

δ désignant la dérivée du coefficient d'une puissance donnée de la variable t dans A, relative au multiplicateur B, désignons par la caractéristique Δ la dérivée relative au multiplicateur C. Si dans l'équation B égale C plus un on substitue δ au lieu de B, et Δ au lieu de C, par ce qui précède, en élevant les deux membres de cette équation à la puissance n, il y aura toujours égalité, pourvu que dans chaque terme du développement on place le coefficient de la puissance donnée de la variable dans A, ou la fonction de l'indice, à la suite de chaque puissance des caractéristiques, et que l'on multiplie par cette fonction le terme indépendant des caractéristiques. La même chose a lieu dans l'équation C égale B moins un, et encore dans l'équation B moins C égale un. En substituant δ et Δ au lieu de B et de C, et élevant les deux membres de cette dernière équation à la puissance n, en développant ensuite le premier membre, l'égalité subsistera, pourvu que dans chaque terme on place la fonction de l'indice à la suite des puissances des caractéristiques δ et Δ et des produits de ces puissances, et que l'on écrive cette fonction au lieu de l'unité dans le second membre, ce qui donne une expression de cette fonction au moyen de ses valeurs successives et de ses différences.

Si l'on applique les mêmes considérations à d'autres valeurs des multiplicateurs B et C, on est conduit à ce résultat général : quelles que soient les fonctions de la variable t représentées par B et C, on peut, dans le développement de toutes les équations identiques qui peuvent être formées entre elles, substituer, au lieu de ces fonctions, les caractéristiques correspondantes δ et Δ, pourvu que l'on écrive la fonction de l'indice à la suite des puissances ou des produits de puissances des caractéristiques, et que l'on multiplie par cette fonction les termes indépendants des caractéristiques. En effet, il est visible que si, dans un terme quelconque du développement de l'équation entre B et C dont il s'agit, r est la puissance de B et r' celle de C, il faut, pour repasser des fonctions génératrices à leurs coefficients, écrire δ au lieu de B, Δ au lieu de C, et placer le produit des puissances r et r' de ces caractéristiques devant la fonction de l'indice.

On doit observer ici que les équations entre les caractéristiques sont identiques, comme les équations correspondantes entre B et C. Ainsi la fonction de l'indice augmenté de l'indéterminée n par une série de différences est identique avec cette série : elle n'est au fond que cette fonction transformée. Mais c'est dans ces transformations que résident le pouvoir de l'Analyse et ses avantages. Si, par exemple, la nature d'une question conduit à regarder comme nulle la différence troisième d'une fonction, alors la série précédente se termine, et devient la fonction de n qui satisfait à cette condition et qui, par conséquent, est l'intégrale de l'équation que l'on obtient en égalant à zéro la troisième différence de la fonction. Cette intégrale renferme, comme constantes arbitraires, la fonction de l'indice et ses différences première et seconde, relatives au cas de n nul.

Concevons maintenant que A soit une fonction de deux variables t et t', développée dans une série ordonnée par rapport aux puissances et aux produits de puissances de ces variables; le coëfficient du produit de deux puissances quelconques sera une fonction des indices de ces puissances, dont A sera la fonction génératrice.

Multiplions A par une fonction B des deux variables t et t', développée par rapport aux puissances et aux produits de ces variables, telle, par exemple, que la première variable, plus la seconde, moins deux; le produit sera une nouvelle fonction génératrice, dans laquelle le coëf-ficient du produit de deux puissances quelconques n et n' des mêmes variables sera égal à ce même coëfficient dans A, en y diminuant d'une unité l'indice n de la première variable, plus à ce même coëfficient dans lequel on diminue d'une unité l'indice n' de la seconde variable, moins le double de ce coëfficient. On pourra exprimer ce nouveau coëf-ficient par une caractéristique δ placée devant le coëfficient de A. On verra, comme ci-dessus, que le coëfficient correspondant dans le pro-duit de A par une puissance quelconque de B sera exprimé par cette caractéristique toujours placée devant le coëfficient de A, et à laquelle on donne pour exposant celui de la puissance de B. De là résultent des théorèmes analogues à ceux qui sont relatifs aux fonctions d'une seule variable.

On pourra développer d'une manière semblable une fonction quel-conque de deux indices augmentés respectivement des indéterminées n et n', dans une série ordonnée par rapport aux puissances d'une ca-ractéristique : montrons-le par un exemple. Pour cela, conservons à B la valeur que nous venons de lui supposer. Dans ce cas, la première variable sera identiquement égale au trinôme deux moins la seconde variable plus B; la première variable, élevée à la puissance n prise en moins, sera donc égale à ce trinôme élevé à la même puissance. Multiplions les deux membres de cette égalité par la série A divisée par la puissance n' de la seconde variable, et développons le second membre. En repassant des fonctions génératrices à leurs coefficients, celui du produit de deux puissances données des variables dans le premier membre sera ce que devient le coefficient du même produit dans A, lorsqu'on augmente ses indices respectivement des indéterminées n et n'. Dans un terme quelconque du développement du second membre, le coefficient du même produit sera ce que ce terme devient en y substituant, au lieu de B, δ affecté du même exposant et placé devant le coefficient de A, dans lequel on diminue le second indice, de l'exposant de la seconde variable que l'on supprime. Chaque terme indépendant de B doit être multiplié par le coefficient de A, dans lequel le second indice est pareillement diminué de l'exposant de la seconde variable que l'on supprime encore. On aura ainsi une fonction des indices augmentés respectivement de n et de n', par une suite de puissances successives de δ placées devant la fonction dans laquelle le second indice sera seul variable.

Si la fonction des indices est telle que, affectée de la caractéristique δ, elle devienne nulle, alors le second membre se réduit à une suite de termes multipliés par la fonction des indices dont le second varie seul. Cette fonction est le développement du binôme deux moins un, élevé à la puissance n prise en moins, les termes successifs de ce développement devant être multipliés respectivement par la fonction des indices, dans laquelle on fait croître successivement le second indice des quantités n', n' moins un, n' moins deux, etc. En considérant donc comme fonction des deux indéterminées n et n' la fonction précédente, dans laquelle les indices sont augmentés de n et de n', cette fonction sera donnée par le développement du binôme deux moins un, élevé à la puissance n prise en moins, en multipliant respectivement les termes de ce développement par la même fonction dans laquelle on doit faire n nul, et n' successivement égal à n', n' moins un, n' moins deux, etc. : la fonction de n nul et de n' est une fonction arbitraire de n', qui doit être déterminée par les conditions du problème.

Telle est donc l'intégrale de l'équation aux différences partielles, représentée par l'égalité à zéro de δ placé devant une fonction de n et de n', et il est clair que, pour cette égalité, la fonction des indices dans A doit être telle qu'en y diminuant l'indice n de l'unité, en l'ajoutant à cette fonction dans laquelle n' est diminué de l'unité et en retranchant de cette somme le double de la fonction elle-même, le reste soit nul ; ce qui donne la fonction de n et de n' égale à la moitié de cette fonction dans laquelle n est diminué de l'unité, plus à la moitié de la même fonction dans laquelle n' est diminué de l'unité. C'est l'équation aux différences partielles, représentée par la condition de δ nul.

Cette équation est celle à laquelle on est conduit par la considération du problème proposé par Pascal à Fermat, et dont nous avons parlé ci-dessus ; n et n' sont ici les coups qui manquent au premier et au second joueur pour gagner la partie, et la fonction de ces indices est la probabilité qu'elle sera gagnée par le premier joueur. Cette probabilité devient l'unité, lorsque n est nul, et jamais, n étant nul, n' ne peut être zéro ou négatif, en sorte qu'il faut rejeter de l'intégrale précédente tous les termes dans lesquels cela existe. De là il suit que la probabilité du premier joueur pour gagner la partie est égale aux n' premiers termes du binôme deux moins un, élevé à la puissance n prise en moins. Telle est la solution générale de ce problème.

De plus amples développements de la méthode que nous venons d'exposer seraient difficilement entendus sans le secours de l'Analyse. Nous observerons seulement que, A exprimant une fonction de la variable t, développée en série ; B étant l'unité divisée par la variable, moins un, et C étant l'unité divisée par la puissance i de la variable, moins un ; le produit de A par une puissance quelconque n de B sera la fonction génératrice des différences $n^{\text{ièmes}}$ des coefficients de la série A, l'indice variant de l'unité ; le produit de A par une puissance n' de C sera la fonction génératrice des différences $n^{\text{ièmes}}$ des mêmes coefficients, l'indice variant de i. Ainsi, δ et Δ étant supposés être les caractéristiques correspondantes à B et à C, toutes les équations identiques que l'on peut former entre B et C donneront, en y changeant ces quantités dans leurs caractéristiques, autant d'équations identiques entre ces caractéristiques, pourvu que dans le développement de ces équations on place les puissances et les produits de puissances de ces caractéristiques devant la fonction de l'indice.

Si ce développement donne aux caractéristiques des exposants négatifs, elles indiqueront alors des intégrales finies. En effet, le produit de A par la puissance n de B étant la fonction génératrice des différences $n^{\text{ièmes}}$ des coefficients de A, ces coefficients sont les intégrales $n^{\text{ièmes}}$ des coefficients de la fonction génératrice que forme ce produit ; d'où il suit qu'une fonction génératrice, multipliée par B élevé à la puissance n prise en moins, est la fonction génératrice des intégrales $n^{\text{ièmes}}$ des coefficients de cette fonction. Les puissances négatives de δ, placées devant ces coefficients, indiquent par conséquent des intégrales, ce qui donne la raison de l'analogie observée entre les puissances positives et les différences, et entre les puissances négatives et les intégrales.

Il est facile de voir que C est égal à la puissance i du binôme un plus B, en retranchant l'unité, de cette puissance. Si l'on élève à la puissance n les deux membres de cette égalité, elle subsistera toujours, quels que soient n et son signe ; en changeant B et C dans leurs caractéristiques δ et Δ, et en observant que les caractéristiques négatives expriment des intégrales, on aura par le développement du second membre les différences et les intégrales dans lesquelles l'indice varie d'une quantité quelconque i, par une suite de différences et d'intégrales dans lesquelles l'indice varie de l'unité. Si l'on suppose i infiniment petit, les résultats subsisteront toujours et se simplifieront en rejetant les infiniment petits d'un ordre supérieur à celui que l'on conserve. Ces passages du fini à l'infiniment petit ont l'avantage d'éclairer les points délicats de l'Analyse infinitésimale qui ont été l'objet de grandes discussions parmi les géomètres. C'est ainsi que j'ai démontré la possibilité d'introduire des fonctions discontinues dans les intégrales des équations aux différentielles partielles, pourvu que la discontinuité n'ait lieu que pour les différentielles des fonctions, de l'ordre de ces équations. Les résultats transcendants du calcul sont, comme toutes les abstractions de l'entendement, des signes généraux dont on ne peut connaitre la véritable étendue qu'en remontant par l'analyse métaphysique aux idées élémentaires qui y ont conduit, ce qui présente souvent de grandes difficultés; car l'esprit humain en éprouve moins encore à se porter en avant qu'à se replier sur lui-même.

Le passage du fini à l'infiniment petit répand un grand jour sur la métaphysique du Calcul différentiel. On voit clairement par ce passage que ce calcul n'est que la comparaison des coefficients des mêmes puissances des différentielles, dans le développement en série de fonctions identiquement égales des indices augmentés respectivement de différentielles indéterminées. Les quantités que l'on néglige comme infiniment petites d'un ordre supérieur à celui que l'on conserve, et qui semblent par cette omission ôter à ce calcul la rigueur de l'Algèbre, ne sont que des puissances de ces différentielles, supérieures aux puissances dont on compare les coefficients, et qui par là doivent être rejetées de cette comparaison, en sorte que le Calcul différentiel a toute l'exactitude des autres opérations algébriques. Mais dans ses applications à la Géométrie et à la Mécanique, il est indispensable d'introduire le principe des limites. Par exemple, la sous-tangente d'une courbe étant la limite géométrique de la sous-sécante, ou la ligne dont celle-ci approche sans cesse à mesure que les points d'intersection de la sécante avec la courbe se rapprochent, l'expression analytique de la sous-tangente doit être pareillement la limite de l'expression analytique de la sous-sécante; elle est par conséquent égale au premier terme de cette dernière expression développée suivant les puissances de l'intervalle qui sépare les ordonnées des deux points d'intersection.

On peut encore envisager la tangente comme la droite dont l'équation approche le plus de celle de la courbe près du point de contingence. L'ordonnée de cette courbe étant une fonction de l'abscisse, si à partir de ce point on fait croître l'abscisse d'une quantité indéterminée, suivant les puissances de laquelle la fonction soit développée, il est visible que la somme des deux premiers termes de ce développement sera l'ordonnée de la droite la plus approchante de la courbe; elle sera, conséquemment, l'ordonnée de la tangente, et le coefficient de l'indéterminée dans le second terme exprimera le rapport de l'ordonnée à la sous-tangente. Il est facile de prouver par le principe des limites que toute autre droite menée par le point de contingence entrerait dans la courbe près de ce point.

Cette manière singulièrement heureuse de parvenir à l'expression des sous-tangentes est due à Fermat, qui l'a étendue aux courbes transcendantes. Ce grand géomètre exprime par la caractéristique E l'accroissement de l'abscisse, et en ne considérant que la première puissance de cet accroissement, il détermine, exactement comme on le fait par le Calcul différentiel, les sous-tangentes des courbes, leurs points d'inflexion, les maxima et minima de leurs ordonnées, et généralement ceux des fonctions rationnelles. On voit même par sa belle solution du problème de la réfraction de la lumière, insérée dans le Recueil des *Lettres de Descartes*, qu'il savait étendre sa méthode aux fonctions irrationnelles, en se débarrassant des irrationnalités par l'élévation des radicaux aux puissances. On doit donc regarder Fermat comme le véritable inventeur du Calcul différentiel. Newton a depuis rendu ce Calcul plus analytique dans sa méthode des Fluxions, et il en a simplifié et généralisé les procédés par son beau théorème du binôme. Enfin, presqu'en même temps, Leibnitz a enrichi le Calcul différentiel d'une notation qui, en indiquant le passage du fini à l'infiniment petit, réunit à l'avantage d'exprimer les résultats généraux de ce calcul celui de donner les premières valeurs approchées des différences et des sommes des quantités, notation qui s'est adaptée d'elle-même au calcul des différentielles partielles.

On est souvent conduit à des expressions qui contiennent tant de termes et de facteurs que les substitutions numériques y sont impraticables. C'est ce qui a lieu dans les questions de probabilité, lorsque l'on considère un grand nombre d'événements. Cependant il importe alors d'avoir la valeur numérique des formules, pour connaître avec quelle probabilité les résultats que les événements développent en se multipliant sont indiqués. Il importe surtout d'avoir la loi suivant laquelle cette probabilité approche sans cesse de la certitude qu'elle finirait par atteindre, si le nombre des événements devenait infini. Pour y parvenir, je considérai que les intégrales définies de différentielles, multipliées par des facteurs élevés à de grandes puissances, donnaient, par l'intégration, des formules composées d'un grand nombre de termes et de facteurs. Cette remarque me fit naitre l'idée de transformer dans de semblables intégrales les expressions compliquées de l'Analyse et les intégrales des équations aux différences. J'ai rempli cet objet, par une méthode qui donne à la fois la fonction comprise sous le signe intégral et les limites de l'intégration. Elle offre cela de remarquable, savoir, que cette fonction est la fonction même génératrice des expressions et des équations proposées, ce qui rattache cette méthode à la théorie des fonctions génératrices, dont elle est ainsi le complément. Il ne s'agissait plus ensuite que de réduire l'intégrale définie en série convergente. C'est ce que j'ai obtenu par un procédé qui fait converger la série avec d'autant plus de rapidité que la formule qu'elle représente est plus compliquée, en sorte qu'il est d'autant plus exact qu'il devient plus nécessaire. Le plus souvent, la série a pour facteur la racine carrée du rapport de la circonférence au diamètre ; quelquefois elle dépend d'autres transcendantes, dont le nombre est infini.

Une remarque importante, qui tient à la grande généralité de l'Analyse et qui permet d'étendre cette méthode aux formules et aux équations à différences que la théorie des probabilités présente le plus fréquemment, est que les séries auxquelles on parvient, en supposant réelles et positives les limites des intégrales définies, ont également lieu dans le cas où l'équation qui détermine ces limites n'a que des racines négatives ou imaginaires. Ces passages du positif au négatif et du réel à l'imaginaire, dont j'ai le premier fait usage, m'ont conduit encore aux valeurs de plusieurs intégrales définies singulières, que j'ai ensuite démontrées directement. On peut donc considérer ces passages comme un moyen de découverte, pareil à l'induction et à l'ana-

logie, employées depuis longtemps par les géomètres, d'abord avec une
extrême réserve, ensuite avec une entière confiance, un grand nombre
d'exemples en ayant justifié l'emploi. Cependant il est toujours nécessaire de confirmer par des démonstrations directes les résultats obtenus
par ces divers moyens.

J'ai nommé *Calcul des fonctions génératrices* l'ensemble des méthodes
précédentes; ce calcul sert de fondement à l'Ouvrage que j'ai publié
sous ce titre : *Théorie analytique des Probabilités*. Il se rattache à l'idée
simple d'indiquer les multiplications répétées d'une quantité par elle-
même ou ses puissances entières et positives, en écrivant vers le haut
de la lettre qui l'exprime les nombres qui marquent les degrés de ces
puissances. Cette notation, employée par Descartes dans sa Géométrie
et généralement adoptée depuis la publication de cet important Ouvrage,
est peu de chose, surtout quand on la compare à la théorie des courbes
et des fonctions variables, par laquelle ce grand géomètre a posé les
fondements des calculs modernes. Mais la langue de l'Analyse, la plus
parfaite de toutes, étant par elle-même un puissant instrument de découvertes, ses notations, lorsqu'elles sont nécessaires et heureusement
imaginées, sont autant de germes de nouveaux calculs. C'est ce que cet
exemple rend sensible.

Wallis, qui, dans son Ouvrage intitulé : *Arithmetica infinitorum*, l'un
de ceux qui ont le plus contribué aux progrès de l'Analyse, s'est attaché spécialement à suivre le fil de l'induction et de l'analogie, considéra
que, si l'on divise l'exposant d'une lettre par deux, par trois, etc., le
quotient sera, suivant la notation cartésienne et lorsque la division est
possible, l'exposant de la racine carrée, cubique, etc., de la quantité
que représente la lettre élevée à l'exposant dividende. En étendant,
par analogie, ce résultat au cas où la division n'est pas possible, il
considéra une quantité élevée à un exposant fractionnaire comme la
racine du degré indiqué par le dénominateur de cette fraction de la
quantité élevée à la puissance indiquée par le numérateur. Il observa
ensuite que, suivant la notation cartésienne, la multiplication de deux
puissances d'une même lettre revient à ajouter leurs exposants, et que

leur division revient à soustraire l'exposant de la puissance diviseur de celui de la puissance dividende, lorsque le second de ces exposants surpasse le premier. Wallis étendit ce résultat au cas où le premier exposant égale ou surpasse le second, ce qui rend la différence nulle ou négative. Il supposa donc qu'un exposant négatif indique l'unité divisée par la quantité élevée au même exposant pris positivement. Ces remarques le conduisirent à intégrer généralement les différentielles monômes, d'où il conclut les intégrales définies d'un genre particulier de différentielles binômes dont l'exposant est un nombre entier positif. En observant ensuite la loi des nombres qui expriment ces intégrales, une série d'interpolations et d'inductions heureuses, où l'on aperçoit le germe du calcul des intégrales définies, qui a tant exercé les géomètres, et l'une des bases de ma nouvelle Théorie des Probabilités, lui donna le rapport de la surface du cercle au carré de son diamètre, exprimé par un produit infini qui, lorsqu'on l'arrête, resserre ce rapport dans des limites de plus en plus rapprochées, résultat l'un des plus singuliers de l'Analyse. Mais il est remarquable que Wallis, qui avait si bien considéré les exposants fractionnaires des puissances radicales, ait continué de noter ces puissances comme on l'avait fait avant lui. Newton, si je ne me trompe, employa, le premier, dans ses Lettres à Oldenburg, la notation de ces puissances par des exposants fractionnaires. En comparant par la voie de l'induction, dont Wallis avait fait un si bel usage, les exposants des puissances du binôme avec les coefficients des termes de son développement dans le cas où cet exposant est entier et positif, il détermina la loi de ces coefficients, et il l'étendit, par analogie, aux puissances fractionnaires et négatives. Ces divers résultats, fondés sur la notation de Descartes, montrent son influence sur les progrès de l'Analyse. Elle a encore l'avantage de donner l'idée la plus simple et la plus juste des logarithmes, qui ne sont, en effet, que les exposants d'une grandeur dont les puissances successives, en croissant par degrés infiniment petits, peuvent représenter tous les nombres.

Mais l'extension la plus importante que cette notation ait reçue est

celle des exposants variables, ce qui constitue le calcul exponentiel,
l'une des branches les plus fécondes de l'Analyse moderne. Leibnitz a
indiqué, le premier, les transcendantes à exposants variables, et par
là il a complété le système des éléments dont une fonction finie peut
être composée; car toute fonction finie explicite d'une variable se réduit, en dernière analyse, à des grandeurs simples, combinées par voie
d'addition, de soustraction, de multiplication et de division, et élevées
à des puissances constantes ou variables. Les racines des équations
formées de ces éléments sont des fonctions implicites de la variable.
C'est ainsi qu'une variable ayant pour logarithme l'exposant de la puissance qui lui est égale dans la série des puissances du nombre dont le
logarithme hyperbolique est l'unité, le logarithme d'une variable en
est une fonction implicite.

Leibnitz imagina de donner à sa caractéristique différentielle les
mêmes exposants qu'aux grandeurs; mais alors ces exposants, au lieu
d'indiquer les multiplications répétées d'une même grandeur, indiquent
les différentiations répétées d'une même fonction. Cette extension nouvelle de la notation cartésienne conduisit Leibnitz à l'analogie des
puissances positives avec les différentielles et des puissances négatives
avec les intégrales. Lagrange a suivi cette analogie singulière dans
tous ses développements, et par une suite d'inductions, qui peut être
regardée comme l'une des plus belles applications que l'on ait faites
de cette méthode, il est parvenu à des formules générales, aussi curieuses qu'utiles, sur les transformations des différences et des intégrales
les unes dans les autres, lorsque les variables ont des accroissements
finis divers et lorsque ces accroissements sont infiniment petits. Mais
il n'en a point donné les démonstrations qu'il jugeait difficiles. La
théorie des fonctions génératrices étend à des caractéristiques quelconques la notation cartésienne; elle montre avec évidence l'analogie
des puissances et des opérations indiquées par ces caractéristiques, en
sorte qu'elle peut encore être envisagée comme le calcul exponentiel
des caractéristiques. Tout ce qui concerne les séries et l'intégration
des équations aux différences en découle avec une extrême facilité.

APPLICATIONS DU CALCUL DES PROBABILITÉS.

Des jeux.

Les combinaisons que les jeux présentent ont été l'objet des premières recherches sur les probabilités. Dans l'infinie variété de ces combinaisons, plusieurs d'entre elles se prêtent avec facilité au calcul : d'autres exigent des calculs plus difficiles, et les difficultés croissant à mesure que les combinaisons deviennent plus compliquées, le désir de les surmonter et la curiosité ont excité les géomètres à perfectionner de plus en plus ce genre d'analyse. On a vu précédemment que l'on pouvait facilement déterminer par la théorie des combinaisons les bénéfices d'une loterie. Mais il est plus difficile de savoir en combien de tirages on peut parier un contre un, par exemple, que tous les numéros seront sortis. n étant le nombre des numéros, r celui des numéros sortants à chaque tirage, et i le nombre inconnu de tirages, l'expression de la probabilité de la sortie de tous les numéros dépend de la différence finie n^{ieme} de la puissance i d'un produit de r nombres consécutifs. Lorsque le nombre n est considérable, la recherche de la valeur de i, qui rend cette probabilité égale à $\frac{1}{2}$, devient impossible, à moins qu'on ne convertisse cette différence dans une série très convergente. C'est ce que l'on fait heureusement par la méthode ci-dessus indiquée pour les approximations des fonctions de très grands nombres. On trouve ainsi que, la loterie étant composée de dix mille numéros dont un seul sort à chaque tirage, il y a du désavantage à parier un contre un que tous les numéros sortiront dans 95767 tirages, et de l'avantage à faire le même pari pour 95768 tirages. A la loterie de France, ce pari est désavantageux pour 85 tirages, et avantageux pour 86 tirages.

Considérons encore deux joueurs A et B jouant ensemble à *croix ou pile*, de manière qu'à chaque coup, si *croix* arrive, A donne un jeton à B qui lui en donne un, si *pile* arrive : le nombre des jetons de B est limité, celui des jetons de A est illimité, et la partie ne doit finir que lorsque B n'aura plus de jetons. On demande en combien de coups on peut parier un contre un que la partie sera terminée. L'expression de la probabilité que la partie sera terminée dans un nombre i de coups est donnée par une suite qui renferme un grand nombre de termes et de facteurs, si le nombre des jetons de B est considérable; la recherche de la valeur de l'inconnue i qui rend cette suite égale à $\frac{1}{2}$ serait donc alors impossible, si l'on ne parvenait pas à réduire la suite dans une série très convergente. En lui appliquant la méthode dont on vient de parler, on trouve une expression fort simple de l'inconnue, de laquelle il résulte que si, par exemple, B a cent jetons, il y a un peu moins d'un contre un à parier que la partie sera finie en 23780 coups, et un peu plus d'un contre un à parier qu'elle sera finie dans 23781 coups.

Ces deux exemples, joints à ceux que nous avons déjà donnés, suffisent pour faire voir comment les problèmes sur les jeux ont pu contribuer à la perfection de l'Analyse.

Des inégalités inconnues qui peuvent exister entre les chances que l'on suppose égales.

Les inégalités de ce genre ont sur les résultats du Calcul des Probabilités une influence sensible, qui mérite une attention particulière. Considérons le jeu de *croix ou pile*, et supposons qu'il soit également facile d'amener l'une ou l'autre face de la pièce. Alors la probabilité d'amener *croix* au premier coup est $\frac{1}{2}$, et celle de l'amener deux fois de suite est $\frac{1}{4}$. Mais s'il existe dans la pièce une inégalité qui fasse paraître une des faces plutôt que l'autre, sans que l'on connaisse quelle est la face favorisée par cette inégalité, la probabilité d'amener *croix* au premier coup sera toujours $\frac{1}{2}$, parce que, dans l'ignorance où l'on est de la face que cette inégalité favorise, autant la probabilité de l'événement simple est augmentée, si cette inégalité lui est favorable, autant elle est diminuée, si l'inégalité lui est contraire. Mais, dans cette ignorance même, la probabilité d'amener *croix* deux fois de suite est augmentée.

En effet, cette probabilité est celle d'amener *croix* au premier coup, multipliée par la probabilité que, l'ayant amené au premier coup, on l'amènera au second; or son arrivée au premier coup est un motif de croire que l'inégalité de la pièce le favorise; l'inégalité inconnue augmente donc alors la probabilité d'amener *croix* au second coup; elle accroît par conséquent le produit des deux probabilités. Pour soumettre cet objet au calcul, supposons que cette inégalité augmente d'un vingtième la probabilité de l'événement simple qu'elle favorise. Si cet événement est *croix*, sa probabilité sera $\frac{1}{2}$ plus $\frac{1}{20}$ ou $\frac{11}{20}$, et la probabilité de l'amener deux fois de suite sera le carré de $\frac{11}{20}$ ou $\frac{121}{400}$. Si l'événement favorisé est *pile*, la probabilité de *croix* sera $\frac{1}{2}$ moins $\frac{1}{20}$ ou $\frac{9}{20}$, et la probabilité de l'amener deux fois de suite sera $\frac{81}{400}$. Comme on n'a d'avance aucune raison de croire que l'inégalité favorise l'un de ces événements plutôt que l'autre, il est clair que, pour avoir la probabilité de l'événement composé *croix croix*, il faut ajouter les deux probabilités précédentes et prendre la moitié de leur somme, ce qui donne $\frac{101}{400}$ pour cette probabilité, qui surpasse $\frac{1}{4}$ de $\frac{1}{400}$ ou du carré de l'accroissement $\frac{1}{20}$ que l'inégalité ajoute à la possibilité de l'événement qu'elle favorise. La probabilité d'amener *pile pile* est pareillement $\frac{101}{400}$; mais les probabilités d'amener *croix pile* ou *pile croix* ne sont chacune que $\frac{99}{400}$; car la somme de ces quatre probabilités doit égaler la certitude ou l'unité. On trouve ainsi généralement que les causes constantes et inconnues qui favorisent les événements simples que l'on juge également possibles accroissent toujours la probabilité de la répétition d'un même événement simple.

Dans un nombre pair de coups, *croix* et *pile* doivent arriver tous deux, ou un nombre pair ou un nombre impair de fois. La probabilité de chacun de ces cas est $\frac{1}{2}$ si les possibilités des deux faces sont égales; mais s'il existe entre elles une inégalité inconnue, cette inégalité est toujours favorable au premier cas.

Deux joueurs, dont on suppose les adresses égales, jouent avec les conditions qu'à chaque coup celui qui perd donne un jeton à son adversaire, et que la partie dure jusqu'à ce que l'un des joueurs n'ait plus de jetons. Le Calcul des Probabilités nous montre que, pour l'égalité du jeu, les mises des joueurs doivent être en raison inverse de leurs jetons. Mais s'il existe entre leurs adresses une petite inégalité inconnue, elle favorise celui des joueurs qui a le plus petit nombre de jetons. Sa probabilité de gagner la partie augmente, si les joueurs conviennent de doubler, de tripler leurs jetons, et elle serait $\frac{1}{2}$ ou la même que la probabilité de l'autre joueur, dans le cas où les nombres de leurs jetons deviendraient infinis, en conservant toujours le même rapport.

On peut corriger l'influence de ces inégalités inconnues en les soumettant elles-mêmes aux chances du hasard. Ainsi au jeu de *croix* ou *pile*, si l'on a une seconde pièce que l'on projette chaque fois avec la première et que l'on convienne de nommer constamment *croix* la face amenée par cette seconde pièce, la probabilité d'amener *croix* deux fois de suite avec la première pièce approchera beaucoup plus d'un quart que dans le cas d'une seule pièce. Dans ce dernier cas, la différence est le carré du petit accroissement de possibilité que l'inégalité inconnue donne à la face de la première pièce qu'elle favorise ; dans l'autre cas, cette différence est le quadruple produit de ce carré par le carré correspondant relatif à la seconde pièce.

Que l'on jette dans une urne cent numéros depuis un jusqu'à cent, dans l'ordre de la numération, et qu'après avoir agité l'urne pour mêler ces numéros on en tire un, il est clair que, si le mélange a été bien fait, les probabilités de sortie des numéros seront les mêmes. Mais si l'on craint qu'il n'y ait entre elles de petites différences dépendantes de l'ordre suivant lequel les numéros ont été jetés dans l'urne, on diminuera considérablement ces différences en jetant dans une seconde urne ces numéros suivant leur ordre de sortie de la première urne et en agitant ensuite cette seconde urne pour mêler ces numéros. Une troisième urne, une quatrième, etc. diminueraient de plus en plus ces différences, déjà insensibles dans la seconde urne.

Des lois de la Probabilité qui résultent de la multiplication indéfinie des événements.

Au milieu des causes variables et inconnues que nous comprenons sous le nom de *hasard*, et qui rendent incertaine et irrégulière la marche des événements, on voit naître, à mesure qu'ils se multiplient, une régularité frappante, qui semble tenir à un dessein et que l'on a considérée comme une preuve de la providence. Mais, en y réfléchissant, on reconnaît bientôt que cette régularité n'est que le développement des possibilités respectives des événements simples, qui doivent se présenter plus souvent lorsqu'ils sont plus probables. Concevons, par exemple, une urne qui renferme des boules blanches et des boules noires, et supposons qu'à chaque fois que l'on en tire une boule, on la remette dans l'urne pour procéder à un nouveau tirage. Le rapport du nombre des boules blanches extraites au nombre des boules noires extraites sera le plus souvent très irrégulier dans les premiers tirages; mais les causes variables de cette irrégularité produisent des effets alternativement favorables et contraires à la marche régulière des événements, et qui, se détruisant mutuellement dans l'ensemble d'un grand nombre de tirages, laissent de plus en plus apercevoir le rapport des boules blanches aux boules noires contenues dans l'urne, ou les possibilités respectives d'en extraire une boule blanche ou une boule noire à chaque tirage. De là résulte le théorème suivant :

La probabilité que le rapport du nombre des boules blanches extraites au nombre total des boules sorties ne s'écarte pas au delà d'un intervalle donné du rapport du nombre des boules blanches au nombre total des boules contenues dans l'urne, approche indéfiniment de la certitude par la multiplication indéfinie des événements, quelque petit que l'on suppose cet intervalle.

Ce théorème, indiqué par le bon sens, était difficile à démontrer par l'Analyse. Aussi l'illustre géomètre Jacques Bernoulli, qui s'en est occupé le premier, attachait-il une grande importance à la démonstration qu'il en a donnée. Le calcul des fonctions génératrices, appliqué à cet objet, non seulement démontre avec facilité ce théorème, mais, de plus, il donne la probabilité que le rapport des événements observés ne s'écarte que dans certaines limites du vrai rapport de leurs possibilités respectives.

On peut tirer du théorème précédent cette conséquence, qui doit être regardée comme une loi générale, savoir, que les rapports des effets de la nature sont à fort peu près constants, quand ces effets sont considérés en grand nombre. Ainsi, malgré la variété des années, la somme des productions, pendant un nombre d'années considérable, est sensiblement la même; en sorte que l'homme, par une utile prévoyance, peut se mettre à l'abri de l'irrégularité des saisons, en répandant également sur tous les temps les biens que la nature distribue d'une manière inégale. Je n'excepte pas de la loi précédente les effets dus aux causes morales. Le rapport des naissances annuelles à la population et celui des mariages aux naissances n'éprouvent que de très petites variations; à Paris, le nombre des naissances annuelles est à peu près le même, et j'ai ouï dire qu'à la poste, dans les temps ordinaires, le nombre des lettres mises au rebut par les défauts des adresses change peu chaque année, ce qui a été pareillement observé à Londres.

Il suit encore de ce théorème que, dans une série d'événements indéfiniment prolongée, l'action des causes régulières et constantes doit l'emporter à la longue sur celle des causes irrégulières. C'est ce qui rend les gains des loteries aussi certains que les produits de l'Agriculture, les chances qu'elles se réservent leur assurant un bénéfice dans l'ensemble d'un grand nombre de mises. Ainsi, des chances favorables et nombreuses étant constamment attachées à l'observation des principes éternels de raison, de justice et d'humanité qui fondent et maintiennent les sociétés, il y a un grand avantage à se conformer à ces principes et de graves inconvénients à s'en écarter. Que l'on consulte les histoires et sa propre expérience; on y verra tous les faits venir à l'appui de ce résultat du calcul. Considérez les heureux effets des insti-

tutions fondées sur la raison et sur les droits naturels de l'homme,
chez les peuples qui ont su les établir et les conserver. Considérez
encore les avantages que la bonne foi a procurés aux gouvernements
qui en ont fait la base de leur conduite, et comme ils ont été dédom-
magés des sacrifices qu'une scrupuleuse exactitude à tenir ses engagements leur a coûté. Quel immense crédit au dedans! quelle prépondérance au dehors! Voyez, au contraire, dans quel abîme de malheurs
les peuples ont été souvent précipités par l'ambition et par la perfidie
de leurs chefs. Toutes les fois qu'une grande puissance, enivrée de
l'amour des conquêtes, aspire à la domination universelle, le sentiment
de l'indépendance produit entre les nations menacées une coalition,
dont elle devient presque toujours la victime. Pareillement, au milieu
des causes variables qui étendent ou qui resserrent les divers États, les
limites naturelles, en agissant comme causes constantes, doivent finir
par prévaloir. Il importe donc à la stabilité comme au bonheur des
empires de ne pas les étendre au delà de ces limites dans lesquelles
ils sont ramenés sans cesse par l'action de ces causes, ainsi que les
eaux des mers, soulevées par de violentes tempêtes, retombent dans
leurs bassins par la pesanteur. C'est encore un résultat du Calcul des
Probabilités, confirmé par de nombreuses et funestes expériences.
L'histoire, traitée sous le point de vue de l'influence des causes constantes, unirait à l'intérêt de la curiosité celui d'offrir aux hommes les
plus utiles leçons. Quelquefois on attribue les effets inévitables de ces
causes à des circonstances accidentelles qui n'ont fait que développer
leur action. Il est, par exemple, contre la nature des choses qu'un
peuple soit à jamais gouverné par un autre qu'une vaste mer ou une
grande distance en sépare. On peut affirmer qu'à la longue cette cause
constante, se joignant sans cesse aux causes variables qui agissent dans
le même sens et que la suite des temps développe, finira par en trouver
d'assez fortes pour rendre au peuple soumis son indépendance naturelle, ou pour le réunir à un état puissant qui lui soit contigu.

Dans un grand nombre de cas, et ce sont les plus importants de
l'Analyse des hasards, les possibilités des événements simples sont

inconnues, et nous sommes réduits à chercher dans les événements passés des indices qui puissent nous guider dans nos conjectures sur les causes dont ils dépendent. En appliquant l'analyse des fonctions génératrices au principe, exposé ci-devant, sur la probabilité des causes tirée des événements observés, on est conduit au théorème suivant :

Lorsqu'un événement simple, ou composé de plusieurs événements simples, tel qu'une partie de jeu, a été répété un grand nombre de fois, les possibilités des événements simples, qui rendent ce que l'on a observé le plus probable, sont celles que l'observation indique avec le plus de vraisemblance ; à mesure que l'événement observé se répète, cette vraisemblance augmente, et finirait par se confondre avec la certitude, si le nombre des répétitions devenait infini.

Il y a ici deux sortes d'approximations : l'une d'elles est relative aux limites prises de part et d'autre des possibilités qui donnent au passé le plus de vraisemblance ; l'autre approximation se rapporte à la probabilité que ces possibilités tombent dans ces limites. La répétition de l'événement composé accroit de plus en plus cette probabilité, les limites restant les mêmes ; elle resserre de plus en plus l'intervalle de ces limites, la probabilité restant la même ; dans l'infini, cet intervalle devient nul, et la probabilité se change en certitude.

Si l'on applique ce théorème au rapport des naissances des garçons à celles des filles, observé dans les diverses contrées de l'Europe, on trouve que ce rapport, partout à peu près égal à celui de 22 à 21, indique avec une extrême probabilité une plus grande facilité dans les naissances des garçons. En considérant ensuite qu'il est le même à Naples et à Pétersbourg, on verra qu'à cet égard l'influence du climat est insensible. On pouvait donc soupçonner, contre l'opinion commune, que cette supériorité des naissances masculines subsiste dans l'Orient même. J'avais en conséquence invité les savants français envoyés en Égypte à s'occuper de cette question intéressante ; mais la difficulté d'obtenir des renseignements précis sur les naissances ne leur a pas permis de la résoudre. Heureusement, Humboldt n'a point négligé cet objet dans l'immensité des choses nouvelles qu'il a observées et recueillies en Amérique, avec tant de sagacité, de constance et de courage. Il a retrouvé entre les tropiques le même rapport des naissances des garçons à celles des filles que l'on observe à Paris, ce qui doit faire regarder la supériorité des naissances masculines comme une loi générale de l'espèce humaine. Les lois que suivent à cet égard les diverses espèces d'animaux me paraissent dignes de l'attention des naturalistes.

Le rapport des naissances des garçons à celles des filles différant très peu de l'unité, des nombres même assez grands de naissances observées dans un lieu pourraient offrir à cet égard un résultat contraire à la loi générale, sans que l'on fût en droit d'en conclure que cette loi n'y existe pas. Pour tirer cette conséquence, il faut employer de très grands nombres et s'assurer qu'elle est indiquée avec une grande probabilité. Buffon cite, par exemple, dans son Arithmétique politique, plusieurs communes de Bourgogne où les naissances des filles ont surpassé celles des garçons. Parmi ces communes, celle de Carcelle-le-Grignon présente sur 2009 naissances, pendant cinq années, 1026 filles et 983 garçons. Quoique ces nombres soient considérables, cependant ils n'indiquent une plus grande possibilité dans les naissances des filles qu'avec la probabilité $\frac{9}{10}$, et cette probabilité, plus petite que celle de ne pas amener *croix* quatre fois de suite au jeu de *croix* ou *pile*, n'est pas suffisante pour rechercher la cause de cette anomalie, qui, selon toute vraisemblance, disparaîtrait si l'on suivait pendant un siècle les naissances dans cette commune.

Les registres des naissances, que l'on tient avec soin pour assurer l'état des citoyens, peuvent servir à déterminer la population d'un grand empire, sans recourir au dénombrement de ses habitants, opération pénible et difficile à faire avec exactitude. Mais il faut pour cela connaître le rapport de la population aux naissances annuelles. Le moyen d'y parvenir le plus précis consiste : 1° à choisir, dans l'empire, des départements distribués d'une manière à peu près égale sur toute sa surface, afin de rendre le résultat général indépendant des circonstances locales ; 2° à dénombrer avec soin, pour une époque donnée, les habitants de plusieurs communes dans chacun de ces départements ; 3° à déterminer, par le relevé des naissances durant plusieurs années qui précèdent et suivent cette époque, le nombre moyen correspondant des naissances annuelles. Ce nombre, divisé par celui des habitants, donnera le rapport des naissances annuelles à la population, d'une manière d'autant plus sûre que le dénombrement sera plus considérable. Le gouvernement, convaincu de l'utilité d'un semblable dénombrement, a bien voulu en ordonner l'exécution, à ma prière. Dans trente départements répandus également sur toute la France, on a fait choix des communes qui pouvaient fournir les renseignements les plus précis. Leurs dénombrements ont donné 2037615 individus pour la somme totale de leurs habitants au 23 septembre 1802. Le relevé des naissances dans ces communes, pendant les années 1800, 1801 et 1802, a donné :

Naissances.	Mariages.	Décés.
110312 garçons.	46037.	103659 hommes.
105287 filles.		99143 femmes.

Le rapport de la population aux naissances annuelles est donc $28\,\frac{352815}{1000000}$; il est plus grand qu'on ne l'avait estimé jusqu'ici. En multipliant par ce rapport le nombre des naissances annuelles en France, on aura la population de ce royaume. Mais quelle est la probabilité que la population ainsi déterminée ne s'écartera pas de la véritable au delà d'une limite donnée? En résolvant ce problème, et appliquant à sa solution les données précédentes, j'ai trouvé que le nombre des naissances annuelles en France étant supposé d'un million, ce qui porte sa population à 28352845 habitants, il y a près de trois cent mille à parier contre un que l'erreur de ce résultat n'est pas d'un demi-million.

Le rapport des naissances des garçons à celles des filles, qu'offre le relevé précédent, est celui de 22 à 21, et les mariages sont aux naissances comme 3 est à 14.

A Paris, les baptêmes des enfants des deux sexes s'écartent un peu du rapport de 22 à 21. Depuis 1745, époque à laquelle on a commencé à distinguer les sexes sur les registres des naissances, jusqu'à la fin de 1784, on a baptisé dans cette capitale 393386 garçons et 377555 filles. Le rapport de ces deux nombres est à peu près celui de 25 à 24 ; il parait donc qu'à Paris une cause particulière rapproche de l'égalité les baptêmes des deux sexes. Si l'on applique à cet objet le Calcul des Probabilités, on trouve qu'il y a deux cent trente-huit à parier contre un en faveur de l'existence de cette cause, ce qui suffit pour en autoriser la recherche. En y réfléchissant, il m'a paru que la différence observée tient à ce que les parents de la campagne et des provinces, trouvant quelque avantage à retenir près d'eux les garçons, en avaient envoyé à l'hospice des Enfants-Trouvés de Paris, moins relativement aux filles que suivant le rapport des naissances des deux sexes. C'est ce que le relevé des registres de cet hospice m'a prouvé. Depuis le commencement de 1745 jusqu'à la fin de 1809, il y est entré 163499 garçons et 159405 filles. Le premier de ces nombres n'excède que d'un trentehuitième le second, qu'il aurait dû surpasser au moins d'un vingt-quatrième. Ce qui confirme l'existence de la cause assignée, c'est qu'en n'ayant point égard aux enfants trouvés, le rapport des naissances des garçons à celles des filles est à Paris, comme dans le reste de la France, celui de 22 à 21.

La constance de la supériorité des naissances des garçons sur celles des filles à Paris et à Londres, depuis qu'on les observe, a paru à quelques savants être une preuve de la providence, sans laquelle ils ont pensé que les causes irrégulières qui troublent sans cesse la marche des événements auraient dû plusieurs fois rendre les naissances annuelles des filles supérieures à celles des garçons.

Mais cette preuve est un nouvel exemple de l'abus que l'on a fait si souvent des causes finales, qui disparaissent toujours par un examen approfondi des questions, lorsqu'on a les données nécessaires pour les résoudre. La constance dont il s'agit est un résultat des causes régulières qui donnent la supériorité aux naissances des garçons, et qui l'emportent sur les anomalies dues au hasard, lorsque le nombre des naissances annuelles est considérable. La recherche de la probabilité que cette constance se maintiendra pendant un long espace de temps appartient à cette branche de l'Analyse des hasards qui remonte des événements passés à la probabilité des événements futurs, et il en résulte que, en partant des naissances observées depuis 1745 jusqu'en 1784, il y a près de quatre à parier contre un qu'à Paris les naissances annuelles des garçons surpasseront constamment pendant un siècle les naissances des filles; il n'y a donc aucune raison de s'étonner que cela ait eu lieu pendant un demi-siècle.

Donnons encore un exemple du développement des rapports constants que les événements présentent, à mesure qu'ils se multiplient. Concevons une série d'urnes disposées circulairement, et renfermant chacune un très grand nombre de boules blanches et noires, les rapports des boules blanches aux noires, dans ces urnes, pouvant être très différents à l'origine, et tels, par exemple, que l'une de ces urnes ne renferme que des boules blanches, tandis qu'une autre ne contient que des boules noires. Si l'on tire une boule de la première urne pour la mettre dans la seconde; que, après avoir agité cette seconde urne, afin de bien mêler la boule ajoutée avec les autres, on en tire une boule pour la mettre dans la troisième urne, et ainsi de suite jusqu'à la dernière urne dont on extrait une boule pour la mettre dans la première, et que l'on recommence indéfiniment cette série de tirages; l'Analyse des Probabilités nous montre que les rapports des boules blanches aux noires, dans ces urnes, finiront par être les mêmes et égaux au rapport de la somme de toutes les boules blanches à la somme de toutes les boules noires contenues dans les urnes. Ainsi, par ce mode régulier de changement, l'irrégularité primitive de ces rapports disparaît à la longue pour faire place à l'ordre le plus simple. Maintenant si, entre ces urnes, on en intercale de nouvelles dans lesquelles le rapport de la somme des boules blanches à la somme des boules noires qu'elles contiennent diffère du précédent, en continuant indéfiniment sur l'ensemble de ces urnes les extractions que nous venons d'indiquer, l'ordre simple établi dans les anciennes urnes sera d'abord troublé, et

les rapports des boules blanches aux boules noires deviendront irréguliers; mais peu à peu cette irrégularité disparaîtra pour faire place à
un nouvel ordre, qui sera enfin celui de l'égalité des rapports des boules
blanches aux boules noires contenues dans les urnes. On peut étendre
ces résultats à toutes les combinaisons de la nature, dans lesquelles les
forces constantes dont leurs éléments sont animés établissent des
modes réguliers d'action, propres à faire éclore du sein même du chaos
des systèmes régis par des lois admirables.

Les phénomènes qui semblent le plus dépendre du hasard présentent donc, en se multipliant, une tendance à se rapprocher sans cesse
de rapports fixes, de manière que, si l'on conçoit de part et d'autre de
chacun de ces rapports un intervalle aussi petit que l'on voudra, la probabilité que le résultat moyen des observations tombe dans cet intervalle finira par ne différer de la certitude que d'une quantité au-dessous de toute grandeur assignable. On peut ainsi, par le Calcul des
Probabilités, appliqué à un grand nombre d'observations, reconnaître
l'existence de ces rapports. Mais, avant que d'en rechercher les causes,
il est nécessaire, pour ne point s'égarer dans de vaines spéculations, de
s'assurer qu'ils sont indiqués avec une probabilité qui ne permet point
de les regarder comme des anomalies dues au hasard. La théorie des
fonctions génératrices donne une expression très simple de cette probabilité, que l'on obtient en intégrant le produit de la différentielle de
la quantité dont le résultat, déduit d'un grand nombre d'observations,
s'écarte de la vérité, par une constante moindre que l'unité, dépendante de la nature du problème et élevée à une puissance dont l'exposant est le rapport du carré de cet écart au nombre des observations.
L'intégrale prise entre des limites données et divisée par la même intégrale étendue à l'infini positif et négatif exprimera la probabilité que
l'écart de la vérité est compris entre ces limites. Telle est la loi générale de la probabilité des résultats indiqués par un grand nombre d'observations.

Application du Calcul des Probabilités à la Philosophie naturelle.

Les phénomènes de la nature sont le plus souvent enveloppés de tant de circonstances étrangères, un si grand nombre de causes perturbatrices y mêlent leur influence qu'il est très difficile de les reconnaitre. On ne peut y parvenir qu'en multipliant les observations ou les expériences, afin que, les effets étrangers venant à se détruire réciproquement, les résultats moyens mettent en évidence ces phénomènes et leurs éléments divers. Plus les observations sont nombreuses et moins elles s'écartent entre elles, plus leurs résultats approchent de la vérité. On remplit cette dernière condition par le choix des méthodes d'observation, par la précision des instruments et par le soin que l'on met à bien observer; ensuite on détermine par la théorie des probabilités les résultats moyens les plus avantageux ou ceux qui donnent le moins de prise à l'erreur. Mais cela ne suffit pas : il est, de plus, nécessaire d'apprécier la probabilité que les erreurs de ces résultats sont comprises dans des limites données; sans cela, on n'a qu'une connaissance imparfaite du degré d'exactitude obtenu. Des formules propres à ces objets sont donc un vrai perfectionnement de la méthode des sciences, et qu'il est bien important d'ajouter à cette méthode. L'analyse qu'elles exigent est la plus délicate et la plus difficile de la théorie des probabilités; c'est un des principaux objets de l'ouvrage que j'ai publié sur cette théorie, et dans lequel je suis parvenu à des formules de ce genre, qui ont l'avantage remarquable d'être indépendantes de la loi de probabilité des erreurs, et de ne renfermer que des quantités données par les observations mêmes et par leurs expressions.

Chaque observation a pour expression analytique une fonction des éléments que l'on veut déterminer, et si ces éléments sont à peu près connus, cette fonction devient une fonction linéaire de leurs corrections. En l'égalant à l'observation même, on forme ce que l'on nomme *équation de condition.* Si l'on a un grand nombre d'équations semblables, on les combine de manière à obtenir autant d'équations finales qu'il y a d'éléments, dont on détermine ensuite les corrections, en résolvant ces équations. Mais quelle est la manière la plus avantageuse de combiner les équations de condition pour obtenir les équations finales? Quelle est la loi de probabilité des erreurs dont les éléments que l'on en tire sont encore susceptibles? C'est ce que la Théorie des Probabilités fait connaitre. La formation d'une équation finale au moyen des équations de condition revient à multiplier chacune de celles-ci par un facteur indéterminé et à réunir ces produits : il faut donc choisir le système de facteurs qui donne la plus petite erreur à craindre. Or il est visible que, si l'on multiplie les erreurs possibles d'un élément par leurs probabilités respectives, le système le plus avantageux sera celui dans lequel la somme de ces produits, tous pris positivement, est un minimum; car une erreur positive ou négative doit être considérée comme une perte. En formant donc cette somme de produits, la condition du minimum déterminera le système de facteurs qu'il convient d'adopter, ou le système le plus avantageux. On trouve ainsi que ce système est celui des coefficients des éléments dans chaque équation de condition, en sorte que l'on forme une première équation finale en multipliant respectivement chaque équation de condition par son coefficient du premier élément et en réunissant toutes ces équations ainsi multipliées. On forme une seconde équation finale, en employant de même les coefficients du second élément, et ainsi de suite. De cette manière, les éléments et les lois des phénomènes, renfermés dans le recueil d'un grand nombre d'observations, se développent avec le plus d'évidence.

La probabilité des erreurs que chaque élément laisse encore à craindre est proportionnelle au nombre dont le logarithme hyperbolique est l'unité, élevé à une puissance égale au carré de l'erreur, pris en moins, et multiplié par un coefficient constant qui peut être considéré comme le module de la probabilité des erreurs, parce que, l'erreur restant la même, sa probabilité décroît avec rapidité quand il augmente, en sorte que l'élément obtenu pèse, si je puis ainsi dire, vers la vérité d'autant plus que ce module est plus grand. Je nommerai, par cette raison, ce module *poids* de l'élément ou du résultat. Ce poids est le plus grand possible dans le système de facteurs le plus avantageux; c'est ce qui donne à ce système la supériorité sur les autres. Par une analogie remarquable de ce poids avec ceux des corps comparés à leur centre commun de gravité, il arrive que, si un même élément est donné par divers systèmes, composés chacun d'un grand nombre d'observations, le résultat moyen le plus avantageux de leur ensemble est la somme des produits de chaque résultat partiel par son poids, cette somme étant divisée par celle de tous les poids. De plus, le poids total du résultat des divers systèmes est la somme de leurs poids partiels, en sorte que la probabilité des erreurs du résultat moyen de leur ensemble est proportionnelle au nombre qui a l'unité pour logarithme hyperbolique, élevé à une puissance égale au carré de l'erreur pris en moins et multiplié par la somme de tous les poids. Chaque poids dépend, à la vérité, de la loi de probabilité des erreurs de chaque système, et presque toujours cette loi est inconnue; mais je suis heureusement parvenu à éliminer le facteur qui la renferme, au moyen de la somme des carrés des écarts des observations du système, de leur résultat moyen. Il serait donc à désirer, pour compléter nos connaissances sur les résultats obtenus par l'ensemble d'un grand nombre d'observations, qu'on écrivit à côté de chaque résultat le poids qui lui correspond; l'Analyse fournit pour cet objet des méthodes générales et simples. Quand on a ainsi obtenu l'exponentielle qui représente la loi de probabilité des erreurs, on aura la probabilité que l'erreur du résultat est comprise dans des limites données, en prenant dans ces limites l'intégrale du produit de cette exponentielle par la différentielle de l'erreur, et en la multipliant par la racine carrée du poids du résultat, divisé par la circonférence dont le diamètre est l'unité. De là il suit que, pour une même probabilité, les erreurs des résultats sont réciproques aux racines carrées de leurs poids, ce qui peut servir à comparer leurs précisions respectives.

Pour appliquer cette méthode avec succès, il faut varier les circonstances des observations ou des expériences, de manière à éviter les causes constantes d'erreur. Il faut que les observations soient nombreuses, et qu'elles le soient d'autant plus qu'il y a plus d'éléments à déterminer; car le poids du résultat moyen croit comme le nombre des observations, divisé par le nombre des éléments. Il est encore nécessaire que les éléments suivent dans ces observations une marche différente; car, si la marche de deux éléments était rigoureusement la même, ce qui rendrait leurs coefficients proportionnels dans les équations de condition, ces éléments ne formeraient qu'une seule inconnue, et il serait impossible de les distinguer par ces observations. Enfin il faut que les observations soient précises : cette condition, la première de toutes, augmente beaucoup le poids du résultat, dont l'expression a pour diviseur la somme des carrés des écarts des observations de ce résultat. Avec ces précautions, on pourra faire usage de la méthode précédente et mesurer le degré de confiance que méritent les résultats déduits d'un grand nombre d'observations.

La règle que nous venons de donner pour conclure des équations de condition les équations finales revient à rendre un minimum la somme des carrés des erreurs des observations; car chaque équation de condition devient rigoureuse, en y substituant l'observation plus son erreur; et, si l'on en tire l'expression de cette erreur, il est facile de voir que la condition du minimum de la somme des carrés de ces expressions donne la règle dont il s'agit. Cette règle est d'autant plus précise que les observations sont plus nombreuses; mais, dans le cas même où leur nombre est petit, il parait naturel d'employer la même règle, qui, dans tous les cas, offre un moyen simple d'obtenir sans tâtonnements les corrections que l'on cherche à déterminer. Elle peut servir encore à comparer la précision de diverses Tables astronomiques d'un même astre. Ces Tables peuvent toujours être supposées réduites à la même forme, et alors elles ne diffèrent que par les époques, les moyens mouvements et les coefficients des arguments; car, si l'une d'elles contient un argument qui ne se trouve point dans les autres, il est clair que cela revient à supposer nul, dans celles-ci, le coefficient de cet argument. Si maintenant on rectifiait ces Tables par la totalité

des bonnes observations, elles satisferaient à la condition que la somme
des carrés des erreurs soit un minimum; les Tables qui, comparées à
un nombre considérable d'observations, approchent le plus de cette
condition méritent donc la préférence.

C'est principalement dans l'Astronomie que la méthode exposée ci-
dessus peut être employée avec avantage. Les Tables astronomiques
doivent l'exactitude vraiment étonnante qu'elles ont atteinte à la précision des observations et des théories et à l'usage des équations de condition, qui font concourir un grand nombre d'excellentes observations
à la correction d'un même élément. Mais il restait à déterminer la probabilité des erreurs que cette correction laisse encore à craindre : c'est
ce que la méthode que je viens d'exposer fait connaitre. Pour en donner
quelques applications intéressantes, j'ai profité de l'immense travail
que Bouvard vient de terminer sur les mouvements de Jupiter et de Saturne, dont il a construit des Tables très précises. Il a discuté avec le
plus grand soin les oppositions et les quadratures de ces deux planètes, observées par Bradley et par les astronomes qui l'ont suivi,
jusqu'à ces dernières années; il en a conclu les corrections des éléments de leur mouvement et leurs masses comparées à celle du Soleil,
prise pour unité. Ses calculs lui donnent la masse de Saturne égale à
la 3512e partie de celle du Soleil. En leur appliquant mes formules de
probabilité, je trouve qu'il y a onze mille à parier contre un que l'erreur de ce résultat n'est pas un centième de sa valeur, ou, ce qui revient à très peu près au même, qu'après un siècle de nouvelles observations ajoutées aux précédentes et discutées de la même manière, le
nouveau résultat ne différera pas d'un centième de celui de Bouvard.
Ce savant astronome trouve encore la masse de Jupiter égale à la
1071e partie du Soleil, et ma méthode de probabilité donne un million
à parier contre un que ce résultat n'est pas d'un centième en erreur.

Cette méthode peut être encore appliquée avec succès aux opérations
géodésiques. On détermine la longueur d'un grand arc à la surface de
la Terre par une chaine de triangles qui s'appuient sur une base mesurée avec exactitude. Mais quelque précision que l'on apporte dans la

mesure des angles, les erreurs inévitables peuvent, en s'accumulant, écarter sensiblement de la vérité la valeur de l'arc que l'on a conclu d'un grand nombre de triangles. On ne connait donc qu'imparfaitement cette valeur, si l'on ne peut pas assigner la probabilité que son erreur est comprise dans des limites données. L'erreur d'un résultat géodésique est une fonction des erreurs des angles de chaque triangle. J'ai donné, dans l'Ouvrage cité, des formules générales pour avoir la probabilité des valeurs d'une ou de plusieurs fonctions linéaires d'un grand nombre d'erreurs partielles dont on connait la loi de probabilité; on peut donc, au moyen de ces formules, déterminer la probabilité que l'erreur d'un résultat géodésique est contenue dans des limites assignées, quelle que soit la loi de probabilité des erreurs partielles. Il est d'autant plus nécessaire de se rendre indépendant de cette loi que les lois les plus simples sont toujours infiniment peu probables, vu le nombre infini de celles qui peuvent exister dans la nature. Mais la loi inconnue des erreurs partielles introduit dans les formules une indéterminée, qui ne permettrait point de les réduire en nombres, si l'on ne parvenait pas à l'éliminer. On a vu que, dans les questions astronomiques, où chaque observation fournit une équation de condition pour avoir les éléments, on élimine cette indéterminée au moyen de la somme des carrés des restes, lorsqu'on a substitué dans chaque équation les valeurs les plus probables des éléments. Les questions géodésiques n'offrant point de semblables équations, il faut chercher un autre moyen d'élimination. La quantité dont la somme des angles de chaque triangle observé surpasse deux angles droits plus l'excès sphérique fournit ce moyen. Ainsi l'on remplace par la somme des carrés de ces quantités la somme des carrés des restes des équations de condition, et l'on peut assigner en nombres la probabilité que l'erreur du résultat final d'une suite d'opérations géodésiques n'excède pas une quantité donnée. Mais quelle est la manière la plus avantageuse de répartir entre les trois angles de chaque triangle la somme observée de leurs erreurs? L'Analyse des Probabilités fait voir que chaque angle doit être diminué du tiers de cette somme, pour que le poids d'un ré-

sultat géodésique soit le plus grand qu'il est possible, ce qui rend une
même erreur moins probable. Il y a donc beaucoup d'avantage à observer les trois angles de chaque triangle et à les corriger comme on vient
de le dire. Le simple bon sens fait pressentir cet avantage; mais le
Calcul des Probabilités peut seul l'apprécier et faire voir que, par cette
correction, il devient le plus grand qu'il est possible.

Pour s'assurer de l'exactitude de la valeur d'un grand arc qui s'appuie
sur une base mesurée à l'une de ses extrémités, on mesure une seconde base vers l'autre extrémité, et l'on conclut de l'une de ces bases
la longueur de l'autre. Si cette longueur s'écarte très peu de l'observation, il y a tout lieu de croire que la chaîne des triangles qui unit ces
bases est exacte à fort peu près, ainsi que la valeur du grand arc qui en
résulte. On corrige ensuite cette valeur, en modifiant les angles des
triangles de manière que les bases calculées s'accordent avec les bases
mesurées. Mais cela peut se faire d'une infinité de manières, parmi lesquelles on doit préférer celle dont le résultat géodésique a le plus
grand poids, puisque la même erreur devient moins probable. L'Analyse des Probabilités donne des formules pour avoir directement la correction la plus avantageuse qui résulte des mesures de plusieurs bases
et les lois de probabilité que fait naître la multiplicité des bases, lois
qui deviennent plus rapidement décroissantes par cette multiplicité.

Généralement, les erreurs des résultats déduits d'un grand nombre
d'observations sont des fonctions linéaires des erreurs partielles de
chaque observation. Les coefficients de ces fonctions dépendent de la
nature du problème et du procédé suivi pour obtenir les résultats. Le
procédé le plus avantageux est évidemment celui dans lequel une
même erreur dans les résultats est moins probable que suivant tout
autre procédé. L'application du Calcul des Probabilités à la Philosophie
naturelle consiste donc à déterminer analytiquement la probabilité des
valeurs de ces fonctions, et à choisir leurs coefficients indéterminés de
manière que la loi de cette probabilité soit le plus rapidement décroissante. En éliminant ensuite des formules, par les données de la question, le facteur qu'introduit la loi, presque toujours inconnue, de la

probabilité des erreurs partielles, on pourra évaluer numériquement la probabilité que les erreurs des résultats n'excèdent pas une quantité donnée. On aura ainsi tout ce que l'on peut désirer touchant les résultats déduits d'un grand nombre d'observations.

On peut encore obtenir des résultats fort approchés par d'autres considérations. Supposons, par exemple, que l'on ait mille et une observations d'une même grandeur. La moyenne arithmétique de toutes ces observations est le résultat donné par la méthode la plus avantageuse. Mais on pourrait choisir le résultat d'après la condition que la somme de ses écarts de chaque valeur partielle, pris tous positivement, soit un minimum. Il paraît, en effet, naturel de regarder comme très approché le résultat qui satisfait à cette condition. Il est facile de voir que, si l'on dispose les valeurs données par les observations suivant l'ordre de grandeur, la valeur qui occupera le milieu remplira la condition précédente, et le calcul fait voir que, dans le cas d'un nombre infini d'observations, elle coïnciderait avec la vérité. Mais le résultat donné par la méthode la plus avantageuse est encore préférable.

La considération des probabilités peut servir à démêler les petites inégalités des mouvements célestes, enveloppées dans les erreurs des observations, et à remonter à la cause des anomalies observées dans ces mouvements. Ce fut en comparant entre elles toutes ses observations que Tycho Brahe reconnut la nécessité d'appliquer à la Lune une équation du temps différente de celle que l'on appliquait au Soleil et aux planètes. Ce fut pareillement l'ensemble d'un grand nombre d'observations qui fit connaître à Mayer que le coefficient de l'inégalité de la précession doit être un peu diminué pour la Lune. Mais, comme cette diminution, quoique confirmée et même augmentée par Mason, ne paraissait pas résulter de la gravitation universelle, la plupart des astronomes la négligèrent dans leurs calculs. Ayant soumis au Calcul des Probabilités un nombre considérable d'observations lunaires, choisies dans cette vue, et que Bouvard voulut bien discuter à ma prière, elle me parut indiquée avec une probabilité si forte que je crus devoir en rechercher la cause. Je vis bientôt qu'elle ne pouvait être que l'ellipticité du sphéroïde terrestre, négligée jusqu'alors dans la théorie du mouvement lunaire, comme ne devant y produire que des termes insensibles. J'en conclus que ces termes deviennent sensibles par les intégrations successives des équations différentielles. Je déterminai donc ces termes par une analyse particulière, et je découvris d'abord l'inégalité du mouvement lunaire en latitude, qui est proportionnelle au sinus de la longitude de la Lune et qu'aucun astronome n'avait encore soupçonnée. Je reconnus ensuite, au moyen de cette inégalité, qu'il en existe une autre dans le mouvement lunaire en longitude, qui produit la diminution observée par Mayer dans l'équation de la précession, applicable à la Lune. La quantité de cette diminution et le coefficient de l'inégalité précédente en latitude sont très propres à fixer l'aplatissement de la Terre. Ayant fait part de mes recherches à Bürg, qui s'occupait alors à perfectionner les Tables de la Lune par la comparaison de toutes les bonnes observations, je le priai de déterminer avec un soin particulier ces deux quantités. Par un accord très remarquable, les valeurs qu'il a trouvées donnent à la Terre le même aplatissement, $\frac{1}{305}$, aplatissement qui diffère peu du milieu conclu des mesures des degrés du méridien et du pendule, mais qui, vu l'influence des erreurs des observations et des causes perturbatrices sur ces mesures, me paraît plus exactement déterminé par ces inégalités lunaires.

Ce fut encore par la considération des probabilités que je reconnus la cause de l'équation séculaire de la Lune. Les observations modernes de cet astre, comparées aux anciennes éclipses, avaient indiqué aux astronomes une accélération dans le mouvement lunaire; mais les géomètres, et particulièrement Lagrange, ayant inutilement cherché, dans les perturbations que ce mouvement éprouve, les termes dont cette accélération dépend, ils la rejetèrent. Un examen attentif des observations anciennes et modernes et des éclipses intermédiaires observées par les Arabes me fit voir qu'elle était indiquée avec une grande probabilité. Je repris alors sous ce point de vue la théorie lunaire, et je reconnus que l'équation séculaire de la Lune est due à l'action du Soleil sur ce satellite, combinée avec la variation séculaire de l'excentricité

de l'orbe terrestre; ce qui me fit découvrir les équations séculaires des
mouvements des nœuds et du périgée de l'orbite lunaire, équations qui
n'avaient pas même été soupçonnées par les astronomes. L'accord très
remarquable de cette théorie avec toutes les observations anciennes et
modernes l'a portée au plus haut degré d'évidence.

Le Calcul des Probabilités m'a conduit pareillement à la cause des
grandes irrégularités de Jupiter et de Saturne. En comparant les observations modernes aux anciennes, Halley trouva une accélération dans
le mouvement de Jupiter et un ralentissement dans celui de Saturne.
Pour concilier les observations, il assujettit ces mouvements à deux
équations séculaires de signes contraires, et croissantes comme les
carrés des temps écoulés depuis 1700. Euler et Lagrange soumirent à
l'Analyse les altérations que devait produire dans ces mouvements
l'attraction mutuelle des deux planètes. Ils y trouvèrent des équations
séculaires; mais leurs résultats étaient si différents que l'un deux au
moins devait être erroné. Je me déterminai donc à reprendre ce problème important de la Mécanique céleste, et je reconnus l'invariabilité
des moyens mouvements planétaires, ce qui fit disparaître les équations
séculaires introduites par Halley dans les Tables de Jupiter et de Saturne. Il ne restait ainsi, pour expliquer les grandes irrégularités de
ces planètes, que les attractions des comètes, auxquelles plusieurs
astronomes eurent effectivement recours, ou l'existence d'une inégalité
à longue période, produite dans les mouvements des deux planètes par
leur action réciproque et affectée de signes contraires pour chacune
d'elles. Un théorème que je trouvai sur les inégalités de ce genre me
rendit cette inégalité très vraisemblable. Suivant ce théorème, si le
mouvement de Jupiter s'accélère, celui de Saturne se ralentit, ce qui
est déjà conforme à ce que Halley avait remarqué; de plus l'accélération de Jupiter, résultant du même théorème, est au ralentissement de
Saturne à très peu près dans le rapport des équations séculaires proposées par Halley. En considérant les moyens mouvements de Jupiter
et de Saturne, il me fut aisé de reconnaître que deux fois celui de Jupiter ne surpasse que d'une très petite quantité, cinq fois celui de

Saturne. La période d'une inégalité qui aurait cet argument serait d'environ neuf siècles. A la vérité, son coefficient serait de l'ordre des cubes des excentricités des orbites; mais je savais qu'en vertu des intégrations successives, il acquiert pour diviseur le carré du très petit multiplicateur du temps dans l'argument de cette inégalité, ce qui peut lui donner une grande valeur; l'existence de cette inégalité me parut donc très probable. La remarque suivante accrut encore sa probabilité. En supposant son argument nul vers l'époque des observations de Tycho Brahe, je vis que Halley avait dû trouver, par la comparaison des observations modernes aux anciennes, les altérations qu'il avait indiquées, tandis que la comparaison des observations modernes entre elles devait offrir des altérations contraires et pareilles à celles que Lambert avait conclues de cette comparaison. Je n'hésitai donc point à entreprendre le calcul long et pénible, nécessaire pour m'assurer de l'existence de cette inégalité. Elle fut entièrement confirmée par le résultat de ce calcul, qui, de plus, me fit connaître un grand nombre d'autres inégalités dont l'ensemble a porté les Tables de Jupiter et de Saturne à la précision des observations mêmes.

Ce fut encore au moyen du Calcul des Probabilités que je reconnus la loi remarquable des mouvements moyens des trois premiers satellites de Jupiter, suivant laquelle la longitude moyenne du premier, moins trois fois celle du second, plus deux fois celle du troisième, est rigoureusement égale à la demi-circonférence. L'approximation avec laquelle les moyens mouvements de ces astres satisfont à cette loi depuis leur découverte indiquait son existence avec une vraisemblance extrême ; j'en cherchai donc la cause dans leur action mutuelle. L'examen approfondi de cette action me fit voir qu'il a suffi qu'à l'origine les rapports de leurs moyens mouvements aient approché de cette loi, dans certaines limites, pour que leur action mutuelle l'ait établie et la maintienne en rigueur. Ainsi ces trois corps se balanceront éternellement dans l'espace suivant la loi précédente, à moins que des causes étrangères, telles que les comètes, ne viennent changer brusquement leurs mouvements autour de Jupiter.

On voit par là combien il faut être attentif aux indications de la nature, lorsqu'elles sont le résultat d'un grand nombre d'observations, quoique d'ailleurs elles soient inexplicables par les moyens connus. L'extrême difficulté des problèmes relatifs au Système du monde a forcé les géomètres de recourir à des approximations qui laissent toujours à craindre que les quantités négligées n'aient une influence sensible. Lorsqu'ils ont été avertis de cette influence par les observations, ils sont revenus sur leur analyse; en la rectifiant, ils ont toujours retrouvé la cause des anomalies observées; ils en ont déterminé les lois, et souvent ils ont devancé l'observation, en découvrant des inégalités qu'elle n'avait pas encore indiquées. Ainsi l'on peut dire que la nature elle-même a concouru à la perfection analytique des théories fondées sur le principe de la pesanteur universelle, et c'est, à mon sens, une des plus fortes preuves de la vérité de ce principe admirable.

L'un des phénomènes les plus remarquables du Système du monde est celui de tous les mouvements de rotation et de révolution des planètes et des satellites dans le sens de la rotation du Soleil et à peu près dans le plan de son équateur. Un phénomène aussi remarquable n'est point l'effet du hasard; il indique une cause générale qui a déterminé tous ces mouvements. Pour avoir la probabilité avec laquelle cette cause est indiquée, nous observerons que le système planétaire, tel que nous le connaissons aujourd'hui, est composé de onze planètes et de dix-huit satellites, du moins si l'on attribue, avec Herschel, six satellites à la planète Uranus. On a reconnu les mouvements de rotation du Soleil, de six planètes, de la Lune, des satellites de Jupiter, de l'anneau de Saturne et d'un de ses satellites. Ces mouvements forment, avec ceux de révolution, un ensemble de quarante-trois mouvements dirigés dans le même sens; or on trouve, par l'Analyse des Probabilités, qu'il y a plus de quatre mille milliards à parier contre un que cette disposition n'est pas l'effet du hasard, ce qui forme une probabilité bien supérieure à celle des événements historiques sur lesquels on ne se permet aucun doute. Nous devons donc croire, au moins avec la même confiance, qu'une cause primitive a dirigé les mouvements pla-

nétaires, surtout si nous considérons que l'inclinaison du plus grand
nombre de ces mouvements à l'équateur solaire est fort petite.

Un autre phénomène également remarquable du système solaire est
le peu d'excentricité des orbes des planètes et des satellites, tandis
que ceux des comètes sont très allongés, les orbes de ce système n'offrant point de nuances intermédiaires entre une grande et une petite
excentricité. Nous sommes encore forcés de reconnaître ici l'effet
d'une cause régulière; le hasard n'eût point donné une forme presque
circulaire aux orbes de toutes les planètes et de leurs satellites; il est
donc nécessaire que la cause qui a déterminé les mouvements de ces
corps les ait rendus presque circulaires. Il faut encore que les grandes
excentricités des orbes des comètes résultent de l'existence de cette
cause, sans qu'elle ait influé sur les directions de leurs mouvements;
car on trouve qu'il y a presque autant de comètes rétrogrades que de
comètes directes, et que l'inclinaison moyenne de tous leurs orbes à
l'écliptique approche très près d'un demi-angle droit, comme cela doit
être si ces corps ont été lancés au hasard.

Quelle que soit la nature de la cause dont il s'agit, puisqu'elle a
produit ou dirigé les mouvements des planètes, il faut qu'elle ait em-
brassé tous ces corps, et, vu les distances qui les séparent, elle ne peut
avoir été qu'un fluide d'une immense étendue; pour leur avoir donné,
dans le même sens, un mouvement presque circulaire autour du
Soleil, il faut que ce fluide ait environné cet astre comme une atmosphère. La considération des mouvements planétaires nous conduit
donc à penser qu'en vertu d'une chaleur excessive, l'atmosphère du
Soleil s'est primitivement étendue au delà des orbes de toutes les planètes, et qu'elle s'est resserrée successivement jusqu'à ses limites
actuelles.

Dans l'état primitif où nous supposons le Soleil, il ressemblait aux
nébuleuses que le télescope nous montre composées d'un noyau plus
ou moins brillant, entouré d'une nébulosité qui, en se condensant à la
surface du noyau, doit le transformer, un jour, en étoile. Si l'on conçoit, par analogie, toutes les étoiles formées de cette manière, on peut

imaginer leur état antérieur de nébulosité précédé lui-même par d'autres états dans lesquels la matière nébuleuse était de plus en plus diffuse, le noyau étant de moins en moins lumineux et dense. On arrive ainsi, en remontant aussi loin qu'il est possible, à une nébulosité tellement diffuse que l'on pourrait à peine en soupçonner l'existence.

Tel est, en effet, le premier état des nébuleuses que Herschel a observées avec un soin particulier au moyen de ses puissants télescopes, et dans lesquelles il a suivi les progrès de la condensation, non sur une seule, ces progrès ne pouvant devenir sensibles pour nous qu'après des siècles, mais sur leur ensemble, à peu près comme on peut, dans une vaste forêt, suivre l'accroissement des arbres sur les individus de divers âges qu'elle renferme. Il a d'abord observé la matière nébuleuse répandue en amas divers, dans les différentes parties du ciel dont elle occupe une grande étendue. Il a vu, dans quelques-uns de ces amas, cette matière faiblement condensée autour d'un ou de plusieurs noyaux peu brillants. Dans d'autres nébuleuses, ces noyaux brillent davantage relativement à la nébulosité qui les environne. Les atmosphères de chaque noyau venant à se séparer par une condensation ultérieure, il en résulte des nébuleuses multiples formées de noyaux brillants très voisins et environnés chacun d'une atmosphère; quelquefois la matière nébuleuse, en se condensant d'une manière uniforme, a produit les nébuleuses que l'on nomme *planétaires*. Enfin un plus grand degré de condensation transforme toutes ces nébuleuses en étoiles. Les nébuleuses, classées d'après cette vue philosophique, indiquent avec une extrême vraisemblance leur transformation future en étoiles et l'état antérieur de nébulosité des étoiles existantes. Les considérations suivantes viennent à l'appui des preuves tirées de ces analogies.

Depuis longtemps la disposition particulière de quelques étoiles visibles à la vue simple a frappé des observateurs philosophes. Mitchell a déjà remarqué combien il est peu probable que les étoiles des Pléiades, par exemple, aient été resserrées dans l'espace étroit qui les renferme par les seules chances du hasard, et il en a conclu que ce groupe d'étoiles et les groupes semblables que le ciel nous présente sont les

effets d'une cause primitive ou d'une loi générale de la nature. Ces
groupes sont un résultat nécessaire de la condensation des nébuleuses
à plusieurs noyaux; car il est visible que, la matière nébuleuse étant
sans cesse attirée par ces noyaux divers, ils doivent former à la longue
un groupe d'étoiles, pareil à celui des Pléiades. La condensation des
nébuleuses à deux noyaux forme semblablement des étoiles très rapprochées tournant l'une autour de l'autre, pareilles à celles dont Herschel a déjà considéré les mouvements respectifs. Telles sont encore
la soixante-unième du Cygne et sa suivante, dans lesquelles Bessel
vient de reconnaitre des mouvements propres, si considérables et si
peu différents, que la proximité de ces astres entre eux et leur mouvement autour de leur centre commun de gravité ne doivent laisser
aucun doute. Ainsi l'on descend par les progrès de condensation de
la matière nébuleuse à la considération du Soleil environné autrefois
d'une vaste atmosphère, considération à laquelle on remonte, comme
on l'a vu, par l'examen des phénomènes du système solaire. Une rencontre aussi remarquable donne à l'existence de cet état antérieur du
Soleil une probabilité fort approchante de la certitude.

Mais comment l'atmosphère solaire a-t-elle déterminé les mouvements de rotation et de révolution des planètes et des satellites? Si ces
corps avaient pénétré profondément dans cette atmosphère, sa résistance les aurait fait tomber sur le Soleil; on est donc conduit à croire,
avec beaucoup de vraisemblance, que les planètes ont été formées aux
limites successives de l'atmosphère solaire, qui, en se resserrant par
le refroidissement, a dû abandonner dans le plan de son équateur des
zones de vapeurs que l'attraction mutuelle de leurs molécules a chan-
gées en divers sphéroïdes.

J'ai développé avec étendue, dans mon *Exposition du Système du
monde*, cette hypothèse qui me parait satisfaire à tous les phénomènes
que ce système nous présente.

Dans cette hypothèse, les comètes sont étrangères au système planétaire. En rattachant leur formation à celle des nébuleuses, on peut les
regarder comme de petites nébuleuses à noyaux, errantes de systèmes

en systèmes solaires et formées par la condensation de la matière nébuleuse répandue avec tant de profusion dans l'univers. Les comètes seraient ainsi, par rapport à notre système, ce que les aérolithes sont relativement à la Terre, à laquelle ils paraissent étrangers. Lorsque ces astres deviennent visibles pour nous, ils offrent une ressemblance si parfaite avec les nébuleuses, qu'on les confond souvent avec elles, et ce n'est que par leur mouvement ou par la connaissance de toutes les nébuleuses renfermées dans la partie du ciel où ils se montrent, qu'on parvient à les en distinguer. Cette supposition explique d'une manière heureuse la grande extension que prennent les têtes et les queues des comètes, à mesure qu'elles approchent du Soleil, et l'extrême rareté de ces queues qui, malgré leur immense profondeur, n'affaiblissent point sensiblement l'éclat des étoiles que l'on voit à travers.

Lorsque de petites nébuleuses parviennent dans la partie de l'espace où l'attraction du Soleil est prédominante, et que nous nommerons *sphère d'activité* de cet astre, il les force à décrire des orbes elliptiques ou hyperboliques. Mais leur vitesse étant également possible suivant toutes les directions, elles doivent se mouvoir indifféremment dans tous les sens et sous toutes les inclinaisons à l'écliptique, ce qui est conforme à ce qu'on observe.

La grande excentricité des orbes cométaires résulte encore de l'hypothèse précédente. En effet, si ces orbes sont elliptiques, ils sont très allongés, puisque leurs grands axes sont au moins égaux au rayon de la sphère d'activité du Soleil. Mais ces orbes peuvent être hyperboliques, et si les axes de ces hyperboles ne sont pas très grands par rapport à la moyenne distance du Soleil à la Terre, le mouvement des comètes qui les décrivent paraîtra sensiblement hyperbolique. Cependant, sur cent comètes dont on a déjà les éléments, aucune n'a paru certainement se mouvoir dans une hyperbole ; il faut donc que les chances qui donnent une hyperbole sensible soient extrêmement rares par rapport aux chances contraires.

Les comètes sont si petites que, pour devenir visibles, leur distance périhélie doit être peu considérable. Jusqu'à présent cette distance n'a surpassé que deux fois le diamètre de l'orbe terrestre, et le plus souvent elle a été au-dessous du rayon de cet orbe. On conçoit que pour approcher si près du Soleil, leur vitesse au moment de leur entrée dans sa sphère d'activité doit avoir une grandeur et une direction comprises dans d'étroites limites. En déterminant par l'analyse des probabilités le rapport des chances qui, dans ces limites, donnent une hyperbole sensible, aux chances qui donnent un orbe que l'on puisse confondre avec une parabole, j'ai trouvé qu'il y a six mille au moins à parier contre l'unité qu'une nébuleuse qui pénètre dans la sphère d'activité du Soleil de manière à pouvoir être observée décrira ou une ellipse très allongée, ou une hyperbole qui par la grandeur de son axe se confondra sensiblement avec une parabole, dans la partie que l'on observe ; il n'est donc pas surprenant que jusqu'ici l'on n'ait point reconnu de mouvements hyperboliques.

L'attraction des planètes, et peut-être encore la résistance des milieux éthérés, a dû changer plusieurs orbes cométaires dans des ellipses dont le grand axe est moindre que le rayon de la sphère d'activité du Soleil, ce qui augmente les chances des orbes elliptiques. On peut croire que ce changement a eu lieu pour la comète de 1759 et pour quelques autres dont on a constaté la révolution.

Je vais présentement considérer la Terre et les fluides qui la recouvrent. Le phénomène qui peut répandre le plus de lumière sur la régularité de ses couches est la variation de la pesanteur à sa surface. On détermine cette variation soit en transportant dans des lieux divers le même pendule, et en comptant le nombre de ses oscillations dans un temps donné, soit en y mesurant directement la longueur du pendule à secondes. Ces expériences sont faciles et maintenant susceptibles d'une extrême précision ; vu leur importance dans la théorie de la Terre, elles doivent être spécialement recommandées aux navigateurs. Celles que l'on a déjà faites, quoiqu'elles laissent beaucoup à désirer, suivent cependant une marche très régulière et fort approchante de la loi de variation la plus simple, celle du carré du sinus de la latitude ; les deux hémisphères boréal et austral ne présentent point à cet égard de diffé-

rence sensible, ou du moins qui ne puisse être attribuée aux erreurs
des observations. Si l'on prend pour unité la longueur du pendule à
secondes à l'équateur, l'ensemble de ces observations donne cinquante-
quatre dix-millièmes pour le coefficient du terme proportionnel au
carré du sinus de latitude. Mes formules de probabilité, appliquées à
ce résultat, donnent plus de deux mille à parier contre un que le vrai
coefficient est compris dans les limites cinq millièmes et six millièmes.
Si la Terre est un ellipsoïde de révolution, on a son aplatissement, en
retranchant le coefficient de la loi de la pesanteur de 875 cent-mil-
lièmes. Le coefficient cinq millièmes répond ainsi à l'aplatissement $\frac{1}{272}$;
il y a donc plus de quatre mille à parier contre un que l'aplatissement
de la Terre est au-dessous de cette fraction. Il y a des millions de milliards à parier contre un qu'il est moindre que celui qui répond à
l'homogénéité de la Terre, et que les couches terrestres augmentent de
densité à mesure qu'elles approchent du centre de cette planète. La
régularité de la pesanteur à sa surface prouve qu'elles sont disposées
symétriquement autour de ce point. Ces deux conditions, suites nécessaires de l'état fluide, indiquent avec une grande vraisemblance que la
Terre entière a eu primitivement cet état, qu'une chaleur excessive a
pu seule lui donner, ce qui vient à l'appui de l'hypothèse que nous
avons émise sur la formation des corps célestes.

A l'invitation de l'Académie des Sciences, on fit à Brest, au commencement du dernier siècle, des observations de marées, qui furent
continuées pendant six années consécutives. La situation de ce port est
très favorable à ce genre d'observations. Il communique avec la mer
par un canal qui aboutit à une rade fort vaste, au fond de laquelle le
port a été construit. Les irrégularités du mouvement de la mer parviennent ainsi dans ce port très affaiblies, à peu près comme les oscillations que le mouvement irrégulier d'un vaisseau produit dans le
baromètre sont atténuées par un étranglement fait au tube de cet instrument. D'ailleurs, les marées étant considérables à Brest, les variations accidentelles causées par les vents n'en sont qu'une faible partie.
Aussi l'on remarque, dans les observations de ces marées, une grande

régularité, que ne doit point altérer la petite rivière qui vient se perdre
dans la rade immense de ce port. Frappé de cette régularité, je priai
le Gouvernement d'ordonner à Brest une nouvelle série d'observations
pendant une période entière du mouvement des nœuds de l'orbite
lunaire : c'est ce que l'on a bien voulu faire. Ces observations datent
du 1ᵉʳ juin 1806, et depuis cette époque elles ont été continuées sans
interruption jusqu'à ce jour, ce qui excède déjà la moitié de la période
dont je viens de parler. Elles m'offraient une occasion trop favorable
d'appliquer mes formules de probabilité à l'un des plus grands phénomènes de la nature, pour ne pas la saisir : j'ai trouvé qu'elles indi-
quaient, avec une extrême probabilité, les lois des hauteurs et des intervalles des marées, relatives aux phases de la Lune, aux saisons et
aux distances de la Lune et du Soleil à la Terre. Ces observations présentent à cet égard le plus parfait accord avec les observations faites un
siècle auparavant. Elles s'accordent également bien avec la loi générale de la pesanteur, à laquelle on eût pu remonter par leur seul
moyen.

La théorie des marées, que j'ai donnée d'après cette loi, dans le
Livre IV de la *Mécanique céleste*, repose sur un principe de Dynamique, qui la rend très simple et indépendante des circonstances
locales du port, circonstances trop compliquées pour qu'il soit possible
de les soumettre au calcul. Au moyen de ce principe, elles entrent
comme arbitraires dans les résultats de l'Analyse, qui doivent ainsi
représenter les observations, si la gravitation universelle est en effet la
véritable cause du flux et du reflux de la mer. Voici quel est ce principe, qui peut s'appliquer à beaucoup d'autres phénomènes : *L'état
d'un système de corps, dans lequel les conditions primitives du mouvement
ont disparu par les résistances qu'il éprouve, est périodique comme les
forces qui l'animent.* En réunissant ce principe à celui de la coexistence
des oscillations très petites, je suis parvenu à une expression de la
hauteur des marées, dont les arbitraires comprennent l'effet des circonstances locales du port. Les nombreuses variétés des marées et les modifications qu'elles reçoivent de ces circonstances sont toutes repré-

sentées par cette expression, avec une singulière exactitude. L'une de ces modifications les plus remarquables est le retard d'un jour et demi des plus grandes et des plus petites marées sur les instants des syzygies et des quadratures. L'expression dont il s'agit fait voir qu'il dépend de la rapidité du mouvement de l'astre qui agit sur l'Océan, combinée avec les circonstances locales, et que la même cause produit à Brest un accroissement dans le rapport des actions du Soleil et de la Lune. L'Analyse fournit divers moyens pour déterminer cet accroissement par les observations, qui le donnent égal à un huitième à peu près du vrai rapport.

L'action du Soleil et de la Lune produit sans doute dans notre atmosphère, qu'elle traverse pour arriver à l'Océan, des oscillations analogues à celles du flux et du reflux. Mais elles sont très faibles, et, pour les démêler au milieu des mouvements de l'atmosphère, il faudra une longue suite d'observations faites avec d'excellents baromètres, principalement à l'équateur, où les changements irréguliers de l'atmosphère sont peu considérables.

Le principe qui sert de base à ma théorie des marées peut, en le généralisant, s'étendre à tous les effets du hasard auquel se joignent des causes variables suivant des lois régulières. L'action de ces causes produit, dans les résultats d'un grand nombre d'effets, des variétés qui suivent les mêmes lois et que l'on peut reconnaitre par l'Analyse des Probabilités; à mesure que les effets se multiplient, ces variétés se manifestent avec une probabilité toujours croissante, et qui se confondrait avec la certitude, si le nombre des effets était infini. Ce théorème est analogue à celui que j'ai développé précédemment sur l'action des causes constantes. Toutes les fois donc que nous voyons qu'une cause, dont la marche est régulière, peut influer sur un genre d'événements, nous pouvons chercher à reconnaitre son influence en multipliant les observations, et, quand cette influence parait se manifester, l'Analyse des Probabilités détermine la probabilité de son existence et celle de son intensité. Ainsi, la variation de la température du jour à la nuit pouvant modifier la pression de l'atmosphère et par conséquent les hauteurs du baromètre, il est naturel de penser que des observations multipliées de ces hauteurs doivent manifester l'influence de la chaleur solaire. En effet, on a depuis longtemps reconnu à l'équateur, où cette influence paraît être la plus grande, une petite variation diurne du baromètre, dont le maximum a lieu vers 9 heures du matin et le minimum vers 4 heures du soir. Un second maximum a lieu vers 11 heures du soir et le second minimum vers 4 heures du matin. Les oscillations de la nuit sont moindres que celles du jour, dont l'étendue est de deux millimètres. L'inconstance de nos climats n'a point dérobé cette variation à nos observateurs, quoiqu'elle y soit moins sensible qu'entre les tropiques. En appliquant les formules de probabilité aux observations nombreuses et précises faites par Ramond pendant plusieurs années consécutives, on voit qu'elles indiquent l'existence de ce phénomène avec une extrème probabilité. Ces observations lui ont fait découvrir encore une variation dans le baromètre, dépendante des saisons. Il trouve sa hauteur moyenne de chaque mois, à son premier maximum peu après le solstice d'hiver, et à son premier minimum en avril; un second maximum a lieu vers le solstice d'été, et le second minimum en septembre. L'Analyse nous montre que ces résultats sont déjà indiqués avec vraisemblance; ils sont confirmés d'ailleurs par d'autres observations. La suite des temps fera connaître si les mois des plus grandes et des plus petites hauteurs sont les mêmes dans les climats divers. Ces variations annuelles et diurnes du baromètre sont dues sans doute, ainsi que les vents alizés et les moussons, à la chaleur solaire combinée avec le mouvement de rotation de la Terre. Mais il est presque impossible de soumettre au calcul des effets aussi compliqués.

On peut encore, par l'Analyse des Probabilités, vérifier l'existence ou l'influence de certaines causes dont on a cru remarquer l'action sur les êtres organisés. De tous les instruments que nous pouvons employer pour connaître les agents imperceptibles de la nature, les plus sensibles sont les nerfs, surtout lorsque des causes particulières exaltent leur sensibilité. C'est par leur moyen qu'on a découvert la faible électricité que développe le contact de deux métaux hétérogènes, ce qui a ouvert un champ vaste aux recherches des physiciens et des chimistes. Les phénomènes singuliers qui résultent de l'extrême sensibilité des nerfs dans quelques individus ont donné naissance à diverses opinions sur l'existence d'un nouvel agent, que l'on a nommé *magnétisme animal*, sur l'action du magnétisme ordinaire, et sur l'influence du Soleil et de la Lune, dans quelques affections nerveuses, enfin sur les impressions que peut faire éprouver la proximité des métaux ou d'une eau courante. Il est naturel de penser que l'action de ces causes est très faible, et qu'elle peut être facilement troublée par des circonstances accidentelles; ainsi, parce que dans quelques cas elle ne s'est point manifestée, on ne doit pas rejeter son existence. Nous sommes si loin de connaître tous les agents de la nature et leurs divers modes d'action qu'il serait peu philosophique de nier les phénomènes, uniquement parce qu'ils sont inexplicables dans l'état actuel de nos connaissances. Seulement, nous devons les examiner avec une attention d'autant plus scrupuleuse qu'il paraît plus difficile de les admettre, et c'est ici que le Calcul des Probabilités devient indispensable pour déterminer jusqu'à quel point il faut multiplier les observations ou les expériences, afin d'obtenir en faveur des agents qu'elles indiquent une probabilité supérieure aux raisons que l'on peut avoir d'ailleurs de ne pas les admettre.

Le Calcul des Probabilités peut faire apprécier les avantages et les inconvénients des méthodes employées dans les sciences conjecturales. Ainsi, pour reconnaître le meilleur des traitements en usage dans la guérison d'une maladie, il suffit d'éprouver chacun d'eux sur un même nombre de malades, en rendant toutes les circonstances parfaitement semblables; la supériorité du traitement le plus avantageux se manifestera de plus en plus, à mesure que ce nombre s'accroîtra, et le calcul fera connaître la probabilité correspondante de son avantage, et du rapport suivant lequel il est supérieur aux autres.

Application du Calcul des Probabilités aux sciences morales.

On vient de voir les avantages qu'offre l'Analyse des Probabilités, dans la recherche des lois des phénomènes naturels dont les causes sont inconnues, ou trop compliquées pour que leurs effets puissent être soumis au calcül. C'est le cas de presque tous les objets des sciences morales. Tant de causes imprévues, ou cachées, ou inappréciables influent sur les institutions humaines, qu'il est impossible d'en juger *a priori* les résultats. La série des événements que le temps amène développe ces résultats et indique les moyens de remédier à ceux qui sont nuisibles. On a souvent fait à cet égard des lois sages ; mais, parce que l'on avait négligé d'en conserver les motifs, plusieurs ont été abrogées comme inutiles, et il a fallu, pour les rétablir, que de fâcheuses expériences en aient fait de nouveau sentir le besoin. Il est donc bien important de tenir, dans chaque branche de l'administration publique, un registre exact des effets qu'ont produits les divers moyens dont on a fait usage, et qui sont autant d'expériences faites en grand par les gouvernements. Appliquons aux sciences politiques et morales la méthode fondée sur l'observation et sur le calcul, méthode qui nous a si bien servi dans les sciences naturelles. N'opposons point une résistance inutile et souvent dangereuse aux effets inévitables du progrès des lumières ; mais ne changeons qu'avec une circonspection extrême nos institutions et les usages auxquels nous sommes depuis longtemps pliés. Nous connaissons bien, par l'expérience du passé, les inconvénients qu'ils présentent ; mais nous ignorons quelle est l'étendue des maux que leur changement peut produire. Dans cette ignorance, la théorie des probabilités prescrit d'éviter tout changement ; surtout il faut éviter les changements brusques, qui, dans l'ordre moral comme dans l'ordre physique, ne s'opèrent jamais sans une grande perte de force vive.

Déjà le Calcul des Probabilités a été appliqué avec succès à plusieurs objets des sciences morales. Je vais en présenter ici les principaux résultats.

De la Probabilité des témoignages.

La plupart de nos jugements étant fondés sur la probabilité des témoignages, il est bien important de la soumettre au calcul. La chose, il est vrai, devient souvent impossible, par la difficulté d'apprécier la véracité des témoins, et par le grand nombre de circonstances dont les faits qu'ils attestent sont accompagnés. Mais on peut, dans plusieurs cas, résoudre des problèmes qui ont beaucoup d'analogie avec les questions qu'on se propose, et dont les solutions peuvent être regardées comme des approximations propres à nous guider et à nous garantir des erreurs et des dangers auxquels de mauvais raisonnements nous exposent. Une approximation de ce genre, lorsqu'elle est bien conduite, est toujours préférable aux raisonnements les plus spécieux. Essayons donc de donner quelques règles générales pour y parvenir.

On a extrait un seul numéro d'une urne qui en renferme mille. Un témoin de ce tirage annonce que le n° 79 est sorti; on demande la probabilité de cette sortie. Supposons que l'expérience ait fait connaître que ce témoin trompe une fois sur dix, en sorte que la probabilité de son témoignage soit $\frac{1}{10}$. Ici, l'événement observé est le témoin attestant que le n° 79 est sorti. Cet événement peut résulter des deux hypothèses suivantes, savoir que le témoin énonce la vérité, ou qu'il trompe. Suivant le principe que nous avons exposé sur la probabilité des causes, tirée des événements observés, il faut d'abord déterminer *a' priori* la probabilité de l'événement dans chaque hypothèse. Dans la première, la probabilité que le témoin annoncera le n° 79 est la probabilité même de la sortie de ce numéro, c'est-à-dire $\frac{1}{1000}$. Il faut la multiplier par la probabilité $\frac{9}{10}$ de la véracité du témoin ; on aura donc $\frac{9}{10000}$ pour la probabilité de l'événement observé dans cette hypothèse. Si le témoin trompe, le n° 79 n'est pas sorti, et la probabilité de ce cas est $\frac{999}{1000}$. Mais, pour annoncer la sortie de ce numéro, le témoin doit le choisir parmi les 999 numéros non sortis, et, comme il est supposé n'avoir aucun motif de préférence pour les uns plutôt que pour les autres, la probabilité qu'il choisira le n° 79 est $\frac{1}{999}$; en multipliant donc cette probabilité par la précédente, on aura $\frac{1}{1000}$ pour la probabilité que le témoin annoncera le n° 79 dans la seconde hypothèse. Il faut encore multiplier cette probabilité par la probabilité $\frac{1}{10}$ de l'hypothèse elle-même, ce qui donne $\frac{1}{10000}$ pour la probabilité de l'événement relative à cette hypothèse. Présentement, si l'on forme une fraction dont le numérateur soit la probabilité relative à la première hypothèse, et dont le dénominateur soit la somme des probabilités relatives aux deux hypothèses, on aura, par le sixième principe, la probabilité de la première hypothèse, et cette probabilité sera $\frac{9}{10}$, c'est-à-dire la véracité même du témoin. C'est aussi la probabilité de la sortie du n° 79. La probabilité du mensonge du témoin et de la non-sortie de ce numéro est $\frac{1}{10}$.

Si le témoin, voulant tromper, avait quelque intérêt à choisir le n° 79 parmi les numéros non sortis, s'il jugeait, par exemple, qu'ayant placé sur ce numéro une mise considérable, l'annonce de sa sortie augmentera son crédit, la probabilité qu'il choisira ce numéro ne sera plus, comme auparavant, $\frac{1}{999}$; elle pourra être alors $\frac{1}{2}$, $\frac{1}{3}$, etc., suivant l'intérêt qu'il aura d'annoncer sa sortie. En la supposant $\frac{1}{9}$, il faudra multiplier par cette fraction la probabilité $\frac{999}{1000}$ pour avoir, dans l'hypothèse du mensonge, la probabilité de l'événement observé, qu'il faut encore multiplier par $\frac{1}{10}$, ce qui donne $\frac{111}{10000}$ pour la probabilité de l'événement dans la seconde hypothèse. Alors la probabilité de la première hypothèse, ou de la sortie du n° 79, se réduit, par la règle précédente, à $\frac{9}{120}$. Elle est donc très affaiblie par la considération de l'intérêt que le témoin peut avoir à annoncer la sortie du n° 79. A la vérité, ce même intérêt augmente la probabilité $\frac{9}{10}$ que le témoin dira la vérité, si le n° 79 sort. Mais cette probabilité ne peut excéder l'unité ou $\frac{10}{10}$; ainsi la probabilité de la sortie du n° 79 ne surpassera pas $\frac{10}{121}$. Le bon sens nous dicte que cet intérêt doit inspirer de la défiance, mais le calcul en apprécie l'influence.

La probabilité *a priori* du numéro énoncé par le témoin est l'unité divisée par le nombre des numéros de l'urne; elle se transforme, en vertu du témoignage, dans la véracité même du témoin; elle peut donc être affaiblie par ce témoignage. Si, par exemple, l'urne ne renferme que deux numéros, ce qui donne $\frac{1}{2}$ pour la probabilité *a priori* de la sortie du n° 1, et si la véracité d'un témoin qui l'annonce est $\frac{1}{10}$, cette sortie en devient moins probable. En effet, il est visible que, le témoin ayant alors plus de pente vers le mensonge que vers la vérité, son témoignage doit diminuer la probabilité du fait attesté, toutes les fois que cette probabilité égale ou surpasse $\frac{1}{2}$. Mais, s'il y a trois numéros dans l'urne, la probabilité *a priori* de la sortie du n° 1 est accrue par l'affirmation d'un témoin dont la véracité surpasse $\frac{1}{3}$.

Supposons maintenant que l'urne renferme 999 boules noires et une boule blanche, et qu'une boule en ayant été extraite, un témoin du tirage annonce que cette boule est blanche. La probabilité de l'événement observé, déterminée *a priori* dans la première hypothèse, sera ici, comme dans la question précédente, égale à $\frac{9}{10000}$. Mais, dans l'hypothèse où le témoin trompe, la boule blanche n'est pas sortie, et la probabilité de ce cas est $\frac{999}{1000}$. Il faut la multiplier par la probabilité $\frac{1}{2}$ du mensonge, ce qui donne $\frac{999}{10000}$ pour la probabilité de l'événement observé, relative à la seconde hypothèse. Cette probabilité n'était que $\frac{1}{10000}$ dans la question précédente; cette grande différence tient à ce qu'une boule noire étant sortie, le témoin qui veut tromper n'a point de choix à faire parmi les 999 boules non sorties, pour annoncer la sortie d'une boule blanche. Maintenant, si l'on forme deux fractions dont les numérateurs soient les probabilités relatives à chaque hypothèse, et dont le dénominateur commun soit la somme de ces probabilités, on aura $\frac{9}{1008}$ pour la probabilité de la première hypothèse et de la sortie d'une boule blanche, et $\frac{999}{1008}$ pour la probabilité de la seconde hypothèse et de la sortie d'une boule noire. Cette dernière probabilité est fort approchante de la certitude : elle en approcherait beaucoup plus encore, et deviendrait $\frac{999999}{1000008}$, si l'urne renfermait un million de boules, dont une seule serait blanche, la sortie d'une boule blanche devenant alors beaucoup plus extraordinaire. On voit ainsi comment la probabilité du mensonge croit à mesure que le fait devient plus extraordinaire.

Nous avons supposé jusqu'ici que le témoin ne se trompait point; mais, si l'on admet encore la chance de son erreur, le fait extraordinaire devient plus invraisemblable. Alors, au lieu de deux hypothèses, on aura les quatre suivantes, savoir : celle du témoin ne trompant point et ne se trompant point; celle du témoin ne trompant point et se trompant : l'hypothèse du témoin trompant et ne se trompant point ; enfin celle du témoin trompant et se trompant. En déterminant *a priori*, dans chacune de ces hypothèses, la probabilité de l'événement observé, on trouve, par le sixième principe, la probabilité que le fait attesté est faux égale à une fraction dont le numérateur est le nombre des boules noires de l'urne, multiplié par la somme des probabilités que le témoin ne trompe point et se trompe, ou qu'il trompe et ne se trompe point, et dont le dénominateur est ce numérateur augmenté de la somme des probabilités que le témoin ne trompe point et ne se trompe point, ou qu'il trompe et se trompe à la fois. On voit par là que, si le nombre des boules noires de l'urne est très grand, ce qui rend extraordinaire la sortie de la boule blanche, la probabilité que le fait attesté n'est pas approche extrêmement de la certitude.

En étendant cette conséquence à tous les faits extraordinaires, il en résulte que la probabilité de l'erreur ou du mensonge du témoin devient d'autant plus grande que le fait attesté est plus extraordinaire. Quelques auteurs ont avancé le contraire, en se fondant sur ce que, la vue d'un fait extraordinaire étant parfaitement semblable à celle d'un fait ordinaire, les mêmes motifs doivent nous porter à croire également le témoin, quand il affirme l'un ou l'autre de ces faits. Le simple bon sens repousse une aussi étrange assertion; mais le Calcul des Probabilités, en confirmant l'indication du sens commun, apprécie, de plus, l'invraisemblance des témoignages sur les faits extraordinaires.

On insiste et l'on suppose deux témoins également dignes de foi, dont le premier atteste qu'il a vu mort, il y a quinze jours, un individu que le second témoin affirme avoir vu hier plein de vie. L'un ou l'autre de ces faits n'offre rien d'invraisemblable. La résurrection de l'individu est une conséquence de leur ensemble; mais, les témoignages ne portant point directement sur elle, ce qu'elle a d'extraordinaire ne doit point affaiblir la croyance qui leur est due. (*Encyclopédie*, art. *Certitude*.)

Cependant, si la conséquence qui résulte de l'ensemble des témoignages était impossible, l'un d'eux serait nécessairement faux; or une conséquence impossible est la limite des conséquences extraordinaires, comme l'erreur est la limite des invraisemblances; la valeur des témoignages, qui devient nulle dans le cas d'une conséquence impossible, doit donc être très affaiblie dans celui d'une conséquence extraordinaire. C'est, en effet, ce que le Calcul des Probabilités confirme.

Pour le faire voir, considérons deux urnes A et B, dont la première contienne un million de boules blanches, et la seconde un million de boules noires. On tire de l'une de ces urnes une boule que l'on remet dans l'autre urne dont on extrait ensuite une boule. Deux témoins, l'un du premier tirage et l'autre du second, attestent que la boule qu'ils ont vu extraire est blanche. Chaque témoignage, pris isolément, n'a rien d'invraisemblable, et il est facile de voir que la probabilité du fait attesté est la véracité même du témoin. Mais il suit, de l'ensemble des témoignages, qu'une boule blanche a été extraite de l'urne A au premier tirage, et qu'ensuite, mise dans l'urne B, elle a reparu au second tirage, ce qui est fort extraordinaire; car cette seconde urne renfermant alors une boule blanche sur un million de boules noires, la probabilité d'en extraire la boule blanche est $\frac{1}{1000001}$. Pour déterminer l'affaiblissement qui en résulte dans la probabilité de la chose énoncée par les deux témoins, nous remarquerons que l'événement observé est ici l'affirmation par chacun d'eux que la boule qu'il a vu extraire est blanche. Représentons par $\frac{9}{10}$ la probabilité qu'il énonce la vérité, ce qui peut avoir lieu dans le cas présent, lorsque le témoin ne trompe point et ne se trompe point, et lorsqu'il trompe et se trompe à la fois. On peut former les quatre hypothèses suivantes.

1° Le premier et le second témoin disent la vérité. Alors une boule blanche a d'abord été extraite de l'urne A, et la probabilité de cet événement est $\frac{1}{2}$, puisque la boule extraite au premier tirage a pu sortir également de l'une ou de l'autre urne. Ensuite, la boule extraite mise dans l'urne B a reparu au second tirage : la probabilité de cet événement est $\frac{1}{1000001}$; la probabilité du fait énoncé est donc $\frac{1}{2000002}$. En la multipliant par le produit des probabilités $\frac{9}{10}$ et $\frac{9}{10}$ que les témoins disent la vérité, on aura $\frac{81}{200000200}$ pour la probabilité de l'événement observé, dans cette première hypothèse.

2° Le premier témoin dit la vérité, et le second ne la dit point, soit qu'il trompe et ne se trompe point, soit qu'il ne trompe point et se trompe. Alors une boule blanche est sortie de l'urne A au premier tirage, et la probabilité de cet événement est $\frac{1}{2}$. Ensuite cette boule ayant été mise dans l'urne B, une boule noire en a été extraite : la probabilité de cette extraction est $\frac{1000000}{1000001}$; on a donc $\frac{1000000}{2000002}$ pour la probabilité de l'événement composé. En la multipliant par le produit des deux probabilités $\frac{9}{10}$ et $\frac{1}{10}$ que le premier témoin dit la vérité et que le second ne la dit point, on aura $\frac{9000000}{200000200}$ pour la probabilité de l'événement observé, dans la seconde hypothèse.

3° Le premier témoin ne dit pas la vérité, et le second l'énonce. Alors une boule noire est sortie de l'urne B au premier tirage, et après avoir été mise dans l'urne A, une boule blanche a été extraite de cette urne. La probabilité du premier de ces événements est $\frac{1}{2}$, et celle du second est $\frac{1000000}{1000001}$; la probabilité de l'événement composé est donc $\frac{1000000}{2000002}$. En la multipliant par le produit des probabilités $\frac{1}{10}$ et $\frac{9}{10}$, que le premier témoin ne dit pas la vérité et que le second l'énonce, on aura $\frac{9000000}{200000200}$ pour la probabilité de l'événement observé, relative à cette hypothèse.

4° Enfin aucun des témoins ne dit la vérité. Alors une boule noire a été extraite de l'urne B au premier tirage ; ensuite, ayant été mise dans l'urne A, elle a reparu au second tirage : la probabilité de cet événement composé est $\frac{1}{2000002}$. En la multipliant par le produit des probabilités $\frac{1}{10}$ et $\frac{1}{10}$ que chaque témoin ne dit pas la vérité, on aura

$\frac{1}{200000200}$ pour la probabilité de l'événement observé, dans cette hypothèse.

Maintenant, pour avoir la probabilité de la chose énoncée par les
deux témoins, savoir, qu'une boule blanche a été extraite à chacun des
tirages, il faut diviser la probabilité correspondante à la première
hypothèse par la somme des probabilités relatives aux quatre hypothèses, et alors on a pour cette probabilité $\frac{81}{18000082}$, fraction extrêmement petite.

Si les deux témoins affirmaient, le premier qu'une boule blanche a
été extraite de l'une des deux urnes A et B, le second qu'une boule
blanche a été pareillement extraite de l'une des deux urnes A' et B', en
tout semblables aux premières, la probabilité de la chose énoncée par
les deux témoins serait le produit des probabilités de leurs témoignages ou $\frac{81}{100}$; elle serait donc cent quatre-vingt mille fois, au moins,
plus grande que la précédente. On voit par là combien, dans le premier cas, la réapparition au second tirage de la boule blanche extraite
au premier, conséquence extraordinaire des deux témoignages, en
affaiblit la valeur.

Nous n'ajouterions point foi au témoignage d'un homme qui nous
attesterait qu'en projetant cent dés en l'air ils sont tous retombés sur
la même face. Si nous avions été nous-mêmes spectateurs de cet événement, nous n'en croirions nos propres yeux qu'après en avoir scrupu-
leusement examiné toutes les circonstances, et après en avoir rendu
d'autres yeux témoins, pour être bien sûrs qu'il n'y a eu ni hallucina-
tion ni prestige. Mais, après cet examen, nous ne balancerions point à
l'admettre, malgré son extrême invraisemblance, et personne ne serait
tenté, pour l'expliquer, de recourir à un renversement des lois de la
vision. Nous devons en conclure que la probabilité de la constance des
lois de la nature est pour nous supérieure à celle que l'événement dont
il s'agit ne doit point avoir lieu, probabilité supérieure elle-même à
celle de la plupart des faits historiques que nous regardons comme in-
contestables. On peut juger par là du poids immense de témoignages
nécessaire pour admettre une suspension des lois naturelles, et com-

bien il serait abusif d'appliquer à ce cas les règles ordinaires de la critique. Tous ceux qui, sans offrir cette immensité de témoignages, étayent ce qu'ils avancent de récits d'événements contraires à ces lois, affaiblissent plutôt qu'ils n'augmentent la croyance qu'ils cherchent à inspirer; car alors ces récits rendent très probable l'erreur ou le mensonge de leurs auteurs. Mais ce qui diminue la croyance des hommes éclairés accroît souvent celle du vulgaire, toujours avide du merveilleux.

Il y a des choses tellement extraordinaires, que rien ne peut en balancer l'invraisemblance. Mais celle-ci, par l'effet d'une opinion dominante, peut être affaiblie au point de paraître inférieure à la probabilité des témoignages, et quand cette opinion vient à changer, un récit absurde, admis unanimement dans le siècle qui lui a donné naissance, n'offre aux siècles suivants qu'une nouvelle preuve de l'extrême influence de l'opinion générale, sur les meilleurs esprits. Deux grands hommes du siècle de Louis XIV, Racine et Pascal, en sont des exemples frappants. Il est affligeant de voir avec quelle complaisance Racine, ce peintre admirable du cœur humain et le poète le plus parfait qui fut jamais, rapporte comme miraculeuse la guérison de la jeune Perrier, nièce de Pascal et pensionnaire à l'abbaye de Port-Royal; il est pénible de lire les raisonnements par lesquels Pascal cherche à prouver que ce miracle devenait nécessaire à la religion, pour justifier la doctrine des religieuses de cette abbaye, alors persécutées par les Jésuites. La jeune Perrier était depuis trois ans et demi affligée d'une fistule lacrymale ; elle toucha de son œil malade une relique que l'on prétendait être une des épines de la couronne du Sauveur, et elle se crut à l'instant guérie. Quelques jours après, les médecins et les chirurgiens constatèrent la guérison, et ils jugèrent que la nature et les remèdes n'y avaient eu aucune part. Cet événement, arrivé en 1656, ayant fait un grand bruit, « tout Paris se porta », dit Racine, « à Port-Royal. La foule croissait de jour en jour, et Dieu même semblait prendre plaisir à autoriser la dévotion des peuples par la quantité de miracles qui se firent en cette église. » A cette époque, les miracles et les sortilèges ne paraissaient pas encore invraisemblables, et l'on n'hésitait point à leur attribuer les singularités de la nature, que l'on ne pouvait autrement expliquer.

Cette manière d'envisager les effets extraordinaires se retrouve dans les ouvrages les plus remarquables du siècle de Louis XIV, dans l'*Essai même sur l'entendement humain* du sage Locke, qui dit en parlant des degrés d'assentiment : « Quoique la commune expérience et le cours ordinaire des choses aient avec raison une grande influence sur l'esprit des hommes, pour les porter à donner ou à refuser leur consentement à une chose qui leur est proposée à croire, il y a pourtant un cas où ce qu'il y a d'étrange dans un fait n'affaiblit point l'assentiment que nous devons donner au témoignage sincère sur lequel il est fondé. Lorsque des événements surnaturels sont conformes aux fins que se propose celui qui a le pouvoir de changer le cours de la nature, dans un tel temps et dans de telles circonstances, ils peuvent être d'autant plus propres à trouver créance dans nos esprits qu'ils sont plus au-dessus des observations ordinaires, ou même qu'ils y sont plus opposés. » Les vrais principes de la probabilité des témoignages ayant été ainsi méconnus des philosophes auxquels la raison est principalement redevable de ses progrès, j'ai cru devoir exposer avec étendue les résultats du calcul sur cet important objet.

Ici se présente naturellement la discussion d'un argument fameux de Pascal, que Craig, mathématicien anglais, a reproduit sous une forme géométrique. Des témoins attestent qu'ils tiennent de la Divinité même qu'en se conformant à telle chose on jouira, non pas d'une ou de deux, mais d'une infinité de vies heureuses. Quelque faible que soit la probabilité des témoignages, pourvu qu'elle ne soit pas infiniment petite, il est clair que l'avantage de ceux qui se conforment à la chose prescrite est infini, puisqu'il est le produit de cette probabilité par un bien infini ; on ne doit donc point balancer à se procurer cet avantage.

Cet argument est fondé sur le nombre infini des vies heureuses promises au nom de la Divinité par les témoins ; il faudrait donc faire ce qu'ils prescrivent, précisément parce qu'ils exagèrent leurs promesses au delà de toutes limites, conséquence qui répugne au bon sens. Aussi le calcul nous fait-il voir que cette exagération même affaiblit la probabilité de leur témoignage, au point de la rendre infiniment petite ou nulle. En effet, ce cas revient à celui d'un témoin qui annoncerait la sortie du numéro le plus élevé, d'une urne remplie d'un grand nombre de numéros dont un seul a été extrait, et qui aurait un grand intérêt à annoncer la sortie de ce numéro. On a vu précédemment combien cet intérêt affaiblit son témoignage. En n'évaluant qu'à $\frac{1}{2}$ la probabilité que si le témoin trompe, il choisira le plus grand numéro, le calcul donne la probabilité de son annonce plus petite qu'une fraction dont le numérateur est l'unité, et dont le dénominateur est l'unité plus la moitié du produit du nombre des numéros, par la probabilité du mensonge, considérée *a priori* ou indépendamment de l'annonce. Pour assimiler ce cas à celui de l'argument de Pascal, il suffit de représenter par les numéros de l'urne tous les nombres possibles de vies heureuses, ce qui rend le nombre de ces numéros infini, et d'observer que, si les témoins trompent, ils ont le plus grand intérêt, pour accréditer leur mensonge, à promettre une éternité de bonheur. L'expression de la probabilité de leur témoignage devient alors infiniment petite. En la multipliant par le nombre infini de vies heureuses promises, l'infini disparaît du produit qui exprime l'avantage résultant de cette promesse, ce qui détruit l'argument de Pascal.

Considérons présentement la probabilité de l'ensemble de plusieurs témoignages sur un fait déterminé. Pour fixer les idées, supposons que ce fait soit la sortie d'un numéro d'une urne qui en renferme cent, et dont on a extrait un seul numéro. Deux témoins de ce tirage annoncent que le n° 1 est sorti, et l'on demande la probabilité résultante de l'ensemble de ces témoignages. On peut former ces deux hypothèses : les témoins disent la vérité; les témoins trompent. Dans la première hypothèse, le n° 1 est sorti, et la probabilité de cet événement est $\frac{1}{100}$. Il faut la multiplier par le produit des véracités des témoins, véracités que nous supposerons être $\frac{9}{10}$ et $\frac{7}{10}$; on aura donc $\frac{63}{10000}$ pour la probabilité de l'événement observé, dans cette hypothèse. Dans la seconde, le n° 1 n'est pas sorti, et la probabilité de cet événement est $\frac{99}{100}$. Mais l'accord des témoins exige alors qu'en cherchant à tromper, ils choisissent tous deux le n° 1, sur les 99 numéros non sortis : la probabilité de ce choix est le produit de la fraction $\frac{1}{99}$ par elle-même ; il faut ensuite multiplier ces deux probabilités ensemble et par le produit des probabilités $\frac{1}{10}$ et $\frac{2}{10}$ que les témoins trompent ; on aura ainsi $\frac{1}{330000}$ pour la probabilité de l'événement observé, dans la seconde hypothèse. Maintenant on aura la probabilité du fait attesté ou de la sortie du n° 1, en divisant la probabilité relative à la première hypothèse par la somme des probabilités relatives aux deux hypothèses; cette probabilité sera donc $\frac{2079}{2080}$, et la probabilité de la non-sortie de ce numéro et du mensonge des témoins sera $\frac{1}{2080}$.

Si l'urne ne renfermait que les n°s 1 et 2, on trouverait de la même manière $\frac{21}{22}$ pour la probabilité de la sortie n° 2, et par conséquent $\frac{1}{22}$ pour la probabilité du mensonge des témoins, probabilité quatre-vingt-quatorze fois au moins plus grande que la précédente. On voit par là combien la probabilité du mensonge des témoins diminue, quand le fait qu'ils attestent est moins probable en lui-même. En effet, on conçoit qu'alors l'accord des témoins, lorsqu'ils trompent, devient plus difficile, à moins qu'ils ne s'entendent, ce que nous ne supposons pas ici.

Dans le cas précédent, où, l'urne ne renfermant que deux numéros, la probabilité *a priori* du fait attesté est $\frac{1}{2}$, la probabilité résultante des témoignagnes est le produit des véracités des témoins, divisé par ce produit ajouté à celui des probabilités respectives de leur mensonge.

Il nous reste à considérer l'influence du temps sur la probabilité des faits transmis par une chaine traditionnelle de témoins. Il est clair que cette probabilité doit diminuer à mesure que la chaine se prolonge. Si le fait n'a aucune probabilité par lui-même, celle qu'il acquiert par les témoignages décroit suivant le produit continu de la véracité des témoins. Si le fait a par lui-même une probabilité, si, par exemple, ce fait est la sortie du n° 2 d'une urne qui en renferme un nombre fini et dont il est certain qu'on a extrait un seul numéro, ce que la chaîne traditionnelle ajoute à cette probabilité décroît suivant un produit continu, dont le premier facteur est le rapport du nombre des numéros de l'urne moins un à ce même nombre, et dont chaque autre facteur est la véracité de chaque témoin, diminuée du rapport de la probabilité de son mensonge au nombre des numéros de l'urne moins un ; en sorte que la limite de la probabilité du fait est celle de ce fait considéré *a priori* ou indépendamment des témoignages, probabilité égale à l'unité divisée par le nombre des numéros de l'urne.

L'action du temps affaiblit donc sans cesse la probabilité des faits historiques, comme elle altère les monuments les plus durables. On peut, à la vérité, la ralentir en multipliant et conservant les témoignages et les monuments qui les étayent. L'imprimerie offre pour cet objet un grand moyen, malheureusement inconnu des anciens. Malgré les avantages infinis qu'elle procure, les révolutions physiques et morales dont la surface de ce globe sera toujours agitée finiront, en se joignant à l'effet inévitable du temps, par rendre douteux, après des milliers d'années, les faits historiques aujourd'hui les plus certains.

Craig a essayé de soumettre au calcul l'affaiblissement graduel des preuves de la religion chrétienne : en supposant que le monde doit finir à l'époque où elle cessera d'être probable, il trouve que cela doit arriver 1454 ans après le moment où il écrit. Mais son analyse est aussi fautive que son hypothèse sur la durée du monde est bizarre.

Des choix et des décisions des assemblées.

La probabilité des décisions d'une assemblée dépend de la pluralité des voix, des lumières et de l'impartialité des membres qui la composent. Tant de passions et d'intérêts particuliers y mêlent si souvent leur influence, qu'il est impossible de soumettre au calcul cette probabilité. Il y a cependant quelques résultats généraux dictés par le simple bon sens, et que le calcul confirme. Si, par exemple, l'assemblée est très peu éclairée sur l'objet soumis à sa décision, si cet objet

exige des considérations délicates, ou si la vérité sur ce point est contraire à des préjugés reçus, en sorte qu'il y ait plus d'un contre un à
parier que chaque votant s'en écartera, alors la décision de la majorité
sera probablement mauvaise, et la crainte à cet égard sera d'autant
plus juste que l'assemblée sera plus nombreuse. Il importe donc à la
chose publique que les assemblées n'aient à prononcer que sur des
objets à la portée du plus grand nombre; il lui importe que l'instruction soit généralement répandue, et que de bons ouvrages, fondés sur
la raison et sur l'expérience, éclairent ceux qui sont appelés à décider
du sort de leurs semblables ou à les gouverner, et les prémunissent
d'avance contre les faux aperçus et les préventions de l'ignorance. Les
savants ont de fréquentes occasions de remarquer que les premiers
aperçus trompent souvent, et que le vrai n'est pas toujours vraisemblable.

Il est difficile de connaitre et même de définir le vœu d'une assemblée, au milieu de la variété des opinions de ses membres. Essayons de
donner sur cela quelques règles, en considérant les deux cas les plus
ordinaires, l'élection entre plusieurs candidats, et celle entre plusieurs
propositions relatives au même objet.

Lorsqu'une assemblée doit choisir entre plusieurs candidats qui se
présentent pour une ou plusieurs places du même genre, ce qui parait
le plus simple est de faire écrire à chaque votant, sur un billet, les
noms de tous les candidats, suivant l'ordre du mérite qu'il leur attribue. En supposant qu'il les classe de bonne foi, l'inspection de ces
billets fera connaitre les résultats des élections, de quelque manière
que les candidats soient comparés entre eux, en sorte que de nouvelles
élections ne peuvent apprendre rien de plus à cet égard. Il s'agit présentement d'en conclure l'ordre de préférence que les billets établissent entre les candidats. Imaginons que l'on donne à chaque électeur
une urne qui contienne une infinité de boules, au moyen desquelles il
puisse nuancer tous les degrés de mérite des candidats; concevons
encore qu'il tire de son urne un nombre de boules proportionnel au
mérite de chaque candidat, et supposons ce nombre écrit sur un billet,

à côté du nom du candidat. Il est clair qu'en faisant une somme de
tous les nombres relatifs à chaque candidat sur chaque billet, celui de
tous les candidats qui aura la plus grande somme sera le candidat que
l'assemblée préfère, et qu'en général l'ordre de préférence des candidats sera celui des sommes relatives à chacun d'eux. Mais les billets
ne marquent point le nombre des boules que chaque électeur donne
aux candidats; ils indiquent seulement que le premier en a plus que
le second, le second plus que le troisième, et ainsi de suite. En supposant donc au premier, sur un billet donné, un nombre quelconque de
boules, toutes les combinaisons des nombres inférieurs, qui remplissent les conditions précédentes, sont également admissibles, et l'on
aura le nombre de boules relatif à chaque candidat en faisant une
somme de tous les nombres que chaque combinaison lui donne et en la
divisant par le nombre entier des combinaisons. Une analyse fort
simple fait voir que les nombres qu'il faut écrire sur chaque billet à
côté du dernier nom, de l'avant-dernier, etc., sont proportionnels aux
termes de la progression arithmétique 1, 2, 3, ... En écrivant donc
ainsi, sur chaque billet, les termes de cette progression, et ajoutant
les termes relatifs à chaque candidat sur ces billets, les diverses
sommes indiqueront par leur grandeur l'ordre de préférence qui doit
être établi entre les candidats. Tel est le mode d'élection qu'indique
la Théorie des Probabilités. Sans doute il serait le meilleur, si chaque
électeur inscrivait sur son billet les noms des candidats dans l'ordre
du mérite qu'il leur attribue. Mais les intérêts particuliers et beaucoup
de considérations étrangères au mérite doivent troubler cet ordre, et
faire placer quelquefois au dernier rang le candidat le plus redoutable
à celui que l'on préfère, ce qui donne trop d'avantage aux candidats
d'un médiocre mérite. Aussi l'expérience a-t-elle fait abandonner ce
mode d'élection, dans les établissements qui l'avaient adopté.

L'élection à la majorité absolue des suffrages réunit à la certitude de
n'admettre aucun des candidats que cette majorité rejette, l'avantage
d'exprimer, le plus souvent, le vœu de l'assemblée. Elle coïncide toujours avec le mode précédent, lorsqu'il n'y a que deux candidats. A la

vérité, elle expose à l'inconvénient de rendre les élections interminables. Mais l'expérience a fait voir que cet inconvénient est nul, et que le désir général de mettre fin aux élections réunit bientôt la majorité des suffrages sur un des candidats.

Le choix entre plusieurs propositions relatives au même objet semble devoir être assujetti aux mêmes règles que l'élection entre plusieurs candidats. Mais il existe entre ces deux cas cette différence, savoir, que le mérite d'un candidat n'exclut point celui de ses concurrents, au lieu que, si les propositions entre lesquelles il faut choisir sont contraires, la vérité de l'une exclut la vérité des autres. Voici comme on doit alors envisager la question.

Donnons à chaque votant une urne qui renferme un nombre infini de boules et supposons qu'il les distribue sur les diverses propositions, en raison des probabilités respectives qu'il leur attribue. Il est clair que, le nombre total des boules exprimant la certitude, et le votant étant, par l'hypothèse, assuré que l'une des propositions doit être vraie, il répartira ce nombre en entier sur les propositions. Le problème se réduit donc à déterminer les combinaisons dans lesquelles les boules seront réparties de manière qu'il y en ait plus sur la première proposition du billet que sur la deuxième, plus sur la deuxième que sur la troisième, etc.: à faire les sommes de tous les nombres de boules, relatifs à chaque proposition dans ces diverses combinaisons, et à diviser cette somme par le nombre des combinaisons : les quotients seront les nombres de boules que l'on doit attribuer aux propositions sur un billet quelconque. On trouve par l'Analyse qu'en partant de la dernière proposition pour remonter à la première, ces quotients sont entre eux comme les quantités suivantes : 1° l'unité divisée par le nombre des propositions; 2° la quantité précédente augmentée de l'unité divisée par le nombre des propositions moins une; 3° cette seconde quantité augmentée de l'unité divisée par le nombre des propositions moins deux, et ainsi du reste. On écrira donc, sur chaque billet, ces quantités à côté des propositions correspondantes, et en ajoutant les quantités relatives à chaque proposition sur les divers billets, les sommes indiqueront par leur grandeur l'ordre de préférence que l'assemblée donne à ces propositions.

Disons un mot de la manière de renouveler les assemblées qui doivent changer en totalité, dans un nombre d'années déterminé. Le renouvellement doit-il se faire à la fois, ou convient-il de le partager entre ces années? D'après ce dernier mode, l'assemblée serait formée sous l'influence des diverses opinions dominantes pendant la durée de son renouvellement; l'opinion qui y régnerait alors serait donc très probablement la moyenne de toutes ces opinions. L'assemblée recevrait ainsi du temps le même avantage que lui donne l'extension des élections de ses membres à toutes les parties du territoire qu'elle représente. Maintenant, si l'on considère ce que l'expérience n'a que trop fait connaitre, savoir, que les élections sont toujours dirigées dans le sens le plus exagéré des opinions dominantes, on sentira combien il est utile de tempérer ces opinions les unes par les autres, au moyen d'un renouvellement partiel.

De la probabilité des jugements des tribunaux.

L'Analyse confirme ce que le simple bon sens nous dicte, savoir, que la bonté des jugements est d'autant plus probable que les juges sont plus nombreux et plus éclairés. Il importe donc que les tribunaux d'appel remplissent ces deux conditions. Les tribunaux de première instance, plus rapprochés des justiciables, leur offrent l'avantage d'un premier jugement déjà probable, et dont ils se contentent souvent, soit en transigeant, soit en se désistant de leurs prétentions. Mais si l'incertitude de l'objet en litige et son importance déterminent un plaideur à recourir au tribunal d'appel, il doit trouver dans une plus grande probabilité d'obtenir un jugement équitable, plus de sûreté pour sa fortune, et la compensation des embarras et des frais qu'une nouvelle procédure entraine. C'est ce qui n'avait point lieu dans l'institution de l'appel réciproque des tribunaux de département, institution par là très préjudiciable aux intérêts des citoyens. Il serait, peut-être convenable et conforme au Calcul des probabilités d'exiger une majorité de deux voix au moins, dans un tribunal d'appel, pour infirmer la sentence du tribunal inférieur. On obtiendrait ce résultat, si, le tribunal d'appel étant composé d'un nombre pair de juges, la sentence subsistait dans le cas de l'égalité des voix.

Je vais considérer particulièrement les jugements en matière criminelle.

Il faut sans doute aux juges, pour condamner un accusé, les plus fortes preuves de son délit. Mais une preuve morale n'est jamais qu'une probabilité, et l'expérience n'a que trop fait connaître les erreurs dont les jugements criminels, ceux mêmes qui paraissent être les plus justes, sont encore susceptibles. La possibilité de réparer ces erreurs est le plus solide argument des philosophes qui ont voulu proscrire la peine de mort. Nous devrions donc nous abstenir de juger, s'il nous fallait attendre l'évidence mathématique. Mais le jugement est commandé par le danger qui résulterait de l'impunité du crime. Ce jugement se réduit, si je ne me trompe, à la solution de la question suivante. La preuve du délit de l'accusé a-t-elle le haut degré de probabilité nécessaire, pour que les citoyens aient moins à redouter les erreurs des tribunaux, s'il est innocent et condamné, que ses nouveaux attentats et ceux des malheureux qu'enhardirait l'exemple de son impunité, s'il était coupable et absous? La solution de cette question dépend de plusieurs éléments très difficiles à connaître. Telle est l'imminence du danger qui menacerait la société, si l'accusé criminel restait impuni. Quelquefois ce danger est si grand que le magistrat se voit contraint de renoncer aux formes sagement établies pour la sûreté de l'innocence. Mais ce qui rend presque toujours la question dont il s'agit insoluble est l'impossibilité d'apprécier exactement la probabilité du délit et de fixer celle qui est nécessaire pour la condamnation de l'accusé. Chaque juge, à cet égard, est forcé de s'en rapporter à son propre tact. Il forme son opinion, en comparant les divers témoignages et les circonstances dont le délit est accompagné, aux résultats de ses réflexions et de son expérience, et, sous ce rapport, une longue habitude d'interroger et de juger les accusés donne beaucoup d'avantages pour saisir la vérité au milieu d'indices souvent contradictoires.

La question précédente dépend encore de la grandeur de la peine appliquée au délit, car on exige naturellement, pour prononcer la mort, des preuves beaucoup plus fortes que pour infliger une détention de quelques mois. C'est une raison de proportionner la peine au délit, une peine grave appliquée à un léger délit devant inévitablement faire absoudre beaucoup de coupables. Le produit de la probabilité du délit par sa gravité étant la mesure du danger que l'absolution de l'accusé peut faire éprouver à la société, on pourrait penser que la peine doit dépendre de cette probabilité. C'est ce que l'on fait indirectement dans les tribunaux, où l'on retient pendant quelque temps l'accusé contre lequel s'élèvent des preuves très fortes, mais insuffisantes pour le condamner; dans la vue d'acquérir de nouvelles lumières, on ne le remet point sur-le-champ au milieu de ses concitoyens, qui ne le reverraient pas sans de vives alarmes. Mais l'arbitraire de cette mesure et l'abus qu'on peut en faire l'ont fait rejeter dans les pays où l'on attache le plus grand prix à la liberté individuelle.

Maintenant, quelle est la probabilité que la décision d'un tribunal, qui ne peut condamner qu'à une majorité donnée, sera juste, c'est à-dire conforme à la vraie solution de la question posée ci-dessus? Ce problème important, bien résolu, donnera le moyen de comparer entre eux les tribunaux divers. La majorité d'une seule voix dans un nombreux tribunal indique que l'affaire dont il s'agit est à fort peu près douteuse; la condamnation de l'accusé serait donc alors contraire aux principes d'humanité, protecteurs de l'innocence. L'unanimité des juges donnerait une très grande probabilité d'une décision juste, mais en s'y astreignant, trop de coupables seraient absous. Il faut donc, ou limiter le nombre des juges si l'on veut qu'ils soient unanimes, ou accroître la majorité nécessaire pour condamner lorsque le tribunal devient plus nombreux. Je vais essayer d'appliquer le calcul à cet objet, persuadé qu'il est toujours le meilleur guide, lorsqu'on l'appuie sur les données que le bon sens nous suggère.

La probabilité que l'opinion de chaque juge est juste entre comme élément principal dans ce calcul. Cette probabilité est évidemment relative à chaque affaire. Si, dans un tribunal de mille et un juges, cinq cent un sont d'une opinion et cinq cents sont de l'opinion contraire, il est visible que la probabilité de l'opinion de chaque juge surpasse bien peu $\frac{1}{2}$; car, en la supposant sensiblement plus grande, une seule voix de différence serait un événement invraisemblable. Mais, si les juges sont unanimes, cela indique dans les preuves ce degré de force qui entraîne la conviction; la probabilité de l'opinion de chaque juge est donc alors très près de l'unité ou de la certitude, à moins que des passions ou des préjugés communs n'égarent à la fois tous les juges. Hors de ces cas, le rapport des voix pour ou contre l'accusé doit seul déterminer cette probabilité. Je suppose ainsi qu'elle peut varier depuis $\frac{1}{2}$ jusqu'à l'unité, mais qu'elle ne peut être au-dessous de $\frac{1}{2}$. Si cela n'était pas, la décision du tribunal serait insignifiante comme le sort; elle n'a de valeur qu'autant que l'opinion du juge a plus de tendance à la vérité qu'à l'erreur. C'est ensuite par le rapport des nombres de voix favorables et contraires à l'accusé que je détermine la probabilité de cette opinion.

Ces données suffisent pour avoir l'expression générale de la probabilité que la décision d'un tribunal, jugeant à une majorité connue, est juste. Dans les tribunaux où, sur huit juges, cinq voix seraient nécessaires pour la condamnation d'un accusé, la probabilité de l'erreur à craindre sur la justesse de la décision surpasserait $\frac{1}{4}$. Si le tribunal était réduit à six membres qui ne pourraient condamner qu'à la pluralité de quatre voix, la probabilité de l'erreur à craindre serait au-dessous de $\frac{1}{4}$; il y aurait donc pour l'accusé un avantage à cette réduction du tribunal. Dans l'un et l'autre cas, la majorité exigée est la même et égale à deux. Ainsi, cette majorité demeurant constante, la probabilité de l'erreur augmente avec le nombre des juges; cela est général, quelle que soit la majorité requise, pourvu qu'elle reste la même. En prenant donc pour règle le rapport arithmétique, l'accusé se trouve dans une position de moins en moins avantageuse, à mesure que le tribunal devient plus nombreux. On pourrait croire que dans un tribunal où l'on exigerait une majorité de douze voix, quel que fût le nombre des juges, les voix de la minorité neutralisant un pareil nombre des voix de la majorité, les douze voix restantes représenteraient l'unanimité d'un jury de douze membres, requise en Angleterre pour la condamnation d'un accusé. Mais on serait dans une grande erreur. Le bon sens fait voir qu'il y a une différence entre la décision d'un tribunal de deux cent douze juges, dont cent douze condamnent l'accusé, tandis que cent l'absolvent, et celle d'un tribunal de douze juges unanimes pour la condamnation. Dans le premier cas, les cent voix favorables à l'accusé autorisent à penser que les preuves sont loin d'atteindre le degré de force qui entraine la conviction ; dans le second cas, l'unanimité des juges porte à croire qu'elles ont atteint ce degré. Mais le simple bon sens ne suffit point pour apprécier l'extrême différence de la probabilité de l'erreur dans ces deux cas. Il faut alors recourir au calcul, et l'on trouve un cinquième à peu près pour la probabilité de l'erreur dans le premier cas, et seulement $\frac{1}{8192}$ pour cette probabilité dans le second cas, probabilité qui n'est pas un millième de la première. C'est une confirmation du principe, que le rapport arithmétique est défavorable à l'accusé quand le nombre des juges augmente. Au contraire, si l'on prend pour règle le rapport géométrique, la probabilité de l'erreur de la décision diminue quand le nombre des juges s'accroit. Par exemple, dans les tribunaux qui ne peuvent condamner qu'à la pluralité des deux tiers des voix, la probabilité de l'erreur à craindre est à peu près un quart, si le nombre des juges est six ; elle est au-dessous de $\frac{1}{7}$, si ce nombre s'élève à douze. Ainsi l'on ne doit se régler ni sur le rapport arithmétique ni sur le rapport géométrique, si l'on veut que la probabilité de l'erreur ne soit jamais au-dessus ni au-dessous d'une fraction déterminée.

Mais à quelle fraction doit-on se fixer ? C'est ici que l'arbitraire commence, et les tribunaux offrent à cet égard de grandes variétés. Dans les tribunaux spéciaux où cinq voix sur huit suffisent pour la condamnation de l'accusé, la probabilité de l'erreur à craindre sur la bonté du jugement est $\frac{65}{256}$, ou au-dessus de $\frac{1}{4}$. La grandeur de cette fraction est effrayante; mais ce qui doit rassurer un peu est la considération que le plus souvent le juge qui absout un accusé ne le regarde pas comme innocent; il prononce seulement qu'il n'est pas atteint par des preuves suffisantes pour qu'il soit condamné. On est surtout rassuré par la pitié que la nature a mise dans le cœur de l'homme, et qui dispose l'esprit à voir difficilement un coupable dans l'accusé soumis à son jugement. Ce sentiment, plus vif dans ceux qui n'ont point l'habitude des jugements criminels, compense les inconvénients attachés à l'inexpérience des jurés. Dans un jury de douze membres, si la pluralité exigée pour la condamnation est de huit voix sur douze, la probabilité de l'erreur à craindre est $\frac{1093}{8192}$, ou un peu plus grande qu'un huitième; elle est à peu près $\frac{1}{22}$, si cette pluralité est de neuf voix. Dans le cas de l'unanimité, la probabilité de l'erreur à craindre est $\frac{1}{8192}$, c'est-à-dire plus de mille fois moindre que dans nos jurys. Cela suppose que l'unanimité résulte uniquement des preuves favorables ou contraires à l'accusé; mais des motifs entièrement étrangers doivent souvent concourir à la produire, lorsqu'elle est imposée au jury comme une condition nécessaire de son jugement. Alors, ses décisions dépendant du tempérament, du caractère et des habitudes des jurés, elles sont quelquefois contraires aux décisions que la majorité du jury aurait prises s'il n'eût écouté que les preuves, ce qui me parait être un grand défaut de cette manière de juger.

La probabilité des décisions est trop faible dans nos jurys, et je pense que, pour donner une garantie suffisante à l'innocence, on doit exiger au moins la pluralité de neuf voix sur douze.

Des Tables de mortalité, et des durées moyennes de la vie,
des mariages et des associations quelconques.

La manière de former les Tables de mortalité est fort simple. On prend dans les registres civils un grand nombre d'individus dont la naissance et la mort soient indiquées. On détermine combien de ces individus sont morts dans la première année de leur âge, combien dans la seconde année, et ainsi de suite. On en conclut le nombre d'individus vivants au commencement de chaque année, et l'on écrit ce nombre dans la Table à côté de celui qui indique l'année. Ainsi l'on écrit à côté de zéro le nombre des naissances, à côté de l'année 1 le nombre des enfants qui ont atteint une année, à côté de l'année 2 le nombre des enfants qui ont atteint deux années, et ainsi du reste. Mais, comme dans les deux premières années de la vie la mortalité est très rapide, il faut, pour plus d'exactitude, indiquer dans ce premier âge le nombre des survivants à la fin de chaque demi-année.

Si l'on divise la somme des années de la vie de tous les individus inscrits dans une Table de mortalité par le nombre de ces individus, on aura la durée moyenne de la vie qui correspond à cette Table. Pour cela, on multipliera par une demi-année le nombre des morts dans la première année, nombre égal à la différence des nombres d'individus inscrits à côté des années 0 et 1. Leur mortalité devant être répartie sur l'année entière, la durée moyenne de leur vie n'est qu'une demi-année. On multipliera par une année et demie le nombre des morts dans la seconde année, par deux années et demie le nombre des morts dans la troisième année, et ainsi de suite. La somme de ces produits, divisée par le nombre des naissances, sera la durée moyenne de la vie. Il est facile d'en conclure que l'on aura cette durée, en formant la somme des nombres inscrits dans la Table à côté de chaque année, en la divisant par le nombre des naissances, et en retranchant un demi du quotient, l'année étant prise pour unité. La durée moyenne de ce qui reste à vivre, en partant d'un âge quelconque, se détermine de la même manière, en opérant sur le nombre des individus qui sont parvenus à cet âge comme on vient de le faire sur le nombre des naissances. Ce n'est point au moment de la naissance que la durée moyenne de la vie est la plus grande; c'est lorsqu'on a échappé aux dangers de la première enfance, et alors elle est d'environ quarante-trois ans. La probabilité d'arriver à un âge quelconque en partant d'un âge donné est égale au rapport des deux nombres d'individus indiqués dans la Table à ces deux âges.

La précision de ces résultats exige que, pour la formation des Tables, on emploie un très grand nombre de naissances. L'analyse donne alors des formules très simples pour apprécier la probabilité que les nombres indiqués dans ces Tables ne s'écarteront de la vérité que dans d'étroites limites. On voit par ces formules que l'intervalle des limites diminue et que la probabilité augmente à mesure que l'on considère plus de naissances, en sorte que les Tables représenteraient exactement la vraie loi de la mortalité, si le nombre des naissances employées devenait infini.

Une Table de mortalité est donc une Table des probabilités de la vie humaine. Le rapport des individus inscrits à côté de chaque année au nombre des naissances est la probabilité qu'un nouveau-né atteindra cette année. Comme on estime la valeur de l'espérance en faisant une somme des produits de chaque bien espéré par la probabilité de l'obtenir, on peut également évaluer la durée moyenne de la vie en ajoutant les produits de chaque année par la demi-somme des probabilités d'en atteindre le commencement et la fin, ce qui conduit au résultat trouvé ci-dessus. Mais cette manière d'envisager la durée moyenne de la vie a l'avantage de faire voir que, dans une population stationnaire, c'est-à-dire telle que le nombre des naissances égale celui des morts, la durée moyenne de la vie est le rapport même de la population aux naissances annuelles; car, la population étant supposée stationnaire, le nombre des individus d'un âge compris entre deux années consécutives de la Table est égal au nombre des naissances annuelles multiplié par la demi-somme des probabilités d'atteindre ces années; la somme de tous ces produits sera donc la population entière; or il est aisé de voir que cette somme, divisée par le nombre des naissances annuelles, coïncide avec la durée moyenne de la vie telle que nous venons de la définir.

Il est facile, au moyen d'une Table de mortalité, de former la Table correspondante de la population supposée stationnaire. Pour cela, on

prend des moyennes arithmétiques entre les nombres de la Table de
mortalité correspondants aux âges, zéro et un an, un et deux ans, deux
et trois ans, etc. La somme de toutes ces moyennes est la population
entière : on l'écrit à côté de l'âge zéro. On retranche de cette somme la
première moyenne, et le reste est le nombre des individus d'un an et
au-dessus : on l'écrit à côté de l'année 1. On retranche de ce premier
reste la seconde moyenne; ce second reste est le nombre des individus de deux années et au-dessus; on l'écrit à côté de l'année 2, et
ainsi de suite.

Tant de causes variables influent sur la mortalité, que les Tables qui
la représentent doivent changer suivant les lieux et les temps. Les
divers états de la vie offrent à cet égard des différences sensibles relatives aux fatigues et aux dangers inséparables de chaque état, et dont
il est indispensable de tenir compte dans les calculs fondés sur la durée
de la vie. Mais ces différences n'ont pas encore été suffisamment observées. Elles le seront un jour; alors on saura quel sacrifice de la vie
chaque profession exige, et l'on profitera de ces connaissances pour en
diminuer les dangers.

La salubrité plus ou moins grande du sol, son élévation, sa température, les mœurs des habitants et les opérations des gouvernements
ont sur la mortalité une influence considérable. Mais il faut toujours
faire précéder la recherche de la cause des différences observées par
celle de la probabilité avec laquelle cette cause est indiquée. Ainsi le
rapport de la population aux naissances annuelles, que l'on a vu s'élever en France à vingt-huit et un tiers, n'est pas égal à vingt-cinq dans
l'ancien duché de Milan. Ces rapports, établis l'un et l'autre sur un
grand nombre de naissances, ne permettent pas de révoquer en doute
l'existence dans le Milanais d'une cause spéciale de mortalité, qu'il
importe au gouvernement de ce pays de rechercher et de faire disparaître.

Le rapport de la population aux naissances s'accroîtrait encore, si
l'on parvenait à diminuer ou à éteindre quelques maladies dangereuses
et très répandues. C'est ce que l'on a fait heureusement pour la petite

vérole, d'abord par l'inoculation de cette maladie, ensuite d'une manière beaucoup plus avantageuse, par l'inoculation de la vaccine, découverte inestimable de Jenner, qui par là s'est rendu l'un des plus grands bienfaiteurs de l'humanité.

La petite vérole a cela de particulier, savoir, que le même individu n'en est pas deux fois atteint, ou du moins ce cas est si rare que l'on peut en faire abstraction dans le calcul. Cette maladie, à laquelle peu de monde échappait avant la découverte de la vaccine, est souvent mortelle et fait périr un septième environ de ceux qu'elle attaque. Quelquefois elle est bénigne, et l'expérience a fait connaitre qu'on lui donnait ce dernier caractère en l'inoculant sur des personnes saines, préparées par un bon régime, et dans une saison favorable. Alors le rapport des individus qu'elle fait périr aux inoculés n'est pas un trois-centième. Ce grand avantage de l'inoculation, joint à ceux de ne point altérer la beauté et de préserver des suites fâcheuses que la petite vérole naturelle entraine souvent après elle, la fit adopter par un grand nombre de personnes. Sa pratique fut vivement recommandée ; mais, ce qui arrive presque toujours dans les choses sujettes à des inconvénients, elle fut vivement combattue. Au milieu de cette dispute, Daniel Bernoulli se proposa de soumettre au Calcul des probabilités l'influence de l'inoculation sur la durée moyenne de la vie. Manquant de données précises sur la mortalité produite par la petite vérole aux divers âges de la vie, il supposa que le danger d'avoir cette maladie et celui d'en périr sont les mêmes à tout âge. Au moyen de ces suppositions, il parvint, par une analyse délicate, à convertir une Table ordinaire de mortalité, dans celles qui auraient lieu si la petite vérole n'existait pas ou si elle ne faisait périr qu'un très petit nombre de malades, et il en conclut que l'inoculation augmenterait de trois ans au moins la durée moyenne de la vie, ce qui lui parut mettre hors doute l'avantage de cette opération. D'Alembert attaqua l'analyse de Bernoulli, d'abord sur l'incertitude de ses deux hypothèses, ensuite sur son insuffisance en ce que l'on n'y faisait point entrer la comparaison du danger prochain, quoique très petit, de périr par l'inoculation, au danger beaucoup plus grand, mais plus éloigné, de succomber à la petite vérole naturelle. Cette considération, qui disparait lorsque l'on considère un grand nombre d'individus, est par là indifférente aux gouvernements, et laisse subsister pour eux les avantages de l'inoculation ; mais elle est d'un grand poids pour un père de famille qui doit craindre, en faisant inoculer ses enfants, de voir bientôt périr ce qu'il a de plus cher au monde et d'en être cause. Beaucoup de parents étaient retenus par cette crainte, que la découverte de la vaccine a heureusement dissipée. Par un de ces mystères que la nature nous offre si fréquemment, le vaccin est un préservatif de la petite vérole, aussi sûr que le virus variolique, et il n'a aucun danger ; il n'expose à aucune maladie et ne demande que très peu de soins. Aussi sa pratique s'est-elle promptement répandue, et, pour la rendre universelle, il ne reste plus à vaincre que l'inertie naturelle du peuple, contre laquelle il faut lutter sans cesse, même lorsqu'il s'agit de ses plus chers intérêts.

Le moyen le plus simple de calculer l'avantage que produirait l'extinction d'une maladie consiste à déterminer par l'observation le nombre d'individus d'un âge donné qu'elle fait périr chaque année, et à le retrancher du nombre des morts au même âge. Le rapport de la différence au nombre total d'individus de l'âge donné serait la probabilité de périr dans l'année, à cet âge, si la maladie n'existait pas. En faisant donc une somme de ces probabilités depuis la naissance jusqu'à un âge quelconque, et retranchant cette somme de l'unité, le reste sera la probabilité de vivre jusqu'à cet âge, correspondante à l'extinction de la maladie. La série de ces probabilités sera la Table de mortalité, relative à cette hypothèse, et l'on en conclura, par ce qui précède, la durée moyenne de la vie. C'est ainsi que Duvillard a trouvé que l'accroissement de la durée moyenne de la vie, dû à l'inoculation de la vaccine, est de trois ans au moins. Un accroissement aussi considérable en produirait un fort grand dans la population, si d'ailleurs elle n'était pas restreinte par la diminution relative des subsistances.

C'est principalement par le défaut des subsistances que la marche progressive de la population est arrêtée. Dans toutes les espèces d'animaux et de végétaux, la nature tend sans cesse à augmenter le nombre des individus, jusqu'à ce qu'ils soient au niveau des moyens de subsister. Dans l'espèce humaine, les causes morales ont une grande influence sur la population. Si le sol, par de faciles défrichements, peut fournir une nourriture abondante à des générations nouvelles, la certitude de faire vivre une nombreuse famille encourage les mariages et les rend plus précoces et plus féconds. Sur un sol pareil, la population et les naissances doivent croître à la fois en progression géométrique. Mais, quand les défrichements deviennent plus difficiles et plus rares, alors l'accroissement de la population diminue; elle se rapproche continuellement de l'état variable des subsistances, en faisant autour de lui des oscillations, à peu près comme un pendule, dont on promène d'un mouvement retardé le point de suspension, oscille autour de ce point par sa pesanteur. Il est difficile d'évaluer le maximum d'accroissement de la population; il paraît, d'après quelques observations, que dans de favorables circonstances la population de l'espèce humaine pourrait doubler tous les quinze ans. On estime que, dans l'Amérique septentrionale, la période de ce doublement est de vingt-deux années. Dans cet état de choses, la population, les naissances, les mariages, la mortalité, tout croit suivant la même progression géométrique dont on a le rapport constant des termes consécutifs par l'observation des naissances annuelles à deux époques.

Une Table de mortalité représentant les probabilités de la vie humaine, on peut déterminer à son moyen la durée des mariages. Supposons, pour simplifier, que la mortalité soit la même pour les deux sexes, on aura la probabilité que le mariage subsistera un an, ou deux, ou trois, ..., en formant une suite de fractions dont le dénominateur commun soit le produit des deux nombres de la Table, correspondants aux âges des conjoints, et dont les numérateurs soient les produits successifs des nombres correspondants à ces âges augmentés d'une, de deux, de trois, ... années. La somme de ces fractions, augmentée d'un demi, sera la durée moyenne du mariage, l'année étant prise pour

unité. Il est facile d'étendre la même règle à la durée moyenne d'une
association formée de trois ou d'un plus grand nombre d'individus.

Des bénéfices des établissements qui dependent de la probabilité des événements.

Rappelons ici ce que nous avons dit en parlant de l'espérance. On a
vu que, pour obtenir l'avantage qui résulte de plusieurs événements
simples, dont les uns produisent un bien, et les autres une perte, il
faut ajouter les produits de la probabilité de chaque événement favorable par le bien qu'il procure, et retrancher de leur somme celle des
produits de la probabilité de chaque événement défavorable par la
perte qui y est attachée. Mais, quel que soit l'avantage exprimé par la
différence de ces sommes, un seul événement composé de ces événements simples ne garantit point de la crainte d'éprouver une perte
réelle. On conçoit que cette crainte doit diminuer lorsque l'on multiplie l'événement composé. L'Analyse des Probabilités conduit à ce
théorème général :

*Par la répétition d'un événement avantageux, simple ou composé, le
bénéfice réel devient de plus en plus probable et s'accroît sans cesse : il devient certain dans l'hypothèse d'un nombre infini de répétitions, et, en le
divisant par ce nombre, le quotient ou le bénéfice moyen de chaque événement est l'espérance mathématique elle-même ou l'avantage relatif à l'événement. Il en est de même de la perte qui devient certaine à la longue,
pour peu que l'événement soit désavantageux.*

Ce théorème sur les bénéfices et les pertes est analogue à ceux que
nous avons donnés précédemment sur les rapports qu'indique la répétition indéfinie des événements simples ou composés, et, comme eux,
il prouve que la régularité finit par s'établir dans les choses même les
plus subordonnées à ce que nous nommons *hasard*.

Lorsque les événements sont en grand nombre, l'Analyse donne
encore une expression fort simple de la probabilité que le bénéfice

réel sera compris dans des limites déterminées, expression qui rentre
dans la loi générale de la probabilité que nous avons donnée ci-dessus,
en parlant des probabilités qui résultent de la multiplication indéfinie
des événements.

C'est de la vérité du théorème précédent que dépend la stabilité des
établissements fondés sur les probabilités. Mais, pour qu'il puisse leur
être appliqué, il faut que ces établissements, par de nombreuses affaires,
multiplient les événements avantageux.

On a fondé sur les probabilités de la vie humaine divers établissements, tels que les rentes viagères et les tontines. La méthode la plus
générale et la plus simple de calculer les bénéfices et les charges de
ces établissements consiste à les réduire en capitaux actuels. L'intérêt
annuel de l'unité est ce que l'on nomme *taux de l'intérêt*. A la fin de
chaque année, un capital acquiert pour facteur l'unité plus le taux de
l'intérêt ; il croît donc suivant une progression géométrique dont ce
facteur est la raison. Ainsi, par l'effet du temps, il devient immense.
Si, par exemple, le taux de l'intérêt est $\frac{1}{20}$ ou de cinq pour cent, le capital double à fort peu près en quatorze ans, quadruple en vingt-neuf
ans, et dans moins de trois siècles, il devient deux millions de fois plus
considérable.

Un accroissement aussi prodigieux a fait naître l'idée de s'en servir,
pour amortir la dette publique. Si l'on crée un premier fonds d'amortissement que l'on place sans cesse avec les intérêts, sur les effets publics, en profitant surtout des moments de baisse, et si, lorsque les
besoins de l'État obligent à faire des emprunts, on en consacre une
partie à l'accroissement du fonds d'amortissement, il est visible que
ces opérations auront le double avantage d'accroître ce fonds et de
soutenir le crédit et les effets publics, et qu'à la longue, la caisse
d'amortissement absorbera une grande partie de la dette nationale.
D'heureuses expériences ont pleinement confirmé ces avantages. Mais
la fidélité dans les engagements et la stabilité, si nécessaires au succès
de pareils établissements, ne peuvent être bien garanties que par un
gouvernement dans lequel la puissance législative est divisée en plu-

sieurs pouvoirs indépendants. La confiance qu'inspire le concours nécessaire de ces pouvoirs double la force de l'État, et le Souverain lui-même gagne alors en puissance légale beaucoup plus qu'il ne perd en puissance arbitraire.

Il résulte de ce qui précède que le capital actuel, équivalent à une somme qui ne doit être payée qu'après un certain nombre d'années, est égal à cette somme multipliée par la probabilité qu'elle sera payée à cette époque, et divisée par l'unité augmentée du taux de l'intérêt et élevée à une puissance exprimée par le nombre de ces années.

Il est facile d'appliquer ce principe aux rentes viagères sur une ou sur plusieurs têtes, et aux caisses d'épargne et d'assurance d'une nature quelconque. Supposons que l'on se propose de former une Table de rentes viagères, d'après une Table donnée de mortalité. Une rente viagère payable au bout de cinq ans, par exemple, et réduite en capital actuel, est, par ce principe, égale au produit des deux quantités suivantes, savoir, la rente divisée par la cinquième puissance de l'unité augmentée du taux de l'intérêt, et la probabilité de la payer. Cette probabilité est le rapport inverse du nombre des individus inscrits dans la Table, vis-à-vis de l'âge de celui qui constitue la rente, au nombre inscrit vis-à-vis de cet âge augmenté de cinq années. En formant donc une suite de fractions dont les dénominateurs soient les produits du nombre de personnes indiquées dans la Table de mortalité comme vivantes à l'âge de celui qui constitue la rente, par les puissances successives de l'unité augmentée du taux de l'intérêt, et dont les numérateurs soient les produits de la rente par le nombre des personnes vivantes au même âge augmenté successivement d'une année, de deux années, ..., la somme de ces fractions sera le capital requis pour la rente viagère à cet âge.

Supposons maintenant qu'une personne veuille, au moyen d'une rente viagère, assurer à ses héritiers un capital payable à la fin de l'année de sa mort. Pour déterminer la valeur de cette rente, on peut imaginer que la personne emprunte en viager à une caisse ce capital divisé par l'unité augmentée du taux de l'intérêt, et qu'elle le place à intérêt perpétuel à la même caisse. Il est clair que ce capital sera dû par la caisse à ses héritiers, à la fin de l'année de sa mort; mais elle n'aura payé, chaque année, que l'excès de l'intérêt viager sur l'intérêt perpétuel. La Table des rentes viagères fera donc connaître ce que la personne doit payer annuellement à la caisse, pour assurer ce capital après sa mort.

Les assurances maritimes, celles contre les incendies et les orages, et généralement tous les établissements de ce genre, se calculent par les mêmes principes. Un négociant a des vaisseaux en mer, il veut assurer leur valeur et celle de leur cargaison contre les dangers qu'ils peuvent courir; pour cela, il donne une somme à une compagnie qui lui répond de la valeur estimée de ses cargaisons et de ses vaisseaux. Le rapport de cette valeur à la somme qui doit être donnée pour prix de l'assurance dépend des dangers auxquels les vaisseaux sont exposés, et ne peut être apprécié que par des observations nombreuses sur le sort des vaisseaux partis du port pour la même destination.

Si les personnes assurées ne donnaient à la compagnie d'assurances que la somme indiquée par le Calcul des Probabilités, cette compagnie ne pourrait pas subvenir aux dépenses de son établissement; il faut donc qu'elles payent d'une somme plus forte le prix de leur assurance. Mais alors quel est leur avantage? C'est ici que la considération du désavantage moral attaché à l'incertitude devient nécessaire. On conçoit que le jeu le plus égal devenant, comme on l'a vu précédemment, désavantageux parce que le joueur échange une mise certaine contre un bénéfice incertain, l'assurance par laquelle on échange l'incertain contre le certain doit être avantageuse. C'est, en effet, ce qui résulte de la règle que nous avons donnée ci-dessus pour déterminer l'espérance morale, et par laquelle on voit, de plus, jusqu'où peut s'étendre le sacrifice que l'on doit faire à la compagnie d'assurances, en conservant toujours un avantage moral. Cette compagnie peut donc, en procurant cet avantage, faire elle-même un grand bénéfice, si le nombre des assurés est très considérable, condition nécessaire à son existence durable. Alors son bénéfice devient certain, et ses espérances mathématique et morale coïncident. Car l'Analyse conduit à ce théorème général, savoir, que si les expectatives sont très nombreuses, les deux espérances approchent sans cesse l'une de l'autre, et finissent par coïncider dans le cas d'un nombre infini d'expectatives.

Nous avons dit, en parlant des espérances mathématique et morale, qu'il y a un avantage moral à répartir les risques d'un bien que l'on attend sur plusieurs de ses parties. Ainsi, pour faire parvenir une somme d'argent d'un port éloigné, il vaut mieux la répartir sur plusieurs vaisseaux que de l'exposer sur un seul. C'est ce que l'on fait au moyen des assurances mutuelles. Si deux personnes ayant chacune la même somme sur deux vaisseaux différents, partis du même port pour la même destination, conviennent de partager également tout l'argent qui leur arrivera, il est clair que, par cette convention, chacune d'elles répartit également sur les deux vaisseaux la somme qu'elle attend. A la vérité, ce genre d'assurances laisse toujours de l'incertitude sur la perte que l'on peut craindre. Mais cette incertitude diminue à mesure que le nombre des associés augmente; l'avantage moral s'accroît de plus en plus, et finit par coïncider avec l'avantage mathématique, sa limite naturelle. Cela rend l'association d'assurances mutuelles, lorsqu'elle est très nombreuse, plus avantageuse aux assurés que les compagnies d'assurances qui, à raison du bénéfice qu'elles font, donnent un avantage moral toujours inférieur à l'avantage mathématique. Tous ces résultats sont, comme on l'a vu précédemment, indépendants de la loi qui exprime l'avantage moral.

On peut envisager un peuple libre comme une grande association dont les membres se garantissent mutuellement leurs propriétés, en supportant proportionnellement les charges de cette garantie. La confédération de plusieurs peuples leur donnerait des avantages analogues à ceux que chaque individu retire de la Société. Un Congrès de leurs représentants discuterait les objets d'une utilité commune à tous, et sans doute alors le système des poids, des mesures et des monnaies, proposé par les savants français, serait adopté dans ce Congrès, comme une des choses les plus utiles aux relations commerciales.

Parmi les établissements fondés sur les probabilités de la vie humaine, les meilleurs sont ceux dans lesquels, au moyen d'un léger sacrifice de son revenu, on assure son existence et celle de sa famille pour un temps où l'on doit craindre de ne plus suffire à ses besoins. Autant le jeu est immoral, autant ces établissements sont avantageux aux mœurs, en favorisant les plus doux penchants de la nature. Le Gouvernement doit donc les encourager et les respecter dans les vicissitudes de la fortune publique; car les espérances qu'ils présentent portant sur un avenir éloigné, ils ne peuvent prospérer qu'à l'abri de toute inquiétude sur leur durée. C'est un avantage que l'institution du Gouvernement représentatif leur assure.

Disons un mot des emprunts. Il est clair que, pour emprunter en perpétuel, il faut payer, chaque année, le produit du capital par le taux de l'intérêt. Mais on peut vouloir acquitter ce capital en payements égaux faits pendant un nombre déterminé d'années, payements que l'on nomme *annuités*, et dont on obtient ainsi la valeur. Chaque annuité, pour être réduite au moment actuel, doit être divisée par une puissance de l'unité augmentée du taux de l'intérêt, égale au nombre des années après lesquelles on doit payer cette annuité. En formant donc une progression géométrique dont le premier terme soit l'annuité divisée par l'unité augmentée du taux de l'intérêt, et dont le dernier soit cette annuité divisée par la même quantité élevée à une puissance égale au nombre des années pendant lesquelles le payement doit avoir lieu, la somme de cette progression sera équivalente au capital emprunté, ce qui détermine la valeur de l'annuité. Si l'on veut faire un emprunt viager, on observera que, les Tables de rentes viagères donnant le capital requis pour constituer une rente viagère à un âge quelconque, une simple proportion donnera la rente que l'on doit faire à l'individu dont on emprunte un capital. On peut calculer par ces principes tous les modes possibles d'emprunt.

Des illusions dans l'estimation des probabilités.

L'esprit a ses illusions, comme le sens de la vue, et de même que le toucher corrige celles-ci, la réflexion et le calcul corrigent les premières. La probabilité fondée sur une expérience journalière, ou exagérée par la crainte et l'espérance, nous frappe plus qu'une probabilité supérieure, mais qui n'est qu'un simple résultat du calcul. Ainsi nous ne craignons point, pour de faibles avantages, d'exposer notre vie à des dangers beaucoup moins invraisemblables que la sortie d'un quine à la loterie de France, et cependant personne ne voudrait se procurer les mêmes avantages, avec la certitude de perdre la vie, si ce quine arrivait.

Nos passions, nos préjugés et les opinions dominantes, en exagérant les probabilités qui leur sont favorables et en atténuant les probabilités contraires, sont des sources abondantes d'illusions dangereuses.

Les maux présents et la cause qui les fait naître nous affectent beaucoup plus que le souvenir des maux produits par la cause contraire ; ils nous empêchent d'apprécier avec justesse les inconvénients des uns et des autres et la probabilité des moyens propres à nous en préserver. C'est ce qui porte alternativement vers le despotisme et vers l'anarchie les peuples sortis de l'état de repos, dans lequel ils ne rentrent jamais qu'après de longues et cruelles agitations.

Cette impression vive que nous recevons de la présence des événements, et qui nous laisse à peine remarquer les événements contraires observés par d'autres, est une cause principale d'erreur, dont on ne peut trop se garantir.

C'est principalement au jeu qu'une foule d'illusions entretiennent l'espérance et la soutiennent contre les chances défavorables. La plupart de ceux qui mettent aux loteries ne savent pas combien de chances sont à leur avantage, combien leur sont contraires. Ils n'envisagent que la possibilité, pour une mise légère, de gagner une somme considérable, et les projets que leur imagination enfante exagèrent à leurs yeux la probabilité de l'obtenir; le pauvre surtout, excité par le désir d'un meilleur sort, expose à ce jeu son nécessaire, en s'attachant aux combinaisons les plus défavorables qui lui promettent un grand bénéfice. Tous seraient sans doute effrayés du nombre immense des mises perdues, s'ils pouvaient les connaître; mais on prend soin, au contraire, de donner aux gains une grande publicité, qui devient une nouvelle cause d'excitation à ce jeu funeste.

Lorsqu'à la loterie de France un numéro n'est pas sorti depuis longtemps, la foule s'empresse de le couvrir de mises. Elle juge que le numéro resté longtemps sans sortir doit, au premier tirage, sortir de préférence aux autres. Une erreur aussi commune me parait tenir à une illusion par laquelle on se reporte involontairement à l'origine des événements. Il est, par exemple, très peu vraisemblable qu'au jeu de *croix* ou *pile* on amènera *croix* dix fois de suite. Cette invraisemblance qui nous frappe encore, lorsqu'il est arrivé neuf fois, nous porte à croire qu'au dixième coup *pile* arrivera. Cependant le passé, en indiquant dans la pièce une plus grande pente pour *croix* que pour *pile*, rend le premier de ces événements plus probable que l'autre; il augmente, comme on l'a vu, la probabilité d'amener *croix* au coup suivant. Une illusion semblable persuade à beaucoup de monde que l'on peut gagner sûrement à la loterie, en plaçant, chaque fois, sur un même numéro jusqu'à sa sortie, une mise dont le produit surpasse la somme de toutes les mises. Mais, quand même de semblables spéculations ne seraient pas souvent arrêtées par l'impossibilité de les soutenir, elles ne diminueraient point le désavantage mathématique des spéculateurs et elles accroîtraient leur désavantage moral, puisqu'à chaque tirage ils exposeraient une plus grande partie de leur fortune.

J'ai vu des hommes, désirant ardemment d'avoir un fils, n'apprendre qu'avec peine les naissances des garçons dans le mois où ils allaient devenir pères. S'imaginant que le rapport de ces naissances à celles des filles devait être le même à la fin de chaque mois, ils jugeaient que les garçons déjà nés rendaient plus probables les naissances prochaines des filles. Ainsi l'extraction d'une boule blanche, d'une urne qui renferme un nombre limité de boules blanches et noires dans un rapport donné, accroît la probabilité d'extraire une boule noire au tirage suivant. Mais cela cesse d'avoir lieu, quand le nombre des boules de l'urne est illimité, comme on doit le supposer, pour assimiler ce cas à celui des naissances. Si dans le cours d'un mois il était né beaucoup plus de garçons que de filles, on pourrait soupçonner que, vers le temps de leur conception, une cause générale a favorisé les conceptions masculines, ce qui rendrait la naissance prochaine d'un garçon plus probable. Les événements irréguliers de la nature ne sont pas exactement comparables à la sortie des numéros d'une loterie dans laquelle tous les numéros sont mêlés à chaque tirage, de manière à rendre les chances de leur sortie parfaitement égales. La fréquence d'un de ces événements semble indiquer une cause un peu durable qui le favorise, ce qui augmente la probabilité de son prochain retour, et sa répétition longtemps prolongée, telle qu'une longue suite de jours pluvieux, peut développer des causes inconnues de son changement; en sorte qu'à chaque événement attendu nous ne sommes point, comme à chaque tirage d'une loterie, ramenés au même état d'indécision sur ce qui doit arriver. Mais, à mesure que l'on multiplie les observations de ces événements, la comparaison de leurs résultats avec ceux des loteries devient plus exacte.

Par une illusion contraire aux précédentes, on cherche dans les tirages passés de la loterie de France les numéros le plus souvent sortis, pour en former des combinaisons sur lesquelles on croit placer sa mise avec avantage. Mais, vu la manière dont le mélange des numéros se fait à cette loterie, le passé ne doit avoir sur l'avenir aucune influence. Les sorties plus fréquentes d'un numéro ne sont que des anomalies du hasard : j'en ai soumis plusieurs au calcul, et j'ai constamment trouvé qu'elles étaient renfermées dans des limites que la supposition d'une égale possibilité de sortie de tous les numéros permet d'admettre sans invraisemblance.

Dans une longue série d'événements du même genre, les seules chances du hasard doivent quelquefois offrir ces veines singulières de bonheur ou de malheur, que la plupart des joueurs ne manquent pas d'attribuer à une sorte de fatalité. Il arrive souvent, dans les jeux qui dépendent à la fois du hasard et de l'habileté des joueurs, que celui qui perd, troublé par sa perte, cherche à la réparer par des coups hasardeux qu'il éviterait dans une autre situation : il aggrave ainsi son propre malheur, et il en prolonge la durée. C'est cependant alors que la prudence devient nécessaire, et qu'il importe de se convaincre que le désavantage moral attaché aux chances défavorables s'accroît par le malheur même.

Le sentiment par lequel l'homme s'est placé longtemps, au centre de l'univers, en se considérant comme l'objet spécial des soins de la nature, porte chaque individu à se faire le centre d'une sphère plus ou moins étendue, et à croire que le hasard a pour lui des préférences. Soutenus par cette opinion, les joueurs exposent souvent des sommes considérables à des jeux dont ils savent que les chances leur sont contraires. Dans la conduite de la vie, une semblable opinion peut quelquefois avoir des avantages; mais le plus souvent elle conduit à des entreprises funestes. Ici, comme en tout, les illusions sont dangereuses et la vérité seule est généralement utile.

Un des grands avantages du Calcul des Probabilités est d'apprendre à se défier des premiers aperçus. Comme on reconnaît qu'ils trompent souvent lorsqu'on peut les soumettre au calcul, on doit en conclure que sur d'autres objets il ne faut s'y livrer qu'avec une circonspection extrême. Prouvons cela par des exemples.

Une urne renferme quatre boules noires ou blanches, mais qui ne sont pas toutes de la même couleur. On a extrait une de ces boules. dont la couleur est blanche, et que l'on a remise dans l'urne pour procéder encore à de semblables tirages. On demande la probabilité de n'extraire que des boules noires, dans les quatre tirages suivants.

Si les boules blanches et noires étaient en nombre égal, cette probabilité serait la quatrième puissance de la probabilité $\frac{1}{2}$ d'extraire une boule noire à chaque tirage; elle serait donc $\frac{1}{16}$. Mais l'extraction d'une boule blanche au premier tirage indique une supériorité dans le nombre des boules blanches de l'urne; car, si l'on suppose dans l'urne trois boules blanches et une noire, la probabilité d'en extraire une boule blanche est $\frac{3}{4}$; elle est $\frac{2}{4}$ si l'on suppose deux boules blanches et deux noires; enfin elle se réduit à $\frac{1}{4}$ si l'on suppose trois boules noires et une blanche. Suivant le principe de la probabilité des causes, tirée des événements, les probabilités de ces trois suppositions sont entre elles comme les quantités $\frac{3}{4}$, $\frac{2}{4}$, $\frac{1}{4}$; elles sont par conséquent égales à $\frac{3}{6}$, $\frac{2}{6}$, $\frac{1}{6}$. Il y a ainsi cinq contre un à parier que le nombre des boules noires est inférieur ou tout au plus égal à celui des blanches. Il semble donc que, d'après l'extraction d'une boule blanche au premier tirage, la probabilité d'extraire de suite quatre boules noires doive être moindre que dans le cas de l'égalité des couleurs, ou plus petite que $\frac{1}{15}$. Cependant cela n'est pas, et l'on trouve, par un calcul fort simple, cette probabilité plus grande que $\frac{1}{15}$. En effet, elle serait la quatrième puissance de $\frac{1}{4}$, de $\frac{2}{4}$ et de $\frac{3}{4}$ dans la première, la seconde et la troisième des suppositions précédentes sur les couleurs des boules de l'urne. En multipliant respectivement chaque puissance par la probabilité de la supposition correspondante, ou par $\frac{3}{6}$, $\frac{2}{6}$ et $\frac{1}{6}$, la somme des produits sera la probabilité d'extraire de suite quatre boules noires. On a ainsi pour cette probabilité $\frac{29}{384}$, fraction plus grande que $\frac{1}{15}$. Ce paradoxe s'explique en considérant que l'indication de la supériorité des boules blanches sur les noires par le premier tirage n'exclut point la supériorité des boules noires sur les blanches, supériorité qu'exclut la supposition de l'égalité des couleurs. Or cette supériorité, quoique peu vraisemblable, doit rendre la probabilité d'amener de suite un nombre donné de boules noires plus grande que dans cette supposition, si ce nombre est considérable, et l'on vient de voir que cela commence lorsque le nombre donné est égal à quatre.

Considérons encore une urne qui renferme plusieurs boules blanches et noires. Supposons d'abord qu'il n'y ait qu'une boule blanche et une noire. On peut alors parier, avec égalité, d'extraire une boule blanche dans un tirage. Mais il semble que, pour l'égalité du pari, on doive donner, à celui qui parie d'extraire la boule blanche, deux tirages, si l'urne renferme deux boules blanches et une noire ; trois tirages, si elle renferme trois boules blanches et une noire, et ainsi du reste ; on suppose qu'après chaque tirage la boule extraite est remise dans l'urne.

Mais il est facile de se convaincre que ce premier aperçu est erroné. En effet, dans le cas de deux boules noires sur une blanche, la probabilité d'extraire de l'urne deux boules noires en deux tirages est la seconde puissance de $\frac{2}{3}$, ou $\frac{4}{9}$; mais cette probabilité, ajoutée à celle d'amener une boule blanche en deux tirages, est la certitude ou l'unité, puisqu'il est certain que l'on doit amener deux boules noires, ou au moins une boule blanche ; la probabilité de ce dernier cas est donc $\frac{5}{9}$, fraction plus grande que $\frac{1}{2}$. Il y aurait plus d'avantage encore à parier d'amener une boule blanche en cinq tirages, lorsque l'urne contient cinq boules noires et une blanche ; ce pari est même avantageux en quatre tirages : il revient alors à celui d'amener six en quatre coups avec un seul dé.

Le chevalier de Méré, ami de Pascal, et qui fit naître le Calcul des Probabilités en excitant ce grand géomètre à s'en occuper, lui disait « qu'il avait trouvé fausseté dans les nombres par cette raison. Si l'on entreprend de faire six avec un dé, il y a de l'avantage à l'entreprendre en quatre coups, comme de 671 à 625. Si l'on entreprend de faire sonnez avec deux dés, il y a désavantage à l'entreprendre en vingt-quatre coups. Néanmoins 24 est à 36, nombre des faces de deux dés, comme 4 est à 6, nombre des faces d'un dé. » « Voilà », écrivait Pascal à Fermat, « quel était son grand scandale qui lui faisait dire hautement que les propositions n'étaient pas constantes et que l'Arithmétique se démentait..... Il a très bon esprit, mais il n'est pas géomètre : c'est, comme vous savez, un grand défaut. » Le chevalier de Méré, trompé par une fausse analogie, pensait que, dans le cas de l'égalité des paris, le nombre des coups doit croître proportionnellement au nombre de toutes les chances possibles, ce qui n'est pas exact, mais ce qui approche d'autant plus de l'être, que ce nombre est plus grand.

On a essayé d'expliquer la supériorité des naissances des garçons sur les naissances des filles, par le désir général des pères, d'avoir un fils qui perpétue leur nom. Ainsi, en imaginant une urne remplie d'une infinité de boules blanches et noires en nombre égal, et supposant un grand nombre de personnes dont chacune tire une boule de cette urne et continue ce tirage avec l'intention de s'arrêter quand elle aura extrait une boule blanche, on a cru que cette intention devait rendre le nombre des boules blanches extraites supérieur à celui des noires. En effet, elle donne nécessairement, après tous les tirages, un nombre de boules blanches au moins égal à celui des personnes, et il est possible que ces tirages n'amènent aucune boule noire. Mais il est facile de reconnaitre que cet aperçu n'est qu'une illusion ; car, si l'on conçoit que dans un premier tirage toutes les personnes tirent à la fois une boule de l'urne, il est évident que leur intention ne peut avoir aucune influence sur la couleur des boules qui doivent sortir à ce tirage. Son unique effet sera d'exclure du second tirage les personnes qui auront amené une boule blanche au premier. Il est pareillement visible que l'intention des personnes qui prendront part au nouveau tirage n'influera point sur la couleur des boules qui sortiront, et qu'il en sera de même des tirages suivants. Cette intention n'influera donc point sur la couleur des boules extraites dans l'ensemble des tirages : seulement elle fera participer plus ou moins de personnes à chacun d'eux. Le rapport des boules blanches extraites, aux noires, sera ainsi très peu différent de l'unité. Il suit de là que, le nombre des personnes étant supposé fort grand, si l'observation donne entre les couleurs extraites un rapport qui diffère sensiblement de l'unité, il est très probable que la même différence a lieu à fort peu près entre l'unité et le rapport des boules blanches aux boules noires contenues dans l'urne.

Je mets encore au rang des illusions l'application que Leibnitz et Daniel Bernoulli ont faite du Calcul des Probabilités à la sommation des séries. Si l'on réduit la fraction dont le numérateur est l'unité et dont le dénominateur est l'unité plus une variable, dans une suite ordonnée par rapport aux puissances de cette variable, il est facile de voir qu'en supposant la variable égale à l'unité, la fraction devient $\frac{1}{2}$, et la suite devient *plus un*, *moins un*, *plus un*, *moins un*, etc. En ajoutant les deux premiers termes, les deux suivants, et ainsi du reste, on transforme la suite dans une autre dont chaque terme est zéro. Grandi, jésuite italien, en avait conclu la possibilité de la création, parce que, la suite étant toujours égale à $\frac{1}{2}$, il voyait cette fraction naître d'une infinité de zéros, ou du néant. Ce fut ainsi que Leibnitz crut voir l'image de la création dans son Arithmétique binaire, où il n'employait que les deux caractères zéro et l'unité. Il imagina que l'unité pouvait représenter Dieu, et zéro le néant, et que l'Être suprême avait tiré du néant tous les êtres, comme l'unité avec le zéro exprime tous les nombres dans ce système d'Arithmétique. Cette idée plut tellement à Leibnitz qu'il en fit part au jésuite Grimaldi, président du tribunal de Mathématiques à la Chine, dans l'espérance que cet emblème de la création convertirait au christianisme l'empereur d'alors, qui aimait particulièrement les sciences. Je ne rapporte ce trait que pour montrer jusqu'à quel point les préjugés de l'enfance peuvent égarer les plus grands hommes.

Leibnitz, toujours conduit par une métaphysique singulière et très déliée, considéra que la suite *plus un*, *moins un*, *plus un*, etc., devient l'unité ou zéro, suivant que l'on s'arrête à un nombre de termes impair ou pair, et comme dans l'infini il n'y a aucune raison de préférer le nombre pair à l'impair, on doit, suivant les règles des probabilités, prendre la moitié des résultats relatifs à ces deux espèces de nombres, et qui sont zéro et l'unité, ce qui donne $\frac{1}{2}$ pour la valeur de la série. Daniel Bernoulli a étendu depuis ce raisonnement à la sommation des séries formées de termes périodiques. Mais toutes ces séries n'ont point, à proprement parler, de valeurs : elles n'en prennent que dans le cas où leurs termes sont multipliés par les puissances successives d'une variable moindre que l'unité. Alors ces séries sont toujours convergentes, quelque petite que l'on suppose la différence de la variable à l'unité, et il est facile de démontrer que les valeurs assignées par Bernoulli, en vertu de la règle des probabilités, sont les valeurs mêmes des fractions génératrices des séries, lorsque l'on suppose dans ces fractions la variable égale à l'unité. Ces valeurs sont encore les limites dont les séries approchent de plus en plus, à mesure que la variable approche de l'unité. Mais, lorsque la variable est exactement égale à l'unité, les séries cessent d'être convergentes : elles n'ont de valeurs qu'autant qu'on les arrête. Le rapport remarquable de cette application du Calcul des Probabilités avec les limites des valeurs des séries périodiques suppose que les termes de ces séries sont multipliés par toutes les puissances consécutives de la variable. Mais ces séries peuvent résulter du développement d'une infinité de fractions différentes, dans lesquelles cela n'a pas lieu. Ainsi la série *plus un, moins un, plus un*, etc., peut naître du développement d'une fraction dont le numérateur est l'unité plus la variable, et dont le dénominateur est ce numérateur augmenté du carré de la variable. En supposant la variable égale à l'unité, ce développement se change dans la série proposée, et la fraction génératrice devient égale à $\frac{2}{3}$; les règles des probabilités donneraient donc alors un faux résultat, ce qui prouve combien il serait dangereux d'employer de semblables raisonnements, surtout dans les Sciences mathématiques que la rigueur de leurs procédés doit éminemment distinguer.

Nous sommes portés naturellement à croire que l'ordre suivant lequel nous voyons les choses se renouveler sur la Terre a existé de tout temps et subsistera toujours. En effet, si l'état présent de l'univers était entièrement semblable à l'état antérieur qui l'a produit, il ferait naître à son tour un état pareil; la succession de ces états serait donc alors éternelle. J'ai reconnu, par l'application de l'Analyse à la loi de la pesanteur universelle, que les mouvements de rotation et de révolution des planètes et des satellites, et la position de leurs orbites et de leurs équateurs ne sont assujettis qu'à des inégalités périodiques. En comparant aux anciennes éclipses la théorie de l'équation séculaire de la Lune, j'ai trouvé que depuis Hipparque la durée du jour n'a pas varié d'un centième de seconde, et que la température moyenne de la Terre n'a pas diminué d'un centième de degré. Ainsi la stabilité de l'ordre actuel paraît établie à la fois par la théorie et par les observations. Mais cet ordre est troublé par diverses causes qu'un examen attentif fait apercevoir, et qu'il est impossible de soumettre au calcul.

Les actions de l'Océan, de l'atmosphère et des météores, les tremblements de terre et les éruptions de volcans agitent sans cesse la surface terrestre et doivent y opérer à la longue des changements considérables. La température des climats, le volume de l'atmosphère et la proportion des gaz qui la constituent peuvent varier d'une manière insensible. Les instruments et les moyens propres à déterminer ces variations étant nouveaux, l'observation n'a pu jusqu'ici rien nous apprendre à cet égard. Mais il est très peu vraisemblable que les causes qui absorbent et renouvellent les gaz constitutifs de notre air en maintiennent exactement les quantités respectives. Une longue suite de siècles fera connaitre les altérations qu'éprouvent tous ces éléments si essentiels à la conservation des êtres organisés. Quoique les monuments historiques ne remontent pas à une très haute antiquité, ils nous offrent cependant d'assez grands changements survenus par l'action lente et continue des agents naturels. En fouillant dans les entrailles de la Terre, on découvre de nombreux débris d'une nature jadis vivante et toute différente de la nature actuelle. D'ailleurs, si la Terre entière a été primitivement fluide, comme tout parait l'indiquer, on conçoit qu'en passant de cet état à celui qu'elle a maintenant, sa surface a dû éprouver de prodigieux changements. Le ciel même, malgré l'ordre de ses mouvements, n'est pas inaltérable. La résistance de la lumière et des autres fluides éthérés et l'attraction des étoiles doivent, après un très grand nombre de siècles, considérablement altérer les mouvements planétaires. Les variations déjà observées dans les étoiles et dans la forme des nébuleuses font pressentir celles que le temps développera dans le système de ces grands corps. On peut représenter les états successifs de l'univers par une courbe dont le temps serait l'abscisse, et dont les ordonnées exprimeraient ces divers états. Connaissant à peine un élément de cette courbe, nous sommes loin de pouvoir remonter à son origine, et si, pour reposer l'imagination toujours inquiète d'ignorer la cause des phénomènes qui l'intéressent, on hasarde quelques conjectures, il est sage de ne les présenter qu'avec une extrême réserve.

Il existe dans l'estimation des probabilités un genre d'illusions qui, dépendant spécialement des lois de l'organisation intellectuelle, exige pour s'en garantir un examen approfondi de ces lois. Le désir de pénétrer dans l'avenir, et les rapports de quelques événements remarquables avec les prédictions des astrologues, des devins et des augures, avec les pressentiments et les songes, avec les nombres et les jours réputés heureux ou malheureux, ont donné naissance à une foule de préjugés encore très répandus. On ne réfléchit point au grand nombre de non-coïncidences qui n'ont fait aucune impression ou que l'on ignore. Cependant il est nécessaire de les connaître, pour apprécier la probabilité des causes auxquelles on attribue les coïncidences. Cette connaissance confirmerait, sans doute, ce que la raison nous dicte à l'égard de ces préjugés. Ainsi le philosophe de l'antiquité auquel on montrait dans un temple, pour exalter la puissance du dieu qu'on y adorait, les *ex-voto* de tous ceux qui, après l'avoir invoqué, s'étaient sauvés du naufrage, fit une remarque conforme au Calcul des Probabilités, en observant qu'il ne voyait point inscrits les noms de ceux qui, malgré cette invocation, avaient péri. Cicéron a réfuté tous ces préjugés avec beaucoup de raison et d'éloquence, dans son *Traité de la divination*, qu'il termine par un passage que je vais citer; car on aime à retrouver chez les anciens les traits de la raison universelle qui, après avoir dissipé tous les préjugés par sa lumière, deviendra l'unique fondement des institutions humaines.

« Il faut », dit l'orateur romain, « rejeter la divination par les songes, et tous les préjugés semblables. La superstition partout répandue a subjugué la plupart des esprits et s'est emparée de la faiblesse des hommes. C'est ce que nous avons développé dans nos Livres sur la nature des dieux, et spécialement dans cet Ouvrage, persuadés que nous ferons une chose utile aux autres et à nous-même, si nous parvenons à détruire la superstition. Cependant (et je désire surtout qu'à cet égard ma pensée soit bien comprise), en détruisant la superstition, je suis loin de vouloir ébranler la religion. La sagesse nous prescrit de maintenir les institutions et les cérémonies de nos ancêtres touchant le culte des dieux. D'ailleurs, la beauté de l'univers et l'ordre des choses célestes nous forcent à reconnaître quelque nature supérieure qui doit être remarquée et admirée du genre humain. Mais, autant il convient de propager la religion qui est jointe à la connaissance de la nature, autant il faut travailler à extirper la superstition. Car elle vous tourmente, vous presse et vous poursuit sans cesse en tous lieux. Si vous consultez un devin ou un présage, si vous immolez une victime, si vous regardez le vol d'un oiseau, si vous rencontrez un chaldéen ou un aruspice, s'il éclaire, s'il tonne, si la foudre tombe, enfin s'il naît ou se manifeste une espèce de prodige, toutes choses dont souvent quelqu'une doit arriver, alors la superstition qui vous domine ne vous laisse point de repos. Le sommeil même, ce refuge des mortels dans leurs peines et dans leurs travaux, devient par elle un nouveau sujet d'inquiétudes et de frayeurs. »

Tous ces préjugés et les frayeurs qu'ils inspirent tiennent à des causes physiologiques qui continuent quelquefois d'agir fortement, après que la raison nous a désabusés. Mais la répétition d'actes contraires à ces préjugés peut toujours les détruire. C'est ce que nous allons établir par les considérations suivantes.

Aux limites de la Physiologie visible commence une autre Physiologie dont les phénomènes, beaucoup plus variés que ceux de la première, sont, comme eux, assujettis à des lois qu'il est très important de connaître. Cette Physiologie, que nous désignerons sous le nom de *Psychologie*, est sans doute une continuation de la Physiologie visible. Les nerfs, dont les filaments se perdent dans la substance médullaire du cerveau, y propagent les impressions qu'ils reçoivent des objets extérieurs, et ils y laissent des impressions permanentes qui modifient d'une manière inconnue le *sensorium* ou siège de la pensée. Les sens extérieurs ne peuvent rien apprendre sur la nature de ces modifications étonnantes par leur infinie variété et par la distinction et l'ordre qu'elles conservent dans le petit espace qui les renferme, modifications dont les phénomènes si variés de la lumière et de l'électricité nous donnent quelque idée. Mais, en appliquant aux observations du sens interne, qui peut seul les apercevoir, la méthode dont on a fait usage pour les observations des sens externes, on pourra porter dans la théorie de l'entendement humain la même exactitude que dans les autres branches de la Philosophie naturelle.

Déjà quelques-uns des principes (¹) de Psychologie ont été reconnus et développés avec succès. Telle est la tendance de tous les êtres semblablement organisés à se mettre entre eux en harmonie. Cette tendance, qui constitue la *sympathie*, existe même entre des animaux d'espèces diverses; elle diminue à mesure que leur organisation est plus dissemblable. Parmi les êtres doués d'une même organisation, quelques-uns se coordonnent plus promptement entre eux qu'avec les autres. La nature inorganique nous offre de semblables phénomènes : deux pendules ou deux montres dont la marche est très peu différente, étant placées sur un même support, finissent par avoir exactement la même marche, et dans un système de cordes sonores, les vibrations de l'une d'elles font résonner toutes ses harmoniques. Ces effets, dont les causes bien connues ont été soumises au calcul, donnent une idée juste de la sympathie qui dépend de causes bien plus compliquées.

Un sentiment agréable accompagne presque toujours les mouvements sympathiques. Dans la plupart des espèces d'animaux, les individus s'attachent ainsi les uns aux autres et se réunissent en sociétés. Dans l'espèce humaine, les imaginations fortes ressentent un vrai bonheur à dominer les imaginations faibles, qui n'en ressentent pas moins à leur obéir. Les sentiments sympathiques excités à la fois dans un grand nombre d'individus s'accroissent par leur réaction mutuelle, comme on l'observe au théâtre. Le plaisir qui en résulte rapproche les personnes d'opinions semblables, que leur réunion exalte quelquefois jusqu'au fanatisme. De là naissent les sectes, la ferveur qu'elles excitent et la rapidité de leur propagation. Elles offrent dans l'histoire les plus

(¹) Je désigne ici par la dénomination de *principes* les rapports généraux des phénomènes.

étonnants et les plus funestes exemples du pouvoir de la sympathie.
On a souvent lieu de remarquer la facilité avec laquelle les mouvements
sympathiques, tels que le rire, se communiquent par la simple vue,
sans le concours d'aucune autre cause dans ceux qui les reçoivent.
L'influence de la sympathie sur le sensorium est incomparablement
plus puissante : les vibrations qu'elle y excite, lorsqu'elles sont extrêmes, produisent, en réagissant sur l'économie animale, des effets
extraordinaires que l'on a, dans les siècles de superstition, attribués à
des agents surnaturels, et qui par leur singularité méritent l'attention
des observateurs.

La commisération, la bienveillance et beaucoup d'autres sentiments
dérivent de la sympathie. Par elle on ressent les maux d'autrui, et l'on
partage le contentement du malheureux qu'on soulage. Mais je ne veux
ici qu'exposer les principes de Psychologie, sans entrer dans le développement de leurs conséquences.

L'un de ces principes, le plus fécond de tous, est celui de la liaison
de toutes les choses qui ont eu dans le sensorium une existence simultanée ou régulièrement successive, liaison qui par le retour de
l'une d'elles rappelle les autres. A ce principe se rattache l'emploi des
signes et des langues pour le rappel des sensations et des idées, pour
la formation et l'analyse des idées complexes, abstraites et générales,
et pour le raisonnement. Plusieurs philosophes ont bien développé cet
objet, qui, jusqu'à présent, constitue la partie réelle de la Métaphysique.

On peut encore établir en principe de Psychologie que les impressions souvent répétées d'un même objet sur divers sens modifient le
sensorium, de manière que l'impression intérieure correspondante à
l'impression extérieure de l'objet sur un seul sens devient très différente de ce qu'elle était à l'origine. Développons ce principe et pour
cela considérons un aveugle de naissance, auquel on vient d'abaisser
la cataracte. L'image de l'objet qui se peint sur sa rétine produit dans
son sensorium une impression que je nommerai *seconde image*, sans
prétendre l'assimiler à la première, ni rien affirmer sur sa nature. Cette

seconde image n'est pas d'abord une représentation fidèle de l'objet. Mais la comparaison habituelle des impressions de cet objet par le tact, avec celles qu'il produit par la vue, finit, en modifiant le sensorium, par rendre la seconde image conforme à la nature représentée fidèlement par le toucher. L'image peinte sur la rétine ne change point; mais l'image intérieure qu'elle fait naître n'est plus la même, comme les expériences faites sur plusieurs aveugles de naissance auxquels on avait rendu la vue l'ont prouvé.

C'est principalement dans l'enfance que le sensorium acquiert ces modifications. L'enfant comparant sans cesse les impressions qu'il reçoit d'un même objet, par les organes de la vue et du toucher, rectifie les impressions de la vue. Il dispose son sensorium à donner aux objets visibles la forme indiquée par le tact dont les impressions s'associent intimement avec celles de la vue, qui les rappellent toujours. Alors les objets visibles sont aussi fidèlement représentés que les objets tangibles. Un rayon lumineux devient pour la vue ce qu'est un bâton pour le toucher. Par ce moyen, le premier de ces sens étend beaucoup plus loin que le second la sphère des objets de ses impressions. Mais la voûte céleste elle-même, à laquelle nous attachons les astres, est encore très bornée, et ce n'est que par une longue suite d'observations et de calculs que nous sommes parvenus à reconnaître les grandes distances de ces corps et à les éloigner indéfiniment dans l'immensité de l'espace.

Il paraît que, dans plusieurs espèces d'animaux, la disposition du sensorium qui nous fait apprécier les distances est naturelle. Mais l'homme, pour lequel la nature a remplacé presque en tout l'instinct par l'intelligence, a besoin, pour le suppléer, d'observations et de comparaisons, qui servent merveilleusement à développer ses facultés intellectuelles et à lui assurer par ce développement l'empire de la Terre.

Les images intérieures ne sont donc pas les effets d'une cause unique; elles résultent soit des impressions reçues simultanément par le même sens ou par des sens différents, soit des impressions intérieures rappelées par la mémoire. L'influence réciproque de ces impressions est un principe psychologique fécond en conséquences. Développons quelques-unes des principales.

Qu'un observateur, placé dans une profonde obscurité, voie à des distances différentes deux globes lumineux d'un même diamètre, ils lui paraîtront d'inégale grandeur. Leurs images intérieures seront proportionnelles aux images correspondantes, peintes sur la rétine. Mais si, l'obscurité venant à cesser, il aperçoit, en même temps que les globes, tout l'espace intermédiaire, cette vue agrandit l'image intérieure du globe le plus éloigné, et la rend presque égale à celle de l'autre globe. C'est ainsi qu'un homme, vu aux distances de 2^m et de 4^m, nous paraît de la même grandeur ; son image intérieure ne varie point, quoique l'une des images peintes sur la rétine soit double de l'autre. C'est encore par l'impression des objets intermédiaires que la Lune à l'horizon nous semble plus grande qu'au zénith. On aperçoit au-dessus d'une branche voisine de l'œil un objet que l'on rapporte au loin et qui paraît fort grand. On vient ensuite à reconnaître le lien qui l'unit à la branche : sur-le-champ, la perception de ce lien change l'image intérieure, et la réduit à une dimension beaucoup moindre. Toutes ces choses ne sont point de simples jugements, comme quelques métaphysiciens l'ont pensé ; elles sont des effets physiologiques dépendants des dispositions que le sensorium a contractées par la comparaison habituelle des impressions d'un même objet sur les organes de plusieurs sens, et spécialement sur ceux du toucher et de la vue.

L'influence des traces rappelées par la mémoire sur les impressions qu'excitent les objets extérieurs se fait remarquer dans un grand nombre de cas. On voit de loin des lettres, sans pouvoir distinguer le mot qu'elles expriment. Si quelqu'un prononce ce mot, ou si quelque circonstance en rappelle la mémoire, aussitôt l'image intérieure de ces lettres ainsi rappelées se superpose, si je puis ainsi dire, à l'image confuse produite par l'impression des caractères extérieurs et la rend distincte. La voix d'un acteur que vous entendez confusément devient distincte lorsque vous lisez ce qu'il récite. La vue des caractères rappelle les traces des sons qui leur répondent, ces traces, se mêlant aux sons confus de la voix, les font distinguer. La peur transforme souvent de cette manière les objets qu'une trop faible lumière ne fait pas reconnaître en objets effrayants qui ont avec eux de l'analogie. L'image de ces derniers objets, fortement retracée dans le sensorium par la crainte, se rend propre l'impression des objets extérieurs. Il est important de se garantir de cette cause d'illusion, dans les conséquences que l'on tire d'observations de choses qui ne font qu'une impression très légère; telles sont les observations de la dégradation de la lumière à la surface des planètes et des satellites, d'où l'on a conclu l'existence et l'intensité de leurs atmosphères et leurs mouvements de rotation. Il est souvent à craindre que des images intérieures ne s'assimilent ces impressions et le penchant qui nous porte à croire à l'existence des choses que représentent les impressions reçues par les sens.

Ce penchant remarquable tient à un caractère particulier qui distingue les impressions venant du dehors des traces produites par l'imagination ou rappelées par la mémoire. Mais il arrive quelquefois, par un désordre du sensorium ou des organes qui agissent sur lui, que ces traces ont le caractère et la vivacité des impressions extérieures; alors on juge présents leurs objets, on est visionnaire. Le calme et les ténèbres de la nuit favorisent ces illusions, qui dans le sommeil sont complètes et forment les rêves, dont on aura une juste idée, si l'on conçoit que les traces des objets qui se présentent à notre imagination dans l'obscurité acquièrent une grande intensité pendant le sommeil.

Tout porte à croire que, dans les somnambules, quelques-uns des sens ne sont pas complètement endormis. Si le sens du toucher, par exemple, reste encore un peu sensible au contact des objets extérieurs, les impressions faibles qu'il en reçoit, transmises au sensorium, peuvent, en se combinant avec les images du rêve d'un somnambule, les modifier et diriger ses mouvements. En examinant d'après cette considération les récits bien avérés des choses singulières opérées par les somnambules, il m'a paru que l'on pouvait en donner une explication fort simple.

Quelquefois les visionnaires croient entendre parler les personnages qu'ils se figurent, et ils ont avec eux une conversation suivie; les Ouvrages des médecins sont remplis de faits de ce genre.

Bonnet cite, comme l'ayant souvent observé, son aïeul maternel, « vieillard », dit-il, « plein de santé, qui, indépendamment de toute impression du dehors, aperçoit de temps en temps devant lui des figures d'hommes, de femmes, d'oiseaux, de voitures, de bâtiments, etc. Il voit ces figures se donner différents mouvements, s'approcher, s'éloigner, fuir, diminuer et augmenter de grandeur, paraître, disparaître, reparaître. Il voit les bâtiments s'élever sous ses yeux, etc. Mais il ne prend point ses visions pour des réalités; sa raison s'en amuse. Il ignore d'un moment à l'autre quelle vision va s'offrir à lui. Son cerveau est un théâtre qui exécute des scènes d'autant plus surprenantes pour le spectateur, qu'il ne les a point prévues. » En lisant l'histoire de Jeanne d'Arc, on est forcé de reconnaître une visionnaire de bonne foi dans cette fille admirable, dont l'exaltation courageuse contribua si puissamment à délivrer la France de ses ennemis. Il est vraisemblable que plusieurs de ceux qui se sont annoncés comme ayant reçu leurs doctrines d'un être surnaturel étaient visionnaires; ils ont d'autant mieux persuadé les autres, qu'ils étaient eux-mêmes persuadés. Les fraudes pieuses et les moyens violents, dont ensuite ils ont fait usage, leur ont paru justifiés par l'intention de propager ce qu'ils jugeaient être des vérités nécessaires aux hommes.

Un caractère particulier distingue des produits de l'imagination les traces rappelées par la mémoire et qui sont dues aux impressions des objets extérieurs. Il nous porte, comme par instinct, à reconnaître l'existence passée de ces objets, dans l'ordre que la mémoire nous présente. Les expériences que nous faisons à chaque instant de la vérité des conséquences que nous en tirons pour nous conduire fortifient ce penchant. Quel est le mécanisme qui dans cette opération du sensorium détermine notre jugement? Nous l'ignorons, et nous ne pouvons en observer que les effets. En vertu de ce mécanisme, les traces de la mémoire, quoique faibles, nous font apprécier leur intensité primitive, que nous pouvons ainsi comparer aux impressions semblables d'objets présents. Nous jugeons de cette manière qu'une couleur, que nous avons vue la veille, était plus vive que celle qui frappe maintenant notre vue.

Les impressions qui accompagnent les traces de la mémoire servent à nous en rappeler les causes. Ainsi, lorsqu'au souvenir d'une chose qui nous a été dite se joint le souvenir de la confiance que nous avons donnée au narrateur, si son nom nous échappe, nous le retrouvons en rappelant successivement les noms de ceux qui nous ont entretenus, jusqu'à ce que nous parvenions au nom qui nous a inspiré cette confiance.

Les objets présents que nous avons déjà vus réveillent les traces des choses qui dans la première vue leur étaient associées. Ces traces réveillent semblablement celles d'autres objets, et ainsi de suite, en sorte qu'à l'occasion d'une chose présente nous pouvons en rappeler une infinité d'autres et arrêter notre attention sur celles que nous voulons considérer.

Les impressions reçues dans l'enfance se conservent jusque dans l'extrême vieillesse, et se renouvellent, alors même que des impressions profondes de l'âge mûr sont entièrement effacées. Il semble que les premières impressions gravées profondément dans le sensorium n'attendent pour reparaître que l'affaiblissement des impressions subséquentes par l'âge ou par la maladie, à peu près comme les astres qu'effaçait la clarté du jour se montrent dans la nuit ou dans les éclipses de soleil.

Les traces de la mémoire acquièrent de l'intensité par l'effet du temps et à notre insu. Les choses que l'on apprend le soir se gravent dans le sensorium pendant le sommeil et se retiennent facilement par ce moyen. J'ai observé plusieurs fois qu'en cessant de penser pendant quelques jours à des matières très compliquées, elles me devenaient faciles lorsque je les considérais de nouveau.

Si nous revoyons un objet qui nous avait frappés par sa grandeur, longtemps après que la vue fréquente d'objets du même genre, beaucoup plus grands, a diminué l'impression de grandeur qu'ils font éprouver, nous sommes surpris de le trouver fort au-dessous de son impression conservée dans la mémoire.

Quelques hommes sont doués d'une mémoire prodigieuse. L'exactitude avec laquelle ils répètent de longs discours qu'ils viennent d'entendre nous étonne. Mais, lorsqu'on réfléchit à tout ce que renferme la mémoire de la plupart des hommes, on est bien plus étonné que tant de choses y soient placées sans confusion. Considérez un chanteur sur la scène : sa mémoire lui rappelle chaque mot de son rôle, le ton, la mesure et le geste qui doivent l'accompagner. Un nouveau rôle succède-t-il au premier, celui-ci semble comme effacé de sa mémoire, qui retrace dans l'ordre convenable toutes les parties du second rôle et qui rappellerait de la même manière les divers rôles que le chanteur a étudiés. Ces traces, dont le nombre est immense, ou du moins les dispositions propres à les faire naître, existent à la fois dans son sensorium sans se confondre, et l'acteur peut les rappeler à sa volonté. Je dois répéter ici que, par les mots : *trace, image, vibrations*, etc., je n'entends exprimer que des phénomènes du sensorium, sans rien affirmer sur leur nature et sur leurs causes, comme en Mécanique on n'exprime que des effets par les mots : *force, attraction, affinité*, etc.

Les opérations du sensorium et les mouvements qu'il fait exécuter deviennent plus faciles et comme naturels par de fréquentes répétitions. De ce principe psychologique découlent nos habitudes. En se combinant avec la sympathie, il produit les coutumes, les mœurs et leurs étranges variétés. Il fait qu'une chose généralement reçue chez un peuple est regardée par un autre avec horreur. Les combats de gladiateurs, dont les Romains aimaient passionnément le spectacle, et les sacrifices humains qui souillent les annales des nations nous paraîtraient horribles. Quand on considère l'état déplorable des esclaves, l'avilissement des Parias dans l'Inde et l'absurdité de tant de croyances contraires à la raison et au témoignage de tous nos sens, on est affligé de voir jusqu'à quel point l'habitude de l'esclavage et les préjugés ont dégradé l'espèce humaine.

Cette disposition, que la fréquence des répétitions donne au sensorium, rend très difficile la distinction des habitudes acquises d'avec les penchants qui, dans l'homme, tiennent à son organisation ; car il est naturel de penser que l'instinct, si étendu et si puissant chez les animaux, n'est pas nul dans l'espèce humaine, et que l'attachement d'une mère à son enfant en dérive. La double influence de l'habitude et de la sympathie modifie ses penchants, souvent elle les fortifie ; quelquefois elle les dénature au point de leur substituer des penchants contraires. Quelques observations faites sur l'homme et sur les animaux, et qu'il est intéressant de continuer, nous portent à soupçonner que les modifications du sensorium, auxquelles l'habitude a donné une grande consistance, sont transmises des pères aux enfants par voie de génération, comme plusieurs dispositions organiques.

La facilité qu'un exercice fréquent donne aux organes est telle qu'ils continuent souvent d'eux-mêmes les mouvements que la volonté leur imprime. Lorsqu'en marchant nous sommes fortement occupés d'une idée, la cause qui renouvelle à chaque instant notre mouvement agit sans le concours de notre volonté et sans que nous en ayons la conscience. On a vu des personnes, surprises en marchant par le sommeil, continuer leur route et ne se réveiller que par la rencontre d'un obstacle. Il paraît qu'en vertu d'une disposition que la volonté de marcher donne au système moteur, la marche continue, à peu près comme le mouvement d'une montre est entretenu par le développement de son ressort spiral. Un dérangement dans l'économie animale peut produire cette disposition. Alors la marche est involontaire, et je tiens d'un médecin éclairé que, dans une maladie de ce genre qu'il avait traitée, le malade ne pouvait s'arrêter qu'en se retenant à un point fixe. Les observations des maladies peuvent ainsi répandre un grand jour sur la Psychologie, quand les médecins joignent aux connaissances de leur art et des sciences accessoires l'esprit d'exactitude et de critique que donne l'étude des Mathématiques et spécialement de la science des Probabilités.

D'après ce que nous avons dit sur l'influence réciproque des traces du sensorium, on conçoit que la musique, par de fréquentes répétitions, peut communiquer à nos mouvements la régularité de sa mesure. C'est ce que l'on observe dans la danse et dans divers exercices où la précision des mouvements ainsi régularisés nous semble extraordinaire. Par cette régularité, la musique rend généralement plus faciles les mouvements que plusieurs personnes exécutent à la fois.

Un phénomène psychologique très remarquable est la grande influence de l'attention sur les traces du sensorium. Elle en accroît la vivacité, en même temps qu'elle affaiblit les impressions concomitantes. Si nous regardons fixement un objet pour y démêler quelques particularités, l'attention peut nous rendre insensibles aux impressions que d'autres objets font en même temps sur la rétine. Par elle, les images des choses que nous voulons comparer acquièrent l'intensité nécessaire pour que leurs rapports occupent seuls notre pensée. Elle réveille les traces de la mémoire qui peuvent servir à cette comparaison, et par là elle devient le plus puissant ressort de l'intelligence humaine.

L'attention donnée fréquemment à une qualité particulière des objets finit par douer les organes d'une exquise sensibilité qui fait reconnaître cette qualité, lorsqu'elle devient insensible au commun des hommes.

Ces principes expliquent les singuliers effets des panoramas. Quand les règles de la perspective y sont bien observées, les objets se peignent sur la rétine comme s'ils étaient réels. Le spectateur est donc alors dans l'état que ferait naître la réalité des objets. Mais la perspective n'est jamais assez exacte pour que l'identité soit parfaite. D'ailleurs les impressions étrangères, quoique faibles, se mêlant aux sensations principales que produit la perspective, nuisent d'abord à l'illusion. L'attention donnée au panorama les efface ; mais il faut pour cela un temps plus ou moins long, dépendant des dispositions du sensorium et de la perfection du panorama. Dans tous ceux que j'ai vus, un intervalle de quelques minutes m'a été nécessaire pour acquérir une illusion complète.

Le principe suivant de Psychologie explique un grand nombre de phénomènes qui ont un rapport direct avec l'objet de cet Ouvrage : *Si l'on exécute fréquemment les actes qui découlent d'une modification particulière du sensorium, leur réaction sur cet organe peut, non seulement accroître cette modification, mais quelquefois lui donner naissance.* Ainsi le mouvement de la main qui tient une longue chaîne suspendue se propage le long de la chaîne jusqu'à son extrémité inférieure, et si, la chaîne étant parvenue au repos, on met en mouvement cette extrémité, la vibration remonte jusqu'à la main qu'elle fait mouvoir à son tour. Ces mouvements réciproques deviennent faciles par la fréquence de leurs répétitions.

Les effets de ce principe sur la croyance sont remarquables. La croyance ou l'adhésion que nous donnons à une proposition est ordinairement fondée sur l'évidence, sur le témoignage des sens ou sur des probabilités : dans ce dernier cas, son degré de force dépend de celui de la probabilité, qui dépend elle-même des données que chaque individu peut avoir sur l'objet de son jugement.

Nous agissons souvent en vertu de notre croyance, sans avoir besoin d'en appeler les preuves. La croyance est donc une modification du sensorium, qui subsiste indépendamment de ces preuves quelquefois entièrement oubliées, et qui nous détermine à produire les actes qui en sont les conséquences. Suivant le principe que nous venons d'exposer, une répétition fréquente de ces actes peut faire naître cette modification, surtout s'ils sont répétés à la fois par un grand nombre de personnes; car alors à la force de leur réaction se joint le pouvoir de l'imitation, suite nécessaire de la sympathie. Quand ces actes sont un devoir que les circonstances nous imposent, la tendance de l'économie animale à prendre l'état le plus favorable à notre bien-être nous dispose encore à la croyance qui les fait exécuter avec plaisir. Peu d'hommes résistent à l'action de toutes ces causes.

Pascal a bien développé ces effets, dans un article de ses *Pensées*, qui a ce singulier titre, *qu'il est difficile de démontrer l'existence de Dieu par les lumières naturelles, mais que le plus sûr est de la croire.* Il s'exprime ainsi en s'adressant à un incrédule : « Vous voulez aller à la foi, et

vous n'en savez pas le chemin; vous voulez guérir de l'infidélité, et
vous en demandez le remède. Apprenez-le de ceux qui ont été tels que
vous et qui n'ont présentement aucun doute. Ils savent ce chemin que
vous voudriez suivre, et ils sont guéris d'un mal dont vous voulez guérir. Suivez la manière par où ils ont commencé. Imitez leurs actions
extérieures, si vous ne pouvez encore entrer dans leurs dispositions intérieures; quittez ces vains amusements qui vous occupent tout entier.
J'aurais bientôt quitté ces plaisirs, dites-vous, si j'avais la foi. Et moi je
vous dis que vous auriez bientôt la foi, si vous aviez quitté ces plaisirs.
Or c'est à vous à commencer. Si je pouvais, je vous donnerais la foi :
je ne le puis, ni par conséquent éprouver la vérité de ce que vous
dites; mais vous pouvez bien quitter ces plaisirs et éprouver si ce que
je vous dis est vrai.

» Il ne faut pas se méconnaître : nous sommes corps autant qu'esprit, et de là vient que l'instrument par lequel la persuasion se fait
n'est pas la seule démonstration. Combien y a-t-il peu de choses démontrées? Les preuves ne convainquent que l'esprit; la coutume fait
nos preuves les plus fortes. Elle incline les sens qui entraînent l'esprit
sans qu'il y pense. Qui a démontré qu'il fera demain jour, et que nous
mourrons? et qu'y a-t-il de plus universellement cru? C'est donc la
coutume qui nous en persuade; c'est elle qui fait tant de turcs et de
payens; c'est elle qui fait les métiers, les soldats, etc. Il est vrai qu'il
ne faut pas commencer par elle, pour trouver la vérité (¹); mais il faut
avoir recours à elle, quand une fois l'esprit a vu où est la vérité, afin
de nous abreuver et de nous teindre de cette croyance qui nous échappe
à toute heure; car d'en avoir toujours les preuves présentes, c'est trop
d'affaires. Il faut acquérir une croyance plus facile, qui est celle de l'habitude, qui, sans violence, sans art, sans argument, nous fait croire les
choses, et incline toutes nos puissances à cette croyance, en sorte que
notre âme y tombe naturellement. Ce n'est pas assez de ne croire que
par la force de la conviction, si les sens nous portent à croire le con-

____

(¹) Pascal perd ici de vue ce qu'il vient de recommander pour acquérir la foi : savoir,
de commencer par les actes extérieurs.

traire. Il faut donc faire marcher nos deux pièces ensemble : l'esprit par les raisons qu'il suffit d'avoir vues une fois en sa vie, et les sens par la coutume et en ne leur permettant pas de s'incliner au contraire. »

Le moyen que Pascal propose pour la conversion d'un incrédule peut être employé avec succès pour détruire un préjugé reçu dès l'enfance et enraciné par l'habitude. Ces sortes de préjugés naissent souvent de la plus faible cause, dans les imaginations actives. Qu'une personne, attachant au mot *gauche* une idée de malheur, fasse journellement de la main droite une chose que l'on puisse exécuter indifféremment de l'une ou de l'autre main; cette habitude peut accroître la répugnance à se servir pour cela, de la main gauche, au point de rendre la raison impuissante contre ce préjugé. Il est naturel de croire qu'Auguste, doué d'une raison supérieure à tant d'égards, s'est reproché quelquefois sa faiblesse de n'oser se mettre en route le lendemain d'un jour de foire, et qu'il a voulu la surmonter. Mais, au moment d'entreprendre un voyage dans l'un de ces jours réputés malheureux, il a pu se dire que *le plus sûr* était de le différer, augmentant ainsi sa répugnance par l'habitude d'y céder. La répétition fréquente d'actes contraires à ces préjugés doit à la longue les affaiblir et les faire entièrement disparaître.

L'attachement que l'on porte aux personnes qu'on a souvent obligées découle du principe que nous venons de développer. La répétition fréquente d'actes en leur faveur accroît et fait même naître quelquefois le sentiment dont ils sont la suite naturelle. Les actes que le goût d'une chose nous fait exécuter fréquemment augmentent l'intensité de ce goût, et le transforment souvent en passion.

On voit, par ce qui précède, combien notre croyance dépend de nos habitudes. Accoutumés à juger et à nous conduire d'après un certain genre de probabilités, nous donnons à ces probabilités notre assentiment, comme par instinct, et elles nous déterminent avec plus de force que des probabilités bien supérieures, résultats de la réflexion ou du calcul. Une chose invraisemblable nous laisse souvent dans le doute : nous ne balançons point à la rejeter, si elle est contraire à nos proba-

bilités habituelles. Pour diminuer autant qu'il est possible cette cause
d'illusion, il faut appeler l'imagination et les sens au secours de la raison. Que l'on figure par des lignes les probabilités respectives, on sentira beaucoup mieux leur différence. Une ligne qui représenterait la
probabilité du témoignage sur lequel un fait extraordinaire est appuyé,
placée à côté de la ligne qui représenterait l'invraisemblance de ce fait,
rendrait très sensible la probabilité de l'erreur du témoignage, comme
un tableau, dans lequel les hauteurs des montagnes sont rapprochées,
donne une idée frappante des rapports de ces hauteurs. Ce moyen peut
être employé dans plusieurs cas avec succès. Pour rendre sensible l'immensité de l'univers, que l'on représente par une quantité presque
imperceptible, par un dixième de millimètre, la plus grande étendue
de la France en longueur : la distance du Soleil à la Terre sera de quatorze mètres; celle de l'étoile la plus proche surpassera un million et
demi de mètres, c'est-à-dire sept ou huit fois le rayon du plus grand
horizon que l'œil puisse embrasser du point le plus élevé. On n'aura
encore ainsi qu'une très faible image de la grandeur de l'univers qui
s'étend infiniment au delà des plus brillantes étoiles, comme le prouve
ce nombre prodigieux d'étoiles placées les unes au delà des autres et
se dérobant à la vue dans la profondeur des cieux. Mais, toute faible
qu'elle est, cette image suffit pour nous faire sentir l'absurdité des idées
de prééminence de l'homme sur toute la nature, idées dont on a tiré de
si étranges conséquences.

Nous établirons enfin, comme principe de Psychologie, l'exagération
des probabilités par les passions. La chose que l'on craint ou que l'on
désire vivement nous semble, par cela même, plus probable. Son image,
fortement retracée dans le sensorium, affaiblit l'impression des probabilités contraires, et quelquefois les efface au point de faire croire la
chose arrivée. La réflexion et le temps, en diminuant la vivacité de ces
sentiments, rendent à l'esprit le calme nécessaire pour bien apprécier
la probabilité des choses.

Les vibrations du sensorium doivent être, comme tous les mouvements, assujetties aux lois de la Dynamique, et cela est confirmé par

l'expérience. Les mouvements qu'elles impriment au système musculaire et que ce système communique aux corps étrangers sont, comme
dans le développement des ressorts, tels que le centre commun de gravité de notre corps et de ceux qu'il fait mouvoir reste immobile. Ces
vibrations se superposent les unes aux autres, comme on voit les ondulations des fluides se mêler sans se confondre. Elles se communiquent
aux individus comme les vibrations d'un corps sonore aux corps qui
l'environnent. Les idées complexes se forment de leurs idées simples,
comme le flux de la mer se forme des flux partiels que produisent le
Soleil et la Lune. L'hésitation entre des motifs opposés est un équilibre de forces égales. Les changements brusques que l'on produit dans
le sensorium éprouvent la résistance qu'un système matériel oppose à
des changements semblables, et si l'on veut éviter les secousses et ne pas
perdre de force vive, il faut agir, comme dans ce système, par nuances
insensibles. Une attention forte et continue épuise le sensorium,
comme une longue suite de commotions épuise une pile voltaïque, ou
l'organe électrique des poissons. Presque toutes les comparaisons que
nous tirons des objets matériels, pour rendre sensibles les choses intellectuelles, sont au fond des identités.

Je désire que les considérations précédentes, tout imparfaites qu'elles
sont, puissent attirer l'attention des observateurs philosophes sur les
lois du sensorium ou du monde intellectuel, lois qu'il nous importe
autant d'approfondir que celles du monde physique. On a imaginé des
hypothèses à peu près semblables, pour expliquer les phénomènes de
ces deux mondes. Mais, les fondements de ces hypothèses échappant à
tous nos moyens d'observation et de calcul, on peut à leur égard dire
avec Montaigne que *l'ignorance et l'incuriosité sont deux oreillers bien
doux pour reposer une tête bien faite.*

Des divers moyens d'approcher de la certitude.

L'induction, l'analogie des hypothèses fondées sur les faits et rectifiées sans cesse par de nouvelles observations, un tact heureux donné

par la nature et fortifié par des comparaisons nombreuses de ses indications avec l'expérience, tels sont les principaux moyens de parvenir
à la vérité.

Si l'on considère avec attention la série des objets de même nature,
on aperçoit entre eux et dans leurs changements des rapports qui se
manifestent de plus en plus à mesure que la série se prolonge, et qui,
en s'étendant et se généralisant sans cesse, conduisent enfin au principe dont ils dérivent. Mais souvent ces rapports sont enveloppés de
tant de circonstances étrangères, qu'il faut une grande sagacité pour
les démêler et pour remonter à ce principe : c'est en cela que consiste
le véritable génie des sciences. L'Analyse et la Philosophie naturelle
doivent leurs plus importantes découvertes à ce moyen fécond que l'on
nomme *induction*. Newton lui a été redevable de son théorème du binôme et du principe de la gravitation universelle. Il est difficile d'apprécier la probabilité des résultats de l'induction qui se fonde sur ce
que les rapports les plus simples sont les plus communs : c'est ce qui
se vérifie dans les formules de l'Analyse, et ce que l'on retrouve dans
les phénomènes naturels, dans la cristallisation et dans les combinaisons chimiques. Cette simplicité de rapports ne paraîtra point étonnante, si l'on considère que tous les effets de la nature ne sont que les
résultats mathématiques d'un petit nombre de lois immuables.

Cependant l'induction, en faisant découvrir les principes généraux
des sciences, ne suffit pas pour les établir en rigueur. Il faut toujours
les confirmer par des démonstrations ou par des expériences décisives ;
car l'histoire des sciences nous montre que l'induction a quelquefois
conduit à des résultats inexacts. Je citerai, pour exemple, un théorème
de Fermat sur les nombres premiers. Ce grand géomètre, qui avait profondément médité sur leur théorie, cherchait une formule qui, ne renfermant que des nombres premiers, donnât directement un nombre
premier plus grand qu'aucun nombre assignable. L'induction le conduisit à penser que deux, élevé à une puissance qui était elle-même
une puissance de deux, formait avec l'unité un nombre premier. Ainsi
deux élevé au carré, plus un, forme le nombre premier cinq ; deux

élevé à la seconde puissance de deux, ou seize, forme avec un, le nombre premier dix-sept. Il trouva que cela était encore vrai pour la huitième et la seizième puissance de deux, augmentées de l'unité, et cette induction, appuyée de plusieurs considérations arithmétiques, lui fit regarder ce résultat comme général. Cependant il avoue qu'il ne l'avait pas démontré. En effet, Euler a reconnu que cela cesse d'avoir lieu pour la trente-deuxième puissance de deux, qui, augmentée de l'unité, donne 4294967297, nombre divisible par 641.

Nous jugeons par induction que, si des événements divers, des mouvements par exemple, paraissent constamment et depuis longtemps liés par un rapport simple, ils continueront sans cesse d'y être assujettis, et nous en concluons, par la théorie des probabilités, que ce rapport est dû, non au hasard, mais à une cause régulière. Ainsi l'égalité des mouvements de rotation et de révolution de la Lune, celle des mouvements des nœuds de l'orbite et de l'équateur lunaires et la coïncidence de ces nœuds, le rapport singulier des mouvements des trois premiers satellites de Jupiter, suivant lequel la longitude moyenne du premier satellite, moins trois fois celle du second, plus deux fois celle du troisième, est égale à deux angles droits; l'égalité de l'intervalle des marées à celui des passages de la Lune au méridien, le retour des plus grandes marées avec les syzygies et des plus petites avec les quadratures : toutes ces choses, qui se maintiennent depuis qu'on les observe, indiquent avec une vraisemblance extrême l'existence de causes constantes que les géomètres sont heureusement parvenus à rattacher à la loi de la pesanteur universelle, et dont la connaissance rend certaine la perpétuité de ces rapports.

Le chancelier Bacon, promoteur si éloquent de la vraie méthode philosophique, a fait de l'induction un abus bien étrange pour prouver l'immobilité de la Terre. Voici comme il raisonne dans le *Novum Organum*, son plus bel Ouvrage. Le mouvement des astres, d'orient en occident, est d'autant plus prompt, qu'ils sont plus éloignés de la Terre. Ce mouvement est le plus rapide pour les étoiles; il se ralentit un peu pour Saturne, un peu plus pour Jupiter, et ainsi de suite, jusqu'à la

Lune et aux comètes les moins élevées. Il est encore perceptible dans l'atmosphère, surtout entre les tropiques, à cause des grands cercles que les molécules de l'air y décrivent; enfin il est presque insensible pour l'Océan; il est donc nul pour la Terre. Mais cette induction prouve seulement que Saturne et les astres qui lui sont inférieurs ont des mouvements propres, contraires au mouvement réel ou apparent qui emporte toute la sphère céleste d'orient en occident, et que ces mouvements paraissent plus lents pour les astres plus éloignés, ce qui est conforme aux lois de l'Optique. Bacon aurait dû être frappé de l'inconcevable vitesse qu'il faut supposer aux astres pour accomplir leur révolution diurne, si la Terre est immobile, et de l'extrême simplicité avec laquelle sa rotation explique comment des corps aussi distants les uns des autres que les étoiles, le Soleil, les planètes et la Lune, semblent tous assujettis à cette révolution. Quant à l'Océan et à l'atmosphère, il ne devait point assimiler leur mouvement à celui des astres, qui sont détachés de la Terre, au lieu que, l'air et la mer faisant partie du globe terrestre, ils doivent participer à son mouvement ou à son repos. Il est singulier que Bacon, porté aux grandes vues par son génie, n'ait pas été entraîné par l'idée majestueuse que le système de Copernic offre de l'univers. Il pouvait cependant trouver en faveur de ce système de fortes analogies dans les découvertes de Galilée, qui lui étaient connues. Il a donné pour la recherche de la vérité le précepte et non l'exemple. Mais en insistant avec toute la force de la raison et de l'éloquence sur la nécessité d'abandonner les subtilités insignifiantes de l'école pour se livrer aux observations et aux expériences, et en indiquant la vraie méthode de s'élever aux causes générales des phénomènes, ce grand philosophe a contribué aux progrès immenses que l'esprit humain a faits dans le beau siècle où il a terminé sa carrière.

L'analogie est fondée sur la probabilité que les choses semblables ont des causes du même genre et produisent les mêmes effets. Plus la similitude est parfaite, plus cette probabilité augmente. Ainsi nous jugeons sans aucun doute que des êtres pourvus des mêmes organes, exécutant les mêmes choses, éprouvent les mêmes sensations et sont mus par les mêmes désirs. La probabilité que les animaux qui se rapprochent de nous par leurs organes ont des sensations analogues aux nôtres, quoique un peu inférieure à celle qui est relative aux individus de notre espèce, est encore excessivement grande, et il a fallu toute l'influence des préjugés religieux pour faire penser à quelques philosophes que les animaux sont de purs automates. La probabilité de l'existence du sentiment décroit à mesure que la similitude des organes avec les nôtres diminue; mais elle est toujours très forte, même pour les insectes. En voyant ceux d'une même espèce exécuter des choses fort compliquées, exactement de la même manière, de générations en générations et sans les avoir apprises, on est porté à croire qu'ils agissent par une sorte d'affinité, analogue à celle qui rapproche les molécules des cristaux, mais qui, se mêlant au sentiment attaché à toute organisation animale, produit, avec la régularité des combinaisons chimiques, des combinaisons beaucoup plus singulières : on pourrait peut-être nommer *affinité animale* ce mélange des affinités électives et du sentiment. Quoiqu'il existe beaucoup d'analogie entre l'organisation des plantes et celle des animaux, elle ne paraît pas cependant suffisante pour étendre aux végétaux la faculté de sentir; mais rien n'autorise à la leur refuser.

Le Soleil faisant éclore, par l'action bienfaisante de sa lumière et de sa chaleur, les animaux et les plantes qui couvrent la Terre, nous jugeons par l'analogie qu'il produit des effets semblables sur les autres planètes; car il n'est pas naturel de penser que la matière, dont nous voyons l'activité se developper en tant de façons, soit stérile sur une aussi grosse planète que Jupiter qui, comme le globe terrestre, a ses jours, ses nuits et ses années, et sur lequel les observations indiquent des changements qui supposent des forces très actives. Cependant ce serait donner trop d'extension à l'analogie que d'en conclure la similitude des habitants des planètes et de la Terre. L'homme, fait pour la température dont il jouit et pour l'élément qu'il respire, ne pourrait pas, selon toute apparence, vivre sur les autres planètes. Mais ne doit-il pas y avoir une infinité d'organisations relatives aux diverses constitu-

tions des globes de cet univers? Si la seule différence des éléments et
des climats met tant de variété dans les productions terrestres, combien plus doivent différer celles des diverses planètes et de leurs satellites! L'imagination la plus active ne peut s'en former aucune idée,
mais leur existence est très vraisemblable.

Nous sommes conduits par une forte analogie à regarder les étoiles
comme autant de soleils doués, ainsi que le nôtre, d'un pouvoir attrac-
tif proportionnel à la masse et réciproque au carré des distances. Car,
ce pouvoir étant démontré par tous les corps du système solaire et pour
leurs plus petites molécules, il paraît appartenir à toute la matière.
Déjà les mouvements des petites étoiles que l'on a nommées *doubles*,
à cause de leur rapprochement, paraissent l'indiquer; un siècle au plus
d'observations précises, en constatant leurs mouvements de révolution
les unes autour des autres, mettra hors de doute leurs attractions réciproques.

L'analogie qui nous porte à faire de chaque étoile le centre d'un système planétaire est beaucoup moins forte que la précédente; mais elle
acquiert de la vraisemblance par l'hypothèse que nous avons proposée
sur la formation des étoiles et du Soleil; car dans cette hypothèse,
chaque étoile ayant été, comme le Soleil, primitivement environnée
d'une vaste atmosphère, il est naturel d'attribuer à cette atmosphère
les mêmes effets qu'à l'atmosphère solaire et de supposer qu'elle a
produit, en se condensant, des planètes et des satellites.

Un grand nombre de découvertes dans les sciences sont dues à l'analogie. Je citerai comme une des plus remarquables la découverte de
l'électricité atmosphérique, à laquelle on a été conduit par l'analogie
des phénomènes électriques avec les effets du tonnerre.

La méthode la plus sûre qui puisse nous guider dans la recherche
de la vérité consiste à s'élever par induction des phénomènes aux lois
et des lois aux forces. Les lois sont les rapports qui lient entre eux les
phénomènes particuliers : quand elles ont fait connaître le principe général des forces dont elles dérivent, on le vérifie soit par des expériences
directes, lorsque cela est possible, soit en examinant s'il satisfait aux

phénomènes connus; et si, par une rigoureuse analyse, on les voit tous découler de ce principe jusque dans leurs moindres détails, si d'ailleurs ils sont très variés et très nombreux, la Science alors acquiert le plus haut degré de certitude et de perfection qu'elle puisse atteindre. Telle est devenue l'Astronomie par la découverte de la pesanteur universelle. L'histoire des sciences fait voir que cette marche lente et pénible de l'induction n'a pas toujours été celle des inventeurs. L'imagination, impatiente de remonter aux causes, se plaît à créer des hypothèses, et souvent elle dénature les faits pour les plier à son ouvrage ; alors les hypothèses sont dangereuses. Mais, quand on ne les envisage que comme des moyens de lier entre eux les phénomènes pour en découvrir les lois, lorsqu'en évitant de leur attribuer de la réalité on les rectifie sans cesse par de nouvelles observations, elles peuvent conduire aux véritables causes, ou du moins nous mettre à portée de conclure des phénomènes observés ceux que des circonstances données doivent faire éclore.

Si l'on essayait toutes les hypothèses que l'on peut former sur la cause des phénomènes, on parviendrait, par voie d'exclusion, à la véritable. Ce moyen a été employé avec succès : quelquefois on est arrivé à plusieurs hypothèses qui expliquaient également bien tous les faits connus, et entre lesquelles les savants se sont partagés, jusqu'à ce que des observations décisives aient fait connaître la véritable. Alors il est intéressant pour l'histoire de l'esprit humain de revenir sur ces hypothèses, de voir comment elles parvenaient à expliquer un grand nombre de faits et de rechercher les changements qu'elles doivent subir pour rentrer dans celle de la nature. C'est ainsi que le système de Ptolémée, qui n'est que la réalisation des apparences célestes, se transforme dans l'hypothèse du mouvement des planètes autour du Soleil, en y rendant égaux et parallèles à l'orbe solaire les cercles et les épicycles que Ptolémée fait décrire annuellement et dont il laisse la grandeur indéterminée. Il suffit ensuite, pour changer cette hypothèse dans le vrai système du monde, de transporter en sens contraire à la Terre le mouvement apparent du Soleil.

Il est presque toujours impossible de soumettre au calcul la probabilité des résultats obtenus par ces divers moyens : c'est ce qui a lieu pareillement pour les faits historiques. Mais l'ensemble des phénomènes expliqués ou des témoignages est quelquefois tel que, sans pouvoir en apprécier la probabilité, on ne peut raisonnablement se permettre aucun doute à leur égard. Dans les autres cas, il est prudent de ne les admettre qu'avec beaucoup de réserve.

Notice historique sur le Calcul des Probabilités.

Depuis longtemps on a déterminé, dans les jeux les plus simples, les rapports des chances favorables ou contraires aux joueurs : les enjeux et les paris étaient réglés d'après ces rapports. Mais personne avant Pascal et Fermat n'avait donné des principes et des méthodes pour soumettre cet objet au calcul et n'avait résolu des questions de ce genre un peu compliquées. C'est donc à ces deux grands géomètres qu'il faut rapporter les premiers éléments de la science des probabilités, dont la découverte peut être mise au rang des choses remarquables qui ont illustré le xviie siècle, celui de tous qui fait le plus d'honneur à l'esprit humain. Le principal problème, qu'ils résolurent par des voies différentes, consiste, comme on l'a vu précédemment, à partager équitablement l'enjeu entre des joueurs dont les adresses sont égales, et qui conviennent de quitter une partie avant qu'elle finisse, la condition du jeu étant que, pour gagner la partie, il faut atteindre le premier un nombre donné de points. Il est clair que le partage doit se faire proportionnellement aux probabilités respectives des joueurs de gagner cette partie, probabilités dépendantes des nombres de points qui leur manquent encore. La méthode de Pascal est fort ingénieuse et n'est au fond que l'équation aux différences partielles de ce problème, appliquée à déterminer les probabilités successives des joueurs, en allant des nombres les plus petits aux suivants. Cette méthode est limitée au cas de deux joueurs : celle de Fermat, fondée sur les combinaisons, s'étend à un nombre quelconque de joueurs. Pascal crut d'abord qu'elle devait être comme la sienne, restreinte à deux joueurs, ce qui établit entre eux une discussion à la fin de laquelle Pascal reconnut la généralité de la méthode de Fermat.

Huygens réunit les divers problèmes que l'on avait déjà résolus, et en ajouta de nouveaux, dans un petit Traité, le premier qui ait paru sur cette matière et qui a pour titre *De ratiociniis in ludo aleæ*. Plusieurs géomètres s'en occupèrent ensuite : Huddes et le grand pensionnaire de Witt en Hollande, et Halley en Angleterre appliquèrent le calcul aux probabilités de la vie humaine, et Halley publia pour cet objet la première Table de mortalité. Vers ce même temps, Jacques Bernoulli proposa aux géomètres divers problèmes de probabilité dont il donna, depuis, des solutions. Enfin il composa son bel Ouvrage intitulé *Ars conjectandi*, qui ne parut que sept ans après sa mort, arrivée en 1706. La science des probabilités est beaucoup plus approfondie dans cet Ouvrage que dans celui d'Huygens; l'auteur y donne une théorie générale des combinaisons et des suites, et l'applique à plusieurs questions difficiles, concernant les hasards. Cet Ouvrage est encore remarquable par la justesse et la finesse des vues, par l'emploi de la formule du binôme dans ce genre de questions, et par la démonstration de ce théorème, savoir, qu'en multipliant indéfiniment les observations et les expériences, le rapport des événements de diverses natures approche de celui de leurs possibilités respectives dans des limites dont l'intervalle se resserre de plus en plus à mesure qu'ils se multiplient, et devient moindre qu'aucune quantité assignable. Ce théorème est très utile pour reconnaître par les observations les lois et les causes des phénomènes. Bernoulli attachait avec raison une grande importance à sa démonstration qu'il dit avoir méditée pendant vingt années.

Dans l'intervalle de la mort de Jacques Bernoulli à la publication de son Ouvrage, Montmort et Moivre firent paraître deux traités sur le Calcul des Probabilités. Celui de Montmort a pour titre : *Essai sur les Jeux de hasard :* il contient de nombreuses applications de ce calcul aux divers jeux. L'auteur y a joint, dans la seconde édition, quelques lettres dans lesquelles Nicolas Bernoulli donne des solutions ingénieuses de plusieurs problèmes difficiles. Le Traité de Moivre, postérieur à celui de Montmort, parut d'abord dans les *Transactions philosophiques* de l'année 1711. Ensuite l'auteur le publia séparément, et il l'a perfectionné successivement dans les trois éditions qu'il en a données. Cet Ouvrage est principalement fondé sur la formule du binôme, et les problèmes qu'il contient ont, ainsi que leurs solutions, une grande généralité. Mais ce qui le distingue est la théorie des suites récurrentes et leur usage dans ces matières. Cette théorie est l'intégration des équations linéaires aux différences finies à coefficients constants, intégration à laquelle Moivre parvient d'une manière très heureuse.

Moivre a repris dans son Ouvrage le théorème de Jacques Bernoulli sur la probabilité des résultats déterminés par un grand nombre d'observations. Il ne se contente pas de faire voir, comme Bernoulli, que le rapport des événements qui doivent arriver approche sans cesse de celui de leurs possibilités respectives; il donne de plus une expression élégante et simple de la probabilité que la différence de ces deux rapports est contenue dans des limites données. Pour cela, il détermine le rapport du plus grand terme du développement d'une puissance très élevée du binôme à la somme de tous ses termes, et le logarithme hyperbolique de l'excès de ce terme sur les termes qui en sont très voisins. Le plus grand terme étant alors le produit d'un nombre considérable de facteurs, son calcul numérique devient impraticable. Pour l'obtenir par une approximation convergente, Moivre fait usage d'un théorème de Stirling sur le terme moyen du binôme élevé à une haute puissance, théorème remarquable surtout en ce qu'il introduit la racine carrée du rapport de la circonférence au rayon, dans une expression qui semble devoir être étrangère à cette transcendante. Aussi Moivre fut-il extrêmement frappé de ce résultat, que Stirling avait déduit de l'expression de la circonférence en produits infinis, expression à laquelle Wallis était parvenu par une singulière analyse qui contient le germe de la théorie si curieuse et si utile des intégrales définies.

Plusieurs savants, parmi lesquels on doit distinguer Deparcieux, Kersseboom, Wargentin, Dupré de Saint-Maure, Simpson, Sussmilch,

Messène, Moheau, Price, Baily et Duvillard, ont réuni un grand nombre
de données précieuses, sur la population, les naissances, les mariages
et la mortalité. Ils ont donné des formules et des Tables relatives aux
rentes viagères, aux tontines, aux assurances, etc. Mais, dans cette
courte Notice, je ne puis qu'indiquer ces travaux utiles, pour m'attacher aux idées originales. De ce nombre est la distinction des espérances mathématique et morale, et le principe ingénieux que Daniel
Bernoulli a donné pour soumettre celle-ci à l'Analyse. Telle est encore
l'application heureuse qu'il a faite du Calcul des Probabilités à l'inoculation. On doit surtout placer au nombre de ces idées originales la
considération directe des possibilités des événements, tirées des événements observés. Jacques Bernoulli et Moivre supposaient ces possibilités connues, et ils cherchaient la probabilité que le résultat des
expériences à faire approchera de plus en plus de les représenter. Bayes,
dans les *Transactions philosophiques* de l'année 1763, a cherché directement la probabilité que les possibilités indiquées par des expériences
déjà faites sont comprises dans des limites données, et il y est parvenu
d'une manière fine et très ingénieuse, quoiqu'un peu embarrassée. Cet
objet se rattache à la théorie de la probabilité des causes et des événements futurs, conclue des événements observés, théorie dont j'exposai
quelques années après les principes, avec la remarque de l'influence
des inégalités qui peuvent exister entre des chances que l'on suppose
égales. Quoique l'on ignore quels sont les événements simples que ces
inégalités favorisent, cependant cette ignorance même accroit souvent
la probabilité des événements composés.

En généralisant l'Analyse et les problèmes concernant les probabilités, je fus conduit au Calcul des différences finies partielles, que Lagrange a traité depuis par une méthode fort simple et dont il a fait
d'élégantes applications à ce genre de problèmes. La théorie des fonctions génératrices, que je donnai vers le même temps, comprend ces
objets parmi ceux qu'elle embrasse, et s'adapte d'elle-même et avec la
plus grande généralité aux questions de probabilité les plus difficiles.
Elle détermine encore, par des approximations très convergentes, les

valeurs des fonctions composées d'un grand nombre de termes et de facteurs, et, en faisant voir que la racine carrée du rapport de la circonférence au rayon entre le plus souvent dans ces valeurs, elle montre qu'une infinité d'autres transcendantes peuvent s'y introduire.

On a encore soumis au calcul la probabilité des témoignages, les votes et les décisions des assemblées électorales et délibérantes et les jugements des tribunaux. Tant de passions, d'intérêts divers et de circonstances compliquent les questions relatives à ces objets qu'elles sont presque toujours insolubles. Mais la solution de problèmes plus simples et qui ont avec elles beaucoup d'analogie peut souvent répandre sur ces questions difficiles et importantes de grandes lumières, que la sûreté du calcul rend toujours préférables aux raisonnements les plus spécieux.

L'une des plus intéressantes applications du Calcul des Probabilités concerne les milieux qu'il faut choisir entre les résultats des observations. Plusieurs géomètres s'en sont occupés, et Lagrange a publié dans les *Mémoires* de Turin une belle méthode pour déterminer ces milieux, quand la loi des erreurs des observations est connue. J'ai donné pour le même objet une méthode fondée sur un artifice singulier, qui peut être employé avec avantage dans d'autres questions d'Analyse, et qui, en permettant d'étendre indéfiniment dans tout le cours d'un long calcul des fonctions qui doivent être limitées par la nature du problème, indique les modifications que chaque terme du résultat final doit recevoir en vertu de ces limitations. On a vu précédemment que chaque observation fournit une équation de condition, du premier degré, qui peut toujours être disposée de manière que tous ses termes soient dans le premier membre, le second étant zéro. L'usage de ces équations est une des causes principales de la grande précision de nos Tables astronomiques, parce que l'on a pu ainsi faire concourir un nombre immense d'excellentes observations à la fixation de leurs éléments. Lorsqu'il n'y a qu'un seul élément à déterminer, Cotes avait prescrit de préparer les équations de condition de sorte que le coefficient de l'élément inconnu fût positif dans chacune d'elles, et d'ajouter ensuite toutes ces équations, pour former une équation finale d'où l'on tire la valeur de cet élément. La règle de Cotes fut suivie par tous les calculateurs. Mais quand il fallait déterminer plusieurs éléments, on n'avait aucune règle fixe pour combiner les équations de condition de manière à obtenir les équations finales nécessaires : seulement, on choisissait pour chaque élément les observations les plus propres à le déterminer. Ce fut pour obvier à ces tâtonnements que Legendre et Gauss imaginèrent d'ajouter les carrés des premiers membres des équations de condition, et d'en rendre la somme un minimum, en y faisant varier chaque élément inconnu : par ce moyen, on obtient directement autant d'équations finales qu'il y a d'éléments. Mais les valeurs déterminées par ces équations méritent-elles la préférence sur toutes celles que l'on peut obtenir par d'autres moyens? C'est ce que le Calcul des Probabilités pouvait seul apprendre. Je l'appliquai donc à cet objet important, et je parvins, par une analyse délicate, à une règle qui renferme la précédente, et qui réunit, à l'avantage de donner par un procédé régulier les éléments cherchés, celui de les faire sortir avec le plus d'évidence de l'ensemble des observations, et d'en déterminer les valeurs qui ne laissent à craindre que les plus petites erreurs possibles.

On n'a cependant encore qu'une connaissance imparfaite des résultats obtenus, tant que la loi des erreurs dont ils sont susceptibles n'est pas connue; il faut pouvoir assigner la probabilité que ces erreurs sont contenues dans des limites données, ce qui revient à déterminer ce que j'ai nommé *poids* d'un résultat. L'Analyse conduit à des formules générales et simples pour cet objet. J'ai appliqué cette analyse aux résultats des observations géodésiques. Le problème général consiste à déterminer les probabilités que les valeurs d'une ou de plusieurs fonctions linéaires des erreurs d'un très grand nombre d'observations sont renfermées dans des limites quelconques.

La loi de possibilité des erreurs des observations introduit dans les expressions de ces probabilités une constante, dont la valeur semble exiger la connaissance de cette loi presque toujours inconnue. Heureusement, cette constante peut être déterminée par les observations mêmes. Dans la recherche des éléments astronomiques, elle est donnée par la somme des carrés des différences entre chaque observation et le calcul. Les erreurs également probables étant proportionnelles à la racine carrée de cette somme, on peut par la comparaison de ces carrés apprécier l'exactitude relative des diverses Tables d'un même astre. Dans les opérations géodésiques, ces carrés sont remplacés par les carrés des erreurs des sommes observées des trois angles de chaque triangle. La comparaison des carrés de ces erreurs fera donc juger de la précision relative des instruments avec lesquels on a mesuré les angles. On voit par cette comparaison l'avantage du cercle répétiteur sur les instruments qu'il a remplacés dans la Géodésie.

Il existe souvent dans les observations plusieurs sources d'erreurs : ainsi, les positions des astres étant déterminées au moyen de la lunette méridienne et du cercle, tous deux susceptibles d'erreurs dont la loi de probabilité ne doit pas être supposée la même, les éléments que l'on déduit de ces positions sont affectés de ces erreurs. Les équations de condition que l'on forme pour avoir ces éléments contiennent les erreurs de chaque instrument, et elles y ont des coefficients différents. Le système le plus avantageux des facteurs par lesquels on doit multiplier respectivement ces équations, pour obtenir, par la réunion des produits, autant d'équations finales qu'il y a d'éléments à déterminer, n'est plus alors celui des coefficients des éléments dans chaque équation de condition. L'analyse dont j'ai fait usage conduit facilement, quel que soit le nombre des sources d'erreur, au système de facteurs qui donne les résultats les plus avantageux, ou dans lesquels une même erreur est moins probable que dans tout autre système. La même analyse détermine les lois de probabilité des erreurs de ces résultats. Ces formules renferment autant de constantes inconnues qu'il y a de sources d'erreur, et qui dépendent des lois de probabilité de ces erreurs. On a vu que, dans le cas d'une source unique, on peut déterminer cette constante en formant la somme des carrés des résidus de chaque équation de condition, lorsqu'on y a substitué les valeurs trouvées pour les éléments. Un procédé semblable donne généralement les valeurs de ces constantes, quel que soit leur nombre, ce qui complète l'application du Calcul des Probabilités aux résultats des observations.

Je dois ici faire une remarque importante. La petite incertitude que les observations, quand elles ne sont pas très multipliées, laissent sur les valeurs des constantes dont je viens de parler, rend un peu incertaines les probabilités déterminées par l'Analyse. Mais il suffit presque toujours de connaître si la probabilité que les erreurs des résultats obtenus sont renfermées dans d'étroites limites approche extrêmement de l'unité, et quand cela n'est pas, il suffit de savoir jusqu'à quel point on doit multiplier les observations pour acquérir une probabilité telle qu'il ne reste sur la bonté des résultats aucun doute raisonnable. Les formules analytiques des probabilités remplissent parfaitement cet objet, et sous ce rapport elles peuvent être envisagées comme le complément nécessaire des sciences fondées sur un ensemble d'observations susceptibles d'erreur. Elles sont même indispensables pour résoudre un grand nombre de questions dans les sciences naturelles et morales. Les causes régulières des phénomènes sont le plus souvent ou inconnues ou trop compliquées pour être soumises au calcul; souvent encore leur action est troublée par des causes accidentelles et irrégulières; mais elle reste toujours empreinte dans les événements produits par toutes ces causes, et elle y apporte des modifications qu'une longue suite d'observations peut déterminer. L'Analyse des Probabilités développe ces modifications et assigne leurs degrés de vraisemblance. Ainsi, au milieu des causes irrégulières qui agitent l'atmosphère, les changements périodiques de la chaleur solaire du jour à la nuit et de l'hiver à l'été produisent, dans la pression de cette grande masse fluide et dans la hauteur correspondante du baromètre, des oscillations diurnes et annuelles, que de nombreuses observations barométriques ont fait connaître avec une probabilité au moins égale à celle des faits que nous regardons comme certains. C'est encore ainsi que la série des événements historiques nous montre l'action constante des grands principes de la morale, au milieu des passions et des intérêts divers qui agitent en tous sens les sociétés. Il est remarquable qu'une science, qui a commencé par la considération des jeux, se soit élevée aux plus importants objets des connaissances humaines.

J'ai rassemblé toutes ces méthodes dans ma *Théorie analytique des Probabilités*, où je me suis proposé d'exposer, de la manière la plus générale, les principes et l'analyse du Calcul des Probabilités, ainsi que les solutions des problèmes les plus intéressants et les plus difficiles que ce Calcul présente.

On voit, par cet Essai, que la théorie des probabilités n'est, au fond, que le bon sens réduit au calcul; elle fait apprécier avec exactitude ce que les esprits justes sentent par une sorte d'instinct, sans qu'ils puissent souvent s'en rendre compte. Si l'on considère les méthodes analytiques auxquelles cette théorie a donné naissance, la vérité des principes qui lui servent de base, la logique fine et délicate qu'exige leur emploi dans la solution des problèmes, les établissements d'utilité publique qui s'appuient sur elle, et l'extension qu'elle a reçue et qu'elle peut recevoir encore par son application aux questions les plus importantes de la Philosophie naturelle et des Sciences morales; si l'on observe ensuite que, dans les choses mêmes qui ne peuvent être soumises au calcul, elle donne les aperçus les plus sûrs qui puissent nous guider dans nos jugements, et qu'elle apprend à se garantir des illusions qui souvent nous égarent, on verra qu'il n'est point de science plus digne de nos méditations et qu'il soit plus utile de faire entrer dans le système de l'instruction publique.

TABLE DES MATIÈRES

CONTENUES DANS LE SEPTIÈME VOLUME.

INTRODUCTION.

LIVRE I.

CALCUL DES FONCTIONS GÉNÉRATRICES.

PREMIÈRE PARTIE.

CONSIDÉRATIONS GÉNÉRALES SUR LES ÉLÉMENTS DES GRANDEURS.

On déduit du calcul des fonctions génératrices les formules

$$'\Delta^n y_x = [(1 + \Delta y_x)^i - 1]^n, \qquad '\Sigma^n y_x = [(1 + \Delta y_x)^i - 1]^{-n},$$

Δ et Σ se rapportant au cas où x varie de l'unité et $'\Delta$ et $'\Sigma$ se rapportant au cas où x varie de i. On tire de ces formules les suivantes :

$$'\Delta^n y_x = \left(c^{x\frac{dy_x}{dx}} - 1\right)^n, \qquad '\Sigma^n y_x = \left(c^{x\frac{dy_x}{dx}} - 1\right)^{-n},$$

dans lesquelles c désigne le nombre dont le logarithme hyperbolique est l'unité, et $'\Delta$ et $'\Sigma$ se rapportent à la variation i de x. On transforme l'expression de $'\Delta^n y_x$ dans celle-ci

$$\left(c^{\frac{i}{2}\frac{dy_{x+\frac{ni}{2}}}{dx}} - c^{-\frac{i}{2}\frac{dy_{x+\frac{ni}{2}}}{dx}}\right)^n.$$

On parvient à ces formules

$$\frac{d^n y_x}{dx^n} = [\log(1 + \Delta y_x)]^n,$$

$$\int^n y_x dx^n = [\log(1 + \Delta y_x)]^{-n}.$$

u étant une fonction de deux variables t et t', et $y_{x,x'}$ étant le coefficient de $t^x t'^{x'}$ dans le développement de cette fonction, u est fonction génératrice de $y_{x,x'}$. Si l'on multiplie u par une fonction s de $\frac{1}{t}$ et $\frac{1}{t'}$, le coefficient de $t^x t'^{x'}$ dans le développement de ce produit sera une fonction de $y_{x,x'}, y_{x+1,x'}, y_{x,x'+1}$, etc.; en la désignant par $\nabla y_{x,x'}$, us sera la fonction génératrice de $\nabla^i y_{x,x'}$. N° 12 ....

SECONDE PARTIE.

THÉORIE DES APPROXIMATIONS DES FORMULES QUI SONT FONCTIONS DE TRÈS GRANDS NOMBRES.

Intégration de l'équation

$$0 = V + sT + s'R,$$

LIVRE II.

THÉORIE GÉNÉRALE DES PROBABILITÉS.

Chapitre I. — PRINCIPES GÉNÉRAUX DE CETTE THÉORIE 181

Définition de la probabilité. Sa mesure est le rapport du nombre des cas favorables à celui de tous les cas possibles.

La probabilité d'un événement composé de deux événements simples est le produit de la probabilité d'un de ces événements, par la probabilité que, cet événement étant arrivé, l'autre événement aura lieu.

La probabilité d'un événement futur, tirée d'un événement observé, est le quotient de la division de la probabilité de l'événement composé de ces deux événements et déterminée *a priori* par la probabilité de l'événement observé, déterminée pareillement *a priori*.

ADDITIONS.

SUPPLÉMENTS.

THÉORIE ANALYTIQUE
DES PROBABILITÉS.

LIVRE PREMIER.

CALCUL DES FONCTIONS GÉNÉRATRICES.

PREMIÈRE PARTIE.

CONSIDÉRATIONS GÉNÉRALES SUR LES ÉLÉMENTS DES GRANDEURS.

1. Les grandeurs, considérées en général, s'expriment communément par les lettres de l'alphabet, et c'est à Viète qu'est due cette notation commode qui transporte à la langue analytique les alphabets des
langues connues. L'application que Viète fit de cette notation à la Géométrie, à la théorie des équations et aux sections angulaires, forme une
des époques remarquables de l'histoire des Mathématiques. Des signes
très simples expriment les corrélations des grandeurs. La position
d'une grandeur à la suite d'une autre suffit pour exprimer leur produit. Si ces grandeurs sont la même, ce produit est le carré ou la seconde puissance de cette grandeur. Mais, au lieu de l'écrire deux
fois, Descartes imagina de ne l'écrire qu'une fois, en lui donnant le
nombre 2 pour exposant, et il exprima les puissances successives, en
augmentant successivement cet exposant d'une unité. Cette notation,

en ne la considérant que comme une manière abrégée de représenter ces puissances, semble peu de chose; mais tel est l'avantage d'une langue bien faite, que ses notations les plus simples sont devenues souvent la source des théories les plus profondes, et c'est ce qui a eu lieu pour les exposants de Descartes. Wallis, qui s'est attaché spécialement à suivre le fil de l'induction et de l'analogie, a été conduit par ce moyen à exprimer les puissances radicales par des exposants fractionnaires; et de même que Descartes exprimait par les exposants 2, 3, ... les puissances secondes, troisièmes, ... d'une grandeur, il exprima ses racines secondes, troisièmes, ... par les exposants fractionnaires $\frac{1}{2}$, $\frac{1}{3}$, ... En général, il exprima par l'exposant $\frac{m}{n}$ la racine n d'une grandeur élevée à la puissance m. En effet, suivant la notation de Descartes, cette expression a lieu dans le cas où m est divisible par n, et Wallis, par analogie, l'étendit à tous les cas. Il remarqua ensuite que la multiplication des puissances d'une même grandeur revient à ajouter les exposants de ces puissances, qu'il faut retrancher dans leur division, en sorte que l'exposant $n - m$ indique le quotient de la puissance n d'une grandeur, divisée par sa puissance m; d'où il suit que ce quotient devenant l'unité, lorsque m est égal à n, toute grandeur ayant zéro pour exposant est l'unité même. Si m surpasse n, l'exposant $n - m$ devient négatif, et le quotient devient l'unité divisée par la puissance $m - n$ de la grandeur. Wallis supposa donc généralement que l'exposant négatif $- \frac{m}{n}$ exprime l'unité divisée par la racine $n^{\text{ième}}$ de la grandeur élevée à la puissance m.

Ce fut dans son Ouvrage intitulé *Arithmetica infinitorum* que Wallis exposa ces remarques qui le conduisirent à sommer x^n, x étant supposé formé d'une infinité d'éléments pris pour unité, ce qui, suivant les notations actuelles, revient à intégrer la différentielle $x^n dx$. Il fit voir que cette intégrale, prise depuis x nul, est $\frac{x^{n+1}}{n+1}$, ce qui lui donna l'intégrale d'une suite formée de différentielles semblables. En considérant ainsi l'intégrale $\int dx \left(1 - x^{\frac{1}{n}}\right)^s$, lorsque n et s sont des nombres entiers, et lorsqu'elle est prise depuis x nul jusqu'à $x = 1$, il trouva qu'elle est égale à $\dfrac{1.2.3\ldots n}{(s+1)(s+2)\ldots(s+n)}$. Si les indices n et s sont fractionnaires et égaux à $\frac{1}{2}$, cette intégrale exprime le rapport de la surface du cercle au carré de son diamètre. Wallis s'attacha donc à interpoler le produit précédent, dans le cas où n et s sont des nombres fractionnaires, problème entièrement nouveau à l'époque où cet illustre géomètre s'en occupa, et qu'il parvint à résoudre par une méthode fort ingénieuse qui contient les germes des théories des interpolations et des intégrales définies, dont les géomètres se sont tant occupés, et qui sont l'objet d'une grande partie de cet Ouvrage. Il obtint de cette manière l'expression du rapport de la surface du cercle au carré de son diamètre, par un produit d'une infinité de facteurs, qui donne des valeurs de plus en plus approchées de ce rapport, à mesure que l'on considère un plus grand nombre de ces facteurs, résultat l'un des plus singuliers de l'Analyse. Mais il est remarquable que Wallis, qui avait si bien considéré les indices fractionnaires des puissances radicales, ait continué de noter ces puissances comme on l'avait fait avant lui. On voit la notation des puissances radicales par les exposants fractionnaires employée pour la première fois dans les lettres de Newton à Oldenburg, insérées dans le *Commercium epistolicum*. En comparant par la voie de l'induction, dont Wallis avait fait un si bel usage, les exposants des puissances du binôme avec les coefficients des termes de son développement, dans le cas où ces exposants sont des nombres entiers, il détermina la loi de ces coefficients, et il l'étendit, par analogie, aux puissances fractionnaires et aux puissances négatives. Ces divers résultats, fondés sur la notation de Descartes, montrent l'influence d'une notation heureuse sur toute l'Analyse.

Cette notation a encore l'avantage de donner l'idée la plus simple et la plus juste des logarithmes, qui ne sont en effet que les exposants entiers et fractionnaires d'une même grandeur dont les diverses puissances représentent tous les nombres. Mais l'extension la plus importante que cette notation ait reçue est celle des exposants variables, ce qui constitue le Calcul exponentiel, l'une des branches les plus fécondes de l'Analyse moderne. Leibnitz a indiqué le premier, dans les *Actes de Leipzig* pour 1682, les transcendantes à exposants variables, et par là il a complété le système des éléments dont une fonction finie peut être composée; car toute fonction finie explicite se réduit, en dernière analyse, à des grandeurs simples, ajoutées ou soustraites les unes des autres, multipliées ou divisées entre elles, élevées à des puissances constantes ou variables. Les racines des équations formées de ces éléments en sont des fonctions implicites. C'est ainsi que, c étant le nombre dont le logarithme hyperbolique est l'unité, le logarithme de a est la racine de l'équation transcendante $c^x - a = 0$. On peut considérer encore les quantités logarithmiques comme des fonctions exponentielles dont les exposants sont infiniment petits. Ainsi $X \log X'$ est égal à $\dfrac{X'^{X\,dx} - 1}{dx}$. Toutes les modifications de grandeur que l'on peut concevoir aux exposants se trouvent donc représentées par les quantités exponentielles, algébriques et logarithmiques. Ces quantités et leurs fonctions embrassent, par conséquent, toutes les fonctions finies explicites, et les racines des équations formées de fonctions semblables embrassent toutes les fonctions finies implicites.

Ces quantités sont essentiellement distinctes : l'exponentielle a^x, par exemple, ne peut jamais être identique avec une fonction algébrique de x. Car toute fonction algébrique est réductible dans une série descendante de la forme $k x^n + k' x^{n-n'} + \ldots$; or il est facile de démontrer que, a étant supposé plus grand que l'unité et x étant infini, a^x est infiniment plus grand que $k x^n$, quelque grands que l'on suppose k et n. Pareillement, il est aisé de voir que, dans le cas de x infini, x est infiniment plus grand que $k (\log x)^n$. Les fonctions exponentielles, algébriques et logarithmiques d'une variable indéterminée ne peuvent donc pas rentrer les unes dans les autres; les quantités algébriques tiennent le milieu entre les exponentielles et les logarithmiques, les exposants, lorsque la variable est infinie, pouvant être considérés comme infinis dans les exponentielles, finis dans les quan-

tités algébriques, et infiniment petits dans les quantités logarithmiques.

On peut encore établir en principe qu'une fonction radicale d'une
variable ne peut pas être identique avec une fonction rationnelle de la
même variable ou avec une autre fonction radicale. Ainsi $(1 + x^3)^{\frac{1}{4}}$ est
essentiellement distinct de $(1 + x^3)^{\frac{1}{3}}$ et de $(1 + x)^{\frac{1}{2}}$.

Ces principes, fondés sur la nature même des fonctions, peuvent
être d'une grande utilité dans les recherches analytiques, en indiquant
les formes dont les fonctions que l'on se propose de trouver sont susceptibles, et en démontrant leur impossibilité dans un grand nombre
de cas; mais alors il faut être bien sûr de n'omettre aucune des formes
possibles. Ainsi la différentiation laissant subsister les quantités exponentielles et radicales, et ne faisant disparaitre les quantités logarithmiques qu'autant qu'elles sont multipliées par des constantes, on
doit en conclure que l'intégrale d'une fonction différentielle ne peut
renfermer d'autres quantités exponentielles et radicales que celles qui
sont contenues dans cette fonction. Par ce moyen, j'ai reconnu que
l'on ne peut pas obtenir en fonction finie, explicite ou implicite, de la
variable x, l'intégrale $\int \dfrac{dx}{\sqrt{1 + \alpha x^2 + 6 x^3}}$. J'ai démontré pareillement que
les équations linéaires aux différences partielles du second ordre entre
trois variables ne sont pas, le plus souvent, susceptibles d'être inté-
grées sous une forme finie, ce qui m'a conduit à une méthode générale
pour les intégrer sous cette forme, lorsqu'elle est possible. Dans les
autres cas, on ne peut obtenir une intégrale finie qu'au moyen d'intégrales définies.

Leibnitz ayant adapté au Calcul différentiel une caractéristique très
commode, il imagina de lui donner les mêmes exposants qu'aux grandeurs; mais alors ces exposants, au lieu d'indiquer les multiplications
répétées d'une même grandeur, indiquent les différentiations répétées
d'une même fonction. Cette extension nouvelle de la notation cartésienne conduisit Leibnitz à ce théorème remarquable, savoir, que la différentielle $n^{\text{ième}}$ d'un produit $xyz\ldots$ est égale à $(dx + dy + dz + \ldots)^n$,

pourvu que, dans le développement de ce polynôme, on applique à la caractéristique d les exposants des puissances de dx, dy, dz, ..., et qu'ainsi l'on écrive $d^r x\, d^{r'} y\, d^{r''} z$ ..., au lieu de $(dx)^r\, (dy)^{r'}\, (dz)^{r''}$ ..., en ayant soin de changer $d^0 x$, $d^0 y$, $d^0 z$, ..., en x, y, z, ... Ce grand géomètre observa de plus que ce théorème subsiste en y supposant n négatif, pourvu que l'on change les différentielles négatives en intégrales. Lagrange a suivi cette analogie singulière des puissances et des différences dans tous ses développements, et, par une suite d'inductions très fines et très heureuses, il en a déduit des formules générales aussi curieuses qu'utiles, sur les transformations des différences et des intégrales les unes dans les autres, lorsque les variables ont des accroissements finis divers, et lorsque ces accroissements sont infiniment petits. Son Mémoire sur cet objet, inséré dans le Recueil de l'Académie de Berlin pour l'année 1772, peut être regardé comme une des plus belles applications que l'on ait faites de la méthode des inductions. La théorie des fonctions génératrices étend à des caractéristiques quelconques la notation cartésienne; elle montre en même temps avec évidence l'analogie des puissances et des opérations indiquées par ces caractéristiques, et nous allons voir tout ce qui concerne les séries et l'intégration des équations linéaires aux différences en découler avec une extrême facilité.

CHAPITRE PREMIER.

DES FONCTIONS GÉNÉRATRICES A UNE VARIABLE.

2. Soit y_x une fonction quelconque de x; si l'on forme la suite infinie

$$y_0 + y_1 t + y_2 t^2 + y_3 t^3 + \ldots + y_x t^x + y_{x+1} t^{x+1} + \ldots + y_x t^x,$$

on peut toujours concevoir une fonction de t qui, développée suivant les puissances de t, donne cette suite : cette fonction est ce que je nomme *fonction génératrice* de y_x.

La fonction génératrice d'une variable quelconque y_x est donc généralement une fonction de t qui, développée suivant les puissances de t, a cette variable pour coefficient de t^x; et réciproquement, la variable correspondante d'une fonction génératrice est le coefficient de t^x dans le développement de cette fonction suivant les puissances de t; en sorte que l'exposant de la puissance de t indique le rang que la variable y_x occupe dans la série, que l'on peut concevoir prolongée indéfiniment à gauche, relativement aux puissances négatives de t.

Il suit de ces définitions que, u étant la fonction génératrice de y_x, celle de y_{x+r} est $\frac{u}{t^r}$; car il est visible que le coefficient de t^x dans $\frac{u}{t^r}$ est égal à celui de t^{x+r} dans u; par conséquent il est égal à y_{x+r}.

Le coefficient de t^x dans $u\left(\frac{1}{t} - 1\right)$ est donc égal à $y_{x+1} - y_x$, ou à la différence des deux quantités consécutives y_{x+1} et y_x, différence que nous désignerons par Δy_x, Δ étant la caractéristique des différences finies. On a donc la fonction génératrice de la différence finie d'une quantité variable, en multipliant par $\frac{1}{t} - 1$ la fonction génératrice de la quantité elle-même. La fonction génératrice de la différence finie de Δy_x, différence que l'on désigne par $\Delta^2 y_x$, est ainsi $u\left(\frac{1}{t}-1\right)^2$; celle de la différence finie de $\Delta^2 y_x$, ou $\Delta^3 y_x$, est $u\left(\frac{1}{t}-1\right)^3$, d'où l'on peut généralement conclure que la fonction génératrice de la différence finie $\Delta^i y_x$ est $u\left(\frac{1}{t}-1\right)^i$.

Pareillement, le coefficient de t^x dans le développement de

$$u\left(a+\frac{b}{t}+\frac{c}{t^2}+\frac{e}{t^3}+\ldots+\frac{q}{t^n}\right)$$

est

$$a y_x + b y_{x+1} + c y_{x+2} + e y_{x+3} + \ldots + q y_{x+n};$$

en nommant donc ∇y_x cette quantité, sa fonction génératrice sera

$$u\left(a+\frac{b}{t}+\frac{c}{t^2}+\ldots+\frac{q}{t^n}\right).$$

Si l'on nomme $\nabla^2 y_x$ ce que devient ∇y_x lorsqu'on y change y_x dans ∇y_x; si l'on nomme pareillement $\nabla^3 y_x$ ce que devient $\nabla^2 y_x$ lorsqu'on y change ∇y_x dans $\nabla^2 y_x$, et ainsi de suite, leurs fonctions génératrices correspondantes seront

$$u\left(a+\frac{b}{t}+\frac{c}{t^2}+\ldots+\frac{q}{t^n}\right)^2,$$

$$u\left(a+\frac{b}{t}+\frac{c}{t^2}+\ldots+\frac{q}{t^n}\right)^3,$$

$$\ldots\ldots\ldots\ldots\ldots\ldots\ldots\ldots\ldots,$$

et généralement la fonction génératrice de $\nabla^i y_x$ sera

$$u\left(a+\frac{b}{t}+\frac{c}{t^2}+\ldots+\frac{q}{t^n}\right)^i.$$

De là il est facile de conclure généralement que la fonction génératrice de $\Delta^i \nabla^i y_{x+r}$ est

$$\frac{u}{t^r}\left(a+\frac{b}{t}+\frac{c}{t^2}+\ldots+\frac{q}{t^n}\right)^i\left(\frac{1}{t}-1\right)^i.$$

On peut généraliser encore ces résultats, en supposant que ∇y_x représente une fonction quelconque linéaire, finie ou infinie, de y_x, y_{x+1}, y_{x+2}, ...; que $\nabla^2 y_x$ soit ce que devient ∇y_x lorsqu'on y change y_x dans ∇y_x; que $\nabla^3 y_x$ soit ce que devient $\nabla^2 y_x$ lorsqu'on y change ∇y_x dans $\nabla^2 y_x$, et ainsi de suite; u étant la fonction génératrice de y_x, us^i sera la fonction génératrice de $\nabla^i y_x$, s étant ce que devient ∇y_x, lorsqu'on y change y_x dans l'unité, y_{x+1} dans $\frac{1}{t}$, y_{x+2} dans $\frac{1}{t^2}$, ... Cela est encore vrai lorsque i est un nombre négatif ou même fractionnaire et incommensurable, en faisant toutefois à ce résultat des modifications convenables.

Représentons par Σ la caractéristique des intégrales finies, et nommons z la fonction génératrice de $\Sigma^i y_x$, u étant la fonction génératrice de y_x; $z\left(\frac{1}{t}-1\right)^i$ sera, par ce qui précède, la fonction génératrice de y_x. Mais cette fonction doit, en n'ayant égard qu'aux puissances positives de t, se réduire à u, qui ne renferme que des puissances positives de t, si l'on n'étend l'intégrale multiple $\Sigma_i y_x$ qu'aux valeurs positives de x; on aura donc alors

$$z\left(\frac{1}{t}-1\right)^i = u + \frac{A}{t} + \frac{B}{t^2} + \frac{C}{t^3} + \ldots + \frac{F}{t^i},$$

d'où l'on tire

$$z = \frac{ut^i + A\,t^{i-1} + B\,t^{i-2} + C\,t^{i-3} + \ldots + F}{(1-t)^i},$$

A, B, C, ..., F étant des constantes arbitraires qui répondent aux i constantes arbitraires qu'introduisent les i intégrations successives de $\Sigma^i y_x$.

En faisant abstraction de ces constantes, la fonction génératrice de $\Sigma^i y_x$ est $u\left(\frac{1}{t}-1\right)^{-i}$; en sorte que l'on obtient cette fonction génératrice en changeant i dans $-i$ dans la fonction génératrice de $\Delta^i y_x$: $\Delta^{-i} y_x$ est donc alors égale à $\Sigma^i y_x$, c'est-à-dire que les différences négatives se changent en intégrales. Mais, si l'on a égard aux constantes arbitraires, il faut, en passant des puissances positives de $\frac{1}{t}-1$ à ses puissances négatives, augmenter u de la série $\frac{A}{t} + \frac{B}{t^2} + \frac{C}{t^3} + \ldots$, prolongée jusqu'à ce que le nombre de ses termes soit égal à l'exposant de ces puissances. On peut appliquer des considérations semblables à la fonction génératrice de $\nabla^i y_x$.

On voit par ce qui précède de quelle manière les fonctions génératrices se forment de la loi des variables correspondantes. Voyons maintenant comment les variables se déduisent de leurs fonctions génératrices; s étant une fonction quelconque de $\frac{1}{t}$, si l'on développe s^i suivant les puissances de $\frac{1}{t}$, et que l'on désigne par $\frac{k}{t^n}$ un terme quelconque de ce développement, le coefficient de t^x dans $\frac{ku}{t^n}$ sera $k y_{x-n}$; on aura donc le coefficient de t^x dans us^i, coefficient que nous avons désigné précédemment par $\nabla^i y_x$: 1° en substituant dans s, y_x au lieu de $\frac{1}{t}$; 2° en développant ce que devient alors s^i suivant les puissances de y_x, et en transportant à l'indice x l'exposant de la puissance de y_x, c'est-à-dire en écrivant y_{x-1} au lieu de $(y_x)^1$, y_{x+2} au lieu de $(y_x)^2$, etc., et en multipliant les termes indépendants de y_x, et qui peuvent être censés avoir $(y_x)^0$ pour facteur, par y_x. Lorsque la caractéristique ∇ se change en Δ, s est, par ce qui précède, égal à $\frac{1}{t} - 1$; on a donc alors

$$\Delta^i y_x = y_{x+i} - i y_{x+i-1} + \frac{i(i-1)}{1 \cdot 2} y_{x+i-2} - \ldots$$

Si, au lieu de développer s^i suivant les puissances de $\frac{1}{t}$, on le développe suivant les puissances de $\frac{1}{t} - 1$, et que l'on désigne par $k\left(\frac{1}{t} - 1\right)^n$ un terme quelconque de ce développement, le coefficient de t^x dans $ku\left(\frac{1}{t} - 1\right)^n$ sera $k \Delta^n y_x$; on aura donc $\nabla^i y_x$: 1° en substituant, dans s, Δy_x au lieu de $\frac{1}{t} - 1$, ou, ce qui revient au même, $1 + \Delta y_x$ au lieu de $\frac{1}{t}$; 2° en développant ce que devient alors s^i suivant les puissances de Δy_x, et en appliquant à la caractéristique Δ les exposants des puissances de Δy_x, c'est-à-dire en écrivant Δy_x au lieu de $(\Delta y_x)^1$, $\Delta^2 y_x$ au lieu de $(\Delta y_x)^2$, etc., et en multipliant par $(\Delta y_x)^0$, ou, ce qui est la même chose, par y_x les termes indépendants de Δy_x.

Généralement, si l'on considère s comme une fonction de r, r étant une fonction de $\frac{1}{t}$, telle que le coefficient de t_x dans ur soit $\square y_x$, on aura $\nabla^i y_x$, en substituant, dans s, $\square y_x$, au lieu de r; en développant ensuite s^i suivant les puissances de $\square y_x$ et en appliquant à la caractéristique $\square$ les exposants de $\square y_x$, c'est-à-dire en écrivant $\square y_x$ au lieu de $(\square y_x)$, $\square^2 y_x$ au lieu de $(\square y_x)^2$, etc., et en multipliant par y_x les termes indépendants de $\square y_x$.

Le développement de $\nabla^i y_x$ par une série ordonnée suivant les variations successives $\square y_x$, $\square^2 y_x$, etc., se réduit donc à la formation de la fonction génératrice de y_x, au développement de cette fonction suivant les puissances d'une fonction donnée; enfin, au retour de la fonction génératrice ainsi développée, aux coefficients variables correspondants, les exposants des puissances du développement de la fonction génératrice devenant ceux de la caractéristique de ces coefficients. On voit ainsi l'analogie des puissances avec les différences, ou avec toute autre combinaison des coefficients variables consécutifs. Le passage de ces coefficients à leurs fonctions génératrices, et le retour de ces fonctions développées aux coefficients constituent le *Calcul des fonctions génératrices*. Les applications suivantes en feront connaître l'esprit et les avantages.

De l'interpolation des suites à une variable, et de l'intégration des équations différentielles linéaires.

3. Toute la théorie de l'interpolation des suites se réduit à déterminer, quel que soit i, la valeur de y_{x+i} en fonction des termes qui précèdent ou qui suivent y_x. Pour cela, on doit observer que y_{x+i} est égal au coefficient de t_{x+i} dans le développement de u, et par conséquent égal au coefficient de t^x dans le développement de $\frac{u}{t^i}$; or on a

$$\frac{u}{t^i} = u\left(1 + \frac{1}{t} - 1\right)^i = u\left\{ 1 + i\left(\frac{1}{t} - 1\right) + \frac{i(i-1)}{1.2}\left(\frac{1}{t} - 1\right)^2 \\ + \frac{i(i-1)(i-2)}{1.2.3}\left(\frac{1}{t} - 1\right)^3 + \dots \right\}.$$

De plus, le coefficient de t^x, dans le développement de u, est y_x; ce coefficient dans le développement de $u\left(\frac{1}{t}-1\right)$ est Δy_x; dans le développement de $u\left(\frac{1}{t}-1\right)^2$, il est égal à $\Delta^2 y_x$, et ainsi de suite; l'équation précédente donnera donc, en repassant des fonctions génératrices aux coefficients,

$$y_{x+i} = y_x + i\Delta y_x + \frac{i(i-1)}{1.2}\Delta^2 y_x + \frac{i(i-1)(i-2)}{1.2.3}\Delta^3 y_x + \dots$$

Cette équation, ayant lieu quel que soit i, en le supposant même fractionnaire, sert à interpoler les suites dont les différences successives vont en décroissant.

Si l'on a l'équation aux différences finies

$$\Delta^n y_x = 0,$$

la série précédente se termine, et l'on a, quel que soit i, en faisant x nul,

$$y_i = y_0 + i\Delta y_0 + \frac{i(i-1)}{1.2}\Delta^2 y_0 + \dots + \frac{i(i-1)\dots(i-n+2)}{1.2.3\dots(n-1)}\Delta^{n-1} y_0.$$

C'est l'intégrale complète de l'équation proposée aux différences, y_0, Δy_0, ..., $\Delta^{n-1} y_0$ étant les n constantes arbitraires de cette intégrale.

Toutes les manières de développer la puissance $\frac{1}{t^i}$ donnent autant de manières différentes d'interpoler les suites. Soit, par exemple,

$$\frac{1}{t} = 1 + \frac{\alpha}{t^r};$$

en développant $\frac{1}{t^i}$ suivant les puissances de α, par la formule (p) du n° 21 du second livre de la *Mécanique céleste*, on aura

$$\frac{u}{t_i} = u\left\{ \begin{aligned} &1 + i\alpha + \frac{i(i+2r-1)}{1.2}\alpha^2 + \frac{i(i+3r-1)(i+3r-2)}{1.2.3}\alpha^3 \\ &\quad + \frac{i(i+4r-1)(i+4r-2)(i+4r-3)}{1.2.3.4}\alpha^4 + \dots \end{aligned} \right\}.$$

z étant égal à $t^r\left(\dfrac{1}{t}-1\right)$, le coefficient de t^x dans le développement de uz est, par le n° **2**, Δy_{x-r}; ce même coefficient dans uz^2 est $\Delta^2 y_{x-2r}$, et ainsi de suite. L'équation précédente donnera donc, en repassant des fonctions génératrices aux coefficients,

$$y_{x+i}=y_x+i\Delta y_{x-r}+\frac{i(i+2r-1)}{1.2}\Delta^2 y_{x-2r}$$
$$+\frac{i(i+3r-1)(i+3r-2)}{1.2.3}\Delta^3 y_{x-3r}+\ldots.$$

4. Voici maintenant une méthode générale d'interpolation, qui a l'avantage de s'appliquer, non seulement aux séries dont les différences des termes finissent par être nulles, mais encore aux séries dont la dernière raison des termes est celle d'une suite quelconque récurrente.

Supposons d'abord que l'on ait

$$(1)\qquad t\left(\frac{1}{t}-1\right)^2=z,$$

et cherchons la valeur de $\dfrac{1}{t^i}$ dans une suite ordonnée par rapport aux puissances de z. Il est clair que $\dfrac{1}{t^i}$ est égal au coefficient de θ^i dans le développement de la fraction $\dfrac{1}{1-\dfrac{\theta}{t}}$. Si l'on multiplie le numérateur et le dénominateur de cette fraction par $1-\theta t$, on aura celle-ci

$$\frac{1-\theta t}{1-\theta\left(\frac{1}{t}+t\right)+\theta^2}.$$

L'équation (1) donne

$$\frac{1}{t}+t=2+z,$$

ce qui change la fraction précédente dans celle-ci,

$$\frac{1-\theta t}{(1-\theta)^2-z\theta}.$$

or on a

$$\frac{1}{(1-\theta)^2-z\theta}=\frac{1}{(1-\theta)^2}+\frac{z\theta}{(1-\theta)^4}+\frac{z^2\theta^2}{(1-\theta)^6}+\dots;$$

d'ailleurs le coefficient de θ^r dans le développement de $\frac{1}{(1-\theta)^s}$ est

$$\frac{s(s+1)(s+2)\dots(s+r-1)}{1.2.3\dots r},$$

d'où il suit que le coefficient de θ^i est : 1° $i+1$ dans le développement de $\frac{1}{(1-\theta)^2}$; 2° $\frac{i(i+1)(i+2)}{1.2.3}$ dans le développement de $\frac{\theta}{(1-\theta)^4}$; 3° $\frac{(i-1)i(i+1)(i+2)(i+3)}{1.2.3.4.5}$ dans le développement de $\frac{\theta^2}{(1-\theta)^6}$, et ainsi du reste; donc, si l'on nomme Z le coefficient de θ^i dans le développement de la fonction

$$\frac{1}{(1-\theta)^2-z\theta},$$

on aura

$$Z=i+1+\frac{i(i+1)(i+2)}{1.2.3}z+\frac{(i-1)i(i+1)(i+2)(i+3)}{1.2.3.4.5}z^2$$
$$+\frac{(i-2)(i-1)(i+1)(i+2)(i+3)(i+4)}{1.2.3.4.5.6.7}z^3+\dots,$$

ou

$$Z=(i+1)\left\{1+\frac{[(i+1)^2-1]z}{1.2.3}+\frac{[(i+1)^2-1][(i+1)^2-4]z^2}{1.2.3.4.5}+\dots\right\};$$

si l'on nomme ensuite Z' le coefficient de θ^i dans le développement de

$$\frac{\theta}{(1-\theta)^2-z\theta},$$

on aura Z' en changeant i en $i-1$ dans Z, ce qui donne

$$Z'=i\left[1+\frac{(i^2-1)z}{1.2.3}+\frac{(i^2-1)(i^2-4)z^2}{1.2.3.4.5}+\dots\right],$$

on aura ainsi $Z - tZ'$ pour le coefficient de θ^i dans le développement de la fraction

$$\frac{1 - \theta t}{(1 - \theta)^2 - z\theta};$$

ce sera par conséquent l'expression de $\frac{1}{t^i}$; partant,

$$\frac{u}{t^i} = u(Z - tZ').$$

Cela posé, le coefficient de t^r dans $\frac{u}{t^i}$ est y_{x+i}. Ce même coefficient, dans un terme quelconque de uZ tel que $ku z^r$ ou $kut^r\left(\frac{1}{t} - 1\right)^{2r}$, est, par le n° 2, $k\Delta^{2r} y_{x-r}$. Dans un terme quelconque de utZ', tel que $kut z^r$ ou $kut^{r-1}\left(\frac{1}{t} - 1\right)^{2r}$, ce coefficient est $k\Delta^{2r} y_{x-r-1}$; on aura donc, en repassant des fonctions génératrices à leurs coefficients,

$$y_{x+i} = (i+1)\left\{y_x + \frac{(i+1)^2 - 1}{1.2.3}\Delta^2 y_{x-1} + \frac{[(i+1)^2 - 1][(i+1)^2 - 4]}{1.2.3.4.5}\Delta^4 y_{x-2} + \ldots\right\} - i\left[y_{x-1} + \frac{i^2 - 1}{1.2.3}\Delta^2 y_{x-2} + \frac{(i^2 - 1)(i^2 - 4)}{1.2.3.4.5}\Delta^4 y_{x-3} + \ldots\right].$$

On peut donner les formes suivantes à l'expression précédente. Soit Z' ce que devient Z' lorsqu'on y change i dans $i - 1$, et par conséquent ce que devient Z lorsqu'on y change i dans $i - 2$. L'équation

$$\frac{1}{t^i} = Z - tZ'$$

donnera

$$\frac{1}{t^{i-1}} = Z' - tZ'';$$

par conséquent,

$$\frac{1}{t^i} = \frac{Z'}{t} - Z''.$$

En ajoutant ces deux valeurs de $\frac{1}{t^i}$ et prenant la moitié de leur somme,

on aura

$$\frac{1}{t^i} = \tfrac12 Z - \tfrac12 Z'' + \tfrac12(1+t)\left(\frac1t - 1\right)Z';$$

or on a

$$\tfrac12 Z - \tfrac12 Z'' = 1 + \frac{i^2}{1.2}\, z + \frac{i^2(i^2-1)}{1.2.3.4}\, z^2 + \frac{i^2(i^2-1)(i^2-4)}{1.2.3.4.5.6}\, z^3 + \dots;$$

partant,

$$\frac{u}{t^i} = u\left[1 + \frac{i^2}{1.2}\, t\left(\frac1t - 1\right)^2 + \frac{i^2(i^2-1)}{1.2.3.4}\, t^2\left(\frac1t - 1\right)^4 + \dots\right]$$
$$+ \frac{i}{2}\,u(1+t)\left\{\frac1t - 1 + \frac{i^2-1}{1.2.3}\, t\left(\frac1t-1\right)^3 + \frac{(i^2-1)(i^2-4)}{1.2.3.4.5}\, t^2\left(\frac1t-1\right)^5 + \dots\right\};$$

d'où l'on conclut, en repassant des fonctions génératrices aux coefficients,

$$y_{x+i} = y_x + \frac{i^2}{1.2}\,\Delta^2 y_{x-1} + \frac{i^2(i^2-1)}{1.2.3.4}\,\Delta^4 y_{x-2}$$
$$+ \frac{i^2(i^2-1)(i^2-4)}{1.2.3.4.5.6}\,\Delta^6 y_{x-3} + \dots$$
$$+ \frac{i}{2}(\Delta y_x + \Delta y_{x-1}) + \frac{i}{2}\,\frac{i^2-1}{1.2.3}(\Delta^3 y_{x-1} + \Delta^3 y_{x-2})$$
$$+ \frac{i}{2}\,\frac{(i^2-1)(i^2-4)}{1.2.3.4.5}(\Delta^5 y_{x-2} + \Delta^5 y_{x-3}) + \dots.$$

Cette formule sert à interpoler entre un nombre impair $2x+1$ de quantités équidistantes; l'intervalle commun qui les sépare étant pris pour unité, y_x est la moyenne des grandeurs $y_0, y_1, y_2, \dots, y_{2x}$, et i est la distance de y_{x+i} à cette moyenne. L'expression précédente est alors symétrique relativement à ces grandeurs; car $\Delta^2 y_{x-1}$, par exemple, est égal à $y_{x+1} - 2y_x + y_{x-1}$, et $\Delta y_x + \Delta y_{x-1}$ est égal à $y_{x+1} - y_{x-1}$. Ainsi les quantités placées au-dessus et au-dessous de la moyenne y_x entrent de la même manière dans cette expression.

Si l'on change i en $i+1$ dans la dernière expression de $\frac{u}{t^i}$, et si l'on en retranche cette expression elle-même, on aura l'expression de

$\dfrac{u}{t^{i+1}} - \dfrac{u}{t^i}$ ou de $\dfrac{u}{t^i}\left(\dfrac{1}{t}-1\right)$; en divisant ensuite cette valeur par $\dfrac{1}{t}-1$, on aura

$$\frac{u}{t^i} = \frac{u}{2}(1+t)\left\{ 1 + \frac{(i+\frac{1}{2})^2-\frac{1}{4}}{1.2}\,t\left(\frac{1}{t}-1\right)^2 + \frac{[(i+\frac{1}{2})^2-\frac{1}{4}][(i+\frac{1}{2})^2-\frac{9}{4}]}{1.2.3.4}\,t^2\left(\frac{1}{t}-1\right)^4 + \dots \right\}$$

$$+\ (i+\tfrac{1}{2})\,ut\left(\frac{1}{t}-1\right)\left\{ 1 + \frac{(i+\frac{1}{2})^2-\frac{1}{4}}{1.2.3}\,t\left(\frac{1}{t}-1\right)^2 + \frac{[(i+\frac{1}{2})^2-\frac{1}{4}][(i+\frac{1}{2})^2-\frac{9}{4}]}{1.2.3.4.5}\,t^2\left(\frac{1}{t}-1\right)^4 + \dots \right\}.$$

En repassant des fonctions génératrices aux coefficients, on aura

$$y_{x+i} = \frac{1}{2}\left(y_x + y_{x-1}\right) + \frac{(i+\frac{1}{2})^2-\frac{1}{4}}{1.2}\cdot\frac{1}{2}\left(\Delta^2 y_{x-1} + \Delta^2 y_{x-2}\right)$$

$$+ \frac{[(i+\frac{1}{2})^2-\frac{1}{4}][(i+\frac{1}{2})^2-\frac{9}{4}]}{1.2.3.4}\cdot\frac{1}{2}\left(\Delta^4 y_{x-2} + \Delta^4 y_{x-3}\right) + \dots$$

$$+ (i+\tfrac{1}{2})\left\{ \Delta y_{x-1} + \frac{(i+\frac{1}{2})^2-\frac{1}{4}}{1.2.3}\,\Delta^3 y_{x-2} + \frac{[(i+\frac{1}{2})^2-\frac{1}{4}][(i+\frac{1}{2})^2-\frac{9}{4}]}{1.2.3.4.5}\,\Delta^5 y_{x-3} + \dots \right\}.$$

Cette formule sert à interpoler entre un nombre pair $2x$ de quantités équidistantes, y_x et y_{x+1} étant les deux quantités moyennes. Elle est disposée d'une manière symétrique relativement aux quantités également distantes du milieu de l'intervalle qui sépare les quantités extrêmes : ce milieu est l'origine des valeurs de $i+\frac{1}{2}$, qui sont positives au-dessus et négatives au-dessous.

Toutes ces expressions de y_{x+i} sont identiques et telles que, si l'on conçoit une courbe parabolique dont i soit l'abscisse et y_{x+i} l'ordonnée, et dont l'équation soit celle qui donne l'expression de y_{x+i}, cette courbe passera par les extrémités des ordonnées y_x, y_{x+1}, y_{x+2}, ..., y_{x-1}, y_{x-2}, ... On peut ainsi, en prenant les différences finies successives d'un nombre quelconque de coordonnées, faire passer une courbe parabolique par les extrémités de ces coordonnées.

5. Supposons généralement

$$(a) \qquad z = a + \frac{b}{t} + \frac{c}{t^2} + \frac{e}{t^3} + \ldots + \frac{p}{t^{n-1}} + \frac{q}{t^n};$$

on aura

$$\frac{1}{t^n} = \frac{z - a}{q} - \frac{b}{qt} - \frac{c}{qt^2} - \ldots - \frac{p}{qt^{n-1}},$$

ce qui donne

$$\frac{1}{t^{n+1}} = \frac{z - a}{qt} - \frac{b}{qt^2} - \frac{c}{qt^3} - \ldots - \frac{p}{qt^n};$$

éliminant $\frac{1}{t^n}$ du second membre de cette équation au moyen de la proposée (a), on aura

$$\frac{1}{t^{n+1}} = - \frac{p(z-a)}{q^2} + \frac{pb + q(z-a)}{q^2 t} + \ldots.$$

Cette expression de $\frac{1}{t^{n+1}}$ ne renferme que des puissances de $\frac{1}{t}$ d'un ordre inférieur à n. En la multipliant par $\frac{1}{t}$, on aura une expression de $\frac{1}{t^{n+2}}$, qui renfermera la puissance $\frac{1}{t^n}$; mais, en éliminant encore cette puissance au moyen de la proposée (a), on réduira l'expression de $\frac{1}{t^{n+2}}$ à ne contenir que des puissances de $\frac{1}{t}$ inférieures à n. En continuant ainsi, on parviendra à une expression de $\frac{1}{t^i}$, qui ne renfermera que des puissances de $\frac{1}{t}$ moindres que n, et qui sera par conséquent de la forme

$$\frac{1}{t^i} = Z + \frac{1}{t} Z^{(1)} + \frac{1}{t^2} Z^{(2)} + \ldots + \frac{1}{t^{n-1}} Z^{(n)},$$

Z, $Z^{(1)}$, $Z^{(2)}$, ... étant des fonctions rationnelles et entières de z, dans lesquelles la plus haute puissance de z ne surpasse pas $\frac{i}{n}$.

Cette manière de déterminer $\frac{1}{t^i}$ serait très pénible si i était un grand nombre; elle conduirait d'ailleurs difficilement à l'expression générale de cette quantité. On y parviendra directement de la manière suivante.

$\frac{1}{t^i}$ est égal au coefficient de θ^i dans le développement de la fraction $\frac{1}{1 - \frac{\theta}{t}}$. Si l'on multiplie le numérateur et le dénominateur de cette fraction par

$$(a - z)\theta^n + b\theta^{n-1} + c\theta^{n-2} + \ldots + p\theta + q,$$

et si dans le numérateur on substitue au lieu de z sa valeur $a + \frac{b}{t} + \frac{c}{t^2} + \ldots,$ on aura

$$\frac{b\theta^{n-1}\left(1 - \frac{\theta}{t}\right) + c\theta^{n-2}\left(1 - \frac{\theta^2}{t^2}\right) + e\theta^{n-3}\left(1 - \frac{\theta^3}{t^3}\right) + \ldots + q\left(1 - \frac{\theta^n}{t^n}\right)}{\left(1 - \frac{\theta}{t}\right)\left(a\theta^n + b\theta^{n-1} + c\theta^{n-2} + \ldots + p\theta + q - z\theta^n\right)};$$

en divisant le numérateur et le dénominateur de cette fraction par $1 - \frac{\theta}{t}$, elle devient

$$\frac{\begin{cases} b\theta^{n-1} + c\theta^{n-2} + e\theta^{n-3} + \ldots + q \\ + \frac{\theta}{t}\left(c\theta^{n-2} + e\theta^{n-3} + \ldots + q\right) \\ + \frac{\theta^2}{t^2}\left(e\theta^{n-3} + \ldots + q\right) \\ + \ldots\ldots\ldots\ldots \\ + \frac{\theta^{n-1}}{t^{n-1}}\, q \end{cases}}{a\theta^n + b\theta^{n-1} + c\theta^{n-2} + \ldots + p\theta + q - z\theta^n}.$$

La recherche du coefficient de θ^i dans le développement de cette fraction se réduit à déterminer, quel que soit r, le coefficient de θ^r dans le développement de la fraction

$$\frac{1}{a\theta^n + b\theta^{n-1} + c\theta^{n-2} + \ldots + p\theta + q - z\theta^n}.$$

Pour cela, considérons généralement la fraction $\frac{P}{Q}$, P et Q étant des fonctions rationnelles et entières de θ, la première étant d'un ordre inférieur à la seconde. Supposons que Q ait un facteur $\theta - z$ élevé à la puissance s, en sorte que l'on ait

$$Q = (\theta - x)^s R,$$

R étant une fonction rationnelle et entière de θ. On pourra décomposer la fraction $\dfrac{P}{Q}$ en deux autres $\dfrac{A}{(\theta - x)^s} + \dfrac{B}{R}$, A et B étant des fonctions rationnelles et entières de θ, la première de l'ordre $s - 1$, et la seconde d'un ordre inférieur à celui de R; car il est visible qu'en substituant pour A et B des fonctions de cette nature, avec des coefficients indéterminés, en réduisant ensuite les deux fractions au même dénominateur, qui devient alors égal à Q, en égalant enfin la somme de leurs numérateurs à P, la comparaison des puissances semblables de θ donnera autant d'équations qu'il y a de coefficients indéterminés. Cela posé, l'équation

$$\frac{A}{(\theta - x)^s} + \frac{B}{R} = \frac{P}{(\theta - x)^s R}$$

donne

$$A = \frac{P}{R} - \frac{B(\theta - x)^s}{R}.$$

Si l'on considère A, B, P et R comme des fonctions rationnelles et entières de $\theta - x$, A sera une fonction de l'ordre $s - 1$, et par conséquent il sera égal au développement de $\dfrac{P}{R}$ dans une suite ordonnée par rapport aux puissances de $\theta - x$, pourvu que l'on s'arrête à la puissance $s - 1$ inclusivement. Soit donc

$$\frac{P}{R} = u_0 + u_1 (\theta - x) + u_2 (\theta - x)^2 + \ldots;$$

on aura

$$\frac{A}{(\theta - x)^s} = \frac{u_0}{(\theta - x)^s} + \frac{u_1}{(\theta - x)^{s-1}} + \frac{u_2}{(\theta - x)^{s-2}} + \ldots,$$

en rejetant les puissances positives de $\theta - x$; $\dfrac{A}{(\theta - x)^s}$ est, par conséquent, égal au coefficient de t^{s-1} dans le développement de la fonction

$$\frac{u_0 + u_1 t + u_2 t + \ldots}{\theta - x - t}.$$

Si l'on nomme P' et R' ce que deviennent P et R lorsqu'on y change $\theta - z$ en t, ou, ce qui revient au même, θ en $t + z$, on aura

$$\frac{P'}{R'} = u_0 + u_1 t + u_2 t^2 + \ldots;$$

partant, $\dfrac{A}{(\theta - z)^s}$ est égal au coefficient de t^{s-1} dans le développement de

$$\frac{P'}{R'(\theta - z - t)};$$

il est donc égal à

$$\frac{1}{1.2.3\ldots(s-1)} \frac{d^{s-1}}{dt^{s-1}} \frac{P'}{R'(\theta - z - t)},$$

pourvu que l'on suppose t nul après les différentiations. Maintenant le coefficient de θ^r dans

$$\frac{P'}{R'(\theta - z - t)}$$

étant égal à

$$- \frac{P'}{R'(z + t)^{r+1}},$$

ce même coefficient dans

$$\frac{1}{1.2.3\ldots(s-1)} \frac{d^{s-1}}{dt^{s-1}} \frac{P'}{R'(\theta - z - t)}$$

sera

$$- \frac{1}{1.2.3\ldots(s-1)} \frac{d^{s-1}}{dt^{s-1}} \frac{P'}{R'(z + t)^{r+1}},$$

t étant supposé nul après les différentiations; cette dernière quantité est donc le coefficient de θ^r dans le développement de $-\dfrac{A}{(\theta - z)^s}$. Si l'on restitue, dans P' et R', $\theta - z$ au lieu de t, ce qui les change en P et R, on aura

$$\frac{d^{s-1} \frac{P'}{R'(z + t)^{r+1}}}{dt^{s-1}} = \frac{d^{s-1} \frac{P}{R\theta^{r+1}}}{d\theta^{s-1}},$$

pourvu que l'on suppose $\theta = z$ après les différentiations, dans le second membre de cette équation; la fonction

$$- \frac{1}{1.2.3\ldots(s-1)} \frac{d^{s-1} \frac{\mathrm{P}}{\mathrm{R}\theta^{r+1}}}{d\theta^{s-1}}$$

est donc, avec cette condition, le coefficient de θ^r dans le développement de la fraction $\frac{\mathrm{A}}{(\theta-\alpha)^s}$.

Il suit de là que, si l'on suppose

$$\mathrm{Q} = a(\theta-\alpha)^s (\theta-\alpha')^{s'} (\theta-\alpha'')^{s''}\ldots,$$

le coefficient de θ^r dans le développement de la fraction $\frac{\mathrm{P}}{\mathrm{Q}}$ sera

$$- \frac{1}{1.2.3\ldots(s-1)} \frac{d^{s-1}}{d\theta^{s-1}} \frac{\mathrm{P}}{a\theta^{r+1}(\theta-\alpha')^{s'}(\theta-\alpha'')^{s''}\ldots}$$

$$- \frac{1}{1.2.3\ldots(s'-1)} \frac{d^{s'-1}}{d\theta^{s'-1}} \frac{\mathrm{P}}{a\theta^{r+1}(\theta-\alpha)^{s}(\theta-\alpha'')^{s''}\ldots}$$

$$- \frac{1}{1.2.3\ldots(s''-1)} \frac{d^{s''-1}}{d\theta^{s''-1}} \frac{\mathrm{P}}{a\theta^{r+1}(\theta-\alpha)^{s}(\theta-\alpha')^{s'}\ldots}$$

$$- \ldots\ldots\ldots\ldots\ldots\ldots\ldots\ldots\ldots\ldots\ldots\ldots\ldots\ldots,$$

en faisant $\theta = \alpha$ dans le premier terme, $\theta = \alpha'$ dans le second terme, $\theta = \alpha''$ dans le troisième terme, et ainsi de suite.

Maintenant, soit

$$\mathrm{V} = a(\theta-\alpha)(\theta-\alpha')(\theta-\alpha'')\ldots.$$

En développant la fraction

$$\frac{1}{\mathrm{V} - z\,\theta^n}$$

dans une suite ordonnée par rapport aux puissances de z, on aura

$$\frac{1}{\mathrm{V}} + \frac{z\,\theta^n}{\mathrm{V}^2} + \frac{z^2\,\theta^{2n}}{\mathrm{V}^3} + \frac{z^3\,\theta^{3n}}{\mathrm{V}^4} + \ldots;$$

le coefficient de θ^r dans le développement de la fraction $\frac{1}{\mathrm{V}}$ est, par ce qui précède, égal à

$$(o) \qquad -\frac{1}{1.2.3\ldots(s-1)a^r}\frac{d^{r-1}}{d\theta^{r-1}}\left\{ \begin{array}{l} \dfrac{1}{\theta^{r+1}(\theta-\alpha')^r(\theta-\alpha'')^r\ldots} \\[4pt] +\dfrac{1}{\theta^{r+1}(\theta-\alpha)^r(\theta-\alpha'')^r\ldots} \\[4pt] +\dfrac{1}{\theta^{r+1}(\theta-\alpha)^r(\theta-\alpha')^r\ldots} \\[4pt] +\ldots\ldots\ldots\ldots\ldots\ldots \end{array}\right\},$$

pourvu qu'après les différentiations on suppose $\theta=\alpha$ dans le premier terme, $\theta=\alpha'$ dans le second terme, $\theta=\alpha''$ dans le troisième terme, etc. S'il n'y a qu'un seul facteur $\theta-\alpha$, la fonction renfermée entre les deux parenthèses se réduit à $\frac{1}{\theta^{r+1}}$, θ devant être changé en α après les différentiations, ce qui réduit la quantité (o) à

$$(-1)^r\frac{(r+1)(r+2)(r+3)\ldots(r+s-1)}{1.2.3\ldots(s-1)a^s}\frac{1}{\alpha^{r+s}}.$$

Si dans l'expression de V quelques-uns des facteurs $\theta-\alpha$, $\theta-\alpha'$, ... sont élevés à des puissances plus hautes que l'unité; par exemple, si $\theta-\alpha$ est élevé à la puissance m, il sera élevé à la puissance $-ms$ dans $\frac{1}{V^s}$, et alors il faut changer le premier terme de la quantité (o) dans le suivant :

$$-\frac{1}{1.2.3\ldots(ms-1)a^s}\frac{d^{ms-1}}{d\theta^{ms-1}}\frac{1}{\theta^{r+1}(\theta-\alpha')^s(\theta-\alpha'')^s\ldots},$$

et dans les autres termes, il faut changer $(\theta-\alpha)^s$ dans $(\theta-\alpha)^{ms}$.

Représentons généralement par $Z_r^{(r-1)}$ la quantité (o); le coefficient de θ^i dans le développement de la fraction $\frac{1}{V-z\theta^n}$ sera

$$Z_i^{(0)}+Z_{i-n}^{(1)}z+Z_{i-2n}^{(2)}z^2+Z_{i-3n}^{(3)}z^3+\ldots;$$

on aura donc, pour le coefficient de θ^i dans le développement de la deuxième fraction de la page 19, ou pour la valeur de $\frac{1}{t^i}$,

$$(A)\quad
\begin{aligned}
\frac{1}{t^i} =\ & b\big[Z^{(0)}_{i-n+1} + z Z^{(1)}_{i-2n+1} + z^2 Z^{(2)}_{i-3n+1} + z^3 Z^{(3)}_{i-4n+1} + \ldots\big] \\
& + c\big[Z^{(0)}_{i-n+2} + z Z^{(1)}_{i-2n+2} + z^2 Z^{(2)}_{i-3n+2} + z^3 Z^{(3)}_{i-4n+2} + \ldots\big] \\
& + e\big[Z^{(0)}_{i-n+3} + z Z^{(1)}_{i-2n+3} + z^2 Z^{(2)}_{i-3n+3} + z^3 Z^{(3)}_{i-4n+3} + \ldots\big] \\
& + \ldots\ldots\ldots\ldots\ldots\ldots\ldots\ldots\ldots\ldots\ldots\ldots \\
& + \frac{1}{t}\left\{
\begin{aligned}
& c\big[Z^{(0)}_{i-n+1} + z Z^{(1)}_{i-2n+1} + z_1 Z^{(2)}_{i-3n+1} + \ldots\big] \\
& + e\big[Z^{(0)}_{i-n+2} + z Z^{(1)}_{i-2n+2} + z^2 Z^{(2)}_{i-3n+2} + \ldots\big] \\
& + \ldots\ldots\ldots\ldots\ldots\ldots\ldots\ldots
\end{aligned}\right\} \\
& + \frac{1}{t^2}\left\{
\begin{aligned}
& e\big[Z^{(0)}_{i-n+1} + z Z^{(1)}_{i-2n+1} + z^2 Z^{(2)}_{i-3n+1} + \ldots\big] \\
& + \ldots\ldots\ldots\ldots\ldots\ldots\ldots\ldots
\end{aligned}\right\} \\
& + \ldots\ldots\ldots\ldots\ldots\ldots\ldots\ldots\ldots\ldots \\
& + \frac{1}{t^{n-1}} q\big[Z^{(0)}_{i-n+1} + z Z^{(1)}_{i-2n+1} + z^2 Z^{(2)}_{i-3n+1} + \ldots\big].
\end{aligned}$$

Présentement, si l'on désigne par ∇y_x la quantité

$$a y_x + b y_{x+1} + c y_{x+2} + \ldots + q y_{x+n},$$

par $\nabla^2 y_x$ ce que devient ∇y_x lorsqu'on y change y_x dans ∇y_x, par $\nabla^3 y_x$ ce que devient $\nabla^2 y_x$ lorsqu'on y change ∇y_x dans $\nabla^2 y_x$, et ainsi de suite, il est visible, par le n° 2, que le coefficient de t^x dans le développement de $\frac{u z^i}{t^i}$ sera $\nabla^i y_{x+i}$; en multipliant donc l'équation précédente par u et en ne considérant dans chaque terme que le coefficient de t^x, c'est-à-dire en repassant des fonctions génératrices aux coefficients, on aura

$$(B)\quad
\begin{aligned}
y_{x+i} =\ & y_x\ \big[b Z^{(0)}_{i-n+1} + c Z^{(0)}_{i-n+2} + e Z^{(0)}_{i-n+3} + \ldots + q Z^{(0)}_i\big] \\
& + \nabla y_x\ \big[b Z^{(1)}_{i-2n+1} + c Z^{(1)}_{i-2n+2} + e Z^{(1)}_{i-2n+3} + \ldots + q Z^{(1)}_{i-n}\big] \\
& + \nabla^2 y_x\ \big[b Z^{(2)}_{i-3n+1} + c Z^{(2)}_{i-3n+2} + e Z^{(2)}_{i-3n+3} + \ldots + q Z^{(2)}_{i-2n}\big] \\
& + \ldots\ldots\ldots\ldots\ldots\ldots\ldots\ldots\ldots\ldots\ldots\ldots \\
& + y_{x+1}\ \big[c Z^{(0)}_{i-n+1} + e Z^{(0)}_{i-n+2} + \ldots + q Z^{(0)}_{i-1}\big] \\
& + \nabla y_{x+1}\big[c Z^{(1)}_{i-2n+1} + e Z^{(1)}_{i-2n+2} + \ldots + q Z^{(1)}_{i-n-1}\big] \\
& + \ldots\ldots\ldots\ldots\ldots\ldots\ldots\ldots\ldots\ldots\ldots \\
& + y_{x+2}\ \big[e Z^{(0)}_{i-n+1} + \ldots + q Z^{(0)}_{i-2}\big] \\
& + \nabla y_{x+2}\big[e Z^{(1)}_{i-2n+1} + \ldots + q Z^{(1)}_{i-n-2}\big] \\
& + \ldots\ldots\ldots\ldots\ldots\ldots\ldots\ldots\ldots \\
& + q y_{x+n-1} Z^{(0)}_{i-n+1} + q \nabla y_{x+n-1} Z^{(1)}_{i-2n+1} + q \nabla^2 y_{x+n-1} Z^{(2)}_{i-3n+1} + \ldots
\end{aligned}$$

Cette formule servira à interpoler les suites dont la dernière raison des termes est celle d'une suite récurrente ; car il est clair que, dans ce cas, ∇y_x, $\nabla^2 y_x$, ... vont toujours en diminuant et finissent par être nuls dans l'infini.

6. La formule (B) s'arrête lorsque l'on a $\nabla^r y_x = 0$, r étant un nombre entier positif quelconque, et alors l'expression précédente de y_{x+i} devient l'intégrale de l'équation aux différences finies $\nabla^r y_i = 0$, ce qui est analogue à ce qu'on a vu dans le n° 3, relativement à l'équation $\Delta^r y_i = 0$. Supposons $\nabla y_i = 0$, ou, ce qui revient au même,

$$0 = a y_i + b y_{i+1} + c y_{i+2} + \ldots + q y_{i+n};$$

si l'on fait x nul dans la formule (B) du numéro précédent, elle devient

$$
\begin{aligned}
y_i = y_0 &\left(b Z^{(0)}_{i-n+1} + c Z^{(0)}_{i-n+2} + e Z^{(0)}_{i-n+3} + \ldots + q Z^{(0)}_i \right) \\
&+ y_1 \left(c Z^{(0)}_{i-n+1} + e Z^{(0)}_{i-n+2} + \ldots + q Z^{(0)}_{i-1} \right) \\
&+ y_2 \left(e Z^{(0)}_{i-n+1} + \ldots + q Z^{(0)}_{i-2} \right) \\
&+ \ldots\ldots\ldots\ldots\ldots\ldots\ldots\ldots \\
&+ q y_{n-1} Z^{(0)}_{i-n+1};
\end{aligned}
$$

y_0, y_1, y_2, ..., y_{n-1} sont les n premières valeurs de y_i; ce sont les n constantes arbitraires que l'intégrale de l'équation $\nabla y_i = 0$ introduit.

La valeur de $Z^{(0)}_{i-n+1}$ est égale à

$$
- \frac{1}{a \alpha^{i-n+2} (\alpha - \alpha')(\alpha - \alpha'') \ldots} - \frac{1}{a \alpha'^{i-n+2} (\alpha' - \alpha)(\alpha' - \alpha'') \ldots} - \ldots
$$

Ainsi, V étant égal à $a(0 - \alpha)(0 - \alpha')(0 - \alpha'')$, ..., le premier de ces termes devient

$$
- \frac{\alpha^{n-2}}{\alpha^i \dfrac{dV}{d\theta}},
$$

pourvu que l'on change θ en α dans $\dfrac{dV}{d\theta}$; en n'ayant donc égard qu'au terme multiplié par $\frac{1}{\alpha^i}$, l'expression précédente de y_i deviendra

$$y_i = -\frac{1}{\alpha^{i+1}\dfrac{dV}{d\theta}}\left\{\begin{array}{l} y_0\left(b\alpha^{n-1}+c\alpha^{n-2}+e\alpha^{n-3}+\ldots+q\right)\\ +y_1\left(c\alpha^{n-1}+e\alpha^{n-2}+\ldots+q\alpha\right)\\ +y_2\left(e\alpha^{n-1}+\ldots+q\alpha^2\right)\\ +\ldots\ldots\ldots\ldots\ldots\ldots\\ +y_{n-1}q\alpha^{n-1}\end{array}\right\}.$$

En changeant successivement, dans le second membre de cette équation, α en α', α'', ..., et réciproquement, on aura autant de termes qui, ajoutés au précédent, formeront l'expression complète de y_i.

Nommons k la fonction comprise entre les deux parenthèses, en sorte que ce second membre soit $-\dfrac{k}{\alpha^{i+1}\dfrac{dV}{d\theta}}$. Si les deux racines α et α' sont égales, V sera de cette forme $(\theta-\alpha)^2 L$. On supposera que α et α', au lieu d'être rigoureusement égaux, diffèrent infiniment peu, et que l'on a $\alpha'=\alpha+d\alpha$. Alors la somme des deux termes de y_i relatifs aux racines α et α' sera

$$-\frac{1}{d\alpha}\left(\frac{k'}{\alpha'^{i+1}L'}-\frac{k}{\alpha^{i+1}L}\right),$$

k' étant ce que devient k lorsqu'on y change α en α'; L et L' étant ici ce que devient L lorsqu'on y change θ en α et α'. Cette quantité est donc égale à

$$-\frac{d\dfrac{k}{\alpha^{i+1}L}}{d\alpha};$$

mais on a

$$L=\frac{1}{2}\frac{d^2V}{d\theta^2},$$

θ devant être changé en α après les différentiations. La somme des termes de l'expression de y_i, relatifs aux deux racines égales, est donc

$$-\frac{1}{1.2}\frac{d}{d\alpha}\frac{k}{\alpha^{i+1}\dfrac{d^2V}{d\theta^2}}.$$

On trouvera de la même manière que, si V contient trois facteurs égaux, la somme des termes de l'expression de y_i relatifs à ces trois facteurs est

$$- \frac{1}{1.2.1.2.3} \frac{d^2}{d\alpha^2} \frac{k}{\alpha^{i+1}} \frac{d^3 V'}{d\theta^3},$$

et ainsi de suite. $Z_i^{(0)}$ étant, par ce qui précède, le coefficient de θ^i dans le développement de $\frac{1}{V}$, il en résulte que y_i est le coefficient de θ^i dans le développement de la fonction

$$\frac{\begin{cases} y_0 (b\theta^{n-1} + c\theta^{n-2} + \ldots + q) \\ + y_1 (c\theta^{n-1} + e\theta^{n-2} + \ldots + q\theta) \\ + y_2 (e\theta^{n-1} + \ldots + q\theta^2) \\ + \ldots \ldots \ldots \ldots \ldots \ldots \\ + y_{n-1} q\theta^{n-1} \end{cases}}{a\theta^n + b\theta^{n-1} + c\theta^{n-2} + \ldots + p\theta + q}.$$

Cette fonction est donc la fonction génératrice de y_i ou de la variable principale de l'équation aux différences $\nabla y_i = 0$. La formule (B) du numéro précédent donnera pareillement la valeur de y_i ou l'intégrale complète de l'équation aux différences $\nabla^2 y_i = 0$; y^0, ∇y_0, y_1, ..., y_{n-1}, ∇y_{n-1}, seront les $2n$ arbitraires de cette intégrale. Le cas des racines égales se résoudra de la même manière que ci-dessus. On aura par la même formule l'intégrale des équations aux différences $\nabla^3 y_i = 0$, $\nabla^4 y_i = 0$, ..., ce qui montre l'analogie qui existe entre l'interpolation des suites et l'intégration des équations aux différences.

Soit $y_i = y'_i + y''_i$, et supposons que u' soit la fonction génératrice de y'_i, et u'' celle de y''_i, u étant celle de y_i; on aura $u = u' + u''$. Soit encore

$$u'' = \frac{\lambda}{z^s},$$

z ayant la signification que nous lui avons donnée dans le n° 5, et nommons X_i le coefficient de t^i dans le développement de λ; on aura, par le n° 2,

$$X_i = \nabla^s y''_i.$$

Maintenant on a, par le n° 5,

$$\frac{1}{z^r} = \frac{t^{ns}}{(at^n + bt^{n-1} + ct^{n-2} + \ldots + q)^s};$$

or le coefficient de t^i, dans le développement du second membre de cette équation, est égal à celui de θ^{i-ns} dans le développement de

$$\frac{1}{(a\theta^n + b\theta^{n-1} + c\theta^{n-2} + \ldots + q)^s},$$

et, par le numéro précédent, ce coefficient est égal à $Z_{i-ns}^{(s-1)}$; donc le coefficient de t^i dans le développement de $\frac{\lambda}{z^s}$ sera

$$X_{i-ns}Z_0^{(s-1)} + X_{i-ns-1}Z_1^{(s-1)} + X_{i-ns-2}Z_2^{(s-1)} + \ldots + X_0 Z_{i-ns}^{(s-1)}$$

ou $\Sigma X_r Z_{i-ns-r}^{(s-1)}$, l'intégrale étant prise relativement à r, depuis $r=0$ jusqu'à $r=i-ns$; ce sera la valeur de y_i'. Cela posé, si dans la formule (B) du numéro précédent on suppose $\nabla^s y_i = 0$, elle donnera, en observant que $y_i = y_i' + y_i''$,

$$(\text{C}) \quad \left\{ \begin{aligned}
y_i' + \Sigma X_r Z_{i-ns-r}^{(s-1)} = {}& y_0\left(bZ_{i-n+1}^{(0)} + cZ_{i-n+2}^{(0)} + \ldots + qZ_i^{(0)}\right) \\
& + \nabla y_0\left(bZ_{i-2n+1}^{(1)} + cZ_{i-2n+2}^{(1)} + \ldots + qZ_{i-n}^{(1)}\right) \\
& + \ldots\ldots\ldots\ldots\ldots\ldots\ldots\ldots\ldots\ldots\ldots \\
& + \nabla^{s-1} y_0\left(bZ_{i-sn+1}^{(s-1)} + cZ_{i-sn+2}^{(s-1)} + \ldots + qZ_{i-sn+n}^{(s-1)}\right) \\
& + y_1\left(cZ_{i-n+1}^{(0)} + \ldots + qZ_{i-1}^{(0)}\right) \\
& + \nabla y_1\left(cZ_{i-2n+1}^{(1)} + \ldots + qZ_{i-n-1}\right) \\
& + \ldots\ldots\ldots\ldots\ldots\ldots\ldots\ldots\ldots \\
& + \nabla^{s-1} y_1\left(cZ_{i-sn+1}^{(s-1)} + \ldots + qZ_{i-sn+n-1}\right) \\
& + \ldots\ldots\ldots\ldots\ldots\ldots\ldots\ldots\ldots \\
& + qZ_{i-n+1}^{(0)}y_{n-1} + qZ_{i-2n+1}^{(1)}\nabla y_{n-1} + \ldots \\
& + qZ_{i-sn+1}^{(s-1)}\nabla^{s-1} y_{n-1},
\end{aligned} \right.$$

$y_0, \nabla y_0, \ldots, \nabla^{s-1} y_0, y_1, \nabla y_1, \ldots$ étant les ns arbitraires de l'intégrale de l'équation $\nabla^s y_i = 0$ ou

$$\nabla^s y_i' + \nabla^s y_i'' = 0;$$

or, $\nabla^s y_i''$ étant égale à X_i, cette équation devient

$$0 = \nabla^s y_i' + X_i;$$

on aura donc, par la formule précédente, l'intégrale des équations linéaires aux différences finies dont les coefficients sont constants, dans le cas où elles ont un dernier terme fonction de i.

L'intégrale définie relative à $r\, \Sigma X_r Z_{i-ns-r}^{(s-1)}$ peut être facilement transformée dans une suite d'intégrales indéfinies relatives à i; car l'expression générale de $Z_{i-ns-r}^{(s-1)}$ est formée de ns termes de la forme $\mathrm{I} r^\mu \alpha^r$, I étant une fonction de i indépendante de la variable r; l'intégrale précédente est donc composée d'intégrales de la forme $\mathrm{I} \Sigma r^\mu \alpha^r X_r$; cette dernière intégrale devant être prise depuis r nul jusqu'à $r = i - ns$, elle est égale à l'intégrale indéfinie

$$\mathrm{I}\Sigma(i - ns)^\mu \alpha^{i-ns+1} X_{i-ns+1},$$

prise depuis $i = ns$.

7. On peut donner à l'expression de $\dfrac{1}{t^i}$ une infinité d'autres formes dont plusieurs peuvent être utiles. Donnons-lui, par exemple, cette forme

$$\frac{1}{t^i} = Z^{(0)} + \left(\frac{1}{t} - 1\right) Z^{(1)} + \left(\frac{1}{t} - 1\right)^2 Z^{(2)} + \ldots + \left(\frac{1}{t} - 1\right)^{n-1} Z^{(n-1)}.$$

On déterminera ainsi les valeurs de $Z^{(0)}$, $Z^{(1)}$, $Z^{(2)}$, ... On mettra d'abord l'équation

$$z = a + \frac{b}{t} + \frac{c}{t^2} + \ldots + \frac{q}{t^n}$$

sous cette forme, en y substituant $\left(\dfrac{1}{t} - 1 + 1\right)^r$ au lieu de $\dfrac{1}{t^r}$, et développant suivant les puissances de $\dfrac{1}{t} - 1$,

$$z = a' + b'\left(\frac{1}{t} - 1\right) + c'\left(\frac{1}{t} - 1\right)^2 + \ldots + q\left(\frac{1}{t} - 1\right)^n,$$

et l'on aura

$$a' = a + b + c + \ldots + q,$$
$$b' = b + 2c + 3e + \ldots + nq,$$
$$c' = c + 3e + \ldots\ldots\ldots + \frac{n(n-1)}{1.2} q,$$
$$\ldots\ldots\ldots\ldots\ldots\ldots\ldots\ldots\ldots$$

On multipliera ensuite, comme précédemment, le numérateur et le
dénominateur de la fraction $\dfrac{1}{1-\dfrac{\theta}{t}}$ par

$$(a - z)\theta^n + b\theta^{n-1} + c\theta^{n-2} + \ldots + p\theta + q,$$

en observant de substituer dans le numérateur : 1° au lieu de z,

$$a' + b'\left(\frac{1}{t} - 1\right) + c'\left(\frac{1}{t} - 1\right)^2 + \ldots;$$

2° au lieu de $a\theta^n + b\theta^{n-1} + c\theta^{n-2} + \ldots$, la quantité

$$\theta^n\left[a' + b'\left(\frac{1}{\theta} - 1\right) + c'\left(\frac{1}{\theta} - 1\right)^2 + \ldots\right];$$

si l'on fait de plus, pour abréger,

$$\frac{1}{t} - 1 = \frac{1}{t'},$$

on aura

$$\frac{b'\theta^{n-1}\left(1 - \theta - \dfrac{\theta}{t'}\right) + c'\theta^{n-2}\left[(1 - \theta)^2 - \dfrac{\theta^2}{t'^2}\right] + \ldots + q\left[(1 - \theta)^n - \dfrac{\theta^n}{t'^n}\right]}{\left(1 - \dfrac{\theta}{t}\right)(a\theta^n + b\theta^{n-1} + c\theta^{n-2} + \ldots + p\theta + q - z\theta^n)};$$

en divisant le numérateur et le dénominateur de la fraction précé-
rédente par $1 - \dfrac{\theta}{t}$, elle se réduit à celle-ci,

$$\frac{\left\{\begin{array}{l} \theta^{n-1}\left[b' + c'\left(\dfrac{1}{\theta} - 1\right) + c'\left(\dfrac{1}{\theta} - 1\right)^2 + \ldots + q\left(\dfrac{1}{\theta} - 1\right)^{n-1}\right] \\[2mm] + \dfrac{\theta^{n-1}}{t'}\left[c' + c'\left(\dfrac{1}{\theta} - 1\right) + \ldots + q\left(\dfrac{1}{\theta} - 1\right)^{n-2}\right] \\[2mm] + \dfrac{\theta^{n-1}}{t'^2}\left[c' + \ldots + q\left(\dfrac{1}{\theta} - 1\right)^{n-3}\right] \\[2mm] + \ldots\ldots\ldots\ldots\ldots\ldots\ldots\ldots \\[2mm] + \dfrac{q\,\theta^{n-1}}{t'^{n-1}} \end{array}\right\}}{a\theta^n + b\theta^{n-1} + c\theta^{n-2} + \ldots + p\theta + q - z\theta^n}.$$

De là il est aisé de conclure que, si l'on conserve à $Z_r^{(s-1)}$ la même si-

gnification que nous lui avons donnée dans le n° 5, et que l'on considère qu'en désignant q_i le coefficient de θ^i dans le développement
d'une fonction quelconque de θ, ce même coefficient dans le développement de cette fonction multipliée par $\left(\frac{1}{\theta}-1\right)^{\mu}$ sera, par le n° 2,
égal à $\Delta^{\mu}q_i$, on aura

$$
\begin{aligned}
\frac{1}{\theta^i} = {}& b'Z_{i-n+1}^{(0)} + b'zZ_{i-2n+1}^{(1)} + b'z^2Z_{i-3n+1}^{(0)} + \dots \\
& + c'\Delta Z_{i-n+1}^{(0)} + c'z\Delta Z_{i-2n+1}^{(1)} + c'z^2\Delta Z_{i-3n+1}^{(2)} + \dots \\
& + c'\Delta^2 Z_{i-n+1}^{(0)} + e'z\Delta^2 Z_{i-2n+1}^{(1)} + e'z^2\Delta^2 Z_{i-3n+1}^{(2)} + \dots \\
& + \dots\dots\dots\dots\dots\dots\dots\dots\dots\dots\dots\dots\dots \\
& + q\Delta^{n-1}Z_{i-n+1}^{(0)} + qz\Delta^{n-1}Z_{i-2n+1}^{(1)} + qz^2\Delta^{n-1}Z_{i-3n+1}^{(2)} + \dots \\
& + \frac{1}{t'}\left\{
\begin{aligned}
& c'Z_{i-n+1}^{(0)} + c'zZ_{i-2n+1}^{(1)} + \dots \\
& + e'\Delta Z_{i-n+1}^{(0)} + e'z\Delta Z_{i-2n+1}^{(1)} + \dots \\
& + \dots\dots\dots\dots\dots\dots\dots\dots\dots
\end{aligned}
\right\} \\
& + \frac{1}{t'^2}\left\{
\begin{aligned}
& eZ_{i-n+1}^{(0)} + e'zZ_{i-2n+1}^{(1)} + \dots \\
& + \dots\dots\dots\dots\dots\dots\dots\dots
\end{aligned}
\right\} \\
& + \dots\dots\dots\dots\dots\dots\dots\dots \\
& + \frac{q}{t'^{n-1}}\left\{Z_{i-n+1}^{(0)} + zZ_{i-2n+1}^{(1)} + \dots\right\}.
\end{aligned}
$$

Présentement il est clair, par le n° 2, que le coefficient de t^{μ} dans le
développement de la fonction $\frac{uz^s}{t'^r}$ est $\Delta^r\nabla^s y_x$; l'équation précédente
donnera donc, en multipliant ses deux membres par u et repassant des
fonctions génératrices à leurs coefficients,

$$
\begin{aligned}
y_{x+i} = {}& y_x\left[b'Z_{i-n+1}^{(0)} + c'\Delta Z_{i-n+1}^{(0)} + e'\Delta^2 Z_{i-n+1}^{(0)} + \dots + q\Delta^{n-1}Z_{i-n+1}^{(0)}\right] \\
& + \nabla y_x\left(b'Z_{i-2n+1}^{(1)} + c'\Delta Z_{i-2n+1}^{(1)} + e'\Delta^2 Z_{i-2n+1}^{(2)} + \dots + q\Delta^{n-1}Z_{i-2n+1}^{(1)}\right) \\
& + \nabla^2 y_x\left(b'Z_{i-3n+1}^{(2)} + c'\Delta Z_{i-3n+1}^{(2)} + e'\Delta^2 Z_{i-3n+1}^{(2)} + \dots + q\Delta^{n-1}Z_{i-3n+1}^{(2)}\right) \\
& + \dots\dots\dots\dots\dots\dots\dots\dots\dots\dots\dots\dots\dots \\
& + \Delta y_x\ \left(c'Z_{i-n+1}^{(0)} + e'\Delta Z_{i-n+1}^{(0)} + \dots + q\Delta^{n-2}Z_{i-n+1}^{(0)}\right) \\
& + \Delta\nabla y_x\left(c'Z_{i-2n+1}^{(1)} + e'\Delta Z_{i-2n+1}^{(1)} + \dots + q\Delta^{n-2}Z_{i-2n+1}^{(1)}\right) \\
& + \Delta\nabla^2 y_x\left(c'Z_{i-3n+1}^{(2)} + e'\Delta Z_{i-3n+1}^{(1)} + \dots + q\Delta^{n-2}Z_{i-3n+1}^{(2)}\right) \\
& + \dots\dots\dots\dots\dots\dots\dots\dots\dots\dots\dots\dots\dots \\
& + qZ_{i-n+1}^{(0)}\Delta^{n-1}y_x + qZ_{i-2n+1}^{(1)}\Delta^{n-1}\nabla y_x + qZ_{i-3n+1}^{(2)}\Delta^{n-1}\nabla^2 y_x + \dots,
\end{aligned}
$$

la caractéristique ∇ se rapportant à la variable x, et la caractéristique Δ se rapportant aux deux variables x et i.

8. Supposons, dans la formule précédente, x et i infiniment grands, de manière que l'on ait

$$i = \frac{x'}{dx'}, \qquad x = \frac{\varpi}{dx'};$$

y_{x+i} deviendra une fonction de $\varpi + x'$, fonction que nous désignerons par $\varphi(\varpi + x')$. Supposons, de plus,

$$a' = a'', \qquad b' = \frac{b''}{dx'}, \qquad c' = \frac{c''}{dx'^2}, \qquad \ldots, \qquad q = \frac{q''}{dx'^n};$$

l'équation

$$0 = a' + b'\left(\frac{1}{\theta} - 1\right) + c'\left(\frac{1}{\theta} - 1\right)^2 + \cdots$$

deviendra

$$0 = a'' + \frac{b''}{dx'}\left(\frac{1}{\theta} - 1\right) + \frac{c''}{dx'^2}\left(\frac{1}{\theta} - 1\right)^2 + \cdots + \frac{q''}{dx'^n}\left(\frac{1}{\theta} - 1\right)^n.$$

Cette dernière équation donne, pour $\theta - 1$, n racines $f\,dx'$, $f'\,dx'$, $f''\,dx'$, $\ldots$, et par conséquent, pour θ, les n valeurs

$$\theta = 1 + f\,dx', \qquad \theta = 1 + f'\,dx', \qquad \theta = 1 + f''\,dx', \qquad \ldots$$

Maintenant, si l'on suppose $\theta = 1 + h\,dx'$, on aura, i étant supposé infini,

$$\frac{1}{\theta^i} = \frac{1}{(1 + h\,dx')^i} = 1 - ih\,dx' + \frac{i^2}{1.2}h^2\,dx'^2 - \ldots = e^{-hx'},$$

e étant le nombre dont le logarithme hyperbolique est l'unité. D'ailleurs la quantité a est, par le numéro précédent, égale à $a' - b' + c' - \ldots$, et par conséquent égale à $a'' - \frac{b''}{dx'} + \ldots \pm \frac{q^n}{dx'^n}$, valeur qui se réduit à son dernier terme, qui surpasse infiniment les autres; l'expression de $Z_r^{(i-1)}$ du n° 5 devient, en y changeant r dans $i-1$,

$$Z_{i-1}^{(s-1)} = - \frac{dx'}{1.2.3\ldots(s-1)(\pm q'')^s} \frac{d^{s-1}}{dh^{i-1}} \left\{ \begin{array}{l} \dfrac{e^{-hx'}}{(h-f')^s(h-f'')^s\ldots} \\[2mm] + \dfrac{e^{-hx'}}{(h-f)^s(h-f'')^s\ldots} \\[2mm] + \dfrac{e^{-hx'}}{(h-f)^s(h-f')^s\ldots} \\[2mm] + \ldots\ldots\ldots\ldots\ldots\ldots\ldots \end{array} \right\},$$

la différence d^{i-1} étant prise en ne faisant varier que h et en substituant, après les différentiations, f au lieu de h dans le premier terme, f' au lieu de h dans le second terme, et ainsi de suite. Nommons $X^{(s-1)}dx'$ la quantité précédente; on aura, à l'infiniment petit près, μ étant un nombre fini,

$$Z_{i\pm\mu}^{(s-1)} = Z_i^{(s-1)} = X^{(s-1)}dx'.$$

D'ailleurs on a $y_x = \varphi(\varpi)$, et la caractéristique Δ des différences finies doit se changer dans la caractéristique d des différences infiniment petites, en sorte que l'équation

$$\nabla y_x = a y_x + b y_{x+1} + c y_{x+2} + \ldots,$$

ou, ce qui revient au même, celle-ci

$$\nabla y_x = a'' + \frac{b''}{dx'} \Delta y_x + \frac{c''}{dx'^2} \Delta^2 y_x + \ldots,$$

devient, en y changeant dx' en $d\varpi$,

$$\nabla y_x = a'' + b'' \frac{d\,\varphi(\varpi)}{d\varpi} + c'' \frac{d^2\,\varphi(\varpi)}{d\varpi^2} + \ldots + q'' \frac{d^n\,\varphi(\varpi)}{d\varpi^n}.$$

L'expression de y_{x+i}, trouvée dans le numéro précédent, deviendra

donc

$$
\begin{aligned}
\varphi(\varpi + x') = \varphi(\varpi) & \left(b'' X^{(0)} + c'' \frac{dX^{(0)}}{dx'} + e'' \frac{d^2 X^{(0)}}{dx'^2} + \ldots + q'' \frac{d^{n-1} X^{(0)}}{dx'^{n-1}} \right) \\
& + \nabla \varphi(\varpi) \left(b'' X^{(1)} + c'' \frac{dX^{(1)}}{dx'} + e'' \frac{d^2 X^{(1)}}{dx'^2} + \ldots + q'' \frac{d^{n-1} X^{(1)}}{dx'^{n-1}} \right) \\
& + \nabla^2 \varphi(\varpi) \left(b'' X^{(2)} + c'' \frac{dX^{(2)}}{dx'} + e'' \frac{d^2 X^{(2)}}{dx'^2} + \ldots + q'' \frac{d^{n-1} X^{(2)}}{dx'^{n-1}} \right) \\
& + \ldots \ldots \ldots \ldots \ldots \ldots \ldots \ldots \ldots \ldots \ldots \ldots \\
& + \frac{d\varphi(\varpi)}{d\varpi} \left(c'' X^{(0)} + e'' \frac{dX^{(0)}}{dx'} + \ldots + q'' \frac{d^{n-2} X^{(0)}}{dx'^{n-2}} \right) \\
& + \frac{d\nabla\varphi(\varpi)}{d\varpi} \left(c'' X^{(1)} + e'' \frac{dX^{(1)}}{dx'} + \ldots + q'' \frac{d^{n-2} X^{(1)}}{dx'^{n-2}} \right) \\
& + \ldots \ldots \ldots \ldots \ldots \ldots \ldots \ldots \ldots \ldots \ldots \ldots \\
& + \frac{d^2\varphi(\varpi)}{d\varpi^2} \left(e'' X^{(0)} + \ldots + q'' \frac{d^{n-3} X^{(0)}}{dx'^{n-3}} \right) \\
& + \frac{d^2\nabla\varphi(\varpi)}{d\varpi^2} \left(e'' X^{(1)} + \ldots + q'' \frac{d^{n-3} X^{(1)}}{dx'^{n-3}} \right) \\
& + \ldots \ldots \ldots \ldots \ldots \ldots \ldots \ldots \ldots \ldots \ldots \ldots \\
& + q'' \frac{d^{n-1}\varphi(\varpi)}{d\varpi^{n-1}} X^{(0)} + q'' \frac{d^{n-1}\nabla\varphi(\varpi)}{d\varpi^{n-1}} X^{(1)} \\
& + q'' \frac{d^{n-1}\nabla^2\varphi(\varpi)}{d\varpi^{n-1}} X^{(2)} + \ldots .
\end{aligned}
$$

Cette formule servira à interpoler les suites dont la dernière raison des termes est celle d'une équation linéaire aux différences infiniment petites à coefficients constants.

Si l'on a

$$
\nabla^i \varphi(\varpi + x') = 0,
$$

la formule se termine et donne la valeur de $\varphi(\varpi + x')$, ou l'intégrale de l'équation différentielle précédente ; $\varphi(\varpi)$, $\dfrac{d\varphi(\varpi)}{d\varpi}$, $\ldots$; $\nabla\varphi(\varpi)$, $\dfrac{d\nabla\varphi(\varpi)}{d\varpi}$, $\ldots$; $\nabla^2\varphi(\varpi)$, $\dfrac{d\nabla^2\varphi(\varpi)}{d\varpi}$, $\ldots$ étant les ns arbitraires de l'intégrale.

Supposons que l'on ait l'équation différentielle

$$0 = \nabla' \varphi(\varpi + x') - V_{x'},$$

$V_{x'}$ étant une fonction donnée de x'; il faut, par le n° **6**, ajouter à l'expression précédente de $\varphi(\varpi + x')$ le terme $\int V_r X_{x'-r}^{(i-1)} \, dr$, $X_{x'}^{(i-1)}$ étant la même fonction de x' que $X^{(i-1)}$. L'intégrale relative à r doit être prise depuis $r = 0$ jusqu'à $r = x'$. Cette intégrale définie peut, par le numéro cité, être transformée en intégrales indéfinies relatives à x'.

De la transformation des suites.

9. La théorie des fonctions génératrices peut servir encore à transformer les suites en d'autres qui suivent une loi donnée. Considérons la suite infinie

$$(V) \qquad\qquad y_0 + y_1 \alpha + y_2 \alpha^2 + \ldots + y_x \alpha^x + \ldots,$$

et nommons, comme ci-dessus, u la somme de la série infinie

$$y_0 + y_1 \alpha t + y_2 \alpha^2 t^2 + \ldots + y_x \alpha^x t^x + \ldots,$$

le coefficient de t^x dans le développement de la fraction $\dfrac{u}{1 - \dfrac{1}{t}}$ sera égal à la somme de la suite proposée (V), prise depuis le terme $y_x \alpha^x$ inclusivement jusqu'à l'infini. Soit généralement z une fonction quelconque de $\dfrac{1}{t}$, et nommons $\Pi y_x \alpha^x$ le coefficient de t^x dans uz. Les coefficients de t^x dans uz^2, uz^3, ... seront $\Pi^2 y_x \alpha^x$, $\Pi^3 y_x \alpha^x$, ... Cela posé, on multipliera le numérateur et le dénominateur de la fraction $\dfrac{u}{1 - \dfrac{1}{t}}$ par $k - z$, et l'on prendra pour k ce que devient z lorsqu'on y fait t égal à l'unité; $k - z$ sera divisible alors par $1 - \dfrac{1}{t}$. Soit

$$h + \frac{h^{(1)}}{t} + \frac{h^{(2)}}{t^2} + \frac{h^{(3)}}{t^3} + \ldots.$$

le quotient de cette division ; on aura

$$\frac{u}{1-\frac{1}{t}} = \frac{u.h}{k}\left(1+\frac{z}{k}+\frac{z^2}{k^2}+\frac{z^2}{k^3}+\cdots\right)$$
$$+\frac{u.h^{(1)}}{kt}\left(1+\frac{z}{k}+\frac{z^2}{k^2}+\cdots\right)$$
$$+\frac{u.h^{(2)}}{kt^2}\left(1+\frac{z}{k}+\frac{z^2}{k^2}+\cdots\right)$$
$$+\cdots\cdots\cdots\cdots\cdots\cdots\cdots,$$

ce qui donne, en repassant des fonctions génératrices aux coefficients.

$$S y_x \alpha^x = \frac{h\,y_x\alpha^x}{k} + \frac{h\,\Pi(y_x\alpha^x)}{k^2} + \frac{h\,\Pi^2(y_x\alpha^x)}{k^3} + \cdots$$
$$+ \frac{h^{(1)} y_{x+1}\alpha^{x+1}}{k} + \frac{h^{(1)}\Pi(y_{x+1}\alpha^{x+1})}{k^2} + \cdots$$
$$+ \frac{h^{(2)} y_{x+2}\alpha^{x+2}}{k} + \frac{h^{(2)}\Pi(y_{x+2}\alpha^{x+2})}{k^2} + \cdots$$
$$+ \cdots\cdots\cdots\cdots\cdots\cdots\cdots\cdots$$

Le signe S désigne la somme des termes depuis x inclusivement jusqu'à
l'infini. Supposons maintenant

$$z = a + \frac{b}{\alpha t} + \frac{c}{\alpha^2 t^2} + \frac{e}{\alpha^3 t^3} + \cdots;$$

on aura

$$\Pi(y_x\alpha^x) = \alpha^x(a y_x + b y_{x+1} + c y_{x+2} + e y_{x+3} + \cdots).$$

En désignant par ∇y_x la quantité $a y_x + b y_{x+1} + \cdots$, on aura

$$\Pi(y_x\alpha^x) = \alpha^x \nabla y_x,$$

et généralement on aura

$$\Pi^r(y_x\alpha^x) = \alpha^x \nabla^r y_x.$$

On a ensuite

$$k = a + \frac{b}{\alpha} + \frac{c}{\alpha^2} + \frac{e}{\alpha^3} + \cdots,$$

ce qui donne

$$h = \frac{b}{\alpha} + \frac{c}{a^2} + \frac{e}{\alpha^2} + \ldots,$$

$$h^{(1)} = \frac{c}{\alpha^2} + \frac{e}{\alpha^2} + \ldots,$$

$$h^{(2)} = \frac{e}{\alpha^2} + \ldots,$$

$$\ldots\ldots\ldots\ldots\ldots;$$

on aura donc

$$S y_x \alpha^x = \frac{\dfrac{b}{\alpha} + \dfrac{c}{\alpha^2} + \dfrac{e}{\alpha^3} + \ldots}{k} \cdot \alpha^x \left(y_x + \frac{\nabla y_x}{k} + \frac{\nabla^2 y_x}{k^2} + \ldots \right)$$

$$+ \frac{\dfrac{c}{\alpha} + \dfrac{e}{\alpha^2} + \ldots}{k} \cdot \alpha^x \left(y_{x+1} + \frac{\nabla y_{x+1}}{k} + \frac{\nabla^2 y_{x+1}}{k^2} + \ldots \right)$$

$$+ \frac{\dfrac{c}{\alpha} + \ldots}{k} \cdot \alpha^x \left(y_{x+2} + \frac{\nabla y_{x+2}}{k} + \frac{\nabla^2 y_{x+2}}{k^3} + \ldots \right)$$

$$+ \ldots\ldots\ldots\ldots\ldots\ldots\ldots\ldots\ldots\ldots\ldots$$

En faisant $x = 0$, on aura une transformée de la suite proposée, dont les termes suivront une autre loi, et si les quantités ∇y_x, $\nabla^2 y_x$, ... vont en décroissant, cette suite sera convergente. Elle se terminera toutes les fois que l'on aura $\nabla^r y_x = 0$, ce qui aura lieu lorsque la proposée sera une suite récurrente. On aura donc ainsi la somme des suites récurrentes, à compter d'un terme quelconque $y_x \alpha^x$, et par conséquent on aura aussi la somme de leurs termes, comprise entre deux termes quelconques $y_x \alpha^x$ et $y_x \alpha^{x'}$.

Théorèmes sur le développement des fonctions et de leurs différences
en séries.

10. En appliquant à des fonctions particulières les principes généraux exposés dans le n° 1, on aura une infinité de théorèmes sur le développement des fonctions en séries. Nous allons présenter ici les plus remarquables.

On a généralement

$$u\left(\frac{1}{t^i}-1\right)^n = u\left[\left(1+\frac{1}{t}-1\right)^i-1\right]^n.$$

Or il est clair que le coefficient de t^x dans le premier membre de cette équation est la différence $n^{\text{ième}}$ de y_x, x variant de i; car ce coefficient dans $u\left(\frac{1}{t^i}-1\right)$ est $y_{x+i}-y_x$ ou $'\Delta y_x$, en désignant par la caractéristique $'\Delta$ les différences finies, lorsque x varie de la quantité i; d'où il est facile de conclure que ce même coefficient, dans le développement de $u\left(\frac{1}{t^i}-1\right)^n$, est $'\Delta^n y_x$. D'ailleurs, si l'on développe $u\left[\left(1+\frac{1}{t}-1\right)^i-1\right]^n$ suivant les puissances de $\frac{1}{t}-1$, les coefficients de t^x dans les développements de $u\left(\frac{1}{t}-1\right)$, $u\left(\frac{1}{t}-1\right)^2$, ... sont, par le n° 2, Δy_x, $\Delta^2 y_x$, ...; en sorte que ce coefficient, dans $u\left[\left(1+\frac{1}{t}-1\right)^i-1\right]^n$, est $[(1+\Delta y_x)^i-1]^n$, pourvu que dans le développement de cette quantité on applique à la caractéristique Δ les exposants de puissances de Δy_x, et qu'ainsi, au lieu d'une puissance quelconque $(\Delta y_x)^r$, on écrive $\Delta^r y_x$; on aura donc avec cette condition

$$(1)\qquad '\Delta^n y_x = [(1+\Delta y_x)^i-1]^n.$$

Si l'on désigne par la caractéristique $'\Sigma$ l'intégrale finie, lorsque x varie de i, $'\Sigma^n y_x$ sera, par le n° 2, le coefficient de t^x dans le développement de la fonction $u\left(\frac{1}{t^i}-1\right)^{-n}$, en faisant abstraction des constantes arbitraires que l'intégration introduit; or on a

$$u\left(\frac{1}{t^i}-1\right)^{-n} = u\left[\left(1+\frac{1}{t}-1\right)^i-1\right]^{-n};$$

de plus, le coefficient de t^x dans $u\left(\frac{1}{t}-1\right)^{-r}$ est $\Sigma^r y_x$, en faisant abstraction des constantes arbitraires; ce coefficient dans $u\left(\frac{1}{t}-1\right)^r$ est $\Delta^r y_x$; on aura donc

$$(2)\qquad '\Sigma^n y_x = [(1+\Delta y_x)^i-1]^{-n},$$

pourvu que, dans le développement du second membre de cette équation, on applique à la caractéristique Δ les exposants des puissances de Δy_x, que l'on change les différences négatives en intégrales et que l'on substitue y_x au lieu de $\Delta^0 y_x$, et comme ce développement renferme l'intégrale $\Sigma^n y_x$, qui peut être censée renfermer n constantes arbitraires, l'équation (2) est encore vraie, en ayant égard aux constantes arbitraires.

On peut observer que cette équation se déduit de l'équation (1), en faisant dans celle-ci n négatif et en y changeant les différences négatives en intégrales, c'est-à-dire, en écrivant $'\Sigma^n y_x$ au lieu de $'\Delta^n y_x$ dans le premier membre; et généralement, dans le développement du second membre, $\Sigma^r y_x$ au lieu de $\Delta^{-r} y_x$.

Les équations (1) et (2) auraient également lieu, si x, au lieu de varier de l'unité dans Δy_x, variait d'une quantité quelconque ϖ, pourvu que la variation de x dans $'\Delta y_x$ soit égale à $i\varpi$. En effet, il est clair que, si dans y_x on fait $x = \dfrac{x'}{\varpi}$, x' variera de ϖ lorsque x variera de l'unité; Δy_x se changera dans $\Delta y_{x'}$, la variation de x' étant ϖ, et $'\Delta y_x$ se changera dans $'\Delta y_{x'}$, la variation de x' étant $i\varpi$. Maintenant si, après avoir substitué ces quantités dans les équations (1) et (2), on suppose ϖ infiniment petit et égal à dx', $\Delta y_{x'}$ se changera dans la différence infiniment petite $dy_{x'}$. Si de plus on fait i infini et $i\,dx' = \alpha$, α étant une quantité finie, la variation de x' dans $'\Delta y_{x'}$ sera α; on aura donc

$$(7) \quad \begin{cases} '\Delta^n y_{x'} = [(1 + dy_{x'})^i - 1]^n, \\[2mm] '\Sigma^n y_{x'} = \dfrac{1}{[(1 + dy_{x'})^i - 1]^n}. \end{cases}$$

Or on a

$$\log(1 + dy_{x'})^i = i\log(1 + dy_{x'}) = i\,dy_{x'} = \alpha\,\frac{dy_x}{dx'},$$

ce qui donne

$$(1 + dy_{x'})^i = c^{\alpha\frac{dy_x}{dx'}},$$

c étant le nombre dont le logarithme hyperbolique est l'unité; on a

donc

(3)
$$'\Delta^n y_{x'} = \left(c^{\alpha \frac{dy_{x'}}{dx'}} - 1 \right)^n,$$

(4)
$$'\Sigma^n y_{x'} = \frac{1}{\left(c^{\alpha \frac{dy_{x'}}{dx'}} - 1 \right)^n},$$

en ayant soin d'appliquer à la caractéristique d les exposants des puissances de $dy_{x'}$, de changer les différences négatives en intégrales et la quantité $d^0 y_{x'}$ en $y_{x'}$.

On peut donner à l'équation (3) cette forme singulière qui nous sera utile dans la suite,

$$'\Delta^n y_{x'} = \left(c^{\frac{\alpha}{2} \frac{dy_{x'} + \frac{\alpha}{1}}{dx'}} - c^{-\frac{\alpha}{2} \frac{dy_{x'} + \frac{\alpha}{1}}{dx'}} \right)^n.$$

En effet, elle donne

$$'\Delta^n y_{x'} = c^{\frac{n\alpha}{2} \frac{dy_{x'}}{dx'}} \left(c^{\frac{\alpha}{2} \frac{dy_{x'}}{dx'}} - c^{-\frac{\alpha}{2} \frac{dy_{x'}}{dx'}} \right)^n.$$

Considérons un terme quelconque du développement de

$$\left(c^{\frac{\alpha}{2} \frac{dy_{x'}}{dx'}} - c^{-\frac{\alpha}{2} \frac{dy_{x'}}{dx'}} \right)^n,$$

tel que $k \left(\frac{dy_{x'}}{dx'} \right)^r$. En le multipliant par $c^{\frac{n\alpha}{2} \frac{dy_{x'}}{dx'}}$, et développant cette dernière quantité, on aura

$$k \frac{d^r}{dx'^r} \left[y_{x'} + \frac{n\alpha}{2} \frac{dy_{x'}}{dx'} + \left(\frac{n\alpha}{2} \right)^2 \frac{d^2 y_{x'}}{1.2.dx'^2} + \dots \right];$$

cette quantité est égale à $k \frac{d^r y_{x' + \frac{n\alpha}{2}}}{dx'^r}$, d'où il est facile de conclure

$$c^{\frac{n\alpha}{2} \frac{dy_{x'}}{dx'}} \left(c^{\frac{\alpha}{2} \frac{dy_{x'}}{dx'}} - c^{-\frac{\alpha}{2} \frac{dy_{x'}}{dx'}} \right)^n = \left(c^{\frac{\alpha}{2} \frac{dy_{x'} + \frac{\alpha}{1}}{dx'}} - c^{-\frac{\alpha}{2} \frac{dy_{x'} + \frac{\alpha}{1}}{dx'}} \right)^n = '\Delta^n y_{x'}.$$

Si dans les équations (1) et (2) on suppose encore i infiniment petit et égal à dx, on aura

$$'\Delta^n y_x = d^n y_x, \qquad '\Sigma^n y_x = \frac{1}{dx^n} \int^n y_x \, dx^n;$$

on a d'ailleurs

$$(1 + \Delta y_x)^{dx} = c^{dx \log(1 + \Delta y_x)} = 1 + dx \log(1 + \Delta y_x);$$

les équations (1) et (2) deviendront ainsi

$$(5) \qquad \frac{d^n y_x}{dx^n} = [\log(1 + \Delta y_x)]^n,$$

$$(6) \qquad \int^n y_x \, dx^n = \frac{1}{[\log(1 + \Delta y_x)]^n}.$$

On peut observer ici une analogie singulière entre les puissances positives et les différences et entre les puissances négatives et les intégrales. L'équation

$$(o) \qquad '\Delta y_x = c^{\alpha \frac{dy_x}{dx}} - 1$$

est la traduction du théorème connu de Taylor, lorsque, dans le développement de son second membre suivant les puissances de $\frac{dy_x}{dx}$, on applique à la caractéristique d les exposants de ces puissances. En élevant les deux membres de cette équation à la puissance n, et appliquant aux caractéristiques $'\Delta$ et d les exposants des puissances de $'\Delta y_x$ et de dy_x, on aura l'équation (3), d'où résulte l'équation (4) en changeant les différences négatives en intégrales.

L'équation précédente donne

$$c^{\alpha \frac{dy_x}{dx}} = 1 + '\Delta y_x.$$

En prenant les logarithmes de chaque membre, on aura

$$(r) \qquad \alpha \frac{dy_x}{dx} = \log(1 + '\Delta y_x).$$

Supposant ensuite $\alpha = 1$, ce qui change $'\Delta y_x$ dans Δy_x, et élevant les deux membres de cette équation à la puissance n, on aura l'équation (5), pourvu que l'on applique les exposants des puissances aux caractéristiques. On aura l'équation (6) en faisant n négatif et changeant les puissances négatives en intégrales.

Si, dans l'équation précédente (r), on change α dans i, on aura

$$\frac{dy_x}{dx} = \log(1 + {}'\Delta y_x)^{\frac{1}{i}},$$

et si l'on y suppose $\alpha = 1$, on aura

$$\frac{dy_x}{dx} = \log(1 + \Delta y_x).$$

La comparaison de ces deux valeurs de $\dfrac{dy_x}{dx}$ donne

$$\log(1 + \Delta y_x) = \log(1 + {}'\Delta y_x)^{\frac{1}{i}},$$

d'où l'on tire

$${}'\Delta y_x = (1 + \Delta y_x)^i - 1.$$

En élevant chaque membre à la puissance n et appliquant les exposants des puissances aux caractéristiques, on aura l'équation (1), d'où
résulte l'équation (2), en changeant les différences négatives en intégrales. Les équations (1), (2), (3), (4), (5) et (6) résultent donc du
théorème de Taylor, mis sous la forme de l'équation (o), en transformant cette équation suivant les règles de l'Analyse, pourvu que dans
les résultats on applique aux caractéristiques les exposants des puissances, que l'on change les différences négatives en intégrales et que
l'on substitue la variable elle-même y_x au lieu de ses différences zéro.

Cette analogie des puissances positives avec les différences et des
puissances négatives avec les intégrales devient évidente par la théorie
des fonctions génératrices. Elle tient, comme on l'a vu, à ce que les
produits de la fonction u, génératrice de y_x, par les puissances $\frac{1}{t^i} - 1$
sont les fonctions génératrices des différences finies successives de y_x,
x variant d'une quantité quelconque i, tandis que les quotients de u,
divisés par ces mêmes puissances, sont les fonctions génératrices des
intégrales de y_x.

En considérant, au lieu du facteur $\frac{1}{t^i} - 1$ et de ses puissances, les
puissances d'une fonction quelconque rationnelle et entière de $\frac{1}{t}$, on

peut en conclure des théorèmes analogues aux précédents, sur les *dérivées* successives des fonctions. Je nomme *dérivée* d'une fonction y_x toute quantité qui en dérive, telle que $a\,y_x + b\,y_{x+1} + e\,y_{x+2} + \ldots$. En regardant ensuite cette fonction dérivée comme une nouvelle fonction que je désigne par y'_x, la quantité $a\,y'_x + b\,y'_{x+1} + e\,y'_{x+2} + \ldots$ sera une seconde dérivée de la fonction y_x, et ainsi de suite. Lorsque la fonction $a\,y_x + b\,y_{x+1} + \ldots$ devient $-y_x + y_{x+1}$, la dérivée devient une différence finie.

Maintenant on a

$$(q) \quad \begin{cases} u\left(a + \dfrac{b}{t} + \dfrac{e}{t^2} + \dfrac{h}{t^3} + \ldots\right)^n \\[2ex] = u\left[a + b\left(1 + \dfrac{1}{t^{dx}} - 1\right)^{\frac{1}{dx}} + e\left(1 + \dfrac{1}{t^{dx}} - 1\right)^{\frac{2}{dx}} + \ldots\right]^n ; \end{cases}$$

on a ensuite généralement, par le n° 2, en désignant par ∇y_x la quantité $a\,y_x + b\,y_{x+1} + e\,y_{x+2} + \ldots$, $\nabla^n y_x$ pour le coefficient de la fonction génératrice du premier membre de cette équation : de plus on a

$$u\left(1 + \frac{1}{t^{dx}} - 1\right)^{\frac{r}{dx}} = u\left[1 + \frac{r}{dx}\left(\frac{1}{t^{dx}} - 1\right) + \frac{r^2}{1.2.dx^2}\left(\frac{1}{t^{dx}} - 1\right)^2 + \ldots\right].$$

Le second membre de cette équation est la fonction génératrice de

$$y_x + r\,\frac{dy_x}{dx} + \frac{r^2}{1.2}\,\frac{d^2 y_x}{dx^2} + \ldots$$

ou de $c^{r\frac{dy_x}{dx}}$, en appliquant à la caractéristique d les exposants de puissances de $\dfrac{dy_x}{dx}$, et écrivant y_x au lieu de $\left(\dfrac{dy_x}{dx}\right)^0$. De là on conclut que, sous les mêmes conditions, le second membre de l'équation (q) est la fonction génératrice de

$$\left(a + b\,c^{\frac{dy_x}{dx}} + e\,c^{\frac{2 dy_x}{dx}} + h\,c^{\frac{3 dy_x}{dx}} + \ldots\right)^n,$$

et qu'ainsi cette équation donne, en repassant des fonctions génératrices aux coefficients,

$$(7) \qquad \Gamma^n y_x = \left[a + b c^{\frac{dy_x}{dx}} + e c^{\frac{2 dy_x}{dx}} + h c^{\frac{3 dy_x}{dx}} + \ldots \right]^n.$$

On peut ainsi obtenir une infinité de résultats semblables. Nous nous bornerons au suivant, qui nous sera utile dans la suite : $u \left(\frac{1}{\sqrt{t}} - \sqrt{t} \right)^n$ est la fonction génératrice de

$$y_{x+\frac{n}{2}} - n y_{x+\frac{n}{2}-1} + \frac{n(n-1)}{1.2} y_{x+\frac{n}{2}-2} - \ldots,$$

ou de $\Delta^n y_{x-\frac{n}{2}}$. De plus, on a

$$\left(\frac{1}{\sqrt{t}} - \sqrt{t} \right)^n = u \left[\left(1 + \frac{1}{t dx} - 1 \right)^{\frac{1}{2 dx}} - \left(1 + \frac{1}{t dx} - 1 \right)^{-\frac{1}{2 dx}} \right]^n,$$

d'où l'on tire, en repassant par l'analyse précédente des fonctions génératrices aux coefficients

$$\Delta^n y_{x-\frac{n}{2}} = \left(c^{\frac{dy_x}{2 dx}} - c^{-\frac{dy_x}{2 dx}} \right)^n.$$

11. Je n'ai considéré jusqu'ici qu'une seule fonction y_x de x; mais la considération du produit de plusieurs fonctions de la même variable conduit à divers résultats curieux et utiles d'analyse. Soit u une fonction de t, et y_x le coefficient de t^x dans le développement de cette fonction; soit u' une fonction de t', et y'_x le coefficient de t'^x dans le développement de cette fonction; soit encore u'' une fonction de t'', et y''_x le coefficient de t''^x dans son développement, et ainsi de suite. Il est clair que $y_x y'_x y''_x \ldots$ sera le coefficient de $t^x t'^x t''^x \ldots$ dans le développement du produit $u u' u'' \ldots$; ce produit sera donc la fonction génératrice de $y_x y'_x y''_x \ldots$. La fonction génératrice de $y_{x+1} y'_{x+1} y''_{x+1} \ldots - y_x y'_x y''_x \ldots$ ou de $\Delta y_x y'_x y''_x \ldots$ sera ainsi

$$u u' u'' \ldots \left(\frac{1}{t t' t'' \ldots} - 1 \right),$$

et la fonction génératrice de $\Delta^n y_x y'_x y''_x \ldots$ sera

$$u u' u'' \ldots \left(\frac{1}{t t' t'' \ldots} - 1 \right)^n .$$

On prouvera, comme dans le n° 2, que la fonction génératrice de $\Sigma^n y_x y'_x y''_x \ldots$ sera

$$u u' u'' \ldots \left(\frac{1}{t t' t'' \ldots} - 1 \right)^{-n} ,$$

c'est-à-dire que l'on peut changer n en $-n$ dans la fonction génératrice de $\Delta^n y_x y'_x \ldots$, pourvu que l'on change Δ^{-n} dans Σ^n.

Appliquons ces résultats à deux fonctions y_x et y'_x. La fonction génératrice de $\Delta^n y_x y'_x$ sera $u u' \left(\frac{1}{t t'} - 1 \right)^n$. On peut la mettre sous cette forme

$$u u' \left[\frac{1}{t} - 1 + \frac{1}{t} \left(\frac{1}{t'} - 1 \right) \right]^n ;$$

en la développant, elle devient

$$u u' \left[\left(\frac{1}{t} - 1 \right)^n + \frac{n}{t} \left(\frac{1}{t} - 1 \right)^{n-1} \left(\frac{1}{t'} - 1 \right) + \frac{n(n-1)}{1.2.t^2} \left(\frac{1}{t} - 1 \right)^{n-2} \left(\frac{1}{t'} - 1 \right)^2 + \ldots \right] ;$$

les fonctions

$$u u' \left(\frac{1}{t} - 1 \right)^n , \quad u u' \frac{1}{t} \left(\frac{1}{t} - 1 \right)^{n-1} \left(\frac{1}{t'} - 1 \right), \quad u u' \frac{1}{t^2} \left(\frac{1}{t} - 1 \right)^{n-2} \left(\frac{1}{t'} - 1 \right)^2 , \quad \ldots$$

sont respectivement génératrices des produits $y'_x \Delta^n y_x$, $\Delta y'_x \Delta^{n-1} y_{x+1}$, $\Delta^2 y'_x \Delta^{n-2} y_{x+2}$, …. L'équation

$$u u' \left(\frac{1}{t t'} - 1 \right)^n = u u' \left[\left(\frac{1}{t} - 1 \right)^n + \frac{n}{t} \left(\frac{1}{t} - 1 \right)^{n-1} \left(\frac{1}{t'} - 1 \right) + \ldots \right]$$

donnera donc, en repassant des fonctions génératrices aux coefficients,

$$(8) \quad \Delta^n y_x y'_x = y'_x \Delta^n y_x + n \Delta y'_x \Delta^{n-1} y_{x+1} + \frac{n(n-1)}{1.2} \Delta^2 y'_x \Delta^{n-2} y_{x+2} + \ldots .$$

En changeant n dans $-n$, on aura

$$(9) \quad \Sigma^n y_x y'_x = y'_x \Sigma^n y_x - n \Delta y'_x \Sigma^{n+1} y_{x+1} + \frac{n(n+1)}{1.2} \Delta^2 y'_x \Sigma^{n+2} y_{x+2} - \ldots .$$

En général, on a

$$uu'u''\ldots\left(\frac{1}{u'u''\ldots}-1\right)^n$$

$$=uu'u''\ldots\left[\left(1+\frac{1}{i}-1\right)\left(1+\frac{1}{i'}-1\right)\left(1+\frac{1}{i''}-1\right)\ldots-1\right]^n,$$

ce qui donne, en repassant des fonctions génératrices aux coefficients,

$$(10)\qquad \Delta^n y_x y'_x y''_x\ldots=[(1+\Delta)(1+\Delta')(1+\Delta'')\ldots-1]^n,$$

pourvu que, dans chaque terme du développement du second membre de cette équation, on place immédiatement après chaque caractéristique Δ, Δ', Δ'', ..., respectivement y_x, y'_x, y''_x, ..., et qu'on multiplie ce terme par le produit des fonctions dont il ne contient point la caractéristique. Ainsi, dans le cas de trois variables, on écrira, au lieu de Δ', la quantité $y'_x y''_x \Delta' y'_x$; au lieu de $\Delta'\Delta''$, on écrira $y_x \Delta' y_x \Delta' y'_x$, au lieu de $\Delta''\Delta'''$, on écrira $y_x \Delta' y'_x \Delta'' y'_x$, et ainsi du reste.

En faisant n négatif, l'équation (10) subsiste encore, pourvu que l'on change les différences négatives en intégrales.

Dans le cas des différences infiniment petites, les caractéristiques Δ, Δ', Δ'', ... se changent en d, d', d'', ... L'équation (10) devient ainsi, en négligeant les différentielles d'un ordre supérieur relativement à celles d'un ordre inférieur,

$$d^n y_x y'_x y''_x\ldots=(d+d'+d''+\ldots)^n.$$

Cette équation développée donne, relativement à deux fonctions y_x et y'_x:

$$d^n y_x y'_x=y'_x d^n y_x+n\,dy'_x d^{n-1}y_x+\frac{n(n-1)}{1.2}d^2 y'_x d^{n-2}y_x+\ldots.$$

En faisant n négatif, les différences négatives se changeant en intégrales, on aura

$$\int^n y_x y'_x \, dx^n=y'_x \int^n y_x \, dx^n - n\frac{dy'_x}{dx}\int^{n+1}y_x \, dx^{n+1}$$

$$+\frac{n(n+1)}{1.2}\frac{d^2 y'_x}{dx^2}\int^{n+2}y_x \, dx^{n+2}-\ldots.$$

On a

$$uu'u'' \dots \left(\frac{1}{i^i i'^i i''^i \dots} - 1 \right)^n$$

$$= uu'u'' \dots \left[\left(1 + \frac{1}{i} - 1 \right)^i \left(1 + \frac{1}{i'} - 1 \right)^i \left(1 + \frac{1}{i''} - 1 \right)^i \dots - 1 \right]^n.$$

En désignant donc par $'\Delta^n y_x y'_x y''_x \dots$ la différence finie du produit $y_x y'_x y''_x \dots$, lorsque x varie de i, l'équation précédente donnera, en repassant des fonctions génératrices aux coefficients

$$(11) \qquad '\Delta^n y_x y'_x y''_x \dots = [(1 + \Delta)^i (1 + \Delta')^i (1 + \Delta'')^i \dots - 1]^n,$$

en observant les conditions prescrites ci-dessus relativement aux caractéristiques Δ, Δ', Δ'', … et à leurs puissances. Cette dernière équation subsiste encore en faisant n négatif, pourvu que l'on change les différences négatives en intégrales.

Supposons

$$x = \frac{x'}{dx'}, \qquad i = \frac{\alpha}{dx'};$$

y_x, y'_x, … deviendront des fonctions de x', que nous désignerons par $y_{x'}$, $y'_{x'}$, …; l'équation (11) donnera ainsi la suivante, en observant que les caractéristiques Δ, Δ', … se changent en d, d', …, et que l'on a

$$(1 + dy_{x'})^{\frac{\alpha}{dx'}} = c^{\alpha \frac{dy_{x'}}{dx'}},$$

$$(12) \qquad '\Delta^n y_{x'} y'_{x'} y''_{x'} \dots = \left(c^{\alpha \frac{dy_{x'}}{dx'} + \alpha \frac{dy'_{x'}}{dx'} + \alpha \frac{dy''_{x'}}{dx'} + \dots} - 1 \right)^n,$$

équation qui subsiste encore en faisant n négatif et changeant les différences négatives en intégrales.

Ne considérons que deux variables y_x et y'_x, et supposons $y'_x = p^x$; on aura

$$(1 + \Delta')^i = p^x + i \Delta p^x + \frac{i(i-1)}{1 \cdot 2} \Delta^2 p^x + \dots$$

Or on a généralement, x variant de l'unité,

$$\Delta^r p^x = p^x (p-1)^r;$$

on aura donc

$$(1 + \Delta')^i = p^i p^r.$$

L'équation (11) deviendra ainsi

$$(13) \qquad '\Delta^n p^x y_x = p^x [p^i (1 + \Delta y_x)^i - 1]^n;$$

en faisant n négatif, on aura

$$(14) \qquad '\Sigma^n p^x y_x = \frac{p^x}{[p^i (1 + \Delta y_x)^i - 1]^n} + a x^{n-1} + b x^{n-2} + \ldots,$$

a, b, … étant des constantes arbitraires dues à l'intégration n fois répétée de $p^x y_x$. J'ajoute ici ces constantes au second membre de l'équation précédente, parce qu'elles ne sont implicitement renfermées dans son premier terme que lorsque $p = 1$.

Si l'on fait dans les deux équations précédentes $x = \frac{x'}{dx'}$, $i = \frac{x}{dx'}$, $p = 1 + dx' \log h$, on aura

$$(15) \qquad '\Delta^n h^{x'} y_{x'} = h^{x'} \left(h^x c^{x \frac{dy_{x'}}{dx'}} - 1 \right)^n,$$

$$(16) \qquad '\Sigma^n h^{x'} y_{x'} = \frac{h^{x'}}{\left(h^x c^{\frac{dy_x}{dx'}} - 1 \right)^n} + a' x'^{n-1} + b' x'^{n-2} + \ldots.$$

Si dans les équations (13) et (14) on suppose i infiniment petit et égal à dx, $'\Delta^n p^x y_x$ se changera dans $d^n p^x y_x$, et $'\Sigma^n p^x y_x$ se changera dans $\frac{1}{dx^n} \int^n p^x y_x \, dx^n$; on aura ensuite

$$p^i (1 + \Delta y_x)^i = c^{dx \log [p(1 + \Delta y_x)]};$$

on aura donc

$$[p^i (1 + \Delta y_x)^i - 1]^n = dx^n \{ \log [p(1 + \Delta y_x)] \}^n,$$

et les équations (13) et (14) deviendront

$$(17) \qquad \frac{d^n p^x y_x}{dx^n} = p^x \{ \log [p(1 + \Delta y_x)] \}^n,$$

$$(18) \qquad \int^n p^x y_x \, dx^n = \frac{p^x}{\{ \log [p(1 + \Delta y_x)] \}^n} + a x^{n-1} + b x^{n+2} + \ldots.$$

CHAPITRE II.

DES FONCTIONS GÉNÉRATRICES A DEUX VARIABLES.

12. Nommons u une fonction de t et t'; supposons qu'en la développant suivant les puissances de t et t', elle donne la suite infinie

$$
\begin{aligned}
&y_{0,0} &&+ y_{1,0}\, t &&+ y_{2,0}\, t^2 &&+ \ldots + y_{x,0}\, t^x &&+ y_{x+1,0}\, t^{x+1} &&+ \ldots + y_{\infty,0}\, t^x \\
&+ y_{0,1}\, t' &&+ y_{1,1}\, t t' &&+ y_{2,1}\, t^2 t' &&+ \ldots + y_{x,1}\, t^x t' &&+ y_{x+1,1}\, t^{x+1} t' &&+ \ldots + y_{\infty,1}\, t^x t' \\
&+ y_{0,2}\, t'^2 &&+ y_{1,2}\, t t'^2 &&+ y_{2,2}\, t^2 t'^2 &&+ \ldots + y_{x,2}\, t^x t'^2 &&+ y_{x+1,2}\, t^{x+1} t'^2 &&+ \ldots + y_{\infty,2}\, t^x t'^2
\end{aligned}
$$

$$\cdots\cdots\cdots\cdots\cdots\cdots\cdots\cdots\cdots\cdots\cdots\cdots\cdots\cdots\cdots$$

Le coefficient de $t^x t'^{x'}$ sera $y_{x,x'}$; u sera donc la fonction génératrice de $y_{x,x'}$.

Si l'on désigne par la caractéristique Δ les différences finies lorsque x seul varie de l'unité, et par la caractéristique $'\Delta$ les différences lorsque x' seul varie de la même quantité, la fonction génératrice de $\Delta y_{x,x'}$ sera, par le n° 1, $u\left(\dfrac{1}{t} - 1\right)$, et celle de $'\Delta y_{x,x'}$ sera $u\left(\dfrac{1}{t'} - 1\right)$; d'où il est facile de conclure que la fonction génératrice de $\Delta^i\, '\Delta^{i'} y_{x,x'}$ sera

$$u\left(\frac{1}{t} - 1\right)^i\left(\frac{1}{t'} - 1\right)^{i'}.$$

En général, si l'on désigne par $\nabla y_{x,x'}$ la quantité

$$
\begin{aligned}
A\, y_{x,x'} &+ B\, y_{x+1,x'} + C\, y_{x+2,x'} + \ldots \\
&+ B'\, y_{x,x'+1} + C'\, y_{x+1,x'+1} + \ldots \\
&+ C''\, y_{x,x'+2} + \ldots \\
&+ \ldots\,;
\end{aligned}
$$

si l'on désigne pareillement par $\nabla^2 y_{x,x}$ une fonction dans laquelle

$\nabla y_{x,x'}$ entre de la même manière que $y_{x,x'}$ dans $\nabla y_{x,x'}$; si l'on désigne encore par $\nabla^3 y_{x,x'}$ une fonction dans laquelle $\nabla^2 y_{x,x'}$ entre de la même manière que $y_{x,x'}$ dans $\nabla y_{x,x'}$, et ainsi de suite, la fonction génératrice de $\nabla^n y_{x,x'}$ sera

$$u \left\{ \begin{array}{l} A + \dfrac{B}{t} + \dfrac{C}{t^2} + \ldots \\[2mm] + \dfrac{B'}{t'} + \dfrac{C'}{t t'} + \ldots \\[2mm] + \dfrac{C''}{t'^2} + \ldots \\[2mm] + \ldots \end{array} \right\}^n ;$$

partant, la fonction génératrice de $\Delta^{i'} \Delta^{i''} \nabla^x y_{x,x'}$ sera la fonction génératrice précédente, multipliée par $\left(\dfrac{1}{t} - 1 \right)^i \left(\dfrac{1}{t'} - 1 \right)^{i'}$.

s étant supposée une fonction quelconque de $\dfrac{1}{t}$ et de $\dfrac{1}{t'}$, si l'on développe s^i suivant les puissances de ces variables, et que l'on désigne par $\dfrac{k}{t^m t'^{m'}}$ un terme quelconque de ce développement, le coefficient de $t^x t'^{x'}$ dans $\dfrac{ku}{t^m t'^{m'}}$ étant $k y_{x+m, x'+m'}$, on aura celui de $t^x t'^{x'}$ dans us^i, ou, ce qui revient au même, on aura $\nabla^i y_{x,x'}$: 1° en substituant, dans s, y_x au lieu de $\dfrac{1}{t}$, $y_{x'}$ au lieu de $\dfrac{1}{t'}$; 2° en développant ce que devient alors us^i suivant les puissances de y_x et de $y_{x'}$, et en appliquant respectivement aux indices x et x' les exposants de ces puissances, c'est-à-dire en écrivant, au lieu d'un terme quelconque tel que $k(y_x)^m (y_{x'})^{m'}$, $k y_{x+m, x'+m'}$, et par conséquent $k y_{x,x'}$ au lieu du terme tout constant k, ou $k(y_x)^0 (y_{x'})^0$.

Si, au lieu de développer s^i suivant les puissances de $\dfrac{1}{t}$ et de $\dfrac{1}{t'}$, on le développe suivant les puissances de $\dfrac{1}{t} - 1$ et de $\dfrac{1}{t'} - 1$, et que l'on désigne par $k \left(\dfrac{1}{t} - 1 \right)^m \left(\dfrac{1}{t'} - 1 \right)^{m'}$ un terme quelconque de ce développement, le coefficient de $t^x t'^{x'}$ dans $k u \left(\dfrac{1}{t} - 1 \right)^m \left(\dfrac{1}{t'} - 1 \right)^{m'}$ étant $k \Delta^m \Delta^{m'} y_{x,x'}$, on aura $\nabla^i y_{x,x'}$: 1° en substituant dans s, $\Delta y_{x,x'}$ au lieu de $\frac{1}{t} - 1$ et $'\Delta y_{x,x'}$ au lieu de $\frac{1}{t'} - 1$; 2° en développant alors s^i suivant les puissances de $\Delta y_{x,x'}$ et $'\Delta y_{x,x'}$, et en appliquant aux caractéristiques Δ et $'\Delta$ les exposants de ces puissances, c'est-à-dire en écrivant, au lieu d'un terme quelconque tel que $k(\Delta y_{x,x'})^m ('\Delta y_{x,x'})^{m'}$, celui-ci $k \Delta^m '\Delta^{m'} y_{x,x'}$, et par conséquent $k y_{x,x'}$ au lieu du terme constant k.

Soit Σ la caractéristique des intégrales finies relatives à x, et $'\Sigma$ celle des intégrales finies relatives à x'; soit de plus z la fonction génératrice de $\Sigma^i '\Sigma^{i'} y_{x,x'}$; on aura $z \left(\frac{1}{t} - 1 \right)^i \left(\frac{1}{t'} - 1 \right)^{i'}$ pour la fonction génératrice de $y_{x,x'}$. Cette fonction doit, en n'ayant égard qu'aux puissances positives ou nulles de t et de t', se réduire à u; on aura ainsi, par le n° 2,

$$z \left(\frac{1}{t} - 1 \right)^i \left(\frac{1}{t'} - 1 \right)^{i'} = u + \frac{a}{t} + \frac{b}{t^2} + \frac{c}{t^3} + \ldots + \frac{q}{t^i}$$
$$+ \frac{a'}{t'} + \frac{b'}{t'^2} + \frac{c'}{t'^3} + \ldots + \frac{q'}{t'^{i'}},$$

a, b, c, ..., q étant des fonctions arbitraires de t', et a', b', c', ..., q' étant des fonctions arbitraires de t; partant

$$z = \frac{u t^i t'^{i'} + a t^{i-1} t'^{i'} + b t^{i-2} t'^{i'} + \ldots + q t'^{i'} + a' t^i t'^{i'-1} + b' t^i t'^{i'-2} + \ldots + q' t^i}{(1 - t)^i (1 - t')^{i'}}$$

De l'interpolation des suites à deux variables, et de l'intégration des équations linéaires aux différences partielles.

13. $y_{x+i, x'+i'}$ est évidemment égal au coefficient de $t^x t'^{x'}$ dans le développement de $\frac{u}{t^i t'^{i'}}$; or on a

$$\frac{u}{t^i t'^{i'}} = u \left(1 + \frac{1}{t} - 1 \right)^i \left(1 + \frac{1}{t'} - 1 \right)^{i'};$$

on aura donc, par le numéro précédent,

$$y_{x+i, x'+i'} = (1 + \Delta y_{x,x'})^i (1 + '\Delta y_{x,x'})^{i'};$$

en développant le second membre de cette équation, on aura

$$y_{x+i,\,x'+i'} = y_{x,x'} + i\Delta y_{x,x'} + \frac{i(i-1)}{1.2}\Delta^2 y_{x,x'} + \dots$$
$$+ i'\Delta' y_{x,x'} + ii'\Delta'\Delta\, y_{x,x'} + \dots$$
$$+ \frac{i'(i'-1)}{1.2}\Delta'^2 y_{x,x'} + \dots$$
$$+ \dots$$

Supposons maintenant qu'au lieu d'interpoler suivant les différences de la fonction $y_{x,x'}$, on veuille interpoler suivant d'autres lois. Pour cela, soit

$$z = A + \frac{B}{t} + \frac{C}{t^2} + \frac{D}{t^3} + \dots$$
$$+ \frac{B'}{t'} + \frac{C'}{tt'} + \frac{D'}{t^2 t'} + \dots$$
$$+ \frac{C''}{t'^2} + \frac{D''}{tt'^2} + \dots$$
$$+ \frac{D'''}{t'^3} + \dots$$
$$+ \dots$$

Si l'on fait

$$A + \frac{B'}{t'} + \frac{C''}{t'^2} + \frac{D'''}{t'^3} + \dots = a,$$
$$B + \frac{C'}{t'} + \frac{D''}{t'^2} + \dots = b,$$
$$C + \frac{D'}{t'} + \dots = c,$$
$$\dots\dots\dots\dots\dots\dots\dots,$$

on aura pour z une expression de cette forme

$$z = a + \frac{b}{t} + \frac{c}{t^2} + \dots + \frac{l}{t^n}.$$

Nous supposerons ici que le coefficient l de la puissance la plus élevée de $\frac{1}{t}$ est constant ou indépendant de t', et que cette puissance est égale ou plus grande que la somme des puissances de $\frac{1}{t}$ et de $\frac{1}{t'}$ dans chacun des autres termes de z. Il est facile de conclure de l'équation précédente, comme dans le n° 5, les valeurs successives de $\frac{1}{i^{n+1}}$, $\frac{1}{i^{n+2}}$, $\frac{1}{i^{n+3}}$, ..., en fonction de a, b, c, ..., et z, et il est visible que, dans chaque terme de l'expression de $\frac{1}{i^i}$, la puissance la plus élevée de $\frac{1}{i}$ sera moindre que n, et la somme des puissances de $\frac{1}{i}$ et de $\frac{1}{i'}$ ne surpassera pas i.

Considérons maintenant la formule (A) du n° 5, et supposons qu'en développant suivant les puissances de $\frac{1}{i'}$ la quantité

$$b Z^{(0)}_{i-n+1} + b z Z^{(1)}_{i-2n+1} + \dots$$
$$+ c Z^{(0)}_{i-n+2} + c z Z^{(1)}_{i-2n+2} + \dots$$
$$+ e Z^{(0)}_{i-n+3} + e z Z^{(1)}_{i-2n+3} + \dots$$
$$+ \dots\dots\dots\dots\dots\dots\dots,$$

on ait

$$M + N z + \dots + \frac{1}{i'} \left(M^{(1)} + N^{(1)} z + \dots \right)$$
$$+ \frac{1}{i'^2} \left(M^{(2)} + N^{(2)} z + \dots \right) + \dots + \frac{1}{i'^i} M^{(i)};$$

les puissances ultérieures de $\frac{1}{i'}$ disparaissent d'elles-mêmes dans ce développement, puisque l'expression de $\frac{1}{i^i}$ ne doit point les contenir. Supposons pareillement qu'en développant la quantité

$$c Z^{(0)}_{i-n+1} + c z Z^{(1)}_{i-2n+1} + \dots$$
$$+ e Z^{(0)}_{i-n+2} + e z Z^{(1)}_{i-2n+2} + \dots$$
$$+ \dots\dots\dots\dots\dots\dots\dots,$$

on ait

$$M_1 + N_1 z + \dots + \frac{1}{i'} \left(M^{(1)}_1 + N^{(1)}_1 z + \dots \right) + \dots + \frac{1}{i'^{i-1}} M^{(i-1)}_1.$$

Supposons encore qu'en développant la quantité

$$e Z^{(0)}_{i-n+1} + \dots$$
$$+ \dots\dots\dots\dots,$$

on ait

$$M_2 + N_2 z + \ldots + \frac{1}{i'}\left(M_2^{(1)} + N_2^{(1)} z + \ldots\right) + \ldots + \frac{1}{i'^{i-2}} M_2^{(i-2)},$$

et ainsi de suite. La formule (A) du n° 5 donnera

$$
\begin{aligned}
\frac{1}{i'} = \ & M + N z + \ldots \\
& + \frac{1}{i'}\left(M^{(1)} + N^{(1)} z + \ldots\right) \\
& + \frac{1}{i'^2}\left(M^{(2)} + N^{(2)} z + \ldots\right) \\
& + \ldots\ldots\ldots\ldots\ldots\ldots\ldots\ldots \\
& + \frac{1}{i'^i} M^{(i)} \\
& + \frac{1}{i'} \left\{
\begin{aligned}
& M_1 + N_1 z + \ldots \\
& + \frac{1}{i'}\left(M_1^{(1)} + N_1^{(1)} z + \ldots\right) \\
& + \ldots\ldots\ldots\ldots\ldots\ldots \\
& + \frac{1}{i'^{i-1}} M_1^{(i-1)}
\end{aligned}
\right\} \\
& + \frac{1}{i'^2} \left\{
\begin{aligned}
& M_2 + N_2 z + \ldots \\
& + \frac{1}{i'} M_2^{(1)} + N_2^{(1)} z + \ldots \\
& + \ldots\ldots\ldots\ldots\ldots\ldots \\
& + \frac{1}{i'^{i-2}} M_2^{(i-2)}
\end{aligned}
\right\} \\
& + \ldots\ldots\ldots\ldots\ldots\ldots\ldots\ldots\ldots \\
& + \frac{1}{i'^{n-1}} \left\{
\begin{aligned}
& M_{n-1} + N_{n-1} z + \ldots \\
& + \frac{1}{i'}\left(M_{n-1}^{(1)} + N_{n-1}^{(1)} z + \ldots\right) \\
& + \ldots\ldots\ldots\ldots\ldots\ldots \\
& + \frac{1}{i'^{i-n+1}} M_{n-1}^{(i-n+1)}
\end{aligned}
\right\} .
\end{aligned}
$$

Cela posé, si l'on nomme $\nabla_t y_{x,x'}$ la quantité

$$A y_{x,x'} + B y_{x+1,x'} + C y_{x+2,x'} + \ldots$$
$$+ D' y_{x,x'+1} + C' y_{x+1,x'+1} + \ldots$$
$$+ C'' y_{x,x'+2} + \ldots$$
$$+ \ldots,$$

le coefficient $t^x t'^{x'}$ dans le développement de $\dfrac{u\,z^\mu}{t^r t'^{r'}}$ sera, par le numéro précédent, $\nabla^\mu y_{x+r,x'+r'}$; l'équation précédente donnera par conséquent, en la multipliant par u, et en passant des fonctions génératrices à leurs coefficients,

$$y_{x+i,x'} = \left\{ \begin{array}{l} M y_{x,x'} + N \nabla y_{x,x'} + \ldots \\ + M^{(1)} y_{x,x'+1} + N^{(1)} \nabla y_{x,x'+1} + \ldots \\ + \ldots \\ + M^{(i)} y_{x,x'+i} \end{array} \right\}$$
$$+ \left\{ \begin{array}{l} M_1 y_{x+1,x'} + N_1 \nabla y_{x+1,x'} + \ldots \\ + M_1^{(1)} y_{x+1,x'+1} + N_1^{(1)} \nabla y_{x+1,x'+1} + \ldots \\ + \ldots \\ + M_1^{(i-1)} y_{x+1,x'+i-1} \end{array} \right\}$$
$$+ \ldots$$
$$+ \left\{ \begin{array}{l} M_{n-1} y_{x+n-1,x'} + N_{n-1} \nabla y_{x+n-1,x'} + \ldots \\ + M_{n-1}^{(1)} y_{x+n-1,x'+1} + N_{n-1}^{(1)} \nabla y_{x+n-1,x'+1} + \ldots \\ + \ldots \\ + M_{n-1}^{(i-n+1)} y_{x+n-1,x'+i+n+1} \end{array} \right\}$$

14. Si l'on suppose $\nabla y_{x,x'} = 0$, l'équation précédente donnera, en y faisant $x = 0$,

$$y_{i,x'} = M y_{0,x'} + M^{(1)} y_{0,x'+1} + M^{(2)} y_{0,x'+2} + \ldots + M^{(i)} y_{0,x'+i}$$
$$+ M_1 y_{1,x'} + M_1^{(1)} y_{1,x'+1} + M_1^{(2)} y_{1,x'+2} + \ldots + M_1^{(i-1)} y_{1,x',i-1}$$
$$+ \ldots$$
$$+ M_{n-1} y_{n-1,x'} + M_{n-1}^{(1)} y_{n-1,x'+1} + \ldots + M_{n-1}^{(i-n+1)} y_{n-1,x'+i-n+1}.$$

$M^{(r)}$, $M_1^{(r)}$, $M_2^{(r)}$, $\ldots$ étant des fonctions de i et de r. L'expression précédente de $y_{i,x'}$ peut être mise sous cette forme très simple,

$$(\lambda) \qquad y_{i,x'} = \Sigma \left\{ \begin{array}{l} M^{(r)} y_{0,x'+r} + M_1^{(r-1)} y_{1,x'+r-1} + M_2^{(r-2)} y_{2,x'+r-2} + \ldots \\ + M_n^{(r-n+1)} y_{n-1,x'+r-n+1} \end{array} \right\},$$

l'intégrale étant prise depuis $r = 0$ jusqu'à $r = i$ par rapport au premier terme, depuis $r = 1$ jusqu'à $r = i$ par rapport au second terme, et ainsi de suite. Cette expression de $y_{i,x'}$ sera l'intégrale complète de l'équation $\nabla y_{i,x'} = 0$, ou

$$
\begin{aligned}
0 = A y_{i,x'} &+ B y_{i+1,x'} + C y_{i+2,x'} + \ldots + l y_{i+n,x'} \\
&+ B' y_{i,x'+1} + C' y_{i+1,x'+1} + \ldots + \ldots \\
&\qquad + C'' y_{i,x'+2} + \ldots + \ldots \\
&\qquad\qquad + \ldots + h y_{i,x'+n}.
\end{aligned}
$$

Il est visible que $y_{0,x'}$, $y_{1,x'}$, $y_{2,x'}$, …, $y_{n-1,x'}$ sont les n fonctions arbitraires qu'introduit l'intégration de l'équation $\nabla y_{i,x'} = 0$. Pour les déterminer, il faut connaître immédiatement ou du moins pouvoir conclure des conditions du problème les n premiers rangs verticaux de la table suivante :

(Q)

$y_{0,0}$,	$y_{1,0}$,	$y_{2,0}$·	$y_{3,0}$,	…,	$y_{i,0}$,	$y_{i+1,0}$,	…,	$y_{x,0}$,
$y_{0,1}$·	$y_{1,1}$,	$y_{2,1}$,	$y_{3,1}$,	…,	$y_{i,1}$,	$y_{i+1,1}$,	…,	$y_{x,1}$,
$y_{0,2}$,	$y_{1,2}$,	$y_{2,2}$,	$y_{3,2}$,	…,	$y_{i,2}$,	$y_{i+1,2}$,	…,	$y_{x,2}$,
….	… ,	… ,	… ,	…,	… ,	… … ,	…,	… ,
$y_{0,x'}$,	$y_{1,x'}$,	$y_{2,x'}$,	$y_{3,x'}$,	…,	$y_{i,x'}$,	$y_{i+1,x'}$,	…,	$y_{x,x'}$,
$y_{0,x'+1}$,	$y_{1,x'+1}$,	$y_{2,x'+1}$,	$y_{3,x'+1}$,	…,	$y_{i,x'+1}$,	$y_{i+1,x'+1}$,	…,	$y_{x,x'+1}$,
… … ,	… … ,	… … ,	… … ,	…,	… … ,	… … … ,	…,	… … ,
$y_{0,x}$·	$y_{1,x}$,	$y_{2,x}$,	$y_{3,x}$,	…,	$y_{i,x}$,	$y_{i+1,x}$,	…,	$y_{x,x}$·

Dans un grand nombre de problèmes, les n premiers rangs verticaux sont donnés par des équations aux différences finies linéaires, et par conséquent par une suite de termes de la forme $A p^{x'}$. Supposons que l'expression de $y_{0,x'}$ continue le terme $A p^{x'}$; la partie correspondante de $y_{i,x'}$ donnée par la formule (λ.) sera

$$A p^{x'}(M + M^{(1)} p + M^{(2)} p^2 + \ldots + M^{(i)} p^i);$$

mais la fonction

$$M + \frac{M^{(1)}}{l'} + \frac{M^{(2)}}{l'^2} + \ldots + \frac{M^{(i)}}{l'^i}$$

est le développement de

$$b Z^{(0)}_{i-n+1} + c Z^{(0)}_{i-n+2} + \ldots,$$

suivant les puissances de $\frac{1}{p}$; en changeant donc, dans cette dernière quantité, $\frac{1}{p}$ en p, et nommant P ce qu'elle devient alors, on aura $\mathrm{A}Pp^{x'}$, pour la partie de $y_{i,x'}$ qui répond au terme $\mathrm{A}p^{x'}$. Il suit de là que, si la valeur de $y_{0,x'}$ est égale à $\mathrm{A}p^{x'} + \mathrm{A}'p'^{x'} + \mathrm{A}''p''^{x'} + \dots$, et que l'on nomme P', P'', ... ce que devient P, en y changeant p dans p', p'', ... on aura, pour la partie correspondante de $y_{i,x'}$,

$$\mathrm{A}Pp^{x'} + \mathrm{A}'P'p'^{x'} + \mathrm{A}''P''p''^{x'} + \dots.$$

On trouvera pareillement que, si la valeur de $y_{i,x'}$ est exprimée par $\mathrm{B}q^{x'} + \mathrm{B}'q'^{x'} + \mathrm{B}''q''^{x'} + \dots$ et si l'on nomme Q, Q', Q'', ... ce que devient la quantité

$$c\mathrm{Z}_{i'=n+1}^{(0)} + c\mathrm{Z}_{i'=n+2}^{(0)} + \dots,$$

lorsqu'on y change successivement $\frac{1}{p}$ en q, q', q'', ..., la partie correspondante de $y_{i,x'}$ sera

$$\mathrm{B}Qq^{x'} + \mathrm{B}'Q'q'^{x'} + \mathrm{B}''Q''q''^{x'} + \dots,$$

et ainsi de suite. La réunion de tous ces termes donnera l'expression de $y_{i,x'}$ la plus simple à laquelle on puisse parvenir.

15. La valeur de $y_{i,x'}$ donnée par la formule (λ) du numéro précédent dépendant de la connaissance de $\mathrm{M}^{(r)}$, $\mathrm{M}_i^{(r-1)}$, ..., il est visible que ces quantités seront connues, lorsque l'on aura le coefficient de $\frac{1}{p}$ dans le développement de $\mathrm{Z}_i^{(0)}$; tout se réduit donc à déterminer ce coefficient. On a, par le n° 5,

$$\mathrm{Z}_i^{(0)} = -\frac{1}{a\,\alpha^{i+1}(\alpha - \alpha')(\alpha - \alpha'')\dots}$$
$$-\frac{1}{a\,\alpha'^{i+1}(\alpha' - \alpha)(\alpha' - \alpha'')\dots}$$
$$-\frac{1}{a\,\alpha''^{i+1}(\alpha'' - \alpha)(\alpha'' - \alpha')\dots}$$
$$-\ \dots\dots\dots\dots\dots\dots\dots,$$

α, α', α'', ... étant fonctions de $\frac{1}{i'}$. Si l'on fait $\frac{1}{i'} = s$, et que l'on différentie l'expression précédente de $Z_i^{(0)}$, n fois de suite par rapport à s,
on aura, avec l'équation précédente, $n + 1$ équations, au moyen des-
quelles, en éliminant les puissances indéterminées $\frac{1}{\alpha^{i+1}}$, $\frac{1}{\alpha'^{i+1}}$, $\frac{1}{\alpha''^{i+1}}$, ...,
on parviendra à une équation linéaire entre $Z_i^{(0)}$, $\frac{dZ_i^{(0)}}{ds}$, $\frac{d^2Z_i^{(0)}}{ds^2}$, ..., dont
les coefficients seront fonctions de α, α', α'', ... et de leurs différentielles prises par rapport à s; or il est clair que α, α', α'', ... doivent
entrer de la même manière dans ces coefficients, que l'on pourra ainsi
obtenir en fonctions rationnelles et entières des coefficients de l'équation qui donne les valeurs de α, α', α'', ... et des différences de ces
coefficients, et par conséquent en fonctions rationnelles de s. En faisant ensuite disparaître les dénominateurs de ces fonctions, on aura
une équation linéaire entre $Z_i^{(0)}$ et ses différentielles, équation dont les
coefficients seront des fonctions rationnelles et entières de s. Cela posé,
considérons un terme quelconque de cette équation, tel que $ks^m \frac{d^\mu Z_i^{(0)}}{ds^\mu}$,
et nommons λ_r le coefficient de $\frac{1}{i'^r}$ dans le développement de $Z_i^{(0)}$ suivant les puissances de $\frac{1}{i'}$; ce coefficient dans le développement de
$ks^m \frac{d^\mu Z_i^{(0)}}{ds^\mu}$ sera

$$k(r + \mu - m)(r + \mu - m - 1)(r + \mu - m - 2)\ldots(r - m + 1)\lambda_{r+\mu-m}.$$

En repassant ainsi des fonctions génératrices à leurs coefficients, l'équa-
tion entre $Z_i^{(0)}$ et ses différences donnera une équation entre λ_r, λ_{r+1}, ...
dont les coefficients seront des fonctions rationnelles de r et dont l'intégrale sera la valeur de λ_r.

Il suit de là que l'intégration de toute équation linéaire aux différences finies partielles, dont les coefficients sont constants, dépend :
1° de l'intégration d'une équation linéaire aux différences finies dont
les coefficients sont variables; 2° d'une intégrale *définie*. L'intégrale
définie dont dépend la valeur de $y_{i,x}$ dans la formule (λ) est relative à r,
et doit s'étendre jusqu'à $r = i + 1$.

Relativement à l'équation aux différences partielles du premier ordre

$$o = A y_{i,s'} + B y_{i+1,s'} + B' y_{i,s'+1},$$

on a

$$Z_i^{(0)} = -\frac{1}{a \alpha^{i+1}};$$

on a de plus

$$a = A + B's,$$

$$\alpha = -\frac{B}{a},$$

ce qui donne

$$Z_i^{(0)} = -\frac{(A + B's)^i}{(-B)^{i+1}};$$

d'où l'on tire cette équation différentielle

$$o = \frac{dZ_i^{(0)}}{ds}(A + B's) - i B' Z_i^{(0)},$$

ce qui donne l'équation aux différences finies

$$o = (r+1) A \lambda_{r+1} - (i-r) B' \lambda_r;$$

on a ensuite

$$M^{(r)} = B \lambda_r.$$

La formule (λ) du numéro précédent deviendra donc

$$y_{i,s'} = B \Sigma \lambda_r y_{0,s'+r},$$

l'intégrale finie étant prise depuis $r = o$ jusqu'à $r = i$. C'est l'intégrale complète de l'équation précédente aux différences partielles du premier ordre.

L'équation aux différences en λ_r donne en l'intégrant

$$\lambda_r = \frac{H i (i-1)(i-2)\ldots(i-r+1)}{1.2.3\ldots r} \frac{B'^r}{A^r},$$

H étant une constante arbitraire, et le dénominateur étant l'unité lorsque r est nul. Pour déterminer cette constante, on observera que le coefficient indépendant de $\frac{1}{i'}$ dans $Z_i^{(0)}$ est $-\frac{A^i}{(-B)^{i+1}}$; c'est la valeur de

λ_0 et par conséquent de H; on aura donc

$$y_{i,x'} = -\Sigma \frac{i(i-1)(i-2)\ldots(i-r+1)}{1.2.3\ldots r} \frac{A^{i-r}B'^r}{(-H)^i} y_{0,x'+r}.$$

En passant du fini à l'infiniment petit, la méthode précédente donnera l'intégrale des équations linéaires aux différences infiniment petites partielles dont les coefficients sont constants : 1° en intégrant une équation linéaire aux différences infiniment petites; 2° au moyen d'une intégrale définie. Mais ce n'est pas ici le lieu de m'étendre sur cet objet que j'ai considéré ailleurs avec étendue.

On doit faire ici une remarque importante, relative au nombre des fonctions arbitraires que renferme l'expression générale de $y_{i,x}$. Ce nombre, dans la formule (λ) du numéro précédent, est égal à n; mais il devient plus petit dans le cas où, la valeur de z du n° 13 ne renfermant que des puissances de $\frac{1}{i}$ moindres que n, la plus haute puissance n' de $\frac{1}{i}$ a un coefficient constant ou indépendant de $\frac{1}{i}$. Alors, en suivant l'analyse précédente et déterminant à son moyen la valeur de $\frac{1}{i^{n'}}$ comme nous avons déterminé celle de $\frac{1}{i^n}$, en repassant ensuite des fonctions génératrices à leurs coefficients, on parviendra à une formule analogue à la formule (λ); seulement, l'intégrale définie, au lieu de s'étendre jusqu'à $r = i + 1$ devra s'étendre jusqu'à $r = x' + 1$. Cette nouvelle expression de $y_{i,x}$ ne dépendra plus que des n' fonctions arbitraires $y_{i,0}, y_{i,1}, y_{i,2}, \ldots, y_{i,n'-1}$, et tandis que la première suppose la connaissance des n premiers rangs verticaux de la Table (Q) du n° 14, celle-ci n'exige que la connaissance des n' premiers rangs horizontaux de la même Table. Ainsi les n fonctions arbitraires $y_{0,x}, y_{1,x}, y_{2,x}, \ldots, y_{n-1,x}$ de la formule (λ) n'équivalent qu'à n' fonctions arbitraires distinctes. En effet, l'équation proposée aux différences partielles donne $y_{i,n'}$ au moyen des valeurs de $y_{i\pm r,0}, y_{i\pm r,1}, \ldots, y_{i\pm r,n'-1}$, r étant un nombre entier. Elle donne pareillement $y_{i,n'+1}$ au moyen de $y_{i\pm r,0}, y_{i\pm r,1}, \ldots, y_{i\pm r,n'}$, et éliminant $y_{i\pm r,n'}$ au moyen de son expression, on a $y_{i,n'+1}$ au moyen de $y_{i\pm r,0}, {}_{i\pm r,1}, \ldots, y_{i\pm r,n'-1}$. En continuant ainsi, on voit que l'expression générale de $y_{i,x}$ ne dépend que des arbitraires $y_{i\pm r,0}$, $y_{i\pm r,1}$, …, $y_{i\pm r,n'-1}$; on peut donc, au moyen des n' premiers rangs horizontaux de la Table (Q), former tous ses rangs verticaux, qui sont, chacun, des fonctions de x' dans lesquelles i est invariable.

En passant du fini à l'infiniment petit, on voit avec évidence que le nombre des fonctions arbitraires des équations aux différentielles partielles peut être moindre que le plus haut degré de la différentielle dans ces équations.

16. Quoique les formules données dans les n⁰ˢ 13 et 14 aient une grande généralité, il y a cependant quelques cas qui n'y sont pas compris. Ces cas ont lieu lorsque l'équation $z = 0$ donne l'expression de $\frac{1}{l}$ en $\frac{1}{l'}$ par une suite infinie, ce qui arrive toutes les fois que la plus haute puissance de $\frac{1}{l}$ est multipliée par une fonction rationnelle de $\frac{1}{l'}$. Pour avoir alors l'expression de $y_{x,x'}$ en termes finis, il est nécessaire de recourir à quelques artifices d'analyse que nous allons exposer, en les appliquant à l'équation suivante :

$$(a) \qquad z = \frac{1}{ll'} - \frac{a}{l'} - \frac{b}{l} - c.$$

Cette équation donne

$$\frac{1}{l} = \frac{\dfrac{a}{l'} + c + z}{\dfrac{1}{l'} - b},$$

par conséquent

$$\frac{u}{l^x l'^{x'}} = \frac{u\left(\dfrac{a}{l'} + c + z\right)^x}{\left(\dfrac{1}{l'} - b\right)^x l'^{x'}}.$$

En développant le second membre de cette dernière équation, et repassant des fonctions génératrices aux coefficients, on aura l'expression de $y_{x,x'}$, car cette quantité est le coefficient de $l^0 l'^0$ dans le développement de la fonction génératrice $\frac{u}{l^x l'^{x'}}$; et le coefficient $l^0 l'^0$, dans un terme quelconque du développement du second membre, tel que

$u \dfrac{k z^u}{l'^{x'+r}}$ est $k \nabla^u y_{0,x'+r}$, $\nabla y_{x,x'}$ étant le coefficient de la fonction génératrice uz, coefficient qui est ici égal à

$$y_{x+1,x'+1} - a y_{x,x'+1} - b y_{x+1,x'} - c y_{x,x'}.$$

Si l'on a $o = \nabla y_{x,x'}$, les coefficients des termes affectés de z disparaîtront, et alors on aura l'expression de $y_{x,x'}$ en fonction de $y_{0,x'}$, $y_{0,x'+1}$, $y_{0,x'+2}$, ... Cette expression sera l'intégrale de l'équation

$$(b) \qquad o = y_{x+1,x'+1} - a y_{x,x'+1} - b y_{x+1,x'} - c y_{x,x'}.$$

Pour avoir cette expression, z peut être considéré comme nul, puisque l'on ne doit avoir égard qu'aux termes indépendants de z; l'équation (a) devient ainsi

$$o = \frac{1}{u'} - \frac{a}{l'} - \frac{b}{l} - c;$$

c'est ce que je nomme *équation génératrice* de l'équation (b) aux différences partielles. En effet on obtient cette dernière équation en multipliant la précédente par u et repassant des fonctions génératrices aux coefficients.

L'expression que l'on obtient par l'analyse précédente pour $y_{x,x'}$ est une suite infinie. On parviendra de cette manière à une expression finie. Reprenons la valeur de $\dfrac{u}{l^{x}l'^{x'}}$, et donnons-lui cette forme

$$\frac{u}{l^{x}l'^{x'}} = \frac{u\left(\dfrac{1}{l'} - b + b\right)^{x'}\left[c + ab + a\left(\dfrac{1}{l} - b\right)\right]^{x}}{\left(\dfrac{1}{l'} - b\right)^{x}}.$$

Si l'on développe le second membre de cette équation par rapport aux puissances de $\dfrac{1}{l'} - b$, on aura

$$\frac{u}{l^{x}l'^{x'}} = u\left[\left(\frac{1}{l'} - b\right)^{x'} + x'b\left(\frac{1}{l'} - b\right)^{x'-1} + \frac{x'(x'-1)}{1.2}b^2\left(\frac{1}{l'} - b\right)^{x'-2} + \ldots\right]$$

$$\times \left[a^{x} + x(c + ab)\frac{a^{x-1}}{\dfrac{1}{l'} - b} + \frac{x(x-1)}{1.2}(c + ab)^2\frac{a^{x-2}}{\left(\dfrac{1}{l'} - b\right)^{2}} + \ldots\right].$$

Soit

$$V = a^r,$$

$$V^{(1)} = x' b a^r + x(c + ab) a^{r-1},$$

$$V^{(2)} = \frac{x'(x'-1)}{1 \cdot 2} b^2 a^r + x' x b(c + ab) a^{r-1} + \frac{x(x-1)}{1 \cdot 2} (c + ab)^2 a^{r-2},$$

$$V^{(3)} = \frac{x'(x'-1)(x'-2)}{1 \cdot 2 \cdot 3} b^3 a^r + \frac{x'(x'-1)}{1 \cdot 2} x b^2 (c + ab) a^{r-1}$$
$$+ x' \frac{x(x-1)}{1 \cdot 2} b(c + ab)^2 a^{r-2}$$
$$+ \frac{x(x-1)(x-2)}{1 \cdot 2 \cdot 3} (c + ab)^3 a^{r-3},$$

$$\dotfill ;$$

on aura

$$\frac{u}{t^c t'^{x'}} = u \left\{ \begin{array}{l} V\left(\frac{1}{t'} - b\right)^{x'} + V^{(1)} \left(\frac{1}{t'} - b\right)^{x'-1} + V^{(2)} \left(\frac{1}{t'} - b\right)^{x'-2} + \ldots + V^{(x')} \\[2mm] + \dfrac{V^{(x'+1)}}{\frac{1}{t'} - b} + \dfrac{V^{(x'+2)}}{\left(\frac{1}{t'} - b\right)^2} + \ldots + \dfrac{V^{(x'+c)}}{\left(\frac{1}{t'} - b\right)^c} \end{array} \right\}.$$

Or l'équation

$$\frac{1}{tt'} - \frac{a}{t'} - \frac{b}{t} - c = 0$$

donne

$$\frac{1}{\frac{1}{t'} - b} = \frac{\frac{1}{t} - a}{c + ab},$$

partant

$$\frac{u}{t^c t'^{x'}} = u \left\{ \begin{array}{l} V\left(\frac{1}{t'} - b\right)^{x'} + V^{(1)} \left(\frac{1}{t'} - b\right)^{x'-1} + \ldots + V^{(x')} \\[2mm] + \dfrac{V^{(x'+1)}}{c + ab} \left(\frac{1}{t} - a\right) + \dfrac{V^{(x'+2)}}{(c + ab)^2} \left(\frac{1}{t} - a\right)^2 + \ldots + \dfrac{V^{(x'+c)}}{(c + ab)^c} \left(\frac{1}{t} - a\right)^c \end{array} \right\}.$$

Pour repasser maintenant des fonctions génératrices aux coefficients, nous observerons : 1° que le coefficient de $t^c t'^{x'}$ dans $\frac{u}{t^c t'^{x'}}$ est $y_{x,x}$; 2° que ce même coefficient, dans un terme quelconque, tel que $u\left(\frac{1}{t'}-b\right)^r$ ou $ub^r\left(\frac{1}{bt'}-1\right)^r$, est $br\,{}'\Delta^r\left(\frac{y_{0,x'}}{b^{x'}}\right)$, la caractéristique $'\Delta$ des différences se rapportant à la variabilité de x', et cette variable devant être supposée nulle après les différentiations; 3° que ce coefficient dans $u\left(\frac{1}{t}-a\right)^r$ est $a^r\Delta^r\left(\frac{y_{x,0}}{a^x}\right)$, la caractéristique Δ se rapportant à la variabilité de x, et cette variable devant être supposée nulle après les différentiations; on aura donc, avec ces conditions,

$$y_{x,x'} = V\,b^{x'}\,{}'\Delta^{x'}\left(\frac{y_{0,x'}}{b^{x'}}\right) + V^{(1)}\,b^{x'-1}\,{}'\Delta^{x'-1}\left(\frac{y_{0,x'}}{b^{x'}}\right) + \ldots + V^{(x')}y_{0,0}$$

$$+\,\frac{a}{c+ab}\,V^{(x'+1)}\Delta\left(\frac{y_{x,0}}{a^x}\right) + \frac{a^2}{(c+ab)^2}\,V^{(x'+2)}\Delta^2\left(\frac{y_{x,0}}{a^x}\right) + \ldots$$

$$+\,\frac{a^x}{(c+ab)^x}\,V^{(x'+x)}\Delta^x\left(\frac{y_{x,0}}{a^x}\right) :$$

c'est l'intégrale complète de l'équation (b) aux différences partielles. Il est clair que cette intégrale suppose que l'on connaît le premier rang horizontal et le premier rang vertical de la Table (Q) du n° 14.

17. L'expression précédente de $y_{x,x'}$ offre cela de remarquable, savoir que les caractéristiques Δ et $'\Delta$ des différences finies ont pour exposants les variables x et x'. En voici un autre exemple. Considérons l'équation aux différences partielles

$$0 = \Delta^n y_{x,x'} + \frac{a}{\alpha}\Delta^{n-1}\,{}'\Delta y_{x,x'} + \frac{b}{\alpha^2}\Delta^{n-2}\,{}'\Delta y_{x,x'} + \ldots$$

la caractéristique Δ se rapportant à la variable x dont l'unité est la différence, et la caractéristique $'\Delta$ se rapportant à la variable x' dont α est la différence. L'équation génératrice correspondante sera, par le numéro précédent,

$$0 = \left(\frac{1}{t}-1\right)^n + \frac{a}{\alpha}\left(\frac{1}{t}-1\right)^{n-1}\left(\frac{1}{t'^{\alpha}}-1\right) + \frac{b}{\alpha^2}\left(\frac{1}{t}-1\right)^{n-2}\left(\frac{1}{t'^{\alpha}}-1\right)^2 + \ldots.$$

Cette équation donne les n suivantes :

$$\frac{1}{t} - 1 = \frac{q}{\alpha}\left(1 - \frac{1}{t'^2}\right),$$

$$\frac{1}{t} - 1 = \frac{q'}{\alpha}\left(1 - \frac{1}{t'^2}\right),$$

$$\frac{1}{t} - 1 = \frac{q''}{\alpha}\left(1 - \frac{1}{t'^2}\right),$$

$$\dots\dots\dots\dots\dots\dots,$$

$q, q', q'', \dots$ étant les n racines de l'équation

$$0 = z^n - a z^{n-1} + b z^{n-2} - \dots.$$

L'équation

$$\frac{1}{t} - 1 = \frac{q}{\alpha}\left(1 - \frac{1}{t'^2}\right)$$

donne

$$\frac{u}{t^c t'^{c'}} = \frac{u}{t'^{c'}}\left(1 + \frac{q}{\alpha} - \frac{q}{\alpha}\frac{1}{t'^2}\right)^c$$

$$= \frac{u}{t'^{c'}}(-1)^c\left\{\frac{q^c}{\alpha^c}\frac{1}{t'^{2c}} - x\frac{q^{c-1}}{\alpha^{c-1}}\left(1 + \frac{q}{\alpha}\right)\frac{1}{t'^{2(c-1)}}\right. \\ \left. + \dots\dots\dots\dots\dots\dots\dots\right\}.$$

En repassant des fonctions génératrices aux coefficients, on aura

$$y_{x,x'} = (-1)^c\left[\frac{q^c}{\alpha^c}y_{0,x'+2c} - x\frac{q^{c-1}}{\alpha^{c-1}}\left(1 + \frac{q}{\alpha}\right)y_{0,x'+2(c-1)} + \dots\right].$$

Le second membre de cette équation peut être mis sous la forme

$$\left(1 + \frac{\alpha}{q}\right)^{x+\frac{x'}{2}}\left(-\frac{q}{\alpha}\right)^c\Delta^c\left[\left(-\frac{q}{\alpha+q}\right)^{\frac{c}{2}}y_{0,x'}\right].$$

En désignant donc par la fonction arbitraire $\varphi(x')$ la quantité $\left(\frac{q}{\alpha+q}\right)^{\frac{x'}{2}}y_{0,x'}$, l'expression de $y_{x,x'}$ deviendra

$$y_{x,x'} = \left(1 + \frac{\alpha}{q}\right)^{x+\frac{x'}{2}}\left(-\frac{q}{\alpha}\right)^c\Delta^c\varphi(x').$$

Cette valeur satisfait donc à l'équation proposée aux différences partielles. Il est visible que chacune des racines q', q'', ... fournit une valeur semblable, dans laquelle on peut introduire une autre arbitraire. Nous désignerons par $\varphi_1(x')$, $\varphi_2(x')$, ... ces nouvelles arbitraires. La réunion de toutes ces valeurs satisfera à l'équation proposée, parce qu'elle est linéaire, et cette réunion en sera l'intégrale complète, qui est ainsi

$$y_{x,x} = \left(1 + \frac{\alpha}{q}\right)^{x + \frac{x'}{\alpha}} \left(-\frac{q}{\alpha}\right)^{x} \cdot \Delta^{x} \varphi(x')$$
$$+ \left(1 + \frac{\alpha}{q'}\right)^{x + \frac{x'}{\alpha}} \left(-\frac{q'}{\alpha}\right)^{x} \cdot \Delta^{x} \varphi_1(x')$$
$$+ \ldots \ldots \ldots \ldots \ldots \ldots \ldots \ldots \ldots$$

Si l'on suppose z infiniment petit et égal à dx'; si l'on observe d'ailleurs que

$$\left(1 + \frac{dx'}{q}\right)^{x + \frac{x'}{dx'}} = c^{\frac{x'}{q}},$$

comme il est facile de s'en convaincre, en prenant les logarithmes de chaque membre de cette équation, on aura

$$y_{x,x} = c^{\frac{x'}{q}} (-q)^{x} \left[\frac{d^{x} \varphi(x')}{dx'^{x}}\right] + c^{\frac{x'}{q'}} (-q')^{x} \left[\frac{d^{x} \varphi_1(x')}{dx'^{x}}\right] + \ldots :$$

c'est l'intégrale complète de l'équation aux différences partielles finies et infiniment petites

$$0 = \Delta^{n} y_{x,x} + a \Delta^{n-1} \left(\frac{dy_{x,x}}{dx'}\right) + b \Delta^{n-2} \left(\frac{d^{2} y_{x,x}}{dx'^{2}}\right) + \ldots.$$

Toutes les équations aux différences partielles que nous avons examinées jusqu'ici n'ont point de dernier terme indépendant de la variable principale. Si elles en avaient, on y aurait égard, et l'on intégrerait ces équations par la méthode que nous avons donnée pour cet objet, relativement aux équations aux simples différences, et qu'il est facile d'appliquer aux équations à différences partielles.

*Théorèmes sur le développement en séries des fonctions
de plusieurs variables.*

18. Si l'on applique aux fonctions de plusieurs variables la méthode du n° **11**, on aura sur le développement de ces fonctions en séries des théorèmes analogues à ceux du n° **10**. Considérons la fonction génératrice $u\left(\dfrac{1}{tt't''\ldots} - 1\right)^{n}$, et donnons-lui cette forme

$$u\left[\left(1 + \frac{1}{t} - 1\right)\left(1 + \frac{1}{t'} - 1\right)\left(1 + \frac{1}{t''} - 1\right)\ldots - 1\right]^{n},$$

u étant supposé une fonction de t, t', t'', …, dans le développement de laquelle $y_{x,x',x',\ldots}$ est le coefficient de $t^{x}t'^{x'}t''^{x''}\ldots$ Ce coefficient dans le développement de $u\left(\dfrac{1}{tt't''\ldots} - 1\right)^{n}$ sera $\Delta^{n}y_{x,x',x',\ldots}$, x, x'. x'', … étant supposés varier de l'unité dans $y_{x,x',x',\ldots}$. Ce même coefficient, dans le développement de la fonction génératrice

$$u\left(\frac{1}{t} - 1\right)^{r}\left(\frac{1}{t'} - 1\right)^{r'}\left(\frac{1}{t''} - 1\right)^{r''}\ldots$$

sera

$$'\Delta^{r}\,''\Delta^{r'}\,'''\Delta^{r''}\ldots y_{x,x',x',\ldots},$$

les caractéristiques $'\Delta$, $''\Delta$, $'''\Delta$, … se rapportant respectivement aux variables x, x', x'', …; on aura donc, en repassant des fonctions génératrices à leurs coefficients,

$$\Delta^{n}y_{x,x',x',\ldots}$$
$$= \left[\left(1 + '\Delta y_{x,x',x',\ldots}\right)\left(1 + ''\Delta y_{x,x',x',\ldots}\right)\left(1 + '''\Delta y_{x,x',x',\ldots}\right)\ldots - 1\right]^{n},$$

pourvu que, dans le développement du second membre de cette équation, on applique aux caractéristiques $'\Delta$, $''\Delta$, … les exposants des puissances de $'\Delta y_{x,x',x',\ldots}$, $''\Delta y_{x,x',x',\ldots}$, ….

En changeant n dans $-n$, la même équation subsiste encore, pourvu que l'on change, comme dans les n°ˢ **10** et **11**, les caractéristiques Δ, $'\Delta$, $''\Delta$, …, lorsqu'elles ont un exposant négatif, en intégrales finies correspondantes, les signes Σ, $'\Sigma$, $''\Sigma$, ... étant les caractéristiques des intégrales, correspondantes aux caractéristiques Δ, $'\Delta$, $''\Delta$, ... des différences.

Il est clair que $u\left(\dfrac{1}{i^i i'^{i'} i''^{i''} \ldots} - 1\right)^n$ est la fonction génératrice de la différence finie $n^{\text{ième}}$ de $y_{x,x',x',\ldots}$, x variant de i, x' variant de i', x'' variant de i'', ... Or on a

$$u\left(\frac{1}{i^i i'^{i'} i''^{i''} \ldots} - 1\right)^n = u\left[\left(1 + \frac{1}{i} - 1\right)^i \left(1 + \frac{1}{i'} - 1\right)^{i'} \left(1 + \frac{1}{i''} - 1\right)^{i''} \ldots - 1\right]^n;$$

en désignant donc par $\overline{\Delta}$ la caractéristique des différences, lorsque x varie de i, x' de i', x'' de i'', ..., et par $\overline{\Sigma}$ la caractéristique intégrale correspondante, on aura

$$\overline{\Delta}^n y_{x,x',x',\ldots} = [(1 + {'\Delta} y_{x,x',x',\ldots})^i (1 + {''\Delta} y_{x,x',x',\ldots})^{i'} \ldots - 1]^n,$$

$$\overline{\Sigma}^n y_{x,x',x',\ldots} = \frac{1}{[(1 + {'\Delta} y_{x,x',x',\ldots})^i (1 + {''\Delta} y_{x,x',x',\ldots})^{i'} \ldots - 1]^n},$$

pourvu que, dans le développement du second membre de ces équations, on applique aux caractéristiques $'\Delta$, $''\Delta$, ... les exposants des puissances de $'\Delta y_{x,x',x',\ldots}$, $''\Delta y_{x,x',x',\ldots}$, ..., et que l'on change les différences négatives en intégrales. On peut ainsi se dispenser d'indiquer les arbitraires que l'intégrale finie $\overline{\Sigma}^n$ doit introduire, parce qu'elles sont censées renfermées dans les intégrales que donne le développement de son expression.

Les deux équations précédentes ont encore lieu en supposant que dans les différences $'\Delta y_{x,x',x',\ldots}$, $''\Delta y_{x,x',x',\ldots}$, ..., x, x', x'', ..., au lieu de varier de l'unité, varient d'une quantité quelconque ϖ, pourvu que, dans la différence $\overline{\Delta} y_{x,x',x',\ldots}$, x varie de $i\varpi$, x' de $i'\varpi$, x'' de $i''\varpi$, ... Maintenant, si l'on suppose ϖ infiniment petit, les différences $'\Delta y_{x,x',x',\ldots}$, $''\Delta y_{x,x',x',\ldots}$, ... se changeront, la première dans $dx\dfrac{dy_{x,x',x',\ldots}}{dx}$, la seconde dans $dx'\dfrac{dy_{x,x',x',\ldots}}{dx'}$, ... De plus, si l'on fait i, i', i'', ... infiniment grands, et tels que l'on ait

$$i\,dx = \alpha, \qquad i'\,dx' = \alpha', \qquad \ldots,$$

on aura

$$(1 + {}'\Delta y_{x,x',\dots})^i = \left(1 + dx\,\frac{dy_{x,x',\dots}}{dx}\right)^{\frac{i}{dx}} = c^{i\frac{dy_{x,x',\dots}}{dx}},$$

c étant toujours le nombre dont le logarithme hyperbolique est l'unité. On aura pareillement

$$(1 + {}''\Delta y_{x,x',\dots})^{i'} = c^{i'\frac{dy_{x,x',\dots}}{dx'}},$$

et ainsi de suite; partant

$$\overline{\Delta}{}^n y_{x,x',\dots} = \left(c^{i\frac{dy_{x,x',\dots}}{dx} + i'\frac{dy_{x,x',\dots}}{dx'} + \dots} - 1\right)^n,$$

$$\overline{\Sigma}{}^n y_{x,x',\dots} = \frac{1}{\left(c^{i\frac{dy_{x,x',\dots}}{dx} + i'\frac{dy_{x,x',\dots}}{dx'} + \dots} - 1\right)^n},$$

x variant de i, x' de i', $\dots$, dans les deux premiers membres de ces équations.

Si, au lieu de supposer ϖ infiniment petit, on le suppose égal à l'unité, et i infiniment petit et égal à dx; si l'on suppose encore i', i'', $\dots$ infiniment petits et respectivement égaux à dx', dx'', $\dots$, on aura

$$(1 + {}'\Delta y_{x,x',\dots})^i = (1 + {}'\Delta y_{x,x',\dots})^{dx} = 1 + dx\,\log(1 + {}'\Delta y_{x,x',\dots});$$

on aura pareillement

$$(1 + {}''\Delta y_{x,x',\dots})^{i'} = 1 + dx'\,\log(1 + {}''\Delta y_{x,x',\dots}),$$

$$\dots\dots\dots\dots\dots\dots\dots\dots\dots\dots\dots\dots\dots\dots\dots$$

D'ailleurs $\overline{\Delta}{}^n y_{x,x',\dots}$ se change alors dans $d^n y_{x,x',\dots}$; on aura donc

$$d^n y_{x,x',\dots} = [dx\,\log(1 + {}'\Delta y_{x,x',\dots}) + dx'\,\log(1 + {}''\Delta y_{x,x',\dots}) + \dots]^n,$$

équation qui, en faisant n négatif, subsiste encore, pourvu que l'on change les différences négatives en intégrales. Ces divers résultats sont analogues à ceux que nous avons trouvés dans le n° 10, relativement aux fonctions d'une seule variable, et l'on y retrouve l'analogie que nous avons observée entre les puissances positives et les différences, et entre les puissances négatives et les intégrales.

Considérations sur le passage du fini à l'infiniment petit.

19. Le passage du fini à l'infiniment petit consiste à négliger les différences infiniment petites par rapport aux quantités finies, et généralement les infiniment petits d'un ordre supérieur relativement à ceux d'un ordre inférieur. Cette omission semble ôter à ce passage la rigueur géométrique; mais, pour se convaincre de son entière exactitude, il suffit de le considérer comme le résultat de la comparaison des puissances homogènes d'une variable indéterminée, dans le développement des termes d'une équation qui subsiste, quelle que soit cette indéterminée; car il est clair que les termes affectés de la même puissance doivent se détruire mutuellement.

Pour rendre cela sensible par un exemple, considérons l'équation suivante que donne l'équation (q) du n° 10, en y faisant $n = 1$,

$$'\Delta y_x = (1 + dy_x)^{\frac{\alpha}{dx'}} - 1.$$

$'\Delta$ est la caractéristique des différences finies, x' variant de α, et d est la caractéristique des différences, x' variant de dx'. L'équation précédente développée donne, en appliquant, conformément à l'analyse du numéro cité, les exposants des puissances de dy_x à la caractéristique d,

$$'\Delta y_x = \frac{\alpha}{dx'} dy_x + \frac{\alpha^2 - \alpha\,dx'}{1.2.dx'^2} d^2 y_x + \dots;$$

dy_x est égal à $y_{x'+dx'} - y_{x'}$. Supposons qu'en développant la fonction de $x' + dx'$, représentée par $y_{x'+dx'}$, on ait

$$y_{x'+dx'} = y_{x'} + dx' y'_{x'} + dx'^2 z_{x'} + \dots;$$

on aura

$$dy_{x'} = dx' y'_{x'} + dx'^2 z_{x'} + \dots,$$

d'où l'on tire

$$d^2 y_x = dx' dy'_{x'} + dx'^2 dz_{x'} + \dots.$$

Développons pareillement $y'_{x'+dx'}$, $z_{x'+dx'}$, … suivant les puissances de dx', et supposons que l'on ait

$$y'_{x'+dx'} = y'_{x'} + dx' y''_{x'} + dx'^2 s_{x'} + \ldots,$$

$$z_{x'+dx'} = z_{x'} + dx' z'_{x'} + \ldots,$$

on aura

$$dy'_{x'} = dx' y''_{x'} + dx'^2 s_{x'} + \ldots,$$

$$dz_{x'} = dx' z'_{x'} + \ldots,$$

partant

$$d^2 y_{x'} = dx'^2 y''_{x'} + dx'^3 s_{x'} + \ldots + dx'^3 z'_{x'} + \ldots.$$

L'expression précédente de $'\Delta y_{x'}$ deviendra ainsi

$$(o) \qquad \begin{cases} '\Delta y_{x'} = \alpha y'_{x'} + \dfrac{\alpha^2}{1.2} y''_{x'} + \ldots \\[2ex] \qquad + dx' \begin{cases} \alpha\left(z_{x'} - \frac{1}{2} y''_{x'} + \ldots\right) \\ + \alpha^2\left(s_{x'} + z'_{x'} + \ldots\right) \\ + \ldots\ldots\ldots\ldots\ldots\ldots \end{cases} \\[2ex] \qquad + dx'^2 \ldots, \end{cases}$$

dx' étant indéterminé; les termes indépendants de dx' doivent être égalés séparément entre eux; on a donc

$$'\Delta y_{x'} = \alpha y'_{x'} + \frac{\alpha^2}{1.2} y''_{x'} + \ldots.$$

Maintenant $y'_{x'}$ est le coefficient de dx' dans le développement de $y_{x'+dx'}$; c'est ce que l'on désigne dans le Calcul différentiel par $\frac{dy_{x'}}{dx'}$. Pareillement $y''_{x'}$ est le coefficient de dx' dans le développement de $y'_{x'+dx'}$; c'est ce que l'on désigne par $\frac{dy'_{x'}}{dx'}$, ou par $\frac{d^2 y_{x'}}{dx'^2}$, et ainsi de suite; en substituant donc, dans l'équation précédente, $y_{x'+\alpha} - y_{x'}$ au lieu de $'\Delta y_{x'}$, on aura le théorème suivant:

$$y_{x'+\alpha} = y_{x'} + \alpha \frac{dy_{x'}}{dx'} + \frac{\alpha^2}{1.2} \frac{d^2 y_{x'}}{dx'^2} + \frac{\alpha^3}{1.2.3} \frac{d^3 y_{x'}}{dx'^3} + \ldots.$$

Considéré comme résultat de la comparaison des termes indépendants de dx', ce théorème ne laisse aucun doute sur son exactitude rigoureuse, et il est visible par l'analyse précédente que cette comparaison revient à négliger les termes multipliés par dx' et ses puissances, relativement aux quantités finies; cette omission n'ôte donc rien à la rigueur du Calcul différentiel. Mais on voit de plus, *a priori*, que les termes affectés de la même puissance de l'indéterminée dx' doivent se détruire mutuellement, ce que l'on peut vérifier *a posteriori*. Ainsi ce que l'on néglige comme infiniment petit est rigoureusement nul, en sorte que l'omission des infiniment petits, relativement aux quantités finies, n'est au fond qu'un moyen facile d'éliminer les termes superflus qui doivent disparaître dans le résultat final.

Ce rapprochement du Calcul aux différences finies et du Calcul différentiel met en évidence la rigueur des résultats de ce dernier calcul, et donne sa vraie métaphysique; mais ses applications à l'étendue, à la durée et au mouvement supposent de plus le principe des limites. On peut, par un rapprochement semblable, éclaircir divers points de l'Analyse infinitésimale, qui ont été des sujets de contestation parmi les géomètres : telle est la discontinuité des fonctions arbitraires dans les intégrales des équations aux différences partielles. Ceux qui ont rejeté cette discontinuité se fondaient sur ce que l'analyse ordinaire des différences infiniment petites suppose que les différentielles successives d'une fonction doivent être infiniment petites relativement aux précédentes, ce qui n'a point lieu lorsque la fonction est discontinue. Pour éclaircir cette question délicate, il faut la considérer dans les différences finies, et observer ce qui arrive dans le passage de ces différences aux différences infiniment petites.

Prenons pour exemple l'équation suivante aux différences finies partielles :

$$(a) \qquad (y_{x+1,x'} - 2y_{x,x'} + y_{x-1,x'}) - (y_{x,x'+1} - 2y_{x,x'} + y_{x,x'-1}) = 0;$$

son équation génératrice est, par le n° 16,

$$t\left(\frac{1}{t} - 1\right)^2 - t'\left(\frac{1}{t'} - 1\right)^2 = 0,$$

et, en suivant l'analyse donnée précédemment, il est facile d'en conclure que l'intégrale complète de l'équation proposée (a) est

$$y_{x,x'} = \varphi(x + x') + \psi(x - x'),$$

$\varphi(x + x')$ étant une fonction arbitraire de $x + x'$, et $\psi(x - x')$ étant une fonction arbitraire de $x - x'$. Il est facile d'ailleurs de s'assurer que cette valeur satisfait à la proposée, et qu'elle en est l'intégrale complète, puisqu'elle renferme deux fonctions arbitraires.

Supposons présentement que, dans la Table suivante

$$(Z) \begin{cases} y_{0,0}, & y_{1,0}, & y_{2,0}, & y_{3,0}, & \ldots, & y_{n-1,0}, & y_{n,0}, \\ y_{0,1}, & y_{1,1}, & y_{2,1}, & y_{3,1}, & \ldots, & y_{n-1,1}, & y_{n,1}, \\ y_{0,2}, & y_{1,2}, & y_{2,2}, & y_{3,2}, & \ldots, & y_{n-1,2}, & y_{n,2}, \\ \ldots, & \ldots, & \ldots, & \ldots, & \ldots, & \ldots\ldots, & \ldots, \\ y_{0,z}, & y_{1,z}, & y_{2,z}, & y_{3,z}, & \ldots, & y_{n-1,z}, & y_{n,z}, \end{cases}$$

on connaisse les deux premiers rangs horizontaux compris entre les deux colonnes verticales extrêmes

$$y_{0,0}, \quad y_{0,1}, \quad y_{0,2}, \quad \ldots, \quad y_{0,z},$$
$$y_{n,0}, \quad y_{n,1}, \quad y_{n,2}, \quad \ldots, \quad y_{n,z},$$

et que l'on connaisse de plus tous les termes de ces deux colonnes ; on pourra déterminer toutes les valeurs de $y_{x,x'}$ qui tombent entre ces colonnes. Car, si l'on veut former le troisième rang horizontal, on observera que l'équation (a) donne

$$y_{x,x'+1} = y_{x+1,x'} + y_{x-1,x'} - y_{x,x'-1}.$$

En faisant, dans cette dernière équation, $x' = 1$, et successivement $x = 1$, $x = 2$, $x = 3$, $\ldots$, $x = n - 1$, on aura les valeurs de $y_{1,2}, y_{2,2}, y_{3,2}, \ldots, y_{n-1,2}$, ou le troisième rang horizontal, au moyen des deux premiers rangs horizontaux. On formera de la même manière le quatrième rang horizontal, et ainsi de suite à l'infini. Mais, si l'on veut déterminer les valeurs de $y_{x,x'}$, qui tombent hors de la Table (Z), les conditions précédentes ne suffisent pas, et il faut leur en ajouter d'autres.

Reprenons l'intégrale

$$y_{x,x'} = \varphi(x + x') + \psi(x - x'),$$

et supposons que le second rang horizontal, qui détermine une des deux fonctions arbitraires, soit tel que l'on ait

$$\psi(x - x') = \varphi(x - x');$$

on aura

$$y_{x,x'} = \varphi(x + x') + \varphi(x - x').$$

En faisant $x' = 0$, on a

$$\varphi(x) = \tfrac{1}{2} y_{x,0};$$

partant

$$y_{x,x'} = \tfrac{1}{2} y_{x+x',0} + \tfrac{1}{2} y_{x-x',0}.$$

Il est facile de voir que cette équation satisfait à l'équation proposée (a); mais elle n'en est qu'une intégrale particulière, qui répond au cas où le second rang horizontal se forme du premier, au moyen de l'équation

$$y_{x,1} = \tfrac{1}{2} y_{x+1,0} + \tfrac{1}{2} y_{x-1,0}.$$

Tant que $x + x'$ sera égal ou moindre que n, et que $x - x'$ sera positif ou nul, on aura la valeur de $y_{x,x'}$ au moyen du premier rang horizontal. Mais, lorsque, x croissant, $x + x'$ deviendra plus grand que n, ou lorsque $x - x'$ deviendra négatif, il faudra déterminer les valeurs de $y_{x+x',0}$ et de $y_{x-x',0}$ au moyen des deux colonnes verticales extrêmes. Supposons que tous les termes de ces colonnes soient nuls, et que l'on ait ainsi $y_{0,x'} = 0$ et $y_{n,x'} = 0$. En faisant x nul dans l'équation

$$y_{x,x'} = \tfrac{1}{2} y_{x+x',0} + \tfrac{1}{2} y_{x-x',0},$$

on aura

$$y_{-x',0} = - y_{x',0}.$$

En faisant ensuite $x = n$ dans la même équation, on aura

$$y_{n+x',0} = - y_{n-x',0}.$$

Si l'on change ensuite, dans cette dernière équation, x' en $n + x'$, on aura

$$y_{2n+x',0} = - y_{-x',0} = y_{x',0};$$

en changeant encore x' dans $n + x'$, on aura

$$y_{3n+x',0} = y_{n+x',0} = -y_{n-x',0},$$

et généralement on aura

$$y_{2rn+x',0} = y_{x',0},$$
$$y_{(2r+1)n+x',0} = -y_{n-x',0}.$$

On pourra ainsi, au moyen de ces deux équations, continuer les valeurs de $y_{x,x'}$ à l'infini, du côté des valeurs positives de x, et l'on en
conclura celles qui répondent à x négatif, au moyen de l'équation

$$y_{-x',0} = -y_{x',0}.$$

De là résulte la construction suivante. Représentons les valeurs de $y_{x,0}$,
depuis $x = 0$ jusqu'à $x = n$, par les ordonnées menées aux angles d'un
polygone dont l'abscisse soit x, et dont les deux extrémités, que je désigne par A et B, aboutissent aux points où $x = 0$ et $x = n$. On portera
ce polygone depuis $x = n$ jusqu'à $x = 2n$, en lui donnant une position
contraire à celle qu'il avait depuis $x = 0$ jusqu'à $x = n$, c'est-à-dire
une position telle que les parties qui étaient au-dessus de l'axe des
abscisses x se trouvent au-dessous, le point B restant d'ailleurs dans
cette seconde position, à la même place que dans la première, et le
point A répondant ainsi à l'abscisse $x = 2n$. On placera ensuite ce
même polygone depuis $x = 2n$ jusqu'à $x = 3n$, en lui donnant une
position contraire à la seconde et par conséquent semblable à la première, de manière que le point A, dans cette troisième position, conserve la place qu'il avait dans la seconde, et qu'ainsi le point B réponde à l'abscisse $x = 3n$. En continuant de placer ainsi ce polygone
alternativement au-dessus et au-dessous de l'axe des abscisses, les ordonnées menées aux angles de cette suite de polygones seront les valeurs de $y_{x,0}$ qui répondent à x positif.

Pareillement, on placera ce polygone depuis $x = 0$ jusqu'à $x = -n$,
en lui donnant une position contraire à celle qu'il avait depuis $x = 0$
jusqu'à $x = n$, A restant d'ailleurs à la même place dans ces deux
positions. On placera ensuite ce polygone depuis $x = -n$ jusqu'à

$x = -2n$, en lui donnant une position contraire à la seconde, le point B conservant la même place, et ainsi de suite à l'infini. Les ordonnées de ces polygones représentent les valeurs de $y_{x,0}$ qui répondent à x négatif. On aura ensuite la valeur de $y_{x,x'}$ en prenant la demi-somme des deux ordonnées qui répondent aux abscisses $x + x'$ et $x - x'$.

Cette construction géométrique est générale, quelle que soit la nature du polygone que nous venons de considérer. Elle servira à déterminer toutes les valeurs de $y_{x,x'}$ comprises depuis $x = 0$ jusqu'à $x = n$, et depuis $x' = 0$ jusqu'à $x' = \infty$, pourvu que l'on ait $y_{0,x'} = 0$ et $y_{n,x'} = 0$, et que d'ailleurs le second rang horizontal de la Table (Z) soit tel, que l'on ait

$$y_{x,1} = \tfrac{1}{2}y_{x+1,0} + \tfrac{1}{2}y_{x-1,0}.$$

On a, par ce qui précède,

$$y_{x,x'+n} = \tfrac{1}{2}y_{x+x'+n,0} + \tfrac{1}{2}y_{x-x'-n,0};$$

de plus,

$$y_{x+x'+n,0} = -y_{n-x-x',0}, \qquad y_{x-x'-n,0} = -y_{n-x+x',0};$$

donc

$$y_{x,x'+n} = -\tfrac{1}{2}y_{n-x-x',0} - \tfrac{1}{2}y_{n-x+x',0} = -y_{n-x,x'}.$$

Il suit de là que, dans la Table (Z), le $(n + x')^{\text{ieme}}$ rang horizontal est le x'^{ieme} rang pris avec un signe contraire et dans un ordre renversé, en sorte que le terme r^{ieme} du rang $(n + x')^{\text{ieme}}$ est le même que le terme $(n - r)^{\text{ieme}}$ du x'^{ieme} rang pris avec un signe contraire. On a ensuite

$$y_{x,2n+x'} = \tfrac{1}{2}y_{2n+x+x',0} + \tfrac{1}{2}y_{x-x'-2n,0};$$

on a d'ailleurs, par ce qui précède,

$$y_{2n+x+x',0} = y_{x+x',0},$$

$$y_{x-x'-2n,0} = -y_{2n+x'-x,0} = -y_{x'-x} = y_{x-x'};$$

partant

$$y_{x,2n+x'} = \tfrac{1}{2}y_{x+x',0} + \tfrac{1}{2}y_{x-x',0} = y_{x,x'},$$

d'où il suit que le $(2n + x')^{\text{ieme}}$ rang horizontal est exactement égal au x'^{ieme} rang.

Considérons présentement les vibrations d'une corde tendue, dont la figure initiale soit quelconque, pourvu qu'elle soit très rapprochée dans tous ses points de l'axe des abscisses. Nommons x l'abscisse, t le temps, $y_{x,t}$ l'ordonnée d'un point quelconque de la corde après le temps t. Concevons de plus l'abscisse x partagée dans une infinité de parties égales à dx, et que nous prendrons pour unité, ce qui revient à considérer x comme un nombre infini. Cela posé, on aura, par les principes de dynamique,

$$\frac{\partial^2 y_{x,t}}{\partial t^2} = \frac{a^2}{dx^2} \left(y_{x+1,t} - 2y_{x,t} + y_{x-1,t} \right),$$

a étant un coefficient constant dépendant de la tension et de la grosseur de la corde. Si l'on fait $t = \dfrac{x'}{a}$, on aura $dt = \dfrac{dx'}{a}$, et $y_{x,t}$ deviendra une fonction de x et de x', que nous désignons par $y_{x,x'}$; or, la grandeur de dt étant arbitraire, on peut la supposer telle que la variation de x' soit égale à celle de x, que nous avons prise pour l'unité; l'équation précédente devient ainsi

$$y_{x,x+1} - 2y_{x,x} + y_{x,x-1} = y_{x+1,x} - 2y_{x,x} + y_{x-1,x},$$

x et x' étant ici des nombres infinis. Cette équation est la même que celle que nous venons de considérer; ainsi la construction géométrique que nous avons donnée précédemment peut être employée dans ce cas: le polygone dont les ordonnées des angles sont représentées par $y_{x,0}$ est ici la figure initiale de la corde; mais il faut pour cela supposer la longueur n divisée dans une infinité de parties égales à dx. Il faut de plus que la corde soit fixe à ses extrémités, afin que l'on ait $y_{0,x} = 0$, $y_{n,x} = 0$. D'ailleurs l'équation de condition

$$y_{x,1} = \tfrac{1}{2}y_{x+1,0} + \tfrac{1}{2}y_{x-1,0}$$

ou, ce qui revient au même,

$$y_{x,1} - y_{x,0} = \tfrac{1}{2}\left(y_{x+1,0} - 2y_{x,0} + y_{x-1,0} \right)$$

se change en celle-ci,

$$dt\,\frac{\partial y_{x,0}}{\partial t} = \tfrac{1}{2}\,dx^2\,\frac{\partial^2 y_{x,0}}{\partial x^2},$$

ce qui donne

$$\frac{\partial y_{x,0}}{\partial t} = 0,$$

Or $\frac{\partial y_{x,0}}{\partial t}$ est la vitesse initiale de la corde; cette vitesse doit donc être nulle à l'origine du mouvement. Toutes les fois que ces conditions auront lieu, la construction précédente donnera toujours le mouvement de la corde, quelle que soit sa figure initiale, pourvu cependant que, dans tous ses points, $y_{x+2,0} - 2y_{x+1,0} + y_{x,0}$ soit un infiniment petit du second ordre, c'est-à-dire que deux éléments contigus de la corde ne forment point un angle fini. Cette condition est nécessaire pour que l'équation différentielle du problème puisse subsister, et pour que celle-ci

$$dt\,\frac{\partial y_{x,0}}{\partial t} = \tfrac{1}{2}\,(y_{x+1,0} - 2y_{x,0} + y_{x-1,0})$$

donne $\frac{\partial y_{x,0}}{\partial t} = 0$. Mais d'ailleurs il est évident, par ce qui précède, que la figure initiale de la corde peut être discontinue et formée d'un nombre quelconque d'arcs de courbes différentes, pourvu que ces arcs se touchent.

Les diverses situations de la corde dans son mouvement sont représentées par les rangs horizontaux de la table (Z), et comme les rangs qui correspondent aux valeurs de x', $x'+2n$, $x'+4n$, ... sont les mêmes par ce qui précède, il en résulte que la corde revient à la même situation après les temps t, $t + \frac{2n}{a}$, $t + \frac{4n}{a}$, ...

On voit encore, par la construction géométrique donnée ci-dessus, que, si l'on conçoit une suite de cordes liées entre elles et placées alternativement au-dessus et au-dessous de l'axe des abscisses, comme dans cette construction, toutes ces cordes vibreront de la même manière, en sorte que, leurs figures initiales étant les mêmes, leurs figures seront constamment pareilles. On peut même ne fixer que les deux extrémités de cette suite, et laisser leurs nœuds entièrement libres;

car les éléments des deux cordes au point de leur jonction étant en ligne droite et également tendus, ce point n'a aucune tendance à se mouvoir et doit conséquemment rester immobile, ce que l'expérience confirme.

Cette analyse des cordes vibrantes établit d'une manière incontestable la possibilité d'admettre des fonctions discontinues dans ce problème, et l'on en doit généralement conclure que ces fonctions peuvent être employées dans tous les problèmes qui dépendent d'équations à différences particlles infiniment petites, pourvu qu'elles puissent subsister avec ces équations et avec les conditions du problème. On peut en effet considérer ces équations comme des cas particuliers d'équations aux différences finies, dans lesquelles on suppose que les variables deviennent infinies; or, rien n'étant négligé dans la théorie des équations aux différences finies particlles, il est visible que les fonctions arbitraires de leurs intégrales ne sont point assujetties à la loi de continuité, et que les constructions de ces équations au moyen de polygones ont lieu, quelle que soit la nature de ces polygones. Maintenant, lorsqu'on passe du fini à l'infiniment petit, ces polygones se changent dans des courbes qui, par conséquent, peuvent être discontinues; ainsi la loi de continuité n'est nécessaire ni dans les fonctions arbitraires des intégrales, ni dans les constructions géométriques qui les représentent. Il faut seulement observer que, si l'équation aux différentielles particlles en $y_{s,x'}$ est de l'ordre n, il ne doit point y avoir de saut entre deux valeurs consécutives de $\dfrac{\partial^{n-r} y_{s,x'}}{\partial x^s \partial x'^{n-r-s}}$, r et s étant des nombres entiers positifs, s pouvant être nul; c'est-à-dire que la différentielle de cette quantité doit être infiniment petite par rapport à cette quantité elle-même. Cette condition est indispensable pour que l'équation différentielle proposée puisse subsister, parce que toute équation différentielle partielle suppose que les différentielles partielles de $y_{s,x'}$ dont elle est formée, et divisées par les puissances respectives de dx et de dx', sont des quantités finies et comparables entre elles; mais rien n'oblige d'admettre la même condition relativement aux différences de $y_{r,r'}$ de l'ordre n ou d'un ordre supérieur. En prenant pour fonctions arbitraires les différences les plus élevées des fonctions arbitraires qui entrent dans l'intégrale d'une équation aux différences partielles, cette intégrale ne renfermera plus alors que des fonctions arbitraires et leurs intégrales successives qui sont continues, parce qu'en général l'intégrale $\int ds\, \varphi(s)$ est continue dans le cas même où la fonction $\varphi(s)$ ne l'est pas. La condition précédente se réduit donc à ce que la différence $(n-1)^{\text{ième}}$ de chaque fonction arbitraire soit continue, c'est-à-dire que sa différentielle soit infiniment plus petite. Il ne doit donc point y avoir de saut entre deux tangentes consécutives de la courbe qui représente la fonction arbitraire de l'intégrale d'une équation aux différentielles partielles du second ordre; ainsi, dans le problème des cordes vibrantes que nous venons de discuter, il est nécessaire et il suffit que deux éléments quelconques contigus de la figure initiale de la corde forment entre eux un angle infiniment peu différent de deux angles droits. Il ne doit point y avoir de saut entre deux rayons osculateurs consécutifs de la courbe qui représente la fonction arbitraire continue dans l'intégrale, si l'équation aux différences partielles est du troisième ordre, et ainsi de suite.

Considérations générales sur les fonctions génératrices.

20. Il est souvent inutile de connaître la fonction génératrice d'une quantité donnée par une équation aux différences finies, ordinaires ou partielles, parce que, l'Analyse offrant divers moyens pour développer les fonctions en séries, on peut ainsi obtenir d'une manière fort simple la valeur de la quantité cherchée. Il résulte du n° 5 que la quantité y_r, donnée par l'équation aux différences finies

$$0 = a y_r + b y_{r+1} + c y_{r+2} + \ldots + p y_{r+n-1} + q y_{r+n},$$

est le coefficient de t^r dans le développement de la fonction

$$\frac{A + Bt + Ct^2 + \ldots + H t^{n-1}}{at^n + bt^{n-1} + ct^{n-2} + \ldots + pt + q},$$

A, B, C, ..., H étant des constantes arbitraires. En effet, si l'on compare cette fonction à celle-ci,

$$y_0 + y_1 t + y_2 t^2 + \ldots + y_x t^x + y_{x+1} t^{x+1} + \ldots + y_n t^n,$$

on aura, en faisant disparaître le dénominateur et en vertu de l'équation aux différences en y_x,

$$A + Bt + Ct^2 + \ldots + H t^{n-1} = t^{n-1}(b y_0 + c y_1 + \ldots)$$
$$+ t^{n-2}(c y_0 + e y_1 + \ldots)$$
$$+ \ldots\ldots\ldots\ldots\ldots\ldots ;$$

en égalant ensuite les puissances homogènes de t, on aura les valeurs de A, B, C, ... au moyen des n valeurs y_0, y_1, ..., y_{n-1}; on aura donc ainsi la fonction génératrice de y_x.

Si l'on suppose $\Sigma^i y_x = y'_x$, on aura $y_x = \Delta^i y'_x$, et alors l'équation

$$o = a y_x + b y_{x+1} + c y_{x+2} + \ldots + q y_{x+n}$$

devient

$$o = a \Delta^i y'_x + b \Delta^i y'_{x+1} + \ldots + q \Delta^i y'_{x+n}.$$

ce qui donne, en intégrant,

$$a y'_x + b y'_{x+1} + \ldots + q y_{x+n} = M x^{i-1} + N x^{i-2} + \ldots,$$

M, N, ... étant des constantes arbitraires. Par le n° **2**, u étant la fonction génératrice de y_x, celle de y'_x est

$$\frac{u t^i + A' t^{i-1} + B' t^{i-2} + \ldots}{(1 - t)^i};$$

la fonction génératrice de y'_x ou de la quantité donnée par l'équation précédente en y'_x est donc

$$\frac{(A + Bt + Ct^2 + \ldots + H t^{n-1}) t^i + (A' t^{i-1} + B' t^{i-2} + \ldots)(a t^n + b t^{n-1} + \ldots + q)}{(1 - t)^i (a t^n + b t^{n-1} + c t^{n-2} + \ldots + p t + q)}.$$

Concevons maintenant que a, b, c, ... soient des fonctions rationnelles et entières de t de l'ordre n, et que A, B, C, ... soient des fonctions arbitraires de la même quantité; y_x sera fonction de x et de t.

En la développant par rapport aux puissances de t', nous nommerons $y_{x,x'}$ le coefficient de $t'^{x'}$ dans ce développement. Cela posé, si l'on suppose

$$a = a'\, t'^n + b'\, t'^{n-1} + c'\, t'^{n-2} + \ldots,$$
$$b = a''\, t'^n + b''\, t'^{n-1} + c''\, t'^{n-2} + \ldots.$$
$$c = a'''\, t'^n + \ldots,$$
$$\ldots\ldots\ldots\ldots\ldots,$$

l'équation différentielle précédente en y_x donnera, en comparant les coefficients de la puissance $t'^{x'+n}$, l'équation suivante aux différences partielles en $y_{x,x'}$,

$$
\begin{aligned}
0 = a' y_{x,x'} + b'\, y_{x,x'+1} + c'\, y_{x,x'+2} + \ldots \\
+ a'' y_{x+1,x'} + b''\, y_{x+2,x'+1} + \ldots \\
+ a''' y_{x+2,x'} + \ldots \\
+ \ldots ;
\end{aligned}
$$

la fonction génératrice de la variable $y_{x,x'}$ de cette équation sera donc

$$
\frac{A + Bt + Ct^2 + \ldots + H t^{n-1}}
{\begin{aligned}
&a'\, t'^n t'^n + b'\, t'^n t'^{n-1} + c'\, t'^n t'^{n-2} + \ldots \\
&+ a''\, t'^{n-1} t'^n + b''\, t'^{n-1} t'^{n-1} + \ldots \\
&+ a'''\, t'^{n-2} t'^n + \ldots \\
&+ \ldots ;
\end{aligned}}
$$

A, B, C, ... étant des fonctions arbitraires de t', elles donneront, par leur développement, les fonctions arbitraires qui doivent entrer dans l'expression de $y_{x,x'}$.

On peut encore déterminer les fonctions génératrices des équations aux différences finies, dans lesquelles les coefficients sont variables. Considérons pour cela l'équation aux différences

$$
\begin{aligned}
0 = \ & a\, y_x + b\, y_{x+1} + c\, y_{x+2} + \ldots + q\, y_{x+n} \\
& + x\, (a'\, y_x + b'\, y_{x+1} + c'\, y_{x+2} + \ldots + q'\, y_{x+n}) \\
& + x^2 (a''\, y_x + b''\, y_{x+1} + c''\, y_{x+2} + \ldots + q''\, y_{x+n}) \\
& + \ldots\ldots\ldots\ldots\ldots\ldots\ldots\ldots\ldots\ldots\ldots\ldots\ldots
\end{aligned}
$$

Si l'on nomme u la fonction génératrice de y_x, on aura, en vertu de l'équation précédente,

$$u\left(a + \frac{b}{t} + \frac{c}{t^2} + \ldots + \frac{q}{t^n}\right)$$

$$+ t\frac{d}{dt}\left[u\left(a' + \frac{b'}{t} + \frac{c'}{t^2} + \ldots + \frac{q'}{t^n}\right)\right]$$

$$+ t\frac{d}{dt}\left\{t\frac{d}{dt}\left[u\left(a'' + \frac{b''}{t} + \frac{c''}{t^2} + \ldots + \frac{q''}{t^n}\right)\right]\right\}$$

$$+ \ldots\ldots\ldots\ldots\ldots\ldots\ldots\ldots\ldots\ldots\ldots\ldots\ldots$$

$$= \mathrm{A} + \mathrm{B}t + \mathrm{C}t^2 + \ldots + \mathrm{H}t^{n-1},$$

A, B, C, ..., H étant des constantes arbitraires, qui dépendent des valeurs de y_0, y_1, y_2, ..., y_{n-1}. En effet, si l'on substitue dans cette équation la valeur précédente de u en série, on voit qu'en vertu de l'équation différentielle proposée, tous les coefficients de la même puissance de t disparaissent lorsque cette puissance est égale ou plus grande que n, et la comparaison des puissances inférieures donne un nombre n d'équations, qui déterminent les constantes A, B, C, ..., au moyen des valeurs y_0, y_1, ..., y_{n-1}.

L'équation différentielle précédente n'est intégrable généralement que dans le cas où elle est du premier ordre, et alors les coefficients de l'équation aux différences finies en y_x ne renferment que la première puissance de x; dans ce dernier cas, on peut obtenir la fonction génératrice u par des quadratures.

21. La connaissance des fonctions génératrices des équations différentielles donne l'expression des intégrales de ces équations au moyen de quadratures définies. Reprenons, pour cela, l'équation

$$u = y_0 + y_1 t + y_2 t^2 + \ldots + y_x t^x + y_{x+1} t^{x+1} + \ldots + y_z t^z.$$

Substituons dans ses deux membres $e^{\varpi\sqrt{-1}}$ au lieu de t^x, e étant toujours le nombre dont le logarithme hyperbolique est l'unité, et nommons U ce que devient alors u. En multipliant l'équation par

$c^{-x\varpi\sqrt{-1}}\,d\varpi$ et intégrant, on aura

$$\int \mathrm{U}\,d\varpi\,c^{-x\varpi\sqrt{-1}} = \int d\varpi \left\{ \begin{array}{l} y_0\,c^{-x\varpi\sqrt{-1}} + y_1\,c^{-(x-1)\varpi\sqrt{-1}} + \ldots \\ \quad + y_x + y_{x+1}\,c^{\varpi\sqrt{-1}} + \ldots \end{array} \right\}.$$

Si l'on substitue, pour $c^{\pm x\varpi\sqrt{-1}}$, sa valeur $\cos x\varpi \pm \sqrt{-1}\,\sin x\varpi$, et si l'on prend l'intégrale depuis $\varpi = -\pi$ jusqu'à $\varpi = \pi$, 2π étant la circonférence, le second membre se réduit à $2\pi y_x$; on a donc

$$y_x = \frac{1}{2\pi}\int \mathrm{U}\,d\varpi\left(\cos x\varpi - \sqrt{-1}\,\sin x\varpi\right);$$

mais cette formule a l'inconvénient d'introduire des imaginaires dont on peut se débarrasser de la manière suivante.

Considérons l'équation

$$o = a y_x + b y_{x+1} + \ldots + q y_{x+n}$$
$$+ x\left(a' y_x + b' y_{x+1} + \ldots + q' y_{x+n}\right),$$

et supposons

$$y_x = \int t^{-x-1}\mathrm{T}\,dt,$$

T étant une fonction de t qu'il s'agit de déterminer, ainsi que les limites de l'intégrale. En substituant pour y_x cette valeur dans l'équation différentielle en y_x, et observant que l'on a

$$x\int t^{-x-1}\,dt\,\frac{\mathrm{T}}{t^r} = -t^{-x}\frac{\mathrm{T}}{t^r} + \int t^{-x}\,d\left(\frac{\mathrm{T}}{t^r}\right),$$

ce qui fait disparaître le coefficient variable x, on aura

$$(h) \quad \left\{ \begin{array}{l} o = -\mathrm{T}t^{-x}\left(a' + \dfrac{b'}{t} + \ldots + \dfrac{q'}{t^n}\right) \\[2ex] \quad + \displaystyle\int t^{-x-1}\,dt \left\{ \begin{array}{l} \mathrm{T}\left(a + \dfrac{b}{t} + \ldots + \dfrac{q}{t^n}\right) \\[1ex] + t\dfrac{d}{dt}\left[\mathrm{T}\left(a' + \dfrac{b'}{t} + \ldots + \dfrac{q'}{t^n}\right)\right] \end{array} \right\} \end{array} \right.$$

En égalant à zéro la partie sous le signe $\int$, on aura

$$o = \mathrm{T}\left(a + \frac{b}{t} + \ldots + \frac{q}{t^n}\right) + t\frac{d}{dt}\left[\mathrm{T}\left(a' + \frac{b'}{t} + \ldots + \frac{q'}{t^n}\right)\right].$$

Cette équation intégrée donne T en fonction de t. Elle est la même que l'équation différentielle en u du numéro précédent, en négligeant dans celle-ci le terme indépendant de u. La valeur de T est donc la partie de u qui est indépendante de ce terme.

Pour avoir les limites de l'intégrale $\int t^{-x-1} T\, dt$, on égalera à zéro la partie hors du signe $\int$ dans l'équation (h), ce qui donne

$$0 = T t^{-x} \left(a' + \frac{b'}{t} + \ldots + \frac{q'}{t^n} \right).$$

Cette équation est satisfaite en supposant t infini, et en le supposant égal à l'une des racines de l'équation

$$0 = a' + \frac{b'}{t} + \ldots + \frac{q'}{t^n};$$

on aura ainsi $n + 1$ limites de l'intégrale $\int t^{-x-1} T\, dt$; en multipliant ensuite chaque intégrale, comprise entre une de ces limites et les n autres limites, par une constante arbitraire, la somme de ces produits sera la valeur complète de y_x.

On peut étendre cette méthode aux équations à différences partielles finies et infiniment petites, comme nous le ferons voir dans la seconde partie de ce Livre.

On voit, par ce qui précède, l'analogie qui existe entre les fonctions génératrices des variables et les intégrales définies au moyen desquelles ces variables peuvent être exprimées. Pour la rendre encore plus sensible, considérons l'équation

$$y_x = \int T\, dt\, t^{-x},$$

T étant une fonction de t, et l'intégrale étant prise dans des limites déterminées. On aura, x variant de α,

$$\Delta y_x = \int T\, dt\, t^{-x} \left(\frac{1}{t^\alpha} - 1 \right),$$

et, généralement,

$$\Delta^i y_x = \int T\, dt\, t^{-x} \left(\frac{1}{t^\alpha} - 1 \right)^i;$$

en faisant i négatif, la caractéristique Δ se change dans le signe intégral Σ. Si l'on suppose α infiniment petit et égal à dx, on aura

$$\frac{1}{t^\alpha} = 1 + dx \log \frac{1}{t};$$

on aura donc, en observant qu'alors $\Delta^i y_x$ se change dans $d^i y_x$,

$$\frac{d^i y_x}{dx^i} = \int \mathrm{T}\, dt\, t^{-x} \left(\log \frac{1}{t} \right)^i.$$

On trouvera de la même manière, et en adoptant les dénominations du n° 2,

$$\nabla^i y_x \int \mathrm{T}\, dt\, t^{-x} \left(a + \frac{b}{t} + \ldots + \frac{q}{t^n} \right)^i.$$

Ainsi la même analyse, qui donne les fonctions génératrices des dérivées successives des variables, donne les fonctions, sous le signe $\int$, des intégrales définies qui expriment ces dérivées. La caractéristique ∇^i n'exprime, à proprement parler, qu'un nombre i d'opérations consécutives : la considération des fonctions génératrices réduit ces opérations à des élévations d'un polynôme à ses diverses puissances, et la considération des intégrales définies donne directement l'expression de $\nabla^i y_x$, dans le cas même où l'on supposerait i un nombre fractionnaire.

Mais le grand avantage de cette transformation des expressions analytiques en intégrales définies est de fournir une approximation aussi commode que convergente de ces expressions, lorsqu'elles sont formées d'un grand nombre de termes et de facteurs ; c'est ce qui a lieu dans la théorie des probabilités, quand le nombre des événements que l'on considère est très grand. Alors le calcul numérique des résultats auxquels on est conduit par la solution des problèmes devient impraticable, et il est indispensable d'avoir pour ce calcul une méthode d'approximation d'autant plus convergente que ces résultats sont plus compliqués.

Leur expression en intégrales définies procure cet avantage, et celui de donner les lois suivant lesquelles la probabilité des résultats

indiqués par les événements approche de la certitude à mesure que les
événements se multiplient, lois dont la connaissance est l'un des
objets les plus intéressants de la théorie des probabilités. Ce fut à
l'occasion d'un problème de ce genre, dont la solution dépendait de
l'expression du terme moyen du binôme élevé à une grande puissance,
que Stirling transforma cette expression dans une série très convergente ; son résultat peut être regardé comme une des choses les plus
ingénieuses que l'on ait trouvées sur les suites. Il est surtout remarquable en ce que, dans une recherche qui semble n'admettre que des
quantités algébriques, il introduit une quantité transcendante, savoir
la racine carrée du rapport de la circonférence au diamètre. Mais la
méthode de Stirling, fondée sur un théorème de Wallis et sur l'interpolation des suites, laissait à désirer une méthode directe qui s'étendît
à toutes les fonctions composées d'un grand nombre de termes et de
facteurs. Telle est la méthode dont je viens de parler, et que j'ai donnée
d'abord dans les *Mémoires de l'Académie des Sciences* pour l'année 1778
et ensuite, avec plus d'étendue, dans les Mémoires de la même Académie pour l'année 1782. Le développement de cette méthode va être
l'objet de la seconde Partie de ce Livre, et complétera ainsi le Calcul
des fonctions génératrices.

Les séries auxquelles cette méthode conduit renferment le plus souvent la racine carrée du rapport de la circonférence au diamètre, et
c'est la raison pour laquelle Stirling l'a rencontrée dans le cas particulier qu'il a considéré ; mais quelquefois elles dépendent d'autres transcendantes dont le nombre est infini.

Les limites des intégrales définies que cette méthode réduit en séries
convergentes sont, comme on vient de le voir, données par les racines
d'une équation que l'on peut nommer *équation des limites*. Mais une remarque très importante dans cette analyse, et qui permet de l'étendre
aux fonctions que la Théorie des Probabilités présente le plus souvent,
est que les séries auxquelles on parvient ont également lieu dans le
cas même où, par des changements de signe dans les coefficients de
l'équation des limites, ses racines deviennent imaginaires. Ces pas-

sages du positif au négatif, et du réel à l'imaginaire, dont les premières applications ont paru, si je ne me trompe, dans les Mémoires cités, m'ont conduit, dans ces Mémoires, aux valeurs de plusieurs intégrales définies, qui offrent cela de remarquable, savoir qu'elles dépendent à la fois de ces deux transcendantes, le rapport de la circonférence au diamètre et le nombre dont le logarithme hyperbolique est l'unité. On peut donc considérer ces passages comme des moyens de découvertes, pareils à l'induction dont les géomètres font depuis longtemps usage. Mais ces moyens, quoique employés avec beaucoup de précautions et de réserve, laissent toujours à désirer des démonstrations de leurs résultats. Leur rapprochement des méthodes directes servant à les confirmer et à faire voir la grande généralité de l'analyse, et pouvant par cette raison intéresser les géomètres, j'ai insisté particulièrement sur ces passages qu'Euler considérait en même temps que moi, et dont il a fait plusieurs applications curieuses, mais qui n'ont paru que depuis la publication des Mémoires cités.

SECONDE PARTIE.

THÉORIE DES APPROXIMATIONS DES FORMULES QUI SONT FONCTIONS
DE TRÈS GRANDS NOMBRES.

CHAPITRE PREMIER.

DE L'INTÉGRATION PAR APPROXIMATION DES DIFFÉRENTIELLES QUI RENFERMENT
DES FACTEURS ÉLEVÉS A DE GRANDES PUISSANCES.

22. On vient de voir que l'on peut toujours ramener à l'intégration de semblables différentielles les formules données par la théorie des fonctions génératrices. Nous allons donc nous occuper d'abord avec étendue de l'approximation de ce genre d'intégrales.

Si l'on désigne par u, u', u'', … et φ des fonctions quelconques de x, et par s, s', s'', … de très grands nombres, toute fonction différentielle qui renferme des fonctions élevées à de grandes puissances sera comprise dans le terme $\varphi\, dx\, u^s u'^{s'} u''^{s''} \ldots$. Pour avoir en série convergente son intégrale prise depuis $x = o$ jusqu'à $x = \theta$, on fera

$$\varphi\, u^s u'^{s'} u''^{s''} \ldots = y,$$

et en désignant par Y ce que devient y lorsqu'on y change x en θ, on supposera

$$y = Y e^{-t},$$

e étant toujours le nombre dont le logarithme hyperbolique est l'unité. On aura ainsi

$$t = \log \frac{Y}{y}.$$

Si l'on considère x comme une fonction de t donnée par cette équation, on aura, en supposant dt constant,

$$x = 0 + t\frac{dx}{dt} + \frac{t^2}{1.2}\frac{d^2 x}{dt^2} + \frac{t^3}{1.2.3}\frac{d^3 x}{dt^3} + \cdots,$$

t devant être supposé nul après les différentiations, dans les valeurs de $\frac{dx}{dt}$, $\frac{d^2 x}{dt^2}$,.... On a généralement

$$\frac{d^n x}{dt^n} = \frac{1}{dt}\, d\cdot\frac{1}{dt}\, d\cdot\frac{1}{dt}\ldots d\cdot\frac{dx}{dt},$$

la caractéristique différentielle se rapportant à tout ce qui la suit, et dt pouvant varier d'une manière quelconque dans le second membre de cette équation; de plus, si l'on différentie l'expression précédente de t en y, et si l'on désigne $-\frac{y\,dx}{dy}$ par v, on aura $dt = \frac{dx}{v}$; on aura donc

$$\frac{d^n x}{dt^n} = \frac{v\, d\, v\, dv \ldots dv}{dx^{n-1}},$$

dx étant supposé constant dans le second membre de cette équation. Ainsi, en nommant U ce que devient v lorsqu'on y change x en 0, la valeur de $\frac{d^n x}{dt^n}$ qui répond à $x = 0$, ou, ce qui revient au même, à $t = 0$, sera égale à

$$\frac{\mathrm{U}\, d\, \mathrm{U}\, d\mathrm{U} \ldots d\mathrm{U}}{d0^{n-1}};$$

on aura donc

$$x = 0 + \mathrm{U}t + \frac{\mathrm{U}\, d\mathrm{U}}{1.2.d0}t^2 + \frac{\mathrm{U}\, d\, \mathrm{U}\, d\mathrm{U}}{1.2.3.d0^2}t^3 + \cdots,$$

d'où l'on tire

$$dx = \mathrm{U}\, dt\left(1 + \frac{d\mathrm{U}}{d0}t + \frac{d\, \mathrm{U}\, d\mathrm{U}}{1.2.d0^2}t^2 + \cdots\right);$$

par conséquent

$$\int y\, dx = \mathrm{U} \mathrm{Y}\int dt\, e^{-t}\left(1 + \frac{d\mathrm{U}}{d0}t + \frac{d\, \mathrm{U}\, d\mathrm{U}}{1.2.d0^2}t^2 + \cdots\right).$$

Si l'on prend l'intégrale depuis $t = 0$ jusqu'à t infini, on aura généralement

$$\int t^n\, dt\, e^{-t} = 1.2.3\ldots n;$$

partant

$$\int y\, dx = UY\left(1 + \frac{dU}{d\theta} + \frac{d\,U\,dU}{d\theta^2} + \frac{d.U\,d\,U dU}{d\theta^3} + \dots\right),$$

l'intégrale relative à x étant prise depuis $x = \theta$ jusqu'à la valeur de x qui répond à t infini.

Nommons Y' et U' ce que deviennent y et v lorsqu'on y change x en θ' ; on aura pareillement

$$\int y\, dx = U'Y'\left(1 + \frac{dU'}{d\theta'} + \frac{d\,U'dU'}{d\theta'^2} + \frac{d.U'\,d\,U'dU'}{d\theta'^3} + \dots\right),$$

l'intégrale relative à x étant prise depuis $x = \theta'$ jusqu'à la valeur de x qui répond à t infini. En retranchant donc ces deux équations l'une de l'autre, on aura

$$(\text{A}) \quad \begin{cases} \displaystyle \int y\, dx = UY\left(1 + \frac{dU}{d\theta} + \frac{d\,U\,dU}{d\theta^2} + \frac{d.U\,d\,U dU}{d\theta^3} + \dots\right) \\[2ex] \displaystyle \qquad - U'Y'\left(1 + \frac{dU'}{d\theta'} + \frac{d\,U'dU'}{d\theta'^2} + \frac{d.U'\,d\,U'dU'}{d\theta'^3} + \dots\right), \end{cases}$$

l'intégrale relative à x étant prise depuis $x = \theta$ jusqu'à $x = \theta'$, en sorte que la considération de t disparaît dans cette formule. Si θ et θ' étaient primitivement renfermés dans y, il ne faudrait faire varier que les quantités θ et θ' qu'introduisent dans U et U', les changements de x en θ et θ' dans la fonction v.

La formule (A) sera très convergente, si v ou $-\dfrac{v\,dx}{dy}$ est une très petite quantité ; or y étant, par la supposition, égal à $\varphi u^s u'^{s'} u''^{s''}, \dots$ on a

$$v = - \frac{1}{\dfrac{s\,du}{u\,dx} + \dfrac{s'\,du'}{u'\,dx'} + \dfrac{s''\,du''}{u''\,dx} + \dots + \dfrac{1}{\varphi}\dfrac{d\varphi}{dx}}$$

Ainsi, dans le cas où $s, s', s'', \dots$ sont de très grands nombres, v sera fort petit, et si l'on fait $\dfrac{1}{s} = \alpha$, α étant une fraction très petite, la fonction v sera de l'ordre α, et les termes successifs de la formule (A) seront respectivement des ordres $\alpha, \alpha^2, \alpha^3, \dots$

Cette formule cesserait d'être convergente, si la supposition de $x = \theta$ rendait très petit le dénominateur de l'expression de v. Supposons, par exemple, que $(x - a)^\mu$ soit un facteur de ce dénominateur; il est clair que les termes successifs de la formule (A) sont respectivement divisés par $(\theta - a)^\mu$, $(\theta - a)^{2\mu+1}$, $(\theta - a)^{3\mu+2}$, ..., et deviendront très considérables, si θ est peu différent de a; la convergence de cette formule exige donc que $(\theta - a)^\mu$, $(\theta' - a)^\mu$ soient plus grands que α; elle ne peut conséquemment être employée dans l'intervalle où $(x - a)^\mu$ est égal ou moindre que α; mais, dans ce cas, on pourra faire usage de la méthode suivante.

23. Si l'on nomme Y ce que devient y lorsqu'on y change x en a, il est visible que $(x - a)^\mu$ étant un facteur de $-\dfrac{dy}{y\,dx}$, ou, ce qui revient au même, de $-\dfrac{d\log\frac{Y}{y}}{dx}$, $(x - a)^{\mu+1}$ sera un facteur de $\log\dfrac{Y}{y}$. Soit donc

$$y = Y e^{-t^{a+1}},$$

$$v = \frac{x - a}{(\log Y - \log y)^{\frac{1}{\mu+1}}};$$

on aura

$$x = a + vt,$$

v ne devenant point infini par la supposition de $x = a$. Si l'on désigne ensuite par U, $\dfrac{dU^2}{dx}$, $\dfrac{d^2U^3}{dx^2}$, ... ce que deviennent v, $\dfrac{dv^2}{dx}$, $\dfrac{d^2v^3}{dx^2}$, ..., lorsqu'on y change x en a après les différentiations, on aura, par la formule (p) du n° 21 du Livre II de la *Mécanique céleste*,

$$x = a + Ut + \frac{dU^2}{1.2.dx}t^2 + \frac{d^2U^3}{1.2.3\,dx^2}t^3 + \ldots,$$

ce qui donne

$$(\text{B})\qquad \int y\,dx = Y\int dt\,e^{-t^{a+1}}\left(U + \frac{dU^2}{dx}t + \frac{d^2U^3}{1.2.dx^2}t^2 + \ldots\right);$$

cette formule pourra être employée dans tout l'intervalle où x diffère très peu de a; elle peut conséquemment servir de supplément à la formule (A) du numéro précédent; mais, au lieu d'être ordonnée, comme elle, par rapport aux puissances de x, elle ne l'est que par rapport aux puissances de $x^{\frac{1}{\mu+1}}$; car il est visible que, dans ce dernier cas, v n'est que de l'ordre $\alpha^{\frac{1}{\mu+1}}$.

Pour déterminer plus facilement les quantités U, $\dfrac{dU^2}{dx}$, ..., supposons

$$\log Y - \log y = (x-a)^{\mu+1}[A + B(x-a) + C(x-a)^2 + \ldots].$$

Nous aurons, en changeant x en a après les différentiations,

$$A = -\frac{d^{\mu+1}\log y}{1.2.3\ldots(\mu+1)\,dx^{\mu+1}},$$

$$B = -\frac{d^{\mu+2}\log y}{1.2.3\ldots(\mu+2)\,dx^{\mu+2}},$$

$$\ldots \ldots \ldots \ldots \ldots \ldots \ldots \ldots \ldots$$

Nous aurons ensuite, quel que soit r,

$$v^r = [A + B(x-a) + C(x-a)^2 + \ldots]^{-\frac{r}{\mu+1}},$$

d'où il est facile de conclure, en développant cette expression de v^r et nommant $Q(x-a)^{r-1}$ le terme de ce développement qui a pour facteur $(x-a)^{r-1}$,

$$\frac{d^{r-1}U^r}{1.2.3\ldots(r-1)\,dx^{r-1}} = Q.$$

La formule (B) ne présente plus ainsi d'autres difficultés que celles qui résultent de l'intégration des quantités de la forme $\int t^n\,dt\,c^{-t^{\mu+1}}$, et l'on a généralement

$$\int t^n\,dt\,c^{-t^{\mu+1}} = -\frac{c^{-t^{\mu+1}}}{\mu+1}\left\{ t^{n-\mu} + \frac{n-\mu}{\mu+1}t^{n-2\mu-1} + \frac{(n-\mu)(n-2\mu-1)}{(\mu+1)^2}t^{n-3\mu-2} + \ldots \right.$$
$$\left. + \frac{(n-\mu)(n-2\mu-1)\ldots(n-r\mu+\mu-r+2)}{(\mu+1)^{r-1}}t^{n-r\mu-r+1} \right\}$$
$$+ \frac{(n-\mu)(n-2\mu-1)\ldots(n-r\mu-r+1)}{(\mu+1)^r}\int t^{n-r\mu-r}\,dt\,c^{-t^{\mu+1}}.$$

r étant égal au quotient de la division de n par $\mu+1$, si la division est possible, ou au nombre immédiatement inférieur, si elle ne l'est pas.

La détermination de l'intégrale $\int y\,dx$ dépend donc des intégrales de cette forme

$$\int dt\, c^{-t^{\mu+1}}, \quad \int t\,dt\, c^{-t^{\mu+1}}, \quad \ldots, \quad \int t^{\mu-1}\,dt\, c^{-t^{\mu+1}}.$$

Il n'est pas possible d'obtenir exactement ces intégrales par les méthodes connues, mais il sera facile dans tous les cas d'avoir leurs valeurs approchées.

24. Nous aurons principalement besoin, dans la suite, de la valeur de $\int y\,dx$, prise pour tout l'intervalle compris entre deux valeurs consécutives de x qui rendent y nul ; nous allons conséquemment exposer les simplifications dont cette valeur est alors susceptible. La variable y ayant été supposée, dans le numéro précédent, égale à $Y c^{-t^{\mu+1}}$, il est visible que les deux valeurs de x qui rendent y nul rendent également nulle la quantité $c^{-t^{\mu+1}}$, ce qui exige que $\mu + 1$ soit un nombre pair, et que l'une des valeurs de x réponde à $t = -\infty$ et l'autre à $t = \infty$; Y est donc alors le maximum de y compris entre ces valeurs. Soit $\mu + 1 = 2i$; si l'on prend l'intégrale $\int t^{2n-1}\,dt\, c^{-t^{2i}}$ depuis $t = -\infty$ jusqu'à $t = \infty$, sa valeur sera nulle ; car il est clair que les éléments de cette intégrale qui répondent aux valeurs négatives de t sont égaux et de signe contraire à ceux qui répondent aux mêmes valeurs prises positivement. L'intégrale $\int t^{2n}\,dt\, c^{-t^{2i}}$ est égale à $2\int t^{2n}\,dt\, c^{-t^{2i}}$, cette dernière intégrale étant prise depuis t nul jusqu'à t infini, et dans ce cas, on a, par le numéro précédent,

$$\int t^{2n}\,dt\, c^{-t^{2i}} = \frac{(2n - 2i + 1)(2n - 4i + 1)\ldots(2n - 2ri + 1)}{(2i)^r}\int t^{2n-2r}\,dt\, c^{-t^{2i}},$$

r étant égal au nombre entier du quotient de la division de n par i. Soit donc, en prenant les intégrales depuis t nul jusqu'à t infini,

$$k = \int dt\, c^{-t^{2i}},$$
$$k^{(1)} = \int t^2\,dt\, c^{-t^{2i}},$$
$$k^{(2)} = \int t^4\,dt\, c^{-t^{2i}},$$
$$\ldots\ldots\ldots\ldots\ldots,$$
$$k^{(i-1)} = \int t^{2i-2}\,dt\, c^{-t^{2i}};$$

la formule (B) du numéro précédent deviendra

$$
\int y\,dx = 2k\ \ Y\left\{ U + \frac{1}{2i}\,\frac{d^{2i}U^{2i+1}}{1.2.3\ldots 2i\,dx^{2i}} + \frac{2i+1}{4i^2}\,\frac{d^{4i}U^{4i+1}}{1.2.3\ldots 4i\,dx^{4i}} + \ldots \right\}
$$

$$
+ 2k^{(1)}\ Y\left\{
\begin{array}{l}
\dfrac{d^2U^3}{1.2.\,dx^2} + \dfrac{3}{2i}\,\dfrac{d^{2i+2}U^{2i+2}}{1.2.3\ldots(2i+2)\,dx^{2i+3}} \\[2mm]
\qquad + \dfrac{3(2i+3)}{4i^2}\,\dfrac{d^{4i+2}U^{4i+3}}{1.2.3\ldots(4i+2)\,dx^{4i+2}} + \ldots
\end{array}
\right\}
$$

$$+ \ldots\ldots\ldots\ldots\ldots\ldots\ldots\ldots\ldots\ldots\ldots\ldots$$

$$
+ 2k^{(i-1)}Y\left\{
\begin{array}{l}
\dfrac{d^{2i-2}U^{2i-1}}{1.2.3(2i-2)\,dx^{2i-2}} + \dfrac{2i-1}{2i}\,\dfrac{d^{4i-2}U^{4i-1}}{1.2.3\ldots(4i-2)\,dx^{4i-2}} \\[2mm]
\qquad + \dfrac{(2i-1)(4i-1)}{4i^2}\,\dfrac{d^{6i-2}U^{6i-1}}{1.2.3\ldots(6i-2)\,dx^{6i-2}} + \ldots
\end{array}
\right\}.
$$

Cette formule est la somme d'un nombre i de suites différentes, décroissantes comme les puissances de z, puisque U est de l'ordre $z^{\frac{1}{2i}}$, et multipliées respectivement par les transcendantes k, $k^{(1)}$, …, qu'il est, par conséquent, important de connaître; mais il suffit pour cela d'en connaître un nombre égal au plus grand nombre entier compris dans $\frac{i}{2}$.

Considérons pour cela la double intégrale

$$\int\int ds\,dx\ e^{-s(1+x^n)},$$

les intégrales étant prises depuis s et x nuls jusqu'à leurs valeurs infinies. En l'intégrant d'abord par rapport à s, elle se réduit à

$$\int \frac{dx}{1+x^n};$$

mais cette dernière intégrale est $\dfrac{\pi}{n\sin\frac{\pi}{n}}$, n étant un nombre quelconque entier ou fractionnaire; on a donc

$$\int\int ds\,dx\ e^{-s(1+x^n)} = \frac{\pi}{n\sin\frac{\pi}{n}}.$$

Intégrons maintenant cette double intégrale, d'abord par rapport à x.

En faisant $s.x^n = t^n$, elle devient

$$\int \frac{ds\, c^{-s}}{s^{\frac{1}{n}}} \cdot \int dt\, c^{-t^n},$$

et si l'on fait $s = t^n$, on aura

$$n \int dt\, c^{-t^n} \int t^{n-2} dt\, c^{-t^n} = \frac{\pi}{n \sin \frac{\pi}{n}},$$

les intégrales étant prises depuis t nul jusqu'à t infini. Si l'on change n en $\frac{n}{r-1}$, cette équation devient

$$n^2 \int dt\, c^{-t^{\frac{n}{r-1}}} \int t^{\frac{n}{r-1}-2} dt\, c^{-t^{\frac{n}{r-1}}} = \frac{(r-1)^2 \pi}{\sin \frac{r-1}{n}\cdot\pi},$$

et si dans cette nouvelle équation on change t en t^{r-1}, on aura

$$(\text{T}) \qquad n^2 \int t^{r-2} dt\, c^{-t^n} \int t^{n-r} dt\, c^{-t^n} = \frac{\pi}{\sin \frac{r-1}{n}\pi}.$$

On aura, au moyen de cette formule, en y faisant $n = 2i$, toutes les valeurs de k, $k^{(1)}$, …, $k^{(i-1)}$, lorsque l'on en connaîtra la moitié, si i est pair, ou la moitié moins un demi, si i est impair.

En faisant $n = 2$ et $r = 2$, cette formule donne ce résultat remarquable

$$\int dt\, c^{-t^2} = \tfrac{1}{2}\sqrt{\pi}.$$

25. On peut, en vertu de la généralité de l'analyse, étendre les résultats précédents au cas où t est imaginaire. Considérons l'intégrale $\int dx \cos rx\, c^{-a^2 x^2}$, prise depuis x nul jusqu'à x infini. On peut la mettre sous cette forme

$$\tfrac{1}{2}\int dx\, c^{-a^2 x^2 + rx\sqrt{-1}} + \tfrac{1}{2}\int dx\, c^{-a^2 x^2 - rx\sqrt{-1}}.$$

L'intégrale $\int dx\, c^{-a^2 x^2 + rx\sqrt{-1}}$ est égale à

$$c^{-\frac{r^2}{4a^2}}\int dx\, c^{-\left(ax - \frac{r\sqrt{-1}}{2a}\right)^2}.$$

Si l'on fait

$$t = ax - \frac{r\sqrt{-1}}{2a},$$

elle devient

$$\frac{c^{-\frac{r^2}{4a^2}}}{a} \int dt\, c^{-t^2};$$

ici l'intégrale relative à t doit être prise depuis $t = -\frac{r\sqrt{-1}}{2a}$ jusqu'à t infini, parce que ces deux limites répondent à x nul et à x infini.

En faisant r négatif dans cette formule, on aura l'expression de l'intégrale $\int dx\, c^{-a^2x^2 - rx\sqrt{-1}}$; mais, dans ce cas, les limites de l'intégrale relative à t sont $t = \frac{r\sqrt{-1}}{2a}$ et t infini; la réunion de ces deux intégrales est donc égale à

$$\frac{c^{-\frac{r^2}{4a^2}}}{a} \int dt\, c^{-t^2},$$

l'intégrale étant prise depuis $t = -\infty$ jusqu'à $t = \infty$; car la première intégrale ajoute à la seconde ce qui lui manque pour former la moitié de l'intégrale prise entre les deux limites infinies; or cette dernière intégrale est $\frac{c^{-\frac{r^2}{4a^2}}}{a}\sqrt{\pi}$; on a donc

$$\int dx \cos rx \cdot c^{-a^2x^2} = \frac{\sqrt{\pi}}{2a} c^{-\frac{r^2}{4a^2}}.$$

L'analyse qui vient de nous conduire à ce résultat est fondée sur le passage du réel à l'imaginaire; car on y traite les intégrales relatives à t et prises entre deux limites, dont une est imaginaire et l'autre est infinie, comme si ces limites étaient toutes réelles. Mais on peut parvenir à ce résultat de la manière suivante.

Nommons y l'intégrale $\int dx \cos rx \cdot c^{-a^2x^2}$, prise depuis x nul jusqu'à x infini; on aura

$$\frac{dy}{dr} = -\int x\, dx \sin rx \cdot c^{-a^2x^2} = \frac{1}{2a^2}\sin rx \cdot c^{-a^2x^2} - \frac{r}{2a^2}\int dx \cos rx \cdot c^{-a^2x^2};$$

on aura donc, en prenant l'intégrale depuis x nul jusqu'à x infini,

$$\frac{dy}{dr} + \frac{r}{2a^2}\, y = 0.$$

L'intégrale de cette équation est

$$y = B\, c^{-\frac{r^2}{4a^2}},$$

B étant une constante arbitraire que l'on déterminera en observant que, r étant nul, on a

$$y = B = \int dx\, c^{-a^2 x^2}.$$

Cette dernière intégrale est, par le numéro précédent, $\frac{\sqrt{\pi}}{2a}$; donc $B = \frac{\sqrt{\pi}}{2a}$; par conséquent

$$\int dx \cos r x \cdot c^{-a^2 x^2} = \frac{\sqrt{\pi}}{2a}\, c^{-\frac{r^2}{4a^2}},$$

ce qui est conforme au résultat trouvé ci-dessus par le passage du réel à l'imaginaire.

En différentiant $2n$ fois par rapport à r, on aura

$$\int x^{2n}\, dx \cos r x\, c^{-a^2 x^2} = \pm \frac{\sqrt{\pi}}{2a}\, \frac{d^{2n}}{dr^{2n}}\, c^{-\frac{r^2}{4a^2}},$$

le signe $+$ ayant lieu si n est pair, et le signe $-$ si n est impair. Cette dernière équation, différentiée par rapport à r, donne

$$\int x^{2n+1}\, dx \sin r x \cdot c^{-a^2 x^2} = \mp \frac{\sqrt{\pi}}{2a}\, \frac{d^{2n+1}}{dr^{2n+1}}\, c^{-\frac{r^2}{4a^2}}.$$

En intégrant une fois par rapport à r l'expression de $\int dx \cos r x . c^{-a^2 x^2}$, on aura

$$\int \frac{dx \sin r x}{x}\, c^{-a^2 x^2} = \frac{\sqrt{\pi}}{2a}\int dr\, c^{-\frac{r^2}{4a^2}}.$$

Lorsque a est nul, $\frac{r}{a}$ devient infini, et l'intégrale $\int \frac{dr}{2a}\, c^{-\frac{r^2}{4a^2}}$, prise depuis r nul, devient $\frac{1}{2}\sqrt{\pi}$; donc

$$\int \frac{dx \sin r x}{x} = \frac{\pi}{2}.$$

26. On peut de là conclure les valeurs de quelques intégrales définies singulières auxquelles j'ai été conduit, comme on le verra dans la suite, par le passage du réel à l'imaginaire.

Considérons la double intégrale

$$\int\int 2\,dx\,y\,dy\,c^{-y^2(1+x^2)}\cos rx,$$

les intégrales étant prises depuis x et y nuls jusqu'à x et y infinis. En l'intégrant d'abord par rapport à y, elle devient

$$\int \frac{dx\cos rx}{1+x^2}.$$

Intégrons-la maintenant par rapport à x. On a, par le numéro précédent,

$$\int dx\cos rx\,c^{-y^2x^2} = \frac{\sqrt{\pi}}{2y}c^{-\frac{r^2}{4y^2}},$$

ce qui donne

$$\int\int 2y\,dy\,dx\cos rx\,.\,c^{-y^2(1+x^2)} = \sqrt{\pi}\int dy\,c^{-y^2-\frac{r^2}{4y^2}}.$$

Il s'agit maintenant d'avoir cette dernière intégrale, prise depuis y nul jusqu'à y infini.

Pour cela, donnons-lui cette forme

$$c^r\int dy\,c^{-\left(\frac{2y^2+r}{2y}\right)^2};$$

r étant supposé positif, la quantité $\left(\frac{2y^2+r}{2y}\right)^2$ a un minimum qui répond à $y=\sqrt{\frac{r}{2}}$, ce qui donne $2r$ pour ce minimum; soit donc

$$y = \tfrac{1}{2}z + \tfrac{1}{2}\sqrt{z^2+2r};$$

y devant s'étendre depuis $y=0$ jusqu'à $y=\infty$, z doit s'étendre depuis $z=-\infty$ jusqu'à $z=\infty$. Cette valeur de y donne

$$dy = \tfrac{1}{2}dz + \tfrac{1}{2}\frac{z\,dz}{\sqrt{z^2+2r}}.$$

En prenant les intégrales depuis $z = -\infty$ jusqu'à $z = \infty$, on a

$$\int dz\, c^{-z^2} = \sqrt{\pi}, \qquad \int \frac{z\, dz\, c^{-z^2}}{\sqrt{z^2 + 2r}} = 0;$$

on a donc

$$\int dy\, c^{-\left(\frac{2y^2 + r}{2y}\right)^2} = \int dy\, c^{-z^2 - 2r} = c^{-2r} \int \tfrac{1}{2}\, dz\, c^{-z^2} = \frac{c^{-2r}\sqrt{\pi}}{2};$$

partant

$$\int dy\, c^{-y^2 - \frac{r^2}{y^2}} = \frac{c^{-r}\sqrt{\pi}}{2}.$$

On aura généralement, par la même analyse, l'intégrale

$$\int y^{\pm 2n}\, dy\, c^{-y^2 - \frac{r^2}{y^2}},$$

prise depuis y nul jusqu'à y infini, et par conséquent aussi, dans les mêmes limites, l'intégrale

$$\int x^{\pm \frac{n}{2}}\, dx\, c^{-ax - \frac{b}{x}},$$

a et b étant positifs et n étant impair. Cela posé, on aura

$$\int \int 2y\, dy\, dx \cos r x \cdot c^{-y^2(1 + x^2)} = \frac{\pi}{2\, c^r};$$

on a donc

$$\int \frac{dx \cos r x}{1 + x^2} = \frac{\pi}{2\, c^r}.$$

En différentiant par rapport à r, on a

$$\int \frac{x\, dx \sin r x}{1 + x^2} = \frac{\pi}{2\, c^r};$$

de là il est facile de conclure la valeur de l'intégrale

$$\int \frac{(a + b x)\, dx \cos r x}{m + 2 n x + x^2},$$

prise depuis $x = -\infty$ jusqu'à $x = +\infty$, le dénominateur n'ayant point de facteurs réels en x du premier degré. Si l'on fait

$$x = -n + x' \sqrt{m - n^2},$$

cette intégrale devient, en supposant $\dfrac{a-bn}{\sqrt{m-n^2}}=a'$,

$$\int \frac{(a'+bx')\,dx'\left[\cos\left(rx'\sqrt{m-n^2}\right)\cos rn+\sin\left(rx'\sqrt{m-n^2}\right)\sin rn\right]}{1+x'^2}.$$

Cette intégrale doit être prise comme celle relative à x, depuis $x'=-\infty$ jusqu'à $x'=\infty$; or l'intégrale $\int \dfrac{x'\,dx'\cos\left(rx'\sqrt{m-n^2}\right)}{1+x'^2}$, prise dans ces limites, est nulle, parce que ses éléments négatifs détruisent ses éléments positifs correspondants; il en est de même de l'intégrale $\int \dfrac{dx'\sin\left(rx'\sqrt{m-n^2}\right)}{1+x'^2}$; la fonction intégrale précédente se réduit donc à

$$\int \frac{\left[a'\cos rn\cos\left(rx'\sqrt{m-n^2}\right)+b\sin rn\sin\left(rx'\sqrt{m-n^2}\right)x'\right]dx'}{1+x'^2}.$$

On a, par ce qui précède,

$$\int \frac{dx'\cos\left(rx'\sqrt{m-n^2}\right)}{1+x'^2}=\pi\,e^{-r\sqrt{m-n^2}}.$$

En différentiant cette expression par rapport à r, on a

$$\int \frac{x'\,dx'\sin\left(rx'\sqrt{m-n^2}\right)}{1+x'^2}=\pi\,e^{-r\sqrt{m-n^2}};$$

on a donc

$$\int \frac{(a+bx)\,dx\cos rx}{m+2nx+x^2}=\left(a'\cos rn+b\sin rn\right)\pi\,e^{-r\sqrt{m-n^2}}.$$

On trouvera, par la même analyse,

$$\int \frac{(a+bx)\,dx\sin rx}{m+2nx+x^2}=\left(b\cos rn-a'\sin rn\right)\pi\,e^{-r\sqrt{m-n^2}}.$$

Si l'on différentie la première de ces deux équations $i-1$ fois par rapport à m et ensuite $2s$ fois par rapport à r, on aura l'expression de l'intégrale

$$(i)\qquad \int \frac{x^{2s}\,dx\,(a+bx)\cos rx}{(m+2nx+x^2)^i}.$$

Maintenant, M et N étant des fonctions rationnelles et entières de x, le degré de la première étant supposé plus petit que celui de la seconde, et N étant supposé n'avoir aucun facteur réel du premier degré, on pourra, comme on sait, décomposer l'intégrale $\int \frac{M}{N}dx\cos rx$ en différents termes de la forme (i); on aura donc généralement l'expression de cette intégrale définie.

On aura de la même manière la valeur de l'intégrale

$$\int \frac{M}{N}dx\,\sin rx.$$

27. Reprenons maintenant la formule (B) du n° **23**. Le cas de $\mu + 1 = 2$ étant le plus ordinaire, nous allons exposer ici les formules qui y sont relatives. La formule (B) devient, dans ce cas,

$$(b)\quad \int y\,dx = Y\int dt\,e^{-t^2}\left(U + t\frac{d\,U^2}{dx} + \frac{t^2}{1.2}\frac{d^2U^3}{dx^2} + \frac{t^3}{1.2.3}\frac{d^3U^4}{dx^3} + \dots\right);$$

ici l'on a

$$t = \sqrt{\log Y - \log y}, \qquad v = \frac{x-a}{\sqrt{\log Y - \log y}},$$

Y étant le maximum de y, et a étant la valeur de x qui correspond à ce maximum; $U, \frac{dU}{dx}, \dots$ sont ce que deviennent $v, \frac{dv}{dx}$, lorsqu'on y change x en a. Cette formule donne, en l'intégrant depuis $t = T$ jusqu'à $t = T'$,

$$(c)\quad\begin{aligned}
\int y\,dx = Y&\left[U + \frac{1}{2}\frac{d^2U^3}{1.2.dx^2} + \frac{1.3}{2^2}\frac{d^4U^5}{1.2.3.4.dx^4} + \dots\right]\int dt\,e^{-t^2}\\
&+ \frac{Y}{2}e^{-T^2}\left[\frac{dU^2}{dx} + \frac{T\,d^2U^3}{1.2.dx^2} + \frac{(T^2+1)d^3U^4}{1.2.3.dx^3} + \dots\right]\\
&- \frac{Y}{2}e^{-T'^2}\left[\frac{dU^2}{dx} + \frac{T'd^2U^3}{1.2\,dx^2} + \frac{(T'^2+1)d^3U^4}{1.2.3.dx^3} + \dots\right],
\end{aligned}$$

l'intégrale $\int dt\,e^{-t^2}$ étant prise depuis $t = T$ jusqu'à $t = T'$, et l'intégrale $\int y\,dx$ étant prise depuis la valeur de x qui convient à $t = T$ jusqu'à celle qui convient à $t = T'$.

Si l'on suppose $T = -\infty$ et $T' = \infty$, on aura généralement

$$T^n e^{-T^2} = 0, \qquad T'^n e^{-T'^2} = 0.$$

On a d'ailleurs par le n° **24** $\int dt\, c^{-t} = \sqrt{\pi}$; la formule précédente devient ainsi

$$(d) \qquad \int y\, dx = Y\sqrt{\pi}\left(U + \frac{1}{2}\,\frac{d^2 U^3}{1.2.dx^2} + \frac{1.3}{2^2}\,\frac{d^4 U^5}{1.2.3.4.dx^4} + \cdots\right),$$

l'intégrale $\int y\, dx$ étant prise entre les valeurs de x qui rendent y nul, et Y étant le maximum de y, compris entre ces valeurs. Les différents termes de cette formule se détermineront facilement par le n° **23**, et l'on aura

$$U = \frac{1}{\sqrt{-\dfrac{d^2 \log y}{2\,dx^2}}},$$

x devant être changé en a, après les différentiations. On a

$$d^2 \log y = \frac{d^2 y}{y} - \frac{dy^2}{y^2};$$

la supposition de $x = a$ fait disparaître dy; on aura donc

$$\frac{d^2 \log y}{dx^2} = \frac{d^2 Y}{Y\, dx^2},$$

Y et $\dfrac{d^2 Y}{dx^2}$ étant ce que deviennent y et $\dfrac{d^2 y}{dx^2}$, lorsqu'on y change x en a. Ainsi, en ne considérant dans la formule (d) que le premier terme de la série, on aura à très peu près

$$\int y\, dx = \frac{\sqrt{2\pi}\,Y^3}{\sqrt{-\dfrac{d^2 Y}{dx^2}}}.$$

Cette expression de $\int y\, dx$ sera d'autant plus approchée que les facteurs de y seront élevés à de plus hautes puissances.

La formule (c) renferme l'intégrale indéfinie $\int dt\, c^{-t}$ prise depuis $t = T$ jusqu'à $t = T'$, ce qui revient à la prendre depuis $t = o$ jusqu'aux limites T et T', et à retrancher la première intégrale de la seconde. Il n'est pas possible d'obtenir en termes finis l'intégrale prise depuis t nul; mais on l'obtiendra d'une manière fort approchée, si T est peu considérable, par la série suivante :

$$\int dt\, e^{-t^2} = T - \frac{T^3}{3} + \frac{1}{1.2}\frac{T^5}{5} - \frac{1}{1.2.3}\frac{T^7}{7} + \frac{1}{1.2.3.4}\frac{T^9}{9} - \dots$$

Cette série a l'avantage d'être alternativement plus petite ou plus grande que l'intégrale, suivant que l'on s'arrête à un terme positif ou négatif. Ce genre de séries, que l'on peut nommer *séries-limites*, a ainsi l'avantage de faire connaître les limites des erreurs des approximations. On a encore

$$\int dt\, e^{-t^2} = T e^{-T^2}\left[1 + \frac{2T^2}{1.3} + \frac{(2T^2)^2}{1.3.5} + \frac{(2T^2)^3}{1.3.5.7} + \dots\right].$$

Ces deux séries finissent toujours par être convergentes, quelle que soit la valeur de T ; mais leur convergence ne commence qu'à des termes éloignés du premier, si $2T^2$ a une valeur considérable ; il convient donc de ne les employer que pour des valeurs égales ou moindres que quatre. Pour de plus grandes valeurs, on pourra faire usage de la série suivante, qui donne la valeur de l'intégrale $\int dt\, e^{-t^2}$ depuis $t = T$ jusqu'à t infini,

$$\int dt\, e^{-t^2} = \frac{e^{-T^2}}{2T}\left(1 - \frac{1}{2T^2} + \frac{1.3}{2^2 T^4} - \frac{1.3.5}{2^3 T^6} + \dots\right).$$

Cette série est encore une série-limite. En la retranchant de $\frac{1}{2}\sqrt{\pi}$, valeur de l'intégrale $\int dt\, e^{-t^2}$ prise depuis t nul jusqu'à t infini, on aura la valeur de l'intégrale prise depuis t nul jusqu'à $t = T$. Mais la série a l'inconvénient de finir par être divergente : on obvie à cet inconvénient, en la transformant en fraction continue, comme je l'ai fait dans le Livre X de la *Mécanique céleste*, où j'ai trouvé qu'en faisant $q = \frac{1}{2T^2}$, on a, l'intégrale étant prise depuis $t = T$ jusqu'à l'infini,

$$\int dt\, e^{-t^2} = \frac{e^{-T^2}}{2T}\ \cfrac{1}{1+\cfrac{q}{1+\cfrac{2q}{1+\cfrac{3q}{1+\cfrac{4q}{1+\cfrac{5q}{1+\dots}}}}}}$$

Pour faire usage de cette expression, il faut réduire la fraction continue

$$\cfrac{1}{1+\cfrac{q}{1+\cfrac{2q}{1+\cdots}}}$$

en fractions alternativement plus grandes et plus petites que la fraction entière. Les deux premières fractions sont $\frac{1}{1}$, $\frac{1}{1+q}$; les numérateurs des fractions suivantes sont tels que le numérateur de la fraction $i^{\text{ème}}$ est égal au numérateur de la fraction $(i-1)^{\text{ième}}$ plus au numérateur de la fraction $(i-2)^{\text{ième}}$, multiplié par $(i-1)q$; les dénominateurs se forment de la même manière. Ces fractions successives sont

$$\frac{1}{1}, \quad \frac{1}{1+q}, \quad \frac{1+2q}{1+3q}, \quad \frac{1+5q}{1+6q+3q^2}, \quad \frac{1+9q+8q^2}{1+10q+15q^2}, \quad \ldots$$

Lorsque q ou $\frac{1}{2^{'}1^{'}2}$ sera égal ou moindre que $\frac{1}{4}$, ces fractions donneront d'une manière prompte et approchée la valeur de la fraction entière.

28. On peut facilement étendre l'analyse précédente aux doubles, triples, etc. intégrales. Pour cela, considérons la double intégrale $\int\!\int y\,dx\,dx'$, y étant une fonction de x et de x', qui renferme des facteurs élevés à de grandes puissances. Supposons que l'intégrale relative à x' doive être prise depuis une fonction X de x jusqu'à une autre fonction $X' + X$ de la même variable. En faisant $x' = X + tX'$, l'intégrale $\int\!\int y\,dx\,dx'$ se changera dans celle-ci, $\int\!\int yX'dx\,dt$, l'intégrale relative à t devant être prise depuis $t = 0$ jusqu'à $t = 1$: on peut donc réduire ainsi l'intégrale $\int\!\int y\,dx\,dx'$ à des limites constantes et indépendantes des variables qu'elle renferme. Nous supposerons qu'elle a cette forme, et que l'intégrale relative à x est prise depuis $x = 0$ jusqu'à $x = \varpi$, et que l'intégrale relative à x' est prise depuis $x' = 0$ jusqu'à $x' = \varpi'$. Cela posé, en nommant Y ce que devient y lorsqu'on y change x et x' en 0 et $0'$, on fera

$$y = Y\,e^{-t-t'};$$

en supposant ensuite

$$x = \theta + u, \qquad x' = \theta' + u',$$

on réduira $\log \dfrac{Y}{y}$ dans une suite ordonnée par rapport aux puissances de u et de u', et l'on aura une équation de cette forme

$$M u + M' u' = t + t',$$

dans laquelle M est la partie du développement en série de $\log \dfrac{Y}{y}$, qui renferme tous les termes multipliés par u, et M' est l'autre partie qui renferme les termes multipliés par u' et qui sont indépendants de u. On partagera l'équation précédente dans les deux suivantes

$$M u = t, \qquad M' u' = t',$$

d'où l'on tirera celle-ci, par le retour des suites,

$$u = N t, \qquad u' = N' t',$$

N étant une suite ordonnée par rapport aux puissances de t et de t', et N' étant uniquement ordonnée par rapport aux puissances de t', et étant indépendante de t; ces deux suites sont très convergentes, si y renferme des facteurs très élevés. Maintenant on a $dx\,dx' = du\,du'$; de plus on a

$$du = \frac{\partial . N t}{\partial t}\, dt + \frac{\partial . N t}{\partial t'}\, dt'.$$

$$du' = \frac{\partial . N' t'}{\partial t'}\, dt';$$

mais, dans le produit $du\,du'$, la différentielle du est prise en faisant u' constant, ce qui rend t' constant ou $dt' = 0$; on a donc

$$du = \frac{\partial . N t}{\partial t}\, dt;$$

par conséquent

$$du\,du' = \frac{\partial . N t}{\partial t} \cdot \frac{\partial . N' t'}{\partial t'}\, dt\,dt',$$

ce qui donne

$$\int\!\int y\, dx\, dx' = Y \int\!\int \frac{\partial . N t}{\partial t}\, \frac{\partial . N' t'}{\partial t'}\, dt\,dt'\, c^{-t-t'}.$$

Il est facile d'intégrer les divers termes du second membre de cette équation, puisqu'il ne s'agit que d'intégrer des termes de la forme $\int t^n \, dt \, e^{-t}$.

Si l'on prend l'intégrale relative à t, depuis t nul jusqu'à t infini, et que l'on nomme Q le résultat de l'intégration, on aura

$$\int y \, dx' = YQ,$$

l'intégrale relative à x' étant prise depuis $x' = 0$ jusqu'à la valeur de x' qui répond à t infini. Si l'on change ensuite, dans Y et Q, 0 en ϖ', et que l'on nomme Y' et Q' ce que deviennent alors ces quantités, on aura

$$\int y \, dx' = Y'Q',$$

l'intégrale étant prise depuis $x' = \varpi'$ jusqu'à la valeur de x' qui répond à t infini.

En nommant R et R' les intégrales $\int Q \, dt$ et $\int Q' \, dt$ prises depuis t nul jusqu'à t infini, on aura

$$\iint y \, dx \, dx' = YR - Y'R',$$

l'intégrale relative à x' étant prise depuis $x' = 0$ jusqu'à $x' = \varpi'$, et l'intégrale relative à x étant prise depuis $x = 0$ jusqu'à la valeur de x qui répond à t infini. Si dans Y, R, Y', R', on change 0 en ϖ, et que l'on nomme Y_1, R_1, Y'_1, R'_1 ce que deviennent alors ces quantités, on aura

$$\iint y \, dx \, dx' = Y_1 R_1 - Y'_1 R'_1,$$

l'intégrale relative à x' étant prise entre les limites $0'$ et ϖ', et l'intégrale relative à x étant prise depuis $x = \varpi$ jusqu'à la valeur de x qui répond à t infini ; on aura donc

$$\iint y \, dx \, dx' = YR - Y'R' - Y_1 R_1 + Y'_1 R'_1,$$

l'intégrale relative à x étant prise entre les limites 0 et ϖ, et l'intégrale relative à x' étant prise entre les limites $0'$ et ϖ'.

Cette formule répond à la formule (A) du n° **22**, qui n'est relative qu'à une seule variable ; elle a, comme elle, l'inconvénient de ne pouvoir s'étendre aux intervalles voisins du maximum de y. Il faut, pour ces intervalles, employer une méthode analogue à celle du n° **23**. Ainsi, en supposant que, dans l'intervalle compris entre 0 et ϖ, y devienne un maximum relativement à x, en sorte que la condition de ce maximum ne fasse disparaitre que la différentielle de y, prise par rapport à x, on fera

$$y = Y\, e^{-(t-t')},$$

Y étant la valeur de y qui convient à ce maximum et à $x' = 0'$; et si, dans l'intervalle compris entre les limites des intégrations relatives à x et à x', y devient un maximum, on fera

$$y = Y\, e^{-(t-t'')}.$$

Comme nous aurons besoin principalement, dans la suite, de l'intégrale $\int\int y\, dx\, dx'$ prise entre les limites de x et de x' qui rendent y nul, nous allons discuter ce cas.

Considérons l'intégrale $\int\int y\, dx\, dx'$, y étant une fonction de x, x', qui renferme des facteurs élevés à de grandes puissances. Si l'on nomme a, a' les valeurs de x, x' qui répondent au maximum de y, et que l'on nomme Y ce maximum, on fera

$$y = Y\, e^{-(t-t'')};$$

en supposant ensuite

$$x = a + \theta, \qquad x' = a' + \theta',$$

on substituera ces valeurs dans la fonction $\log \dfrac{Y}{y}$, et, en la développant dans une suite ordonnée par rapport aux puissances et aux produits de θ, θ', on aura une équation de cette forme

$$M\theta^2 + 2N\theta\theta' + P\theta'^2 = t^2 + t'^2.$$

Cette équation peut être mise sous la forme

$$M\left(\theta + \frac{N}{M}\theta'\right)^2 + \left(P - \frac{N^2}{M}\right)\theta'^2 = t^2 + t'^2;$$

on fera donc

$$t = \theta\sqrt{M} + \frac{N\theta'}{\sqrt{M}}, \qquad t' = \theta'\sqrt{P - \frac{N^2}{M}}.$$

En différentiant ces équations, on aura des différentielles de cette forme

$$dt = \mathrm{L}\, d\theta + \mathrm{l}\, d\theta',$$

$$dt' = \mathrm{L}'\, d\theta + \mathrm{l}'\, d\theta'.$$

Maintenant on a

$$\int\int y\, dx\, dx' = \int\int y\, d\theta\, d\theta';$$

dans le produit $d\theta\, d\theta'$, $d\theta$ est pris en supposant θ' constant, et alors on a

$$dt = \mathrm{L}\, d\theta;$$

ensuite dt' doit être pris en regardant t constant dans le produit $dt\, dt'$; alors on a

$$0 = \mathrm{L}\, d\theta + \mathrm{l}\, d\theta',$$

$$dt' = \mathrm{L}'\, d\theta + \mathrm{l}'\, d\theta',$$

ce qui donne

$$dt' = \frac{\mathrm{l}\,\mathrm{L}' - \mathrm{L}'\,\mathrm{l}}{\mathrm{L}}\, d\theta';$$

on a donc

$$dt\, dt' = d\theta\, d\theta'(\mathrm{L}\,\mathrm{l}' - \mathrm{L}'\,\mathrm{l});$$

par ce moyen, l'intégrale $\int\int y\, d\theta\, d\theta'$ est transformée dans celle-ci :

$$\mathrm{Y}\int\int \frac{dt\, dt'\, e^{-t-t'}}{\mathrm{L}\,\mathrm{l}' - \mathrm{L}'\,\mathrm{l}}.$$

Le dénominateur $\mathrm{L}\,\mathrm{l}' - \mathrm{L}'\,\mathrm{l}$ est une fonction de θ et de θ' que l'on réduira en fonction de t et de t', au moyen des valeurs de t et de t' en θ et θ'. On obtiendra ainsi l'intégrale précédente dans une suite de termes de la forme $\int\int t^n t'^{n'}\, dt\, dt'\, e^{-t-t'}$, les intégrales étant prises depuis t et t' égaux à $-\infty$, jusqu'à leurs valeurs infinies positives. Ces intégrales sont nulles lorsque l'un des deux nombres n et n' est impair, et dans le cas où ils sont tous deux pairs, n étant égal à $2i$, et n' à $2i'$, on a

$$\int\int t^{2i} t'^{2i'}\, dt\, dt'\, e^{-t-t'} = \frac{1.3.5\ldots(2i-1).1.3.5\ldots(2i'-1)}{2^i.2^{i'}}\,\pi.$$

Si les puissances auxquelles les facteurs de y sont élevés sont très grandes, alors on a, à très peu près,

$$M = - \frac{\frac{\partial^2 Y}{\partial x^2}}{2Y}, \qquad 2N = - \frac{\frac{\partial^2 Y}{\partial x\, \partial x'}}{Y}, \qquad P = - \frac{\frac{\partial^2 Y}{\partial x'^2}}{2Y},$$

$\frac{\partial^2 Y}{\partial x^2}$, $\frac{\partial^2 Y}{\partial x\, \partial x'}$, $\frac{\partial^2 Y}{\partial x'^2}$ étant ce que deviennent $\frac{\partial^2 y}{\partial x^2}$, $\frac{\partial^2 y}{\partial x\, \partial x'}$ et $\frac{\partial^2 y}{\partial x'^2}$ lorsqu'on y change x et x' en a et a'; l'intégrale $\int\int y\, dx\, dx'$ devient ainsi, à fort peu près,

$$\frac{2\pi Y^2}{\sqrt{\frac{\partial^2 Y}{\partial x^2}\, \frac{\partial^2 Y}{\partial x'^2} - \left(\frac{\partial^2 Y}{\partial x\, \partial x'}\right)^2}}.$$

CHAPITRE II.

DE L'INTÉGRATION PAR APPROXIMATION DES ÉQUATIONS LINÉAIRES AUX DIFFÉRENCES FINIES ET INFINIMENT PETITES.

29. On a vu, dans le n° 21, que les intégrales des équations linéaires aux différences entre une variable s, dont la différence est supposée constante, et une fonction y_s de cette variable, peuvent être mises sous la forme $y_s = \int a^s \varphi \, dx$, φ étant une fonction de x de la même nature que la fonction génératrice de l'équation proposée aux différences, et l'intégrale étant prise dans des limites déterminées de x. En supposant s un très grand nombre, on aura, par l'analyse précédente, une valeur très approchée de cette intégrale et par conséquent de y_s. Mais cette méthode d'approximation étant très importante dans la Théorie des Probabilités, nous allons la développer avec étendue.

Considérons l'équation aux différences finies

$$(1) \qquad S = A y_s + B \Delta y_s + C \Delta^2 y_s + \ldots,$$

A, B, C, ... étant des fonctions rationnelles et entières de s, auxquelles nous donnerons cette forme

$$A = a + a^{(1)} s + a^{(2)} s(s-1) + a^{(3)} s(s-1)(s-2) + \ldots,$$
$$B = b + b^{(1)} s + b^{(2)} s(s-1) + b^{(3)} s(s-1)(s-2) + \ldots,$$
$$C = c + e^{(1)} s + c^{(2)} s(s-1) + e^{(3)} s(s-1)(s-2) + \ldots,$$
$$\ldots\ldots\ldots\ldots\ldots\ldots\ldots\ldots\ldots\ldots\ldots\ldots\ldots\ldots\ldots\ldots\ldots\ldots;$$

Δy_s est la différence finie de y_s, s étant supposé varier de l'unité; $\Delta^2 y_s$

$\Delta^3 y_s$, ... sont les seconde, troisième, ... différences de y_s, et S est une fonction de s. Cela posé, représentons y_s par $\int x^s \varphi\, dx$, φ étant une fonction de x qu'il faut déterminer, ainsi que les limites de l'intégrale. En désignant x^s par δy, on aura

$$\Delta y_s = \int \delta y(x-1)\varphi\, dx, \qquad \Delta^2 y_s = \int \delta y(x-1)^2 \varphi\, dx, \qquad \ldots;$$

on aura ensuite

$$s\,x^s = x\frac{d\delta y}{dx}, \qquad s(s-1)x^s = x^2\frac{d^2\delta y}{dx^2}, \qquad \ldots;$$

l'équation (1) aux différences devient ainsi

$$S = \int \varphi\, dx \left\{ \begin{array}{l} \delta y\left[a \quad + b \quad (x-1) + e \quad (x-1)^2 + \ldots\right] \\[4pt] + \dfrac{x}{1}\dfrac{d\delta y}{dx}\left[a^{(1)} + b^{(1)}(x-1) + e^{(1)}(x-1)^2 + \ldots\right] \\[4pt] + \dfrac{x^2}{dx^2}\dfrac{d^2\delta y}{1}\left[a^{(2)} + b^{(2)}(x-1) + e^{(2)}(x-1)^2 + \ldots\right] \\[4pt] + \ldots\ldots\ldots\ldots\ldots\ldots\ldots\ldots\ldots\ldots\ldots \end{array} \right.$$

Au lieu de faire y_s égal à $\int x^s \varphi\, dx$, on peut le supposer égal à $\int c^{-sx}\varphi\, dx$; alors on a

$$\Delta y_s = \int c^{-sx}(c^{-x}-1)\varphi\, dx, \qquad \Delta^2 y_s = \int c^{-sx}(c^{-x}-1)^2 \varphi\, dx, \qquad \ldots.$$

De plus, si l'on désigne c^{-sx} par δy, on aura

$$s c^{-sx} = -\frac{d\delta y}{dx}, \qquad s^2 c^{-sx} = \frac{d^2\delta y}{dx^2}, \qquad \ldots;$$

en mettant donc les coefficients de l'équation (1) sous cette forme,

$$A = a + a^{(1)}s + a^{(2)}s^2 + \ldots,$$
$$B = b + b^{(1)}s + b^{(2)}s^2 + \ldots,$$
$$C = e + e^{(1)}s + e^{(2)}s^2 + \ldots,$$
$$\ldots\ldots\ldots\ldots\ldots\ldots\ldots\ldots\ldots\ldots,$$

cette équation prendra la forme

$$S = \int \varphi \, dx \left\{ \begin{aligned} &\partial y \left[a \quad + b \ (c^{-x} - 1) + e \ (c^{-x} - 1)^2 + \ldots \right] \\ &- \frac{d\partial y}{dx} \left[a^{(1)} + b^{(1)}(c^{-x} - 1) + e^{(1)}(c^{-x} - 1)^2 + \ldots \right] \\ &+ \frac{d^2 \partial y}{dx^2} \left[a^{(2)} + b^{(2)}(c^{-x} - 1) + e^{(2)}(c^{-x} - 1)^2 + \ldots \right] \\ &- \ldots \ldots \ldots \ldots \ldots \ldots \ldots \ldots \ldots \ldots \ldots \end{aligned} \right\}.$$

En représentant généralement y, par $\int \partial y \varphi \, dx$, les deux formes que l'équation (1) prend dans les suppositions de $\partial y = x^i$ et de $\partial y = c^{-ix}$ seront comprises dans la suivante

$$S = \int \varphi \, dx \left(M \partial y + N \frac{d\partial y}{dx} + P \frac{d^2 \partial y}{dx^2} + Q \frac{d^3 \partial y}{dx^3} + \ldots \right),$$

M, N, P, Q, ... étant des fonctions de x indépendantes de la variable s, qui n'entre dans le second membre de cette équation qu'autant que ∂y et ses différences en sont fonctions.

Maintenant, pour y satisfaire, on intégrera par parties ses différents termes ; or on a

$$\int \frac{d\partial y}{dx} N \varphi \, dx = \partial y \, N \varphi - \int \partial y \, \frac{d(N\varphi)}{dx} \, dx,$$

$$\int \frac{d^2 \partial y}{dx^2} P \varphi \, dx = \frac{d\partial y}{dx} P \varphi - \partial y \, \frac{d(P\varphi)}{dx} + \int \partial y \, \frac{d^2(P\varphi)}{dx^2} \, dx,$$

$$\ldots \ldots \ldots \ldots \ldots \ldots \ldots \ldots \ldots \ldots \ldots \ldots \ldots ;$$

l'équation précédente devient ainsi

$$\begin{aligned} S = &\int \partial y \, dx \left[M \varphi - \frac{d(N\varphi)}{dx} + \frac{d^2(P\varphi)}{dx^2} - \frac{d^3(Q\varphi)}{dx^3} + \ldots \right] \\ &+ C + \partial y \left[N \varphi - \frac{d(P\varphi)}{dx} + \frac{d^2(Q\varphi)}{dx^2} - \ldots \right] \\ &+ \frac{d\partial y}{dx} \left[P \varphi - \frac{d(Q\varphi)}{dx} + \ldots \right] \\ &+ \frac{d^2 \partial y}{dx^2} \left(Q \varphi - \ldots \right) \\ &+ \ldots \ldots \ldots \ldots \ldots \end{aligned}$$

C étant une constante arbitraire.

Puisque la fonction φ doit être indépendante de s et par conséquent de δy, on doit égaler séparément à zéro la partie de cette équation affectée du signe $\int$, ce qui partage l'équation précédente dans les deux suivantes :

$$(2) \qquad 0 = \mathrm{M}\varphi - \frac{d(\mathrm{N}\varphi)}{dx} + \frac{d^2(\mathrm{P}\varphi)}{dx^2} - \frac{d^3(\mathrm{Q}\varphi)}{dx^3} + \dots,$$

$$(3) \quad \left\{ \begin{aligned} \mathrm{S} &= \mathrm{C} + \delta y\left[\mathrm{N}\varphi - \frac{d(\mathrm{P}\varphi)}{dx} + \frac{d^2(\mathrm{Q}\varphi)}{dx^2} - \dots \right] \\ &+ \frac{d\delta y}{dx}\left[\mathrm{P}\varphi - \frac{d(\mathrm{Q}\varphi)}{dx} + \dots \right]; \\ &+ \frac{d^2\delta y}{dx^2}(\mathrm{Q}\varphi - \dots) \\ &+ \dots\dots\dots\dots\dots \end{aligned} \right.$$

La première de ces équations sert à déterminer la fonction φ, et la seconde détermine les limites dans lesquelles l'intégrale $\int \delta y\,\varphi\,dx$ est comprise.

On peut observer que l'équation (2) est l'équation de condition qui doit avoir lieu pour que la fonction différentielle

$$\left(\mathrm{M}\,\delta y + \mathrm{N}\frac{d\delta y}{dx} + \mathrm{P}\frac{d^2\delta y}{dx^2} + \dots \right)\varphi\,dx$$

soit une différentielle exacte, quel que soit δy; et dans ce cas l'intégrale de cette fonction est égale au second membre de l'équation (3) : φ est donc le facteur en x seul qui doit multiplier l'équation

$$0 = \mathrm{M}\,\delta y + \mathrm{N}\frac{d\delta y}{dx} + \mathrm{P}\frac{d^2\delta y}{dx^2} + \dots$$

pour la rendre intégrable. Si φ était connu, on pourrait abaisser cette équation d'un degré, et, réciproquement, si cette équation était abaissée d'un degré, le coefficient de δy, dans sa différentielle divisée par $\mathrm{M}\,dx$, donnerait une valeur de φ; cette équation et l'équation (2) sont conséquemment liées entre elles, de manière qu'une intégrale de l'une donne une intégrale de l'autre.

La valeur de φ étant supposée connue, on aura celle de y, au moyen d'une intégrale définie. L'intégration de l'équation (1) aux différences finies est donc ainsi ramenée à l'intégration de l'équation (2) aux différences infiniment petites et à une intégrale définie.

Considérons présentement l'équation (3) et faisons d'abord $S = o$. Si l'on suppose que δy, $\frac{d\delta y}{dx}$, $\frac{d^2\delta y}{dx^2}$, ... deviennent nuls au moyen d'une même valeur de x, que nous désignerons par h, et qui soit indépendante de s, il est clair qu'en supposant C nul, cette valeur satisfera à l'équation (3), et qu'ainsi elle sera une des limites entre lesquelles on doit prendre l'intégrale $\int \delta y \varphi \, dx$. La supposition précédente a lieu visiblement dans les deux cas de $\delta y = x'$ et de $\delta y = e^{-sx}$; dans le premier cas, l'équation $x = o$, et dans le second cas, l'équation $x = \infty$ rendent nulles les quantités δy, $\frac{d\delta y}{dx}$, $\frac{d^2\delta y}{dx^2}$, ... Pour avoir d'autres limites de l'intégrale $\int \delta y \varphi \, dx$, on observera que, ces limites devant être indépendantes de s, il faut, dans l'équation (3), égaler séparément à zéro les coefficients de δy, $\frac{d\delta y}{dx}$, ..., ce qui donne les équations suivantes :

$$o = N\varphi - \frac{d(P\varphi)}{dx} + \frac{d^2(Q\varphi)}{dx^2} - \dots,$$

$$o = P\varphi - \frac{d(Q\varphi)}{dx} + \dots,$$

$$o = Q\varphi - \dots,$$

$$\dots\dots\dots\dots$$

Ces équations sont au nombre de i, si i est l'ordre de l'équation différentielle (2); on pourra donc éliminer, à leur moyen, toutes les constantes arbitraires de la valeur de φ, moins une, et l'on aura une équation finale en x, dont les racines seront autant de limites de l'intégrale $\int \delta y \varphi \, dx$. On cherchera par cette équation un nombre de valeurs différentes de x, égal au degré de l'équation différentielle (1). Soient q, $q^{(1)}$, $q^{(2)}$, ... ces valeurs; elles donneront autant de valeurs différentes de φ, puisque les constantes arbitraires de φ, moins une, sont déterminées en fonctions de ces valeurs. On pourra ainsi représenter les valeurs de φ correspondantes aux limites q, $q^{(1)}$, $q^{(2)}$, ... par $B\lambda$, $B^{(1)}\lambda^{(1)}$, $B^{(2)}\lambda^{(2)}$, ..., B, $B^{(1)}$, $B^{(2)}$, ... étant des constantes arbitraires, et l'on aura, pour la valeur complète de y_s,

$$y_s = B \int \delta y \cdot \lambda \, dx + B^{(1)} \int \delta y \cdot \lambda^{(1)} \, dx + B^{(2)} \int \delta y \cdot \lambda^{(2)} \, dx + \ldots,$$

l'intégrale du premier terme étant prise depuis $x = h$ jusqu'à $x = q$, celle du second terme étant prise depuis $x = h$ jusqu'à $x = q^{(1)}$, et ainsi du reste. On déterminera les constantes B, $B^{(1)}$, ... au moyen d'autant de valeurs particulières de y_s.

Supposons maintenant que, dans l'équation (3), S ne soit pas nul. Si l'on prend l'intégrale $\int \delta y \varphi \, dx$ depuis $x = h$ jusqu'à x égal à une quantité quelconque p, il est clair que l'on aura $C = o$, et que S sera ce que devient la fonction

$$\delta y \left[N\varphi - \frac{d(P\varphi)}{dx} + \ldots \right]$$
$$+ \frac{d\delta y}{dx} (P\varphi - \ldots)$$
$$+ \ldots\ldots\ldots\ldots\ldots,$$

lorsqu'on y change x en p. Ainsi, pour le succès de la méthode précédente, il est nécessaire que S ait la forme de cette fonction. Faisons, par exemple, $\delta y = x^s$, et

$$S = p^r[l + l^{(1)}s + l^{(2)}s(s-1) + l^{(3)}s(s-1)(s-2) + \ldots]:$$

en comparant cette valeur de S à la précédente, on aura

$$l = N\varphi - \frac{d(P\varphi)}{dx} + \ldots,$$
$$l^{(1)}p = P\varphi - \ldots,$$
$$\ldots\ldots\ldots\ldots\ldots,$$

x devant être changé en p dans les seconds membres de ces équations, dont le nombre est égal au degré de l'équation différentielle (2). On pourra donc, à leur moyen, déterminer les constantes arbitraires de la valeur de φ, et si l'on désigne par ψ ce que devient φ lorsqu'on a ainsi déterminé ses arbitraires, on aura

$$y_s = \int x^s \psi \, dx.$$

De là et de ce que l'équation (1) est linéaire, il est facile de conclure que, si S est égal à

$$p'[l + l^{(1)}s + l^{(2)}s(s-1) + \ldots]$$
$$+ p'_1[l_1 + l_1^{(1)}s + l_1^{(2)}s(s-1) + \ldots]$$
$$+ \ldots\ldots\ldots\ldots\ldots\ldots\ldots\ldots,$$

en nommant ψ', ... ce que devient ψ lorsqu'on y change successivement p, l, $l^{(1)}$, ... en p_1, l_1, $l_1^{(1)}$, ..., en p_2, ..., on aura

$$y_s = \int x^s \psi \, dx + \int x^s \psi' \, dx + \ldots,$$

la première intégrale étant prise depuis $x = h$ jusqu'à $x = p$, la seconde étant prise depuis $x = h$ jusqu'à $x = p_1$, ... Cette valeur de y_s ne renferme aucune constante arbitraire; mais, en la joignant à celle que nous avons trouvée précédemment pour le cas de S nul, on aura l'expression complète de y_s.

30. Supposons maintenant que l'on ait un nombre quelconque d'équations linéaires aux différences finies entre un pareil nombre de variables y_s, y'_s, y''_s, ..., et dont les coefficients soient des fonctions rationnelles et entières de s. Faisons alors

$$y_s = \int x^s \varphi \, dx, \qquad y'_s = \int x^s \varphi' \, dx, \qquad y''_s = \int x^s \varphi'' \, dx, \qquad \ldots,$$

ces diverses intégrales étant prises entre les mêmes limites déterminées et indépendantes de s. Nous aurons

$$\Delta y_s = \int x^s (x-1)\varphi \, dx, \qquad \Delta^2 y_s = \int x^s (x-1)^2 \varphi \, dx, \qquad \ldots$$
$$\Delta y'_s = \int x^s (x-1)\varphi' \, dx, \qquad \Delta^2 y'_s = \int x^s (x-1)^2 \varphi' \, dx, \qquad \ldots,$$
$$\ldots\ldots\ldots\ldots\ldots\ldots, \qquad \ldots\ldots\ldots\ldots\ldots\ldots, \qquad \ldots$$

Les équations dont il s'agit pourront ainsi être mises sous les formes suivantes

$$S = \int x^s z \, dx, \qquad S' = \int x^s z' \, dx, \qquad S'' = \int x^s z'' \, dx, \qquad \ldots,$$

S, S', S'', ... étant des fonctions de s seul, et z, z', z'', ... étant des fonctions rationnelles et entières de la même variable, et de x, φ, φ', φ'', ..., dans lesquelles φ, φ' ... sont sous une forme linéaire.

Considérons d'abord l'équation

$$S = \int x^s z \, dx,$$

on a

$$z = Z + s\,\Delta Z + \frac{s(s-1)}{1.2} \Delta^2 Z + \frac{s(s-1)(s-2)}{1.2.3} \Delta^3 Z + \ldots,$$

la caractéristique Δ des différences finies étant relative à la variable s, et Z, ΔZ, ... étant ce que deviennent z, Δz, ... lorsqu'on y suppose $s = o$. On aura donc

$$S = \int x^s dx \left[Z + s\,\Delta Z + \frac{s(s-1)}{1.2} \Delta^2 Z + \ldots \right].$$

Si l'on fait $x^s = \partial y$, on aura

$$s\,x^s = x \frac{d\,\partial y}{dx}, \qquad s(s-1)x^s = x^2 \frac{d^2 \partial y}{dx^2}, \qquad \ldots;$$

l'équation précédente devient ainsi

$$S = \int dx \left(Z\,\partial y + x\,\Delta Z \frac{d\,\partial y}{dx} + \frac{x^2 \Delta^2 Z}{1.2} \frac{d^2 \partial y}{dx^2} + \ldots \right),$$

d'où l'on tire, en intégrant par parties comme dans le numéro précédent, les deux équations suivantes

$$(a \qquad o = Z - \frac{d(x\,\Delta Z)}{dx} + \frac{d^2(x^2 \Delta^2 Z)}{1.2\,dx^2} - \ldots,$$

$$(b \qquad \left\{ \begin{aligned} S &= C + \partial y \left[x\,\Delta Z - \frac{d(x^2 \Delta^2 Z)}{1.2.\,dx} + \ldots \right] \\ &\quad + \frac{d\,\partial y}{dx} \left(\frac{x^2 \Delta^2 Z}{1.2} - \ldots \right) \\ &\quad + \ldots\ldots\ldots\ldots\ldots\ldots, \end{aligned} \right.$$

C étant une constante arbitraire. L'équation

$$S' = \int x^s z' \, dx,$$

traitée de la même manière, donnera

$$(a') \qquad 0 = Z' - \frac{d(x \Delta Z')}{dx} + \frac{d^2(x^2 \Delta^2 Z')}{1 \cdot 2 \cdot dx^2} - \ldots,$$

$$(b') \qquad \begin{cases} S' = C' + \delta y \left[x \Delta Z' - \frac{d(x^2 \Delta^2 Z')}{1 \cdot 2 \cdot dx} + \ldots \right] \\[2mm] \quad + \frac{d \delta y}{dx} \left(\frac{x^2 \Delta^2 Z'}{1 \cdot 2} - \ldots \right) \\[2mm] \quad + \ldots \ldots \ldots \ldots \ldots \end{cases}$$

Les équations $S'' = \int x^4 z'' dx$, $S''' = \int x^4 z''' dx$, … produiront des équations semblables, que nous désignerons par (a''), (b''); (a'''), (b'''); ….

Les équations (a), (a'), (a''), … détermineront les variables φ, φ', φ'', … en fonction de x, et les équations (b), (b'), (b''), … détermineront les limites dans lesquelles on doit prendre les intégrales $\int x^4 z \, dx$, $\int x^4 z' \, dx$, …. L'une de ces limites est $x = 0$. Pour avoir les autres, on supposera d'abord S, S', S'', … nuls; les constantes C, C', C'', … seront par conséquent nulles dans les équations (b), (b'), …, puisque la supposition de $x = 0$ rend nuls les autres termes de ces équations. En égalant ensuite séparément à zéro les coefficients de δy, $\dfrac{d \delta y}{dx}$, … dans ces mêmes équations, on aura les suivantes :

$$0 = x \Delta Z - \frac{d(x^2 \Delta^2 Z)}{1 \cdot 2 \cdot dx} + \ldots,$$

$$0 = \frac{x^2 \Delta^2 Z}{1 \cdot 2} - \ldots,$$

$$\ldots \ldots \ldots \ldots \ldots,$$

$$0 = x \Delta Z' - \frac{d(x^2 \Delta^2 Z')}{1 \cdot 2 \cdot dx} + \ldots,$$

$$0 = \frac{x^2 \Delta^2 Z'}{1 \cdot 2} - \ldots,$$

$$\ldots \ldots \ldots \ldots \ldots$$

On éliminera, au moyen de ces équations, toutes les constantes arbitraires, moins une, des valeurs de φ, φ', φ'', …, et l'on arrivera à une équation finale en x, dont les racines seront les limites des intégrales

$\int x^i \varphi\,dx$, $\int x^i \varphi'\,dx$, ... On déterminera autant de ces limites qu'il est nécessaire pour que les valeurs de $y_{_\prime}$, $y'_{_\prime}$, ... soient complètes.

Supposons maintenant que S ne soit pas nul, et qu'il soit égal à

$$p^i[l + l^{(1)}s + l^{(2)}s(s - 1) + \dots].$$

En faisant C $= 0$ dans l'équation (b) et en y mettant x^i au lieu de δy, on aura

$$p^i[l + l^{(1)}s + l^{(2)}s(s - 1) + \dots] = x^i\left[x\,\Delta Z - \frac{d(x^2\,\Delta^2 Z)}{1.2.dx} + \dots\right]$$
$$+ sx^i\left(\frac{x\,\Delta^2 Z}{1.2} - \dots\right)$$
$$+ \dots\dots\dots\dots\dots,$$

d'où l'on conclut d'abord $x = p$, en sorte que les intégrales $\int x^i \varphi\,dx$, $\int x^i \varphi'\,dx$, ... doivent être prises depuis $x = 0$ jusqu'à $x = p$. La comparaison des coefficients de s, $s(s - 1)$, ... donnera ensuite autant d'équations entre l, $l^{(1)}$, ... et les constantes arbitraires des expressions de φ, φ', ... L'égalité à zéro de ces mêmes coefficients, dans les équations (b'), (b''), ..., donnera de nouvelles équations entre ces arbitraires que l'on pourra ainsi déterminer au moyen de toutes ces équations; on aura, par ce procédé, les valeurs particulières de y, qui satisfont au cas où, S', S'', ... étant nuls, S a la forme que nous venons de lui supposer, ou, plus généralement, est égal à un nombre quelconque de fonctions de la même forme.

Pareillement, si l'on suppose que, S, S'', ... étant nuls, S' est la somme d'un nombre quelconque de fonctions semblables, on déterminera les valeurs particulières de $y_{_\prime}$, $y'_{_\prime}$, ... qui satisfont à ce cas, et ainsi du reste. En réunissant ensuite toutes ces valeurs à celles que l'on aura déterminées dans le cas où S, S', ... sont nuls, on aura les expressions complètes de $y_{_\prime}$, $y'_{_\prime}$, ..., correspondantes au cas où S, S', ... ont les formes précédentes.

Il est facile d'étendre cette méthode aux équations aux différences infiniment petites, ou en partie finies et en partie infiniment petites, et dans lesquelles les coefficients des variables principales et de leurs différences sont des fonctions rationnelles de s, que l'on peut toujours rendre entières en faisant disparaître les dénominateurs. Si l'on désigne, comme ci-dessus, par $y_s, y'_s, \ldots$ les variables principales de ces équations, et si l'on fait

$$y_s = \int x^s \varphi \, dx, \qquad y'_s = \int x^s \varphi' \, dx, \qquad \ldots,$$

on aura

$$\frac{dy_s}{ds} = \int x^s \varphi \, dx \log x, \qquad \frac{d^2 y_s}{ds^2} = \int x^s \varphi \, dx \, (\log x)^2, \qquad \ldots,$$

$$\Delta y_s = \int x^s (x-1) \varphi \, dx, \qquad \Delta^2 y_s = \int x^s (x-1)^2 \varphi \, dx, \qquad \ldots,$$

$$\ldots\ldots\ldots\ldots\ldots\ldots, \qquad \ldots\ldots\ldots\ldots\ldots\ldots, \qquad \ldots,$$

$$\frac{dy'_s}{ds} = \int x^s \varphi' \, dx \log x, \qquad \ldots,$$

$$\ldots\ldots\ldots\ldots\ldots\ldots, \qquad \ldots.$$

Les équations proposées prendront ainsi les formes suivantes :

$$S = \int x^s z \, dx, \qquad S' = \int x^s z' \, dx, \qquad \ldots.$$

En les traitant par la méthode précédente, on déterminera les valeurs de $\varphi, \varphi', \ldots$ en fonction de x, et les limites des intégrales $\int x^s \varphi \, dx$, $\int x^s \varphi' \, dx, \ldots$.

En faisant

$$y_s = \int e^{-sx} \varphi \, dx, \qquad y'_s = \int e^{-sx} \varphi' \, dx, \qquad \ldots,$$

on parviendrait à des équations semblables. Dans plusieurs circonstances, ces formes de $y_s, y'_s, \ldots$ seront plus commodes que les précédentes.

31. La principale difficulté que présente l'application de la méthode précédente consiste dans l'intégration des équations différentielles linéaires qui déterminent $\varphi, \varphi', \varphi'', \ldots$ en x. Les degrés de ces équations ne dépendent point de ceux des équations aux différences en $y_s, y'_s, \ldots$; ils dépendent uniquement des puissances les plus élevées de s dans leurs coefficients. En ne considérant donc qu'une seule variable y_s, l'équation différentielle en φ sera d'un degré égal au plus haut exposant de s dans les coefficients de l'équation aux différences en y_s. L'é-

quation différentielle en φ ne sera ainsi résoluble généralement que dans le cas où ce plus haut exposant est l'unité. Développons ce cas fort étendu.

Représentons l'équation différentielle en y, par la suivante

$$o = V + sT,$$

V et T étant des fonctions linéaires de la variable principale y, et de ses différences, soit finies, soit infiniment petites. Si l'on fait

$$y_{,} = \int \delta y \, \varphi \, dx,$$

δy étant égal à x^i ou à c^{ix}, elle deviendra

$$o = \int \varphi \, dx \left(M \, \delta y + N \, \frac{d \, \delta y}{dx} \right),$$

M et N étant des fonctions de x; on aura donc, en intégrant par parties comme dans le numéro précédent, les deux équations suivantes :

$$o = M \varphi - \frac{d(N \varphi)}{dx},$$

$$o = C + N \varphi \, \delta y.$$

La première donne, en l'intégrant,

$$\varphi = \frac{H}{N} c^{\int \frac{M}{N} dx},$$

H étant une constante arbitraire. Supposons C nul dans la seconde équation; $x = o$ ou $x = \infty$ sera l'une des limites de l'intégrale $\int \delta y \, \varphi \, dx$, suivant que l'on prend x^i ou c^{-ix} pour δy. On déterminera les autres limites en résolvant l'équation $o = N \varphi \, \delta y$.

Appliquons à cette intégrale la méthode d'approximation du n° 23. Si l'on désigne par a la valeur de x donnée par l'équation

$$o = d(N \varphi \, \delta y),$$

et par Q ce que devient la fonction $N \varphi \, \delta y$, lorsqu'on y change x en a, on fera

$$N \varphi \, \delta y = Q c^{-t}.$$

ce qui donne

$$t = \sqrt{\log Q - \log(N\varphi) - \log\delta y}.$$

$\log\delta y$ est de l'ordre s; si l'on suppose s très grand, et si l'on fait $\frac{1}{s} = \alpha$, α sera un très petit coefficient. La quantité sous le radical prendra cette forme $\frac{(x-a)^2}{\alpha} X$, X étant une fonction de $x - a$ et de α; on aura donc, par le retour des suites, la valeur de x en t, par une série de cette forme

$$x = a + \alpha^{\frac{1}{2}} ht + \alpha h^{(1)} t^2 + \alpha^{\frac{3}{2}} h^{(2)} t^3 + \ldots.$$

Maintenant, y, étant égal à $\int \delta y \varphi \, dx$, si l'on substitue dans cette intégrale au lieu de $\varphi \, \delta y$ sa valeur $\frac{Q c^{-t^2}}{N}$, elle deviendra $Q \int \frac{dx}{N} c^{-t^2}$; et si dans $\frac{dx}{N}$ on substitue pour x sa valeur précédente en t, on aura y, par une suite de cette forme

$$y = \alpha^{\frac{1}{2}} Q \int dt \cdot c^{-t^2} [l + \alpha^{\frac{1}{2}} l^{(1)} t + \alpha l^{(2)} t^2 + \alpha^{\frac{3}{2}} l^{(3)} t^3 + \ldots].$$

les limites de l'intégrale relative à t devant se déterminer par la condition qu'à ces limites la quantité $N\varphi \, \delta y$ ou son équivalente $Q c^{-t^2}$ soit nulle, d'où il suit que ces limites sont $t = -\infty$ et $t = \infty$; on aura donc, par le n° 24,

$$y = \alpha^{\frac{1}{2}} Q \sqrt{\pi} \left(l + \frac{1}{2} \alpha l^{(2)} + \frac{1 \cdot 3}{2^2} \alpha^2 l^{(4)} + \frac{1 \cdot 3 \cdot 5}{2^3} \alpha^3 l^{(6)} + \ldots \right).$$

Cette expression a l'avantage d'être indépendante de la détermination des limites en x, qui rendent nulle la fonction $N\varphi \, \delta y$, en sorte qu'elle subsiste dans le cas même où cette fonction, égalée à zéro, n'a point de racines réelles; elle subsiste encore dans le cas de s négatif. Cette remarque, analogue à celle que nous avons faite dans le n° 25, et qui tient comme elle à la généralité de l'analyse, est très remarquable en ce qu'elle donne le moyen d'étendre la formule précédente à un grand nombre de cas auxquels la méthode qui nous y a conduits semble d'abord se refuser.

Cette formule ne renferme que la constante arbitraire H, et par conséquent elle n'est qu'une intégrale particulière de l'équation différentielle proposée en y_s, si cette équation est d'un ordre supérieur à l'unité. Pour avoir dans ce cas l'intégrale complète, il faudra chercher dans l'équation $o = d(N\varphi\,\delta y)$ autant de valeurs différentes de x qu'il y a d'unités dans cet ordre. Soient a, a', a'', ... ces valeurs; on changera successivement, dans l'expression précédente de y_s, a en a', a'', ..., et H en H', H'', ...; on aura autant de valeurs particulières qui renfermeront chacune une arbitraire, et dont la somme sera l'expression complète de y_s.

Quand les coefficients de la proposée en y_s renferment des puissances de s supérieures à l'unité, on peut quelquefois décomposer cette équation en plusieurs autres qui ne renferment que cette première puissance. Si l'on a, par exemple, l'équation

$$y_{s+1} = M y_s,$$

M étant une fonction rationnelle et entière de s, on mettra cette fonction sous la forme

$$\frac{q\,(s + b)\,(s + b')\,(s + b'')\ldots}{(s + f)\,(s + f')\,(s + f'')\ldots};$$

on fera ensuite

$$z_{s+1} = q\,(s + b)\,z_s, \qquad z'_{s+1} = (s + b')\,z'_s, \qquad \ldots,$$
$$t_{s+1} = (s + f)\,t_s, \qquad t'_{s+1} = (s + f')\,t'_s, \qquad \ldots.$$

Il est facile, par ce qui précède, de déterminer z_s, t_s, ... en intégrales définies, et de réduire ces intégrales en séries convergentes, lorsque s est un grand nombre. On aura ensuite

$$y_s = \frac{z_s z'_s \ldots}{t_s t'_s \ldots}.$$

Dans plusieurs cas où l'équation différentielle en φ, étant d'un ordre supérieur au premier, ne peut être intégrée rigoureusement, on peut déterminer φ par une approximation très convergente; en substituant ensuite cette valeur de φ dans l'intégrale $\int x^s \varphi\,dx$, on peut obtenir d'une manière fort approchée la valeur de cette intégrale.

32. L'analyse exposée dans les numéros précédents s'étend encore aux équations à différences partielles, finies et infiniment petites. Pour cela, considérons d'abord l'équation linéaire aux différentielles partielles dont les coefficients sont constants. En désignant par $y_{s,s'}$ la variable principale, s et s' étant les deux variables dont elle est fonction, et représentant cette équation par celle-ci, $V = o$, V étant une fonction linéaire de $y_{s,s'}$ et de ses différences partielles, on y supposera

$$y_{s,s'} = \int x^s x'^{s'} \varphi \, dx,$$

φ étant une fonction de x; alors l'équation $V = o$ prend cette forme

$$o = \int M x^s x'^{s'} \varphi \, dx,$$

M étant une fonction de x et de x', sans s ni s'. En égalant donc M à zéro, on aura la valeur de x' en x, et cette valeur, substituée dans l'intégrale $\int x^s x'^{s'} \varphi \, dx$, donnera l'expression générale $y_{s,s'}$, dans laquelle φ est une fonction arbitraire de x, les limites de l'intégrale étant indépendantes de x, mais d'ailleurs arbitraires. Si l'équation proposée $V = o$ est de l'ordre n, il faudra, au moyen de l'équation $M = o$, déterminer un nombre n de valeurs de x' en x. La somme des n valeurs de $\int x^s x'^{s'} \varphi \, dx$ qui en résulteront, et dans lesquelles on pourra mettre pour φ des fonctions arbitraires différentes de x, sera l'expression de $y_{s,s'}$.

Il résulte de ce que nous avons dit dans la première Partie de ce Livre que l'équation $M = o$ est l'équation génératrice de l'équation proposée $V = o$.

Considérons présentement l'équation aux différences partielles

$$o = V + sT + s'R,$$

dans laquelle V, T et R sont des fonctions quelconques linéaires de $y_{s,s'}$ et de ses différences partielles, soit finies, soit infiniment petites. Si l'on y suppose, comme ci-dessus,

$$y_{s,s'} = \int x^s x'^{s'} \varphi \, dx,$$

x' étant une fonction de x qu'il s'agit de déterminer, on aura une équation de cette forme

$$0 = \int x^s x'^{s'} \varphi \, dx \, (M + Ns + Ps'),$$

M, N et P étant des fonctions de x et de x', sans s ni s'; or on a

$$\frac{d(x^s x'^{s'})}{dx} = x^s x'^{s'} \left(\frac{s}{x} + \frac{s' dx'}{x' dx} \right);$$

donc, si l'on détermine x' par cette équation

$$\frac{dx'}{x'} = \frac{P \, dx}{N x},$$

on aura

$$x^s x'^{s'} (Ns + Ps') = Nx \frac{d(x^s x'^{s'})}{dx};$$

par conséquent, si l'on désigne $x^s x'^{s'}$ par δy, et si l'on suppose que l'on a substitué dans M et N pour x' sa valeur en x, on aura

$$0 = \int \varphi \, dx \left(M \, \delta y + Nx \frac{d \, \delta y}{dx} \right).$$

Cette équation, intégrée par parties, comme dans les numéros précédents, donne les deux suivantes :

$$0 = M \varphi - \frac{d(Nx \varphi)}{dx},$$
$$0 = Nx \varphi \, \delta y.$$

La première détermine φ en x, et la seconde donne les limites de l'intégrale $\int \delta y \varphi \, dx$.

Cette valeur de $y_{s,s'}$ ne renfermant point de fonction arbitraire, elle n'est qu'une intégrale particulière de l'équation proposée aux différences partielles. Pour la rendre complète, on observera que l'intégrale de l'équation

$$\frac{dx'}{x'} = \frac{P \, dx}{N x},$$

qui détermine x' en x, est $x' = Q$, Q étant une fonction de x et d'une constante arbitraire que nous désignerons par u; en représentant donc par ψ une fonction arbitraire de u, l'équation proposée aux différences partielles sera satisfaite par cette valeur de $y_{s,x}$,

$$y_{s,x} = \int\!\int x^s \, Q^x \, \psi \, dx \, du,$$

l'intégrale relative à x étant prise entre les limites déterminées par l'équation $o = \Sigma \, \varrho \, \delta y$, et l'intégrale relative à u étant prise entre des limites quelconques. Cette valeur de $y_{s,x}$ sera donc l'intégrale complète de l'équation proposée aux différences partielles, si celle-ci est du premier ordre ; mais, si elle est d'un ordre supérieur, il faudra, au moyen de l'équation $o = \Sigma \, \varrho \, \delta y$, déterminer autant de valeurs de x en u qu'il y a d'unités dans cet ordre. La réunion des valeurs de $y_{s,x}$ auxquelles on parviendra sera l'expression complète de $y_{s,x}$.

CHAPITRE III.

APPLICATION DES MÉTHODES PRÉCÉDENTES A L'APPROXIMATION
DE DIVERSES FONCTIONS DE TRÈS GRANDS NOMBRES.

Parmi les diverses fonctions auxquelles ces méthodes peuvent s'appliquer, je vais considérer les produits des nombres, les développements des polynômes et les différences infiniment petites et finies des fonctions, ces diverses quantités étant celles qui se présentent le plus souvent dans l'Analyse des hasards.

De l'approximation des produits composés d'un grand nombre de facteurs, et des termes des polynômes élevés à de grandes puissances.

33. Proposons-nous d'intégrer l'équation aux différences finies

$$0 = (s+1)y_s - y_{s+1}.$$

Si l'on y suppose

$$y_s = \int x^s \varphi\, dx,$$

on aura, en désignant x^s par δy,

$$0 = \int \varphi\, dx \left[(1 - x)\,\delta y + x\,\frac{d\,\delta y}{dx} \right],$$

d'où l'on tire, en intégrant par parties, suivant la méthode précédente, les deux équations suivantes :

$$0 = \varphi(1 - x) - \frac{d(x\varphi)}{dx},$$
$$0 = x^{s+1}\varphi.$$

La première équation donne, en l'intégrant,

$$\varphi = A e^{-x};$$

et la seconde donne, pour déterminer les deux limites de l'intégrale $\int x^s \varphi\, dx$,

$$0 = x^{s+1} e^{-x};$$

ces limites sont par conséquent $x = 0$ et $x = \infty$. Ainsi l'on a

$$r_s = A \int x^s dx\, e^{-x},$$

l'intégrale étant prise depuis $x = 0$ jusqu'à x infini, et A étant une constante arbitraire.

Pour avoir cette intégrale en série, on déterminera, conformément à la méthode exposée dans le n° 23, la valeur de x qui rend $x^s e^{-x}$ un maximum; cette valeur est s. On fera donc, suivant la méthode citée,

$$x^s e^{-x} = s^s e^{-s} e^{-t^2}.$$

En supposant $x = s + \theta$, cette équation devient

$$\left(1 + \frac{\theta}{s}\right)^s e^{-\theta} = e^{-t^2};$$

partant,

$$t^2 = -s \log\left(1 + \frac{\theta}{s}\right) + \theta = \frac{\theta^2}{2s} - \frac{\theta^3}{3s^2} + \frac{\theta^4}{4s^3} - \dots,$$

ce qui donne, par le retour des suites,

$$\theta = t\sqrt{2s} + \frac{2}{3}t^2 + \frac{t^3}{9\sqrt{2s}} + \dots;$$

par conséquent,

$$dx = d\theta = dt\sqrt{2s}\left(1 + \frac{4t}{3\sqrt{2s}} + \frac{t^2}{6s} + \dots\right);$$

la fonction $\int x^s dx\, e^{-x}$ deviendra donc

$$s^s e^{-s} \int dt\, e^{-t^2} \sqrt{2s}\left(1 + \frac{4t}{3\sqrt{2s}} + \frac{t^2}{6s} + \dots\right).$$

L'intégrale relative à x devant être prise depuis x nul jusqu'à x infini,

l'intégrale relative à t doit être prise depuis $t = -\infty$ jusqu'à $t = \infty$.
En intégrant comme dans le n° 31, on aura

$$y_s = A s^{s + \frac{1}{2}} c^{-s} \sqrt{2\pi} \left(1 + \frac{1}{12 s} + \ldots \right).$$

On peut déterminer fort simplement le facteur $1 + \dfrac{1}{12 s} + \ldots$ de cette
manière. Désignons-le par

$$1 + \frac{B}{s} + \frac{C}{s^2} + \ldots,$$

ce qui donne

$$y_s = A s^{s + \frac{1}{2}} c^{-s} \sqrt{2\pi} \left(1 + \frac{B}{s} + \frac{C}{s^2} + \ldots \right).$$

En substituant cette valeur de y_s dans l'équation proposée

$$y_{s+1} = (s + 1) y_s,$$

on aura

$$\left(1 + \frac{1}{s} \right)^{s + \frac{1}{2}} c^{-1} \left[1 + \frac{B}{s + 1} + \frac{C}{(s + 1)^2} + \ldots \right] = 1 + \frac{B}{s} + \frac{C}{s^2} + \ldots.$$

ou

$$\left(1 + \frac{B}{s} + \frac{C}{s^2} + \ldots \right) \left(c^{1 - \left(s + \frac{1}{2} \right) \log \left(1 + \frac{1}{s} \right)} - 1 \right) = - \frac{B}{s^2} + \frac{B - 2C}{s^3} - \ldots :$$

or on a

$$1 - \left(s + \frac{1}{2} \right) \log \left(1 + \frac{1}{s} \right) = 1 - \left(s + \frac{1}{2} \right) \left(\frac{1}{s} - \frac{1}{2 s^2} + \frac{1}{3 s^3} - \frac{1}{4 s^4} + \ldots \right)$$

$$= - \frac{1}{12 s^2} + \frac{1}{12 s^3} - \ldots.$$

On aura donc, en observant que $c^{-\frac{1}{12 s^2} + \ldots} = 1 - \frac{1}{12 s} + \frac{1}{12} s^3 + \ldots$,

$$\left(1 + \frac{B}{s} + \frac{C}{s^2} + \ldots \right) \left(- \frac{1}{12 s^2} + \frac{1}{12 s^3} - \ldots \right) = - \frac{B}{s^2} + \frac{B - 2C}{s^3} - \ldots,$$

ce qui donne, en comparant les puissances semblables de $\dfrac{1}{s}$,

$$B = \frac{1}{12}, \quad C = \frac{1}{288}, \quad \ldots;$$

donc

$$y_s = A s^{s+\frac{1}{2}} c^{-s} \sqrt{2\pi} \left(1 + \frac{1}{12s} + \frac{1}{288 s^2} + \dots \right).$$

On déterminera la constante arbitraire A au moyen d'une valeur particulière de y_s, en supposant, par exemple, que, s étant égal à μ, on ait $y_s = Y$; on aura

$$Y = A \int x^\mu \, dx \, c^{-x},$$

ce qui donne

$$A = \frac{Y}{\int x^\mu \, dx \, c^{-x}};$$

par conséquent,

$$(q) \qquad y_s = \frac{Y s^{s+\frac{1}{2}} c^{-s} \sqrt{2\pi}}{\int x^\mu \, dx \, c^{-x}} \left(1 + \frac{1}{12s} + \frac{1}{288 s^2} + \dots \right).$$

Voyons maintenant de quelle nature est la fonction y_s. Pour cela, il faut intégrer l'équation aux différences finies

$$y_{s+1} = (s+1) y_s.$$

On trouve facilement que son intégrale est

$$y_s = Y(\mu+1)(\mu+2)(\mu+3) \dots s;$$

on aura donc, en comparant cette expression à la formule (q),

$$(q') \quad (\mu+1)(\mu+2)(\mu+3)\dots s = \frac{s^{s+\frac{1}{2}} c^{-s} \sqrt{2\pi} \left(1 + \frac{1}{12s} + \frac{1}{288 s^2} + \dots \right)}{\int x^\mu \, dx \, c^{-x}}.$$

Si l'on fait $\mu = 0$, on aura $\int x^\mu \, dx \, c^{-x} = 1$; partant

$$1.2.3\dots s = s^{s+\frac{1}{2}} c^{-s} \sqrt{2\pi} \left(1 + \frac{1}{12s} + \frac{1}{288 s^2} + \dots \right).$$

Si l'on fait $\mu = \frac{m}{n}$, m étant moindre que n, on aura

$$s = s' + \frac{m}{n},$$

s' étant un nombre entier ; ainsi

$$s^{s'+\frac{1}{2}} = \left(s'+\frac{m}{n}\right)^{s'+\frac{m}{n}+\frac{1}{2}} = s'^{s'+\frac{m}{n}+\frac{1}{2}} c^{\left(s'+\frac{m}{n}+\frac{1}{2}\right)\log\left(1+\frac{m}{ns'}\right)};$$

or on a

$$\left(s'+\frac{m}{n}+\frac{1}{2}\right)\log\left(1+\frac{m}{ns'}\right) = \left(s'+\frac{m}{n}+\frac{1}{2}\right)\left(\frac{m}{ns'}-\frac{m^2}{2n^2s'^2}+\dots\right)$$

$$= \frac{m}{n} + \frac{m^2+mn}{2n^2s'} - + \dots.$$

On a d'ailleurs, en faisant $x = t^n$,

$$\int x^{\frac{m}{n}} dx\, c^{-c} = \frac{m}{n}\int x^{\frac{m}{n}-1} dx\, c^{-x} = m\int t^{m-1} dt\, c^{-t},$$

l'intégrale relative à t étant prise depuis $t = 0$ jusqu'à t infini. En substituant ces valeurs dans la formule (q'), elle donnera

$$(q'')\quad \begin{cases} m(m+n)(m+2n)\dots(m+s'n)\\[2mm] = \dfrac{n's'^{s'+\frac{m}{n}+\frac{1}{2}}c^{-s'}\sqrt{2\pi}\left(1+\dfrac{n^2+6mn+6m^2}{12n^2s'}+\dots\right)}{\int t^{m-1}dt\,c^{-t}}; \end{cases}$$

en sorte que la valeur approchée du produit des termes de la progression arithmétique m, $m+n$, $m+2n$, ... dépend des trois transcendantes c, π et $\int t^{m-1}dt\,c^{-t}$.

Si dans cette équation on fait, pour plus de simplicité, $n = 1$, ce qui change m en μ, et si l'on observe que $\int t^{\mu-1}dt\,c^{-t} = \frac{1}{\mu}\int t^{\mu}dt\,c^{-t}$, on aura

$$(1+\mu)(2+\mu)\dots(s'+\mu) = s'^{s'+\mu+\frac{1}{2}}c^{-s'}\sqrt{2\pi}\,\frac{1+\dfrac{1+6\mu+6\mu^2}{12s'}+\dots}{\int t^{\mu}dt\,c^{-t}}.$$

En changeant μ dans $-\mu$, on aura

$$(1-\mu)(2-\mu)\dots(s'-\mu) = s'^{s'-\mu+\frac{1}{2}}c^{-s'}\sqrt{2\pi}\,\frac{1+\dfrac{1-6\mu+6\mu^2}{12s'}+\dots}{\int t^{-\mu}dt\,c^{-t}}.$$

En multipliant ces deux équations l'une par l'autre, on aura

$$(1 - \mu^2)(4 - \mu^2)\ldots(s'^2 - \mu^2) = \frac{s'^{2s'+1}c^{-2s'}.2\pi\left(1 + \frac{1 + 6\mu^2}{6s'} + \ldots\right)}{\int t^{-\mu}\,dt\,c^{-t}\int t^{\mu}\,dt\,c^{-t}}.$$

L'équation (T) du n° 24 donne

$$n^3\int t^{\mu+r-2}\,dt\,c^{-t^n}\int t^{\mu-r}\,dt\,c^{-t^n} = \frac{(r-1)\pi}{\sin\frac{r-1}{n}\pi}.$$

En faisant $n = 1$ et $\mu = r - 1$, on a

$$\int t^{\mu}\,dt\,c^{-t}\int t^{-\mu}\,dt\,c^{-t} = \frac{\mu\pi}{\sin\mu\pi};$$

on a donc

$$\sin\mu\pi = \tfrac{1}{2}\mu(1 - \mu^2)(4 - \mu^2)\ldots(s'^2 - \mu^2)\left(1 - \frac{1 + 6\mu^2}{6s'} + \ldots\right)s'^{-2s'-1}c^{2s'}.$$

Si l'on fait μ infiniment petit, cette équation donne

$$2\pi = 1^2.2^2.3^2\ldots s'^2\left(1 - \frac{1}{6s'} + \ldots\right)s'^{-2s'-1}c^{2s'};$$

divisant donc l'équation précédente par celle-ci, on aura

$$\sin\mu\pi = \mu\pi(1 - \mu^2)\left(1 - \frac{\mu^2}{4}\right)\left(1 - \frac{\mu^2}{9}\right)\cdots\left(1 - \frac{\mu^2}{s'^2}\right)\left(1 - \frac{\mu^2}{s^2} + \ldots\right).$$

Si l'on fait s' infini, on a pour l'expression de $\sin\varphi$, φ étant égal à $\mu\pi$, le produit infini

$$\varphi\left(1 - \frac{\varphi^2}{\pi^2}\right)\left(1 - \frac{\varphi^2}{2^2\pi^2}\right)\left(1 - \frac{\varphi^2}{3^2\pi^2}\right)\left(1 - \frac{\varphi^2}{4^2\pi^2}\right)\cdots;$$

l'expression de $\sin\varphi$ est ainsi décomposable dans une infinité de facteurs, ce que l'on sait d'ailleurs.

En supposant φ imaginaire et égal à $\varphi'\sqrt{-1}$, $\sin\varphi$ devient $\frac{c^{\varphi'} - c^{-\varphi'}}{2\sqrt{-1}}$; on a donc

$$c^{\varphi'} - c^{-\varphi'} = 2\varphi'\left(1 + \frac{\varphi'^2}{\pi^2}\right)\left(1 + \frac{\varphi'^2}{2^2\pi^2}\right)\left(1 + \frac{\varphi'^2}{3^2\pi^2}\right)\cdots\left(1 + \frac{\varphi'^2}{s'^2\pi^2}\right)\left(1 + \frac{\varphi'^2}{s^2\pi^2} + \ldots\right).$$

et en faisant s' infini, on voit que $c^{\gamma'} - c^{-\gamma'}$ est égal au produit infini

$$2\varphi'\left(1 + \frac{\varphi'^2}{\pi^2}\right)\left(1 + \frac{\varphi'^2}{2^2\pi^2}\right)\cdots\cdot$$

On aura, par un procédé semblable, le produit continu de facteurs dont le terme général est une fonction rationnelle entière ou fractionnaire de s. Mais l'expression à laquelle on parviendra pourra contenir d'autres transcendantes dépendantes d'intégrales définies de la forme $\int x^q\,dx\,c^{-x}$.

On peut observer ici que, ces produits étant mis sous la forme $\int x^s \varphi\,dx$, leur différentiation par rapport à la variable s présente une idée claire, et alors on a pour cette différentielle $\int x^s \varphi\,dx\,\log x$.

Les expressions de y_s données par les formules (q) et (q') du numéro précédent ont encore lieu, suivant la remarque du n° 30, dans le cas où s et μ sont négatifs, quoique dans ce cas l'équation

$$0 = x^{a+1}\,c^{-x},$$

qui détermine les limites de l'intégrale définie qui représente la valeur de y_s, n'ait pas plusieurs racines réelles. Si, dans la formule (q) du numéro précédent, on change s dans $-s$ et μ dans $-\mu$, elle devient

$$y_{-s} = \frac{Y\sqrt{-1}\,c'\sqrt{2\pi}\left(1 - \frac{1}{12s} + \frac{1}{288s^2} - \cdots\right)}{(-1)^s s^{s-\frac{1}{2}}\int \frac{dx\,c^{-x}}{x^2}},$$

Y étant la valeur de y qui répond à $s = -\mu$. Toute la difficulté se réduit à intégrer $\int \frac{dx\,c^{-x}}{x^2}$. Pour y parvenir, il faut suivre le même procédé dont on a fait usage pour réduire en série l'intégrale $\int c^{-x}x^s\,dx$. On fera donc

$$x = -\mu + \omega\sqrt{-1},$$

$-\mu$ étant la valeur de x donnée par l'équation

$$0 = d\frac{c^{-x}}{x^2};$$

on aura ainsi

$$\int \frac{dx\, c^{-x}}{x^{\mu}} = \frac{c^{\mu}\sqrt{-1}}{(-1)^{\mu}} \int \frac{d\varpi\, c^{-\varpi\sqrt{-1}}}{(\mu - \varpi\sqrt{-1})^{\mu}}.$$

L'intégrale relative à x devant s'étendre entre les deux limites qui rendent nulle la quantité $\frac{c^{-x}}{x^{\mu}}$, il est clair que l'intégrale relative à ϖ doit s'étendre depuis $\varpi = -\infty$ jusqu'à $\varpi = \infty$; en réunissant donc les deux quantités $\frac{c^{-\varpi\sqrt{-1}}}{(\mu - \varpi\sqrt{-1})^{\mu}}$ et $\frac{c^{\varpi\sqrt{-1}}}{(\mu + \varpi\sqrt{-1})^{\mu}}$, qui répondent aux mêmes valeurs de ϖ affectées de signes contraires, on aura

$$\int \frac{dx\, c^{-x}}{x^{\mu}} = \frac{c^{\mu}\sqrt{-1}}{(-1)^{\mu}} \int d\varpi \left\{ \begin{array}{l} \cos\varpi \cdot \dfrac{(\mu + \varpi\sqrt{-1})^{\mu} + (\mu - \varpi\sqrt{-1})^{\mu}}{(\mu^2 + \varpi^2)^{\mu}} \\[2mm] + \sqrt{-1}\sin\varpi \cdot \dfrac{(\mu - \varpi\sqrt{-1})^{\mu} - (\mu + \varpi\sqrt{-1})^{\mu}}{(\mu^2 + \varpi^2)^{\mu}} \end{array} \right\},$$

l'intégrale relative à ϖ étant prise depuis $\varpi = 0$ jusqu'à $\varpi = \infty$. Si l'on développe les quantités sous le signe $\int$, les imaginaires disparaissent, et il ne reste qu'une fonction réelle que nous désignerons par $Q\, d\varpi$; on aura ainsi

$$\int \frac{dx\, c^{-x}}{x^{\mu}} = \frac{c^{\mu}\sqrt{-1}}{(-1)^{\mu}} \int Q\, d\varpi;$$

partant

$$y_{-s} = \frac{Y c^{s-\mu}\sqrt{2\pi}\left(1 - \dfrac{1}{12s} + \dfrac{1}{288s^2} - \dots\right)}{(-1)^{s-\mu} s^{s-\frac{1}{2}} \int Q\, d\varpi}.$$

Voyons présentement quelle fonction de s est y_{-s}. Pour cela, reprenons l'équation primitive

$$0 = (s+1)y_s - y_{s+1};$$

en y changeant s dans $-s$, et faisant $y_{-s} = u_s$, elle devient

$$0 = (s-1)u_s + u_{s-1},$$

équation dont l'intégrale est

$$u_s = \frac{(-1)^{s-\mu} Y}{\mu(1+\mu)(2+\mu)\dots(s-1)} = y_{-s},$$

Y étant, comme ci-dessus, égal à $y_{-\mu}$. Si l'on compare cette expression de $y_{-\mu}$ à la précédente, et si l'on observe que $s-\mu$ est un nombre entier et qu'ainsi l'on a $(-1)^{2s-2\mu}=1$, on aura

$$\frac{1}{(\mu+1)(\mu+2)\ldots(s-1)}=\frac{\mu\sqrt{2\pi}\,c^{s-\mu}\left(1-\frac{1}{12s}+\frac{1}{288s^2}-\ldots\right)}{s^{s-\frac{1}{2}}\int Q\,d\varpi}.$$

En divisant les deux membres de cette équation par s et les renversant ensuite, on aura

$$(\mu+1)(\mu+2)(\mu+3)\ldots s=\frac{s^{s+\frac{1}{2}}c^{\mu-s}}{\mu\sqrt{2\pi}}\left(1+\frac{1}{12s}+\ldots\right)\int Q\,d\varpi.$$

Si l'on compare cette équation à la formule (q') du numéro précédent, on a ce résultat remarquable

$$\text{(O)}\qquad \int Q\,d\varpi=\frac{2\mu\pi c^{-\mu}}{\int x^{\mu}\,dx\,c^{-x}}.$$

Je suis parvenu à cette équation générale dans les *Mémoires de l'Académie des Sciences* pour l'année 1782, par l'analyse précédente, fondée, comme on voit, sur le passage du réel à l'imaginaire. En faisant successivement, dans Q, $\mu=1$, $\mu=2$, $\mu=3$, ..., on aura les valeurs d'un nombre infini d'intégrales définies; ainsi, dans le cas de $\mu=1$, l'équation (O) donne

$$\int\frac{d\varpi\,(\cos\varpi+\varpi\sin\varpi)}{1+\varpi^2}=\frac{\pi}{c},$$

formule que j'ai donnée pareillement dans les Mémoires cités. Cette formule et toutes celles du même genre peuvent se vérifier par les formules du n° 26; car on a, par ce numéro,

$$\int\frac{d\varpi\cos\varpi}{1+\varpi^2}=\frac{\pi}{2c}=\int\frac{\varpi\,d\varpi\sin\varpi}{1+\varpi^2}.$$

Nous observerons ici, comme dans les Mémoires cités, que $\int\frac{dx\,c^{-x}}{x^{\mu}}$ étant égal à $\frac{c^{\mu}\sqrt{-1}}{(-1)^{\mu}}\int Q\,d\varpi$, on a, en substituant au lieu de $\int Q\,d\varpi$ sa valeur donnée par l'équation (O),

$$\int \frac{dx\,c^{-x}}{x^\mu} = \frac{2\mu\pi(-1)^{-\mu+\frac{1}{2}}}{\int x^\mu\,dx\,c^{-x}} = \frac{2\pi(-1)^{-\mu+\frac{1}{2}}}{\int x^{\mu-1}\,dx\,c^{-x}},$$

la première intégrale étant prise entre les deux valeurs imaginaires de x qui rendent nulle la quantité $\frac{c^{-x}}{x^\mu}$, et les deux autres intégrales étant prises depuis x nul jusqu'à x infini, ce qui donne un moyen facile de transformer dans celles-ci les intégrales $\int \frac{dx\sin x}{x^\mu}$ et $\int \frac{dx\cos x}{x^\mu}$.

34. Considérons maintenant l'équation générale

$$0 = (a' + b's)y_{s+1} - (a + bs)y_s.$$

Si l'on fait

$$\frac{a}{b} = n, \qquad \frac{a'}{b'} = n' + 1, \qquad \frac{b}{b'} = p,$$

elle prend cette forme

$$0 = (n' + s + 1)y_{s+1} - (n + s)py_s.$$

Supposons

$$y_s = \int x^{s-1}\,\varphi\,dx;$$

nous aurons, en intégrant par parties,

$$0 = x^s\,\varphi\,(x - p) + \int x^{s-1}[\varphi\,dx\,(n'x - np) + (p - x)x\,d\varphi].$$

Cette équation donne, pour déterminer φ, la suivante

$$0 = (n'x - np)\,\varphi\,dx + (p - x)x\,d\varphi,$$

d'où l'on tire, en intégrant,

$$\varphi = A\,x^n(p - x)^{n'-n},$$

A étant une constante arbitraire. On aura ensuite, pour déterminer les limites de l'intégrale, l'équation

$$0 = x^s\,\varphi\,(p - x)$$

ou

$$0 = x^{n+s}(p - x)^{n'+1-n}.$$

Ces limites sont donc $x = 0$ et $x = p$, si $n + s$ et $n' + 1 - n$ sont des quantités positives. Ainsi l'on aura, en prenant l'intégrale dans ces limites,

$$y_s = A \int x^{n+s-1} dx \, (p - x)^{n'-n}.$$

On déterminera la constante A, au moyen d'une valeur particulière de y_s. Soit y_μ cette valeur ; on aura

$$A = \frac{y_\mu}{\int x^{n+\mu-1} dx \, (p - x)^{n'-n}} ;$$

par conséquent,

$$y_s = \frac{y_\mu \int x^{n+s-1} dx \, (p - x)^{n'-n}}{\int x^{n+\mu-1} dx \, (p - x)^{n'-n}}.$$

Intégrons présentement l'équation proposée aux différences en y_s. Son intégrale est

$$y_s = \frac{(n + \mu)(n + \mu + 1)\ldots(n + s - 1)}{(n' + \mu + 1)(n' + \mu + 2)\ldots(n' + s)} y_\mu \, p^{s-\mu}.$$

Dans cette expression, comme dans toutes celles formées de produits, les facteurs du numérateur ne commencent que pour la valeur de s qui rend le dernier facteur égal au premier, ce qui a lieu ici lorsque s est égal à $\mu + 1$; il en est de même des facteurs du dénominateur. Pour la valeur de s égale à μ, le numérateur et le dénominateur se réduisent à l'unité qui est censée les multiplier l'un et l'autre. Si l'on compare les deux expressions précédentes de y_s, on aura

$$\frac{(n + \mu)(n + \mu + 1)\ldots(n + s - 1)}{(n' + \mu + 1)(n' + \mu + 2)\ldots(n' + s)} p^{s-\mu} = \frac{\int x^{n+s-1} dx \, (p - x)^{n'-n}}{\int x^{n+\mu-1} dx \, (p - x)^{n'-n}}.$$

Faisons $p - x = pu^2$; le second membre de cette équation deviendra

$$p^{s-\mu} \frac{\int u^{2n'-2n+1} du \, (1 - u^2)^{n+s-1}}{\int u^{2n'-2n+1} du \, (1 - u^2)^{n+\mu-1}},$$

les intégrales étant prises depuis $u = 0$ jusqu'à $u = 1$, parce que ces limites répondent aux limites $x = p$ et $x = 0$. On a donc

$$\frac{(n + \mu)(n + \mu + 1)\ldots(n + s - 1)}{(n' + \mu + 1)(n' + \mu + 2)\ldots(n' + s)} = \frac{\int u^{2n'-2n+1} du \, (1 - u^2)^{n+s-1}}{\int u^{2n'-2n+1} du \, (1 - u^2)^{n+\mu-1}}.$$

Supposons $n = \frac{1}{2}$, $n' = 0$ et $\mu = 1$; si l'on observe que

$$\int du \sqrt{1 - u^2} = \tfrac{1}{4}\pi,$$

on aura

$$\frac{(s+1)(s+2)\ldots 2s}{1.2.3\ldots s} = \frac{2^{2s+1}}{\pi}\int du (1 - u^2)^{s - \frac{1}{2}}.$$

Le premier membre de cette équation est le coefficient du terme moyen, ou indépendant de a, du binôme $\left(\frac{1}{a} + a\right)^{2s}$; on aura donc, au moyen des méthodes précédentes, ce coefficient par une approximation rapide, lorsque s est un grand nombre. Pour cela, nous ferons

$$\frac{1}{s - \frac{1}{2}} = \alpha, \qquad 1 - u^2 = e^{-xt^2},$$

ce qui donne

$$u = \sqrt{1 - e^{-xt^2}}$$

et

$$\int du (1 - u^2)^{s - \frac{1}{2}} = \int du\, e^{-t^2}.$$

Supposons

$$\sqrt{1 - e^{-xt^2}} = \alpha^{\frac{1}{2}} t (1 + \alpha q^{(1)} t^2 + \alpha^2 q^{(2)} t^4 + \alpha^3 q^{(3)} t^6 + \ldots).$$

En prenant les différences logarithmiques des deux membres de cette équation, on aura

$$\frac{1 + 3\alpha q^{(1)} t^2 + 5\alpha^2 q^{(2)} t^4 + 7\alpha^3 q^{(3)} t^6 + \ldots}{t + \alpha q^{(1)} t^3 + \alpha^2 q^{(2)} t^5 + \alpha^3 q^{(3)} t^7 + \ldots} = \frac{\alpha t e^{-xt^2}}{1 - e^{-xt^2}},$$

et ce dernier membre est égal à

$$\frac{1 - \alpha t^2 + \dfrac{\alpha^2}{1.2} t^4 - \dfrac{\alpha^3}{1.2.3} t^6 + \ldots}{t\left(1 - \dfrac{\alpha t^2}{1.2} + \dfrac{\alpha^2 t^4}{1.2.3} - \dfrac{\alpha^3 t^6}{1.2.3.4} + \ldots\right)}.$$

On aura donc, en comparant cette quantité au premier membre et réduisant au même dénominateur, l'équation générale

$$0 = 2i\, q^{(i)} - \frac{2i - 3}{1.2} q^{(i-1)} + \frac{2i - 6}{1.2.3} q^{(i-2)} - \frac{2i - 9}{1.2.3.4} q^{(i-3)}$$
$$+ \frac{2i - 12}{1.2.3.4.5} q^{(i-4)} - \ldots,$$

$q^{(0)}$ étant égal à l'unité. Si l'on fait successivement dans cette équation $i=1$, $i=2$, $i=3$, ..., on aura les valeurs successives $q^{(1)}$, $q^{(2)}$, $q^{(3)}$, ..., et l'on trouvera

$$q^{(1)}=-\frac{1}{4}, \qquad q^{(2)}=\frac{5}{96}, \qquad \ldots$$

On aura ensuite

$$\int du\,(1-u^2)^{s-\frac{1}{2}}=x^{\frac{1}{2}}\int dt\,e^{-t^2}\left(1+3\,x\,q^{(1)}\,t^2+5\,x^2\,q^{(2)}\,t^4+7\,x^3\,q^{(3)}\,t^6+\ldots\right).$$

L'intégrale relative à u devant être prise depuis $u=0$ jusqu'à $u=1$, l'intégrale relative à t doit être prise depuis t nul jusqu'à t infini; on aura donc, par le n° 24,

$$\int du\,(1-u^2)^{s-\frac{1}{2}}$$
$$=\frac{1}{2}\sqrt{x\pi}\left(1+\frac{1.3}{2}\,x\,q^{(1)}+\frac{1.3.5}{2^2}\,x^2\,q^{(2)}+\frac{1.3.5.7}{2^3}\,x^3\,q^{(3)}+\ldots\right);$$

partant,

$$\frac{(s+1)\,(s+2)\,(s+3)\ldots 2s}{1.2.3\ldots s}$$
$$=\frac{2^{2s}}{\sqrt{(s+\frac{1}{2})\pi}}\left(1+\frac{1.3}{2}\,x\,q^{(1)}+\frac{1.3.5}{2^2}\,x^2\,q^{(2)}+\frac{1.3.5.7}{2^3}\,x^3\,q^{(3)}+\ldots\right).$$

Ainsi l'on aura, par une suite très convergente, le terme moyen, ou indépendant de a, du binôme $\left(\frac{1}{a}+a\right)^{2s}$.

On parviendra plus simplement à ce résultat par la méthode suivante, qui peut s'étendre à un polynôme quelconque.

35. Nommons y_i le terme moyen, ou indépendant de a, du binôme $\left(\frac{1}{a}+a\right)^{2s}$, ou, ce qui revient au même, le terme indépendant de $e^{\pm\varpi\sqrt{-1}}$ dans le développement du binôme $\left(e^{\varpi\sqrt{-1}}+e^{-\varpi\sqrt{-1}}\right)^{2s}$. Si l'on multiplie ce développement par $d\varpi$ et qu'on l'intègre depuis ϖ nul jusqu'à $\varpi=\frac{1}{2}\pi$, il est facile de voir que cette intégrale sera $\frac{1}{2}\pi y_i$, et qu'ainsi l'on a

$$y_i=\frac{2}{\pi}\int d\varpi\left(e^{\varpi\sqrt{-1}}+e^{-\varpi\sqrt{-1}}\right)^{2s}.$$

En effet, en développant le binôme renfermé sous le signe f, et substituant, au lieu de $c^{\pm 2r\varpi\sqrt{-1}}$, sa valeur $\cos 2r\varpi \pm \sqrt{-1}\sin 2r\varpi$, on aura le terme moyen du binôme, plus une suite de cosinus de l'angle 2ϖ et de ses multiples; en les multipliant par $d\varpi$ et les intégrant, cette suite se transformera dans une suite de sinus de l'angle 2ϖ et de ses multiples, sinus qui sont nuls aux deux limites $\varpi = 0$ et $\varpi = \frac{1}{2}\pi$. Il ne restera ainsi dans l'intégrale que le terme moyen du binôme, multiplié par $\frac{1}{2}\pi$. Cela posé, si l'on substitue, au lieu du binôme $c^{\varpi\sqrt{-1}} + c^{-\varpi\sqrt{-1}}$, sa valeur $2\cos\varpi$, on aura

$$y_s = \frac{2^{2s+1}}{\pi} \int d\varpi \cos^{2s}\varpi;$$

en supposant $\sin\varpi = u$, on aura

$$y_s = \frac{2^{2s+1}}{\pi} \int du (1 - u^2)^{s - \frac{1}{2}},$$

l'intégrale étant prise depuis $u = 0$ jusqu'à $u = 1$, ce qui coïncide avec ce que l'on a trouvé dans le numéro précédent.

Considérons maintenant le trinôme $\left(\frac{1}{a} + 1 + a\right)^s$, et nommons y_s le terme moyen, ou indépendant de a, dans le développement de ce trinôme. Ce terme sera le terme indépendant de $c^{\pm\varpi\sqrt{-1}}$ dans le développement du trinôme $\left(c^{\varpi\sqrt{-1}} + 1 + c^{-\varpi\sqrt{-1}}\right)^s$; on aura conséquemment, en appliquant ici le raisonnement qui précède,

$$y_s = \frac{1}{\pi} \int d\varpi (1 + 2\cos\varpi)^s,$$

l'intégrale étant prise depuis $\varpi = 0$ jusqu'à $\varpi = \pi$. La condition du maximum de la fonction $(1 + 2\cos\varpi)^s$ donne $\sin\varpi = 0$, en sorte que les deux limites de l'intégrale, $\varpi = 0$ et $\varpi = \pi$, répondent à des maxima de cette fonction; on partagera donc l'intégrale précédente dans les deux suivantes

$$\int d\varpi (1 + 2\cos\varpi)^s, \quad (-1)^s \int d\varpi (2\cos\varpi - 1)^s,$$

la première de ces intégrales étant prise depuis ϖ nul jusqu'à la valeur de ϖ qui rend nulle la quantité $2\cos\varpi + 1$, et la seconde intégrale étant prise depuis $\varpi = 0$ jusqu'à sa valeur qui rend nulle la quantité $2\cos\varpi - 1$.

Pour obtenir la première intégrale en série convergente, on fera

$$(1 + 2\cos\varpi)^s = 3^s e^{-t};$$

en supposant $\alpha = \frac{1}{s}$, extrayant la racine s de chaque membre, et développant $\cos\varpi$ et $e^{-\alpha t}$, on aura

$$3 - \varpi^2 + \frac{\varpi^4}{1\cdot2} - \ldots = 3 - 3\alpha t^2 + \frac{3\,\alpha^2 t^4}{2} - \ldots,$$

d'où l'on tire, par le retour des suites,

$$\varpi = 2^{\frac{1}{2}} t \sqrt{3}\left(1 - \frac{\alpha t^2}{8} + \ldots\right);$$

partant,

$$\int d\varpi (1 + 2\cos\varpi)^s = \frac{3^{s+\frac{1}{2}}}{\sqrt{s}} \int dt\, e^{-t}\left(1 - \frac{3t^2}{8s} + \ldots\right).$$

L'intégrale relative à t doit être prise depuis t nul jusqu'à t infini; on aura donc

$$\int d\varpi (1 + 2\cos\varpi)^s = \frac{3^{s+\frac{1}{2}}\sqrt{\pi}}{2\sqrt{s}}\left(1 - \frac{3}{16s} + \ldots\right).$$

On trouvera de la même manière

$$\int d\varpi (2\cos\varpi - 1)^s = \frac{\sqrt{\pi}}{2\sqrt{s}}\left(1 - \frac{5}{16s} + \ldots\right);$$

on aura donc

$$y_s = \frac{3^{s+\frac{1}{2}}}{2\sqrt{s\pi}}\left(1 - \frac{3}{16s} + \ldots\right) + \frac{(-1)^s}{2\sqrt{s\pi}}\left(1 - \frac{5}{16s} + \ldots\right);$$

s étant supposé un très grand nombre, cette quantité se réduit à très peu près à $\frac{3^{s+\frac{1}{2}}}{2\sqrt{s\pi}}$. C'est l'expression fort approchée du terme moyen, ou indépendant de a, du binôme $\left(\frac{1}{a} + 1 + a\right)^s$.

On déterminera de la même manière le terme moyen d'un polynôme quelconque, élevé à une très haute puissance. Supposons d'abord le nombre des termes du polynôme impair et égal à $2n + 1$, et représentons ce polynôme par

$$\frac{1}{a^n} + \frac{1}{a^{n-1}} + \ldots + \frac{1}{a} + 1 + a + \ldots + a^{n-1} + a^n.$$

En substituant $e^{\varpi\sqrt{-1}}$ pour a, ce polynôme devient

$$1 + 2\cos\varpi + 2\cos 2\varpi + \ldots + 2\cos n\varpi;$$

or cette fonction est égale à $\dfrac{\sin \frac{2n+1}{2}\varpi}{\sin\frac{1}{2}\varpi}$; la puissance s du polynôme est donc

$$\left(\frac{\sin\frac{2n+1}{2}\varpi}{\sin\frac{1}{2}\varpi}\right)^s.$$

Le terme moyen de cette puissance est le terme indépendant de ϖ dans son développement en cosinus de l'angle ϖ et de ses multiples. On aura évidemment ce terme en multipliant la puissance par $d\varpi$, en prenant ensuite l'intégrale depuis $\varpi = 0$ jusqu'à $\varpi = \pi$ et en la divisant par π. Ce terme est donc égal à

$$\frac{1}{\pi}\int d\varpi\left(\frac{\sin\frac{2n+1}{2}\varpi}{\sin\frac{1}{2}\varpi}\right)^s.$$

La condition du maximum de $\dfrac{\sin\frac{2n+1}{2}\varpi}{\sin\frac{1}{2}\varpi}$ donne l'équation

$$\tang\frac{2n+1}{2}\varpi = (2n+1)\tang\tfrac{1}{2}\varpi.$$

Il y a, depuis ϖ nul jusqu'à $\varpi = \pi$, plusieurs maxima, alternativement positifs et négatifs. Le premier répond à ϖ nul et donne

$$\left(\frac{\sin\frac{2n+1}{2}\varpi}{\sin\frac{1}{2}\varpi}\right)^s = (2n+1)^s.$$

Pour avoir l'intégrale précédente, depuis ce maximum jusqu'au point

où $\dfrac{\sin\frac{2n+1}{2}\varpi}{\sin\frac{1}{2}\varpi}$ est nul, ce qui a lieu d'abord lorsque $\varpi = \dfrac{2\pi}{2n+1}$, on fera

$$\left(\frac{\sin\frac{2n+1}{2}\varpi}{\sin\frac{1}{2}\varpi}\right)^{s} = (2n+1)^{s}c^{-t^2}.$$

En prenant les logarithmes et réduisant en série, relativement aux puissances de ϖ, la fonction

$$s\log\frac{\sin\frac{2n+1}{2}\varpi}{\sin\frac{1}{2}\varpi},$$

on aura

$$\frac{n(n+1)}{6}s\varpi^2 + \ldots = t^2,$$

ce qui donne

$$d\varpi = \frac{dt\sqrt{6}}{\sqrt{n(n+1)s}} + \ldots;$$

l'intégrale précédente devient ainsi

$$\frac{(2n+1)^{s}}{\pi}\int\frac{dt\sqrt{6}}{\sqrt{n(n+1)s}}c^{-t^2} + \ldots.$$

Elle doit être prise depuis t nul jusqu'à t infini; car à l'origine, ou lorsque ϖ est nul, t est nul, et à la limite, où $\varpi = \dfrac{2\pi}{2n+1}$, t est infini; cette intégrale devient donc, en ne considérant que le premier terme et négligeant les suivants, qui sont par rapport à lui de l'ordre $\dfrac{1}{s}$,

$$\frac{(2n+1)^{s}\sqrt{3}}{\sqrt{n(n+1)2s\pi}}.$$

Le second maximum est négatif, et répond à une valeur de $\dfrac{2n+1}{2}\varpi$ comprise entre $\frac{5}{4}\pi$ et $\frac{3}{2}\pi$. En effet, l'équation du maximum

$$\tan\frac{2n+1}{2}\varpi = (2n+1)\tan\frac{1}{2}\varpi$$

donne

$$\operatorname{tang} \frac{2n+1}{2}\,\varpi > \frac{2n+1}{2}\,\varpi.$$

Ainsi, $\frac{2n+1}{2}\,\varpi$ étant compris dans le second maximum entre π et 2π, tang $\frac{2n+1}{2}\,\varpi$ surpasse π; par conséquent $\frac{2n+1}{2}\,\varpi$ surpasse $\pi + \frac{1}{4}\pi$; il est donc compris entre $\frac{5}{4}\pi$ et $\frac{3}{2}\pi$. L'équation précédente du maximum donne

$$\frac{-\sin\frac{2n+1}{2}\,\varpi}{\sin\frac{1}{2}\varpi} = \frac{2n+1}{\sqrt{\cos^2\frac{1}{2}\varpi + (2n+1)^2 \sin^2\frac{1}{2}\varpi}}.$$

Ce dernier membre est plus petit que

$$\frac{2n+1}{\frac{2n+1}{2}\,\varpi - \frac{1}{2}\varpi}\sin\tfrac{1}{2}\varpi;$$

$\frac{1}{2}\varpi$ ne surpassant pas $\frac{1}{2}\pi$, il est facile de s'assurer que $\frac{\sin\frac{1}{2}\varpi}{\frac{1}{2}\varpi}$ n'est jamais moindre que sa valeur qui répond à $\varpi = \pi$, et qui est égale à $\frac{2}{\pi}$: le second membre dont il s'agit est donc généralement plus petit que

$$\frac{2n+1}{\frac{2n+1}{2}\,\varpi} \cdot \frac{\pi}{2}.$$

Relativement au second maximum, $\frac{2n+1}{2}\,\varpi$ étant compris entre $\frac{5}{4}\pi$ et $\frac{3}{2}\pi$, ce membre sera plus petit que $(2n+1)\frac{2}{5}$; ainsi la puissance s de $\frac{\sin\frac{2n+1}{2}\,\varpi}{\sin\frac{1}{2}\varpi}$ ne surpassera point $(2n+1)^s(\frac{2}{5})^s$; elle sera donc, lorsque s est un très grand nombre, incomparablement plus petite que la même puissance correspondante au premier maximum, et qui est égale à $(2n+1)^s$.

On verra de la même manière que le troisième maximum est compris entre $\frac{2n+1}{2}\,\varpi = \frac{9}{4}\varpi$, et $\frac{2n+1}{2}\,\varpi = \frac{5}{2}\varpi$, et qu'à ce maximum la puissance s de $\dfrac{\sin\frac{2n+1}{2}\varpi}{\sin\frac{1}{2}\varpi}$ ne surpasse pas $(2n+1)^s(\frac{2}{9})^s$; que le quatrième maximum est compris entre $\frac{2n+1}{2}\varpi = \frac{13}{4}\pi$ et $\frac{2n+1}{2}\varpi = \frac{7}{2}\pi$, et qu'à ce maximum la puissance s de $\dfrac{\sin\frac{2n+1}{2}\varpi}{\sin\frac{1}{2}\varpi}$ ne surpasse point $(2n+1)^s(\frac{2}{13})^s$, et ainsi de suite.

Maintenant, si, à partir de l'un quelconque de ces maxima, on fait

$$\left(\frac{\sin\frac{2n+1}{2}\varpi}{\sin\frac{1}{2}\varpi}\right)^s = \left(\frac{\sin\frac{2n+1}{2}\Pi}{\sin\frac{1}{2}\Pi}\right)^s c^{-t^2},$$

Π étant la valeur de ϖ qui correspond à ce maximum, et si l'on fait

$$\varpi = \Pi + \varpi',$$

on aura, en prenant les logarithmes des deux membres de l'équation précédente entre ϖ et t,

$$\begin{aligned} &s\log\sin\frac{2n+1}{2}(\Pi+\varpi') - s\log\sin\tfrac{1}{2}(\Pi+\varpi') \\ &= s\left(\log\sin\frac{2n+1}{2}\Pi - \log\sin\tfrac{1}{2}\Pi\right) - t^2. \end{aligned}$$

En développant le premier membre de cette équation suivant les puissances de ϖ', la comparaison de la première puissance donnera d'abord l'équation du maximum

$$\operatorname{tang}\frac{2n+1}{2}\Pi = (2n+1)\operatorname{tang}\tfrac{1}{2}\Pi.$$

En ne considérant ensuite que la seconde puissance de ϖ', on aura

$$\tfrac{1}{2}n(n+1)s\varpi'^2 = t^2,$$

ce qui donne

$$d\varpi' = \frac{2\,dt}{\sqrt{n(n+1)2s}};$$

l'intégrale

$$\frac{1}{\pi}\int d\varpi\left(\frac{\sin\dfrac{2n+1}{2}\varpi}{\sin\frac{1}{2}\varpi}\right)^{s},$$

prise entre les deux limites entre lesquelles $\dfrac{\sin\dfrac{2n+1}{2}\varpi}{\sin\frac{1}{2}\varpi}$ est nul de part et d'autre du maximum de cette fonction, est donc à très peu près

$$\frac{2}{\sqrt{2n(n+1)s\pi}}\left(\frac{\sin\dfrac{2n+1}{2}\Pi}{\sin\frac{1}{2}\Pi}\right)^{s}.$$

Cette expression a généralement lieu pour les intégrales relatives à tous les maxima qui suivent le premier ; seulement il faut n'en prendre que la moitié relativement au dernier qui correspond à $\Pi = \pi$. Il résulte de ce qui précède que cette expression, par rapport au second maximum, est moindre, abstraction faite du signe, que

$$\frac{2}{\sqrt{2n(n+1)s\pi}}\left(\frac{2}{5}\right)^{s};$$

que, relativement au troisième maximum, elle est moindre que

$$\frac{2}{\sqrt{2n(n+1)s\pi}}\left(\frac{2}{9}\right)^{s},$$

et ainsi de suite. Lorsque s est un très grand nombre, ces quantités décroissent avec une extrême rapidité, et elles sont incomparablement plus petites que la quantité relative au premier maximum, et qui, comme on l'a vu, est

$$\frac{(2n+1)^{s}\sqrt{3}}{\sqrt{2n(n+1)s\pi}};$$

on peut donc n'avoir égard qu'à cette dernière intégrale, et l'on voit que cela est rigoureux dans le cas de n infini ; car l'équation de condition du maximum donne alors $\dfrac{2n+1}{2}\Pi = \dfrac{2r+1}{2}\pi$, r étant un nombre entier, ce qui rend $\dfrac{\sin\frac{2n+1}{2}\Pi}{\sin\frac{1}{2}\Pi}$ fini, excepté lorsque Π est zéro, ce qui répond au premier maximum.

Si le polynôme est composé d'un nombre de termes pair et égal à $2n$, tel que

$$\frac{1}{a^{n-\frac{1}{2}}}+\frac{1}{a^{n-\frac{3}{2}}}+\ldots+\frac{1}{a^{\frac{1}{2}}}+a^{\frac{1}{2}}+\ldots+a^{n-\frac{3}{2}}+a^{n-\frac{1}{2}},$$

en y substituant $c^{\varpi\sqrt{-1}}$ au lieu de a, il devient

$$2\cos\tfrac{1}{2}\varpi+2\cos\tfrac{3}{2}\varpi+\ldots+2\cos\frac{2n-1}{2}\varpi,$$

ou $\dfrac{\sin n\varpi}{\sin\frac{1}{2}\varpi}$. Ce polynôme, élevé à une puissance entière et positive, ne peut avoir de terme moyen ou indépendant des cosinus de $\frac{1}{2}\varpi$ et de ses multiples, qu'autant que cette puissance est paire ; représentons-la par $2s$: alors le terme moyen sera

$$\frac{1}{\pi}\int d\varpi\left(\frac{\sin n\varpi}{\sin\frac{1}{2}\varpi}\right)^{2s},$$

l'intégrale étant prise depuis ϖ nul jusqu'à $\varpi=\pi$. Cette intégrale se compose de diverses intégrales partielles, relatives aux divers maxima de la fonction $\dfrac{\sin n\varpi}{\sin\frac{1}{2}\varpi}$; mais on s'assurera facilement, par l'analyse précédente, que toutes ces intégrales, lorsque $2s$ est un très grand nombre et lorsque n est plus grand que l'unité, sont incomparablement plus petites que celle qui est relative au premier maximum, qui correspond à ϖ nul ; et alors on trouve à très peu près le terme moyen de la puissance $2s$ du polynôme égal à

$$\frac{(2n)^{2s}\sqrt{3}}{\sqrt{(2n-1)(2n+1)s\pi}}.$$

En rapprochant ce résultat du précédent, on voit que, si l'on nomme généralement n' le nombre des termes du polynôme et s' la puissance à laquelle il est élevé, le terme moyen du développement sera, lorsqu'il y en a un,

$$\frac{n'^{s'}\sqrt{3}}{\sqrt{\frac{n'^2-1}{2}\,s'\pi}},$$

et, pour qu'il y ait un terme moyen, $(n'-1)s'$ doit être un nombre pair, c'est-à-dire que l'un ou l'autre au moins des nombres $n'-1$ et s' doit être pair.

36. L'analyse précédente donne encore le coefficient de $a^{\pm l}$ dans le développement du polynôme

$$(a^{-n}+a^{-n+1}+\ldots+a^{-1}+1+a+\ldots+a^{n-1}+a^{n})^{s}.$$

Pour l'obtenir, on observera que le coefficient de a^{r} dans le développement de ce polynôme est le même que celui de a^{-r}; en nommant donc A_r ce coefficient, en faisant $a=c^{\varpi\sqrt{-1}}$ et réunissant les deux termes du développement relatifs à a^{r} et a^{-r}, on aura $2A_r\cos r\varpi$ pour leur somme. Maintenant, si l'on multiplie ce polynôme ou sa valeur

$$\left(\frac{\sin\frac{2n+1}{2}\varpi}{\sin\frac{1}{2}\varpi}\right)^{s}$$

par $d\varpi\cos l\varpi$, et qu'on intègre le produit depuis $\varpi=0$ jusqu'à $\varpi=\pi$, il est clair que tous les termes disparaîtront, excepté celui où r est égal à l; l'intégrale se réduira donc à $2A_l\int d\varpi\cos^2 l\varpi$, ce qui donne

$$A_l=\frac{1}{\pi}\int d\varpi\cos l\varpi\left(\frac{\sin\frac{2n+1}{2}\varpi}{\sin\frac{1}{2}\varpi}\right)^{s}.$$

Pour intégrer cette fonction, on fera, comme ci-dessus,

$$\left(\frac{\sin\frac{2n+1}{2}\varpi}{\sin\frac{1}{2}\varpi}\right)^{s}=(2n+1)^{s}c^{-t}.$$

En prenant les logarithmes et développant par rapport aux puissances de ϖ, on aura, par le retour des suites, pour ϖ, une expression de cette forme,

$$\varpi = \frac{t\sqrt{6}}{\sqrt{n(n+1)s}}(1 + \Lambda t^2 + \ldots),$$

ce qui transforme l'intégrale précédente dans celle-ci

$$\frac{(2n+1)^s}{\pi} \cdot \frac{\sqrt{6}}{\sqrt{n(n+1)s}} \int dt \cos\left[\frac{tt\sqrt{6}}{\sqrt{n(n+1)s}}\right] c^{-t^2}(1 + 3\Lambda t^2 + \ldots),$$

l'intégrale étant prise depuis t nul jusqu'à t infini. On peut facilement l'obtenir par le n° 26, et l'on trouve, en n'ayant égard qu'à son premier terme, pour sa valeur,

$$\frac{(2n+1)^s\sqrt{3}}{\sqrt{n(n+1).2s\pi}} \, c^{-\frac{tt}{n(n+1)s}}.$$

C'est la valeur cherchée du coefficient de $a^{\pm l}$ dans le développement du polynôme, lorsque sa puissance s est très élevée.

Cherchons maintenant la somme de tous ces coefficients, depuis celui de a^{-l} inclusivement, jusqu'à celui de a^l inclusivement, l étant un grand nombre, mais d'un ordre inférieur à s. Pour cela, nous observerons que l'on a, par le n° 10,

$$\Sigma y_t = \frac{1}{c^{\frac{dy_t}{dt}}-1} = \frac{1}{\frac{dy_t}{dt}\left[1 + \frac{1}{2}\frac{dy_t}{dt} + \frac{1}{6}\left(\frac{dy_t}{dt}\right)^2 + \ldots\right]}$$

$$= \left(\frac{dy_t}{dt}\right)^{-1} - \frac{1}{2}\left(\frac{dy_t}{dt}\right)^0 + \frac{1}{12}\frac{dy_t}{dt} + \ldots;$$

d'où l'on tire, par le numéro cité,

$$\Sigma y_t = \int y_t \, dt - \frac{1}{2}y_t + \frac{1}{12}\frac{dy_t}{dt} + \ldots + \text{const.}$$

En prenant l'intégrale depuis le terme correspondant à t nul inclusivement, on aura la somme des valeurs de y_t, depuis cette origine jusqu'au terme y_t exclusivement. La constante arbitraire sera égale alors à $\frac{1}{2}y_0 - \frac{1}{12}\frac{dy_0}{dt} - \ldots$; ainsi la somme des valeurs de y_t, depuis t nul inclusivement jusqu'à y_l inclusivement, sera

$$\int y_l\,dl + \frac{1}{2}y_0 + \frac{1}{2}y_l + \frac{1}{12}\frac{dy_l}{dl} - \frac{1}{12}\frac{dy_0}{dl} + \ldots$$

Supposons maintenant

$$y_l = \frac{(2n+1)^s\sqrt{3}}{\sqrt{n(n+1)2s\pi}}\,c^{-\frac{\frac{3}{2}l^2}{n(n+1)s}};$$

alors les différences de y_l seront successivement d'un ordre inférieur les unes aux autres; en ne considérant donc que les trois premiers termes de la série précédente, on aura

$$\int y\,dl + \frac{1}{2}y_0 + \frac{1}{2}y_l$$

pour la somme des coefficients des termes du développement de la puissance s du polynôme, depuis l nul inclusivement jusqu'à y_l inclusivement. En doublant cette somme, et en retranchant de ce double le terme y_0, on aura pour la somme des coefficients, depuis celui du terme correspondant à a^{-l} inclusivement, jusqu'à celui du terme correspondant à a^l inclusivement,

$$\frac{(2n+1)^s\sqrt{6}}{\sqrt{n(n+1)s\pi}}\left(\int dl\,c^{-\frac{\frac{3}{2}l^2}{n(n+1)s}} + \frac{1}{2}\,c^{-\frac{\frac{3}{2}l^2}{n(n+1)s}}\right).$$

37. Nous avons supposé dans les exemples précédents que les équations aux différences en y_s n'avaient point de dernier terme; donnons un exemple d'une équation jouissant d'un dernier terme, et pour cela considérons l'équation aux différences

$$p^s = s y_s + (s-i)y_{s+1}.$$

En faisant

$$y_s = \int x^{s-1}\varphi\,dx,$$

on aura

$$p^s = x^s\varphi(1+x) - \int x^s[(x+1)\,d\varphi + (i+1)\varphi\,dx],$$

ce qui donne d'abord, pour déterminer φ, l'équation

$$(1+x)\,d\varphi + (i+1)\varphi\,dx = 0,$$

d'où l'on tire, en intégrant,

$$\varphi = \frac{\mathrm{A}}{(1+x)^{i+1}},$$

A étant une constante arbitraire. Ensuite on a

$$p' = x^s \varphi (1 + x)$$

ou

$$p' = \frac{\mathrm{A}x^s}{(1+x)^i},$$

d'où l'on tire

$$x = p, \qquad \mathrm{A} = (1+p)^i,$$

en sorte que

$$y_s = (1+p)^i \int \frac{x^{s-1}\,dx}{(1+x)^{i+1}},$$

l'intégrale étant prise depuis $x = 0$ jusqu'à $x = p$. En ajoutant à cette
valeur de y_s celle-ci

$$\mathrm{B}(1+p)^i \int \frac{x^{s-1}\,dx}{(1+x)^{i+1}},$$

l'intégrale étant prise depuis x nul jusqu'à x infini, et B étant une arbitraire; on aura pour l'intégrale complète de la proposée

$$y_s = \mathrm{B} \int \frac{x^{s-1}\,dx}{(1+x)^{i+1}} + (1+p)^i \int \frac{x^{s-1}\,dx}{(1+x)^{i+1}},$$

expression que l'on peut mettre sous cette forme

$$y_s = \mathrm{B}' \int \frac{x^{s-1}\,dx}{(1+x)^{i+1}} - (1+p)^i \int \frac{x^{s-1}\,dx}{(1+x)^{i+1}},$$

la première intégrale étant prise depuis x nul jusqu'à x infini, et la seconde étant prise depuis $x = p$ jusqu'à x infini.

Maintenant l'intégrale de la proposée

$$p' = s y_s + (s - i) y_{s+1}$$

est

$$y_s = \frac{1.2.3\ldots(s-1)}{i(i-1)(i-2)\ldots(i-s+1)} \left[\mathrm{Q} - \sum \frac{i(i-1)(i-2)\ldots(i-s+1)}{1.2.3\ldots s} p' \right],$$

Q étant une arbitraire et $\sum$ étant la caractéristique des différences finies; en sorte que la fonction $\sum \dfrac{i(i-1)(i-2)\ldots(i-s+1)}{1.2.3\ldots s}\,p^s$ est égale à

$$1 + ip + \frac{i(i-1)}{1.2}\,p^2 + \ldots + \frac{i(i-1)(i-2)\ldots(i-s+2)}{1.2.3\ldots(s-1)}\,p^{s-1},$$

c'est-à-dire à la somme des s premiers termes du binôme $(1+p)^i$. Si l'on compare cette expression de y_s à la précédente, on aura

$$B'\int \frac{x^{i-1}\,dx}{(1+x)^{i+1}} - (1+p)^i \int \frac{x^{i-1}\,dx}{(1+x)^{i+1}}$$
$$= \frac{1.2.3\ldots(s-1)}{i(i-1)\ldots(i-s+1)}\left[Q - \sum \frac{i(i-1)\ldots(i-s+1)}{1.2.3\ldots s}\,p^s\right].$$

Si l'on fait $s = 1$ dans cette équation et si l'on observe que le produit $1.2.3\ldots(s-1)$ se réduit alors à l'unité, comme on l'a vu dans le n° 34, on trouve, après les intégrations, $B' = Q$. Ainsi, B' étant une arbitraire, cette équation se partage dans les deux suivantes

$$\frac{1.2.3\ldots(s-1)}{i(i-1)\ldots(i-s+1)} = \int \frac{x^{i-1}\,dx}{(1+x)^{i+1}},$$

$$\frac{1.2.3\ldots(s-1)}{i(i-1)\ldots(i-s+1)} \sum \frac{i(i-1)\ldots(i-s+1)}{1.2.3\ldots s}\,p^s = (1+p)^i \int \frac{x^{i-1}\,dx}{(1+x)^{i+1}};$$

d'où l'on tire

$$1 + ip + \frac{i(i-1)}{1.2}\,p^2 + \ldots + \frac{i(i-1)\ldots(i-s+2)}{1.2.3\ldots(s-1)}\,p^{s-1} = (1+p)^i \frac{\displaystyle\int \frac{x^{i-1}\,dx}{(1+x)^{i+1}}}{\displaystyle\int \frac{x^{i-1}\,dx}{(1+x)^{i+1}}},$$

l'intégrale du numérateur étant prise depuis $x = p$ jusqu'à x infini, et celle du dénominateur étant prise depuis x nul jusqu'à x infini. Lorsque s et i sont de grands nombres, il sera facile de réduire ces deux intégrales en séries convergentes, par les formules des n°s 22 et 23. On aura ainsi la somme de s premiers termes du binôme élevé à une grande puissance, par une approximation d'autant plus rapide que cette puissance sera plus haute.

Si l'on effectue les intégrations, l'équation précédente devient

$$1 + ip + \frac{i(i-1)}{1.2}\,p^2 + \ldots + \frac{i(i-1)(i-2)\ldots(i-s+2)}{1.2.3\ldots(s-1)}\,p^{s-1}$$

$$= (1+p)^{i-1}\left\{ \begin{aligned} &1 + \frac{i-s+1}{1}\,\frac{p}{1+p} + \frac{(i-s+1)(i-s+2)}{1.2}\,\frac{p^2}{(1+p)^2} + \ldots \\ &+ \frac{(i-s+1)\ldots(i-1)}{1.2.3\ldots(s-1)}\,\frac{p^{s-1}}{(1+p)^{s-1}} \end{aligned} \right\}.$$

Le second membre de cette équation est une transformation de la somme partielle des termes du binôme $(1+p)^i$, transformation qui peut être utile.

De l'approximation des différences infiniment petites et finies,
très élevées, des fonctions.

38. Considérons une fonction quelconque de z, que nous représenterons par $\varphi(z)$. En y changeant z en $z+t$, désignons par y_s le coefficient de t^s dans le développement de cette fonction; nous aurons

$$\frac{d^s \varphi(z+t)}{dt^s} = 1.2.3\ldots s \cdot y_s,$$

t étant supposé nul après les différentiations, et, comme on a

$$\frac{d\,\varphi(z+t)}{dt} = \frac{d\,\varphi(z)}{dz},$$

en supposant t nul, on aura

$$\frac{d^s\varphi(z)}{dz^s} = 1.2.3\ldots s \cdot y_s.$$

Ainsi la recherche de la différence $s^{\text{ième}}$ de $\varphi(z)$ se réduit à développer la fonction $\varphi(z+t)$ en série.

Supposons que cette fonction de t soit une puissance d'un polynôme en t, que nous représenterons par

$$(a + bt + ct^2 + \ldots)^\mu.$$

En exprimant par

$$y_0 + y_1 t + y_2 t^2 + \ldots + y_s t^s + \ldots$$

son développement en série, on aura, en prenant les différences logarithmiques,

$$\frac{\mu(b + 2ct + \ldots)}{a + bt + ct^2 + \ldots} = \frac{y_1 + 2y_2 t + \ldots + sy_s t^{s-1} + \ldots}{y_0 + y_1 t + y_2 t^2 + \ldots + y_s t^s + \ldots}.$$

Multipliant en croix et comparant les termes multipliés par t^{s-1}, on aura

$$a s y_s + b(s-1) y_{s-1} + c(s-2) y_{s-2} + \ldots = \mu b y_{s-1} + 2\mu c y_{s-2} + \ldots.$$

Représentons par $\int x^{s-1} \varphi\, dx$ l'expression de y_s; cette équation devient

$$0 = x^s \left(a + \frac{b}{x} + \frac{c}{x^2} + \ldots \right) \varphi$$
$$- \int x^s \left[d\varphi \left(a + \frac{b}{x} + \frac{c}{x^2} + \ldots \right) + \mu \varphi\, dx \left(\frac{b}{x^2} + \frac{2c}{x^3} + \ldots \right) \right].$$

En égalant séparément à zéro la partie de cette équation affectée du signe intégral, on a

$$0 = d\varphi \left(a + \frac{b}{x} + \frac{c}{x^2} + \ldots \right) + \mu \varphi\, dx \left(\frac{b}{x^2} + \frac{2c}{x^3} + \ldots \right);$$

ce qui donne, en intégrant,

$$\varphi = A \left(a + \frac{b}{x} + \frac{c}{x^2} + \ldots \right)^\mu,$$

A étant une constante arbitraire. La partie de l'équation précédente hors du signe intégral donnera ensuite, pour déterminer les limites de l'intégrale,

$$0 = x^s \left(a + \frac{b}{x} + \frac{c}{x^2} + \ldots \right)^{\mu+1};$$

ces limites sont donc $x = 0$ et x égal aux diverses racines de l'équation

$$0 = a + \frac{b}{x} + \frac{c}{x^2} + \ldots.$$

On aura donc, par les méthodes précédentes et par une approximation très prompte, les coefficients des puissances très élevées de t dans le développement en série de la puissance

$$(a + bt + ct^2 + \ldots)^\mu,$$

et par conséquent on aura les différentielles très élevées de la puissance

$$(a' + b'z + c'z^2 + \ldots)^\mu,$$

qui se change dans la précédente en changeant z dans $z + t$ et faisant

$$a = a' + \quad b'z + c'z^2 + \ldots$$
$$b = b' + 2c'z + \ldots,$$
$$c = c' + \ldots,$$
$$\ldots\ldots\ldots\ldots$$

Appliquons cette analyse à un exemple.

z étant le sinus d'un angle θ, on aura

$$\frac{d^{s+i}\theta}{dz^{s+i}} = \frac{d^i}{dz^i}\frac{1}{\sqrt{1-z^2}}.$$

Pour avoir l'expression du second membre de cette équation, nous observerons que l'on a, par ce qu'on vient de voir,

$$\frac{d^i}{dz^i}\frac{1}{\sqrt{1-z^2}} = 1.2.3\ldots s.y_s.$$

y_s étant le coefficient de t^s dans le développement de $\left[1 - (z+t)^2\right]^{\frac{1}{2}}$.
On aura ensuite

$$y_s = A \int x^{s-1} dx \left[1 - \left(z + \frac{1}{x}\right)^2\right]^{-\frac{1}{2}},$$

les limites de l'intégrale étant données par l'équation

$$x^s \left[1 - \left(z + \frac{1}{x}\right)^2\right]^{-\frac{1}{2}}.$$

Ces limites sont

$$x = -\frac{1}{1+z}, \qquad x = 0, \qquad x = \frac{1}{1-z}.$$

Comme x a trois valeurs, l'expression de y_s prend cette forme, par le n° 29,

$$y_s = A \int x^{s-1} dx \left[1 - \left(z + \frac{1}{x}\right)^2 \right]^{-\frac{1}{2}} + A' \int x^{s-1} dx \left[1 - \left(z + \frac{1}{x}\right)^2 \right]^{-\frac{1}{2}},$$

A et A' étant des constantes arbitraires, et la première intégrale étant prise depuis $x = -\frac{1}{1+z}$ jusqu'à $x = 0$, et la seconde étant prise depuis $x = 0$ jusqu'à $x = \frac{1}{1-z}$. Si l'on fait

$$x = \frac{z + \cos\varpi}{1 - z^2},$$

l'expression précédente de y_s devient

$$y_s = B \int \frac{d\varpi \, (z + \cos\varpi)^s}{(1 - z^2)^{s + \frac{1}{2}}} + B' \int \frac{d\varpi \, (z + \cos\varpi)^s}{(1 - z^2)^{s + \frac{1}{2}}},$$

la première intégrale étant prise depuis $\varpi = 0$ jusqu'à ϖ égal à l'angle dont le cosinus est $-z$, et la seconde étant prise depuis ce dernier angle jusqu'à $\varpi = \pi$. Pour déterminer les arbitraires B et B', on observera que

$$y_0 = \frac{1}{\sqrt{1 - z^2}}, \qquad y_1 = \frac{z}{(1 - z^2)^{\frac{3}{2}}},$$

d'où il est facile de conclure

$$B = B' = \frac{1}{\pi};$$

partant

$$y_s = \frac{1}{\pi (1 - z^2)^{s + \frac{1}{2}}} \int d\varpi \, (z + \cos\varpi)^s,$$

l'intégrale étant prise depuis $\varpi = 0$ jusqu'à $\varpi = \pi$. En prenant cette intégrale et observant que

$$\int d\varpi \cos^{2r}\varpi = \frac{1}{2^{2r}} \int d\varpi \, (e^{\varpi\sqrt{-1}} + e^{-\varpi\sqrt{-1}})^{2r}$$

$$= \frac{1.2.3\ldots 2r}{2^{2r}(1.2.3\ldots r)^2} \pi = \frac{1.3.5\ldots(2r-1)}{2.4.6\ldots 2r} \pi,$$

on aura

$$(a) \qquad y_s = \frac{1}{(1-z^2)^{s+\frac{1}{2}}} \left\{ \begin{array}{l} z^s + \dfrac{1}{2}\dfrac{s(s-1)}{1.3} z^{s-2} + \dfrac{1.3}{2.4}\dfrac{s(s-1)(s-2)(s-3)}{1.2.3.4} z^{s-4} \\[2ex] + \dfrac{1.3.5}{2.4.6}\dfrac{s(s-1)(s-2)(s-3)(s-4)(s-5)}{1.2.3.4.5.6} z^{s-6} + \ldots \end{array} \right\}.$$

Cette expression est fort composée, lorsque s est un grand nombre ; mais alors on peut obtenir sa valeur d'une manière fort approchée, en appliquant à l'expression de y_s, sous forme d'intégrale définie, les méthodes exposées ci-dessus. La fonction sous le signe intégral ayant deux maxima, l'un à l'origine de l'intégrale et l'autre à son extrémité, nous la décomposerons dans les deux suivantes

$$y_s = \frac{1}{\pi(1-z^2)^{s+\frac{1}{2}}} \left[\int d\varpi\,(z+\cos\varpi)^s + (-1)^s \int d\varpi\,(\cos\varpi - z)^s \right],$$

la première intégrale étant prise depuis ϖ nul jusqu'à ϖ égal à l'angle dont le cosinus est $-z$, et la seconde intégrale étant prise depuis ϖ nul jusqu'à ϖ égal à l'angle dont z est le cosinus. Soit $\dfrac{1}{s}=\alpha$, et faisons

$$(z+\cos\varpi)^s = (1+z)^s e^{-t^2};$$

on aura, en prenant les logarithmes et réduisant $\cos\varpi$ en série,

$$\log\left[1 - \frac{\varpi^2}{2(1+z)} + \frac{\varpi^4}{2.4(1+z)} - \ldots\right] = -\alpha t^2,$$

d'où il est facile de conclure

$$\varpi = \alpha^{\frac{1}{2}} t \sqrt{2(1+z)}\left[1 - \frac{\alpha(2-z)}{12} t^2 + \ldots\right];$$

on aura ainsi, en observant que l'intégrale doit être prise depuis t nul jusqu'à t infini,

$$\int d\varpi\,(z+\cos\varpi)^s = \frac{\alpha^{\frac{1}{2}}\sqrt{2\pi}}{2}(1+z)^{s+\frac{1}{2}}\left[1 - \frac{\alpha(2-z)}{8} + \ldots\right].$$

En changeant z dans $-z$, on aura

$$\int d\varpi \, (\cos\varpi - z)^s = \frac{z^{\frac{1}{2}} \sqrt{2\pi}}{2} (1 - z)^{s + \frac{1}{2}} \left[1 - \frac{\alpha(2 + z)}{8} + \dots \right];$$

partant

(b)
$$\begin{cases} y_s = \dfrac{1}{(1 - z)^{s + \frac{1}{2}} \sqrt{2s\pi}} \left[1 - \dfrac{\alpha(2 - z)}{8} + \dots \right] \\[2em] \quad + \dfrac{(-1)^s}{(1 + z)^{s + \frac{1}{2}} \sqrt{2s\pi}} \left[1 - \dfrac{\alpha(2 + z)}{8} + \dots \right]; \end{cases}$$

dans le cas de s très grand, cette expression se réduit à fort peu près à ce terme très simple,

$$\frac{1}{(1 - z)^{s + \frac{1}{2}} \sqrt{2s\pi}}.$$

Si l'on multiplie l'expression (b) de y_s par le produit $1 . 2 . 3 \dots s$, produit qui, par le n° 33, est égal à

$$s^{s + \frac{1}{2}} c^{-s} \sqrt{2\pi} \left(1 + \frac{\alpha}{12} + \dots \right),$$

on aura à très peu près

$$\frac{d^{s+1} 0}{dz^{s+1}} = - \frac{d^s \frac{1}{\sqrt{1 - z^2}}}{dz^s} = \frac{s^s c^{-s}}{(1 - z)^{s + \frac{1}{2}}}.$$

39. Lorsqu'une fonction y_s de s peut être exprimée par une intégrale définie de la forme $\int x^s \varphi \, dx$, les différences infiniment petites et finies d'un ordre quelconque n seront, par le n° 21,

$$\frac{d^n y_s}{ds^n} = \int x^s \varphi \, dx \, (\log x)^n,$$

$$\Delta^n y_s = \int x^s \varphi \, dx \, (x - 1)^n.$$

Si, au lieu d'exprimer la fonction de s par l'intégrale $\int x^s \varphi \, dx$, on l'exprime par l'intégrale $\int c^{-sx} \varphi \, dx$, alors on a

$$\frac{d^n y_s}{ds^n} = (-1)^n \int x^n \varphi \, dx \, c^{-sx},$$

$$\Delta^n y_s = \int \varphi \, dx \, c^{-sx} (c^{-x} - 1)^n.$$

Pour avoir les intégrales $n^{\text{ièmes}}$, soit finies, soit infiniment petites, il suffira de faire n négatif dans ces expressions. On peut observer qu'elles sont généralement vraies, quel que soit n, en le supposant même fractionnaire, ce qui donne le moyen d'avoir les différences et les intégrales correspondantes à des indices fractionnaires. Toute la difficulté se réduit à mettre sous la forme d'intégrales définies une fonction de s, ce que l'on peut faire par les n⁰ˢ 29 et 30, lorsque cette fonction est donnée par une équation linéaire aux différences infiniment petites ou finies. Comme on est principalement conduit dans l'analyse des hasards à des expressions qui ne sont que les différences finies des fonctions, ou une partie de ces différences, nous allons y appliquer les méthodes précédentes et déterminer leurs valeurs en séries convergentes.

40. Considérons d'abord la fonction $\frac{1}{s^i}$. En la désignant par y_s, elle sera déterminée par l'équation aux différences infiniment petites

$$0 = s \frac{dy_s}{ds} + i y_s.$$

Si l'on suppose, dans cette équation,

$$y_s = \int e^{-sx} \varphi \, dx, \qquad e^{-sx} = \delta y,$$

elle deviendra

$$0 = \int \varphi \, dx \left(i \, \delta y + x \frac{d \, \delta y}{dx} \right),$$

d'où l'on tire, en intégrant par parties, conformément à la méthode du n⁰ 29, les deux équations

$$0 = i \varphi - \frac{d(x \varphi)}{dx},$$
$$0 = x \varphi \, \delta y.$$

La première donne, en l'intégrant,

$$\varphi = A x^{i-1},$$

A étant une arbitraire. La seconde équation donne pour les limites de l'intégrale $\int e^{-sx} \rho\, dx$, $x = 0$ et $x = \infty$. On aura donc, dans ces limites,

$$\frac{1}{s^i} = A \int x^{i-1}\, dx\, e^{-sx}.$$

Pour déterminer la constante A, nous observerons que, s étant 1, le premier membre de cette équation se réduit à l'unité, ce qui donne

$$A = \frac{1}{\int x^{i-1}\, dx\, e^{-x}}, \qquad \text{partant} \qquad \frac{1}{s^i} = \frac{\int x^{i-1}\, dx\, e^{-sx}}{\int x^{i-1}\, dx\, e^{-x}};$$

on aura donc par le numéro précédent

$$(\mu) \qquad \Delta^n \frac{1}{s^i} = \frac{\int x^{i-1}\, dx\, e^{-sx}\,(e^{-x}-1)^n}{\int x^{i-1}\, dx\, e^{-x}},$$

les intégrales du numérateur et du dénominateur étant prises depuis x nul jusqu'à x infini.

Pour développer cette expression en série, supposons

$$x^{i-1} e^{-sx}(e^{-x}-1)^n = a^{i-1} e^{-sa}(e^{-a}-1)^n e^{-t^2},$$

a étant la valeur de x qui répond au maximum du premier membre de cette équation. Si l'on fait $x = a + \theta$, on aura, en prenant les logarithmes de chaque membre, et en développant le logarithme du premier dans une suite ordonnée par rapport aux puissances de θ,

$$h\theta^2 + h'\theta^3 + h''\theta^4 + \ldots = t^2,$$

les quantités a, h, h', h'', … étant données par les équations suivantes :

$$0 = \frac{i-1}{a} - s - \frac{n e^{-a}}{e^{-a}-1},$$

$$h = \frac{i-1}{2 a^2} - \frac{n}{2}\,\frac{e^{-a}}{e^{-a}-1} + \frac{n}{2}\left(\frac{e^{-a}}{e^{-a}-1}\right)^2,$$

$$h' = -\frac{i-1}{3 a^3} + \frac{n}{6}\,\frac{e^{-a}}{e^{-a}-1} - \frac{n}{2}\left(\frac{e^{-a}}{e^{-a}-1}\right)^2 + \frac{n}{3}\left(\frac{e^{-a}}{e^{-a}-1}\right)^3,$$

$$h'' = \frac{i-1}{4 a^4} - \frac{n}{24}\,\frac{e^{-a}}{e^{-a}-1} + \frac{7n}{24}\left(\frac{e^{-a}}{e^{-a}-1}\right)^2 - \frac{n}{2}\left(\frac{e^{-a}}{e^{-a}-1}\right)^3 + \frac{n}{4}\left(\frac{e^{-a}}{e^{-a}-1}\right)^4,$$

....

on aura donc, par le retour des suites,

$$\theta = \frac{t}{\sqrt{h}}\left(1 - \frac{h't}{2h\sqrt{h}} + \frac{5h'^2 - 4hh''}{8h^3}t^2 + \dots\right),$$

et cette suite sera d'autant plus convergente que le nombre n sera plus considérable. En substituant cette valeur de θ dans la fonction $\int d\theta e^{-t^2}$, et prenant l'intégrale dans les limites $t = -\infty$ et $t = \infty$, limites qui correspondent aux limites $x = 0$ et $x = \infty$, on aura

$$\int x^{i-1} dx\, e^{-cx}(e^{-x}-1)^n = a^{i-1} e^{-sa}(e^{-a}-1)^n \frac{\sqrt{\pi}}{\sqrt{h}}\left(1 + \frac{15h'^2 - 12hh''}{16h^3} + \dots\right).$$

On a d'ailleurs

$$\int x^{i-1} dx\, e^{-x} = \frac{1}{i}\int x^i\, dx\, e^{-x},$$

et lorsque i est très grand, on a, par le n° 32,

$$\int x^i dx\, e^{-x} = i^{i+\frac{1}{2}} e^{-i}\sqrt{2\pi}\left(1 + \frac{1}{12i} + \dots\right);$$

en divisant donc l'une par l'autre les deux valeurs de

$$\int x^{i-1} dx\, e^{-sx}(e^{-x}-1)^n \quad \text{et} \quad \int x^{i-1} dx\, e^{-x},$$

on aura

$$\Delta^n \frac{1}{s^i} = \frac{\left(\frac{a}{i}\right)^{i-1} e^{i-sa}(e^{-a}-1)^n}{\sqrt{2hi}}\left\{\begin{array}{l} 1 + \dfrac{15h'^2 - 12hh''}{16h^3} \\[2mm] - \dfrac{1}{12i} - \dots \end{array}\right\}.$$

Pour avoir la différence finie $n^{\text{ième}}$ de la puissance positive s^i, il suffit, par le n° 30, de changer dans cette équation i dans $-i$, et l'on aura

$$(\mu')\left\{\begin{array}{l} \Delta^n s^i = (s+n)^i - n(s+n-1)^i + \dfrac{n(n-1)}{1.2}(s+n-2)^i - \dots \\[3mm] \quad = \dfrac{\left(\dfrac{i}{a}\right)^{i+1} e^{sa-i}(e^a-1)^n}{\sqrt{\dfrac{i(i+1)}{a^2} - ni\dfrac{e^a}{(e^a-1)^2}}}\left(1 + \dfrac{15l'^2 - 12ll''}{16l^3} + \dfrac{1}{12i} + \dots\right), \end{array}\right.$$

$a, l, l', l'', \ldots$ étant données par les équations

$$o = \frac{i+1}{a} - s - \frac{nc^a}{c^a - 1},$$

$$l = -\frac{i+1}{2a^2} - \frac{n}{2}\frac{c^a}{c^a - 1} + \frac{n}{2}\left(\frac{c^a}{c^a - 1}\right)^2,$$

$$l' = -\frac{i+1}{3a^3} + \frac{n}{6}\frac{c^a}{c^a - 1} - \frac{n}{2}\left(\frac{c^a}{c^a - 1}\right)^2 + \frac{n}{3}\left(\frac{c^a}{c^a - 1}\right)^3,$$

$$l'' = -\frac{i+1}{4a^4} - \frac{n}{24}\frac{c^a}{c^a - 1} + \frac{7n}{24}\left(\frac{c^a}{c^a - 1}\right)^2 - \frac{n}{2}\left(\frac{c^a}{c^a - 1}\right)^3 + \frac{n}{4}\left(\frac{c^a}{c^a - 1}\right)^4,$$

$$\dotfill$$

La série (z') cesse d'être convergente lorsque a est une très petite fraction de l'ordre $\frac{1}{n}$; car il est visible que, les quantités $l, l', l'', \ldots$ formant alors une progression croissante, chaque terme de la série est du même ordre que celui qui le précède. Pour déterminer dans quel cas a est très petit, reprenons l'équation

$$o = \frac{i+1}{a} - s - \frac{nc^a}{c^a - 1}.$$

On peut la transformer dans la suivante, lorsque a est très petit.

$$o = \frac{i+1}{a} - s - \frac{n}{a}\left(1 + \frac{a}{2} + \ldots\right),$$

d'où l'on tire à très peu près, dans la supposition de a très petit,

$$a = \frac{i+1-n}{s + \frac{n}{2}};$$

ainsi a sera fort petit toutes les fois que $i - n$ sera peu considérable relativement à $s + \frac{n}{2}$. Dans ce cas, on déterminera $\Delta^n s^i$ par la méthode suivante.

Reprenons l'équation

$$\Delta^n s^i = \frac{\displaystyle\int \frac{dx}{x^{i+1}} c^{-sx}(c^{-x} - 1)^n}{\displaystyle\int \frac{dx}{x^{i+1}} c^{-x}},$$

dans laquelle se change la formule (p.), lorsqu'on y fait i négatif et égal à $-i$. On peut mettre la fonction $(c^{-x}-1)^n$ sous cette forme

$$c^{-\frac{nx}{2}}\left(c^{-\frac{x}{2}}-c^{\frac{x}{2}}\right)^n=(-1)^n c^{-\frac{nx}{2}}x^n\left(1+\frac{1}{1.2.3}\,\frac{x^2}{2^2}+\frac{1}{1.2.3.4.5}\,\frac{x^4}{2^4}+\dots\right)^n$$

$$=(-1)^n c^{-\frac{nx}{2}}x^n\left[1+\frac{nx^2}{24}+\frac{n(5n-2)}{15.16.24}x^4+\dots\right];$$

on aura donc

$$\int\frac{dx}{x^{i+1}}\,c^{-sx}(c^{-x}-1)^n=(-1)^n\int\frac{dx}{x^{i+1-n}}\,c^{-\left(s+\frac{n}{2}\right)x}\left(1+\frac{nx^2}{24}+\dots\right).$$

Si l'on fait

$$\left(s+\frac{n}{2}\right)x=x',$$

on aura généralement

$$\int\frac{dx}{x^r}\,c^{-\left(s+\frac{n}{2}\right)x}=\left(s+\frac{n}{2}\right)^{r-1}\int\frac{dx'\,c^{-x'}}{x'^r};$$

or on a trouvé dans le n° **33**, par le passage du réel à l'imaginaire,

$$\int\frac{dx'\,c^{-x'}}{x'^r}=\frac{2\pi(-1)^{r-\frac{1}{2}}}{\int x'^{r-1}dx'c^{-x'}}=\frac{2\pi(-1)^{r-\frac{1}{2}}}{(r-1)(r-2)(r-3)\dots};$$

partant on aura

$$(z^n)\left\{\begin{array}{l}\Delta^n s^i=(i-n+1)(i-n+2)\dots\left(s+\frac{n}{2}\right)^{i-n}\\[2ex]\times\left\{\begin{array}{l}1+(i-n)(i-n-1)\,\dfrac{n}{24\left(s+\frac{n}{2}\right)^2}\\[2ex]+(i-n)(i-n-1)(i-n-2)(i-n-3)\,\dfrac{n(5n-2)}{15.16.24\left(s+\frac{n}{2}\right)^4}\\[2ex]+\dots\dots\dots\dots\dots\dots\dots\dots\dots\dots\dots\dots\end{array}\right.\end{array}\right.$$

Cette série sera très convergente si $i-n$ est peu considérable relativement à $s+\frac{n}{2}$; elle peut d'ailleurs être employée dans le cas où i est fractionnaire, comme il est facile de s'en convaincre. Quant au produit $(i - n + 1)(i - n + 2)\ldots i$, il est facile de l'obtenir en série convergente, par le n° 33.

La formule précédente est une application très simple de l'équation

$$\Delta^n y_s = \left(c^{-\frac{dy_{s-\frac{n}{2}}}{ds}} - c^{-\frac{dy_{s+\frac{n}{2}}}{ds}} \right),$$

que nous avons donnée dans le n° 10 ; car, en développant le second membre de cette équation et faisant $y_s = s^i$, on obtient directement cette formule que nous avons conclue des passages du réel à l'imaginaire, ce qui confirme la justesse de ces passages.

41. Les formules (μ') et (μ'') des numéros précédents supposent n égal ou moindre que i. En effet, si l'on considère l'expression

$$\Delta^n s^i = \frac{\displaystyle\int \frac{dx\, c^{-sx}}{x^{i+1}} (c^{-x} - 1)^n}{\displaystyle\int \frac{dx\, c^{-x}}{x^{i+1}}},$$

dont le développement a produit ces formules, on voit que, les limites des intégrales du numérateur et du dénominateur étant déterminées par le numéro précédent, en égalant à zéro le produit des quantités sous le signe intégral par x, ces limites seront toutes imaginaires lorsque i sera plus grand que n, au lieu que, dans le cas où i sera moindre que n, les limites de l'intégrale du numérateur seront réelles, tandis que celles du dénominateur seront imaginaires ; il faut donc alors ramener ces dernières limites à l'état réel. Pour y parvenir, nous observerons que l'on a généralement

$$\int x^{i-1}\, dx\, c^{-x} = \frac{\int x^{i+r}\, dx\, c^{-x}}{i(i+1)(i+2)\ldots(i+r)}.$$

Si l'on fait dans cette expression i négatif et égal à $- r - \dfrac{m}{n}$, m étant moindre que n, on aura

$$\int \frac{dx\,e^{-x}}{x^{i+1}} = \frac{(-1)^{r+1}\int x^{-\frac{m}{n}}\,dx\,e^{-x}}{\frac{m}{n}\left(1+\frac{m}{n}\right)\left(2+\frac{m}{n}\right)\ldots i};$$

or on a, par le n° 33, les intégrales étant prises depuis x nul jusqu'à x infini,

$$\left(1+\frac{m}{n}\right)\left(2+\frac{m}{n}\right)\ldots i = \frac{\int x^i\,dx\,e^{-x}}{\int x^{\frac{m}{n}}\,dx\,e^{-x}},$$

i étant ici positif : c'est l'expression de $\int \dfrac{dx\,e^{-x}}{x^{i+1}}$ dont on doit faire usage dans le cas que nous examinons ici. Si l'on fait $x = t^n$, on aura

$$\frac{n}{m}\int x^{-\frac{m}{n}}\,dx\,e^{-x}\int x^{\frac{m}{n}}\,dx\,e^{-x} = n^2\int t^{n-m-1}\,dt\,e^{-t^n}\int t^{m-1}\,dt\,e^{-t^n},$$

et l'équation (T) du n° 24 donne, en y changeant r dans $m+1$,

$$n^2\int t^{n-m-1}\,dt\,e^{-t^n}\int t^{m-1}\,dt\,e^{-t^n} = \frac{\pi}{\sin\frac{m}{n}\pi};$$

on aura donc

$$\int \frac{dx\,e^{-x}}{x^{i+1}} = \frac{(-1)^{r+1}\pi}{\sin\frac{m}{n}\pi\int x^i\,dx\,e^{-x}},$$

d'où l'on tire, en substituant cette valeur dans l'expression précédente de $\Delta^n s^i$,

$$(\mu^n)\qquad \Delta^n s^i = \frac{(-1)^{r+1}\sin\frac{m\pi}{n}}{\pi}\cdot\int x^i\,dx\,e^{-x}\int \frac{dx}{x^{i+1}}\,e^{-sx}(e^{-x}-1)^n,$$

les intégrales étant prises depuis x nul jusqu'à x infini.

Le procédé qui vient de nous conduire à cette équation est fondé sur les passages réciproques du réel à l'imaginaire; mais on peut y parvenir directement par l'analyse suivante, qui confirmera ainsi la justesse de ces passages.

Si l'on prend l'intégrale $\int \dfrac{dx\,e^{-sx}}{x^{i+1}}$ depuis $x=z$ jusqu'à x infini, on aura, en faisant $i=r+\dfrac{m}{n}$, la fonction

$$\frac{(-1)^r e^{-sz}}{\dfrac{m}{n}\left(1+\dfrac{m}{n}\right)\left(2+\dfrac{m}{n}\right)\ldots i\, z^{\frac{m}{n}}}\left\{\begin{array}{l} s^r - \dfrac{m}{n}\dfrac{s^{r-1}}{z} + \dfrac{m}{n}\left(1+\dfrac{m}{n}\right)\dfrac{s^{r-2}}{z^2} - \ldots \\[2mm] \qquad + (-1)^r\dfrac{m}{n}\left(1+\dfrac{m}{n}\right)\left(2+\dfrac{m}{n}\right)\ldots i\,\dfrac{1}{z^r}\end{array}\right\}$$

$$+\frac{(-1)^{r+1}s^{r+1}}{\dfrac{m}{n}\left(1+\dfrac{m}{n}\right)\left(2+\dfrac{m}{n}\right)\ldots i}\int \frac{dx\,e^{-sx}}{x^{\frac{m}{n}}}.$$

Or on a généralement, lorsque z est infiniment petit,

$$\frac{\Delta^n e^{-sz}s^{r-f}}{z^f}=0,$$

f étant zéro ou un nombre entier positif; car, si l'on développe e^{-sz} en série, et que l'on désigne par $k z^q s^l$ un terme quelconque de cette série, on aura

$$k z^{q-f}\Delta^n s^{q+r-f}=0.$$

En effet, si q surpasse f, ce terme devient nul par la supposition de z infiniment petit. Si q est égal ou moindre que f, $q+r-f$ sera égal ou moindre que r, et, par conséquent, il sera plus petit que n, et alors, par la propriété connue des différences finies, $\Delta^n s^{q+r-f}$ sera nul. Il suit de là que $\Delta^n\int \dfrac{dx\,e^{-sx}}{x^{i+1}}$ ou $\int \dfrac{dx\,e^{-sx}(e^{-x}-1)^n}{x^{i+1}}$ se réduit à

$$\frac{(-1)^{r+1}\Delta^n s^{r+1}\displaystyle\int \frac{dx\,e^{-sx}}{x^{\frac{m}{n}}}}{\dfrac{m}{n}\left(1+\dfrac{m}{n}\right)\left(2+\dfrac{m}{n}\right)\ldots i},$$

l'intégrale étant prise depuis x nul jusqu'à infini. Si l'on fait $x=\dfrac{x'}{s}$, on aura

$$\int \frac{dx\,e^{-sx}}{x^{\frac{m}{n}}}=s^{\frac{m}{n}-1}\int \frac{dx'\,e^{-x'}}{x'^{\frac{m}{n}}},$$

les intégrales étant prises depuis x et x' nuls jusqu'à x et x' infinis ;
on aura donc

$$\int \frac{dx\, e^{-sx}\left(e^{-x}-1\right)^n}{x^{i+1}} = \frac{(-1)^{r+1} \displaystyle\int \frac{dx'\, e^{-x'}}{x'^{\frac{m}{n}}}\, \Delta^n s^i}{\frac{m}{n}\left(1+\frac{m}{n}\right)\left(2+\frac{m}{n}\right)\ldots i}.$$

En substituant pour $\left(1+\frac{m}{n}\right)\left(2+\frac{m}{n}\right)\ldots i$ sa valeur $\dfrac{\int x^i\, dx\, e^{-x}}{\int x^{\frac{m}{n}}\, dx\, e^{-x}}$, et observant que l'on a, par ce qui précède,

$$\frac{n}{m}\int x'^{-\frac{n}{n}}\, dx'\, e^{-x'}\int x^{\frac{m}{n}}\, dx\, e^{-x} = \frac{\pi}{\sin\frac{m}{n}\pi},$$

on aura la formule (μ'').

Si i est un très grand nombre, on aura, par le n° 33, l'intégrale

$$\int x^i\, dx\, e^{-x};$$

on aura ensuite, par ce qui précède, l'intégrale

$$\int \frac{dx\, e^{-sx}\left(e^{-x}-1\right)^n}{x^{i+1}};$$

ainsi l'on obtiendra, par une série très convergente, la valeur du second
membre de la formule citée.

Supposons i infiniment petit, r sera nul, et $\frac{m}{n}$ sera une fraction infiniment petite ; on aura donc

$$\sin\frac{m}{n}\pi = \frac{m}{n}\pi = i\pi,$$

$$\Delta^n\left(\frac{s^i-1}{i}\right) = \Delta^n \log s.$$

La formule (μ'') donnera ainsi

$$\Delta^n \log s = -\int \frac{e^{-sx}dx}{x}\cdot\left(e^{-x}-1\right)^n,$$

expression que l'on réduira facilement en série convergente, lorsque n
est un grand nombre.

42. On a souvent besoin, dans l'analyse des hasards, de ne considérer dans l'expression de $\Delta^n s^i$ que la partie dans laquelle les quantités élevées à la puissance i sont positives. Nous allons déterminer la somme de tous ces termes. Pour cela, reprenons la formule (z'') du numéro précédent. Si l'on y substitue au lieu de $\Delta^n s^i$ sa valeur

$$(s+n)^i - n(s+n-1)^i + \frac{n(n-1)}{1.2}(s+n-2)^i - \ldots,$$

et si l'on y change ensuite s dans $-s$, on aura, en ne continuant les deux séries du premier membre de l'équation suivante que jusqu'aux termes dans lesquels la quantité élevée à la puissance i devient négative, et observant que le signe $+$ a lieu si n est pair et le signe $-$ si n est impair,

$$(1)^i\left[(n-s)^i - n(n-s-1)^i + \frac{n(n-1)}{1.2}(n-s-2)^i - \ldots\right]$$

$$\pm(-1)^i\left[s^i - n(s-1)^i + \frac{n(n-1)}{1.2}(s-2)^i - \ldots\right]$$

$$= \frac{(-1)^{r+1}}{\pi}\sin\frac{m\pi}{n}\int x^i\,dx\,e^{-x}\int\frac{dx}{x^{i+1}}e^{cx}(e^{-x}-1)^n.$$

Si l'on change dans la dernière intégrale x en $-2x'\sqrt{-1}$, elle devient, après toutes les réductions,

$$2^{n-i}(-1)^{\frac{n+i}{2}}\int x'^{n-i-1}\,dx'\left[\cos(2s-n)x' - \sqrt{-1}\sin(2s-n)x'\right]\left(\frac{\sin x'}{x'}\right)^n,$$

l'intégrale relative à x' étant prise depuis x' nul jusqu'à x' infini. On aura donc

$$(o)\begin{cases}(1)^i\left[(n-s)^i - n(n-s-1)^i + \frac{n(n-1)}{1.2}(n-s-2)^i - \ldots\right]\\[2mm]\pm(-1)^i\left[s^i - n(s-1)^i + \frac{n(n-1)}{1.2}(s-2)^i - \ldots\right]\\[2mm]= \frac{(-1)^{r+1}}{\pi}2^{n-i}(-1)^{\frac{n+i}{2}}\sin\frac{m\pi}{n}\int x\,dx\,e^{-x}\\[2mm]\times\int x'^{n-i-1}\,dx'\left[\cos(2s-n)x' - \sqrt{-1}\sin(2s-n)x'\right]\left(\frac{\sin x'}{x'}\right)^n.\end{cases}$$

Supposons $r = n - 1$, ce qui donne $i = n - 1 + \dfrac{m}{n}$, et comparons séparément les parties réelles et les parties imaginaires de l'équation
précédente. On a

$$(1)^i = (1)^{n-1}(1)^{\frac{m}{n}} = 1^{\frac{m}{n}};$$

or on a

$$1 = \cos 2l\pi + \sqrt{-1}\,\sin 2l\pi,$$

l étant un nombre entier; on aura donc

$$(1)^{\frac{m}{n}} = \cos\frac{2lm\pi}{n} + \sqrt{-1}\,\sin\frac{2lm\pi}{n}.$$

Les valeurs correspondantes de $(-1)^{\frac{m}{n}}$ sont

$$\cos(2l+1)\frac{m\pi}{n} + \sqrt{-1}\,\sin(2l+1)\frac{m\pi}{n}.$$

Maintenant $(1)^i$ devant être supposé égal à l'unité dans l'équation (o),
il faut choisir l de manière que $\cos\dfrac{2lm\pi}{n} + \sqrt{-1}\,\sin\dfrac{2lm\pi}{n}$ soit 1, ce qui
exige que l'on ait

$$\frac{2lm\pi}{n} = 2f\pi,$$

f étant un nombre entier que nous pouvons supposer nul; alors on a

$$(-1)^{\frac{m}{n}} = \cos\frac{m\pi}{n} + \sqrt{-1}\,\sin\frac{m\pi}{n};$$

mais on a

$$\pm(-1)^i = \pm(-1)^{n-1+\frac{m}{n}} = -(-1)^{\frac{m}{n}};$$

la partie imaginaire du premier membre de l'équation (o) est donc

$$-\sqrt{-1}\,\sin\frac{m\pi}{n}\left[s^i - n(s-1)^i + \frac{n(n-1)}{1.2}(s-2)^i - \ldots\right].$$

Déterminons la partie imaginaire du second membre de l'équation (o).
On a

$$(-1)^{r+n-1} = (-1)^{2n-2} = 1;$$

on a ensuite

$$(-1)^{\frac{n+i}{2}+r+1} = -\sqrt{-1}\,(-1)^{\frac{m}{2n}},$$

à cause de $r = n - 1$ et de $i = n - 1 + \dfrac{m}{n}$; or on a, par ce qui précède,

$$(-1)^{\frac{m}{2n}} = \cos\frac{m\pi}{2n} + \sqrt{-1}\,\sin\frac{m\pi}{2n};$$

on aura donc, pour la partie imaginaire du second membre de l'équation (o),

$$- 2^{n-1}\sqrt{-1}\,\frac{\sin\frac{m\pi}{n}}{\pi}\cdot\int dx'\,x'^{-\frac{m}{n}}\cos\left[(2s-n)x' - \frac{m\pi}{2n}\right]\left(\frac{\sin x'}{x'}\right)^{n}\int x^{i}\,dx\,c^{-x}.$$

Si l'on égale cette fonction à la partie imaginaire du premier membre de cette équation; si l'on observe de plus que

$$\int x^{i}\,dx\,c^{-x} = \left(1+\frac{m}{n}\right)\left(2+\frac{m}{n}\right)\dots i\int x^{\frac{m}{n}}\,dx\,c^{-x}$$

$$= \left(1+\frac{m}{n}\right)\left(2+\frac{m}{n}\right)\dots ink,$$

en faisant $k = \int t^{n+m-1}\,dt\,c^{-t}$, l'intégrale étant prise depuis t nul jusqu'à t infini; enfin, si l'on suppose $2s - n = z$, on aura

$$(p)\;\left\{\begin{aligned}
&\frac{(n+z)^{n-1+\frac{m}{n}} - n(n+z-2)^{n-1+\frac{m}{n}} + \dfrac{n(n-1)}{1.2}(n+z-4)^{n-1+\frac{m}{n}} - \dots}{\left(1+\frac{m}{n}\right)\left(2+\frac{m}{n}\right)\dots\left(n-1+\frac{m}{n}\right)}\\[2mm]
&\qquad = \frac{nk\,2^{n}}{\pi}\int x'^{-\frac{m}{n}}\,dx'\cos\left(zx' - \frac{m\pi}{2n}\right)\left(\frac{\sin x'}{x'}\right)^{n}.
\end{aligned}\right.$$

Dans le premier membre de cette formule, la série doit être continuée jusqu'à ce que l'on arrive à une quantité négative élevée à la puissance $n - 1 + \dfrac{m}{n}$, z ne surpassant point n; dans le second membre, l'intégrale doit être prise depuis x' nul jusqu'à x' infini.

La comparaison des parties réelles des deux membres de l'équation (o) conduit au même résultat, et d'ailleurs elle prouve que, pour la coïncidence des deux résultats tirés de la comparaison des quantités

réelles entre elles et des quantités imaginaires entre elles, il est nécessaire de supposer, comme nous l'avons fait, $f = 0$.

On peut encore parvenir à la formule (p) au moyen de l'équation
suivante :

$$i[\varphi(z + 2, n) - \varphi(z, n)] = (n + z + 2)\,\varphi'(z + 2, n) + (n - z)\,\varphi'(z, n),$$

$\varphi'(z, n)$ étant le coefficient de dz dans la différentielle de $\varphi(z, n)$, et
$\varphi(z, n)$ étant égal à

$$(n + z)^i - n(n + z - 2)^i + \frac{n(n-1)}{1 \cdot 2}(n + z - 4)^i - \ldots,$$

tous les termes dans lesquels la quantité élevée à la puissance i est négative devant être rejetés, et z ne surpassant point n, en sorte que la
quantité élevée à la puissance i ne surpasse jamais $2n$. En résolvant
cette équation aux différences infiniment petites et finies, par la méthode du n° 30, et déterminant convenablement les constantes arbitraires, on parvient à la forme (p).

Nous allons maintenant donner quelques applications de cette formule, qui vont nous conduire à plusieurs théorèmes curieux d'Analyse.

Supposons m nul; alors on a

$$k = \int t^{m+n-1}\,dt\,c^{-t} = \frac{1}{n};$$

la formule (p) devient ainsi

$$= \frac{(n + z)^{n-1} - n(n + z - 2)^{n-1} + \dfrac{n(n-1)}{1 \cdot 2}(n + z - 4)^{n-1} - \ldots}{1 \cdot 2 \cdot 3 \ldots (n-1)\,2^n}$$

$$= \frac{\int dx' \cos zx' \left(\dfrac{\sin x'}{x'}\right)^n}{\pi}.$$

On a

$$\log\left(\frac{\sin x'}{x'}\right)^n = n \log\left(1 - \frac{1}{6}x'^2 + \frac{1}{120}x'^4 - \ldots\right),$$

ce qui donne

$$\left(\frac{\sin x'}{x'}\right)^n = c^{-\frac{n}{6}x'^2}\left(1 - \frac{n x'^4}{180} + \ldots\right);$$

on aura donc, par le n° 26, en faisant $z = r\sqrt{n}$,

$$(q) \quad \begin{cases} \dfrac{\displaystyle\int dx' \cos zx' \left(\dfrac{\sin x'}{x'}\right)^n}{\pi} \\[2em] = \sqrt{\dfrac{3}{2n\pi}}\, c^{-\frac{3}{2}r^2}\left[1 - \dfrac{3}{20n}(1 - 6r^2 + 3r^4) + \ldots\right] \\[2em] = \dfrac{(n + r\sqrt{n})^{n-1} - n(n + r\sqrt{n} - 2)^{n-1} + \dfrac{n(n-1)}{1.2}(n + r\sqrt{n} - 1)^{n-1} - \ldots}{1.2.3\ldots(n-1)2^n}, \end{cases}$$

la série de ce dernier membre devant être arrêtée aux puissances des
quantités négatives.

En différentiant cette équation par rapport à r, on aura, avec la condition de l'exclusion des puissances des quantités négatives,

$$\frac{n}{1.2.3\ldots(n-3)2^n}\left[(n + r\sqrt{n})^{n-2} - n(n + r\sqrt{n} - 2)^{n-2} + \frac{n(n-1)}{1.2}(n + r\sqrt{n} - 4)^{n-2} - \ldots\right]$$
$$= -3r\sqrt{\frac{3}{2\pi}}\, c^{-\frac{3}{2}r^2}\left[1 - \frac{3}{20n}(5 - 10r^2 + 3r^4) + \ldots\right].$$

En continuant de différentier ainsi, on aura les valeurs des différences
inférieures, pourvu cependant que le nombre de ces différentiations
soit fort petit relativement au nombre n. On peut observer que ces
équations subsistent, en y faisant r négatif; car $\cos zx'$ ou $\cos x'r\sqrt{n}$
est le même dans les deux cas de r positif et de r négatif.

On peut, en intégrant successivement l'équation (q), obtenir des
théorèmes analogues sur les différences finies des puissances supérieures à n, en excluant toujours les puissances des quantités négatives. Ainsi on a, par une première intégration,

$$\frac{(n + r\sqrt{n})^n - n(n + r\sqrt{n} - 2)^n + \dfrac{n(n-1)}{1.2}(n + r\sqrt{n} - 1)^n - \ldots}{1.2.3\ldots n.2^n}$$
$$= \sqrt{\frac{3}{2\pi}}\int dr\, c^{-\frac{3}{2}r^2}\left[1 - \frac{3}{20n}(1 - 6r^2 + 3r^4) + \ldots\right]$$
$$= C + \sqrt{\frac{3}{2\pi}}\left[\int dr\, c^{-\frac{3}{2}r^2} - \frac{3}{20n}r(1 - r^2)c^{-\frac{3}{2}r^2} + \ldots\right].$$

On déterminera la constante arbitraire C en faisant commencer avec r l'intégrale $\int dr c^{-\frac{3}{2}r^2}$, et en observant qu'alors, r étant nul, le dernier membre de l'équation se réduit à cette constante. Dans ce cas, le premier devient

$$n^n - n(n-2)^n + \frac{n(n-1)}{1.2}(n-4)^n - \dots$$

Mais on a, comme on sait, sans l'exclusion des puissances des quantités négatives,

$$n^n - n(n-2)^n + \dots \mp n(2-n)^n \pm (-n)^n = 1.2.3\dots n.2^n,$$

le signe supérieur ayant lieu si n est pair, et le signe inférieur si n est impair. Dans les deux cas, on voit que la somme des termes dans lesquels les quantités élevées à la puissance n sont négatives est égale à la somme des autres termes; on a donc, avec l'exclusion des puissances des quantités négatives,

$$n^n - n(n-2)^n + \frac{n(n-1)}{1.2}(n-4)^n - \dots = 1.2.3\dots n.2^{n-1},$$

ce qui donne $C = \frac{1}{2}$; par conséquent,

$$\frac{(n+r\sqrt{n})^n - n(n+r\sqrt{n}-2)^n + \frac{n(n-1)}{1.2}(n+r\sqrt{n}-4)^n - \dots}{1.2.3\dots n.2^n}$$

$$= \frac{1}{2} + \sqrt{\frac{3}{2\pi}}\left[\int dr c^{-\frac{3}{2}r^2} - \frac{3}{20n}r(1-r^2)c^{-\frac{3}{2}r^2} + \dots\right].$$

En intégrant de nouveau cette expression et déterminant convenablement la constante arbitraire, on trouve

$$\frac{(n+r\sqrt{n})^{n+1} - n(n+r\sqrt{n}-2)^{n+1} + \frac{n(n-1)}{1.2}(n+r\sqrt{n}-4)^{n+1} - \dots}{1.2.3\dots(n+1)2^n\sqrt{n}}$$

$$= \sqrt{\frac{3}{2\pi}}\left\{r\int dr c^{-\frac{3}{2}r^2} + c^{-\frac{3}{2}r^2}\left[\frac{1}{3} + \frac{1}{60n}(1-3r^2)\right] + \dots\right\} + \frac{1}{2}r.$$

43. On peut étendre les méthodes précédentes à la détermination de

la différence $n^{\text{ième}}$ d'une puissance quelconque d'une fonction rationnelle de s. Il suffit pour cela de réduire, par la méthode du n° 29, cette fonction à la forme $\int x^r \varphi\, dx$. Mais on a vu qu'alors on parvient, pour déterminer φ, à une équation différentielle d'un degré égal au plus haut exposant de s dans cette fonction, et qui le plus souvent n'est pas intégrable. On peut obvier à cet inconvénient au moyen de multiples intégrales, de la manière suivante.

Considérons généralement la fonction

$$\frac{1}{(s+p)^i (s+p')^{i'} (s+p'')^{i''} \dots}.$$

Si dans l'intégrale $\int x^{i-1}\, dx\, c^{-(s+p)x}$, prise depuis x nul jusqu'à x infini, on change $(s+p)x$ en x', elle devient $\frac{1}{(s+p)^i} \int x'^{i-1}\, dx'\, c^{-x'}$, la nouvelle intégrale étant prise dans les limites précédentes. La comparaison des deux intégrales donnera

$$\frac{1}{(s+p)^i} = \frac{\int x^{i-1}\, dx\, c^{-(s+p)x}}{\int x^{i-1}\, dx\, c^{-x}}.$$

Il suit de là que

$$\frac{1}{(s+p)^i (s+p')^{i'} (s+p'')^{i''} \dots}$$
$$= \frac{\int x^{i-1}\, x'^{i'-1}\, x''^{i''-1} \dots dx\, dx'\, dx'' \dots c^{-px-p'x'-p''x''-\dots-s(x+x'+x''+\dots)}}{\int x^{i-1}\, dx\, c^{-x} \int x'^{i'-1}\, dx'\, c^{-x'} \int x''^{i''-1}\, dx''\, c^{-x''} \dots},$$

toutes les intégrales étant prises depuis $x, x', x'', \dots$ nuls jusqu'à leurs valeurs infinies; on aura donc

$$\Delta^n \frac{1}{(s+p)^i (s+p')^{i'} \dots}$$
$$= \frac{\int x^{i-1}\, x'^{i'-1} \dots dx\, dx' \dots c^{-px-p'x'-\dots-s(x+x'+\dots)}(c^{-x-x'-\dots}-1)^n}{\int x^{i-1}\, dx\, c^{-x} \int x'^{i'-1}\, dx'\, c^{-x'} \dots}.$$

On réduira facilement en séries convergentes, par la méthode du n° 40, le numérateur et le dénominateur de cette expression, et si l'on change dans ces séries les signes de $i, i', \dots$, on aura la valeur très approchée de

$$\Delta^n (s + p)^i (s + p')^{i'} \ldots,$$

$n, i, i', \ldots$ étant supposés de très grands nombres. On trouvera par le numéro cité

$$\Delta^n (s + p)^i (s + p')^{i'} \ldots$$
$$= \frac{\left(\frac{i}{a}\right)^{i+1} \left(\frac{i'}{a'}\right)^{i'+1} \ldots c^{(s+p)a+(s+p')a'+\ldots-i-i'-\ldots} (c^{a+a'+\ldots} - 1)^n}{\sqrt{\left[\frac{i(i+1)}{a^2} - \frac{nic^{a+a'+\ldots}}{(c^{a+a'+\ldots} - 1)^2}\right]\left[\frac{i'(i'+1)}{a'^2} - \frac{ni'c^{a+a'+\ldots}}{(c^{a+a'+\ldots} - 1)^2}\right] \ldots}}.$$

$a, a', \ldots$ étant déterminés par les équations

$$0 = \frac{i+1}{a} + s - p - \frac{nc^{a+a'+\ldots}}{c^{a+a'+\ldots} - 1},$$

$$\frac{i'+1}{a'} = \frac{i+1}{a} + p' - p,$$

$$\frac{i''+1}{a''} = \frac{i+1}{a} + p'' - p,$$

$$\ldots\ldots\ldots\ldots\ldots\ldots\ldots$$

Le cas le plus ordinaire est celui dans lequel les exposants $i, i', i'', \ldots$ sont égaux, et $s + p, s + p', \ldots$ forment une progression arithmétique. On peut obtenir alors, par la méthode suivante, la différence finie de leur produit élevé à une haute puissance.

Considérons la différence $\Delta^n [s(s - 1)]^i$. Si l'on fait $s = s' + \frac{1}{2}$, elle devient

$$\Delta^n s'^{2i} \left(1 - \frac{1}{4 s'^2}\right)^i.$$

En développant cette fonction en série, on a

$$\Delta^n s'^{2i} - \frac{i}{4} \Delta^n s'^{2i-2} + \frac{i(i-1)}{1 . 2 . 4^2} \Delta^n s'^{2i-4} - \ldots .$$

Les formules du n° 40 donneront la valeur approchée de chacun des termes de cette série, et l'on voit, par ces formules, que, n et i étant de très grands nombres, $\Delta^n s^{2i-2}$ est d'un ordre moindre de deux unités que $\Delta^n s^{2i}$, d'où il suit que chaque terme de la série précédente est d'un ordre inférieur d'une unité à celui qui le précède, ce qui montre la convergence de la série.

On arriverait au même résultat en résolvant, par approximation, l'équation différentielle du second ordre en φ, à laquelle conduit la méthode du n° 29. Lorsqu'on suppose

$$\left(s'^2 - \frac{1}{4}\right)^{-i} = \int c^{-s'x} \varphi\, dx,$$

on a

$$2is' \int c^{-s'x} \varphi\, dx = \left(s'^2 - \frac{1}{4}\right) \int c^{-s'x} x \varphi\, dx.$$

En faisant disparaître s' des coefficients de cette équation, par la méthode citée, dans les termes affectés du signe intégral, égalant ensuite à zéro la somme de ces termes et supposant ensuite, dans l'équation différentielle que l'on obtient ainsi, φ égal à une suite ascendante par rapport aux puissances de x, on aura une série convergente. On aura ensuite

$$\Delta^n \left(s'^2 - \frac{1}{4}\right)^{-i} = \int c^{-s'x} (c^{-x} - 1)^n \varphi\, dx,$$

d'où l'on tirera une valeur en série de $\Delta^n \left(s'^2 - \frac{1}{4}\right)^{-i}$, et dans laquelle il suffira de changer le signe de i pour avoir la valeur de $\Delta^n \left(s'^2 - \frac{1}{4}\right)^{i}$.

Cette manière de résoudre par approximation l'équation différentielle en φ, et que nous avons indiquée à la fin du n° 30, peut servir dans un grand nombre de cas où cette équation n'est pas intégrable exactement.

Remarque générale sur la convergence des séries.

44. Nous terminerons cette Introduction par une observation importante sur la convergence des séries dont nous avons fait un si fréquent usage. Ces séries convergent très rapidement dans leurs premiers termes; mais souvent cette convergence diminue et finit par se changer en divergence. Elle ne doit pas empêcher l'usage de ces séries, en n'employant que leurs premiers termes, dans lesquels la conver-

gence est rapide; car le reste de la série, que l'on néglige, est le développement d'une fonction algébrique ou intégrale, très petite par rapport à ce qui précède. Pour rendre cela sensible par un exemple, considérons le développement en série, de l'intégrale $\int dt\, c^{-t}$, prise depuis $t = \mathrm{T}$ jusqu'à t infini. On a, par le n° 27,

$$\int dt\, c^{-t} = \frac{c^{-\mathrm{T}}}{2\mathrm{T}}\left(1 - \frac{1}{2\mathrm{T}^2} + \frac{1.3}{2^2 \mathrm{T}^4} - \frac{1.3.5}{2^3 \mathrm{T}^6} + \dots\right).$$

Cette série finit par être divergente, quelque grande que soit la valeur que l'on suppose à T; mais alors on peut employer sans erreur sensible ses premiers termes. En effet, si l'on considère, par exemple, ses quatre premiers termes, le reste de la série sera $\frac{1.3.5.7}{2^4}\int\frac{dt\, c^{-t}}{t^8}$; or cette quantité, abstraction faite du signe, est plus petite que le terme $-\frac{1.3.5.c^{-\mathrm{T}}}{2^4 \mathrm{T}^7}$ qui précède, c'est-à-dire que l'on a

$$\frac{c^{-\mathrm{T}}}{\mathrm{T}^7} < 7\int\frac{dt\, c^{-t}}{t^8};$$

car on a

$$7\int\frac{dt\, c^{-t}}{t^8} = \text{const.} - \frac{c^{-t}}{t^7} - 2\int\frac{dt\, c^{-t}}{t^6}.$$

En déterminant la constante de manière que l'intégrale soit nulle lorsque $t = \mathrm{T}$, on aura $\frac{c^{-\mathrm{T}}}{\mathrm{T}^7}$ pour cette constante; on aura donc, en prenant l'intégrale depuis $t = \mathrm{T}$ jusqu'à t infini,

$$7\int\frac{dt\, c^{-t}}{t^8} = \frac{c^{-\mathrm{T}}}{\mathrm{T}^7} - 2\int\frac{dt\, c^{-t}}{t^6}.$$

La série précédente peut donc être employée tant qu'elle est convergente, puisque l'on est sûr que ce que l'on néglige est au-dessous du terme auquel on s'arrête.

Cette série jouit encore de cette propriété, savoir, qu'elle est alternativement plus grande et plus petite que sa valeur entière, suivant que l'on s'arrête à un terme positif ou à un terme négatif. On peut nommer, par cette raison, ce genre de séries, *séries limites*. Au reste, on a vu dans le n° 27 que, dans le cas où elles sont divergentes, on peut, en les réduisant en fractions continues, obtenir des approximations toujours convergentes.

Ce que nous venons de dire sur la série précédente peut s'étendre à toutes celles que nous avons considérées et doit ôter toute inquiétude sur les usages que nous en avons faits. En effet, on peut toujours arrêter ces séries au point où elles cessent d'être convergentes, et représenter le reste par une intégrale. C'est ce que nous allons faire voir sur la formule la plus générale du développement des fonctions en séries.

On a, en prenant l'intégrale depuis $z = 0$,

$$\int dz\, \varphi'(x - z) = \varphi(x) - \varphi(x - z),$$

$\varphi'(x)$ étant la différentielle de $\varphi(x)$ divisée par dx. Si l'on désigne pareillement par $\varphi''(x)$ la différentielle de $\varphi'(x)$ divisée par dx, par $\varphi'''(x)$ la différentielle de $\varphi''(x)$ divisée par dx et ainsi de suite, on aura

$$\int dz\, \varphi'(x - z) = z\, \varphi'(x - z) + \int z\, dz\, \varphi''(x - z),$$
$$\int z\, dz\, \varphi''(x - z) = \tfrac{1}{2} z^2\, \varphi''(x - z) + \int \tfrac{1}{2} z^2\, dz\, \varphi'''(x - z),$$

$$\dots\dots\dots\dots\dots\dots\dots\dots\dots\dots\dots\dots\dots\dots$$

En continuant ainsi, on trouvera généralement

$$\int dz\, \varphi'(x - z) = z\, \varphi'(x - z) + \frac{z^2}{1.2} \varphi''(x - z) + \dots + \frac{z^n}{1.2.3\dots n} \varphi^{(n)}(x - z)$$
$$+ \int \frac{z^n\, dz}{1.2.3\dots n} \varphi^{(n+1)}(x - z).$$

En comparant cette expression à la précédente, on aura

$$\varphi(x) = \varphi(x - z) + z\, \varphi'(x - z) + \frac{z^2}{1.2} \varphi''(x - z) + \dots + \frac{z^n}{1.2.3\dots n} \varphi^{(n)}(x - z)$$
$$+ \frac{1}{1.2.3\dots n} \int z^n\, dz\, \varphi^{(n+1)}(x - z).$$

Faisons $x - z = t$, l'équation précédente prendra cette forme

$$\varphi(t + z) = \varphi(t) + z\, \varphi'(t) + \frac{z^2}{1.2} \varphi''(t) + \dots + \frac{z^n}{1.2.3\dots n} \varphi^{(n)}(t)$$
$$+ \frac{1}{1.2.3\dots n} \int z'^n\, dz'\, \varphi^{(n+1)}(t + z - z'),$$

l'intégrale étant prise depuis $z' = 0$ jusqu'à $z' = z$. Il est clair que, si l'on faisait dans cette intégrale $\varphi^{(n+1)}(t + z - z')$ constant, on aurait un trop grand résultat si l'on prenait la plus grande valeur de cette quantité, et un trop petit résultat en prenant sa plus petite valeur. Il y a donc dans l'intervalle de $z' = 0$ à $z' = z$ une valeur de z' telle qu'en supposant cette quantité constante, on aura un résultat exact. Soit u cette valeur; l'intégrale précédente devient ainsi

$$\frac{z^{n+1}}{1.2.3\ldots(n+1)}\,\varphi^{(n+1)}(t + z - u),$$

ce qui donne

$$\varphi(t + z) = \varphi(t) + z\,\varphi'(t) + \ldots + \frac{z^n}{1.2.3\ldots n}\,\varphi^{(n)}(t)$$
$$+ \frac{z^{n+1}}{1.2.3\ldots(n+1)}\,\varphi^{(n+1)}(t + z - u,$$

$z - u$ étant compris entre zéro et z. On pourra ainsi juger de la convergence de la série et du degré d'approximation, lorsqu'on s'arrête à l'un de ses termes.

LIVRE II.

THÉORIE GÉNÉRALE DES PROBABILITÉS.

CHAPITRE PREMIER.

PRINCIPES GÉNÉRAUX DE CETTE THÉORIE.

1. On a vu dans l'Introduction que la probabilité d'un événement est le rapport du nombre des cas qui lui sont favorables au nombre de tous les cas possibles, lorsque rien ne porte à croire que l'un de ces cas doit arriver plutôt que les autres, ce qui les rend, pour nous, également possibles. La juste appréciation de ces cas divers est un des points les plus délicats de l'Analyse des hasards.

Si tous les cas ne sont pas également possibles, on déterminera leurs possibilités respectives, et alors la probabilité de l'événement sera la somme des probabilités de chaque cas favorable. En effet, nommons p la probabilité du premier de ces cas. Cette probabilité est relative à la subdivision de tous les cas en d'autres également possibles. Soient N la somme de tous les cas ainsi subdivisés, et n la somme de ces cas qui sont favorables au premier cas; on aura

$$p = \frac{n}{N}.$$

On aura pareillement

$$p' = \frac{n'}{N}, \qquad p'' = \frac{n''}{N}, \qquad \ldots,$$

en marquant d'un trait, de deux traits, ... les lettres p et n, relativement au second cas, au troisième, ... Maintenant la probabilité de l'événement dont il s'agit est, par la définition même de la probabilité, égale à

$$\frac{n + n' + n'' + \dots}{N},$$

elle est donc égale à $p + p' + p'' + \dots$.

Lorsqu'un événement est composé de deux événements simples, indépendants l'un de l'autre, il est clair que le nombre de tous les cas possibles est le produit des deux nombres qui expriment tous les cas possibles relatifs à chaque événement simple, parce que chacun des cas relatifs à l'un de ces événements peut se combiner avec tous les cas relatifs à l'autre événement. Par la même raison, le nombre des cas favorables à l'événement composé est le produit des deux nombres qui expriment les cas favorables à chaque événement simple ; la probabilité de l'événement composé est donc alors le produit des probabilités de chaque événement simple. Ainsi la probabilité d'amener deux fois de suite un as avec un dé est un trente-sixième, lorsque l'on suppose les faces du dé parfaitement égales, parce que le nombre de tous les cas possibles en deux coups est trente-six, chaque cas de la première projection pouvant se combiner avec les six cas de la seconde, et parmi tous ces cas un seul donne deux as de suite.

En général, si $p, p', p'', \dots$ sont les possibilités respectives d'un nombre quelconque d'événements simples indépendants les uns des autres, le produit $p.p'.p''.\dots$ sera la probabilité d'un événement composé de ces événements.

Si les événements simples sont liés entre eux de manière que la supposition de l'arrivée du premier influe sur la probabilité de l'arrivée du second, on aura la probabilité de l'événement composé, en déterminant : 1° la probabilité du premier événement ; 2° la probabilité que, cet événement étant arrivé, le second aura lieu.

Pour démontrer ce principe d'une manière générale, nommons p le nombre de tous les cas possibles, et supposons que dans ce nombre il y en ait p' favorables au premier événement. Supposons ensuite que, dans le nombre p', il y en ait q favorables au second événement ; il est clair que $\frac{q}{p}$ sera la probabilité de l'événement composé. Mais la probabilité du premier événement est $\frac{p'}{p}$, la probabilité que, cet événement étant arrivé, le second aura lieu est $\frac{q}{p'}$; car alors, un des cas p' devant exister, on ne doit considérer que ces cas. Maintenant on a

$$\frac{q}{p} = \frac{p'}{p}\,\frac{q}{p'},$$

ce qui est la traduction en Analyse du principe énoncé ci-dessus.

En considérant comme événement composé l'événement observé joint à un événement futur, la probabilité de ce dernier événement, tirée de l'événement observé, est évidemment la probabilité que, l'événement observé ayant lieu, l'événement futur aura lieu pareillement : or, par le principe que nous venons d'exposer, cette probabilité multipliée par celle de l'événement observé, déterminée *a priori* ou indépendamment de ce qui est déjà arrivé, est égale à celle de l'événement composé déterminée *a priori;* on a donc ce nouveau principe, relatif à la probabilité des événements futurs, déduite des événements observés :

La probabilité d'un événement futur, tirée d'un événement observé, est le quotient de la division de la probabilité de l'événement composé de ces deux événements, et déterminée *a priori*, par la probabilité de l'événement observé, déterminée pareillement *a priori*.

De là découle encore cet autre principe relatif à la probabilité des causes, tirée des événements observés.

Si un événement observé peut résulter de n causes différentes, leurs probabilités sont respectivement comme les probabilités de l'événement, tirées de leurs existence; et la probabilité de chacune d'elles est une fraction dont le numérateur est la probabilité de l'événement, dans l'hypothèse de l'existence de la cause, et dont le dénominateur est la somme des probabilités semblables, relatives à toutes les causes.

Considérons, en effet, comme événement composé l'événement observé, résultant d'une de ces causes. La probabilité de cet événement composé, probabilité que nous désignerons par E, sera, par ce qui précède, égale au produit de la probabilité de l'événement observé, déterminée *a priori* et que nous nommerons F, par la probabilité que, cet événement ayant lieu, la cause dont il s'agit existe, probabilité qui est celle de la cause, tirée de l'événement observé, et que nous nommerons P. On aura donc

$$P = \frac{E}{F}.$$

La probabilité de l'événement composé est le produit de la probabilité de la cause par la probabilité que, cette cause ayant lieu, l'événement arrivera, probabilité que nous désignerons par H. Toutes les causes étant supposées *a priori* également possibles, la probabilité de chacune d'elles est $\frac{1}{n}$; on a donc

$$E = \frac{H}{n}.$$

La probabilité de l'événement observé est la somme de tous les E relatifs à chaque cause; en désignant donc par $S\frac{H}{n}$ la somme de toutes les valeurs de $\frac{H}{n}$, on aura

$$F = S\frac{H}{n};$$

l'équation $P = \frac{E}{F}$ deviendra donc

$$P = \frac{H}{SH},$$

ce qui est le principe énoncé ci-dessus, lorsque toutes les causes sont *a priori* également possibles. Si cela n'est pas, en nommant p la probabilité *a priori* de la cause que nous venons de considérer, on aura

$$E = Hp,$$

et, en suivant le raisonnement précédent, on trouvera

$$P = \frac{Hp}{SHp};$$

ce qui donne les probabilités des diverses causes, lorsqu'elles ne sont pas toutes également possibles *a priori*.

Pour appliquer le principe précédent à un exemple, supposons qu'une urne renferme trois boules dont chacune ne puisse être que blanche ou noire; qu'après avoir tiré une boule, on la remette dans l'urne pour procéder à un nouveau tirage, et qu'après m tirages, on n'ait amené que des boules blanches. Il est visible que l'on ne peut faire *a priori* que quatre hypothèses; car les boules peuvent être ou toutes blanches, ou deux blanches et une noire, ou deux noires et une blanche, ou enfin toutes noires. Si l'on considère ces hypothèses comme autant de causes de l'événement observé, les probabilités de l'événement relatives à ces causes seront

$$1, \quad \frac{2^m}{3^m}, \quad \frac{1}{3^m}, \quad 0.$$

Les probabilités respectives de ces hypothèses, tirées de l'événement observé, seront donc, par le troisième principe,

$$\frac{3^m}{3^m + 2^m + 1}, \quad \frac{2^m}{3^m + 2^m + 1}, \quad \frac{1}{3^m + 2^m + 1}, \quad 0.$$

On voit, au reste, qu'il est inutile d'avoir égard aux hypothèses qui excluent l'événement, parce que, la probabilité résultante de ces hypothèses étant nulle, leur omission ne change point les expressions des autres probabilités.

Si l'on veut avoir la probabilité de n'amener que des boules noires dans les m' tirages suivants, on déterminera *a priori* les probabilités d'amener d'abord m boules blanches, ensuite m' boules noires. Ces probabilités sont, relativement aux hypothèses précédentes,

$$0, \quad \frac{2^m}{3^{m+m'}}, \quad \frac{2^{m'}}{3^{m+m'}}, \quad 0,$$

et comme, *a priori*, les quatre hypothèses sont également possibles, la probabilité de l'événement composé sera le quart de la somme des quatre probabilités précédentes, ou

$$\frac{1}{4}\,\frac{2^{m}+2^{m'}}{3^{m+m'}}.$$

Les probabilités de l'événement observé, déterminées *a priori*, dans les quatre hypothèses précédentes, étant respectivement

$$\frac{3^{m}}{3^{m}},\quad \frac{2^{m}}{3^{m}},\quad \frac{1}{3^{m}},\quad 0,$$

le quart de leur somme, ou

$$\frac{1}{4}\,\frac{3^{m}+2^{m}+1}{3^{m}},$$

sera la probabilité de l'événement observé, déterminée *a priori*; en divisant donc la probabilité de l'événement composé par cette probabilité, on aura, par le second principe,

$$\frac{2^{m}+2^{m'}}{3^{m'}\left(3^{m}+2^{m}+1\right)},$$

pour la probabilité d'amener m' boules noires dans les m' tirages suivants.

On peut encore déterminer cette probabilité par le principe suivant :

La probabilité d'un événement futur est la somme des produits de la probabilité de chaque cause, tirée de l'événement observé, par la probabilité que, cette cause existant, l'événement futur aura lieu.

Ici les probabilités de chaque cause, tirées de l'événement observé, sont, comme on l'a vu,

$$\frac{3^{m}}{3^{m}+2^{m}+1},\quad \frac{2^{m}}{3^{m}+2^{m}+1},\quad \frac{1}{3^{m}+2^{m}+1},\quad 0;$$

les probabilités de l'événement futur, relatives à ces causes, sont respectivement

$$0,\quad \frac{1}{3^{m'}},\quad \frac{2^{m'}}{3^{m'}},\quad 1;$$

la somme de leurs produits respectifs, ou

$$\frac{2^m + 2^{m'}}{3^{m'}(3^m + 2^m + 1)},$$

sera la probabilité de l'événement futur, tirée de l'événement observé, ce qui est conforme à ce qui précède.

Si l'on suppose quatre boules dans l'urne, et qu'ayant amené une boule blanche au premier tirage, on cherche la probabilité de n'amener que des boules noires dans les m' tirages suivants, on trouvera, par les principes exposés ci-dessus, cette probabilité égale à

$$\frac{3 + 2^{m'+1} + 3^{m'}}{10 . 4^{m'}}.$$

Si le nombre des boules blanches égale celui des noires, la probabilité de n'amener que des boules noires dans m' tirages est $\frac{1}{2^{m'}}$. Elle surpasse la précédente lorsque m' est égal ou moindre que 5; mais elle lui devient inférieure lorsque m' surpasse 5, quoique la boule blanche extraite d'abord de l'urne indique une supériorité dans le nombre des boules blanches. L'explication de ce paradoxe tient à ce que cette indication n'exclut point la supériorité du nombre des boules noires; elle la rend seulement moins probable, au lieu que la supposition d'une égalité parfaite entre le nombre des blanches et celui des noires exclut cette supériorité; or cette supériorité, quelque petite que soit sa probabilité, doit rendre la probabilité d'amener de suite m' boules noires plus grande que le cas de l'égalité des couleurs, lorsque m' est considérable.

L'inégalité qui peut exister entre des choses que l'on suppose parfaitement semblables peut avoir sur les résultats du Calcul des Probabilités une influence sensible qui mérite une attention particulière. Considérons le jeu de *croix* et *pile*, et supposons qu'il soit également facile d'amener *croix* que *pile*; alors la probabilité d'amener *croix* au premier coup est $\frac{1}{2}$, et celle de l'amener deux fois de suite est $\frac{1}{4}$. Mais

s'il existe dans la pièce une inégalité qui fasse paraître une des faces
plutôt que l'autre, sans que l'on connaisse la face que cette inégalité
favorise, la probabilité d'amener *croix* au premier coup restera toujours $\frac{1}{2}$, parce que, dans l'ignorance où l'on est de la face que cette inégalité favorise, autant la probabilité de l'événement simple est augmentée si cette inégalité lui est favorable, autant elle est diminuée si
cette inégalité lui est contraire. Mais la probabilité d'amener *croix*
deux fois de suite est augmentée, malgré cette ignorance; car cette probabilité est égale à celle d'amener *croix* au premier coup, multipliée
par la probabilité que, l'ayant amené au premier coup, on l'amènera au
second; or son arrivée au premier coup est un motif de croire que
l'inégalité de la pièce la favorise; elle augmente donc la probabilité de
l'amener au second; ainsi le produit des deux probabilités est accru
par cette inégalité. Pour soumettre cet objet au calcul, supposons que
l'inégalité de la pièce accroisse de la quantité α la probabilité de
l'événement simple qu'elle favorise. Si cet événement est *croix*, la probabilité sera $\frac{1}{2} + \alpha$, et la probabilité de l'amener deux fois de suite
sera $(\frac{1}{2} + \alpha)^2$. Si l'événement favorisé est *pile*, la probabilité de *croix*
sera $\frac{1}{2} - \alpha$, et la probabilité de l'amener deux fois de suite sera $(\frac{1}{2} - \alpha)^2$.
Comme on n'a d'avance aucune raison de croire que l'inégalité favorise
plutôt l'un que l'autre des événements simples, il est clair que, pour
avoir la probabilité de l'événement composé *croix-croix*, il faut ajouter
les deux probabilités précédentes et prendre la moitié de leur somme,
ce qui donne $\frac{1}{4} + \alpha^2$ pour cette probabilité : c'est aussi la probabilité
de *pile-pile*. On trouvera par le même raisonnement que la probabilité
de l'événement composé *croix-pile* ou *pile-croix* est $\frac{1}{4} - \alpha^2$; par conséquent, elle est moindre que celle de la répétition du même événement
simple.

Les considérations précédentes peuvent être étendues à des événements quelconques, p représentant la probabilité d'un événement
simple, et $1 - p$ celle de l'autre événement; si l'on désigne par P la
probabilité d'un résultat relatif à ces événements, et que l'on suppose
que p soit réellement $p \pm \alpha$, α étant une quantité inconnue, ainsi que

le signe qui l'affecte, la probabilité P du résultat sera

$$P + \frac{1}{1.2}\alpha^2 \frac{d^2P}{dp^2} + \frac{1}{1.2.3.4}\alpha^4 \frac{d^4P}{dp^4} + \ldots$$

En faisant $P = p^n$, c'est-à-dire en supposant que le résultat relatif aux événements soit n fois la répétition du premier, la probabilité P deviendra

$$p^n + \frac{n(n-1)}{1.2}\alpha^2 p^{n-2} + \frac{n(n-1)(n-2)(n-3)}{1.2.3.4}\alpha^4 p^{n-4} + \ldots$$

Ainsi l'erreur inconnue, que l'on peut supposer dans la probabilité des événements simples, accroit toujours la probabilité des événements composés de la répétition du même événement.

2. La probabilité des événements sert à déterminer l'espérance et la crainte des personnes intéressées à leur existence. Le mot *espérance* a diverses acceptions; il exprime généralement l'avantage de celui qui attend un bien quelconque, dans une supposition qui n'est que vraisemblable. Dans la théorie des hasards, cet avantage est le produit de la somme espérée par la probabilité de l'obtenir; c'est la somme partielle qui doit revenir lorsqu'on ne veut point courir les risques de l'événement, en supposant que la répartition de la somme entière se fasse proportionnellement aux probabilités. Cette manière de la répartir est la seule équitable, quand on fait abstraction de toute circonstance étrangère, parce qu'avec un égal degré de probabilité on a un droit égal sur la somme espérée. Nous nommerons cet avantage *espérance mathématique*, pour le distinguer de l'espérance morale qui dépend, comme lui, du bien espéré et de la probabilité de l'obtenir, mais qui se règle encore sur mille circonstances variables qu'il est presque toujours impossible de définir, et plus encore d'assujettir au calcul. Ces circonstances, il est vrai, ne faisant qu'augmenter ou diminuer la valeur du bien espéré, on peut considérer l'espérance morale elle-même comme le produit de cette valeur par la probabilité de l'obtenir; mais on doit alors distinguer, dans le bien espéré, sa valeur relative de sa valeur

absolue : celle-ci est indépendante des motifs qui le font désirer, au lieu que la première croît avec ces motifs.

On ne peut donner de règle générale pour apprécier cette valeur relative ; cependant il est naturel de supposer la valeur relative d'une somme infiniment petite, en raison directe de sa valeur absolue, en raison inverse du bien total de la personne intéressée. En effet, il est clair qu'un franc a très peu de prix pour celui qui en possède un grand nombre, et que la manière la plus naturelle d'estimer sa valeur relative est de la supposer en raison inverse de ce nombre.

Tels sont les principes généraux de l'Analyse des Probabilités. Nous allons maintenant les appliquer aux questions les plus délicates et les plus difficiles de cette analyse. Mais, pour mettre de l'ordre dans cette matière, nous traiterons d'abord les questions dans lesquelles les probabilités des événements simples sont données ; nous considérerons ensuite celles dans lesquelles ces possibilités sont inconnues et doivent être déterminées par les événements observés.

CHAPITRE II.

DE LA PROBABILITÉ DES ÉVÉNEMENTS COMPOSÉS D'ÉVÉNEMENTS SIMPLES DONT LES POSSIBILITÉS RESPECTIVES SONT DONNÉES.

3. Si l'on développe le produit $(1 + p)(1 + p')(1 + p'')\ldots$, composé de n facteurs, ce développement renfermera toutes les combinaisons possibles des n lettres $p, p', p'', \ldots, p^{(n-1)}$, prises une à une, deux à deux, trois à trois, ... jusqu'à n, et chaque combinaison aura pour coefficient l'unité. Ainsi, la combinaison $pp'p''$ résultant du produit $(1 + p)(1 + p')(1 + p'')$, multiplié par le terme 1 du développement des autres facteurs, son coefficient est évidemment l'unité. Maintenant, pour avoir le nombre total des combinaisons de n lettres prises x à x, on observera que chacune de ces combinaisons devient p^x, lorsqu'on suppose $p', p'', \ldots$ égaux à p. Alors le produit des n facteurs précédents se change dans le binôme $(1 + p)^n$; or le coefficient de p^x dans le développement de ce binôme est

$$\frac{n(n-1)(n-2)\ldots(n-x+1)}{1.2.3\ldots x};$$

cette quantité exprime donc le nombre des combinaisons des n lettres prises x à x. On aura le nombre total des combinaisons de ces lettres, prises une à une, deux à deux, ..., jusqu'à n à n, en faisant $p = 1$, dans le binôme $(1 + p)^n$, et en retranchant l'unité, ce qui donne $2^n - 1$ pour ce nombre.

Supposons que dans chaque combinaison on ait égard non seulement au nombre des lettres, mais encore à leur situation; on déterminera le nombre des combinaisons, en observant que, dans la combinaison de deux lettres pp', on peut mettre p' à la seconde place, et ensuite à la première, ce qui donne les deux combinaisons pp', $p'p$. En introduisant ensuite une nouvelle lettre p'' dans chacune de ces combinaisons, on peut la mettre à la première, à la deuxième ou à la troisième place, ce qui donne 2.3 combinaisons. En continuant ainsi, on voit que, dans une combinaison de x lettres, on peut leur donner $1.2.3\ldots x$ situations différentes, d'où il suit que le nombre total des combinaisons de n lettres, prises x à x, étant, par ce qui précède,

$$\frac{n(n-1)(n-2)\ldots(n-x+1)}{1.2.3\ldots x},$$

le nombre total des combinaisons, lorsqu'on a égard à la différente situation des lettres, sera cette même fonction, en supprimant son dénominateur.

On peut facilement, au moyen de ces formules, déterminer les bénéfices des loteries. Supposons que le nombre des numéros d'une loterie soit n, et qu'il en sorte r à chaque tirage; on veut avoir la probabilité qu'une combinaison de s de ces numéros sortira au premier tirage.

Le nombre total des combinaisons des numéros, pris r à r, est, par ce qui précède,

$$\frac{n(n-1)(n-2)\ldots(n-r+1)}{1.2.3\ldots r}.$$

Pour avoir, parmi ces combinaisons, le nombre de celles dans lesquelles les s numéros sont compris, on observera que, si l'on retranche ces numéros de la totalité des numéros, et que l'on combine $r-s$ à $r-s$ le reste $n-s$, le nombre de ces combinaisons sera le nombre cherché; car il est clair qu'en ajoutant les s numéros à chacune de ces combinaisons, on aura les combinaisons r à r des numéros, dans lesquelles sont ces s numéros. Ce nombre est donc

$$\frac{(n-s)(n-s-1)\ldots(n-r+1)}{1.2.3\ldots(r-s)};$$

en le divisant par le nombre total des combinaisons r à r des n numéros, on aura pour la probabilité cherchée

$$\frac{r(r-1)(r-2)\ldots(r-s+1)}{n(n-1)(n-2)\ldots(n-s+1)}.$$

En divisant cette quantité par $1.2.3\ldots s$, on aura, par ce qui précède, la probabilité que les s numéros sortiront dans un ordre déterminé entre eux. On aura la probabilité que les s premiers numéros du tirage seront ceux de la combinaison proposée, en observant que cette probabilité revient à celle d'amener cette combinaison, en supposant qu'il ne sort que s numéros à chaque tirage, ce qui revient à faire $r = s$ dans la fonction précédente, qui devient ainsi

$$\frac{1.2.3\ldots s}{n(n-1)\ldots(n-s+1)}.$$

Enfin on aura la probabilité que les s numéros choisis sortiront les premiers dans un ordre déterminé, en réduisant le numérateur de cette fraction à l'unité.

Les quotients des mises divisées par ces probabilités sont ce que la loterie doit rendre aux joueurs; l'excédent de ces quotients sur ce qu'elle donne est son bénéfice. En effet, si l'on nomme p la probabilité du joueur, m sa mise et x ce que la loterie doit lui rendre pour l'égalité du jeu, $x - m$ sera la mise de la loterie; car, ayant reçu la mise m et rendant x au joueur, elle ne met au jeu que $x - m$. Or, pour l'égalité du jeu, l'espérance mathématique de chaque joueur doit être égale à sa crainte; son espérance est le produit de la mise $x - m$ de son adversaire par la probabilité p de l'obtenir; sa crainte est le produit de sa mise m par la probabilité $1 - p$ de la perte. On a donc

$$p(x - m) = (1 - p)m,$$

c'est-à-dire que, pour l'égalité du jeu, les mises doivent être réciproques aux probabilités de gagner. Cette équation donne

$$x = \frac{m}{p};$$

ainsi ce que la loterie doit rendre est le quotient de la mise divisée par la probabilité du joueur pour gagner.

4. Une loterie étant composée de n numéros dont r sortent à chaque tirage, on demande la probabilité qu'après i tirages tous les numéros seront sortis.

Nommons $z_{n,q}$ le nombre des cas dans lesquels, après i tirages, la totalité des numéros 1, 2, 3, ..., q sera sortie. Il est clair que ce nombre est égal au nombre $z_{n,q-1}$ de cas dans lesquels les numéros 1, 2, 3, ..., $q-1$ sont sortis, moins le nombre de cas dans lesquels, ces numéros étant sortis, le numéro q n'est pas sorti ; or ce dernier nombre est évidemment le même que celui des cas dans lesquels les numéros 1, 2, 3, ..., $q-1$ seraient sortis, si l'on ôtait le numéro q des n numéros de la loterie, et ce nombre est $z_{n-1,q-1}$; on a donc

$$(i) \qquad\qquad z_{n,q} = z_{n,q-1} - z_{n-1,q-1}.$$

Maintenant le nombre de tous les cas possibles dans un seul tirage étant $\dfrac{n(n-1)(n-2)\ldots(n-r+1)}{1.2.3\ldots r}$, celui de tous les cas possibles dans i tirages est

$$\left[\frac{n(n-1)(n-2)\ldots(n-r+1)}{1.2.3\ldots r}\right]^i.$$

Le nombre de tous les cas dans lesquels le numéro 1 ne sortira pas dans ces i tirages est le nombre de tous les cas possibles, lorsqu'on retranche ce numéro des n numéros de la loterie, et ce nombre est

$$\left[\frac{(n-1)(n-2)\ldots(n-r)}{1.2.3\ldots r}\right]^i;$$

le nombre des cas dans lesquels le numéro 1 sera sorti dans i tirages est donc

$$\left[\frac{n(n-1)\ldots(n-r+1)}{1.2.3\ldots r}\right]^i - \left[\frac{(n-1)(n-2)\ldots(n-r)}{1.2.3\ldots r}\right]^i,$$

ou

$$\Delta\left[\frac{(n-1)(n-2)\ldots(n-r)}{1.2.3\ldots r}\right]^i;$$

c'est la valeur de $z_{n,1}$. Cela posé, l'équation (i) donnera, en y faisant successivement $q = 2$, $q = 3$, ...,

$$z_{n,2} = \Delta^2 \left[\frac{(n-2)(n-3)\ldots(n-r-1)}{1.2.3\ldots r} \right]^i,$$

$$z_{n,3} = \Delta^3 \left[\frac{(n-3)(n-4)\ldots(n-r-2)}{1.2.3\ldots r} \right]^i,$$

$$\ldots\ldots\ldots\ldots\ldots\ldots\ldots\ldots\ldots\ldots\ldots,$$

et généralement

$$z_{n,q} = \Delta^q \left[\frac{(n-q)(n-q-1)\ldots(n-r-q+1)}{1.2.3\ldots r} \right]^i.$$

Ainsi la probabilité que les numéros 1, 2, 3, ..., q sortiront dans i tirages étant égale à $z_{n,q}$ divisé par le nombre de tous les cas possibles, elle sera

$$\frac{\Delta^q[(n-q)(n-q-1)\ldots(n-r-q+1)]^i}{[n(n-1)(n-2)\ldots(n-r+1)]^i}.$$

Si l'on fait dans cette expression $q = n$, on aura, s étant ici la variable qui doit être supposée nulle dans le résultat,

$$\frac{\Delta^n[s(s-1)\ldots(s-r+1)]^i}{[n(n-1)\ldots(n-r+1)]^i}$$

pour l'expression de la probabilité que tous les numéros de la loterie sortiront dans i tirages.

Si n et i sont de très grands nombres, on aura, par les formules du n° 40 du Livre Ier, la valeur de cette probabilité au moyen d'une série très convergente. Supposons, par exemple, qu'il ne sorte qu'un numéro à chaque tirage; la probabilité précédente devient

$$\frac{\Delta^n s^i}{n^i}.$$

Proposons-nous de déterminer le nombre i de tirages dans lesquels cette probabilité est $\frac{1}{k}$, n et i étant de très grands nombres. En suivant l'analyse du numéro cité, on déterminera d'abord a par l'équation

$$0 = \frac{i+1}{n} - s - \frac{nc^a}{c^n - 1},$$

ce qui donne

$$a = \frac{i+1}{n+s} \left\{ \frac{1 - c^{-a}}{1 - \frac{sc^{-a}}{n+s}} \right\}.$$

On a ensuite, par le n° 10 du Livre Ier, lorsque c^{-a} est une quantité très petite de l'ordre $\frac{1}{i}$, comme cela a lieu dans la question présente, on a, dis-je, aux quantités près de l'ordre $\frac{1}{i^2}$, s étant supposé nul dans le résultat du calcul,

$$\frac{\Delta^n s^i}{n^i} = \frac{\left(\frac{i}{i+1}\right)^{i+\frac{1}{2}} c^{na-i}(1 - c^{-a})^{n-i}}{\sqrt{1 - \frac{i+1}{n} c^{-a}}}.$$

Or on a, aux quantités près de l'ordre $\frac{1}{i^2}$,

$$\left(\frac{i}{i+1}\right)^{i-\frac{1}{2}} = c^{-1};$$

en supposant ensuite $c^{-a} = z$, on a

$$(1 - c^{-a})^{n-i} = c^{(i-n)z}\left(1 + \frac{i-n}{2} z^2\right);$$

de plus, l'équation qui détermine a donne

$$i + 1 - na = (i+1)z,$$

d'où l'on tire

$$c^{na-i-1} = c^{-iz}(1 - z);$$

on aura donc, aux quantités près de l'ordre $\frac{1}{i^2}$,

$$\frac{\Delta^n s^i}{n^i} = c^{-nz}\left(1 + \frac{i - 2n + 1}{2n} z + \frac{i-n}{2} z^2\right).$$

Pour déterminer z, reprenons l'équation

$$a = \frac{i+1}{n} - \frac{i+1}{n} c^{-a};$$

on aura, par la formule (p) du n° 21 du Livre II de la *Mécanique céleste*,

$$z = c^{-a} = q + \frac{i+1}{n} q^2 + \frac{3\left(\frac{i+1}{n}\right)^2}{1.2} q^3 + \cdots \frac{1^2\left(\frac{i+1}{n}\right)^3}{1.2.3} q^4 + \cdots,$$

q étant supposé égal à $c^{-\frac{i+1}{n}}$. Cette valeur de z donne

$$c^{nz} = c^{-nq}[1 - (i+1)q^2];$$

par conséquent,

$$\frac{\Delta^n z^i}{n^i} = c^{-nq}\left(1 + \frac{i+1-2n}{2n} q - \frac{n+i+2}{2} q^2\right).$$

En égalant cette quantité à la fraction $\frac{1}{k}$, on aura

$$q = \frac{\log k}{n}\left(1 + \frac{i+1-2n}{2n^2} - \frac{n+i+2}{2n^2}\log k\right);$$

or on a

$$i+1 = -n\log q;$$

on aura donc à très peu près, pour l'expression du nombre i de tirages, après lesquels la probabilité que tous les numéros seront sortis est $\frac{1}{k}$,

$$i = (\log n - \log\log k)\left(n - \tfrac{1}{2} + \tfrac{1}{2}\log k\right) + \tfrac{1}{2}\log k;$$

on doit observer que tous ces logarithmes sont hyperboliques.

Supposons la loterie composée de 10000 numéros, ou $n = 10000$, et $k = 2$, cette formule donne

$$i = 95767,4$$

pour l'expression du nombre de tirages, dans lesquels on peut parier un contre un, que les dix mille billets de la loterie sortiront: il y a donc un peu moins d'un contre un à parier qu'ils sortiront dans

95767 tirages, et un peu plus d'un contre un à parier qu'ils sortiront dans 95768 tirages.

On déterminera par une analyse semblable le nombre des tirages dans lesquels on peut parier un contre un que tous les numéros de la loterie de France sortiront. Cette loterie est, comme on sait, composée de 90 numéros dont cinq sortent à chaque tirage. La probabilité que tous les numéros sortiront dans i tirages est alors, par ce qui précède,

$$\frac{\Delta''[s'(s'-1)(s'-2)(s'-3)(s'-4)]^i}{[n(n-1)(n-2)(n-3)(n-4)]^i},$$

n étant ici égal à 90, et s' devant être supposé nul dans le résultat du calcul. Si l'on fait $s = s'-2$, cette fonction devient

$$\frac{\Delta''[s(s^2-1)(s^2-4)]^i}{[(n-2)[(n-2)^2-1][(n-2)^2-4]]^i},$$

ou, en développant en série,

$$\frac{(\Delta''s^{5i}-5i\,\Delta''s^{5i-2}+\ldots)}{(n-2)^{5i}}\left[1+\frac{5i}{(n-2)^2}+\ldots\right],$$

s devant être supposé égal à -2 dans le résultat du calcul.

On a, par le n° 40 du Livre Ier, en négligeant les termes de l'ordre $\frac{1}{i^2}$ et supposant c^{-a} très petit de l'ordre $\frac{1}{i}$,

$$\frac{\Delta''s^{5i}}{(n-2)^{5i}}=\frac{\left(\frac{5i+1}{a}\right)^{5i}\left(\frac{5i}{5i+1}\right)^{5i}c^{(n-2)a-5i}(1-c^{-a})^n}{(n-2)^{5i}\sqrt{1+\frac{1}{5i}-\frac{na^2c^{-a}}{5i(1-c^{-a})^2}}},$$

a étant donnée par l'équation

$$a=\frac{(5i+1)(1-c^{-a})}{(n-2)\left(1+\frac{2c^{-a}}{n-2}\right)}.$$

On a ainsi, en négligeant les termes de l'ordre $\frac{1}{i^2}$,

$$\frac{\Delta''s^{5i}}{(n-2)^{5i}}=\frac{\left(1+\frac{2c^{-a}}{n-2}\right)^{5i}}{(1-c^{-a})^{5i}}\cdot(1-c^{-a})^n c^{1-5i+nc^{-a}-\frac{10ic^{-a}}{n-2}}\left(\frac{5i}{5i+1}\right)^{5i}\left(1-\frac{1}{10i}+\frac{na^2c^{-a}}{10i}\right)$$

or on a

$$\left(1+\frac{2c^{-a}}{n-2}\right)^{5i} = c^{\frac{10ic^{-a}}{n-2}},$$

$$(1-c^{-a})^{-5i} = c^{5ic^{-a}}\left(1+\frac{5i}{2}c^{-2a}\right),$$

$$\left(\frac{5i}{5i+1}\right)^{5i} = c^{-1}\left(1+\frac{1}{10i}\right);$$

on aura donc, aux quantités près de l'ordre $\frac{1}{i^2}$,

$$\frac{\Delta^n s^{5i}}{(n-2)^{5i}} = (1-c^{-a})^n\left(1-c^{-a}+\frac{5i}{2}c^{-2a}+\frac{na^2c^{-a}}{10i}\right).$$

En substituant pour a sa valeur et observant que i est fort peu différent de $n-2$ dans le cas présent, comme on le verra ci-après, on a, à très peu près,

$$\frac{na^2c^{-a}}{10i} = \frac{5i+12}{2(n-2)}c^{-a}.$$

Je conserve, pour plus d'exactitude, le terme $\frac{12c^{-a}}{2(n-2)}$, quoique de l'ordre $\frac{1}{i^2}$, à cause de la grandeur de son facteur 12; on aura donc

$$\frac{\Delta^n s^{5i}}{(n-2)^{5i}} = (1-c^{-a})^n\left[1+\frac{5i-2n+16}{2(n-2)}c^{-a}+\frac{5i}{2}c^{-2a}\right].$$

Si l'on change dans cette expression $5i$ dans $5i-2$, on aura celle de $\frac{\Delta^n s^{5i-2}}{(n-2)^{5i-2}}$; mais la valeur de a ne sera plus la même. Soit a' cette nouvelle valeur, on aura

$$a' = \frac{(5i-1)(1-c^{-a'})}{(n-2)\left(1+\frac{2c^{-a'}}{n-2}\right)},$$

ce qui donne, à très peu près,

$$a' = a - \frac{2}{n-2}.$$

Alors on a

$$1-c^{-a'} = 1-c^{-a}-\frac{2c^{-a}}{n-2},$$

d'où l'on tire, en négligeant les quantités de l'ordre $\frac{1}{i}$,

$$(1 - e^{-a'})^n = (1 - e^{-a})^n;$$

par conséquent on a, en négligeant les quantités de l'ordre $\frac{1}{i}$,

$$\frac{\Delta^n s^{5i-2}}{(n-2)^{5i-2}} = (1 - e^{-a})^n.$$

On aura donc, aux quantités près de l'ordre $\frac{1}{i^2}$,

$$\frac{\Delta^n \left[s(s^2 - 1)(s^2 - 4) \right]^i}{\left[n(n-1)(n-2)(n-3)(n-4) \right]^i}$$
$$= (1 - e^{-a})^n \left[1 + \frac{5i - 2n + 16}{2(n-2)} e^{-a} + \frac{5i}{2} e^{-2a} \right].$$

Cette quantité doit, par la condition du problème, être égale à $\frac{1}{2}$, ce qui donne

$$1 - e^{-a} = \sqrt[n]{\tfrac{1}{2}} \left[1 - \frac{5i - 2n + 16}{2n(n-2)} e^{-a} - \frac{5i}{2n} e^{-2a} \right],$$

d'où l'on tire

$$e^{-a} = (1 - \sqrt[n]{\tfrac{1}{2}}) \left[1 + \frac{5i - 2n + 16}{2n(n-2)} + \frac{5i}{2n} e^{-a} \right];$$

par conséquent on a, en logarithmes hyperboliques,

$$a = \log \left(\frac{\sqrt[n]{\tfrac{1}{2}}}{\sqrt[n]{\tfrac{1}{2}} - 1} \right) - \frac{5i - 2n + 16}{2n(n-2)} - \frac{5i}{2n} e^{-a};$$

or on a, aux quantités près de l'ordre $\frac{1}{i^2}$,

$$a = \frac{5i + 1}{(n-2)\sqrt[n]{\tfrac{1}{2}}};$$

on aura donc

$$i = \frac{n-2}{5} \sqrt[n]{\tfrac{1}{2}} \left[1 - \frac{1}{2n} - \frac{16}{10 in} - \frac{1}{2}(\sqrt[n]{\tfrac{1}{2}} - 1) \right] \log \left(\frac{\sqrt[n]{\tfrac{1}{2}}}{\sqrt[n]{\tfrac{1}{2}} - 1} \right).$$

En substituant pour n sa valeur 90, on trouve

$$i = 85,53,$$

en sorte qu'il y a un peu moins d'un contre un à parier que tous les numéros sortiront dans 85 tirages, et un peu plus d'un contre un à parier qu'ils sortiront dans 86 tirages.

Un moyen fort simple et très approché d'obtenir la valeur de i est de supposer $\frac{\Delta^n s^i}{n^i}$, ou la série

$$1 - n\left(\frac{n-1}{n}\right)^i + \frac{n(n-1)}{1.2}\left(\frac{n-2}{n}\right)^i - \ldots,$$

égale au développement

$$1 - n\left(\frac{n-1}{n}\right)^i + \frac{n(n-1)}{1.2}\left(\frac{n-1}{n}\right)^{2i} - \ldots$$

du binôme $\left[1 - \left(\frac{n-1}{n}\right)^i\right]^n$. En effet les deux séries ont les deux premiers termes égaux respectivement. Leurs troisièmes termes sont aussi, à très peu près, égaux entre eux; car on a à fort peu près $\left(\frac{n-2}{n}\right)^i$ égal à $\left(\frac{n-1}{n}\right)^{2i}$. En effet, leurs logarithmes hyperboliques sont, en négligeant les termes de l'ordre $\frac{i}{n^3}$, égaux l'un et l'autre à $-\frac{i}{n}$. On verra de la même manière que les quatrièmes termes, les cinquièmes, ... sont très peu différents, lorsque n et i sont de très grands nombres; mais la différence s'accroît sans cesse à mesure que les termes s'éloignent du premier, ce qui doit à la fin en produire une sensible entre les séries elles-mêmes. Pour l'apprécier, déterminons la valeur de i conclue de l'égalité des deux séries. En égalant à $\frac{1}{k}$ le binôme $\left[1 - \left(\frac{n-1}{n}\right)^i\right]^n$, on aura

$$i = \frac{\log\left(1 - \sqrt[n]{\frac{1}{k}}\right)}{\log\left(\frac{n-1}{n}\right)},$$

ces logarithmes pouvant être, à volonté, hyperboliques ou tabulaires.

Soit $\sqrt[n]{\frac{1}{k}} = 1 - z$. Nous aurons, en prenant les logarithmes hyperboliques de chaque membre de cette équation

$$\frac{1}{n}\log k = -\log(1-z) = z + \frac{z^2}{2} + \dots,$$

ce qui donne, à très peu près,

$$z = \frac{\log k}{n}\left(1 - \frac{\log k}{2n}\right);$$

on aura donc, en logarithmes hyperboliques,

$$\log\left(1 - \sqrt[n]{\frac{1}{k}}\right) = \log z = \log\log k - \log n - \frac{\log k}{2n}.$$

On a ensuite

$$\log\frac{n-1}{n} = -\frac{1}{n} - \frac{1}{2n^3} - \dots.$$

L'expression précédente de i devient ainsi, à très peu près,

$$i = n\left(\log n - \log\log k\right)\left(1 - \frac{1}{2n}\right) + \tfrac{1}{2}\log k;$$

l'excès de la valeur trouvée précédemment pour i sur celle-ci est

$$\frac{\log k}{2}\left(\log n - \log\log k\right);$$

cet excès devient infini, lorsque n est infini; mais il faut un très grand nombre pour le rendre bien sensible, et dans le cas de $n = 10000$ et de $k = 2$, il n'est encore que de trois unités.

Si l'on considère pareillement le développement

$$1 - n\left(\frac{n-3}{n}\right)^i + \dots$$

de l'expression $\dfrac{\Delta^n\left[s'(s'-1)(s'-2)(s'-3)(s'-4)\right]^i}{\left[n(n-1)(n-2)(n-3)(n-4)\right]^i}$, comme celui du binôme $\left[1-\left(\dfrac{n-5}{n}\right)^i\right]^n$, on aura, pour déterminer le nombre i de coups dans lesquels on peut parier un contre un que tous les numéros sortiront, l'équation

$$\left[1-\left(\frac{n-5}{n}\right)^i\right]^n = \tfrac{1}{2};$$

ce qui donne

$$i = \dfrac{\log \dfrac{\sqrt[n]{2}}{\sqrt[n]{2}-1}}{\log \dfrac{n}{n-5}}.$$

Ces logarithmes peuvent être tabulaires. En faisant $n = 90$, on trouve

$$i = 85,204,$$

ce qui diffère très peu de la valeur $i = 85,53$ que nous avons trouvée ci-dessus.

5. Une urne étant supposée renfermer le nombre x de boules, on en tire une partie ou la totalité, et l'on demande la probabilité que le nombre des boules extraites sera pair.

La somme des cas dans lesquels ce nombre est l'unité égale évidemment x, puisque chacune des boules peut également être extraite. La somme des cas dans lesquels ce nombre égale 2 est la somme des combinaisons des x boules prises deux à deux, et cette somme est, par le n° 3, égale à $\dfrac{x(x-1)}{1.2}$. La somme des cas dans lesquels le même nombre égale 3 est la somme des combinaisons des boules prises trois à trois, et cette somme est $\dfrac{x(x-1)(x-2)}{1.2.3}$, et ainsi de suite. Ainsi les termes successifs du développement de la fonction $(1+1)^x - 1$ représenteront tous les cas dans lesquels le nombre des boules extraites est successivement $1, 2, 3, \ldots$, jusqu'à x; d'où il est facile de conclure que la somme de tous les cas relatifs aux nombres impairs est $\frac{1}{2}(1+1)^x - \frac{1}{2}(1-1)^x$, ou 2^{x-1}, et que la somme de tous les cas relatifs aux nombres pairs est $\frac{1}{2}(1+1)^x + \frac{1}{2}(1-1)^x - 1$, ou $2^{x-1} - 1$. La réunion de ces deux sommes est le nombre de tous les cas possibles; ce nombre est donc $2^x - 1$; ainsi la probabilité que le nombre des boules extraites sera pair est $\dfrac{2^{x-1}-1}{2^x-1}$, et la probabilité que ce nombre sera impair est $\dfrac{2^{x-1}}{2^x-1}$; il y a donc de l'avantage à parier avec égalité pour un nombre impair.

Si le nombre x est inconnu, et si l'on sait seulement qu'il ne peut excéder n, et que ce nombre et tous les inférieurs sont également possibles, on aura le nombre de tous les cas possibles relatifs aux nombres impairs en faisant la somme de toutes les valeurs de 2^{x-1}, depuis $x = 1$ jusqu'à $x = n$, et il est facile de voir que cette somme est $2^n - 1$. On aura pareillement la somme de tous les cas possibles relatifs aux nombres pairs, en sommant la fonction $2^{x-1} - 1$, depuis $x = 1$ jusqu'à $x = n$, et l'on trouve cette somme égale à $2^n - n - 1$; la probabilité d'un nombre pair est donc alors $\dfrac{2^n - n - 1}{2^{n+1} - n - 2}$, et celle d'un nombre impair est $\dfrac{2^n - 1}{2^{n+1} - n - 2}$.

Supposons maintenant que l'urne renferme le nombre x de boules blanches, et le même nombre de boules noires; on demande la probabilité qu'en tirant un nombre pair quelconque de boules, on amènera autant de boules blanches que de boules noires, tous les nombres pairs pouvant être également amenés.

Le nombre des cas dans lesquels une boule blanche de l'urne peut se combiner avec une boule noire est évidemment $x.x$. Le nombre des cas dans lesquels deux boules blanches peuvent se combiner avec deux boules noires est $\dfrac{x(x-1)}{1.2} \dfrac{x(x-1)}{1.2}$, et ainsi de suite. Le nombre des cas dans lesquels on amènera autant de boules blanches que de boules noires est donc la somme des carrés des termes du développement du binôme $(1+1)^x$, moins l'unité. Pour avoir cette somme, nous observerons qu'elle est égale au terme indépendant de a, dans le développement de $\left(1 + \dfrac{1}{a}\right)^x (1 + a)^x$. Cette fonction est égale à $\dfrac{(1+a)^{2x}}{a^x}$. Le terme indépendant de a, dans son développement, est ainsi le coefficient du terme moyen du binôme $(1 + a)^{2x}$; ce coefficient est $\dfrac{1.2.3 \ldots 2x}{(1.2.3 \ldots x)^2}$; le nombre des cas dans lesquels on peut tirer de l'urne autant de boules blanches que de boules noires est donc

$$\frac{1.2.3 \ldots 2x}{(1.2.3 \ldots x)^2} - 1.$$

Le nombre de tous les cas possibles est la somme des termes impairs dans le développement du binôme $(1+1)^{2x}$, moins le premier, ou l'unité. Cette somme est $\frac{1}{2}(1+1)^{2x}+\frac{1}{2}(1-1)^{2x}$; le nombre des cas possibles est donc $2^{2x-1}-1$, ce qui donne pour l'expression de la probabilité cherchée

$$\frac{\dfrac{1.2.3\ldots 2x}{(1.2.3\ldots x)^2}-1}{2^{2x-1}-1},$$

Dans le cas où x est un grand nombre, cette probabilité se réduit par le n° 33 du Livre Ier à $\dfrac{2}{\sqrt{x\pi}}$, π étant toujours la demi-circonférence dont 1 est le rayon.

6. Considérons un nombre $x+x'$ d'urnes, dont la première renferme p boules blanches et q boules noires, la deuxième p' boules blanches et q' boules noires, la troisième p'' boules blanches et q'' boules noires, et ainsi de suite. Supposons que l'on tire successivement une boule de chaque urne. Il est clair que le nombre de tous les cas possibles au premier tirage est $p+q$; au second tirage, chacun des cas du premier pouvant se combiner avec les $p'+q'$ boules de la seconde urne, on aura $(p+q)(p'+q')$ pour le nombre de tous les cas possibles relatifs aux deux premiers tirages. Au troisième tirage, chacun de ces cas peut se combiner avec les $p''+q''$ boules de la troisième urne; ce qui donne $(p+q)(p'+q')(p''+q'')$ pour le nombre de tous les cas possibles relatifs à trois tirages, et ainsi du reste. Ce produit pour la totalité des urnes sera composé de $x+x'$ facteurs, et la somme de tous les termes de son développement dans lesquels la lettre p, avec ou sans accent, est répétée x fois, et par conséquent la lettre q, x' fois, exprimera le nombre des cas dans lesquels on peut tirer des urnes x boules blanches et x' boules noires.

Si p', p'', ... sont égaux à p, et si q', q'', ... sont égaux à q, le produit précédent devient $(p+q)^{x+x'}$. Le terme multiplié par $p^x q^{x'}$ dans le développement de ce binôme est

$$\frac{(x+x')(x+x'-1)\ldots(x+1)}{1.2.3\ldots x'}\,p^x q^{x'},\quad\text{ou}\quad\frac{1.2.3\ldots(x+x')}{1.2.3\ldots x.1.2.3\ldots x'}\,p^x q^{x'}.$$

Ainsi cette quantité exprime le nombre des cas dans lesquels on peut amener x boules blanches et x' boules noires. Le nombre de tous les cas possibles étant $(p+q)^{x+x'}$, la probabilité d'amener x boules blanches et x' boules noires est

$$\frac{1.2.3\ldots(x+x')}{1.2.3\ldots x.1.2.3\ldots x'}\left(\frac{p}{p+q}\right)^{x}\left(\frac{q}{p+q}\right)^{x'},$$

où l'on doit observer que $\dfrac{p}{p+q}$ est la probabilité de tirer une boule blanche de l'une des urnes, et que $\dfrac{q}{p+q}$ est la probabilité d'en tirer une boule noire.

Il est visible qu'il est parfaitement égal de tirer x boules blanches et x' boules noires de $x+x'$ urnes qui renferment chacune p boules blanches et q boules noires, ou d'une seule de ces urnes, pourvu que l'on remette dans l'urne la boule extraite à chaque tirage.

Considérons maintenant un nombre $x+x'+x''$ d'urnes dont la première renferme p boules blanches, q boules noires et r boules rouges, dont la seconde renferme p' boules blanches, q' boules noires et r' boules rouges, et ainsi de suite. Supposons que l'on tire une boule de chacune de ces urnes. Le nombre de tous les cas possibles sera le produit des $x+x'+x''$ facteurs,

$$(p+q+r)(p'+q'+r')(p''+q''+r'')\ldots.$$

Le nombre des cas dans lesquels on amènera x boules blanches, x' boules noires et x'' boules rouges sera la somme de tous les termes du développement de ce produit, dans lesquels la lettre p sera répétée x fois, la lettre q, x' fois et la lettre r, x'' fois. Si toutes les lettres accentuées p', q', … sont égales à leurs correspondantes non accentuées, le produit précédent se change dans le trinôme $(p+q+r)^{x+x'+x''}$. Le terme de son développement, qui a pour facteur $p^x q^{x'} r^{x''}$, est

$$\frac{1.2.3\ldots(x+x'+x'')}{1.2.3\ldots x.1.2.3\ldots x'.1.2.3\ldots x''}p^x q^{x'} r^{x''};$$

ainsi, le nombre de tous les cas possibles étant $(p+q+r)^{x+x'+x''}$, la probabilité d'amener x boules blanches, x' boules noires et x'' boules rouges sera

$$\frac{1.2.3\ldots(x+x'+x'')}{1.2.3\ldots x.1.2.3\ldots x'.1.2.3\ldots x''}\left(\frac{p}{p+q+r}\right)^x\left(\frac{q}{p+q+r}\right)^{x'}\left(\frac{r}{p+q+r}\right)^{x''},$$

où l'on doit observer que $\dfrac{p}{p+q+r},\ \dfrac{q}{p+q+r},\ \dfrac{r}{p+q+r}$ sont les probabilités respectives de tirer de chaque urne une boule blanche, une boule noire et une boule rouge.

On voit généralement que, si les urnes renferment chacune le même nombre de couleurs, p étant le nombre des boules de la première couleur, q celui des boules de la seconde couleur, r, s, … ceux des boules de la troisième, de la quatrième, …, $x+x'+x''+x'''+\ldots$ étant le nombre des urnes, la probabilité d'amener x boules de la première couleur, x' boules de la seconde, x'' boules de la troisième, x''' boules de la quatrième, … sera

$$\frac{1.2.3\ldots(x+x'+x''+x'''+\ldots)}{1.2.3\ldots x.1.2.3\ldots x'.1.2.3\ldots x''.1.2.3\ldots x'''\ldots}\left(\frac{p}{p+q+r+s+\ldots}\right)^x$$

$$\times\left(\frac{q}{p+q+r+s+\ldots}\right)^{x'}\left(\frac{r}{p+q+r+s+\ldots}\right)^{x''}\left(\frac{s}{p+q+r+s+\ldots}\right)^{x'''}\ldots$$

7. Déterminons maintenant la probabilité de tirer des urnes précédentes x boules blanches, avant d'amener soit x' boules noires, soit x'' boules rouges, …. Il est clair que, n exprimant le nombre des couleurs, cela doit arriver au plus tard après $x+x'+x''+\ldots-n+1$ tirages; car, lorsque le nombre des boules blanches extraites est égal ou moindre que x, celui des boules noires extraites moindre que x', celui des boules rouges extraites moindre que x'', …, le nombre total des boules extraites, et par conséquent le nombre des tirages, est égal ou moindre que $x+x'+x''+\ldots-n+1$; on peut donc ne considérer ici que $x+x'+x''+\ldots-n+1$ urnes.

Pour avoir le nombre des cas dans lesquels on peut amener x boules blanches au $(x+i)^{\text{ième}}$ tirage, il faut déterminer tous les cas dans lesquels $x-1$ boules blanches seront sorties au tirage $x+i-1$. Ce nombre est le terme multiplié par p^{x-1} dans le développement du polynôme $(p + q + r + \ldots)^{x+i-1}$, et ce terme est

$$\frac{1.2.3\ldots(x+i-1)}{1.2.3\ldots(x-1)1.2.3\ldots i} p^{x-1}(q+r+\ldots)^i.$$

En le combinant avec les p boules blanches de l'urne $x + i$, on aura un produit qu'il faudra encore multiplier par le nombre de tous les cas possibles relatifs aux $x' + x'' + \ldots - n - i + 1$ tirages suivants, et ce nombre est

$$(p + q + r + \ldots)^{x'+x''+\ldots-n-i+1};$$

on aura donc

$$(a) \quad \frac{1.2.3\ldots(x+i-1)}{1.2.3\ldots(x-1).1.2.3\ldots i} p^x(q+r+\ldots)^i(p+q+r+\ldots)^{x'+x''+\ldots-n-i+1},$$

pour le nombre des cas dans lesquels l'événement peut arriver précisément au tirage $x + i$. Il faut cependant en exclure les cas dans lesquels q est élevé à la puissance x', ceux dans lesquels r est élevé à la puissance x'', etc.; car dans tous ces cas il est déjà arrivé au tirage $x + i - 1$, ou x' boules noires, ou x'' boules rouges, ou etc. Ainsi dans le développement du polynôme $(q + r + \ldots)^i$, il ne faut avoir égard qu'aux termes multipliés par $q^f r'^{f'} s''^{\ldots}\ldots$, dans lesquels f est moindre que x', f' est moindre que x'', f'' est moindre que x''', ... Le terme multiplié par $q^f r'^{f'} s''^{\ldots}\ldots$ dans ce développement est

$$\frac{1.2.3\ldots i}{1.2.3\ldots f.1.2.3\ldots f'.1.2.3\ldots f''\ldots} q^f r'^{f'} s''^{\ldots}\ldots.$$

Tous les termes que l'on doit considérer dans la fonction (a) sont donc représentés par

$$(b) \quad \left\{ \begin{array}{l} \dfrac{1.2.3\ldots(x+f+f'+\ldots-1)}{1.2.3\ldots(x-1).1.2.3\ldots f.1.2.3\ldots f'\ldots} p^x q^f r'^{f'}\ldots \\[2mm] \times (p+q+r+\ldots)^{x'+x''+\ldots-f-f'-\ldots-n+1}, \end{array} \right.$$

parce que i est égal à $f + f' + \ldots$. Ainsi, en donnant, dans cette dernière fonction, à f toutes les valeurs entières depuis $f = 0$ jusqu'à $f = x' - 1$, à f' toutes les valeurs depuis $f' = 0$ jusqu'à $f' = x'' - 1$, et ainsi de suite, la somme de tous ces termes exprimera le nombre des cas dans lesquels l'événement proposé peut arriver dans $x + x' + \ldots - n + 1$ tirages. Il faut diviser cette somme par le nombre de tous les cas possibles, c'est-à-dire par $(p + q + r + \ldots)^{x + x' + x'' + \ldots - n + 1}$. Si l'on désigne par p' la probabilité de tirer une boule blanche d'une quelconque des urnes, par q' celle d'en tirer une boule noire, par r' celle d'en tirer une boule rouge, ..., on aura

$$p' = \frac{p}{p + q + r + \ldots}, \quad q' = \frac{q}{p + q + r + \ldots}, \quad r' = \frac{r}{p + q + r + \ldots}, \quad \ldots;$$

la fonction (b), divisée par $(p + q + r + \ldots)^{x + x' + x'' + \ldots - n + 1}$, deviendra ainsi

$$\frac{1.2.3\ldots(x + f + f' + \ldots - 1)}{1.2.3\ldots(x - 1) . 1.2.3\ldots f . 1.2.3\ldots f' \ldots} \, p'^x q'^f r'^{f'} \ldots.$$

La somme des termes que l'on obtiendra en donnant à f toutes les valeurs depuis $f = 0$ jusqu'à $f = x' - 1$, à f' toutes les valeurs depuis $f' = 0$ jusqu'à $f' = x' - 1$, ..., sera la probabilité cherchée d'amener x boules blanches avant x' boules noires, ou x'' boules rouges, ou, etc.

On peut, d'après cette analyse, déterminer le sort d'un nombre n de joueurs A, B, C, ..., dont p', q', r', ... représentent les adresses respectives, c'est-à-dire leurs probabilités de gagner un coup lorsque, pour gagner la partie, il manque x coups au joueur A, x' coups au joueur B, x'' coups au joueur C, et ainsi de suite; car il est clair que, relativement au joueur A, cela revient à déterminer la probabilité d'amener x boules blanches avant x' boules noires, ou x'' boules rouges, ..., en tirant successivement une boule d'un nombre $x + x' + x'' + \ldots - n + 1$ d'urnes qui renferment chacune p boules blanches, q boules noires, r boules rouges, ..., p, q, r, ... étant respectivement égaux aux numérateurs des fractions p', q', r', ... réduites au même dénominateur.

8. Le problème précédent peut être résolu d'une manière fort simple par l'analyse des fonctions génératrices. Nommons $y_{x,x',x'',\ldots}$ la

probabilité du joueur A pour gagner la partie. Au coup suivant, cette probabilité se change dans $y_{x-1,x',x'',...}$, si A gagne ce coup, et la probabilité pour cela est p'. La même probabilité se change dans $y_{x,x'-1,x'',...}$, si le coup est gagné par le joueur B, et la probabilité pour cela est q'; elle se change dans $y_{x,x',x''-1,...}$, si le coup est gagné par le joueur C, et la probabilité pour cela est r', et ainsi de suite; on a donc l'équation aux différences partielles

$$y_{x,x',x'',...} = p' y_{x-1,x',x'',...} + q' y_{x,x'-1,x'',...} + r' y_{x,x',x''-1,...} + \dots.$$

Soit u une fonction de t, t', t'', $\dots$, telle que $y_{x,x',x',...}$ soit le coefficient de $t^x t'^{x'} t''^{x''} \dots$ dans son développement; l'équation précédente aux différences partielles donnera, en passant des coefficients aux fonctions génératrices,

$$u = u(p' t + q' t' + r' t'' + \dots),$$

d'où l'on tire

$$1 = p' t + q' t' + r' t'' + \dots;$$

par conséquent,

$$\frac{1}{t} = \frac{p'}{1 - q' t' - r' t'' - \dots},$$

ce qui donne

$$\frac{u}{t^x} = \frac{u p'^x}{(1 - q' t' - r' t'' - \dots)^x} = u p'^x \left\{ \begin{array}{l} 1 + x(q' t' + r' t'' + \dots) \\[4pt] + \dfrac{x(x+1)}{1.2}(q' t' + r' t'' + \dots)^2 \\[4pt] + \dfrac{x(x+1)(x+2)}{1.2.3}(q' t' + r' t'' + \dots)^3 \\[4pt] + \dots\dots\dots\dots\dots\dots\dots\dots\dots \end{array} \right\}.$$

Maintenant le coefficient de $t^n t'^{x'} t''^{x''}\dots$ dans $\frac{u}{t^x}$ est $y_{x,x',x',...}$, et le même coefficient dans un terme quelconque du dernier membre de l'équation précédente, tel que $k u p'^x t''^{l'} t''^{l''}\dots$, est $k p'^x y_{0,x'-l,x'-l',...}$; la quantité $y_{0,x'-l,x'-l',...}$ est égale à l'unité, puisqu'alors il ne manque aucun coup au joueur A. De plus, il faut rejeter toutes les valeurs de $y_{0,x'-l,x'-l',...}$, dans lesquelles l est égal ou plus grand que x', l' est égal ou plus grand que x'', et ainsi de suite, parce que ces termes ne peuvent être donnés par l'équation aux différences partielles, la partie étant

finie, lorsque l'un quelconque des joueurs B, C, ... n'a plus de coups
à jouer; il ne faut donc considérer dans le dernier membre de l'équation précédente que les puissances de t' moindres que x', que les puissances de t'' moindres que x'', ... L'expression précédente de $\frac{u}{t^x}$ donnera ainsi, en repassant des fonctions génératrices aux coefficients,

$$y_{x,x',x'',\ldots} = p'^x \left\{ \begin{array}{l} 1 + x(q' + r' + \ldots) \\[4pt] + \dfrac{x(x+1)}{1.2}(q' + r' + \ldots)^2 \\[4pt] + \dfrac{x(x+1)(x+2)}{1.2.3}(q' + r' + \ldots)^3 \\[4pt] + \ldots\ldots\ldots\ldots\ldots\ldots\ldots\ldots \end{array} \right.,$$

pourvu que l'on rejette les termes dans lesquels la puissance de q' surpasse $x' - 1$, ceux dans lesquels la puissance de r' surpasse $x'' - 1$, etc.
Le second membre de cette équation se développe dans une suite de
termes compris dans la formule générale

$$\frac{1.2.3\ldots(x + f + f' + \ldots - 1)}{1.2.3\ldots(x - 1).1.2.3\ldots f.1.2.3\ldots f'\ldots} p'^x q'^f r'^{f'}\ldots.$$

La somme de ces termes relatifs à toutes les valeurs de f depuis f nul
jusqu'à $f = x' - 1$, à toutes les valeurs de f' depuis f' nul jusqu'à
$f' = x'' - 1$, ..., sera la probabilité $y_{x,x',x'',\ldots}$, ce qui est conforme à ce
qui précède.

Dans le cas de deux joueurs A et B, on aura, pour la probabilité du
joueur A,

$$p'^x \left[1 + xq' + \frac{x(x+1)}{1.2}q'^2 + \ldots + \frac{x(x+1)(x+2)\ldots(x + x' - 2)}{1.2.3\ldots(x'-1)} q'^{x'-1} \right].$$

En changeant p' en q' et x en x', et réciproquement, on aura

$$q'^{x'} \left[1 + x'p' + \frac{x'(x'+1)}{1.2}p'^2 + \ldots + \frac{x'(x'+1)(x'+2)\ldots(x + x' - 2)}{1.2.3\ldots(x-1)} p'^{x-1} \right]$$

pour la probabilité que le joueur B gagnera la partie. La somme de ces

deux expressions doit être égale à l'unité, ce que l'on voit évidemment
en leur donnant les formes suivantes. La première expression peut, par
le n° 37 du Livre Ier, être transformée dans celle-ci

$$p'^{x+x'-1}\left\{ \begin{array}{l} 1 + \dfrac{x+x'-1}{1}\dfrac{q'}{p'} + \dfrac{(x+x'-1)(x+x'-2)}{1.2}\dfrac{q'^2}{p'^2} + \ldots \\[2ex] + \dfrac{(x+x'-1)\ldots(x+1)}{1.2.3\ldots(x'-1)}\dfrac{q'^{x'-1}}{p'^{x'-1}} \end{array} \right\},$$

et la seconde peut être transformée dans celle-ci

$$q'^{x+x'-1}\left\{ \begin{array}{l} 1 + \dfrac{x+x'-1}{1}\dfrac{p'}{q'} + \dfrac{(x+x'-1)(x+x'-2)}{1.2}\dfrac{p'^2}{q'^2} + \ldots \\[2ex] + \dfrac{(x+x'-1)\ldots(x'+1)}{1.2.3\ldots(x-1)}\dfrac{p'^{x-1}}{q'^{x-1}} \end{array} \right\}.$$

La somme de ces expressions est le développement du binôme
$(p'+q')^{x+x'-1}$, et par conséquent elle est égale à l'unité, parce que, A
ou B devant gagner chaque coup, la somme $p'+q'$ de leurs probabilités pour cela est l'unité.

Le problème que nous venons de résoudre est celui que l'on nomme
problème des partis dans l'Analyse des hasards. Le chevalier de Méré le
proposa à Pascal, avec quelques autres problèmes sur le jeu de dés.
Deux joueurs dont les adresses sont égales ont mis au jeu la même
somme; ils doivent jouer jusqu'à ce que l'un d'eux ait gagné un nombre
de fois donné son adversaire; mais ils conviennent de quitter le jeu,
lorsqu'il manque encore x points au premier joueur pour atteindre ce
nombre donné, et lorsqu'il manque x' points au second joueur. On demande de quelle manière ils doivent se partager la somme mise au jeu.
Tel est le problème que Pascal résolut au moyen de son triangle arithmétique. Il le proposa à Fermat qui en donna la solution par la voie
des combinaisons, ce qui occasionna entre ces deux grands géomètres
une discussion, à la suite de laquelle Pascal reconnut la bonté de la
méthode de Fermat, pour un nombre quelconque de joueurs. Malheureusement nous n'avons qu'une partie de leur correspondance, dans
laquelle on voit les premiers éléments de la théorie des probabilités

et leur application à l'un des problèmes les plus curieux de cette théorie.

Le problème proposé par Pascal à Fermat revient à déterminer les probabilités respectives des joueurs pour gagner la partie; car il est clair que l'enjeu doit être partagé entre les joueurs proportionnellement à leurs probabilités. Ces probabilités sont les mêmes que celles de deux joueurs A et B, qui doivent atteindre un nombre donné de points, x étant le nombre de ceux qui manquent au joueur A, et x' étant le nombre de ceux qui manquent au joueur B, en imaginant une urne renfermant deux boules dont l'une est blanche et l'autre est noire, toutes deux portant le n° 1, la boule blanche étant pour le joueur A, et la boule noire pour le joueur B. On tire successivement une de ces boules, et on la remet dans l'urne après chaque tirage. En nommant $y_{x,x'}$ la probabilité que le joueur A atteindra, le premier, le nombre donné de points, ou, ce qui revient au même, qu'il aura x points avant que B en ait x', on aura

$$y_{x,x'} = \tfrac{1}{2} y_{x-1,x'} + \tfrac{1}{2} y_{x,x'-1};$$

car, si la boule que l'on extrait est blanche, $y_{x,x'}$ se change en $y_{x-1,x'}$, et si la boule extraite est noire, $y_{x,x'}$ se change en $y_{x,x'-1}$, et la probabilité de chacun de ces événements est $\tfrac{1}{2}$; on a donc l'équation précédente.

La fonction génératrice de $y_{x,x'}$ dans cette équation aux différences partielles est, par le n° 20 du Livre Ier,

$$\frac{M}{1 - \tfrac{1}{2}t - \tfrac{1}{2}t'},$$

M étant une fonction arbitraire de t'. Pour la déterminer, nous observerons que $y_{0,0}$ ne peut avoir lieu, puisque la partie cesse lorsque l'une ou l'autre des variables x et x' est nulle; M doit donc avoir pour facteur t'. De plus $y_{0,x'}$ est l'unité, quel que soit x', la probabilité du joueur A se changeant alors en certitude : or la fonction génératrice de l'unité est généralement $\dfrac{t'}{1 - t'}$, car les coefficients des puissances de t'

dans le développement de cette fonction sont tous égaux à l'unité ; dans le cas présent, $y_{0,x'}$ pouvant avoir lieu lorsque x' est ou 1, ou 2, ou 3, etc., i doit être égal à l'unité ; la fonction génératrice de $y_{0,x'}$ est donc égale à $\frac{t'}{1-t'}$; c'est le coefficient de t^0 dans le développement de la fonction génératrice de $y_{x,x'}$ ou dans

$$\frac{M}{1-\frac{1}{2}t-\frac{1}{2}t'};$$

on a donc

$$\frac{M}{1-\frac{1}{2}t'}=\frac{t'}{1-t'},$$

ce qui donne

$$M=\frac{t'\left(1-\frac{1}{2}t'\right)}{(1-t')},$$

par conséquent la fonction génératrice de $y_{x,x'}$ est

$$\frac{t'\left(1-\frac{1}{2}t'\right)}{(1-t')\left(1-\frac{1}{2}t-\frac{1}{2}t'\right)}.$$

En la développant par rapport aux puissances de t, on a

$$\frac{t'}{1-t'}\left(1+\frac{1}{2}\frac{t}{1-\frac{1}{2}t'}+\frac{1}{2^2}\frac{t^2}{\left(1-\frac{1}{2}t'\right)^2}+\frac{1}{2^3}\frac{t^3}{\left(1-\frac{1}{2}t'\right)^3}+\dots\right).$$

Le coefficient de t^x dans cette série est

$$\frac{1}{2^x}\frac{t'}{(1-t')\left(1-\frac{1}{2}t'\right)^x};$$

$y_{x,x'}$ est donc le coefficient de $t'^{x'}$ dans cette dernière quantité ; or on a

$$\frac{t'}{(1-t')\left(1-\frac{1}{2}t'\right)^x}$$
$$=\frac{t'+\frac{1}{2}x\,t'^2+\frac{1}{2^2}\frac{x(x+1)}{1.2}t'^3+\dots+\frac{1}{2^{x'-1}}\frac{x(x+1)(x+2)\dots(x+x'-2)}{1.2.3\dots(x'-1)}t'^{x'}+\dots}{1-t'}.$$

En réduisant en série le dénominateur de cette dernière fraction et multipliant le numérateur par cette série, on voit que le coefficient de $t'^{x'}$ dans ce produit est ce que devient ce numérateur lorsqu'on y fait $t'=1$;

on a donc

$$y_{x,x'} = \frac{1}{2^x} \left\{ \begin{aligned} &1 + x\frac{1}{2} + \frac{x(x+1)}{1.3}\frac{1}{2^2} + \frac{x(x+1)(x+2)}{1.2.3}\frac{1}{2^3} + \dots \\ &+ \frac{x(x+1)\dots(x+x'-2)}{1.2.3\dots(x'-1)}\frac{1}{2^{x'-1}} \end{aligned} \right\},$$

résultat conforme à ce qui précède.

Concevons présentement qu'il y ait dans l'urne une boule blanche portant le n° 1, et deux boules noires, dont une porte le n° 1, et l'autre porte le n° 2, la boule blanche étant favorable à A, et les boules noires à son adversaire, chaque boule diminuant de son numéro le nombre de points qui manquent au joueur auquel elle est favorable. $y_{x,x'}$ étant toujours la probabilité que le joueur A atteindra le premier le nombre donné, on aura l'équation aux différences partielles

$$y_{x,x'} = \tfrac{1}{3}y_{x-1,x'} + \tfrac{1}{3}y_{x,x'-1} + \tfrac{1}{3}y_{x,x'-2};$$

car, au tirage suivant, si la boule blanche sort, $y_{x,x'}$ devient $y_{x-1,x'}$; si la boule noire numérotée 1 sort, $y_{x,x'}$ devient $y_{x,x'-1}$, et si la boule noire numérotée 2 sort, $y_{x,x'}$ devient $y_{x,x'-2}$, et la probabilité de chacun de ces événements est $\tfrac{1}{3}$.

La fonction génératrice de $y_{x,x'}$ est

$$\frac{M}{1 - \tfrac{1}{3}t - \tfrac{1}{3}t' - \tfrac{1}{3}t'^2},$$

M étant une fonction arbitraire de t', qui doit, par ce qui précède, avoir pour facteur t', et dans le cas présent être égale à

$$\frac{t'}{1-t'}\left(1 - \tfrac{1}{3}t' - \tfrac{1}{3}t'^2\right),$$

en sorte que la fonction génératrice de $y_{x,x'}$ est

$$\frac{t'\left(1 - \tfrac{1}{3}t' - \tfrac{1}{3}t'^2\right)}{(1-t')\left(1 - \tfrac{1}{3}t - \tfrac{1}{3}t' - \tfrac{1}{3}t'^2\right)}.$$

Le coefficient de t^x dans le développement de cette fonction est

$$\frac{1}{3^x}\,\frac{t'}{1-t'}\,\frac{1}{\left(1 - \tfrac{1}{3}t' - \tfrac{1}{3}t'^2\right)^x},$$

et il résulte de ce que nous venons de dire que le coefficient de $t'^{x'}$ dans le développement de cette dernière quantité est égal à

$$\frac{1}{3^r}\left\{ t' + \frac{x\,t'^2(1 \div t')}{3} + \frac{x(x+1)}{1.2}\,\frac{t'^3(1+t')^2}{3^2} + \frac{x(x+1)(x \div 2)}{1.2.3}\,\frac{t'^4(1+t')^3}{3^3} + \dots \right\};$$

en rejetant du développement de cette série toutes les puissances de t' supérieures à $t'^{x'}$, et supposant dans ce que l'on conserve $t' = 1$, ce sera l'expression de $y_{x,x'}$.

Il est facile de traduire ce procédé en formule. Ainsi, en supposant x' pair et égal à $2r + 2$, on trouve

$$y_{x,x'} = \frac{1}{3^r}\left[1 + x\frac{2}{3} + \frac{x(x+1)}{1.2}(\tfrac{2}{3})^2 + \dots + \frac{x(x+1)\dots(x+r-1)}{1.2.3\dots r}(\tfrac{2}{3})^r \right]$$

$$+ \frac{x(x+1)\dots(x+r)}{1.2.3\dots(r+1)\,3^{c+r+1}}\left[1 + (r+1) + \frac{(r+1)r}{1.2} + \dots + \frac{(r+1)r\dots2}{1.2.3\dots r} \right]$$

$$+ \frac{x(x+1)\dots(x+r+1)}{1.2.3\dots(r+2)\,3^{c+r+2}}\left[1 + (r+2) + \dots + \frac{(r+2)(r+1)\dots4}{1.2.3\dots(r-1)} \right]$$

$$+ \dots\dots\dots\dots\dots\dots\dots\dots\dots\dots\dots\dots\dots$$

$$+ \frac{x(x+1)\dots(x+2r)}{1.2.3\dots(2r+1)\,3^{c+2r+1}}.$$

Si l'on suppose x' impair et égal à $2r + 1$, on aura

$$y_{x,x'} = \frac{1}{3^r}\left[1 + x\frac{2}{3} + \frac{x(x+1)}{1.2}(\tfrac{2}{3})^2 + \dots + \frac{x(x+1)\dots(x+r-1)}{1.2.3\dots r}(\tfrac{2}{3})^r \right]$$

$$+ \frac{x(x+1)\dots(x+r)}{1.2.3\dots(r+1)\,3^{c+r+1}}\left[1 + (r+1) + \frac{(r+1)r}{1.2} + \dots + \frac{(r+1)r\dots3}{1.2.3\dots(r-1)} \right]$$

$$+ \frac{x(x+1)\dots(x+r+1)}{1.2.3\dots(r+2)\,3^{c+r+2}}\left[1 + (r+2) + \frac{(r+2)(r+1)}{1.2} + \dots + \frac{(r+2)(r+1)\dots5}{1.2.3\dots(r-2)} \right]$$

$$+ \dots\dots\dots\dots\dots\dots\dots\dots\dots\dots\dots\dots\dots$$

$$+ \frac{x(x+1)\dots(x+2r-1)}{1.2.3\dots2r\,3^{c+2r}}.$$

Ainsi, dans le cas de $x = 2$ et $x' = 5$, on a

$$y_{2,5} = \frac{350}{729}.$$

Concevons encore qu'il y ait dans l'urne deux boules blanches distinguées, comme les deux boules noires, par les n°s 1 et 2; la probabilité du joueur A sera donnée par l'équation aux différences partielles

$$y_{x,x'} = \tfrac{1}{4} y_{x-1,x'} + \tfrac{1}{4} y_{x-2,x} + \tfrac{1}{4} y_{x,x'-1} + \tfrac{1}{4} y_{x,x'-2}.$$

La fonction génératrice de $y_{x,x'}$ est alors, par le n° 20 du Livre Ier,

$$\frac{M + Nt}{1 - \tfrac{1}{4}t - \tfrac{1}{4}t' - \tfrac{1}{4}t^2 - \tfrac{1}{4}t'^2},$$

M et N étant deux fonctions arbitraires de t'. Pour les déterminer, on observera que $y_{0,x'}$ est toujours égal à l'unité, et qu'il faut exclure dans M la puissance nulle de t'; on a donc

$$M = \frac{t'}{1 - t'}\left(1 - \tfrac{1}{4}t' - \tfrac{1}{4}t'^2\right).$$

Pour déterminer N, cherchons la fonction génératrice de $y_{1,x'}$. Si l'on observe que $y_{0,x'}$ est égal à l'unité, et que, le joueur A n'ayant plus besoin que d'un point, il gagne la partie, soit qu'il amène la boule blanche numérotée 1 ou la boule blanche numérotée 2, l'équation précédente aux différences partielles donnera

$$y_{1,x'} = \tfrac{1}{2} + \tfrac{1}{4} y_{1,x'-1} + \tfrac{1}{4} y_{1,x'-2}.$$

Supposons $y_{1,x'} = 1 - y'_{x'}$; on aura

$$y'_{x'} = \tfrac{1}{4} y'_{x'-1} + \tfrac{1}{4} y'_{x'-2}.$$

La fonction génératrice de cette équation est

$$\frac{m + nt'}{1 - \tfrac{1}{4}t' - \tfrac{1}{4}t'^2},$$

m et n étant deux constantes. Pour les déterminer, on observera que $y_{1,0} = 0$, et que par conséquent $y'_0 = 1$, ce qui donne $m = 1$. La fonction génératrice de $y'_{x'}$ est donc

$$\frac{1+nt'}{1-\frac{1}{4}t'-\frac{1}{4}t'^2}.$$

On a ensuite évidemment $y_{1,1}=\frac{1}{2}$, ce qui donne $y'_1=\frac{1}{2}$; y'_1 est le coefficient de t' dans le développement de la fonction précédente, et ce coefficient est $n+\frac{1}{4}$; on a donc $n+\frac{1}{4}=\frac{1}{2}$, ou $n=\frac{1}{4}$. La fonction génératrice de l'unité est $\frac{1}{1-t'}$, parce qu'ici toutes les puissances de t' peuvent être admises; on a ainsi

$$\frac{1}{1-t'}-\frac{1+\frac{1}{4}t'}{1-\frac{1}{4}t'-\frac{1}{4}t'^2}, \quad \text{ou} \quad \frac{\frac{1}{2}t'}{(1-t')(1-\frac{1}{4}t'-\frac{1}{4}t'^2)},$$

pour la fonction génératrice de $y_{1,x'}$. Cette même fonction est le coefficient de t dans le développement de la fonction génératrice de $y_{x,x'}$, fonction qui, par ce qui précède, est

$$\frac{\frac{t'}{1-t'}(1-\frac{1}{4}t'-\frac{1}{4}t'^2)+\mathrm{N}t}{1-\frac{1}{4}t-\frac{1}{4}t'-\frac{1}{4}t^2-\frac{1}{4}t'^2};$$

ce coefficient est

$$\frac{\frac{1}{4}t'}{(1-t')(1-\frac{1}{4}t'-\frac{1}{4}t'^2)}+\frac{\mathrm{N}}{1-\frac{1}{4}t'-\frac{1}{4}t'^2};$$

en l'égalant à

$$\frac{\frac{1}{2}t'}{(1-t')(1-\frac{1}{4}t'-\frac{1}{4}t'^2)},$$

on aura

$$\mathrm{N}=\frac{\frac{1}{4}t'}{1-t'}.$$

La fonction génératrice de $y_{x,x'}$ est ainsi

$$\frac{t'(1-\frac{1}{4}t'-\frac{1}{4}t'^2)+\frac{1}{4}tt'}{(1-t')(1-\frac{1}{4}t-\frac{1}{4}t'-\frac{1}{4}t^2-\frac{1}{4}t'^2)}.$$

Si l'on développe en série la fonction

$$\frac{t'(1-\frac{1}{4}t'-\frac{1}{4}t'^2)+\frac{1}{4}tt'}{1-\frac{1}{4}t-\frac{1}{4}t'-\frac{1}{4}t^2-\frac{1}{4}t'^2}-t',$$

on aura

$$\frac{(2+t)\,tt'}{4}\left\{ \begin{aligned}
&1 + \tfrac{1}{4}t'(1+t') + \tfrac{1}{4^2}t'^2(1+t')^2 + \tfrac{1}{4^3}t'^3(1+t')^3 + \dots \\
&+ \frac{t'(1+t)}{4}\left[1 + \tfrac{2}{4}t'(1+t') + \tfrac{3}{4^2}t'^2(1+t')^2 + \tfrac{4}{4^3}t'^3(1+t')^3 + \dots\right] \\
&+ \frac{t'^2(1+t)^2}{4^2}\left[1 + \tfrac{3}{4}t'(1+t') + \tfrac{3.4}{1.2.4^2}t'^2(1+t')^2 + \tfrac{3.4.5}{1.2.3.4^3}t'^3(1+t')^3 + \dots\right] \\
&+ \frac{t'^3(1+t)^3}{4^3}\left[1 + \tfrac{4}{4}t'(1+t') + \tfrac{4.5}{1.2.4^2}t'^2(1+t')^2 + \tfrac{4.5.6}{1.2.3.4^3}t'^3(1+t')^3 + \dots\right] \\
&+ \dots
\end{aligned}\right.$$

Si l'on rejette de cette série toutes les puissances de t autres que t^x et toutes les puissances de t' supérieures à $t'^{x'}$, et si dans ce qui reste on fait $t = 1$, $t' = 1$, on aura l'expression de $y_{x,x'}$ lorsque x est égal ou plus grand que l'unité; lorsque x est nul, on a $y_{0,x'} = 1$. Il est facile de traduire ce procédé en formule, comme on l'a fait pour le cas précédent.

Nommons $z_{x,x'}$ la probabilité du joueur B; la fonction génératrice de $z_{x,x'}$ sera ce que devient la fonction génératrice de $y_{x,x'}$ lorsqu'on y change t en t', et réciproquement, ce qui donne, pour cette fonction.

$$\frac{t\left(1 - \tfrac{1}{4}t - \tfrac{1}{4}t^2\right) + \tfrac{1}{4}tt'}{(1-t)\left(1 - \tfrac{1}{4}t - \tfrac{1}{4}t' - \tfrac{1}{4}t^2 - \tfrac{1}{4}t'^2\right)}\,\cdot$$

En ajoutant les deux fonctions génératrices, leur somme se réduit à

$$\frac{t}{1-t} + \frac{t'}{1-t'} + \frac{tt'}{(1-t)(1-t')},$$

dans laquelle le coefficient de $t^x t'^{x'}$ est l'unité; ainsi l'on a

$$y_{x,x'} + z_{x,x'} = 1,$$

ce qui est visible d'ailleurs, puisque la partie doit être nécessairement gagnée par l'un des joueurs.

9. Concevons dans une urne r boules marquées du n° 1, r boules marquées du n° 2, r boules marquées du n° 3, et ainsi de suite jusqu'au n° n. Ces boules étant bien mêlées dans l'urne, on les tire toutes suc-

cessivement; on demande la probabilité qu'il sortira au moins une de ces boules au rang indiqué par son numéro, ou qu'il en sortira au moins deux, ou au moins trois, etc.

Cherchons d'abord la probabilité qu'il en sortira au moins une. Pour cela, nous observerons qu'aucune boule ne peut sortir à son rang que dans les n premiers tirages; on peut donc ici faire abstraction des tirages suivants; or le nombre total des boules étant rn, le nombre de leurs combinaisons n à n, en ayant égard à l'ordre qu'elles observent entre elles, est, par ce qui précède,

$$rn(rn - 1)(rn - 2)\ldots(rn - n + 1);$$

c'est donc le nombre de tous les cas possibles dans les n premiers tirages.

Considérons une des boules marquées du n° 1, et supposons qu'elle sorte à son rang, ou la première. Le nombre des combinaisons des $rn - 1$ autres boules prises $n - 1$ à $n - 1$ sera

$$(rn - 1)(rn - 2)\ldots(rn - n + 1);$$

c'est le nombre des cas relatifs à la supposition que nous venons de faire, et, comme cette supposition peut s'appliquer aux r boules marquées du n° 1, on aura

$$r(rn - 1)(rn - 2)\ldots(rn - n + 1)$$

pour le nombre des cas relatifs à l'hypothèse qu'une des boules marquées du n° 1 sortira à son rang. Le même résultat a lieu pour l'hypothèse qu'une quelconque des $n - 1$ autres espèces de boules sortira au rang indiqué par son numéro. En ajoutant donc tous les résultats relatifs à ces diverses hypothèses, on aura

$$(a) \qquad nr(rn - 1)(rn - 2)\ldots(rn - n + 1),$$

pour le nombre des cas dans lesquels une boule au moins sortira à son rang, pourvu toutefois que l'on en retranche les cas qui sont répétés.

Pour déterminer ces cas, considérons une des boules du n° 1, sortant la première, et une des boules du n° 2, sortant la seconde. Ce cas est compris deux fois dans le nombre précédent ; car il est compris une fois dans le nombre des cas relatifs à la supposition qu'une des boules numérotées 1 sortira à son rang, et une seconde fois dans le nombre des cas relatifs à la supposition qu'une des boules numérotée 2 sortira à son rang ; et, comme cela s'étend à deux boules quelconques sortant à leur rang, on voit qu'il faut retrancher du nombre des cas précédents le nombre de tous les cas dans lesquels deux boules sortent à leur rang.

Le nombre des combinaisons de deux boules de numéros différents est $\frac{n(n-1)}{1.2}r^2$; car le nombre des numéros étant n, leurs combinaisons deux à deux sont au nombre $\frac{n(n-1)}{1.2}$, et dans chacune de ces combinaisons on peut combiner les r boules marquées d'un des numéros avec les r boules marquées de l'autre numéro. Le nombre des combinaisons des $rn-2$ boules restantes, prises $n-2$ à $n-2$, en ayant égard à l'ordre qu'elles observent entre elles, est

$$(rn-2)(rn-3)\ldots(rn-n+1);$$

ainsi le nombre des cas relatifs à la supposition que deux boules sortent à leur rang est

$$\frac{n(n-1)}{1.2}r^2(rn-2)(rn-3)\ldots(rn-n+1);$$

en le retranchant du nombre (a), on aura

$$(a')\quad\begin{cases} nr(rn-1)(rn-2)\ldots(rn-n+1)\\[2mm] \quad-\dfrac{n(n-1)}{1.2}r^2(rn-2)(rn-3)\ldots(rn-n+1),\end{cases}$$

pour le nombre de tous les cas dans lesquels une boule au moins sortira à son rang, pourvu que l'on retranche encore de cette fonction les cas répétés, et qu'on lui ajoute ceux qui manquent.

Ces cas sont ceux dans lesquels trois boules sortent à leur rang. En nommant k ce nombre, il est répété trois fois dans le premier terme de la fonction (a'); car il peut résulter, dans ce terme, des trois suppositions de chacune des trois boules sortant à son rang. Le nombre k est pareillement compris trois fois dans le second terme de la fonction; car il peut résulter de chacune des suppositions relatives à deux quelconques des trois boules sortant à leur rang. Ainsi, ce second terme étant affecté du signe $-$, le nombre k ne se trouve point dans la fonction (a'); il faut donc le lui ajouter pour qu'elle contienne tous les cas dans lesquels une boule au moins sort à son rang. Le nombre des combinaisons des n numéros pris trois à trois est $\dfrac{n(n-1)(n-2)}{1.2.3}$, et, comme on peut combiner les r boules d'un des numéros de chaque combinaison avec les r boules du second numéro et avec les r boules du troisième numéro, on aura le nombre total des combinaisons dans lesquelles trois boules sortent à leur rang, en multipliant $\dfrac{n(n-1)(n-2)}{1.2.3}r^3$ par $(rn-3)(rn-4)\ldots(rn-n+1)$, nombre qui exprime celui des combinaisons des $rn-3$ boules restantes, prises $n-3$ à $n-3$, en ayant égard à l'ordre qu'elles observent entre elles. Si l'on ajoute ce produit à la fonction (a'), on aura

$$(a'')\quad\left\{\begin{aligned}&nr(rn-1)(rn-2)\ldots(rn-n+1)\\&-\frac{n(n-1)}{1.2}r^2(rn-2)(rn-3)\ldots(rn-n+1)\\&+\frac{n(n-1)(n-2)}{1.2.3}r^3(rn-3)(rn-4)\ldots(rn-n+1).\end{aligned}\right.$$

Cette fonction exprime le nombre de tous les cas dans lesquels une boule au moins sort à son rang, pourvu que l'on en retranche encore les cas répétés. Ces cas sont ceux dans lesquels quatre boules sortent à leur rang. En y appliquant les raisonnements précédents, on verra qu'il faut encore retrancher de la fonction (a'') le terme

$$\frac{n(n-1)(n-2)(n-3)}{1.2.3.4}r^4(rn-4)(rn-5)\ldots(rn-n+1).$$

En continuant ainsi, on aura, pour l'expression du nombre des cas dans lesquels une boule au moins sort à son rang,

$$
\text{(A)}\quad
\left\{
\begin{aligned}
& nr(rn-1)(rn-2)\ldots(rn-n+1) \\
& \quad -\frac{n(n-1)}{1.2}r^2(rn-2)(rn-3)\ldots(rn-n+1) \\
& \quad +\frac{n(n-1)(n-2)}{1.2.3}r^3(rn-3)(rn-4)\ldots(rn-n+1) \\
& \quad -\frac{n(n-1)(n-2)(n-3)}{1.2.3.4}r^4(rn-4)(rn-5)\ldots(rn-n+1) \\
& \quad +\ldots\ldots\ldots\ldots\ldots\ldots\ldots\ldots\ldots\ldots\ldots\ldots\ldots\ldots\ldots\ldots\ldots
\end{aligned}
\right.
$$

la série étant continuée aussi loin qu'elle peut l'être. Dans cette fonction, chaque combinaison n'est point répétée : ainsi la combinaison de
s boules sortant à leur rang ne s'y trouve qu'une fois; car cette combinaison est comprise s fois dans le premier terme de la fonction, puisqu'elle peut résulter de chacune des s boules sortant à son rang; elle
est retranchée $\dfrac{s(s-1)}{1.2}$ fois dans le second terme, puisqu'elle peut
résulter des combinaisons deux à deux des s boules sortant à leur rang;
elle est ajoutée $\dfrac{s(s-1)(s-2)}{1.2.3}$ fois dans le troisième terme, puisqu'elle
peut résulter des combinaisons de s lettres prises trois à trois, et ainsi
de suite; elle est donc, dans la fonction (A), comprise un nombre de fois
égal à

$$
s-\frac{s(s-1)}{1.2}+\frac{s(s-1)(s-2)}{1.2.3}-\ldots,
$$

et par conséquent égal à $1-(1-1)^s$, ou à l'unité. En divisant la fonction (A) par le nombre $rn(rn-1)(rn-2)\ldots(rn-n+1)$ de tous les
cas possibles, on aura, pour l'expression de la probabilité qu'une boule
au moins sortira à son rang,

$$
\text{(B)}\quad
\left\{
\begin{aligned}
& 1-\frac{(n-1)r}{1.2(rn-1)}+\frac{(n-1)(n-2)r^2}{1.2.3(rn-1)(rn-2)} \\
& \quad -\frac{(n-1)(n-2)(n-3)r^3}{1.2.3.4(rn-1)(rn-2)(rn-3)}+\ldots
\end{aligned}
\right.
$$

Cherchons maintenant la probabilité que s boules au moins sortiront à leur rang. Le nombre des cas dans lesquels s boules sortent à leur rang est, par ce qui précède,

$$(b) \quad \frac{n(n-1)(n-2)\ldots(n-s+1)}{1.2.3\ldots s} r^s (rn-s)(rn-s-1)\ldots(rn-n+1),$$

pourvu que l'on retranche de cette fonction les cas qui sont répétés. Ces cas sont ceux dans lesquels $s+1$ boules sortent à leur rang, car ils peuvent résulter, dans la fonction, de $s+1$ boules prises s à s; ces cas sont donc répétés $s+1$ fois dans cette fonction; par conséquent il faut les retrancher s fois. Or le nombre des cas dans lesquels $s+1$ boules sortent à leur rang est

$$\frac{n(n-1)(n-2)\ldots(n-s)}{1.2.3\ldots(s+1)} r^{s+1}(rn-s-1)(rn-s-2)\ldots(rn-n+1).$$

En le multipliant par s et le retranchant de la fonction (b), on aura

$$(b') \quad \left\{ \begin{array}{l} \dfrac{n(n-1)(n-2)\ldots(n-s+1)}{1.2.3\ldots s} r^s (rn-s)(rn-s-1)\ldots(rn-n+1) \\[2mm] \times \left[1 - \dfrac{s(n-s)r}{(s+1)(rn-s)} \right]. \end{array} \right.$$

Dans cette fonction, plusieurs cas sont encore répétés, savoir, ceux dans lesquels $s+2$ boules sortent à leur rang; car ils résultent, dans le premier terme, des $s+2$ boules sortant à leur rang et prises s à s; ils résultent, dans le second terme, des $s+2$ boules sortant à leur rang et prises $s+1$ à $s+1$, et de plus multipliés par le facteur s, par lequel on a multiplié le second terme. Ils sont donc compris dans cette fonction le nombre de fois $\frac{(s+2)(s+1)}{1.2} - s(s+2)$; ainsi il faut multiplier par l'unité, moins ce nombre de fois, le nombre des cas dans lesquels $s+2$ boules sortent à leur rang. Ce dernier nombre est

$$\frac{n(n-1)(n-2)\ldots(n-s-1)}{1.2.3\ldots(s+2)} r^{s+2}(rn-s-2)(rn-s-3)\ldots(rn-n+1);$$

le produit dont il s'agit sera donc

$$\frac{n(n-1)\ldots(n-s-1)}{1.2.3\ldots(s+2)} r^{s+2}(rn-s-2)\ldots(rn-n+1)\frac{s(s+1)}{1.2}.$$

En l'ajoutant à la fonction (b'), on aura

$$(b'') \quad \begin{cases} \dfrac{n(n-1)\ldots(n-s+1)}{1.2.3\ldots s} r^s (rn-s)(rn-s-1)\ldots(rn-n+1) \\[2mm] \times \left\{ 1 - \dfrac{s}{s+1}\dfrac{(n-s)r}{rn-s} \right. \\[2mm] \left. \qquad + \dfrac{s}{s+2}\dfrac{(n-s)(n-s-1)r^2}{1.2(rn-s)(rn-s-1)} \right\} \end{cases}$$

C'est le nombre de tous les cas possibles dans lesquels s boules sortent à leur rang, pourvu que l'on en retranche encore les cas qui sont répétés. En continuant de raisonner ainsi, et en divisant la fonction finale par le nombre de tous les cas possibles, on aura, pour l'expression de la probabilité que s boules au moins sortiront à leur rang,

$$(C) \quad \begin{cases} \dfrac{(n-1)(n-2)\ldots(n-s+1)r^{s-1}}{1.2.3\ldots s\,(rn-1)(rn-2)\ldots(rn-s+1)} \\[2mm] \times \left\{ 1 - \dfrac{s}{s+1}\dfrac{(n-s)r}{rn-s} + \dfrac{s}{s+2}\dfrac{(n-s)(n-s-1)r^2}{1.2.(rn-s)(rn-s-1)} \right. \\[2mm] \left. \quad - \dfrac{s}{s+3}\dfrac{(n-s)(n-s-1)(n-s-2)r^3}{1.2.3.(rn-s)(rn-s-1)(rn-s-2)} + \ldots \right\} \end{cases}$$

On aura la probabilité qu'aucune des boules ne sortira à son rang en retranchant la formule (B) de l'unité, et l'on trouvera, pour son expression,

$$\dfrac{(1.2.3\ldots rn) - nr[1.2.3\ldots(rn-1)] + \dfrac{n(n-1)}{1.2}r^2[1.2.3\ldots(rn-2)] - \ldots}{1.2.3\ldots rn}$$

On a, par le n° 33 du Livre Ier, quel que soit i,

$$1.2.3\ldots i = \int x^i \, dx\, e^{-x},$$

l'intégrale étant prise depuis x nul jusqu'à x infini. L'expression précédente peut donc être mise sous cette forme

$$(o) \quad \dfrac{\int x^{rn-n} dx\,(x-r)^n e^{-x}}{\int x^{rn} dx\, e^{-x}}.$$

Supposons le nombre rn de boules de l'urne très grand; alors, en

appliquant aux intégrales précédentes la méthode du n° 24 du Livre Ier,
on trouvera à très peu près, pour l'intégrale du numérateur,

$$\frac{\sqrt{2\pi}\,X^{rn+2}\left(1-\dfrac{r}{X}\right)^{n+1}c^{-X}}{\sqrt{n\,X^2+n(r-1)(X-r)^2}},$$

X étant la valeur de x qui rend un maximum la fonction $x^{rn-n}(x-r)^n c^{-x}$.
L'équation relative à ce maximum donne pour X les deux valeurs

$$X=\frac{rn+r}{2}\pm\sqrt{\frac{r^2(n-1)^2+4\,rn}{2}}.$$

On peut ne considérer ici que la plus grande de ces valeurs qui est, aux
quantités près de l'ordre $\dfrac{1}{rn}$, égale à $rn+\dfrac{n}{n-1}$; alors l'intégrale du
numérateur de la fonction (o) devient à peu près

$$\frac{\sqrt{2\pi}\,(rn)^{rn+\frac{1}{2}}c^{-rn}\left(1-\dfrac{1}{n}\right)^{n+1}\sqrt{r}}{\sqrt{(r-1)\left(1-\dfrac{1}{n}\right)^2+1}}.$$

L'intégrale du dénominateur de la même fonction est, par le n° 33, à
fort peu près,

$$\sqrt{2\pi}\,(rn)^{rn+\frac{1}{2}}c^{-rn};$$

la fonction (o) devient ainsi

$$\frac{\left(1-\dfrac{1}{n}\right)^{n+1}\sqrt{r}}{\sqrt{(r-1)\left(1-\dfrac{1}{n}\right)^2+1}}.$$

On peut la mettre sous la forme

$$\frac{\left(1-\dfrac{1}{n}\right)^{n+1}}{\sqrt{\left(1-\dfrac{1}{n}\right)^2+\dfrac{2}{rn}-\dfrac{1}{rn^2}}};$$

rn étant supposé un très grand nombre, cette fonction se réduit à fort peu près à cette forme très simple

$$\left(\frac{n-1}{n}\right)^n.$$

C'est donc l'expression fort approchée de la probabilité qu'aucune des boules de l'urne ne sortira à son rang, lorsqu'il y a un grand nombre de boules. Le logarithme hyperbolique de cette expression étant

$$-1-\frac{1}{2n}-\frac{1}{3n^2}-\cdots,$$

on voit qu'elle va toujours croissant à mesure que n augmente; qu'elle est nulle, lorsque $n=1$, et qu'elle devient $\frac{1}{c}$, lorsque n est infini, c étant toujours le nombre dont le logarithme hyperbolique est l'unité.

Concevons maintenant un nombre i d'urnes renfermant chacune le nombre n de boules, toutes de couleurs différentes, et que l'on tire successivement toutes les boules de chaque urne. On peut, par les raisonnements précédents, déterminer la probabilité qu'une ou plusieurs boules de la même couleur sortiront au même rang dans les i tirages. En effet, supposons que les rangs des couleurs soient réglés d'après le tirage complet de la première urne, et considérons d'abord la première couleur; supposons qu'elle sorte la première dans les tirages des $i-1$ autres urnes. Le nombre total des combinaisons des $n-1$ autres couleurs dans chaque urne est, en ayant égard à leur situation entre elles, $1.2.3\ldots(n-1)$; ainsi le nombre total de ces combinaisons relatives aux $i-1$ urnes est $[1.2.3\ldots(n-1)]^{i-1}$; c'est le nombre des cas dans lesquels la première couleur est tirée la première à la fois de toutes ces urnes, et, comme il y a n couleurs, on aura

$$n[1.2.3\ldots(n-1)]^{i-1}$$

pour le nombre des cas dans lesquels une couleur au moins arrivera à son rang dans les tirages des $i-1$ urnes. Mais il y a dans ce nombre des cas répétés; ainsi les cas où deux couleurs arrivent à leur rang dans ces tirages sont compris deux fois dans ce nombre; il faut donc les en retrancher. Le nombre de ces cas est, par ce qui précède,

$$\frac{n(n-1)}{1.2}[1.2.3\ldots(n-2)]^{i-1};$$

en le retranchant du nombre précédent, on aura la fonction

$$n[1.2.3\ldots(n-1)]^{i-1} - \frac{n(n-1)}{1.2}[1.2.3\ldots(n-2)]^{i-1}.$$

Mais cette fonction renferme elle-même des cas répétés. En continuant de les exclure comme on l'a fait ci-dessus relativement à une seule urne, en divisant ensuite la fonction finale par le nombre de tous les cas possibles, et qui est ici $(1.2.3\ldots n)^{i-1}$, on aura, pour la probabilité qu'une des $n-1$ couleurs au moins sortira à son rang dans les $i-1$ tirages qui suivent le premier,

$$\frac{1}{n^{i-2}} - \frac{1}{1.2[n(n-1)]^{i-2}} + \frac{1}{1.2.3[n(n-1)(n-2)]^{i-2}} - \ldots$$

expression dans laquelle il faut prendre autant de termes qu'il y a d'unités dans n. Cette expression est donc la probabilité qu'au moins une des couleurs sortira au même rang dans les tirages des i urnes.

10. Considérons deux joueurs A et B, dont les adresses soient p et q, et dont le premier ait a jetons et le second b jetons. Supposons qu'à chaque coup celui qui perd donne un jeton à son adversaire, et que la partie ne finisse que lorsqu'un des joueurs aura perdu tous ses jetons ; on demande la probabilité que l'un des joueurs, A par exemple, gagnera la partie avant ou au $n^{\text{ième}}$ coup.

Ce problème peut être résolu avec facilité par le procédé suivant, qui est, en quelque sorte, mécanique. Supposons b égal ou moindre que a, et considérons le développement du binôme $(p+q)^b$. Le premier terme p^b de ce développement sera la probabilité de A pour gagner la partie au coup b. On retranchera ce terme du développement, et l'on en retranchera pareillement le dernier terme q^b, si $b = a$, parce qu'alors ce terme exprime la probabilité de B pour gagner la partie au coup b. Ensuite on multipliera le reste par $p + q$. Le premier terme de ce produit aura pour facteur $p^b q$, et, comme l'exposant b ne surpasse que de $b - 1$ l'exposant de q, il en résulte que la partie ne peut pas être gagnée par le joueur A, au coup $b + 1$, ce qui est visible d'ailleurs; car, si A a perdu un jeton dans les b premiers coups, il doit, pour gagner la partie, gagner ce jeton plus les b jetons du joueur B, ce qui exige $b + 2$ coups. Mais, si $a = b + 1$, on retranchera du produit son dernier terme, qui exprime la probabilité du joueur B pour gagner la partie au coup $b + 1$.

On multipliera de nouveau ce second reste par $p + q$. Le premier terme du produit aura pour facteur $p^{b+1} q$, et, comme l'exposant de p y surpasse de b celui de q, ce terme exprimera la probabilité de A pour gagner la partie au coup $b + 2$. On retranchera pareillement du produit le dernier terme, si l'exposant de q y surpasse de a celui de p.

On multipliera de nouveau ce troisième reste par $p + q$, et l'on continuera ces multiplications jusqu'au nombre de fois $n - b$, en retranchant à chaque multiplication le premier terme, si l'exposant de p y surpasse de b celui de q, et le dernier terme, si l'exposant de q y surpasse de a celui de p. Cela posé, la somme des premiers termes ainsi retranchés sera la probabilité de A pour gagner la partie avant ou au coup n, et la somme des derniers termes retranchés sera la probabilité semblable relative au joueur B.

Pour avoir une solution analytique du problème, soit $y_{x,x'}$ la probabilité du joueur A pour gagner la partie, lorsqu'il a x jetons, et lorsqu'il n'a plus que x' coups à jouer pour atteindre les n coups. Cette probabilité devient, au coup suivant, ou $y_{x+1,x'-1}$ ou $y_{x-1,x'-1}$, suivant que le joueur A gagne ou perd le coup; or les probabilités respectives de ces deux événements sont p et q : on a donc l'équation aux différences partielles

$$y_{x,x'} = p y_{x+1,x'-1} + q y_{x-1,x'-1}.$$

Pour intégrer cette équation, nous considérerons, comme précédemment, une fonction u de t et de t' génératrice de $y_{x,x'}$, en sorte que $y_{x,x'}$

soit le coefficient de $t^x t'^{x'}$ dans le développement de cette fonction. En repassant des coefficients aux fonctions génératrices, l'équation précédente donnera

$$u = u\left(\frac{p t'}{t} + q t t'\right),$$

d'où l'on tire

$$1 = \frac{p t'}{t} + q t t';$$

par conséquent,

$$\frac{1}{t} = \frac{1}{2 p t'} \pm \frac{\sqrt{\dfrac{1}{t'^2} - 4 p q}}{2 p},$$

ce qui donne

$$\frac{1}{t^x} = \frac{1}{(2 p)^x}\left(\frac{1}{t'} \pm \sqrt{\frac{1}{t'^2} - 4 p q}\right)^x;$$

donc

$$\frac{u}{t^x t'^{x'}} = \frac{u}{(2 p)^x t'^{x'}}\left(\frac{1}{t'} \pm \sqrt{\frac{1}{t'^2} - 4 p q}\right)^x.$$

Cette équation peut être mise sous la forme suivante :

$$\frac{u}{t^x t'^{x'}} = \frac{u}{2 (2 p)^x t'^{x'}}\left\{ \begin{array}{l} \left(\dfrac{1}{t'} + \sqrt{\dfrac{1}{t'^2} - 4 p q}\right)^x + \left(\dfrac{1}{t'} - \sqrt{\dfrac{1}{t'^2} - 4 p q}\right)^x \\[2ex] \pm \sqrt{\dfrac{1}{t'^2} - 4 p q}\ \dfrac{\left(\dfrac{1}{t'} + \sqrt{\dfrac{1}{t'^2} - 4 p q}\right)^x - \left(\dfrac{1}{t'} - \sqrt{\dfrac{1}{t'^2} - 4 p q}\right)^x}{\sqrt{\dfrac{1}{t'^2} - 4 p q}}. \end{array}\right.$$

L'expression précédente de $\dfrac{1}{t}$ donne

$$\pm \sqrt{\frac{1}{t'^2} - 4 p q} = \frac{2 p}{t} - \frac{1}{t'};$$

on a donc

$$\frac{u}{t^x t'^{x'}} = \frac{u}{2 (2 p)^x t'^{x'}}\left[\left(\frac{1}{t'} + \sqrt{\frac{1}{t'^2} - 4 p q}\right)^x + \left(\frac{1}{t'} - \sqrt{\frac{1}{t'^2} - 4 p q}\right)^x\right]$$

$$+ \frac{u\left(\dfrac{1}{t} - \dfrac{1}{2 p t'}\right)}{2 (2 p)^{x-1} t'^{x'}}\ \frac{\left(\dfrac{1}{t'} + \sqrt{\dfrac{1}{t'^2} - 4 p q}\right)^x - \left(\dfrac{1}{t'} - \sqrt{\dfrac{1}{t'^2} - 4 p q}\right)^x}{\sqrt{\dfrac{1}{t'^2} - 4 p q}};$$

sous cette forme, l'ambiguïté du signe $\pm$ disparaît.

Maintenant, si l'on repasse des fonctions génératrices à leurs coefficients, et si l'on observe que $y_{0,x'}$ est nul, parce que le joueur A perd nécessairement la partie lorsqu'il n'a plus de jetons, l'équation précédente donnera, en repassant des fonctions génératrices aux coefficients,

$$y_{x,x'} = \frac{1}{2^x p^{x-1}}\left[X^{(x-1)} y_{1,x+x'-1} + X^{(x-3)} y_{1,x+x'-3} + \dots + X^{(x-2r-1)} y_{1,x+x'-2r-1} + \dots\right],$$

la série du second membre s'arrêtant lorsque $x - 2r - 1$ a une valeur négative. $X^{(x-1)}$, $X^{(x-3)}$, … sont les coefficients de $\frac{1}{t'^{x-1}}$, $\frac{1}{t'^{x-3}}$, … dans le développement de la fonction

$$(i) \qquad \frac{\left(\frac{1}{t'} + \sqrt{\frac{1}{t'^2} - 4pq}\right)^x - \left(\frac{1}{t'} - \sqrt{\frac{1}{t'^2} - 4pq}\right)^x}{\sqrt{\frac{1}{t'^2} - 4pq}}.$$

Si l'on nomme u' le coefficient de t'^x dans le développement de u, u' sera une fonction de t' et de x, génératrice de $y_{x,x'}$. Si l'on nomme pareillement T' le coefficient de t dans le développement de u, le produit de $\frac{T'}{2^x p^{x-1}}$ par la fonction (i) sera la fonction génératrice du second membre de l'équation précédente; cette fonction est donc égale à u'. Supposons $x = a + b$, alors $y_{x,x'}$ devient $y_{a+b,x'}$, et cette quantité est égale à l'unité; car il est certain que A a gagné la partie, lorsqu'il a gagné tous les jetons de B; u' est donc alors la fonction génératrice de l'unité; or x' est ici zéro ou un nombre pair, car le nombre des coups dans lesquels A peut gagner la partie est égal à b plus un nombre pair : en effet, A doit pour cela gagner tous les jetons de B, et de plus il doit regagner chaque jeton qu'il a perdu, ce qui exige deux coups. Ensuite, n exprimant un nombre de coups dans lequel A peut gagner la partie, il est égal à b plus un nombre pair; x', étant le nombre des coups qui manquent au joueur A pour arriver à n, est donc zéro ou un nombre pair. De là il suit que, dans le cas de $x = a + b$, u' devient $\frac{1}{1 - t'^2}$; on a donc

$$\frac{T'}{2^{a+b}p^{a+b-1}}\cdot\frac{\left(\frac{1}{t'}+\sqrt{\frac{1}{t'^2}-4pq}\right)^{a+b}-\left(\frac{1}{t'}-\sqrt{\frac{1}{t'^2}-4pq}\right)^{a+b}}{\sqrt{\frac{1}{t'^2}-4pq}}=\frac{1}{1-t'^2},$$

ce qui donne la valeur de T'. En la multipliant par la fonction (i) divisée par $2^a p^{a-1}$ et dans laquelle on fait $x=a$, on aura la fonction génératrice de $y_{a,x}$ égale à

$$(o)\qquad \frac{2^b p^b t'^b\left[\left(1+\sqrt{1-4pqt'^2}\right)^a-\left(1-\sqrt{1-4pqt'^2}\right)^a\right]}{(1-t'^2)\left[\left(1+\sqrt{1-4pqt'^2}\right)^{a+b}-\left(1-\sqrt{1-4pqt'^2}\right)^{a+b}\right]}.$$

Dans le cas de $a=b$, elle devient

$$\frac{2^a p^a t'^a}{(1-t'^2)\left[\left(1+\sqrt{1-4pq\,t'^2}\right)^a+\left(1-\sqrt{1-4pqt'^2}\right)^a\right]}.$$

En développant la fonction

$$(q)\qquad \left(1+\sqrt{1-4pqt'^2}\right)^a+\left(1-\sqrt{1-4pqt'^2}\right)^a$$

suivant les puissances de t'^2, le radical disparaît, et le plus haut exposant de t' dans ce développement est égal ou plus petit que a. Mais, si l'on développe $\left(1-\sqrt{1-4pqt'^2}\right)^a$ suivant les puissances de t'^2, le plus petit exposant de t' sera $2a$; la fonction (q) est donc égale au développement de $\left(1+\sqrt{1-4pqt'^2}\right)^a$, en rejetant les puissances de t' supérieures à a.

Maintenant on a, par le n° 3 du Livre Ier,

$$z^a=1-a\alpha+\frac{a(a-3)}{1.2}\alpha^2-\frac{a(a-4)(a-5)}{1.2.3}\alpha^3+\dots,$$

z étant celle des racines de l'équation

$$z=1-\frac{\alpha}{z}$$

qui se réduit à l'unité lorsque α est nul. Cette racine est

$$\frac{1 + \sqrt{1 - 4\alpha}}{2};$$

en supposant donc $\alpha = pqt'^2$, on aura

$$\left(1 + \sqrt{1 - 4pqt'^2}\right)^a$$
$$= 2^a\left[1 - apqt'^2 + \frac{a(a-3)}{1.2}p^2q^2t'^4 - \frac{a(a-4)(a-5)}{1.2.3}p^3q^3t'^6 + \dots\right];$$

on aura ainsi

$$\frac{2^a p^a t'^a}{\left(1 + \sqrt{1 - 4pqt'^2}\right)^a + \left(1 - \sqrt{1 - 4pqt'^2}\right)^a}$$
$$= \frac{p^a t'^a}{1 - apqt'^2 + \frac{a(a-3)}{1.2}p^2q^2t'^4 - \frac{a(a-4)(a-5)}{1.2.3}p^3q^3t'^6 + \dots},$$

la série du dénominateur étant continuée exclusivement jusqu'aux puissances de t' supérieures à a. Ce second membre doit être, par ce qui précède, divisé par $1 - t'^2$, pour avoir la fonction génératrice de $y_{a,x}$; la quantité $y_{a,x}$ est donc la somme des coefficients des puissances de t', en ne considérant dans le développement de ce membre par rapport aux puissances de t' que les puissances égales ou inférieures à at'. Chacun de ces coefficients exprimera la probabilité que A gagnera la partie au coup indiqué par l'exposant de la puissance de t'.

Si l'on nomme z_i le coefficient correspondant à t'^{a+2i}, on aura généralement

$$0 = z_i - apq\,z_{i-1} + \frac{a(a-3)}{1.2}p^2q^2 z_{i-2} - \dots;$$

d'où il est facile de conclure les valeurs de z_1, z_2, ..., en observant que z_{-1}, z_{-2}, ... sont nuls, et que $z_0 = p^a$. La valeur de z_i étant égale à $y_{a,a+2i} - y_{a,a+2i-2}$, on aura celles de $y_{a,a}$, $y_{a,a+2}$, $y_{a,a+4}$, etc. L'équation aux différences partielles à laquelle on est immédiatement conduit se trouve ainsi ramenée à une équation aux différences ordinaires, qui détermine, en l'intégrant, la valeur de $y_{a,x}$. Mais on peut obtenir cette valeur par le procédé suivant, qui s'applique au cas général où a et b sont égaux ou différents entre eux.

Reprenons la fonction génératrice de $y_{a,x'}$ trouvée ci-dessus ; $y_{a,x'}$ est le coefficient de t'^{x-b} dans le développement de la fonction

$$2^b p^b \frac{\mathrm{P}}{\mathrm{Q}(1-t'^2)},$$

en supposant

$$\mathrm{P} = \frac{\left(1 + \sqrt{1 - 4pqt'^2}\right)^a - \left(1 - \sqrt{1 - 4pqt'^2}\right)^a}{\sqrt{1 - 4pqt'^2}},$$

$$\mathrm{Q} = \frac{\left(1 + \sqrt{1 - 4pqt'^2}\right)^{a+b} - \left(1 - \sqrt{1 - 4pqt'^2}\right)^{a+b}}{\sqrt{1 - 4pqt'^2}}.$$

Il résulte du n° 5 du Livre Ier que, si l'on considère les deux termes

$$\frac{\mathrm{P}}{2 t'^{2i} \mathrm{Q}'} \qquad - \frac{\mathrm{P}}{(1 - t'^2) t'^{2i+1}} \frac{d\mathrm{Q}'}{dt'}$$

que l'on fasse ensuite successivement $t' = 1$ et $t' = -1$ dans le premier terme, et t' égal successivement à toutes les racines de l'équation $\mathrm{Q} = 0$ dans le second terme, la somme de tous les termes que l'on obtient de cette manière sera le coefficient de t'^{2i} dans le développement de la fraction

$$\frac{\mathrm{P}}{\mathrm{Q}(1 - t'^2)}.$$

Ce que le premier terme produit dans cette somme est

$$\frac{p^a - q^a}{2^b \left(p^{a+b} - q^{a+b}\right)}.$$

Pour avoir les racines de l'équation $\mathrm{Q} = 0$, nous ferons

$$t' = \frac{1}{2\sqrt{pq}\,\cos\varpi},$$

ce qui donne

$$\mathrm{Q} = \frac{\left(\cos\varpi + \sqrt{-1}\,\sin\varpi\right)^{a+b} - \left(\cos\varpi - \sqrt{-1}\,\sin\varpi\right)^{a+b}}{\sqrt{-1}\,\sin\varpi\,(\cos\varpi)^{a+b-1}}.$$

ou
$$Q = \frac{2\sin(a+b)\varpi}{\sin\varpi\,(\cos\varpi)^{a+b-1}}.$$

Les racines de l'équation $Q = o$ sont donc représentées par
$$\varpi = \frac{(r+1)\pi}{a+b},$$

r étant un nombre entier positif qui peut s'étendre depuis $r = o$ jusqu'à $r = a + b - 2$. Lorsque $a + b$ est un nombre pair, $\frac{1}{2}\pi$ est une des valeurs de ϖ; il faut l'exclure, parce que, $\cos\varpi$ devenant nul alors, cette valeur de ϖ ne rend pas Q nul. Dans ce cas, l'équation $Q = o$ n'a que $a + b - 2$ racines; mais, comme le terme dépendant de la valeur $\varpi = \frac{1}{2}\pi$ est multiplié dans l'expression de $y_{a,x'}$ par une puissance positive de $\cos\frac{(r+1)\pi}{a+b}$, on peut conserver la valeur de r qui donne $\varpi = \frac{1}{2}\pi$, puisque le terme qui lui correspond dans l'expression de $y_{a,x'}$ disparaît.

Maintenant on a
$$\frac{dQ}{dt'} = \frac{dQ}{d\varpi}\,\frac{d\varpi}{dt'},$$

d'où l'on tire, en vertu de l'équation $\sin(a+b)\varpi = o$,
$$\frac{dQ}{dt'} = \frac{4(a+b)\sqrt{pq}\,\cos(r+1)\pi}{\sin^2\varpi\,(\cos\varpi)^{a+b-3}} = \frac{4(a+b)\sqrt{pq}\,(-1)^{r+1}}{\sin^2\varpi\,(\cos\varpi)^{a+b-2}}.$$

Le terme
$$\frac{-P}{(1-t'^2)\,t'^{2i+1}\,\dfrac{dQ}{dt'}},$$

en observant que
$$P = \frac{2\sin a\varpi}{\sin\varpi\,(\cos\varpi)^{a-1}},$$

devient ainsi

$$(h)\qquad \frac{(-1)^{r+1}\,2^{2i+2}\,(pq)^{i+1}\sin\dfrac{(r+1)\pi}{a+b}\sin\dfrac{(r+1)a\pi}{a+b}\left[\cos\dfrac{(r+1)\pi}{a+b}\right]^{b+2i+1}}{(a+b)\left[p^2 - 2pq\cos\dfrac{2(r+1)\pi}{a+b} + q^2\right]};$$

la somme de tous les termes que l'on obtient, en donnant à r toutes les valeurs entières et positives, depuis $r = o$ jusqu'à $r = a + b - 2$, sera ce que produit la fonction

$$\frac{-\mathrm{P}}{(1 - t'^2)\, t'^{2i+1}\, \frac{dQ}{dt'}};$$

nous désignerons cette somme par la caractéristique S placée devant la fonction (h).

Si l'on fait $r' + 1 = a + b - (r + 1)$, on aura

$$\sin\frac{(r'+1)\pi}{a+b} = \sin\frac{(r+1)\pi}{a+b},$$

$$\cos\frac{(r'+1)\pi}{a+b} = -\cos\frac{(r+1)\pi}{a+b},$$

$$\cos\frac{2(r'+1)\pi}{a+b} = \cos\frac{2(r+1)\pi}{a+b},$$

$$\sin\frac{(r'+1)a\pi}{a+b} = (-1)^{a+1}\sin\frac{(r+1)a\pi}{a+b}.$$

De là il est facile de conclure que, dans la fonction (h), le terme relatif à $r + 1$ est le même que le terme relatif à $r' + 1$; on peut donc doubler ce terme, et n'étendre alors la caractéristique S qu'aux valeurs de r comprises depuis $r = o$ jusqu'à $r = \frac{a+b-2}{2}$, si $a + b$ est pair, ou $r = \frac{a+b-1}{2}$, si $a + b$ est impair. Cela posé, en observant que

$$\sin\frac{(r+1)a\pi}{a+b} = (-1)^r \sin\frac{(r+1)b\pi}{a+b},$$

on aura

$$(\mathrm{II})\quad \left\{ \begin{aligned} y_{a,b+2i} &= \frac{p^b(p^a - q^a)}{p^{a+b} - q^{a+b}} \\ &\quad - \frac{2^{b+2i-2}\,p^b\,(pq)^{i+1}}{a+b}\, S\, \frac{\sin\frac{2(r+1)\pi}{a+b}\,\sin\frac{(r+1)b\pi}{a+b}\left[\cos\frac{(r+1)\pi}{a+b}\right]^{b-2i}}{p^2 - 2pq\cos\frac{2(r+1)\pi}{a+b} + q^2}. \end{aligned}\right.$$

En changeant a en b, p en q, et réciproquement, on aura la probabilité que le joueur B gagnera la partie avant le coup $a + 2i$, ou à ce coup.

Supposons $a = b$; $\sin \frac{(r+1)a\pi}{a+b}$ deviendra $\sin \frac{1}{2}(r+1)\pi$. Ce sinus est nul, lorsque $r+1$ est pair; il suffit donc alors de considérer, dans l'expression de $y_{a,a+2i}$, les valeurs impaires de $r+1$. En les exprimant par $2s+1$, et observant que $\sin \frac{(2s+1)\pi}{2} = (-1)^s$, on aura

$$y_{a,a+2i} = \frac{p^a}{p^a + q^a}$$
$$- \frac{2^{a+2i+1} p^a (pq)^{i+1}}{a} S \frac{(-1)^s \sin \frac{(2s+1)\pi}{a} \left[\cos \frac{(2s+1)\pi}{2a} \right]^{a+2i}}{p^2 - 2pq \cos \frac{(2s+1)\pi}{a} + q^2},$$

$2s+1$ devant comprendre toutes les valeurs impaires contenues dans $a-1$.

Si l'on change, dans cette expression, p en q, et réciproquement, on aura la probabilité du joueur B pour gagner la partie en $a + 2i$ coups. La somme de ces deux probabilités sera la probabilité que la partie sera finie après ce nombre de coups; cette dernière probabilité est donc

$$1 - \frac{2^{a+2i+1}}{a} (p^a + q^a)(pq)^{i+1} S \frac{(-1)^s \sin \frac{(2s+1)\pi}{a} \left[\cos \frac{(2s+1)\pi}{2a} \right]^{a+2i}}{p^2 - 2pq \cos \frac{(2s+1)\pi}{a} + q^2}.$$

Si les adresses p et q sont égales, cette expression devient

$$1 - \frac{2}{a} S \frac{(-1)^s \left[\cos \frac{(2s+1)\pi}{2a} \right]^{a-2i+1}}{\sin \frac{(2s+1)\pi}{2a}}.$$

Lorsque $a + 2i$ est un grand nombre, on peut en conclure d'une manière fort approchée le nombre de coups nécessaire pour que la probabilité que la partie finira dans ce nombre de coups soit égale à une fraction donnée $\frac{1}{k}$. On aura alors

$$\frac{2}{a} S \frac{(-1)^s \left[\cos \frac{(2s+1)\pi}{2a} \right]^{a+2i+1}}{\sin \frac{(2s+1)\pi}{2a}} = \frac{k-1}{k};$$

$a + 2i$ étant supposé un très grand nombre, fort supérieur au nombre
a, il suffit de considérer le terme du premier membre qui correspond
à s nul, et alors on a

$$a + 2i + 1 = \frac{\log\left[\frac{a(k-1)}{2k}\sin\frac{\pi}{2a}\right]}{\log\left(\cos\frac{\pi}{2a}\right)},$$

ces logarithmes pouvant être à volonté hyperboliques ou tabulaires.

Si, dans les formules précédentes, on suppose a infini, b restant un
nombre fini, on aura le cas dans lequel le joueur A joue contre le
joueur B qui a primitivement le nombre b de jetons, jusqu'à ce qu'il
ait gagné tous les jetons de B, sans que jamais celui-ci puisse gagner A,
quel que soit le nombre des jetons qu'il lui gagne. Dans ce cas, la
fonction génératrice (o) de $y_{a,x}$ se réduit à

$$\frac{2^b p^b t'^b}{(1 - t'^2)\left(1 + \sqrt{1 - 4pqt'^2}\right)^b},$$

car alors $\left(1 - \sqrt{1 - 4pqt'^2}\right)^a$ et $\left(1 - \sqrt{1 - 4pqt'^2}\right)^{a+b}$, développés, ne
renferment que des puissances infinies de t', puissances que l'on doit
négliger, quand on ne considère qu'un nombre fini de coups. On a par
ce qui précède

$$\left(1 + \sqrt{1 - 4pqt'^2}\right)^{-b}$$
$$= \frac{1}{2^b}\left\{\begin{array}{l}1 + bpqt'^2 + \frac{b(b+3)}{1.2}p^2q^2t'^4 + \frac{b(b+4)(b+5)}{1.2.3}p^3q^3t'^6 + \ldots \\[2mm] + \frac{b(b+i+1)(b+i+2)\ldots(b+2i-1)p^iq^it'^{2i}}{1.2.3\ldots i} + \ldots\end{array}\right\}.$$

En multipliant ce second membre par $\frac{2^b p^b t'^b}{1 - t'^2}$, le coefficient de t'^{b+2i} sera

$$p^b\left[1 + bpq + \frac{b(b+3)}{1.2}p^2q^2 + \ldots + \frac{b(b+i+1)(b+i+2)\ldots(b+2i-1)p^iq^i}{1.2.3\ldots i}\right];$$

c'est la valeur de $y_{a,b+2i}$, ou la probabilité que A gagnera la partie avant
ou au coup $b + 2i$.

Cette valeur serait très pénible à réduire en nombres, si b et $2i$ étaient de grands nombres; il serait surtout très difficile d'obtenir par son moyen le nombre de coups dans lesquels A peut parier un contre un de gagner la partie; mais on peut y parvenir facilement de cette manière.

Reprenons la formule (II) trouvée ci-dessus. Dans le cas de a infini, et p étant supposé égal ou plus grand que q, si l'on y suppose $\frac{r+1}{a}\pi = \varphi$ et $\frac{\pi}{a} = d\varphi$, elle devient

$$y_{a,b+2i} = 1 - \frac{2^{b+2i+2}\,p^b\,(pq)^{i+1}}{\pi}\int\frac{d\varphi\,\sin 2\varphi\,\sin b\varphi\,(\cos\varphi)^{b+2i}}{p^2 - 2pq\cos 2\varphi + q^2},$$

l'intégrale devant être prise depuis $\varphi = 0$ jusqu'à $\varphi = \frac{1}{2}\pi$. Dans le cas de p moindre que q, la même expression a lieu, pourvu que l'on change le premier terme 1 dans $\frac{p^b}{q^b}$.

Si $p = q$, cette expression devient

$$1 - \frac{2}{\pi}\int\frac{d\varphi\,\sin b\varphi\,(\cos\varphi)^{b+2i+1}}{\sin\varphi},$$

l'intégrale étant prise depuis φ nul jusqu'à $\varphi = \frac{1}{2}\pi$. Supposons maintenant que b et i soient de grands nombres. Le maximum de la fonction

$$\frac{\varphi(\cos\varphi)^{b+2i+1}}{\sin\varphi}$$

répond à $\varphi = 0$, ce qui donne 1 pour ce maximum. La fonction décroît ensuite avec une extrême rapidité, et, dans l'intervalle où elle a une valeur sensible, on peut supposer

$$\log\sin\varphi = \log\varphi + \log\left(1 - \tfrac{1}{6}\varphi^2\right) = \log\varphi - \tfrac{1}{6}\varphi^2,$$

$$\log(\cos\varphi)^{b+2i+1} = (b+2i+1)\log\left(1 - \tfrac{1}{2}\varphi^2 + \tfrac{1}{24}\varphi^4\right)$$

$$= -\frac{b+2i+1}{2}\varphi^2 - \frac{b+2i+1}{12}\varphi^4,$$

ce qui donne, en négligeant les sixièmes puissances de φ et ses quatrièmes puissances qui ne sont pas multipliées par $b + 2i + 1$.

$$\log \frac{(\cos\varphi)^{b+2i+1}}{\sin\varphi} = -\log\varphi - \frac{b + 2i + \frac{2}{3}}{2}\varphi^2 - \frac{b + 2i + \frac{2}{3}}{12}\varphi^4.$$

En faisant donc

$$a^2 = \frac{b + 2i + \frac{2}{3}}{2},$$

on aura

$$\frac{(\cos\varphi)^{b+2i+1}}{\sin\varphi} = \frac{1 - \frac{a^2}{6}\varphi^4}{\varphi} c^{-a^2\varphi^2};$$

partant,

$$\int \frac{d\varphi \sin b\varphi \,(\cos\varphi)^{b+2i+1}}{\sin\varphi} = \int \frac{d\varphi \left(1 - \frac{a^2}{6}\varphi^4\right)}{\varphi} \sin b\varphi \, c^{-a^2\varphi^2}.$$

Cette dernière intégrale peut être prise depuis $\varphi = 0$ jusqu'à φ infini : car elle doit être prise depuis $\varphi = 0$ jusqu'à $\varphi = \frac{1}{2}\pi$: or, a^2 étant un nombre considérable, $c^{-a^2\varphi^2}$ devient excessivement petit, lorsqu'on y fait $\varphi = \frac{1}{2}\pi$, en sorte qu'on peut le supposer nul, vu l'extrême rapidité avec laquelle cette exponentielle diminue, lorsque φ augmente. Maintenant on a

$$\frac{d}{db} \int \frac{d\varphi \left(1 - \frac{a^2}{6}\varphi^4\right)}{\varphi} \sin b\varphi \, c^{-a^2\varphi^2} = \int d\varphi \left(1 - \frac{a^2}{6}\varphi^4\right) \cos b\varphi \, c^{-a^2\varphi^2};$$

on a d'ailleurs, par le n° 25 du Livre Iᵉʳ,

$$\int d\varphi \cos b\varphi \, c^{-a^2\varphi^2} = \frac{\sqrt{\pi}}{2a} c^{-\frac{b^2}{4a^2}},$$

$$\int \varphi^4 \, d\varphi \cos b\varphi \, c^{-a^2\varphi^2} = \frac{\sqrt{\pi}}{2a}\frac{d^4 c^{-\frac{b^2}{4a^2}}}{db^4}$$

$$= \frac{3\sqrt{\pi}}{8a^5} c^{-\frac{b^2}{4a^2}} \left(1 - \frac{b^2}{a^2} + \frac{b^4}{12.a^4}\right),$$

d'où l'on tire, en supposant $\frac{b^2}{4a^2} = t^2$,

$$\int \frac{d\varphi \sin b\varphi \,(\cos\varphi)^{b+2i+1}}{\sin\varphi} = \sqrt{\pi} \left[\int dt \, c^{-t^2} - \frac{tc^{-t^2}}{8a^2}\left(1 - \frac{2}{3}t^2\right)\right].$$

Ainsi la probabilité que A gagnera la partie dans le nombre $b+2i$ de coups est

$$1-\frac{2}{\sqrt{\pi}}\left[\int dt\, c^{-t^2}-\frac{\mathrm{T}c^{-\mathrm{T}^2}}{8a^2}\left(1-\tfrac{2}{3}\mathrm{T}^2\right)\right],$$

l'intégrale étant prise depuis t nul jusqu'à $t=\mathrm{T}$, T^2 étant égal à $\frac{b^2}{4a^2}$.

Si l'on cherche le nombre des coups dans lesquels on peut parier un contre un que cela aura lieu, on fera cette probabilité égale à $\frac{1}{2}$, ce qui donne

$$\int dt\, c^{-t^2}=\frac{\sqrt{\pi}}{4}+\frac{\mathrm{T}c^{-\mathrm{T}^2}}{8a^2}\left(1-\tfrac{2}{3}\mathrm{T}^2\right).$$

Nommons T′ la valeur de t, qui correspond à

$$\int dt\, c^{-t^2}=\frac{\sqrt{\pi}}{4},$$

et supposons

$$\mathrm{T}=\mathrm{T}'+q,$$

q étant de l'ordre $\frac{1}{a^2}$. L'intégrale $\int dt\, c^{-t^2}$ sera augmentée à très peu près de $qc^{-\mathrm{T}'^2}$, ce qui donne

$$qc^{-\mathrm{T}'^2}=\frac{\mathrm{T}'c^{-\mathrm{T}'^2}}{8a^2}\left(1-\tfrac{2}{3}\mathrm{T}'^2\right);$$

on aura donc

$$\mathrm{T}^2=\mathrm{T}'^2+\frac{\mathrm{T}'^2}{4a^2}\left(1-\tfrac{2}{3}\mathrm{T}'^2\right).$$

Ayant ainsi T^2 aux quantités près de l'ordre $\frac{1}{a^4}$, l'équation

$$2a^2=b+2i+\tfrac{2}{3}=\frac{b^2}{2\mathrm{T}^2}$$

donnera, aux quantités près de l'ordre $\frac{1}{a^2}$,

$$b+2i=\frac{b^2}{2\mathrm{T}'^2}-\tfrac{7}{6}+\tfrac{1}{3}\mathrm{T}'^2.$$

Pour déterminer la valeur de T'^2, nous observerons qu'ici T′ est plus petit que $\frac{1}{4}$; ainsi l'équation transcendante et intégrale

$$\int dt\, e^{-t^2} = \frac{\sqrt{\pi}}{i}$$

peut être transformée dans la suivante :

$$T' - \frac{1}{3} T'^3 + \frac{1}{1.2}\frac{1}{5} T'^5 - \frac{1}{1.2.3}\frac{1}{7} T'^7 + \ldots = \frac{\sqrt{\pi}}{4}.$$

En résolvant cette équation, on trouve

$$T'^2 = 0,2102497.$$

En supposant $b = 100$, on aura

$$b + 2i = 23780,14.$$

Il y a donc alors du désavantage à parier un contre un que A gagnera la partie dans 23780 coups, mais il y a de l'avantage à parier qu'il la gagnera dans 23781 coups.

11. Un nombre $n + 1$ de joueurs jouent ensemble aux conditions suivantes. Deux d'entre eux jouent d'abord, et celui qui perd se retire après avoir mis un franc au jeu, pour n'y rentrer qu'après que tous les autres joueurs ont joué ; ce qui a lieu généralement pour tous les joueurs qui perdent, et qui par là deviennent les derniers. Celui des deux premiers joueurs qui a gagné joue avec le troisième, et, s'il le gagne, il continue de jouer avec le quatrième, et ainsi de suite jusqu'à ce qu'il perde, ou jusqu'à ce qu'il ait gagné successivement tous les joueurs. Dans ce dernier cas, la partie est finie. Mais, si le joueur gagnant au premier coup est vaincu par l'un des autres joueurs, le vainqueur joue avec le joueur suivant, et continue de jouer jusqu'à ce qu'il soit vaincu, ou jusqu'à ce qu'il ait gagné de suite tous les joueurs ; le jeu continue ainsi jusqu'à ce qu'il y ait un joueur qui gagne de suite tous les autres, ce qui finit la partie, et alors le joueur qui la gagne emporte tout ce qui a été mis au jeu.

Cela posé, déterminons d'abord la probabilité que le jeu finira précisément au coup x; nommons z_x cette probabilité. Pour que la partie finisse au coup x, il faut que le joueur qui entre au jeu au coup $x - n + 1$ gagne ce coup et les $n - 1$ coups suivants; or il peut entrer contre un joueur qui n'a gagné qu'un seul coup : en nommant P la probabilité de cet événement, $\frac{P}{2^n}$ sera la probabilité correspondante que la partie finira au coup x. Mais la probabilité z_{x-1} que la partie finira au coup $x - 1$ est évidemment $\frac{P}{2^{n-1}}$. Car il est nécessaire pour cela qu'il y ait un joueur qui ait gagné un coup, au coup $x - n + 1$, et qui, jouant à ce coup, le gagne et les $n - 2$ coups suivants; et la probabilité de chacun de ces événements étant P et $\frac{1}{2^{n-1}}$, la probabilité de l'événement composé sera $\frac{P}{2^{n-1}}$; on aura donc $z_{x-1} = \frac{P}{2^{n-1}}$, et, par conséquent,

$$\frac{P}{2^n} = \tfrac{1}{2} z_{x-1};$$

$\tfrac{1}{2} z_{x-1}$ est donc la probabilité que la partie finira au coup x, relative à ce cas.

Si le joueur qui entre au jeu au coup $x - n + 1$ joue à ce coup contre un joueur qui a déjà gagné deux coups, en nommant P' la probabilité de ce cas, $\frac{P'}{2^n}$ sera la probabilité relative à ce cas que la partie finira au coup x. Mais on a

$$\frac{P'}{2^{n-2}} = z_{x-2};$$

car, pour que la partie finisse au coup $x - 2$, il faut qu'au coup $x - n + 1$ l'un des joueurs ait déjà gagné deux coups, et qu'il gagne ce coup et les $n - 3$ coups suivants. On a donc

$$\frac{P'}{2^n} = \frac{1}{2^2} z_{x-2};$$

$\frac{1}{2^2} z_{x-2}$ est donc la probabilité que la partie finira au coup x, relative à ce cas; et ainsi de suite.

En rassemblant toutes ces probabilités partielles, on aura

$$z_x = \frac{1}{2} z_{x-1} + \frac{1}{2^2} z_{x-2} + \frac{1}{2^3} z_{x-3} + \ldots + \frac{1}{2^{n-1}} z_{x-n+1}.$$

La fonction génératrice de z_x est, par le Livre Ier,

$$\frac{\psi(t)}{1 - \frac{1}{2} t - \frac{1}{2^2} t^2 - \ldots - \frac{1}{2^{n-1}} t^{n-1}}$$

ou

$$\frac{\frac{1}{2} \psi(t)(2 - t)}{1 - t + \frac{1}{2^n} t^n}.$$

Pour déterminer $\psi(t)$, nous observerons que la partie ne peut finir au plus tôt qu'au coup n, et que la probabilité pour cela est $\frac{1}{2^{n-1}}$; car il faut que le vainqueur au premier coup gagne les $n - 1$ coups suivants : $\psi(t)$ ne doit donc renfermer que la puissance n de t, et $\frac{1}{2^{n-1}}$ doit être le coefficient de cette puissance, ce qui donne $\psi(t) = \frac{t^n}{2^{n-1}}$; ainsi la fonction génératrice de z_x est

$$\frac{\frac{1}{2^n} t^n (2 - t)}{1 - t + \frac{1}{2^n} t^n}.$$

La somme des coefficients des puissances de t jusqu'à l'infini, dans le développement de cette fonction, est la probabilité que la partie doit finir après une infinité de coups; or on a cette somme en faisant $t = 1$ dans la fonction, ce qui la réduit à l'unité; il est donc certain que la partie doit finir.

On aura la probabilité que la partie sera finie au coup x ou avant ce coup, en déterminant le coefficient de t^x dans le développement de la fonction précédente, divisée par $1 - t$; la fonction génératrice de cette probabilité est donc

$$\frac{\frac{1}{2^n} t^n (2 - t)}{(1 - t)\left(1 - t + \frac{1}{2^n} t^n\right)}.$$

Donnons à la fonction génératrice de z_x cette forme

$$\frac{1}{2^n} \frac{t^n(2-t)}{1-t}\left[1 - \frac{1}{2^n}\frac{t^n}{1-t} + \frac{1}{2^{2n}}\frac{t^{2n}}{(1-t)^2} - \dots\right];$$

le coefficient de t^x dans $\dfrac{t^{rn}(2-t)}{2^{rn}(1-t)^r}$ est

$$\frac{1}{2^{rn}} \frac{(x-rn+1)(x-rn+2)\dots(x-rn+r-2)}{1.2.3\dots(r-1)}(x-rn+2r-2);$$

on a donc

$$z_x = \frac{1}{2^n} - \frac{x-2n+1}{2^{2n}} + \frac{x-3n+1}{1.2.2^{3n}}(x-3n+4)$$
$$- \frac{(x-4n+1)(x-4n+2)}{1.2.3.2^{4n}}(x-4n+6) + \dots.$$

expression qui n'est relative qu'à x plus grand que n, et dans laquelle il ne faut prendre qu'autant de termes qu'il y a d'unités entières dans le quotient $\dfrac{x}{n}$. Lorsque $x = n$, on a $z_x = \dfrac{1}{2^{n-1}}$.

En développant de la même manière la fonction génératrice de la probabilité que la partie finira avant ou au coup x, on trouvera pour l'expression de cette probabilité

$$\frac{x-n+2}{2^n} - \frac{x-2n+1}{1.2.2^{2n}}(x-2n+4)$$
$$+ \frac{(x-3n+1)(x-3n+2)}{1.2.3.2^{3n}}(x-3n+6) - \dots.$$

cette expression ayant lieu dans le cas même de $x = n$.

Déterminons maintenant les probabilités respectives des joueurs pour gagner la partie au coup x. Soit $y_{0,x}$ celle du joueur qui a gagné le premier coup. Soient $y_{1,x}, y_{2,x}, \dots, y_{n-1,x}$ celles des joueurs suivants, et $y_{n,x}$ celle du joueur qui a perdu au premier coup, et qui par là est devenu le dernier. Désignons les joueurs par (0), (1), (2), …, $(n-1)$, (n). Cela posé, la probabilité $y_{r,x}$ du joueur (r) devient $y_{r-1,x-1}$, si au second coup le joueur (0) est vaincu par le joueur (1):

car il est visible que (r) se trouve alors, par rapport au vainqueur (1), dans la même position où était $(r-1)$ par rapport au vainqueur (o); seulement, il y a un coup de moins à jouer pour arriver au coup x, ce qui change x dans $x-1$. Présentement la probabilité que le joueur (o) sera vaincu par (1) est $\frac{1}{2}$; ainsi $\frac{1}{2} y_{r-1,x-1}$ est la probabilité du joueur (r) pour gagner la partie au coup x, relative au cas où (o) est vaincu par (1). Si (o) n'est vaincu que par (2), $y_{r,x}$ devient $y_{r-2,x-2}$, et la probabilité de cet événement étant $\frac{1}{4}$, on a $\frac{1}{4} y_{r-2,x-2}$ pour la probabilité du joueur (r) de gagner la partie au coup x, relative à ce cas. Si le joueur (o) n'est vaincu que par le joueur (r), $y_{r,x}$ devient $y_{0,x-r}$, et la probabilité de cet événement est $\frac{1}{2^r}$; ainsi $\frac{1}{2^r} y_{0,x-r}$ est la probabilité du joueur (r) pour gagner la partie au coup x, relative à ce cas. Si le joueur (o) n'est vaincu que par le joueur $(r+1)$, $y_{r,x}$ se change dans $y_{n-1,x-r-1}$; car alors le joueur (r) se trouve, par rapport au vainqueur, dans la position primitive du joueur $(n-1)$ par rapport au joueur (o); seulement il ne reste que $x-r-1$ coups à jouer pour arriver au coup x. Or la probabilité que (o) ne sera vaincu que par le joueur $(r+1)$ est $\frac{1}{2^{r+1}}$; $\frac{1}{2^{r+1}} y_{n-1,x-r-1}$ est donc la probabilité de (r) pour gagner la partie au coup x, relative à ce cas. En continuant ainsi, et rassemblant toutes ces probabilités partielles, on aura la probabilité entière $y_{r,x}$ du joueur (r) pour gagner la partie, ce qui donne l'équation suivante :

$$y_{r,x} = \frac{1}{2} y_{r-1,x-1} + \frac{1}{2^2} y_{r-2,x-2} + \ldots + \frac{1}{2^r} y_{0,x-r} + \frac{1}{2^{r+1}} y_{n-1,x-r-1}$$

$$+ \frac{1}{2^{r+2}} y_{n-2,x-r-2} + \ldots + \frac{1}{2^{n-1}} y_{r+1,x-n+1}.$$

Cette expression a lieu depuis $r=1$ jusqu'à $r=n-2$. Elle donne

$$\frac{1}{2} y_{r-1,x-1} = \frac{1}{2^2} y_{r-2,x-2} + \frac{1}{2^3} y_{r-3,x-3} + \ldots + \frac{1}{2^n} y_{r,x-n}.$$

En retranchant cette équation de la précédente, on aura celle-ci aux différences partielles,

$$(1) \qquad y_{r,x} - y_{r-1,x-1} + \frac{1}{2^n} y_{r,x-n} = 0 \, ;$$

cette équation s'étend depuis $r = 2$ jusqu'à $r = n - 2$.

On a, par le raisonnement précédent, l'équation suivante :

$$y_{n-1,x} = \frac{1}{2} y_{n-2,x-1} + \frac{1}{2^2} y_{n-1,x-2} + \ldots + \frac{1}{2^{n-1}} y_{0,x-n+1}.$$

Mais l'expression précédente de $y_{r,x}$ donne

$$\frac{1}{2} y_{n-2,x-1} = \frac{1}{2^2} y_{n-3,x-2} + \ldots + \frac{1}{2^{n-1}} y_{0,x-n+1} + \frac{1}{2^n} y_{n-1,x-n}.$$

En retranchant cette équation de la précédente, on aura

$$y_{n-1,x} - y_{n-2,x-1} + \frac{1}{2^n} y_{n-1,x-n} = 0 ;$$

ainsi l'équation (1) subsiste dans le cas de $r = n - 1$.

Le raisonnement précédent conduit encore à cette équation

$$y_{n,x} = \frac{1}{2} y_{n-1,x-1} + \frac{1}{2^2} y_{n-2,x-2} + \ldots + \frac{1}{2^{n-1}} y_{1,x-n+1},$$

ce qui donne

$$\frac{1}{2} y_{n,x-1} = \frac{1}{2^2} y_{n-1,x-2} + \ldots + \frac{1}{2^n} y_{1,x-n}.$$

En retranchant cette équation de celle-ci, que donne l'expression générale de $y_{r,x}$,

$$y_{1,x} = \frac{1}{2} y_{0,x-1} + \frac{1}{2^2} y_{n-1,x-2} + \ldots + \frac{1}{2^n} y_{2,x-n+1},$$

et faisant $\frac{1}{2}(y_{0,x} + y_{n,x}) = \overline{y}_{0,x}$, on aura

$$y_{1,x} - \overline{y}_{0,x-1} + \frac{1}{2^n} y_{1,x-n} = 0.$$

L'équation (1) subsiste donc encore dans le cas même de $r = 1$, pourvu que l'on y change $y_{0,x}$ dans $\overline{y}_{0,x}$. On doit observer que $\overline{y}_{0,x}$ est la probabilité de gagner la partie au coup x de chacun des deux premiers joueurs, au moment où le jeu commence; car cette probabilité devient, après le premier coup, $y_{0,x}$ ou $y_{n,x}$ suivant que le joueur gagne ou perd, et la probabilité de chacun de ces événements est $\frac{1}{2}$.

Maintenant, la fonction génératrice de l'équation (1) est, par le n° 20 du Livre Ier,

$$(a) \qquad \frac{\varphi(t)}{1 - tt' + \frac{1}{2^n} t''},$$

t étant relatif à la variable x, et t' étant relatif à la variable r, en sorte que $y_{r,x}$ est le coefficient de $t'^r t^x$ dans le développement de cette fonction; $\varphi(t)$ est une fonction de t qu'il s'agit de déterminer.

Pour cela, nous ferons

$$T = \frac{1}{1 + \frac{1}{2^n} t''};$$

la fonction génératrice de $y_{r,x}$ sera le coefficient de t'^r dans le développement de la fonction (a); elle sera donc

$$\varphi(t)\, t^r T^{r+1}.$$

La probabilité que la partie finira précisément au coup x est évidemment la somme des probabilités de chaque joueur pour la gagner à ce coup; elle est donc

$$2 y_{0,x} + y_{1,x} + y_{2,x} + \ldots + y_{n-1,x};$$

par conséquent la fonction génératrice de cette probabilité est

$$T\, \varphi(t)\, (2 + tT + t^2 T^2 + \ldots + t^{n-1} T^{n-1})$$

ou

$$T\, \varphi(t)\, \frac{2 - tT - t^n T^n}{1 - tT}.$$

En l'égalant à la fonction génératrice de cette probabilité, que nous avons trouvée ci-dessus et qui est

$$\frac{\frac{1}{2^n} t^n (2 - t)}{1 - t + \frac{1}{2^n} t^n},$$

on aura

$$\varphi(t) = \frac{\frac{1}{2^n} t^n (2 - t)(1 - tT)}{T(2 - tT - t^n T^n)\left(1 - t + \frac{1}{2^n} t^n\right)}.$$

Ainsi la fonction génératrice de l'équation (1) aux différences partielles est

$$\frac{\frac{1}{2^n} t^n (2 - t)(1 - tT)}{T(2 - tT - t^n T^n)\left(1 - t + \frac{1}{2^n} t^n\right)\left(1 - tt' + \frac{1}{2^n} t^n\right)};$$

la fonction génératrice de $y_{r,x}$ est donc

$$\frac{\frac{1}{2^n} t^{n+r} (2 - t)(1 - tT)T^r}{(2 - tT - t^n T^n)\left(1 - t + \frac{1}{2^n} t^n\right)}.$$

Le coefficient de t^x dans le développement de cette fonction est la probabilité du joueur (r) de gagner la partie au coup x. On pourra ainsi déterminer cette probabilité par ce développement. La somme de tous ces coefficients jusqu'à x infini est la probabilité du joueur (r) de gagner la partie; or on a cette somme en faisant $t = 1$ dans la fonction précédente, ce qui donne $T = \frac{2^n}{1 + 2^n}$; nommons p cette dernière quantité, et désignons par y_r la probabilité de (r) de gagner la partie; on aura

$$y_r = \frac{(1 - p)p^r}{2 - p - p^n}.$$

Cette expression s'étend depuis $r = 0$ jusqu'à $r = n - 1$, pourvu qu'on y change y_0 dans $\overline{y}_0$, $\overline{y}_0$ exprimant la probabilité de gagner la partie des deux premiers joueurs au moment où ils entrent au jeu.

Maintenant, chaque joueur perdant déposant un franc au jeu, déterminons l'avantage des différents joueurs. Il est clair qu'après x coups, il y avait x jetons au jeu; l'avantage du joueur (r) relatif à ces x jetons est le produit de ces jetons par la probabilité $y_{r,x}$ de gagner la partie au coup x; cet avantage est donc $xy_{r,x}$. La valeur de $xy_{r,x}$ est le coefficient de $t^{x-1}dt$ dans la différentielle de la fonction génératrice de $y_{r,x}$: en divisant donc cette différentielle par dt et en y supposant ensuite $t = 1$, on aura la somme de toutes les valeurs de $xy_{r,x}$ jusqu'à x infini; c'est l'avantage du joueur (r). Mais il faut en retrancher les jetons qu'il met au jeu à chaque coup qu'il perd; or $y_{r,x}$ étant sa probabilité de gagner la partie au coup x, $2^n y_{r,x-n+1}$ sera sa probabilité d'entrer au jeu au coup $x - n + 1$, puisque cette dernière probabilité, multipliée par la probabilité $\frac{1}{2^n}$ qu'il gagnera ce coup et les $n - 1$ coups suivants est sa probabilité de gagner la partie au coup x. En supposant donc qu'il perde autant de fois qu'il entre au jeu, la somme de toutes les valeurs de $2^n y_{r,x-n+1}$ jusqu'à x infini, serait le désavantage du joueur (r): et comme la somme de toutes les valeurs de $y_{r,x-n+1}$ est égale à la somme de toutes les valeurs de $y_{r,x}$ ou y_r, on aurait $2^n y_r$ ou $\dfrac{2^n(1-p)p^r}{2 - p - p''}$ pour le désavantage du joueur (r). Mais il ne perd pas chaque fois qu'il entre au jeu, parce qu'il peut entrer au jeu et gagner la partie: il faut donc ôter de $2^n y_r$ la somme de toutes les valeurs de y_x ou y_r, et alors le désavantage de (r) est $\dfrac{(2^n-1)(1-p)p^r}{2 - p - p''}$. Pour avoir l'avantage entier de (r), il faut retrancher cette dernière quantité de la somme des valeurs de $xy_{r,x}$; en désignant donc par S cette somme, l'avantage du joueur (r) sera

$$S - \frac{(2^n - 1)(1 - p)\,p^r}{2 - p - p''},$$

S étant, comme on l'a vu, la différentielle de la fonction génératrice de $y_{r,x}$ divisée par dt, et dans laquelle on suppose ensuite $t = 1$. Dans cette supposition, on a

$$T = p, \qquad \frac{dT}{dt} = -np(1 - p).$$

Désignons par Y_r l'avantage de (r), on trouvera

$$Y_r = \frac{np + 1 - n}{2 - p - p''}\, p^r \left[(1 - p)r + \frac{p^{n+1} + n(1 - p)p^n - p}{2 - p - p''} \right].$$

Cette équation servira depuis $r = 0$ jusqu'à $r = n - 1$, pourvu que l'on y change Y_0 dans $\overline{Y}_0$, $\overline{Y}_0$ étant l'avantage des deux premiers joueurs, au moment où ils entrent au jeu.

Si, au commencement de la partie, chacun des joueurs dépose au jeu une somme a, l'avantage du joueur (r) en sera augmenté de $(n + 1)a$, multiplié par la probabilité y_r, que ce joueur gagnera la partie; mais il faut en ôter la mise a de ce joueur; il faut donc, pour avoir alors son avantage, augmenter l'expression précédente de Y_r de la quantité

$$\frac{(n + 1)a(1 - p)p^r}{2 - p - p^n} - a.$$

Lorsque l'avantage de (r) devient négatif, il se change en désavantage.

12. Soit q la probabilité d'un événement simple à chaque coup; on demande la probabilité de l'amener i fois de suite dans le nombre x de coups.

Nommons z_x la probabilité que cet événement composé aura lieu précisément au coup x. Pour cela, il est nécessaire que l'événement simple n'arrive point au coup $x - i$, et qu'il arrive dans les i coups suivants, l'événement composé n'étant point arrivé précédemment. Soit alors P la probabilité que l'événement simple n'arrivera point au coup $x - i - 1$. La probabilité correspondante qu'il n'arrivera point au coup $x - i$ sera $(1 - q)P$, et la probabilité correspondante que l'événement composé aura lieu précisément au coup x sera $(1 - q)Pq^i$. Ce sera la partie de z_x correspondante à ce cas. Mais la probabilité que l'événement composé arrivera au coup $x - 1$ est évidemment Pq^i; on a donc

$$P = \frac{z_{x-1}}{q^i};$$

ainsi la valeur partielle de z_x, relative à ce cas, est $(1 - q)z_{x-1}$.

Considérons maintenant les cas où l'événement simple arrivera au coup $x - i - 1$. Nommons P' la probabilité qu'il n'arrivera pas au coup $x — i — 2$; la probabilité qu'il arrivera dans ce cas au coup $x — i — 1$ sera $q\mathrm{P}'$, et la probabilité qu'il n'arrivera pas au coup $x — i$ sera $(1 — q)q\mathrm{P}'$; la valeur partielle de z_x relative à ce cas sera donc $(1 — q)q\mathrm{P}'q^i$. Mais la probabilité que l'événement composé arrivera précisément au coup $x — 2$ est $\mathrm{P}'q^i$: c'est la valeur de z_{x-2}, ce qui donne

$$\mathrm{P}' = \frac{z_{x-2}}{q^i};$$

$(1 — q)q z_{x-2}$ est donc la valeur partielle de z_x relative au cas où l'événement simple arrivera au coup $x — i — 1$, sans arriver au coup $x — i — 2$.

On trouvera de la même manière que $(1 — q)q^2 z_{x-3}$ est la valeur partielle de z_x relative au cas où l'événement simple arrivera aux coups $x — i — 1$ et $x — i — 2$, sans arriver au coup $x — i — 3$; et ainsi de suite.

En réunissant toutes ces valeurs partielles de z_x, on aura

$$z_x = (1 — q)\left(z_{x-1} + q z_{x-2} + q^2 z_{x-3} + \ldots + q^{i-1} z_{x-i}\right).$$

Il est facile d'en conclure que la fonction génératrice de z_x est

$$\frac{q^i(1 — q t' t^i}{1 — t + (1 — q)q^i t^{i+1}},$$

car cette fonction génératrice est

$$\frac{\varphi(t)}{1 — (1 — q)(t + q t^2 + \ldots + q^{i-1} t^i)},$$

ou

$$\frac{\varphi(t)(1 — q t)}{1 — t + (1 — q)q^i t^{i+1}}.$$

La fonction $\varphi(t)$ doit être déterminée par la condition qu'elle ne doit renfermer que la puissance i de t, puisque l'événement composé ne peut commencer à être possible qu'au coup i; de plus, le coefficient de cette puissance est la probabilité q^i que cet événement aura lieu précisément à ce coup.

En divisant la fonction génératrice précédente par $1 - t$, on aura

$$\frac{q^i(1 - qt)\,t^i}{(1 - t)^2\left[1 + \dfrac{(1 - q)\,q^i\,t^{i+1}}{1 - t}\right]}$$

pour la fonction génératrice de la probabilité que l'événement composé aura lieu avant ou au coup x.

En développant cette fonction, on aura, pour le coefficient de t^{x+i}, la série

$$q^i[(1-q)x + 1] - (1-q)q^{2i}\frac{x-i}{1.2}[(1-q)(x-i-1)+2]$$

$$+ (1-q)^2 q^{3i}\frac{(x-2i)(x-2i-1)}{1.2.3}[(1-q)(x-2i-2)+3]$$

$$- (1-q)^3 q^{4i}\frac{(x-3i)(x-3i-1)(x-3i-2)}{1.2.3.4}[(1-q)(x-3i-3)+4]$$

$$+\dots\dots\dots\dots\dots\dots\dots\dots\dots\dots\dots\dots\dots\dots\dots\dots$$

la série étant continuée jusqu'à ce que l'on arrive à des facteurs négatifs. C'est l'expression de la probabilité que l'événement composé aura lieu au coup $x + i$ ou avant ce coup.

Supposons encore que deux joueurs A et B, dont les adresses respectives pour gagner un coup sont q et $1 - q$, jouent à cette condition, que celui des deux qui aura le premier vaincu i fois de suite son adversaire gagnera la partie; on demande les probabilités respectives des deux joueurs pour gagner la partie précisément au coup x.

Soit y_x la probabilité de A, et y'_x celle de B. Le joueur A ne peut gagner la partie au coup x, qu'autant qu'il commence ou recommence à gagner B au coup $x - i + 1$, et qu'il continue de le gagner les $i - 1$ coups suivants. Or, avant de commencer le coup $x - i + 1$, B aura déjà gagné A ou une fois, ou deux fois, ..., ou $i - 1$ fois. Dans le premier cas, si l'on nomme P la probabilité de ce cas, $P(1 - q)^{i-1}$ sera la probabilité y'_{x-1} de B pour gagner la partie au coup $x - 1$, ce qui donne

$$P = \frac{y'_{x-1}}{(1 - q)^{i-1}}.$$

Mais si B perd au coup $x - i + 1$ et aux $i - 1$ coups suivants, A gagnera la partie au coup x, et la probabilité de cela est Pq^i; $\dfrac{q^i y'_{x-1}}{(1 - q)^{i-1}}$ est donc la partie de y_x relative au premier cas.

Dans le second cas, si l'on nomme P' sa probabilité, $P'(1 - q)^{i-2}$ sera la probabilité y'_{x-2} de B pour gagner la partie au coup $x - 2$. La probabilité de A pour gagner la partie au coup x, relative à ce cas, est $P'q^i$; on a donc $\dfrac{q^i y'_{x-2}}{(1 - q)^{i-2}}$ pour cette probabilité.

En continuant ainsi, on aura

$$y_x = \frac{q^i}{(1 - q)^i}[(1 - q)y'_{x-1} + (1 - q)^2 y'_{x-2} + \ldots + (1 - q)^{i-1} y'_{x-i+1}].$$

Si l'on change q en $1 - q$, y_x en y'_x, et réciproquement, on aura

$$y'_x = \frac{(1 - q)^i}{q^i}(q y_{x-1} + q^2 y_{x-2} + \ldots + q^{i-1} y_{x-i+1}).$$

Maintenant, u étant fonction génératrice de y_x, celle de y'_x sera, par tout ce qui précède,

$$kqut(1 + qt + qt^2 + \ldots + q^{i-2}t^{i-2}),$$

k étant égal à $\dfrac{(1 - q)^i}{q^i}$. Mais l'expression précédente de y'_x ne commençant à avoir lieu que lorsque $x = i + 1$, parce que pour des valeurs plus petites de x, y_{x-1}, y_{x-2}, $\ldots$ sont nuls, il faut, pour compléter l'expression précédente de la fonction génératrice de y'_x, lui ajouter une fonction rationnelle et entière de t, de l'ordre i, et dont les coefficients des puissances de t soient les valeurs de y'_x, lorsque x est égal ou plus petit que i. Or y'_x est nul, lorsque x est moindre que i; et lorsqu'il est égal à i, y'_x est $(1 - q)^i$, parce qu'il exprime alors la probabilité de B pour gagner la partie après i coups; la fonction à ajouter est donc $(1 - q)^i t^i$; ainsi la fonction génératrice de y'_x est

$$kqut[1 + qt + \ldots + q^{i-2}t^{i-2}] + (1 - q)^i t^i.$$

Si l'on nomme u' cette fonction, l'expression de y_x en y'_{x-1}, y'_{x-2}, $\ldots$

donnera pour la fonction génératrice de y_x, en changeant dans celle de y'_x, k dans $\frac{1}{k}$, q dans $1 - q$,

$$\frac{1}{k}(1-q)u't[1 + (1-q)t + \ldots + (1-q)^{i-2}t^{i-2}] + q^i t^i.$$

Cette quantité est donc égale à u, d'où l'on tire, en y substituant pour u sa valeur précédente,

$$u = \frac{q't^i(1-qt)[1-(1-q)^i t^i]}{1 - t + q(1-q)^i t^{i+1} + (1-q)q^i t^{i+1} - q^i(1-q)^i t^{2i}}.$$

En changeant q en $1 - q$, on aura la fonction u' génératrice de y'_x. Si l'on divise ces fonctions par $1 - t$, on aura les fonctions génératrices des probabilités respectives de A et de B, pour gagner la partie avant ou au coup x.

Si l'on suppose $t = 1$ dans u, on aura la probabilité que A gagnera la partie ; car il est clair qu'en développant u suivant les puissances de t, et en supposant ensuite $t = 1$, la somme de tous les termes de ce développement sera celle de toutes les valeurs de y_x. On trouve ainsi la probabilité de A pour gagner la partie égale à

$$\frac{[1-(1-q)^i]q^{i-1}}{(1-q)^{i-1} + q^{i-1} - q^{i-1}(1-q)^{i-1}};$$

la probabilité de B est donc

$$\frac{(1-q)^{i-1}[1-q^i]}{(1-q)^{i-1} + q^{i-1} - q^{i-1}(1-q)^{i-1}}.$$

Supposons maintenant que les joueurs, à chaque coup qu'ils perdent, déposent un franc au jeu, et déterminons leur sort respectif. Il est clair que le gain du joueur A sera x, s'il gagne la partie au coup x, puisqu'il y aura x francs déposés au jeu ; ainsi la probabilité de cet événement étant y_x par ce qui précède, $S\,xy_x$ sera l'expression de l'avantage de A, le signe S s'étendant à toutes les valeurs possibles de x. La fonction génératrice de y_x étant u ou $\frac{T'}{T}$, T' étant le numérateur de l'expression précédente de u, et T étant son dénominateur, il est facile de voir que l'on aura $S.xy_x$ en différentiant $\frac{T'}{T}$, et en supposant ensuite $t = 1$ dans cette différentielle, ce qui donne, avec cette condition,

$$S.xy_x = \frac{dT'}{T\,dt} - \frac{T'\,dT}{T^2\,dt}.$$

Pour avoir le désavantage de A, on observera qu'à chaque coup qu'il joue, la probabilité qu'il perdra, et par conséquent qu'il déposera un franc au jeu, est $1 - q$; sa perte est donc le produit de $1 - q$ par la probabilité que le coup sera joué; or la probabilité que le coup x sera joué est $1 - Sy_{x-1} - Sy'_{x-1}$; la fonction génératrice de l'unité est ici $\frac{1}{1-t}$, et celle de $Sy_{x-1} + Sy'_{x-1}$ est $\frac{T't + T''t}{T(1-t)}$; T'' étant ce que devient T' lorsqu'on y change q en $1 - q$ et réciproquement; ainsi la fonction génératrice du désavantage de A est

$$\frac{(1-q)t(T - T' - T'')}{(1-t)T}.$$

Le numérateur et le dénominateur de cette fonction sont divisibles par $1 - t$; de plus, on aura la somme de tous les désavantages de A, ou son désavantage total, en faisant $t = 1$ dans cette fonction génératrice; le désavantage total est donc, par les méthodes connues, et en observant que $T' + T'' = T$ lorsque $t = 1$,

$$- \frac{(1-q)(dT - dT' - dT'')}{T\,dt},$$

t étant supposé égal à l'unité après les différentiations. Si l'on retranche cette expression de celle de l'avantage total de A, on aura, pour l'expression du sort de ce joueur,

$$\frac{q\,dT + (1-q)(dT - dT'')}{T\,dt} - \frac{T'\,dT}{T^2\,dt}.$$

Le sort de B sera

$$\frac{(1-q)\,dT'' + q(dT - dT')}{T\,dt} - \frac{T''\,dT}{T^2\,dt},$$

t étant supposé l'unité après les différentiations, ce qui donne

$$T = q(1 - q)[q^{i-1} + (1 - q)^{i-1} - q^{i-1}(1 - q)^{i-1}],$$

$$\frac{dT}{dt} = (i + 1)q(1 - q)[q^{i-1} + (1 - q)^{i-1}] - 2iq^i(1 - q)^{i-1},$$

$$T' = (1 - q)q^i[1 - (1 - q)^i],$$

$$\frac{dT'}{dt} = i(1 - q)q^i[1 - 2(1 - q)^i] - qq^i[1 - (1 - q)^i].$$

On aura T'' et $\frac{dT''}{dt}$ en changeant, dans ces deux dernières expressions, q dans $1 - q$.

13. Une urne étant supposée contenir $n + 1$ boules, distinguées par les n⁰ˢ $0, 1, 2, 3, \dots, n$, on en tire une boule que l'on remet dans l'urne après le tirage. On demande la probabilité qu'après i tirages la somme des nombres amenés sera égale à s.

Soient $t_1, t_2, t_3, \dots, t_i$ les nombres amenés au premier tirage, au second, au troisième, … ; on doit avoir

$$(1) \qquad\qquad t_1 + t_2 + t_3 + \dots + t_i = s.$$

$t_2, t_3, \dots, t_i$ étant supposés ne pas varier, cette équation n'est susceptible que d'une combinaison. Mais, si l'on fait varier à la fois t_1 et t_2, et si l'on suppose que ces variables puissent s'étendre indéfiniment depuis zéro, alors le nombre des combinaisons qui donnent l'équation précédente sera

$$s + 1 - t_3 - t_4 - \dots - t_i;$$

car t_1 peut s'étendre depuis zéro, ce qui donne

$$t_2 = s - t_3 - t_4 - \dots - t_i,$$

jusqu'à $s - t_3 - t_4 - \dots - t_i$, ce qui donne $t_2 = 0$, les valeurs négatives des variables t_1, t_2 devant être exclues.

Maintenant, le nombre $s + 1 - t_3 - t_4 - \dots - t_i$ est susceptible de plusieurs valeurs, en vertu des variations de $t_3, t_4, \dots$. Supposons d'abord t_1, t_3, ... invariables, et que t_2 puisse s'étendre indéfiniment depuis zéro; alors, si l'on fait

$$s + 1 - t_3 - t_4 - \ldots - t_i = x,$$

en intégrant cette variable dont la différence finie est l'unité, on aura $\frac{x(x-1)}{1.2}$ pour son intégrale; mais, pour avoir la somme de toutes les valeurs de x, il faut, comme l'on sait, ajouter x à cette intégrale; cette somme est donc $\frac{x(x+1)}{1.2}$. Il faut y faire x égal à sa plus grande valeur, que l'on obtient en faisant t_2 nul dans la fonction $s + 1 - t_3 - t_4 - \ldots - t_i$: ainsi le nombre total des combinaisons relatives aux variations de t_1, t_2 et t_3 est

$$\frac{(s + 2 - t_4 - t_5 - \ldots - t_i)(s + 1 - t_4 - t_5 - \ldots - t_i)}{1.2}.$$

En faisant encore dans cette fonction

$$s + 2 - t_4 - t_5 - \ldots - t_i = x,$$

elle devient $\frac{x(x-1)}{1.2}$; en l'intégrant depuis $x = 0$ et en ajoutant la fonction elle-même à cette intégrale, on aura $\frac{(x+1)x(x-1)}{1.2.3}$; la valeur de x nulle répond à $t_4 = s + 2 - t_5 - \ldots - t_i$, et sa plus grande valeur répond à t_4 nul, et par conséquent elle est égale à $s + 2 - t_5 - \ldots - t_i$; en substituant donc pour x cette valeur dans l'intégrale précédente, on aura

$$\frac{(s + 3 - t_5 - t_6 - \ldots - t_i)(s + 2 - t_5 - t_6 - \ldots - t_i)(s + 1 - t_5 - t_6 - \ldots - t_i)}{1.2.3}$$

pour la somme de toutes les combinaisons relatives aux variations de t_1, t_2, t_3, t_4. En continuant ainsi, on trouvera généralement que le nombre total des combinaisons qui donnent l'équation (1), dans la supposition où les variables t_1, t_2, ..., t_i peuvent s'étendre indéfiniment depuis zéro, est

$$(a) \qquad \frac{(s + i - 1)(s + i - 2)(s + i - 3)\ldots(s + 1)}{1.2.3\ldots(i - 1)};$$

mais, dans la question présente, ces variables ne peuvent pas s'étendre au delà de n. Pour exprimer cette condition, nous observerons que, l'urne renfermant $n + 1$ boules, la probabilité d'extraire l'une quelconque d'entre elles est $\frac{1}{n+1}$; ainsi la probabilité de chacune des valeurs de t_1, depuis zéro jusqu'à n, est $\frac{1}{n+1}$. La probabilité des valeurs de t_1, égales ou supérieures à $n + 1$, est nulle; on peut donc la représenter par $\frac{1 - l^{n+1}}{n+1}$, pourvu que l'on fasse $l = 1$ dans le résultat du calcul; alors la probabilité d'une valeur quelconque de t_1 peut être généralement exprimée par $\frac{1 - l^{n+1}}{n+1}$, pourvu qu'on ne fasse commencer l, que lorsque t_1 aura atteint $n + 1$, et qu'on le suppose à la fin égal à l'unité; il en est de même des probabilités des autres variables. Maintenant, la probabilité de l'équation (1) est le produit des probabilités des valeurs de t_1, t_2, t_3, ...; cette probabilité est donc $\left(\frac{1 - l^{n+1}}{n+1}\right)^i$; le nombre des combinaisons qui donnent cette équation, multipliées par leurs probabilités respectives, est ainsi le produit de la fraction (a) par $\left(\frac{1 - l^{n+1}}{n+1}\right)^i$, ou

$$(b) \qquad \frac{(s+1)(s+2)\ldots(s+i-1)}{1.2.3\ldots(i-1)} \left(\frac{1 - l^{n+1}}{n+1}\right)^i;$$

mais il faut, dans le développement de cette fonction, n'appliquer l^{n+1} qu'aux combinaisons dans lesquelles une des variables commence à surpasser n: il faut n'appliquer l^{2n+2} qu'aux combinaisons dans lesquelles deux des variables commencent à surpasser n, et ainsi du reste. Si dans l'équation (1) on suppose qu'une des variables, t_1, par exemple, surpasse n, en faisant $t_1 = n + 1 + t'_1$, cette équation devient

$$s - n - 1 = t'_1 + t_2 + t_3 + \ldots,$$

la variable t'_1 pouvant s'étendre indéfiniment. Si deux des variables telles que t_1 et t_2 surpassent n, en faisant

$$t_1 = n + 1 + t'_1, \qquad t_2 = n + 1 + t'_2,$$

l'équation devient

$$s - 2n - 2 = t'_1 + t'_2 + t'_3 + \ldots,$$

et ainsi de suite. On doit donc, dans la fonction (a) que nous avons dérivée de l'équation (1), diminuer s de $n + 1$, relativement au système des variables $t_1, t_2, t_3, \ldots$. On doit le diminuer de $2n + 2$, relativement au système des variables $t'_1, t'_2, t'_3, \ldots$, et ainsi du reste. Il faut par conséquent, dans le développement de la fonction (b) par rapport aux puissances de l, diminuer, dans chaque terme, s de l'exposant de la puissance de l; en faisant ensuite $l = 1$, cette fonction devient

$$(c) \left\{ \begin{aligned} &\frac{(s+1)(s+2)\ldots(s+i-1)}{1.2.3\ldots(i-1)(n+1)^i} - \frac{i(s-n)(s-n+1)\ldots(s+i-n-2)}{1.2.3\ldots(i-1)(n+1)^i} \\ &\quad + \frac{i(i-1)}{1.2}\frac{(s-2n-1)(s-2n)\ldots(s+i-2n-3)}{1.2.3\ldots(i-1)(n+1)^i} - \ldots \end{aligned} \right.$$

la série devant être continuée jusqu'à ce que l'un des facteurs $s - n$, $s - 2n - 1$, $s - 3n - 2, \ldots$ devienne nul ou négatif.

Cette formule donne la probabilité d'amener un nombre donné s, en projetant i dés d'un nombre $n + 1$ de faces chacun, le plus petit nombre marqué sur ces faces étant 1. Il est visible que cela revient à supposer dans l'urne précédente tous les nombres des boules augmentés de l'unité, et alors la probabilité d'amener le nombre $s + i$ dans i tirages est la même que celle d'amener le nombre s dans le cas que nous venons de considérer; or, en faisant $s + i = s'$, on a $s = s' - i$; la formule (c) donnera donc, pour la probabilité d'amener le nombre s' en projetant les i dés,

$$\frac{(s'-1)(s'-2)\ldots(s'-i+1)}{1.2.3\ldots(i-1)(n+1)^i} - \frac{i(s'-n-2)(s'-n-3)\ldots(s'-i-n)}{1.2.3\ldots(i-1)(n+1)^i}$$

$$+ \frac{i(i-1)}{1.2}\frac{(s'-3n-3)(s'-2n-4)\ldots(s'-i-2n-1)}{1.2.3\ldots(i-1)(n+1)^i} - \ldots$$

La formule (c), appliquée au cas où s et n sont des nombres infinis, se transforme dans la suivante :

$$\frac{1}{1.2.3\ldots(i-1)n}\left[\left(\frac{s}{n}\right)^{i-1} - i\left(\frac{s}{n}-1\right)^{i-1} + \frac{i(i-1)}{1.2}\left(\frac{s}{n}-2\right)^{i-1} - \ldots\right].$$

Cette expression peut servir à déterminer la probabilité que la somme des inclinaisons à l'écliptique d'un nombre i d'orbites sera comprise dans des limites données, en supposant que, pour chaque orbite, toutes les inclinaisons depuis zéro jusqu'à l'angle droit soient également possibles. En effet, si l'on conçoit que l'angle droit $\frac{1}{2}\pi$ soit divisé en un nombre infini n de parties égales, et que s renferme un nombre infini de ces parties, en nommant φ la somme des inclinaisons des orbites, on aura

$$\frac{s}{n} = \frac{\varphi}{\frac{1}{2}\pi}.$$

En multipliant donc l'expression précédente par ds ou par $\dfrac{n\, d\varphi}{\frac{1}{2}\pi}$, et en l'intégrant depuis $\varphi - \varepsilon$ jusqu'à $\varphi + \varepsilon$, on aura

$$(o) \quad \frac{1}{1\,.\,2\,.\,3\ldots i} \left\{ \begin{aligned} & \left(\frac{\varphi+\varepsilon}{\frac{1}{2}\pi}\right)^{i} - i\left(\frac{\varphi+\varepsilon}{\frac{1}{2}\pi}-1\right)^{i} + \frac{i(i-1)}{1\,.\,2}\left(\frac{\varphi+\varepsilon}{\frac{1}{2}\pi}-2\right)^{i} - \ldots \\ & -\left(\frac{\varphi-\varepsilon}{\frac{1}{2}\pi}\right)^{i} + i\left(\frac{\varphi-\varepsilon}{\frac{1}{2}\pi}-1\right)^{i} - \frac{i(i-1)}{1\,.\,2}\left(\frac{\varphi-\varepsilon}{\frac{1}{2}\pi}-2\right)^{i} + \ldots \end{aligned} \right\};$$

c'est l'expression de la probabilité que la somme des inclinaisons des orbites sera comprise dans les limites $\varphi - \varepsilon$ et $\varphi + \varepsilon$.

Appliquons cette formule aux orbites des planètes. La somme des inclinaisons des orbites des planètes à celle de la Terre était de $91^{\circ},4187$ au commencement de 1801 : il y a dix orbites, sans y comprendre l'écliptique ; on a donc ici $i = 10$. Nous ferons ensuite

$$\varphi - \varepsilon = 0,$$
$$\varphi + \varepsilon = 91^{\circ},4187.$$

La formule précédente devient ainsi, en observant que $\frac{1}{2}\pi$ ou le quart de la circonférence est de 100°,

$$\frac{1}{1\,.\,2\,.\,3\ldots 10}(0,914187)^{10}.$$

C'est l'expression de la probabilité que la somme des inclinaisons des orbites serait comprise dans les limites zéro et $91^{\circ},4187$, si toutes les inclinaisons étaient également possibles. Cette probabilité est donc o,00000011235. Elle est déjà très petite; mais il faut encore la combiner avec la probabilité d'une circonstance très remarquable dans le système du monde, et qui consiste en ce que toutes les planètes se meuvent dans le même sens que la Terre. Si les mouvements directs et rétrogrades sont supposés également possibles, cette dernière probabilité est $\left(\frac{1}{2}\right)^{10}$; il faut donc multiplier o,00000011235 par $\left(\frac{1}{2}\right)^{10}$, pour avoir la probabilité que tous les mouvements des planètes et de la Terre seront dirigés dans le même sens, et que la somme de leurs inclinaisons à l'orbite de la Terre sera comprise dans les limites zéro et $91^e,4187$; on aura ainsi $\frac{1,0972}{(10)^{10}}$ pour cette probabilité, ce qui donne $1 - \frac{1,0972}{(10)^{10}}$ pour la probabilité que cela n'a pas dû avoir lieu, si toutes les inclinaisons, ainsi que les mouvements directs et rétrogrades, ont été également faciles. Cette probabilité approche tellement de la certitude, que le résultat observé devient invraisemblable dans cette hypothèse; ce résultat indique donc, avec une très grande probabilité, l'existence d'une cause primitive qui a déterminé les mouvements des planètes à se rapprocher du plan de l'écliptique ou, plus naturellement, du plan de l'équateur solaire et à se mouvoir dans le sens de la rotation du Soleil. Si l'on considère ensuite que les dix-huit satellites observés jusqu'ici font leur révolution dans le même sens, et que les rotations observées au nombre de treize dans les planètes, les satellites et l'anneau de Saturne, sont encore dirigées dans le même sens; enfin, si l'on considère que la moyenne des inclinaisons des orbes de ces astres et de leurs équateurs à l'équateur solaire est fort éloignée d'atteindre un demi-angle droit, on verra que l'existence d'une cause commune, qui a dirigé tous ces mouvements dans le sens de la rotation du Soleil et sur des plans peu inclinés à celui de son équateur, est indiquée avec une probabilité bien supérieure à celle du plus grand nombre des faits historiques sur lesquels on ne se permet aucun doute.

Voyons maintenant si cette cause a influé sur le mouvement des comètes. Le nombre de celles qu'on a observées jusqu'à la fin de 1811.

en comptant pour la même les diverses apparitions de celle de 1759,
s'élève à cent, dont cinquante-trois sont directes, et quarante-sept sont
rétrogrades. La somme des inclinaisons des orbites des premières est de
2657°,993, et celle des inclinaisons des autres orbites est de 2515°,684 :
l'inclinaison moyenne de toutes ces orbites est donc de 51°,73677 :
par conséquent la somme de toutes les inclinaisons est $\frac{i.\pi}{4} + i.1°,73677$,
i étant ici égal à 100. On voit déjà que l'inclinaison moyenne surpassant le demi-angle droit, les comètes, loin de participer à la tendance
des corps du système planétaire, pour se mouvoir dans des plans peu
inclinés à l'écliptique, paraissent avoir une tendance contraire. Mais
la probabilité de cette tendance est très petite. En effet, si l'on suppose,
dans la formule (o),

$$\varrho = \frac{i.\pi}{4}, \qquad \varepsilon = i.1°,73677.$$

elle devient

$$(p) \quad \frac{1}{1.2.3\ldots i.2^i}\left\{
\begin{aligned}
&\left(i + \frac{4i.1°,73677}{\pi}\right)^i - i\left(i + \frac{4i.1°,73677}{\pi} - 2\right)^i \\
&+ \frac{i(i-1)}{1.2}\left(i + \frac{4i.1°,73677}{\pi} - 4\right)^i - \ldots \\
&- \left(i - \frac{4i.1°,73677}{\pi}\right)^i + i\left(i - \frac{4i.1°,73677}{\pi} - 2\right)^i \\
&- \frac{i(i-1)}{1.2}\left(i - \frac{4i.1°,73677}{\pi} - 4\right), + \ldots
\end{aligned}
\right\},$$

π étant 200°. C'est l'expression de la probabilité que la somme des
inclinaisons des orbites des i comètes doit être comprise dans les
limites $\pm i.1°,73677$. Le nombre des termes de cette formule et la
précision avec laquelle il faudrait avoir chacun d'eux en rendent le calcul impraticable ; il faut donc recourir aux méthodes d'approximation
développées dans la seconde Partie du Livre Ier. On a, par le n° 42 du
même Livre,

$$\frac{(i + r\sqrt{i})^i - i(i + r\sqrt{i} - 2)^i + \frac{i(i-1)}{1.2}(i + r\sqrt{i} - 4)^i - \ldots}{1.2.3\ldots i.2^i}$$

$$= \frac{1}{2} + \sqrt{\frac{3}{2\pi}} \int dr\, c^{-\frac{3}{2}r^2} - \frac{3}{20\,i}\sqrt{\frac{3}{2\pi}}\, r(1 - r^2) c^{-\frac{3}{2}r^2},$$

les puissances des quantités négatives étant ici exclues, comme elles
le sont dans la formule précédente; en faisant donc

$$r\sqrt{i} = \frac{4i \cdot 1^\circ,73677}{200^v},$$

la formule (p) devient

$$2\sqrt{\frac{3}{2\pi}} \int dr c^{-\frac{3}{2}r^2} - \frac{3}{10i}\sqrt{\frac{3}{2\pi}} r(1-r^2)c^{-\frac{3}{2}r^2}$$

l'intégrale étant prise depuis r nul. On trouve ainsi $0,474$ pour la probabilité que l'inclinaison des 100 orbites doit tomber dans les limites
$50^\circ \pm 1^\circ,17377$; la probabilité que l'inclinaison moyenne doit être inférieure à l'inclinaison observée est donc $0,737$. Cette probabilité n'est
pas assez grande pour que le résultat observé fasse rejeter l'hypothèse
d'une égale facilité des inclinaisons des orbites, et pour indiquer l'existence d'une cause primitive qui a influé sur ces inclinaisons, cause que
l'on ne peut s'empêcher d'admettre dans les inclinaisons des orbes du
système planétaire.

La même chose a lieu par rapport au sens du mouvement. La probabilité que, sur 100 comètes, 47 au plus seront rétrogrades, est la somme
des 48 premiers termes du binôme $(p+q)^{100}$, en faisant dans le résultat du calcul $p = q = \frac{1}{2}$. Mais la somme des 50 premiers termes, plus
la moitié du 51e ou du terme moyen, est la moitié du binôme entier,
ou de $(\frac{1}{2}+\frac{1}{2})^{100}$, c'est-à-dire $\frac{1}{2}$; la probabilité cherchée est donc

$$\frac{1}{2} - \frac{100.99\ldots51}{1.2.3\ldots50.2^{100}}\left(\frac{1}{2}+\frac{50}{51}+\frac{50.49}{51.52}\right) \quad \text{ou} \quad = \frac{1}{2} - \frac{1.2.3\ldots100.1591}{(1.2.3\ldots50)^2.2^{100}.663}.$$

En vertu du théorème

$$1.2.3\ldots s = s^{s+\frac{1}{2}}c^{-s}\left(1+\frac{1}{12s}+\ldots\right)\sqrt{2\pi},$$

on a, à très peu près,

$$1.2.3\ldots100 = (100)^{100+\frac{1}{2}}c^{-100}\left(1+\frac{1}{1200}\right)\sqrt{2\pi},$$

$$2^{100}(1.2.3\ldots50)^2 = 100^{100+1}c^{-100}\left(1+\frac{1}{300}\right)\pi.$$

La probabilité précédente devient ainsi

$$\frac{1}{2} - \frac{1}{\sqrt{50\pi}}\,\frac{1197.1594}{1200.663} = 0,3046.$$

Cette probabilité est beaucoup trop grande pour indiquer une cause qui ait favorisé, dans l'origine, les mouvements directs. Ainsi la cause qui a déterminé le sens des mouvements de révolution et de rotation des planètes et des satellites ne paraît pas avoir influé sur le mouvement des comètes.

14. La méthode du numéro précédent a l'avantage de s'étendre au cas où le nombre des boules de l'urne qui portent le même numéro n'est pas égal à l'unité, mais varie suivant une loi quelconque. Concevons, par exemple, qu'il n'y ait qu'une boule portant le n° 0, qu'une boule portant le n° 1, et ainsi de suite jusqu'au n° r inclusivement. Supposons de plus qu'il y ait deux boules portant le n° $r+1$, deux boules portant le n° $r+2$, et ainsi de suite jusqu'au n° n inclusivement. Le nombre total des boules de l'urne sera $2n - r + 1$, la probabilité d'en extraire un des numéros inférieurs à $r+1$ sera donc $\frac{1}{2n - r + 1}$, et la probabilité d'en extraire le n° $r+1$ ou l'un des numéros supérieurs sera $\frac{2}{2n - r + 1}$: nous la représenterons par $\frac{1 + l^{r+1}}{2n - r + 1}$; mais nous ferons $l = 1$ dans le résultat du calcul. Quoiqu'il n'y ait point de numéros au delà du n° n, nous pouvons cependant considérer dans l'urne des numéros supérieurs à n, jusqu'à l'infini, pourvu que nous donnions à leur extraction une probabilité nulle ; nous pourrons donc représenter cette probabilité par $\frac{1 + l^{r+1} - 2\,l^{n+1}}{2n - r + 1}$, en faisant $l = 1$ dans le résultat du calcul. Par cet artifice, nous pourrons représenter généralement la probabilité d'un numéro quelconque par l'expression précédente, pourvu que nous ne fassions commencer l^{r+1} que lorsqu'un des numéros commencera à surpasser r, et que nous ne fassions commencer l^{n+1} que lorsqu'un des numéros commencera à surpasser n. Cela posé, on

trouvera, en appliquant ici les raisonnements du numéro précédent, que la probabilité d'amener le nombre s dans i tirages est égale à

$$\frac{(s+i-1)(s+i-2)(s+i-3)\ldots(s+1)}{1.2.3\ldots(i-1)(2n-r+1)^i}(1+l^{r+1}-2l^{n+1})^i,$$

pourvu que, dans le développement de cette fonction suivant les puissances de l, on diminue dans chaque terme s de l'exposant de la puissance de l, qu'on suppose ensuite $l=1$ et qu'on arrête la série lorsque l'on parvient à des facteurs négatifs.

15. Appliquons maintenant cette méthode à la recherche du résultat moyen que doit donner un nombre quelconque d'observations dont les lois de facilité des erreurs sont connues. Pour cela, nous allons résoudre le problème suivant :

Soient i quantités variables et positives t, t_1, t_2, ..., t_{i-1}, dont la somme soit s, et dont la loi de possibilité soit connue ; on propose de trouver la somme des produits de chaque valeur que peut recevoir une fonction donnée $\psi(t, t_1, t_2, \ldots)$ de ces variables, multipliée par la probabilité correspondante à cette valeur.

Supposons, pour plus de généralité, que les fonctions qui expriment les possibilités des variables t, t_1, ... soient discontinues, et représentons par $\varphi(t)$ la possibilité de t, depuis $t=0$ jusqu'à $t=q$, par $\varphi'(t)+\varphi(t)$ sa possibilité depuis $t=q$ jusqu'à $t=q'$, par $\varphi''(t)+\varphi'(t)+\varphi(t)$ sa possibilité depuis $t=q'$ jusqu'à $t=q''$, et ainsi de suite jusqu'à l'infini. Désignons ensuite les mêmes quantités relatives aux variables t_1, t_2, ... par les mêmes lettres, en écrivant respectivement au bas les nombres 1, 2, 3, ..., en sorte que q_1, q'_1, ...; $\varphi_1(t_1)$, $\varphi'_1(t_1)$, ... correspondent, relativement à t_1, à ce que q, q', ..., $\varphi(t)$, $\varphi'(t)$, ... sont respectivement à t, et ainsi de suite. Dans cette manière de représenter les possibilités des variables, il est clair que la fonction $\varphi(t)$ a lieu depuis $t=0$ jusqu'à t infini ; que la fonction $\varphi'(t)$ a lieu depuis $t=q$ jusqu'à t infini, et ainsi de suite. Pour reconnaître les valeurs de t, t_1, t_2, ..., lorsque ces diverses fonctions commencent à avoir lieu, nous multiplierons, conformément à la méthode exposée dans les numéros précédents, $\varphi(t)$ par l^0 ou l'unité, $\varphi'(t)$ par l^q, $\varphi''(t)$ par $l^{q'}$, ...; nous multiplierons pareillement $\varphi_1(t_1)$ par l'unité, $\varphi'_1(t_1)$ par l^{q_1}, et ainsi de suite; les exposants des puissances de l indiqueront alors ces valeurs. Il suffira ensuite de faire $l=1$ dans le dernier résultat du calcul. Au moyen de ces artifices très simples, on peut facilement résoudre le problème proposé.

La probabilité de la fonction $\psi(t, t_1, t_2, \ldots)$ est évidemment égale au produit des probabilités de $t, t_1, t_2, \ldots$, en sorte que, si l'on substitue pour t sa valeur $s - t_1 - t_2 - \ldots$, que donne l'équation

$$t + t_1 + t_2 + \ldots + t_{i-1} = s,$$

le produit de la fonction proposée par sa probabilité sera

$$(A)\quad \left\{\begin{array}{l} \psi(s - t_1 - t_2 - \ldots, t_1, t_2, \ldots) \\ \quad \times[\varphi(s - t_1 - t_2 - \ldots) + l^q\varphi'(s - t_1 - t_2 - \ldots) + l^{q'}\varphi''(s - t_1 - t_2 - \ldots) + \ldots] \\ \quad \times[\varphi_1(t_1) + l^{q_1}\varphi'_1(t_1) + l^{q'_1}\varphi''_1(t_1) + \ldots] \\ \quad \times[\varphi_2(t_2) + l^{q_2}\varphi'_2(t_2) + l^{q'_2}\varphi''_2(t_2) + \ldots] \\ \quad \times\ldots\ldots\ldots\ldots\ldots\ldots\ldots\ldots \end{array}\right.$$

On aura donc la somme de tous ces produits : 1° en multipliant la quantité précédente par dt_1 et en l'intégrant pour toutes les valeurs dont t_1 est susceptible; 2° en multipliant cette intégrale par dt_2 et en l'intégrant pour toutes les valeurs dont t_2 est susceptible, et ainsi de suite jusqu'à la dernière variable t_{i-1}; mais ces intégrations successives exigent quelques attentions particulières.

Considérons un terme quelconque de la quantité (A), tel que

$$l^{q+q_1+q'_2+\ldots}\psi(s - t_1 - t_2 - \ldots, t_1, t_2, \ldots)\varphi'(s - t_1 - t_2 - \ldots)\varphi'_1(t_1)\varphi''_2(t_2)\ldots;$$

en le multipliant par dt_1, il faut intégrer pour toutes les valeurs possibles de t_1; or la fonction $\varphi'(s - t_1 - t_2 - \ldots)$ n'a lieu que lorsque t, dont la valeur est $s - t_1 - t_2 - \ldots$, égale ou surpasse q : la plus grande valeur que t_1 puisse recevoir est donc $s - q - t_2 - t_3 - \ldots$. De plus,

$\varphi'_1(t_1)$ n'ayant lieu que lorsque t_1 est égal ou plus grand que q_1, cette quantité est la plus petite valeur que t_1 puisse recevoir; il faut donc prendre l'intégrale dont il s'agit depuis $t_1 = q_1$ jusqu'à

$$t_1 = s - q - t_2 - t_3 - \ldots;$$

ou, ce qui revient au même, depuis $t_1 - q_1 = o$ jusqu'à

$$t_1 - q_1 = s - q - q_1 - t_2 - t_3 - \ldots.$$

On trouvera de la même manière qu'en multipliant cette nouvelle intégrale par dt_2, il faudra l'intégrer depuis $t_2 - q'_2 = o$ jusqu'à

$$t_2 - q'_2 = s - q - q_1 - q'_2 - t_3 - \ldots.$$

En continuant d'opérer ainsi, on arrivera à une fonction de

$$s - q - q_1 - q'_2 - \ldots,$$

dans laquelle il ne restera aucune des variables t, t_1, t_2, ... Cette fonction doit être rejetée, si $s - q - q_1 - q'_2 - \ldots$ est nul ou négatif; car il est visible que, dans ce cas, le système des fonctions $\varphi'(t)$, $\varphi'_1(t_1)$, $\varphi'_2(t_2)$, ... ne peut pas être employé. En effet, les plus petites valeurs de t_1, t_2, ... étant, par la nature de ces fonctions, égales à q_1, q'_2, ..., la plus grande valeur que t puisse recevoir est $s - q_1 - q'_2 - \ldots$; ainsi la plus grande valeur de $t - q$ est

$$s - q - q_1 - q'_2 - \ldots;$$

or la fonction $\varphi'(t)$ ne peut être employée qu'autant que $t - q$ est positif.

De là résulte une solution très simple du problème proposé. Que l'on substitue : 1° $q + t$ au lieu de t dans $\varphi'(t)$, $q' + t$ au lieu de t dans $\varphi''(t)$, $q'' + t$ au lieu de t dans $\varphi'''(t)$ et ainsi de suite; 2° $q_1 + t_1$ au lieu de t_1 dans $\varphi'_1(t_1)$, $q'_1 + t_1$ au lieu de t_1 dans $\varphi''_1(t_1)$, ...; 3° $q_2 + t_2$ au lieu de t_2 dans $\varphi'_2(t_2)$, $q'_2 + t_2$ au lieu de t_2 dans $\varphi''_2(t_2)$, ..., et ainsi de suite; 4° enfin, $k + t$ au lieu de t, $k_1 + t_1$ au lieu de t_1, et ainsi du reste, dans $\psi(t, t_1, t_2, \ldots)$; la fonction (A) deviendra

$$(\text{A}') \begin{cases} \psi(k + s - t_1 - t_2 - t_3 - \ldots, k_1 + t_1, k_2 + t_2, \ldots) \\ \times [\varphi(s - t_1 - t_2 - t_3 - \ldots) + t^q \varphi'(s + q - t_1 - t_2 - \ldots) \\ \qquad\qquad + t^{q'} \varphi''(s + q' - t_2 - t_3 - \ldots) + \ldots] \\ \times [\varphi_1(t_1) + t_1^{q_1} \varphi_1'(q_1 + t_1) + t_1^{q_1'} \varphi_1''(q_1' + t_1) + \ldots] \\ \times [\varphi_2(t_2) + t_2^{q_2} \varphi_2'(q_2 + t_2) + \ldots]. \end{cases}$$

En multipliant cette fonction par dt_1, on l'intégrera depuis t_1 nul jusqu'à $t_1 = s - t_2 - t_3 - \ldots$. On multipliera ensuite cette première intégrale par dt_2, et on l'intégrera depuis t_2 nul jusqu'à $t_2 = s - t_3 - t_1 - \ldots$. En continuant ainsi, on parviendra à une dernière intégrale, qui sera fonction de s, et que nous désignerons par $\Pi(s)$, et cette fonction sera la somme cherchée de toutes les valeurs de $\psi(t, t_1, t_2, \ldots)$, multipliées par leurs probabilités respectives. Mais pour cela il faut avoir soin de changer dans un terme quelconque, multiplié par une puissance de t, telle que $t^{q+q_1+q_2+\cdots}$, k dans la partie de l'exposant de la puissance relative à la variable t, et qui dans ce cas est q; et, si cette partie manque, il faut supposer k égal à zéro. Il faut pareillement changer k_1 dans la partie de l'exposant relative à la variable t_1, et ainsi de suite ; il faut diminuer s de l'exposant entier de la puissance de t, et écrire ainsi, dans le cas présent, $s - q - q_1 - q_2' - \ldots$, au lieu de s, et rejeter le terme, si s, ainsi diminué, devient négatif. Enfin il faut supposer $t = 1$.

Si $\psi(t, t_1, t_2, \ldots)$, $\varphi(t)$, $\varphi'(t)$, $\ldots$, $\varphi_1(t_1)$, $\ldots$ sont des fonctions rationnelles et entières des variables t, t_1, t_2, $\ldots$ de leurs exponentielles et de sinus et cosinus, toutes les intégrations successives seront possibles, parce qu'il est de la nature de ces fonctions de se reproduire par les intégrations. Dans les autres cas, les intégrations pourront n'être pas possibles; mais l'analyse précédente réduit alors le problème aux quadratures. Le cas des fonctions rationnelles et entières offre quelques simplifications que nous allons exposer.

Supposons que l'on ait

$$\varphi(t) + l^q \varphi'(q+t) + l'^q \varphi''(q'+t) + \ldots = A + Bt + Ct^2 + \ldots,$$

$$\varphi_1(t_1) + l^{q_1} \varphi_1'(q_1+t_1) + l'^{q_1} \varphi_1''(q_1'+t_1) + \ldots = A_1 + B_1 t_1 + C_1 t_1^2 + \ldots,$$

$$\varphi_2(t_2) + l^{q_2} \varphi_2'(q_2+t_2) + l'^{q_2} \varphi_2''(q_2'+t_2) + \ldots = A_2 + B_2 t_2 + C_2 t_2^2 + \ldots,$$

$$\ldots\ldots\ldots\ldots\ldots\ldots\ldots\ldots\ldots\ldots\ldots\ldots\ldots\ldots\ldots\ldots\ldots$$

et désignons par $\Pi l^n l_1^{n_1} l_2^{n_2} \ldots$ un terme quelconque de

$$\psi(k+t, k_1+t_1, k_2+t_2, \ldots);$$

il est facile de s'assurer que la partie de $\Pi(s)$ correspondante à ce terme est

$$(B)\quad
\begin{cases}
1.2.3\ldots n.1.2.3\ldots n_1.1.2.3\ldots n_2\ldots \Pi s^{i-n+n_1+n_1+\ldots-i} \\
\times[A + (n+1)B\,s + (n+1)(n+2)C\,s^2 + \ldots] \\
\times[A_1 + (n_1+1)B_1 s + (n_1+1)(n_1+2)C_1 s^2 + \ldots] \\
\times[A_2 + (n_2+1)B_2 s + (n_2+1)(n_2+2)C_2 s^2 + \ldots] \\
\times\ldots\ldots\ldots\ldots\ldots\ldots\ldots\ldots\ldots\ldots\ldots\ldots,
\end{cases}$$

pourvu que, dans le développement de cette quantité, au lieu d'une puissance quelconque a de s, on écrive $\dfrac{s^a}{1.2.3\ldots a}$. On aura ensuite la partie correspondante de la somme entière des valeurs de $\psi(t, t_1, t_2, \ldots)$, multipliées par leurs probabilités respectives, en changeant un terme quelconque de ce développement, tel que $\Pi\lambda t^a s^a$ dans $\Pi\lambda.(s-\mu)^a$, et en substituant dans Π, au lieu de k, la partie de l'exposant μ qui est relative à la variable t, au lieu de k_1 la partie relative à t_1, et ainsi du reste.

Si dans la formule (B) on suppose $\Pi = 1$, et $n, n_1, n_2, \ldots$ nuls, on aura la somme des valeurs de l'unité multipliées par leur probabilité respective; or il est visible que cette somme n'est autre chose que la somme de toutes les combinaisons dans lesquelles l'équation

$$t + t_1 + t_2 + \ldots + t_{i-1} = s$$

a lieu, multipliées par leur probabilité; elle exprime conséquemment la probabilité de cette équation. Si, dans les hypothèses précédentes, on suppose de plus que la loi de probabilité est la même pour les r premières variables $t, t_1, t_2, \ldots, t_{r-1}$, et que, pour les $i - r$ dernières, elle soit encore la même, mais différente, que pour les premières, on aura

$$A = A_1 = A_2 = \ldots = A_{r-1},$$
$$B = B_1 = B_2 = \ldots = B_{r-1},$$
$$\ldots\ldots\ldots\ldots\ldots\ldots\ldots\ldots,$$
$$A_r = A_{r+1} = \ldots = A_{i-1}$$
$$B_r = B_{r+1} = \ldots = B_{i-1},$$
$$\ldots\ldots\ldots\ldots\ldots\ldots\ldots,$$

et la formule (B) se changera dans la suivante :

$$(C) \qquad s^{i-1}(A + Bs + 2Cs^2 + \ldots)^r (A_r + B_r s + 2C_r s^2 + \ldots)^{i-r}.$$

Cette formule servira à déterminer la probabilité que la somme des erreurs d'un nombre quelconque d'observations, dont la loi de facilité des erreurs est connue, sera comprise dans des limites données.

Supposons, par exemple, que l'on ait $i - 1$ observations dont les erreurs pour chaque observation puissent s'étendre depuis $- h$ jusqu'à $+ g$, et qu'en nommant z l'erreur de la première de ces observations, la loi de facilité de cette erreur soit exprimée par $a + bz + cz^2$. Supposons ensuite que cette loi soit la même pour les erreurs $z_1, z_2, \ldots z_{i-2}$ des autres observations, et cherchons la probabilité que la somme de ces erreurs sera comprise dans les limites p et $p + c$.

Si l'on fait

$$z = t - h, \qquad z_1 = t_1 - h, \qquad z_2 = t_2 - h, \qquad \ldots,$$

il est clair que $t, t_1, t_2, \ldots$ seront positifs et pourront s'étendre depuis zéro jusqu'à $h + g$; de plus, on aura

$$z + z_1 + z_2 + \ldots + z_{i-2} = t + t_1 + t_2 + \ldots + t_{i-2} - (i - 1)h;$$

donc la plus grande valeur de la somme $z + z_1 + z_2 + \ldots + z_{i-2}$ étant, par la supposition, égale à $p + c$, et la plus petite étant égale à p, la plus grande valeur de $t + t_1 + t_2 + \ldots + t_{i-2}$ sera $(i-1)h + p + e$, et la plus petite sera $(i-1)h + p$; en faisant ainsi

$$(i-1)h + p + e = s$$

et

$$t + t_1 + t_2 + \ldots + t_{i-2} = s - t_{i-1},$$

t_{i-1} sera toujours positif et pourra s'étendre depuis zéro jusqu'à e. Cela posé, si l'on applique à ce cas la formule (C), on aura $q = h + g$. D'ailleurs, la loi de facilité des erreurs z étant $a + bz + cz^2$, on en conclura la loi de facilité de t, en y changeant z en $t - h$. Soit

$$a' = a - bh + ch^2, \qquad b' = b - 2ch;$$

on aura $a' + b't + ct^2$ pour cette loi; ce sera donc la fonction $\varphi(t)$. Mais, comme, depuis $t = h + g$ jusqu'à t infini, la facilité des valeurs de t est nulle par l'hypothèse, on aura

$$\varphi'(t) + \varphi(t) = 0,$$

ce qui donne

$$\varphi'(t) = -(a' + b't + ct^2);$$

donc, si l'on fait

$$a'' = a' + b'(h + g) + c(h + g)^2,$$
$$b'' = b' + 2c(h + g).$$

on aura

$$\varphi(t) + l^q \varphi'(q + t) = a' + b't + ct^2 - l^{h+g}(a'' + b''t + ct^2),$$

et cette équation aura encore lieu en y changeant t en $t_1, t_2, \ldots$, puisque la loi de facilité des erreurs est supposée la même pour toutes les observations.

Quant à la variable t_{i-1}, on observera que la probabilité de l'équation

$$z + z_1 + \ldots + z_{i-2} = \mu.$$

étant, quel que soit μ, égale au produit des probabilités de $z, z_1, z_2, \ldots$, la probabilité de l'équation

$$t + t_1 + t_2 + \ldots + t_{i-2} = s - t_{i-1}$$

sera égale au produit des probabilités de $t, t_1, t_2, \ldots$; la loi de probabilité de t_{i-1} est donc constante et égale à l'unité, et, comme cette variable ne doit s'étendre que depuis $t_{i-1} = 0$ jusqu'à $t_{i-1} = e$, on aura

$$q_{i-1} = e, \qquad \varphi_{i-1}(t_{i-1}) = 1, \qquad \varphi'_{i-1}(t_{i-1}) + \varphi_{i-1}(t_{i-1}) = 0$$

et, par conséquent,

$$\varphi'_{i-1}(t_{i-1}) = -1,$$

ce qui donne

$$\varphi_{i-1}(t_{i-1}) + l^{q_{i-1}} \varphi'_{i-1}(q_{i-1} + t_{i-1}) = 1 - l^e;$$

la formule (C) deviendra donc

$$(\text{C}') \qquad s^{i-1}[a' + b's + 2cs^2 - l^{h+g}(a'' + b''s + 2cs^2)]^{i-1}(1 - l^e).$$

Soit

$$(a' + b's + 2cs^2)^{i-1} = a^{(1)} + b^{(1)}s + c^{(1)}s^2 + f^{(1)}s^3 + \ldots,$$
$$(a' + b's + 2cs^2)^{i-2}(a'' + b''s + 2cs^2) = a^{(2)} + b^{(2)}s + c^{(2)}s^2 + \ldots,$$
$$(a' + b's + 2cs^2)^{i-3}(a'' + b''s + 2cs^2) = a^{(3)} + b^{(3)}s + c^{(3)}s^2 + \ldots,$$
$$\dotfill$$

La formule précédente (C') donnera, en y changeant un terme quelconque, tel que $\lambda l^{\mu} s^{\pi}$, en $\dfrac{\lambda(s - \mu)^a}{1.2.3 \ldots a}$,

$$\frac{1}{1.2.3 \ldots (i-1)} \left\{ \begin{aligned} & a^{(1)}[s^{i-1} - (s - e)^{i-1}] \\ & + \frac{b^{(1)}}{i}[s^i - (s - e)^i] \\ & + \frac{c^{(1)}}{i(i+1)}[s^{i+1} - (s - e)^{i+1}] \\ & + \ldots \ldots \ldots \ldots \ldots \ldots \ldots \\ & - (i-1)\left\{ \begin{aligned} & a^{(2)}[(s - h - g)^{i-1} - (s - h - g - e)^{i-1}] \\ & + \frac{b^{(2)}}{i}[(s - h - g)^i - (s - h - g - e)^i] \\ & + \frac{c^{(2)}}{i(i+1)}[(s - h - g)^{i+1} - (s - h - g - e)^{i+1}] \\ & + \ldots \ldots \ldots \ldots \ldots \ldots \ldots \ldots \end{aligned} \right. \\ & + \frac{(i-1)(i-2)}{1.2}\left\{ \begin{aligned} & a^{(3)}[(s - 2h - 2g)^{i-1} - (s - 2h - 2g - e)^{i-1}] \\ & + \frac{b^{(3)}}{i}[(s - 2h - 2g)^i - (s - 2h - 2g - e)^i] \\ & + \frac{c^{(3)}}{i(i+1)}[(s - 2h - 2g)^{i+1} - (s - 2h - 2g - e)^{i+1}] \\ & + \ldots \ldots \ldots \ldots \ldots \ldots \ldots \ldots \end{aligned} \right. \\ & - \ldots \ldots \ldots \ldots \ldots \ldots \ldots \ldots \ldots \ldots \end{aligned} \right.$$

Il faut rejeter de cette expression les termes dans lesquels la quantité élevée sous le signe des puissances est négative.

Supposons maintenant que, z, z_1, z_2, ... représentant toujours les erreurs de $i - 1$ observations, la loi de facilité, tant de l'erreur z que de l'erreur négative $- z$, soit $\mathfrak{G}(h - z)$, et que h et $- h$ soient les limites de ces erreurs. Supposons de plus que cette loi soit la même pour toutes les observations, et cherchons la probabilité que la somme des erreurs sera comprise dans les limites p et $p + e$.

Si l'on fait $z = t - h$, $z_1 = t_1 - h$, ..., il est clair que t, t_1, ... seront toujours positifs et pourront s'étendre depuis zéro jusqu'à $2h$; mais ici la loi de facilité est discontinue en deux points. Depuis $t = 0$ jusqu'à $t = h$, elle est exprimée par $\mathfrak{G}t$. Depuis $t = h$ jusqu'à $t = 2h$, elle est exprimée par $\mathfrak{G}(2h - t)$; enfin elle est nulle depuis $t = 2h$ jusqu'à t infini. On a donc

$$q = h, \qquad q' = 2h;$$

on a ensuite

$$\varphi(t) = \mathfrak{G}t,$$
$$\varphi'(t) + \varphi(t) = (2h - t)\mathfrak{G},$$
$$\varphi''(t) + \varphi'(t) + \varphi(t) = 0,$$

ce qui donne

$$\varphi'(t) = (2h - 2t)\mathfrak{G}, \qquad \varphi''(t) = (t - 2h)\mathfrak{G}.$$

Ainsi l'on a dans ce cas

$$\varphi(t) + l^q \varphi'(q + t) + l^{q'} \varphi''(q' + t) = \mathfrak{G}t(1 - l^h)^2,$$

équation qui a encore lieu en y changeant t en $t_1, t_2, \ldots$. Présentement on a

$$z + z_1 + z_2 + \ldots + z_{i-2} = t + t_1 + t_2 + \ldots + t_{i-2} - (i - 1)h;$$

donc la somme des erreurs z, z_1, ... devant être, par hypothèse, renfermée dans les limites p et $p + e$, la somme des valeurs de t, t_1, ..., t_{i-2} sera comprise dans les limites $(i - 1)h + p$ et $(i - 1)h + p + e$; en sorte que, si l'on fait

$$t + t_1 + t_2 + \ldots + t_{i-2} = s - t_{i-1},$$

s étant supposé égal à $(i-1)h + p + e$, t_{i-1} pourra s'étendre depuis
zéro jusqu'à e, et l'on verra, comme dans l'exemple précédent, que sa
facilité doit être supposée égale à l'unité dans cet intervalle, et qu'elle
doit être supposée nulle au delà de cet intervalle; ainsi l'on a

$$q_{i-1} = e \qquad \text{et} \qquad \varphi_{i-1}(t_{i-1}) + t_{i-1}\varphi'_{i-1}(t_{i-1}) = 1 - e.$$

Cela posé, si l'on observe que, $2\varepsilon \int dz(h-z)$ étant la probabilité que
l'erreur d'une observation est comprise dans les limites $-h$ et $+h$,
ce qui est certain, on a $\varepsilon = \dfrac{1}{h^2}$; la formule (C) donnera, pour l'expression de la probabilité cherchée,

$$\frac{1}{1.2.3\ldots(2i-2)\,h^{2i-2}} \left\{ \begin{aligned} &s^{2i-2} - (s-e)^{2i-2} \\ &- (2i-2)\left[(s-h)^{2i-2} - (s-h-e)^{2i-2}\right] \\ &+ \frac{(2i-2)(2i-3)}{1.2}\left[(s-2h)^{2i-2} - (s-2h-e)^{2i-2}\right] \\ &- \ldots\ldots\ldots\ldots\ldots\ldots\ldots\ldots\ldots\ldots\ldots\ldots \end{aligned} \right\},$$

en ayant soin de rejeter tous les termes dans lesquels la quantité élevée à la puissance $2i-2$ est négative.

Nous allons encore appliquer cette analyse au problème suivant. Si
l'on conçoit un nombre i de points rangés en ligne droite, et sur ces
points des ordonnées, dont la première soit au moins égale à la seconde, celle-ci au moins égale à la troisième, et ainsi de suite, et que
la somme de ces i ordonnées soit constamment égale à s, en supposant
s partagé dans une infinité de parties, on peut satisfaire aux conditions
précédentes, d'une infinité de manières. On propose de déterminer la
valeur de chacune des ordonnées, moyenne entre toutes les valeurs
qu'elle peut recevoir.

Soit z la plus petite ordonnée, ou l'ordonnée i^{ieme}; soit $z + z_1$ l'ordonnée $(i-1)^{ieme}$; soit $z + z_1 + z_2$ l'ordonnée $(i-2)^{ieme}$, et ainsi de
suite jusqu'à la première ordonnée qui sera $z + z_1 + \ldots + z_{i-1}$. Les
quantités $z, z_1, z_2, \ldots$ seront ou nulles ou positives, et leur somme
$iz + (i-1)z_1 + (i-2)z_2 + \ldots + z_{i-1}$ sera, par les conditions du pro-

blème, égale à s. Soit

$$i z = l, \qquad (i-1)z_1 = l_1, \qquad (i-2)z_2 = l_2, \qquad \ldots, \qquad z_{i-1} = l_{i-1};$$

on aura

$$l + l_1 + l_2 + \ldots + l_{i-1} = s;$$

les variables l, l_1, l_2, … pourront s'étendre jusqu'à s. L'ordonnée $r^{\text{ième}}$ sera

$$\frac{l}{i} + \frac{l_1}{i-1} + \ldots + \frac{l_{i-r}}{r}.$$

Il faut déterminer la somme de toutes les variations que cette quantité peut recevoir, et la diviser par le nombre total de ces variations, pour avoir l'ordonnée moyenne. La formule (B) donne très facilement cette somme, en observant qu'ici

$$\psi(l, l_1, l_2, \ldots) = \frac{l}{i} + \frac{l_1}{i-1} + \ldots + \frac{l_{i-r}}{r},$$

et on la trouve égale à

$$\frac{s^i}{1.2.3\ldots i}\left(\frac{1}{i} + \frac{1}{i-1} + \frac{1}{i-2} + \ldots + \frac{1}{r}\right).$$

En divisant cette quantité par le nombre total des combinaisons, qui ne peut être qu'une fonction de i et de s et que nous désignerons par N, on aura, pour la valeur moyenne de l'ordonnée $r^{\text{ième}}$,

$$\frac{s^i}{1.2.3\ldots i\,\mathrm{N}}\left(\frac{1}{i} + \frac{1}{i-1} + \ldots + \frac{1}{r}\right).$$

Pour déterminer N, nous observerons que toutes les valeurs moyennes doivent ensemble égaler s, ce qui donne

$$\mathrm{N} = \frac{s^{i-1}}{1.2.3\ldots(i-1)};$$

la valeur moyenne de l'ordonnée $r^{\text{ième}}$ est donc

$$(\varepsilon) \qquad \frac{s}{i}\left(\frac{1}{i} + \frac{1}{i-1} + \ldots + \frac{1}{r}\right).$$

Supposons qu'un effet observé n'ait pu être produit que par l'une des

ι causes A, B, C, ..., et qu'une personne, après avoir apprécié leurs probabilités respectives, écrive sur un billet les lettres qui indiquent ces causes, dans l'ordre des probabilités qu'elle leur attribue, en écrivant la première la lettre indiquant la cause qui lui semble la plus probable. Il est clair que l'on aura, par la formule précédente, la valeur moyenne des probabilités qu'il peut supposer à chacune d'elles, en observant qu'ici la quantité s, que l'on doit répartir sur chacune des causes, est la certitude ou l'unité, puisque la personne est assurée que l'effet doit résulter de l'une d'elles. La valeur moyenne de la probabilité qu'elle attribue à la cause qu'elle a placée sur son billet au rang $\iota^{\text{ième}}$ est donc

$$\frac{1}{\iota}\left(\frac{1}{\iota} + \frac{1}{\iota-1} + \ldots + \frac{1}{r}\right).$$

De là il suit que, si un tribunal est appelé à décider sur cet objet, et que chaque membre exprime son opinion par un billet semblable au précédent, alors, en écrivant sur chaque billet, à côté des lettres qui indiquent les causes, les valeurs moyennes qui répondent au rang qu'elles ont sur le billet, en faisant ensuite une somme de toutes les valeurs qui correspondent à chaque cause sur les divers billets, la cause à laquelle répondra la plus grande somme sera celle que le tribunal jugera la plus probable.

Cette règle n'est point applicable aux choix des assemblées électorales, parce que les électeurs ne sont point astreints, comme les juges, à répartir une même somme prise pour unité sur les divers partis entre lesquels ils doivent se déterminer; ils peuvent supposer à chaque candidat toutes les nuances de mérite comprises entre le mérite nul et le maximum de mérite, que nous désignerons par a; l'ordre des noms sur chaque billet ne fait qu'indiquer que l'électeur préfère le premier au second, le second au troisième, etc. On déterminera ainsi les nombres qu'il faut écrire sur le billet à côté des noms des candidats.

Soient $\iota_1, \iota_2, \iota_3, \ldots, \iota_i$ les mérites respectifs des ι candidats dans l'opinion de l'électeur, ι_i étant le mérite qu'il suppose à celui des candidats qu'il a mis au premier rang, t_2 étant le mérite qu'il suppose au second, et ainsi de suite. L'intégrale $\int t_r \, dt_1 \, dt_2 \ldots dt_i$ exprimera la somme des mérites que l'électeur peut attribuer au candidat r, pourvu que l'on intègre d'abord par rapport à t_i, depuis $t_i = 0$ jusqu'à $t_i = t_{i-1}$, ensuite par rapport à t_{i-1}, depuis t_{i-1} jusqu'à t_{i-2}, et ainsi de suite, jusqu'à l'intégrale relative à t_1, que l'on prendra depuis t_1 nul jusqu'à $t_1 = a$. Car il est visible qu'alors t_i ne surpasse jamais t_{i-1}, t_{i-1} ne surpasse jamais t_{i-2}, ... En divisant l'intégrale précédente par celle-ci $\int dt_1 \, dt_2 \ldots dt_i$ qui exprime la somme totale des combinaisons dans lesquelles la condition précédente est remplie, on aura l'expression moyenne du mérite que l'électeur peut attribuer au candidat $r^{ième}$. En exécutant les intégrations, on trouve $\dfrac{i - r + 1}{i + 1} a$ pour cette expression.

De là il suit que l'on peut écrire sur le billet de chaque électeur i à côté du premier nom, $i - 1$ à côté du second, $i - 2$ à côté du troisième, ... En réunissant ensuite tous les nombres relatifs à chaque candidat sur les divers billets, celui des candidats qui aura la plus grande somme doit être présumé le candidat qui, aux yeux de l'Assemblée électorale, a le plus grand mérite, et doit par conséquent être choisi.

Ce mode d'élection serait sans doute le meilleur, si des considérations étrangères au mérite n'influaient point souvent sur le choix des électeurs, même les plus honnêtes, et ne les déterminaient point à placer aux derniers rangs les candidats les plus redoutables à celui qu'ils préfèrent, ce qui donne un grand avantage aux candidats d'un mérite médiocre. Aussi l'expérience l'a-t-elle fait abandonner aux établissements qui l'avaient adopté.

Supposons que les erreurs d'une observation puissent s'étendre dans les limites $+ a$ et $- a$, mais qu'ignorant la loi de probabilité de ces erreurs on ne l'assujettisse qu'à la condition de leur donner une probabilité d'autant plus petite qu'elles sont plus grandes, la probabilité des erreurs positives étant supposée la même que celle des erreurs négatives correspondantes, toutes choses qu'il est naturel d'admettre. La formule (ε) donnera encore la loi moyenne des erreurs. Pour cela on concevra l'intervalle a partagé dans un nombre infini i de parties représentées par dx, en sorte que $i = \frac{a}{dx}$; on fera ensuite $r = \frac{x}{dx}$; la formule (ε) devient ainsi

$$\frac{s\,dx}{a} \int \frac{dx}{x},$$

l'intégrale étant prise depuis $x = x$ jusqu'à $x = a$. Dans la question présente $s = \frac{1}{2}$; car l'erreur devant tomber dans les limites $- a$ et $+ a$, la probabilité qu'elle tombera dans les limites zéro et a est $\frac{1}{2}$; c'est la quantité s qu'il faut répartir sur tous les points de l'intervalle a; la formule (ε) devient donc alors

$$\frac{dx}{2a} \log \frac{a}{x}.$$

Ainsi la loi moyenne des probabilités des erreurs positives x, ou négatives $- x$, est

$$\frac{1}{2a} \log \frac{a}{x}.$$

CHAPITRE III.

DES LOIS DE LA PROBABILITÉ QUI RÉSULTENT DE LA MULTIPLICATION INDÉFINIE
DES ÉVÉNEMENTS.

16. A mesure que les événements se multiplient, leurs probabilités respectives se développent de plus en plus; leurs résultats moyens et les bénéfices ou les pertes qui en dépendent convergent vers des limites dont ils approchent avec des probabilités toujours croissantes. La détermination de ces accroissements et de ces limites est une des parties les plus intéressantes et les plus délicates de l'analyse des hasards.

Considérons d'abord la manière dont les possibilités de deux événements simples, dont un seul doit arriver à chaque coup, se développent lorsqu'on multiplie le nombre de coups. Il est visible que l'événement dont la facilité est la plus grande doit probablement arriver plus souvent dans un nombre donné de coups, et l'on est porté naturellement à penser qu'en répétant les coups un très grand nombre de fois, chacun de ces événements arrivera proportionnellement à sa facilité, que l'on pourra ainsi découvrir par l'expérience. Nous allons démontrer analytiquement cet important théorème.

On a vu dans le n° 6 que, si p et $1-p$ sont les probabilités respectives de deux événements a et b, la probabilité que dans $x + x'$ coups l'événement a arrivera x fois et l'événement b, x' fois, est égale à

$$\frac{1.2.3\ldots(x+x')}{1.2.3\ldots x.1.2.3\ldots x'}\, p^x (1-p)^{x'};$$

c'est le $(x'+1)^{\text{ième}}$ terme du binôme $[p+(1-p)]^{x+x'}$. Considérons le plus grand de ces termes que nous désignerons par k. Le terme anté-rieur sera $\dfrac{kp}{1-p}\dfrac{x'}{x+1}$, et le terme suivant sera $k\dfrac{1-p}{p}\dfrac{x}{x'+1}$. Pour que k soit le plus grand terme, il faut que l'on ait

$$\frac{x}{x'+1} < \frac{p}{1-p} < \frac{x+1}{x'};$$

il est facile d'en conclure que, si l'on fait $x + x' = n$, on aura

$$(n+1)p - 1 < x < (n+1)p;$$

ainsi x est le plus grand nombre entier compris dans $(n+1)p$; en fai-sant donc

$$x = (n+1)p - s,$$

ce qui donne

$$p = \frac{x+s}{n+1}, \quad 1-p = \frac{x'+1-s}{n+1}, \quad \frac{p}{1-p} = \frac{x+s}{x'+1-s},$$

s sera moindre que l'unité. Si x et x' sont de très grands nombres, on aura, à très peu près,

$$\frac{p}{1-p} = \frac{x}{x'},$$

c'est-à-dire que les exposants de p et de $1-p$ dans le plus grand terme du binôme sont à fort peu près dans le rapport de ces quantités; en sorte que, de toutes les combinaisons qui peuvent avoir lieu dans un très grand nombre n de coups, la plus probable est celle dans la-quelle chaque événement est répété proportionnellement à sa proba-bilité.

Le terme $l^{\text{ième}}$, après le plus grand, est

$$\frac{1.2.3\ldots n}{1.2.3\ldots(x-l).1.2.3\ldots(x'+l)} p^{x-l}(1-p)^{x'+l}.$$

On a, par le n° 33 du Livre Ier,

$$1.2.3\ldots n = n^{n+\frac{1}{2}} c^{-n} \sqrt{2\pi}\left(1 + \frac{1}{12n} + \ldots\right),$$

ce qui donne

$$\frac{1}{1.2.3\ldots(x-l)} = (x-l)^{l-x-\frac{1}{2}} \frac{c^{x-l}}{\sqrt{2\pi}} \left[1 - \frac{1}{12(x-l)} - \ldots\right],$$

$$\frac{1}{1.2.3\ldots(x'+l)} = (x'+l)^{-x'-l-\frac{1}{2}} \frac{c^{x'+l}}{\sqrt{2\pi}} \left[1 - \frac{1}{12(x'+l)} - \ldots\right].$$

Développons le terme $(x-l)^{l-x-\frac{1}{2}}$. Son logarithme hyperbolique
est

$$(l-x-\tfrac{1}{2})\left[\log x + \log\left(1 - \frac{l}{x}\right)\right];$$

or on a

$$\log\left(1 - \frac{l}{x}\right) = -\frac{l}{x} - \frac{l^2}{2.x^2} - \frac{l^3}{3.x^3} - \frac{l^4}{4.x^4} - \ldots;$$

nous négligerons les quantités de l'ordre $\frac{1}{n}$, et nous supposerons que
l^2 ne surpasse point l'ordre n; alors on pourra négliger les termes de
l'ordre $\frac{l^3}{x^3}$, parce que x et x' sont de l'ordre n. On aura ainsi

$$(l-x-\tfrac{1}{2})\left[\log x + \log\left(1 - \frac{l}{x}\right)\right]$$
$$= (l-x-\tfrac{1}{2})\log x + l + \frac{l}{2.x} - \frac{l^2}{2.x} - \frac{l^3}{6.x^2},$$

ce qui donne, en repassant des logarithmes aux nombres,

$$(x-l)^{l-x-\frac{1}{2}} = c^{l-\frac{l^2}{2.x}} x^{l-x-\frac{1}{2}} \left(1 + \frac{l}{2.x} - \frac{l^3}{6.x^2}\right);$$

on aura pareillement

$$(x'+l)^{-l-x'-\frac{1}{2}} = c^{-l-\frac{l^2}{2.x'}} x'^{-l-x'-\frac{1}{2}} \left(1 - \frac{l}{2.x'} + \frac{l^3}{6.x'^2}\right).$$

On a ensuite, par ce qui précède, $p = \frac{x+s}{n+1}$, s étant moindre que
l'unité; en faisant donc $p = \frac{x-z}{n}$, z sera compris dans les limites
$\frac{x}{n+1}$ et $-\frac{n-x}{n+1}$, et par conséquent il sera, abstraction faite du signe,

au-dessous de l'unité. La valeur de n donne $1-p=\dfrac{x'+z}{n}$; on aura donc, par l'analyse précédente,

$$p^{x-l}(1-p)^{x'+l} = \frac{x^{x-l}x'^{x'+l}}{n^n}\left(1+\frac{n z l}{x.x'}\right);$$

de là on tire

$$\frac{1.2.3\ldots n}{1.2.3\ldots(x-l).1.2.3\ldots(x'+l)}\,p^{x-l}(1-p)^{x'+l}$$

$$= \frac{\sqrt{n}\,c^{-\frac{nl^2}{2.x.x'}}}{\sqrt{\pi}\sqrt{2.x.x'}}\left[1+\frac{n z l}{x.x'}+\frac{l(x'-x)}{2.x.x'}-\frac{l^3}{6.x^2}+\frac{l^3}{6.x'^2}\right].$$

On aura le terme antérieur au plus grand terme et qui en est éloigné à la distance l, en faisant l négatif dans cette équation; en réunissant ensuite ces deux termes, leur somme sera

$$\frac{2\sqrt{n}}{\sqrt{\pi}\sqrt{2.x.x'}}\,c^{-\frac{nl^2}{2.x.x'}}.$$

L'intégrale finie

$$\Sigma\,\frac{2\sqrt{n}}{\sqrt{\pi}\sqrt{2.x.x'}}\,c^{-\frac{nl^2}{2.x.x'}},$$

prise depuis $l=0$ inclusivement, exprimera donc la somme de tous les termes du binôme $[p+(1-p)]^n$, comprise entre les deux termes, dont l'un a p^{x+l} pour facteur, et l'autre a p^{x-l} pour facteur, et qui sont ainsi équidistants du plus grand terme; mais il faut retrancher de cette somme le plus grand terme qui y est évidemment compris deux fois.

Maintenant, pour avoir cette intégrale finie, nous observerons que l'on a, par le n° 10 du Livre Ier, y étant fonction de l,

$$\Sigma y = \frac{1}{c^{\frac{dy}{dl}}-1} = \left(\frac{dy}{dl}\right)^{-1}-\frac{1}{2}\left(\frac{dy}{dl}\right)^{0}+\frac{1}{12}\frac{dy}{dl}+\ldots,$$

d'où l'on tire, par le même numéro,

$$\Sigma y = \int y\,dl - \frac{1}{2}y + \frac{1}{12}\frac{dy}{dl}+\ldots+\text{const.};$$

y étant ici égal à $\dfrac{2\sqrt{n}}{\sqrt{\pi}\sqrt{2xx'}}\,c^{-\frac{nl^2}{2xx'}}$, les différentielles successives de y acquièrent pour facteur $\dfrac{nl}{2xx'}$, et ses puissances. Ainsi, l étant supposé ne
pouvoir être au plus que de l'ordre $\sqrt{n}$, ce facteur est de l'ordre $\dfrac{1}{\sqrt{n}}$, et
par conséquent ses différentielles, divisées par les puissances respec-
tives de dl, décroissent de plus en plus; en négligeant donc, comme on
l'a fait précédemment, les termes de l'ordre $\dfrac{1}{n}$, on aura, en faisant commencer avec l les deux intégrales finies et infiniment petites, et désignant par Y le plus grand terme du binôme,

$$\Sigma y = \int y\cdot dl - \tfrac{1}{2}y + \tfrac{1}{2}Y.$$

La somme de tous les termes du binôme $[p+(1-p)]^n$ compris entre
les deux termes équidistants du plus grand terme du nombre l étant
égale à $\Sigma y - \tfrac{1}{2}Y$, elle sera

$$\int y\cdot dl - \tfrac{1}{2}y,$$

et si l'on y ajoute la somme de ces termes extrêmes, on aura, pour la
somme de tous ces termes,

$$\int y\, dl + \tfrac{1}{2}y.$$

Si l'on fait

$$t = \frac{l\sqrt{n}}{\sqrt{2xx'}},$$

cette somme devient

$$(o) \qquad\qquad \frac{2}{\sqrt{\pi}}\int dt\, c^{-t^2} + \frac{\sqrt{n}}{\sqrt{\pi}\sqrt{2xx'}}\,c^{-t^2}.$$

Les termes que l'on a négligés étant de l'ordre $\dfrac{1}{n}$, cette expression est
d'autant plus exacte que n est plus grand; elle est rigoureuse lorsque n
est infini. Il serait facile, par l'analyse précédente, d'avoir égard aux
termes de l'ordre $\dfrac{1}{n}$ et des ordres supérieurs.

On a, par ce qui précède, $x = np + z$, z étant un nombre plus petit que l'unité ; on a donc

$$\frac{x + l}{n} - p = \frac{l + z}{n} = \frac{l\sqrt{2x.x'}}{n\sqrt{n}} + \frac{z}{n};$$

ainsi la formule (o) exprime la probabilité que la différence entre le rapport du nombre de fois que l'événement a doit arriver au nombre total des coups, et la facilité p de cet événement, est comprise dans les limites

$$(l) \qquad \pm \frac{l\sqrt{2x.x'}}{n\sqrt{n}} + \frac{z}{n}.$$

$\sqrt{2x.x'}$ étant égal à

$$n\sqrt{2p(1-p) + \frac{2z}{n}(1 - 2p) - \frac{2z^2}{n^2}},$$

on voit ue l'intervalle compris entre les limites précédentes est de l'ordre $\frac{1}{\sqrt{n}}$.

Si la limite de t, que nous désignerons par T, est supposée invariable, la probabilité déterminée par la fonction (o) reste la même à très peu près ; mais l'intervalle compris entre les limites (l) diminue sans cesse à mesure que les coups se répètent, et il devient nul, lorsque leur nombre est infini.

Cet intervalle étant supposé invariable, lorsque les événements se multiplient, T croît sans cesse, et à fort peu près comme la racine carrée du nombre des coups. Mais, lorsque T est considérable, la formule (o) devient, par le n° **27** du Livre Ier,

$$1 - \frac{c^{-T^2}}{2T\sqrt{\pi}} \cfrac{1}{1 + \cfrac{q}{1 + \cfrac{2q}{1 + \cfrac{3q}{1 + \ldots}}}} + \frac{c^{-T^2}}{\sqrt{2n\pi\left[p(1-p) + \frac{z}{n}(1 - 2p) - \frac{z^2}{n^2}\right]}},$$

q étant égal à $\frac{1}{2T^2}$. Lorsqu'on fait croître T, c^{-T^2} diminue avec une extrème rapidité, et la probabilité précédente s'approche rapidement de l'unité, à laquelle elle devient égale, lorsque le nombre des coups est infini.

Il y a ici deux sortes d'approximations : l'une d'elles est relative aux limites prises de part et d'autre de la facilité de l'événement a ; l'autre approximation se rapporte à la probabilité que le rapport des arrivées de cet événement au nombre total des coups sera renfermé dans ces limites. La répétition indéfinie des coups accroit de plus en plus cette probabilité, les limites restant les mêmes ; elle resserre de plus en plus l'intervalle de ces limites, la probabilité restant la même. Dans l'infini, cet intervalle devient nul, et la probabilité se change en certitude.

L'analyse précédente réunit à l'avantage de démontrer ce théorème celui d'assigner la probabilité que, dans un grand nombre n de coups, le rapport des arrivées de chaque événement sera compris dans des limites données. Supposons, par exemple, que les facilités des naissances des garçons et des filles soient dans le rapport de 18 à 17, et qu'il naisse dans une année 14 000 enfants ; on demande la probabilité que le nombre des garçons ne surpassera pas 7363, et ne sera pas moindre que 7037.

Dans ce cas, on a

$$p = \frac{18}{35}, \qquad x = 7200, \qquad x' = 6800, \qquad n = 14000, \qquad l = 163 ;$$

la formule (o) donne à fort peu près 0,994303 pour la probabilité cherchée.

Si l'on connait le nombre de fois que sur n coups l'événement a est arrivé, la formule (o) donnera la probabilité que sa facilité p, supposée inconnue, sera comprise dans des limites données. En effet, si l'on nomme i ce nombre de fois, on aura, par ce qui précède, la probabilité que la différence $\frac{i}{n} - p$ sera comprise dans les limites $\pm \frac{T\sqrt{2xx'}}{n\sqrt{n}} + \frac{z}{n}$; par conséquent, on aura la probabilité que p sera compris dans les limites

$$\frac{i}{n} = \frac{T\sqrt{2xx'}}{n\sqrt{n}} - \frac{z}{n}.$$

La fonction $\dfrac{T\sqrt{2xx'}}{n\sqrt{n}}$ étant de l'ordre $\dfrac{1}{\sqrt{n}}$, on peut, en négligeant les quantités de l'ordre $\dfrac{1}{n}$, y substituer i au lieu de x et $n-i$ au lieu de x'; les limites précédentes deviennent ainsi, en négligeant les termes de l'ordre $\dfrac{1}{n}$,

$$\frac{i}{n} \mp \frac{T\sqrt{2i(n-i)}}{n\sqrt{n}},$$

et la probabilité que la facilité de l'événement a est contenue dans ces limites est égale à

$$(o') \qquad \frac{2}{\sqrt{\pi}} \int dt\, c^{-t^2} + \frac{\sqrt{n}\, c^{-T^2}}{\sqrt{\pi}\sqrt{2i(n-i)}},$$

On voit ainsi que, à mesure que les événements se multiplient, l'intervalle des limites se resserre de plus en plus, et la probabilité que la valeur de p tombe dans ces limites approche de plus en plus de l'unité ou de la certitude. C'est ainsi que les événements, en se développant, font connaître leurs probabilités respectives.

On parvient directement à ces résultats, en considérant p comme une variable qui peut s'étendre depuis zéro jusqu'à l'unité, et en déterminant, d'après les événements observés, la probabilité de ses diverses valeurs, comme on le verra lorsque nous traiterons de la probabilité des causes déduite des événements observés.

Si l'on a trois ou un plus grand nombre d'événements a, b, c, ... dont un seul doive arriver à chaque coup, on aura, par ce qui précède, la probabilité que, dans un très grand nombre n de coups, le rapport du nombre x de fois qu'un de ces événements, a par exemple, arrivera, au nombre n, sera compris dans les limites $p \pm \alpha$, α étant une très petite fraction, et l'on voit que, dans le cas extrême du nombre n infini, l'intervalle 2α de ces limites peut être supposé nul, et la probabilité peut être supposée égale à la certitude, en sorte que les nombres des arrivées de chaque événement seront proportionnels à leurs facilités respectives.

Quelquefois les événements, au lieu de faire connaitre directement les limites de la valeur de p, donnent celles d'une fonction de cette valeur; alors on en conclut les limites de p, par la résolution des équations. Pour en donner un exemple fort simple, considérons deux joueurs A et B, dont les adresses respectives soient p et $1 - p$, et jouant ensemble à cette condition, que la partie soit gagnée par celui des deux joueurs qui, sur trois coups, aura vaincu deux fois son adversaire, le troisième coup n'étant pas joué, comme inutile, lorsque l'un des joueurs a vaincu dans les deux premiers coups.

La probabilité de A pour gagner la partie est la somme des deux premiers termes du binôme $[p + (1 - p)]^3$; elle est par conséquent égale à $p^3 + 3p^2(1 - p)$. Soit P cette fonction; en élevant le binôme $P + (1 - P)$ à la puissance n, on aura, par l'analyse précédente, la probabilité que, sur le nombre n de parties, le nombre des parties gagnées par A sera compris dans des limites données. Il suffit pour cela de changer p en P dans la formule (o).

Si l'on nomme i le nombre des parties gagnées par A, la formule (o') donnera la probabilité que P sera compris dans les limites

$$\frac{i}{n} \mp \frac{T\sqrt{2i(n-i)}}{n\sqrt{n}}.$$

Soit donc p' la racine réelle et positive de l'équation

$$p^3 + 3p^2(1 - p) = \frac{i}{n};$$

en désignant par $p' \mp \delta p$ les limites de p, les limites correspondantes de P seront à très peu près $3p'^2 - 2p'^3 \mp 6p'(1 - p')\delta p$; en égalant ces limites aux précédentes, on aura

$$\delta p = \frac{T\sqrt{2i(n-i)}}{6p'(1 - p')n\sqrt{n}};$$

ainsi la formule (o') donnera la probabilité que p sera compris dans les limites

$$p' \mp \frac{\mathrm{T}\sqrt{2i(n-i)}}{6p'(1-p')n\sqrt{n}}.$$

Le nombre n des parties ne détermine pas le nombre des coups, puisqu'il peut y avoir des parties de deux coups, et d'autres de trois coups. On aura la probabilité que le nombre des parties de deux coups sera compris dans des limites données, en observant que la probabilité d'une partie à deux coups est $p^2 + (1-p)^2$; désignons cette fonction par P'. En élevant le binôme $\mathrm{P'} + (1-\mathrm{P'})$ à la puissance n, la formule (o) donnera la probabilité que le nombre des parties de deux coups sera compris dans les limites $n\mathrm{P'} \pm l$; or le nombre des parties de deux coups étant $n\mathrm{P'} \pm l$, le nombre des parties à trois coups sera $n(1-\mathrm{P'}) \mp l$; le nombre total des coups sera donc $3n - n\mathrm{P'} \mp l$; la formule (o) donnera donc la probabilité que le nombre des coups sera compris dans les limites

$$2n(1 + p - p^2) \mp \mathrm{T}\sqrt{2n\,\mathrm{P'}(1 - \mathrm{P'})}.$$

17. Considérons une urne A renfermant un très grand nombre n de boules blanches et noires, et supposons qu'à chaque tirage on tire une boule de l'urne, et qu'on la remplace par une boule noire. On demande la probabilité qu'après r tirages le nombre des boules blanches sera x.

Nommons $y_{x,r}$ cette probabilité. Après un nouveau tirage, elle devient $y_{x,r+1}$. Mais, pour qu'il y ait x boules blanches après $r+1$ tirages, il faut qu'il y ait ou $x+1$ boules blanches après le tirage r et que le tirage suivant fasse sortir une boule blanche, ou x boules blanches après le tirage r et que le tirage suivant fasse sortir une boule noire. La probabilité qu'il y aura $x+1$ boules blanches après r tirages est $y_{x+1,r}$, et la probabilité qu'alors le tirage suivant fera sortir une boule blanche est $\frac{x+1}{n}$; la probabilité de l'événement composé est donc $\frac{x+1}{n}y_{x+1,r}$; c'est la première partie de $y_{x,r+1}$. La probabilité qu'il y aura x boules blanches après le tirage r est $y_{x,r}$, et la probabilité qu'alors il sortira une boule noire est $\dfrac{n-x}{n}$, parce que le nombre des boules noires de l'urne est $n-x$; la probabilité de l'événement composé est donc $\dfrac{n-x}{n} y_{x,r}$; c'est la seconde partie de $y_{x,r+1}$. Ainsi l'on a

$$y_{x,r+1} = \frac{x+1}{n} y_{x+1,r} + \frac{n-x}{n} y_{x,r}.$$

Si l'on fait

$$x = nx', \qquad r = nr', \qquad y_{x,r} = y'_{x',r'},$$

cette équation devient

$$y'_{x',r'+\frac{1}{n}} = \left(x' + \frac{1}{n}\right) y'_{x'+\frac{1}{n},r'} + (1-x') y'_{x',r'};$$

n étant supposé un très grand nombre, on peut réduire en séries convergentes $y'_{x',r'+\frac{1}{n}}$ et $y'_{x'+\frac{1}{n},r'}$; on aura donc, en négligeant les carrés et les puissances supérieures de $\dfrac{1}{n}$,

$$\frac{1}{n} \frac{\partial y'_{x',r'}}{\partial r'} = \frac{x'}{n} \frac{\partial y'_{x',r'}}{\partial x'} + \frac{1}{n} y'_{x',r'};$$

l'intégrale de cette équation aux différences partielles est

$$y'_{x',r'} = e^{r'} \varphi(x' e^{r'}),$$

$\varphi(x' e^{r'})$ étant une fonction arbitraire de $x' e^{r'}$, qu'il faut déterminer par la valeur de $y'_{x',0}$.

Supposons que l'urne A ait été remplie de cette manière. On projette un prisme droit dont la base, étant un polygone régulier de $p+q$ côtés, est assez étroite pour que le prisme ne retombe jamais sur elle. Sur les $p+q$ faces latérales, p sont blanches et q sont noires, et l'on met dans l'urne A, à chaque projection, une boule de la couleur de la face sur laquelle le prisme retombe. Après n projections, le nombre des boules blanches sera à fort peu près, par le numéro précédent, $\dfrac{np}{p+q}$, et la probabilité qu'il sera $\frac{np}{p+q} + l$ est, par le même numéro,

$$\frac{p+q}{\sqrt{2npq\pi}}\, c^{-\frac{(p+q)^2 l^2}{2npq}}.$$

Si l'on fait

$$x = \frac{np}{p+q} + l, \qquad \frac{(p+q)^2}{2pq} = i^2,$$

cette fonction devient

$$\frac{i}{\sqrt{\pi}\, n}\, c^{-\frac{i^2}{n}\left(x - \frac{np}{p+q}\right)^2};$$

c'est la valeur de $y_{x,0}$, ou de $y'_{x,0}$; mais la valeur précédente de $y'_{x,r}$ donne

$$y'_{x,0} = \varphi\left(\frac{x}{n}\right);$$

on a donc

$$\varphi\left(\frac{x}{n}\right) = \frac{i}{\sqrt{n\pi}}\, c^{-i^2 n\left(\frac{x}{n} - \frac{p}{p+q}\right)^2};$$

partant,

$$y'_{x,r} = \frac{ic^r}{\sqrt{n\pi}}\, c^{-i^2 n\left(\frac{xc^r}{n} - \frac{p}{p+q}\right)^2};$$

d'où l'on tire

$$y'_{x,r} = \frac{ic^{\frac{r}{2}}}{\sqrt{n\pi}}\, c^{-\frac{i^2}{n}\left(x c^{\frac{r}{2}} - \frac{np}{p+q}\right)^2}.$$

La valeur de x la plus probable est celle qui rend nul $x c^{\frac{r}{2}} - \frac{np}{p+q}$, et par conséquent elle est égale à

$$\frac{np}{(p+q)c^{\frac{r}{2}}};$$

la probabilité que la valeur de x sera contenue dans les limites

$$\frac{np}{(p+q)c^{\frac{r}{2}}} \pm \frac{\mu\sqrt{n}}{c^{\frac{r}{2}}}$$

est

$$2\int \frac{i\, d\mu}{\sqrt{\pi}}\, c^{-i^2\mu^2},$$

l'intégrale étant prise depuis $\mu = 0$.

Cherchons maintenant la valeur moyenne du nombre des boules blanches contenues dans l'urne A, après r tirages. Cette valeur est la somme de tous les nombres possibles de boules blanches, multipliés par leurs probabilités respectives; elle est donc égale à

$$\frac{2np}{(p+q)c^{\frac{r}{n}}} \int \frac{i\,d\mu}{\sqrt{\pi}} c^{-i^2\mu^2},$$

l'intégrale étant prise depuis $\mu = 0$ jusqu'à $\mu = \infty$. Cette valeur est ainsi

$$\frac{np}{(p+q)c^{\frac{r}{n}}};$$

par conséquent, elle est la même que la valeur de x la plus probable.

Considérons maintenant deux urnes A et B renfermant chacune le nombre n de boules, et supposons que, dans le nombre total $2n$ des boules, il y en ait autant de blanches que de noires. Concevons que l'on tire en même temps une boule de chaque urne, et qu'ensuite on mette dans une urne la boule extraite de l'autre. Supposons que l'on répète cette opération un nombre quelconque r de fois, en agitant à chaque fois les urnes, pour en bien mêler les boules; et cherchons la probabilité qu'après ce nombre r d'opérations, il y aura x boules blanches dans l'urne A.

Soit $z_{x,r}$ cette probabilité. Le nombre des combinaisons possibles dans r opérations est n^{2r}; car à chaque opération les n boules de l'urne A peuvent se combiner avec chacune des n boules de l'urne B, ce qui produit n^2 combinaisons; $n^{2r}z_{x,r}$ est donc le nombre des combinaisons dans lesquelles il peut y avoir x boules blanches dans l'urne A après ces opérations. Maintenant, il peut arriver que l'opération $(r+1)^{ième}$ fasse sortir une boule blanche de l'urne A, et y fasse rentrer une boule blanche; le nombre de cas dans lesquels cela peut arriver est le produit de $n^{2r}z_{x,r}$ par le nombre x des boules blanches de l'urne A, et par le nombre $n-x$ des boules blanches qui doivent être alors dans l'urne B, puisque le nombre total des boules blanches des deux urnes est n. Dans tous ces cas, il reste x boules blanches dans l'urne A; le produit $x(n-x)n^{2r}z_{x,r}$ est donc une des parties de $n^{2r+2}z_{x,r+1}$.

Il peut arriver encore que l'opération $(r+1)^{\text{ième}}$ fasse sortir et rentrer dans l'urne A une boule noire, ce qui conserve dans cette urne x boules blanches. Ainsi $n-x$ étant, après l'opération $r^{\text{ième}}$, le nombre des boules noires de l'urne A, et x étant celui des boules noires de l'urne B, $(n-x).xn^{2r}z_{x,r}$ est encore une partie de $n^{2r+2}z_{x,r+1}$.

S'il y a $x-1$ boules blanches dans l'urne A après l'opération $r^{\text{ième}}$ et que l'opération suivante en fasse sortir une boule noire et y fasse rentrer une boule blanche, il y aura x boules blanches dans l'urne A après l'opération $(r+1)^{\text{ième}}$. Le nombre des cas dans lesquels cela peut arriver est le produit de $n^{2r}z_{x-1,r}$ par le nombre $n-x+1$ des boules noires de l'urne A après le tirage $r^{\text{ième}}$, et par le nombre $n-x+1$ des boules blanches de l'urne B, après la même opération; $(n-x+1)^2 n^{2r}z_{x-1,r}$ est donc encore une partie de $n^{2r+2}z_{x,r+1}$.

Enfin, s'il y a $x+1$ boules blanches dans l'urne A après l'opération $r^{\text{ième}}$, et que l'opération suivante en fasse sortir une boule blanche et y fasse rentrer une boule noire, il y aura encore, après cette dernière opération, x boules blanches dans l'urne. Le nombre des cas dans lesquels cela peut arriver est le produit de $n^{2r}z_{x+1,r}$ par le nombre $x+1$ des boules blanches de l'urne A, et par le nombre $x+1$ des boules noires de l'urne B après l'opération $r^{\text{ième}}$; $(x+1)^2 n^{2r}z_{x+1,r}$ est donc encore une partie de $n^{2r+2}z_{x,r+1}$.

En réunissant toutes ces parties et en égalant leur somme à $n^{2r+2}z_{x,r+1}$, on aura l'équation aux différences finies partielles

$$z_{x,r+1} = \left(\frac{x+1}{n}\right)^2 z_{x+1,r} + \frac{2x}{n}\left(1 - \frac{x}{n}\right) z_{x,r} + \left(1 - \frac{x-1}{n}\right)^2 z_{x-1,r}.$$

Quoique cette équation soit aux différences du second ordre par rapport à la variable x, cependant son intégrale ne renferme qu'une fonction arbitraire qui dépend de la probabilité des diverses valeurs de x dans l'état initial de l'urne A. En effet, il est visible que, si l'on connaît les valeurs de $z_{x,0}$ correspondantes à toutes les valeurs de x depuis

$x = 0$ jusqu'à $x = n$, l'équation précédente donnera toutes les valeurs de $z_{x,1}$, $z_{x,2}$, ..., en observant que, les valeurs négatives de x étant impossibles, $z_{x,r}$ est nul lorsque x est négatif.

Si n est un très grand nombre, cette équation se transforme dans une équation aux différences partielles, que l'on obtient ainsi. On a alors, à très peu près,

$$z_{x+1,r} = z_{x,r} + \frac{\partial z_{x,r}}{\partial x} + \frac{1}{2} \frac{\partial^2 z_{x,r}}{\partial x^2},$$

$$z_{x-1,r} = z_{x,r} - \frac{\partial z_{x,r}}{\partial x} + \frac{1}{2} \frac{\partial^2 z_{x,r}}{\partial x^2},$$

$$z_{x,r+1} = z_{x,r} + \frac{\partial z_{x,r}}{\partial r}.$$

Soient

$$x = \frac{n + \mu \sqrt{n}}{2}, \qquad r = n r', \qquad z_{x,r} = U;$$

l'équation précédente aux différences finies partielles deviendra, en négligeant les termes de l'ordre $\frac{1}{n^2}$,

$$\frac{\partial U}{\partial r'} = 2 U + 2 \mu \frac{\partial U}{\partial \mu} + \frac{\partial^2 U}{\partial \mu^2}.$$

Pour intégrer cette équation, qui, comme on peut s'en assurer par la méthode que j'ai donnée pour cet objet, dans les *Mémoires de l'Académie des Sciences* de l'année 1773, n'est intégrable en termes finis qu'au moyen d'intégrales définies, faisons

$$U = \int \varphi \, dt \, c^{-\mu t},$$

φ étant fonction de t et de r'. On aura

$$2 \mu \frac{\partial U}{\partial \mu} = 2 c^{-\mu t} t \varphi - 2 \int c^{-\mu t} (\varphi \, dt + t \, d\varphi),$$

$$\frac{\partial^2 U}{\partial \mu^2} = \int c^{-\mu t} t^2 \varphi \, dt;$$

l'équation aux différentielles partielles en U devient ainsi

$$\int c^{-\mu t} \frac{\partial \varphi}{\partial r'} \, dt = 2 c^{-\mu t} t \varphi + \int c^{-\mu t} dt \left(t^2 \varphi - 2 t \frac{\partial \varphi}{\partial t} \right).$$

En égalant entre eux les termes affectés du signe f, on aura l'équation aux différentielles partielles

$$\frac{\partial \varphi}{\partial r'} = t^2 \varphi - 2t \frac{\partial \varphi}{\partial t}.$$

Le terme hors du signe f, égalé à zéro, donnera, pour l'équation aux limites de l'intégrale.

$$0 = t\varphi \, c^{-\mu t}.$$

L'intégrale de l'équation précédente aux différentielles partielles de φ est

$$\varphi = c^{\frac{1}{4}t^2}\psi\left(\frac{t}{c^{2r'}}\right),$$

$\psi\left(\frac{t}{c^{2r'}}\right)$ étant une fonction arbitraire de $\frac{t}{c^{2r'}}$; on a donc

$$U = \int dt \, c^{-\mu t + \frac{1}{4}t^2}\psi\left(\frac{t}{c^{2r'}}\right).$$

Soit

$$t = 2\mu + 2s\sqrt{-1}$$

l'expression de U prendra cette forme

$$(A) \qquad U = c^{-\mu^2} \int ds \, c^{-s^2}\Gamma\left(\frac{s - \mu\sqrt{-1}}{c^{2r'}}\right).$$

Il est facile de voir que l'équation précédente, aux limites de l'intégrale, exige que les limites de l'intégrale relative à s soient prises depuis $s = -\infty$ jusqu'à $s = \infty$. En prenant le radical $\sqrt{-1}$ avec le signe $-$, on aurait pour U une expression de cette forme

$$U = c^{-\mu^2}\int ds \, c^{-s^2}\Pi\left(\frac{s + \mu\sqrt{-1}}{c^{2r'}}\right),$$

la fonction arbitraire $\Pi(s)$ pouvant être différente de $\Gamma(s)$. La somme de ces deux expressions de U sera sa valeur complète. Mais il est facile de s'assurer que, les intégrales étant prises depuis $s = -\infty$ jusqu'à $s = \infty$, l'addition de cette nouvelle expression de U n'ajoute rien à la généralité de la première, dans laquelle elle est comprise.

Développons maintenant le second membre de l'équation (A), suivant les puissances de $\frac{1}{c^{2r'}}$, et considérons un des termes de ce développement, tel que

$$\frac{H^{(i)} c^{-\mu^2}}{c^{\lambda i r'}} \int ds\, c^{-s^2}(s - \mu\sqrt{-1})^{2i};$$

ce terme devient, après les intégrations,

$$\frac{1.3.5\dots(2i-1)}{2^i}\sqrt{\pi}\,\frac{H^{(i)} c^{-\mu^2}}{c^{\lambda i r'}}$$

$$\times\left[1 - \frac{i(2\mu)^2}{1.2} + \frac{i(i-1)(2\mu)^4}{1.2.3.4} - \frac{i(i-1)(i-2)(2\mu)^6}{1.2.3.4.5.6} + \dots\right].$$

Considérons encore un terme de ce développement, relatif aux puissances impaires de $\frac{1}{c^{2r'}}$, tel que

$$\frac{L^{(i)}\sqrt{-1}\,c^{-\mu^2}}{c^{(2i+2)r'}} \int ds\, c^{-s^2}(s - \mu\sqrt{-1})^{2i+1}.$$

Ce terme devient, après les intégrations,

$$\frac{1.3.5\dots(2i+1)L^{(i)}\sqrt{\pi}\,\mu\, c^{-\mu^2}}{2^i c^{(2i+2)r'}}\left[1 - \frac{i(2\mu)^2}{1.2.3} + \frac{i(i-1)(2\mu)^4}{1.2.3.4.5} - \dots\right].$$

On aura donc ainsi l'expression générale de la probabilité U, développée dans une série ordonnée suivant les puissances de $\frac{1}{c^{2r'}}$, série qui devient très convergente lorsque r' est un nombre considérable. Cette expression doit être telle que $\int U\, dx$ ou $\frac{1}{2}\int U\, d\mu\sqrt{n}$ soit égale à l'unité, les intégrales étant étendues à toutes les valeurs de x et de μ, c'est-à-dire depuis x nul jusqu'à $x = n$, et depuis $\mu = -\sqrt{n}$ jusqu'à $\mu = \sqrt{n}$; car il est certain que, l'une des valeurs de x devant avoir lieu, la somme des probabilités de toutes ces valeurs doit être égale à l'unité. En prenant l'intégrale $\int c^{-\mu^2} d\mu$ dans les limites de μ, on a le même résultat, à très peu près, qu'en la prenant depuis $\mu = -\infty$ jusqu'à $\mu = \infty$; la différence n'est que de l'ordre $\frac{c^{-n}}{\sqrt{n}}$, et vu l'extrême rapidité avec laquelle c^{-n} diminue à mesure que n augmente, on voit que cette différence est insensible lorsque n est un grand nombre. Cela posé, considérons dans l'intégrale $\frac{1}{2}\int U\, d\mu.\sqrt{n}$ le terme

$$\frac{1.3.5\ldots(2i-1)\frac{1}{2}\Pi^{(i)}\sqrt{n\pi}}{2^i c^{\imath ir'}}\int d\mu\, c^{-\mu^2}\left[1-\frac{i(2\mu)^2}{1.2}+\frac{i(i-1)(2\mu)^4}{1.2.3.4}-\ldots\right].$$

En étendant l'intégrale depuis $\mu=-\infty$ jusqu'à $\mu=\infty$, ce terme devient

$$\frac{1.3.5\ldots(2i-1)\frac{1}{2}\Pi^{(i)}\pi\sqrt{n}}{2^i c^{\imath ir'}}\left[1-i+\frac{i(i-1)}{1.2}-\frac{i(i-1)(i-2)}{1.2.3}+\ldots\right].$$

Le facteur $1-i+\dfrac{i(i-1)}{1.2}-\ldots$ est égal à $(1-1)^i$; il est donc nul, excepté dans le cas de $i=0$, où il se réduit à l'unité. Il est visible que les termes de l'expression de U qui renferment des puissances impaires de μ donnent un résultat nul dans l'intégrale $\frac{1}{2}\int U\, d\mu.\sqrt{n}$, étendue depuis $\mu=-\infty$ jusqu'à $\mu=\infty$; car ces termes ont pour facteur $c^{-\mu^2}$, et l'on a généralement dans ces limites

$$\int \mu^{2i+1}\, d\mu\, c^{-\mu^2}=0.$$

Il n'y a donc que le premier terme de l'expression de U, terme que nous représenterons par $\Pi c^{-\mu^2}$, qui puisse donner un résultat dans l'intégrale $\frac{1}{2}\int U\, d\mu.\sqrt{n}$, et ce résultat est $\frac{1}{2}\Pi\sqrt{n\pi}$; on a donc

$$\tfrac{1}{2}\Pi\sqrt{n\pi}=1;$$

par conséquent,

$$\Pi=\frac{2}{\sqrt{n\pi}}.$$

L'expression générale de U a ainsi la forme suivante

$$(k)\quad U=\frac{2c^{-\mu^2}}{\sqrt{n\pi}}\left\{\begin{array}{l}1+\dfrac{Q^{(1)}(1-2\mu^2)}{c^{4r'}}+\dfrac{Q^{(2)}(1-4\mu^2+\frac{4}{3}\mu^4)}{c^{8r'}}+\ldots\\[2ex]+\dfrac{L^{(0)}\mu}{c^{2r'}}+\dfrac{L^{(1)}\mu(1-\frac{2}{3}\mu^2)}{c^{6r'}}+\dfrac{L^{(2)}\mu(1-\frac{4}{3}\mu^2+\frac{4}{15}\mu^4)}{c^{10r'}}+\ldots\end{array}\right\},$$

$Q^{(1)}$, $Q^{(2)}$, …, $L^{(0)}$, $L^{(1)}$, … étant des constantes indéterminées, qui dépendent de la valeur initiale de U.

Supposons que U devienne X lorsque r est nul, X étant une fonction donnée de μ. On a généralement ces deux théorèmes,

$$o = Q^{(i)}\int \mu^{2q}\, d\mu\, U_i\, c^{-\mu^2},$$
$$o = L^{(i)}\int \mu^{2q+1}\, d\mu\, U'_i\, c^{-\mu^2},$$

lorsque q est moindre que i; U_i et U'_i étant des fonctions de μ, par lesquelles $\frac{2Q^{(i)}c^{-\mu^2}}{\sqrt{n\pi}\,c^{4ir}}$ et $\frac{2L^{(i)}c^{-\mu^2}}{\sqrt{n\pi}\,c^{(4i+2)r}}$ sont multipliés dans l'expression de U. Pour démontrer ces théorèmes, nous observerons que, par ce qui précède, $\frac{2Q^{(i)}c^{-\mu^2}U_i}{\sqrt{n\pi}}$ est égal à

$$(\sqrt{-1})^{2i}H^{(i)}c^{-\mu^2}\int ds\, c^{-s^2}(\mu + s\sqrt{-1})^{2i};$$

il faut donc faire voir que l'on a

$$o = \int\int \mu^{2q}\, ds\, d\mu\, c^{-\mu^2-s^2}(\mu + s\sqrt{-1})^{2i},$$

les intégrales étant prises depuis μ et s égaux à $-\infty$ jusqu'à μ et s égaux à $+\infty$. En intégrant d'abord par rapport à μ, ce terme devient

$$\frac{2q-1}{2}\int\int \mu^{2q-2}\, d\mu\, ds\, c^{-\mu^2-s^2}(\mu + s\sqrt{-1})^{2i}$$
$$+ i\int\int \mu^{2q-1}\, d\mu\, ds\, c^{-\mu^2-s^2}(\mu + s\sqrt{-1})^{2i-1}.$$

En continuant d'intégrer ainsi par parties relativement à μ, on parvient enfin à des termes de la forme

$$k\int\int d\mu\, ds\, c^{-\mu^2-s^2}(\mu + s\sqrt{-1})^{2r},$$

r n'étant pas zéro, et, par ce qui précède, ces termes sont nuls.

On prouvera de la même manière que l'on a

$$o = L^{(i)}\int \mu^{2q+1}\, d\mu\, U'_i\, c^{-\mu^2}.$$

De là il suit que l'on a généralement

$$o = \int U_i U_{i'}\, d\mu\, c^{-\mu^2}, \qquad o = \int U'_i U'_{i'}\, d\mu\, c^{-\mu^2},$$

i et i' étant des nombres différents. Car si, par exemple, i' est plus grand que i, toutes les puissances de μ dans U_i sont moindres que $2i$; chacun des termes de U_i donnera donc, par ce qui précède, un résultat nul dans l'intégrale $\int U_i U_{i'} d\mu\, e^{-\mu^2}$. Le même raisonnement a lieu pour l'intégrale $\int U_i U'_{i'} d\mu\, e^{-\mu^2}$.

Mais ces intégrales ne sont pas nulles, lorsque $i = i'$. On les obtiendra dans ce cas de cette manière. On a, par ce qui précède,

$$U_i = \frac{2^i \left(\sqrt{-1}\right)^{2i} \int ds\, e^{-s^2} \left(\mu + s\sqrt{-1}\right)^{2i}}{1.3.5\ldots(2i-1)\sqrt{\pi}}.$$

Le terme qui a pour facteur μ^{2i} dans cette expression est

$$\frac{2^i \left(\sqrt{-1}\right)^{2i} \mu^{2i}}{1.3.5\ldots(2i-1)};$$

or on peut ne considérer que ce terme dans le premier facteur U_i de l'intégrale $\int U_i U_i\, d\mu\, e^{-\mu^2}$; car les puissances inférieures de μ, dans ce facteur, donnent un résultat nul dans l'intégrale. On a donc

$$\int U_i U_i\, d\mu\, e^{-\mu^2} = \frac{2^{2i}}{[1.3.5\ldots(2i-1)]^2 \sqrt{\pi}} \int\!\int \mu^{2i}\, d\mu\, ds\, e^{-\mu^2-s^2} \left(\mu + s\sqrt{-1}\right)^{2i}.$$

On a, en intégrant par rapport à μ, depuis $\mu = -\infty$ jusqu'à $\mu = \infty$,

$$\int\!\int \mu^{2i}\, d\mu\, ds\, e^{-\mu^2-s^2} \left(\mu + s\sqrt{-1}\right)^{2i}$$
$$= \frac{2i-1}{2} \int\!\int \mu^{2i-2}\, d\mu\, ds\, e^{-\mu^2-s^2} \left(\mu + s\sqrt{-1}\right)^{2i}$$
$$+ \frac{2i}{2} \int\!\int \mu^{2i-1}\, d\mu\, ds\, e^{-\mu^2-s^2} \left(\mu + s\sqrt{-1}\right)^{2i-1}.$$

Le premier terme du second membre de cette équation est nul par ce qui précède; ce membre se réduit donc à son second terme. On trouve de la même manière que l'on a

$$\int\!\int \mu^{2i-1}\, d\mu\, ds\, e^{-\mu^2-s^2} \left(\mu + s\sqrt{-1}\right)^{2i-1}$$
$$= \frac{2i-1}{2} \int\!\int \mu^{2i-2}\, d\mu\, ds\, e^{-\mu^2-s^2} \left(\mu + s\sqrt{-1}\right)^{2i-2},$$

et ainsi de suite; on a donc

$$\int\int \mu^{2i}\,d\mu\,ds\,c^{-\mu^2-s^2}(\mu + s\sqrt{-1})^{2i} = \frac{1.2.3\ldots 2i\,\pi}{2^{2i}};$$

par conséquent,

$$\int U_i U_i\,d\mu\,c^{-\mu^2} = \frac{2.4.6\ldots 2i\,\sqrt{\pi}}{1.3.5\ldots(2i-1)}.$$

On trouvera de la même manière

$$\int U'_i U'_i\,d\mu\,c^{-\mu^2} = \frac{1}{2}\,\frac{2.4.6\ldots 2i\,\sqrt{\pi}}{1.3.5\ldots(2i+1)}.$$

On a évidemment

$$\int U_i U'_i\,d\mu\,c^{-\mu^2} = 0,$$

dans le cas même où i et i' sont égaux, parce que le produit $U_i U'_i$ ne contient que des puissances impaires de μ.

Cela posé, l'expression générale de U donne, pour sa valeur initiale, que nous avons désignée par X,

$$X = \frac{2\,c^{-\mu^2}}{\sqrt{n\pi}}\left[1 + Q^{(1)}(1 - 2\mu^2) + \ldots + L^{(0)}\mu + L^{(1)}\mu\left(1 - \tfrac{3}{2}\mu^2\right) + \ldots\right].$$

Si l'on multiplie cette équation par $U_i\,d\mu$, et si l'on prend les intégrales depuis $\mu = -\infty$ jusqu'à $\mu = \infty$, on aura, en vertu des théorèmes précédents,

$$\int X\,U_i\,d\mu = \frac{2}{\sqrt{n\pi}}Q^{(i)}\int U_i U_i\,d\mu\,c^{-\mu^2},$$

d'où l'on tire

$$Q^{(i)} = \frac{1.3.5\ldots(2i-1)\tfrac{1}{2}\sqrt{n}}{2.4.6\ldots 2i}\int X\,U_i\,d\mu;$$

on trouvera, de la même manière,

$$L^{(i)} = \frac{1.3.5\ldots(2i+1)\sqrt{n}}{2.4.6\ldots 2i}\int X\,U'_i\,d\mu.$$

On aura donc ainsi les valeurs successives de $Q^{(1)}$, $Q^{(2)}$, ..., $L^{(0)}$, $L^{(1)}$, ..., au moyen d'intégrales définies, lorsque X ou la valeur initiale de U sera donnée.

Dans le cas où X est égal à $\dfrac{2i}{\sqrt{n\pi}}c^{-i\mu^2}$, l'expression générale de U prend une forme très simple. Alors la fonction arbitraire $\Gamma\left(\dfrac{s - \mu\sqrt{-1}}{c^{2r'}}\right)$ de la formule (A) est de la forme $kc^{-\delta\left(\frac{s - \mu\sqrt{-1}}{c^{2r'}}\right)^2}$. Pour déterminer les constantes δ et k, nous observerons qu'en supposant

$$\delta' = \frac{\delta}{c^{2r'}},$$

on aura

$$U = kc^{-\frac{\mu^2}{1 + \delta'}} \int ds\, c^{-(1 + \delta')\left(s - \frac{\delta'\mu\sqrt{-1}}{1 + \delta'}\right)^2}.$$

En faisant ensuite

$$\sqrt{1 + \delta'}\left(s - \frac{\delta'\mu\sqrt{-1}}{1 + \delta'}\right) = s',$$

et observant que l'intégrale relative à s devant être prise depuis $s = -\infty$ jusqu'à $s = \infty$, l'intégrale relative à s' doit être prise dans les mêmes limites, on aura

$$U = \frac{k\sqrt{\pi}}{\sqrt{1 + \delta'}}\, c^{-\frac{\mu^2}{1 + \delta'}}.$$

En comparant cette expression à la valeur initiale de U, qui est

$$U = \frac{2i}{\sqrt{n\pi}}\, c^{-i^2\mu^2},$$

et observant que δ est la valeur initiale de δ', on aura

$$i^2 = \frac{1}{1 + \delta},$$

d'où l'on tire

$$\delta = \frac{1 - i^2}{i^2}, \qquad \delta' = \frac{1 - i^2}{i^2 c^{2r'}}.$$

On doit avoir ensuite

$$\frac{k\sqrt{\pi}}{\sqrt{1 + \delta}} = \frac{2i}{\sqrt{n\pi}},$$

ce qui donne

$$k\sqrt{\pi} = \frac{2}{\sqrt{n\pi}},$$

valeur que l'on obtient encore par la condition que $\frac{1}{2}\int U\, dy \sqrt{n} = 1$, l'intégrale étant prise depuis $\mu = -\infty$ jusqu'à $\mu = \infty$; on aura donc, pour l'expression de U, quel que soit r',

$$U = \frac{2}{\sqrt{n\pi}(1+\delta')} c^{-\frac{\mu'}{1+\delta'}}.$$

On trouve, en effet, que cette valeur de U, substituée dans l'équation aux différentielles partielles en U, y satisfait.

δ' diminuant sans cesse quand r' augmente, la valeur de U varie sans cesse et devient à sa limite, lorsque r' est infini,

$$U = \frac{2}{\sqrt{n\pi}} c^{-\mu'}.$$

Pour donner une application de ces formules, imaginons, dans une urne C, un très grand nombre m de boules blanches et un pareil nombre de boules noires. Ces boules ayant été mêlées, supposons que l'on tire de l'urne n boules, que l'on met dans l'urne A. Supposons ensuite que l'on mette dans l'urne B autant de boules blanches qu'il y a de boules noires dans l'urne A, et autant de boules noires qu'il y a de boules blanches dans la même urne. Il est clair que le nombre des cas dans lesquels il y aura x boules blanches, et par conséquent $n - x$ boules noires dans l'urne A, est égal au produit du nombre des combinaisons des m boules blanches de l'urne C, prises x à x, par le nombre des combinaisons des m boules noires de la même urne, prises $n - x$ à $n - x$. Ce produit est, par le n° 3, égal à

$$\frac{m(m-1)(m-2)\ldots(m-x+1)}{1.2.3\ldots x} \frac{m(m-1)(m-2)\ldots(m-n+x+1)}{1.2.3\ldots(n-x)}$$

ou à

$$\frac{(1.2.3\ldots m)^2}{1.2.3\ldots x.1.2.3\ldots(n-x).1.2.3\ldots(m-x).1.2.3\ldots(m-n+x)}.$$

Le nombre de tous les cas possibles est le nombre des combinaisons des $2m$ boules de l'urne C, prises n à n; ce nombre est

$$\frac{1.2.3\ldots 2m}{1.2.3\ldots n.1.2.3\ldots(2m-n)};$$

en divisant la fraction précédente par celle-ci, on aura, pour la probabilité de x ou pour la valeur initiale de U,

$$\frac{(1.2.3\ldots m)^2.1.2.3\ldots n.1.2.3\ldots(2m-n)}{1.2.3\ldots x.1.2.3\ldots(m-x).1.2.3\ldots(n-x).1.2.3\ldots(m-n+x).1.2.3\ldots 2m}.$$

Maintenant, si l'on observe que l'on a à très peu près, lorsque s est un grand nombre,

$$1.2.3\ldots s = s^{s+\frac{1}{2}} c^{-s} \sqrt{2\pi},$$

on trouvera facilement, après toutes les réductions, en faisant

$$x = \frac{n + \mu\sqrt{n}}{2},$$

et en négligeant les quantités de l'ordre $\frac{1}{n}$ qui ne sont pas multipliées par μ^2,

$$U = \frac{2}{\sqrt{n\pi}} \sqrt{\frac{m}{2m-n}}\, c^{-\frac{m\mu^2}{2m-n}};$$

en faisant donc

$$i^2 = \frac{m}{2m-n},$$

on aura

$$U = \frac{2i}{\sqrt{n\pi}}\, c^{-i^2\mu^2}.$$

Si le nombre m est infini, alors $i^2 = \frac{1}{2}$, et la valeur initiale de U est

$$U = \frac{\sqrt{2}}{\sqrt{n\pi}}\, c^{-\frac{1}{2}\mu^2}.$$

Sa valeur, après un nombre quelconque de tirages, est

$$U = \frac{2}{\sqrt{n\pi\left(1 + c^{-\frac{2i}{n}}\right)}}\, c^{-\frac{\mu^2}{1+c^{-\frac{2i}{n}}}}.$$

Le cas de m infini revient à celui dans lequel les urnes A et B seraient remplies, en projetant n fois une pièce qui amènerait indifféremment *croix* ou *pile*, et mettant dans l'urne A une boule blanche chaque fois que *croix* arriverait, et une boule noire chaque fois que *pile* arriverait, et faisant l'inverse pour l'urne B. Car il est visible que la probabilité de tirer une boule blanche de l'urne C est alors $\frac{1}{2}$, comme celle d'amener *croix* ou *pile*.

En prenant l'intégrale $\int U\,dx$ ou $\frac{1}{2}\int U\,d\mu\sqrt{n}$ depuis $\mu = -a$ jusqu'à $\mu = a$, on aura la probabilité que le nombre des boules blanches de l'urne A sera compris dans les limites $\pm a\sqrt{n}$.

On peut généraliser le résultat précédent, en supposant l'urne A remplie, comme au commencement de ce numéro, par la projection d'un prisme de $p + q$ faces latérales, dont p sont blanches et q sont noires. On a vu qu'alors, si l'on fait

$$i^2 = \frac{(p+q)^2}{2pq},$$

on a, à l'origine ou lorsque r est nul,

$$U = \frac{i}{\sqrt{n\pi}}\, e^{-\frac{i^2}{n}\left(r - \frac{np}{p+q}\right)^2}.$$

Supposons p et q très peu différents, en sorte que l'on ait

$$p = \frac{p+q}{2}\left(1 + \frac{a}{\sqrt{n}}\right),$$

$$q = \frac{p+q}{2}\left(1 - \frac{a}{\sqrt{n}}\right),$$

on aura

$$i^2 = \frac{2}{1 - \frac{a^2}{n}},$$

on, à très peu près, $i^2 = 2$; donc

$$U = \frac{2}{\sqrt{2n\pi}}\, e^{-\frac{2}{n}\left(r - \frac{n}{2} - \frac{a\sqrt{n}}{2}\right)^2}.$$

En faisant donc

$$x = \frac{n + \mu\sqrt{n}}{2},$$

on aura

$$U = \frac{2}{\sqrt{2n\pi}}\, c^{-\frac{1}{2}(\mu - a)^2}.$$

Supposons maintenant qu'après un nombre quelconque de tirages on ait

$$U = \frac{2}{\sqrt{n\theta\pi}}\, c^{-\frac{(\mu - \alpha)^2}{\theta}},$$

θ et α étant des fonctions de r. Si l'on substitue cette valeur dans l'équation aux différences partielles en U, on aura

$$- \frac{d\theta}{dr}\left[1 - \frac{2(\mu - \alpha)^2}{\theta}\right] + 4\frac{d\alpha}{dr}(\mu - \alpha)$$
$$= 4(\theta - 1)\left[1 - \frac{2(\mu - \alpha)^2}{\theta}\right] - 8\alpha(\mu - \alpha),$$

d'où l'on tire les deux équations suivantes :

$$\frac{\frac{d\theta}{dr}}{\theta - 1} = -4, \qquad \frac{d\alpha}{dr} = -2\alpha.$$

En les intégrant et observant qu'à l'origine de r, $\alpha = a$ et $\theta = 2$, on aura

$$\theta = 1 + c^{-4r'}, \qquad \alpha = a\,c^{-2r'},$$

ce qui donne

$$U = \frac{2}{\sqrt{n\pi(1 + c^{-4r'})}}\, c^{-\frac{(\mu - a c^{-2r'})^2}{1 + c^{-4r'}}}.$$

Cherchons maintenant la valeur moyenne du nombre des boules blanches contenues dans l'urne A, après r tirages. Cette valeur est la somme des produits des divers nombres des boules blanches, multipliées par leurs probabilités respectives; elle est donc égale à l'intégrale

$$\int \frac{n + \mu\sqrt{n}}{2}\, U\, \frac{d\mu\sqrt{n}}{2},$$

prise depuis $\mu = -\infty$ jusqu'à $\mu = \infty$. En substituant pour U sa valeur

donnée par la formule (k), on aura, en vertu des théorèmes précédents,
pour cette intégrale,

$$\tfrac{1}{2}n + \frac{\sqrt{n}}{4}\,\mathrm{L}^{(0)}\,c^{-\frac{2r}{n}}.$$

A l'origine où r est nul, cette valeur est $\tfrac{1}{2}n + \frac{\sqrt{n}}{2}\,\mathrm{L}^{(0)}$; ainsi l'on aura $\mathrm{L}^{(0}$
au moyen du nombre des boules blanches que l'urne A contient à cette
origine.

On peut obtenir fort simplement, de la manière suivante, la valeur
moyenne du nombre des boules blanches, après r tirages. Imaginons
que chaque boule blanche ait une valeur que nous représenterons par
l'unité, les boules noires étant supposées n'avoir aucune valeur. Il est
clair que le prix de l'urne A sera la somme des produits de tous les
nombres possibles de boules blanches qui peuvent exister dans l'urne,
multipliés par leurs probabilités respectives; ce prix est donc ce que
nous avons nommé *valeur moyenne du nombre des boules blanches.*
Nommons-le z, après le tirage $r^{\text{ième}}$. Au tirage suivant, s'il sort une
boule blanche, ce prix diminue d'une unité; or, si l'on suppose que x est
le nombre des boules blanches contenues dans l'urne après le tirage
$r^{\text{ième}}$, la probabilité d'en extraire une boule blanche sera $\frac{x}{n}$; en nommant donc U la probabilité de cette supposition, l'intégrale $\int \frac{\mathrm{U}\,x\,dx}{n}$,
étendue depuis $x = 0$ jusqu'à $x = n$, sera la diminution de z, résultante de la probabilité d'extraire une boule blanche de l'urne. Si l'on
fait, comme ci-dessus, $\frac{r}{n} = r'$, et si l'on désigne la fraction très petite
$\frac{1}{n}$ par dr', cette diminution sera égale à $z\,dr'$; car z est égal à $\int \mathrm{U}\,x\,dx$,
somme des produits des nombres des boules blanches par leurs proba-
bilités respectives. Le prix de l'urne A s'accroît, si l'on extrait une
boule blanche de l'urne B, pour la mettre dans l'urne A; or, x étant
supposé le nombre des boules blanches de l'urne A, $n - x$ sera celui
des boules blanches de l'urne B, et la probabilité d'extraire une boule
blanche de cette dernière urne sera $\frac{n - x}{n}$; en multipliant cette proba-

bilité par la probabilité U de x, l'intégrale $\int U \frac{n - x}{n} dx$, prise depuis x nul jusqu'à $x = n$, sera l'accroissement de z. $\int U(n - x) dx$ est le prix de l'urne B; en nommant donc z' ce prix, $z' dr'$ sera l'accroissement de z; on aura donc

$$dz = z' dr' - z dr'.$$

La somme des prix des deux urnes est évidemment égale à n, nombre des boules blanches qu'elles contiennent, ce qui donne $z' = n - z$; substituant cette valeur de z' dans l'équation précédente, elle devient

$$dz = (n - 2z) dr';$$

d'où l'on tire, en intégrant,

$$z = \tfrac{1}{2} n + \frac{L^{(0)}}{4 e^{2r'}},$$

$L^{(0)}$ étant une constante arbitraire, ce qui est conforme à ce qui précède.

On peut étendre toute cette analyse au cas d'un nombre quelconque d'urnes; nous nous bornerons ici à chercher la valeur moyenne du nombre des boules blanches que chaque urne contient après r tirages.

Considérons un nombre c d'urnes, disposées circulairement, et renfermant chacune le nombre n de boules, les unes blanches, et les autres noires, n étant supposé un très grand nombre. Supposons qu'après r tirages, $z_0, z_1, z_2, \ldots, z_{c-1}$ soient les prix respectifs des diverses urnes. Chaque tirage consiste à extraire en même temps une boule de chaque urne et à la mettre dans la suivante, en partant de l'une d'elles dans un sens déterminé. Si l'on fait $\frac{r}{n} = r'$ et $\frac{1}{n} = dr'$, on aura, par le raisonnement que nous venons de faire relativement à deux urnes,

$$dz_i = (z_{i-1} - z_i) dr';$$

cette équation a lieu depuis $i = 1$ jusqu'à $i = c - 1$. Dans le cas de $i = c$, on a

$$dz_0 = (z_{c-1} - z_0) dr'.$$

En intégrant ces équations, et supposant qu'à l'origine les prix respectifs de chaque urne, ou les nombres des boules blanches qu'elles contiennent, soient

$$\lambda_0, \quad \lambda_1, \quad \ldots, \quad \lambda_{c-1},$$

on parvient à ce résultat, qui a lieu depuis $i = 0$ jusqu'à $i = c - 1$,

$$z_i = \frac{1}{c} S e^{-\left(1 - \cos\frac{2s\pi}{c}\right)r} \left\{ \begin{aligned} &\lambda_0 && \cos\left(\frac{2si\pi}{c} - ar'\right) \\[4pt] &+ \lambda_1 && \cos\left[\frac{2s(i-1)\pi}{c} - ar'\right] \\[4pt] &+ \lambda_2 && \cos\left[\frac{2s(i-2)\pi}{c} - ar'\right] \\[4pt] &+ \cdots\cdots\cdots\cdots\cdots\cdots \\[4pt] &+ \lambda_{c-1} && \cos\left[\frac{2s(i-c+1)\pi}{c} - ar'\right] \end{aligned} \right\},$$

le signe S s'étendant à toutes les valeurs de s, depuis $s = 1$ jusqu'à $s = c$, et a étant égal à $\sin\frac{2s\pi}{c}$. Le terme de cette expression, correspondant à $s = c$, est indépendant de r', et égal à $\frac{1}{c}(\lambda_0 + \lambda_1 + \ldots + \lambda_{c-1})$, c'est-à-dire à la somme entière des boules blanches des urnes divisée par leur nombre. Ce terme est la limite de l'expression de z_i, d'où il suit qu'après un nombre infini de tirages les prix de chaque urne sont égaux entre eux.

CHAPITRE IV.

DE LA PROBABILITÉ DES ERREURS DES RÉSULTATS MOYENS D'UN GRAND NOMBRE
D'OBSERVATIONS ET DES RÉSULTATS MOYENS LES PLUS AVANTAGEUX.

18. Considérons maintenant les résultats moyens d'un grand nombre d'observations dont on connait la loi de facilité des erreurs. Supposons d'abord que, pour chaque observation, les erreurs puissent être également

$$-n, \quad -n+1, \quad -n+2, \quad \ldots, \quad -1, \quad 0, \quad 1, \quad 2, \quad \ldots, \quad n-2, \quad n-1, \quad n.$$

La probabilité de chaque erreur sera $\dfrac{1}{2n+1}$. Si l'on nomme s le nombre des observations, le coefficient de $c^{l\varpi\sqrt{-1}}$ dans le développement du polynôme

$$\left(c^{-n\varpi\sqrt{-1}} + c^{-(n-1)\varpi\sqrt{-1}} + c^{-(n-2)\varpi\sqrt{-1}} + \ldots + c^{-\varpi\sqrt{-1}} + 1 + c^{\varpi\sqrt{-1}} + \ldots + c^{n\varpi\sqrt{-1}}\right)^s$$

sera le nombre des combinaisons dans lesquelles la somme des erreurs est l. Ce coefficient est le terme indépendant de $c^{\varpi\sqrt{-1}}$ et de ses puissances dans le développement du même polynôme multiplié par $c^{-l\varpi\sqrt{-1}}$, et il est visiblement égal au terme indépendant de ϖ dans le même développement multiplié par $\dfrac{c^{l\varpi\sqrt{-1}} + c^{-l\varpi\sqrt{-1}}}{2}$ ou par $\cos l\varpi$; on aura donc, pour l'expression de ce coefficient,

$$\frac{1}{\pi}\int d\varpi \cos l\varpi \left(1 + 2\cos\varpi + 2\cos 2\varpi + \ldots + 2\cos n\varpi\right)^s,$$

l'intégrale étant prise depuis $\varpi = 0$ jusqu'à $\varpi = \pi$.

On a vu, dans le n° 36 du Livre Ier, que cette intégrale est

$$\frac{(2n+1)^s\sqrt{3}}{\sqrt{n(n+1)2s\pi}}\,c^{-\frac{\frac{3}{2}l^2}{n(n+1)s}};$$

le nombre total des combinaisons des erreurs est $(2n+1)^s$; en divisant la quantité précédente par celle-ci, on aura

$$\frac{\sqrt{3}}{\sqrt{n(n+1)2s\pi}}\,c^{-\frac{\frac{3}{2}l^2}{n(n+1)s}},$$

pour la probabilité que la somme des erreurs des s observations sera l.

Si l'on fait

$$l = 2t\sqrt{\frac{n(n+1)s}{6}},$$

la probabilité que la somme des erreurs sera comprise dans les limites $+2\mathrm{T}\sqrt{\frac{n(n+1)s}{6}}$ et $-2\mathrm{T}\sqrt{\frac{n(n+1)s}{6}}$ sera égale à

$$\frac{2}{\sqrt{\pi}}\int dt\,c^{-t^2},$$

l'intégrale étant prise depuis $t=0$ jusqu'à $t=\mathrm{T}$. Cette expression a lieu encore dans le cas de n infini. Alors, en nommant $2a$ l'intervalle compris entre les limites des erreurs de chaque observation, on aura $n=a$, et les limites précédentes deviendront $\pm\frac{2\mathrm{T}a\sqrt{s}}{\sqrt{6}}$: ainsi la probabilité que la somme des erreurs sera comprise dans les limites $\pm ar\sqrt{s}$ est

$$2\sqrt{\frac{3}{2\pi}}\int dr\,c^{-\frac{3}{2}r^2};$$

c'est aussi la probabilité que l'erreur moyenne sera comprise dans les limites $\pm\frac{ar}{\sqrt{s}}$; car on a l'erreur moyenne en divisant par s la somme des erreurs.

La probabilité que la somme des inclinaisons des orbites de s comètes sera comprise dans des limites données, en supposant toutes les inclinaisons également possibles, depuis zéro jusqu'à l'angle droit, est évidemment la même que la probabilité précédente ; l'intervalle $2a$ des limites des erreurs de chaque observation est, dans ce cas, l'intervalle $\frac{\pi}{2}$ des limites des inclinaisons possibles : alors la probabilité que la somme des inclinaisons doit être comprise dans les limites $\pm \frac{\pi r \sqrt{3}}{i}$

est $2\sqrt{\frac{3}{2\pi}} \int dr\, e^{-\frac{3}{2}r^2}$, ce qui s'accorde avec ce que l'on a trouvé dans le n° 13.

Supposons généralement que la probabilité de chaque erreur positive ou négative soit exprimée par $\varphi\left(\frac{x}{n}\right)$, x et n étant des nombres infinis. Alors, dans la fonction

$$1 + 2\cos\varpi + 2\cos 2\varpi + 2\cos 3\varpi + \ldots + 2\cos n\varpi,$$

chaque terme, tel que $2\cos x\varpi$, doit être multiplié par $\varphi\left(\frac{x}{n}\right)$; or on a

$$2\varphi\left(\frac{x}{n}\right)\cos x\varpi = 2\varphi\left(\frac{x}{n}\right) - \frac{x^2}{n^2}\varphi\left(\frac{x}{n}\right)n^2\varpi^2 + \ldots$$

En faisant donc

$$x' = \frac{x}{n}, \qquad dx' = \frac{1}{n},$$

la fonction

$$\varphi\left(\frac{0}{n}\right) + 2\varphi\left(\frac{1}{n}\right)\cos\varpi + 2\varphi\left(\frac{2}{n}\right)\cos 2\varpi + \ldots + 2\varphi\left(\frac{n}{n}\right)\cos n\varpi$$

devient

$$2n\int dx'\, \varphi(x') - n^3\varpi^2\int x'^2\, dx'\, \varphi(x') + \ldots,$$

les intégrales devant être étendues depuis $x' = 0$ jusqu'à $x' = 1$. Soit alors

$$k = 2\int dx'\, \varphi(x'), \qquad k'' = \int x'^2\, dx'\, \varphi(x'), \qquad \ldots$$

La série précédente devient

$$nk\left(1 - \frac{k''}{k}\, n^2\varpi^2 + \ldots\right).$$

Maintenant la probabilité que la somme des erreurs des s observations sera comprise dans les limites $\pm l$ est, comme il est facile de s'en assurer par les raisonnements précédents,

$$\frac{2}{\pi}\int\int d\varpi\, dl \cos l\varpi \left\{ \begin{aligned} &\varphi\left(\frac{0}{n}\right) + 2\varphi\left(\frac{1}{n}\right)\cos\varpi + 2\varphi\left(\frac{2}{n}\right)\cos 2\varpi + \ldots \\ &\qquad\qquad\qquad + 2\varphi\left(\frac{n}{n}\right)\cos n\varpi \end{aligned} \right\}^{s},$$

l'intégrale étant prise depuis ϖ nul jusqu'à $\varpi = \pi$; cette probabilité est donc

$$(u) \qquad\qquad 2\frac{(nk)^{s}}{\pi}\int\int d\varpi\, dl \cos l\varpi \left(1 - \frac{k''}{k}n^2\varpi^2 - \ldots\right)^{s}.$$

Supposons

$$\left(1 - \frac{k''}{k}n^2\varpi^2 - \ldots\right)^{s} = c^{-t^2};$$

en prenant les logarithmes hyperboliques, on aura, à très peu près, lorsque s est un grand nombre,

$$s\,\frac{k''}{k}n^2\varpi^2 = t^2,$$

ce qui donne

$$\varpi = \frac{t}{n}\sqrt{\frac{k}{k''s}}.$$

Si l'on observe ensuite que, nk ou $2\int dx\,\varphi\left(\frac{x}{n}\right)$ exprimant la probabilité que l'erreur d'une observation est comprise dans les limites $\pm n$, cette quantité doit être égale à l'unité, la fonction (u) deviendra

$$\frac{2}{n\pi}\sqrt{\frac{k}{k''s}}\int\int dl\, dt\, c^{-t^2}\cos\left(\frac{lt}{n}\sqrt{\frac{k}{k''s}}\right),$$

l'intégrale relative à t devant être prise depuis t nul jusqu'à $t = \pi n\sqrt{\frac{k''s}{k}}$, ou jusqu'à $t = \infty$, n étant supposé infini. Or on a, par le n° 25 du Livre Ier,

$$\int dt \cos\left(\frac{lt}{n}\sqrt{\frac{k}{k''s}}\right) c^{-t^2} = \frac{\sqrt{\pi}}{2}\, c^{-\frac{l^2}{4n^2}\frac{k}{k''s}},$$

en faisant donc

$$\frac{l}{n} = 2t' \sqrt{\frac{k''s}{k}},$$

la fonction (u) devient

$$\frac{2}{\sqrt{\pi}} \int dt'\, e^{-t'^2}.$$

Ainsi, en nommant, comme ci-dessus, $2a$ l'intervalle compris entre les limites des erreurs de chaque observation, la probabilité que la somme des erreurs des s observations sera comprise dans les limites $\pm ar\sqrt{s}$ est

$$\sqrt{\frac{k}{k''\pi}} \int dr\, e^{-\frac{kr^2}{k''s}}.$$

Si $\varphi\left(\frac{x}{n}\right)$ est constant, alors $\frac{k}{k''} = 6$, et cette probabilité devient

$$2\sqrt{\frac{3}{2\pi}} \int dr\, e^{-\frac{3}{2}r^2}.$$

ce qui est conforme à ce que l'on a trouvé ci-dessus.

Si $\varphi\left(\frac{x}{n}\right)$ ou $\varphi(x')$ est une fonction rationnelle et entière de x', on aura, par la méthode du n° 15, la probabilité que la somme des erreurs sera comprise dans les limites $\pm ar\sqrt{s}$, exprimée par une suite de puissances s, $2s$, ... de quantités de la forme $s - \mu \pm r\sqrt{s}$, dans lesquelles μ augmente en progression arithmétique, ces quantités étant continuées jusqu'à ce qu'elles deviennent négatives. En comparant cette suite à l'expression précédente de la même probabilité, on obtiendra d'une manière fort approchée la valeur de la suite, et l'on parviendra ainsi sur ce genre de suites à des théorèmes analogues à ceux que nous avons donnés dans le n° 42 du Livre Iᵉʳ, sur les différences finies des puissances d'une variable.

Si la loi de facilité des erreurs est exprimée par une exponentielle négative qui puisse s'étendre jusqu'à l'infini, et généralement si les erreurs peuvent s'étendre à l'infini, alors a devient infini, et l'applica-

tion de la méthode précédente peut offrir quelques difficultés. Dans
tous ces cas, on fera

$$\frac{x}{h} = x', \qquad \frac{1}{h} = dx',$$

h étant une quantité quelconque finie, et en suivant exactement l'analyse précédente, on trouvera, pour la probabilité que la somme des
erreurs des s observations est comprise dans les limites $\pm hr\sqrt{s}$,

$$\sqrt{\frac{k}{h''\pi}} \int dr\, c^{-\frac{kr^2}{h''^2}},$$

expression dans laquelle on doit observer que $\varphi\left(\frac{x}{h}\right)$ ou $\varphi(x')$ exprime
la probabilité de l'erreur $\pm x$, et que l'on a

$$k = 2\int dx'\, \varphi(x'), \qquad k'' = \int x'^2\, dx'\, \varphi(x'),$$

les intégrales étant prises depuis $x' = 0$ jusqu'à $x' = \infty$.

19. Déterminons présentement la probabilité que la somme des erreurs d'un très grand nombre d'observations sera comprise dans des
limites données, abstraction faite du signe de ces erreurs, c'est-à-dire,
en les prenant toutes positivement. Pour cela, considérons la suite

$$\varphi\left(\frac{n}{n}\right) c^{-n\varpi\sqrt{-1}} + \varphi\left(\frac{n-1}{n}\right) c^{-(n-1)\varpi\sqrt{-1}} + \ldots + \varphi\left(\frac{0}{n}\right) + \ldots$$

$$+ \varphi\left(\frac{n-1}{n}\right) c^{(n-1)\varpi\sqrt{-1}} + \varphi\left(\frac{n}{n}\right) c^{n\varpi\sqrt{-1}},$$

$\varphi\left(\frac{x}{n}\right)$ étant l'ordonnée de la courbe de probabilité des erreurs, correspondante à l'erreur $\pm x$, et x étant, ainsi que n, considéré comme
formé d'un nombre infini d'unités. Si l'on élève cette suite à la puissance s, après avoir changé le signe des exponentielles négatives, le
coefficient d'une exponentielle quelconque, telle que $c^{(s-\mu)\varpi\sqrt{-1}}$, sera
la probabilité que la somme des erreurs, prises abstraction faite du

signe, est $l+\mu s$; cette probabilité est donc

$$\frac{1}{2\pi}\int d\varpi\, c^{-(l+\mu s)\varpi\sqrt{-1}}\left\{ \begin{array}{l} \varphi\left(\frac{0}{n}\right)+2\varphi\left(\frac{1}{n}\right)c^{\varpi\sqrt{-1}}+2\varphi\left(\frac{2}{n}\right)c^{2\varpi\sqrt{-1}}+\ldots \\[2mm] \qquad\qquad\qquad +2\varphi\left(\frac{n}{n}\right)c^{n\varpi\sqrt{-1}} \end{array}\right\},$$

l'intégrale relative à ϖ étant prise depuis $\varpi=-\pi$ jusqu'à $\varpi=\pi$; car, dans cet intervalle, l'intégrale $\int d\varpi\, c^{-r\varpi\sqrt{-1}}$ ou

$$\int d\varpi(\cos r\varpi - \sqrt{-1}\sin r\varpi)$$

disparait, quel que soit r, pourvu qu'il ne soit pas nul.

On a, en développant par rapport aux puissances de ϖ,

$$(1)\left\{ \begin{array}{l} \log\left\{ c^{-\mu\varpi\sqrt{-1}}\left[\varphi\left(\frac{0}{n}\right)+2\varphi\left(\frac{1}{n}\right)c^{\varpi\sqrt{-1}}+\ldots+2\varphi\left(\frac{n}{n}\right)c^{n\varpi\sqrt{-1}}\right]'\right\} \\[3mm] =s\log\left\{ \begin{array}{l} \varphi\left(\frac{0}{n}\right)+2\varphi\left(\frac{1}{n}\right)+2\;\varphi\left(\frac{2}{n}\right)+\ldots+2\;\varphi\left(\frac{n}{n}\right) \\[2mm] +2\varpi\sqrt{-1}\left[\varphi\left(\frac{1}{n}\right)+2\;\varphi\left(\frac{2}{n}\right)+\ldots+n\;\varphi\left(\frac{n}{n}\right)\right] \\[2mm] -\varpi^2\left[\varphi\left(\frac{1}{n}\right)+2^2\varphi\left(\frac{2}{n}\right)+\ldots+n^2\varphi\left(\frac{n}{n}\right)\right] \\[2mm] -\ldots\ldots\ldots\ldots\ldots\ldots\ldots\ldots\ldots\ldots\ldots \end{array}\right\}-\mu s\varpi\sqrt{-1}. \end{array}\right.$$

En faisant donc

$$\frac{x}{n}=x',\qquad \frac{1}{n}=dx',$$

on a

$$2\int dx'\,\varphi(x')=k,\qquad \int x'\,dx'\,\varphi(x')=k',\qquad \int x'^2\,dx'\,\varphi(x')=k'',$$

$$\int x'^3\,dx'\,\varphi(x')=k''',\qquad \int x'^4\,dx'\,\varphi(x')=k^{\mathrm{iv}},\qquad \ldots\ldots\ldots\ldots\ldots\ldots,$$

les intégrales étant prises depuis x' nul jusqu'à $x'=1$; le second membre de l'équation (1) devient

$$s\log nk + s\log\left(1+\frac{2k'}{k}n\varpi\sqrt{-1}-\frac{k''}{k}n^2\varpi^2-\ldots\right)-\mu s\varpi\sqrt{-1}.$$

L'erreur de chaque observation devant tomber nécessairement dans les limites $\pm n$, on a $nk = 1$; la quantité précédente devient ainsi

$$s\left(\frac{2\,k'}{k} - \frac{u}{n}\right) n\varpi \sqrt{-1 - \frac{(kk'' - 2\,k'^2)\,s\,n^2\varpi^2}{k^2}} - \ldots;$$

en faisant donc

$$\frac{u}{n} = \frac{2\,k'}{k}$$

et négligeant les puissances de ϖ supérieures au carré, cette quantité se réduit à son second terme, et la probabilité précédente devient

$$\frac{1}{2\pi}\int d\varpi\, c^{-t\varpi\sqrt{-1} - \frac{kk'' - 2k'^2}{k^2}\,sn^2\varpi^2}.$$

Soient

$$6 = \frac{k}{\sqrt{kk'' - 2\,k'^2}}, \qquad \varpi = \frac{6t}{n\sqrt{s}}, \qquad \frac{l}{n} = r\sqrt{s}.$$

L'intégrale précédente devient

$$\frac{1}{2\pi}\,\frac{c^{-\frac{6r^2}{4}}}{n\sqrt{s}}\int 6\,dt\, c^{-\left(t + \frac{6\sqrt{-1}}{2n\sqrt{s}}\right)^2}.$$

Cette intégrale doit être prise depuis $t = -\infty$ jusqu'à $t = \infty$, et alors la quantité précédente devient

$$\frac{6}{2\sqrt{\pi}\,n\sqrt{s}}\,c^{-\frac{6r^2}{4}}.$$

En la multipliant par dl ou par $n\,dr\sqrt{s}$, l'intégrale

$$\frac{1}{2\sqrt{\pi}}\int 6\,dr\, c^{-\frac{6r^2}{4}}$$

sera la demi-probabilité que la valeur de l, et, par conséquent, la somme des erreurs des observations, est comprise dans les limites $\frac{2\,k'}{k}\,us \pm ar\sqrt{s}$, $\pm a$ étant les limites des erreurs de chaque observation, limites que nous désignons par $\pm n$, quand nous les concevons partagées dans une infinité de parties.

On voit ainsi que la somme des erreurs la plus probable, abstraction faite du signe, est celle qui répond à $r = 0$. Cette somme est $\frac{2k'}{k}\, as$. Dans le cas où $\varphi(x)$ est constant, $\frac{2k'}{k} = \frac{1}{2}$; la somme des erreurs la plus probable est donc alors la moitié de la plus grande somme possible, somme qui est égale à sa. Mais, si $\varphi(x)$ n'est pas constant et diminue à mesure que l'erreur x augmente, alors $\frac{2k'}{k}$ est moindre que $\frac{1}{2}$, et la somme des erreurs, abstraction faite du signe, est au-dessous de la moitié de la plus grande somme possible.

On peut, par la même analyse, déterminer la probabilité que la somme des carrés des erreurs sera $l + \mu s$; il est facile de voir que cette probabilité a pour expression l'intégrale

$$\frac{1}{2\pi} \int d\varpi\, c^{-(l+\mu s)\varpi\sqrt{-1}} \left\{ \varphi\left(\frac{0}{n}\right) + 2\varphi\left(\frac{1}{n}\right) c^{\varpi\sqrt{-1}} + 2\varphi\left(\frac{2}{n}\right) c^{2\varpi\sqrt{-1}} + \cdots \right. \\ \left. + 2\varphi\left(\frac{n}{n}\right) c^{n\varpi\sqrt{-1}} \right\}^{s},$$

prise depuis $\varpi = -\pi$ jusqu'à $\varpi = \pi$. En suivant exactement l'analyse précédente, on aura

$$\mu = \frac{2n^2 k''}{k},$$

et en faisant

$$6' = \frac{k}{\sqrt{k k^{iv} - 2 k''^2}},$$

la probabilité que la somme des carrés des erreurs des s observations sera comprise dans les limites $\frac{2k''}{k} a^2 s \pm a^2 r\sqrt{s}$ sera

$$\frac{1}{\sqrt{\pi}} \int 6'\, dr\, c^{-6'^2 r^2}.$$

La somme la plus probable est celle qui répond à r nul; elle est donc $\frac{2k''}{k} a^2 s$. Si s est un très grand nombre, le résultat des observations s'écartera très peu de cette valeur, et par conséquent il fera connaître à très peu près le facteur $\frac{a^2 k''}{k}$.

20. Lorsque l'on veut corriger un élément déjà connu à fort peu
près, par l'ensemble d'un grand nombre d'observations, on forme des
équations de condition de la manière suivante. Soient z la correction de
l'élément, et 6 l'observation; l'expression analytique de celle-ci sera
une fonction de l'élément. En y substituant, au lieu de l'élément, sa
valeur approchée, plus la correction z; en réduisant en série par rapport à z et négligeant le carré de z, cette fonction prendra la forme
$h + pz$; en l'égalant à la quantité observée 6, on aura

$$6 = h + pz.$$

z serait donc déterminé, si l'observation était rigoureuse; mais, comme
elle est susceptible d'erreur, en nommant ε cette erreur, on a exactement, aux quantités près de l'ordre z^2,

$$6 + \varepsilon = h + pz;$$

et en faisant $6 - h = \alpha$, on a

$$\varepsilon = pz - \alpha.$$

Chaque observation fournit une équation semblable, que l'on peut
représenter pour l'observation $(i + 1)^{\text{ieme}}$ par celle-ci

$$\varepsilon^{(i)} = p^{(i)} z - \alpha^{(i)}.$$

En réunissant toutes ces équations, on a

$$(1) \qquad\qquad S\varepsilon^{(i)} = z S p^{(i)} - S\alpha^{(i)},$$

le signe S se rapportant à toutes les valeurs de i, depuis $i = 0$ jusqu'à
$i = s - 1$, s étant le nombre total des observations. En supposant nulle
la somme des erreurs, cette équation donne

$$z = \frac{S\alpha^{(i)}}{S p^{(i)}};$$

c'est ce que l'on nomme ordinairement *résultat moyen des observations*.

On a vu, dans le n° 18, que la probabilité que la somme des erreurs des s observations sera comprise dans les limites $\pm\, ar\sqrt{s}$ est

$$\sqrt{\frac{k}{k''\pi}}\, \int dr\, e^{-\frac{kr^2}{k''}}.$$

Nommons $\pm u$ l'erreur du résultat z; en substituant, dans l'équation (1), $\pm\, ar\sqrt{s}$ au lieu de $\mathrm{S}\varepsilon^{(i)}$, et $\dfrac{\mathrm{S}\alpha^{(i)}}{\mathrm{S}p^{(i)}} \pm u$ au lieu de z, elle donne

$$r = \frac{u\,\mathrm{S}p^{(i)}}{a\sqrt{s}};$$

la probabilité que l'erreur du résultat z sera comprise dans les limites $\pm u$ est donc

$$\sqrt{\frac{k}{k''s\pi}}\, \mathrm{S}p^{(i)} \int \frac{du}{a}\, e^{-\frac{ku^2\,\mathrm{S}p^{(i)2}}{k''a^2 s}}.$$

Au lieu de supposer nulle la somme des erreurs, on peut supposer nulle une fonction quelconque linéaire de ces erreurs, que nous représenterons ainsi,

$$(m)\qquad\qquad m\,\varepsilon + m^{(1)}\varepsilon^{(1)} + m^{(2)}\varepsilon^{(2)} + \ldots + m^{(i-1)}\varepsilon^{(i-1)}.$$

$m, m^{(1)}, m^{(2)}, \ldots$ étant des nombres entiers positifs ou négatifs. En substituant dans cette fonction (m), au lieu de $\varepsilon, \varepsilon^{(1)}, \ldots$, leurs valeurs données par les équations de condition, elle devient

$$z\,\mathrm{S}m^{(i)}p^{(i)} - \mathrm{S}m^{(i)}\alpha^{(i)};$$

en égalant donc à zéro la fonction (m), on a

$$z = \frac{\mathrm{S}m^{(i)}\alpha^{(i)}}{\mathrm{S}m^{(i)}p^{(i)}}.$$

Soit u l'erreur de ce résultat, en sorte que l'on ait

$$z = \frac{\mathrm{S}m^{(i)}\alpha^{(i)}}{\mathrm{S}m^{(i)}p^{(i)}} + u;$$

la fonction (m) devient

$$u\,\mathrm{S}m^{(i)}p^{(i)}.$$

Déterminons la probabilité de l'erreur u, lorsque les observations sont en grand nombre.

Pour cela, considérons le produit

$$\int \varphi\left(\frac{x}{a}\right) c^{mx\varpi\sqrt{-1}} \times \int \varphi\left(\frac{x}{a}\right) c^{m^{(\prime)}x\varpi\sqrt{-1}} \times \ldots \times \int \varphi\left(\frac{x}{a}\right) c^{m^{(s-1)}x\varpi\sqrt{-1}},$$

le signe $\int$ s'étendant à toutes les valeurs de x, depuis la valeur négative extrême de x jusqu'à sa valeur positive extrême. $\varphi\left(\frac{x}{a}\right)$ est, comme dans les numéros précédents, la probabilité d'une erreur x dans chaque observation; x étant supposé, ainsi que a, formé d'une infinité de parties prises pour unité. Il est clair que le coefficient d'une exponentielle quelconque $c^{l\varpi\sqrt{-1}}$, dans le développement de ce produit, sera la probabilité que la somme des erreurs des observations, multipliées respectivement par m, $m^{(\prime)}$, …, c'est-à-dire la fonction (m), sera égale à l; en multipliant donc le produit précédent par $c^{-l\varpi\sqrt{-1}}$, le terme indépendant de $c^{\varpi\sqrt{-1}}$ et de ses puissances, dans ce nouveau produit, exprimera cette probabilité. Si l'on suppose, comme nous le ferons ici, la probabilité des erreurs positives la même que celle des erreurs négatives, on pourra, dans la somme $\int \varphi\left(\frac{x}{a}\right) c^{mx\varpi\sqrt{-1}}$, réunir les termes multipliés, l'un par $c^{mx\varpi\sqrt{-1}}$, et l'autre par $c^{-mx\varpi\sqrt{-1}}$; alors cette somme prend la forme $2\int \varphi\left(\frac{x}{a}\right) \cos mx\varpi$. Il en est de même de toutes les sommes semblables. De là il suit que la probabilité que la fonction (m) sera égale à l est égale à

$$(i) \quad \frac{1}{2\pi}\int d\varpi \left\{ \begin{array}{l} c^{-l\varpi\sqrt{-1}} \times 2\int \varphi\left(\frac{x}{a}\right) \cos mx\varpi \\[2mm] \times 2\int \varphi\left(\frac{x}{a}\right) \cos m^{(i)}x\varpi \times \ldots \times 2\int \varphi\left(\frac{x}{a}\right) \cos m^{(s-1)}x\varpi \end{array} \right\},$$

l'intégrale étant prise depuis $\varpi = -\pi$ jusqu'à $\varpi = \pi$. On a, en réduisant les cosinus en séries,

$$\int \varphi\left(\frac{x}{a}\right) \cos mx\varpi = \int \varphi\left(\frac{x}{a}\right) - \tfrac{1}{2}m^2 a^2 \varpi^2 \int \frac{x^2}{a^2} \varphi\left(\frac{x}{a}\right) + \ldots.$$

Si l'on fait $\frac{x}{a} = x'$ et si l'on observe que, la variation de x étant l'unité, on a $dx' = \frac{1}{a}$, on aura

$$\textstyle\int \varphi\left(\frac{x'}{a}\right) = a\int dx'\,\varphi(x').$$

Nommons, comme dans les numéros précédents, k l'intégrale $2\int dx'\varphi(x')$. prise depuis x' nul jusqu'à sa valeur positive extrême; nommons pareillement k'' l'intégrale $\int x'^2\,dx'$, prise dans les mêmes limites, et ainsi de suite; nous aurons

$$2\int \varphi\left(\frac{x'}{a}\right)\cos m\,x\,\varpi = ak\left(1 - \frac{k''}{k}\,m^2 a^2 \varpi^2 + \frac{k^{\text{iv}}}{12\,k}\,m^4 a^4 \varpi^4 - \ldots\right).$$

Le logarithme du second membre de cette équation est

$$-\frac{k''}{k}\,m^2 a^2 \varpi^2 + \frac{kk^{\text{iv}} - 6k''^2}{12\,k^2}\,m^4 a^4 \varpi^4 - \ldots + \log ak;$$

ak ou $2a\int dx'\varphi(x')$ exprime la probabilité que l'erreur de chaque observation sera comprise dans ses limites, ce qui est certain; on a donc $ak = 1$; ce qui réduit le logarithme précédent à

$$-\frac{k''}{k}\,m^2 a^2 \varpi^2 + \frac{kk^{\text{iv}} - 6k''^2}{12\,k^2}\,m^4 a^4 \varpi^4 - \ldots.$$

De là il est aisé de conclure que le produit

$$2\int\varphi\left(\frac{x'}{a}\right)\cos m\,x\,\varpi \times 2\int\varphi\left(\frac{x'}{a}\right)\cos m^{(i)}x\,\varpi \times \ldots \times 2\int\varphi\left(\frac{x'}{a}\right)\cos m^{(i-1)}x\,\varpi$$

est

$$\left(1 + \frac{kk^{\text{iv}} - 6k''^2}{12\,k^2}\,a^4 \varpi^4 S m^{(i)4} + \ldots\right)e^{-\frac{k''}{k}a^2 \varpi^2 S m^{(i)2}};$$

l'intégrale précédente (i) se réduit donc à

$$\frac{1}{2\pi}\int d\varpi\left(1 + \frac{kk^{\text{iv}} - 6k''^2}{12\,k^2}\,a^4 \varpi^4 S m^{(i)4} + \ldots\right)e^{\varpi\sqrt{-1} - \frac{k''}{k}a^2 \varpi^2 S m^{(i)2}};$$

En faisant $sa^2\varpi^2 = t^2$, cette intégrale devient

$$\frac{1}{2a\pi\sqrt{s}}\int dt\left(1 + \frac{kk^{\text{iv}} - 6k''^2}{12\,k^2}\,\frac{S m^{(i)4}}{s^2}\,t^4 + \ldots\right)e^{-\frac{t\sqrt{-1}}{a\sqrt{s}} - \frac{k''}{k}\frac{S m^{(i)2}}{s}\,t^2};$$

$Sm^{(i)2}$, $Sm^{(i)4}$, ... sont évidemment des quantités de l'ordre s; ainsi $\frac{Sm^{(i)4}}{s^2}$ est de l'ordre $\frac{1}{s}$; en négligeant donc les termes de ce dernier ordre vis-à-vis de l'unité, la dernière intégrale se réduit à

$$\frac{1}{2a\pi\sqrt{s}}\int dt\, c^{-\frac{l t\sqrt{-1}}{a\sqrt{s}} - \frac{k''}{k}\frac{Sm^{(i)2}}{s}t^2}.$$

L'intégrale relative à ϖ devant être prise depuis $\varpi = -\pi$ jusqu'à $\varpi = \pi$, l'intégrale relative à t doit être prise depuis $t = -a\pi\sqrt{s}$ jusqu'à $t = a\pi\sqrt{s}$, et dans ces cas l'exponentielle sous le signe $\int$ est insensible à ces deux limites, soit parce que s est un grand nombre, soit parce que a est ici supposé divisé dans une infinité de parties prises pour unité; on peut donc prendre l'intégrale depuis $t = -\infty$ jusqu'à $t = \infty$. Faisons

$$t' = \sqrt{\frac{k'' S m^{(i)2}}{ks}}\left(t + \frac{l\sqrt{-1}\,k\sqrt{s}}{2ak'' S m^{(i)2}}\right);$$

la fonction intégrale précédente devient

$$\frac{c^{-\frac{kl^2}{4k''a^2 Sm^{(i)2}}}}{2a\pi\sqrt{\frac{k''}{k}Sm^{(i)2}}}\int dt'\, c^{-t'^2}.$$

L'intégrale relative à t' doit être prise, comme l'intégrale relative à t, depuis $t' = -\infty$ jusqu'à $t' = \infty$, ce qui réduit la quantité précédente à celle-ci,

$$\frac{c^{-\frac{kl^2}{4k''a^2 Sm^{(i)2}}}}{2a\sqrt{\pi}\sqrt{\frac{k''}{k}Sm^{(i)2}}}.$$

Si l'on fait $l = ar\sqrt{s}$ et si l'on observe que, la variation de l étant l'unité, on a $a\,dr = 1$, on aura

$$\frac{\sqrt{s}}{2\sqrt{\frac{k''\pi}{k}Sm^{(i)2}}}\int dr\, c^{-\frac{kr^2 s}{4k'' Sm^{(i)2}}},$$

pour la probabilité que la fonction (m) sera comprise dans les limites
zéro et $ar\sqrt{s}$, l'intégrale étant prise depuis r nul.

Nous avons besoin ici de connaître la probabilité de l'erreur u de
l'élément déterminé en faisant nulle la fonction (m). Cette fonction
étant supposée égale à l ou à $ar\sqrt{s}$, on aura, par ce qui précède,

$$u \, \mathrm{S}\, m^{(i)} p^{(i)} = ar\sqrt{s};$$

en substituant cette valeur dans la fonction intégrale précédente, elle
devient

$$\frac{\mathrm{S}\, m^{(i)} p^{(i)}}{2a\sqrt{\dfrac{k''}{k}\dfrac{\pi}{}\, \mathrm{S}\, m^{(i)2}}} \int du \, e^{-\frac{k u^2 \, \mathrm{S}\, m^2 p^{(i)}}{k'' a^2 \mathrm{S}\, m^{i}}};$$

c'est l'expression de la probabilité que la valeur de u sera comprise
dans les limites zéro et u, c'est aussi l'expression de la probabilité que
u sera compris dans les limites zéro et $- u$. Si l'on fait

$$u = 2al\sqrt{\frac{k''}{k}\frac{\sqrt{\mathrm{S}\, m^{(i)2}}}{\mathrm{S}\, m^{(i)} p^{(i)}}},$$

la probabilité précédente devient

$$\frac{1}{\sqrt{\pi}}\int dt \, e^{-t^2}.$$

Maintenant, la probabilité restant la même, t reste le même, et l'inter-
valle des deux limites de u se resserre d'autant plus que $a\sqrt{\dfrac{k''}{k}}\dfrac{\sqrt{\mathrm{S}\, m^{(i)2}}}{\mathrm{S}\, m^{(i)} p^{(i)}}$
est plus petit. Cet intervalle restant le même, la valeur de t, et par con-
séquent la probabilité que l'erreur de l'élément tombe dans cet inter-
valle, est d'autant plus grande que la même quantité $a\sqrt{\dfrac{k''}{k}}\dfrac{\sqrt{\mathrm{S}\, m^{(i)2}}}{\mathrm{S}\, m^{(i)} p^{(i)}}$
est plus petite; il faut donc choisir le système de facteurs $m^{(i)}$, qui rend
cette quantité un minimum; et comme a, k, k'' sont les mêmes dans
tous ces systèmes, il faut choisir le système qui rend $\dfrac{\sqrt{\mathrm{S}\, m^{(i)2}}}{\mathrm{S}\, m^{(i)} p^{(i)}}$ un minimum.

On peut parvenir au même résultat de cette manière. Reprenons l'expression de la probabilité que u sera compris dans les limites zéro et u. Le coefficient de du dans la différentielle de cette expression est l'ordonnée de la courbe des probabilités des erreurs u de l'élément, erreurs représentées par l'abscisse u de cette courbe, que l'on peut étendre à l'infini de chaque côté de l'ordonnée qui répond à u nul. Cela posé, toute erreur, soit positive, soit négative, doit être considérée comme un désavantage ou une perte réelle, à un jeu quelconque; or, par les principes de la théorie des probabilités, exposés au commencement de ce Livre, on évalue ce désavantage en prenant la somme de tous les produits de chaque désavantage par sa probabilité; la valeur moyenne de l'erreur à craindre en plus est donc la somme des produits de chaque erreur par sa probabilité; elle est par conséquent égale à l'intégrale

$$\frac{\int u\,du\,S\,m^{(i)}p^{,i}\,c^{-\frac{\{u^2\,S\,m^{,i}\,p^{,i}\}}{\{k'\,a^2\,S\,m^{,i}\}}}}{2\,a\sqrt{\frac{k^a\pi}{k}\,S\,m^{(i)2}}},$$

prise depuis u nul jusqu'à u infini; ainsi cette erreur est

$$a\sqrt{\frac{k^a}{k\pi}\,\frac{\sqrt{S\,m^{(i)2}}}{S\,m^{(i)}p^{(i)}}}.$$

Cette quantité, prise avec le signe $-$, donne l'erreur moyenne à craindre en moins. Il est visible que le système des facteurs $m^{(i)}$ qu'il faut choisir doit être tel que ces erreurs soient des minima et par conséquent tel que $\dfrac{\sqrt{S\,m^{(i)2}}}{S\,m^{(i)}p^{(i)}}$ soit un minimum.

Si l'on différentie cette fonction par rapport à $m^{(i)}$, on aura, en égalant sa différentielle à zéro, par la condition du minimum,

$$\frac{m^{(i)}}{S\,m^{(i)2}} = \frac{p^{(i)}}{S\,m^{(i)}p^{(i)}}.$$

Cette équation a lieu, quel que soit i, et, comme la variation de i ne fait point changer la fraction $\dfrac{S\,m^{(i)2}}{S\,m^{(i)}p^{(i)}}$, en nommant μ cette fraction, on aura

$$m = \mu p, \qquad m^{(1)} = \mu p^{(1)}, \qquad \ldots, \qquad m^{(i-1)} = \mu p^{(i-1)},$$

et l'on peut, quels que soient p, $p^{(1)}$, ..., prendre μ tel que les nombres m, $m^{(1)}$, ... soient des nombres entiers, comme l'analyse précédente le suppose. Alors on a

$$s = \frac{S p^{(i)} \alpha^{(i)}}{S p^{(i)2}},$$

et l'erreur moyenne à craindre devient

$$\pm \frac{a \sqrt{\dfrac{k^2}{k\pi}}}{\sqrt{S p^{(i)2}}}.$$

C'est, dans toutes les hypothèses que l'on peut faire sur les facteurs m, $m^{(1)}$, ..., la plus petite erreur moyenne possible.

Si l'on fait les valeurs de m, $m^{(1)}$, ... égales à ± 1, l'erreur moyenne à craindre sera plus petite lorsque le signe $\pm$ sera déterminé, de manière que $m^{(i)} p^{(i)}$ soit positif, ce qui revient à supposer $1 = m = m^{(1)} = \ldots$, et à préparer les équations de condition, de sorte que le coefficient de s dans chacune d'elles soit positif; c'est ce que l'on fait dans la méthode ordinaire. Alors le résultat moyen des observations est

$$z = \frac{S \alpha^{(i)}}{S p^{(i)}},$$

et l'erreur moyenne à craindre en plus ou en moins est

$$\pm \frac{a \sqrt{\dfrac{k^2 s}{k\pi}}}{S p^{(i)}};$$

mais cette erreur surpasse la précédente, qui, comme on l'a vu, est la plus petite possible. On peut s'en convaincre d'ailleurs de cette manière. Il suffit de faire voir que l'on a l'inégalité

$$\frac{\sqrt{s}}{S p^{(i)}} > \frac{1}{\sqrt{S p^{(i)2}}}$$

ou

$$s\, \mathrm{S}p^{(i)2} > (\mathrm{S}p^{(i)})^2.$$

En effet, $2pp^{(1)}$ est moindre que $p^2 + p^{(1)2}$, puisque $(p^{(1)} - p)^2$ est une quantité positive ; on peut donc, dans le second membre de l'inégalité précédente, substituer, pour $2pp^{(1)}$, $p^2 + p^{(1)2} - f$, f étant une quantité positive. En faisant des substitutions semblables pour tous les produits semblables, ce second membre sera égal au premier, moins une quantité positive.

Le résultat

$$z = \frac{\mathrm{S}p^{(i)}\alpha^{(i)}}{\mathrm{S}\,\overline{p^{(i)2}}},$$

auquel correspond le minimum d'erreur moyenne à craindre, est celui que donne la méthode des moindres carrés des erreurs des observations ; car, la somme de ces carrés étant

$$(pz - \alpha)^2 + (p^{(1)}z - \alpha^{(1)})^2 + \ldots + (p^{(s-1)}z - \alpha^{(s-1)})^2,$$

la condition du minimum de cette fonction, en faisant varier z, donne pour cette variable l'expression précédente ; cette méthode doit donc être employée de préférence, quelle que soit la loi de facilité des erreurs, loi dont dépend le rapport $\dfrac{k''}{k}$.

Ce rapport est $\frac{1}{6}$, si $\varphi(x)$ est une constante ; il est moindre que $\frac{1}{6}$, si $\varphi(x)$ est variable, et tel qu'il diminue à mesure que x augmente, comme il est naturel de le supposer. En adoptant la loi moyenne des erreurs, que nous avons donnée dans le n° 15 et suivant laquelle $\varphi(x)$ est égal à $\dfrac{1}{2a}\log\dfrac{a}{x}$, on a

$$\frac{k''}{k} = \frac{1}{18}.$$

Quant aux limites $\pm a$, on peut prendre pour ces limites les écarts du résultat moyen, qui feraient rejeter une observation.

Mais on peut, par les observations mêmes, déterminer le facteur $a\sqrt{\dfrac{k''}{k}}$ de l'expression de l'erreur moyenne. En effet, on a vu, dans le numéro précédent, que la somme des carrés des erreurs des observations est à très peu près $2s\dfrac{a^2 k''}{k}$, et que, si elles sont en grand nombre, il devient extrêmement probable que la somme observée ne s'écartera pas de cette valeur d'une quantité sensible; on peut donc les égaler : or la somme observée est égale à $S z^{(i)2}$ ou à $S(p^{(i)} z - x^{(i)})^2$, en substituant pour z sa valeur $\dfrac{S p^{(i)} x^{(i)}}{S p^{(i)2}}$; on trouve ainsi

$$2 s \frac{a^2 k''}{k} = \frac{S p^{(i)2} . S x^{(i)2} - (S p^{(i)} x^{(i)})^2}{S p^{(i)2}}.$$

L'expression précédente de l'erreur moyenne à craindre sur le résultat z devient alors

$$\pm \frac{\sqrt{S p^{(i)2} . S x^{(i)2} - (S p^{(i)} x^{(i)})^2}}{S p^{(i)2} \sqrt{2 s \pi}},$$

expression dans laquelle il n'y a rien qui ne soit donné par les observations et par les coefficients des équations de condition.

21. Supposons maintenant que l'on ait deux éléments à corriger par l'ensemble d'un grand nombre d'observations. En nommant z et z' les corrections respectives de ces éléments, on formera, comme dans le numéro précédent, des équations de condition, qui seront comprises dans cette forme générale

$$z^{(i)} = p^{(i)} z + q^{(i)} z' - x^{(i)},$$

$z^{(i)}$ étant, comme dans ce numéro, l'erreur de l'observation $(i + 1)^{ième}$. Si l'on multiplie respectivement par $m, m^{(1)}, \dots, m^{(t-1)}$ ces équations, et que l'on ajoute ensemble ces produits, on aura une première équation finale

$$S m^{(i)} z^{(i)} = z . S m^{(i)} p^{(i)} + z' . S m^{(i)} q^{(i)} - S m^{(i)} x^{(i)}.$$

En multipliant encore les mêmes équations respectivement par $n, n^{(1)}, \dots, n^{(t-1)}$ et ajoutant ces produits, on aura une seconde équation finale

$$S n^{(i)} z^{(i)} = z . S n^{(i)} p^{(i)} + z' . S n^{(i)} q^{(i)} - S n^{(i)} x^{(i)}.$$

le signe S s'étendant ici, comme dans le numéro précédent, à toutes les valeurs de i, depuis $i = 0$ jusqu'à $i = s - 1$.

Si l'on suppose nulles les deux fonctions $\mathrm{S}\,m^{(i)} z^{(i)}$, $\mathrm{S}\,n^{(i)} z^{(i)}$, fonctions que nous désignerons respectivement par (m) et (n), les deux équations finales précédentes donneront les corrections z et z' des deux éléments. Mais ces corrections sont susceptibles d'erreurs, relatives à celle dont la supposition que nous venons de faire est elle-même susceptible. Concevons donc que les fonctions (m) et (n), au lieu d'être nulles, soient respectivement l et l', et nommons u et u' les erreurs correspondantes des corrections z et z', déterminées par ce qui précède ; les deux équations finales deviendront

$$l = u.\mathrm{S}\, m^{(i)} p^{(i)} + u'.\mathrm{S}\, m^{(i)} q^{(i)},$$
$$l' = u.\mathrm{S}\, n^{(i)} p^{(i)} + u'.\mathrm{S}\, n^{(i)} q^{(i)}.$$

Il faut maintenant déterminer les facteurs m, $m^{(1)}$, …, n, $n^{(1)}$, …, de manière que l'erreur moyenne à craindre sur chaque élément soit un minimum. Pour cela, considérons le produit

$$\int \varphi\left(\frac{x}{a}\right) c^{-(m\varpi + n\varpi')x\sqrt{-1}} \times \int \varphi\left(\frac{x}{a}\right) c^{-(m^{(1)}\varpi + n^{(1)}\varpi')x\sqrt{-1}} \times \dots$$
$$\times \int \varphi\left(\frac{x}{a}\right) c^{-(m^{(i-1)}\varpi + n^{(i-1)}\varpi')x\sqrt{-1}},$$

le signe $\int$ se rapportant à toutes les valeurs de x, depuis $x = -a$ jusqu'à $x = a$; $\varphi\left(\dfrac{x}{a}\right)$ étant, comme dans le numéro précédent, la probabilité de l'erreur x, ainsi que de l'erreur $-x$. La fonction précédente devient, en réunissant les deux exponentielles relatives à x et à $-x$,

$$2\int \varphi\left(\frac{x}{a}\right) \cos(mx\varpi + nx\varpi') \times 2\int \varphi\left(\frac{x}{a}\right) \cos(m^{(1)}x\varpi + n^{(1)}x\varpi') \times \dots$$
$$\times 2\int \varphi\left(\frac{x}{a}\right) \cos(m^{(i-1)}x\varpi + n^{(i-1)}x\varpi'),$$

le signe $\int$ s'étendant ici à toutes les valeurs de x, depuis $x = 0$ jusqu'à $x = a$, x étant supposé, ainsi que a, divisé dans une infinité de parties prises pour unité. Présentement, il est clair que le terme indépendant des exponentielles, dans le produit de la fonction précédente par $c^{-l\varpi\sqrt{-1}-l'\varpi'\sqrt{-1}}$, est la probabilité que la somme des erreurs de chaque observation, multipliées respectivement par m, $m^{(1)}$, ..., ou la fonction (m), sera égale à l, en même temps que la fonction (n), somme des erreurs de chaque observation, multipliées respectivement par n, $n^{(1)}$, ..., sera égale à l'; cette probabilité est donc

$$\frac{1}{4\pi^2}\int\int d\varpi\,d\varpi'\,c^{-l\varpi\sqrt{-1}-l'\varpi'\sqrt{-1}}\left\{\begin{array}{l} 2\int\varphi\left(\frac{x}{a}\right)\cos(m\varpi + n\varpi')x\times\dots \\ \times 2\int\varphi\left(\frac{x}{a}\right)\cos(m^{(i-1)}\varpi + n^{(i-1)}\varpi')x \end{array}\right\},$$

les intégrales étant prises depuis ϖ et ϖ' égaux à $-\pi$, jusqu'à ϖ et ϖ' égaux à π. Cela posé :

En suivant exactement l'analyse du numéro précédent, on trouve que la fonction précédente se réduit à très peu près à

$$\frac{1}{4\pi^2}\int\int d\varpi\,d\varpi'\,c^{-l\varpi\sqrt{-1}-l'\varpi'\sqrt{-1}-\frac{k'}{k}a^2[\varpi^2 Sm^{(i)2}+2\varpi\varpi'.Sm^{(i)}n^{(i)}+\varpi'^2 Sn^{(i)2}]}.$$

k et k'' ayant ici la même signification que dans le numéro cité. On voit encore, par le même numéro, que les intégrales peuvent s'étendre depuis $a\varpi = -\infty$, $a\varpi' = -\infty$, jusqu'à $a\varpi = \infty$ et $a\varpi' = \infty$. Si l'on fait

$$t = a\varpi + \frac{a\varpi'.Sm^{(i)}n^{(i)}}{Sm^{(i)2}} + \frac{kl\sqrt{-1}}{2k''a.Sm^{(i)2}},$$

$$t' = a\varpi' - \frac{k}{2k''a}\frac{(lSm^{(i)}n^{(i)}-l'Sm^{(i)2})\sqrt{-1}}{Sm^{(i)2}.Sn^{(i)2}-(Sm^{(i)}n^{(i)})^2};$$

si l'on fait ensuite

$$E = Sm^{(i)2}.Sn^{(i)2} - (Sm^{(i)}n^{(i)})^2,$$

la double intégrale précédente devient

$$c^{-\frac{k}{4k''a^2 E}[l^2Sn^{(i)2}-2ll'Sm^{(i)}n^{(i)}+l'^2Sm^{(i)2}]}\times\int\int\frac{dt\,dt'}{4\pi^2 a^2}c^{-\frac{k''}{k}Sm^{(i)2}t^2-\frac{k''E}{kSm^{(i)2}}t'^2}.$$

En prenant les intégrales dans les limites infinies positives et négatives,
comme celles relatives à $a\varpi$ et $a\varpi'$, on aura

$$(o) \qquad \frac{1}{\left\{\frac{k''\pi}{k}\right\}^{\frac{1}{2}} a^2 \sqrt{\mathrm{E}}}\; e^{-\frac{k}{4k'a^2}\cdot\frac{l^2 Sn^{(i)2} - 2ll'\,Sm^{(i)}n^{(i)} + l'^2 Sm^{(i)2}}{\mathrm{E}}}.$$

Il faut maintenant, pour avoir la probabilité que les valeurs de l et de
l' seront comprises dans des limites données, multiplier cette quantité
par $dl\,dl'$, et l'intégrer ensuite dans ces limites. En nommant X cette
quantité, la probabilité dont il s'agit sera donc $\int\!\int X\,dl\,dl'$. Mais, pour
avoir la probabilité que les erreurs u et u' des corrections des éléments
seront comprises dans des limites données, il faut substituer dans cette
intégrale, au lieu de l et de l', leurs valeurs en u et u'. Or, si l'on différentie les expressions de l et de l', en supposant l' constant, on a

$$dl = du\, Sm^{(i)}p^{(i)} + du'\, Sm^{(i)}q^{(i)},$$
$$o = du\, Sn^{(i)}p^{(i)} + du'\, Sn^{(i)}q^{(i)},$$

ce qui donne

$$dl = \frac{du\left(Sm^{(i)}p^{(i)}.Sn^{(i)}q^{(i)} - Sn^{(i)}p^{(i)}.Sm^{(i)}q^{(i)}\right)}{Sn^{(i)}q^{(i)}}.$$

Si l'on différentie ensuite l'expression de l', en supposant u constant,
on a

$$dl' = du'\, Sn^{(i)}q^{(i)};$$

on aura donc

$$dl\,dl' = \left(Sm^{(i)}p^{(i)}.Sn^{(i)}q^{(i)} - Sn^{(i)}p^{(i)}.Sm^{(i)}q^{(i)}\right) du\,du'.$$

En faisant ensuite

$$F = Sn^{(i)2}(Sm^{(i)}p^{(i)})^2 - 2Sm^{(i)}n^{(i)}.Sm^{(i)}p^{(i)}.Sn^{(i)}p^{(i)} + Sm^{(i)2}.(Sn^{(i)}p^{(i)})^2,$$
$$G = Sn^{(i)2}.Sm^{(i)}p^{(i)}.Sm^{(i)}q^{(i)} + Sm^{(i)2}.Sn^{(i)}p^{(i)}.Sn^{(i)}q^{(i)}$$
$$\qquad - Sm^{(i)}n^{(i)}.Sn^{(i)}p^{(i)}.Sm^{(i)}q^{(i)} + Sm^{(i)}p^{(i)}.Sn^{(i)}q^{(i)},$$
$$H = Sn^{(i)2}.(Sm^{(i)}q^{(i)})^2 - 2Sm^{(i)}n^{(i)}.Sm^{(i)}q^{(i)}.Sn^{(i)}q^{(i)} + Sm^{(i)2}.(Sn^{(i)}q^{(i)})^2,$$
$$I = Sm^{(i)}p^{(i)}.Sn^{(i)}q^{(i)} - Sn^{(i)}p^{(i)}.Sm^{(i)}q^{(i)},$$

la fonction (ω) devient

$$\int\int \frac{k}{4k''\pi}\frac{1}{\sqrt{E}}\frac{du\,du'}{a^2}e^{-\frac{Eu^2+2Guu'+Hu'^2}{4k''^2a^2E}},$$

Intégrons d'abord cette fonction depuis $u' = -\infty$ jusqu'à $u' = \infty$. Si l'on fait

$$t = \frac{\sqrt{\dfrac{kH}{4k''}}\left(u' + \dfrac{Gu}{H}\right)}{a\sqrt{E}},$$

et si l'on prend l'intégrale depuis $t = -\infty$ jusqu'à $t = \infty$, on aura, en ne considérant que la variation de u',

$$\int\sqrt{\frac{k}{4k''\pi}}\frac{du}{a}\frac{1}{\sqrt{H}}e^{-\frac{ku^2}{4k''a^2}\frac{EH-G^2}{EH}}.$$

Or on a

$$\frac{EH-G^2}{E} = I^2;$$

l'intégrale précédente devient donc

$$\int\frac{1}{\sqrt{H}}\frac{du}{a}\sqrt{\frac{k}{4k''\pi}}e^{-\frac{k}{4k''}\frac{I^2u^2}{a^2H}}.$$

On aura, par le numéro précédent, l'erreur moyenne à craindre, en plus ou en moins, sur la correction du premier élément, en multipliant la quantité sous le signe $\int$ par $\pm u$, et prenant l'intégrale depuis $u = 0$ jusqu'à $u = \infty$, ce qui donne, pour cette erreur,

$$\pm\frac{a\sqrt{H}}{I\sqrt{\dfrac{k\pi}{k''}}},$$

le signe $+$ indiquant l'erreur moyenne à craindre en plus, et le signe $\cdots$ l'erreur moyenne à craindre en moins.

Déterminons présentement les facteurs $m^{(i)}$ et $n^{(i)}$, de manière que cette erreur soit un minimum. En faisant varier $m^{(i)}$ seul, on a

$$d \log \frac{\sqrt{\overline{\mathrm{II}}}}{1} = dm^{(i)} \frac{- p^{(i)} \mathrm{S} n^{(i)} q^{(i)} + q^{(i)} \mathrm{S} n^{(i)} p^{(i)}}{1}$$

$$+ dm^{(i)} \frac{\left\{ \begin{array}{l} q^{(i)} \mathrm{S} n^{(i)2}.\mathrm{S} m^{(i)} q^{(i)} - n^{(i)}.\mathrm{S} m^{(i)} q^{(i)}.\mathrm{S} n^{(i)} q^{(i)} \\ - q^{(i)} \mathrm{S} m^{(i)} n^{(i)}.\mathrm{S} n^{(i)} q^{(i)} + m^{(i)} (\mathrm{S} n^{(i)} q^{(i)})^2 \end{array} \right\}}{\mathrm{II}}.$$

Il est facile de voir que cette différentielle disparaît, si l'on suppose, dans les coefficients de $dm^{(i)}$,

$$m^{(i)} = \varkappa p^{(i)}, \qquad n^{(i)} = \varkappa q^{(i)},$$

$\varkappa$ étant un coefficient arbitraire indépendant de i, et au moyen duquel on peut rendre $m^{(i)}$ et $n^{(i)}$ des nombres entiers; la supposition précédente rend donc nulle la différentielle de $\frac{\sqrt{\overline{\mathrm{II}}}}{1}$, prise par rapport à $m^{(i)}$. On verra de la même manière que cette supposition rend nulle la différentielle de la même quantité, prise par rapport à $n^{(i)}$. Ainsi cette supposition rend un minimum l'erreur moyenne à craindre sur la correction du premier élément; et l'on verra de la même manière qu'elle rend encore un minimum l'erreur moyenne à craindre sur la correction du second élément, erreur que l'on obtient en changeant dans l'expression de la précédente II en F. Dans cette supposition, les corrections des deux éléments sont

$$z = \frac{\mathrm{S} q^{(i)2}.\mathrm{S} p^{(i)} \alpha^{(i)} - \mathrm{S} p^{(i)} q^{(i)}.\mathrm{S} q^{(i)} \alpha^{(i)}}{\mathrm{S} p^{(i)2}.\mathrm{S} q^{(i)2} - (\mathrm{S} p^{(i)} q^{(i)})^2},$$

$$z' = \frac{\mathrm{S} p^{(i)2}.\mathrm{S} q^{(i)} \alpha^{(i)} - \mathrm{S} p^{(i)} q^{(i)}.\mathrm{S} p^{(i)} \alpha^{(i)}}{\mathrm{S} p^{(i)2}.\mathrm{S} q^{(i)2} - (\mathrm{S} p^{(i)} q^{(i)})^2}.$$

Il est facile de voir que ces corrections sont celles que donne la méthode des moindres carrés des erreurs des observations, ou du minimum de la fonction

$$\mathrm{S}(p^{(i)} z + q^{(i)} z' - \alpha^{(i)})^2 ;$$

d'où il suit que cette méthode a généralement lieu, quel que soit le nombre des éléments à déterminer; car il est visible que l'analyse précédente peut s'étendre à un nombre quelconque d'éléments.

En substituant pour $a\sqrt{\frac{k''}{k\pi}}$ la quantité $\sqrt{\frac{S\varepsilon^{(i)2}}{2s\pi}}$, à laquelle on peut, par le n° **20**, le supposer égal, ε, $\varepsilon^{(i)}$, ... étant ce qui reste dans les équations de condition après y avoir substitué les corrections données par la méthode des moindres carrés des erreurs, l'erreur moyenne à craindre sur le premier élément est

$$\pm\; \frac{\sqrt{\dfrac{S\varepsilon^{(i)2}}{2s\pi}}\;\sqrt{Sq^{(i)2}}}{\sqrt{Sp^{(i)2}.Sq^{(i)2}-(Sp^{(i)}q^{(i)})^2}}.$$

L'erreur moyenne à craindre en plus ou en moins sur le second élément est

$$\pm\; \frac{\sqrt{\dfrac{S\varepsilon^{(i)2}}{2s\pi}}\;\sqrt{Sp^{(i)2}}}{\sqrt{Sp^{(i)2}.Sq^{(i)2}-(Sp^{(i)}q^{(i)})^2}},$$

d'où l'on voit que le premier élément est plus ou moins bien déterminé que le second, suivant que $Sq^{(i)2}$ est plus petit ou plus grand que $Sp^{(i)2}$.

Si les r premières équations de condition ne renferment point q, et si les $s-r$ dernières ne renferment point p, alors $Sp^{(i)}q^{(i)}=0$, et les formules précédentes coïncident avec celle du numéro précédent.

On peut obtenir ainsi l'erreur moyenne à craindre sur chaque élément déterminé par la méthode des moindres carrés des erreurs, quel que soit le nombre des éléments, pourvu que l'on considère un grand nombre d'observations. Soient z, z', z'', z''', ... les corrections de chaque élément, et représentons généralement les équations de condition par la suivante :

$$\varepsilon^{(i)} = p^{(i)}z + q^{(i)}z' + r^{(i)}z'' + t^{(i)}z''' + \ldots - x^{(i)}.$$

Dans le cas d'un seul élément, l'erreur moyenne à craindre est, comme on l'a vu,

$$(a) \qquad\qquad \pm\sqrt{\frac{S\varepsilon^{(i)2}}{2s\pi}}\;\frac{1}{\sqrt{Sp^{(i)2}}}.$$

Lorsqu'il y a deux éléments, on aura l'erreur moyenne à craindre sur le premier élément en changeant, dans la fonction (a), $\mathrm{S}p^{(i)2}$ dans $\mathrm{S}p^{(i)2} - \frac{(\mathrm{S}p^{(i)}q^{(i)})^2}{\mathrm{S}q^{(i)2}}$, ce qui donne, pour cette erreur,

$$(a') \qquad \pm \frac{\sqrt{\frac{\mathrm{S}\varepsilon^{(i)2}}{2s\pi}}\sqrt{\mathrm{S}q^{(i)2}}}{\sqrt{\mathrm{S}p^{(i)2}.\mathrm{S}q^{(i)2} - (\mathrm{S}p^{(i)}q^{(i)})^2}}.$$

Lorsqu'il y a trois éléments, on aura l'erreur à craindre sur le premier élément, en changeant, dans cette expression (a'), $\mathrm{S}p^{(i)2}$ dans $\mathrm{S}p^{(i)2} - \frac{(\mathrm{S}p^{(i)}r^{(i)})^2}{\mathrm{S}r^{(i)2}}$, $\mathrm{S}p^{(i)}q^{(i)}$ dans $\mathrm{S}p^{(i)}q^{(i)} - \frac{\mathrm{S}p^{(i)}r^{(i)}.\mathrm{S}q^{(i)}r^{(i)}}{\mathrm{S}r^{(i)2}}$, et $\mathrm{S}q^{(i)2}$ dans $\mathrm{S}q^{(i)2} - \frac{(\mathrm{S}q^{(i)}r^{(i)})^2}{\mathrm{S}r^{(i)2}}$; ce qui donne pour cette erreur

$$(a'') \quad \pm \frac{\sqrt{\frac{\mathrm{S}\varepsilon^{(i)2}}{2s\pi}}\sqrt{\mathrm{S}q^{(i)2}.\mathrm{S}r^{(i)2} - (\mathrm{S}q^{(i)}r^{(i)})^2}}{\sqrt{\left\{\begin{array}{l}\mathrm{S}p^{(i)2}.\mathrm{S}q^{(i)2}\mathrm{S}r^{(i)2} - \mathrm{S}p^{(i)2}(\mathrm{S}q^{(i)}r^{(i)})^2 - \mathrm{S}q^{(i)2}(\mathrm{S}p^{(i)}r^{(i)})^2 \\ \quad - \mathrm{S}r^{(i)2}(\mathrm{S}p^{(i)}q^{(i)})^2 + 2\mathrm{S}p^{(i)}q^{(i)}.\mathrm{S}p^{(i)}r^{(i)}.\mathrm{S}q^{(i)}r^{(i)}\end{array}\right\}}}.$$

Dans le cas de quatre éléments, on aura l'erreur moyenne à craindre sur le premier élément, en changeant dans cette expression (a''), $\mathrm{S}p^{(i)2}$ dans $\mathrm{S}p^{(i)2} - \frac{(\mathrm{S}p^{(i)}t^{(i)})^2}{\mathrm{S}t^{(i)2}}$, $\mathrm{S}p^{(i)}q^{(i)}$ dans $\mathrm{S}p^{(i)}q^{(i)} - \frac{\mathrm{S}p^{(i)}t^{(i)}.\mathrm{S}q^{(i)}t^{(i)}}{\mathrm{S}t^{(i)2}}$, etc. En continuant ainsi, on aura l'erreur moyenne à craindre sur le premier élément, quel que soit le nombre des éléments. En changeant, dans l'expression de cette erreur, ce qui est relatif au premier élément, dans ce qui est relatif au second et réciproquement, on aura l'erreur moyenne à craindre sur le second élément, et ainsi des autres.

De là résulte un moyen simple de comparer entre elles diverses Tables astronomiques, du côté de la précision. Ces Tables peuvent toujours être supposées réduites à la même forme, et alors elles ne diffèrent que par les époques, les moyens mouvements et les coefficients de leurs arguments; car, si l'une d'elles, par exemple, contient un argument qui ne se trouve point dans les autres, il est clair que cela revient à supposer, dans celles-ci, ce coefficient nul. Maintenant, si l'on comparait ces Tables à la totalité des bonnes observations, en les rectifiant par cette comparaison, ces Tables, ainsi rectifiées, satisferaient, par ce qui précède, à la condition que la somme des carrés des erreurs qu'elles laisseraient subsister encore soit un minimum. Les Tables qui approcheraient le plus de remplir cette condition mériteraient donc la préférence, d'où il suit qu'en comparant ces diverses Tables à un nombre considérable d'observations, la présomption d'exactitude doit être en faveur de celle dans laquelle la somme des carrés des erreurs est plus petite que dans les autres.

22. Jusqu'ici nous avons supposé les facilités des erreurs positives les mêmes que celles des erreurs négatives. Considérons maintenant le cas général dans lequel ces facilités peuvent être différentes. Nommons a l'intervalle dans lequel les erreurs de chaque observation peuvent s'étendre, et supposons-le partagé dans un nombre infini $n + n'$ de parties égales et prises pour l'unité, n étant le nombre des parties qui répondent aux erreurs négatives, et n' étant le nombre des parties qui répondent aux erreurs positives. Sur chaque point de l'intervalle a élevons une ordonnée qui exprime la probabilité de l'erreur correspondante, et désignons par $\varphi\left(\dfrac{x}{n+n'}\right)$ l'ordonnée correspondante à l'erreur x. Cela posé, considérons la suite

$$\varphi\left(\frac{-n}{n+n'}\right)e^{-qn\varpi\sqrt{-1}} + \varphi\left[\frac{-(n-1)}{n+n'}\right]e^{-q(n-1)\varpi\sqrt{-1}} + \dots$$

$$+ \varphi\left(\frac{-1}{n+n'}\right)e^{-q\varpi\sqrt{-1}} + \varphi\left(\frac{0}{n+n'}\right) + \varphi\left(\frac{1}{n+n'}\right)e^{q\varpi\sqrt{-1}} + \dots$$

$$+ \varphi\left(\frac{n'-1}{n+n'}\right)e^{q(n'-1)\varpi\sqrt{-1}} + \varphi\left(\frac{n'}{n+n'}\right)e^{qn'\varpi\sqrt{-1}}.$$

Représentons cette suite par $\int \varphi\left(\dfrac{x}{n+n'}\right)e^{qx\varpi\sqrt{-1}}$, le signe $\int$ s'étendant à toutes les valeurs de x, depuis $x = -n$ jusqu'à $x = n'$. Le terme indépendant de $e^{\varpi\sqrt{-1}}$ et de ses puissances, dans le développement de la fonction

$$e^{-(l+p)\varpi\sqrt{-1}}\int\varphi\left(\frac{x}{n+n'}\right)e^{qx\varpi\sqrt{-1}}\int\varphi\left(\frac{-x}{n+n'}\right)e^{q'x\varpi\sqrt{-1}} \dots \int\varphi\left(\frac{x}{n}\right)e^{q'x\varpi\sqrt{-1}},$$

sera, par le n° 21, la probabilité que la fonction

$$(m) \qquad q\varepsilon + q^{(1)}\varepsilon^{(1)} + \ldots + q^{(s-1)}\varepsilon^{(s-1)}$$

sera égale à $l + \mu$; cette probabilité est donc

$$(1) \qquad \frac{1}{2\pi} \int d\varpi \, c^{-l\varpi\sqrt{-1}} \, c^{-\mu\varpi\sqrt{-1}} \int \varphi\left(\frac{x}{n+n'}\right) c^{qx\varpi\sqrt{-1}} \times \ldots,$$

l'intégrale étant prise depuis $\varpi = -\pi$ jusqu'à $\varpi = \pi$. Le logarithme de la fonction

$$(2) \qquad c^{-\mu\varpi\sqrt{-1}} \int \varphi\left(\frac{x}{n+n'}\right) c^{qx\varpi\sqrt{-1}} \times \int \varphi\left(\frac{x}{n+n'}\right) c^{q'x\varpi\sqrt{-1}} \ldots$$

est

$$-\mu\varpi\sqrt{-1} + \log\left[\int \varphi\left(\frac{x}{n+n'}\right) c^{qx\varpi\sqrt{-1}}\right] + \ldots.$$

n et n' étant supposés des nombres infinis, si l'on fait

$$\frac{x}{n+n'} = x', \qquad \frac{1}{n+n'} = dx';$$

si, de plus, on suppose

$$k = \int dx'\,\varphi(x'), \qquad k' = \int x'\,dx'\,\varphi(x'), \qquad k'' = \int x'^2\,dx'\,\varphi(x'), \qquad \ldots,$$

les intégrales étant prises depuis $x' = -\dfrac{n}{n+n'}$ jusqu'à $x' = \dfrac{n'}{n+n'}$, on aura

$$\int \varphi\left(\frac{x}{n+n'}\right) c^{qx\varpi\sqrt{-1}} = (n+n')k \left\{ \begin{array}{l} 1 + \dfrac{k'}{k} q(n+n')\varpi\sqrt{-1} \\[2mm] - \dfrac{k''}{2k} q^2(n+n')^2\varpi^2 + \ldots \end{array} \right\}.$$

L'erreur de chaque observation devant tomber dans les limites $-n$ et $+n'$, et la probabilité que cela aura lieu étant $\int \varphi\left(\frac{x}{n+n'}\right)$ ou $(n+n')k$, cette quantité doit être égale à l'unité. De là il est facile de conclure que le logarithme de la fonction (2) est, en faisant $\mu' = \dfrac{\mu}{n+n'}$,

$$\left(\frac{k'}{k} \mathrm{S}q^{(i)} - \mu'\right)(n+n')\varpi\sqrt{-1} - \frac{kk'' - k'^2}{2k^2} \mathrm{S}q^{(i)2}(n+n')^2\varpi^2 + \ldots,$$

le signe S embrassant toutes les valeurs de i, depuis i nul jusqu'à $i = s - 1$. On fera disparaître la première puissance de ϖ, en faisant

$$\mu' = \frac{k'}{k} \mathrm{S} q^{(i)},$$

et si l'on ne considère que sa seconde puissance, ce que l'on peut faire par ce qui précède, lorsque s est un très grand nombre, on aura, pour le logarithme de la fonction (2),

$$-\frac{kk'' - k'^2}{2k^2} \mathrm{S} q^{(i)2} (n + n')^2 \varpi^2.$$

En repassant des logarithmes aux nombres, la fonction (2) se transforme dans la suivante

$$c^{-\frac{kk'' - k'^2}{2k^2}(n+n')^2 \varpi^2 \mathrm{S} q^{(i)2}};$$

l'intégrale (1) devient ainsi

$$\frac{1}{2\pi} \int d\varpi\, c^{-l\varpi\sqrt{-1}}\, c^{-\frac{kk'' - k'^2}{2k^2}(n+n')^2 \varpi^2 \mathrm{S} q^{(i)2}}.$$

Supposons

$$l = (n + n') r \sqrt{\mathrm{S} q^{(i)2}},$$

$$t = \sqrt{\frac{(kk'' - k'^2)\,\mathrm{S} q^{(i)2}}{2k^2}}\,(n + n')\varpi - \frac{r\sqrt{-1}}{2} \sqrt{\frac{2k^2}{kk'' - k'^2}}.$$

La variation de l étant l'unité, on aura

$$1 = (n + n')\, dr \sqrt{\mathrm{S} q^{(i)2}};$$

l'intégrale précédente devient ainsi, après l'avoir intégrée depuis $t = -\infty$ jusqu'à $t = \infty$,

$$\frac{k\, dr}{\sqrt{2(kk'' - k'^2)\pi}}\, c^{-\frac{k^2 r^2}{2(kk'' - k'^2)}}.$$

Ainsi la probabilité que la fonction (m) sera comprise dans les limites

$$\frac{ak'}{k} \mathrm{S} q^{(i)} \pm ar\sqrt{\mathrm{S} q^{(i)2}},$$

est égale à

$$\frac{2}{\sqrt{\pi}} \int \frac{k\,dr}{\sqrt{2(kk'' - k'^2)}} c^{-\frac{r^2,1}{2(kk'' - k'^2)}},$$

l'intégrale étant prise depuis r nul.

$\frac{ak'}{k}$ est l'abscisse de l'ordonnée qui passe par le centre de gravité de l'aire de la courbe des probabilités des erreurs de chaque observation ; le produit de cette abscisse par $Sq^{(i)}$ est donc le résultat moyen vers lequel la fonction (m) converge sans cesse. Si l'on suppose $1 = q = q^{(1)} = \ldots$, la fonction (m) devient la somme des erreurs, et alors $Sq^{(i)}$ devient s ; en divisant donc par s la somme des erreurs, pour avoir l'erreur moyenne, cette erreur converge sans cesse vers l'abscisse du centre de gravité, de manière qu'en prenant de part et d'autre un intervalle quelconque aussi petit que l'on voudra, la probabilité que l'erreur moyenne tombera dans cet intervalle finira, en multipliant indéfiniment les observations, par ne différer de la certitude que d'une quantité moindre que toute grandeur donnée.

23. Nous venons de rechercher le résultat moyen que des observations nombreuses et non faites encore doivent indiquer avec le plus d'avantage, et la loi de probabilité des erreurs de ce résultat. Considérons présentement le résultat moyen des observations déjà faites et dont on connait les écarts respectifs. Pour cela, concevons un nombre s d'observations du même genre, c'est-à-dire telles que la loi des erreurs soit la même pour toutes. Nommons A le résultat de la première, $A + q$ celui de la seconde, $A + q^{(1)}$ celui de la troisième, et ainsi de suite ; $q, q^{(1)}, q^{(2)}, \ldots$ étant des quantités positives et croissantes, ce que l'on peut toujours obtenir par une disposition convenable des observations. Désignons encore par $\varphi(z)$ la probabilité de l'erreur z pour chaque observation, et supposons que $A + x$ soit le vrai résultat. L'erreur de la première observation est alors $- x$; $q - x$, $q^{(1)} - x, \ldots$ sont les erreurs de la deuxième, de la troisième, etc. La probabilité de l'existence simultanée de toutes ces erreurs est le produit de leurs pro-

babilités respectives; elle est donc

$$\varphi(=x)\,\varphi(y=x)\,\varphi(q^{(1)}=x)\dots,$$

Maintenant, x étant susceptible d'une infinité de valeurs, en les considérant comme autant de causes de l'événement observé, la probabilité de chacune d'elles sera, par le n° 1,

$$\frac{dx\,\varphi'=x)\,\varphi(y=x)\,\varphi(q^{(1)}=x)\dots}{\int dx\,\varphi(=x)\,\varphi(y=x)\,\varphi(q^{(1)}=x)\dots},$$

l'intégrale du dénominateur étant prise pour toutes les valeurs dont x est susceptible. Nommons $\frac{1}{\Pi}$ ce dénominateur. Cela posé, imaginons une courbe dont x soit l'abscisse, et dont l'ordonnée y soit

$$\Pi\,\varphi(=x)\,\varphi(y=x)\,\varphi(q^{(1)}=x)\dots,$$

cette courbe sera celle des probabilités des valeurs de x. La valeur qu'il faut choisir pour résultat moyen est celle qui rend l'erreur moyenne à craindre un minimum. Toute erreur, soit positive, soit négative, devant être considérée comme un désavantage, ou une perte réelle au jeu, on a le désavantage moyen, en prenant la somme des produits de chaque désavantage par sa probabilité; la valeur moyenne de l'erreur à craindre est donc la somme des produits de chaque erreur, abstraction faite du signe, par sa probabilité. Déterminons l'abscisse qu'il faut choisir pour que cette somme soit un minimum. Pour cela, donnons aux abscisses pour origine la première extrémité de la courbe précédente, et nommons x' et y' les coordonnées de la courbe, à partir de cette origine. Soit l la valeur qu'il faut choisir. Il est clair que, si le vrai résultat était x', l'erreur du résultat l serait, abstraction faite du signe, $l-x'$, tant que x' serait moindre que l; or y' est la probabilité que x' est le résultat vrai; la somme des erreurs à craindre, abstraction faite du signe, multipliées par leur probabilité, est donc pour toutes les valeurs de x' moindres que l, $\int(l-x')y'dx'$, l'intégrale étant prise depuis $x'=o$ jusqu'à $x'=l$. On verra de la même manière que, pour les valeurs de x' supérieures à l, la somme des erreurs à craindre, multipliées par leur probabilité, est $\int (x'-l) y' dx'$, l'intégrale étant prise depuis $x'=l$ jusqu'à l'abscisse x' correspondante à la dernière extrémité de la courbe; la somme entière des erreurs à craindre, abstraction faite du signe, et multipliées par leurs probabilités respectives, est donc

$$\int (l-x') y' dx' + \int (x'-l) y' dx'.$$

La différentielle de cette fonction, prise par rapport à l, est

$$dl \int y' dx' - dl \int y' dx';$$

car on a la différentielle de $\int (l-x') y' dx'$, en différentiant d'abord la valeur de l sous le signe $\int$, et en ajoutant à cette différentielle l'accroissement qui résulte de la variation de la limite de l'intégrale, limite qui se change en $l + dl$. Cet accroissement est égal à l'élément $(l-x')y' dx'$, à la limite où $x'=l$; il est donc nul, et $dl \int y' dx'$ est la différentielle de l'intégrale $\int (l-x') y' dx'$. On verra de la même manière que $-dl \int y' dx'$ est la différentielle de l'intégrale $\int (x'-l) y' dx'$. La somme de ces différentielles est nulle relativement à l'abscisse l, pour laquelle l'erreur moyenne à craindre est un minimum; on a donc, relativement à cette abscisse,

$$\int y' dx' = \int y' dx',$$

la première intégrale étant prise depuis $x'=o$ jusqu'à $x'=l$, et la seconde étant prise depuis $x'=l$ jusqu'à la valeur extrême de x'.

Il suit de là que l'abscisse qui rend l'erreur moyenne à craindre un minimum est celle dont l'ordonnée divise l'aire de la courbe en deux parties égales. Ce point jouit encore de la propriété d'être celui en deçà duquel il est aussi probable que le vrai résultat tombe, qu'au delà, et par cette raison il peut encore être nommé *milieu de probabilité*. Des géomètres célèbres ont pris pour le milieu qu'il faut choisir celui qui rend le résultat observé le plus probable, et par conséquent l'abscisse qui répond à la plus grande ordonnée de la courbe; mais le milieu que nous adoptons est évidemment indiqué par la théorie des probabilités.

Si l'on met $\varphi(x)$ sous la forme d'exponentielle, et qu'on le désigne par $c^{-\psi(x')}$, afin qu'il puisse également convenir aux erreurs positives et négatives, on aura

$$(1) \qquad y = \Pi \, c^{-\psi(x')-\psi(x-q)'-\psi(x-q^{(1)})2} - \ldots$$

Si l'on fait $x = a + z$, et que l'on développe l'exposant de c par rapport aux puissances de z, y prendra cette forme

$$y = \Pi \, c^{-M-2Nz-Pz^1-Qz^2-\ldots},$$

expression dans laquelle on a

$$M = \psi(a^2) + \psi(a - q)^2 + \psi(a - q^{(1)})^2 + \ldots,$$
$$N = a \, \psi'(a^2) + (a - q) \, \psi'(a - q)^2 + (a - q^{(1)}) \, \psi'(a - q^{(1)})^2 + \ldots$$
$$P = \psi'(a^2) + \psi'(a - q)^2 + \psi'(a - q^{(1)})^2 + \ldots + 2a^2 \, \psi''(a^2)$$
$$+ 2(a - q)^2 \, \psi''(a - q)^2 + 2(a - q^{(1)})^2 \, \psi''(a - q^{(1)})^2 + \ldots,$$
$$\ldots\ldots\ldots\ldots\ldots\ldots\ldots\ldots\ldots\ldots\ldots\ldots\ldots\ldots\ldots\ldots\ldots\ldots\ldots\ldots$$

$\psi'(t)$ étant le coefficient de dt dans la différentielle de $\psi(t)$, $\psi''(t)$ étant le coefficient de dt dans la différentielle de $\psi'(t)$, et ainsi de suite.

Supposons le nombre s des observations très grand, et déterminons a par l'équation $N = 0$ que donne la condition du maximum de y; alors on a

$$y = \Pi \, c^{-M-Pz^1-Qz^2-\ldots}.$$

M, P, Q, … sont de l'ordre s; or, si z est très petit de l'ordre $\dfrac{1}{\sqrt{s}}$, Qz^3 devient de l'ordre $\dfrac{1}{\sqrt{s}}$, et l'exponentielle $c^{-Qz^3-\ldots}$ peut se réduire à l'unité. Ainsi, dans l'intervalle depuis $z = 0$ jusqu'à $z = \dfrac{r}{\sqrt{s}}$, on peut supposer

$$y = \Pi \, c^{-M-Pz^1}.$$

Au delà, et lorsque z est de l'ordre $s^{-\frac{m}{2}}$, m étant plus petit que l'unité, Pz^2 devient de l'ordre s^{1-m}; par conséquent c^{-Pz^1} devient, ainsi que y, insensible; en sorte que l'on peut, dans toute l'étendue de la courbe, supposer

$$y = \Pi\, c^{-M - Pz^2}.$$

La valeur de a donnée par l'équation $N = 0$, ou

$$0 = a\,\psi'(a^2) + (a - q)\,\psi'(a - q)^2 + (a - q^{(1)})\,\psi'(a - q^{(1)})^2 + \ldots,$$

est alors l'abscisse x correspondante à l'ordonnée qui divise l'aire de la courbe en parties égales. La condition que l'aire entière de la courbe doit représenter la certitude ou l'unité donne

$$\frac{1}{\Pi} = \int dz\, c^{-M - Pz^2},$$

l'intégrale étant prise depuis $z = -\infty$ jusqu'à $z = \infty$, ce qui donne

$$\Pi = \frac{c^M \sqrt{P}}{\sqrt{\pi}}.$$

L'erreur moyenne à craindre en plus ou en moins, en prenant a pour résultat moyen des observations, est $\pm \int zy\,dz$, l'intégrale étant prise depuis z nul jusqu'à z infini, ce qui donne pour cette erreur

$$\pm \frac{1}{2\sqrt{\pi}\,P}.$$

Mais l'ignorance entière où l'on est de la loi $c^{-\psi(x^2)}$ des erreurs de chaque observation ne permet pas de former l'équation

$$0 = a\,\psi'(a^2) + (a - q)\,\psi'(a - q)^2 + \ldots.$$

Ainsi, la connaissance des valeurs de q, $q^{(1)}$, … ne donnant *a posteriori* aucune lumière sur le résultat moyen a des observations, il faut s'en tenir au résultat le plus avantageux déterminé *a priori*, et que l'on a vu être celui que fournit la méthode des moindres carrés des erreurs.

Cherchons la fonction $\psi(x^2)$ qui donne constamment la règle des milieux arithmétiques, admise par les observateurs. Pour cela, concevons que, sur les s observations, les i premières coïncident, ainsi que les $s - i$ dernières. L'équation $N = 0$ devient alors

$$0 = ia\,\psi'(a^2) + (s - i)(a - q)\,\psi'(a - q)^2.$$

La règle des milieux arithmétiques donne

$$a = \frac{s-i}{s}q;$$

l'équation précédente devient ainsi

$$\psi'\left[\left(\frac{s-i}{s}\right)^2 q^2\right] = \psi'\left(\frac{i^2}{s^2}q^2\right).$$

Cette équation devant avoir lieu quels que soient $\frac{i}{s}$ et q, il est nécessaire que $\psi'(t)$ soit indépendant de t, ce qui donne

$$\psi'(t) = k,$$

k étant une constante. En intégrant, on a

$$\psi(t) = kt - L,$$

L étant une constante arbitraire; partant,

$$c^{-\psi(x^2)} = c^{L-kx^2}.$$

Telle est donc la fonction qui peut seule donner généralement la règle des milieux arithmétiques. La constante L doit être déterminée de manière que l'intégrale $\int dx\, c^{L-kx^2}$, prise depuis $x = -\infty$ jusqu'à $x = \infty$, soit égale à l'unité; car il est certain que l'erreur x d'une observation doit tomber dans ces limites; on a donc

$$c^L = \sqrt{\frac{k}{\pi}};$$

par conséquent la probabilité de l'erreur x est $\sqrt{\frac{k}{\pi}}\, c^{-kx^2}$.

A la vérité, cette expression donne l'infini pour la limite des erreurs, ce qui n'est pas admissible; mais, vu la rapidité avec laquelle ce genre d'exponentielles diminue à mesure que x augmente, on peut prendre k assez grand pour qu'au delà de la limite admissible des erreurs leurs probabilités soient insensibles et puissent être supposées nulles.

La loi précédente des erreurs donne, pour l'expression générale (1) de y,

$$y = \sqrt{\frac{sk}{\pi}}\, c^{-ksu^2},$$

en déterminant H de manière que l'intégrale entière $\int y\,dx$ soit l'unité, et faisant

$$x = \frac{Sq^{(i)}}{s} + u.$$

L'ordonnée qui divise l'aire de la courbe en deux parties égales est celle qui répond à $u = o$ et par conséquent à

$$x = \frac{Sq^{(i)}}{s};$$

c'est donc la valeur de x qu'il faut choisir pour résultat moyen des observations ; or cette valeur est celle que donne la règle des milieux arithmétiques ; la loi précédente des erreurs de chaque observation donne donc constamment les mêmes résultats que cette règle, et l'on a vu qu'elle est la seule loi qui jouisse de cette propriété.

En adoptant cette loi, la probabilité de l'erreur $\varepsilon^{(i)}$ de l'observation $(i+1)^{\text{ième}}$ est

$$\sqrt{\frac{k}{\pi}}\, c^{-k\varepsilon^{(i)2}};$$

or on a vu dans le n° **20** que, z étant la correction d'un élément, cette observation fournit l'équation de condition

$$\varepsilon^{(i)} = p^{(i)} z - \alpha^{(i)}.$$

La probabilité de la valeur de $p^{(i)} z - \alpha^{(i)}$ est donc

$$\sqrt{\frac{k}{\pi}}\, c^{-k(p^{(i)}z - \alpha^{(i)})^2};$$

la probabilité de l'existence simultanée des s valeurs $pz - \alpha$, $p^{(1)}z - \alpha^{(1)}$, ..., $p^{(s-1)}z - \alpha^{(s-1)}$ sera donc

$$\left(\sqrt{\frac{k}{\pi}}\right)^{s-1} c^{-kS(p^{(i)}z - \alpha^{(i)})^2}.$$

Cette probabilité varie avec z; on aura donc la probabilité d'une valeur quelconque de z en multipliant cette quantité par dz et divisant le produit par l'intégrale de ce produit, prise depuis $z = -\infty$ jusqu'à $z = \infty$. Soit

$$z = \frac{\mathrm{S}\,p^{(i)}\alpha^{(i)}}{\mathrm{S}\,p^{(i)2}} + u,$$

cette probabilité devient

$$du\sqrt{\frac{k\,\mathrm{S}\,p^{(i)2}}{\pi}}\,e^{-ku^2\mathrm{S}\,p^{(i)2}},$$

en sorte que, si l'on décrit une courbe dont le coefficient de du soit l'ordonnée et dont u soit l'abscisse, cette courbe, étendue depuis $u = -\infty$ jusqu'à $u = \infty$, peut être considérée comme la courbe des probabilités des erreurs u, dont le résultat

$$z = \frac{\mathrm{S}\,p^{(i)}\alpha^{(i)}}{\mathrm{S}\,p^{(i)2}}$$

est susceptible. L'ordonnée qui divise l'aire de la courbe en deux parties égales est celle qui répond à $u = 0$, et par conséquent à z égal à $\frac{\mathrm{S}\,p^{(i)}\alpha^{(i)}}{\mathrm{S}\,p^{(i)2}}$; ce résultat est donc celui qu'il faut choisir; or il est le même que celui que donne la méthode des moindres carrés des erreurs des observations; la loi précédente des erreurs de chaque observation conduit donc aux mêmes résultats que cette méthode.

La méthode des moindres carrés des erreurs devient nécessaire lorsqu'il s'agit de prendre un milieu entre plusieurs résultats donnés, chacun, par l'ensemble d'un grand nombre d'observations de divers genres. Supposons qu'un même élément soit donné : 1° par le résultat moyen de s observations d'un premier genre et qu'il soit, par ces observations, égal à A; 2° par le résultat moyen de s' observations d'un deuxième genre et qu'il soit égal à $A + q$; 3° par le résultat moyen de s'' observations d'un troisième genre et qu'il soit égal à $A + q'$, et ainsi du reste. Si l'on représente par $A + x$ l'élément vrai, l'erreur du résultat des observations s sera $= x$; en supposant donc θ égal à

$$\sqrt{\frac{k}{k''}}\;\frac{\sqrt{s}\,p^{(i)}}{2a},$$

si l'on fait usage de la méthode des moindres carrés des erreurs pour déterminer le résultat moyen, ou à

$$\sqrt{\frac{k}{k''}}\;\frac{s\,p^{(i)}}{2a\sqrt{s}},$$

si l'on fait usage de la méthode ordinaire; la probabilité de cette erreur sera, par le n° 20,

$$\frac{\theta}{\sqrt{\pi}}\,e^{-\theta^2 x^2},$$

L'erreur du résultat des observations s' sera $q = x$, et, en désignant par θ' pour ces observations ce que nous avons nommé θ pour les observations s, la probabilité de cette erreur sera

$$\frac{\theta'}{\sqrt{\pi}}\,\theta^{-\theta'^2 x^2 = q^2},$$

Pareillement, l'erreur du résultat des observations s'' sera $q' = x$, et en nommant pour elles θ'' ce que nous avons nommé θ pour les observations s, la probabilité de cette erreur sera

$$\frac{\theta''}{\sqrt{\pi}}\,e^{-\theta''^2 x^2 = q'^2},$$

et ainsi de suite. Le produit de toutes ces probabilités sera la probabilité que $= x$, $q = x$, $q' = x$, ... seront les erreurs des résultats moyens des observations s, s', s'', ... En le multipliant par dx et prenant l'intégrale depuis $x = -\infty$ jusqu'à $x = \infty$, on aura la probabilité que les résultats moyens des observations s', s'', ... surpasseront respectivement de q, q', ... le résultat moyen des observations s.

Si l'on prend l'intégrale dans des limites déterminées, on aura la probabilité que, la condition précédente étant remplie, l'erreur du premier résultat sera comprise dans ces limites; en divisant cette probabilité par celle de la condition elle-même, on aura la probabilité que l'erreur du premier résultat sera comprise dans des limites données, lorsqu'on est certain que la condition a effectivement lieu; cette probabilité est donc

$$\frac{\int dx\, e^{-\theta^2 x^2 - \theta'^2(x-q)^2 - \theta''^2(x-q')^2 - \dots}}{\int dx\, e^{-\theta^2 x^2 - \theta'^2(x-q)^2 - \theta''^2(x-q')^2 - \dots}},$$

l'intégrale du numérateur étant prise dans les limites données, et celle du dénominateur étant prise depuis $x = -\infty$ jusqu'à $x = \infty$. On a

$$\theta^2 x^2 + \theta'^2(x-q)^2 + \theta''^2(x-q')^2 + \dots$$
$$= (\theta^2 + \theta'^2 + \theta''^2 + \dots)x^2 - 2x(\theta'^2 q + \theta''^2 q' + \dots) + \theta'^2 q^2 + \theta''^2 q'^2 + \dots$$

Soit

$$x = \frac{\theta'^2 q + \theta''^2 q' + \dots}{\theta^2 + \theta'^2 + \theta''^2 + \dots} + t;$$

la probabilité précédente deviendra

$$\frac{\int dt\, e^{-(\theta^2 + \theta'^2 + \theta''^2 + \dots)t^2}}{\int dt\, e^{-(\theta^2 + \theta'^2 + \theta''^2 + \dots)t^2}},$$

l'intégrale du numérateur étant prise dans des limites données, et celle du dénominateur étant prise depuis $t = -\infty$ jusqu'à $t = \infty$. Cette dernière intégrale est

$$\frac{\sqrt{\pi}}{\sqrt{\theta^2 + \theta'^2 + \theta''^2 + \dots}}.$$

En faisant donc

$$t' = t\sqrt{\theta^2 + \theta'^2 + \theta''^2 + \dots},$$

la probabilité précédente devient

$$\frac{1}{\sqrt{\pi}} \int dt'\, e^{-t'^2}.$$

La valeur de t la plus probable est celle qui répond à t' nul, d'où il suit que la valeur de x la plus probable est celle qui répond à $t = 0$; ainsi la correction du premier résultat, que l'ensemble de toutes les observations s, s', s'', ... donne avec le plus de probabilité, est

$$\frac{\delta'^2 q + \delta''^2 q' + \dots}{\delta^2 + \delta'^2 + \delta''^2 + \dots}.$$

Cette correction, ajoutée au résultat A, donne, pour le résultat qu'il faut choisir,

$$\frac{A\delta^2 + (A + q)\delta'^2 + (A + q')\delta''^2 + \dots}{\delta^2 + \delta'^2 + \delta''^2 + \dots}.$$

La correction précédente est celle qui rend un minimum la fonction

$$(\delta x)^2 + [\delta'(x - q)]^2 + [\delta''(x - q')]^2 + \dots.$$

Or la plus grande ordonnée de la courbe des probabilités du premier résultat est, comme on vient de le voir, $\dfrac{\delta}{\sqrt{\pi}}$; celle de la courbe des probabilités du second résultat est $\dfrac{\delta'}{\sqrt{\pi}}$, et ainsi de suite; le milieu qu'il faut choisir entre les divers résultats est donc celui qui rend un minimum la somme des carrés de l'erreur de chaque résultat multipliée par la plus grande ordonnée de sa courbe de probabilité. Ainsi la loi du minimum des carrés des erreurs devient nécessaire, lorsque l'on doit prendre un milieu entre des résultats donnés chacun par un grand nombre d'observations.

24. On a vu précédemment que, de toutes les manières de combiner les équations de condition pour en former des équations finales linéaires, nécessaires à la détermination des éléments, la plus avantageuse est celle qui résulte de la méthode des moindres carrés des erreurs des observations, du moins lorsque les observations sont en grand nombre. Si, au lieu de considérer le minimum des carrés des erreurs, on considérait le minimum d'autres puissances des erreurs, ou même de toute autre fonction des erreurs, les équations finales cesseraient d'être linéaires, et leur résolution deviendrait impraticable, si les observations étaient en grand nombre. Cependant il est un cas qui mérite une attention particulière, en ce qu'il donne le système dans

lequel la plus grande erreur, abstraction faite du signe, est moindre
que dans tout autre système. Ce cas est celui du minimum des puissances infinies et paires des erreurs. Ne considérons ici que la correction d'un seul élément, et, z exprimant cette correction, représentons,
comme précédemment, les équations de condition par la suivante,

$$\varepsilon^{(i)} = p^{(i)}z - \varkappa^{(i)},$$

i pouvant varier depuis zéro jusqu'à $s - 1$, s étant le nombre des observations. La somme des puissances $2n$ des erreurs sera $S(\varkappa^{(i)} - p^{(i)}z)^{2n}$,
le signe S s'étendant à toutes les valeurs de i. On peut supposer dans
cette somme toutes les valeurs de $p^{(i)}$ positives; car, si l'une d'elles
était négative, elle deviendrait positive en changeant, comme on peut
le faire, les signes des deux termes du binôme élevé à la puissance $2n$,
auquel elle correspond. Nous supposerons donc les quantités $\varkappa = pz$,
$\varkappa^{(1)} = p^{(1)}z$, $\varkappa^{(2)} = p^{(2)}z$, ..., disposées de manière que les quantités p,
$p^{(1)}$, $p^{(2)}$, ... soient positives et croissantes. Cela posé, si $2n$ est infini,
il est clair que le plus grand terme de la somme $S(\varkappa^{(i)} - p^{(i)}z)^{2n}$ sera
la somme entière, à moins qu'il n'y ait un ou plusieurs autres termes
qui lui soient égaux, et c'est ce qui doit avoir lieu dans le cas du minimum de la somme. En effet, s'il n'y avait qu'une seule quantité la plus
grande, abstraction faite du signe, telle que $\varkappa^{(i)} - p^{(i)}z$, on pourrait la
diminuer en faisant varier z convenablement, et alors la somme
$S(\varkappa^{(i)} - p^{(i)}z)^{2n}$ diminuerait et ne serait pas un minimum. Il faut de
plus que, si $\varkappa^{(i)} - p^{(i)}z$ et $\varkappa^{(i')} - p^{(i')}z$ sont, abstraction faite du signe, les
deux quantités les plus grandes et égales entre elles, elles soient de
signe contraire. En effet, la somme

$$(\varkappa^{(i)} - p^{(i)}z)^{2n} + (\varkappa^{(i')} - p^{(i')}z)^{2n}$$

devant être alors un minimum, sa différentielle

$$= 2n\,dz\,[\,p^{(i)}(\varkappa^{(i)} - p^{(i)}z)^{2n-1} + p^{(i')}(\varkappa^{(i')} - p^{(i')}z)^{2n-1}\,]$$

doit être nulle, ce qui ne peut être, lorsque n est infini, que dans le
cas où $\varkappa^{(i)} - p^{(i)}z$ et $\varkappa^{(i')} - p^{(i')}z$ sont infiniment peu différents et de

signe contraire. S'il y a trois quantités les plus grandes, et égales entre elles, abstraction faite du signe, on verra de la même manière que leurs signes ne peuvent être les mêmes.

Maintenant, considérons la suite

$$(o) \quad \begin{cases} \alpha^{(s-1)} - p^{(s-1)}z, \quad \alpha^{(s-2)} - p^{(s-2)}z, \quad \alpha^{(s-3)} - p^{(s-3)}z, \quad \ldots, \quad \alpha - pz, \\ -\alpha + pz, \quad \ldots, \quad -\alpha^{(s-3)} + p^{(s-3)}z, \quad -\alpha^{(s-2)} + p^{(s-2)}z, \quad -\alpha^{(s-1)} + p^{(s-1)}z. \end{cases}$$

Si l'on suppose $z = -\infty$, le premier terme de la suite surpasse les suivants, et continue de les surpasser en faisant croître z, jusqu'au moment où il devient égal à l'un d'eux. Alors celui-ci, par l'accroissement de z, devient le plus grand de tous, et à mesure que l'on fait croître z, il continue toujours de surpasser ceux qui le précèdent. Pour déterminer ce terme, on formera la suite des quotients

$$\frac{\alpha^{(s-1)} - \alpha^{(s-2)}}{p^{(s-1)} - p^{(s-2)}}, \quad \frac{\alpha^{(s-1)} - \alpha^{(s-3)}}{p^{(s-1)} - p^{(s-3)}}, \quad \ldots, \quad \frac{\alpha^{(s-1)} - \alpha}{p^{(s-1)} - p}, \quad \frac{\alpha^{(s-1)} + \alpha}{p^{(s-1)} + p}, \quad \ldots, \quad \frac{\alpha^{(s-1)} + \alpha^{(s-1)}}{p^{(s-1)} + p^{(s-1)}}.$$

Supposons que $\dfrac{\alpha^{(s-1)} - \alpha^{(r)}}{p^{(s-1)} - p^{(r)}}$ soit le plus petit de ces quotients en ayant égard au signe, c'est-à-dire en regardant une quantité négative plus grande comme plus petite qu'une autre quantité négative moindre. S'il y a plusieurs quotients les plus petits et égaux, nous considérerons celui qui se rapporte au terme le plus éloigné du premier dans la suite (o); ce terme sera le plus grand de tous, jusqu'au moment où, par l'accroissement de z, il devient égal à l'un des suivants, qui commence alors à être le plus grand. Pour déterminer ce nouveau terme, on formera la nouvelle suite de quotients

$$\frac{\alpha^{(r)} - \alpha^{(r-1)}}{p^{(r)} - p^{(r-1)}}, \quad \frac{\alpha^{(r)} - \alpha^{(r-2)}}{p^{(r)} - p^{(r-2)}}, \quad \ldots, \quad \frac{\alpha^{(r)} - \alpha}{p^{(r)} - p}, \quad \frac{\alpha^{(r)} + \alpha}{p^{(r)} + p}, \quad \ldots,$$

le terme de la suite (o) auquel répond le plus petit de ces quotients sera le nouveau terme. On continuera ainsi jusqu'à ce que l'un des deux termes qui deviennent égaux et les plus grands soit dans la première moitié de la suite (o), et l'autre dans la seconde moitié. Soient $\alpha^{(i)} - p^{(i)}z$ et $-\alpha^{(i)} + p^{(i)}z$ ces deux termes; alors la valeur de z qui correspond au système du minimum de la plus grande des erreurs, abstraction faite du signe, est

$$z = \frac{g^{(i)} \pm \alpha^{(i)}}{p^{(i)} \pm p'^{(i)}}.$$

S'il y a plusieurs éléments à corriger, les équations de condition qui déterminent leurs corrections renferment plusieurs inconnues, et la recherche du système de correction, dans lequel la plus grande erreur est, abstraction faite du signe, plus petite que dans tout autre système, devient plus compliquée. J'ai considéré ce cas d'une manière générale dans le Livre III de la *Mécanique céleste*. J'observerai seulement ici qu'alors la somme des puissances $2n$ des erreurs des observations est, comme dans le cas d'une seule inconnue, un minimum lorsque $2n$ est infini; d'où il est facile de conclure que, dans le système dont il s'agit, il doit y avoir autant d'erreurs, plus une, égales, et les plus grandes, abstraction faite du signe, qu'il y a d'éléments à corriger. On conçoit que les résultats correspondants à $2n$ égal à un grand nombre doivent peu différer de ceux que donne $2n$ infini. Il n'est pas même nécessaire pour cela que la puissance $2n$ soit fort élevée, et j'ai reconnu par beaucoup d'exemples que, dans le cas même où cette puissance ne surpasse pas le carré, les résultats diffèrent peu de ceux que donne le système du minimum des plus grandes erreurs, ce qui est un nouvel avantage de la méthode des moindres carrés des erreurs des observations.

Depuis longtemps, les géomètres prennent un milieu arithmétique entre leurs observations, et, pour déterminer les éléments qu'ils veulent connaître, ils choisissent les circonstances les plus favorables pour cet objet, savoir, celles dans lesquelles les erreurs des observations altèrent le moins qu'il est possible la valeur de ces éléments. Mais Cotes est, si je ne me trompe, le premier qui ait donné une règle générale pour faire concourir à la détermination d'un élément plusieurs observations, proportionnellement à leur influence. En considérant chaque observation comme une fonction de l'élément et regardant l'erreur de l'observation comme une différentielle infiniment petite, elle sera égale à la différentielle de la fonction, prise par rapport à cet élément. Plus le coefficient de la différentielle de l'élément sera considérable, moins il faudra faire varier l'élément, pour que le produit de sa variation par ce coefficient soit égal à l'erreur de l'observation ; ce coefficient exprimera donc l'influence de l'observation sur la valeur de l'élément. Cela posé, Cotes représente toutes les valeurs de l'élément, données par chaque observation, par les parties d'une droite indéfinie, toutes ces parties ayant une commune origine. Il conçoit ensuite, à leurs autres extrémités, des poids proportionnels aux influences respectives des observations. La distance de l'origine commune des parties au centre commun de gravité de tous ces poids est la valeur qu'il choisit pour l'élément.

Reprenons l'équation de condition du n° 20.

$$\varepsilon^{(i)} = p^{(i)} z - q^{(i)},$$

$\varepsilon^{(i)}$ étant l'erreur de l'observation $(i + 1)^{\text{ième}}$, et z étant la correction de l'élément déjà connu à fort peu près; $p^{(i)}$, que l'on peut toujours supposer positif, exprimera l'influence de l'observation correspondante. $\frac{q^{(i)}}{p^{(i)}}$ étant la valeur de z résultante de l'observation, la règle de Cotes revient à multiplier cette valeur par $p^{(i)}$, à faire une somme de tous les produits relatifs aux diverses valeurs, et à la diviser par la somme de tous les $p^{(i)}$, ce qui donne

$$z = \frac{S\, q^{(i)}}{S\, p^{(i)}},$$

C'était en effet la correction adoptée par les observateurs, avant l'usage de la méthode des moindres carrés des erreurs des observations.

Cependant on ne voit pas que, depuis cet excellent géomètre, on ait employé sa règle, jusqu'à Euler, qui, dans sa première pièce de Jupiter et Saturne, me paraît s'être servi le premier des équations de condition pour déterminer les éléments du mouvement elliptique de ces deux planètes. Presqu'en même temps, Tobie Mayer en fit usage dans ses belles recherches sur la libration de la Lune, et ensuite pour former ses Tables lunaires. Depuis, les meilleurs astronomes ont suivi cette méthode, et le succès des Tables qu'ils ont construites à son moyen en a constaté l'avantage.

Quand on n'a qu'un élément à déterminer, cette méthode ne laisse aucun embarras; mais, lorsque l'on doit corriger à la fois plusieurs éléments, il faut avoir autant d'équations finales formées par la réunion de plusieurs équations de condition, et au moyen desquelles on détermine par l'élimination les corrections des éléments. Mais quelle est la manière la plus avantageuse de combiner les équations de condition, pour former les équations finales? C'est ici que les observateurs s'abandonnaient à des tâtonnements arbitraires, qui devaient les conduire à des résultats différents, quoique déduits des mêmes observations. Pour éviter ces tâtonnements, M. Legendre eut l'idée simple de considérer la somme des carrés des erreurs des observations, et de la rendre un minimum, ce qui fournit directement autant d'équations finales, qu'il y a d'éléments à corriger. Ce savant géomètre est le premier qui ait publié cette méthode; mais on doit à M. Gauss la justice d'observer qu'il avait eu, plusieurs années avant cette publication, la même idée dont il faisait un usage habituel, et qu'il avait communiquée à plusieurs astronomes. M. Gauss, dans sa *Théorie du mouvement elliptique*, a cherché à rattacher cette méthode à la Théorie des Probabilités, en faisant voir que la même loi des erreurs des observations, qui donne généralement la règle du milieu arithmétique entre plusieurs observations, admise par les observateurs, donne pareillement la règle des moindres carrés des erreurs des observations, et c'est ce qu'on a vu dans le n° 23. Mais, comme rien ne prouve que la première de ces règles donne le résultat le plus avantageux, la même incertitude existe par rapport à la seconde. La recherche de la manière la plus avantageuse de former les équations finales est sans doute une des plus utiles de la Théorie des Probabilités : son importance dans la Physique et l'Astronomie me porta à m'en occuper. Pour cela, je considérai que toutes les manières de combiner les équations de condition, pour en former une équation finale linéaire, revenaient à les multiplier respectivement par des facteurs qui étaient nuls relativement aux équations que l'on n'employait point, et à faire une somme de tous ces produits, ce qui donne une première équation finale. Un second système de facteurs donne une seconde équation finale, et ainsi de suite, jusqu'à ce que l'on ait autant d'équations finales que d'éléments à corriger. Maintenant il est visible qu'il faut choisir les systèmes de facteurs, de sorte que l'erreur moyenne à craindre en plus ou en moins sur chaque élément soit un minimum; l'erreur moyenne étant la somme des produits de chaque erreur par sa probabilité. Lorsque les observations sont en petit nombre, le choix de ces systèmes dépend de la loi des erreurs de chaque observation. Mais, si l'on considère un grand nombre d'observations, ce qui a lieu le plus souvent dans les recherches astronomiques, ce choix devient indépendant de cette loi, et l'on a vu, dans ce qui précède, que l'Analyse conduit alors directement aux résultats de la méthode des moindres carrés des erreurs des observations. Ainsi cette méthode qui n'offrait d'abord que l'avantage de fournir, sans tâtonnement, les équations finales nécessaires à la correction des éléments, donne en même temps les corrections les plus précises, du moins lorsqu'on ne veut employer que des équations finales qui soient linéaires, condition indispensable, lorsque l'on considère à la fois un grand nombre d'observations; autrement, l'élimination des inconnues et leur détermination seraient impraticables.

CHAPITRE V.

APPLICATION DU CALCUL DES PROBABILITÉS A LA RECHERCHE DES PHÉNOMÈNES
ET DE LEURS CAUSES.

25. Les phénomènes de la nature se présentent le plus souvent accompagnés de tant de circonstances étrangères, un si grand nombre de causes perturbatrices y mêlent leur influence qu'il est très difficile, lorsqu'ils sont très petits, de les reconnaître. On ne peut alors y parvenir qu'en multipliant les observations, afin que, les effets étrangers venant à se détruire, le résultat moyen des observations ne laisse plus apercevoir que ces phénomènes. On conçoit, par ce qui précède, que cela n'a lieu rigoureusement que dans le cas d'un nombre infini d'observations. Dans tout autre cas, les phénomènes ne sont indiqués par les résultats moyens que d'une manière probable, mais qui l'est d'autant plus que les observations sont en plus grand nombre. La recherche de cette probabilité est donc très importante pour la Physique, l'Astronomie et généralement pour toutes les sciences naturelles. On va voir qu'elle rentre dans les méthodes que nous venons d'exposer. Dans le Chapitre précédent, l'existence du phénomène était certaine ; son étendue seule a été l'objet du Calcul des Probabilités : ici l'existence du phénomène et son étendue sont l'objet de ce calcul.

Prenons pour exemple la variation diurne du baromètre, que l'on observe entre les tropiques, et qui devient sensible même dans nos climats, lorsque l'on choisit et que l'on multiplie convenablement les observations. On a reconnu qu'en général, vers 9^h du matin, le baromètre est plus élevé que vers 4^h du soir; ensuite il remonte jusque vers 11^h du soir, et il redescend jusque vers 4^h du matin, pour revenir à son maximum de hauteur vers 9^h. Supposons que l'on ait observé la hauteur du baromètre vers 9^h du matin et vers 4^h du soir, pendant le nombre s de jours, et, pour éviter la trop grande influence des causes perturbatrices, choisissons ces jours de manière que, dans l'intervalle de 9^h à 4^h, le baromètre n'ait pas varié au delà de 4^{mm}. Supposons ensuite qu'en faisant la somme des s hauteurs du matin et la somme des s hauteurs du soir, la première de ces sommes surpasse la seconde de la quantité q; cette différence indiquera une cause constante qui tend à élever le baromètre vers 9^h du matin et à l'abaisser vers 4^h du soir. Pour déterminer avec quelle probabilité cette cause est indiquée, concevons que cette cause n'existe point, et que la différence observée q résulte des causes perturbatrices accidentelles et des erreurs des observations. La probabilité qu'alors la différence observée entre les sommes des hauteurs du matin et du soir doit être au-dessous de q est, par le n° 18, égale à

$$\sqrt{\frac{k}{4k''\pi}} \int dr\, c^{-\frac{kr^2}{4k''}},$$

l'intégrale étant prise depuis $r = -\infty$ jusqu'à $r = \dfrac{q}{a\sqrt{s}}$; k et k'' étant des constantes dépendantes de la loi de probabilité des différences entre les hauteurs du matin et du soir, et $\pm a$ étant les limites de ces différences, a étant ici égal à 4^{mm}. $\dfrac{k}{k''}$ étant au moins égal à 6, comme on l'a vu dans le n° 20, $\dfrac{k}{4k''}$ ne peut pas être supposé moindre que $\frac{3}{2}$; en faisant donc $s = 400$, et supposant l'étendue de la variation diurne de 1^{mm}, ce qui est à peu près ce que M. Ramond a trouvé dans nos climats, par la comparaison d'un très grand nombre d'observations, on aura $q = 400^{mm}$. Ainsi $r = 5$, et $\dfrac{kr^2}{4k''}$ est au moins égal à $37,5$; en faisant donc

$$t^2 = \frac{kr^2}{4k''},$$

la probabilité précédente devient au moins

$$1 - \frac{\int dt\, e^{-tt}}{\sqrt{\pi}},$$

l'intégrale étant prise depuis $t = \sqrt{37,5}$ jusqu'à $t = \infty$. Cette intégrale est, à fort peu près, par le n° 27 du Livre I,

$$1 - \frac{e^{-37,5}}{2\sqrt{37,5\,\pi}},$$

et elle approche tellement de l'unité ou de la certitude, qu'il est extrêmement probable que, s'il n'existait point de cause constante de l'excès observé de la somme des hauteurs barométriques du matin sur celles des hauteurs du soir, cet excès serait plus petit que 400^{mill}; il indique donc avec une extrême vraisemblance l'existence d'une cause constante qui l'a produit.

Le phénomène d'une variation diurne étant ainsi bien constaté, déterminons la valeur la plus probable de son étendue, et l'erreur que l'on peut commettre sur son évaluation. Supposons pour cela que cette valeur soit $\frac{q}{s} \pm \frac{ar}{\sqrt{s}}$; la probabilité que l'étendue de la variation diurne du matin au soir sera comprise dans ces limites est, par le n° 18,

$$2\sqrt{\frac{k'}{\frac{1}{3}k''\pi}} \int dr\, e^{-\frac{k'r^2}{k''}},$$

l'intégrale étant prise depuis $r = 0$.

On peut éliminer $\frac{k''}{k'}$ en observant que, par le n° 20, cette fraction est à peu près égale à $\frac{S\varepsilon^{(i)2}}{2a^2 s}$, $\pm \varepsilon^{(i)}$ étant la différence de $\frac{q}{s}$ à l'étendue observée le $(i+1)^{\text{ième}}$ jour, et le signe S s'étendant à toutes les valeurs de i, depuis $i = 0$ jusqu'à $i = s - 1$; en faisant donc

$$ar = t\sqrt{\frac{2S\varepsilon^{(i)2}}{s}},$$

la probabilité que l'étendue de la variation diurne du matin au soir est comprise dans les limites $\frac{q}{s} \pm \frac{t}{\sqrt{s}} \sqrt{\frac{2 S \varepsilon^{(i)2}}{s}}$ sera $\frac{2}{\sqrt{\pi}} \int dt\, c^{-t^2}$, l'intégrale étant prise depuis t nul.

La variation diurne des hauteurs du baromètre dépend uniquement du Soleil; mais ces hauteurs sont encore affectées par les marées aériennes que produit l'attraction du Soleil et de la Lune sur notre atmosphère, et dont j'ai donné la théorie dans le Livre IV de la *Mécanique céleste*. Il est donc nécessaire de considérer à la fois ces deux variations, et de déterminer leurs grandeurs et leurs époques respectives, en formant des équations de condition analogues à celles dont les astronomes font usage, pour corriger les éléments des mouvements célestes. Ces variations étant principalement sensibles à l'équateur, et les causes perturbatrices y étant extrêmement petites, on pourra, au moyen d'excellents baromètres, les déterminer avec une grande précision, et je ne doute point que l'on ne reconnaisse alors, dans l'ensemble d'un très grand nombre d'observations, les lois qu'indique la théorie de la pesanteur dans les marées atmosphériques, et qui se manifestent d'une manière si frappante dans les observations des marées de l'Océan, que j'ai discutées avec étendue, dans le Livre cité de la *Mécanique céleste*.

On voit, par ce qui précède, que l'on peut reconnaître l'effet très petit d'une cause constante, par une longue suite d'observations dont les erreurs peuvent excéder cet effet lui-même. Mais alors il faut avoir soin de varier les circonstances de chaque observation, de manière que le résultat moyen de leur ensemble n'en soit point altéré sensiblement et soit presque entièrement l'effet de la cause dont il s'agit; il faut ensuite multiplier les observations, jusqu'à ce que l'analyse indique une très grande probabilité que l'erreur de ce résultat sera comprise dans des limites très rapprochées.

Supposons, par exemple, que l'on veuille reconnaître par l'observation la petite déviation à l'est, produite par la rotation de la Terre, dans la chute des corps. J'ai fait voir, dans le Livre X de la *Mécanique céleste*, que si, du sommet d'une tour fort élevée, on abandonne un corps à sa pesanteur, il retombera sur un plan horizontal passant par le pied de la tour, à une petite distance à l'est du point de contact de ce plan avec une boule suspendue par un fil dont le point de suspension est celui du départ du corps. J'ai donné, dans le Livre cité, l'expression de cette déviation, et il en résulte qu'en faisant abstraction de la résistance de l'air, elle est uniquement vers l'est; qu'elle est proportionnelle au cosinus de la latitude et à la racine carrée du cube de la hauteur, et qu'à la latitude de Paris elle s'élève à $5^{mm},i$, lorsque la hauteur de la tour est de 50^m. La résistance de l'air change ce dernier résultat; j'en ai donné pareillement l'expression dans ce cas, au Livre cité.

On a déjà fait un grand nombre d'expériences pour confirmer, par ce moyen, le mouvement de rotation de la Terre, qui d'ailleurs est démontré par tant d'autres phénomènes que cette confirmation devient inutile. Les petites erreurs de ces expériences très délicates ont souvent excédé l'effet que l'on voulait déterminer, et ce n'est qu'en multipliant considérablement les expériences que l'on peut ainsi constater son existence et fixer sa valeur. Nous allons soumettre cet objet à l'analyse des probabilités.

Si l'on prend pour origine des coordonnées le point de contact du plan et de la boule suspendue par un fil dont le sommet de suspension est celui du départ d'une balle que l'on fait tomber; si l'on marque ensuite sur ce plan les divers points où la balle va toucher le plan dans chaque expérience; en déterminant le centre commun de gravité de ces points, la ligne menée de l'origine des coordonnées à ce centre déterminera le sens et la quantité moyenne dont la balle s'est écartée de cette origine, et l'un et l'autre seront déterminés avec d'autant plus d'exactitude que les expériences seront plus nombreuses et plus précises.

Considérons maintenant comme axe des abscisses la ligne menée de l'origine des coordonnées à l'est, et désignons par x, $x^{(1)}$, $x^{(2)}$, …, $x^{(s-1)}$, y, $y^{(1)}$, $y^{(2)}$, …, $y^{(s-1)}$ les coordonnées respectives des points déter-

minés par les expériences dont le nombre est s. En exprimant par X et
Y les coordonnées du centre de gravité de tous ces points, on aura

$$X = S\,\frac{x^{(i)}}{s}, \qquad Y = S\,\frac{y^{(i)}}{s},$$

le signe S s'étendant à toutes les valeurs de i, depuis $i = 0$ jusqu'à
$i = s - 1$. Cela posé, en désignant par $\pm a$ les limites des erreurs de
chaque expérience, dans le sens des x, la probabilité que l'écart moyen
de la balle, du point origine des coordonnées, est compris dans les
limites $X \pm \dfrac{ar}{\sqrt{s}}$, sera, par le n° 18,

$$2\sqrt{\frac{k}{4k''\pi}}\int dr\,e^{-\frac{kr^2}{4k''}},$$

k et k'' étant des constantes qui dépendent de la loi de facilité des erreurs de chaque expérience dans le sens des x.

Pareillement, $\pm a'$ étant les limites des erreurs de chaque expérience dans le sens des y, la probabilité que la valeur moyenne de la
déviation dans le sens des y est comprise dans les limites $Y \pm \dfrac{a'r}{\sqrt{s}}$
sera

$$2\sqrt{\frac{\bar{k}}{4\bar{k}''\pi}}\int dr\,e^{-\frac{\bar{k}r^2}{4\bar{k}''}},$$

$\bar{k}$ et $\bar{k}''$ étant des constantes dépendantes de la loi des erreurs des
expériences dans le sens des y. Les fractions $\dfrac{k}{4k''}$ et $\dfrac{\bar{k}}{4\bar{k}''}$ étant, par ce
qui précède, plus grandes que $\frac{1}{2}$, on pourra juger du degré d'approxi-
mation et de probabilité des valeurs de X et de Y, et déterminer la
probabilité de l'écart au sud et au nord, indiqué par les observations.

L'analyse précédente peut encore être appliquée à la recherche des
petites inégalités des mouvements célestes, dont l'étendue est comprise
dans les limites soit des erreurs des observations, soit des perturbations produites par les causes accidentelles. C'est à peu près ainsi que
Tycho Brahe reconnut que l'équation du temps, relative au Soleil et

aux planètes, n'était point applicable à la Lune, et qu'il fallait en
retrancher la partie dépendante de l'anomalie du Soleil, et même une
quantité beaucoup plus grande, ce qui conduisit Flamsteed à la découverte de l'inégalité lunaire que l'on nomme *équation annuelle*. C'est
encore dans les résultats d'un grand nombre d'observations que Mayer
reconnut que l'équation de la précession, relative aux planètes et aux
étoiles, n'était point applicable à la Lune; il évalua à 12″ décimales
environ la quantité dont il fallait alors la diminuer, quantité que Mason
éleva ensuite à près de 24″, par la comparaison de toutes les observations de Bradley, et que M. Bürg a réduite à 21″, au moyen d'un bien
plus grand nombre d'observations de Maskelyne. Cette inégalité, quoique indiquée par les observations, était négligée par le plus grand
nombre des astronomes, parce qu'elle ne paraissait pas résulter de la
théorie de la pesanteur universelle. Mais, ayant soumis son existence
au Calcul des Probabilités, elle me parut indiquée avec une probabilité
si forte, que je crus devoir en rechercher la cause. Je vis bientôt qu'elle
ne pouvait résulter que de l'ellipticité du sphéroïde terrestre, que l'on
avait négligée jusqu'alors dans la théorie du mouvement lunaire,
comme ne devant y produire que des termes insensibles, et j'en conclus qu'il était extrêmement vraisemblable que ces termes devenaient
sensibles par les intégrations successives des équations différentielles.
Ayant déterminé ces termes par une analyse particulière, que j'ai exposée dans le Livre VII de la *Mécanique céleste*, je découvris d'abord
l'inégalité du mouvement de la Lune en latitude, et qui est proportionnelle au sinus de sa longitude : par son moyen, je reconnus que la
théorie de la pesanteur donne effectivement la diminution observée
par les astronomes cités, dans l'inégalité de la précession, applicable
au mouvement lunaire en longitude. La quantité de cette diminution
et le coefficient de l'inégalité en latitude dont je viens de parler sont
donc très propres à déterminer l'aplatissement de la Terre. Ayant fait
part de mes recherches à M. Bürg qui s'occupait alors de ses *Tables de
la Lune*, je le priai de déterminer avec un soin particulier les coefficients de ces deux inégalités. Par un concours remarquable, les coeffi-

cients qu'il a déterminés s'accordent à donner à la Terre l'aplatissement $\frac{1}{303}$, aplatissement qui diffère peu du milieu conclu des mesures des degrés du méridien et du pendule, mais qui, vu l'influence des erreurs des observations et des causes perturbatrices sur ces mesures, me paraît plus exactement déterminé par les inégalités lunaires. M. Burck-hardt, qui vient de former de nouvelles Tables de la Lune, très précises, sur l'ensemble des observations de Bradley et de Maskelyne, a trouvé le même coefficient que M. Bürg pour l'inégalité lunaire en latitude : il trouve $\frac{1}{34}$ à ajouter au coefficient de l'inégalité en longitude, ce qui réduit l'aplatissement à $\frac{1}{301}$, par cette inégalité. La différence très légère de ces résultats prouve qu'en fixant à $\frac{1}{301}$ cet aplatissement, l'erreur est insensible.

L'Analyse des Probabilités m'a conduit pareillement à la cause des grandes irrégularités de Jupiter et de Saturne. La difficulté d'en reconnaitre la loi et de les ramener à la théorie de l'attraction universelle avait fait conjecturer qu'elles étaient dues aux actions passagères des comètes; mais un théorème auquel j'étais parvenu sur l'attraction mutuelle des planètes me fit rejeter cette hypothèse, en m'indiquant l'attraction mutuelle des deux planètes comme la vraie cause de ces irrégularités. Suivant ce théorème, si le mouvement de Jupiter s'accélère en vertu de quelque grande inégalité à très longue période, celui de Saturne doit se ralentir de la même manière, et ce ralentissement est à l'accélération de Jupiter comme le produit de la masse de cette dernière planète par la racine carrée du grand axe de son orbite est au produit semblable relatif à Saturne. Ainsi, en prenant pour unité le ralentissement de Saturne, l'accélération correspondante de Jupiter doit être 0,40884; or Halley avait trouvé, par la comparaison des observations modernes aux anciennes, que l'accélération de Jupiter correspondait au ralentissement de Saturne, et qu'elle était 0,44823 de ce ralentissement. Ces résultats, si bien d'accord avec la théorie, me portèrent à penser qu'il existe, dans les mouvements de ces planètes, deux grandes inégalités correspondantes et de signe contraire, qui produisaient ces phénomènes. J'avais reconnu que l'action mutuelle

des planètes ne pouvait point occasionner dans leurs moyens mouvements des variations toujours croissantes ou périodiques, mais d'une
période indépendante de leur configuration mutuelle ; c'était donc
dans le rapport des moyens mouvements de Jupiter et de Saturne que
je devais chercher celle dont il s'agit. Or, en examinant ce rapport, il
est facile de reconnaître que deux fois le moyen mouvement de Jupiter
ne surpasse que d'une quantité très petite cinq fois celui de Saturne ;
ainsi les inégalités qui dépendent de cette différence, et dont la période
est d'environ neuf siècles, peuvent devenir fort grandes par les intégrations successives qui leur donnent pour diviseur le carré du coefficient très petit du temps dans l'argument de ces inégalités. En fixant
vers l'époque de Tycho Brahe l'origine de cet argument, je voyais que
Halley avait dû trouver, par la comparaison des observations modernes
aux anciennes, les altérations qu'il avait observées, tandis que la comparaison des observations modernes entre elles devait présenter des
altérations contraires et pareilles à celles que Lambert avait remar-
quées. L'existence des inégalités dont je viens de parler me parut donc
extrêmement vraisemblable, et je n'hésitai point à entreprendre le
calcul long et pénible, nécessaire pour m'en assurer complètement. Le
résultat de ce calcul, non seulement les confirma, mais il me fit connaître beaucoup d'autres inégalités, dont l'ensemble a porté les Tables
de Jupiter et de Saturne au degré de précision des observations mêmes.

On voit par là combien il faut être attentif aux indications de la
nature, lorsqu'elles sont le résultat d'un grand nombre d'observations, quoique d'ailleurs elles soient inexplicables par les moyens
connus. J'engage ainsi les astronomes à suivre avec une attention particulière l'inégalité lunaire à longue période, qui dépend principalement du mouvement du périgée de la Lune, ajouté au double du moyen
mouvement de ses nœuds ; inégalité dont j'ai parlé dans le Livre VII de
la *Mécanique céleste*, et que déjà les observations indiquent avec beaucoup de vraisemblance. Les cas précédents ne sont pas les seuls dans
lesquels les observations ont redressé les analystes. Le mouvement du
périgée lunaire et l'accélération du mouvement de la Lune, qui n'étaient

point donnés d'abord par les approximations, ont fait sentir la nécessité de rectifier ces approximations. Ainsi l'on peut dire que la nature elle-même a concouru à la perfection analytique des théories fondées sur le principe de la pesanteur universelle, et c'est, à mon sens, une des plus fortes preuves de la vérité de ce principe admirable.

On peut encore, par l'Analyse des Probabilités, vérifier l'existence ou l'influence de certaines causes dont on a cru remarquer l'action sur les êtres organisés. De tous les instruments que nous pouvons employer pour connaître les agents imperceptibles de la nature, les plus sensibles sont les nerfs, surtout lorsque leur sensibilité est exaltée par des circonstances particulières. C'est à leur moyen que l'on a découvert la faible électricité que développe le contact de deux métaux hétérogènes, ce qui a ouvert un champ vaste aux recherches des physiciens et des chimistes. Les phénomènes singuliers, qui résultent de l'extrême sensibilité des nerfs dans quelques individus, ont donné naissance à diverses opinions sur l'existence d'un nouvel agent que l'on a nommé *magnétisme animal*, sur l'action du magnétisme ordinaire et l'influence du Soleil et de la Lune dans quelques affections nerveuses ; enfin sur les impressions que peut faire naître la proximité des métaux ou d'une eau courante. Il est naturel de penser que l'action de ces causes est très faible, et peut facilement être troublée par un grand nombre de circonstances accidentelles ; ainsi, de ce que, dans quelques cas, elle ne s'est point manifestée, on ne doit pas conclure qu'elle n'existe jamais. Nous sommes si éloignés de connaître tous les agents de la nature qu'il serait peu philosophique de nier l'existence des phénomènes, uniquement parce qu'ils sont inexplicables dans l'état actuel de nos connaissances. Seulement nous devons les examiner avec une attention d'autant plus scrupuleuse qu'il paraît plus difficile de les admettre, et c'est ici que l'Analyse des Probabilités devient indispensable pour déterminer jusqu'à quel point il faut multiplier les observations ou les expériences pour avoir en faveur de l'existence des agents qu'elles semblent indiquer une probabilité supérieure à toutes les raisons que l'on peut avoir d'ailleurs de la rejeter.

La même analyse peut être étendue aux divers résultats de la Médecine et de l'Économie politique, et même à l'influence des causes morales; car l'action de ces causes, lorsqu'elle est répétée un grand nombre de fois, offre dans ses résultats autant de régularité que les causes physiques.

On peut encore déterminer par l'Analyse des Probabilités, comparée à un grand nombre d'expériences, l'avantage et le désavantage des joueurs, dans les cas dont la complication rend impossible leur recherche directe. Tel est l'avantage de la main, au jeu du piquet : telles sont encore les possibilités respectives d'amener les différentes faces d'un prisme droit rectangulaire, dont la longueur, la largeur et la hauteur sont inégales, lorsque le prisme projeté en l'air retombe sur un plan horizontal.

Enfin on pourrait faire usage du Calcul des Probabilités pour rectifier les courbes ou carrer leurs surfaces. Sans doute, les géomètres n'emploieront pas ce moyen; mais, comme il me donne lieu de parler d'un genre particulier de combinaisons du hasard, je vais l'exposer en peu de mots.

Imaginons un plan divisé par des lignes parallèles, équidistantes de la quantité a; concevons de plus un cylindre très étroit, dont $2r$ soit la longueur, supposée égale ou moindre que a. On demande la probabilité qu'en le projetant, il rencontrera une des divisions du plan.

Élevons sur un point quelconque d'une de ces divisions une perpendiculaire prolongée jusqu'à la division suivante. Supposons que le centre du cylindre soit sur cette perpendiculaire et à la hauteur y au-dessus de la première de ces deux divisions. En faisant tourner le cylindre autour de son centre et nommant φ l'angle que le cylindre fait avec la perpendiculaire, au moment où il rencontre cette division, 2φ sera la partie de la circonférence décrite par chaque extrémité du cylindre, dans laquelle il rencontre la division; la somme de toutes ces parties sera donc $4\int \varphi\, dy$, ou $4\varphi y - 4\int y\, d\varphi$; or on a $y = r\cos\varphi$; cette somme est donc

$$4\varphi y - 4r\sin\varphi + \text{const.}$$

Pour déterminer cette constante, nous observerons que l'intégrale doit s'étendre depuis y nul jusqu'à $y = r$, et par conséquent depuis $\varphi = \frac{\pi}{2}$ jusqu'à $\varphi = 0$, ce qui donne

$$\text{const.} = 4r;$$

ainsi la somme dont il s'agit est $4r$. Depuis $y = a - r$ jusqu'à $y = a$, le cylindre peut rencontrer la division suivante, et il est visible que la somme de toutes les parties relatives à cette rencontre est encore $4r$; $8r$ est donc la somme de toutes les parties relatives à la rencontre de l'une ou de l'autre des divisions par le cylindre, dans le mouvement de son centre le long de la perpendiculaire. Mais le nombre de tous les arcs qu'il décrit en tournant en entier sur lui-même, à chaque point de cette perpendiculaire, est $2a\pi$; c'est le nombre de toutes les combinaisons possibles; la probabilité de la rencontre d'une des divisions du plan par le cylindre est donc $\frac{4r}{a\pi}$. Si l'on projette un grand nombre de fois ce cylindre, le rapport du nombre de fois où le cylindre rencontrera l'une des divisions du plan au nombre total des projections sera, par le n° 16, à très peu près, la valeur de $\frac{4r}{a\pi}$, ce qui fera connaitre la valeur de la circonférence 2π. On aura, par le même numéro, la probabilité que l'erreur de cette valeur sera comprise dans des limites données, et il est facile de voir que le rapport $\frac{8r}{a\pi}$ qui, pour un nombre donné de projections, rend l'erreur à craindre la plus petite, est l'unité, ce qui donne la longueur du cylindre égale à l'intervalle des divisions, multiplié par le rapport de la circonférence à quatre diamètres.

Concevons maintenant le plan précédent divisé encore par des lignes perpendiculaires aux précédentes, et équidistantes d'une quantité b égale ou plus grande que la longueur $2r$ du cylindre. Toutes ces lignes formeront avec les premières une suite de rectangles dont b sera la longueur et a la hauteur. Considérons un de ces rectangles; supposons que dans son intérieur on mène à la distance r de chaque côté des lignes qui lui soient parallèles. Elles formeront d'abord un rectangle intérieur, dont $b - 2r$ sera la longueur, et $a = 2r$ la hauteur; ensuite deux petits rectangles, dont r sera la hauteur, et $b - 2r$ la longueur; puis deux autres petits rectangles dont r sera la longueur et $a - 2r$ la hauteur; enfin, quatre petits carrés dont les côtés seront égaux à r.

Tant que le centre du cylindre sera placé dans le rectangle intérieur, le cylindre, en tournant sur son centre, ne rencontrera jamais les côtés du grand rectangle.

Lorsque le centre du cylindre sera placé dans l'intérieur d'un des rectangles dont r est la hauteur et $b - 2r$ la longueur, il est facile de voir, par ce qui précède, que le produit de $8r$ par la longueur $b - 2r$ sera le nombre des combinaisons correspondantes, dans lesquelles le cylindre rencontrera l'un ou l'autre des côtés b du grand rectangle. Ainsi $8r(b - 2r)$ sera le nombre total des combinaisons correspondantes aux cas dans lesquels, le centre du cylindre étant placé dans l'un ou l'autre de ces petits rectangles, le cylindre rencontre le contour du grand rectangle. Par la même raison, $8r(a - 2r)$ sera le nombre total des combinaisons dans lesquelles, le centre du cylindre étant placé dans l'intérieur des petits rectangles dont r et $a - 2r$ sont les dimensions, le cylindre rencontre le contour du grand rectangle.

Il nous reste à considérer les quatre petits carrés. Soit ABCD l'un d'eux. De l'angle A commun à ce carré et au grand rectangle, comme centre, et du rayon r, décrivons un quart de circonférence se terminant aux points B et D. Tant que le centre du cylindre sera compris dans le quart de cercle formé par cet arc, le cylindre, en tournant, rencontrera dans toutes ses positions le contour du grand rectangle; le nombre des combinaisons dans lesquelles cela aura lieu est donc égal au produit de 2π par la surface du quart de cercle, et par conséquent il est égal à $\frac{\pi^2 r^3}{2}$. Si le centre du cylindre est dans la partie du carré qui est au delà du quart de cercle, le cylindre, en tournant autour de son centre, pourra rencontrer l'un ou l'autre des deux côtés AB et AD prolongés, sans jamais les rencontrer tous deux à la fois. Pour déterminer le nombre des combinaisons relatives à cette rencontre, je conçois sur un point quelconque du côté AB, distant de x du point A, une perpendiculaire y dont l'extrémité soit au delà du quart de cercle. Je place le centre du cylindre sur cette extrémité, de laquelle j'abaisse quatre droites égales à r, et dont deux aboutissent sur le côté AB prolongé, si cela est nécessaire, et deux autres sur le côté AD pareillement prolongé. Je nomme 2φ l'angle compris entre les deux premières lignes, et $2\varphi'$ l'angle compris entre les deux secondes. Il est visible que le cylindre, en tournant sur son centre, rencontrera le côté AB prolongé tant qu'une de ses moitiés sera dans l'angle 2φ, et qu'il rencontrera le côté AD prolongé tant qu'une de ses moitiés sera dans l'angle $2\varphi'$; le nombre total des combinaisons dans lesquelles le cylindre rencontrera l'un ou l'autre de ces côtés est donc $4(\varphi + \varphi')$; ainsi ce nombre, relativement à la partie du carré extérieure au quart de cercle, est

$$4 \int (\varphi + \varphi')\, dx\, dy;$$

or on a évidemment

$$x = r\cos\varphi', \qquad y = r\cos\varphi;$$

l'intégrale précédente devient ainsi

$$4\, r^2 \int \int (\varphi + \varphi')\, d\varphi\, d\varphi' \sin\varphi \sin\varphi',$$

et il est facile de voir que l'intégrale relative à φ' doit être prise depuis $\varphi' = 0$ jusqu'à $\varphi' = \frac{\pi}{2} - \varphi$, et que l'intégrale relative à φ doit être prise depuis $\varphi = 0$ jusqu'à $\varphi = \frac{\pi}{2}$, ce qui donne $\frac{1}{2}r^2(12 - \pi^2)$ pour cette intégrale. En lui ajoutant $\frac{\pi^2 r^2}{2}$, on aura le nombre des combinaisons relatives au carré, et en quadruplant ce nombre et le réunissant aux nombres précédents des combinaisons relatives à la rencontre du contour du grand rectangle par le cylindre, on aura, pour le nombre total des combinaisons,

$$8(a + b)r - 8r^2.$$

Mais le nombre total des combinaisons possibles est évidemment égal à 2π multiplié par la surface ab du grand rectangle; la probabilité de la rencontre des divisions du plan par le cylindre est donc

$$\frac{4(a+b)r - 4r^2}{ab\pi}.$$

CHAPITRE VI.

DE LA PROBABILITÉ DES CAUSES ET DES ÉVÉNEMENTS FUTURS, TIRÉE DES ÉVÉNEMENTS OBSERVÉS.

26. La probabilité de la plupart des événements simples est inconnue : en la considérant *a priori*, elle nous paraît susceptible de toutes les valeurs comprises entre zéro et l'unité; mais, si l'on a observé un résultat composé de plusieurs de ces événements, la manière dont ils y entrent rend quelques-unes de ces valeurs plus probables que les autres. Ainsi, à mesure que le résultat observé se compose par le développement des événements simples, leur vraie possibilité se fait de plus en plus connaître, et il devient de plus en plus probable qu'elle tombe dans des limites qui, se resserrant sans cesse, finiraient par coïncider, si le nombre des événements simples devenait infini. Pour déterminer les lois suivant lesquelles cette possibilité se découvre, nous la nommerons x. La théorie exposée dans les Chapitres précédents donnera la probabilité du résultat observé, en fonction de x. Soit y cette fonction; si l'on considère les différentes valeurs de x comme autant de causes de ce résultat, la probabilité de x sera, par le troisième principe du n° 1, égale à une fraction dont le numérateur est y, et dont le dénominateur est la somme de toutes les valeurs de y; en multipliant donc le numérateur et le dénominateur de cette fraction par dx, cette probabilité sera

$$\frac{y\,dx}{\int y\,dx},$$

l'intégrale du dénominateur étant prise depuis $x = 0$ jusqu'à $x = 1$. La probabilité que la valeur de x est comprise dans les limites $x = \theta$ et $x = \theta'$ est par conséquent égale à

$$(1) \qquad \frac{\int y\,dx}{\int y\,dx},$$

l'intégrale du numérateur étant prise depuis $x = \theta$ jusqu'à $x = \theta'$, et celle du dénominateur étant prise depuis $x = 0$ jusqu'à $x = 1$.

La valeur de x la plus probable est celle qui rend y un maximum. Nous la désignerons par a. Si aux limites de x, y est nul, alors chaque valeur de y a une valeur égale correspondante de l'autre côté du maximum.

Quand les valeurs de x, considérées indépendamment du résultat observé, ne sont pas également possibles, en nommant z la fonction de x qui exprime leur probabilité, il est facile de voir, par ce qui a été dit dans le Chapitre Ier de ce Livre, qu'en changeant dans la formule (1), y dans yz, on aura la probabilité que la valeur de x est comprise dans les limites $x = \theta$ et $x = \theta'$. Cela revient à supposer toutes les valeurs de x également possibles *a priori*, et à considérer le résultat observé comme étant formé de deux résultats indépendants, dont les probabilités sont y et z. On peut donc ramener ainsi tous les cas à celui où l'on suppose *a priori*, avant l'événement, une égale possibilité aux différentes valeurs de x, et, par cette raison, nous adopterons cette hypothèse dans ce qui va suivre.

Nous avons donné dans les n°s 22 et suivants du Livre Ier les formules nécessaires pour déterminer, par des approximations convergentes, les intégrales du numérateur et du dénominateur de la formule (1), lorsque les événements simples dont se compose l'événement observé sont répétés un très grand nombre de fois; car alors y a pour facteurs des fonctions de x élevées à de grandes puissances. Nous allons, au moyen de ces formules, déterminer la loi de probabilité des valeurs de x, à mesure qu'elles s'éloignent de la valeur a, la plus probable, ou qui rend y un maximum. Pour cela, reprenons la formule (c) du n° 27 du Livre Ier,

$$(2) \quad \left\{ \begin{aligned} \int y\, dx &= \mathrm{Y}\left(\mathrm{U} + \frac{1}{2}\,\frac{d^2.\mathrm{U}^3}{1.2.dx^2} + \frac{1.3}{2^2}\,\frac{d^4.\mathrm{U}^5}{1.2.3.4.dx^4} + \dots\right)\int dt\, c^{-t^2} \\ &\quad + \frac{\mathrm{Y}}{2}\, c^{-\mathrm{T}^2}\left[\frac{d.\mathrm{U}^2}{dx} - \mathrm{T}\,\frac{d^2.\mathrm{U}^3}{1.2.dx^2} + (\mathrm{T}^2 + 1)\frac{d^3.\mathrm{U}^4}{1.2.3.dx^3} - \dots\right] \\ &\quad - \frac{\mathrm{Y}}{2}\, c^{-\mathrm{T}'^2}\left[\frac{d.\mathrm{U}^2}{dx} + \mathrm{T}'\,\frac{d^2.\mathrm{U}^3}{1.2.dx^2} + (\mathrm{T}'^2 + 1)\frac{d^3.\mathrm{U}^4}{1.2.3.dx^3} + \dots\right]; \end{aligned} \right.$$

t est égal à $\dfrac{x-a}{\sqrt{\log \mathrm{Y} - \log y}}$, et U, $\dfrac{d.\mathrm{U}^2}{dx}$, $\dfrac{d^2.\mathrm{U}^3}{dx^2}$, $\dots$ sont ce que devien-

nent c, $\dfrac{d.c^2}{dx}$, $\dfrac{d^2.c^3}{dx^2}$, $\dots$, lorsqu'on y change, après les différentiations,

x en a, a étant la valeur de x qui rend y un maximum : T est égal à ce que devient la fonction $\sqrt{\log \mathrm{Y} - \log y}$, lorsqu'on change x en $a - \theta$ dans y, et T' est ce que devient la même fonction, lorsqu'on y change x dans $a + \theta'$. L'expression précédente de $\int y\, dx$ donne la valeur de cette intégrale, dans les limites $x = a - \theta$ et $x = a + \theta'$, l'intégrale $\int dt\, c^{-t^2}$ étant prise depuis $t = -\mathrm{T}$ jusqu'à $t = \mathrm{T}'$.

Le plus souvent, aux limites de l'intégrale $\int y\, dx$, étendue depuis $x = 0$ jusqu'à $x = 1$, y est nul; ou, lorsque y n'est pas nul, il devient si petit à ces limites, qu'on peut le supposer nul. Alors, on peut faire à ces limites T et T' infinis, ce qui donne pour l'intégrale $\int y\, dx$, étendue depuis $x = 0$ jusqu'à $x = 1$,

$$\int y\, dx = \mathrm{Y}\left(\mathrm{U} + \frac{1}{2}\,\frac{d^2.\mathrm{U}^3}{1.2.dx^2} + \frac{1.3}{2^2}\,\frac{d^4.\mathrm{U}^5}{1.2.3.4.dx^4} + \dots\right)\sqrt{\pi};$$

ainsi la probabilité que la valeur de x est comprise dans les limites $x = a - \theta$ et $x = a + \theta'$ est égale à

$$(3) \quad \frac{\int dt\, c^{-t^2}}{\sqrt{\pi}} + \frac{\left\{\begin{aligned}&\frac{1}{2}c^{-\mathrm{T}^2}\left[\frac{d.\mathrm{U}^2}{dx} - \mathrm{T}\,\frac{d^2.\mathrm{U}^3}{1.2.dx^2} + (\mathrm{T}^2 + 1)\frac{d^3.\mathrm{U}^4}{1.2.3.dx^3} - \dots\right]\\ &-\frac{1}{2}c^{-\mathrm{T}'^2}\left[\frac{d.\mathrm{U}^2}{dx} + \mathrm{T}'\,\frac{d^2.\mathrm{U}^3}{1.2.dx^2} + (\mathrm{T}'^2 + 1)\frac{d^3.\mathrm{U}^4}{1.2.3.dx^3} + \dots\right]\end{aligned}\right\}}{\left(\mathrm{U} + \frac{1}{2}\,\frac{d^2.\mathrm{U}^3}{1.2.dx^2} + \frac{1.3}{2^2}\,\frac{d^4.\mathrm{U}^5}{1.2.3.4.dx^4} + \dots\right)\sqrt{\pi}}.$$

On voit, par le n° 23 du Livre Ier, que, dans le cas où y a pour facteurs des fonctions de x élevées à de grandes puissances de l'ordre $\frac{1}{x}$, x étant une fraction extrêmement petite, alors U est le plus souvent de l'ordre $\sqrt{x}$, ainsi que ses différences successives ; U, $\frac{d \cdot U^2}{dx}$, $\frac{d^2 \cdot U^3}{dx^2}$, ... sont respectivement des ordres $\sqrt{x}$, x, $x^{\frac{3}{2}}$, ... ; d'où il suit que la convergence des séries de la formule (3) exige que T et T' ne soient pas d'un ordre supérieur à $\frac{1}{\sqrt{x}}$.

Si l'on suppose $\theta = \theta'$, alors on a à fort peu près $T = T'$, et la formule (3) se réduit, en négligeant les termes de l'ordre x, à l'intégrale $\int \frac{dt \, t^{-t^2}}{\sqrt{\pi}}$, prise depuis $t = -T$ jusqu'à $t = T'$; ce qui revient, en négligeant le carré de la différence $T'^2 - T^2$, à doubler l'intégrale précédente et à la prendre depuis t nul jusqu'à

$$ t = \sqrt{\frac{T^2 + T'^2}{2}} ; $$

Or on a

$$ T^2 = \log Y = \log y, $$

et l'on peut supposer

$$ \log y = \frac{1}{x} \log \varphi, $$

φ étant une fonction de x ou de $a = \theta$, qui ne renferme plus de facteurs élevés à de grandes puissances. En nommant donc Φ, $\frac{d\Phi}{dx}$, $\frac{d^2\Phi}{dx^2}$, ... ce que deviennent, lorsque θ est nul, φ, $\frac{d\varphi}{dx}$, $\frac{d^2\varphi}{dx^2}$, ..., en observant ensuite que la condition de Y ou Φ un maximum donne $\frac{d\Phi}{dx} = 0$, on aura

$$ x T^2 = - \theta^2 \frac{d^2\Phi}{2\Phi \, dx^2} + \theta^3 \frac{d^3\Phi}{6\Phi \, dx^3} - \frac{\theta^4}{8} \left[\frac{d^4\Phi}{3\Phi \, dx^4} - \left(\frac{d^2\Phi}{\Phi \, dx^2} \right)^2 \right] + \dots $$

En changeant θ dans $-\theta$, on aura la valeur de $x T'^2$; on aura donc, en négligeant les termes de l'ordre x^2,

$$ \frac{x(T^2 + T'^2)}{2} = - \theta^2 \frac{d^2\Phi}{2\Phi \, dx^2} ; $$

partant,

$$\sqrt{\frac{\mathrm{T}^2+\mathrm{T}'^2}{2}} = \frac{\theta}{\sqrt{\alpha}}\sqrt{-\frac{d^2\Phi}{2\Phi\,dx^2}}$$

Faisons

$$k = \sqrt{-\frac{d^2\Phi}{2\Phi\,dx^2}} = \sqrt{-\frac{\alpha\,d^2\mathrm{Y}}{2\mathrm{Y}\,dx^2}},$$

$$\theta = \frac{t\sqrt{\alpha}}{k};$$

la probabilité que la valeur de x est comprise dans les limites $a \pm \dfrac{t\sqrt{\alpha}}{k}$ sera

$$\frac{2\int dt\,c^{-t^2}}{\sqrt{\pi}},$$

l'intégrale étant prise depuis $t=0$, et pouvant être obtenue d'une manière fort approchée par les formules du n° 27 du Livre Ier.

Il résulte de cette expression que la valeur de x la plus probable est a, ou celle qui rend l'événement observé le plus probable, et qu'en multipliant à l'infini les événements simples dont l'événement observé se compose, on peut à la fois resserrer les limites $a \pm \dfrac{t\sqrt{\alpha}}{k}$, et augmenter la probabilité que la valeur de x tombera entre ces limites; en sorte qu'à l'infini, cet intervalle devient nul, et la probabilité se confond avec la certitude.

Si l'événement observé dépend d'événements simples de deux différents genres, en nommant x et x' les possibilités de ces deux genres d'événements, on verra, par les raisonnements précédents, que, y étant alors la probabilité de l'événement composé, la fraction

$$(4)\qquad \frac{y\,dx\,dx'}{\int\int y\,dx\,dx'}$$

sera la probabilité des valeurs simultanées de x et de x', les intégrales du dénominateur étant prises depuis $x=0$ jusqu'à $x=1$, et depuis $x'=0$ jusqu'à $x'=1$. En nommant a et a' les valeurs de x et de x' qui

rendent y un maximum, et faisant $x = a + \theta$, $x' = a' + \theta'$, on trouvera, par l'analyse du n° 27 du Livre Iᵉʳ, que si l'on suppose

$$\frac{\theta}{\sqrt{2V}}\sqrt{-\frac{\partial^2 V}{\partial x^2}} = \theta'\,\frac{\frac{\partial^2 V}{\partial x\,\partial x'}}{2V}\sqrt{-\frac{\partial^2 V}{\partial x'^2}} = t,$$

$$\frac{\theta'}{\sqrt{-2V\,\frac{\partial^2 V}{\partial x'^2}}}\sqrt{\frac{\partial^2 V}{\partial x^2}\frac{\partial^2 V}{\partial x'^2} - \left(\frac{\partial^2 V}{\partial x\,\partial x'}\right)^2} = t',$$

la fraction (4) prendra cette forme

$$\frac{dt\,dt'\,e^{-t^2-t'^2}}{\int\int dt\,dt'\,e^{-t^2-t'^2}}.$$

Les intégrales du dénominateur doivent être prises depuis $t = -\infty$
jusqu'à $t = \infty$; et depuis $t' = -\infty$ jusqu'à $t' = \infty$; car les intégrales
relatives à x et x' de la fraction (4) étant prises depuis $x = 0$ et
$x' = 0$ jusqu'à x et x' égaux à l'unité, et à ces limites, les valeurs de θ
et de θ' étant $= a$ et $1 = a$, $= a'$ et $1 = a'$, les limites de t et de t' sont
égales à ces dernières limites multipliées par des quantités de l'ordre
$\frac{1}{\sqrt{x}}$: ainsi l'exponentielle $e^{-t^2-t'^2}$ est excessivement petite à ces limites,
et l'on peut, sans erreur sensible, étendre les intégrales du dénomina-
teur de la fraction précédente jusqu'aux valeurs infinies positives et
négatives des variables t et t'. Ce dénominateur devient ainsi égal à π ;
et la probabilité que les valeurs de θ' et de θ sont comprises dans les
limites

$$\theta' = 0, \qquad \theta' = \frac{t'\sqrt{-2V\,\frac{\partial^2 V}{\partial x'^2}}}{\sqrt{\frac{\partial^2 V}{\partial x^2}\frac{\partial^2 V}{\partial x'^2} - \left(\frac{\partial^2 V}{\partial x\,\partial x'}\right)^2}},$$

$$\theta = 0, \qquad \theta = \frac{t\sqrt{2V}}{\sqrt{-\frac{\partial^2 V}{\partial x^2}}} + \frac{t'\,\frac{\partial^2 V}{\partial x\,\partial x'}}{\sqrt{\frac{\partial^2 V}{\partial x^2}\frac{\partial^2 V}{\partial x'^2} - \left(\frac{\partial^2 V}{\partial x\,\partial x'}\right)^2}}\sqrt{\frac{-2V}{\frac{\partial^2 V}{\partial x^2}}},$$

est égale à

$$\frac{1}{n}\int\int f\,dt\,dt'\,e^{-t^2-t'^2},$$

les intégrales étant prises depuis t et t' nuls.

On voit par cette formule que, dans le cas de deux genres différents d'événements simples, la probabilité que leurs possibilités respectives sont celles qui rendent l'événement composé le plus probable devient de plus en plus grande, et finit par se confondre avec la certitude; ce qui a lieu généralement pour un nombre quelconque de genres différents d'événements simples, qui entrent dans l'événement observé.

Si l'on conçoit une urne renfermant une infinité de boules de plusieurs couleurs différentes, et qu'après en avoir tiré un grand nombre n, p sur ce nombre aient été de la première couleur, q de la seconde, r de la troisième, etc.; en désignant par x, x', x'', ... les probabilités respectives d'amener dans un seul tirage une de ces couleurs, la probabilité de l'événement observé sera le terme qui a pour facteur $x^p x'^q x''^r$..., dans le développement du polynôme

$$(x + x' + x'' + \ldots)^n,$$

où l'on a

$$x + x' + x'' + \ldots = 1,$$

$$p + q + r + \ldots = n;$$

on pourra donc supposer ici $y = x^p x'^q x''^r$..., et alors on a pour les valeurs de x, x', x'', ... qui rendent l'événement observé le plus probable

$$x = \frac{p}{n}, \qquad x' = \frac{q}{n}, \qquad x'' = \frac{r}{n}, \qquad \ldots$$

Ainsi les valeurs les plus probables sont proportionnelles aux nombres des arrivées des couleurs, et lorsque le nombre n est un grand nombre, les probabilités respectives des couleurs sont à très peu près égales aux nombres de fois qu'elles sont arrivées divisés par le nombre des tirages.

27. Pour donner une application de la formule précédente, considérons le cas où deux joueurs A et B jouent ensemble avec cette condition, que celui qui sur trois coups en aura gagné deux gagne la partie, et supposons que, sur un très grand nombre n de parties, A en ait gagné un nombre i. En nommant x la probabilité de A pour gagner un coup, et par conséquent $1 - x$ la probabilité correspondante de B, la probabilité de A pour gagner une partie sera la somme des deux premiers termes du binôme $(x + 1 - x)^3$, et la probabilité correspondante de B sera la somme des deux derniers termes. Ces probabilités sont donc $x^2(3 - 2x)$ et $(1 - x)^2(1 + 2x)$; ainsi la probabilité que, sur n parties, A en gagnera i, et B, $n - i$, sera proportionnelle à $x^{2i}(3 - 2x)^i(1 - x)^{2n-2i}(1 + 2x)^{n-i}$. En nommant donc y cette fonction, et a la valeur de x qui la rend un maximum, la probabilité que la valeur de x est comprise dans les limites $a - \theta$ et $a + \theta$ sera

$$\frac{\int y\, dx}{\int y\, dx},$$

l'intégrale du numérateur étant prise depuis $x = a - \theta$ jusqu'à $x = a + \theta$, et celle du dénominateur étant prise depuis $x = o$ jusqu'à $x = 1$. Si l'on fait

$$\frac{1}{n} = \alpha, \qquad \frac{i}{n} = i',$$

on aura, par le numéro précédent,

$$\varphi = x^{2i'}(3 - 2x)^{i'}(1 - x)^{2-2i'}(1 + 2x)^{1-i'}.$$

La condition du maximum de y ou de φ donne $d\varphi = o$; par conséquent, a étant la valeur de x correspondante à ce maximum, on aura

$$o = \frac{2i'}{a} - \frac{2i'}{3 - 2a} - \frac{2(1 - i')}{1 - a} + \frac{2(1 - i')}{1 + 2a},$$

d'où l'on tire

$$i' = a^2(3 - 2a), \qquad 1 - i' = (1 - a)^2(1 + 2a);$$

ensuite on a

$$\frac{-d^2\varphi}{2\varphi\, dx^2} = \frac{18}{(3 - 2a)(1 + 2a)} = h^2.$$

La probabilité que la valeur de x est comprise dans les limites $a \pm \dfrac{r}{\sqrt{n}}$ sera donc, par le numéro précédent, égale à

$$\frac{6\sqrt{2}}{\sqrt{\pi}(3-2a)(1+2a)} \int dr\, c^{\frac{-18r^2}{(3-2a)(1+2a)}}.$$

On verra facilement que ce résultat s'accorde avec celui que nous avons trouvé dans le n° 16, par une analyse moins directe que celle-ci.

La partie finit en deux coups, si A ou B gagne les deux premiers coups, le troisième coup n'étant pas joué, parce qu'il devient inutile. Ainsi les nombres des parties gagnées par l'un et l'autre des joueurs n'indiquent pas le nombre des coups joués; mais ils indiquent que ce dernier nombre est contenu dans des limites données, avec une probabilité qui croit sans cesse, à mesure que les parties se multiplient. La recherche de ce nombre et de cette probabilité étant très propre à éclaircir l'analyse précédente, nous allons nous en occuper.

La probabilité que A gagnera une partie en deux coups est x^2, x exprimant, comme ci-dessus, sa probabilité de gagner à chaque coup. La probabilité qu'il gagnera la partie en trois coups est $2x^2(1-x)$. La somme $x^2(3-2x)$ de ces deux probabilités est la probabilité que A gagnera la partie. Ainsi, pour avoir la probabilité que, sur i parties gagnées par le joueur A, s seront de deux coups, il faut élever à la puissance i le binôme

$$\frac{x^2}{x^2(3-2x)} + \frac{2x^2(1-x)}{x^2(3-2x)}$$

ou

$$\frac{1}{3-2x} + \frac{2(1-x)}{3-2x},$$

et le terme $i-s+1$ du développement de cette puissance sera cette probabilité qui est ainsi égale à

$$\frac{1.2.3\ldots i\, 2^{i-s}(1-x)^{i-s}}{1.2.3\ldots s.1.2.3\ldots(i-s)(3-2x)^i}.$$

Le plus grand terme de ce développement est, par le n° 16, celui dans lequel les exposants s et $i-s$ du premier et du second terme du binôme sont à très peu près dans le rapport de ces termes, ce qui donne

$$s = \frac{i}{\frac{1}{x} - 2x},$$

Nous nommerons s' cette quantité, et nous ferons

$$s = s' + t.$$

On aura, par le n° 16,

$$\sqrt{\frac{i}{2s'\pi(i-s')}}\; dt\, e^{-\frac{it^2}{2s'(i-s')}}$$

pour la probabilité de s, correspondante à l'adresse x du joueur A.

On trouvera pareillement que, si l'on nomme s le nombre des parties de deux coups, gagnées par le joueur B, sur le nombre $n-i$ de parties qu'il a gagnées, la valeur de s la plus probable sera $\frac{n-i}{1+2x}$, et qu'en désignant par s' cette quantité et faisant

$$s = s' + t',$$

la probabilité de s correspondante à x sera

$$\sqrt{\frac{n-i}{2s'(n-i-s')\pi}}\; dt'\, e^{-\frac{(n-i)t'^2}{2s'(n-i-s')}}.$$

Le produit de ces deux probabilités est donc la probabilité correspondante à x, que le nombre des parties de deux coups, gagnées par le joueur A, sera $s'+t$, tandis que le nombre des parties de deux coups, gagnées par le joueur B, sera $s'+t'$. Soit

$$q = \frac{i}{2s'(i-s')}, \qquad q' = \frac{n-i}{2s'(n-i-s')};$$

on aura, pour cette probabilité composée,

$$\frac{\sqrt{qq'}}{\pi}\; dt\, dt'\, e^{-qt^2-q't'^2},$$

Il faut multiplier cette probabilité par celle de x, qui, comme on l'a vu dans le numéro précédent, est $\dfrac{y\,dx}{\int y\,dx}$; le produit est

$$(\varepsilon)\qquad \frac{\sqrt{qq'}}{\pi}\cdot\frac{y\,dx}{\int y\,dx}\,dt\,dt'\,c^{-qt^2-q't'^2}.$$

L'intégrale du dénominateur doit être prise depuis $x=0$ jusqu'à $x=1$, et par le n° 27 du Livre Ier, cette intégrale est, à très peu près,

$$Y\sqrt{\pi}\sqrt{\frac{-2Y}{\frac{d^2Y}{dx^2}}}.$$

Si l'on nomme X la fonction

$$\sqrt{qq'}\,c^{-qt^2-q't'^2}$$

et que l'on désigne par a' la valeur de x qui rend Xy un maximum, et par X' et Y' ce que deviennent X et y lorsqu'on y change x en a', on aura, par le numéro précédent, en faisant $x=a'+\theta$,

$$y\,dx\,\sqrt{qq'}\,c^{-qt^2-q't'^2}=Y'X'\,d\theta\,c^{\frac{\theta^2\,d^2X'Y'}{2X'Y'dx^2}}.$$

Il est facile de voir que a' ne diffère de la valeur a de x qui rend y un maximum, que d'une quantité de l'ordre α, que nous désignerons par $f\alpha$; en substituant dans Y, $a+f\alpha$ au lieu de a', pour en former Y', et développant par rapport aux puissances de α, on verra que $\dfrac{dY}{da}$ étant nul, parce que Y est le maximum de y, Y' ne diffère de Y que de quantités de l'ordre α; ainsi l'on a, aux quantités près d'un ordre inférieur à celui que l'on conserve, et en observant que $\dfrac{dX'}{X'dx}$ et $\dfrac{d^2X'}{X'dx^2}$ peuvent être négligées par rapport à $\dfrac{dY'}{Y'dx}$,

$$\frac{d^2X'Y'}{2X'Y'dx^2}=\frac{d^2Y}{2Ydx^2};$$

la fonction (ε) devient par là

$$(\varepsilon')\qquad \frac{\sqrt{qq'}}{\pi\sqrt{\pi}}\sqrt{-\frac{d^2Y}{2Ydx^2}}\,dt\,dt'\,d\theta\,c^{-qt^2-q't'^2+\frac{\theta^2\,d^2Y}{2Ydx^2}}.$$

On doit, dans cette fonction, supposer $x = a$, ce qui donne, en substituant pour i sa valeur $na^2(3 - 2a)$,

$$q = \frac{3 - 2a}{4na^2(1 - a)}, \qquad q' = \frac{1 + 2a}{4na(1 - a)^2}.$$

Ensuite, x étant égal à $x' + \theta$, il est égal à $a + l\alpha + \theta$; en négligeant donc les quantités de l'ordre α, on aura

$$x = a + \theta.$$

Maintenant le nombre des parties de deux coups étant

$$\frac{i}{3 - 2x} + \frac{n - i}{1 + 2x} + l + l',$$

ce nombre sera

$$\frac{i}{3 - 2a} + \frac{n - i}{1 + 2a} + \left[\frac{2i}{(3 - 2a)^2} - \frac{2(n - i)}{(1 + 2a)^2}\right]\theta + l + l'.$$

Faisons

$$t = \left[\frac{2i}{(3 - 2a)^2} - \frac{2(n - i)}{(1 + 2a)^2}\right]\theta + l + l',$$

et désignons par q'' la quantité

$$-\frac{d^2Y}{2Y\,dx^2\left[\frac{2i}{(3 - 2a)^2} - \frac{2(n - i)}{(1 + 2a)^2}\right]^2},$$

qui, après toutes les réductions, se réduit à

$$\frac{9(3 - 2a)(1 + 2a)}{2n(1 - 2a)^2(3 - 2a + 9a^2)^2};$$

la fonction (1') deviendra

$$\text{(1'')} \qquad \frac{\sqrt{qq'q''}}{\pi\sqrt{\pi}}\,dt\,dl\,dl'\,e^{-ql^2 - q'l'^2 - q''(t - l - l')^2}.$$

En l'intégrant depuis $l = -\infty$ jusqu'à $l = \infty$, et depuis $l' = -\infty$ jusqu'à $l' = \infty$, on aura la probabilité que le nombre des parties de deux coups sera égal à

$$\frac{i}{3} = \frac{1}{3a} + \frac{n-i}{1+2a} + l;$$

or on a

$$\int dl\, e^{-q l^2 - q' l'^2 - q''(l-l'-l'')^2} = \int dl\, e^{-\frac{qq'}{q+q'}(l-l')^2 - q''l'^2 - (q+q')\left[l - \frac{q'}{q+q'}(l-l')\right]^2};$$

Cette dernière intégrale, prise depuis $l = -\infty$ jusqu'à $l = \infty$, est, par ce qui précède,

$$= \frac{\sqrt{\pi}}{\sqrt{q+q'}}\, e^{-\frac{qq'}{q+q'}(l-l')^2 - q''l'^2},$$

En la multipliant par dl' et la mettant sous cette forme

$$\frac{\sqrt{\pi}\, dl'}{\sqrt{q+q'}}\, e^{-\frac{qq'q''l'^2}{qq'+qq''+q'q''} - \frac{qq'+qq''+q'q''}{q+q'}\left(l' - \frac{qq'l}{qq'+qq''+q'q''}\right)^2},$$

et l'intégrant depuis $l' = -\infty$ jusqu'à $l' = \infty$, on aura

$$\frac{\pi}{\sqrt{qq'+qq''+q'q''}}\, e^{-\frac{qq'q''l^2}{qq'+qq''+q'q''}},$$

La fonction (ε'') intégrée par rapport à l et l', dans les limites infinies positives et négatives de ces variables, devient ainsi

$$\frac{1}{\sqrt{\pi}} \sqrt{\frac{qq'q''}{qq'+qq''+q'q''}}\, dl\, e^{-\frac{qq'q''l^2}{qq'+qq''+q'q''}},$$

Ainsi la probabilité que le nombre de parties de deux coups sera compris dans les limites

$$\frac{i}{3} = \frac{1}{2a} + \frac{n-i}{1+2a} \pm l = n[a^2 + (1-a)^2] \pm l$$

est égale au double de l'intégrale de la différentielle précédente, prise depuis l nul. On doit observer que q, q', q'' sont de l'ordre $\frac{1}{n}$, en sorte que la quantité $\frac{qq'q''}{qq'+qq''+q'q''}$ est du même ordre. Représentons-la par

$\dfrac{k'^2}{n}$, et faisons $t = r\sqrt{n}$; on aura

$$(\varepsilon'') \qquad\qquad \frac{2}{\sqrt{\pi}} \int k'\, dr\, c^{-k'^2 r^2},$$

pour l'expression de la probabilité que le nombre de parties de deux coups sera compris dans les limites

$$n[a^2 + (1-a)^2] \pm r\sqrt{n},$$

l'intégrale étant prise depuis r nul. L'intervalle de ces deux limites est $2r\sqrt{n}$, et le rapport de cet intervalle au nombre n de parties est $\dfrac{2r}{\sqrt{n}}$. Ce rapport diminue sans cesse à mesure que n augmente, et r peut en même temps croître indéfiniment, de sorte que l'intégrale précédente approche indéfiniment de l'unité.

Le nombre total des coups est le triple du nombre des parties de trois coups, plus le double du nombre des parties de deux coups, ou le triple du nombre total n des parties, moins le nombre des parties de deux coups ; il est donc

$$2n(1 + a - a^2) \mp r\sqrt{n}.$$

L'intégrale (ε'') est donc l'expression de la probabilité que le nombre des coups sera compris dans ces limites.

Si, au lieu de connaître le nombre i des parties gagnées par le joueur A et le nombre total n de parties, on connaît le nombre i et le nombre total des coups, la même analyse pourra servir à déterminer le nombre inconnu n des parties. Pour cela, désignons par h le nombre total des coups ; on aura, par ce qui précède, les deux équations

$$3n - \frac{i}{3-2a} - \frac{n-i}{1+2a} = h \pm r\sqrt{n},$$

$$\frac{i}{a} - \frac{i}{3-2a} = \frac{n-i}{1-a} - \frac{n-i}{1+2a}.$$

Ces équations donnent a et n en fonctions de $h \pm r\sqrt{n}$. Supposons

$$n = i \, \psi\left(\frac{h \pm r\sqrt{n}}{i}\right), \qquad a = \Gamma\left(\frac{h \pm r\sqrt{n}}{i}\right);$$

on aura, en réduisant en série,

$$n = i \, \psi\left(\frac{h}{i}\right) \pm i r \sqrt{n} \, \frac{d\,\psi\left(\frac{h}{i}\right)}{dh} + \ldots;$$

on substituera dans k', au lieu de n et de a, $i\,\psi\left(\frac{h}{i}\right)$ et $\Gamma\left(\frac{h}{i}\right)$: l'intégrale (z') est alors la probabilité que le nombre n des parties est compris dans les limites

$$i \, \psi\left(\frac{h}{i}\right) \pm i r \sqrt{i \, \psi\left(\frac{h}{i}\right) \frac{d\,\psi\left(\frac{h}{i}\right)}{dh}}.$$

28. C'est principalement aux naissances que l'analyse précédente est applicable, et l'on peut en déduire, non seulement pour l'espèce humaine, mais pour toutes les espèces d'êtres organisés, des résultats intéressants. Jusqu'ici les observations de ce genre n'ont été faites en grand nombre que sur l'espèce humaine; nous allons soumettre au calcul les principales.

Considérons d'abord les naissances observées à Paris, à Londres et dans le royaume de Naples. Dans l'espace des quarante années écoulées depuis le commencement de 1745, époque où l'on a commencé à distinguer à Paris, sur les registres, les naissances des deux sexes, jusqu'à la fin de 1784, on a baptisé dans cette capitale 393386 garçons et 377555 filles, les enfants trouvés étant compris dans ce nombre : cela donne à peu près $\frac{22}{21}$ pour le rapport des baptêmes des garçons à ceux des filles.

Dans l'espace des quatre-vingt-quinze années écoulées depuis le commencement de 1664 jusqu'à la fin de 1758, il est né à Londres 737629 garçons et 698958 filles, ce qui donne $\frac{19}{18}$ à peu près, pour le rapport des naissances des garçons à celles des filles.

Enfin, dans l'espace des neuf années écoulées, depuis le commencement de 1774 jusqu'à la fin de 1782, il est né dans le royaume de Naples, la Sicile non comprise, 782352 garçons et 746821 filles, ce qui donne $\frac{22}{21}$ pour le rapport des naissances des garçons à celles des filles.

Les plus petits de ces nombres de naissances sont relatifs à Paris; d'ailleurs c'est dans cette ville que les naissances des garçons et des filles approchent le plus de l'égalité. Par ces deux raisons, la probabilité que la possibilité de la naissance d'un garçon surpasse $\frac{1}{2}$ doit y être moindre qu'à Londres et dans le royaume de Naples. Déterminons numériquement cette probabilité.

Nommons p le nombre des naissances masculines observées à Paris, q celui des naissances féminines, et x la possibilité d'une naissance masculine, c'est-à-dire la probabilité qu'un enfant qui doit naître sera un garçon; $1 = x$ sera la possibilité d'une naissance féminine, et l'on aura la probabilité que, sur $p - q$ naissances, p seront masculines, et q seront féminines, égale à

$$\frac{1.2.3\ldots(p+q)}{1.2.3\ldots p.1.2.3\ldots q} x^p(1=x)^q.$$

En faisant donc

$$y = x^p(1=x)^q,$$

la probabilité que la valeur de x est comprise dans des limites données sera, par le n° 26, égale à

$$\frac{\int y \, dx}{\int y \, dx},$$

l'intégrale du dénominateur étant prise depuis $x = 0$ jusqu'à $x = 1$, et celle du numérateur étant prise dans les limites données. Si l'on prend zéro et $\frac{1}{2}$ pour ces limites, on aura la probabilité que la valeur de x ne surpasse pas $\frac{1}{2}$. La valeur qui correspond au maximum de y est $\frac{p}{p+q}$, et, vu la grandeur des nombres p et q, l'excès de $\frac{p}{p+q}$ sur $\frac{1}{2}$ est trop considérable pour employer ici la formule (e) du n° 27 du Livre Ier, dans l'approximation de l'intégrale $\int y \, dx$, prise depuis $x = 0$ jusqu'à

$x = \frac{1}{2}$; il faut donc, dans ce cas, faire usage de la formule (A) du n° 22 du même Livre. Ici l'on a

$$v = -\frac{y\,dx}{dy} = -\frac{x(1-x)}{p-(p+q)x};$$

la formule citée (A) donne ainsi, pour l'intégrale $\int y\,dx$ prise depuis $x = 0$ jusqu'à $x = \frac{1}{2}$,

$$\frac{1}{2^{p+q+1}(p-q)}\left[1 - \frac{p+q}{(p-q)^2} + \cdots\right].$$

Quant à l'intégrale $\int y\,dx$, prise depuis $x = 0$ jusqu'à $x = 1$, on a, par le n° 26,

$$\int y\,dx = Y\left(U + \frac{1}{2}\cdot\frac{d^2.U^3}{1.2.dx^2} + \cdots\right)\sqrt{\pi},$$

Y étant ce que devient y à son maximum, ou lorsqu'on y substitue $\frac{p}{p+q}$ pour x; c'est ici égal à $\dfrac{x - \dfrac{p}{p+q}}{\sqrt{\log Y - \log y}}$, et U, $\dfrac{d^2.U^3}{dx^2}$, $\cdots$ sont ce que deviennent v, $\dfrac{d^2 v^3}{dx^2}$, $\cdots$, lorsqu'on y fait, après les différentiations, $x = \frac{p}{p+q}$. On trouve ainsi, pour l'intégrale $\int y\,dx$ prise depuis x nul jusqu'à $x = 1$,

$$\int y\,dx = \frac{p^{p+\frac{1}{2}}q^{q+\frac{1}{2}}\sqrt{2\pi}}{(p+q)^{p+q+\frac{3}{2}}}\left[1 + \frac{(p+q)^2 - 13pq}{12pq(p+q)} + \cdots\right];$$

la probabilité que la valeur de x ne surpasse pas $\frac{1}{2}$ est donc égale à

$$1 - \frac{(p+q)^{p+q+\frac{3}{2}}}{(p-q)\sqrt{\pi}\,2^{p+q+\frac{3}{2}}p^{p+\frac{1}{2}}q^{q+\frac{1}{2}}}\left[1 - \frac{p+q}{(p-q)^2} - \frac{(p+q)^2 - 13pq}{12pq(p+q)} - \cdots\right].$$

Pour appliquer de grands nombres à cette formule, il faudrait avoir les logarithmes de p, q et $p - q$, avec douze décimales au moins : on peut y suppléer de cette manière. On a

$$\log\left[\frac{\left(\frac{p+q}{2}\right)^{p+q}}{p^p q^q}\right] = -p\log\left(1 + \frac{p-q}{p+q}\right) - q\log\left(1 - \frac{p-q}{p+q}\right).$$

Lorsque les logarithmes sont hyperboliques, le second membre de cette équation, réduit en série, devient

$$= (p+q)\left[\frac{\left(\frac{p-q}{p+q}\right)^2}{1\cdot2} + \frac{\left(\frac{p-q}{p+q}\right)^4}{3\cdot4} + \frac{\left(\frac{p-q}{p+q}\right)^6}{5\cdot6} + \frac{\left(\frac{p-q}{p+q}\right)^8}{7\cdot8} + \dots\right].$$

On aura donc, par cette série très convergente, le logarithme hyperbolique de $\frac{(p+q)^{p+q}}{2^{p+q}p^p q^q}$. En le multipliant par 0,43429448, on le convertira en logarithme tabulaire, et, en lui ajoutant le logarithme tabulaire de $\frac{(p+q)^{\frac{1}{2}}}{2(p-q)\sqrt{2pq\pi}}$, on aura le logarithme tabulaire du facteur qui multiplie la série (θ). Si l'on nomme $\frac{1}{\mu}$ ce facteur et si l'on fait

$$p = 393386, \qquad q = 377555,$$

on trouve en logarithme tabulaire

$$\log\mu = 72,2611780,$$

et la série (θ) devient

$$\frac{1}{\mu}(1 - 0,0030761 + \dots).$$

Cette quantité d'une petitesse excessive, retranchée de l'unité, donnera la probabilité qu'à Paris la possibilité des naissances des garçons surpasse celles des filles; d'où l'on voit que l'on doit regarder cette probabilité comme étant égale, au moins, à celle des faits historiques les plus avérés.

Si l'on applique la formule (θ) aux naissances observées dans les principales villes de l'Europe, on trouve que la supériorité des naissances des garçons sur les naissances des filles, observée partout depuis Naples jusqu'à Pétersbourg, indique une plus grande possibilité des naissances des garçons, avec une probabilité extrêmement approchante de la certitude. Ce résultat parait donc être une loi générale, du moins en Europe, et si, dans quelques petites villes, où l'on n'a observé qu'un nombre peu considérable de naissances, la nature semble s'en écarter, il y a tout lieu de croire que cet écart n'est qu'apparent, et qu'à la longue les naissances observées dans ces villes offriraient, en se multipliant, un résultat semblable à celui des grandes villes. Plusieurs philosophes, trompés par ces anomalies, ont cherché la cause de phénomènes qui ne sont que l'effet du hasard ; ce qui prouve la nécessité de faire précéder de pareilles recherches par celle de la probabilité avec laquelle les observations indiquent les phénomènes dont on veut déterminer la cause. Je prends pour exemple la petite ville de Vitteaux, dans laquelle, sur 415 naissances observées pendant cinq années, il est né 203 garçons et 212 filles; p étant ici moindre que q, l'ordre naturel parait renversé. Voyons quelle est, d'après ces observations, la probabilité que les facilités des naissances des garçons surpassent dans cette ville celles des naissances des filles. Cette probabilité est $\frac{\int y\,dx}{\int y\,dx}$, l'intégrale du numérateur étant prise depuis $x = \frac{1}{2}$ jusqu'à $x = 1$, et celle du dénominateur étant prise depuis $x = 0$ jusqu'à $x = 1$. La formule (o), qui, retranchée de l'unité, donne cette fraction, devient ici divergente ; nous emploierons alors la formule (3) du n° 26, qui se réduit à fort peu près à son premier terme $\frac{\int dt\, e^{-t^2}}{\sqrt{\pi}}$, l'intégrale étant prise depuis la valeur de t qui correspond à $x = \frac{1}{2}$ jusqu'à la valeur de t qui correspond à $x = 1$. Or on a, par le numéro cité,

$$t^2 = \log Y - \log y,$$

y étant $x^p(1-x)^q$, et Y étant la valeur de y correspondante au maximum de y, qui a lieu lorsque $x = \frac{p}{p+q}$; la valeur de t^2 qui correspond à $x = \frac{1}{2}$ est $= \log\left[\frac{\left(\frac{p+q}{2}\right)^{p+q}}{p^p q^q}\right]$, ce logarithme étant hyperbolique, et étant donné, par ce qui précède, par une série très convergente. La valeur de t^2 qui correspond à $x = 1$ est $t^2 = \infty$; on a donc ainsi les deux limites de l'intégrale $\int dt\, e^{-t^2}$, intégrale qu'il sera facile d'obtenir par les formules que nous avons données pour cet objet. On trouve ainsi la probabilité qu'à Vitteaux les facilités des naissances des garçons l'emportent sur celles des filles égale à 0,33 ; la supériorité de la facilité des naissances des filles est donc indiquée par ces observations, avec une probabilité égale à 0,67, probabilité beaucoup trop faible pour balancer l'analogie qui nous porte à penser qu'à Vitteaux, comme dans toutes les villes où l'on a observé un nombre considérable de naissances, la possibilité des naissances des garçons l'emporte sur celle des naissances des filles.

29. On a vu qu'à Londres le rapport observé des naissances des garçons à celles des filles est égale à $\frac{19}{18}$, tandis qu'à Paris celui des baptêmes des garçons à ceux des filles n'est que $\frac{22}{21}$. Cela semble indiquer une cause constante de cette différence. Déterminons la probabilité de cette cause.

Soient p et q les nombres des baptêmes des garçons et des filles, faits à Paris dans l'intervalle du commencement de 1745 à la fin de 1784 ; en désignant par x la possibilité du baptême d'un garçon, et faisant, comme dans le numéro précédent,

$$y = x^p (1 - x)^q,$$

la valeur de x la plus probable sera celle qui rend y un maximum : elle est donc $\frac{p}{p+q}$; en supposant ensuite

$$x = \frac{p}{p+q} + \theta,$$

la probabilité de la valeur de θ sera, par le n° 26, égale à

$$\frac{d\theta}{\sqrt{\pi}} \sqrt{\frac{(p+q)^3}{2pq}}\, c^{-\frac{(p+q)^2}{2pq}\theta^2}.$$

En désignant par p', q' et θ' ce que deviennent p, q et θ pour Londres, on aura

$$\frac{d\theta'}{\sqrt{\pi}} \sqrt{\frac{(p'+q')^3}{2p'q'}}\, c^{-\frac{(p'+q')^2}{2p'q'}\theta'^2}.$$

pour la probabilité de θ'; le produit

$$\frac{d\theta\, d\theta'}{\pi} \sqrt{\frac{(p+q)^3(p'+q')^3}{4\,pq\,p'q'}}\; c^{-\frac{(p+q)^2}{2pq}\theta^2 - \frac{(p'+q')^2}{2p'q'}\theta'^2},$$

de ces deux probabilités sera donc la probabilité de l'existence simultanée de θ et de θ'. Faisons

$$p'\frac{p'}{p'+q'} + \theta' = \frac{p}{p+q} + \theta + t;$$

la fonction différentielle précédente devient

$$\frac{d\theta\, dt}{\pi} \sqrt{\frac{(p+q)^3(p'+q')^3}{4\,pq\,p'q'}}\; c^{-\frac{(p+q)^2}{2pq}\theta^2 - \frac{(p'+q')^2}{2p'q'}\left[\theta + t - \frac{p'q - pq'}{(p+q)(p'+q')}\right]^2}.$$

En l'intégrant pour toutes les valeurs possibles de θ et ensuite pour toutes les valeurs positives de t, on aura la probabilité que la possibilité des baptêmes des garçons est plus grande à Londres qu'à Paris. Les valeurs de θ peuvent s'étendre depuis θ égal à $-\frac{p}{p+q}$ jusqu'à θ égal à $1 - \frac{p}{p+q}$: mais, lorsque p et q sont de très grands nombres, le facteur $c^{-\frac{(p+q)^2}{2pq}\theta^2}$ est si petit à ces deux limites qu'on peut le regarder comme nul; on peut donc étendre l'intégrale relative à θ, depuis $\theta = -\infty$ jusqu'à $\theta = \infty$. On voit, par la même raison, que l'intégrale relative à t peut être étendue depuis $t = 0$ jusqu'à $t = \infty$. En suivant le procédé du n° 27 pour ces intégrations multiples, on trouvera facilement que, si l'on fait

$$k^2 = \frac{(p+q)^3(p'+q')^3}{2\,p'q'(p+q)^3 + 2\,pq(p'+q')^3},$$

$$h = \frac{p'q - pq'}{(p+q)(p'+q')},$$

$$\theta + \frac{2pq\,k^2}{(p+q)^3}(t - h) = t',$$

ce qui donne $d\theta = dt'$, la différentielle précédente, intégrée d'abord par rapport à t' depuis $t' = -\infty$ jusqu'à $t' = \infty$, et ensuite depuis $t = 0$ jusqu'à t infini, donnera

$$\int \frac{k\,dt}{\sqrt{\pi}}\, e^{-k^2(t-h)^2}$$

pour la probabilité qu'à Londres la possibilité des baptêmes des garçons est plus grande qu'à Paris. Si l'on fait

$$k(t-h) = t'',$$

cette intégrale devient

$$\int \frac{dt''}{\sqrt{\pi}}\, e^{-t''^2},$$

l'intégrale étant prise depuis $t'' = -kh$ jusqu'à $t'' = \infty$, et il est visible qu'elle est égale à

$$1 - \int \frac{dt''}{\sqrt{\pi}}\, e^{-t''^2},$$

l'intégrale étant prise depuis $t'' = kh$ jusqu'à t infini. De là il suit, par le n° 27 du Livre Ier, que, si l'on suppose

$$t^2 = \frac{p'q'(p+q)^3 \pm pq(p'\pm q')^3}{(p+q)(p'\mp q')(p'q \mp pq')^2},$$

la probabilité que la possibilité des baptêmes des garçons est plus grande à Londres qu'à Paris a pour expression

$$(\mu) \qquad 1 - \frac{te^{-\frac{1}{t^2}}}{\sqrt{2\pi}} \cdot \cfrac{1}{1 + \cfrac{t^2}{1 + \cfrac{3t^2}{1 + \cfrac{3t^2}{1 + \cfrac{4t^2}{1 + \ldots}}}}}$$

En faisant dans cette formule

$$p = 393380, \qquad q = 377555,$$
$$p' = 737039, \qquad q' = 698958,$$

elle devient

$$1 - \frac{1}{328269}.$$

Il y a donc 328 268 à parier contre un qu'à Londres la possibilité des baptêmes des garçons est plus grande qu'à Paris. Cette probabilité approche tellement de la certitude, qu'il y a lieu de rechercher la cause de cette supériorité.

Parmi les causes qui peuvent la produire, il m'a paru que les baptêmes des enfants trouvés, qui font partie de la liste annuelle des baptêmes à Paris, devaient avoir une influence sensible sur le rapport des baptêmes des garçons à ceux des filles, et qu'ils devaient diminuer ce rapport, si, comme il est naturel de le croire, les parents des campagnes environnantes, trouvant de l'avantage à retenir près d'eux les enfants mâles, en avaient envoyé à l'hospice des Enfants-Trouvés de Paris, dans un rapport moindre que celui des naissances des deux sexes. C'est ce que le relevé des registres de cet hospice m'a fait voir avec une très grande probabilité. Depuis le commencement de 1745 jusqu'à la fin de 1809, on y a baptisé 163 499 garçons et 159 405 filles, nombre dont le rapport est $\frac{39}{38}$, et diffère trop du rapport $\frac{25}{24}$ des baptêmes des garçons et des filles à Paris, pour être attribué au simple hasard.

30. Déterminons, d'après les principes précédents, les probabilités des résultats fondés sur les Tables de mortalité ou d'assurance, construites sur un grand nombre d'observations. Supposons d'abord que, sur un nombre p d'individus d'un âge donné A, on ait observé qu'il en existe encore le nombre q à l'âge $A + a$; on demande la probabilité que, sur p' individus de l'âge A, il en existera $q' + z$ à l'âge $A + a$, la raison de p' et q' étant la même que celle de p à q.

Soit x la probabilité d'un individu de l'âge A, pour vivre à l'âge $A + a$; la probabilité de l'événement observé est alors le terme du binôme $x + (1 - x)^p$ qui a x^q pour facteur; cette probabilité est donc

$$\frac{1.2.3\ldots p}{1.2.3\ldots(p-q)\,1.2.3\ldots q} x^q (1 - x)^{p-q};$$

ainsi la probabilité de la valeur de x, prise de l'événement observé, est

$$\frac{x^q\,dx\,(1-x)^{p-q}}{\int x^q\,dx\,(1-x)^{p-q}},$$

l'intégrale du dénominateur étant prise depuis $x = 0$ jusqu'à $x = 1$.

La probabilité que, sur les p' individus de l'âge A, $q'+z$ vivront à l'âge $A+a$ est

$$\frac{1.2.3\ldots p'}{1.2.3\ldots(q'+z)\,1.2.3\ldots(p'-q'-z)}\,x^{q'+z}(1-x)^{p'-q'-z}.$$

En multipliant cette probabilité par la probabilité précédente de la valeur de x, le produit intégré depuis $x = 0$ jusqu'à $x = 1$ sera la probabilité de l'existence de $q'+z$ personnes à l'âge $A+a$. En nommant donc P cette probabilité, on aura

$$P = \frac{1.2.3\ldots p'\int x^{q+q'+z}\,dx\,(1-x)^{p+p'-q-q'-z}}{1.2.3\ldots(q'+z)\,1.2.3\ldots(p'-q'-z)\int x^q\,dx\,(1-x)^{p-q}},$$

les intégrales du numérateur et du dénominateur étant prises depuis $x = 0$ jusqu'à $x = 1$. On a, par le n° 28, à très peu près,

$$\int x^{q+q'+z}\,dx\,(1-x)^{p+p'-q-q'-z}$$

$$= \sqrt{2\pi}\left[(q+q')\left(1+\frac{z}{q+q'}\right)\right]^{q+q'+z+\frac{1}{2}}$$

$$\times \frac{\left[(p+p'-q-q')\left(1-\frac{z}{p+p'-q-q'}\right)\right]^{p+p'-q-q'-z+\frac{1}{2}}}{(p+p')^{p+p'+\frac{1}{2}}},$$

$$\int x^q\,dx\,(1-x)^{p-q} = \sqrt{2\pi}\,\frac{q^{q+\frac{1}{2}}(p-q)^{p-q+\frac{1}{2}}}{p^{p+\frac{1}{2}}}.$$

Ensuite, par le n° 33 du Livre Ier, on a

$$1.2.3\ldots p' = p'^{p'+\frac{1}{2}}\,e^{-p'}\sqrt{2\pi},$$

$$1.2.3\ldots(q'+z) = q'^{q'+z+\frac{1}{2}}\left(1+\frac{z}{q'}\right)^{q'+z+\frac{1}{2}}e^{-q'-z}\sqrt{2\pi},$$

$$1.2.3\ldots(p'-q'-z) = (p'-q')^{p'-q'-z+\frac{1}{2}}\left(1-\frac{z}{p'-q'}\right)^{p'-q'-z+\frac{1}{2}}e^{-p'+q'+z}\sqrt{2\pi}.$$

enfin on a $q' = \dfrac{qp'}{p}$. Cela posé, on trouve, après toutes les réductions,

$$P = \sqrt{\frac{p'}{qp'(p-q)(p+p')2\pi}}\;\frac{\left(1+\dfrac{z}{q+q'}\right)^{q+q'+z+\frac12}\left(1-\dfrac{z}{p+p'-q-q'}\right)^{p+p'-q-q'-z+\frac12}}{\left(1+\dfrac{z}{q'}\right)^{q'+z+\frac12}\left(1-\dfrac{z}{p'-q'}\right)^{p'-q'-z+\frac12}}\cdots$$

Si l'on prend le logarithme hyperbolique du second membre de cette équation, que l'on réduise ce logarithme en série ordonnée par rapport aux puissances de z, et que l'on néglige les puissances supérieures au carré, on aura, en repassant du logarithme à la fonction,

$$P = \sqrt{\frac{p'}{qp'(p-q)(p+p')2\pi}}\left[1+\frac{(2q-p)p^2 z}{2qp'(p-q)(p+p')}\right]e^{-\frac{p'^2 z^2}{qp'(p-q)(p+p')}}.$$

p, q, p' étant supposés de très grands nombres de l'ordre $\frac{1}{z}$, le coefficient de z est très petit de l'ordre z; celui de $-z^2$ est très petit et du même ordre. Mais, si l'on suppose $\frac{z}{p}$ de l'ordre $\sqrt{z}$, on pourra négliger, dans l'expression précédente, le terme dépendant de la première puissance de z, comme très petit de l'ordre $\sqrt{z}$. De plus, ce terme se détruit lui-même, lorsque l'on a égard à la fois aux valeurs positives et négatives de z. En le négligeant donc, on aura

$$\sqrt{\frac{p'}{qp'(p-q)(p+p')2\pi}}\int dz\, e^{-\frac{p'^2 z^2}{qp'(p-q)(p+p')}}$$

pour l'expression de la probabilité que, sur p' individus de l'âge A, le nombre de ceux qui parviendront à l'âge $A+a$ sera compris dans les limites $q'\pm z$, l'intégrale étant prise depuis z nul.

Supposons maintenant que l'on ait trouvé par l'observation que, sur p individus de l'âge A, q vivaient encore à l'âge $A+a$, et r à l'âge $A+a+a'$; on demande la probabilité que, sur p' individus du même âge A, $\dfrac{qp'}{p}\pm z$ vivront à l'âge $A+a$, et $\dfrac{rp'}{p}\pm z'$ vivront à l'âge $A+a+a'$.

La probabilité que, sur p' individus de l'âge A, $\frac{qp'}{p} + z$ vivront à l'âge $A + a$ est, par ce qui précède,

$$\sqrt{\frac{p^3}{2qp'(p-q)(p+p')\pi}}\, e^{-\frac{p'z^2}{2qp'(p-q)(p+p')}}.$$

On aura la probabilité que, sur $\frac{qp'}{p} + z$ individus de l'âge $A + a$, $\left(\frac{qp'}{p} + z\right)\frac{r}{q} + u$ vivront à l'âge $A + a + a'$, en changeant dans la fonction précédente p' dans $\frac{qp'}{p} + z$, p en q, q en r et z en u; ce qui donne, en négligeant z par rapport à $\frac{qp'}{p}$,

$$\sqrt{\frac{qp^2}{2rp'(q-r)(p+p')\pi}}\, e^{-\frac{qp'u^2}{2rp'(p-q)(p+p')}}.$$

Le produit de ces deux probabilités est la probabilité de l'existence simultanée de z et de u. Or on a

$$\left(\frac{qp'}{p} + z\right)\frac{r}{q} + u = \frac{rp'}{p} + z',$$

ce qui donne

$$u = z' - \frac{rz}{q};$$

en faisant donc

$$\epsilon^2 = \frac{p^3}{2qp'(p-q)(p+p')},$$

$$\epsilon'^2 = \frac{qp^2}{2rp'(q-r)(p+p')},$$

la probabilité P de l'existence simultanée des valeurs de z et de z' sera

$$P = \int \frac{\epsilon\, dz}{\sqrt{\pi}}\, \frac{\epsilon'\, dz'}{\sqrt{\pi}}\, e^{-\epsilon^2 z^2 - \epsilon'^2\left(z' - \frac{rz}{q}\right)^2}.$$

En suivant cette analyse, on trouve généralement que, si l'on fait

$$\delta''^2 = \frac{rp^2}{2\,sp'(r-s)(p+p')},$$

$$\delta'''^2 = \frac{sp^2}{2\,tp'(s-t)(p+p')},$$

$$\dots\dots\dots\dots\dots\dots\dots\dots$$

la probabilité P que, sur p' individus de l'âge A, les nombres de ceux qui vivront aux âges $A+a$, $A+a+a'$, $A+a+a'+a''$, ... seront compris dans les limites respectives

$$\frac{qp'}{p},\quad \frac{qp'}{p}+z;\qquad \frac{rp'}{p},\quad \frac{rp'}{p}+z';\qquad \frac{sp'}{p},\quad \frac{sp'}{p}+z'';\qquad \frac{tp'}{p},\quad \frac{tp'}{p}+z'''; \qquad \dots,$$

est

$$P = \int \frac{\delta\,dz}{\sqrt{\pi}}\,\frac{\delta'\,dz'}{\sqrt{\pi}}\,\frac{\delta''\,dz''}{\sqrt{\pi}} \cdots e^{-\delta^2 z^2 - \delta'^2\left(z'-\frac{rz}{q}\right)^2 - \delta''^2\left(z''-\frac{sz'}{r}\right)^2 - \dots}.$$

On peut apprécier par cette formule les probabilités respectives des nombres d'une Table de mortalité, construite sur un grand nombre d'observations. La manière de former ces Tables est très simple. On prend sur les registres des naissances et des morts un grand nombre d'enfants que l'on suit pendant le cours de leur vie, en déterminant combien il en reste à la fin de chaque année de leur âge, et l'on inscrit ce nombre vis-à-vis de chaque année finissante. Mais, comme dans les deux ou trois premières années de la vie la mortalité est très rapide, il faut, pour plus d'exactitude, indiquer dans ce premier âge le nombre des survivants à la fin de chaque demi-année. Si le nombre p des enfants était infini, on aurait ainsi des Tables exactes qui représenteraient la vraie loi de la mortalité dans le lieu et à l'époque de leur formation. Mais, le nombre d'enfants que l'on choisit étant fini, quelque grand qu'il soit, les nombres de la Table sont susceptibles d'erreurs. Représentons par p', q', r', s', t', ... ces divers nombres. Les vrais nombres, pour un nombre p' de naissances, sont $\dfrac{qp'}{p}$, $\dfrac{rp'}{p}$, $\dfrac{sp'}{p}$, $\dfrac{tp'}{p}$, ...

Si l'on fait $q' = \frac{qp'}{p} + z$, z sera l'erreur de q'; pareillement, si l'on suppose $r' = \frac{rp'}{p} + z'$, z' sera l'erreur de r', et ainsi de suite. L'expression précédente de P est donc la probabilité que les erreurs de q', r', s', ... sont comprises dans les limites zéro et z, zéro et z', zéro et z'', etc. Les valeurs de θ, θ', ... dépendent de p, q, r, ..., qui sont inconnues; mais la supposition de p infini donne

$$\theta^2 = \frac{p^2}{2qp'(p-q)},$$

On peut substituer, sans erreur sensible, $\frac{q'}{p'}$ au lieu de $\frac{q}{p}$, ce qui donne

$$\theta^2 = \frac{p'}{2q'(p'-q')},$$

On aura de la même manière

$$\theta'^2 = \frac{q'}{2r'(q'-r')},$$

$$\theta''^2 = \frac{r'}{2s'(r'-s')},$$

$$\ldots\ldots\ldots\ldots\ldots\ldots$$

Si l'on ne veut considérer que l'erreur d'un des nombres de la Table, tel que s', alors on intégrera l'expression de P, relativement à z''', z^{iv}, ..., depuis les valeurs infinies négatives de ces variables jusqu'à leurs valeurs infinies positives, et alors on a

$$P = \int \frac{\theta\,dz}{\sqrt{\pi}}\;\frac{\theta'\,dz'}{\sqrt{\pi}}\;\frac{\theta''\,dz''}{\sqrt{\pi}}\;e^{-\theta^2 z^2 - \theta'^2\left(z' - \frac{r'z}{q'}\right)^2 - \theta''^2\left(z'' - \frac{r'z'}{s'}\right)^2}.$$

Les intégrales relatives à z et z' doivent être prises depuis leurs valeurs infinies négatives jusqu'à leurs valeurs infinies positives; on trouvera ainsi, par le procédé dont nous avons souvent fait usage pour ce genre d'intégrations, que, si l'on suppose

$$\gamma^2 = \frac{p'}{2s'(p'-s')},$$

on aura

$$\mathrm{P} = \int \gamma \frac{dz''}{\sqrt{\pi}}\, e^{-\gamma^2 z''^2}.$$

La probabilité que l'erreur d'un nombre quelconque de la Table sera comprise dans les limites zéro et une quantité quelconque est donc indépendante, soit des nombres intermédiaires, soit des nombres subséquents.

Si l'on fait $\gamma z'' = t$, on aura

$$\frac{z''}{s'} = t \sqrt{\frac{2(p'-s')}{p's'}},$$

et la probabilité P que le rapport de l'erreur du nombre s' de la Table à ce nombre lui-même sera compris dans les limites $\pm\, t \sqrt{\dfrac{2(p'-s')}{p's'}}$ est

$$\mathrm{P} = 2 \int \frac{dt}{\sqrt{\pi}}\, e^{-t^2},$$

l'intégrale étant prise depuis t nul. On voit ainsi que, la valeur de t et par conséquent la probabilité P restant les mêmes, ce rapport augmente lorsque s' diminue; ainsi les nombres de la Table sont d'autant moins sûrs qu'ils sont plus éloignés du premier p'. On voit encore que ce rapport diminue à mesure que p' augmente, ou à mesure que l'on multiplie les observations; de manière que l'on peut, par cette multiplication, diminuer à la fois ce rapport et augmenter t, ce rapport devenant nul lorsque p' est infini, et P devenant alors égal à l'unité.

31. Appliquons l'analyse précédente à la recherche de la population d'un grand empire. L'un des moyens les plus simples et les plus propres à déterminer cette population est l'observation des naissances annuelles dont on est obligé de tenir compte pour déterminer l'état civil des enfants. Mais ce moyen suppose que l'on connaît, à très peu près, le rapport de la population aux naissances annuelles, rapport que l'on obtient en faisant sur plusieurs points de l'empire le dénombrement exact des habitants, et en le comparant aux naissances correspon-

dantes observées pendant quelques années consécutives : on en conclut ensuite, par une simple proportion, la population de tout l'empire. Le Gouvernement a bien voulu, à ma prière, donner des ordres pour avoir, avec précision, ces données. Dans trente départements, distribués sur la surface de la France, de manière à compenser les effets de la variété des climats, on a fait choix des communes dont les maires, par leur zèle et leur intelligence, pouvaient fournir les renseignements les plus précis. Le dénombrement exact des habitants de ces communes, pour le 22 septembre 1802, s'est élevé à 2 037 615 individus. Le relevé des naissances, des mariages et des morts, depuis le 22 septembre 1799 jusqu'au 22 septembre 1802, a donné, pour ces trois années,

Naissances.	Mariages.	Décès.
110312 garçons.	46037	103659 mâles.
105287 filles.		99443 femelles.

Le rapport des naissances des garçons à celles des filles, que ce relevé présente, est celui de 22 à 21, et les mariages sont aux naissances comme 3 à 14 ; le rapport de la population aux naissances annuelles est 28,352845. En supposant donc le nombre des naissances annuelles en France égal à un million, ce qui s'éloigne peu de la vérité, on aura, en multipliant par le rapport précédent, ce dernier nombre, la population de la France égale à 28 352 845 individus. Voyons l'erreur que l'on peut craindre dans cette évaluation.

Pour cela, concevons une urne qui renferme une infinité de boules blanches et noires dans un rapport inconnu. Supposons ensuite qu'ayant tiré au hasard un grand nombre p de ces boules, q aient été blanches, et que, dans un second tirage, sur un nombre inconnu de boules extraites, il y en ait q' de blanches. Pour en déduire ce nombre inconnu, on suppose son rapport à q', le même que celui de p à q, ce qui donne $\frac{pq'}{q}$ pour ce nombre. Cherchons la probabilité que le nombre des boules extraites au second tirage est compris dans les limites $\frac{pq'}{q} \pm z$. Nommons x le rapport inconnu du nombre des boules blan-

ches au nombre total des boules de l'urne. La probabilité de l'événement observé dans le premier tirage sera exprimée par le terme qui
a pour facteur $x^q(1-x)^{p-q}$ dans le développement du binôme
$[x+(1-x)]^p$, d'où il est facile de conclure, comme dans le numéro
précédent, que la probabilité de x est

$$\frac{x^q\,dx\,(1-x)^{p-q}}{\int x^q\,dx\,(1-x)^{p-q}},$$

l'intégrale du dénominateur étant prise depuis $x=0$ jusqu'à $x=1$.
Concevons maintenant que, dans le second tirage, le nombre total des
boules extraites est $\frac{pq'}{q}+s$; la probabilité du nombre observé q' de
boules blanches sera le terme du binôme $[x+(1-x)]^{\frac{pq'}{q}+s}$, qui a
pour facteur $x^{q'}(1-x)^{\frac{pq'}{q}+s-q'}$; cette probabilité est donc

$$\frac{1.2.3\ldots\left(\frac{pq'}{q}+s\right)}{1.2.3\ldots q'.1.2.3\ldots\left(\frac{pq'}{q}+s-q'\right)}\,x^{q'}(1-x)^{\frac{pq'}{q}+s-q'}.$$

En la multipliant par la probabilité précédente de x, en intégrant le
produit depuis $x=0$ jusqu'à $x=1$, et en le divisant par ce même
produit multiplié par ds et intégré pour toutes les valeurs positives
et négatives de s, on aura la probabilité que le nombre total des boules
extraites est $\frac{pq'}{q}+s$. On trouvera ainsi, par l'analyse du numéro précédent, cette probabilité égale à

$$\sqrt{\frac{q^3}{2pq'(p-q)(q+q')\pi}}\,e^{-\frac{q^3s^2}{2pq'(p-q)(q+q')}},$$

En nommant donc P la probabilité que le nombre des boules extraites dans le second tirage est compris dans les limites $\frac{pq'}{q}\pm s$, on
aura

$$P=1-2\int ds\sqrt{\frac{q^3}{2pq'(p-q)(q+q')\pi}}\,e^{-\frac{q^3s^2}{2pq'(p-q)(q+q')}},$$

l'intégrale étant prise depuis $s=s$ jusqu'à s infini.

Maintenant, le nombre p des boules extraites dans le premier tirage peut représenter un dénombrement, et le nombre q des boules blanches qui y sont comprises peut exprimer le nombre des femmes qui, dans ce dénombrement, doivent devenir mères dans l'année, ou le nombre des naissances annuelles, correspondantes au dénombrement. Alors q' exprime le nombre des naissances annuelles observées dans tout l'empire, et d'où l'on conclut la population $\frac{pq'}{q}$. Dans ce cas, la valeur précédente de P exprime la probabilité que cette population est comprise dans les limites $\frac{pq'}{q} \pm z$.

Nous supposerons, conformément aux données précédentes,

$$p = 2037615, \qquad q = \frac{110313 + 105287}{3};$$

nous supposerons ensuite

$$q' = 1500000, \qquad z = 500000;$$

la formule précédente donne alors

$$P = 1 - \frac{1}{1162}.$$

Il y a donc environ 1161 à parier contre un qu'en fixant à 42529267 la population correspondante à quinze cent mille naissances, on ne se trompera pas d'un demi-million.

La différence entre la certitude et la probabilité P diminue avec une très grande rapidité lorsque z augmente; elle serait insensible si l'on supposait $z = 700000$.

32. Considérons maintenant la probabilité des événements futurs, tirée des événements observés, et supposons qu'ayant observé un événement composé d'un nombre quelconque d'événements simples, on cherche la probabilité d'un résultat futur, composé d'événements semblables.

Nommons x la probabilité de chaque événement simple, y la probabilité correspondante du résultat observé, et z celle du résultat futur; la probabilité de x sera, comme on l'a vu,

$$\frac{y\,dx}{\int y\,dx},$$

l'intégrale étant prise depuis $x = 0$ jusqu'à $x = 1$; $\dfrac{yz\,dx}{\int y\,dx}$ est donc la probabilité du résultat futur, prise de la valeur de x, considérée comme cause de l'événement simple. Ainsi, en nommant P la probabilité entière de l'événement futur, on aura

$$P = \frac{\int yz\,dx}{\int y\,dx},$$

les intégrales du numérateur et du dénominateur étant prises depuis $x = 0$ jusqu'à $x = 1$.

Supposons, par exemple, qu'un événement étant arrivé m fois de suite, on demande la probabilité qu'il arrivera les n fois suivantes. Dans ce cas, x étant supposé représenter la possibilité de l'événement simple, x^m sera celle de l'événement observé, et x^n celle de l'événement futur, ce qui donne

$$y = x^m, \qquad z = x^n,$$

d'où l'on tire

$$P = \frac{m+1}{m+n+1}.$$

Supposons l'événement observé, composé d'un très grand nombre d'événements simples; soient a la valeur de x qui rend y un maximum, et Y ce maximum; soient a' la valeur de x qui rend yz un maximum, et Y' et Z' ce que deviennent y et z à ce maximum. On aura, par le n° 27 du Livre Ier, à très peu près,

$$\int y\,dx = \frac{Y^{\frac{3}{2}}\sqrt{2\pi}}{\sqrt{-\dfrac{d^2Y}{dx^2}}},$$

$$\int yz\,dx = \frac{(Y'Z')^{\frac{3}{2}}\sqrt{2\pi}}{\sqrt{-\dfrac{d^2(Y'Z')}{dx^2}}}.$$

Le résultat observé étant composé d'un très grand nombre d'événements simples, supposons que l'événement futur soit beaucoup moins composé. L'équation qui donne la valeur a' de x, correspondante au maximum de $y's$, est

$$0 = \frac{dy^2}{y^2\,dx} + \frac{ds}{s\,dx};$$

$\frac{dy^2}{y^2\,dx}$ est une quantité très grande, de l'ordre $\frac{1}{\alpha}$; et, puisque le résultat futur est très peu composé par rapport au résultat observé, $\frac{ds}{s\,dx}$ sera d'un ordre moindre, que nous désignerons par $\frac{1}{\alpha^\lambda}$. Ainsi, a étant la valeur de x qui satisfait à l'équation $0 = \frac{dy^2}{y^2\,dx}$, la différence entre a et a' sera très petite de l'ordre α^λ, et l'on pourra supposer

$$a' = a + \alpha^\lambda\mu.$$

Cette supposition donne :

$$Y' = Y + \alpha^\lambda\mu\,\frac{dY}{dx} + \frac{\alpha^{2\lambda}\mu^2}{1\cdot2}\,\frac{d^2Y}{dx^2} + \ldots$$

Mais on a $\frac{dY}{dx} = 0$, et il est facile d'en conclure que $\frac{d^\mu Y}{Y\,dx^\mu}$ est d'un ordre égal ou moindre que $\frac{1}{\alpha}$; le terme $\frac{\alpha^{n\lambda}\mu^n}{1\cdot2\cdot3\ldots n}\,\frac{d^n Y}{Y\,dx^n}$ sera par conséquent au plus de l'ordre $\alpha^{n\left(\lambda-\frac{1}{2}\right)}$. Ainsi la convergence de l'expression de Y' en série exige que λ surpasse $\frac{1}{2}$, et dans ce cas Y' ne diffère de Y que de quantités de l'ordre $\alpha^{2\lambda-1}$.

Si l'on nomme Z ce que devient s lorsqu'on y fait $x = a$, on s'assurera de la même manière que Z' peut se réduire à Z. Enfin on prouvera par un raisonnement semblable que $\frac{d^2(Y'Z')}{dx^2}$ se réduit à très peu près à $Z\frac{d^2Y}{dx^2}$. En substituant ces valeurs dans l'expression de P, on aura

$$P = Z,$$

c'est-à-dire que l'on peut alors déterminer la probabilité du résultat futur, en supposant x égal à la valeur qui rend le résultat observé le plus probable. Mais il faut pour cela que le résultat futur soit assez peu composé pour que les exposants des facteurs de z soient d'un ordre de grandeur plus petit que la racine carrée des facteurs de y; autrement, la supposition précédente exposerait à des erreurs sensibles.

Si le résultat futur est une fonction du résultat observé, z sera une fonction de y, que nous représenterons par $\varphi(y)$. La valeur de x qui rend zy un maximum est, dans ce cas, la même qui rend y un maximum; ainsi l'on a $a' = a$, et si l'on désigne $\dfrac{d\,\varphi(y)}{dy}$ par $\varphi'(y)$, l'expression de P deviendra, en observant que $\dfrac{dY}{dx} = 0$,

$$ P = \cfrac{\varphi(Y)}{\sqrt{1 + \cfrac{Y\,\varphi'(Y)}{\varphi(Y)}}}. $$

Si $\varphi(y) = y^n$, en sorte que l'événement futur soit n fois la répétition de l'événement observé, on aura

$$ P = \frac{Y^n}{\sqrt{n+1}}. $$

La probabilité P, calculée dans la supposition que la possibilité des événements simples est égale à celle qui rend le résultat observé le plus probable, est Y^n; on voit ainsi que les petites erreurs qui résultent de cette supposition s'accumulent à raison des événements simples qui entrent dans le résultat futur, et deviennent très sensibles lorsque ces événements sont en grand nombre.

33. Depuis 1745, époque où l'on a commencé à distinguer à Paris sur les registres les baptêmes des garçons de ceux des filles, on a constamment observé que le nombre des premiers a été supérieur à celui des seconds. Déterminons la probabilité que cette supériorité se maintiendra pendant un temps donné, par exemple, dans l'espace d'un siècle.

Soient p le nombre observé des baptêmes des garçons, q celui des filles, $2n$ le nombre des baptêmes annuels, x la probabilité que l'enfant qui va naître et être baptisé sera un garçon. En élevant $x + (1-x)$ à la puissance $2n$ et développant cette puissance, on aura

$$x^{2n} + 2n\,x^{2n-1}(1-x) + \frac{2n(2n-1)}{1\cdot 2}x^{2n-2}(1-x)^2 + \ldots$$

La somme des n premiers termes de ce développement sera la proba=bilité que chaque année le nombre des baptêmes des garçons l'empor=tera sur celui des baptêmes des filles. Nommons s cette somme; s^i sera la probabilité que cette supériorité se maintiendra pendant le nombre i d'années consécutives; donc, si l'on désigne par P la probabilité en=tière que cela aura lieu, on aura, par le numéro précédent,

$$P = \frac{\int x^p\,dx\,z^i(1-x)^q}{\int x^p\,dx(1-x)^q},$$

les intégrales du numérateur et du dénominateur étant prises depuis $x = 0$ jusqu'à $x = 1$.

Si l'on nomme a la valeur de x qui rend $x^p z^i(1-x)^q$ un maximum et que l'on désigne par Z, $\frac{dZ}{dx}$, $\frac{d^2Z}{dx^2}$ ce que deviennent z, $\frac{dz}{dx}$, $\frac{d^2z}{dx^2}$, lors=qu'on y change x en a, on aura, par le n° 20,

$$\int x^p\,dx\,z^i(1-x)^q = \frac{a^{p+1}(1-a)^{q+1}Z^i\sqrt{2\pi}}{\sqrt{p(1-a)^2 + qa^2 + ia^2(1-a)^2\frac{dZ^2 - Z\,d^2Z}{Z^2\,dx^2}}},$$

z étant la somme des n premiers termes de la fonction

$$x^{2n}\left[1 + 2n\frac{1-x}{x} + \frac{2n(2n-1)}{1\cdot 2}\frac{(1-x)^2}{x^2} + \ldots\right],$$

on a, par le n° 37 du Livre Ier,

$$z = \frac{\int \dfrac{u^{n-1}\,du}{(1+u)^{2n+1}}}{\int \dfrac{u^{n-1}\,du}{(1+u)^{2n+1}}},$$

l'intégrale du numérateur étant prise depuis $u = \frac{1-x}{x}$ jusqu'à $u = \infty$, et celle du dénominateur étant prise depuis $u=0$ jusqu'à $u=\infty$.

Soit $u=\frac{1-s}{s}$; cette valeur de z deviendra

$$z=\frac{\int s^n\,ds(1-s)^{n-1}}{\int s^n\,ds(1-s)^{n-1}},$$

l'intégrale du numérateur étant prise depuis $s=0$ jusqu'à $s=x$, et celle du dénominateur étant prise depuis $s=0$ jusqu'à $s=1$. De là on tire

$$\frac{dz}{z\,dx}=\frac{x^n(1-x)^{n-1}}{\int s^n\,ds(1-s)^{n-1}},$$

l'intégrale du dénominateur étant prise depuis $s=0$ jusqu'à $s=x$. On aura ensuite

$$\frac{d^2z}{z\,dx^2}=\frac{dz}{z\,dx}\cdot\frac{n-(2n-1)x}{x(1-x)},$$

En changeant x en a dans ces expressions, on aura celles de Z, $\frac{dZ}{Z\,dx}$, $\frac{d^2Z}{Z\,dx^2}$.

Pour déterminer a, nous observerons que la condition du maximum de $x^p z^i(1-x)^q$ donne

$$0=\frac{p}{a}-\frac{q}{1-a}+i\frac{dZ}{Z\,dx},$$

d'où l'on tire, en substituant pour $\frac{dZ}{Z\,dx}$ sa valeur précédente,

$$a=\frac{p}{p+q}+\frac{ia^{n+1}(1-a)^n}{(p+q)\int s^n\,ds(1-s)^{n-1}},$$

l'intégrale du dénominateur étant prise depuis $s=0$ jusqu'à $s=a$. Pour conclure a de cette équation, nous observerons que la valeur de s qui rend $s^n(1-s)^{n-1}$ un maximum est à très peu près $\frac{1}{2}$, et par conséquent moindre que $\frac{p}{p+q}$, qui lui-même est plus petit que a. Ainsi, n étant supposé un grand nombre, on peut, sans erreur sensible, étendre l'intégrale de cette expression de a, depuis $s=0$ jusqu'à $s=1$, le terme qui en dépend étant très petit. Cela donne, par le n° 28,

$$\int s^n\, ds (1 - s)^{n-1} = \frac{n^{n+\frac{1}{2}}(n-1)^{n-\frac{1}{2}}\sqrt{2\pi}}{(2n-1)^{2n+\frac{1}{2}}} = \frac{\sqrt{\pi}}{2^{2n}\sqrt{n}}.$$

L'équation qui détermine a devient ainsi, à fort peu près,

$$a = \frac{p}{p+q} + \frac{ia^{n+1}(1-a)^n 2^{2n}\sqrt{n}}{(p+q)\sqrt{\pi}}.$$

Pour la résoudre, nous observerons que a diffère très peu de $\frac{p}{p+q}$, en sorte que, si l'on fait

$$a = \frac{p}{p+q} + \mu,$$

μ sera fort petit, et l'on aura, d'une manière très approchée,

$$(1) \qquad \mu = i\sqrt{n}\,\frac{p\left[1 - \left(\frac{p-q}{p+q}\right)^2\right]^n}{(p+q)^2\sqrt{\pi}}\, c^{-\frac{n\mu(p+q)(p-q)}{pq} - \frac{(p+q)^2 n \mu^2}{pq}};$$

on aura ensuite, à très peu près,

$$a^p(1-a)^q = \left(\frac{p}{p+q}\right)^p \left(\frac{q}{p+q}\right)^q c^{-\frac{(p+q)^3}{pq}\mu^2}.$$

En substituant dans le radical

$$\sqrt{p(1-a)^2 + qa^2 + ia^2(1-a)^2 \frac{dZ^2 - Z\, d^2Z}{Z^2 dx^2}},$$

pour a sa valeur $\frac{p}{p+q} + \mu$, pour $\frac{dZ}{Z\, dx}$ sa valeur $\frac{(p+q)a - p}{ia(1-a)}$ ou $\frac{(p+q)\mu}{ia(1-a)}$, et pour $\frac{d^2Z}{Z\, dx^2}$ sa valeur $\frac{dZ}{Z\, dx}\,\frac{n - (2n-1)a}{a(1-a)}$, ce radical devient à fort peu près

$$\sqrt{\frac{pq}{p+q}}\,\sqrt{1 + \frac{(p+q)\mu}{pq}[n(p-q) - p] + \frac{(p+q)^2}{pq}\mu^2\left(2n + \frac{p+q}{i}\right)}.$$

Enfin on a, par le n° 28,

$$\int x^p \, dx (1-x)^q = \left(\frac{p}{p+q}\right)^p \left(\frac{q}{p+q}\right)^q \sqrt{\frac{pq}{p+q}} \frac{\sqrt{2\pi}}{p+q}.$$

Cela posé, l'expression de P deviendra à très peu près

$$(2) \quad P = \frac{Z_i \, e^{-\frac{(p+q)^2}{2pq}\mu^2}}{\sqrt{1 + \frac{(p+q)\mu}{pq}[n(p-q) - p] + \frac{(p+q)^2\mu^2}{pq}\left(2n + \frac{p+q}{i}\right)}}.$$

Il ne s'agit donc plus que de déterminer Z. On a

$$Z = \frac{\int s^n \, ds (1-s)^{n-1}}{\int s^n \, ds (1-s)^{n-1}},$$

l'intégrale du numérateur étant prise depuis $s = 0$ jusqu'à $s = a$, et celle du dénominateur étant prise depuis $s = 0$ jusqu'à $s = 1$. Il est facile d'en conclure que l'on a

$$Z = 1 - \frac{\int s^n \, ds (1-s)^{n-1}}{\int s^n \, ds (1-s)^{n-1}},$$

l'intégrale du numérateur étant prise depuis $s = a$ jusqu'à $s = 1$ et celle du dénominateur étant prise depuis $s = 0$ jusqu'à $s = 1$; on aura ainsi, à fort peu près, par le n° 29,

$$(3) \quad Z = 1 - \frac{\int dt \, e^{-t^2}}{\sqrt{\pi}};$$

l'intégrale relative à t étant prise depuis

$$t^2 = \frac{2n-1}{2n(n-1)}\left[\frac{n(p-q)}{p+q} - \frac{p}{p+q} + (2n-1)\mu\right]^2,$$

jusqu'à $t^2 = \infty$.

Pour appliquer des nombres à ces formules, nous observerons que, par ce qui précède, dans l'intervalle du commencement de 1745 à la fin de 1784, on a par le n° 28, relativement à Paris,

$$p = 393386, \quad q = 377555.$$

En divisant par 40 la somme de ces deux nombres, on aura 19273,5 pour le nombre moyen des baptêmes annuels, ce qui donne $n = 9636,75$; nous supposerons de plus $i = 100$. Au moyen de ces valeurs on déterminera celle de μ par l'équation (1); on déterminera ensuite la valeur de Z par l'équation (3); enfin l'équation (2) donnera la valeur de P. On trouvera ainsi

$$P = 0,782.$$

Il y avait donc à la fin de 1784, d'après ces données, près de quatre contre un à parier que, dans l'espace d'un siècle, les baptêmes de garçons à Paris l'emporteront, chaque année, sur ceux des filles.

CHAPITRE VII.

DE L'INFLUENCE DES INÉGALITÉS INCONNUES QUI PEUVENT EXISTER
ENTRE DES CHANCES QUE L'ON SUPPOSE PARFAITEMENT ÉGALES.

34. J'ai déjà considéré cette influence dans le n° 1, où l'on a vu que ces inégalités augmentent la probabilité des événements composés de la répétition des événements simples. Je vais reprendre ici cet objet important dans les applications de l'analyse des probabilités.

Il résulte du numéro cité que si, au jeu de *croix* et *pile*, il existe une différence inconnue entre les possibilités d'amener l'un ou l'autre, en nommant x cette différence, en sorte que $\frac{1 \pm x}{2}$ soit la possibilité d'amener *croix*, et par conséquent $\frac{1 \mp x}{2}$ celle d'amener *pile*, celui des deux signes + et — que l'on doit adopter étant inconnu, la probabilité d'amener *croix* n fois de suite sera

$$\frac{(1 + x)^n + (1 - x)^n}{2^{n+1}}$$

ou

$$(1) \qquad \frac{1}{2^n}\left[1 + \frac{n(n-1)}{1.2}x^2 + \frac{n(n-1)(n-2)(n-3)}{1.2.3.4}x^4 + \dots\right].$$

Le jeu de *croix* et *pile* consiste, comme on sait, à projeter en l'air une pièce très mince, qui retombe nécessairement sur l'une de ses deux faces opposées que l'on nomme *croix* et *pile*. On peut diminuer la valeur de x, en rendant ces deux faces le plus égales qu'il est possible. Mais il est physiquement impossible d'obtenir une égalité parfaite, et alors celui qui parie d'amener *croix* deux fois de suite ou *pile* deux fois de suite a de l'avantage sur celui qui parie que, dans deux coups, *croix* et *pile* alterneront, sa probabilité étant $\frac{1+\alpha^2}{2}$.

On peut diminuer l'influence de l'inégalité des deux faces de la pièce, en les soumettant elles-mêmes aux chances du hasard. Désignons par A cette pièce, et concevons une seconde pièce B semblable à la première. Supposons qu'après avoir projeté cette seconde pièce, on projette la pièce A pour former un premier coup, et déterminons la probabilité que dans n coups pareils consécutifs, la pièce A présentera les mêmes faces que la pièce B. Si l'on nomme p la probabilité d'amener *croix* avec la pièce A et q la probabilité d'amener *pile*; si l'on désigne ensuite par p' et q' les mêmes probabilités pour la pièce B, $pp' + qq'$ sera la probabilité que dans un coup la pièce A présentera les mêmes faces que la pièce B. Ainsi $(pp' + qq')^n$ sera la probabilité que cela aura lieu constamment dans n coups. Soit

$$p = \frac{1+\alpha}{2}, \qquad q = \frac{1-\alpha}{2},$$

$$p' = \frac{1+\alpha'}{2}, \qquad q' = \frac{1-\alpha'}{2};$$

on aura

$$(pp' + qq')^n = \frac{1}{2^n}(1+\alpha\alpha')^n.$$

Mais, comme on ignore quelles sont les faces que les inégalités α et α' favorisent, la probabilité précédente peut être également ou $\frac{1}{2^n}(1+\alpha\alpha')^n$ ou $\frac{1}{2^n}(1-\alpha\alpha')^n$, suivant que α et α' sont de même signe ou de signes contraires. La vraie valeur de cette probabilité est donc, α et α' étant supposés positifs,

$$\frac{1}{2^{n+1}}\left[(1+\alpha\alpha')^n + (1-\alpha\alpha')^n\right]$$

ou

$$\frac{1}{2^n}\left[1 + \frac{n(n-1)}{1.2}\alpha^2\alpha'^2 + \frac{n(n-1)(n-2)(n-3)}{1.2.3.4}\alpha^4\alpha'^4 + \ldots\right].$$

Si l'on compare cette formule à la formule (1), on voit qu'elle se rapproche plus qu'elle de $\frac{1}{2^n}$, ou de la probabilité qui aurait lieu si les faces des pièces étaient parfaitement égales. Ainsi l'inégalité de ces faces est par là corrigée en grande partie; elle le serait même en totalité, si z' était nul, ou si les deux faces de la pièce D étaient parfaitement égales.

p représentant la probabilité de *croix* avec la pièce A, et q celle de *pile*, la probabilité d'amener *croix* un nombre impair de fois dans n coups sera

$$\tfrac{1}{2}[(p+q)^n \mp (p-q)^n],$$

le signe $-$ ayant lieu si n est pair, et le signe $+$ ayant lieu si n est impair. Faisant $p = \frac{1+z}{2}$, $q = \frac{1-z}{2}$, la fonction précédente devient

$$\tfrac{1}{2}(1 \mp z^n).$$

Si n est impair et égal à $2i+1$, cette fonction est

$$\tfrac{1}{2}(1+z^{2i+1});$$

mais, comme on peut y supposer également z positif ou négatif, il faut prendre la moitié de la somme de ses deux valeurs relatives à ces suppositions, ce qui donne $\frac{1}{2}$ pour sa véritable valeur; l'inégalité des faces de la pièce ne change donc point alors la probabilité $\frac{1}{2}$ d'amener *croix* un nombre impair de fois. Mais, si n est pair et égal à $2i$, cette probabilité devient

$$(2) \qquad\qquad \tfrac{1}{2}(1-z^{2i}),$$

$\pm z$ étant l'inégalité inconnue de probabilité entre *croix* et *pile*; il y a donc du désavantage à parier d'amener *croix* ou *pile* un nombre impair de fois dans $2i$ coups, et par conséquent il y a de l'avantage à parier d'amener l'un ou l'autre un nombre pair de fois.

On peut diminuer ce désavantage en changeant le pari d'amener *croix* un nombre impair de fois en $2i$ coups, dans le pari d'amener dans le même nombre de coups un nombre impair de ressemblances entre les faces des deux pièces A et B, projetées comme on l'a dit ci-dessus. En effet, la probabilité d'une ressemblance à chaque coup est, comme on l'a vu, $pp' + qq'$, et la probabilité d'une dissemblance est $pq' + p'q$. Nommons P la première de ces deux quantités et Q la seconde ; la probabilité d'amener un nombre impair de ressemblances dans $2i$ coups sera

$$\tfrac{1}{2}[(P+Q)^{2i} - (P-Q)^{2i}].$$

Si l'on fait, comme précédemment,

$$p = \frac{1+\alpha}{2}, \qquad q = \frac{1-\alpha}{2}, \qquad p' = \frac{1+\alpha'}{2}, \qquad q' = \frac{1-\alpha'}{2},$$

on aura

$$P = \frac{1+\alpha\alpha'}{2}, \qquad Q = \frac{1-\alpha\alpha'}{2};$$

la fonction précédente devient ainsi

$$\tfrac{1}{2}(1 - \alpha^{2i}\alpha'^{2i}).$$

Cette fonction reste la même, quelque changement que l'on fasse dans les signes de α et de α'; elle est donc la vraie probabilité d'amener un nombre impair de ressemblances; mais, α et α' étant de petites fractions, on voit qu'elle se rapproche de $\tfrac{1}{2}$ plus que la formule (2); le désavantage d'un nombre impair est donc par là diminué.

On voit par ce qui précède que l'on peut diminuer l'influence des inégalités inconnues entre des chances que l'on suppose égales, en les soumettant elles-mêmes au hasard. Par exemple, si l'on met dans une urne les numéros 1, 2, 3, ..., n suivant cet ordre, et qu'ensuite, après avoir agité l'urne pour bien mêler ces numéros, on en tire un; s'il y a entre les probabilités de sortie des numéros une petite différence dépendant de l'ordre suivant lequel ils ont été placés dans l'urne, on la diminuera considérablement en mettant dans une seconde urne ces numéros, suivant leur ordre de sortie de la première urne, et en agitant ensuite cette seconde urne, pour en bien mêler les numéros. Alors l'ordre suivant lequel on a placé les numéros dans la première urne aura extrêmement peu d'influence sur l'extraction du premier numéro

qui sortira de la seconde urne. On diminuerait encore cette influence,
en considérant de la même manière une troisième urne, une quatrième, etc.

Considérons deux joueurs A et B jouant ensemble, de manière qu'à
chaque coup celui qui perd donne un jeton à son adversaire, et que la
partie dure jusqu'à ce que l'un d'eux ait gagné tous les jetons de
l'autre. Soient p et q leurs adresses respectives, a et b leurs nombres
de jetons en commençant. Il résulte de la formule (II) du n° 10,
en y faisant i infini, que la probabilité de A pour gagner la partie est

$$\frac{p^b(p^a - q^a)}{p^{a+b} - q^{a+b}}.$$

Si l'on fait dans cette expression

$$p = \frac{1 \pm \alpha}{2}, \qquad q = \frac{1 \mp \alpha}{2},$$

on aura, en prenant le signe supérieur, la probabilité relative au cas
où A est plus fort que B, et, en prenant le signe inférieur, on aura la
probabilité relative au cas où A est moins fort que B. Si l'on ignore
quel est le plus fort des joueurs, la demi-somme de ces deux probabilités sera la probabilité de A, que l'on trouve ainsi égale à

$$(3) \qquad \frac{\frac{1}{2}[(1 + \alpha)^a - (1 - \alpha)^a][(1 + \alpha)^b + (1 - \alpha)^b]}{(1 + \alpha)^{a+b} - (1 - \alpha)^{a+b}};$$

en changeant a en b et réciproquement, on aura la probabilité de B. Si
l'on suppose α infiniment petit ou nul, ces probabilités deviennent
$\frac{a}{a+b}$ et $\frac{b}{a+b}$; elles sont donc proportionnelles aux nombres des jetons
des joueurs; ainsi, pour l'égalité du jeu, leurs mises doivent être dans
ce rapport. Mais alors l'inégalité qui peut exister entre eux est favorable au joueur qui a le plus petit nombre de jetons; car, si l'on suppose
a moindre que b, il est facile de voir que l'expression (3) est plus
grande que $\frac{a}{a+b}$. Si les joueurs conviennent de doubler, de tripler, etc.

leurs jetons, l'avantage de A augmente sans cesse, et, dans le cas de a et b infinis, sa probabilité devient $\frac{1}{2}$ ou la même que celle de B.

P étant la probabilité d'un événement composé de deux événements simples dont p et $1 = p$ sont les probabilités respectives, si l'on suppose que la valeur de p soit susceptible d'une inégalité inconnue z qui puisse s'étendre depuis $= \alpha$ jusqu'à $+ \alpha$, en nommant φ la probabilité de $p + z$, φ étant fonction de z, on aura, pour la vraie probabilité de l'événement composé,

$$\frac{\int P'\varphi\, dz}{\int \varphi\, dz},$$

P' étant ce que devient P lorsqu'on y change p dans $p + z$, et les intégrales étant prises depuis $z = - \alpha$ jusqu'à $z = \alpha$.

Si l'on n'a d'autres données pour déterminer z qu'un événement observé, formé des mêmes événements simples, en nommant Q la probabilité de cet événement, $p + z$ et $1 = p = z$ étant les probabilités des événements simples, l'expression précédente donne, en y changeant φ en Q, pour la probabilité de l'événement composé,

$$\frac{\int P'Q\, dz}{\int Q\, dz},$$

les intégrales étant prises ici depuis $z = = p$ jusqu'à $z = 1 = p$; ce qui est conforme à ce que nous avons trouvé dans le Chapitre précédent.

CHAPITRE VIII.

DES DURÉES MOYENNES DE LA VIE, DES MARIAGES ET DES ASSOCIATIONS QUELCONQUES.

35. Supposons que l'on ait suivi sur un très grand nombre n d'enfants la loi de mortalité, depuis leur naissance jusqu'à leur extinction totale; on aura leur vie moyenne, en faisant une somme des durées de toutes leurs vies et en la divisant par le nombre n. Si ce nombre était infini, on aurait exactement la durée de la vie moyenne. Cherchons la probabilité que la vie moyenne des n enfants ne s'écartera de celle-ci que dans des limites données.

Désignons par $\varphi\left(\dfrac{x}{a}\right)$ la probabilité de mourir à l'âge x, a étant la limite de x, a et x étant supposés renfermer un nombre infini de parties prises pour l'unité. Considérons la puissance

$$\left[\begin{array}{l} \varphi\left(\dfrac{o}{a}\right) + \varphi\left(\dfrac{1}{a}\right)c^{-\varpi\sqrt{-1}} + \varphi\left(\dfrac{2}{a}\right)c^{-2\varpi\sqrt{-1}} + \ldots \\ \quad + \varphi\left(\dfrac{x}{a}\right)c^{-x\varpi\sqrt{-1}} + \ldots + \varphi\left(\dfrac{a}{a}\right)c^{-a\varpi\sqrt{-1}} \end{array}\right]^{n}.$$

Il est visible que le coefficient de $c^{-(l+n\mu)\varpi\sqrt{-1}}$, dans le développement de cette puissance, est la probabilité que la somme des âges auxquels les n enfants parviendront sera $l + n\mu$; en multipliant donc par $c^{(l+n\mu)\varpi\sqrt{-1}}$ la puissance précédente, le terme indépendant des puissances de $c^{\pm\varpi\sqrt{-1}}$ dans le produit sera cette probabilité, qui, par conséquent, est égale à

$$(1)\quad \frac{1}{2\pi}\int d\theta\, e^{i\theta\sqrt{-1}}\left\{ e^{i\theta\sqrt{-1}}\left[\varphi\left(\frac{0}{a}\right)\mp\varphi\left(\frac{1}{a}\right)e^{-\theta\sqrt{-1}}\mp\cdots\mp\varphi\left(\frac{x}{a}\right)e^{-x\theta\sqrt{-1}}\right.\right.$$
$$\left.\left.\mp\cdots\mp\varphi\left(\frac{a}{a}\right)e^{-a\theta\sqrt{-1}}\right]\right\}^{n},$$

l'intégrale étant prise depuis $\theta=-\pi$ jusqu'à $\theta=\pi$.

Si l'on prend dans cette intégrale le logarithme hyperbolique de la quantité sous le signe $\int$, élevée à la puissance n, on aura, en développant les exponentielles en séries, ce logarithme égal à

$$(2)\quad n\mu\theta\sqrt{-1}+n\log\left[\int\varphi\left(\frac{x}{a}\right)=\theta\sqrt{-1}\int x\varphi\left(\frac{x}{a}\right)=\frac{\theta^2}{2}\int x^2\varphi\left(\frac{x}{a}\right)+\cdots\right];$$

le signe $\int$ se rapportant ici à toutes les valeurs de x, depuis $x=0$ jusqu'à $x=a$. Si l'on fait $\frac{x}{a}=x'$, et si l'on observe que, la variation de x étant l'unité, on a $a\,dx'=1$, on aura

$$\int\varphi\left(\frac{x}{a}\right)=a\int dx'\,\varphi(x'),$$

$$\int x\varphi\left(\frac{x}{a}\right)=a^2\int x'\,dx'\,\varphi(x'),$$

$$\int x^2\varphi\left(\frac{x}{a}\right)=a^3\int x'^2\,dx'\,\varphi(x'),$$

$$\cdots\cdots\cdots\cdots\cdots\cdots\cdots\cdots\cdots\cdots$$

les intégrales relatives à x' étant prises depuis $x'=0$ jusqu'à $x'=1$. Nommons k, k', k'', ... ces intégrales successives; la probabilité que la durée de la vie d'un enfant sera comprise dans les limites zéro et a est $\int\varphi\left(\frac{x}{a}\right)$ ou $a\int dx'\varphi(x')$; or cette probabilité est la certitude elle-même; on a donc $ak=1$. Cela posé, la fonction (2) devient

$$n\mu\theta\sqrt{-1}+n\log\left(1=\frac{k'}{k}a\theta\sqrt{-1}=\frac{k''}{k}\frac{a^2\theta^2}{2}+\cdots\right)$$

ou

$$\left(\frac{n\mu}{a}=\frac{nk'}{k}\right)a\theta\sqrt{-1}=n\frac{kk''=k'^2}{2k^2}a^2\theta^2=\cdots$$

Si l'on fait

$$\mu = \frac{a k'}{k} = \frac{a^2 k'}{a k} = a^2 k',$$

la première puissance de ϖ disparaît; et de plus, n étant supposé un très grand nombre, on peut s'arrêter à la seconde puissance de ϖ; la fonction (1) devient ainsi, en repassant des logarithmes aux nombres,

$$\frac{1}{2\pi} \int d\varpi\, e^{\varpi\sqrt{-1}} = n \frac{a k' - a k'}{2 k} \, a^2 k'.$$

Si l'on fait

$$\beta^2 = \frac{k^3}{2(k k'' - k'^2)^3}, \qquad t = \frac{a \varpi \sqrt{n}}{2 \beta} = \frac{\beta l \sqrt{-1}}{a \sqrt{n}},$$

cette intégrale devient, en la prenant depuis $t = -\infty$ jusqu'à $t = \infty$,

$$\frac{\beta}{a \sqrt{n \pi}}\, e^{-\frac{\beta l l}{a a n}},$$

En la multipliant par dl, et faisant $l = ar\sqrt{n}$, on aura

$$\frac{2}{\sqrt{\pi}} \int \beta\, dr\, e^{-\beta^2 r^2}$$

pour la probabilité que la somme des âges auxquels les n enfants parviendront sera comprise dans les limites $na^2 k' \pm ar\sqrt{n}$.

La quantité $a^2 k'$ ou $\int x\,\varphi\left(\frac{x}{a}\right)$ est la somme des produits de chaque âge par la probabilité d'y parvenir; elle est donc la vraie durée de la vie moyenne; ainsi la probabilité que la somme des âges auxquels les n enfants cesseront de vivre, divisée par leur nombre, est comprise dans ces limites

$$\text{Vraie durée de la vie moyenne, plus ou moins } \frac{ar}{\sqrt{n}},$$

a pour expression

$$\frac{2}{\sqrt{\pi}} \int \beta\, dr\, e^{-\beta^2 r^2}.$$

La valeur moyenne de r, en plus ou en moins, est, par le n° 20,

$$\pm \frac{1}{\sqrt{\pi}} \int \mathcal{E} r \, dr \, e^{-\mathcal{E}^2 r^2},$$

l'intégrale étant prise depuis $r = 0$ jusqu'à r infini. En la multipliant par $\frac{a}{\sqrt{n}}$, on aura l'erreur moyenne à craindre en plus ou en moins, lorsqu'on prend pour durée moyenne de la vie la somme des âges qu'ont vécu les n enfants considérés ci-dessus, divisée par n, quotient que nous désignerons par G; cette erreur est donc

$$\pm \frac{a}{2\,\mathcal{E}\,\sqrt{n\pi}}.$$

On a, à très peu près,

$$a^2 k' = G,$$

et, comme $ak = 1$, on aura

$$\frac{k'}{k} = \frac{G}{a}.$$

Si l'on nomme ensuite H la somme des carrés des âges qu'ont vécu les n enfants, divisée par n, on trouvera, par l'analyse du n° 19,

$$\frac{k''}{k} a^2 = H;$$

ces valeurs donnent

$$\mathcal{E}^2 = \frac{a^2}{2(H - G^2)}.$$

l'erreur moyenne à craindre en plus ou en moins sur la durée de la vie devient ainsi

$$\pm \frac{\sqrt{H - G^2}}{\sqrt{2n\pi}}.$$

Il est clair que ces résultats ont également lieu relativement à la durée moyenne de ce qui reste à vivre, lorsque, au lieu de partir de l'époque de la naissance, on part d'une époque quelconque de la vie.

On peut facilement déterminer, au moyen des Tables de mortalité, formées d'année en année, la durée moyenne de ce qui reste à vivre à

une personne dont l'âge est d'un nombre entier A d'années. Pour cela,
on ajoutera tous les nombres de la Table qui suivent celui qui correspond à l'âge A; on divisera la somme par ce dernier nombre, et l'on
ajoutera $\frac{1}{2}$ au quotient. En effet, si l'on désigne par (1), (2), (3), ...
les nombres de la Table, correspondants à l'année A et aux années
suivantes, le nombre des individus qui meurent dans la première
année, à partir de l'année A, sera (1) — (2); mais, dans ce court intervalle, la mortalité peut être supposée constante; $\frac{1}{2}[(1) — (2)]$ est donc
la somme des durées de leur vie, à partir de l'âge A. Pareillement
$\frac{3}{2}[(2) — (3)]$, $\frac{5}{2}[(3) — (4)]$, ... sont les sommes des durées de la vie, à
partir du même âge, de ceux qui meurent dans les deuxième, troi-
sième, etc., années comptées depuis l'année A. La réunion de toutes
ces sommes est $\frac{(1)}{2} + (2) + (3) + (4) + \ldots$; et, en la divisant par (1),
on aura la durée moyenne de ce qui reste à vivre à la personne de
l'âge A. On formera ainsi une Table des durées moyennes de ce qui
reste à vivre aux différents âges. On pourra même conclure ces durées
les unes des autres, en observant que, si F désigne cette durée pour
l'âge A, et F' la durée correspondante à l'âge A + 1, on a

$$F = \frac{(2)}{(1)} \left(F' + \frac{1}{2} \right) + \frac{1}{2}.$$

36. Déterminons maintenant la durée moyenne de la vie qui aurait
lieu, si l'une des causes de mortalité venait à s'éteindre. Soit U le
nombre des enfants qui, sur le nombre n de naissances, vivraient encore
à l'âge x dans cette hypothèse, u étant celui des enfants vivants à cet
âge sur le même nombre de naissances, dans le cas où cette cause de
mortalité subsiste. Nommons $z\,\Delta x$ la probabilité qu'un individu de
l'âge x périra de cette maladie dans l'intervalle de temps très court Δx;
$uz\,\Delta x$ sera, à très peu près, par le n° 25, le nombre des individus u qui
périront de cette maladie dans l'intervalle de temps Δx, si ce nombre
est considérable. Pareillement, si l'on désigne par $\varphi\,\Delta x$ la probabilité
qu'un individu de l'âge x périra par les autres causes de mortalité
dans l'intervalle Δx, $u\varphi\,\Delta x$ sera le nombre des individus qui périront

par ces causes, dans l'intervalle de temps Δx; ce sera donc la valeur de $-\Delta u$; j'affecte Δu du signe $-$, parce que u diminue à mesure que x augmente; on a donc

$$-\Delta u = u \Delta x (\varphi + z).$$

On aura pareillement

$$-\Delta U = U \varphi \Delta x.$$

En éliminant φ de ces deux équations, on aura

$$\frac{\Delta U}{U} = \frac{\Delta u}{u} + z \Delta x.$$

Δx étant une quantité très petite, on peut transformer la caractéristique Δ dans la caractéristique différentielle d, et alors l'équation précédente devient

$$\frac{dU}{U} = \frac{du}{u} + z\, dx.$$

d'où l'on tire, en intégrant et observant qu'à l'âge zéro $U = u = n$,

(3) $$U = u\, e^{\int z\, dx},$$

l'intégrale étant prise depuis x nul. On peut obtenir cette intégrale, au moyen des registres de mortalité, dans lesquels on tient compte de l'âge des individus morts et des causes de leur mort. En effet, $n z \Delta x$ étant, par ce qui précède, le nombre de ceux qui, parvenus à l'âge x, ont péri dans l'intervalle de temps Δx, par la maladie dont il s'agit, on aura à très peu près l'intégrale $\int z\, dx$, en supposant Δx égal à une année, et en prenant depuis la naissance des n enfants que l'on a considérés, jusqu'à l'année x, la somme des fractions qui ont pour numérateur le nombre des individus que la maladie a fait périr chaque année, et pour dénominateur, le nombre des n enfants qui vivent encore au milieu de la même année. Ainsi l'on pourra transformer, au moyen de l'équation (3), une Table de mortalité ordinaire, dans celle qui aurait lieu si la maladie dont il s'agit n'existait pas.

La petite vérole a cela de particulier, savoir, que le même individu n'en est jamais deux fois atteint, ou du moins ce cas est si rare, que, s'il existe, on peut en faire abstraction. Concevons que, sur un très grand nombre n d'enfants, u parviennent à l'âge x, et que, dans le nombre u, y n'aient point eu la petite vérole. Concevons encore que sur ce nombre y, $iy\,dx$ prennent cette maladie dans l'instant dx, et que, sur ce nombre, $iry\,dx$ périssent de cette maladie. En désignant, comme ci-dessus, par q la probabilité de périr à l'âge x par d'autres causes, on aura évidemment

$$du = -uq\,dx - iry\,dx.$$

On aura ensuite

$$dy = -rq\,dx - iy\,dx.$$

En effet, y diminue par le nombre de ceux qui, dans l'instant dx, prennent la petite vérole, et ce nombre est, par la supposition, $iy\,dx$; y diminue encore par le nombre des individus compris dans y, qui périssent par d'autres causes, et ce nombre est $yq\,dx$.

Maintenant, si de la première des deux équations précédentes, multipliée par y, on retranche la seconde multipliée par u, et si l'on divise la différence par y^2, on aura

$$d\frac{u}{y} = i\frac{u}{y}dx - ir\,dx,$$

ce qui donne, en intégrant depuis x nul, et observant qu'à cette origine $u = y = n$,

$$(1) \qquad \frac{u}{y} = \left(1 - \int ir\,dx\, e^{-\int i\,dx}\right)e^{\int i\,dx};$$

cette équation fera connaître le nombre d'individus de l'âge x qui n'ont point encore eu la petite vérole. On a ensuite

$$z\,dx = \frac{ir\,y\,dx}{u},$$

$uz\,dx$ étant, comme ci-dessus, le nombre de ceux qui périssent dans le temps dx, de la maladie que l'on considère. En substituant, au lieu de $\frac{1}{u}$, sa valeur précédente, on aura, après avoir intégré,

$$e^{\int z\,dz} = \frac{1}{1 - \int u\, dz\, v\, e^{-\int z\,dz}};$$

l'équation (3) donnera donc

$$(5) \qquad\qquad U = \frac{u}{1 - \int u\, dz\, e^{-\int z\,dz}};$$

Cette valeur de U suppose que l'on connaît par l'observation z et v. Si ces nombres étaient constants, il serait facile de les déterminer; mais, comme ils peuvent varier d'âge en d'âge, les éléments de la formule (3) sont plus aisés à connaître, et cette formule me semble plus propre à déterminer la loi de mortalité qui aurait lieu, si la petite vérole était éteinte. En lui appliquant les données que l'on a pu se procurer sur la mortalité causée par cette maladie, aux divers âges de la vie, on trouve que son extinction au moyen de la vaccine augmenterait de plus de trois années la durée de la vie moyenne, si d'ailleurs cette durée n'était point restreinte par la diminution relative des subsistances, due à un plus grand accroissement de population.

37. Considérons présentement la durée moyenne des mariages. Pour cela concevons un grand nombre n de mariages entre n garçons de l'âge a, et n filles de l'âge a'; et déterminons le nombre de ces mariages subsistants après x années écoulées depuis leur origine. Nommons φ la probabilité qu'un garçon qui se marie à l'âge a parviendra à l'âge $a + x$; et ψ la probabilité qu'une fille qui se marie à l'âge a' parviendra à l'âge $a' + x$. La probabilité que leur mariage subsistera après sa $x^{\text{ième}}$ année sera $\varphi\psi$; donc, si l'on développe le binôme $[\varphi\psi + (1 - \varphi\psi)]^n$, le terme $\Pi(\varphi\psi)^i (1 - \varphi\psi)^{n-i}$ de ce développement exprimera la probabilité que, sur les n mariages, i subsisteront après x années. Le plus grand terme du développement est, par le n° 16, celui dans lequel i est égal au plus grand nombre entier contenu dans $(n + 1)\varphi\psi$; et, par le même numéro, il est extrêmement probable que le nombre des mariages subsistants ne s'écartera que très peu en plus ou en moins de

ce nombre. Ainsi, en désignant par i le nombre des mariages subsistants, on pourra supposer, à très peu près,

$$i = n\varphi\psi.$$

$n\varphi$ est à fort peu près le nombre des n maris vivants à l'âge $a + x$. Les Tables de mortalité le feront connaître d'une manière fort approchée, si elles ont été formées sur des listes nombreuses de mortalité; car, si l'on désigne par p' le nombre des hommes vivants à l'âge a, sur l'ensemble de ces listes, et par q' le nombre des survivants à l'âge $a + x$, on aura, à fort peu près, par le n° 29,

$$n\psi = \frac{nq'}{p'}.$$

Si l'on nomme pareillement p'' le nombre des femmes vivantes à l'âge a' et par q'' le nombre des survivantes à l'âge $a' + x$, on aura, à très peu près,

$$n\psi = \frac{nq''}{p''};$$

donc

$$i = \frac{nq'q''}{p'p''}.$$

On formera ainsi, d'année en année, une Table des valeurs de i. En faisant ensuite une somme de tous les nombres de cette Table, et en la divisant par n, on aura la durée moyenne des mariages faits à l'âge a pour les garçons et à l'âge a' pour les filles.

Cherchons maintenant la probabilité que l'erreur de la valeur précédente de i sera comprise dans des limites données. Supposons, pour simplifier le calcul, que les deux conjoints soient du même âge, et que la probabilité de la vie des hommes soit la même que celle des femmes; alors on a

$$a' = a;\qquad q'' = q';\qquad p'' = p';\qquad \varphi = \psi;$$

et l'expression précédente de i devient

$$i = \frac{nq'^3}{p'^3}.$$

Concevons que la valeur de i soit $\dfrac{nq'^2}{p'^2} + s$; s sera l'erreur de cette expression de i. On a vu, dans le n° 30, que si l'on a observé que, sur un très grand nombre p d'individus de l'âge a, q sont parvenus à l'âge $a + x$, la probabilité que, sur p' autres individus de l'âge a, $\dfrac{p'q}{p} + s$ parviendront à l'âge $a + x$, est

$$\sqrt{\frac{p^3}{2qp'(p-q)(p+p')\pi}}\, c^{-\frac{p'^2 s^2}{2qp'(p-q)\,\cdot\,q(p+p')}}.$$

Si l'on suppose p et q infinis, on aura évidemment

$$\varphi = \frac{q}{p},$$

et, si l'on fait

$$\frac{p'q}{p} + s = q',$$

on aura

$$\varphi = \frac{q'}{p'} - \frac{s}{p'},$$

ce qui donne à très peu près, en négligeant le carré $\dfrac{n\,s^2}{p'^2}$,

$$n\varphi^2 = \frac{nq'^2}{p'^2} - \frac{2nq's}{p'^2};$$

ainsi la probabilité précédente de s est en même temps la probabilité de cette expression de $n\varphi^2$. Supposons maintenant $i = n\varphi^2 + l$; en considérant le binôme $[\varphi^2 + (1 - \varphi^2)]^n$, la probabilité de cette expression de i est, par le n° 16,

$$\frac{1}{\sqrt{2n\pi\varphi^2(1-\varphi^2)}}\, c^{-\frac{l^2}{2n\varphi^2(1-\varphi^2)}}.$$

Mais la valeur précédente de i devient, en y substituant pour $n\varphi^2$ sa valeur,

$$i = \frac{nq'^2}{p'^2} - \frac{2nq's}{p'^2} + l;$$

la probabilité de cette dernière expression de i est égale au produit de celles de i et de z, trouvées ci-dessus; elle est donc égale à

$$\frac{c^{-\frac{z^2}{2p'\varphi(1-\varphi)}-\frac{t^2}{2n\varphi^2(1-\varphi^2)}}}{2\pi\sqrt{np'\varphi^3(1-\varphi)^2(1+\varphi)}}.$$

Ayant supposé précédemment $i = \frac{nq'^2}{p'^2} + s$, on aura $s = t - \frac{2nq'z}{p'^2}$; en substituant donc pour t sa valeur tirée de cette équation et observant que l'on a à très peu près $\frac{q'}{p'} = \varphi$, on aura, pour la probabilité que la valeur de s sera comprise dans des limites données, l'expression intégrale

$$\frac{\int\int dz\, ds\, c^{-\frac{z^2}{2\varphi(1-\varphi)p'}-\frac{\left(s+\frac{2nq'z}{p'^2}\right)^2}{2n\varphi^2(1-\varphi^2)}}}{2\pi\sqrt{np'\varphi^3(1-\varphi)^2(1+\varphi)}},$$

l'intégrale relative à z pouvant être prise depuis $z = -\infty$ jusqu'à $z = \infty$. De là, il est facile de conclure, par les méthodes exposées précédemment, que, si l'on fait

$$k^2 = \frac{p'}{2n\varphi^2(1-\varphi)[p' + (p'+4n)\varphi]},$$

l'intégrale précédente devient

$$\int \frac{k\, ds}{\sqrt{\pi}} c^{-k^2s^2};$$

ainsi la probabilité que l'erreur de l'expression $i = \frac{nq'^2}{p'^2}$ sera $\pm s$ est

$$\frac{2}{\sqrt{\pi}} \int k\, ds\, c^{-k^2s^2},$$

l'intégrale étant prise depuis s nul.

L'analyse précédente s'applique également à la durée moyenne d'un grand nombre d'associations formées de trois individus ou de quatre individus, etc. Soit n ce nombre, et supposons que tous les associés soient du même âge a au moment de l'association; désignons par p le nombre des individus de la Table de mortalité de l'âge a, et par q le

nombre des individus de l'âge $a + x$; le nombre i des associations existantes après x années écoulées depuis l'origine des associations sera à
fort peu près

$$i = \frac{nq'}{pr},$$

r étant le nombre des individus de chaque association. On trouvera par
la même analyse la probabilité que ce nombre sera renfermé dans des
limites données. La somme des valeurs de i correspondantes à toutes
les valeurs de x, divisée par n, sera la durée moyenne de ce genre
d'associations.

CHAPITRE IX.

DES BÉNÉFICES DÉPENDANTS DE LA PROBABILITÉ DES ÉVÉNEMENTS FUTURS.

38. Concevons que l'arrivée d'un événement procure le bénéfice ν, et que sa non-arrivée cause la perte μ. Une personne A attend l'arrivée d'un nombre s d'événements semblables, tous également probables, mais indépendants les uns des autres; on demande quel est son avantage.

Soient q la probabilité de l'arrivée de chaque événement et par conséquent $1 - q$ celle de sa non-arrivée; si l'on développe le binôme $[q + (1 - q)]^s$, le terme

$$\frac{1.2.3\ldots s}{1.2.3\ldots i.1.2.3\ldots(s-i)} q^i (1 - q)^{s-i}$$

de ce développement sera la probabilité que sur les s événements i arriveront. Dans ce cas, le bénéfice de A est $i\nu$, et sa perte est $(s-i)\mu$; la différence est $i(\nu + \mu) - s\mu$; en la multipliant par sa probabilité exprimée par le terme précédent et prenant la somme de ces produits pour toutes les valeurs de i, on aura l'avantage de A, qui, par conséquent, est égal à

$$- s\mu[q + (1 - q)]^s + (\nu + \mu)S\frac{i.1.2.3\ldots s}{1.2.3\ldots i.1.2.3\ldots(s-i)} q^i (1 - q)^{s-i},$$

le signe S s'étendant à toutes les valeurs de i. On a

$$S\frac{i.1.2.3\ldots s}{1.2.3\ldots i.1.2.3\ldots(s-i)} q^i (1 - q)^{s-i}$$

$$= \frac{d}{dt}S\frac{1.2.3\ldots s}{1.2.3\ldots i.1.2.3\ldots(s-i)} q^i t^i (1 - q)^{s-i} = \frac{d}{dt}[qt + (1 - q)]^s,$$

pourvu que l'on suppose $t=1$, après la différentiation, ce qui réduit
ce dernier membre à qs; l'avantage de A est donc $s[qv-(1-q)\mu]$.
Cet avantage est nul, si $vq=\mu(1-q)$, c'est-à-dire, si le bénéfice de
l'arrivée de l'événement, multiplié par sa probabilité, est égal à la perte
causée par sa non-arrivée, multipliée par sa probabilité. L'avantage
devient négatif et se change en désavantage, si le second produit surpasse le premier. Dans tous les cas, l'avantage ou le désavantage de
A est proportionnel au nombre s des événements.

On déterminera par l'analyse du n° 16 la probabilité que le bénéfice
réel de A sera compris dans des limites données, si s est un grand
nombre. Suivant cette analyse, la somme des divers termes du binôme
$[q+(1-q)]^s$ compris entre les deux termes distants de $l\pm 1$, de part
et d'autre du plus grand, est

$$\frac{2}{\sqrt{\pi}}\int dt\, e^{-t^2} + \frac{1}{\sqrt{2s\pi q(1-q)}}\, e^{-\frac{l^2}{2sq(1-q)}},$$

l'intégrale étant prise depuis $t=0$ jusqu'à $t=\dfrac{l}{\sqrt{2sq(1-q)}}$. L'exposant
de q dans le plus grand terme est à très peu près, par le même numéro,
égal à sq, et les exposants de q, correspondants aux termes extrêmes
compris dans l'intervalle précédent, sont respectivement $sq-l$ et
$sq+l$. Les bénéfices correspondants à ces trois termes sont

$$s[qv-(1-q)\mu] = l(v+\mu),$$
$$s[qv-(1-q)\mu],$$
$$s[qv-(1-q)\mu] + l(v+\mu);$$

en faisant donc $l=r\sqrt{s}$, la probabilité que le bénéfice réel de A n'excédera pas les limites $s[qv-(1-q)\mu] \pm r\sqrt{s}(v+\mu)$ est égale à

$$\frac{2}{\sqrt{\pi}}\frac{\int dr\, e^{-\frac{r^2}{2q(1-q)}}}{\sqrt{2q(1-q)}} + \frac{1}{\sqrt{2s\pi q(1-q)}}\, e^{-\frac{r^2}{2q(1-q)}},$$

l'intégrale étant prise depuis $r=0$, et le dernier terme pouvant être
négligé. On voit par cette formule que si $qv-(1-q)\mu$ n'est pas nul,

le bénéfice réel augmente sans cesse et devient infiniment grand et certain dans le cas d'un nombre infini d'événements.

On peut étendre, par l'analyse suivante, ce résultat au cas où les probabilités des s événements sont différentes, ainsi que les bénéfices et les pertes qui y sont attachés. Soient q, $q^{(1)}$, $q^{(2)}$, ..., $q^{(s-1)}$ les probabilités respectives de ces événements; v, $v^{(1)}$, $v^{(2)}$, ..., $v^{(s-1)}$ les bénéfices que procurent leurs arrivées. On peut, pour simplifier, faire abstraction des pertes que causent leurs non-arrivées, en comprenant dans le bénéfice que procure l'arrivée de chaque événement la quantité que A perdrait par sa non-arrivée, et en retranchant ensuite de l'avantage total de A la somme de ces dernières quantités; car il est facile de voir que cela ne change point la position de A.

Cela posé, considérons le produit

$$\left(1 - q + q\,e^{v\varpi\sqrt{-1}}\right)\left(1 - q^{(1)} + q^{(1)}e^{v^{(1)}\varpi\sqrt{-1}}\right)\cdots\left(1 - q^{(s-1)} + q^{(s-1)}e^{v^{(s-1)}\varpi\sqrt{-1}}\right).$$

Il est clair que la probabilité que la somme des bénéfices sera $f + l'$ est égale au coefficient de $e^{(f+l')\varpi\sqrt{-1}}$ dans le développement de ce produit; elle est donc égale à

$$(a)\quad \frac{1}{2\pi}\int d\varpi\, e^{-(f+l')\varpi\sqrt{-1}}\left(1 - q + q\,e^{v\varpi\sqrt{-1}}\right)\cdots\left(1 - q^{(s-1)} + q^{(s-1)}e^{v^{(s-1)}\varpi\sqrt{-1}}\right),$$

l'intégrale étant prise depuis $\varpi = -\pi$ jusqu'à $\varpi = \pi$, et les nombres v, $v^{(1)}$, ... étant supposés, comme on peut le faire, des nombres entiers. Prenons le logarithme du produit

$$(b)\qquad e^{-f\varpi\sqrt{-1}}\left(1 - q + q\,e^{v\varpi\sqrt{-1}}\right)\cdots\left(1 - q^{(s-1)} + q^{(s-1)}e^{v^{(s-1)}\varpi\sqrt{-1}}\right);$$

en le développant suivant les puissances de ϖ, il devient

$$\left(S q^{(i)}v^{(i)} - f\right)\varpi\sqrt{-1} - \frac{\varpi^2}{2}\, S q^{(i)}\left(1 - q^{(i)}\right)v^{(i)2} - \cdots,$$

le signe S se rapportant à toutes les valeurs de i, depuis $i = 0$ jusqu'à $i = s - 1$. La supposition de f égal à $S q^{(i)}v^{(i)}$ fait disparaître la première puissance de ϖ, et la considération de s, un très grand nombre, rend insensibles les termes dépendants des puissances de ϖ, supérieures au carré. En repassant donc des logarithmes aux nombres dans le développement précédent, le produit (b) devient à très peu près

$$c^{-\frac{\varpi^2}{2}Sq^{(i)}(1-q^{(i)})v^{(i)2}},$$

ce qui change l'intégrale (a) dans celle-ci

$$\frac{1}{2\pi}\int d\varpi\, c^{-t\varpi\sqrt{-1}-\frac{\varpi^2}{2}Sq^{(i)}(1-q^{(i)})v^{(i)2}}.$$

L'intégrale devant être prise depuis $\varpi = -\pi$ jusqu'à $\varpi = \pi$, et $Sq^{(i)}(1-q^{(i)})v^{(i)2}$ étant un grand nombre de l'ordre s, il est clair que cette intégrale peut être étendue sans erreur sensible jusqu'aux valeurs infinies positives et négatives de ϖ. En faisant donc

$$\varpi\sqrt{\frac{Sq^{(i)}(1-q^{(i)})v^{(i)2}}{2}} + \frac{t\sqrt{-1}}{\sqrt{2Sq^{(i)}(1-q^{(i)})v^{(i)2}}} = t$$

et intégrant depuis $t = -\infty$ jusqu'à $t = \infty$, l'intégrale (a) devient

$$\frac{1}{\sqrt{2\pi Sq^{(i)}(1-q^{(i)})v^{(i)2}}}\, c^{-\frac{t^2}{2Sq^{(i)}(1-q^{(i)})v^{(i)2}}}.$$

Si l'on multiplie cette quantité par $2dl'$, et qu'ensuite on l'intègre depuis $l' = 0$, cette intégrale sera l'expression de la probabilité que le bénéfice de A sera compris dans les limites $f \pm l'$, ou $Sq^{(i)}v^{(i)} \pm l'$; en faisant ainsi

$$l' = r\sqrt{2Sq^{(i)}(1-q^{(i)})v^{(i)2}},$$

la probabilité que le bénéfice de A sera compris dans les limites

$$Sq^{(i)}v^{(i)} \pm r\sqrt{2Sq^{(i)}(1-q^{(i)})v^{(i)2}}$$

est

$$\frac{2}{\sqrt{\pi}}\int dr\, c^{-r^2},$$

l'intégrale étant prise depuis $r = 0$.

Maintenant il faut, par ce qui précède, changer dans les limites précédentes $v^{(i)}$ dans $v^{(i)} + \mu^{(i)}$ et en retrancher $S\mu^{(i)}$; la probabilité que le bénéfice réel de A sera compris dans les limites

$$S\left[q^{(i)}v^{(i)} - (1 - q^{(i)})\mu^{(i)}\right] \pm r\sqrt{2 S\overline{q^{(i)}(1 - q^{(i)})}\,\overline{(v^{(i)} + \mu^{(i)})^2}}$$

est donc

$$\frac{2}{\sqrt{\pi}} \int dr\, c^{-r^2}.$$

On voit par cette formule que, pour peu que l'espérance mathématique de chaque événement surpasse zéro, en multipliant les événements à l'infini, le premier terme de l'expression des limites étant de l'ordre s, tandis que le second n'est que de l'ordre $\sqrt{s}$, le bénéfice réel s'accroît sans cesse et devient à la fois infiniment grand et certain, dans le cas d'un nombre infini d'événements.

39. Considérons maintenant le cas où, à chaque événement, la personne A a un nombre quelconque de chances à espérer ou à craindre. Supposons, par exemple, qu'une urne renferme des boules de diverses couleurs, que l'on tire une boule de cette urne, en la remettant dans l'urne après le tirage, et que le bénéfice de A soit v si la boule extraite est de la première couleur, qu'il soit v' si la boule extraite est de la deuxième couleur, qu'il soit v'' si la boule extraite est de la troisième couleur, et ainsi de suite, les bénéfices devenant négatifs lorsque A est forcé de donner au lieu de recevoir. Nommons a, a', a'', ... les probabilités que la boule extraite à chaque tirage sera de la première, ou de de la deuxième, ou de la troisième, etc. couleur, et supposons que l'on ait ainsi s tirages; on aura d'abord

$$a + a' + a'' + \ldots = 1.$$

En multipliant ensuite les termes du premier membre de cette équation, respectivement par $c^{v\varpi\sqrt{-1}}$, $c^{v'\varpi\sqrt{-1}}$, $c^{v''\varpi\sqrt{-1}}$, ..., le terme indépendant des puissances de $c^{\varpi\sqrt{-1}}$, dans le développement de la fonction

$$c^{-(l+s\mu)\varpi\sqrt{-1}}\left(a\, c^{v\varpi\sqrt{-1}} + a'\, c^{v'\varpi\sqrt{-1}} + a''\, c^{v''\varpi\sqrt{-1}} + \ldots\right)^s,$$

sera, par ce qui précède, la probabilité que, dans s tirages, le bénéfice de A sera $s\mu + l$; cette probabilité est donc égale à

$$(e)\qquad \frac{1}{2\pi}\int d\varpi\, e^{-l\varpi\sqrt{-1}}\left[e^{-\mu\varpi\sqrt{-1}}\left(a\, e^{\nu\varpi\sqrt{-1}} + a'\, e^{\nu'\varpi\sqrt{-1}} + \ldots\right)\right]^s,$$

l'intégrale relative à ϖ étant prise depuis $\varpi = -\pi$ jusqu'à $\varpi = \pi$. Si l'on développe par rapport aux puissances de ϖ le logarithme hyperbolique de la quantité élevée à la puissance s sous le signe $\int$, et si l'on observe que $a + a' + a'' + \ldots = 1$, on aura, pour ce logarithme,

$$\begin{aligned}&\varpi\sqrt{-1}\,(a\nu + a'\nu' + a''\nu'' + \ldots - \mu)\\ &\quad - \frac{\varpi^2}{2}\left[a\nu^2 + a'\nu'^2 + a''\nu''^2 + \ldots - (a\nu + a'\nu' + a''\nu'' + \ldots)^2\right] - \ldots.\end{aligned}$$

On fera disparaître la première puissance de ϖ, en faisant

$$\mu = a\nu + a'\nu' + a''\nu'' + \ldots;$$

si l'on suppose ensuite

$$2k^2 = a\nu^2 + a'\nu'^2 + a''\nu''^2 + \ldots - (a\nu + a'\nu' + a''\nu'' + \ldots)^2,$$

et si l'on observe que, s étant supposé un grand nombre, on peut négliger les puissances de ϖ supérieures au carré, on aura, en repassant des logarithmes aux nombres,

$$\left[e^{-\mu\varpi\sqrt{-1}}\left(a\, e^{\nu\varpi\sqrt{-1}} + a'\, e^{\nu'\varpi\sqrt{-1}} + a''\, e^{\nu''\varpi\sqrt{-1}} + \ldots\right)\right]^s = e^{-sk^2\varpi^2},$$

ce qui change l'intégrale (e) dans celle-ci

$$\frac{1}{2\pi}\int d\varpi\, e^{-l\varpi\sqrt{-1} - sk^2\varpi^2},$$

qui devient, en intégrant comme dans le numéro précédent,

$$\frac{1}{2k\sqrt{s\pi}}\, e^{-\frac{l^2}{4k^2 s}}.$$

En la multipliant par $2dl$ et intégrant le produit depuis $l = 0$, on aura la probabilité que le bénéfice réel de A sera compris dans les limites

$$s\,(a\gamma + a'\gamma' + a''\gamma'' + \ldots) = l;$$

en faisant donc

$$l = 2\,kr'\sqrt{s},$$

cette probabilité sera, en prenant l'intégrale depuis $r' = 0$,

$$\frac{2}{\sqrt{\pi}}\int dr'\,e^{-r'^2}.$$

Nous avons supposé dans ce qui précède les probabilités des événements connues; examinons le cas où elles sont inconnues. Supposons que, sur m événements semblables attendus, n soient arrivés, et que A attende s pareils événements, dont chacun lui procure par son arrivée le bénéfice γ, la non-arrivée lui causant la perte μ. Si l'on représente par $\frac{n}{m}s + z$ le nombre d'événements qui arriveront sur les s événements attendus, la probabilité que z sera contenu dans les limites $\pm kt$ sera par le n° 30

$$\frac{2}{\sqrt{\pi}}\int dt\,e^{-t^2},$$

l'intégrale étant prise depuis $t = 0$, k^2 étant égal à

$$\frac{2\,ns\,(m-n)\,(m+s)}{m^3}.$$

Mais, $\frac{n}{m}s + z$ étant le nombre des événements arrivés, le bénéfice réel de A est

$$\left[\frac{n\gamma}{m} - \frac{(m-n)\mu}{m}\right]s + z(\gamma + \mu);$$

l'intégrale précédente est donc la probabilité que le bénéfice réel de A sera compris dans les limites

$$\left[\frac{n\gamma}{m} - \frac{(m-n)\mu}{m}\right]s \pm kt(\gamma + \mu).$$

k est de l'ordre $\sqrt{s}$, si m et n sont d'un ordre égal ou plus grand que s;

ainsi, quelque petite que soit l'espérance mathématique relative à chaque événement, le bénéfice réel devient à l'infini, certain et infiniment grand, lorsque le nombre des événements passés est supposé infini, comme celui des événements futurs.

40. Nous allons maintenant déterminer les bénéfices des établissements fondés sur les probabilités de la vie humaine. La manière la plus simple de calculer ces bénéfices est de les réduire en capitaux actuels. Prenons pour exemple les rentes viagères. Une personne de l'âge A veut constituer sur sa tête une rente viagère h; on demande le capital qu'elle doit pour cela donner à la caisse de l'établissement qui lui fait cette rente.

Si l'on nomme y_0 le nombre des individus de l'âge A dans la Table de mortalité dont on fait usage, et y_x le nombre des individus de l'âge A + x, la probabilité de payer la rente à la fin de l'année A + x sera $\frac{y_x}{y_0}$; par conséquent, la valeur du payement sera $\frac{h y_x}{y_0}$. Mais, si l'on désigne par r l'intérêt annuel de l'unité, en sorte que le capital $\mathbf{1}$ devienne $\mathbf{1} + r$ après un an, il deviendra $(\mathbf{1} + r)^x$ après x années; ainsi, le payement $(\mathbf{1} + r)^x$ fait à la fin de la $x^{\text{ième}}$ année, réduit en capital actuel, devient l'unité, ou ce même payement divisé par $(\mathbf{1} + r)^x$; le payement $\frac{h y_x}{y_0}$ réduit en capital actuel est donc $\frac{h y_x}{y_0 (\mathbf{1} + r)^x}$. La somme de tous les payements faits pendant la durée de la vie de la personne qui constitue la rente et multipliés par leur probabilité équivaut donc à un capital actuel représenté par l'intégrale finie

$$\Sigma \frac{h y_x}{y_0 (\mathbf{1} + r)^x},$$

la caractéristique Σ devant embrasser toutes les valeurs de la fonction qu'elle affecte.

On peut déterminer cette intégrale en formant toutes ces valeurs d'après la Table de mortalité, et en les ajoutant ensemble; on déduira ensuite les capitaux les uns des autres, en observant que, si l'on nomme F le capital relatif à l'âge A et F' le capital relatif à l'âge A + 1, on a

$$F = \frac{y_1}{y_0} \cdot \frac{F' + h}{1 + r}.$$

Mais ce procédé se simplifie lorsque la loi de mortalité est connue, et surtout lorsqu'elle est donnée par une fonction rationnelle et entière de x, ce qui est toujours possible, en considérant les nombres de la Table de mortalité comme des ordonnées dont les âges correspondants sont les abscisses, et en faisant passer une courbe parabolique par les extrémités des deux ordonnées extrêmes et de plusieurs ordonnées intermédiaires. Les différences qui existent entre les diverses Tables de mortalité permettent de regarder ce moyen comme aussi exact que ces Tables, et même de s'en tenir à un petit nombre d'ordonnées.

Faisons

$$\frac{1}{1 + r} = p, \qquad \frac{y_F}{y_0} = u,$$

reprenons la formule (16) du n° 11 du Livre Ier qui donne

$$\Sigma p^x u = \frac{p^x}{p e^{\frac{d}{dx}} = 1} + f,$$

f étant une constante arbitraire. Il faut, dans le développement du premier terme du second membre de cette équation par rapport aux puissances de $\frac{du}{dx}$, changer une puissance quelconque $\left(\frac{du}{dx}\right)^i$ dans $\frac{d^i u}{dx^i}$, et multiplier par u le premier terme, qui est indépendant de $\frac{du}{dx}$. On a ainsi

$$\Sigma p^x u = f - \frac{p^x u}{1 - p} - \frac{p^{x+1}\frac{du}{dx}}{(1 - p)^2} - \frac{(p + 1)p^{x+1}}{1.2.(1 - p)^3}\frac{d^2 u}{dx^2} + \ldots.$$

Pour déterminer f, on observera que l'intégrale $\Sigma p^x u$ est nulle lorsque $x = 1$, et qu'elle se termine lorsque $x = n + 1$, A + n étant la limite de la vie; car alors elle embrasse les termes correspondants à tous les nombres $1, 2, 3, \ldots, n$. Désignons donc par (u), $\left(\frac{du}{dx}\right)$, $\ldots$

u', $\left(\dfrac{du'}{dx}\right)$, $\cdots$ les valeurs de u, $\dfrac{du}{dx}$, $\cdots$, correspondantes à $x = 1$ et à $x = n + 1$; on aura

$$(o) \qquad \Sigma\,\frac{hp^x y_x}{y_0} = h \left\{ \begin{array}{l} \dfrac{p}{1-p}\left[(u) - p^n(u')\right] \\[2mm] + \dfrac{p^2}{(1-p)^2}\left[\left(\dfrac{du}{dx}\right) - p^n\left(\dfrac{du'}{dx}\right)\right] \\[2mm] + \dfrac{(p+1)p^2}{1.2.(1-p)^3}\left[\left(\dfrac{d^2u}{dx^2}\right) - p^n\left(\dfrac{d^2u'}{dx^2}\right)\right] \\[2mm] + \cdots\cdots\cdots\cdots\cdots\cdots\cdots\cdots\cdots \end{array} \right\}.$$

Si u ou $\dfrac{y_x}{y_0}$ est constant et égal à l'unité, depuis $x = 1$ jusqu'à $x = n$, alors la rente viagère doit être payée certainement pendant le nombre n d'années, et elle devient une annuité. Dans ce cas, $\dfrac{du}{dx}$ est nul, et la formule précédente donne $\dfrac{h\,p(1-p^n)}{1-p}$ pour le capital équivalent à l'annuité h.

Si $u = 1 - \dfrac{x}{n}$, alors la probabilité de la vie décroit en progression arithmétique, et la formule précédente donne

$$\frac{hp}{1-p}\left[1 - \frac{1-p^n}{n(1-p)}\right]$$

pour le capital équivalent à la rente viagère h, et ainsi de suite.

Supposons maintenant que l'on veuille constituer une rente viagère h sur plusieurs individus des âges A, A $+ a$, A $+ a + a'$, ..., de sorte que la rente reste au survivant. Désignons par y_x, y_{x-a}, $y_{x+a-a'}$, ... les nombres de la Table de mortalité, correspondants aux âges A, A $+ a$, A $+ a + a'$, ..., la probabilité qu'a le premier individu de vivre à l'âge A $+ x$ étant $\dfrac{y_x}{y_0}$, la probabilité qu'à cet âge il aura cessé de vivre est $1 - \dfrac{y_x}{y_0}$. Pareillement, la probabilité qu'a le deuxième individu de vivre à l'âge A $+ a + x$ ou à la fin de la x^{ieme} année de la constitution de la rente étant $\dfrac{y_{x+a}}{y_a}$, la probabilité qu'il aura cessé de vivre alors est $1 - \dfrac{y_{x+a}}{y_a}$; la probabilité que le troisième individu aura cessé de vivre, à la même époque de la constitution de la rente, est

$1 - \dfrac{y_{x+a+a'}}{y_{a+a'}}$, et ainsi de suite. La probabilité qu'aucun de ces individus n'existera à cette époque est donc

$$\left(1 - \frac{y_x}{y_0}\right)\left(1 - \frac{y_{x+a}}{y_a}\right)\left(1 - \frac{y_{x+a+a'}}{y_{a+a'}}\right)\cdots$$

En retranchant ce produit de l'unité, la différence sera la probabilité qu'un de ces individus au moins sera vivant à la fin de la $x^{\text{ième}}$ année de la constitution de la rente. Nommons u cette probabilité; $\Sigma h p^x u$ sera le capital actuel équivalent à la rente viagère h. Mais on doit observer, en prenant cette intégrale, que les quantités y_x, y_{x+a}, ... sont nulles, lorsque leurs indices x, $x + a$, ... surpassent le nombre n, $\Lambda + n$ étant la limite de la vie.

Si y_x est une fonction rationnelle et entière de x, et d'exponentielles telles que q^x, r^x, ..., on aura facilement, par les formules du Livre Ier, l'intégrale $h \Sigma p^x u$; mais on peut dans tous les cas former, au moyen d'une Table de mortalité, tous les termes de cette intégrale, en prendre la somme et construire ainsi des Tables de rentes viagères sur une ou plusieurs têtes.

L'analyse précédente sert pareillement à déterminer la rente viagère que l'on doit faire à un établissement pour assurer à ses héritiers un capital après sa mort. Le capital équivalent à la rente viagère h, faite à une personne de l'âge Λ, est, par ce qui précède, $h\,\mathrm{S}\,\dfrac{p^x y_x}{y_0}$, le signe S comprenant tous les termes inclusivement, depuis $x = 1$ jusqu'à la limite de la vie de la personne. Nommons hq cette intégrale, et imaginons que l'établissement reçoive de cette personne la rente h, et lui donne en échange le capital hq. Concevons ensuite que la même personne place ce capital à intérêt perpétuel sur l'établissement lui-même, l'intérêt annuel de l'unité étant r ou $\dfrac{1-p}{p}$. Il est clair que l'établissement doit rendre le capital hq aux héritiers de la personne. Mais elle a fait pendant sa vie la rente h à l'établissement, et elle en a reçu la rente $\dfrac{hq(1-p)}{p}$; la rente qu'elle a faite réellement est donc $h\left[1 - \dfrac{q(1-p)}{p}\right]$;

c'est donc ce qu'elle doit donner annuellement à l'établissement pour assurer à ses héritiers le capital hq.

Je n'insisterai pas davantage sur ces objets, ainsi que sur ceux qui sont relatifs aux établissements d'assurance de tout genre, parce qu'ils ne présentent aucune difficulté. J'observerai seulement que tous ces établissements doivent, pour prospérer, se réserver un bénéfice et multiplier considérablement leurs affaires, afin que, leur bénéfice réel devenant presque certain, ils soient exposés le moins qu'il est possible à de grandes pertes qui pourraient les détruire. En effet, si le nombre des affaires est s et si l'avantage de l'établissement dans chacune d'elles est b, alors il devient extrêmement probable que le bénéfice réel de l'établissement sera sb, s étant supposé un très grand nombre.

Pour le faire voir, supposons que s personnes de l'âge A constituent, chacune sur sa tête, une rente viagère h, et considérons une de ces personnes que nous désignerons par C. Si C meurt dans l'intervalle de la fin de l'année x écoulée depuis la constitution de sa rente à la fin de l'année $x+1$, l'établissement lui aura payé la rente h pendant x années, et la somme de ces payements, réduite en capital actuel, sera $h(p + p^2 + \dots + p^x)$ ou Σhp^{x+1}; or la probabilité que C mourra dans cet intervalle est $\frac{y_x - y_{x+1}}{y_0}$ ou $-\frac{\Delta y_x}{y_0}$; la valeur de la perte que l'établissement doit alors supporter est donc $-\frac{\Delta y_x}{y_0}\Sigma hp^{x+1}$. La somme de toutes ces pertes est

$$(r) \qquad -\Sigma\left(\frac{\Delta y_x}{y_0}\Sigma hp^{x+1}\right);$$

c'est le capital que C doit verser à la caisse de l'établissement pour en recevoir la rente viagère h. On peut observer ici que l'on a

$$-\Delta y_x \Sigma p^{x+1} = -y_{x+1}\Sigma p^{x+1} + y_x\Sigma p^x + y_x p^x;$$

en intégrant le second membre de cette équation, la fonction (r) se réduit à

$$-\frac{y_x}{y_0}\Sigma hp^x + \frac{\Sigma h y_x p^x}{y_0} + \text{const.};$$

or Σp^x se réduit à zéro, lorsque $x = 1$, et lorsque $x = n + 1$, y_x est nul par ce qui précède; la fonction (r) ou le capital que C doit payer à l'établissement est donc $\dfrac{\Sigma h y_x p^x}{y_0}$, ce qui est conforme à ce qui précède. Mais sous la forme de la fonction (r) on peut appliquer au bénéfice de l'établissement l'analyse du n° 39. En effet, on a dans ce cas, par le numéro cité,

$$ay + a'y' + a''y'' + \ldots = - \Sigma \left(\frac{\Delta y_x}{y_0} \Sigma h p^{x+1} \right);$$

ensuite a, a', ... étant les valeurs successives de $- \dfrac{\Delta y_x}{y_0}$, on aura

$$ay^2 + a'y'^2 + \ldots = \Sigma \left[- \frac{\Delta y_x}{y_0} (\Sigma h p^{x+1})^2 \right],$$

en sorte que

$$2 k^2 = \Sigma \left[- \frac{\Delta y_x}{y_0} (\Sigma h p^{x+1})^2 \right] - \left[\Sigma \left(\frac{\Delta y_x}{y_0} \Sigma h p^{x+1} \right) \right]^2.$$

En supposant que chacune des s personnes qui constitue la rente h sur sa tête verse à la caisse de l'établissement, outre le capital correspondant à cette rente, une somme b, pour subvenir aux frais de l'établissement, on aura, par le n° 39,

$$\frac{2}{\sqrt{\pi}} \int dr' \, e^{-r'^2},$$

pour la probabilité que le bénéfice réel de l'établissement sera compris dans les limites

$$sb \pm 2 k r' \sqrt{s}.$$

Ainsi, dans le cas d'un nombre infini d'affaires, le bénéfice réel de l'établissement devient certain et infini. Mais alors ceux qui traitent avec lui ont un désavantage mathématique qui doit être compensé par un avantage moral, dont l'appréciation va être l'objet du Chapitre suivant.

CHAPITRE X.

DE L'ESPÉRANCE MORALE.

11. On a vu, dans le n° 2, la différence qui existe entre l'espérance mathématique et l'espérance morale. L'espérance mathématique résultante de l'attente probable d'un ou de plusieurs biens étant le produit de ces biens par la probabilité de les obtenir, elle peut être évaluée par l'analyse exposée dans ce qui précède. L'espérance morale se règle sur mille circonstances qu'il est presque impossible de bien évaluer. Mais nous avons donné dans le numéro cité un principe qui, s'appliquant aux cas les plus communs, conduit à des résultats souvent utiles, et dont nous allons développer les principaux.

D'après ce principe, x étant la fortune physique d'un individu, l'accroissement dx qu'elle reçoit produit à l'individu un bien moral réciproque à cette fortune; l'accroissement de sa fortune morale peut donc être exprimé par $\frac{k\,dx}{x}$, k étant une constante. Ainsi, en désignant par y la fortune morale correspondante à la fortune physique x, on aura

$$y = k \log x + \log h,$$

h étant une constante arbitraire que l'on déterminera au moyen d'une valeur de y correspondante à une valeur donnée de x. Sur cela, nous observerons que l'on ne peut jamais supposer x et y nuls ou négatifs dans l'ordre naturel des choses; car l'homme qui ne possède rien regarde son existence comme un bien moral qui peut être comparé à l'avantage que lui procurerait une fortune physique dont il est bien

difficile d'assigner la valeur, mais que l'on ne peut fixer au-dessous de
ce qui lui serait rigoureusement nécessaire pour exister; car on conçoit qu'il ne consentirait point à recevoir une somme modique, telle
que cent francs, avec la condition de ne prétendre à rien, lorsqu'il
l'aurait dépensée.

Supposons maintenant que la fortune physique d'un individu soit a,
et qu'il lui survienne l'expectative d'un des accroissements $\alpha, \beta, \gamma, \ldots$:
ces quantités pourraient être nulles ou même négatives, ce qui change
les accroissements en diminutions. Représentons par $p, q, r, \ldots$ les
probabilités respectives de ces accroissements, la somme de ces probabilités étant supposée égale à l'unité. Les fortunes morales correspondantes de l'individu pourront être

$$k \log(a + \alpha) + \log h, \quad k \log(a + \beta) + \log h, \quad k \log(a + \gamma) + \log h, \quad \ldots$$

En multipliant ces fortunes respectivement par leurs probabilités $p, q,$
$r, \ldots$, la somme de leurs produits sera la fortune morale de l'individu
en vertu de son expectative; en nommant donc Y cette fortune, on
aura

$$Y = kp \log(a + \alpha) + kq \log(a + \beta) + kr \log(a + \gamma) + \ldots + \log h.$$

Soit X la fortune physique qui correspond à cette fortune morale, on
aura

$$Y = k \log X + \log h.$$

La comparaison de ces deux valeurs de Y donne

$$X = (a + \alpha)^p (a + \beta)^q (a + \gamma)^r \ldots$$

Si l'on retranche la fortune primitive a de cette valeur de X, la différence sera l'accroissement de la fortune physique qui procurerait à
l'individu le même avantage moral qui résulte pour lui de son expectative. Cette différence est donc l'expression de cet avantage, au lieu
que l'avantage mathématique a pour expression

$$p\alpha + q\beta + r\gamma + \ldots$$

De là résultent plusieurs conséquences importantes. L'une d'elles est que le jeu mathématiquement le plus égal est toujours désavantageux. En effet, si l'on désigne par a la fortune physique du joueur avant de commencer le jeu; par p sa probabilité de gagner, et par μ sa mise, celle de son adversaire doit être, pour l'égalité du jeu, $\dfrac{(1-p)\mu}{p}$; ainsi le joueur gagnant la partie, sa fortune physique devient $a+\dfrac{1-p}{p}\mu$, et la probabilité de cela est p. S'il perd la partie, sa fortune physique devient $a-\mu$, et la probabilité de cela est $1-p$; en nommant donc X sa fortune physique, en vertu de son expectative, on aura, par ce qui précède,

$$X = \left(a+\frac{1-p}{p}\mu\right)^{p}(a-\mu)^{1-p};$$

or cette quantité est plus petite que a, c'est-à-dire que l'on a

$$\left(1+\frac{1-p}{p}\frac{\mu}{a}\right)^{p}\left(1-\frac{\mu}{a}\right)^{1-p}<1$$

ou, en prenant les logarithmes hyperboliques,

$$p\log\left(1+\frac{1-p}{p}\frac{\mu}{a}\right)+(1-p)\log\left(1-\frac{\mu}{a}\right)<0.$$

Le premier membre de cette équation peut être mis sous la forme

$$\int(1-p)\frac{d\mu}{a}\left(\frac{1}{1+\frac{1-p}{p}\frac{\mu}{a}}-\frac{1}{1-\frac{\mu}{a}}\right),$$

quantité qui est évidemment négative.

Il résulte encore de l'analyse précédente qu'il vaut mieux exposer sa fortune par parties à des dangers indépendants les uns des autres, que de l'exposer tout entière au même danger. Pour le faire voir, supposons qu'un négociant, ayant à faire venir par mer une somme s, l'expose sur un seul vaisseau, et que l'observation ait fait connaître la probabilité p de l'arrivée d'un vaisseau du même genre dans le port: l'avantage mathématique du négociant, résultant de son expectative, sera $p\varepsilon$. Mais, si l'on représente par l'unité sa fortune physique, indépendamment de son expectative, sa fortune morale sera, par ce qui précède,

$$kp \log(1+\varepsilon) + \log h,$$

et son avantage moral sera, en vertu de son expectative,

$$(1+\varepsilon)^p - 1,$$

quantité plus petite que $p\varepsilon$; car on a

$$(1+\varepsilon)^p < 1 + p\varepsilon,$$

puisque $\log(1+\varepsilon)^p$ ou $p\log(1+\varepsilon)$ est moindre que $\log(1+p\varepsilon)$, ce qui est évident, lorsqu'on met ces deux logarithmes sous les formes

$$\int \frac{p\,d\varepsilon}{1+\varepsilon} \quad \text{et} \quad \int \frac{p\,d\varepsilon}{1+p\varepsilon}.$$

Supposons maintenant que le négociant expose la somme ε, par parties égales, sur r vaisseaux. Sa fortune physique deviendra $1+\varepsilon$, si tous les vaisseaux arrivent, et la probabilité de cet événement est p^r. Si $r-1$ vaisseaux arrivent, la fortune physique du négociant devient $1 + \frac{(r-1)\varepsilon}{r}$, et la probabilité de cet événement est $rp^{r-1}(1-p)$. Si $r-2$ vaisseaux arrivent, la fortune physique du négociant devient $1 + \frac{r-2}{r}\varepsilon$, et la probabilité de cet événement est $\frac{r(r-1)}{1.2}p^{r-2}(1-p)^2$, et ainsi de suite; la fortune morale du négociant est donc, par ce qui précède,

$$k \left\{ \begin{array}{l} p^r \log(1+\varepsilon) + rp^{r-1}(1-p)\log\left(1+\frac{r-1}{r}\varepsilon\right) \\[2mm] + \frac{r(r-1)}{1.2}p^{r-2}(1-p)^2\log\left(1+\frac{r-2}{r}\varepsilon\right) + \dots \end{array} \right\} + \log h,$$

expression que l'on peut mettre sous cette forme

$$(a)\quad kp \int d\varepsilon \left[\frac{p^{r-1}}{1+\varepsilon} + \frac{(r-1)p^{r-2}(1-p)}{1+\frac{r-1}{r}\varepsilon} + \frac{(r-1)(r-2)p^{r-3}(1-p)^2}{1.2.\left(1+\frac{r-2}{r}\varepsilon\right)} + \dots \right] + \log h.$$

Si l'on retranche de cette expression celle de la fortune morale du négeant lorsqu'il expose la somme ε sur un seul vaisseau, et que l'on obtient en faisant $r = 1$ dans la précédente, ce qui, abstraction faite de $\log h$, réduit celle-ci à $kp\int\frac{d\varepsilon}{1+\varepsilon}$ qui est égal à

$$kp\int^{\varepsilon} d\varepsilon\left[\frac{p^{r-1}}{1+\varepsilon}+\frac{(r-1)p^{r-2}(1-p)}{1+\varepsilon}+\frac{(r-1)(r-2)p^{r-3}(1-p)^2}{1.2.(1+\varepsilon)}+\ldots\right]+\log h,$$

la différence sera

$$kp(1-p)\frac{r-1}{r}\int^{\varepsilon}\frac{\varepsilon\,d\varepsilon}{1+\varepsilon}\left[\frac{p^{r-2}}{1+\frac{r-1}{r}\varepsilon}+\frac{(r-2)p^{r-3}(1-p)}{1+\frac{r-2}{r}\varepsilon}+\ldots\right];$$

cette différence étant positive, on voit qu'il y a moralement de l'avantage à partager la somme ε sur plusieurs vaisseaux. Cet avantage s'accroît à mesure que l'on augmente le nombre r des vaisseaux, et, si ce
nombre est très grand, l'avantage moral devient à peu près égal à
l'avantage mathématique.

Pour le faire voir, reprenons la formule (a) et donnons-lui cette
forme

$$(a')\qquad kp\int\!\int dx\,d\varepsilon\,e^{-\left(1+\frac{\varepsilon}{p}\right)x}\left(pe^{-\frac{\varepsilon x}{p}}+1-p\right)^{r-1}+\log h,$$

l'intégrale relative à x étant prise depuis x nul jusqu'à x infini. Dans
cet intervalle, le coefficient de dx sous les signes $\int\!\int$ n'a ni maximum
ni minimum; car sa différentielle prise par rapport à x est

$$= e^{-\left(1+\frac{\varepsilon}{p}\right)x}\,dx\left(pe^{-\frac{\varepsilon x}{p}}+1-p\right)^{r-2}\left[p(1+\varepsilon)e^{-\frac{\varepsilon x}{p}}+1-p\right)\left(1+\frac{\varepsilon}{p}\right)\right];$$

cette différentielle est constamment négative depuis $x = 0$ jusqu'à
x infini; ainsi le coefficient lui-même diminue constamment dans cet
intervalle. C'est donc ici le cas de faire usage de la formule (A) du n° 22
du Livre Ier, pour avoir, par une approximation convergente, l'intégrale
$\int y\,dx$, y étant égal à

$$e^{-\left(1+\frac{\varepsilon}{p}\right)x}\left(pe^{-\frac{\varepsilon x}{p}}+1-p\right)^{r-1}.$$

La quantité que nous avons nommée v dans le numéro cité devient alors

$$v = -\frac{y\,dx}{dy} = \frac{pc^{-\frac{\varepsilon x}{r}} + 1 - p}{p(1+\varepsilon)c^{-\frac{\varepsilon x}{r}} + (1-p)\left(1+\frac{\varepsilon}{r}\right)},$$

ce qui donne

$$U = \frac{1}{1 + p\varepsilon + (1-p)\frac{\varepsilon}{r}},$$

$$\frac{dU}{dx} = -\frac{p(1-p)\varepsilon^2\left(1-\frac{1}{r}\right)}{r\left[1 + p\varepsilon + (1-p)\frac{\varepsilon}{r}\right]^2},$$

$$\dots\dots\dots\dots\dots\dots\dots\dots$$

$U, \frac{dU}{dx}, \cdots$ étant ce que deviennent $v, \frac{dv}{dx}, \cdots$, lorsque x est nul. Cela posé, la formule (A) citée donnera

$$\int dx\, c^{-\left(1-\frac{\varepsilon}{r}\right)r}\left(pc^{-\frac{\varepsilon r}{r}} + 1 - p\right)^{r-1}$$

$$= \frac{1}{1 + p\varepsilon + (1-p)\frac{\varepsilon}{r}}\left\{1 + \frac{p(1-p)\varepsilon^2\left(1-\frac{1}{r}\right)}{r\left[1 + p\varepsilon + (1-p)\frac{\varepsilon}{r}\right]} + \cdots\right\}.$$

La formule (a') devient ainsi, à très peu près, lorsque r est un grand nombre,

$$k\int \frac{p\,d\varepsilon}{1 + p\varepsilon} + \log h$$

ou

$$k\log(1 + p\varepsilon) + \log h.$$

Maintenant soit X la fortune physique correspondante à cette fortune morale ; on a, par ce qui précède,

$$k\log X + \log h,$$

pour la fortune morale correspondante à X ; en comparant donc ces deux expressions, on aura

$$X = 1 + p\varepsilon.$$

Dans ce cas, l'avantage moral est $p\varepsilon$; il est donc égal à l'avantage mathématique.

Souvent l'avantage moral des individus est augmenté par le moyen des caisses d'assurance, en même temps que ces caisses produisent aux assureurs un bénéfice certain. Supposons, par exemple, qu'un négociant ait une partie ε de sa fortune sur un vaisseau dont la probabilité de l'arrivée est p, et qu'il assure cette partie, en donnant une somme à la compagnie d'assurance. Pour l'égalité parfaite entre les sorts mathématiques de la compagnie et du négociant, celui-ci doit donner $(\mathbf{1} - p)\varepsilon$ pour prix de l'assurance. En représentant par l'unité la fortune du négociant, indépendamment de son expectative ε, sa fortune morale sera, par ce qui précède,

$$kp \log(\mathbf{1} + \varepsilon) + \log h,$$

dans le cas où il n'assure pas, et dans le cas où il assure, elle sera

$$k \log(\mathbf{1} + p\varepsilon) + \log h;$$

or on a

$$\log(\mathbf{1} + p\varepsilon) \geqq p \log(\mathbf{1} + \varepsilon)$$

ou, ce qui revient au même,

$$\int \frac{p\,d\varepsilon}{\mathbf{1} + p\varepsilon} \geqq \int \frac{p\,d\varepsilon}{\mathbf{1} + \varepsilon},$$

p étant moindre que l'unité; la fortune morale du négociant est donc augmentée, au moyen de son assurance. Il peut ainsi faire à la compagnie d'assurance un sacrifice propre à subvenir aux frais de l'établissement et au bénéfice qu'elle doit faire. Si l'on nomme $\varkappa$ ce sacrifice, c'est-à-dire si l'on suppose que le négociant donne à la compagnie, pour prix de son assurance, la somme $(\mathbf{1} - p)\varepsilon + \varkappa$, on aura, dans le cas de l'égalité des fortunes morales, lorsque le négociant assure, et lorsqu'il n'assure point,

$$\log(\mathbf{1} - \varkappa + p\varepsilon) = p \log(\mathbf{1} + \varepsilon),$$

ce qui donne

$$\varkappa = \mathbf{1} + p\varepsilon - (\mathbf{1} + \varepsilon)^p.$$

C'est tout ce que le négociant peut donner à la compagnie, sans désavantage moral; il aura donc un avantage moral, en faisant un sacrifice
moindre que cette valeur de x, et en même temps, la compagnie aura
un bénéfice qui, comme on l'a vu, devient certain, quand ses relations
sont très nombreuses. On voit par là comment des établissements de
ce genre, bien conçus et sagement administrés, peuvent s'assurer un
bénéfice réel, en procurant des avantages aux personnes qui traitent
avec eux. C'est en général le but de tous les échanges; mais ici, par une
combinaison particulière, l'échange a lieu entre deux objets de même
nature, dont l'un n'est que probable, tandis que l'autre est certain.

12. Le principe dont nous venons de faire usage pour calculer l'espérance morale a été proposé par Daniel Bernoulli, pour expliquer la
différence entre le résultat du Calcul des Probabilités et l'indication du
sens commun dans le problème suivant. Deux joueurs A et B jouent à
croix et *pile*, avec la condition que A paye à B deux francs, si *croix*
arrive au premier coup; quatre francs, s'il arrive au deuxième coup;
huit francs s'il arrive au troisième coup, et ainsi de suite jusqu'au n^{ieme}
coup. On demande ce que B doit donner à A en commençant le jeu.

Il est visible que l'avantage de B, relatif au premier coup, est
un franc; car il a $\frac{1}{2}$ de probabilité de gagner deux francs à ce coup.
Son avantage relatif au deuxième coup est pareillement un franc; car
il a $\frac{1}{4}$ de probabilité de gagner quatre francs à ce coup, et ainsi de
suite, en sorte que la somme de tous ses avantages relatifs aux n coups
est n francs. Il doit donc, pour l'égalité mathématique du jeu, donner
à A cette somme qui devient infinie, si l'on suppose que le jeu continue à l'infini.

Cependant personne, à ce jeu, ne risquera avec prudence une somme
même assez modique, telle que cent francs. Pour peu que l'on réflé-
chisse à cette espèce de contradiction entre le calcul, et ce qu'indique
le sens commun, on voit facilement qu'elle tient à ce que, si l'on suppose, par exemple, $n = 5o$, ce qui donne 2^{5o} pour la somme que B peut
espérer au cinquantième coup, cette somme immense ne produit point

à B un avantage moral proportionnel à sa grandeur, de manière qu'il y a pour lui un désavantage moral à exposer un franc pour l'obtenir, avec la probabilité excessivement petite $\frac{1}{2^{50}}$ de réussir. Mais l'avantage moral que peut procurer une somme espérée dépend d'une infinité de circonstances propres à chaque individu et qu'il est impossible d'évaluer. La seule considération générale que l'on puisse employer à cet égard est que, plus on est riche, moins une somme très petite peut être avantageuse, toutes choses égales d'ailleurs. Ainsi la supposition la plus naturelle que l'on puisse faire est celle d'un avantage moral réciproque au bien de la personne intéressée. C'est à cela que se réduit le principe de Daniel Bernoulli, principe qui, comme on vient de le voir, fait coïncider les résultats du calcul avec les indications du sens commun, et qui donne le moyen d'apprécier avec quelque exactitude ces indications toujours vagues. Son application au problème dont on vient de parler va nous en fournir un nouvel exemple.

Nommons a la fortune de B avant le jeu, et x ce qu'il donne au joueur A. Sa fortune devient $a - x + 2$, si *croix* arrive au premier coup; elle devient $a - x + 2^2$, si *croix* arrive au deuxième coup, et ainsi de suite jusqu'au coup n, où elle devient $a - x + 2^n$, si *croix* n'arrive qu'au coup $n^{\text{ième}}$. La fortune de B devient $a - x$, si *croix* n'arrive point dans les n coups, après lesquels la partie est supposée finir : mais la probabilité de ce dernier événement est $\frac{1}{2^n}$. En multipliant les logarithmes de ces diverses fortunes par leurs probabilités respectives et par k, on aura, par ce qui précède, la fortune morale de B, en vertu des conditions du jeu, égale à

$$\frac{1}{2} k \log(a - x + 2) + \frac{1}{2^2} k \log(a - x + 2^2) + \dots$$
$$+ \frac{1}{2^n} k \log(a - x + 2^n) + \frac{1}{2^n} k \log(a - x) + \log h.$$

Mais, avant le jeu, sa fortune morale était $k \log a + \log h$; en égalant donc ces deux fortunes, pour que B conserve toujours la même fortune morale, et repassant des logarithmes aux nombres, on aura, $a - x$ étant supposé égal à a', et faisant $\frac{1}{a'} = \alpha$,

$$(o) \qquad 1 + \alpha x = (1 + 2\alpha)^{\frac{1}{2}}(1 + 2^2\alpha)^{\frac{1}{2^2}}\ldots(1 + 2^n\alpha)^{\frac{1}{2^n}};$$

les facteurs $(1 + 2\alpha)^{\frac{1}{2}}$, $(1 + 2^2\alpha)^{\frac{1}{2^2}}$ vont en diminuant sans cesse, et leur limite est l'unité ; car on a

$$(1 + 2^i\alpha)^{\frac{1}{2^i}} > (1 + 2^{i+1}\alpha)^{\frac{1}{2^{i+1}}}.$$

En effet, si l'on élève à la puissance 2^{i+1} les deux membres de cette inégalité, elle devient

$$1 + 2^{i+1}\alpha + 2^{2i}\alpha^2 > 1 + 2^{i+1}\alpha,$$

et sous cette forme l'inégalité devient évidente. De plus, le logarithme de $(1 + 2^i\alpha)^{\frac{1}{2^i}}$ est égal à $\frac{i\log 2}{2^i} + \frac{1}{2^i}\log\left(\alpha + \frac{1}{2^i}\right)$, et il est visible que cette fonction est nulle dans le cas de i infini, ce qui exige que dans ce cas $(1 + 2^i\alpha)^{\frac{1}{2^i}}$ soit l'unité.

Si l'on suppose n infini dans l'équation (o), on a le cas où la partie peut se prolonger à l'infini, ce qui est le cas le plus avantageux à B. a' et par conséquent α étant supposés connus, on prendra la somme des logarithmes tabulaires d'un assez grand nombre $i - 1$ des premiers facteurs du second membre, pour que $2^i\alpha$ soit au moins égal à dix. La somme des logarithmes tabulaires des facteurs suivants, jusqu'à l'infini, sera, à très peu près, égale à

$$\frac{\log\alpha}{2^{i-1}} + \frac{(i+1)\log 2}{2^{i-1}} + \frac{0,4342945}{3\alpha 2^{i-2}}.$$

L'addition de ces deux sommes donnera le logarithme tabulaire de $a' + x$ ou de a. Ainsi l'on aura pour une fortune physique a, supposée à B avant le jeu, la valeur de x qu'il doit donner à A au commencement du jeu, pour conserver la même fortune morale. En supposant, par exemple, a' égal à cent, on trouve $a = 107^{fr},89$, d'où il suit que, la fortune physique de B étant primitivement $107^{fr},89$, il ne doit alors risquer prudemment à ce jeu que $7^{fr},89$, au lieu de la somme infinie que le résultat du calcul indique, lorsqu'on fait abstraction de toutes considérations morales. Ayant ainsi la valeur de a relative à $a' = 100$, il est facile d'en conclure de la manière suivante sa valeur relative à $a' = 200$; en effet on a, dans ce dernier cas,

$$a = (200+2)^{\frac{1}{2}}(200+2^2)^{\frac{1}{4}}\ldots = 2(100+1)^{\frac{1}{2}}(100+2)^{\frac{1}{4}}(100+4)^{\frac{1}{8}}\ldots$$

Mais on vient de trouver

$$(100+2)^{\frac{1}{4}}(100+4)^{\frac{1}{8}}\ldots = (107,89)^{\frac{1}{2}};$$

donc

$$a = 2\sqrt{101.107,89} = 208,78.$$

Ainsi la fortune physique de B étant primitivement $208,78$, il ne peut risquer prudemment à ce jeu au delà de $8^{fr},78$.

43. Nous allons maintenant étendre le principe exposé ci-dessus aux choses dont l'existence est éloignée et incertaine. Pour cela, considérons deux personnes A et B, qui veulent placer chacune, en viager, un capital q. Elles peuvent le faire séparément; elles peuvent s'associer et constituer une rente viagère sur leurs têtes, de manière que la rente soit réversible à celle qui survit à l'autre. Examinons quel est le parti le plus avantageux.

Supposons les deux personnes du même âge et ayant la même fortune annuelle que nous représenterons par l'unité, indépendamment du capital qu'elles veulent placer. Soit β la rente viagère que ce capital leur produirait à chacune, si elles plaçaient leurs capitaux séparément, en sorte que leur fortune annuelle devienne $1+\beta$. Nous exprimerons, conformément au principe dont il s'agit, leur fortune morale annuelle correspondante par $k\log(1+\beta)+\log h$. Mais cette fortune n'aura lieu que probablement à la $x^{ième}$ année; ainsi, en désignant par y_x la probabilité que A vivra à la fin de la $x^{ième}$ année, on doit multiplier sa fortune morale annuelle relative à cette année par y_x, en ajoutant

donc tous ces produits, leur somme, que nous désignerons par
$[k \log(1 + \mathfrak{b}) + \log h]\Sigma y_x$, sera ce que je nomme ici *fortune morale
viagère.*

Supposons maintenant que A et B placent la somme $2q$ de leurs capitaux sur leurs têtes, et que cela produise une rente viagère $\mathfrak{b}'$, réversible au survivant. Tant que A et B vivront, chacun d'eux ne touchera
que $\frac{1}{2}\mathfrak{b}'$ de rente viagère, et leur fortune morale annuelle sera
$k \log(1 + \frac{1}{2}\mathfrak{b}') + \log h$. En la multipliant par la probabilité qu'ils
vivront tous deux à la fin de l'année x, probabilité égale à $(y_x)^2$, la
somme de ces produits pour toutes les valeurs de x sera la fortune
morale viagère de A, relative à la supposition de leur existence simultanée; cette fortune est donc

$$\left[k \log\left(1 + \frac{\mathfrak{b}'}{2}\right) + \log h\right]\Sigma(y_x)^2.$$

La probabilité que A existera seul à la fin de la $x^{\text{ième}}$ année est
$y_x - (y_x)^2$; sa fortune morale viagère relative à son existence après la
mort de B, qui rend sa fortune morale annuelle égale à $1 + \mathfrak{b}'$, est
donc

$$[k \log(1 + \mathfrak{b}') + \log h]\Sigma[y_x - (y_x)^2].$$

La somme de ces deux fonctions

$$k \log\left(1 + \frac{\mathfrak{b}'}{2}\right)\Sigma(y_x)^2 + k \log(1 + \mathfrak{b}')[\Sigma y_x - \Sigma(y_x)^2] + \log h \Sigma y_x$$

sera la fortune morale viagère de A dans l'hypothèse où A et B placent
conjointement leurs capitaux.

Si l'on compare cette fortune à celle que nous venons de trouver
dans le cas où ils placent séparément leurs capitaux, on voit qu'il y
aura pour A de l'avantage ou du désavantage à placer conjointement,
suivant que

$$\log\left(1 + \frac{\mathfrak{b}'}{2}\right)\Sigma(y_x)^2 + \log(1 + \mathfrak{b}')[\Sigma y_x - \Sigma(y_x)^2]$$

sera plus grand ou moindre que $\log(1 + \mathfrak{b})\Sigma y_x$. Pour le savoir, il faut déterminer le rapport de θ' à θ; or on a, par le n° 40,

$$\theta = \tfrac{3}{2}\Sigma p^x y_x,$$

$\dfrac{1-p}{p}$ étant l'intérêt annuel de l'argent. On a ensuite, par le même numéro,

$$2y = \theta'\Sigma p^x[2y_x - (y_x)^2];$$

on a donc

$$\theta' = \frac{3\,\theta\,\Sigma p^x y_x}{\Sigma p^x[2y_x - (y_x)^2]}.$$

Les Tables de mortalité donneront les valeurs de Σy_x, $\Sigma (y_x)^2$, $\Sigma p^x y_x$, $\Sigma p^x (y_x)^2$; on pourra ainsi juger lequel des deux placements dont il s'agit est le plus avantageux.

Supposons θ et θ' de très petites fractions; la quantité $\log(1+\theta)\Sigma y_x$ devient à très peu près $\theta\Sigma y_x$. La quantité

$$\log\left(1+\frac{\theta'}{3}\right)\Sigma(y_x)^2 + \log(1+\theta')[\Sigma y_x - \Sigma(y_x)^2]$$

devient

$$\frac{\theta'}{3}[3\Sigma y_x - \Sigma(y_x)^2],$$

et, en substituant pour θ' sa valeur précédente, elle devient

$$\theta\,\frac{[3\Sigma y_x - \Sigma(y_x)^2]\Sigma p^x y_x}{3\Sigma p^x y_x - \Sigma p^x(y_x)^2};$$

il y a donc de l'avantage à placer conjointement, si

$$[3\Sigma y_x - \Sigma(y_x)^2]\Sigma p^x y_x$$

l'emporte sur

$$[3\Sigma p^x y_x - \Sigma p^x(y_x)^2]\Sigma y_x,$$

ou si l'on a

$$\frac{\Sigma p^x(y_x)^2}{\Sigma p^x y_x} \geqslant \frac{\Sigma(y_x)^2}{\Sigma y_x};$$

c'est en effet ce qui a lieu généralement, p étant plus petit que l'unité.

L'avantage de placer conjointement les capitaux s'accroît par la considération que l'augmentation $\frac{\theta'}{3}$ de revenu arrive au survivant, à un âge ordinairement avancé, dans lequel de plus grands besoins qui se font sentir la rendent beaucoup plus utile. Cet avantage s'accroît encore de toutes les affections qui peuvent attacher les deux individus l'un à l'autre, et qui leur font désirer le bien-être de celui qui doit survivre. Les établissements dans lesquels on peut ainsi placer ses capitaux et, par un léger sacrifice de son revenu, assurer l'existence de sa famille pour un temps où l'on doit craindre de ne plus suffire à ses besoins, sont donc très avantageux aux mœurs, en favorisant les plus doux penchants de la nature. Ils n'offrent point l'inconvénient que nous avons remarqué dans les jeux même les plus équitables, celui de rendre la perte plus sensible que le gain, puisqu'au contraire ils offrent les moyens d'échanger le superflu contre des ressources assurées dans l'avenir. Le Gouvernement doit donc encourager ces établissements et les respecter dans ses vicissitudes; car les espérances qu'ils présentent portant sur un avenir éloigné, ils ne peuvent prospérer qu'à l'abri de toute inquiétude sur leur durée.

CHAPITRE XI.

DE LA PROBABILITÉ DES TÉMOIGNAGES.

44. Je vais d'abord considérer un seul témoin. La probabilité de son témoignage se compose de sa véracité, de la possibilité de son erreur et de la possibilité du fait en lui-même. Pour fixer les idées, concevons que l'on ait extrait un numéro d'une urne qui en renferme le nombre n, et qu'un témoin du tirage annonce que le n° i est sorti. L'événement observé est ici le témoin annonçant la sortie du n° i. Soit p la véracité du témoin, ou la probabilité qu'il ne cherche point à tromper; soit encore r la probabilité qu'il ne se trompe point. Cela posé :

On peut former les quatre hypothèses suivantes. Ou le témoin ne trompe point et ne se trompe point; ou il ne trompe point et se trompe; ou il trompe et ne se trompe point ; enfin, ou il trompe et se trompe à la fois. Voyons quelle est, *a priori*, dans chacune de ces hypothèses, la probabilité que le témoin annoncera la sortie du n° i.

Si le témoin ne trompe point et ne se trompe point, le n° i sera sorti; mais la probabilité de cette sortie est *a priori* $\frac{1}{n}$; en la multipliant par la probabilité pr de l'hypothèse, on aura $\frac{pr}{n}$ pour la probabilité entière de l'événement observé dans cette première hypothèse.

Si le témoin ne trompe point et se trompe, le n° i ne doit point être sorti, pour qu'il annonce sa sortie; la probabilité de cela est $\frac{n-1}{n}$. Mais l'erreur du témoin doit porter sur l'un des numéros non sortis. Supposons qu'elle puisse également porter sur tous : la probabilité qu'elle portera sur le n° i sera $\frac{1}{n-1}$; la probabilité que le témoin ne trompant point et se trompant annoncera le n° i est donc $\frac{n-1}{n}\frac{1}{n-1}$ ou $\frac{1}{n}$. En la multipliant par la probabilité $p(1-r)$ de l'hypothèse elle-même, on aura $\frac{p(1-r)}{n}$ pour la probabilité de l'événement observé dans cette seconde hypothèse.

Si le témoin trompe et ne se trompe point, le n° i ne sera point sorti, et la probabilité de cela est $\frac{n-1}{n}$; mais le témoin doit choisir, parmi les $n-1$ numéros non sortis, le n° i. Si l'on suppose que son choix puisse également porter sur chacun d'eux, $\frac{1}{n-1}$ sera la probabilité que son choix se fixera sur le n° i; $\frac{n-1}{n}\frac{1}{n-1}$ ou $\frac{1}{n}$ est donc la probabilité que le témoin annoncera le n° i. En la multipliant par la probabilité $(1-p)r$ de l'hypothèse, on aura $\frac{(1-p)r}{n}$ pour la probabilité entière de l'événement observé dans cette troisième hypothèse.

Enfin, si le témoin trompe et se trompe, la probabilité qu'il ne croira pas le n° i sorti sera $\frac{n-1}{n}$, et la probabilité qu'il le choisira parmi les $n-1$ numéros qu'il ne croira pas sortis sera $\frac{1}{n-1}$; $\frac{n-1}{n}\frac{1}{n-1}$ ou $\frac{1}{n}$ sera donc la probabilité qu'il annoncera la sortie du n° i. En la multipliant par la probabilité $(1-p)(1-r)$ de l'hypothèse, on aura $\frac{(1-p)(1-r)}{n}$ pour la probabilité de l'événement observé dans cette quatrième hypothèse.

Cette hypothèse renferme un cas dans lequel le n° i est sorti, savoir le cas dans lequel, le n° i étant sorti, le témoin ne le croit pas sorti, et le choisit parmi les $n-1$ numéros qu'il ne croit pas sortis. La probabilité de cela est le produit de $\frac{1}{n}$ par $\frac{1}{n-1}$. En multipliant ce produit par la probabilité $(1-p)(1-r)$ de l'hypothèse, on aura $\frac{(1-p)(1-r)}{n(n-1)}$ pour la probabilité du cas dont il s'agit.

On peut arriver aux mêmes résultats de cette manière. Soient a, b, c, d, i, ... les n numéros. Puisque le témoin se trompe, il ne doit point croire sorti le numéro sorti, et puisqu'il trompe, il ne doit point annoncer comme sorti le numéro qu'il croit sorti. Mettons donc, à la première place le numéro sorti, à la deuxième le numéro que le témoin croit sorti, et à la troisième le numéro qu'il annonce. Parmi toutes les combinaisons possibles des numéros trois à trois, sans exclure celles où ils sont répétés, il n'y a de compatibles avec l'hypothèse présente que celles où le numéro qui occupe la deuxième place n'occupe ni la première, ni la troisième; telles sont les combinaisons aba, abc, ... Or il est facile de voir que le nombre des combinaisons qui satisfont aux deux conditions précédentes est $n(n-1)^2$; car la combinaison ab peut se combiner avec les $n-1$ numéros autres que b, et le nombre des combinaisons ab, ba, ac est $n(n-1)$. Maintenant les combinaisons dans lesquelles le n° i est annoncé sans être sorti sont de la forme abi, bai, aci, ..., et le nombre de ces combinaisons est $(n-1)(n-2)$; ainsi la probabilité qu'une de ces combinaisons aura lieu est $\dfrac{n-2}{n(n-1)}$. Les combinaisons dans lesquelles le n° i étant sorti, il est annoncé, sont de la forme iai, ibi, ..., et le nombre de ces combinaisons est visiblement $n-1$; la probabilité qu'une de ces combinaisons aura lieu est donc $\dfrac{1}{n(n-1)}$. Il faut multiplier toutes ces combinaisons par la probabilité $(1-p)(1-r)$ de l'hypothèse, et alors on aura les résultats précédents.

Maintenant, pour avoir la probabilité de la sortie du n° i, on doit faire une somme de toutes les probabilités précédentes, relatives à cette sortie, et la diviser par la somme de toutes ces probabilités, ce qui donne, pour cette probabilité,

$$\frac{\dfrac{pr}{n}+\dfrac{(1-p)(1-r)}{n(n-1)}}{\dfrac{pr}{n}+\dfrac{p(1-r)}{n}+\dfrac{(1-p)r}{n}+\dfrac{(1-p)(1-r)}{n}} \quad \text{ou} \quad pr+\frac{(1-p)(1-r)}{n-1},$$

Si r est égal à l'unité, ou si le témoin ne se trompe point, la probabilité de la sortie du n° i sera p, c'est-à-dire la probabilité de la véracité du témoin.

Si n est un très grand nombre, cette probabilité sera à très peu près pr ou la probabilité de la véracité du témoin, multipliée par la probabilité qu'il ne se trompe point.

Nous avons supposé que l'erreur du témoin, lorsqu'il se trompe, peut également tomber sur tous les numéros non sortis; mais cette supposition cesse d'avoir lieu, si quelques-uns d'eux ont plus de ressemblance que les autres avec le numéro sorti, parce que la méprise à leur égard est plus facile. Nous avons encore supposé que le témoin, lorsqu'il trompe, n'a pas de motif pour choisir un numéro plutôt qu'un autre, ce qui peut ne pas avoir lieu. Mais il serait très difficile de faire entrer dans une formule toutes ces considérations particulières.

45. Supposons maintenant que l'urne contienne $n-1$ boules noires et une boule blanche, et qu'en ayant extrait une boule, un témoin du tirage annonce la sortie d'une boule blanche. Déterminons la probabilité de cette sortie. Nous formerons les mêmes hypothèses que nous venons de faire. Dans la première, la probabilité de la sortie de la boule blanche est, comme ci-dessus, $\dfrac{pr}{n}$. Dans la deuxième hypothèse, le témoin se trompant sans tromper, une boule noire doit être sortie, et la probabilité de cela est $\dfrac{n-1}{n}$, et comme le témoin, supposé véridique, doit énoncer la sortie d'une boule blanche, par cela seul qu'il se méprend, la probabilité de cette annonce sera donc $\dfrac{n-1}{n}$, probabilité qu'il faut multiplier par la probabilité $p(1-r)$ de l'hypothèse, ce qui donne $\dfrac{p(1-r)(n-1)}{n}$ pour la probabilité de l'événement observé dans cette hypothèse. Dans la troisième hypothèse, le témoin étant supposé tromper et ne point se tromper, une boule noire doit être sortie, et la probabilité de cela est $\dfrac{n-1}{n}$. En la multipliant par la pro- .

babilité $(1-p)r$ de cette hypothèse, on aura $\frac{(1-p)r(n-1)}{n}$ pour la probabilité de l'événement observé, dans cette hypothèse. Enfin, dans la quatrième hypothèse, le témoin, trompant et se trompant, ne peut annoncer la sortie de la boule blanche qu'autant qu'elle sera sortie. La probabilité de cette sortie est $\frac{1}{n}$. En la multipliant par la probabilité $(1-p)(1-r)$ de l'hypothèse, on aura $\frac{(1-p)(1-r)}{n}$ pour la probabilité de l'événement observé, dans cette hypothèse.

Présentement, si l'on réunit parmi les probabilités précédentes celles dans lesquelles la boule blanche est sortie, on aura la probabilité de cette sortie, en divisant leur somme par la somme de toutes les probabilités, ce qui donne

$$\frac{pr+(1-p)(1-r)}{pr+(1-p)(1-r)+[p(1-r)+(1-p)r](n-1)}$$

pour la probabilité de la sortie de la boule blanche; par conséquent

$$\frac{[p(1-r)+(1-p)r](n-1)}{pr+(1-p)(1-r)+[p(1-r)+(1-p)r](n-1)}$$

est la probabilité que le fait attesté par le témoin du tirage n'a pas eu lieu.

On peut observer ici que, si l'on nomme q la probabilité que le témoin énonce la vérité, on aura

$$q = pr + (1-p)(1-r);$$

car il est visible qu'il dit vrai, dans le cas dont il s'agit, soit qu'il ne trompe point et ne se trompe point, soit qu'il trompe et se trompe. Cette expression de q donne

$$1-q = p(1-r)+(1-p)r.$$

En effet, la probabilité $1-q$ qu'il n'énonce pas la vérité est la probabilité qu'il ne trompe point et se trompe, plus la probabilité qu'il

trompe et ne se trompe point. L'expression précédente de la probabilité
que le fait attesté est faux devient ainsi

$$\frac{(1-q)(n-1)}{q+(1-q)(n-1)}.$$

Si le nombre $n-1$ des boules noires est très grand, cette probabilité devient à très peu près égale à l'unité ou à la certitude, pour peu
que l'erreur ou le mensonge du témoin soit probable. Alors le fait
qu'il atteste devient extraordinaire. Ainsi l'on voit comment les faits
extraordinaires affaiblissent la croyance due aux témoins, le mensonge
ou l'erreur devenant d'autant plus vraisemblable que le fait attesté est
plus extraordinaire en lui-même.

46. Considérons présentement deux urnes A et B, dont la première
contienne un grand nombre n de boules blanches, et la seconde le
même nombre de boules noires. On tire de l'une de ces urnes une
boule que l'on remet dans l'autre urne; ensuite on tire une boule de
cette dernière urne. Un témoin du premier tirage atteste qu'une boule
blanche est sortie; un témoin du second tirage atteste pareillement
qu'il a vu extraire une boule blanche. Chacun de ces témoignages, considéré isolément, n'offre rien d'invraisemblable. Mais la conséquence
qui résulte de leur ensemble est que la même boule, sortie au premier
tirage, a reparu au second, ce qui est un phénomène d'autant plus
extraordinaire que n est un plus grand nombre. Voyons comment la
valeur de ces témoignages en est affaiblie.

Nommons q la probabilité que le premier témoin énonce la vérité.
On voit, par le numéro précédent, que dans le cas présent cette probabilité se compose de la probabilité que le témoin ne trompe point et
ne se trompe point, ajoutée à la probabilité qu'il trompe et se trompe
à la fois; car le témoin, dans ces deux cas, énonce la vérité. Soit q' la
même probabilité relative au second témoin. On peut former ces quatre
hypothèses : ou le premier et le second témoin disent la vérité; ou le
premier dit la vérité, le second ne la disant pas; ou le second témoin

dit la vérité, le premier ne la disant point; ou enfin aucun des deux ne dit la vérité. Déterminons *a priori*, dans chacune de ces hypothèses, la probabilité de l'événement observé.

Cet événement est l'annonce de la sortie d'une boule blanche à chaque tirage. La probabilité qu'une boule blanche est sortie au premier tirage est $\frac{1}{2}$, puisque la boule extraite peut être également sortie de l'urne A ou de l'urne B. Dans le cas où elle a été extraite de l'urne A et mise dans l'urne B, $n+1$ boules sont contenues dans cette dernière urne, et la probabilité d'en extraire la boule blanche est $\frac{1}{n+1}$; le produit de $\frac{1}{2}$ par $\frac{1}{n+1}$ est donc la probabilité *a priori* de l'extraction d'une boule blanche dans les deux tirages consécutifs. En la multipliant par la probabilité qq' que les deux témoins disent la vérité, on aura

$$\frac{qq'}{2(n+1)}$$

pour la probabilité de l'événement observé, dans la première hypothèse.

Dans la seconde hypothèse, la boule a été extraite de l'urne A et mise dans l'urne B : la probabilité de cette extraction est $\frac{1}{2}$. De plus, puisque le second témoin ne dit pas la vérité, une boule noire a été extraite de l'urne B, et la probabilité de cette extraction est $\frac{n}{n+1}$. En multipliant donc $\frac{1}{2}$ par $\frac{n}{n+1}$, et le produit par la probabilité $q(1-q')$ que le premier témoin dit la vérité tandis que le second ne la dit pas, on aura

$$\frac{q(1-q')n}{2(n+1)}$$

pour la probabilité de l'événement observé dans la deuxième hypothèse.

Dans la troisième hypothèse, une boule noire a été extraite de l'urne B et mise dans l'urne A : la probabilité de cette extraction est $\frac{1}{2}$. De plus, une boule blanche a été ensuite extraite de l'urne A, et la probabilité de cette extraction est $\frac{n}{n+1}$; en multipliant donc $\frac{1}{2}$ par $\frac{n}{n+1}$, et le produit par la probabilité $(1-q)q'$ que le second témoin dit la vérité, tandis que le premier ne la dit pas, on aura

$$\frac{(1-q)q'n}{2(n+1)},$$

pour la probabilité relative à la troisième hypothèse.

Enfin, dans la quatrième hypothèse, une boule noire a d'abord été extraite de l'urne B, et la probabilité de cette extraction est $\frac{1}{2}$. Ensuite cette boule noire, mise dans l'urne A, en a été extraite au second tirage, et la probabilité de cette extraction est $\frac{1}{n+1}$; en multipliant donc le produit de ces deux probabilités par la probabilité $(1-q)(1-q')$ qu'aucun des témoins ne dit la vérité, on aura

$$\frac{(1-q)(1-q')}{2(n+1)}$$

pour la probabilité relative à la quatrième hypothèse.

Maintenant la probabilité du fait qui résulte de l'ensemble des deux témoignages, savoir, qu'une boule blanche extraite au premier tirage a reparu au second tirage, est visiblement égale à la probabilité relative à la première hypothèse divisée par la somme des probabilités relatives aux quatre hypothèses; cette probabilité est donc

$$\frac{qq'}{qq'+(1-q)(1-q')+[q(1-q')+q'(1-q)]n}.$$

Le phénomène de la réapparition d'une boule blanche au second tirage devient d'autant plus extraordinaire que le nombre n des boules de chaque urne est plus considérable, et alors la probabilité précédente devient très petite. On voit donc que la probabilité du fait résultant de l'ensemble des témoignages est extrêmement affaiblie, lorsqu'il est extraordinaire.

47. Considérons les témoignages simultanés : supposons deux témoins d'accord sur un fait, et déterminons sa probabilité. Pour fixer les idées, supposons que le fait soit l'extraction du n° i d'une urne qui en renferme le nombre n, en sorte que l'événement observé soit l'accord de deux témoins du tirage à énoncer la sortie du n° i. Nommons p et p' leurs véracités respectives, et supposons, pour simplifier, qu'ils ne se trompent point. Cela posé, on ne peut former que ces deux hypothèses : les témoins disent la vérité; les témoins trompent.

Dans la première hypothèse, le n° i est sorti, et la probabilité de cet événement est $\frac{1}{n}$. En la multipliant par le produit des véracités p et p' des témoins, on aura $\frac{pp'}{n}$ pour la probabilité de l'événement observé, dans cette hypothèse.

Dans la seconde, le n° i n'est pas sorti, et la probabilité de cet événement est $\frac{n-1}{n}$; mais les deux témoins s'accordent à choisir le n° i parmi les $n-1$ numéros non sortis. Or le nombre des combinaisons différentes qui peuvent résulter de leur choix est $(n-1)^2$, et dans ce nombre ils doivent choisir celle où le n° i est combiné avec lui-même : la probabilité de ce choix est donc $\frac{1}{(n-1)^2}$. En la multipliant par la probabilité précédente $\frac{n-1}{n}$, et par les produits des probabilités $1-p$ et $1-p'$ que les témoins trompent, on aura $\frac{(1-p)(1-p')}{n(n-1)}$ pour la probabilité de l'événement observé, dans la seconde hypothèse.

Maintenant, on aura la probabilité de la sortie du n° i en divisant la probabilité relative à la première hypothèse par la somme des probabilités relatives aux deux hypothèses; on aura donc, pour cette probabilité,

$$(v) \qquad \frac{pp'}{pp' + \dfrac{(1-p)(1-p')}{n-1}}.$$

Si $n = 2$, alors la sortie du n° i est aussi probable que sa non-sortie;

et la probabilité de sa sortie, résultante de l'accord des témoignages,
est

$$\frac{pp'}{pp' + (1-p)(1-p')}.$$

C'est généralement la probabilité d'un fait attesté par deux témoins,
lorsque l'existence du fait est aussi probable que sa non-existence. Si
les deux témoins sont également véridiques, ce qui donne $p' = p$, cette
probabilité devient

$$\frac{p^2}{p^2 + (1-p)^2}.$$

En général, si un nombre r de témoins également véridiques affirme
l'existence d'un fait de ce genre, sa probabilité résultante des témoignages sera

$$\frac{p^r}{p^r + (1-p)^r}.$$

Mais cette formule n'est applicable qu'au cas où l'existence du fait et sa
non-existence sont en elles-mêmes également probables.

Si le nombre n des numéros de l'urne est très grand, la formule (o)
devient à très peu près l'unité, et par conséquent la sortie du n° i est
extrêmement probable. Cela tient à ce qu'il est très peu vraisemblable
que les témoins, voulant tromper, s'accordent à énoncer le même numéro, lorsque l'urne en contient un grand nombre. Le simple bon sens
indique ce résultat du calcul; mais on voit en même temps que la probabilité de la sortie du n° i est beaucoup diminuée, si les deux témoins,
cherchant à tromper, ont pu s'entendre.

Supposons maintenant que le premier témoin affirme la sortie du
n° i, et que le second témoin affirme la sortie du n° i'. On peut former
alors les trois hypothèses suivantes : le premier témoin dit la vérité et
le second trompe; dans ce cas le n° i est sorti, et la probabilité de cet
événement est $\frac{1}{n}$; de plus, le second témoin, qui trompe, doit choisir
parmi les autres numéros non sortis le n° i', et la probabilité de ce
choix est $\frac{1}{n-1}$. Le produit de ces deux probabilités par le produit des

probabilités p et $1-p'$, que le premier témoin ne trompe pas et que le second trompe, sera la probabilité de l'événement observé ou de l'énonciation de la sortie des nᵒˢ i et i', dans cette hypothèse, probabilité qui est ainsi $\frac{p(1-p')}{n(n-1)}$.

Dans la seconde hypothèse, le premier témoin trompe et le second ne trompe pas. Alors le nᵒ i' est sorti, et la probabilité de cet événement est $\frac{1}{n}$. De plus, le premier témoin choisit le nᵒ i sur les $n-1$ numéros non sortis, et la probabilité de ce choix est $\frac{1}{n-1}$. En multipliant le produit de ces deux probabilités par le produit des probabilités $1-p$ et p', que le premier témoin trompe et que le second ne trompe pas, on aura $\frac{(1-p)p'}{n(n-1)}$.

Enfin, dans la troisième hypothèse, les deux témoins trompent à la fois. Alors aucun des deux numéros i et i' n'est sorti. La probabilité de cet événement est $\frac{n-2}{n}$. De plus, le premier témoin doit choisir le nᵒ i, et le second doit choisir le nᵒ i', parmi les $n-1$ numéros non sortis, et la probabilité de cet événement composé est $\frac{1}{(n-1)^2}$. En multipliant le produit de ces deux probabilités par le produit des probabilités $1-p$ et $1-p'$ que le premier et le second témoin trompent, on aura $\frac{(n-2)(1-p)(1-p')}{n(n-1)^2}$ pour la probabilité de l'événement observé, dans cette hypothèse.

Maintenant on aura la probabilité de la sortie du nᵒ i, en divisant la probabilité relative à la première hypothèse par la somme des probabilités relatives aux trois hypothèses; la probabilité de cette sortie est donc

$$\frac{p(1-p')}{1-pp'-\dfrac{(1-p)(1-p')}{n-1}}.$$

Si $n=2$, c'est-à-dire si l'existence de chaque fait attesté par les deux témoins est *a priori* aussi probable que sa non-existence, alors la probabilité précédente devient $\frac{1}{2}$, lorsque $p = p'$, ce qui est visible d'ailleurs, les deux témoignages se détruisant réciproquement. En général, si un fait de ce genre est attesté par r témoins et nié par r' témoins, tous également véridiques, il est facile de voir que sa probabilité sera

$$\frac{p^{r-r'}}{p^{r-r'}+(1-p)^{r-r'}},$$

c'est-à-dire la même que si le fait était attesté par $r - r'$ témoins.

18. Considérons présentement une chaîne traditionnelle de r témoins, et supposons que le fait transmis soit la sortie du n° i d'une urne qui renferme n numéros. Désignons par y_r sa probabilité. L'addition d'un nouveau témoin changera cette probabilité en y_{r+1}, probabilité qui sera formée : 1° du produit de y_r par la véracité du nouveau témoin, véracité que nous désignerons par p_{r+1}; 2° du produit de la probabilité $1 - p_{r+1}$ que ce nouveau témoin trompe, par la probabilité $1 - y_r$ que le témoin précédent n'a pas dit la vérité, et par la probabilité $\frac{1}{n-1}$ que le nouveau témoin choisira le numéro sorti, dans le nombre des $n - 1$ numéros autres que celui qui lui a été indiqué par le témoin précédent; on aura donc

$$y_{r+1} = p_{r+1} y_r + \frac{1}{n-1}(1-p_{r+1})(1-y_r),$$

équation dont l'intégrale est

$$y_r = \frac{1}{n} + C\frac{(np_1-1)(np_2-1)\ldots(np_r-1)}{(n-1)^r},$$

C étant une constante arbitraire. Pour la déterminer, on observera que la probabilité du fait, d'après le premier témoignage, est, par ce qui précède, égale à p_1; on a donc $y_1 = p_1$, ce qui donne $C = \frac{n-1}{n}$; partant

$$y_r = \frac{1}{n} + \frac{n-1}{n}\cdot\frac{(np_1-1)(np_2-1)\ldots(np_r-1)}{(n-1)^r}.$$

Si n est infini, on a

$$y_r = p_1 p_2 \ldots p_r.$$

Si $n = 2$, c'est-à-dire si l'existence du fait est aussi probable que sa non-existence, on a

$$y_r = \tfrac{1}{2} + \tfrac{1}{2}(2 p_1 - 1)(2 p_2 - 1) \ldots (2 p_r - 1).$$

En général, à mesure que la chaine traditionnelle se prolonge, y_r approche indéfiniment de sa limite $\frac{1}{n}$; limite qui est la probabilité, *a priori*, de la sortie du n° i. Le terme $\frac{n-1}{n} \frac{np_1-1}{n-1} \ldots$ de l'expression de y_r est donc ce que la chaine des témoins ajoute à cette probabilité. On voit ainsi comment la probabilité s'affaiblit à mesure que la tradition se prolonge. A la vérité, les monuments, l'imprimerie et d'autres causes peuvent diminuer cet effet inévitable du temps; mais ils ne peuvent jamais entièrement le détruire.

Si l'on a deux chaines traditionnelles, chacune de r témoins, si l'on suppose les témoins de ces chaines également véridiques et si le dernier témoin de l'une des chaines s'accorde avec le dernier de l'autre à affirmer la sortie du n° i, on aura la probabilité de cette sortie, en substituant y_r pour p et p' dans la formule (o) du numéro précédent, qui devient par là

$$\frac{y_r^2}{y_r^2 + \dfrac{(1 - y_r)^2}{n-1}}.$$

49. Considérons deux témoins dont p et p' soient les véracités respectives. On sait que tous deux ou du moins l'un d'eux, sans être contredit par l'autre qui, dans ce cas, n'a point prononcé, affirment que le n° i est sorti d'une urne qui en renferme le nombre n. En supposant toujours qu'on n'a extrait qu'un seul numéro, on demande la probabilité de la sortie du n° i.

Soient r et r' les probabilités respectives que les témoins prononcent. On ne peut faire ici que les quatre hypothèses suivantes : 1° les deux témoins prononcent et disent la vérité; 2° les deux témoins prononcent et trompent; 3° l'un des témoins prononce et dit la vérité, et l'autre témoin ne prononce pas; 4° l'un des témoins prononce et trompe, et l'autre ne prononce point.

Dans la première hypothèse, le n° i est sorti, et la probabilité de cet événement est $\frac{1}{n}$. Il faut la multiplier par le produit des probabilités r et r' que les deux témoins ont prononcé, et par le produit des probabilités p et p' qu'ils disent la vérité; on aura ainsi

$$\frac{pp'.rr'}{n}.$$

pour la probabilité de l'événement observé, dans cette hypothèse.

Dans la deuxième, le n° i n'est pas sorti, et la probabilité de cet événement est $\frac{n-1}{n}$. Mais, si les deux témoins trompent sans s'entendre, la probabilité qu'ils s'accorderont à énoncer le même n° i est $\frac{1}{(n-1)^2}$. Il faut multiplier le produit de ces probabilités par la probabilité rr' que les deux témoins prononcent à la fois, et par la probabilité $(1-p)(1-p')$ qu'ils trompent tous deux. On aura ainsi

$$\frac{(1-p)(1-p')rr'}{n(n-1)}$$

pour la probabilité de l'événement observé, dans la deuxième hypothèse.

Dans la troisième, le n° i est sorti, et la probabilité de cet événement est $\frac{1}{n}$. Il faut la multiplier par la probabilité $pr(1-r')+p'r'(1-r)$ que l'un des témoins prononce en disant la vérité, tandis que l'autre témoin ne prononce point. On aura ainsi

$$\frac{pr(1-r')+p'r'(1-r)}{n}$$

pour la probabilité de l'événement observé dans cette hypothèse.

Enfin, dans la quatrième, le n° i n'est pas sorti, et la probabilité de cet événement est $\frac{n-1}{n}$; mais le témoin qui trompe doit le choisir dans les $n-1$ numéros non sortis, et la probabilité de ce choix est $\frac{1}{n-1}$. Il faut multiplier le produit de ces probabilités par la probabilité $(1-p)F(1-p') + (1-p')F'(1-p)$ que l'un des témoins prononçant trompe, tandis que l'autre témoin ne prononce point. On a ainsi

$$\frac{(1-p)F(1-p') + (1-p')F'(1-p)}{n}$$

pour la probabilité correspondante à la quatrième hypothèse.

Maintenant on aura la probabilité de la sortie du n° F, en divisant la somme des probabilités relatives à la première et à la troisième hypothèse par la somme des probabilités relatives à toutes les hypothèses; ce qui donne, pour cette probabilité,

$$\frac{pp'FF' + pF(1-p') + p'F'(1-p)}{pp'FF' + F(1-p') + F'(1-p) + \dfrac{(1-p)(1-p')FF'}{n-1}}$$

Ces exemples indiquent suffisamment la méthode d'assujettir au calcul des probabilités les témoignages.

50. On peut assimiler le jugement d'un tribunal qui prononce entre deux opinions contradictoires au résultat des témoignages de plusieurs témoins de l'extraction d'un numéro d'une urne qui ne contient que deux numéros. En exprimant par p la probabilité que le juge prononce la vérité, la probabilité de la bonté d'un jugement rendu à l'unanimité sera, par ce qui précède,

$$\frac{p^F}{p^F + (1-p)^F}$$

F étant le nombre des juges. On peut déterminer p par l'observation du rapport des jugements rendus à l'unanimité par le tribunal au nombre total des jugements. Lorsque ce nombre est très grand, en le désignant par n, et par f le nombre des jugements rendus à l'unanimité, on aura à fort peu près

$$p^r + (1 - p)^r = \frac{i}{n};$$

la résolution de cette équation donnera la véracité p des juges. Cette équation se réduit à un degré de moitié moindre, en faisant $p = 1 + \sqrt{u}$. Elle devient alors

$$(1 + \sqrt{u})^r + (1 - \sqrt{u})^r = \frac{i}{n},$$

équation qui, développée, est du degré $\frac{r}{2}$ ou $\frac{r-1}{2}$, suivant que r est pair ou impair.

La probabilité de la bonté d'un nouveau jugement rendu à l'unanimité sera

$$1 - \frac{n}{i}(1 - p)^r.$$

Si l'on suppose le tribunal formé de trois juges, on aura

$$p = \tfrac{1}{2} \pm \sqrt{\frac{i - n}{12\,n}}.$$

Nous adopterons le signe $+$; car il est naturel de supposer à chaque juge une plus grande probabilité pour la vérité que pour l'erreur. Si la moitié des jugements rendus par le tribunal a été rendue à l'unanimité, alors $\frac{i}{n} = \frac{1}{2}$, et l'on trouve $p = 0,789$. La probabilité d'un nouveau jugement rendu à l'unanimité sera $0,981$. Si ce jugement n'est rendu qu'à la pluralité, sa probabilité sera p ou $0,789$.

En général, on voit que la probabilité $1 - \frac{n}{i}(1 - p)^r$ de la bonté d'un nouveau jugement rendu à l'unanimité est d'autant plus grande que r est un plus grand nombre et que les valeurs de p et de $\frac{i}{n}$ sont plus grandes, ce qui dépend des lumières des juges. Il y a donc un grand avantage à former des tribunaux d'appel, composés d'un grand nombre de juges choisis parmi les personnes les plus éclairées.

ADDITIONS.

I.

Nous avons intégré, par une approximation très convergente, dans le n⁰ 34 du Livre Ier, l'équation aux différences finies

$$u = (u'\pm s\mp1)y_{s\pm1} = (u\mp s)y_s.$$

Il est facile de conclure de notre analyse l'expression du rapport de la circonférence au rayon, en produits infinis, donnée par Wallis. En effet, cette analyse nous a conduit, dans le numéro cité, à l'expression générale

$$(a)\quad \frac{(u\pm\mu)(u\pm\mu\pm1)\dots(u\pm s\mp1)}{(u'\pm\mu\pm1)(u'\pm\mu\pm2)\dots(u'\mp s)} = \frac{\int u^{2u'-2u\pm1}\,du\,(1-u^2)^{u\pm s\mp1}}{\int u^{2u'-2u\mp1}\,du\,(1-u^2)^{u'-s\mp1}}$$

les intégrales étant prises depuis $u=0$ jusqu'à $u=1$. En faisant d'abord $u'=0$, $u=\frac{1}{2}$, $\mu=1$ et observant que $\int du(1-u^2)^{\frac{1}{2}}=\frac{\pi}{4}$, π étant le rapport de la demi-circonférence au rayon, on aura

$$\frac{4}{\pi} = \frac{3.5\dots(2s-1)}{4.6\dots2s\,\int du(1-u^2)^{s}} = \frac{1}{2}.$$

En supposant donc généralement

$$\int du\,\frac{1}{(1-u^2)^{s}} = y_s,$$

on aura

$$\frac{4}{\pi} = \frac{3.5\dots(2s-1)}{4.6\dots2s}\,y_{s=\frac{1}{2}} = \frac{3.5\dots(2s+1)}{4.6\dots(2s+2)}\,y_{s+\frac{1}{2}} = \dots$$

ce qui donne

$$y_{s=\frac{1}{2}} = \frac{2s\pm1}{2s\mp2}\,y_{s+\frac{1}{2}}.$$

Si l'on fait ensuite, dans la formule (a), $u' = -\frac{1}{2}$, $u = 0$ et $\mu = 1$, elle donne

$$\frac{3.5\ldots(2s-1)}{2.4\ldots(2s-2)} = y_s;$$

d'où l'on tire

$$y_{s-1} = \frac{2s}{2s+1}\,y_s,$$

équation qui coïncide avec la précédente entre $y_{s-\frac{1}{2}}$ et $y_{s+\frac{1}{2}}$ en y changeant s dans $s+\frac{1}{2}$, en sorte que cette équation a lieu, s étant entier ou égal à un entier plus $\frac{1}{2}$.

Les deux expressions de y_{s-1} et de $\frac{4}{\pi}$ donnent

$$\frac{4}{\pi} = \frac{3.3}{2.4}\cdot\frac{5.5}{4.6}\cdots\frac{(2s-1)(2s-1)}{(2s-2)2s}\,\frac{y_{s-\frac{1}{2}}}{y_{s-1}};$$

les équations aux différences en y_s et $y_{s-\frac{1}{2}}$ donnent

$$\frac{y_{s-\frac{1}{2}}}{y_{s-1}} = \frac{(2s+1)^2}{2s(2s+2)}\,\frac{y_{s+\frac{1}{2}}}{y_s} = \frac{(2s+1)^2}{2s(2s+2)}\,\frac{(2s+3)^2}{(2s+2)(2s+4)}\,\frac{y_{s+\frac{3}{2}}}{y_{s+1}} = \ldots$$

Le rapport $\frac{y_{s-\frac{1}{2}}}{y_{s-1}}$ est plus grand que l'unité; il diminue sans cesse, à mesure que s augmente, et, dans le cas de s infini, il devient l'unité. En effet, ce rapport est égal à

$$\frac{\int du(1-u^2)^{s-1}}{\int du(1-u^2)^{s-\frac{1}{2}}}.$$

Or l'élément $du(1-u^2)^{s-1}$ est plus grand que l'élément $du(1-u^2)^{s-\frac{1}{2}}$, ou $du(1-u^2)^{s-1}(1-u^2)^{\frac{1}{2}}$; l'intégrale du numérateur de la fraction précédente surpasse donc celle du dénominateur; cette fraction est donc plus grande que l'unité. Lorsque s est infini, ces intégrales n'ont de valeur sensible que lorsque u est infiniment petit; car, u étant fini, le facteur $(1-u^2)^{s-1}$ devient une fraction ayant un exposant infiniment grand; on peut donc alors supposer $(1-u^2)^{\frac{1}{2}} = 1$, ce qui rend le rapport $\frac{y_{s-\frac{1}{2}}}{y_{s-1}}$ égal à l'unité.

Ce rapport est égal au produit d'une suite infinie de fractions, dont la première est $\dfrac{(2s+1)^2}{2s(2s+2)}$, et dont les autres s'en déduisent, en augmentant successivement s d'une unité; il devient $\dfrac{y_s}{y_{s-\frac{1}{2}}}$, en y changeant s dans $s+\frac{1}{2}$, et la fraction $\dfrac{(2s+1)^2}{2s(2s+2)}$ devient $\dfrac{(2s+2)^2}{(2s+1)(2s+3)}$; or on a, quel que soit s,

$$\frac{(2s+1)^2}{2s(2s+2)} > \frac{(2s+2)^2}{(2s+1)(2s+3)};$$

on a donc cette inégalité

$$\frac{y_{s-\frac{1}{2}}}{y_{s-1}} > \frac{y_s}{y_{s-\frac{1}{2}}}.$$

En y changeant s en $s-\frac{1}{2}$, on aura

$$\frac{y_{s-1}}{y_{s-\frac{3}{2}}} > \frac{y_{s-\frac{1}{2}}}{y_{s-1}}.$$

Ces deux inégalités donnent

$$\frac{y_{s-\frac{1}{2}}}{y_{s-1}} > \sqrt{\frac{y_s}{y_{s-1}}} < \sqrt{\frac{y_{s-\frac{1}{2}}}{y_{s-\frac{3}{2}}}}.$$

Substituant au lieu des rapports $\dfrac{y_s}{y_{s-1}}$ et $\dfrac{y_{s-\frac{1}{2}}}{y_{s-\frac{1}{2}}}$ leurs valeurs données par les équations aux différences en y_s, on aura

$$\frac{y_{s-\frac{1}{2}}}{y_{s-1}} > \sqrt{1+\frac{1}{2s}} < \sqrt{1+\frac{1}{2s-1}};$$

on aura donc

$$(\mathrm{A}) \quad \begin{cases} \dfrac{4}{\pi} > \dfrac{3.3}{2.4}\cdot\dfrac{5.5}{4.6}\cdots\dfrac{(2s-1)(2s-1)}{(2s-2)2s}\sqrt{1+\dfrac{1}{2s}}, \\[2ex] \dfrac{4}{\pi} < \dfrac{3.3}{2.4}\cdot\dfrac{5.5}{4.6}\cdots\dfrac{(2s-1)(2s-1)}{(2s-2)2s}\sqrt{1+\dfrac{1}{2s-1}}. \end{cases}$$

Wallis publia en 1657, dans son *Arithmetica infinitorum*, ce beau théorème, l'un des plus curieux de l'Analyse, par lui-même et par la manière dont l'inventeur y est parvenu. Sa méthode renfermant les principes de la théorie des intégrales définies, que les géomètres ont spécialement cultivée dans ces derniers temps, je pense qu'ils en verront avec plaisir une exposition succincte dans le langage actuel de l'Analyse.

Wallis considère la suite des fractions dont le terme général est

$$\frac{1}{\int dx \left(1 - x^{\frac{1}{n}}\right)^s},$$

n et s étant des nombres entiers, en commençant par zéro. En développant le binôme renfermé sous le signe intégral et intégrant chaque terme du développement, il obtient, pour une même valeur de n, les valeurs numériques de la fraction précédente, correspondantes à $s = 0$, $s = 1$, $s = 2$, ..., ce qui lui donne une série horizontale, dont s est l'indice. En supposant successivement $n = 0$, $n = 1$, $n = 2$, ..., il a autant de séries horizontales. Par là, il forme une Table à double entrée, dont s est l'indice horizontal et n l'indice vertical.

Dans cette Table, les séries horizontales et verticales sont les mêmes, en sorte que, en désignant par $y_{n,s}$ le terme correspondant aux indices n et s, on a cette équation fondamentale

$$y_{n,s} = y_{s,n}.$$

Wallis observe ensuite que la première série est l'unité; que la seconde est formée des nombres naturels; que la troisième est formée des nombres triangulaires, et ainsi de suite; de manière que le terme général $y_{n,s}$ de la série horizontale correspondante à n est

$$\frac{(s + 1)(s + 2) \ldots (s + n)}{1 . 2 . 3 \ldots n};$$

cette fraction étant égale à

$$\frac{(n + 1)(n + 2) \ldots (s + n)}{1 . 2 . 3 \ldots s},$$

on voit clairement que $y_{n,s}$ est égale à $y_{s,n}$.

Maintenant, si l'on parvenait à interpoler dans la Table précédente le terme correspondant à n et s égaux à $\frac{1}{2}$, on aurait le rapport du carré du diamètre à la surface du cercle; car le terme dont il s'agit est $\dfrac{1}{\int dx (1-x^2)^{\frac{1}{2}}}$, ou $\dfrac{4}{\pi}$. Wallis cherche donc à faire cette interpola-tion. Elle est facile dans le cas où l'un des deux nombres n et s est un nombre entier. Ainsi, en faisant successivement s égal à un nombre entier moins $\frac{1}{2}$ dans la fonction $\dfrac{(s+1)(s+2)\ldots(s+n)}{1.2.3\ldots n}$, il obtient tous les termes des suites horizontales, correspondants aux valeurs de s, $=\frac{1}{2}, \frac{3}{2}, \frac{5}{2}, \ldots$; et en faisant n égal à un nombre entier moins $\frac{1}{2}$ dans la fonction $\dfrac{(n+1)(n+2)\ldots(n+s)}{1.2.3\ldots s}$, il obtient tous les termes des suites verticales, correspondants aux valeurs de n, $=\frac{1}{2}, \frac{3}{2}, \ldots$. Mais la diffi-culté consiste à trouver les termes correspondants à n et s, égaux tous deux à des nombres entiers moins $\frac{1}{2}$.

Wallis observe pour cela que l'équation

$$y_{n,s} = \frac{(s+1)(s+2)\ldots(s+n)}{1.2.3\ldots n}$$

donne

$$y_{n,s-1} = \frac{s(s+1)\ldots(s+n-1)}{1.2.3\ldots n},$$

et qu'ainsi l'on a

$$(a) \qquad y_{n,s} = \frac{s+n}{s}\, y_{n,s-1};$$

en sorte que chaque terme d'une série horizontale est égal au précé-dent, multiplié par la fraction $\frac{s+n}{s}$; d'où il suit que tous les termes d'une série horizontale, à partir de $s=-\frac{1}{2}$, s croissant successivement de l'unité, sont les produits de $y_{n,-\frac{1}{2}}$ par les fractions $\frac{2n+1}{1}, \frac{2n+3}{3}, \frac{2n+5}{5}, \ldots$, et, à partir de $s=1$, ces termes sont les produits de $y_{n,0}$ par les fractions $\frac{n+1}{1}, \frac{n+2}{2}, \frac{n+3}{3}, \ldots$. Il suppose que les mêmes lois subsistent dans le cas de n fractionnaire et égal à $\frac{1}{2}$, en sorte que l'on à tous les termes, à partir de $s = -\frac{1}{2}$, en multipliant $y_{\frac{1}{2}, -\frac{1}{2}}$ par la suite des fractions $\frac{2}{1}, \frac{4}{3}, \frac{6}{5}, \ldots$. En désignant donc par $\square$ le terme correspondant à $n = \frac{1}{2}$ et $s = \frac{1}{2}$, terme qui, comme on l'a vu, est égal à $\frac{4}{\pi}$, on a

$$\square = \tfrac{2}{1} y_{\frac{1}{2}, -\frac{1}{2}},$$

ce qui donne

$$y_{\frac{1}{2}, -\frac{1}{2}} = \tfrac{1}{2}\square.$$

À partir de $y_{\frac{1}{2}, 0}$ ou de l'unité, il obtient les termes successifs de la série, correspondants à s entier, en multipliant successivement l'unité, par les fractions $\frac{1}{2}, \frac{3}{4}, \frac{5}{6}, \ldots$. Il forme ainsi la série horizontale suivante qui correspond à $n = \frac{1}{2}$, et à s successivement égal à $-\frac{1}{2}, 0, \frac{1}{2}, 1, \frac{3}{2}, \ldots$

$$(i) \qquad \tfrac{1}{2}\square, \quad 1, \quad \square, \quad \tfrac{3}{2}, \quad \tfrac{1}{3}\square, \quad \tfrac{3}{2}\cdot\tfrac{5}{4}, \quad \tfrac{3}{2}\cdot\tfrac{6}{7}\square, \quad \ldots,$$

série qui représente celle-ci,

$$\frac{1}{\int dx\,(1-x^2)^{-\frac{1}{2}}}, \quad \frac{1}{\int dx\,(1-x^2)^{0}}, \quad \frac{1}{\int dx\,(1-x^2)^{\frac{1}{2}}}, \quad \ldots$$

La série (i) donne généralement, s étant un nombre entier,

$$y_{\frac{1}{2}, s-\frac{1}{2}} = \frac{4}{3}\cdot\frac{6}{5}\cdots\frac{2s}{2s-1}\square,$$

$$y_{\frac{1}{2}, s-1} = \frac{3}{2}\cdot\frac{5}{4}\cdots\frac{2s-1}{2s-2};$$

d'où l'on tire

$$(\text{II}. \qquad \square = \frac{3.3}{2.4}\cdot\frac{5.5}{4.6}\cdots\frac{(2s-1)(2s-1)}{(2s-2)2s}\cdot\frac{y_{\frac{1}{2}, s-\frac{1}{2}}}{y_{\frac{1}{2}, s-1}}.$$

Wallis considère ensuite que, dans la série (i), le rapport de chaque terme à celui qui le précède d'une unité est plus grand que l'unité et diminue sans cesse, en sorte que l'on a

$$\frac{y_{\frac{1}{2}, s}}{y_{\frac{1}{2}, s-1}} > \frac{y_{\frac{1}{2}, s+1}}{y_{\frac{1}{2}, s}}.$$

Cela résulte en effet de l'équation

$$y'_{\frac{1}{2},s} = \frac{2s+1}{2s}\, y'_{\frac{1}{2},s-1}.$$

Il suppose que cela a également lieu pour tous les termes consécutifs de la série, en sorte que l'on a les deux inégalités

$$\frac{y'_{\frac{1}{2},s-\frac{1}{2}}}{y'_{\frac{1}{2},s-1}} \geqslant \frac{y'_{\frac{1}{2},s}}{y'_{\frac{1}{2},s-\frac{1}{2}}} \leqslant \frac{y'_{\frac{1}{2},s-1}}{y'_{\frac{1}{2},s-\frac{3}{2}}},$$

d'où il tire, comme on l'a fait ci-dessus,

$$\frac{y'_{\frac{1}{2},s-\frac{1}{2}}}{y'_{\frac{1}{2},s-1}} \geqslant \sqrt{1+\frac{1}{2s}} \leqslant \sqrt{1+\frac{1}{2s-1}};$$

par là, il change la formule (B) dans la formule (A).

Cette manière de procéder par voie d'induction dut paraître et parut, en effet, extraordinaire aux géomètres accoutumés à la rigueur des anciens. Aussi voyons-nous que de grands géomètres contemporains de Wallis en furent peu satisfaits, et Fermat, dans sa correspondance avec Digby, fit des objections peu dignes de lui contre cette méthode qu'il n'avait pas suffisamment approfondie. Elle doit être, sans doute, employée avec une circonspection extrême : Wallis dit lui-même, en répondant à Fermat, que c'est ainsi qu'il s'en est servi, et, pour en confirmer l'exactitude, il l'appuie sur un calcul par lequel lord Brouncker avait trouvé, par le moyen de la formule (A), le rapport de la circonférence au diamètre, compris entre les limites

3,14159 26535 69,
3,14159 26536 96,

limites qui coïncident dans les dix premiers chiffres avec ce rapport que l'on a porté au delà de cent décimales. Nonobstant ces confirmations, il est toujours utile de démontrer en rigueur ce que l'on obtient par ces moyens d'invention. Wallis observe que les anciens en avaient, sans doute, de semblables qu'ils n'ont point fait connaître, se contentant de donner leurs résultats appuyés de démonstrations synthétiques. Il regrette, avec raison, qu'ils nous aient celé leurs moyens d'y parvenir, et il dit à Fermat qu'on doit lui savoir gré de ne les avoir pas imités, et de n'avoir pas *détruit le pont après avoir passé le fleuve*. Il est digne de remarque que Newton, qui avait profité de cette méthode d'induction de Wallis et de ses résultats pour découvrir son théorème du binôme, ait mérité les reproches que Wallis fait aux anciens géomètres, en cachant les moyens qui l'avaient conduit à ses découvertes.

Reprenons la formule (B) de Wallis. Si l'on suppose

$$\frac{y_{\frac{1}{2},\, s-\frac{1}{2}}}{y_{\frac{1}{2},\, s-1}} = u_s,$$

cette formule donnera

$$u_{s-1} = \frac{(2s-1)^2}{(2s-2)2s}\, u_s$$

ou

$$(l) \qquad 0 = 2s(2s-2)(u_s - u_{s-1}) + u_s.$$

Soit

$$u_s = A^{(0)} + \frac{A^{(1)}}{s+1} + \frac{A^{(2)}}{(s+1)(s+2)} + \frac{A^{(3)}}{(s+1)(s+2)(s+3)} + \ldots,$$

et considérons ce que produit, dans le second membre de l'équation (l), le terme

$$\frac{A^{(r)}}{(s+1)\ldots(s+r)}.$$

En n'ayant égard qu'à ce terme dans u_s, on aura

$$u_s - u_{s-1} = \frac{-rA^{(r)}}{s(s+1)(s+2)\ldots(s+r)};$$

le terme $2s(2s-2)(u_s - u_{s-1})$ de l'équation (l) devient ainsi

$$\frac{-4rA^{(r)}(s-1)}{(s+1)\ldots(s+r)},$$

ou

$$\frac{-4r\mathrm{A}^{(r)}}{(s+1)\ldots(s+r-1)} + \frac{4r(r+1)\mathrm{A}^{(r)}}{(s+1)\ldots(s+r)}.$$

Le terme de u_s dépendant de $\mathrm{A}^{(r+1)}$ produira des termes semblables, et ainsi des autres. En comparant donc dans l'équation (l) les termes qui ont le même dénominateur $(s+1)\ldots(s+r)$, on aura

$$0 = 4r(r+1)\mathrm{A}^{(r)} - 4(r+1)\mathrm{A}^{(r+1)} + \mathrm{A}^{(r)},$$

ce qui donne

$$\mathrm{A}^{(r+1)} = \frac{(2r+1)^2\,\mathrm{A}^{(r)}}{4(r+1)}.$$

Il est visible, par ce qui précède, que u_s se réduit à l'unité lorsque s est infini, ce qui donne $\mathrm{A}^{(0)} = 1$. De là on tire

$$u_s = 1 + \frac{1^2}{4(s+1)} + \frac{1^2.3^2}{4^2.1.2(s+1)(s+2)} + \frac{1^2.3^2.5^2}{4^3.1.2.3(s+1)(s+2)(s+3)} + \ldots = \frac{y_{s-\frac{1}{2}}}{y_{s-1}}.$$

Le rapport du terme moyen du binôme $(1+1)^{2s}$ au binôme entier est

$$\frac{(s+1)(s+2)\ldots 2s}{2^{2s}.1.2.3\ldots s}$$

ou

$$\frac{1.3.5\ldots(2s-1)}{2.4.6\ldots 2s}.$$

En nommant donc T ce terme moyen, la formule (B) donnera

$$\mathrm{T}^2 = \frac{1}{s\pi u_s}.$$

Ce théorème et l'expression précédente de u_s en série sont dus à Stirling, et l'on voit comme ils se rattachent au théorème et à l'analyse de Wallis. Cette valeur de T^2 peut servir à déterminer par approximation le rapport de la circonférence au diamètre, ce qui était l'objet de Wallis ; ou, ce rapport étant supposé connu, elle donne le terme moyen du binôme, ce qui était l'objet de Stirling.

II.

L'expression de $\Delta^n s^i$, donnée par la formule (μ') du n° 40 du Livre Ier, a été conclue de l'expression de $\Delta^n \frac{1}{s^i}$, en changeant dans celle-ci i en $-i$. Ce passage du positif au négatif est analogue aux inductions que Wallis et d'autres géomètres ont si heureusement employées. Tous ces moyens d'invention, qui tiennent à la généralité de l'Analyse, exigent dans leur usage une grande circonspection, et il est toujours bon d'en démontrer directement les résultats. C'est ce que nous allons faire relativement à la formule (μ').

Considérons l'intégrale

$$\int \frac{d\varpi\, c^{-as\varpi\sqrt{-1}}}{(1-\varpi\sqrt{-1})^{i+1}},$$

prise depuis $\varpi = -\infty$ jusqu'à $\varpi = \infty$. Cette intégrale est égale à

$$-\frac{\sqrt{-1}}{i}\,\frac{c^{-as\varpi\sqrt{-1}}}{(1-\varpi\sqrt{-1})^{i}} + \frac{as}{i}\int \frac{d\varpi\, c^{-as\varpi\sqrt{-1}}}{(1-\varpi\sqrt{-1})^{i}} + \text{const.}$$

Cette constante est

$$\frac{\sqrt{-1}}{i}\,\frac{c^{as\varpi\sqrt{-1}}}{(1+\varpi\sqrt{-1})^{i}},$$

ϖ étant supposé infini. En la réunissant au terme

$$-\frac{\sqrt{-1}}{i}\,\frac{c^{-as\varpi\sqrt{-1}}}{(1-\varpi\sqrt{-1})^{i}},$$

dans lequel on doit pareillement supposer ϖ infini, on aura

$$\frac{\dfrac{\sqrt{-1}}{i}\left\{\begin{array}{c}\cos(as\varpi)\left[(1-\varpi\sqrt{-1})^{i}-(1+\varpi\sqrt{-1})^{i}\right]\\ +\sqrt{-1}\sin(as\varpi)\left[(1-\varpi\sqrt{-1})^{i}+(1+\varpi\sqrt{-1})^{i}\right]\end{array}\right\}}{(1+\varpi^2)^{i}}.$$

Le numérateur de cette fraction est réel, ainsi que son dénominateur, et il est visible qu'elle devient nulle, en y faisant ϖ infini ; on a donc

$$\int \frac{d\varpi\, e^{-a\varpi\sqrt{-1}}}{(1-\varpi\sqrt{-1})^{i+1}} = \frac{a}{i}\int \frac{d\varpi\, e^{-a\varpi\sqrt{-1}}}{(1-\varpi\sqrt{-1})^{i}}.$$

De là il est facile de conclure qu'en faisant $i = r = \frac{m}{n}$, r étant un nombre entier positif, on aura

$$\int \frac{d\varpi\, e^{-a\varpi\sqrt{-1}}}{(1-\varpi\sqrt{-1})^{i+1}} = \frac{a^{r}\,s^{r}}{i(i-1)\dots\left(1-\frac{m}{n}\right)}\int \frac{d\varpi\, e^{-a\varpi\sqrt{-1}}}{(1-\varpi\sqrt{-1})^{1-\frac{m}{n}}}.$$

Soit $as\varpi = \varpi'$, et faisons $as = q$; nous aurons

$$a^{r}s^{r}\int \frac{d\varpi\, e^{-a\varpi\sqrt{-1}}}{(1-\varpi\sqrt{-1})^{1-\frac{m}{n}}} = q^{i}\int \frac{d\varpi'\, e^{-\varpi'\sqrt{-1}}}{(q-\varpi'\sqrt{-1})^{1-\frac{m}{n}}},$$

les intégrales étant prises depuis ϖ et ϖ' égaux à $= \infty$ jusqu'à ϖ et ϖ' égaux à $+\infty$. Désignons par k l'intégrale

$$\int \frac{d\varpi'\, e^{-\varpi'\sqrt{-1}}}{(q-\varpi'\sqrt{-1})^{1-\frac{m}{n}}},$$

on aura

$$\frac{dk}{dq} = -\left(1-\frac{m}{n}\right)\int \frac{d\varpi'\, e^{-\varpi'\sqrt{-1}}}{(q-\varpi'\sqrt{-1})^{2-\frac{m}{n}}}$$

$$= \frac{\sqrt{-1}\,e^{-\varpi'\sqrt{-1}}}{(q-\varpi'\sqrt{-1})^{1-\frac{m}{n}}} - \int \frac{d\varpi'\, e^{-\varpi'\sqrt{-1}}}{(q-\varpi'\sqrt{-1})^{1-\frac{m}{n}}} + \text{const.}$$

On verra, comme ci-dessus, que ce dernier membre se réduit au terme affecté du signe intégral, terme qui est égal à $= k$; on a donc

$$\frac{dk}{dq} = -k,$$

ce qui donne, en intégrant,

$$k = A e^{-q},$$

A étant une constante arbitraire indépendante de q. Il est visible que cette équation suppose q positif ; car, en faisant q infini positif ou négatif, k est infiniment petit. On a donc

$$\int \frac{d\varpi\, c^{as(1-\varpi\sqrt{-1})}}{\left(1-\varpi\sqrt{-1}\right)^{i+1}} = \frac{\Lambda\, a^i s^i}{i(i-1)\ldots\left(1-\frac{m}{n}\right)}.$$

Cette équation a lieu, quelle que soit la valeur de a, pourvu que as soit positif. En faisant $s = 1$ et changeant a dans une autre constante a', on aura

$$\int \frac{d\varpi\, c^{a'(1-\varpi\sqrt{-1})}}{\left(1-\varpi\sqrt{-1}\right)^{i+1}} = \frac{\Lambda\, a'^i}{i(i-1)\ldots\left(1-\frac{m}{n}\right)} ;$$

on aura donc

$$s^i = \frac{a'^i}{a^i}\, \frac{\displaystyle\int \frac{d\varpi\, c^{as(1-\varpi\sqrt{-1})}}{\left(1-\varpi\sqrt{-1}\right)^{i+1}}}{\displaystyle\int \frac{d\varpi\, c^{a'(1-\varpi\sqrt{-1})}}{\left(1-\varpi\sqrt{-1}\right)^{i+1}}},$$

ce qui donne

$$\Delta^n s^i = \frac{a'^i}{a^i}\, \frac{\displaystyle\int \frac{d\varpi\, c^{as(1-\varpi\sqrt{-1})}\left(c^{a(1-\varpi\sqrt{-1})}-1\right)^n}{\left(1-\varpi\sqrt{-1}\right)^{i+1}}}{\displaystyle\int \frac{d\varpi\, c^{a'(1-\varpi\sqrt{-1})}}{\left(1-\varpi\sqrt{-1}\right)^{i+1}}}.$$

Pour avoir en séries les intégrales, nous supposerons

$$\frac{c^{as(1-\varpi\sqrt{-1})}\left(c^{a(1-\varpi\sqrt{-1})}-1\right)^n}{\left(1-\varpi\sqrt{-1}\right)^{i+1}} = c^{as}(c^a-1)^n c^{-t^2};$$

nous aurons, en prenant les logarithmes,

$$-as\varpi\sqrt{-1}+n\log\left[1+\frac{c^a}{c^a-1}\left(c^{-a\varpi\sqrt{-1}}-1\right)\right]-(i+1)\log(1-\varpi\sqrt{-1}) = -t^2.$$

Déterminons a de manière que, dans le développement du premier membre de cette équation, la première puissance de ϖ disparaisse, et supposons ce développement égal à

$$-fa^2\varpi^2 - f'a^3\varpi^3 - f''a^4\varpi^4 - \ldots = -t^2 ;$$

nous aurons d'abord

$$\theta = \frac{i \pm 1}{u} = \xi = \frac{u e''}{e'' - 1},$$

ensuite

$$f = \frac{i \pm 1}{3 u^2} + \frac{u}{2} \frac{e''}{e'' - 1} = \frac{u}{4} \left(\frac{e''}{e'' - 1} \right)^3,$$

$$f' = \sqrt{-1} \left[\frac{i \pm 1}{3 u^3} = \frac{u}{6} \frac{e''}{e'' - 1} + \frac{u}{4} \left(\frac{e''}{e'' - 1} \right)^3 - \frac{u}{3} \left(\frac{e''}{e'' - 1} \right)^3 \right],$$

$$f'' = - \frac{i \pm 1}{4 u^4} = \frac{u}{24} \frac{e''}{e'' - 1} + \frac{2u}{24} \left(\frac{e''}{e'' - 1} \right)^2 - \frac{u}{3} \left(\frac{e''}{e'' - 1} \right)^3 + \frac{u}{2} \left(\frac{e''}{e'' - 1} \right)^4,$$

$$\cdots\cdots\cdots\cdots\cdots\cdots\cdots\cdots\cdots\cdots\cdots\cdots\cdots\cdots\cdots\cdots$$

On a ensuite, par le retour des séries,

$$u\varpi = \frac{1}{\sqrt{f}} \left(1 = \frac{f' t}{3 f \sqrt{f}} + \frac{5 f'^2 = 4 f f''}{8 f^3} t^2 + \dots \right);$$

on a donc, en prenant les intégrales depuis ϖ et t égaux à $= \infty$ jusqu'à t et ϖ égaux à $+ \infty$,

$$\int_t^s \frac{d\varpi \, e^{u}(1 = u\sqrt{-1}) \left(e^{u}(1 = u\sqrt{-1}) = 1 \right)^u}{(1 = \varpi\sqrt{-1})^u}$$

$$= \frac{e^{u}(e'' = 1)^u}{u} \int_t^s \frac{e''\, dt}{\sqrt{f}} \left(1 = \frac{f' t}{f \sqrt{f}} + \frac{5 f'^2 = 4 f f''}{8 f^3} t^2 + \dots \right)$$

$$= \frac{\sqrt{\pi}}{\sqrt{f}} \left(1 + \frac{15 f'^2 = 12 f f''}{16 f^3} + \dots \right) \frac{e^{u}(e'' = 1)^u}{u},$$

Si l'on suppose $s = 1$, $u = 0$ et si l'on change u en u', on aura

$$u' = i \pm 1, \qquad f = \frac{1}{3(i \pm 1)^2}, \qquad f' = \frac{\sqrt{-1}}{3(i \pm 1)^3}, \qquad f'' = \frac{1}{4(i \pm 1)^4}, \qquad \cdots$$

on aura donc

$$\int_t^s \frac{d\varpi \, e^{u}(1 = u\sqrt{-1})}{(1 = \varpi\sqrt{-1})^{i \pm 1}} = \frac{e^{i \pm 1}}{i \pm 1} \left(1 = \frac{1}{12 i} + \dots \right) \sqrt{2(i \pm 1)\pi}.$$

De là il est aisé de conclure

$$\Delta^n s^i = \frac{\left(\frac{i}{a}\right)^{i+1} e^{na-i}(e^a - 1)^n}{\sqrt{\frac{i(i+1)}{a^2} - in\frac{e^a}{(e^a-1)^2}}}\left(1 + \frac{15 f'^2 - 12 f f''}{16 f^3} + \frac{1}{12 i} + \ldots\right),$$

formule qui coïncide avec la formule (μ') du n° 40 du Livre Ier.

Cette formule suppose a positif, et c'est ce qui a lieu lorsque $i+1$ surpasse n. En effet, si, dans l'équation

$$0 = \frac{i+1}{a} - s - \frac{ne^a}{e^a - 1},$$

on suppose a infiniment petit, le second membre est positif et égal à $\frac{i+1-n}{a}$; ensuite, a étant positif et infini, ce second membre devient négatif et égal à $-s-n$; il y a donc une valeur positive de a qui satisfait à cette équation. Mais il n'y en a qu'une; car, s'il y en avait deux, la fonction $\frac{i+1}{a} - s - \frac{ne^a}{e^a - 1}$ aurait un maximum entre ces deux valeurs; on aurait donc à ce maximum

$$0 = -\frac{i+1}{a^2} + \frac{ne^a}{(e^a-1)^2},$$

ce qui ne se peut, a étant positif. En effet, $(e^a - 1)^2$ est plus grand que $a^2 e^a$ ou $e^a - 1 > ae^{\frac{a}{2}}$, ce qui est visible; car on a

$$e^{\frac{a}{2}} - e^{-\frac{a}{2}} = a + \frac{a^3}{4.1.2.3} + \ldots > a;$$

on a donc

$$\frac{ne^a}{(e^a-1)^2} < \frac{n}{a^2} < \frac{i+1}{a^2}.$$

Ainsi la formule (μ') peut être employée, tant que $i+1$ surpasse n, ce qui est conforme à ce que l'on a dit dans le n° 41 du Livre Ier, d'après

la considération des passages du réel à l'imaginaire, passages que
l'analyse précédente confirme.

III.

La formule (p) du n° 42 du Livre Ier est fort remarquable : elle peut
se démontrer de la manière suivante, qui montre distinctement la
raison pour laquelle la série des différences doit être arrêtée, lorsque
la quantité sous l'exposant de la puissance devient négative.

Considérons l'intégrale

$$\int x^{-\frac{m}{n}}\, dx \cos\left(zx - \frac{m\pi}{2n}\right)\left(\frac{\sin x}{x}\right)^{n},$$

et donnons-lui cette forme

$$\cos\frac{m\pi}{2n}\int x^{-\frac{m}{n}}\, dx \cos zx \left(\frac{\sin x}{x}\right)^{n} + \sin\frac{m\pi}{2n}\int x^{-\frac{m}{n}}\, dx \sin zx \left(\frac{\sin x}{x}\right)^{n},$$

les intégrales étant prises depuis x nul jusqu'à x infini. Supposons
d'abord n pair et égal à $2i$; on aura, par les formules connues,

$$\left(\frac{\sin x}{x}\right)^{2i} = \frac{(-1)^{i}}{2^{2i-1}x^{2i}}\left\{ \cos nx - n\cos(n-2)x + \frac{n(n-1)}{1.2}\cos(n-4)x - \ldots \\ \pm \frac{1}{2}\frac{n(n-1)(n-3)\ldots(n-i+1)}{1.2.3\ldots i} \right\},$$

le signe $+$ ayant lieu, si i est pair, et le signe $-$, si i est impair. En
multipliant cette équation par $\cos zx$, on aura

$$\left(\frac{\sin x}{x}\right)^{2i}\cos zx = \frac{(-1)^{i}}{2^{2i}x^{2i}}\left\{ \cos(n\pm z)x - n\cos(n-2\pm z)x \pm \ldots \\ \pm \frac{1}{2}\frac{n(n-1)(n-2)\ldots(n-i+1)}{1.2.3\ldots i}\cos(\tfrac{1}{2}zx) \right\},$$

où l'on doit observer que, par $\cos(n-2r\pm z)x$, je comprends la
somme des cosinus $\cos(n-2r+z)x$ et $\cos(n-2r-z)x$, $2r$ étant
ici au plus égal à n ou $2i$. Multiplions le second membre de cette

équation par $x^{-\frac{m}{n}}dx$; on a généralement

$$\int x^{-n-\frac{m}{n}}\,dx\,\cos(n-2r\pm z)x$$

$$= -\frac{\cos(n-2r\pm z)x}{\left(n+\frac{m}{n}-1\right)x^{n+\frac{m}{n}-1}} + \frac{(n-2r\pm z)\sin(n-2r\pm z)x}{\left(n+\frac{m}{n}-1\right)\left(n+\frac{m}{n}-2\right)x^{n+\frac{m}{n}-1}}$$

$$+\frac{(n-2r\pm z)^2\cos(n-2r\pm z)x}{\left(n+\frac{m}{n}-1\right)\left(n+\frac{m}{n}-2\right)\left(n+\frac{m}{n}-3\right)x^{n+\frac{m}{n}-3}}$$

$$-\cdots\cdots\cdots\cdots\cdots$$

$$+\frac{(-1)^i(n-2r\pm z)^n}{\left(n+\frac{m}{n}-1\right)\cdots\frac{m}{n}}\int dx\,x^{-\frac{m}{n}}\cos(n-2r\pm z)x.$$

On a donc

$$\int x^{-\frac{m}{n}}\,dx\,\cos zx\left(\frac{\sin x}{x}\right)^n$$

$$=-\frac{(-1)^i}{2^{2i}x^{n+\frac{m}{n}}}\left\{ -\frac{x}{n+\frac{m}{n}-1}\left\{\begin{array}{l}\cos(n\pm z)x - n\cos(n-2\pm z)x\\ +\frac{n(n-1)}{1.2}\cos(n-4\pm z)x\\ -\cdots\cdots\cdots\cdots\cdots\\ \pm\frac{1}{2}\frac{n(n-1)\cdots(n-i+1)}{1.2.3\cdots i}\cos(\pm zx)\end{array}\right\}\right.$$

$$+\frac{x^2}{\left(n+\frac{m}{n}-1\right)\left(n+\frac{m}{n}-2\right)}\left\{\begin{array}{l}(n\pm z)\sin(n\pm z)x\\ -n(n-2\pm z)\sin(n-2\pm z)x\\ +\cdots\cdots\cdots\cdots\cdots\end{array}\right\}$$

$$+\frac{x^3}{\left(n+\frac{m}{n}-1\right)\left(n+\frac{m}{n}-2\right)\left(n+\frac{m}{n}-3\right)}\left\{\begin{array}{l}(n\pm z)^2\cos(n\pm z)x\\ -\cdots\cdots\cdots\cdots\cdots\end{array}\right\}$$

$$\left.-\cdots\cdots\cdots\cdots\right\}$$

$$+\frac{1}{2^{2i}\left(n+\frac{m}{n}-1\right)\cdots\frac{m}{n}}\int dx\,x^{-\frac{m}{n}}\left\{\begin{array}{l}(n\pm z)^n\cos(n\pm z)x\\ -n(n-2\pm z)^n\cos(n-2\pm z)x\\ +\frac{n(n-1)}{1.2}(n-4\pm z)^n\cos(n-4\pm z)x\\ +\cdots\cdots\cdots\cdots\cdots\\ +\frac{1}{2}\frac{n(n-1)\cdots(n+i-1)}{1.2.3\cdots i}z^n\cos(\pm zx)\end{array}\right\}$$

$+$ const.

Cette constante doit être déterminée de manière que le second membre de cette équation soit nul lorsque x est nul : or on a, par ce qui précède,

$$\cos(n \pm s)x = n\cos(n-2 \pm s)x \pm \ldots \equiv (-1)^{i}2^{2i}(\sin x)^{n}\cos sx.$$

En différentiant cette équation par rapport à x, on a

$$-[(n \pm s)\sin(n \pm s)x - n(n-2 \pm s)\sin(n-2 \pm s)x \pm \ldots]$$
$$\equiv (-1)^{i}2^{2i}\frac{d[(\sin x)^{n}\cos sx]}{dx};$$

différentiant encore, on a

$$-[(n \pm s)^{2}\cos(n \pm s)x - n(n-2 \pm s)^{2}\cos(n-2 \pm s)x \pm \ldots]$$
$$\equiv (-1)^{i}2^{2i}\frac{d^{2}[(\sin x)^{n}\cos sx]}{dx^{2}},$$

et ainsi de suite : or on a, aux deux limites $x = 0$ et x infini,

$$x^{=n=\frac{n}{n}=1}\quad (\sin x)^{n}\cos sx = 0,$$
$$x^{=n=\frac{m}{n}+1}\left[\frac{d[(\sin x)^{n}\cos sx]}{dx}\right] = 0,$$
$$\ldots\ldots\ldots\ldots\ldots\ldots\ldots\ldots\ldots\ldots$$

On a donc, en intégrant depuis x nul jusqu'à x infini,

$$\int x^{=\frac{m}{n}}dx\cos sx\left(\frac{\sin x}{x}\right)^{n}$$
$$= \frac{1}{2^{2i}\left(n \mp \frac{m}{n}-1\right)\cdots\frac{m}{n}}$$
$$\times \int x^{=\frac{m}{n}}dx\left\{\begin{array}{l}(n \pm s)^{n}\cos(n \pm s)x\\ = n(n-2 \pm s)^{n}\cos(n-2 \pm s)x\\ \pm \ldots\ldots\ldots\ldots\ldots\ldots\ldots\ldots\ldots\\ \equiv \frac{1}{2}\frac{n(n-1)\ldots(n-i+1)}{1.2.3\ldots i}s^{n}\cos(\pm sx)\end{array}\right\}$$

Maintenant on a, en faisant $(n - 2r \pm z)x = x'$,

$$\int x^{-\frac{m}{n}} dx (n - 2r \pm z)^n \cos(n - 2r \pm z)x$$
$$= (n - 2r \pm z)^{n-1+\frac{m}{n}} \int dx'\, x'^{-\frac{m}{n}} \cos x'.$$

On a de plus, comme nous le démontrerons ci-après,

$$\int x'^{-\frac{m}{n}} dx' \cos x' = k' \sin\frac{m\pi}{2n},$$
$$\int x'^{-\frac{m}{n}} dx' \sin x' = k' \cos\frac{m\pi}{2n},$$

k' étant égal à $\int t^{-\frac{m}{n}} dt\, c^{-t}$, l'intégrale étant prise depuis t nul jusqu'à t infini. Cela posé, on aura

$$\int x^{-\frac{m}{n}} dx \cos zx \left(\frac{\sin x}{x}\right)^n$$

$$= \frac{k' \sin\frac{m\pi}{2n}}{2^n \left(n+\frac{m}{n}-1\right)\left(n+\frac{m}{n}-2\right)\cdots \frac{m}{n}}$$

$$\times \left\{ \begin{array}{l} (n+z)^{n-1+\frac{m}{n}} - n(n+z-2)^{n-1+\frac{m}{n}} \\[4pt] + \frac{n(n-1)}{1.2}(n+z-4)^{n-1+\frac{m}{n}} \\[4pt] + \cdots\cdots\cdots\cdots\cdots \\[4pt] \pm \frac{1}{2}\frac{n(n-1)\cdots(n-i+1)}{1.2.3\cdots i} z^n \\[4pt] + (n-z)^{n-1+\frac{m}{n}} - n(n-z-2)^{n-1+\frac{m}{n}} \\[4pt] + \cdots\cdots\cdots\cdots\cdots \\[4pt] \pm \frac{1}{2}\frac{n(n-1)\cdots(n-i+1)}{1.2.3\cdots i}(-z)^{n-1+\frac{m}{n}} \end{array} \right\}.$$

Il est facile de voir, par l'analyse précédente, que, si $n-z-2r$ est négatif, il faut changer la puissance $(n-z-2r)^{n-1+\frac{m}{n}}$ dans $(2r+z-n)^{n-1+\frac{m}{n}}$, parce que l'on a

$$\cos(n-z-2r)x = \cos(2r+z-n)x.$$

On trouvera, par la même analyse,

$$\int x^{-\frac{m}{n}}\,dx\,\sin zx\left(\frac{\sin x}{x}\right)^{n}$$

$$= \frac{1}{2^{n}\left(n+\frac{m}{n}-1\right)\cdots\frac{m}{n}}\int x^{-\frac{m}{n}}\,dx\left\{\begin{array}{l}(n+z)^{n}\sin(n+z)x\\ -n(n+z-2)^{n}\sin(n+z-2)x\\ +\ldots\ldots\ldots\ldots\ldots\ldots\ldots\ldots\ldots\\ -(n-z)^{n}\sin(n-z)x\\ +n(n-z-2)^{n}\sin(n-z-2)x\\ -\ldots\ldots\ldots\ldots\ldots\ldots\ldots\ldots\ldots\end{array}\right.$$

Or on a

$$\int x^{-\frac{m}{n}}(n+z-2F)^{n}\,dx\,\sin(n+z-2F)x = (n+z-2F)^{n-1+\frac{m}{n}}k'\cos\frac{m\pi}{2n}.$$

Si $(n-z-2F)$ est négatif, on a

$$\int x^{-\frac{m}{n}}(n-z-2F)^{n}\,dx\,\sin(n-z-2F)x$$

$$= -\int x^{-\frac{m}{n}}\,dx(2F+z-F)^{n}\sin(2F+z-n)x$$

$$= -(2F+z-n)^{n-1+\frac{m}{n}}k'\cos\frac{m\pi}{2n}.$$

De là on tire

$$(i)\;\left\{\begin{array}{l}\cos\dfrac{m\pi}{2n}\displaystyle\int x^{-\frac{m}{n}}\,dx\cos zx\left(\frac{\sin x}{x}\right)^{n}+\sin\dfrac{m\pi}{2n}\displaystyle\int x^{-\frac{m}{n}}\,dx\sin zx\left(\frac{\sin x}{x}\right)^{n}\\[2.5ex] =\dfrac{k'\sin\dfrac{m\pi}{n}\left[(n+z)^{n-1+\frac{m}{n}}-n(n+z-2)^{n-1+\frac{m}{n}}+\dfrac{n(n-1)}{1\cdot2}(n+z-4)^{n-1+\frac{m}{n}}-\cdots\right]}{2^{n}\left(n+\frac{m}{n}-1\right)\left(n+\frac{m}{n}-2\right)\cdots\frac{m}{n}},\end{array}\right.$$

la série étant continuée jusqu'à ce que, dans la puissance $(n+z-2F')^{n-1+\frac{m}{n}}$, la quantité $n+z-2F'$ devienne négative, $2F'$ pouvant ici s'étendre jusqu'à $2n$. En effet, il est visible que dans les expressions des deux termes du premier membre de l'équation (i), les termes relatifs à la puissance $(n+z-2F)^{n-1+\frac{m}{n}}$ sont les mêmes et s'ajoutent. Les termes relatifs à la puissance $(n-z-2F)^{n-1+\frac{m}{n}}$ sont les mêmes et de signes contraires, tant que $n-z-2F$ est positif mais ils ont le même signe lorsque $n - s - 2r$ est négatif; et la puissance précédente doit, par ce qui précède, être changée dans $(2r + s - n)^{n-1+\frac{m}{n}}$. La somme des termes relatifs à cette puissance est

$$\frac{(-1)^r \dfrac{n(n-1)\ldots(n-r+1)}{1.2.3\ldots r}(s+2r-n)^{n-1+\frac{m}{n}}}{2^n\left(n+\dfrac{m}{n}-1\right)\ldots\dfrac{m}{n}}\,k'\sin\frac{m\pi}{n};$$

or ce terme se rencontre dans la série du second membre de l'équation (r). Cette série contient le terme

$$\frac{(-1)^{r'} \dfrac{n(n-1)\ldots(n-r'+1)}{1.2.3\ldots r'}(n+s-2r')^{n-1+\frac{m}{n}}}{2^n\left(n+\dfrac{m}{n}-1\right)\ldots\dfrac{m}{n}}\,k'\sin\frac{m\pi}{n},$$

$n + s - 2r'$ étant supposé positif. Si l'on fait $n - 2r' = 2r - n$, ce qui donne $r' = n - r$, ce terme devient égal au précédent; car alors on a $(-1)^{r'} = (-1)^r$ et

$$\frac{n(n-1)\ldots(n-r'+1)}{1.2.3\ldots r'} = \frac{n(n-1)\ldots(n-r+1)}{1.2.3\ldots r}.$$

La formule (T) du n° 24 du Livre Ier donne

$$\frac{1}{r-1}\int t^{r-1}dt\,e^{-t}\int t^{1-r}dt\,e^{-t} = \frac{\pi}{\sin(r-1)\pi},$$

les intégrales étant prises depuis t nul jusqu'à t infini. Si l'on suppose $r - 1 = \frac{m}{n}$, on aura

$$\int t^{\frac{m}{n}}dt\,e^{-t}\int t^{-\frac{m}{n}}dt\,e^{-t} = \frac{\frac{m}{n}\pi}{\sin\frac{m\pi}{n}}.$$

Ce que nous avons nommé k dans la formule (p) du n° 42 du Livre Ier est égal à $\int t^{n+m-1}dt\,e^{-t^n}$, et il est facile de voir que, les intégrales étant prises depuis t nul jusqu'à t infini, on a

$$\int t^{n-1+m} dt\, e^{-t^n} = \frac{1}{n} \int t^{\frac{m}{n}} dt\, e^{-t};$$

on a donc

$$nkk' = \frac{\frac{m}{n}\pi}{\sin\dfrac{m\pi}{n}}.$$

En multipliant les deux membres de l'équation (i) par $\dfrac{nk\,a^n}{\pi}$ et substituant dans le second membre ainsi multiplié, au lieu de nkk', sa valeur $\dfrac{\frac{m}{n}\pi}{\sin\dfrac{m\pi}{n}}$, on aura la formule (p) citée.

La même analyse s'applique au cas où n est un nombre impair. Elle montre distinctement la raison pour laquelle la série des différences doit s'arrêter, lorsque la quantité élevée à la puissance $n-1+\dfrac{m}{n}$ devient négative.

Il nous reste maintenant à démontrer les formules

$$\int x^{-\frac{n}{n}} dx'\cos x' = k'\sin\frac{m\pi}{n},$$

$$\int x^{-\frac{m}{n}} dx'\sin x' = k'\cos\frac{m\pi}{n}.$$

Pour cela, considérons l'intégrale définie

$$\int \frac{dx\, e^{-ax}}{x^{\omega}}\left(\cos rx - \sqrt{-1}\,\sin rx\right),$$

cette intégrale étant prise depuis x nul jusqu'à x infini; ω étant moindre que l'unité. En la développant par les expressions connues de $\cos rx$ et de $\sin rx$, en séries, elle devient

$$\int \frac{dx\, e^{-ax}}{x^{\omega}}\left[1 - \frac{r^2 x^2}{1.2} + \frac{r^4 x^4}{1.2.3.4} - rx\sqrt{-1}\left(1 - \frac{r^2 x^2}{1.2.3} + \frac{r^4 x^4}{1.2.3.4.5} - \cdots\right)\right].$$

Or on a généralement, en prenant l'intégrale depuis x nul jusqu'à x infini,

$$\int x^{i-\omega}\,dx\,e^{-ax} = \frac{(1-\omega)(2-\omega)\ldots(i-\omega)}{a^i}\int\frac{dx\,e^{-ax}}{x^\omega}.$$

En faisant ensuite $ax = t$, on a

$$\int\frac{dx\,e^{-ax}}{x^\omega} = \frac{1}{a^{1-\omega}}\int t^{-\omega}\,dt\,e^{-t} = \frac{k'}{a^{1-\omega}},$$

l'intégrale relative à t étant prise depuis t nul jusqu'à t infini, et k' étant supposé exprimer l'intégrale $\int t^{-\omega}\,dt\,e^{-t}$, prise dans ces limites. On aura ainsi

$$\int x^{i-\omega}\,dx\,e^{-ax} = \frac{(1-\omega)(2-\omega)\ldots(i-\omega)k'}{a^{i+1-\omega}};$$

d'où l'on tire

$$\int\frac{dx\,e^{-ax}}{x^\omega}\left(\cos rx - \sqrt{-1}\sin rx\right)$$

$$= \frac{k'}{a^{1-\omega}}\left\{ 1 - \frac{(1-\omega)(2-\omega)}{1.2}\frac{r^2}{a^2} + \frac{(1-\omega)(2-\omega)(3-\omega)(4-\omega)}{1.2.3.4}\frac{r^4}{a^4}-\ldots \right.$$
$$\left. - \sqrt{-1}\left[(1-\omega)\frac{r}{a} - \frac{(1-\omega)(2-\omega)(3-\omega)}{1.2.3}\frac{r^3}{a^3} - \ldots\right]\right\}.$$

Si l'on fait $\dfrac{r}{a} = s$, le second membre de cette équation devient

$$\frac{k'}{a^{1-\omega}\left(1+s\sqrt{-1}\right)^{1-\omega}}.$$

Soit A un angle dont s soit la tangente; on aura

$$\sin A = \frac{s}{\sqrt{1+s^2}}, \qquad \cos A = \frac{1}{\sqrt{1+s^2}},$$

ce qui donne

$$\cos A - \sqrt{-1}\sin A = \frac{\sqrt{1+s^2}}{1+s\sqrt{-1}};$$

d'où l'on tire, par le théorème connu,

$$\cos(1-\omega)A - \sqrt{-1}\sin(1-\omega)A = \frac{(1+s^2)^{\frac{1-\omega}{2}}}{\left(1+s\sqrt{-1}\right)^{1-\omega}}.$$

La tangente s est non seulement la tangente de l'angle A, mais encore celle du même angle, augmenté d'un multiple quelconque de la demi-circonférence; mais le premier membre de cette équation devant se réduire à l'unité, lorsque s est nul, il est clair que l'on doit prendre pour A le plus petit des angles qui ont s pour tangente.

Maintenant, cette équation donne, en y substituant $\frac{r}{a}$ au lieu de s,

$$\frac{k'}{a^{1-\omega}(1+s\sqrt{-1})^{1-\omega}} = \frac{k'}{(a^2+r^2)^{\frac{1-\omega}{2}}}\left[\cos(1-\omega)A - \sqrt{-1}\sin(1-\omega)A\right];$$

on a donc

$$\int \frac{dx\,e^{-ax}}{x^\omega}\left(\cos rx - \sqrt{-1}\sin rx\right)$$
$$= \frac{k'}{(a^2+r^2)^{\frac{1-\omega}{2}}}\left[\cos(1-\omega)A - \sqrt{-1}\sin(1-\omega)A\right],$$

En comparant séparément les quantités réelles et les imaginaires, on a

$$\int \frac{dx\cos rx\,e^{-ax}}{x^\omega} = \frac{k'}{(a^2+r^2)^{\frac{1-\omega}{2}}}\cos(1-\omega)A,$$

$$\int \frac{dx\sin rx\,e^{-ax}}{x^\omega} = \frac{k'}{(a^2+r^2)^{\frac{1-\omega}{2}}}\sin(1-\omega)A.$$

Si a est nul, $\frac{r}{a}$ est infini, et le plus petit angle, dont il est la tangente, est $\frac{\pi}{2}$; on a donc

$$\int \frac{dx\cos rx}{x^\omega} = \frac{k'}{r^{1-\omega}}\sin\frac{\omega\pi}{2},$$

$$\int \frac{dx\sin rx}{x^\omega} = \frac{k'}{r^{1-\omega}}\cos\frac{\omega\pi}{2}.$$

En supposant $r = 1$ et $\omega = \frac{m}{n}$, on aura les équations qu'il s'agissait de démontrer.

SUPPLÉMENTS.

PREMIER SUPPLEMENT.

SUR L'APPLICATION DU CALCUL DES PROBABILITÉS
A LA PHILOSOPHIE NATURELLE.

Les phénomènes de la nature sont le plus souvent enveloppés de tant de circonstances étrangères, un si grand nombre de causes perturbatrices y mêlent leur influence, qu'il est très difficile de les reconnaitre. On ne peut y parvenir qu'en multipliant les observations ou les expériences, afin que les effets étrangers venant à se détruire réciproquement, les résultats moyens mettent en évidence ces phénomènes et leurs éléments divers. Plus les observations sont nombreuses et moins elles s'écartent entre elles, plus leurs résultats approchent de la vérité. On remplit cette dernière condition par le choix des méthodes, par la précision des instruments et par le soin que l'on met à bien observer. Ensuite on détermine par la théorie des probabilités les résultats moyens les plus avantageux ou ceux qui donnent le moins de prise à l'erreur. Mais cela ne suffit pas; il est de plus nécessaire d'apprécier la probabilité que les erreurs de ces résultats sont comprises dans des limites données. Sans cela, on n'a qu'une connaissance imparfaite du degré d'exactitude obtenu. Des formules propres à cet objet sont donc un vrai perfectionnement de la méthode des sciences, et qu'il est bien important d'ajouter à cette méthode. L'analyse qu'elles exigent est la plus délicate et la plus difficile de la théorie des probabilités. C'est une des choses que j'ai eue principalement en vue dans mon Ouvrage, dans lequel je suis parvenu à des formules de ce genre, qui ont l'avantage remarquable d'être indépendantes de la loi de probabilités des erreurs et de ne renfermer que des quantités données par les observations mêmes et par leurs expressions. Je vais en rappeler ici les principes.

Chaque observation a pour expression analytique une fonction des éléments que l'on veut déterminer; et, si ces éléments sont à peu près connus, cette fonction devient une fonction linéaire de leurs corrections. En l'égalant à l'observation même, on forme ce que l'on nomme *équation de condition*. Si l'on a un grand nombre d'équations semblables, on les combine, de manière à obtenir autant d'équations finales qu'il y a d'éléments dont on détermine ensuite les corrections, en résolvant ces équations. Mais quelle est la manière la plus avantageuse de combiner les équations de condition pour obtenir les équations finales? Quelle est la loi des erreurs dont les éléments que l'on en tire sont encore susceptibles? C'est ce que la théorie des probabilités fait connaître. La formation d'une équation finale, au moyen des équations de condition, revient à multiplier chacune de celles-ci par un facteur indéterminé et à réunir ces produits; mais il faut choisir le système de facteurs qui donne la plus petite erreur à craindre. Or il est visible que, si l'on multiplie les erreurs possibles d'un élément par leurs probabilités respectives, le système le plus avantageux sera celui dans lequel la somme de ces produits, tous pris positivement, est un minimum; car une erreur positive ou négative doit être considérée comme une perte. En formant donc cette somme de produits, la condition du minimum déterminera le système de facteurs qu'il faut choisir. On trouve ainsi que ce système est celui des coefficients des éléments dans chaque équation de condition, en sorte que l'on forme une première équation finale en multipliant respectivement chaque équation de condition par son coefficient du premier élément et en réunissant toutes ces équations ainsi multipliées. On forme une seconde équation finale en employant de même les coefficients du second élément, et ainsi de suite. De cette manière, les éléments et les lois des phénomènes, renfermés dans le recueil d'un grand nombre d'observations, se développent avec le plus d'évidence. J'ai donné, dans le n° 21 du Livre II de ma *Théorie analytique des Probabilités*, l'expression de l'erreur moyenne à

craindre sur chaque élément. Cette expression donne la probabilité des
erreurs dont l'élément est encore susceptible, et qui est proportionnelle au nombre dont le logarithme hyperbolique est l'unité, élevé à
une puissance égale au carré de l'erreur pris en moins et divisé par le
carré du double de cette expression et par le rapport de la circonférence au diamètre. Le coefficient du carré négatif de l'erreur dans cet
exposant peut donc être considéré comme le module de la probabilité
des erreurs, puisque l'erreur restant la même, la probabilité décroit
avec rapidité quand il augmente, en sorte que le résultat obtenu pèse,
si je puis ainsi dire, vers la vérité, d'autant plus que ce module est plus
grand. Je nommerai, par cette raison, ce module *poids* du résultat. Par
une analogie remarquable de ces poids avec ceux des corps comparés
à leur centre commun de gravité, il arrive que, si un même élément
est donné par divers systèmes, composés chacun d'un grand nombre
d'observations, le résultat moyen le plus avantageux de leur ensemble
est la somme des produits de chaque résultat partiel par son poids,
cette somme étant divisée par la somme de tous les poids. De plus le
poids total des divers systèmes est la somme de leurs poids partiels, en
sorte que la probabilité du résultat moyen de leur ensemble est proportionnelle au nombre qui a l'unité pour logarithme hyperbolique,
élevé à une puissance égale au carré de l'erreur, pris en moins et multiplié par la somme de tous les poids. Chaque poids dépend, à la vérité,
de la loi de probabilité des erreurs dans chaque système, et presque
toujours cette loi est inconnue; mais je suis heureusement parvenu à
éliminer le facteur qui la renferme, au moyen de la somme des carrés
des écarts des observations du système, de leur résultat moyen. Il
serait donc à désirer, pour compléter nos connaissances sur les résultats obtenus par l'ensemble d'un grand nombre d'observations, qu'on
écrivit à côté de chaque résultat le poids qui lui correspond. Pour
faciliter le calcul de ce poids, je développe son expression analytique,
lorsque l'on n'a pas plus de trois éléments à déterminer. Mais, cette
expression devenant de plus en plus compliquée à mesure que le
nombre des éléments augmente, je donne un moyen fort simple pour

déterminer le poids d'un résultat, quel que soit le nombre des éléments. Quand on a ainsi obtenu l'exponentielle qui représente la loi de probabilité des erreurs, on aura la probabilité que l'erreur du résultat est comprise dans des limites données, en prenant, dans ces limites, l'intégrale du produit de cette exponentielle par la différentielle de l'erreur et en la multipliant par la racine carrée du poids du résultat divisé par la circonférence dont le diamètre est l'unité. De là il suit que, pour une même probabilité, les erreurs des résultats sont réciproques aux racines carrées de leurs poids, ce qui peut servir à comparer leur précision respective.

Pour appliquer cette méthode avec succès, il faut varier les circonstances des observations ou des expériences, de manière à éviter les causes constantes d'erreur. Il faut que les observations soient nombreuses et qu'elles le soient d'autant plus qu'il y a plus d'éléments à déterminer; car le poids du résultat moyen croît comme le nombre des observations divisé par le nombre des éléments. Il est encore nécessaire que les éléments suivent, dans ces observations, une marche différente; car, si la marche de deux éléments était rigoureusement la même, ce qui rendrait leurs coefficients proportionnels dans les équations de condition, ces éléments ne formeraient qu'une seule inconnue, et il serait impossible de les distinguer par ces observations. Enfin il faut que les observations soient précises. Cette condition, la première de toutes, augmente beaucoup le poids du résultat, dont l'expression a pour diviseur la somme des carrés de leurs écarts de ce résultat. Avec ces précautions, on pourra faire usage de la méthode précédente et mesurer le degré de confiance que méritent les résultats déduits d'un grand nombre d'observations.

1. Un grand avantage de cette méthode, qui permet d'en évaluer numériquement les expressions, est, comme nous l'avons dit, d'être indépendante de la loi de probabilité des erreurs des observations. Le facteur $\frac{2h''}{k^2}a^2 s$, qui dépend de cette loi, a été éliminé des formules des n°s 19 et 21 du Livre II, en observant que ce facteur qui est la somme des

carrés de toutes les erreurs possibles des observations, multipliées par leurs probabilités respectives, et qui exprime ainsi la vraie moyenne de ces carrés, est très probablement égal à la somme des carrés des restes des équations de condition, lorsqu'on y a substitué les éléments déterminés par la méthode la plus avantageuse. L'importance de cette méthode dans la philosophie naturelle exige que l'incertitude qu'elle peut laisser soit dissipée, et la seule qui reste encore est relative à l'égalité dont je viens de parler. Je vais d'abord éclaircir ce point délicat de la théorie des probabilités et faire voir que l'égalité précédente peut être employée sans erreur sensible.

La somme des carrés des erreurs des observations, dont le nombre est s, étant supposée égale à $\frac{2k'}{k}a^2 s + a^2 r\sqrt{s}$, la probabilité que la valeur de r est comprise dans des limites données est, par le n° 19 cité,

$$\frac{1}{2\sqrt{\pi}}\int \beta' dr\, c^{-\frac{\beta'^2 r^2}{4}},$$

l'intégrale étant prise dans ces limites. Représentons l'équation générale de condition des éléments z, z', ... par celle-ci

$$\varepsilon^{(i)} = p^{(i)} z + q^{(i)} z' + \ldots - \alpha^{(i)},$$

$\varepsilon^{(i)}$ étant l'erreur de l'observation. Les éléments z, z', ... étant déterminés par la méthode la plus avantageuse, désignons par u, u', ... leurs erreurs; nous aurons, en nommant $\varepsilon'^{(i)}$ le reste de la fonction

$$p^{(i)} z + q^{(i)} z' + \ldots - \alpha^{(i)}$$

lorsqu'on y a substitué pour z, z', ... leurs valeurs ainsi déterminées,

$$\varepsilon^{(i)} = \varepsilon'^{(i)} + p^{(i)} u + q^{(i)} u' + \ldots,$$

ce qui donne

$$S\varepsilon^{(i)2} = S\varepsilon'^{(i)2} + 2S\varepsilon'^{(i)}(p^{(i)}u + q^{(i)}u' + \ldots) + S(p^{(i)}u + q^{(i)}u' + \ldots)^2,$$

le signe intégral S s'étendant à toutes les valeurs de i, depuis $i = 0$ jusqu'à $i = s - 1$. Mais, par les conditions de la méthode la plus avan-

ingénieuse, on a

$$S p^{(i)} \varepsilon'^{(i)} = 0, \qquad S q^{(i)} \varepsilon'^{(i)} = 0, \qquad \ldots;$$

on a donc

$$S \varepsilon^{(i)2} = S \varepsilon'^{(i)2} + S\left(p^{(i)}u + q^{(i)}u' + \ldots\right)^2;$$

en comparant cette valeur de $S\varepsilon^{(i)2}$ à sa valeur précédente $\frac{2k''}{k}a^2 s + a^2 r\sqrt{s}$, on aura

$$a^2 r\sqrt{s} = S\varepsilon'^{(i)2} = \frac{2k''}{k}a^2 s + S\left(p^{(i)}u + q^{(i)}u' + \ldots\right)^2.$$

Faisons

$$S\varepsilon'^{(i)2} = \frac{2k''}{k}a^2 s = t\sqrt{s},$$

$$u = \frac{v}{\sqrt{s}}, \qquad u' = \frac{v'}{\sqrt{s}}, \qquad u'' = \frac{v''}{\sqrt{s}}, \qquad \ldots;$$

nous aurons

$$a^2 r = t + \frac{S\left(p^{(i)}v + q^{(i)}v' + \ldots\right)^2}{s\sqrt{s}}.$$

L'exponentielle $\varepsilon^{-\frac{a^2 r}{t}}$ devient ainsi

$$\varepsilon^{-\frac{a^2}{t}\left[t + \frac{S(p^{(i)}v + q^{(i)}v' + \ldots)^2}{s\sqrt{s}}\right]};$$

ainsi la probabilité de t est proportionnelle à cette exponentielle.

L'analyse du n° 21 du Livre II conduit à ce théorème général, savoir que la probabilité de l'existence simultanée des quantités $u, u', u'', \ldots$ est proportionnelle à l'exponentielle

$$\varepsilon^{-\frac{k}{k''a^2 s} S(p^{(i)}v + q^{(i)}v' + \ldots)^2};$$

la probabilité de l'existence simultanée de $t, v, v', v'', \ldots$ est donc proportionnelle à

$$\varepsilon^{-\frac{a^2}{t}\left[t + \frac{S(p^{(i)}v + q^{(i)}v' + \ldots)^2}{s\sqrt{s}}\right]} = \varepsilon^{-\frac{k}{k''a^2 s} S(p^{(i)}v + q^{(i)}v' + \ldots)^2}.$$

En substituant pour $\frac{4k''a^2 s}{k}$ sa valeur $2S\varepsilon'^{(i)} = 2t\sqrt{s}$, cette exponentielle se réduit, en négligeant les termes de l'ordre $\frac{1}{s}$, à la fonction suivante :

$$\left[1 - \frac{t\sqrt{s}}{2(S\varepsilon'^{(i)2})^2} S(p^{(i)}v + q^{(i)}v' + \ldots)^2 \right] c^{-\frac{t^2}{4a^2}\left[1 + \frac{S(p^{(i)}v+q^{(i)}v'+\ldots)^2}{s\sqrt{s}} \right]^{-1} - \frac{S(p^{(i)}v+q^{(i)}v'+\ldots)^2}{2S\varepsilon'^{(i)}}}.$$

Maintenant, pour avoir la probabilité que la valeur de v est comprise dans des limites données, il faut : 1° multiplier cette fonction par $dt\,dv\,dv'\ldots$; 2° prendre l'intégrale du produit pour toutes les valeurs possibles de $t, v', v'', \ldots$; et, par rapport à v, intégrer seulement dans les limites données; 3° diviser le tout par cette même intégrale prise par rapport à toutes les valeurs possibles de $t, v, v', \ldots$. En regardant $S\varepsilon'^{(i)2}$ comme une donnée de l'observation, t ne varie qu'à raison de la valeur inconnue $\dfrac{2k''a^2s}{k}$, et cette valeur peut varier depuis zéro jusqu'à l'infini; t peut donc varier depuis $\dfrac{S\varepsilon'^{(i)2}}{\sqrt{s}}$ jusqu'à l'infini négatif; et, comme $S\varepsilon'^{(i)2}$ est de l'ordre s, t peut varier depuis l'infini négatif jusqu'à une valeur positive de l'ordre $\sqrt{s}$. L'exponentielle précédente devient, à cette limite de l'intégrale prise par rapport à t, de la forme $c^{-\varrho^2 t}$ et pourra être supposée nulle, à cause de la grandeur de s. Ainsi l'on peut prendre l'intégrale relative à t, depuis $t = -\infty$ jusqu'à $t = \infty$. Pareillement les intégrales relatives à $v', v'', \ldots$ peuvent être prises dans les mêmes limites. Si l'on fait

$$t + \frac{S(p^{(i)}v + q^{(i)}v' + \ldots)^2}{s\sqrt{s}} = t',$$

l'intégrale relative à t' pourra être prise par rapport à t' depuis $t' = -\infty$ jusqu'à $t' = \infty$.

De là il est facile de conclure que la probabilité que v est compris dans des limites données est proportionnelle à l'intégrale

$$\int dv\,dv'\ldots \left\{ 1 + \frac{[S(p^{(i)}v + q^{(i)}v' + \ldots)^2]^2}{2(S\varepsilon'^{(i)2})^2 s} \right\} c^{-\frac{S(p^{(i)}v+q^{(i)}v'+\ldots)^2}{2S\varepsilon'^{(i)}}},$$

les intégrales étant prises depuis $v', v'', \ldots$ égaux à $-\infty$ jusqu'à leurs valeurs infinies positives et par rapport à v dans les limites données, et étant divisée par la même intégrale étendue aux valeurs infinies positives et négatives de v, v', v'', ...

La considération de la différence qui peut exister entre $\dfrac{2k''}{k}a^2s$ et $S\varepsilon'^{(i)2}$ n'introduit donc dans l'expression de la probabilité dont il s'agit qu'un terme de l'ordre $\dfrac{1}{s}$, ordre que je me suis permis de négliger dans mon Ouvrage. Par là, l'intégrale précédente devient

$$\int dv\, dv' \ldots c^{-\frac{S(p^{(i)}v+q^{(i)}v'+\ldots)^2}{2S\varepsilon'^{(i)2}}}.$$

Si l'on fait

$$v_1'^{(i)} = p^{(i)} - \frac{q^{(i)}\,S\,p^{(i)}q^{(i)}}{S\,q^{(i)2}},$$

$$r_1'^{(i)} = r^{(i)} - \frac{q^{(i)}\,S\,r^{(i)}q^{(i)}}{S\,q^{(i)2}},$$

$$t_1'^{(i)} = t^{(i)} - \frac{q^{(i)}\,S\,t^{(i)}q^{(i)}}{S\,q^{(i)2}},$$

$$\ldots\ldots\ldots\ldots\ldots\ldots\ldots,$$

l'exponentielle

$$c^{-\frac{S(p^{(i)}v+q^{(i)}v'+r^{(i)}v''+\ldots)^2}{2S\varepsilon'^{(i)2}}}$$

pourra être mise sous cette forme

$$c^{-\frac{S(p_1^{(i)}v+r_1^{(i)}v''+\ldots)^2}{2S\varepsilon'^{(i)2}} - \frac{Sq^{(i)2}}{2S\varepsilon'^{(i)2}}\left(v'+\frac{vSp^{(i)}q^{(i)}+v''Sr^{(i)}q^{(i)}+\ldots}{Sq^{(i)2}}\right)^2}.$$

En multipliant cette quantité par dv', et en l'intégrant depuis $v'=-\infty$ jusqu'à $v'=\infty$, on aura une quantité proportionnelle à

$$c^{-\frac{S(p_1^{(i)}v+r_1^{(i)}v''+\ldots)^2}{2S\varepsilon'^{(i)2}}},$$

et dans laquelle la variable v' a disparu. En suivant le même procédé, on fera disparaître les variables v'', v''', ... On arrivera ainsi à une exponentielle de la forme $c^{-\frac{v^2Sp_{n-1}'^{(i)2}}{2S\varepsilon'^{(i)2}}}$, n étant le nombre des éléments. Si l'on restitue, au lieu de ϖ, sa valeur $u\sqrt{s}$, cette exponentielle devient

$$c^{-Pu^2},$$

en faisant

$$P = \frac{s}{2}\frac{Sp_{n-1}^{(i)2}}{S\varepsilon^{(i)2}},$$

u étant l'erreur de la valeur de z, P est ce que je nomme *poids* de cette valeur. La probabilité que cette erreur est comprise dans des limites données est donc

$$\frac{\int du\sqrt{P}\,c^{-Pu^2}}{\sqrt{\pi}},$$

l'intégrale étant prise dans ces limites, et π étant la circonférence dont le diamètre est l'unité. Mais il est plus simple d'appliquer le procédé dont nous venons de faire usage aux équations finales qui déterminent les éléments, pour les réduire à une seule, ce qui donne une méthode facile de résoudre ces équations.

2. Reprenons l'équation générale de condition, et, pour plus de simplicité, bornons-la aux six éléments z, z', z'', z''', z^{iv}, z^{v}; elle devient alors

$$\varepsilon^{(i)} = p^{(i)}z + q^{(i)}z' + r^{(i)}z'' + t^{(i)}z''' + \gamma^{(i)}z^{\text{iv}} + \lambda^{(i)}z^{\text{v}} - \alpha^{(i)}. \tag{1}$$

En la multipliant par $\lambda^{(i)}$ et réunissant tous les produits semblables, on aura

$$S\lambda^{(i)}\varepsilon^{(i)} = z\,S\lambda^{(i)}p^{(i)} + z'\,S\lambda^{(i)}q^{(i)} + \ldots - S\lambda^{(i)}\alpha^{(i)},$$

le signe intégral S s'étendant à toutes les valeurs de i, depuis $i = 0$ jusqu'à $i = s - 1$, s étant le nombre des observations employées. Par les conditions de la méthode la plus avantageuse, on a $S\lambda^{(i)}\varepsilon^{(i)} = 0$; l'équation précédente donnera donc

$$z^{\text{v}} = -z^{\text{iv}}\frac{S\lambda^{(i)}\gamma^{(i)}}{S\lambda^{(i)2}} - z'''\frac{S\lambda^{(i)}t^{(i)}}{S\lambda^{(i)2}} - z''\frac{S\lambda^{(i)}r^{(i)}}{S\lambda^{(i)2}}$$

$$- z'\frac{S\lambda^{(i)}q^{(i)}}{S\lambda^{(i)2}} - z\frac{S\lambda^{(i)}p^{(i)}}{S\lambda^{(i)2}} + \frac{S\lambda^{(i)}\alpha^{(i)}}{S\lambda^{(i)2}}.$$

Si l'on substitue cette valeur dans l'équation (1) et si l'on fait

$$\gamma_1^{(i)} = \gamma^{(i)} - \lambda^{(i)}\frac{S\lambda^{(i)}\gamma^{(i)}}{S\lambda^{(i)2}},$$

$$t_1^{(i)} = t^{(i)} - \lambda^{(i)}\frac{S\lambda^{(i)}t^{(i)}}{S\lambda^{(i)2}},$$

$$r_1^{(i)} = r^{(i)} - \lambda^{(i)}\frac{S\lambda^{(i)}r^{(i)}}{S\lambda^{(i)2}},$$

$$q_1^{(i)} = q^{(i)} - \lambda^{(i)}\frac{S\lambda^{(i)}q^{(i)}}{S\lambda^{(i)2}},$$

$$p_1^{(i)} = p^{(i)} - \lambda^{(i)}\frac{S\lambda^{(i)}p^{(i)}}{S\lambda^{(i)2}},$$

$$\alpha_1^{(i)} = \alpha^{(i)} - \lambda^{(i)}\frac{S\lambda^{(i)}\alpha^{(i)}}{S\lambda^{(i)2}},$$

on aura

$$(2)\qquad \varepsilon^{(i)} = p_1^{(i)}z + q_1^{(i)}z' + r_1^{(i)}z'' + t_1^{(i)}z''' + \gamma_1^{(i)}z^{\text{iv}} - \alpha_1^{(i)};$$

par ce moyen, l'élément z^{v} a disparu des équations de condition que représente l'équation (2). En multipliant cette équation par $\gamma_1^{(i)}$ et réunissant tous les produits semblables, en observant ensuite que l'on a

$$S\gamma_1^{(i)}\varepsilon^{(i)} = 0$$

en vertu des équations

$$0 = S\lambda^{(i)}\varepsilon^{(i)}, \qquad 0 = S\gamma^{(i)}\varepsilon^{(i)}$$

que donnent les conditions de la méthode la plus avantageuse, on aura

$$0 = z\,S\gamma_1^{(i)}p_1^{(i)} + z'\,S\gamma_1^{(i)}q_1^{(i)} + z''\,S\gamma_1^{(i)}r_1^{(i)} + z'''\,S\gamma_1^{(i)}t_1^{(i)} + z^{\text{iv}}\,S\gamma_1^{(i)2} - S\gamma_1^{(i)}\alpha_1^{(i)};$$

d'où l'on tire

$$z^{\text{iv}} = -z'''\frac{S\gamma_1^{(i)}t_1^{(i)}}{S\gamma_1^{(i)2}} - z''\frac{S\gamma_1^{(i)}r_1^{(i)}}{S\gamma_1^{(i)2}} - z'\frac{S\gamma_1^{(i)}q_1^{(i)}}{S\gamma_1^{(i)2}} - z\frac{S\gamma_1^{(i)}p_1^{(i)}}{S\gamma_1^{(i)2}} + \frac{S\gamma_1^{(i)}\alpha_1^{(i)}}{S\gamma_1^{(i)2}}.$$

Si l'on substitue cette valeur dans l'équation (2) et si l'on fait

$$t'_1 = t'_1 - z''_1 \frac{S t''_1 t'_1}{S t'^2_1},$$

$$u'_1 = u'_1 - z''_1 \frac{S t''_1 u'_1}{S t'^2_1},$$

$$q'_1 = q'_1 - z''_1 \frac{S t''_1 q'_1}{S t'^2_1},$$

$$p'_1 = p'_1 - z''_1 \frac{S t''_1 p'_1}{S t'^2_1},$$

$$x'_1 = x'_1 - z''_1 \frac{S t''_1 x'_1}{S t'^2_1},$$

on aura

$$(3) \qquad \varepsilon^{(i)} = p'_1 z + q'_1 z' + t'_1 z'' + t'_1 z''' = x'_1.$$

En continuant ainsi, on parviendra à une équation de la forme

$$(4 \qquad \varepsilon^{(i)} = p^{(i)}_3 z = x^{(i)}_3.$$

Il résulte du n° 20 du Livre II que, si la valeur de z est déterminée par cette équation et que u soit l'erreur de cette valeur, la probabilité de cette erreur est

$$\sqrt{\frac{S p^{(i)2}_3}{2 S \varepsilon^{(i)2}}} \, e^{-\frac{S p^{(i)}_3}{2 S \varepsilon^{(i)}}},$$

$S \varepsilon^{(i)2}$ étant la somme des carrés des restes des équations de condition, lorsqu'on y a substitué les éléments déterminés par la méthode la plus avantageuse. Le poids P de cette erreur est donc égal à $\frac{S p^{(i)2}_3}{2 S \varepsilon^{(i)2}}$.

Il s'agit maintenant de déterminer $S p^{(i)2}_3$. Pour cela, on multipliera respectivement chacune des équations de condition représentées par l'équation (1), d'abord par le coefficient du premier élément, et l'on prendra la somme de ces produits; ensuite par le coefficient du second élément, et l'on prendra la somme de ces produits, et ainsi du reste. On aura, en observant que par les conditions de la méthode la plus avantageuse $Sp^{(i)}\varepsilon^{(i)} = 0$, $Sq^{(i)}\varepsilon^{(i)} = 0$, ..., les six équations suivantes :

$$
(A)\quad\left\{
\begin{aligned}
\overline{p\alpha} &= p^{(2)}z + \overline{pq}\,z' + \overline{pr}\,z'' + \overline{pt}\,z''' + \overline{p\gamma}\,z^{\text{iv}} + \overline{p\lambda}\,z^{\text{v}},\\
\overline{q\alpha} &= \overline{pq}\,z + q^{(2)}z' + \overline{qr}\,z'' + \overline{qt}\,z''' + \overline{q\gamma}\,z^{\text{iv}} + \overline{q\lambda}\,z^{\text{v}},\\
\overline{r\alpha} &= \overline{rp}\,z + \overline{rq}\,z' + r^{(2)}z'' + \overline{rt}\,z''' + \overline{r\gamma}\,z^{\text{iv}} + \overline{r\lambda}\,z^{\text{v}},\\
\overline{t\alpha} &= \overline{tp}\,z + \overline{tq}\,z' + \overline{tr}\,z'' + t^{(2)}z''' + \overline{t\gamma}\,z^{\text{iv}} + \overline{t\lambda}\,z^{\text{v}},\\
\overline{\gamma\alpha} &= \overline{\gamma p}\,z + \overline{\gamma q}\,z' + \overline{\gamma r}\,z'' + \overline{\gamma t}\,z''' + \gamma^{(2)}z^{\text{iv}} + \overline{\gamma\lambda}\,z^{\text{v}},\\
\overline{\lambda\alpha} &= \overline{\lambda p}\,z + \overline{\lambda q}\,z' + \overline{\lambda r}\,z'' + \overline{\lambda t}\,z''' + \overline{\lambda\gamma}\,z^{\text{iv}} + \lambda^{(2)}z^{\text{v}},
\end{aligned}
\right.
$$

où l'on doit observer que nous supposons

$$p^{(2)} = Sp^{(i)2},\qquad \overline{pq} = Sp^{(i)}q^{(i)},\qquad q^{(2)} = Sq^{(i)2},\qquad \overline{qr} = Sq^{(i)}r^{(i)},\qquad \ldots.$$

Si l'on multiplie pareillement les équations de condition représentées par l'équation (2) respectivement par les coefficients de z et que l'on ajoute ces produits, ensuite par les coefficients de z' en ajoutant encore ces produits, et ainsi de suite, on aura le système suivant d'équations, en observant que $Sp_1^{(i)}\varepsilon^{(i)} = 0$, $Sq_1^{(i)}\varepsilon^{(i)} = 0$, ..., par les conditions de la méthode la plus avantageuse,

$$
(B)\quad\left\{
\begin{aligned}
\overline{p_1\alpha_1} &= p_1^{(2)}\,z + \overline{p_1q_1}\,z' + \overline{p_1r_1}\,z'' + \overline{p_1t_1}\,z''' + \overline{p_1\gamma_1}\,z^{\text{iv}},\\
\overline{q_1\alpha_1} &= \overline{p_1q_1}\,z + q_1^{(2)}\,z' + \overline{q_1r_1}\,z'' + \overline{q_1t_1}\,z''' + \overline{q_1\gamma_1}\,z^{\text{iv}},\\
\overline{r_1\alpha_1} &= \overline{p_1r_1}\,z + \overline{q_1r_1}\,z' + r_1^{(2)}\,z'' + \overline{r_1t_1}\,z''' + \overline{r_1\gamma_1}\,z^{\text{iv}},\\
\overline{t_1\alpha_1} &= \overline{p_1t_1}\,z + \overline{q_1t_1}\,z' + \overline{r_1t_1}\,z'' + t_1^{(2)}\,z''' + \overline{t_1\gamma_1}\,z^{\text{iv}},\\
\overline{\gamma_1\alpha_1} &= \overline{p_1\gamma_1}\,z + \overline{q_1\gamma_1}\,z' + \overline{r_1\gamma_1}\,z'' + \overline{t_1\gamma_1}\,z''' + \gamma_1^{(2)}\,z^{\text{iv}},
\end{aligned}
\right.
$$

où l'on doit observer que

$$\overline{p_1q_1} = Sp_1^{(i)}q_1^{(i)},\qquad p_1^{(2)} = Sp_1^{(i)2},\qquad \ldots.$$

En substituant, au lieu de $p_1^{(i)}$, $q_1^{(i)}$, ..., leurs valeurs précédentes, on a

$$\overline{p_1q_1} = Sp^{(i)}q^{(i)} - \frac{S\lambda^{(i)}p^{(i)}.S\lambda^{(i)}q^{(i)}}{S\lambda^{(i)2}}$$

ou

$$\overline{p_1q_1} = \overline{pq} - \frac{\overline{\lambda p}\,.\,\overline{\lambda q}}{\lambda^{(2)}};$$

on a pareillement

$$p'^{(2)}_1 = p^{(2)} - \frac{\overline{\lambda.p}^2}{\lambda^{(2)}},$$

$$q'^{(2)}_1 = q^{(2)} - \frac{\overline{\lambda.q}^2}{\lambda^{(2)}},$$

$$\overline{p_1 r_1} = \overline{pr} - \frac{\overline{\lambda.p}\,\overline{\lambda.r}}{\lambda^{(2)}},$$

$$\dots\dots\dots\dots\dots,$$

$$\overline{p_1 \alpha_1} = \overline{p\alpha} - \frac{\overline{\lambda.p}\,\overline{\lambda.\alpha}}{\lambda^{(2)}},$$

$$\dots\dots\dots\dots\dots$$

Ainsi les coefficients du système des équations (B) se déduisent facilement des coefficients du système des équations (A).

Les équations de condition représentées par l'équation (3) donneront semblablement le système suivant d'équations

(C)
$$\begin{cases}
\overline{p_2\alpha_2} = p'^{(2)}_2\; z + \overline{p_2 q_2}\, z' + \overline{p_2 r_2}\, z'' + \overline{p_2 l_2}\, z''', \\[4pt]
\overline{q_2\alpha_2} = \overline{p_2 q_2}\, z + q'^{(2)}_2\; z' + \overline{q_2 r_2}\, z'' + \overline{q_2 l_2}\, z''', \\[4pt]
\overline{r_2\alpha_2} = \overline{p_2 r_2}\, z + \overline{q_2 r_2}\, z' + r'^{(2)}_2\; z'' + \overline{r_2 l_2}\, z''', \\[4pt]
\overline{l_2\alpha_2} = \overline{p_2 l_2}\, z + \overline{q_2 l_2}\, z' + \overline{r_2 l_2}\, z'' + l'^{2}_2\; z''',
\end{cases}$$

et l'on a

$$p^{(2)}_2 = p^{(2)}_1 - \frac{\overline{\gamma_1 p_1}^2}{\gamma_1^{(2)}},$$

$$\overline{p_2 q_2} = \overline{p_1 q_1} - \frac{\overline{\gamma_1 p_1}\,\overline{q_1 \gamma_1}}{\gamma_1^{(2)}},$$

$$\dots\dots\dots\dots\dots,$$

$$\overline{p_2 \alpha_2} = \overline{p_1 \alpha_1} - \frac{\overline{\gamma_1 p_1}\,\overline{\gamma_1 \alpha_1}}{\gamma_1^{(2)}},$$

$$\dots\dots\dots\dots\dots$$

On aura pareillement le système d'équations

(D)
$$\begin{cases}
\overline{p_3\alpha_3} = p'^{(2)}_3\; z + \overline{p_3 q_3}\, z' + \overline{p_3 r_3}\, z'', \\[4pt]
\overline{q_3\alpha_3} = \overline{p_3 q_3}\, z + q'^{(2)}_3\; z' + \overline{q_3 r_3}\, z'', \\[4pt]
\overline{r_3\alpha_3} = \overline{p_3 r_3}\, z + \overline{q_3 r_3}\, z' + r'^{(2)}_3\; z'',
\end{cases}$$

en faisant

$$p_3^{(2)} = p_2^{(2)} - \frac{\overline{p_2 t_2}^2}{t_2^{(2)}},$$

$$\overline{p_3 q_3} = \overline{p_2 q_2} - \frac{\overline{p_2 t_2}\,\overline{q_2 t_2}}{t_2^{(2)}},$$

$$\overline{p_3 \alpha_3} = \overline{p_2 \alpha_2} - \frac{\overline{t_2 p_2}\,\overline{t_2 \alpha_2}}{t_2^{(2)}},$$

$$\dots\dots\dots\dots\dots\dots\dots ;$$

on aura encore

$$(E) \qquad \left\{ \begin{array}{l} \overline{p_4 \alpha_4} = p_4^{(2)}\, z + \overline{p_4 q_4}\, z', \\[2mm] \overline{q_4 \alpha_4} = \overline{p_4 q_4}\, z + q_4^{(2)}\, z', \end{array} \right.$$

en faisant

$$p_4^{(2)} = p_3^{(2)} - \frac{\overline{p_3 r_3}^2}{r_3^{(2)}},$$

$$\overline{p_4 q_4} = \overline{p_3 q_3} - \frac{\overline{p_3 r_3}\,\overline{q_3 r_3}}{r_3^{(2)}},$$

$$\overline{p_4 \alpha_4} = \overline{p_3 \alpha_3} - \frac{\overline{p_3 r_3}\,\overline{\alpha_3 r_3}}{r_3^{(2)}},$$

$$\dots\dots\dots\dots\dots\dots\dots ,$$

Enfin on aura

$$(F) \qquad\qquad \overline{p_5 \alpha_5} = p_5^{(2)} z,$$

en faisant

$$p_5^{(2)} = p_4^{(2)} - \frac{\overline{p_4 q_4}^2}{q_4^{(2)}}, \qquad \overline{p_5 \alpha_5} = \overline{p_4 \alpha_4} - \frac{\overline{p_4 q_4}\,\overline{q_4 \alpha_4}}{q_4^{(2)}};$$

$p_5^{(2)}$ est la valeur de $S p_5^{(2)}$, et le poids P sera

$$\frac{S p_5^{(2)}}{2 S \varepsilon'^{(2)}}.$$

On voit par la suite des valeurs de $p^{(2)}, p_4^{(2)}, p_2^{(2)}, \dots$ qu'elles vont en diminuant sans cesse, et qu'ainsi, pour le même nombre d'observations, le poids P diminue quand le nombre des éléments augmente.

Si l'on considère la suite des équations qui déterminent $\overline{p_5 \alpha_5}$, on voit que cette fonction, développée suivant les coefficients du système des équations (A), est de la forme

$$\overline{\overline{p\alpha}} + M\,\overline{\overline{q\alpha}} + N\,\overline{\overline{r\alpha}} + \ldots,$$

le coefficient de $\overline{\overline{p\alpha}}$ étant l'unité. Il suit de là que si l'on résout les équations (A), en y laissant $\overline{p\alpha}$, $\overline{q\alpha}$, $\overline{r\alpha}$, ... comme indéterminées, $\frac{1}{p_3^{(3)}}$ sera, en vertu de l'équation (F), le coefficient de $\overline{\overline{p\alpha}}$ dans l'expression de z. Pareillement, $\frac{1}{q_3^{(3)}}$ sera le coefficient de $\overline{\overline{q\alpha}}$ dans l'expression de z'; $\frac{1}{r_3^{(3)}}$ sera le coefficient de $\overline{r\alpha}$ dans l'expression de z''; et ainsi du reste; ce qui donne un moyen simple d'obtenir $p_3^{(3)}$, $q_3^{(3)}$, ...; mais il est plus simple encore de les déterminer ainsi:

D'abord l'équation (F) donne la valeur de $p_3^{(3)}$ et de z. Si dans le système des équations (E) on élimine z au lieu de z', on aura une seule équation en z', de la forme

$$\overline{q_1\alpha_1} = q_3^{(3)}\,z'_1;$$

en faisant

$$q_3^{(3)} = q_1^{(3)} = \frac{\overline{\overline{p_1 q_1}}}{\overline{p_1^{(3)}}}, \qquad \overline{q_1 \alpha_1} = \overline{\overline{q_1 z_1}} = \frac{\overline{\overline{p_1 q_1}}\;\overline{\overline{p_1 z_1}}}{\overline{p_1^{(3)}}}.$$

Si dans le système des équations (D) on élimine z au lieu de z'', pour ne conserver à la fin du calcul que z'', on aura $r_3^{(3)}$ en changeant dans la suite des équations qui, à partir de ce système, déterminent p_3^2; la lettre p dans la lettre r, et réciproquement. On aura ainsi

$$r_1^{(3)} = r_1^{(3)} = \frac{\overline{\overline{p_1 r_1}}}{\overline{p_1^{(3)}}};$$

$$\overline{r_1 q_1} = \overline{r_1 q_1} = \frac{\overline{\overline{r_1 q_1}}\;\overline{\overline{p_1 r_1}}}{\overline{p_1^{(3)}}};$$

$$q_1^{(3)} = q_1^{(3)} = \frac{\overline{\overline{p_1 q_1}}}{\overline{p_1^{(3)}}};$$

$$r_1^{(3)} = r_1^{(3)} = \frac{\overline{\overline{p_1 q_1}}}{\overline{q_1^{(3)}}};$$

$$\cdots\cdots\cdots\cdots\cdots\cdots$$

Pour avoir $t_5^{(2)}$, on partira du système des équations (C), en changeant, dans la suite des valeurs de $p_3^{(2)}$, $\overline{p_3 q_3}$, ..., $t_3^{(2)}$, $\overline{q_3 r_3}$, ..., la lettre p dans la lettre t, et réciproquement.

On aura pareillement la valeur de $\gamma_5^{(2)}$, en partant du système des équations (B) et changeant dans la suite des valeurs de $p_2^{(2)}$, $p_3^{(2)}$, ..., la lettre p dans la lettre γ, et réciproquement.

Enfin, on aura la valeur de $\lambda_3^{(2)}$ en changeant, dans la suite des valeurs de $p_1^{(2)}$, $p_3^{(2)}$, ..., la lettre p dans la lettre λ, et réciproquement.

3. L'erreur dont la valeur de z est susceptible étant u, sa probabilité est, comme on l'a vu,

$$\frac{\sqrt{P}\, c^{-Pu^2}}{\sqrt{\pi}}.$$

En la multipliant par $u\,du$ et prenant l'intégrale depuis u nul jusqu'u infini, on aura

$$\frac{1}{2\sqrt{\pi}\sqrt{P}}$$

pour l'erreur moyenne à craindre en plus dans la valeur de z. Cette expression affectée du signe $-$ sera l'erreur moyenne à craindre en moins sur cette valeur. J'ai donné dans le n° 21 du Livre II l'expression analytique de ces erreurs moyennes, quel que soit le nombre des éléments. On aura donc, en la comparant à la précédente, la valeur de P, et il est facile de reconnaître l'identité de ces expressions. On trouve ainsi, dans le cas d'un seul élément,

$$P = \frac{s p^{(2)}}{2\,S\varepsilon'^{(i)2}}.$$

Si l'on fait généralement, pour un nombre quelconque d'éléments,

$$P = \frac{s}{2\,S\varepsilon'^{(i)2}}\,\frac{A}{B},$$

on trouve, pour deux éléments,

$$A = p^{(2)} q^{(2)} - \overline{pq}^{2},$$
$$B = q^{(2)}.$$

En appliquant ces résultats aux équations (E), on aura la valeur de P relative à l'élément ϖ.

On trouve, pour trois éléments,

$$A = p^{(3)} q^{(3)} r^{(3)} = p^{(3)} \overline{\overline{qr}}^2 = q^{(3)} \overline{\overline{pr}}^2 = r^{(3)} \overline{\overline{pq}}^2 + 2 \overline{\overline{pq}}\, \overline{\overline{pr}}\, \overline{\overline{qr}},$$

$$B = q^{(3)} r^{(3)} = \overline{\overline{qr}}^2.$$

Ces résultats appliqués aux équations (D) donneront la valeur de P relative à l'élément ϖ.

En continuant ainsi, on aura, quel que soit le nombre des éléments, le poids relatif au premier élément ϖ. En changeant dans son expression p en q et q en p, on aura le poids relatif au deuxième élément ϖ'. En changeant, dans l'expression du poids du premier élément, p en r et r en p, on aura le poids relatif au troisième élément ϖ'', et ainsi de suite. Mais, lorsque le nombre des éléments surpasse trois, il est beaucoup plus simple de faire usage de la méthode du numéro précédent.

Nous observerons ici que l'erreur moyenne à craindre sur chaque élément étant, par les n°[s] 20 et 21 du Livre II, plus petite dans le système de facteurs qui constitue la méthode la plus avantageuse que dans tout autre système, la valeur de P y est la plus grande possible. Ainsi, pour une même erreur d'un élément dans cette méthode, la probabilité est plus petite que dans toute autre méthode, ce qui assure sa supériorité.

4. Toute mon analyse repose sur l'hypothèse que la facilité des erreurs est la même pour les erreurs positives et pour les erreurs négatives; ce qui rend nulle l'intégrale du produit de l'erreur par sa probabilité et par sa différentielle, l'intégrale étant prise dans toute l'étendue des limites des erreurs, et l'origine des erreurs étant au milieu de l'intervalle qui sépare ces limites. Mais, si la loi de facilité est différente pour les erreurs positives et pour les erreurs négatives,

alors l'intégrale précédente ne devient nulle que dans le cas où cette origine est au point de l'abscisse par où passe l'ordonnée du centre de gravité de la courbe, dont les ordonnées représentent la loi de facilité des erreurs représentées elles-mêmes par les abscisses. Pour tout autre point, l'erreur moyenne de l'observation est cette intégrale divisée par l'intervalle des limites ; et, si l'on a un grand nombre d'observations, la moyenne des erreurs de ces observations sera, par ce que l'on a vu dans le Livre II, égale à très peu près à ce quotient. En faisant donc en sorte que la somme des erreurs soit nulle, on pourra supposer nulle l'intégrale dont nous venons de parler, et alors toute mon analyse subsiste et devient indépendante de l'hypothèse d'une égale facilité des erreurs positives et des erreurs négatives. On peut toujours obtenir cet avantage en ajoutant aux équations de condition un élément indéterminé dont le coefficient soit l'unité. C'est ce qui a lieu de soi-même dans les équations de condition relatives au mouvement des planètes en longitude ; car la correction de l'époque y a pour coefficient l'unité. Mais, l'addition d'un élément affaiblissant, comme nous l'avons dit, la probabilité des erreurs des autres éléments, probabilité qui, pour le même nombre d'observations, diminue quand le nombre des éléments qui s'appuient sur elles est plus grand, il ne faut recourir à cette addition que lorsque l'on peut craindre qu'une cause constante favorise plutôt les erreurs d'un signe que celles du signe contraire. Au reste, on s'en assurera facilement, en faisant la somme des restes positifs et celle des restes négatifs des équations de condition, lorsqu'on y aura substitué les valeurs des éléments déterminés par la méthode la plus avantageuse, sans l'addition dont on vient de parler et en voyant si l'excès de l'une de ces sommes sur l'autre indique une cause constante.

Pour ne laisser aucun doute sur cet objet, je vais y appliquer le calcul. Il résulte du n° 22 du Livre II que la probabilité que la somme des erreurs des observations égale

$$\frac{2k'}{k}s \pm hF\sqrt{s}$$

est proportionnelle à l'exponentielle

$$c^{-\frac{k'^2 s}{2 \cdot kk' - k'^2}}.$$

Cette somme est $S\varepsilon^{(i)}$, et, par le n° 1, on a

$$S\varepsilon^{(i)} = S\varepsilon'^{(i)} + S(p^{(i)} u + q^{(i)} u' + \ldots).$$

Par la nature des équations finales, on a $S\varepsilon'^{(i)} = o$; on a donc

$$\frac{ak'}{k} s + ar\sqrt{s} = S(p^{(i)} u + q^{(i)} u' + \ldots).$$

Si l'on fait, comme dans ce numéro, $u = \dfrac{v}{\sqrt{s}}$, $u' = \dfrac{v'}{\sqrt{s}}$, ..., on aura ainsi

$$r = -\frac{k'}{k}\sqrt{s} + \frac{1}{as} S(p^{(i)} v + q^{(i)} v' + \ldots).$$

Ainsi $\dfrac{k'}{k}$ est de l'ordre $\dfrac{1}{\sqrt{s}}$, et son carré est de l'ordre $\dfrac{1}{s}$; on peut donc le négliger, eu égard à $\dfrac{k''}{k}$. La probabilité de l'existence simultanée de r, v, v', ... est ainsi proportionnelle à l'exponentielle

$$c^{-\frac{k}{2k'}\left[r^2 - \frac{S(p^{(i)} v + q^{(i)} v' + \ldots)^2}{aS^{2+\frac{1}{2}}}\right]}.$$

En la multipliant par dr, dv', ..., en l'intégrant par rapport à r, v', v'', ..., depuis l'infini négatif jusqu'à l'infini positif, on aura une quantité proportionnelle à la probabilité de v. En multipliant donc cette quantité par dv et en prenant l'intégrale dans des limites données, en la divisant ensuite par cette même intégrale prise depuis $v = -\infty$ jusqu'à $v = +\infty$, on aura la probabilité que la valeur de v est contenue dans ces limites. On voit ainsi que la considération des valeurs que k' peut avoir et dont dépend la différence de probabilité des erreurs positives et négatives n'a aucune influence sensible sur les résultats de la méthode générale exposée ci-dessus.

5. Appliquons maintenant cette méthode à un exemple. Pour cela, j'ai profité de l'immense travail que Bouvard vient de terminer sur les mouvements de Jupiter et de Saturne, dont il a construit des Tables très précises. Il a fait usage de toutes les oppositions observées par Bradley et par les astronomes qui l'ont suivi : il les a discutées de nouveau et avec le plus grand soin, ce qui lui a donné 126 équations de condition pour le mouvement de Jupiter en longitude et 129 équations pour le mouvement de Saturne. Dans ces dernières équations, Bouvard a fait entrer la masse d'Uranus comme indéterminée. Voici les équations finales qu'il a conclues par la méthode la plus avantageuse :

$$7212'',600 = 795938\,z - 12729398\,z'$$
$$+\, 6788,2\,z'' - 1959,0\,z''' + 696,13\,z^{iv} + 2602\,z^{v},$$

$$-\,738297'',800 = -\,12729398\,z + 424865729\,z'$$
$$-\,153106,5\,z'' - 39749,1\,z''' - 5459\,z^{iv} + 5722\,z^{v},$$

$$237'',782 = 6788,2\,z - 153106,5\,z'$$
$$+\, 71,8720\,z'' - 3,2252\,z''' + 1,2484\,z^{iv} + 1,3371\,z^{v},$$

$$-\, 40'',335 = -\,1959,0\,z - 39749,1\,z'$$
$$-\, 3,2252\,z'' + 57,1911\,z''' + 3,6213\,z^{iv} + 1,1128\,z^{v},$$

$$-\, 343'',455 = 696,13\,z - 5459\,z'$$
$$+\, 1,2484\,z'' + 3,6213\,z''' + 21,543\,z^{iv} + 46,310\,z^{v},$$

$$-\, 1002',900 = 2602\,z + 5722\,z'$$
$$+\, 1,3371\,z'' + 1,1128\,z''' + 46,310\,z^{iv} + 129\,z^{v}.$$

Dans ces équations, la masse d'Uranus est supposée $\dfrac{1+z}{19504}$; la masse de Jupiter est supposée $\dfrac{1+z'}{1067,09}$; z'' est le produit de l'équation du centre par la correction du périhélie employé d'abord par Bouvard; z''' est la correction de l'équation du centre; z^{iv} est la correction séculaire du moyen mouvement; z^{v} est la correction de l'époque de la longitude au commencement de 1750. La seconde du degré décimal est prise pour unité.

Au moyen des équations précédentes renfermées dans le système (A), j'ai conclu les suivantes, renfermées dans le système (B) :

$$3741'',68 \;=\; 713154\,z \;=\; 1281814\,z'$$
$$+\; 6761,23\,z'' \;=\; 1981,45\,z''' \;=\; 217,07\,z^{IV},$$

$$=\; 63812'',58 \;=\; -\,1381814\,z \;+\; 4346,920\,z'$$
$$=\; 153165,81\,z'' \;=\; 30708,16\,z''' \;=\; 7513,15\,z^{IV},$$

$$248'',1772 \;=\; 6761,23\,z \;=\; 153165,81\,z'$$
$$+\; 71,8501\,z'' \;=\; 3,3369\,z''' \;+\; 0,7081\,z^{IV},$$

$$=\; 31'',0836 \;=\; -\,1981,15\,z \;=\; 30708,16\,z'$$
$$=\; 3,2307\,z'' \;+\; 57,1815\,z''' \;+\; 1,3218\,z^{IV},$$

$$16'',5783 \;=\; -\,237,07\,z \;=\; 7513,15\,z'$$
$$+\; 0,7081\,z'' \;+\; 3,2218\,z''' \;+\; 1,0181\,z^{IV}.$$

De ces équations, j'ai tiré les quatre suivantes, renfermées dans le
système (C),

$$38213'',85 \;=\; 731939,5\,z \;=\; 13208350\,z' \;+\; 6709,41\,z'' \;=\; 1825,50\,z''',$$

$$=\; 668186'',70 \;=\; -\,13208350\,z \;+\; 41313443\,z' \;=\; 15109920\,z'' \;=\; 34870,7\,z''',$$

$$415'',5870 \;=\; 6709,41\,z \;=\; 15109920\,z' \;+\; 71,7381\,z'' \;=\; 3,7101\,z''',$$

$$=\; 42'',5131 \;=\; -\,1825,50\,z \;=\; 34870,7\,z' \;=\; 3,7101\,z'' \;+\; 55,0710\,z'''.$$

ces dernières équations donnent les suivantes, renfermées dans le système (D),

$$36933'',55 \;=\; 671411,7\,z \;-\; 1130151\,z' \;+\; 6074,13\,z'',$$

$$=\; 695430'',0 \;=\; -\,1130151\,z \;+\; 39104080\,z' \;=\; 154300,0\,z'',$$

$$412'',6977 \;=\; 6074,13\,z \;-\; 154300,0\,z' \;+\; 71,4041\,z''.$$

Enfin j'ai conclu de là les deux équations suivantes, renfermées dans le
système (E) :

$$1172'',95 \;=\; 18142\,z \;=\; 48030\,z', \qquad -\,17165'',3 \;=\; 18030\,z \;+\; 57795\,z'.$$

Je m'arrête à ce système, parce qu'il est facile d'en conclure les valeurs du poids P relatives aux deux éléments z et z' que je désirais par-

ticulièrement de connaitre. Les formules du n° 3 donnent, pour z,

$$P = \frac{s}{2 S \varepsilon'^{(i)2}}\left[48442 - \frac{(48020)^2}{57725227}\right]$$

et, pour z',

$$P = \frac{s}{2 S \varepsilon'^{(i)2}}\left[57725227 - \frac{(48020)^2}{48442}\right].$$

Le nombre s des observations est ici 129 et Bouvard a trouvé

$$S \varepsilon'^{(i)2} = 31096;$$

on a donc, pour z,

$$\log P = 2,0013595$$

et, pour z',

$$\log P = 5,0778624.$$

Les équations précédentes donnent

$$z' = - 0,00305,$$

$$z = 0,08916.$$

La masse de Jupiter est $\frac{1}{1067,09}(1 + z')$. En substituant pour z' sa valeur précédente, cette masse devient $\frac{1}{1070,35}$. La masse du Soleil est prise pour unité. La probabilité que l'erreur de z' est comprise dans les limites $\pm U$ est, par le n° 1,

$$\sqrt{\frac{P}{\pi}} \int du\, e^{-Pu^2},$$

l'intégrale étant prise depuis $u = - U$ jusqu'à $u = U$. On trouve ainsi la probabilité que la masse de Jupiter est comprise dans les limites

$$\frac{1}{1070,35} \pm \frac{1}{100}\,\frac{1}{1067,09},$$

égale à $\frac{1000000}{1000001}$; en sorte qu'il y a un million à très peu près à parier contre un que la valeur $\frac{1}{1070,35}$ n'est pas en erreur d'un centième de sa valeur; ou, ce qui revient à fort peu près au même, qu'après un siècle de nouvelles observations, ajoutées aux précédentes et discutées de la même manière, le nouveau résultat ne différera pas du précédent d'un centième de sa valeur.

Newton avait trouvé, par les observations de Pound, sur les élongations des satellites de Jupiter, la masse de cette planète égale à la 1067e partie de celle du Soleil, ce qui diffère très peu du résultat de Bouvard.

La masse d'Uranus est $\dfrac{1\pm z}{19504}$. En substituant pour z sa valeur précédente, cette masse devient $\dfrac{1}{17907}$. La probabilité que cette valeur est comprise dans des limites

$$\frac{1}{17907} \pm \frac{1}{4}\,\frac{1}{19504}$$

est égale à $\dfrac{2508}{2509}$, et la probabilité que cette masse est comprise dans les limites

$$\frac{1}{17907} \pm \frac{1}{3}\,\frac{1}{19504}$$

est égale à $\dfrac{215,0}{210,0}$.

Les perturbations qu'Uranus produit dans le mouvement de Saturne étant peu considérables, on ne doit pas encore attendre des observations de ce mouvement une grande précision dans la valeur de sa masse. Mais, après un siècle de nouvelles observations, ajoutées aux précédentes et discutées de la même manière, la valeur de P augmentera de manière à donner cette masse avec une grande probabilité que sa valeur sera contenue dans d'étroites limites; ce qui sera de beaucoup préférable à l'emploi des élongations des satellites d'Uranus, à cause de la difficulté d'observer ces élongations.

Bouvard, en appliquant la méthode précédente aux 126 équations de condition que lui ont données les observations de Jupiter et en supposant la masse de Saturne égale à $\dfrac{1\pm z}{3534,08}$, a trouvé

$$z = 0,00028$$

et

$$\log P = 1,8856829.$$

Ces valeurs donnent la masse de Saturne égale à $\frac{1}{3513,3}$, et la probabilité que cette masse est comprise dans les limites

$$\frac{1}{3513,3} \pm \frac{1}{100} \cdot \frac{1}{3931,03}$$

est égale à $\frac{11337}{11338}$.

Newton avait trouvé, par les observations de Pound sur la plus
grande élongation du quatrième satellite de Saturne, la masse de cette
planète égale à $\frac{1}{3014}$; ce qui surpasse d'un sixième le résultat précédent. Il y a des millions de milliards à parier contre un que celui de
Newton est en erreur, et l'on n'en sera point surpris si l'on considère
la difficulté d'observer les plus grandes élongations des satellites de
Saturne. La facilité d'observer celles des satellites de Jupiter a rendu,
comme on l'a vu, beaucoup plus exacte la valeur que Newton a conclue
des observations de Pound.

De la probabilité des jugements.

J'ai assimilé, dans le n° 50 du Livre II, le jugement d'un tribunal
qui prononce entre deux opinions contradictoires au résultat des témoignages de plusieurs témoins de l'extraction du numéro d'une urne qui
ne contient que deux numéros. Il y a cependant entre ces deux cas
cette différence, savoir, que la probabilité du témoignage est indépendante de la nature de la chose attestée, parce que l'on suppose que le
témoin n'a pu se tromper sur cette chose; au lieu qu'un objet en litige
peut être environné d'obscurités telles, que les juges, en leur supposant toute la bonne foi désirable, peuvent être cependant d'avis contraires. La nature de l'affaire qui leur est soumise doit donc influer sur
leur jugement. Je vais faire entrer cette considération dans les recherches suivantes, en l'appliquant aux jugements en matière criminelle.

Il faut sans doute aux juges, pour condamner un accusé, les plus
fortes preuves de son délit. Mais une preuve morale n'est jamais qu'une
probabilité, et l'expérience n'a que trop fait connaître les erreurs dont

les jugements criminels, ceux même qui paraissent être les plus justes, sont encore susceptibles. La possibilité de réparer ces erreurs est le plus solide argument des philosophes qui ont voulu proscrire la peine de mort. Nous devrions donc nous abstenir de juger, s'il nous fallait attendre l'évidence mathématique. Mais, lorsque les preuves ont une force telle que le produit de l'erreur à craindre par sa faible probabilité soit inférieure au danger qui résulterait de l'impunité du crime, le jugement est commandé par l'intérêt de la société. Ce jugement se réduit, si je ne me trompe, à la solution de la question suivante : La preuve du délit de l'accusé a-t-elle le haut degré de probabilité nécessaire pour que les citoyens aient moins à redouter les erreurs des tribunaux, s'il est innocent et condamné, que ses nouveaux attentats et ceux des malheureux qu'enhardirait l'exemple de son impunité, s'il était coupable et absous? La solution de cette question dépend de plusieurs éléments très difficiles à connaître. Telle est l'imminence du danger qui menacerait la société si l'accusé criminel restait impuni. Quelquefois, ce danger est si grand que le magistrat se voit obligé de renoncer aux formes sagement établies pour la sûreté de l'innocence. Mais ce qui rend presque toujours la question dont il s'agit insoluble est l'impossibilité d'apprécier exactement la probabilité du délit, et de fixer celle qui est nécessaire pour la condamnation de l'accusé. Chaque juge, à cet égard, est forcé de s'en rapporter à son propre tact. Il forme son opinion en comparant les divers témoignages et les circonstances dont le délit est accompagné aux résultats de ses réflexions et de son expérience; et, sous ce rapport, une longue habitude d'interroger et de juger les accusés donne beaucoup d'avantages pour saisir la vérité au milieu d'indices souvent contradictoires.

La question précédente dépend encore de la grandeur de la peine appliquée au délit; car on exige naturellement, pour prononcer la mort, des preuves beaucoup plus fortes que pour infliger une détention de quelques mois. C'est une raison de proportionner la peine au délit, une peine grave appliquée à un léger délit devant inévitablement faire absoudre beaucoup de coupables. Le produit de la probabi-

lité du délit par sa gravité étant la mesure du danger que l'absolution
de l'accusé peut faire éprouver à la société, on pourrait penser que la
peine doit dépendre de cette probabilité. C'est ce que l'on fait indirectement dans les tribunaux où l'on retient pendant quelque temps l'accusé contre lequel s'élèvent des preuves très fortes, mais insuffisantes
pour le condamner. Dans la vue d'acquérir de nouvelles lumières, on
ne le remet point sur-le-champ au milieu de ses concitoyens, qui ne le
reverraient pas sans de vives alarmes. Mais l'arbitraire de cette mesure
et l'abus qu'on en peut faire l'ont fait rejeter dans les pays où l'on
attache un très grand prix à la liberté individuelle.

Maintenant, quelle est la probabilité que la décision d'un tribunal
qui ne peut condamner qu'à une majorité donnée sera juste, c'est-
à-dire, conforme à la vraie solution de la question posée ci-dessus? Ce
problème important bien résolu donnera le moyen de comparer entre
eux les tribunaux divers. La majorité d'une seule voix dans un nombreux tribunal indique que l'affaire dont il s'agit est à peu près douteuse; la condamnation de l'accusé serait donc alors contraire aux
principes d'humanité, protecteurs de l'innocence. L'unanimité des
juges donnerait une très grande probabilité d'une décision juste;
mais, en s'y astreignant, trop de coupables seraient absous. Il faut
donc ou limiter le nombre des juges, si l'on veut qu'ils soient unanimes, ou accroître la majorité nécessaire pour condamner, lorsque le
tribunal devient plus nombreux. Je vais essayer d'appliquer le calcul à
cet objet, persuadé que les applications de ce genre, lorsqu'elles sont
bien conduites et fondées sur des données que le bon sens nous suggère, sont toujours préférables aux raisonnements les plus spécieux.

La probabilité que l'opinion de chaque juge est juste entre comme élément principal dans ce calcul. Cette probabilité est évidemment relative
à chaque affaire. Si, dans un tribunal de mille et un juges, cinq cent un
sont d'une opinion, et cinq cents sont d'une opinion contraire, il est
visible que la probabilité de l'opinion de chaque juge surpasse bien
peu $\frac{1}{2}$; car, en la supposant sensiblement plus grande, une seule voix de
différence serait un événement invraisemblable. Mais, si les juges sont

unanimes, cela indique dans les preuves ce degré de force qui entraîne la conviction. La probabilité de l'opinion de chaque juge est donc alors très près de l'unité ou de la certitude; à moins que des passions ou des préjugés communs n'égarent tous les juges. Hors de ces cas, le rapport des voix pour ou contre l'accusé doit seul déterminer cette probabilité. Je suppose ainsi qu'elle peut varier depuis $\frac{1}{2}$ jusqu'à l'unité, mais qu'elle ne peut être au-dessous de $\frac{1}{2}$. Si cela n'était pas, la décision du tribunal serait insignifiante comme le sort : elle n'a de valeur qu'autant que l'opinion du juge a plus de tendance à la vérité qu'à l'erreur. C'est ensuite par le rapport des nombres de voix favorables ou contraires à l'accusé que je détermine la probabilité de cette opinion.

Ces données suffisent pour avoir l'expression générale de la probabilité que la décision du tribunal jugeant à une majorité donnée est juste. Dans nos tribunaux spéciaux composés de huit juges, cinq voix sont nécessaires pour la condamnation d'un accusé : la probabilité de l'erreur à craindre sur la justesse de la décision surpasse alors $\frac{1}{4}$. Si le tribunal était réduit à six membres qui ne pourraient condamner qu'à la pluralité de quatre voix, la probabilité de l'erreur à craindre serait alors au-dessous de $\frac{1}{4}$; il y aurait donc pour l'accusé un avantage à cette réduction du tribunal. Dans l'un et l'autre cas, la majorité exigée est la même et égale à deux. Ainsi, cette majorité demeurant constante, la probabilité de l'erreur augmente avec le nombre des juges. Cela est général, quelle que soit la majorité exigée, pourvu qu'elle reste la même. En prenant donc pour règle le rapport arithmétique, l'accusé se trouve dans une position de moins en moins avantageuse à mesure que le tribunal devient plus nombreux. Ce rapport est suivi dans la Chambre des pairs d'Angleterre. On y exige pour la condamnation une majorité de douze voix, quel que soit le nombre des juges. Si l'on a cru que, les voix opposées se détruisant réciproquement, les douze voix restantes représentent l'unanimité d'un jury de douze membres, exigée dans le même pays pour la condamnation d'un accusé, on a été dans une grande erreur. Le bon sens fait voir qu'il y a différence entre la décision d'un tribunal de deux cent douze juges, dont cent douze condamment l'accusé, tandis que cent l'absolvent; et celle d'un tribunal de douze juges unanimes pour la condamnation. Dans le premier cas, les cent voix favorables à l'accusé autorisent à penser que les preuves sont loin d'atteindre le degré de force qui entraine la conviction. Dans le second cas, l'unanimité des juges porte à croire qu'elles ont atteint ce degré. Mais le simple bon sens ne suffit pas pour apprécier l'extrême différence de la probabilité de l'erreur dans ces deux cas. Il faut alors recourir au calcul, et l'on trouve à très peu près $\frac{1}{5}$ pour la probabilité de l'erreur dans le premier cas, et seulement $\frac{1}{8192}$ pour cette probabilité dans le second cas, probabilité qui n'est pas $\frac{1}{1000}$ de la première. C'est une confirmation du principe que le rapport arithmétique est défavorable à l'accusé quand le nombre des juges augmente. Au contraire, si l'on prend pour règle le rapport géométrique, la probabilité de l'erreur de la décision diminue quand le nombre des juges s'accroit. Par exemple, dans les tribunaux qui ne pourraient condamner qu'à la pluralité des deux tiers des voix, la probabilité de l'erreur à craindre est à peu près $\frac{1}{4}$ si le nombre des juges est six : elle est au-dessous de $\frac{1}{6}$ si ce nombre s'élève à douze. Ainsi l'on ne doit se régler ni sur le rapport arithmétique, ni sur le rapport géométrique, si l'on veut que la probabilité de l'erreur ne soit jamais au-dessus ni au-dessous d'une fraction déterminée.

Mais à quelle fraction doit-on se fixer? C'est ici que l'arbitraire commence, et les tribunaux offrent à cet égard de grandes variétés. Dans les tribunaux spéciaux, où cinq voix sur huit suffisent pour la condamnation de l'accusé, la probabilité de l'erreur à craindre sur la bonté du jugement est $\frac{65}{256}$ ou au-dessous de $\frac{1}{4}$. La grandeur de cette fraction est effrayante; mais ce qui doit rassurer un peu est la considération que, le plus souvent, le juge qui absout un accusé ne le regarde pas comme innocent. Il prononce seulement qu'il n'est pas atteint par des preuves suffisantes pour qu'il soit condamné. On est surtout rassuré par la pitié que la nature a mise dans le cœur de l'homme, et qui dispose l'esprit à voir difficilement un coupable dans l'accusé soumis à son jugement. Ce sentiment, plus vif dans ceux qui n'ont point l'habitude des jugements criminels, compense les inconvénients attachés à l'inexpérience des jurés. Dans un jury de douze membres, si la pluralité exigée pour la condamnation est de huit voix sur douze, la probabilité de l'erreur à craindre est $\frac{1093}{8192}$ ou un peu moindre que $\frac{1}{8}$; elle est à peu près $\frac{1}{22}$ si cette pluralité est de neuf voix. Dans le cas de l'unanimité, la probabilité de l'erreur à craindre est $\frac{1}{8192}$, c'est-à-dire plus de mille fois moindre que dans nos jurys.

La solution du problème que nous venons de considérer ne suffit pas pour fixer la majorité convenable, dans un tribunal d'un nombre quelconque de juges. Il faut, pour cela, connaître la probabilité du délit au-dessous de laquelle un accusé ne peut être condamné, sans que les citoyens aient plus à redouter les erreurs des tribunaux, que les attentats qui pourraient naître de l'impunité d'un coupable absous. Il faut ensuite déterminer la probabilité du délit résultante de la décision du tribunal et fixer la majorité de manière que ces probabilités soient égales. Mais il est impossible de les obtenir. La première est, comme nous l'avons dit, relative à la position dans laquelle la société se trouve, position variable, très difficile à bien définir et toujours trop compliquée pour être soumise au calcul. La seconde dépend d'une chose entièrement inconnue, la loi de probabilité de l'opinion de chaque juge dans l'estimation qu'il fait de la probabilité du délit. Vu notre ignorance de ces deux éléments du calcul, quoi de plus raisonnable que de partir de la solution du seul problème que nous puissions résoudre dans cette matière, celui de la probabilité de l'erreur de la décision d'un tribunal? Cette probabilité me parait trop forte dans nos tribunaux, et je pense qu'à cet égard il convient de se rapprocher du jury anglais où elle n'est que $\frac{1}{8192}$. En la fixant à la fraction $\frac{1}{1024}$ et en déterminant la majorité nécessaire pour l'atteindre, on place l'accusé dans la position où il serait vis-à-vis d'un jury de neuf membres, dont on exigerait l'unanimité; ce qui me parait garantir suffisamment l'innocence des erreurs des tribunaux, et la société des maux que produirait l'impunité des coupables. Il doit être extrêmement rare alors qu'un accusé soit condamné avec une probabilité moindre que celle qui est nécessaire à sa condamnation ; car la majorité qui le condamne déclare que la probabilité de son délit est au moins égale à cette probabilité nécessaire ; la minorité qui l'absout déclare que la première de ces probabilités lui paraît inférieure à la seconde ; mais il est naturel de croire que cette infériorité est peu considérable. Il devra donc rarement arriver que la probabilité moyenne qui résulte de l'ensemble des jugements des membres du tribunal soit inférieure à la probabilité requise pour la condamnation de l'accusé, si l'on réduit, par une majorité convenable, la probabilité de l'erreur à craindre sur la justesse de la décision, à la fraction $\frac{1}{1021}$. L'analyse fournit, pour avoir cette majorité, des formules que je vais exposer ici et qu'il est facile de réduire dans une Table dépendante du nombre des juges. Mais une pareille Table paraîtra trop arbitraire au commun des hommes qui préféreront toujours l'un ou l'autre des rapports arithmétique et géométrique qu'ils peuvent aisément concevoir.

1. Le juge ne doit pas, pour condamner un accusé, attendre l'évidence mathématique qu'il est impossible d'atteindre dans les choses morales. Mais, lorsque la probabilité du délit est telle que les citoyens aient plus à redouter les attentats qui pourraient naître de son impunité que les erreurs des tribunaux, l'intérêt de la société exige la condamnation de l'accusé. Je nomme a ce degré de probabilité, et je suppose que le juge qui condamne un accusé prononce par là que la probabilité de son délit est au moins a. Je nomme x la probabilité de cette opinion du juge, probabilité que je supposerai égale ou supérieure à $\frac{1}{2}$, et variant par des degrés infiniment petits, égaux à dx et également probables *a priori*. Je suppose encore que le tribunal est composé de $p + q$ juges, dont p condamnent l'accusé et q l'absolvent. La probabilité que l'opinion du tribunal est juste sera proportionnelle à $x^p(1-x)^q$, et la probabilité qu'elle ne l'est pas sera proportionnelle à $(1-x)^p x^q$; la probabilité de la bonté du jugement sera donc, par le n° 1 du Livre II,

$$(a) \qquad \frac{x^p(1-x)^q}{x^p(1-x)^q + (1-x)^p x^q},$$

Il faut multiplier cette quantité par la probabilité de la valeur de x, prise de l'événement observé. Cet événement est que le tribunal s'est divisé en deux parties dont l'une, composée de p juges, condamne l'accusé, et dont l'autre, formée de q juges, l'absout. La probabilité de x est donc la fonction $x^p(1-x)^q + (1-x)^p x^q$ divisée par la somme de toutes les fonctions semblables relatives à toutes les valeurs de x, depuis $x = \frac{1}{2}$ jusqu'à $x = 1$; elle est par conséquent

$$\frac{[x^p(1-x)^q + (1-x)^p x^q]\,dx}{\int x^p\,dx(1-x)^q},$$

l'intégrale du dénominateur étant prise depuis $x = 0$ jusqu'à $x = 1$. En multipliant cette fonction par la fonction (a), on aura

$$\frac{x^p(1-x)^q\,dx}{\int x^p\,dx(1-x)^q}$$

pour la probabilité de la bonté du jugement relative à x. La même probabilité relative à toutes les valeurs de x est donc

$$(b) \qquad \frac{\int x^p\,dx(1-x)^q}{\int x^p\,dx(1-x)^q},$$

l'intégrale du numérateur étant prise depuis $x = \frac{1}{2}$ jusqu'à $x = 1$, et celle du dénominateur étant prise depuis $x = 0$ jusqu'à $x = 1$. Il suit de là que la probabilité de l'erreur à craindre sur la bonté du jugement est encore exprimée par la formule (b), pourvu que l'on prenne l'intégrale du numérateur depuis $x = 0$ jusqu'à $x = \frac{1}{2}$. On trouve ainsi cette dernière probabilité égale à

$$(c) \quad \frac{1}{2^{p+q+1}}\left\{ 1 + \frac{p+q+1}{1} + \frac{(p+q+1)(p+q)}{1.2} + \frac{(p+q+1)(p+q)(p+q-1)}{1.2.3} + \dots \right.$$
$$\left. + \frac{(p+q+1)(p+q)(p+q-1)\dots(p+2)}{1.2.3\dots q} \right\}$$

Si l'on exige l'unanimité, q est nul, et cette expression devient $\frac{1}{2^{p+1}}$.

2. Déterminons présentement la probabilité de l'erreur à craindre sur la justesse de la décision d'un tribunal, lorsque p et q sont de

grands nombres; ce qui rend la formule (*c*) très difficile à évaluer en nombres. Il faut distinguer ici deux cas, l'un dans lequel $p-q$ est considérable, l'autre dans lequel $p-q$ est assez petit. Dans le premier cas, on fera usage de la formule (*o*) du n° 28 du Livre II qui donne, pour la probabilité de l'erreur,

$$(e)\quad \frac{(p+q)^{p+q+\frac{3}{2}}}{2^{p+q-\frac{3}{2}}\,p^{p+\frac{1}{2}}\,q^{q+\frac{1}{2}}(p-q)\sqrt{\pi}}\left\{1-\frac{p+q}{(p-q)^2}-\frac{[(p+q)^2-13\,pq]}{12\,pq(p+q)}\right\},$$

π étant la circonférence dont le diamètre est l'unité.

Dans le second cas, où $p-q$ est un petit nombre relativement à p, on trouvera facilement, par l'analyse du n° 19 du Livre II, la probabilité de l'erreur à craindre égale à

$$(f)\qquad \frac{\int dt\, c^{-t^2}}{\sqrt{\pi}},$$

l'intégrale étant prise depuis

$$t^2 = \frac{(p-q)^2(p+q)}{8pq}$$

jusqu'à l'infini.

Pour donner un exemple de chacune de ces formules, supposons un tribunal formé de 144 juges, et qu'il faille les $\frac{5}{8}$ pour la condamnation de l'accusé. Alors on a

$$p=90,\qquad q=54,$$

et la formule (*c*) donne $\frac{1}{111}$ pour la probabilité de l'erreur à craindre sur la bonté de la décision du tribunal. Dans le cas de l'unanimité d'un jury de huit membres, la probabilité de l'erreur à craindre est $\frac{1}{512}$; l'accusé est donc alors dans une position plus favorable que vis-à-vis d'un semblable jury.

Supposons le tribunal formé de 212 juges et qu'une majorité de douze voix suffise pour la condamnation. Dans ce cas

$$p+q=212,\qquad p-q=12,$$

et la formule (*f*) donne $\frac{1}{4,889}$ pour la probabilité de l'erreur à craindre.

(1816.)

Sur une disposition du Code d'instruction criminelle.

L'article 351 du Code d'instruction criminelle est ainsi conçu :
« Si néanmoins l'accusé n'est déclaré coupable qu'à une simple ma-
» jorité, les juges délibéreront entre eux sur le même point; et si
» l'avis de la minorité des jurés est adopté par la majorité des juges,
» de telle sorte qu'en réunissant le nombre des voix, ce nombre excède
» celui de la majorité des jurés et de la minorité des juges, l'avis favo-
» rable à l'accusé prévaudra. »

D'après cet article, sept jurés déclarant l'accusé coupable et cinq le
déclarant non coupable, l'accusé est condamné lorsque trois seulement
des cinq juges de la Cour d'assises se réunissent à la minorité des
jurés. Cela parait choquer à la fois les règles du sens commun et les
principes d'humanité, protecteurs de l'innocence. La Cour d'assises
intervient alors avec justice, parce que le délit de l'accusé n'est pas
suffisamment établi par une simple majorité du jury, ce que le Calcul
des Probabilités rend indubitable. Mais, quand l'avis de la Cour d'assises infirme celui de la majorité des jurés, loin de le confirmer; quand
la différence de deux voix, qui ne donnait à cette majorité qu'une prépondérance insuffisante, est réduite à une seule voix, par l'adjonction
des juges dont l'état et les lumières doivent inspirer la confiance ([1]),
n'est-il pas injuste de condamner l'accusé?

___

([1]) La différence d'une voix donne à la majorité une prépondérance d'autant moindre que
le nombre des juges est plus considérable : le simple bon sens le fait voir sans le secours du
calcul. Dans la question présente, la prépondérance de la majorité des jurés diminue donc
non seulement par la réduction de deux voix à une, mais encore par l'accroissement du
nombre des votants, qui s'élève de douze à dix-sept. Généralement, une différence constante
entre la majorité et la minorité au-dessous de laquelle l'accusé ne puisse être condamné lui
est d'autant moins favorable que le nombre des juges est plus grand : au contraire, le rapport constant des voix de la majorité à celles de la minorité lui devient plus favorable, à
mesure que le nombre des juges augmente. Le rapport $\frac{4}{3}$, adopté par la Chambre des Pairs
de France, est très favorable aux accusés devant un tribunal aussi nombreux. (On peut
voir, sur cet objet, le Supplément à ma *Théorie analytique des Probabilités*, et la troisième
édition de mon *Essai philosophique sur les Probabilités*.)

Je propose donc de réformer ainsi l'article cité :

« Si néanmoins l'accusé n'est déclaré coupable qu'à une simple ma-
» jorité, les juges délibéreront entre eux sur le même point; et si
» l'avis de la minorité des jurés est adopté par la majorité des juges,
» cet avis prévaudra. »

Si cette réforme paraît juste, le devoir indispensable d'abroger
promptement tout ce qui peut compromettre l'innocence ne permet
pas d'attendre, pour la convertir en loi, la revision générale du Code
criminel, revision qui demande beaucoup de réflexions et de temps.
C'est pour remplir ce devoir autant qu'il m'est possible que je publie
cet écrit.

15 novembre 1816.

DEUXIÈME SUPPLÉMENT.

APPLICATION DU CALCUL DES PROBABILITÉS
AUX OPÉRATIONS GÉODÉSIQUES.

On détermine la longueur d'un grand arc, à la surface de la Terre, par une chaîne de triangles qui s'appuient sur une base mesurée avec exactitude. Mais, quelque précision que l'on apporte dans la mesure des angles, leurs erreurs inévitables peuvent, en s'accumulant, écarter sensiblement de la vérité la valeur de l'arc que l'on a conclue d'un grand nombre de triangles. On ne connaît donc qu'imparfaitement cette valeur, si l'on ne peut pas assigner la probabilité que son erreur est comprise dans des limites données. Le désir d'étendre l'application du Calcul des Probabilités à la Philosophie naturelle m'a fait rechercher les formules propres à cet objet.

Cette application consiste à tirer des observations les résultats les plus probables et à déterminer la probabilité des erreurs dont ils sont toujours susceptibles. Lorsque, ces résultats étant connus à peu près, on veut les corriger par un grand nombre d'observations, le problème se réduit à déterminer la probabilité d'une ou de plusieurs fonctions linéaires des erreurs partielles des observations, la loi de probabilité de ces erreurs étant supposée connue. J'ai donné, dans le Livre II de ma *Théorie analytique des Probabilités*, une méthode et des formules générales pour cet objet, et je les ai appliquées, dans le premier Supplément, à quelques points intéressants du Système du monde. Dans les questions d'Astronomie, chaque observation fournit, pour corriger les éléments, une équation de condition : lorsque ces équations sont très multipliées, mes formules donnent, à la fois, les corrections les

plus avantageuses et la probabilité que les erreurs, après ces corrections, seront contenues dans des limites assignées, quelle que soit
d'ailleurs la loi de probabilité des erreurs de chaque observation. Il
est d'autant plus nécessaire de se rendre indépendant de cette loi, que
les lois les plus simples sont toujours infiniment peu probables, vu le
nombre infini de celles qui peuvent exister dans la nature. Mais la
loi inconnue que suivent les observations dont on fait usage introduit
dans les formules une indéterminée qui ne permettrait point de les
réduire en nombres, si l'on ne parvenait pas à l'éliminer. C'est ce que
j'ai fait, au moyen de la somme des carrés des restes, lorsque l'on a
substitué, dans chaque équation de condition, les corrections les plus
probables. Les questions géodésiques n'offrant point de semblables
équations, il a fallu chercher un autre moyen d'éliminer des formules
de probabilité l'indéterminée dépendante de la loi de probabilité des
erreurs de chaque observation partielle. La quantité dont la somme
des angles de chaque triangle observé surpasse deux angles droits plus
l'excès sphérique m'a fourni ce moyen, et j'ai remplacé par la somme
des carrés de ces quantités la somme des carrés des restes des équations de condition. Par là, on peut déterminer numériquement la probabilité que le résultat final d'une longue suite d'opérations géodésiques n'excède pas une quantité donnée. En appliquant ces formules
à la mesure d'une perpendiculaire à la méridienne, elles feront apprécier les erreurs, non seulement de l'arc total, mais encore de la différence en longitude de ses points extrêmes, conclue de la chaine des
triangles qui les unissent et des azimuts du premier et du dernier côté
de cette chaine. Si l'on diminue, autant qu'il est possible, le nombre
des triangles et si l'on donne une grande précision à la mesure de
leurs angles, deux avantages que procure l'emploi du cercle répétiteur
et des réverbères, ce moyen d'avoir la différence en longitude des
points extrêmes de la perpendiculaire sera l'un des meilleurs dont on
puisse faire usage.

Pour s'assurer de l'exactitude d'un grand arc qui s'appuie sur une
base mesurée vers une de ses extrémités, on mesure une seconde base

vers l'autre extrémité, et l'on conclut de l'une de ces bases la longueur
de l'autre. Si la longueur ainsi calculée s'écarte très peu de l'observation, il y a tout lieu de croire que la chaîne des triangles est exacte à
fort peu près, ainsi que la valeur du grand arc qui en résulte. On corrige ensuite cette valeur, en modifiant les angles des triangles, de manière que les bases calculées s'accordent avec les bases mesurées, ce
qui peut se faire d'une infinité de manières. Celles que l'on a jusqu'à
présent employées sont fondées sur des considérations vagues et incertaines. Les méthodes exposées dans le Livre II conduisent à des formules très simples, pour avoir directement la correction de l'arc total
qui résulte des mesures de plusieurs bases. Ces mesures ont non seulement l'avantage de corriger l'arc, mais encore d'augmenter ce que
j'ai nommé le *poids* d'un résultat, c'est-à-dire de rendre la probabilité
de ses erreurs plus rapidement décroissante, en sorte que les mêmes
erreurs deviennent moins probables par la multiplicité des bases. J'expose ici les lois de probabilité des erreurs que fait naître l'addition de
nouvelles bases. La mesure d'une seconde base sert pareillement à
corriger la différence en longitude des points extrêmes d'une perpendiculaire à la méridienne et à augmenter le poids de la valeur de cette
différence.

Avant que l'on apportât, dans les observations et dans les calculs,
l'exactitude que l'on exige maintenant, on considérait les côtés des
triangles géodésiques comme rectilignes, et l'on supposait la somme
de leurs angles égale à deux angles droits. Legendre a remarqué le
premier que les deux erreurs qu'on commet ainsi se compensent mutuellement, c'est-à-dire qu'en retranchant de chaque angle d'un
triangle le tiers de l'excès sphérique, on peut négliger la courbure de
ses côtés et les regarder comme rectilignes. Mais l'excès des trois angles observés sur deux angles droits se compose de l'excès sphérique
et de la somme des erreurs de la mesure de chacun des angles. L'analyse des probabilités fait voir que l'on doit encore retrancher de chaque
angle le tiers de cette somme, pour avoir la loi de probabilité des erreurs des résultats le plus rapidement décroissante. Ainsi, par la répar-

tition égale de l'erreur de la somme observée des trois angles du triangle considéré comme rectiligne, on corrige à la fois l'excès sphérique et les erreurs des observations. Le poids des angles ainsi corrigés augmente, en sorte que les mêmes erreurs deviennent, par cette correction, moins probables. Il y a donc de l'avantage à observer les trois angles de chaque triangle, et à les corriger comme on vient de le dire. Le simple bon sens fait pressentir cet avantage; mais le Calcul des probabilités peut seul l'apprécier et faire voir que, par cette correction, il devient le plus grand qu'il est possible.

Les formules dont je viens de parler sont relatives à des observations futures : ainsi, lorsqu'on les applique à des observations passées, on fait abstraction de toutes les données que la comparaison de ces observations peut fournir sur les erreurs, données dont on peut faire usage quand on connaît la loi de probabilité des erreurs des observations partielles. Si cette loi est exprimée par une constante moindre que l'unité, dont l'exposant soit le carré de l'erreur, alors mes formules conviennent aux observations passées comme aux observations futures, et elles satisfont à toutes les données de ces observations, comme je l'ai fait voir dans le n° 25 du Livre II. Dans le cas où les angles sont mesurés au moyen d'un cercle répétiteur, chaque angle simple est le résultat moyen d'un grand nombre de mesures du même angle contenues dans l'arc total observé; l'erreur de l'angle est donc la moyenne des erreurs de toutes ces mesures; et, par le n° 18 du Livre II, la probabilité de cette erreur est exprimée par une constante, dont l'exposant est égal au carré de l'erreur. L'emploi du cercle répétiteur réunit donc à l'avantage de donner une mesure précise des angles celui d'établir une loi de probabilité des erreurs qui satisfait à toutes les données des observations.

Pour appliquer avec succès les formules de probabilité aux observations géodésiques, il faut rapporter fidèlement toutes celles que l'on admettrait si elles étaient isolées, et n'en rejeter aucune par la seule considération qu'elle s'éloigne un peu des autres. Chaque angle doit être uniquement déterminé par ses mesures, sans égard aux deux

autres angles du triangle auquel il appartient; autrement, l'erreur de
la somme des trois angles ne serait pas le simple résultat des observations, comme les formules de probabilité le supposent. Cette remarque
me paraît importante, pour démêler la vérité au milieu des légères in-
certitudes que les observations présentent.

1. Concevons, sur une sphère, un arc de grand cercle $AA'A''\ldots$
et supposons que l'on ait formé autour la chaîne des triangles ACC',
$CC'C''$, $C'C''C'''$, $C''C'''C''''$, $\ldots$; dont les côtés CC', $C'C''$, $C''C'''$, $\ldots$ coupent
cet arc en A', A'', A''', $\ldots$. Je ne donne point de figure, parce qu'il est
facile de la tracer d'après ces indications. Soient A l'angle CAA',
$A^{(1)}$ l'angle $C'A'A''$, $A^{(2)}$ l'angle $C''A''A'''$, $\ldots$. Soient encore C l'angle
ACC', $C^{(1)}$ l'angle $CC'C''$, $C^{(2)}$ l'angle $C'C''C'''$, $\ldots$. On aura

$$A + A^{(1)} + C = \alpha \equiv \pi \mp l,$$

α étant l'erreur de l'angle observé C, l étant l'excès des angles du
triangle sphérique ACA' sur π qui exprime deux angles droits ou la
demi-circonférence dont le rayon est l'unité. On aura pareillement

$$A^{(1)} + A^{(2)} + C^{(1)} = \alpha^{(1)} \equiv \pi \mp l^{(1)},$$

$\alpha^{(1)}$ étant l'erreur de l'angle observé $CC'C''$, et $l^{(1)}$ étant l'excès des
angles du triangle sphérique $A'C'A''$ sur deux angles droits. On formera
semblablement les équations

$$A^{(2)} + A^{(3)} + C^{(2)} = \alpha^{(2)} \equiv \pi \mp l^{(2)},$$
$$A^{(3)} + A^{(4)} + C^{(3)} = \alpha^{(3)} \equiv \pi \mp l^{(3)},$$
$$\ldots\ldots\ldots\ldots\ldots\ldots\ldots\ldots\ldots\ldots\ldots\ldots\ldots$$

d'où l'on tire facilement

$$
\begin{aligned}
A^{(2i)} &\equiv A \mp C \pm C^{(1)} \mp C^{(2)} \pm C^{(3)} \mp \ldots \pm C^{(2i-2)} \mp C^{(2i-1)} \\
&= \alpha \mp \alpha^{(1)} \pm \alpha^{(2)} \pm \alpha^{(3)} \mp \ldots \mp \alpha^{(2i-2)} \pm \alpha^{(2i-1)} \\
&= l \mp l^{(1)} \pm l^{(2)} \pm l^{(3)} \mp \ldots \pm l^{(2i-2)} \pm l^{(2i-1)}, \\[4pt]
A^{(2i-1)} &\equiv \pi - A \mp C \pm C^{(1)} \mp C^{(2)} \pm C^{(3)} \mp \ldots \mp C^{(2i-2)} \\
&\quad \pm \alpha \mp \alpha^{(1)} \pm \alpha^{(2)} \mp \alpha^{(3)} \pm \ldots \pm \alpha^{(2i-2)} \\
&\quad \pm l \mp l^{(1)} \pm l^{(2)} \mp l^{(3)} \pm \ldots \pm l^{(2i-2)};
\end{aligned}
$$

en supposant donc A bien connu, l'erreur de l'angle $A^{(n)}$ est

$$\alpha^{(n-1)} - \alpha^{(n-2)} + \alpha^{(n-3)} - \ldots \pm \alpha,$$

le signe supérieur ayant lieu si n est impair, et le signe inférieur ayant lieu si n est pair. Les valeurs de $t, t^{(1)}, \ldots$ sont fort petites et peuvent être déterminées avec précision.

Il s'agit maintenant d'avoir la probabilité que cette erreur sera contenue dans des limites données. Pour cela, je supposerai d'abord que la probabilité d'une erreur quelconque α est proportionnelle à $c^{-h\alpha^2}$, c étant le nombre dont le logarithme hyperbolique est l'unité. Cette supposition, la plus naturelle et la plus simple de toutes, résulte de l'emploi du cercle répétiteur dans la mesure des angles des triangles. En effet, nommons $\varphi(q)$ la probabilité d'une erreur q dans la mesure d'un angle simple, cette probabilité étant supposée la même pour les erreurs positives et pour les erreurs négatives. Supposons encore que s soit le nombre des angles simples contenus dans toutes les séries que l'on a faites pour déterminer cet angle. La probabilité que l'erreur du résultat moyen ou de l'angle conclu par ces séries sera $\pm \dfrac{r}{\sqrt{s}}$ est, par le n° 18 du Livre II, proportionnelle à

$$c^{-\frac{kr^2}{2k''}},$$

k étant égal à $\int dq\,\varphi(q)$, l'intégrale étant prise depuis q nul jusqu'à q égal à sa plus grande valeur, que l'on peut toujours supposer infinie ; en faisant $\varphi(q)$ discontinu et nul au delà de la limite de q, k'' est égal $\int q^2\,dq\,\varphi(q)$. En supposant donc

$$r = \alpha\sqrt{s}, \qquad h = \frac{ks}{2k''},$$

$c^{-h\alpha^2}$ sera la probabilité de l'erreur α. On verra, à la fin de cet article, que les résultats suivants ont toujours lieu, quelle que soit la probabilité de α.

Soient β et γ les erreurs des deux angles AC′C et CAC′ du premier triangle ACC'; la probabilité des trois erreurs α, β et γ sera proportionnelle à

$$c^{-h\alpha^2-h\beta^2-h\gamma^2};$$

mais l'observation de ces angles donne la somme $\alpha+\beta+\gamma$ des trois erreurs; car la somme des trois angles devant être égale à deux angles droits plus la surface du triangle ACC', si l'on nomme T l'excès des trois angles observés sur cette quantité, on aura

$$\alpha+\beta+\gamma=T;$$

l'exponentielle précédente devient ainsi

$$c^{-2h\left(\beta+\frac{1}{2}\alpha-\frac{1}{2}T\right)^2-\frac{3h}{2}\left(\alpha-\frac{1}{3}T\right)^2-\frac{h}{3}T^2},$$

β étant susceptible de toutes les valeurs depuis $-\infty$ jusqu'à $+\infty$, il faut multiplier cette exponentielle par $d\beta$ et prendre l'intégrale dans ces limites, ce qui donne une intégrale qui a pour facteur

$$c^{-\frac{3}{2}h\left(\alpha-\frac{1}{3}T\right)^2-\frac{h}{3}T^2};$$

la probabilité de α est donc proportionnelle à ce facteur. La valeur de α la plus probable est évidemment celle qui rend nulle la quantité $\alpha-\frac{1}{3}T$; il faut donc corriger les trois angles de chaque triangle du tiers de l'excès T de leur somme observée sur deux angles droits plus l'excès sphérique. C'est ce que l'on fait communément.

Nommons $\bar{\bar{\alpha}}$ et $\bar{\bar{\beta}}$ les quantités $\alpha-\frac{1}{3}T$, $\beta-\frac{1}{3}T$; la probabilité de $\bar{\bar{\alpha}}$ sera donc proportionnelle à

$$c^{-\frac{3}{2}h\bar{\bar{\alpha}}^2}.$$

Si l'on diminue l'angle C de $\frac{1}{3}T$, c'est-à-dire si l'on emploie les angles corrigés de chaque triangle, en nommant $\bar{C}$, $\bar{C}^{(1)}$, ... ce que deviennent, par ces corrections, les angles C, $C^{(1)}$, ..., on aura

$$A^{(2i)} = A+\bar{C}-\bar{C}^{(1)}+\bar{C}^{(2)}-\ldots-\bar{\bar{\alpha}}+\bar{\bar{\alpha}}^{(1)}-\bar{\bar{\alpha}}^{(2)}+\ldots-l+l^{(1)}-\ldots,$$
$$A^{(2i-1)} = \pi-A-\bar{C}+\bar{C}^{(1)}-\ldots+\bar{\bar{\alpha}}-\bar{\bar{\alpha}}^{(1)}+\ldots+l-l^{(1)}+\ldots$$

La probabilité que la quantité

$$\bar{z}^{(n-1)} - \bar{z}^{(n-2)} - \ldots \pm \bar{z}$$

ou l'erreur de l'angle $A^{(n)}$ sera comprise dans les limites $\pm r\sqrt{n}$, sera, par le n° 18 cité,

$$\frac{2\sqrt{\frac{3}{2}h}}{\sqrt{\pi}}\int dr\, e^{-\frac{3}{2}hr^2}.$$

On peut observer ici l'avantage que produit l'observation des trois angles de chaque triangle, par la correction de ces angles. Sans cette correction, l'erreur de l'angle $A^{(n)}$ serait

$$z^{(n-1)} - z^{(n-2)} + \ldots \pm z,$$

et la probabilité que cette erreur est comprise dans les limites $\pm r\sqrt{n}$ serait

$$\frac{2\sqrt{h}}{\sqrt{\pi}}\int dr\, e^{-hr^2},$$

probabilité moindre que la précédente dans laquelle le poids du résultat est $\frac{3}{2}h$, au lieu qu'il est ici h.

Déterminons maintenant la valeur de h. Parmi les données des observations, les quantités dont les sommes des angles de chaque triangle surpassent deux angles droits plus l'excès sphérique paraissent être les plus propres à faire connaître cette valeur. Par ce qui précède, la probabilité de l'existence simultanée de $\bar{z}$ et de T est proportionnelle à

$$e^{-\frac{h}{3}T^2 - \frac{3h}{2}\bar{z}^2}.$$

En multipliant cette exponentielle par $d\bar{z}$, et prenant l'intégrale depuis $\bar{z} = -\infty$ jusqu'à $\bar{z} = \infty$, l'intégrale aura pour facteur $e^{-\frac{h}{3}T^2}$, et ce facteur sera proportionnel à la probabilité de T; cette probabilité sera donc

$$\frac{dT\, e^{-\frac{h}{3}T^2}}{\int dT\, e^{-\frac{h}{3}T^2}},$$

l'intégrale du dénominateur étant prise depuis $T = -\infty$ jusqu'à $T = \infty$. Elle sera ainsi proportionnelle à

$$\frac{\sqrt{\frac{1}{3}h}}{\sqrt{\pi}}\, c^{-\frac{h}{3}T^2}.$$

Ici l'événement observé est que les sommes des angles du premier triangle, du deuxième, du troisième, etc. surpassent deux angles droits plus l'excès sphérique, respectivement, des quantités $T, T^{(1)}, \ldots, T^{(n-1)}$, n étant le nombre des triangles; la probabilité de cet événement sera donc proportionnelle à

$$\left(\frac{\frac{1}{3}h}{\pi}\right)^{\frac{n}{2}} c^{-\frac{h}{3}\theta^2},$$

en faisant

$$\theta^2 = T^2 + T^{(1)2} + \ldots + T^{(n-1)2}.$$

Maintenant, si l'on considère les diverses valeurs de h comme causes de l'événement observé, la probabilité de h sera, par le principe de la probabilité des causes tirée des événements observés, égale à

$$\frac{h^{\frac{n}{2}}\,dh\, c^{-\frac{h}{3}\theta^2}}{\int h^{\frac{n}{2}}\,dh\, c^{-\frac{h}{3}\theta^2}},$$

l'intégrale du dénominateur étant prise pour toutes les valeurs de h, c'est-à-dire depuis $h = 0$ jusqu'à $h = \infty$. La valeur de h qu'il faut choisir est évidemment l'intégrale des produits des valeurs de h multipliées par leurs probabilités; cette valeur est donc

$$\frac{\int h^{\frac{n+2}{2}}\,dh\, c^{-\frac{h}{3}\theta^2}}{\int h^{\frac{n}{2}}\,dh\, c^{-\frac{h}{3}\theta^2}},$$

les intégrales étant prises depuis $h = 0$ jusqu'à $h = \infty$. L'intégrale du numérateur est égale à

$$\frac{3(n+2)}{2\,\theta^2} \int h^{\frac{n}{2}}\,dh\, c^{-\frac{h}{3}\theta^2}.$$

La fraction précédente devient ainsi $\dfrac{3(n+2)}{2\,\theta^2}$; c'est donc la valeur de h

qu'il faut adopter. Si l'on suppose n un grand nombre, cette valeur devient à fort peu près $\frac{3n}{2\theta^2}$. Cette quantité est la valeur de h qui rend l'événement observé le plus probable, la probabilité de cet événement, *a priori*, étant proportionnelle à $h^{\frac{n}{2}}c^{-\frac{h}{3}\theta^2}$. En prenant pour h la quantité $\frac{3n}{2\theta^2}$, la probabilité que l'erreur de l'angle $A^{(n)}$ sera comprise dans les limites $\pm r\sqrt{n}$ est

$$\frac{3}{\theta}\frac{\sqrt{n}}{\sqrt{\pi}}\int dr\, c^{-\frac{9}{4}\frac{nr^2}{\theta^2}};$$

la probabilité qu'elle sera comprise dans les limites $\pm\frac{2}{3}\theta r'$ est donc

$$\frac{2\int dr'\, c^{-r'^2}}{\sqrt{\pi}},$$

l'intégrale étant prise depuis r' nul.

2. Supposons l'arc $AA'A''\ldots$ perpendiculaire au méridien du point A. Soient φ l'angle formé par ce méridien et par celui du point extrême $A^{(n)}$, et V le plus petit des angles que ce dernier méridien fait avec l'arc $AA'\ldots$; on aura

$$\sin\varphi=\frac{\cos V}{\sin l},$$

l étant la latitude du point A. En désignant donc par $\delta\varphi$ et δV les erreurs des angles φ et V, on aura

$$\delta\varphi=-\frac{\delta V\sin V}{\sin l\cos\varphi}.$$

Si l'on a mesuré avec une grande exactitude l'angle que le dernier côté de la chaine des triangles forme en $A^{(n)}$ avec la méridienne de ce point, il est facile de voir que

$$\delta V=\pm\,\delta A^{(n)},$$

$\delta A^{(n)}$ étant l'erreur de $A^{(n)}$; l'intégrale précédente en r' est donc la probabilité que l'erreur $\delta\varphi$ de la longitude φ conclue des azimuts observés en A et $A^{(n)}$ sera comprise dans les limites $\pm \frac{2}{3}\theta t \frac{\sin V}{\sin l \cos \varphi}$.

Il résulte de l'analyse exposée dans le Chapitre V du Livre III de la *Mécanique céleste* que, s'il existe une excentricité dans les parallèles terrestres, elle n'a aucune influence sensible sur la valeur de φ conclue de cette manière, pourvu que l'arc mesuré soit peu considérable. En mesurant donc, avec une grande précision, les angles des divers triangles et les amplitudes des points extrêmes, on aura fort exactement la différence en longitude de ces points, et l'on pourra, par la formule précédente, apprécier la probabilité des petites erreurs à craindre sur cette différence.

Déterminons présentement la probabilité que l'erreur de la mesure de la ligne $AA'A''\ldots$ sera comprise dans des limites données. Pour cela, supposons que dans les triangles CAC', $C'CC''$, $\ldots$ on ait corrigé les angles comme on le fait ordinairement, c'est-à-dire en retranchant de chacun le tiers de la quantité dont la somme des trois angles observés surpasse deux angles droits plus l'excès sphérique. Que l'on abaisse des sommets C, C', C'', $\ldots$ des perpendiculaires CI, $C'I'$, $C''I''$, $\ldots$ sur la ligne $AA'A''\ldots$; on aura, à très peu près,

$$AI = AC \cos IAC.$$

On aura ensuite, à fort peu près,

$$II' = CC' \cos A^{(1)}$$

et, généralement,

$$I^{(i)}I^{(i+1)} = C^{(i)}C^{(i+1)} \cos A^{(i+1)}.$$

En supposant donc que δ soit la caractéristique des erreurs, on aura

$$\frac{\delta . I^{(i)}I^{(i+1)}}{I^{(i)}I^{(i+1)}} = \frac{\delta . C^{(i)}C^{(i+1)}}{C^{(i)}C^{(i+1)}} = \delta A^{(i+1)} \tan g A^{(i+1)}.$$

On a, par ce qui précède,

$$\delta A^{(i+1)} = \overline{\overline{z}}^{(i)} = \overline{\overline{z}}^{(i-1)} + \overline{\overline{z}}^{(i-3)} = \ldots \pm \overline{\overline{z}};$$

ensuite, on a, dans le $(i+1)^{\text{ième}}$ triangle,

$$C^{(i)}C^{(i+1)} = \frac{C^{(i)}C^{(i-1)}\sin C^{(i+1)}C^{(i-1)}C^{(i)}}{\sin C^{(i-1)}C^{(i+1)}C^{(i)}},$$

ce qui donne

$$\frac{\delta.C^{(i)}C^{(i+1)}}{C^{(i)}C^{(i+1)}} = \frac{\delta.C^{(i)}C^{(i-1)}}{C^{(i)}C^{(i-1)}} + \delta C^{(i+1)}C^{(i-1)}C^{(i)}\cot C^{(i+1)}C^{(i-1)}C^{(i)}$$
$$- \delta C^{(i-1)}C^{(i+1)}C^{(i)}\cot C^{(i-1)}C^{(i+1)}C^{(i)};$$

mais $\bar{\alpha}^{(i)}$ est, par ce qui précède, l'erreur de l'angle $C^{(i)}$ ou $C^{(i-1)}C^{(i)}C^{(i+1)}$, corrigé en en retranchant le tiers de l'excès de la somme des trois angles observés du triangle sur deux angles droits. Soit $\bar{\epsilon}^{(i)}$ l'erreur de l'angle $C^{(i-1)}C^{(i+1)}C^{(i)}$, ainsi corrigé; $-(\bar{\alpha}^{(i)}+\bar{\epsilon}^{(i)})$ sera l'erreur du troisième angle $C^{(i+1)}C^{(i-1)}C^{(i)}$. On aura donc

$$\frac{\delta.C^{(i)}C^{(i+1)}}{C^{(i)}C^{(i+1)}} = \frac{\delta.C^{(i)}C^{(i-1)}}{C^{(i)}C^{(i-1)}} - \left(\bar{\alpha}^{(i)}+\bar{\epsilon}^{(i)}\right)\cot C^{(i+1)}C^{(i-1)}C^{(i)}$$
$$- \bar{\epsilon}^{(i)}\cot C^{(i-1)}C^{(i+1)}C^{(i)};$$

ce qui donne, en observant que, dans le premier triangle, le côté $C^{(i-1)}C$ est AC que je suppose mesuré très exactement,

$$\frac{\delta.C^{(i)}C^{(i+1)}}{C^{(i)}C^{(i+1)}} = - S\left[\left(\bar{\alpha}^{(i)}+\bar{\epsilon}^{(i)}\right)\cot C^{(i+1)}C^{(i-1)}C^{(i)} + \bar{\epsilon}^{(i)}\cot C^{(i-1)}C^{(i+1)}C^{(i)}\right],$$

le signe S servant à exprimer la somme de toutes les quantités qu'il renferme depuis $i=o$ jusqu'à i inclusivement. On aura donc ainsi la valeur de $\delta.1^{(i)}1^{(i+1)}$. En réunissant toutes ces valeurs, on aura, pour l'erreur entière de leur somme ou de la ligne mesurée, une expression de cette forme

$$(o) \qquad p\bar{\alpha} + q\bar{\epsilon} + p^{(1)}\bar{\alpha}^{(1)} + q^{(1)}\bar{\epsilon}^{(1)} + \ldots.$$

La probabilité des valeurs simultanées de $\bar{\alpha}$ et de $\bar{\epsilon}$ est, par ce qui précède, proportionnelle à

$$c^{-2h\left(\bar{\epsilon}+\frac{1}{2}\bar{\alpha}\right)^2 - \frac{3}{2}h\alpha^2}.$$

En faisant

$$\bar{\epsilon} + \tfrac{1}{2}\bar{\alpha} = \tfrac{1}{2}\alpha\sqrt{3},$$

l'exponentielle précédente devient

$$c^{-\frac{3}{2}h\underline{z}^2-\frac{3}{2}h\bar{z}^2};$$

ainsi les lois de probabilité des valeurs de $\underline{z}$ et de $\bar{z}$ sont les mêmes. La fonction (θ) prend alors cette forme

$$(\theta') \qquad r\underline{z} + r^{(1)}\bar{z} + r^{(2)}\underline{z}^{(1)} + r^{(3)}\bar{z}^{(1)} + \dots.$$

La probabilité que l'erreur de cette fonction, et par conséquent de la fonction (θ), est comprise dans les limites $\pm s$ est, par le n° 20 du Livre II,

$$\frac{2\int dt\, c^{-t^2}}{\sqrt{\pi}},$$

l'intégrale étant prise depuis t nul jusqu'à t égal à

$$s\sqrt{\frac{\frac{3}{2}h}{r^2+r^{(1)2}+r^{(2)2}+\dots}}.$$

On a évidemment

$$p\bar{z}+q\bar{\theta}=(p-\tfrac{1}{2}q)\bar{z}+\tfrac{1}{2}q\underline{z}\sqrt{3},$$

ce qui donne, en l'égalant à $r\underline{z}+r^{(1)}\bar{z}$,

$$r=\tfrac{1}{2}q\sqrt{3}, \qquad r^{(1)}=p-\tfrac{1}{2}q;$$

la valeur de t sera donc, en y substituant pour h sa valeur $\frac{3n}{2\varepsilon^2}$,

$$\frac{3s}{2\varepsilon}\sqrt{\frac{n}{p^2-pq+q^2+p^{(1)2}-p^{(1)}q^{(1)}+q^{(1)2}+\dots}}.$$

La longueur de l'arc mesuré fait connaître celle du rayon osculateur de la surface au point A de départ. Soit $1+u$ le rayon mené du centre de gravité de la Terre à sa surface, u étant une fonction de la longitude et de la latitude, le demi-axe de la Terre étant pris pour unité; si l'on nomme R le rayon osculateur à ce point, dans le sens AA', on aura, par le Chapitre cité du Livre III de la *Mécanique céleste*,

$$R = 1 + u - \left(\frac{du}{dl}\right)\tan l + \frac{\left(\frac{d\,du}{d\varphi^2}\right)}{\cos^2 l};$$

et si l'on nomme ε la longueur de l'arc mesuré $AA^{(1)}$, on aura, à fort peu près,

$$R = \frac{\varepsilon}{\varphi\cos l}\left(1 - \tfrac{1}{3}\varepsilon^2\tan^2 l\right);$$

ce qui donne, à fort peu près,

$$\delta R = \frac{\delta\varepsilon}{\varphi\cos l} - \frac{\varepsilon\,\delta\varphi}{\varphi^2\cos l};$$

mais on a, par ce qui précède,

$$\delta\varepsilon = p\bar{\alpha} + q\bar{\bar{\alpha}} + \ldots,$$

$$\delta\varphi = \frac{\mp\,\delta A^{(n)}}{\sin l} = \frac{\mp\left(\bar{\alpha} - \bar{\alpha}^{(1)} + \bar{\alpha}^{(2)} - \ldots\right)}{\sin l},$$

le signe inférieur ayant lieu si n est pair, et le signe supérieur si n est impair. En faisant donc

$$\bar{p} = \frac{p}{\varphi\cos l} \mp \frac{\varepsilon}{\varphi^2\sin l\cos l}, \qquad \bar{q} = \frac{q}{\varphi\cos l},$$

$$\bar{p}^{(1)} = \frac{p^{(1)}}{\varphi\cos l} \pm \frac{\varepsilon}{\varphi^2\sin l\cos l}, \qquad \bar{q}^{(1)} = \frac{q^{(1)}}{\varphi\cos l},$$

$$\ldots\ldots\ldots\ldots\ldots\ldots, \qquad \ldots\ldots\ldots\ldots;$$

la probabilité que l'erreur δR sera comprise dans les limites $\pm s$ sera

$$\frac{2\int dt\, c^{-t^2}}{\sqrt{\pi}},$$

l'intégrale étant prise depuis t nul jusqu'à

$$t = \frac{3s}{2h}\sqrt{\frac{n}{\bar{p}^2 - \bar{p}\bar{q} + \bar{q}^2 + \bar{p}^{(1)2} - \bar{p}^{(1)}\bar{q}^{(1)} + \ldots}}:$$

La différence en latitude des points extrêmes de la perpendiculaire dépend, par le Chapitre cité de la *Mécanique céleste,* de l'excentricité des parallèles terrestres, qui introduit dans son expression la quantité

$$(u) \qquad -\varphi\left[\left(\frac{du}{d\varphi}\right)\operatorname{tang}l+\left(\frac{d\,du}{d\varphi\,dl}\right)\right];$$

la partie de cette expression qui est indépendante de cette excentricité est proportionnelle à φ^2; ainsi la petite erreur dont φ est susceptible n'a point d'influence sensible sur la différence en latitude. En observant donc avec un grand soin cette différence, l'excentricité des parallèles terrestres doit se manifester, pour peu qu'elle soit sensible.

Si la ligne géodésique a été tracée dans le sens du méridien, l'azimut, à l'extrémité de l'arc mesuré, fera connaître l'excentricité des parallèles terrestres, et il est remarquable que cet azimut soit la fonction (u), en y changeant φ dans la différence en latitude des points extrêmes de l'arc mesuré et en la multipliant par le sinus de la latitude divisé par le carré du cosinus de la latitude à l'origine de l'arc.

L'arc mesuré dans le sens du méridien fera connaître le rayon osculateur de la Terre dans ce sens, et, par les formules précédentes, on aura la probabilité des erreurs dont sa valeur est susceptible.

On obtiendra plus de précision dans tous les résultats en fixant vers le milieu de l'arc mesuré l'origine des angles; car alors les puissances supérieures de ces angles, que l'on néglige, deviennent beaucoup plus petites.

3. Supposons que, pour vérifier les opérations, on mesure, vers l'extrémité $A^{(n)}$ de l'arc $AA'A''\ldots$, une seconde base. L'expression de l'erreur de cette base, conclue de la chaîne des triangles et de la base mesurée au point A, sera, par ce qui précède, de la forme

$$(p) \qquad l\ddot{\alpha}+m\bar{\epsilon}+l^{(1)}\bar{\alpha}^{(1)}+m^{(1)}\ddot{\epsilon}^{(1)}+\ldots;$$

soit λ cette erreur qui sera connue par la mesure directe de la seconde base. Si dans la fonction (p) on fait, comme précédemment,

$$\epsilon+\tfrac{1}{2}\bar{\alpha}=\tfrac{1}{2}\alpha\sqrt{3},$$

elle prend cette forme

$$f\underline{x} + f^{(1)}\bar{\alpha} + f^{(2)}\underline{z}^{(1)} + f^{(3)}\bar{\alpha}^{(1)} + \dots.$$

En désignant par s la valeur de la fonction (o) ou de son équivalente (o') et observant que les probabilités de $\underline{x}$ et de $\bar{z}$ suivent la même loi et sont proportionnelles à $c^{-\frac{3}{2}h\underline{x}^2}$ et $c^{-\frac{3}{2}h\bar{x}^2}$, la probabilité de la fonction précédente sera proportionnelle à

$$c^{-\frac{3}{2}h\left(\underline{x}^2 + \bar{x}^2 + \underline{x}^{(1)2} + \bar{x}^{(1)2} + \dots\right)}.$$

En supposant la fonction égale à λ, cette exponentielle devient

$$c^{-\frac{3}{2}h\left[\left(\underline{x} - \frac{f\lambda}{F}\right)^2 + \left(\bar{x} - \frac{f^{(1)}\lambda}{F}\right)^2 + \dots + \frac{\lambda^2}{F}\right]},$$

F exprimant la somme des carrés $f^2 + f^{(1)2} + f^{(2)2} + \dots.$ Les valeurs de $\underline{x}$, $\bar{x}$, $\underline{x}^{(1)}$, $\dots$ les plus probables sont évidemment celles qui rendent un minimum l'exposant de cette exponentielle, ce qui donne

$$\underline{x} = \frac{f\lambda}{F}, \qquad \bar{\alpha} = \frac{f^{(1)}\lambda}{F}, \qquad \underline{x}^{(1)} = \frac{f^{(2)}\lambda}{F}, \qquad \dots$$

Si l'on observe ensuite que l'on a, par ce qui précède,

$$f = \tfrac{1}{2}m\sqrt{3}, \qquad f^{(1)} = l - \tfrac{1}{2}m,$$
$$\bar{\delta} = \tfrac{1}{2}\underline{\alpha}\sqrt{3} - \tfrac{1}{2}\bar{\alpha},$$

on aura

$$\underline{\alpha} = \frac{(l - \tfrac{1}{2}m)\lambda}{F}, \qquad \bar{\delta} = \frac{(m - \tfrac{1}{2}l)\lambda}{F},$$
$$\bar{x}^{(1)} = (l^{(1)} - \tfrac{1}{2}m^{(1)})\frac{\lambda}{F}, \qquad \bar{\delta}^{(1)} = \frac{(m^{(1)} - \tfrac{1}{2}l^{(1)})\lambda}{F},$$
$$\dots\dots\dots\dots\dots, \qquad \dots\dots\dots\dots\dots,$$

et F deviendra

$$l^2 - ml + m^2 + l^{(1)2} - m^{(1)}l^{(1)} + m^{(1)2} + \dots.$$

Si l'on substitue ces valeurs dans la fonction (o), on aura la correction résultante de la mesure d'une seconde base, en l'affectant d'un signe contraire. Mais on peut directement arriver à ce résultat, par le n° 21 du Livre II, d'après lequel on voit que, s étant la valeur de la fonction (o), sa probabilité est proportionnelle à

$$c^{-\frac{\frac{3}{2}h\left(s-\lambda\frac{Sr^{(i)}f^{(i)}}{Sf^{(i)2}}\right)^2}{Sr^{(i)2}-\frac{(Sr^{(i)}f^{(i)})^2}{Sf^{(i)2}}}},$$

le signe S s'étendant à toutes les valeurs de i, depuis $i=0$ inclusivement. La valeur de s la plus probable est celle qui rend nul l'exposant de c, ce qui donne

$$s=\lambda\frac{Sr^{(i)}f^{(i)}}{Sf^{(i)2}};$$

il faut donc retrancher de l'arc mesuré $AA^{(1)}\ldots A^{(n)}$ cette valeur de s; et, si l'on nomme u l'erreur de l'arc ainsi corrigé, la probabilité de u sera proportionnelle à

$$c^{-\frac{\frac{3}{2}hu^2}{Sr^{(i)2}-\frac{(Sr^{(i)}f^{(i)})^2}{Sf^{(i)2}}}}.$$

On voit par cette expression que le poids du résultat est augmenté en vertu de la mesure de la seconde base; car, avant cette mesure, le coefficient de $-s^2$ était, par le numéro précédent,

$$\frac{\frac{3}{2}h}{Sr^{(i)2}},$$

et, par cette mesure, le coefficient de $-u^2$ devient

$$\frac{\frac{3}{2}h}{Sr^{(i)2}-\frac{(Sr^{(i)}f^{(i)})^2}{Sf^{(i)2}}}.$$

La même erreur devient donc moins probable par cette mesure et par la correction précédente de cet arc.

On peut observer ici que les valeurs précédentes de r, $r^{(1)}$, f et $f^{(1)}$ donnent

$$r^2+r^{(1)2}=p^2-pq+q^2,$$
$$f^2+f^{(1)2}=l^2-ml+m^2,$$
$$rf+r^{(1)}f^{(1)}=l(p-\tfrac{1}{2}q)+m(q-\tfrac{1}{2}p).$$

On pourra donc former aisément $Sr^{(i)2}$ et $Sr^{(i)}f^{(i)}$ au moyen des coefficients de $\bar{\alpha}$, $\bar{\mathcal{E}}$, $\bar{\alpha}^{(1)}$, ... dans les fonctions (o) et (p).

Si l'on avait mesuré d'autres bases, on aurait, par l'analyse du n° 21 du Livre II, les corrections qu'il faudrait faire à l'arc mesuré, et la loi de ses erreurs.

La mesure d'une nouvelle base peut servir à corriger, non seulement l'arc mesuré, mais encore la différence en longitude de ses points extrêmes ou l'angle $A^{(n)}$. Il suffira de substituer à la fonction (o) celle-ci

$$\pm(\bar{\alpha} - \bar{\alpha}^{(1)} + \bar{\alpha}^{(2)} - \ldots)$$

qui exprime l'erreur de $A^{(n)}$, le signe supérieur ayant lieu si n est impair, et l'inférieur si n est pair. Alors on a

$$p = \pm 1, \qquad q = 0, \qquad p^{(1)} = \mp 1, \qquad q^{(1)} = 0, \qquad \ldots;$$

de là il est facile de conclure que, pour corriger l'angle $A^{(n)}$, il faut lui ajouter la quantité

$$\frac{\mp\lambda(l - l^{(1)} + l^{(2)} - \ldots - \frac{1}{2}m + \frac{1}{2}m^{(1)} - \ldots)}{l^2 - ml + m^2 + l^{(1)2} - m^{(1)}l^{(1)} + m^{(1)2} + \ldots}.$$

La probabilité que l'erreur de $A^{(n)}$ ainsi corrigé est dans les limites $\pm u$ sera

$$\frac{2\int dt\, c^{-t^2}}{\sqrt{\pi}},$$

l'intégrale étant prise depuis t nul jusqu'à

$$t = \frac{u\sqrt{\frac{3}{2}h}}{\sqrt{n - \dfrac{(l - l^{(1)} + l^{(2)} - \ldots - \frac{1}{2}m + \frac{1}{2}m^{(1)} - \ldots)^2}{l^2 - ml + m^2 + l^{(1)2} - \ldots}}}.$$

4. Nous sommes parvenus aux résultats précédents en partant de la loi de probabilité de l'erreur α proportionnelle à $c^{-h\alpha^2}$, et nous avons prouvé que cette loi de probabilité peut être admise à l'égard des angles mesurés avec le cercle répétiteur. Nous allons faire voir ici que ces résultats ont lieu généralement, quelle que soit la loi de probabilité de l'erreur α. Soit $\varphi(\alpha)$ cette loi. Nous la supposerons telle que les

mêmes erreurs positives et négatives soient également probables. Nous supposerons, de plus, que $\varphi(z)$ s'étend depuis $z = -\infty$ jusqu'à $z = +\infty$: cette supposition est toujours permise; car, si la probabilité devient nulle au delà de certaines limites, la fonction $\varphi(z)$ est alors discontinue et nulle au delà de ces limites. Cherchons maintenant la probabilité des valeurs de la fonction (θ) du n° 1. Cette fonction a été calculée en corrigeant les angles de chaque triangle du tiers de la somme observée de leurs erreurs. Supposons généralement que, dans le premier triangle, on corrige l'erreur z de $(i + \tfrac{1}{3})T$, l'erreur β de $(i_1 + \tfrac{1}{3})T$, et par conséquent la troisième erreur de $(\tfrac{1}{3} - i - i_1)T$, en désignant par $\underline{z}$ et $\underline{\beta}$ les erreurs z et β ainsi corrigées, on aura

$$z = \underline{z} + \left(i + \tfrac{1}{3}\right)T; \qquad \beta = \underline{\beta} + \left(i_1 + \tfrac{1}{3}\right)T.$$

En désignant pareillement par $z^{(1)}$ et $\beta^{(1)}$ les erreurs $z^{(1)}$ et $\beta^{(1)}$ respectivement corrigées de $\left(i^{(1)} + \tfrac{1}{3}\right)T^{(1)}$, $\left(i_1^{(1)} + \tfrac{1}{3}\right)T^{(1)}$, on aura

$$z^{(1)} = \underline{z}^{(1)} + \left(i^{(1)} + \tfrac{1}{3}\right)T^{(1)}; \qquad \beta^{(1)} = \underline{\beta}^{(1)} + \left(i_1^{(1)} + \tfrac{1}{3}\right)T^{(1)},$$

et ainsi de suite. La fonction (θ) est, par le n° 1, égale à

$$p\,\overline{\overline{z}} + q\,\overline{\overline{\beta}} + p^{(1)}\,\overline{\overline{z}}^{(1)} + q^{(1)}\,\overline{\overline{\beta}}^{(1)} + \dots;$$

ensuite, on a

$$z = \overline{\overline{z}} + \tfrac{1}{3}T = \underline{z} + \left(i + \tfrac{1}{3}\right)T;$$

ce qui donne

$$\overline{\overline{z}} = \underline{z} + iT;$$

on a pareillement

$$\overline{\overline{\beta}} = \underline{\beta} + i_1 T, \qquad \overline{\overline{z}}^{(1)} = \underline{z}^{(1)} + i^{(1)}T, \qquad \dots$$

La fonction (θ) devient ainsi

$$p\,\underline{z} + q\,\underline{\beta} + p^{(1)}\,\underline{z}^{(1)} + q^{(1)}\,\underline{\beta}^{(1)} + \dots + S\left(pi + qi_1\right)T,$$

$S\left(pi + qi_1\right)T$ désignant la somme

$$\left(pi + qi_1\right)T + \left(p^{(1)}i^{(1)} + q^{(1)}i_1^{(1)}\right)T^{(1)} + \dots.$$

La correction de la fonction (θ) relative aux valeurs de i, i_1, $i^{(1)}$, ... est

donc

$$= S(pi \pm qi_1)T,$$

et alors cette fonction ainsi corrigée devient

$$(\varepsilon) \qquad p\alpha \pm q\beta \pm p^{(1)}\alpha^{(1)} \pm q^{(1)}\beta^{(1)} \pm p^{(2)}\alpha^{(2)} \pm \ldots$$

Pour avoir la probabilité des valeurs de cette dernière fonction, nous observerons que la probabilité de l'existence simultanée des valeurs de α, β et T est

$$\frac{d\alpha\, d\beta\, dT\, \varphi(\alpha)\, \varphi(\beta)\, \varphi(T = \alpha = \beta)}{\int\int\int d\alpha\, d\beta\, dT\, \varphi(\alpha)\, \varphi(\beta)\, \varphi(T = \alpha = \beta)},$$

les intégrales du dénominateur étant prises dans leurs limites infinies positives et négatives. Désignons par A l'intégrale $\int d\alpha\, \varphi(\alpha)$, prise dans ces limites; il est facile de voir que ce dénominateur sera égal à A^3. La fraction précédente devient ainsi

$$\frac{d\alpha\, d\beta\, dT}{A^3} \varphi(\alpha)\, \varphi(\beta)\, \varphi(T = \alpha = \beta);$$

la probabilité de l'existence simultanée des valeurs de α, β et T sera donc

$$\frac{d\alpha\, d\beta\, dT}{A^3} \varphi[\alpha + (i + \tfrac{1}{2})T]\, \varphi[\beta + (i_1 + \tfrac{1}{2})T]\, \varphi[(\tfrac{1}{2} = i = i_1)T = \alpha = \beta].$$

T étant supposé pouvoir varier depuis $= \infty$ jusqu'à $+ \infty$, on aura la probabilité des valeurs simultanées de α et de β en intégrant la fonction précédente par rapport à T, dans les limites infinies. Nommons $\frac{d\alpha\, d\beta}{A^3} \psi(\alpha, \beta)$ cette intégrale. On voit, par le n° 20 du Livre II, qu'en désignant par s la valeur de la fonction (ε), la probabilité de s sera proportionnelle à

$$(\mathrm{II}) \quad \int ds\, \varepsilon^{-s\omega\sqrt{-1}} \left\{ \begin{array}{l} \int\int d\alpha\, d\beta\, \psi(\alpha, \beta)\, \cos(p\alpha \pm q\beta)\omega \\ \times \int\int d\alpha^{(1)}\, d\beta^{(1)}\, \psi(\alpha^{(1)}, \beta^{(1)})\, \cos(p^{(1)}\alpha^{(1)} \pm q^{(1)}\beta^{(1)})\omega \\ \times \ldots\ldots\ldots\ldots\ldots\ldots\ldots\ldots\ldots\ldots\ldots\ldots\ldots\ldots\ldots\ldots\ldots\ldots \end{array} \right\};$$

l'intégrale relative à ω étant prise depuis $\omega = = \pi$ jusqu'à $\omega = \pi$ et les intégrales relatives à α et β étant prises dans leurs limites infinies. Développons dans une série, ordonnée par rapport aux puissances de ω, la fonction comprise dans la parenthèse. Le logarithme de $\iint d\underline{\alpha}\, d\underline{\beta}\, \psi(\underline{\alpha}, \underline{\beta}) \cos(p\underline{\alpha} + q\underline{\beta})\omega$ est égal à

$$\log \iint d\underline{\alpha}\, d\underline{\beta}\, \psi(\underline{\alpha}, \underline{\beta}) - \frac{\dfrac{\omega^2}{2} \iint d\underline{\alpha}\, d\underline{\beta}\, \psi(\underline{\alpha}, \underline{\beta})(p\underline{\alpha} + q\underline{\beta})^2}{\iint d\underline{\alpha}\, d\underline{\beta}\, \psi(\underline{\alpha}, \underline{\beta})} - \cdots$$

Or on a

$$\iint d\underline{\alpha}\, d\underline{\beta}\, \psi(\underline{\alpha}, \underline{\beta})$$
$$= \iiint d\underline{\alpha}\, d\underline{\beta}\, dT\, \varphi\left[\underline{\alpha} + (i + \tfrac{1}{3})T\right] \varphi\left[\underline{\beta} + (i_1 + \tfrac{1}{3})T\right] \varphi\left[(\tfrac{1}{3} - i - i_1)T - \underline{\alpha} - \underline{\beta}\right].$$

Les intégrales étant prises dans leurs limites infinies, il est aisé de voir, par la théorie connue des intégrales multiples, que le second membre de cette équation est égal à

$$\iiint d\alpha\, d\beta\, dT'\, \varphi(\alpha)\, \varphi(\beta)\, \varphi(T'),$$

T' étant égal à $T - \alpha - \beta$; il est donc égal à k^3.

On a ensuite

(u)
$$\iint d\underline{\alpha}\, d\underline{\beta}\, \psi(\underline{\alpha}, \underline{\beta})(p\underline{\alpha} + q\underline{\beta})^2$$
$$= \iiint d\alpha\, d\beta\, dT'\, \varphi(\alpha)\, \varphi(\beta)\, \varphi(T')(p\underline{\alpha} + q\underline{\beta})^2,$$

en substituant pour $\underline{\alpha}$ et $\underline{\beta}$ leurs valeurs en α, β, et T' dans la quantité $(p\underline{\alpha} + q\underline{\beta})^2$. Or il suit de ce qui précède que l'on a

$$\underline{\alpha} = (\tfrac{2}{3} - i)\alpha - (i + \tfrac{1}{3})\beta - (i + \tfrac{1}{3})T',$$
$$\underline{\beta} = (\tfrac{2}{3} - i)\beta - (i_1 + \tfrac{1}{3})\alpha - (i_1 + \tfrac{1}{3})T'.$$

En substituant ces valeurs dans la quantité $(p\underline{\alpha} + q\underline{\beta})^2$, on pourra, dans son développement, négliger les termes dépendants des produits $\alpha\beta$, αT' et βT', car la triple intégrale

(u)
$$\iiint d\alpha\, d\beta\, dT'\, \varphi(\alpha)\, \varphi(\beta)\, \varphi(T')(p\underline{\alpha} + q\underline{\beta})^2$$

étant prise dans ses limites infinies, et la fonction $\varphi(\alpha)$ étant supposée la même pour les valeurs $+\alpha$ et $-\alpha$, il est clair que les éléments de cette intégrale dépendants de $+\alpha\delta$ seront détruits par les éléments négatifs dépendants de $-\alpha\delta$. Si l'on observe ensuite qu'en désignant $\int \alpha^2\, d\alpha\, \varphi(\alpha)$ par k'', on a

$$\int\int\int \alpha^2\, d\alpha\, d\delta\, dT'\, \varphi(\alpha)\, \varphi(\delta)\, \varphi(T') = k^2 k'',$$

la fonction (u) deviendra

$$k^2 k''\left[\tfrac{2}{3}(p^2 - pq + q^2) + 3(pi + qi_1)^2\right];$$

le logarithme de

$$\int\int d\alpha\, d\delta\, \psi(\alpha, \delta) \cos(p\alpha + q\delta)\omega$$

devient ainsi

$$\log k^3 - \frac{k''}{2k}\omega^2\left[\tfrac{2}{3}(p^2 - pq + q^2) + 3(pi + qi_1)^2\right] - \ldots$$

En repassant des logarithmes aux nombres et négligeant, conformément à l'analyse du n° 20 du Livre II, les puissances de ω supérieures au carré, l'intégrale (II) prendra cette forme

$$k^{3n}\int d\omega\, c^{-n\omega\sqrt{-1}-\frac{k''\omega^2}{2k}\left[\frac{2}{3}S(p^2 - pq + q^2)+3S(pi + qi_1)^2\right]},$$

$S(p^2 - pq + q^2)$ représentant la somme des quantités

$$p^2 - pq + q^2 + p^{(1)2} - p^{(1)}q^{(1)} + \ldots;$$

$S(pi + qi_1)^2$ représentant la somme des quantités

$$(pi + qi)^2 + (p^{(1)}i^{(1)} + q^{(1)}i^{(1)})^2 + \ldots,$$

et n étant le nombre des triangles. Donnons à l'intégrale précédente cette forme

$$k^{3n}\int d\omega\, c^{-Q\left(\omega + \frac{n\sqrt{-1}}{2Q}\right)^2 - \frac{n^2}{4Q}},$$

Q étant égal à

$$\frac{k''}{2k}\left[\tfrac{2}{3}S(p^2 - pq + q^2) + 3S(pi + qi_1)^2\right].$$

L'intégrale doit être prise depuis $\omega = -\pi$ jusqu'à $\omega = \pi$, et l'on a vu, dans le numéro cité du Livre II, qu'elle peut être étendue depuis

$\omega = -\infty$ jusqu'à $\omega = \infty$; alors l'intégrale précédente, ou la probabilité de s, devient proportionnelle à $e^{-\frac{s^2}{4\omega}}$ ou à

$$e^{-\frac{k s^2}{4k''[S(p^2 - pq + q^2) + \frac{1}{2}S(p_1 + q_1)^2]}},$$

Il faut maintenant déterminer la valeur de $\frac{k}{k''}$. Pour cela nous ferons, comme ci-dessus, usage des valeurs observées de T, $T^{(1)}$, $T^{(2)}$, ... Lorsque ces valeurs sont en grand nombre, la somme de leurs carrés divisée par leur nombre sera, à fort peu près, par ce que nous avons établi dans le Livre II, la valeur moyenne de T^2 ; en faisant donc

$$\theta^2 = T^2 + T^{(1)2} + T^{(2)2} + \ldots,$$

$\frac{\theta^2}{n}$ sera cette valeur moyenne. Or on a cette valeur en multipliant chaque valeur possible de T^2 par sa probabilité et en prenant la somme de tous ces produits ; l'expression de la valeur moyenne de T^2 sera donc

$$\frac{\int\int\int d\alpha\, d\beta\, dT \cdot T^2\, \varphi(\alpha)\, \psi(\beta)\, \varphi(T - \alpha - \beta)}{\int\int\int d\alpha\, d\beta\, dT\, \varphi(\alpha)\, \psi(\beta)\, \varphi(T - \alpha - \beta)},$$

les intégrales étant prises dans leurs limites infinies. Soit, comme ci-dessus,

$$T' = T - \alpha - \beta ;$$

la fraction précédente deviendra

$$\frac{\int\int\int (T' + \alpha + \beta)^2\, d\alpha\, d\beta\, dT'\, \varphi(\alpha)\, \psi(\beta)\, \varphi(T')}{\int\int\int d\alpha\, d\beta\, dT'\, \varphi(\alpha)\, \psi(\beta)\, \varphi(T')};$$

toutes ces intégrales étant prises encore dans leurs limites infinies. Il est facile de voir, par l'analyse précédente, que le numérateur de cette fraction est égal à $3k^2k''$, et que son dénominateur est égal à k^3 ; la fraction devient ainsi $\frac{3k''}{k}$; en l'égalant à $\frac{\theta^2}{n}$, on aura

$$\frac{k''}{k} = \frac{\theta^2}{3n};$$

la probabilité de s est donc proportionnelle à

$$c^{-\frac{9n s^2}{16 \vartheta^2 \left[S(p^2 - pq + q^2)i + \frac{2}{3} S(pi + qi_1)^2 \right]}}.$$

Il est clair que les valeurs de i et de i_1 qui rendent cette probabilité le plus rapidement décroissante sont celles qui donnent $pi + qi_1 = 0$; et alors la correction précédente de l'arc mesuré devient nulle. Le cas de i et i_1 nuls donne donc la loi de probabilité des erreurs géodésiques, le plus rapidement décroissante, loi qui doit être évidemment adoptée.

De là, il est facile de conclure que la probabilité que la valeur de s sera comprise dans les limites $\pm s$ est égale à

$$\frac{2 \int dt\, c^{-t^2}}{\sqrt{\pi}},$$

l'intégrale étant prise depuis t nul jusqu'à

$$t = \frac{3s}{2\vartheta} \sqrt{\frac{n}{S(p^2 - pq + q^2)}},$$

ce qui est conforme à ce que nous avons déduit dans le n° 1 de la loi particulière de probabilité des erreurs α proportionnelle à c^{-hx^2}.

Exprimons, comme dans le n° 2, l'erreur d'une nouvelle base conclue de la première par la fonction

$$l\bar{x} + m\bar{\vartheta} + l^{(1)}\bar{x}^{(1)} + m^{(1)}\bar{\vartheta}^{(1)} + \ldots.$$

En faisant, comme précédemment,

$$\underline{\alpha} = \bar{x} - iT, \qquad \underline{\vartheta} = \bar{\vartheta} - i_1 T, \qquad \underline{\alpha}^{(1)} = \bar{x}^{(1)} - i^{(1)} T^{(1)}, \qquad \ldots$$

la correction de cette fonction, relative aux valeurs de $i, i_1, i^{(1)}, \ldots$ sera $- S(li + mi_1)T$, et l'erreur de la nouvelle base ainsi corrigée sera

$$(\lambda) \qquad\qquad l\underline{\alpha} + m\underline{\vartheta} + l^{(1)} \underline{\alpha}^{(1)} + m^{(1)} \underline{\vartheta}^{(1)} + \ldots.$$

Soit s' la valeur de cette fonction; la probabilité de l'existence simultanée des valeurs s et s' des fonctions (ε) et (λ) sera, par le n° 21 du Livre II, proportionnelle à

$$\int\int d\omega\, d\omega'\, c^{-s\omega\sqrt{-1}-s'\omega'\sqrt{-1}-Q\omega^2-2Q_1\omega\omega'-Q_2\omega'^2},$$

les intégrales étant prises depuis ω et ω' égaux à $-\infty$ jusqu'à ω et ω' égaux à $+\infty$. On voit ensuite, par l'analyse du numéro cité, que l'on a

$$Q\omega^2+2Q_1\omega\omega'+Q_2\omega'^2$$
$$=\frac{\frac{1}{2}k''\int\int\int d\alpha\, d\beta\, dT'\,\varphi(\alpha)\,\varphi(\beta)\,\varphi(T')\,[(p\alpha+q\beta)\omega+(l\alpha+m\beta)\omega']^2}{\int\int\int d\alpha\, d\beta\, dT'\,\varphi(\alpha)\,\varphi(\beta)\,\varphi(T')},$$

les intégrales relatives à α, β et T' étant prises dans leurs limites infinies; ce qui donne, en substituant pour α et β leurs valeurs précédentes,

$$Q=\frac{1}{3}\frac{k''}{k}\left[8(p^2-pq+q^2)+\frac{\theta}{2}8(pi+qi_1)^2\right],$$

$$Q_1=\frac{1}{3}\frac{k''}{k}\left\{8\left[\left(p-\frac{q}{2}\right)l+\left(q-\frac{p}{2}\right)m\right]+\frac{\theta}{2}8(pi+qi_1)(li+mi_1)\right\},$$

$$Q_2=\frac{1}{3}\frac{k''}{k}\left[8(l^2-ml+m^2)+\frac{\theta}{2}8(li+mi_1)^2\right];$$

d'où l'on conclut, par l'analyse du numéro cité, que la probabilité de l'existence simultanée des valeurs de s et de s' est proportionnelle à

$$c^{-\frac{Q_2s^2-2Q_1ss'+Qs'^2}{4(QQ_2-Q_1^2)}}$$

ou

$$c^{-\frac{Q_2\left(s-s'\frac{Q_1}{Q_2}\right)^2}{4(QQ_2-Q_1^2)}-\frac{s'^2}{4Q_2}}.$$

La mesure de la seconde base détermine la valeur de s'; et, en la nommant λ comme ci-dessus, la probabilité de s sera proportionnelle à

$$c^{-\frac{Q_2\left(s-\lambda\frac{Q_1}{Q_2}\right)^2}{4(QQ_2-Q_1^2)}}.$$

La valeur de s la plus probable est celle qui rend nul l'exposant de c;

ce qui donne

$$s = \lambda \frac{Q_1}{Q_2};$$

en faisant donc

$$s = \lambda \frac{Q_1}{Q_2} + u,$$

u sera l'erreur de l'arc mesuré et diminué de $\frac{\lambda Q_1}{Q_2}$; et la probabilité de cette erreur sera proportionnelle à

$$e^{-\frac{Q_1 u^2}{i(QQ_2 - Q_1^2)}}.$$

Les valeurs de i, i_1, $i^{(0)}$, … doivent être déterminées par la condition que le coefficient de u^2, dans cette exponentielle, soit un maximum ; voyons donc quelles sont les valeurs de ces quantités qui rendent la fraction

$$\frac{Q_1}{QQ_2 - Q_1^2}$$

un maximum. Si l'on nomme Q' ce que devient l'expression de Q lorsqu'on y diminue l'intégrale finie $S(pi + qi_1)^2$ de l'élément $(pi + qi_1)^2$, on aura

$$Q' = Q - \frac{3}{2} \frac{k''}{k} (pi + qi_1)^2.$$

Si l'on nomme pareillement Q'_1 ce que devient l'expression de Q_1 lorsque l'on y diminue l'intégrale finie $S(pi + qi_1)(li + mi_1)$ de l'élément $(pi + qi_1)(li + mi_1)$, on aura

$$Q'_1 = Q_1 - \frac{3}{2} \frac{k''}{k} (pi + qi_1)(li + mi_1).$$

Enfin, si l'on nomme Q'_2 ce que devient Q_2, lorsque l'on y diminue l'intégrale finie $S(li + mi_1)^2$ de l'élément $(li + mi_1)^2$, on aura

$$Q'_2 = Q_2 - \frac{3}{2} \frac{k''}{k} (li + mi_1)^2.$$

La fraction

$$\frac{Q'_1}{Q'Q'_2 - Q'^2_1}$$

surpasse la fraction

$$\frac{Q_2}{QQ_2 - Q_1^2};$$

car, en substituant dans la première, au lieu de Q', Q'_1 et Q'_2, leurs valeurs, et réduisant au même dénominateur son excès sur la seconde, le numérateur de cet excès devient

$$\frac{3}{2} \frac{k''}{k} [Q_2(pi + qi_1) - Q_1(li + mi_1)]^2.$$

Nommons encore Q'' ce que devient Q' lorsqu'on en retranche $\frac{3}{2} \frac{k''}{k} (p^{(1)}i^{(1)} + q^{(1)}i_1^{(1)})^2$; et, par conséquent, ce que devient l'expression de Q lorsque l'on y diminue l'intégrale $S(pi + qi_1)^2$ des deux éléments $(pi + qi_1)^2 + (p^{(1)}i^{(1)} + q^{(1)}i_1^{(1)})^2$. Nommons pareillement Q''_1 ce que devient Q'_1, lorsqu'on en retranche

$$\frac{3}{2} \frac{k''}{k} (p^{(1)}i^{(1)} + q^{(1)}i_1^{(1)})(l^{(1)}i^{(1)} + m^{(1)}i_1^{(1)});$$

enfin, nommons Q''_2 ce que devient Q'_2 lorsque l'on en retranche

$$\frac{3}{2} \frac{k''}{k} (l^{(1)}i^{(1)} + m_1^{(1)}i_1^{(1)})^2;$$

on verra, par le même procédé, que la fraction

$$\frac{Q''_2}{Q''Q''_2 - Q_1''^2}$$

surpasse la fraction

$$\frac{Q'_2}{Q'Q'_2 - Q_1'^2}$$

et, par conséquent, la fraction

$$\frac{Q_2}{QQ_2 - Q_1^2}.$$

En continuant ainsi, on voit que cette dernière fraction devient à son maximum lorsque les intégrales finies $S(pi + qi_1)^2$, $S(pi + qi_1)(li + mi_1)^2$ et $S(li + mi_1)^2$ sont nulles dans les expressions de Q, Q_1 et Q_2, ce qui revient à supposer nulles les valeurs de i, i_1, $i^{(1)}$, ...; cette supposition donne donc la loi de probabilité des valeurs de Q le plus rapidement décroissante, et alors on a

$$Q = \frac{\theta^2}{9n} \, S\,(p^2 - pq + q^2),$$

$$Q_1 = \frac{\theta^2}{9n} \, S\left[\left(p - \frac{q}{2}\right)l + \left(q - \frac{p}{2}\right)m\right],$$

$$Q_2 = \frac{\theta^2}{9n} \, S\,(l^2 - ml + m^2).$$

Le poids de l'erreur u devient ainsi

$$\frac{-\dfrac{9n}{4\theta^2}}{S\,(p^2 - pq + q^2) - \dfrac{\left[S\left(p - \dfrac{q}{2}\right)l + S\left(q - \dfrac{p}{2}\right)m\right]^2}{S\,(l^2 - ml + m^2)}}.$$

Il est facile de voir que ce résultat coïncide avec le résultat analogue du n° 3.

Sur la probabilité des résultats déduits, par des procédés quelconques, d'un grand nombre d'observations.

La vraie marche des sciences naturelles consiste à remonter, par la voie de l'induction, des phénomènes aux lois et des lois aux forces. On redescend ensuite de ces forces à l'explication complète des phénomènes jusque dans leurs plus petits détails. L'inspection attentive d'un grand ensemble d'observations et leurs comparaisons multipliées font pressentir les lois qu'il recèle. L'expression analytique de ces lois dépend de coefficients constants que l'on nomme *éléments*. On détermine, par la théorie des probabilités, les valeurs les plus probables de ces éléments, et si, en les substituant dans les expressions analytiques, ces expressions satisfont à toutes les observations, dans les limites des erreurs possibles, on sera sûr que ces lois sont celles de la nature, ou du moins qu'elles en sont très peu différentes. On voit par

là combien est utile l'application du Calcul des Probabilités à la Philosophie naturelle, et combien il est essentiel d'avoir des méthodes pour
tirer des observations les résultats les plus avantageux. Ces résultats
sont évidemment ceux avec lesquels une même erreur est moins probable qu'avec tout autre résultat. Ainsi la condition qu'il faut remplir
dans le choix d'un résultat est que la loi de probabilité de ses erreurs soit
le plus rapidement décroissante. Avant l'application du Calcul des Probabilités à cet objet, chaque calculateur assujettissait les résultats des
observations aux conditions qui lui paraissaient être les plus naturelles. Maintenant que l'on a des formules certaines pour obtenir le
résultat le plus avantageux, il ne peut plus y avoir d'incertitude à cet
égard, du moins lorsque l'on fait usage des facteurs. On peut, non
seulement déterminer ce résultat, mais encore assigner la probabilité
des erreurs des résultats obtenus par d'autres procédés et comparer
ces procédés à la méthode la plus avantageuse. L'excessive longueur
des calculs que cette méthode exige, lorsque l'on emploie un très
grand nombre d'observations, ne permet pas alors d'en faire usage.
Mais, en groupant convenablement les équations de condition et en
appliquant cette méthode aux équations qui résultent de chacun de
ces groupes, on peut à la fois simplifier considérablement les calculs
et conserver une partie des avantages qui lui sont attachés, comme on
le verra dans la suite. Quel que soit le procédé dont on fait usage, il
est très utile d'avoir un moyen pour déterminer la probabilité des
résultats auxquels on parvient, surtout lorsqu'il s'agit d'éléments
importants. On aura facilement cette probabilité par la méthode suivante.

1. Considérons d'abord un cas fort simple, celui des angles mesurés
au moyen du cercle répétiteur. Supposons qu'à la fin de chaque opération partielle on lise la division correspondante du cercle; on aura,
en partant du point de départ, une suite de termes dont le premier sera
l'angle même, le deuxième sera le double de cet angle, le troisième en
sera le triple, et ainsi de suite. Désignons par A_1, A_2, ..., A_n ces diffé-

rents termes, et par $a_1, a_2, \ldots, a_n$ les n angles partiels successivement mesurés. On aura

$$A_1 = a_1,$$
$$A_2 = a_2 + a_1,$$
$$A_3 = a_3 + a_2 + a_1,$$
$$\ldots\ldots\ldots\ldots\ldots;$$

et, si l'on nomme y le véritable angle simple, on aura cette suite d'équations

$$(a) \quad \begin{cases} y - a_1 + x_1 = 0, \\ y - a_2 + x_2 = 0, \\ y - a_3 + x_3 = 0, \\ \ldots\ldots\ldots\ldots\ldots, \\ y - a_n + x_n = 0, \end{cases}$$

$x_1, x_2, x_3, \ldots$ étant les erreurs des angles $a_1, a_2, a_3, \ldots$. On aura, par le n° 20 du Livre II, le résultat le plus avantageux en multipliant par l'unité chacune des équations précédentes et en les ajoutant, ce qui donne

$$y = \frac{a_1 + a_2 + \ldots + a_n}{n} + \frac{x_1 + x_2 + \ldots + x_n}{n}.$$

En supposant $x_1, x_2, \ldots$ nuls, on aura le résultat de la méthode la plus avantageuse, et l'erreur de ce résultat sera $\frac{x_1 + x_2 + \ldots + x_n}{n}$. En désignant par u cette erreur, on voit, par le numéro cité, que la probabilité de u est proportionnelle à $c^{-\frac{knu^2}{2k'}}$, k étant égal à $\int dx\,\varphi(x)$, et k'' étant égal à $\int x^2\,dx\,\varphi(x)$, $\varphi(x)$ étant la loi de probabilité des erreurs x des observations partielles, cette loi étant supposée la même pour les erreurs positives et négatives et pouvant s'étendre à l'infini; c est toujours le nombre dont le logarithme hyperbolique est l'unité.

Svanberg, dans son excellent Ouvrage sur le degré de Laponie, expose, pour déterminer y, un nouveau procédé fondé sur les considérations suivantes. Chaque terme de la série $A_1, A_2, \ldots$ peut donner sa valeur, qui peut être également déterminée par la différence $A_{s'} - A_s$ de deux termes quelconques de cette série, s' étant plus grand que s.

Cette différence, divisée par $s' = s$, donne une valeur de y d'autant plus exacte que ce diviseur est plus grand. En la multipliant donc par ce diviseur, on la rendra prépondérante en raison de son exactitude. Si l'on fait ensuite une somme de ces produits et qu'on la divise par le nombre d'angles simples qu'elle contient, on aura une valeur de y qui, conclue de toutes les combinaisons des quantités A_1, A_2, ... en donnant à chacune de ces combinaisons l'influence qu'elle doit avoir, semble devoir approcher de la vérité le plus près qu'il est possible. Cela serait juste, en effet, si toutes ces valeurs de y étaient indépendantes. Mais leur dépendance mutuelle fait que les mêmes angles simples sont employés plusieurs fois et d'une manière différente pour chacun d'eux, ce qui doit changer les probabilités respectives des valeurs de y et, par conséquent, la probabilité de la valeur moyenne. C'est un nouvel exemple des illusions auxquelles on est exposé dans ces recherches délicates.

Le procédé dont il s'agit revient à former la somme des différences $A_{s'} = A_s$, s' étant plus grand que s et devant avec cette condition être étendu depuis $s' = 1$ jusqu'à $s' = n$; s doit être étendu depuis $s = 0$ jusqu'à $s = n - 1$, et l'on doit faire $A_0 = 0$. En divisant ensuite cette somme par le nombre d'angles simples qu'elle contient, on a la valeur de y. Il est aisé de voir que cette valeur est

$$y = \frac{n\, S\, A_s - 2\, SS\, A_{n-s}}{\dfrac{n(n-1)(n-2)}{1 \cdot 2 \cdot 3}},$$

$S\, A_s$ exprimant la somme des quantités A_1, A_2, ..., A_n; $SS\, A_{n-s}$ est la somme des quantités

$$A_1,$$
$$A_1 + A_2,$$
$$A_1 + A_2 + A_3,$$
$$\cdots\cdots\cdots\cdots\cdots$$
$$A_1 + A_2 + \cdots + A_{n-1};$$

l'angle a_1 est contenu $n = i + 1$ fois dans $S\, A_s$, il est contenu

$\frac{(n-i)(n-i+1)}{1.2}$ fois dans la fonction SSA_{n-1}; il est donc contenu $\frac{i(n-i+1)}{\frac{n(n+1)(n+2)}{1.2.3}}$ fois dans l'expression précédente de y. De là il suit que ce procédé revient à multiplier les équations (a) respectivement par les facteurs

$$\frac{n}{\frac{n(n+1)(n+2)}{6}}, \quad \frac{2(n-1)}{\frac{n(n+1)(n+2)}{6}}, \quad \frac{3(n-2)}{\frac{n(n+1)(n+2)}{6}}, \quad \ldots;$$

et alors on trouve, par le n° 20 du Livre II, que la probabilité de l'erreur u dans l'expression précédente de y est proportionnelle à

$$c^{-\frac{k}{4k'}\frac{u^2}{SM_i^2}},$$

M_i étant ici égal à $\frac{i(n-i+1)}{\frac{n(n+1)(n+2)}{6}}$; l'intégrale SM_i^2 devant comprendre toutes les valeurs de M_i^2 depuis $i=1$ jusqu'à $i=n$ inclusivement. On a ainsi

$$SM_i^2 = \frac{6}{5}\,\frac{n^2+2n+2}{n(n+1)(n+2)};$$

n étant supposé fort grand, cette valeur de SM_i^2 se réduit à fort peu près à $\frac{6}{5n}$; la probabilité de l'erreur u est donc proportionnelle à

$$c^{-\frac{5}{6}\frac{k}{4k'}nu^2}.$$

On vient de voir que, dans la méthode la plus avantageuse, la probabilité d'une pareille erreur du résultat est proportionnelle à

$$c^{-\frac{knu^2}{4k'}}.$$

Ainsi, pour que les mêmes erreurs deviennent également probables, les observations doivent être, dans le procédé de Svanberg, plus nombreuses que dans le procédé ordinaire, suivant le rapport de six à cinq.

On pourrait croire que, le résultat obtenu par le procédé de Svanberg étant une nouvelle donnée des observations, sa combinaison avec le résultat de la méthode ordinaire doit donner un résultat plus exact, et dont la loi de probabilité des erreurs soit plus rapidement décroissante. Mais l'analyse prouve que cela n'est pas. Considérons, en effet, le système d'équations

$$(b) \quad \begin{cases} p_1 y - a_1 + x_1 = 0, \\ p_2 y - a_2 + x_2 = 0, \\ \dots\dots\dots\dots\dots\dots, \\ p_n y - a_n + x_n = 0, \end{cases}$$

$x_1, x_2, \dots$ étant, comme ci-dessus, les erreurs des observations. La méthode la plus avantageuse prescrit de multiplier ces équations, respectivement, par $p_1, p_2, \dots$ et de les ajouter, ce qui donne

$$y = \frac{S\, p_i a_i}{S\, p_i^2} - \frac{S\, p_i x_i}{S\, p_i^2},$$

le signe S comprenant, comme ci-dessus, toutes les valeurs qu'il précède, depuis $i = 1$ jusqu'à $i = n$ inclusivement. Le premier terme de cette expression sera la valeur de y donnée par la méthode la plus avantageuse, et son erreur sera $\frac{S\, p_i x_i}{S\, p_i^2}$; en la désignant par u, sa probabilité sera, par le n° 20 du Livre II, proportionnelle à

$$c^{-\frac{k}{2k^2}m^2 S\, p_i^2}.$$

Si l'on multiplie les équations (b) respectivement par $m_1, m_2, m_3, \dots$, leur somme donnera

$$y = \frac{S\, m_i a_i}{S\, m_i p_i} - \frac{S\, m_i x_i}{S\, m_i p_i}.$$

Le premier terme de cette expression sera la valeur de y relative au système de facteurs $m_1, m_2, \dots$, et $\frac{S\, m_i x_i}{S\, m_i p_i}$ sera l'erreur de cette valeur, erreur que nous désignerons par u'. Si l'on fait

$$l = S\, p_i x_i, \qquad l' = S\, m_i x_i,$$

la probabilité de l'existence simultanée de l et de l' sera, par le n° 21
du Livre II, proportionnelle à

$$c^{-\frac{k}{2k'E}\left(l'^{2}\,\mathrm{S}\,m_i^2\,-\,2ll'\,\mathrm{S}\,m_i p_i\,+\,l^2\,\mathrm{S}\,p_i^2\right)},$$

E étant égal à $\mathrm{S}\,m_i^2\,\mathrm{S}\,p_i^2\,-\,(\mathrm{S}\,m_i p_i)^2$. Or on a

$$l = u\,\mathrm{S}\,p_i^2, \qquad l' = u'\,\mathrm{S}\,m_i p_i;$$

l'existence simultanée de u et de u' est donc proportionnelle à

$$c^{-\frac{k}{2k'}\cdot\frac{\mathrm{S}\,p_i^2}{E}\left[u^2\,E\,+\,(u'-u)^2\,(\mathrm{S}\,m_i p_i)^2\right]}.$$

Soit e la différence des valeurs précédentes de y; on a

$$e = \frac{\mathrm{S}\,p_i a_i}{\mathrm{S}\,p_i^2} - \frac{\mathrm{S}\,m_i a_i}{\mathrm{S}\,m_i p_i};$$

l'égalité de ces valeurs, corrigées respectivement de leurs erreurs u
et u', donne

$$e = u - u';$$

l'exponentielle précédente devient ainsi

$$c^{-\frac{k}{2k'}\,\mathrm{S}\,p_i^2\left[u^2\,+\,e^2\,\frac{(\mathrm{S}\,m_i p_i)^2}{E}\right]}.$$

e est une quantité donnée par les observations; la valeur de u qui
rend cette exponentielle un maximum est évidemment $u = o$; ainsi la
considération du résultat donné par le système de facteurs $m_1, m_2, \ldots$
n'ajoute aucune correction au résultat de la méthode la plus avantageuse et ne change point la loi de probabilité de son erreur u, qui
reste toujours proportionnelle à

$$c^{-\frac{k}{2k'}\,u^2\,\mathrm{S}\,p_i^2}.$$

Si le très grand nombre des équations de condition ne permet pas
de leur appliquer cette méthode, il y aura toujours de l'avantage à l'appliquer à des équations résultantes de groupes de ces équations. Supposons que l'on ait r groupes, formés chacun de s équations, en sorte

que $n = rs$; on aura les F équations suivantes

$$(V) \quad \begin{cases} P_1 y = A_1 + X_1 = 0, \\ P_2 y = A_2 + X_2 = 0, \\ \dots\dots\dots\dots\dots\dots, \\ P_F y = A_r + X_r = 0; \end{cases}$$

et l'on a

$$P_1 = p_1 + p_2 + \dots + p_s,$$
$$A_1 = a_1 + a_2 + \dots + a_s,$$
$$X_1 = x_1 + x_2 + \dots + x_s,$$

$$P_2 = p_{s+1} + p_{s+2} + \dots + p_{2s},$$
$$\dots\dots\dots\dots\dots\dots\dots\dots\dots\dots$$

En appliquant aux équations (V) le procédé de la méthode la plus avantageuse, on a

$$y = \frac{S\,P_i A_i}{S\,P_i^2} - \frac{S\,P_i X_i}{S\,P_i^2},$$

le signe S embrassant toutes les quantités qu'il précède, depuis $i = 1$ jusqu'à $i = r$ inclusivement. $\frac{S\,P_i X_i}{S\,P_i^2}$ est l'erreur de la valeur $\frac{S\,P_i A_i}{S\,P_i^2}$ prise pour y; en désignant par u cette erreur, sa probabilité sera, par le n° 20 du Livre II, proportionnelle à

$$e^{-\frac{A}{k^2}\frac{u^2}{S\,m_i^2}},$$

m_1, m_2, ... étant les coefficients de x_1, x_2, ... dans l'expression de u; et l'intégrale $S\,m_i^2$ s'étendant depuis $i = 0$ jusqu'à $i = n$ inclusivement. Or il est aisé de voir que l'on a

$$m_1 = \frac{P_1}{S\,P_i^2}, \quad m_2 = \frac{P_1}{S\,P_i^2}, \quad \dots, \quad m_s = \frac{P_1}{S\,P_i^2},$$
$$m_{s+1} = \frac{P_2}{S\,P_i^2}, \quad \dots\dots\dots\dots, \quad \dots, \quad m_{2s} = \frac{P_2}{S\,P_i^2},$$
$$m_{2s+1} = \frac{P_3}{S\,P_i^2}, \quad \dots\dots\dots, \quad \dots, \quad \dots\dots\dots;$$

de là il est facile de conclure que l'on a

$$\mathrm{S}\, m_i^2 = \frac{s}{\mathrm{S}\, \mathrm{P}_i^2} = \frac{n}{r\, \mathrm{S}\, \mathrm{P}_i^2};$$

la probabilité de u est donc proportionnelle à

$$c^{-\frac{k}{2k''}\frac{r}{n}u^2\, \mathrm{S}\, \mathrm{P}_i^2}.$$

Si l'on réunissait toutes les équations en un seul groupe, la probabilité de u serait proportionnelle à

$$c^{-\frac{k}{2k''}\frac{u^2}{n}(\mathrm{S}\, p_i)^2};$$

car alors r deviendrait l'unité, P_1 deviendrait $\mathrm{S}\, p_i$, P_2, P_3, ... seraient nuls. Le poids du résultat ou le coefficient de $-u^2$ serait donc, dans le premier cas,

$$\frac{k}{2k''}\frac{r}{n}\, \mathrm{S}\, \mathrm{P}_i^2,$$

et, dans le second cas, il serait

$$\frac{k}{2k''n}(\mathrm{S}\, p_i)^2.$$

Or la première de ces quantités surpasse la seconde; en effet,

$$(\mathrm{S}\, p_i)^2 = (\mathrm{P}_1 + \mathrm{P}_2 + \ldots + \mathrm{P}_r)^2.$$

Si, dans le développement de ce dernier carré, on substitue, au lieu du produit $2\mathrm{P}_1\mathrm{P}_2$, sa valeur $\mathrm{P}_2^2 + \mathrm{P}_3^2 - (\mathrm{P}_1 - \mathrm{P}_2)^2$, et ainsi des autres produits, on voit que ce carré est égal à $r\, \mathrm{S}\, \mathrm{P}_i^2$, moins une quantité positive; il y a donc de l'avantage à partager les équations de condition en plusieurs groupes auxquels on applique la méthode la plus avantageuse.

On voit encore qu'il y a de l'avantage à augmenter le nombre des groupes; car, si l'on suppose r pair et égal à $2r'$, le poids du résultat relatif au nombre r' de groupes sera proportionnel à

$$r'[(\mathrm{P}_1 + \mathrm{P}_2)^2 + (\mathrm{P}_3 + \mathrm{P}_4)^2 + \ldots + (\mathrm{P}_{2r-1} + \mathrm{P}_{2r})^2];$$

et le poids du résultat relatif à $2r'$ groupes sera proportionnel à

$$2r'(P_1^2 + P_2^2 \pm \ldots \pm P_{2r'}^2).$$

Cette dernière quantité surpasse la précédente, comme on le voit en observant que

$$2(P_1^2 + P_2^2) \geqslant (P_1 \pm P_2)^2.$$

Si les équations de condition renferment plusieurs éléments inconnus, y, y', ..., il y aura toujours de l'avantage à les partager en groupes pour appliquer aux équations résultantes de ces groupes la méthode la plus avantageuse. Plus on multipliera ces groupes, plus on augmentera le poids des résultats.

Mais, de quelque manière que l'on ait obtenu ces résultats, on pourra toujours déterminer, par le théorème suivant, la probabilité de leurs erreurs. Si l'on a, par un procédé quelconque, tiré des équations de condition l'équation $y = a = 0$, il est clair que l'on a multiplié les équations de condition, respectivement, par des facteurs M_1, M_2, M_3, ... tels que les inconnues ont disparu, à l'exception de y qui a l'unité pour facteur. L'erreur u du résultat $y = a$ est évidemment $M_1 a_1 + M_2 a_2 + \ldots$; la probabilité de cette erreur sera donc, par le n° 20 du Livre II, proportionnelle à

$$e^{-\frac{h^2 u^2}{S M_i^2}},$$

le signe S s'étendant à toutes les valeurs de i depuis $i = 1$ jusqu'à $i = n$, n étant le nombre des observations. Tout se réduit donc à déterminer, dans le procédé que l'on a suivi, les facteurs M_1, M_2, ...

Si, par exemple, les équations de condition renferment deux inconnues y et y' et si, pour former les deux équations finales, on ajoute ensemble toutes ces équations : 1° en changeant les signes des équations dans lesquelles y a le signe $-$; 2° en changeant les signes des équations dans lesquelles y' a le signe $-$, on obtiendra, par ce procédé dont on a souvent fait usage, deux équations que nous représenterons par les suivantes :

$$P\,y + R\,y' - A = 0,$$
$$P_1 y + R_1 y' - A_1 = 0.$$

En multipliant la première de ces équations par

$$\frac{R_1}{PR_1 - P_1R}$$

et la seconde par

$$\frac{-R}{PR_1 - P_1R},$$

on aura, en les ajoutant,

$$y - \frac{AR_1 - A_1R}{PR_1 - P_1R} = 0.$$

Dans les équations de condition, x_i a été multiplié par ± 1, le signe $-$ ayant lieu si, pour former les équations finales, on a changé les signes de l'équation $i^{\text{ième}}$. De là il est facile de conclure que, si l'on désigne par s le nombre des équations de condition dans lesquelles les coefficients de y et de y' ont le même signe, on aura

$$S\,M_i^2 = \frac{s(R_1 - R)^2 + (n - s)(R_1 + R)^2}{(PR_1 - P_1R)^2}.$$

On simplifiera le calcul en préparant les équations de condition de manière que dans toutes le coefficient de y ait le signe $+$. On formera ensuite une première équation finale en ajoutant les s équations dans lesquelles le coefficient de y' a le signe $+$. On formera une seconde équation finale en ajoutant les $n - s$ équations dans lesquelles le coefficient de y' a le signe $-$. Soient

$$f\,y + g\,y' - h = 0,$$
$$f_1 y - g_1 y' - h_1 = 0$$

ces deux équations. En multipliant la première par $\frac{g_1}{fg_1 + f_1g}$ et la se-

seconde par $\dfrac{g}{fg_1 + f_1 g}$, on aura

$$y - \frac{hg_1 + h_1 g}{fg_1 + f_1 g} = 0,$$

et il est facile de voir que

$$S M_i^2 = \frac{sg_1^2 + (n - s)g^2}{(fg_1 + f_1 g)^2}.$$

Ces valeurs de y et de $S M_i^2$ coïncident avec les précédentes, comme il est aisé de le voir en observant que l'on a

$$P = f + f_1, \qquad R = g - g_1, \qquad A = h + h_1.$$
$$P_1 = f - f_1, \qquad R_1 = g_1 + g, \qquad A_1 = h - h_1.$$

Les équations de condition étant représentées généralement par la suivante

$$0 = x_i - a_i + p_i y + q_i y',$$

si on les multiplie respectivement par m_1, m_2, ... et qu'on les ajoute, on aura l'équation finale

$$0 = S m_i x_i - S m_i a_i + y S m_i p_i + y' S m_i q_i;$$

si l'on multiplie ensuite les mêmes équations, respectivement par n_1, n_2, ..., on aura, en les ajoutant, l'équation finale

$$0 = S n_i x_i - S n_i a_i + y S n_i p_i + y' S n_i q_i.$$

En multipliant la première de ces équations par $\dfrac{S n_i q_i}{I}$ et la seconde par $-\dfrac{S m_i q_i}{I}$, I étant égal à

$$S m_i p_i S n_i q_i - S n_i p_i S m_i q_i,$$

on aura

$$0 = y - \frac{S m_i a_i S n_i q_i - S n_i a_i S m_i q_i}{I} + \frac{S m_i x_i S n_i q_i - S n_i x_i S m_i q_i}{I}.$$

Ce dernier terme est l'erreur de la valeur que l'on obtient pour y, en supposant nuls x_1, x_2, ... : on a donc alors

$$M_i = \frac{m_i\,S\,n_i q_i - n_i\,S\,m_i q_i}{1};$$

d'où il est facile de conclure

$$c^{-\frac{k}{2k'}\frac{u^2}{S M_i^2}} = c^{-\frac{k}{2k'}u^3\,H},$$

en faisant

$$H = S\,m_i^2\,(S\,n_i q_i)^2 - 2\,S\,m_i n_i\,S\,m_i q_i\,S\,n_i q_i + S\,n_i^2\,(S\,m_i q_i)^2.$$

résultat qui coïncide avec celui du n° 21 du Livre II, dans lequel nous avons prouvé que le maximum du coefficient de $-u^2$ dans cette exponentielle a lieu lorsque l'on suppose généralement $m_i = p_i$, $n_i = q_i$: cette supposition donne donc le résultat le plus avantageux ou celui dont le poids est un maximum.

On déterminera la valeur de $\frac{k}{2k''}$ au moyen des carrés des restes qui ont lieu lorsque l'on substitue dans les équations de condition les valeurs déterminées pour y et y'. En désignant par ε_i ce reste dans la $i^{\text{ème}}$ équation de condition

$$0 = x_i - a_i + p_i y + q_i y',$$

et désignant par u et u' les erreurs de ces valeurs, on aura

$$0 = x_i + \varepsilon_i - p_i u - q_i u';$$

ce qui donne

$$S\,\varepsilon_i^2 = S\,x_i^2 - 2u\,S\,p_i x_i - 2u'\,S\,q_i x_i + u^2\,S\,p_i^2 + 2uu'\,S\,p_i q_i + u'^2\,S\,q_i^2.$$

On a, par le n° 19 du Livre II,

$$S\,x_i^2 = \frac{k''}{k}\,n;$$

ensuite, les valeurs u et u' cessent d'être vraisemblables, lorsqu'elles surpassent des quantités de l'ordre $\frac{1}{\sqrt{n}}$. Les valeurs de $S\,p_i x_i$ et $S\,q_i x_i$ cessent d'être vraisemblables lorsqu'elles surpassent des quantités de l'ordre $\sqrt{n}$; les valeurs de $= 2u\,Sp_i x_i$ et $= 2u'\,Sq_i x_i$ cessent donc d'être vraisemblables lorsqu'elles cessent d'être d'un ordre fini, n étant supposé infiniment grand. Sp_i^2, $Sp_i q_i$ et Sq_i^2 étant de l'ordre n, les valeurs de $u^2\,Sp_i^2$, $2uu'\,Sp_i q_i$, $u'^2\,Sq_i^2$ cessent d'être vraisemblables lorsqu'elles cessent d'être des quantités finies. On peut donc négliger toutes ces quantités et supposer, quel que soit le procédé dont on fait usage,

$$S\,\varepsilon_i^2 = \frac{k''}{k}\,n;$$

ce qui donne

$$\frac{k}{2k''} = \frac{n}{2\,S\varepsilon_i^2}.$$

2. Les méthodes précédentes se réduisent à multiplier chaque équation de condition par un facteur et à ajouter tous ces produits pour former une équation finale. Mais on peut employer d'autres considérations pour obtenir le résultat cherché : par exemple, on peut choisir celle des équations de condition qui doit le plus approcher de la vérité. Le procédé que j'ai donné dans le n° 40 du Livre III de la *Mécanique céleste* est de ce genre. En supposant les équations (b) du numéro précédent préparées de manière que p_1, p_2, p_3, ... soient positifs et que les valeurs $\frac{a_1}{p_1}$, $\frac{a_2}{p_2}$, ... de y, données par ces équations dans la supposition de x_1, x_2, ... nuls, forment une série décroissante, le procédé dont il s'agit consiste à choisir l'équation de condition $F^{ième}$, telle que l'on ait

$$\beta_1 \mp \beta_2 \mp \ldots \mp \beta_{F-1} \leqslant \beta_F \mp \beta_{F+1} \mp \ldots \mp \beta_n;$$

$$\beta_1 \mp \beta_2 \mp \ldots \mp \beta_F \geqslant \beta_{F+1} \mp \beta_{F+2} \mp \ldots \mp \beta_n;$$

et à supposer

$$y = \frac{a_F}{\beta_F}.$$

Cette valeur de y rend un minimum la somme de tous les écarts des autres valeurs, pris positivement ; car, en nommant x_1, x_2, ... ces écarts, x_1, x_2, ..., x_{F-1} seront positifs et x_{F+1}, x_{F+2}, ..., x_n seront négatifs. Si l'on accroît la valeur précédente de y de la quantité infiniment petite δy, la somme des écarts positifs x_1, x_2, ..., x_{r-1} diminuera de la quantité

$$\delta y\,(p_1 + p_2 + \ldots + p_{r-1});$$

mais la somme des écarts négatifs, pris avec le signe $+$, augmentera de la quantité

$$\delta y\,(p_{r+1} + p_{r+2} + \ldots + p_n);$$

l'écart x_r deviendra $p_r\,\delta y$. La somme des écarts, pris tous positivement, sera donc augmentée de la quantité

$$\delta y\,(p_r + p_{r+1} + \ldots + p_n - p_1 - p_2 - \ldots - p_{r-1});$$

par les conditions auxquelles le choix de l'équation $r^{ième}$ est assujettie, cette quantité est positive. On verra, de la même manière, que si l'on diminue $\dfrac{a_r}{p_r}$ de δy, la somme des écarts pris positivement sera augmentée de la quantité positive

$$\delta y\,(p_1 + p_2 + \ldots + p_r - p_{r+1} - p_{r+2} - \ldots - p_n).$$

Ainsi, dans les deux cas d'un accroissement et d'une diminution de la valeur $\dfrac{a_r}{p_r}$ de y, la somme des écarts, pris positivement, est augmentée. Cette considération semble donner un grand avantage à la valeur précédente de y, qui, lorsqu'il s'agit de choisir un milieu entre les résultats d'un nombre impair d'observations, devient le résultat équidistant des extrêmes. Mais le Calcul des probabilités peut seul faire apprécier cet avantage; je vais donc l'appliquer à cette question délicate.

Les seules données dont nous ferons usage sont que l'équation de condition

$$0 = x_r - a_r + p_r y$$

donne, abstraction faite des erreurs, une valeur de y plus petite que les $r-1$ équations antérieures et plus grande que les $n-r$ équations postérieures; et que l'on a

$$p_1 + p_2 + \ldots + p_{r-1} < p_r + p_{r+1} + \ldots + p_n,$$
$$p_1 + p_2 + \ldots + p_r > p_{r+1} + p_{r+2} + \ldots + p_n.$$

On a

$$y = \frac{a_1}{p_1} = \frac{x_1}{p_1} = \frac{a_f}{p_f} = \frac{x_f}{p_f};$$

ce qui donne

$$\frac{x_1}{p_1} = \frac{a_1}{p_1} = \frac{a_f}{p_f} + \frac{x_f}{p_f}.$$

Ainsi, $\frac{a_1}{p_1}$ surpassant $\frac{a_f}{p_f}$, $\frac{x_1}{p_1}$ surpasse $\frac{x_f}{p_f}$. Il en est de même de $\frac{x_2}{p_2}$, $\frac{x_3}{p_3}$, ... jusqu'à $\frac{x_{f-1}}{p_{f-1}}$. On verra de la même manière que $\frac{x_{f+1}}{p_{f+1}}$, $\frac{x_{f+2}}{p_{f+2}}$, ..., $\frac{x_n}{p_n}$ sont moindres que $\frac{x_f}{p_f}$. Ainsi, les seules conditions auxquelles nous assujettirons les erreurs et les équations de condition sont les suivantes :

$$(\varepsilon) \quad \begin{cases} s \geqq i, \qquad\qquad s \lesseqq i, \\[1em] \dfrac{x_s}{p_s} \leqq \dfrac{x_f}{p_f}, \qquad \dfrac{x_s}{p_s} \geqq \dfrac{x_f}{p_f}; \end{cases}$$

$$p_1 \mp p_2 \mp \cdots \mp p_{f-1} \leqq p_f \mp p_{f+1} \mp \cdots \mp p_n,$$
$$p_1 \mp p_2 \mp \cdots \mp p_f \geqq p_{f+1} \mp p_{f+2} \mp \cdots \mp p_n.$$

C'est uniquement d'après ces données des observations que nous allons déterminer la probabilité de l'erreur x_f. Nous n'aurons d'ailleurs aucun égard à l'ordre qu'observent entre elles les $f-1$ premières équations de condition et les $n-f$ dernières, ni aux valeurs des quantités a_1, a_2, ..., a_n.

Représentons, comme ci-dessus, par $\varphi(x)$ la loi de probabilité de l'erreur x des observations et, pour exprimer que cette probabilité est la même pour les erreurs positives et négatives, supposons $\varphi(x)$ fonction de x^2.

Maintenant, si l'on suppose x_f positif, la probabilité que x_1 surpassera $p_1 \frac{x_f}{p_f}$ sera

$$\frac{1}{2} - \frac{\frac{1}{2} \int dx \, \varphi(x)}{k},$$

l'intégrale $\int dx \, \varphi(x)$ étant prise depuis $x = 0$ jusqu'à $x = p_1 \frac{x_f}{p_f}$ et k étant, comme ci-dessus, cette intégrale prise depuis x nul jusqu'à x

infini. La probabilité que les quantités $\frac{x_1}{p_1}, \frac{x_2}{p_2}, ..., \frac{x_{r-1}}{p_{r-1}}$ seront toutes plus grandes que $\frac{x_r}{p_r}$ est donc proportionnelle au produit des $r-1$ fac-teurs

$$1 - \frac{\int dx\, \varphi(x)}{h}, \quad 1 - \frac{\int dx\, \varphi(x)}{h}, \quad ...;$$

l'intégrale du premier facteur étant prise depuis $x=0$ jusqu'à $x = p_1\, \frac{x_r}{p_r}$; l'intégrale du second facteur étant prise depuis $x=0$ jus-qu'à $x = p_2\, \frac{x_r}{p_r}$; et ainsi de suite.

Pareillement, toutes les quantités $\frac{x_{r+1}}{p_{r+1}}, \frac{x_{r+2}}{p_{r+2}}, ..., \frac{x_n}{p_n}$ étant supposées plus petites que $\frac{x_r}{p_r}$, on voit, par le même raisonnement, que la proba-bilité de cette supposition est proportionnelle au produit des $n-r$ fac-teurs

$$1 + \frac{\int dx\, \varphi(x)}{h}, \quad 1 + \frac{\int dx\, \varphi(x)}{h}, \quad ...;$$

l'intégrale du premier facteur étant prise depuis $x=0$ jusqu'à $x = p_{r+1}\, \frac{x_r}{p_r}$, celle du second facteur étant prise depuis $x=0$ jusqu'à $x = p_{r+2}\, \frac{x_r}{p_r}$, et ainsi de suite. La probabilité de l'erreur x_r est $\varphi(x_r)$; ainsi la probabilité que l'erreur de la $r^{ième}$ observation sera x_r et que la valeur de y donnée par la $r^{ième}$ équation sera plus petite que les va-leurs données par les équations précédentes, et surpassera les valeurs données par les équations suivantes, cette probabilité, dis-je, sera proportionnelle au produit des $n-1$ facteurs précédents et de $\varphi(x_r)$.

x étant supposé très petit, on a, aux quantités près de l'ordre x^3,

$$\int dx\, \varphi(x) = x\, \varphi(0) + \tfrac{1}{2} x^2\, \varphi'(0),$$

$\varphi'(0)$ étant ce que devient $\frac{d\varphi(x)}{dx}$ lorsque x est nul. Dans la question présente, $\varphi(x)$ étant une fonction de x^2, on a $\varphi'(0) = 0$, et alors on a

$$\int dx\, \varphi(x) = x\, \varphi(0).$$

Les facteurs précédents deviendront ainsi, en faisant $\frac{x_r}{p_r} = \zeta$,

$$1 - p_1 \zeta \frac{\varphi(0)}{k},$$

$$1 - p_2 \zeta \frac{\varphi(0)}{k},$$

$$\dots\dots\dots\dots,$$

$$1 - p_{r-1} \zeta \frac{\varphi(0)}{k},$$

$$1 + p_{r+1} \zeta \frac{\varphi(0)}{k},$$

$$\dots\dots\dots\dots,$$

$$1 + p_n \quad \zeta \frac{\varphi(0)}{k}.$$

Si l'on désigne par $\varphi''(0)$ la valeur de $\frac{d^2 \varphi(x)}{dx^2}$ lorsque x est nul, $\varphi(x_r)$ devient

$$\varphi(0) + \tfrac{1}{2} p_r^2 \zeta^2 \varphi''(0).$$

La somme des logarithmes hyperboliques de tous ces facteurs est, aux quantités près de l'ordre ζ^3, en divisant le facteur $\varphi(x_r)$ par $\varphi(0)$,

$$- \zeta \frac{\varphi(0)}{k} (p_1 + p_2 + \dots + p_{r-1} - p_{r+1} - p_{r+2} - \dots - p_n)$$

$$- \frac{\zeta^2}{2} \left[\frac{\varphi(0)}{k} \right]^2 (p_1^2 + p_2^2 + \dots + p_r^2 + p_{r+1}^2 + \dots + p_n^2$$

$$+ \tfrac{1}{2} p_r^2 \zeta^2 \left\{ \frac{\varphi''(0)}{k} + \left[\frac{\varphi(0)}{k} \right]^2 \right\}.$$

La probabilité de ζ est donc proportionnelle à la base c des logarithmes hyperboliques, élevée à une puissance dont l'exposant est la fonction précédente. On doit observer qu'en vertu des conditions auxquelles le choix de l'équation $r^{\text{ième}}$ est assujetti, la quantité

$$p_1 + p_2 + \dots + p_{r-1} - p_{r+1} - p_{r+2} - \dots - p_n$$

est, abstraction faite du signe, une quantité moindre que p_r, et qu'ainsi, en supposant ζ de l'ordre $\frac{1}{\sqrt{n}}$, le nombre n des observations étant supposé fort grand, le terme dépendant de la première puissance de ζ, dans la fonction précédente, est de l'ordre $\frac{1}{\sqrt{n}}$; on peut donc le négliger, ainsi que le dernier terme de cette fonction. En désignant donc par Sp_i^2 la somme entière

$$p_1^2 + p_2^2 + \ldots + p_n^2,$$

la probabilité de ζ sera proportionnelle à

$$c^{-\frac{\zeta^2}{2}\left[\frac{\varphi(o)}{k}\right]^2 Sp_i^2},$$

ζ ou $\frac{x_r}{p_r}$ étant l'erreur de la valeur $\frac{a_r}{p_r}$ donnée pour y par l'équation $r^{\text{ième}}$. La valeur donnée par la méthode la plus avantageuse est, par le numéro précédent,

$$y = \frac{S p_i a_i}{S p_i^2},$$

et la probabilité d'une erreur ζ dans ce résultat est proportionnelle à

$$c^{-\frac{k}{2k'^2}\zeta^2 Sp_i^2},$$

k' étant toujours l'intégrale $\int x^2\, dx\, \varphi(x)$, prise depuis x nul jusqu'à x infini. Le résultat de la méthode que nous venons d'examiner, et que nous nommerons méthode de *situation*, sera préférable à celui de la méthode la plus avantageuse, si le coefficient de $-\zeta^2$, qui lui est relatif, surpasse le coefficient relatif à la méthode la plus avantageuse, parce qu'alors la loi de probabilité des erreurs y sera plus rapidement décroissante. Ainsi, la méthode de situation doit être préférée si l'on a

$$\left[\frac{\varphi(o)}{k}\right]^2 > \frac{k}{k'^2};$$

dans le cas contraire, la méthode la plus avantageuse est préférable. Si l'on a, par exemple,

$$\varphi(x) = c^{-hx^2},$$

k devient $\frac{\sqrt{\frac{2}{\pi}}}{4\sqrt{h}}$ et k'' devient $\frac{1}{4h}\sqrt{\frac{2}{\pi}}$; ce qui donne $\frac{k}{k''}=2h$. La quantité $\left[\frac{\varphi(0)}{k''}\right]^2$ devient $\frac{4h}{\pi}$; or on a $2h \geqslant \frac{4h}{\pi}$; la méthode la plus avantageuse doit donc alors être préférée.

En combinant les résultats de ces deux méthodes, on peut obtenir un résultat dont la loi de probabilité des erreurs soit plus rapidement décroissante. Nommons toujours ζ l'erreur du résultat de la méthode de situation, et désignons par ζ' l'erreur du résultat de la méthode la plus avantageuse. Le premier de ces résultats est, comme on l'a vu, $\frac{S\varepsilon}{S\beta_i}$, et le second est $\frac{S\beta_i a_i}{S\beta_i}$. Si l'on désigne $S\beta_i a_i$ par l, $\frac{l}{S\beta_i}$ sera l'erreur de ce dernier résultat; ainsi l'on aura $l = \zeta'S\beta_i^2$. La probabilité de l'existence simultanée de l et de ζ est, par le n° 21 du Livre II, proportionnelle à

$$\int d\omega\, e^{-h\omega\sqrt{-1}}\,\varphi(\beta_i\zeta)\,e^{\beta_i\zeta\omega\sqrt{-1}} \int dx\,\varphi(x)\,e^{\beta_i x\omega\sqrt{-1}} \int dx\,\varphi(x)\,e^{\beta_i x\omega\sqrt{-1}}\dots,$$

l'intégrale relative à ω étant prise depuis $\omega = -\pi$ jusqu'à $\omega = \pi$. L'intégrale relative à x, dans le facteur $\int dx\,\varphi(x)\,e^{\beta_i x\omega\sqrt{-1}}$, doit être prise, par ce qui précède, depuis $x = \rho_i\zeta$ jusqu'à $x = \infty$. En développant ce facteur suivant les puissances de x, il devient

$$\int dx\,\varphi(x) + \beta_i\omega\sqrt{-1}\int x\,dx\,\varphi(x) - \beta_i^2\frac{\omega^2}{2}\int x^2\,dx\,\varphi(x) + \dots$$

En prenant l'intégrale dans les limites précédentes, on a, aux quantités près de l'ordre ζ^3,

$$\int dx\,\varphi(x) = k - \rho_i\zeta\,\varphi(0).$$

En négligeant pareillement les quantités des ordres $\zeta^2\omega$, $\zeta^2\omega^2$, …, on a

$$\beta_i\omega\sqrt{-1}\int x\,dx\,\varphi(x) = k'\beta_i\omega\sqrt{-1}, \qquad -\frac{\beta_i^2}{2}\omega^2\int x^2\,dx\,\varphi(x) = -\frac{k''}{2}\beta_i^2\omega^2,$$

k' étant l'intégrale $\int x\,dx\,\varphi(x)$ prise depuis $x = 0$ jusqu'à x infini. Le facteur dont il s'agit devient donc, en négligeant ω^3, conformément à l'analyse du numéro cité du Livre II,

$$k - p_1\zeta\,\varphi(0) + k'p_1\omega\sqrt{-1} - \frac{k''}{2}p_1^2\omega^2.$$

Son logarithme hyperbolique est

$$-p_1\zeta\frac{\varphi(0)}{k} + \frac{k'}{k}p_1\omega\sqrt{-1} - \frac{k''}{2k}p_1^2\omega^2 - \frac{p_1^2}{2}\left[\zeta\frac{\varphi(0)}{k} - \frac{k'}{k}\omega\sqrt{-1}\right]^2 + \log k.$$

En changeant p_1 successivement en p_2, p_3, ..., p_{r-1}, on aura les logarithmes des facteurs suivants, jusqu'au facteur relatif à p_{r-1}.

Dans le facteur $\int dx\,\varphi(x)c^{p_{r+1}x\omega\sqrt{-1}}$, l'intégrale doit être prise depuis $x=-\infty$, jusqu'à $x=p_{r+1}\zeta$; alors $\int x\,dx\,\varphi(x)$ devenant $-k'$, le logarithme de ce facteur est

$$p_{r+1}\zeta\frac{\varphi(0)}{k} - \frac{k'}{k}p_{r+1}\omega\sqrt{-1} - \frac{k''}{2k}p_{r+1}^2\omega^2$$
$$- \frac{p_{r+1}^2}{2}\left[\zeta\frac{\varphi(0)}{k} - \frac{k'}{k}\omega\sqrt{-1}\right]^2 + \log k.$$

On aura les logarithmes des facteurs suivants en changeant p_{r+1} successivement en p_{r+2}, p_{r+3}, ..., p_n. Le facteur $\varphi(p_r\zeta)c^{p_r\zeta\omega\sqrt{-1}}$ est égal à

$$\left[\varphi(0) + \frac{p_r^2\zeta^2}{2}\right]\varphi''(0)\,c^{p_r\zeta\omega\sqrt{-1}},$$

et son logarithme est

$$\frac{p_r^2}{2}\zeta^2\frac{\varphi''(0)}{\varphi(0)} + p_r\zeta\omega\sqrt{-1} + \log\varphi(0).$$

Maintenant, si l'on rassemble tous ces logarithmes, si l'on considère ensuite les conditions (c) auxquelles l'équation $r^{\text{ième}}$ est assujettie, enfin si l'on repasse des logarithmes aux nombres, on trouve, en négligeant ce qu'il est permis de négliger, que la probabilité de l'existence simultanée de l et de ζ est-proportionnelle à

$$\int d\varphi\, c^{-l\omega\sqrt{-1} - \left\{\left[\zeta\frac{\varphi(0)}{k} - \frac{k'}{k}\omega\sqrt{-1}\right]^2 + \frac{k'}{k}\omega^2\right\}\frac{S\,p_i^2}{2}}.$$

En faisant donc

$$F = \left(\frac{k''}{k} - \frac{k'^2}{k^2}\right)\frac{S p_i^2}{2},$$

la probabilité de l'existence simultanée de ζ et de ζ' sera proportionnelle à

$$c^{-\frac{\zeta^2}{2}\left[\frac{\varphi(\theta)}{k}\right]^2 S p_i^2 - \frac{\left[\zeta' - \zeta\frac{k'}{k}\frac{\varphi(\theta)}{k}\right]^2}{4F}(S p_i^2)^2} \int d\varpi\, c^{-F\left\{\varpi + \frac{\left[\zeta' - \zeta\frac{k'}{k}\frac{\varphi(\theta)}{k}\right]\sqrt{-1}\, S p_i^2}{2F}\right\}^2}.$$

Par l'analyse du n° 21 du Livre II, l'intégrale relative à ϖ peut être prise depuis $\varpi = -\infty$ jusqu'à $\varpi = \infty$; et alors la probabilité précédente devient proportionnelle à

$$c^{-\frac{\zeta^2}{2} S p_i^2 \left[\frac{\varphi(\theta)}{k}\right]^2 - \frac{\left[\zeta' - \zeta\frac{k'}{k}\frac{\varphi(\theta)}{k}\right]^2}{2\left(\frac{k''}{k} - \frac{k'^2}{k^2}\right)} S p_i^2},$$

expression que l'on peut encore mettre sous cette forme

$$c^{-\frac{k}{2k''}\zeta'^2 S p_i^2 - \frac{k''}{k}\frac{\left[\zeta\frac{\varphi(\theta)}{k} - \zeta'\frac{k'}{k''}\right]^2}{2\left(\frac{k''}{k} - \frac{k'^2}{k^2}\right)} S p_i^2}.$$

Si l'on nomme e l'excès de la valeur de y donnée par la méthode la plus avantageuse sur celle que donne la méthode de situation, on aura $\zeta = \zeta' - e$. Supposons

$$\zeta' = u + \frac{e\frac{\varphi(\theta)}{k}\left[\frac{\varphi(\theta)}{k} - \frac{k'}{k''}\right]}{\frac{k}{k''} - \frac{k'^2}{k''^2} + \left[\frac{\varphi(\theta)}{k} - \frac{k'}{k''}\right]^2};$$

la probabilité de u sera proportionnelle à

$$c^{-\frac{u^2}{2} S p_i^2 \left\{\frac{k}{k''} + \frac{\frac{k''}{k}\left[\frac{\varphi(\theta)}{k} - \frac{k'}{k''}\right]^2}{\frac{k''}{k} - \frac{k'^2}{k^2}}\right\}};$$

le résultat de la méthode la plus avantageuse doit donc être diminué de la quantité

$$\frac{e\frac{\varphi(\theta)}{k}\left[\frac{\varphi(\theta)}{k} - \frac{k'}{k''}\right]}{\frac{k}{k''} - \frac{k'^2}{k''^2} + \left[\frac{\varphi(\theta)}{k} - \frac{k'}{k''}\right]^2};$$

et la probabilité d'une erreur u, dans ce résultat ainsi corrigé, sera proportionnelle à l'exponentielle précédente. Le poids du nouveau résultat sera augmenté, si $\dfrac{\varphi'(0)}{k'} = \dfrac{k'}{k''}$ n'est pas nul; il y a donc de l'avantage à corriger ainsi le résultat de la méthode la plus avantageuse. L'ignorance où l'on est de la loi de probabilité des erreurs des observations rend cette correction impraticable; mais il est remarquable que, dans le cas où cette probabilité est proportionnelle à e^{-hx^2}, c'est-à-dire où l'on a $\varphi(x) = e^{-hx^2}$, la quantité $\dfrac{\varphi'(0)}{k'} = \dfrac{k'}{k''}$ soit nulle. Alors le résultat de la méthode la plus avantageuse ne reçoit aucune correction du résultat de la méthode de situation, et la loi de probabilité des erreurs reste la même.

(Février 1818.)

TROISIÈME SUPPLÉMENT.

APPLICATION DES FORMULES GÉODÉSIQUES DE PROBABILITÉ À LA MÉRIDIENNE DE FRANCE.

1. La partie de la méridienne qui s'étend de Perpignan à Formentera s'appuie sur une base mesurée près de Perpignan. Sa longueur est d'environ 466^{km}, et sa dernière extrémité est jointe à la base de Perpignan par une chaîne de vingt-six triangles. On peut craindre qu'une aussi grande longueur, qui n'a point été vérifiée par la mesure d'une seconde base vers son autre extrémité, ne soit susceptible d'une erreur sensible provenant des erreurs des vingt-six triangles employés à la mesurer. Il est donc intéressant de déterminer la probabilité que cette erreur n'excède pas 40^m ou 50^m. M. Damoiseau, lieutenant-colonel d'Artillerie, qui vient de remporter le prix proposé par l'Académie de Turin, sur le retour de la comète de 1759, a bien voulu, à ma prière, appliquer à cette partie de la méridienne mes formules de probabilité. Ici la méridienne ne coupe point tous les triangles, comme nous l'avons supposé pour plus de simplicité; mais il est facile de voir que l'on peut appliquer, aux angles formés par les prolongements des côtés des triangles avec la méridienne, ce que j'ai dit sur les angles que ces côtés formeraient s'ils étaient coupés par la méridienne. M. Damoiseau a trouvé ainsi qu'à partir de la latitude du signal de Busgarach, un peu plus au nord que Perpignan, jusqu'à Formentera. ce qui comprend un arc de la méridienne d'environ 466006^m, et en prenant pour unité la base de Perpignan, on a (deuxième Supplément, n° 1)

$$p^2 - pq + q^2 + p^{(1)'} - p^{(1)}q^{(1)} + q^{(1)'} + \ldots$$
$$+ p^{(25)'} - p^{(25)}q^{(25)} + q^{(25)'} = 48350{,}606.$$

La probabilité qu'une erreur dans la mesure de cet arc est comprise dans les limites $\pm s$ devient, par les formules du même numéro,

$$\frac{2 \int dt\, e^{-t^2}}{\sqrt{\pi}},$$

l'intégrale étant prise depuis t nul jusqu'à la valeur de t égale à

$$\frac{s}{20} \cdot \frac{\sqrt{n+1}}{\sqrt{48350,606}},$$

$n+1$ étant le nombre des triangles employés, et θ^2 étant la somme des carrés des erreurs observées dans la somme des trois angles de chaque triangle ; π est le rapport de la circonférence au diamètre. En prenant pour unité la seconde sexagésimale, on trouve

$$\theta^2 = 118,178.$$

Mais, le nombre des triangles employés n'étant que 26, il est préférable de déterminer par un plus grand nombre de triangles cette constante θ^2 qui dépend de la loi inconnue des observations partielles. Pour cela, on a fait usage des cent sept triangles qui ont servi à mesurer la méridienne depuis Dunkerque jusqu'à Formentera. L'ensemble des sommes d'erreurs observées des trois angles de chaque triangle est, en les prenant toutes positivement, égal à 173,82. La somme des carrés de ces erreurs est 445,217. En la multipliant par $\frac{26}{107}$, on aura, pour la valeur de θ^2,

$$\theta^2 = 108,184.$$

Cette valeur, qui diffère peu de la précédente, doit être préférée. Il faut réduire θ en parties du rayon pris pour unité, ce que l'on fera en le divisant par le nombre de secondes sexagésimales que ce rayon renferme. On aura ainsi

$$t = s\, 689,797 ;$$

s est une fraction de la base de Perpignan prise pour unité. Cette base est de $11700^m,40$. En supposant donc l'erreur de 60^m, on aura

$$t = \frac{60 \times 0^s,707}{11700,40},$$

Cela posé, on trouve, pour les probabilités que les erreurs de l'arc de la méridienne dont il s'agit sont comprises dans les limites $\pm 60^m$, $\pm 50^m$, $\pm 40^m$, les fractions suivantes :

$$\frac{1713605}{1713606}, \quad \frac{3235}{3240}, \quad \frac{1164}{1165}.$$

Il y a un contre un à parier que l'erreur tombe dans les limites $\pm 8^m,0757$.

Si la Terre était un sphéroïde de révolution et si les angles de tous les triangles étaient exacts, on aurait exactement l'inclinaison du dernier côté de la chaîne des triangles sur sa méridienne, en supposant donnée cette inclinaison relativement à la base. La probabilité que l'erreur de la première de ces inclinaisons, provenant des erreurs des angles observés des triangles, est comprise dans les limites $\pm \frac{1}{2} \theta t$ est, par ce qui précède,

$$\frac{2 \int dt\, e^{-t^2}}{\sqrt{\pi}},$$

l'intégrale étant prise depuis t nul : ces limites deviennent, en substituant pour θ sa valeur précédente, $\pm 16'',8997$, les secondes étant sexagésimales. De là il suit qu'il y a un contre un à parier que l'erreur tombe dans les limites $\pm 3'',2908$. Si les observations azimutales étaient faites avec une grande précision, on déterminerait par ce moyen la probabilité qu'elles indiquent une excentricité dans les parallèles terrestres. Si l'on mesurait, sur la côte d'Espagne, une base de vérification égale à la base de Perpignan, et qu'on la joignit par deux triangles à la chaîne des triangles de la méridienne, on trouve, par le calcul, qu'il y a un contre un à parier que la différence, entre cette base et sa valeur conclue de la base de Perpignan, ne surpassera pas un tiers de mètre : c'est, à fort peu près, la différence de la mesure de la base de Perpignan à sa valeur conclue de la base de Melun.

On a vu, dans le numéro cité, que, les angles des triangles ayant été mesurés au moyen du cercle répétiteur, on peut supposer la probabilité d'une erreur x dans la somme observée des trois angles de chaque triangle proportionnelle à l'exponentielle c^{-kx^2}, k étant une constante. De là il suit que la probabilité de cette erreur est

$$\frac{dx\sqrt{k}\,c^{-kx^2}}{\sqrt{\pi}}.$$

En multipliant cette différentielle par x et l'intégrant depuis x nul jusqu'à x infini, le double de cette intégrale sera la moyenne de toutes les erreurs prises positivement. En désignant donc par ε cette erreur moyenne, on aura

$$\varepsilon = \frac{1}{\sqrt{k\pi}}.$$

On aura la valeur moyenne des carrés de ces erreurs en multipliant par x^2 la différentielle précédente et en l'intégrant depuis $x = -\infty$ jusqu'à x infini. En nommant donc ε' cette valeur, on aura

$$\varepsilon' = \frac{1}{2k};$$

de là on tire

$$\varepsilon' = \frac{\varepsilon^2 \pi}{2}.$$

On peut ainsi obtenir θ^2 au moyen des erreurs, prises toutes en plus, des sommes observées des angles de chaque triangle. Dans les cent sept triangles de la méridienne, la somme de ces erreurs est $173,82$; on peut ainsi prendre, pour ε, $\frac{173,82}{107}$; ce qui donne, pour $26\,\varepsilon'$ ou pour θ^2,

$$\theta^2 = 13\pi\left(\frac{173,82}{107}\right)^2 = 107,78;$$

cela diffère très peu de la valeur $108,134$ donnée par la somme des carrés des erreurs de la somme observée des angles de chacun des cent sept triangles. Cet accord est remarquable.

On peut apprécier l'exactitude relative des instruments dont on fait usage dans les observations géodésiques, par la valeur de ε' conclue d'un grand nombre de triangles. Cette valeur, conclue des cent sept triangles de la méridienne, est $\frac{445,317}{107}$ ou $4,1609$. La même valeur, conclue des quarante-trois triangles employés par La Condamine dans la mesure des trois degrés de l'équateur, est $\frac{1718}{43}$ ou $39,953$, et, par conséquent, près de dix fois plus grande que la précédente. Les erreurs également probables, relatives aux instruments employés dans ces deux opérations, sont proportionnelles aux racines carrées des valeurs de ε'. De là il suit que les limites $\pm 8^m,097$, entre lesquelles nous venons de voir qu'il y a un contre un à parier que tombe l'erreur de l'arc mesuré depuis Perpignan jusqu'à Formentera, auraient été $\pm 25^m,022$ avec les instruments employés par La Condamine. Ces limites auraient surpassé $\pm 40^m$ avec les instruments employés par La Caille et Cassini dans leur mesure de la méridienne. On voit ainsi combien l'introduction du cercle répétiteur dans les opérations géodésiques a été avantageuse.

2. Pour donner un exemple très simple de l'application des formules géodésiques, je vais considérer la droite $AA^{(5)}$, dont on a déterminé la

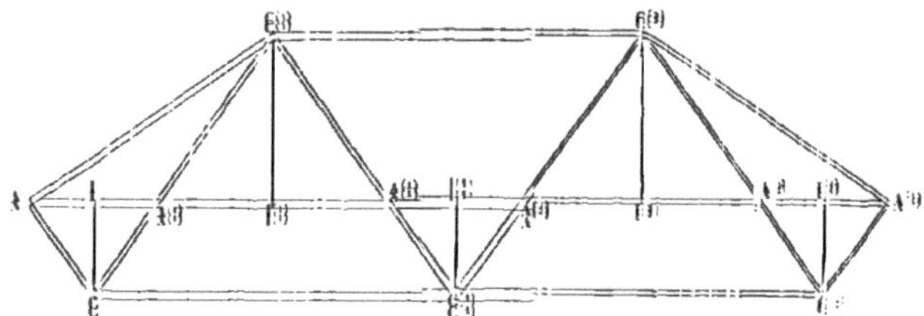

longueur par la chaîne des triangles $CC^{(1)}C^{(2)}$, $C^{(1)}C^{(2)}C^{(3)}$, ... Je supposerai tous ces triangles égaux et isocèles, et tels que leurs bases $CC^{(2)}$, $C^{(1)}C^{(3)}$, ... soient parallèles à la ligne $AA^{(5)}$. On aura, en abaissant sur cette ligne les perpendiculaires CI, $C^{(1)}I^{(1)}$, ...

$$II^{(1)} = CC^{(1)} \cos A^{(1)},$$

$$C^{(1)}C^{(2)} = \frac{CC^{(1)} \sin C^{(1)}CC^{(2)}}{\sin C^{(1)}C^{(2)}C},$$

$$I^{(1)}I^{(2)} = C^{(1)}C^{(2)} \cos A^{(2)},$$

$$C^{(2)}C^{(3)} = \frac{C^{(1)}C^{(2)} \sin C^{(2)}C^{(1)}C^{(3)}}{\sin C^{(2)}C^{(3)}C^{(1)}},$$

et généralement

$$I^{(i)}I^{(i+1)} = C^{(i)}C^{(i+1)} \cos A^{(i+1)},$$

$$C^{(i+1)}C^{(i+2)} = \frac{C^{(i)}C^{(i+1)} \sin C^{(i+1)}C^{(i)}C^{(i+2)}}{\sin C^{(i+1)}C^{(i+2)}C^{(i)}}.$$

Soient $\alpha^{(1)}$ et $\beta^{(1)}$ les erreurs des angles opposés aux côtés $CC^{(1)}$ et $C^{(1)}C^{(2)}$ dans le premier triangle. Soient $\alpha^{(2)}$ et $\beta^{(2)}$ les erreurs des angles opposés aux côtés $C^{(1)}C^{(2)}$ et $C^{(2)}C^{(3)}$ du second triangle, et ainsi de suite. En désignant par δ une variation relative à ces erreurs, on aura

$$\frac{\delta I^{(i)}I^{(i+1)}}{I^{(i)}I^{(i+1)}} = \frac{\delta C^{(i)}C^{(i+1)}}{C^{(i)}C^{(i+1)}} = \delta A^{(i+1)} \tang A^{(i+1)},$$

$$\frac{\delta C^{(i)}C^{(i+1)}}{C^{(i)}C^{(i+1)}} = \frac{\delta C^{(i)}C^{(i-1)}}{C^{(i)}C^{(i-1)}} + \beta^{(i)} \cot C^{(i+1)}C^{(i-1)}C^{(i)}$$
$$= \alpha^{(i)} \cot C^{(i)}C^{(i+1)}C^{(i-1)}.$$

On a encore, en supposant les angles $A^{(i)}$ relatifs aux angles aigus que les côtés des triangles forment avec la ligne $AA^{(1)}$, ...,

$$\delta A^{(i+1)} + \delta A^{(i)} + \delta C^{(i-1)}C^{(i)}C^{(i+1)} = 0;$$

nous supposerons ici que les erreurs $\alpha^{(i)}$ et $\beta^{(i)}$ des angles $C^{(i+1)}C^{(i-1)}C^{(i)}$, $C^{(i)}C^{(i+1)}C^{(i-1)}$ du triangle $C^{(i-1)}C^{(i)}C^{(i+1)}$ sont celles qui restent, lorsqu'on a retranché de chaque angle du triangle le tiers de la somme des erreurs des trois angles. Alors on a

$$\delta C^{(i-1)}C^{(i)}C^{(i+1)} = - \alpha^{(i)} - \beta^{(i)},$$

ce qui donne

$$\delta A^{(i+1)} = - \delta A^{(i)} + \alpha^{(i)} + \beta^{(i)};$$

on aura donc

$$\delta A^{(i-1)} = \alpha^{(i)} - \alpha^{(i-1)} + \alpha^{(i-2)} - \ldots \mp \alpha^{(1)}$$
$$+ \, 6^{(i)} - 6^{(i-1)} + 6^{(i-2)} - \ldots \mp 6^{(1)} \pm \delta A^{(1)},$$

le signe supérieur ayant lieu si i est pair, et l'inférieur si i est impair.

On aura ensuite, en observant que

$$\cot C^{(i)} C^{(i-1)} C^{(i+1)} = \cot C^{(i)} C^{(i+1)} C^{(i-1)} = \cot A^{(i)}$$

et que $A^{(i)} = A^{(1)}$,

$$\frac{\delta C^{(i)} C^{(i+1)}}{C^{(i)} C^{(i-1)}} = \frac{\delta C C^{(1)}}{C C^{(1)}} + \left(6^{(i)} + 6^{(i-1)} + \ldots + 6^{(1)} - \alpha^{(i)} - \alpha^{(i-1)} - \ldots - \alpha^{(1)} \right) \cot A^{(1)};$$

on aura donc

$$\frac{\delta I^{(i)} I^{(i-1)}}{I^{(i)} I^{(i-1)}} = \frac{\delta C C^{(1)}}{C C^{(1)}} + \left(6^{(i)} + 6^{(i-1)} + \ldots + 6^{(i)} - \alpha^{(i)} - \alpha^{(i-1)} - \ldots - \alpha^{(1)} \right) \cot A^{(1)}$$
$$- \left(\alpha^{(i)} - \alpha^{(i-1)} + \ldots \mp \alpha^{(1)} + 6^{(i)} - 6^{(i-1)} + \ldots \mp 6^{(1)} \pm \delta A^{(1)} \right) \tang A^{(1)}.$$

Supposons maintenant que l'on ait mesuré une base AC située de manière que l'angle CAA⁽¹⁾ soit égal à l'angle CA⁽¹⁾A. Le premier de ces angles détermine la position de la ligne AA⁽¹⁾ par rapport à la base, et il est supposé connu. En nommant α et 6 les erreurs des angles CC⁽¹⁾A et CAC⁽¹⁾, on aura

$$\delta A^{(1)} = \alpha + 6,$$
$$\frac{\delta C C^{(1)}}{C C^{(1)}} = 6 \cot CAC^{(1)} - \alpha \cot C C^{(1)} A.$$

Faisons

$$\cot CAC^{(1)} = \cot A + h,$$
$$\cot C C^{(1)} A = \cot A + h';$$

nous aurons, en désignant par b la base AC et par a la droite $\mathrm{H}^{(1)}$,

$$h = \frac{b}{2a \sin A} - \frac{1}{\sin 2A},$$
$$h' = \frac{a}{2b \sin A \cos^2 A} - \frac{1}{\sin 2A}.$$

nous aurons ensuite

$$\delta\Lambda^{(i+1)} = x^{(i)} - x^{(i-1)} + \ldots \pm x + \delta^{(i)} - \delta^{(i-1)} + \ldots \pm \delta,$$

$$\frac{\delta \mathrm{I}^{(i)} \mathrm{I}^{(i+1)}}{\mathrm{I}^{(i)} \mathrm{I}^{(i+1)}} = (\delta^{(i)} + \delta^{(i-1)} + \ldots + \delta - x^{(i)} - x^{(i-1)} - \ldots - x)\cot\Lambda$$
$$- (x^{(i)} - x^{(i-1)} + \ldots \pm x + \delta^{(i)} - \delta^{(i-1)} + \ldots \pm \delta)\tan\Lambda + h\delta - h'x.$$

La variation de la longueur totale $\mathrm{H}^{(i+1)}$ sera donc

$$\delta\mathrm{H}^{(i+1)} = [(i+1)(\delta - x) + i(\delta^{(1)} - x^{(1)}) + \ldots + (\delta^{(i)} - x^{(i)})]a\cot\Lambda$$
$$+ (i+1)ha\delta - (i+1)h'a x$$
$$- (x^{(i)} + x^{(i-2)} + x^{(i-1)} + \ldots + \delta^{(i)} + \delta^{(i-2)} + \delta^{(i-1)} + \ldots)a\tan\Lambda.$$

La quantité

$$p^2 - pq + q^2 + p^{(1)2} - p^{(1)}q^{(1)} + q^{(1)2} + \ldots + p^{(i)2} - p^{(i)}q^{(i)} + q^{(i)2}$$

devient ainsi, en négligeant les termes de l'ordre i,

$$\frac{(i+1)(i+2)(2i+3)}{2}a^2\cot^2\Lambda + 3(h+h')(i+1)^2a^2\cot\Lambda$$
$$+ (h^2 + hh' + h'^2)(i+1)^2a^2.$$

Nommons Q cette quantité; la probabilité que l'erreur de la ligne $\mathrm{H}^{(i+1)}$ est comprise dans les limites $\pm s$ sera, par ce qui précède,

$$\frac{2\int dt\, c^{-t^2}}{\sqrt{\pi}},$$

l'intégrale étant prise depuis t nul jusqu'à

$$t = \frac{3s}{30}\sqrt{\frac{i+1}{Q}},$$

θ^2 étant la somme des carrés des erreurs de la somme des trois angles des $i+1$ triangles.

Supposons que l'on ait, comme pour la partie de la méridienne dont nous avons parlé précédemment, vingt-six triangles, ce qui donne $i = 25$. Supposons encore que la longueur $\mathrm{H}^{(i+1)}$ soit celle de cette partie de la méridienne ou de 466006^m; alors on aura

$$a = \frac{466006}{26}.$$

En prenant pour unité la base mesurée près de Perpignan, qui est de $11708^m,40$, et en supposant rectangles les triangles isoscèles $CC^{(1)}C^{(2)}$, $C^{(1)}C^{(2)}C^{(3)}$, ...; ce qui donne $\tang A = \cot A = 1$; on trouve

$$Q = 18407,6;$$

On a vu précédemment que les vingt-six triangles qui joignent la base de Perpignan à Fermentera donnent

$$Q = 18350,6;$$

ces deux valeurs de Q sont très peu différentes, et comme les erreurs également probables sont proportionnelles aux racines carrées de ces valeurs, on voit que l'on peut parier un contre un que les erreurs de la mesure entière sont comprises dans les limites $\pm 8^{t},1$. Sous ce rapport, le cas que nous examinons représente parfaitement la mesure de l'arc du méridien depuis la base de Perpignan jusqu'à Fermentera.

3. Supposons maintenant que l'on mesure, vers la dernière extrémité de la ligne $H^{(i+1)}$, une base $C^{(i+1)}A^{(i+2)}$ égale à la base CA, et posée de manière que l'angle $C^{(i+1)}C^{(i)}A^{(i+2)}$ soit égal à l'angle $CC^{(1)}A$, et que l'angle $C^{(i)}A^{(i+2)}C^{(i+1)}$ soit égal à l'angle $CAC^{(1)}$. En désignant par $z^{(i+1)}$ et $\zeta^{(i+1)}$ les erreurs des angles $C^{(i+1)}C^{(i)}A^{(i+2)}$ et $C^{(i)}A^{(i+2)}C^{(i+1)}$, l'équation

$$C^{(i+1)}A^{(i+2)} = C^{(i+1)}C^{(i)} \frac{\sin C^{(i+1)}C^{(i)}A^{(i+2)}}{\sin C^{(i+1)}A^{(i+2)}C^{(i)}}$$

donnera

$$\frac{\delta C^{(i+1)}A^{(i+2)}}{C^{(i+1)}A^{(i+2)}} = \frac{\delta C^{(i)}C^{(i+1)}}{C^{(i)}C^{(i+1)}} + z^{(i+1)} \cot C^{(i)}A = \zeta^{(i+1)} \cot CAC^{(1)},$$

ce qui donne

$$\frac{\delta C^{(i+1)}A^{(i+2)}}{C^{(i+1)}A^{(i+2)}} = (\zeta^{(1)} + \zeta^{(2)} + \ldots + \zeta^{(i)} - z^{(1)} - z^{(2)} - \ldots - z^{(i)}) \cot A$$
$$+ \zeta (h + \cot A) - z (h' + \cot A)$$
$$+ z^{(i+1)}(h' + \cot A) - C^{(i+1)}(h + \cot A).$$

Ce que nous avons désigné dans le n° **2** du deuxième Supplément par

l, $l^{(1)}$, ..., m, $m^{(1)}$, ... devient

$$l \ \ = -(1 + h')b, \qquad m \ \ = (1 + h)b,$$
$$l^{(1)} = -b, \qquad\qquad m^{(1)} = b,$$
$$\dots\dots\dots, \qquad\qquad \dots\dots\dots,$$
$$l^{(i)} = -b, \qquad\qquad m^{(i)} = b$$
$$l^{(i+1)} = (1 + h')b, \qquad m^{(i+1)} = -(1 + h)b;$$

la quantité que nous avons désignée par $S f^{(i)2}$ dans le numéro cité ou par

$$l^2 - ml + m^2 + l^{(1)2} - m^{(1)}l^{(1)} + m^{(1)2} + \dots$$

devient ici

$$3(i + 2)b^2 + 6(h + h')b^2 + 2(h^2 + hh' + h'^2)b^2.$$

La quantité que nous avons nommée $S r^{(i)} f^{(i)}$ dans le même numéro, ou

$$l(p - \tfrac{1}{2}q) + m(q - \tfrac{1}{2}p) + l^{(1)}(p^{(1)} - \tfrac{1}{2}q^{(1)}) + m^{(1)}(q^{(1)} - \tfrac{1}{2}p^{(1)}) + \dots,$$

devient, en négligeant les termes qui n'ont pas i pour coefficient,

$$\frac{3(i + 1)(i + 2)}{2} ab + 3(i + 1)(h + h')ab + (i + 1)(h^2 + hh' + h'^2)ab;$$

en représentant donc, comme ci-dessus, par λ l'excès de la base mesurée $C^{(i+1)}A^{(i+2)}$ sur la base calculée, et par s l'excès de la longueur vraie de la ligne $H^{(i+1)}$ sur cette longueur calculée, on aura

$$s = \frac{\lambda\, S r^{(i)} f^{(i)}}{S f^{(i)2}} = \frac{(i + 1)a\lambda}{2b};$$

il faut, par conséquent, ajouter à la longueur calculée de la ligne $H^{(i+1)}$ le produit de λ par le rapport de la moitié de cette ligne à la base b; ce qui revient à calculer la première moitié de la ligne $H^{(i+1)}$ avec la base AC, et la seconde moitié avec la base $A^{(i+2)}C^{(i+1)}$. Ce procédé serait généralement exact, quelles que fussent la grandeur et la disposition des triangles qui unissent les deux bases, si les parties de $S r^{(i)} f^{(i)}$ et de $S f^{(i)2}$ correspondantes à ces moitiés étaient respectivement égales. C'est le procédé que nous adoptâmes dans la Commission qui fixa la longueur du mètre; et, dans l'ignorance où nous étions alors de la vraie théorie de ces corrections, il était le plus convenable; mais il ne faisait pas connaître la correction des diverses parties de l'arc total $H^{(i+1)}$. Pour cela, il est nécessaire de corriger les angles de chaque triangle, ou de déterminer les corrections α, β, $\alpha^{(1)}$, $\beta^{(1)}$, ... qui résultent de l'excès λ de la seconde base observée sur cette base calculée d'après la première. J'ai donné, dans le deuxième Supplément, ces corrections, en supposant la loi des erreurs des observations des angles proportionnelle à l'exponentielle $c^{-k\left(\alpha+\frac{1}{3}T\right)^2}$, k étant une constante; T étant la somme des erreurs des trois angles du triangle, $\alpha+\frac{1}{3}T$, $\beta+\frac{1}{3}T$ et $\frac{1}{3}T-\alpha-\beta$ étant les erreurs de chacun des angles. On a vu, dans le Supplément cité, que la supposition de cette loi de probabilité doit être admise lorsque les angles ont été mesurés avec le cercle répétiteur, et qu'alors on a

$$\alpha^{(i)} = \frac{l^{(i)}-\frac{1}{2}m^{(i)}}{F}\lambda, \qquad \beta^{(i)} = \frac{m^{(i)}-\frac{1}{2}l^{(i)}}{F}\lambda,$$

en désignant par F la somme de toutes les quantités l^2-ml+m^2, $l^{(1)2}-m^{(1)}l^{(1)}+l^{(1)2}$, ... Je vais démontrer ici que ces corrections ont lieu, quelle que soit la loi de probabilité des erreurs.

Pour cela, je désigne cette loi par $\varphi(\alpha+\frac{1}{3}T)^2$: en la supposant la même pour les erreurs positives et pour les erreurs négatives, son expression ne doit renfermer que des puissances paires de ces erreurs. La loi de probabilité des valeurs simultanées de α et de β sera ainsi proportionnelle au produit

$$\varphi(\alpha+\tfrac{1}{3}T)^2\,\varphi(\beta+\tfrac{1}{3}T)^2\,\varphi(\tfrac{1}{3}T-\alpha-\beta)^2.$$

Si l'on développe ce produit, par rapport aux puissances de α et de β, en s'arrêtant aux carrés et aux produits de ces quantités, on aura

$$\begin{aligned}&[\varphi(\tfrac{1}{9}T^2)]^3+(\alpha^2+\alpha\beta+\beta^2)\,\varphi(\tfrac{1}{9}T^2)\\ &\quad\times\left\{2\varphi(\tfrac{1}{9}T^2)\,\varphi'(\tfrac{1}{9}T^2)-\tfrac{4}{9}T^2[\varphi'(\tfrac{1}{9}T^2)]^2+\tfrac{4}{9}T^2\,\varphi(\tfrac{1}{9}T^2)\,\varphi''(\tfrac{1}{9}T^2)\right\};\end{aligned}$$

$\varphi'(x)$ exprimant $\dfrac{d\varphi(x)}{dx}$, et $\varphi''(x)$ exprimant $\dfrac{d\varphi'(x)}{dx}$. T pouvant être supposé varier depuis $=\infty$ jusqu'à $T=\infty$, on multipliera la fonction précédente par dT et on l'intégrera dans ces limites; on aura ainsi pour la probabilité des valeurs simultanées de x et de ξ une quantité de la forme

$$\Pi = \Pi'(x^2 \pm x\xi \pm \xi^2).$$

Cette probabilité sera donc proportionnelle à

$$1 = \frac{\Pi'}{\Pi}(x^2 \pm x\xi \pm \xi^2).$$

La probabilité de l'existence simultanée de x, ξ, $x^{(1)}$, $\xi^{(1)}$, $\ldots$ sera proportionnelle au produit des quantités

$$1 = \frac{\Pi'}{\Pi}(x^2 \pm x\xi \pm \xi^2),$$
$$1 = \frac{\Pi'}{\Pi}(x^{(1)2} \pm x^{(1)}\xi^{(1)} \pm \xi^{(1)2}),$$
$$\vdots$$

Le logarithme de ce produit est, s étant un nombre indéterminé,

$$= \frac{\Pi'}{\Pi}\, S\,(x^{(1)2} \pm x^{(1)}\xi^{(1)} \pm \xi^{(1)2}) = \ldots;$$

ce produit est à son maximum si le terme précédent est à son minimum, ou si la fonction

$$S\,(x^{(1)2} \pm x^{(1)}\xi^{(1)} \pm \xi^{(1)2})$$

est la plus petite possible, les quantités x, ξ, $x^{(1)}$, $\ldots$ satisfaisant d'ailleurs à l'équation

$$\lambda = l x \pm m \xi \pm l^{(1)} x^{(1)} \pm m^{(1)}\xi^{(1)} \pm \ldots$$

On peut donner à cette fonction la forme

$$\tfrac{1}{2}S\left\{\left(\tfrac{3}{2}\xi^{(1)} \pm x^{(1)} - \frac{3\,m^{(1)}\lambda}{2\,l}\right)^2 + \tfrac{1}{3}\left[x^{(1)} = \frac{(l^{(1)} - \tfrac{1}{2}m^{(1)})\lambda}{l}\right]^2\right\} \pm \tfrac{3}{4}\frac{\lambda^2}{l^2};$$

cette fonction est évidemment à son minimum si l'on suppose

$$2\varepsilon^{(s)} + \alpha^{(s)} - \frac{3m^{(s)}\lambda}{2F} = 0, \qquad \alpha^{(s)} - \frac{(l^{(s)} - \frac{1}{2}m^{(s)})\lambda}{F} = 0;$$

d'où l'on tire généralement

$$x^{(s)} = (l^{(s)} - \tfrac{1}{2}m^{(s)})\frac{\lambda}{F}, \qquad \varepsilon^{(s)} = (m^{(s)} - \tfrac{1}{2}l^{(s)})\frac{\lambda}{F}.$$

Dans le cas que nous venons de considérer, on a

$$x \quad = -\frac{\lambda b}{F}(\tfrac{3}{2} + h' + \tfrac{1}{2}h), \qquad \varepsilon = \frac{\lambda b}{F}(\tfrac{3}{2} + h + \tfrac{1}{2}h),$$

$$x^{(1)} = x^{(2)} = \ldots = \alpha^{(i)} = -\frac{\tfrac{3}{2}b\lambda}{F}, \qquad \varepsilon^{(1)} = \varepsilon^{(2)} = \ldots = \varepsilon^{i} = \frac{\tfrac{3}{2}b\lambda}{F},$$

$$x^{(i+1)} = \frac{\lambda b}{F}(\tfrac{3}{2} + h' + \tfrac{1}{2}h), \qquad \varepsilon^{(i)} = -\frac{\lambda b}{F}(\tfrac{3}{2} + h + \tfrac{1}{2}h');$$

ainsi par ces corrections tous les triangles autres que ceux qui ont une des bases pour un de leurs côtés resteront rectangles.

La probabilité de l'erreur $\pm u$ de la ligne II^{i+1}, corrigée par la seconde base, sera, par le numéro cité du deuxième Supplément,

$$\frac{2\int dt\, e^{-t^2}}{\sqrt{\pi}},$$

l'intégrale étant prise depuis t nul jusqu'à

$$t = \frac{3u}{2\theta}\sqrt{\frac{i+1}{Q\dfrac{(S\,r^{(i)}f^{(i)})^2}{S\,f^{(i)2}}}},$$

qui devient ici

$$t = \frac{3u}{2\theta}\sqrt{\frac{i+1}{Q'}},$$

en désignant par Q′ la fonction

$$\frac{(i+1)(i+2)(i+3)}{4}a^2 + \tfrac{3}{2}(i+1)^2(h+h')a^2 + \tfrac{1}{2}(i+1)^2(h^2 + hh' + h'^2)a^2.$$

Les erreurs également probables étant proportionnelles aux racines carrées de Q et de Q', on voit qu'elles sont diminuées et à peu près réduites de moitié par la mesure d'une seconde base.

La probabilité d'une erreur $\pm \lambda$ dans la mesure d'une seconde base est, par le deuxième Supplément,

$$\frac{2\int dt\, c^{-t^2}}{\sqrt{\pi}},$$

l'intégrale étant prise depuis t nul jusqu'à

$$t = \frac{3\lambda}{2\vartheta}\sqrt{\frac{i+1}{S\,f^{(i)2}}};$$

et $f^{i\,2}$ est égal à

$$3(i+1)b^2 + 6(h+h')b^2 + 2(h^2 + hh' + h'^2)b^2.$$

Dans le cas présent où $i = 25$, cette quantité devient

$$86,8030\,b^2;$$

les erreurs également probables dans les mesures de l'arc H^{i+6} et d'une nouvelle base égale à la première sont donc dans le rapport de $\sqrt{Q}$ à $\sqrt{86,8030}$; d'où il suit qu'il y a un contre un à parier que l'erreur d'une nouvelle base sera comprise dans les limites $\pm 0^m,34236$, ou à très peu près $\pm \frac{1^m}{3}$. Ce sont les mêmes limites qui résultent des angles des vingt-six triangles qui unissent la base de Perpignan à Formentera. Ainsi, sous ce rapport encore, le cas hypothétique, que nous venons d'examiner, s'accorde avec ce que donne cette chaine de triangles.

4. Je vais maintenant considérer les distances zénithales des sommets des triangles et le nivellement qui en résulte. D'un même sommet tel que C^{2}, on peut observer les quatre points C, $C^{(1)}$, C^{3}, C^{4}. Nommons f la distance CC^{4} et h la base CC^{3} du triangle isocèle; tous les triangles étant supposés égaux, si l'on nomme $x^{(i)}$ la hauteur de $C^{(i)}$ au-dessus du niveau de la mer, la distance observée de $C^{(i-2)}$ au zénith de $C^{(i)}$ étant désignée par θ, la distance vraie sera à fort peu près, les

triangles pouvant être supposés horizontaux,

$$\theta + \frac{hu}{R} + \frac{h\varepsilon}{R},$$

u étant le facteur par lequel on doit multiplier l'angle $\frac{h}{R}$ pour avoir la réfraction terrestre au point $C^{(i)}$, R étant le rayon de la Terre et ε étant l'erreur de u. Je ne tiens compte ici que de cette erreur, comme étant beaucoup plus grande que celle de θ. Si l'on nomme pareillement θ' la distance zénithale de $C^{(i)}$, observée de $C^{(i=2)}$, la distance vraie sera

$$\theta' + \frac{hu}{R} + \frac{h\varepsilon'}{R},$$

ε' étant l'erreur de u dans cette observation. On aura

$$\theta + \theta' + \frac{2hu}{R} + \frac{h}{R}(\varepsilon + \varepsilon') = \pi + \frac{h}{R},$$

on aura ensuite

$$x^{(i)} - x^{(i=2)} = \frac{h}{2}(\theta - \theta') + \frac{h^2}{2R}(\varepsilon - \varepsilon').$$

Si l'on nomme pareillement θ'' la distance zénithale de $C^{(i=1)}$ observée de $C^{(i)}$, la distance vraie sera

$$\theta'' + \frac{fu}{R} + \frac{f\varepsilon''}{R},$$

ε'' étant l'erreur de u dans cette observation. En nommant encore θ''' et ε''' les mêmes quantités relatives à la distance zénithale de $C^{(i)}$, observée de $C^{(i=1)}$, on aura

$$\theta'' + \theta''' + \frac{2fu}{R} + \frac{f}{R}(\varepsilon'' + \varepsilon''') = \pi + \frac{f}{R},$$

$$x^{(i)} - x^{(i=1)} = \frac{f}{2}(\theta'' - \theta''') + \frac{f^2}{2R}(\varepsilon'' - \varepsilon''').$$

Comme je ne me propose ici que d'examiner quel degré de confiance on doit accorder à ce genre de nivellement, je ferai $h = f$, ce qui revient à supposer tous les triangles équilatéraux. Je prendrai, de plus,

$\frac{h^2}{2\mathrm{R}}$ pour unité de distance : en faisant ensuite $\varepsilon - \varepsilon' = \lambda^{(i)}$, $\varepsilon'' - \varepsilon''' = \gamma^{(i)}$, on aura deux équations de la forme

$$(\mathrm{A})\qquad\left\{\begin{array}{l} x^{(i)} - x^{(i-1)} = \gamma^{(i)} + p^{(i)}, \\ x^{(i)} - x^{(i-2)} = \lambda^{(i)} + q^{(i)}. \end{array}\right.$$

La première de ces équations s'étend depuis $i = 1$ jusqu'à $i = n + 1$, n étant le nombre des triangles. La seconde équation s'étend depuis $i = 2$ jusqu'à $i = n + 1$. Il faut maintenant conclure de ce système d'équations la valeur la plus avantageuse de $x^{(n+1)} - x^0$, l'élévation x^0 du point C au-dessus de la mer étant supposée connue. Pour cela, on multipliera la première des équations (A) par $f^{(i)}$ et la seconde par $g^{(i)}$, $f^{(i)}$ et $g^{(i)}$ étant des constantes indéterminées. Dans le système de ces équations ajoutées toutes ensemble, le coefficient de $x^{(i)}$ sera $f^{(i)} - f^{(i+1)} + g^{(i)} - g^{(i+2)}$. En l'égalant à zéro et observant que $g^{(i-2)} - g^{(i)} = \Delta g^{(i+1)} + \Delta g^{(i)}$, Δ étant la caractéristique des différences finies, on aura, en intégrant,

$$f^{(i)} = a - g^{(i)} - g^{(i+1)},$$

a étant une constante. Mais, les valeurs de $g^{(i)}$ ne commençant à avoir lieu que lorsque $i = 2$, cette expression de $f^{(i)}$ ne peut servir que lorsque $i = 2$. Pour avoir la valeur de $f^{(1)}$, on observera que l'égalité à zéro du coefficient de $x^{(1)}$ donne

$$f^{(1)} = f^{(2)} + g^{(3)};$$

substituant, au lieu de $f^{(2)}$, $a - g^{(2)} - g^{(3)}$, on aura

$$f^{(1)} = a - g^{(2)}.$$

Ensuite, l'expression précédente de $f^{(i)}$ ne s'étend que jusqu'à $i = n$; mais, relativement à $i = n + 1$, on doit observer que le coefficient de $x^{(n+1)}$ doit être l'unité, ce qui donne

$$f^{(n+1)} + g^{(n+1)} = 1$$

ou

$$f^{(n+1)} = 1 - g^{(n+1)};$$

l'égalité à zéro du coefficient de $x^{(n)}$ donne $f^{(n)} = f^{(n\pm1)} = g^n$, ou $f^{(n)} = 1 = g^{(n)} = g^{(n+1)}$. En comparant cette expression à celle-ci $f^{(n)} = a = g^{(n)} = g^{(n+1)}$, on aura $a = 1$. L'erreur de la valeur de $x^{n\pm1}$ sera ainsi

$$f^{(1)}\gamma^{(1)} \mp f^{(2)}\gamma^{(2)} \mp \ldots \mp f^{(n\pm1)}\gamma^{(n\pm1)}$$
$$\mp g^{(2)}\lambda^{(2)} \mp g^{(3)}\lambda^{(3)} \mp \ldots \mp g^{(n\pm1)}\lambda^{(n\pm1)}.$$

Les valeurs de $\gamma^{(1)}$, $\gamma^{(2)}$, ..., $\lambda^{(1)}$, $\lambda^{(2)}$, ... étant évidemment assujetties à la même loi de probabilité, si l'on nomme s cette erreur et si l'on fait

$$\mathrm{II} = f^{(1)2} \mp f^{(2)2} \mp \ldots \mp f^{(n\pm1)2}$$
$$\mp g^{(1)2} \mp g^{(3)2} \mp \ldots \mp g^{(n\pm1)2},$$

la probabilité de l'erreur s sera proportionnelle, par le n° 20 du Livre II, à une exponentielle de la forme

$$e^{-\frac{Ks^2}{\mathrm{II}}},$$

K étant une constante dépendante de la loi de probabilité de γ^i et $\lambda^{(i)}$.

Il faut maintenant déterminer les constantes de II, de manière que II soit un minimum. Or on a

$$\mathrm{II} = (1 - g^{(2)})^2 + (1 - g^{(2)} - g^{(3)})^2 + \ldots + (1 - g^{(n)} - g^{(n\pm1)})^2 + (1 - g^{n\pm1})^2$$
$$+ g^{(2)2} + g^{(3)2} + \ldots + g^{(n\pm1)2};$$

en égalant à zéro le coefficient de la différentielle de $g^{(i)}$, on a

$$(1) \qquad\qquad g^{(i+1)} + 3g^{(i)} + g^{(i-1)} = 2.$$

Cette équation a lieu depuis $i = 3$ jusqu'à $i = n$. L'égalité à zéro du coefficient de $dg^{(2)}$ donne

$$g^{(3)} + 3g^{(2)} = 2,$$

et l'égalité à zéro du coefficient de $dg^{(n\pm1)}$ donne

$$3g^{(n\pm1)} + g^{(n)} = 2,$$

ce qui revient à considérer l'équation générale (1) comme ayant lieu depuis $i = 2$ jusqu'à $i = n + 1$, et à supposer nuls $g^{(1)}$ et $g^{(n+3)}$. L'intégration de l'équation (1) aux différences finies donne

$$g^{(i)} = \tfrac{2}{3} + A l^{i-1} + A' l'^{i-1},$$

l et l' étant les deux racines $-\frac{3}{2} - \frac{1}{2}\sqrt{5}$, $-\frac{3}{2} + \frac{1}{2}\sqrt{5}$ de l'équation

$$y^2 + 3y + 1 = 0;$$

A et A' sont deux arbitraires telles que $g^{(i)}$ devienne nul lorsque $i = 1$ et lorsque $i = n + 2$. On a donc

$$A l^{n+1} + A' l'^{n+1} = -\tfrac{2}{3},$$
$$A + A' = -\tfrac{2}{3}.$$

l^{n+1} est une quantité extrêmement grande lorsque n est un grand nombre et, l'^{n+1} étant $\frac{1}{l^{n+1}}$, on voit que A est alors une quantité excessivement petite et qu'ainsi $A' = -\frac{2}{3}$. On a ensuite

$$f^{(i)} = \tfrac{1}{3} - A l^{i-1}(1 + l) - A' l'^{i-1}(1 + l').$$

De là il est facile de conclure que l'on a, à très peu près et sans craindre $\frac{1}{24}$ d'erreur,

$$H = \frac{n+1}{6},$$

et qu'ainsi l'exponentielle proportionnelle à la probabilité de l'erreur ε est

$$e^{-\frac{3h\varepsilon^2}{n+1}};$$

on peut donc ainsi déterminer cette probabilité.

On a conclu la valeur de $x^{(n+1)}$ du système des équations (A) par le procédé suivant.

Le système des équations (A) donne

$$x^{(1)} - x^{(0)} = p^{(1)} + \gamma^{(1)};$$

d'où l'on tire

$$x^{(1)} = p^{(1)} + x^{(0)} + \gamma^{(1)},$$

On a ensuite les deux équations

$$x^{(2)} - x^{(1)} = p^{(2)} + \gamma^{(2)},$$
$$x^{(2)} - x^{(0)} = q^{(2)} + \lambda^{(2)};$$

ce qui donne

$$x^{(2)} = \tfrac{1}{2}x^{(1)} + \tfrac{1}{2}x^{(0)} + \tfrac{1}{2}\left(p^{(2)} + q^{(2)}\right) + \tfrac{1}{2}\gamma^{(2)} + \tfrac{1}{2}\lambda^{(2)}.$$

On a les deux équations

$$x^{(3)} - x^{(2)} = p^{(3)} + \gamma^{(3)},$$
$$x^{(3)} - x^{(1)} = q^{(3)} + \lambda^{(3)};$$

ce qui donne

$$x^{(3)} = \tfrac{1}{2}x^{(2)} + \tfrac{1}{2}x^{(1)} + \tfrac{1}{2}\left(p^{(3)} + q^{(3)}\right) + \tfrac{1}{2}\gamma^{(3)} + \tfrac{1}{2}\lambda^{(3)}.$$

En continuant ainsi, on aura $x^{(n+1)}$. Les quantités $\gamma^{(m)}$ et $\lambda^{(m)}$ ne commencent à être introduites dans cette expression que par les deux valeurs de $x^{(m)} - x^{(m-1)}$ et de $x^{(m)} - x^{(m-2)}$. Désignons par $k^{(r)}$ le coefficient de $\gamma^{(m)}$ dans l'expression de $x^{(m+r)}$; cette expression est

$$x^{(m+r)} = \tfrac{1}{2}x^{(m+r-1)} + \tfrac{1}{2}x^{(m+r-2)} + \tfrac{1}{2}\left(p^{(m+r)} + q^{(m+r)}\right) + \tfrac{1}{2}\gamma^{(m+r)} + \tfrac{1}{2}\lambda^{(m+r)};$$

en substituant pour $x^{(m+r)}$, $x^{(m+r-1)}$, $x^{(m+r-2)}$ les parties de leurs valeurs relatives à $\gamma^{(m)}$, la comparaison des coefficients de cette quantité donnera

$$k^{(r)} = \tfrac{1}{2}k^{(r-1)} + \tfrac{1}{2}k^{(r-2)};$$

d'où l'on tire, en intégrant,

$$k^{(r)} = \mathrm{A} + \mathrm{A}'\left(-\tfrac{1}{2}\right)^{r-1},$$

A et A' étant deux arbitraires. Pour les déterminer, nous observerons que, r étant nul, on a $k^{(0)} = \tfrac{1}{2}$, et que, r étant 1, on a

$$k^{(1)} = \tfrac{1}{2}k^{(0)} = \tfrac{1}{4};$$

de là on tire

$$\mathrm{A} = \tfrac{1}{3}, \qquad \mathrm{A}' = -\tfrac{1}{12};$$

ainsi, dans la valeur de $x^{(n+1)}$, où $r = n + 1 - m$, on aura, pour le coefficient $k^{(n+1-m)}$ de $\gamma^{(m)}$,

$$k^{(n+1-m)} = \tfrac{1}{3} - \tfrac{1}{12}\left(-\tfrac{1}{2}\right)^{n-m};$$

le coefficient de $\lambda^{(m)}$ dans la même valeur sera évidemment le même.
Ainsi l'expression de $x^{(n+1)}$ sera une quantité connue, plus la suite

$$k^{(n)}\gamma^{(1)} + k^{(n-1)}(\gamma^{(2)} + \lambda^{(2)}) + \ldots + k^{(0)}(\gamma^{(n+1)} + \lambda^{(n+1)}).$$

Désignons par s cette erreur et par Π la somme des carrés des coefficients de $\gamma^{(1)}$, $\gamma^{(2)}$, ..., $\lambda^{(2)}$, $\lambda^{(3)}$, ...; la probabilité de s sera proportionnelle à $c^{-\frac{k s^2}{\Pi}}$. On a, à très peu près,

$$\Pi = \tfrac{2}{3}(n + 1);$$

ainsi la probabilité de s est à très peu près proportionnelle à $c^{-\frac{3 k s^2}{n+1}}$;
les erreurs également probables sont donc plus grandes dans ce procédé que suivant la méthode la plus avantageuse, et à peu près dans le rapport de $\sqrt{5}$ à $\sqrt{\tfrac{2}{3}}$; ce procédé approche donc beaucoup de l'exactitude de la méthode la plus avantageuse, et, comme le calcul en est fort simple, nous allons déterminer la probabilité des erreurs auxquelles il expose, dans le cas général où les divers triangles ne sont ni égaux ni équilatéraux.

Si l'on représente par $m^{(i)}$ le carré de $C^{i-1}C^i$ divisé par $2R$, et par $n^{(i)}$ le carré de $C^{i-2}C^i$ divisé pareillement par $2R$, le système des équations (A) se changera dans le suivant :

$$(A') \qquad \left\{ \begin{aligned} x^{(i)} - x^{(i-1)} &= p^{(i)} + m^{(i)}\gamma^{(i)}, \\ x^{(i)} - x^{(i-2)} &= q^{(i)} + n^{(i)}\lambda^{(i)}. \end{aligned} \right.$$

Le procédé que nous venons d'examiner donne, en suivant l'analyse précédente, le coefficient de $\gamma^{(i)}$ dans l'expression de $x^{(n+1)}$ égal à

$$\tfrac{1}{3} m^{(i)} - \tfrac{1}{12} m^{(i)}\left(-\tfrac{1}{2}\right)^{n-i}.$$

Pareillement, le coefficient de $\lambda^{(i)}$, dans la même expression, est

$$\tfrac{1}{3} n^{(i)} - \tfrac{1}{12} n^{(i)}\left(-\tfrac{1}{2}\right)^{n-i};$$

de là il suit que la valeur de Π est, à très peu près,

$$\tfrac{1}{9} S \left(m^{(i)2} + n^{(i)2}\right),$$

le signe intégral S s'étendant à toutes les valeurs de i jusqu'à
$i = n + 1$; la probabilité d'une erreur s, dans l'expression de x^{n+1},
est donc proportionnelle à

$$c^{-\frac{s^2 k^2}{S(m^2 + n^2)}}.$$

Si l'on applique aux équations (A') l'analyse que nous avons donnée
ci-dessus pour le cas de la méthode la plus avantageuse, on trouvera,
en les multipliant respectivement par $f^{(i)}$ et $g^{(i)}$, l'équation suivante

$$f^{(i)} = 1 - g^{(i)} = g^{(i+1)},$$

et cette équation aura lieu depuis $i = 1$ jusqu'à $i = n + 1$, en supposant $g^{(1)}$ et $g^{(n+2)}$ nuls. On aura ensuite l'équation générale

$$m^{(i)2} g^{(i+1)} + \left(n^{(i)2} + m^{(i)2} + n^{(i-1)2} \right) g^{(i)} + m^{(i-1)2} g^{(i-1)} = m^{(i)2} + m^{(i-1)2}.$$

Cette équation a lieu depuis $i = 2$ jusqu'à $i = n + 1$. En la combinant
avec les équations $g^{(1)} = 0$, $g^{(n+2)} = 0$, on aura les valeurs de $f^{(1)}$,
$f^{(2)}, \ldots, f^{(n+1)}$, $g^{(1)}, g^{(2)}, \ldots, g^{(n+2)}$; on aura ensuite

$$H = S\left(f^{(i)2} m^{(i)2} + g^{(i)2} n^{(i)2} \right),$$

le signe S comprenant toutes les valeurs de $f^{(i)} m^{(i)2}$ et de $g^{(i)} n^{(i)2}$; la
probabilité d'une erreur s dans la valeur de x^{n+1} sera proportionnelle à

$$c^{-\frac{k^2 s^2}{H}}.$$

5. Il faut maintenant déterminer la valeur de K. Pour cela, nous
observerons que le facteur u est déterminé, par ce qui précède, au
moyen de l'équation

$$u = \frac{\overline{\pi} = \theta = \theta' + \frac{h}{h}}{\frac{2h}{h}},$$

et que l'erreur de cette expression est $\frac{t \pm t'}{2}$. Chaque double station
fournit une valeur de u, et la moyenne de ces valeurs est la valeur qu'il

faut adopter. Si l'on nomme i le nombre de ces valeurs, l'erreur à craindre sera $S\dfrac{\varepsilon+\varepsilon'}{2i}$, le signe S se rapportant aux i quantités $\dfrac{\varepsilon+\varepsilon'}{2i}$ relatives à chaque double station. Soit s la somme $S\dfrac{\varepsilon+\varepsilon'}{2}$; la probabilité de s sera, par le n° 20 du Livre II, proportionnelle à une exponentielle de la forme

$$c^{-\frac{K's^2}{i}},$$

et, si l'on nomme q la somme des carrés des différences de chaque valeur partielle à sa valeur moyenne, on aura

$$K' = \frac{i}{2q}.$$

On a, par ce qui précède, la probabilité de l'erreur d'une valeur s' de la fonction $S\dfrac{\varepsilon-\varepsilon'}{2}$ proportionnelle à l'exponentielle

$$c^{-\frac{\imath K s'^2}{i}},$$

le signe S s'étendant à i quantités de la forme $\dfrac{\varepsilon-\varepsilon'}{2}$. Or, les erreurs ε et $-\varepsilon$ étant supposées également probables, il est visible que les mêmes valeurs de $S\dfrac{\varepsilon+\varepsilon'}{2}$ et de $S\dfrac{\varepsilon-\varepsilon'}{2}$ sont également probables; on a donc

$$K = K',$$

ce qui donne

$$K = \frac{i}{8q}.$$

Les quarante-cinq premières valeurs de u, données dans le second Volume de la *Base du Système métrique* (p. 771), et qui sont fondées sur des observations faites dans les mois de l'année où l'on observe le plus souvent, donnent, pour sa valeur moyenne,

$$u = 0{,}07818,$$

et la somme q des carrés des différences de ces valeurs à la moyenne est 0,0490029; i étant ici égal à 45, on a

$$k = \frac{45}{0,3938987} = 114,781.$$

Si l'on suppose le nombre n de triangles égal à 25 et si l'on fait tous les côtés égaux à 20000^m, on aura 240000^m pour la distance de x''_{26} à x_8 : c'est à peu près la distance de Paris à Dunkerque. Dans ce cas, la quantité $\frac{f^2}{2R}$, prise pour unité de distance, est 31^m,416. De là on conclut qu'il y a un contre un à parier que l'erreur sur la hauteur x''_{26} est comprise dans les limites $\pm 3^m,1839$. Il y a neuf contre un à parier qu'elle est comprise dans les limites $\pm 7^m,761$; on ne peut donc pas alors répondre avec une probabilité suffisante que cette erreur n'excédera pas $\pm 8^m$.

La chaîne de triangles que nous venons de considérer est beaucoup plus favorable à la détermination de la hauteur de son dernier point que celle dont Delambre a fait usage, dans l'Ouvrage cité, pour déterminer la hauteur du Panthéon au-dessus du niveau de la mer. En considérant cette dernière chaîne, on voit que l'on ne peut pas répondre, avec une probabilité suffisante, que l'erreur sur cette hauteur n'excédera pas $\pm 16^m$.

6. On voit, par ce qui précède, que les grands triangles, qui sont très propres à la mesure des degrés terrestres, le sont fort peu pour déterminer les hauteurs respectives des diverses stations. Ainsi, dans le cas d'une chaîne de triangles équilatéraux dont f est la longueur de chaque côté, les erreurs également probables de la différence de niveau des deux stations extrêmes étant proportionnelles à $\frac{f^2}{2R}\sqrt{n\mp 1}$, n étant le nombre des triangles, si l'on nomme a la distance de ces deux stations, on aura, en supposant $n\mp 1$ pair,

$$a = \tfrac{1}{2}(n\mp 1)f;$$

$\dfrac{f^2 \sqrt{n+1}}{2 R}$ sera donc proportionnelle à $\dfrac{1}{(n+1)^{\frac{3}{2}}}$; les erreurs également
probables seront donc proportionnelles à cette fraction. Ainsi, en qua-
druplant le nombre des triangles, elles deviendront huit fois plus
petites; mais alors les erreurs dues aux observations des angles deviennent comparables aux erreurs dues à la variabilité des réfractions
terrestres. Examinons comment on peut avoir égard à la fois à ces
deux genres d'erreurs.

Considérons une suite de points C, C$^{(1)}$, C$^{(2)}$, …. Soient $h^{(0)}$ la distance
de C à C$^{(1)}$; $h^{(1)}$ la distance de C$^{(1)}$ à C$^{(2)}$; $h^{(2)}$ la distance de C$^{(2)}$ à C$^{(3)}$, et
ainsi de suite. Concevons que du point C$^{(i)}$ on observe C$^{(i+1)}$, et réci-
proquement. La distance zénithale de C$^{(i+1)}$, observée de C$^{(i)}$, sera, par
ce qui précède,

$$\theta + \frac{h^{(i)} u}{R} + \frac{h^{(i)} \varepsilon}{R} + \varkappa,$$

ε étant l'erreur de u et $\varkappa$ étant celle de l'angle observé θ. La distance
zénithale de C$^{(i)}$, observée de C$^{(i+1)}$, sera

$$\theta' + \frac{h^{(i)} u}{R} + \frac{h^{(i)} \varepsilon'}{R} + \varkappa',$$

ε' et $\varkappa'$ étant les erreurs de u et de θ' dans l'observation faite au point
C$^{(i+1)}$. On aura donc les deux équations

$$\theta + \theta' + \frac{2 h^{(i)} u}{R} + \frac{h^{(i)} u}{R}(\varepsilon + \varepsilon') + \varkappa + \varkappa' = F + \frac{h^{(i)}}{R},$$

$$x^{(i+1)} - x^{(i)} = \frac{\theta - \theta'}{2} h^{(i)} + \frac{h^{(i)2}}{2R}(\varepsilon - \varepsilon') + \tfrac{1}{2} h^{(i)}(\varkappa - \varkappa').$$

Désignons comme ci-dessus $\varepsilon - \varepsilon'$ par $\gamma^{(i)}$, et faisons $\varkappa - \varkappa'$ égal à $\lambda^{(i)}$;
on aura, pour l'élévation $x^{(n+1)} - x^{(0)}$ du point C$^{(n+1)}$ au-dessus de C,
une expression de cette forme

$$x^{(n+1)} - x^{(0)} = M + S \frac{h^{(i)2}}{2R} \gamma^{(i)} + S \tfrac{1}{2} h^{(i)} \lambda^{(i)},$$

le signe intégral S se rapportant à toutes les valeurs de i, depuis $i = 0$
jusqu'à $i = n$. L'erreur de cette valeur de $x^{(n+i)}$ est

$$S \frac{h'^{(i)2} \gamma^{(i)}}{2 R} + S \frac{h^{(i)}}{2} \lambda^{(i)}.$$

Il faut maintenant déterminer la probabilité de cette erreur que nous
désignerons par s. Soit généralement

$$s = S\, m^{(i)} \gamma^{(i)} + S\, n^{(i)} \lambda^{(i)};$$

la probabilité de s sera, par l'analyse du n° 20 du Livre II de la *Théorie
analytique des Probabilités*, proportionnelle à

$$\int d\varpi\, dx\, dy\, \varphi(x)\, \psi(y)\, e^{-\varpi \sqrt{-1}}$$
$$\times \left[\cos\left(m^{(0)} x + n^{(0)} y\right) \varpi \cos\left(m^{(1)} x + n^{(1)} y\right) \varpi \cos\left(m^{(2)} x + n^{(2)} y\right) \varpi \,\dots \right];$$

$\varphi(x)$ est la loi de probabilité d'une valeur x de $\gamma^{(0)}$; $\psi(y)$ est la loi de
probabilité d'une valeur y de $\lambda^{(0)}$. Les erreurs négatives et positives
sont supposées également probables : les intégrales relatives à x et y
sont prises depuis l'infini négatif jusqu'à l'infini positif, et l'intégrale
relative à ϖ est prise depuis $\varpi = -\pi$ jusqu'à $\varpi = \pi$. En faisant

$$2\int dx\, \varphi(x) = k, \qquad \int x^2\, dx\, \varphi(x) = k'',$$
$$2\int dy\, \psi(y) = \bar{k}, \qquad \int y^2\, dy\, \psi(y) = \bar{k}'',$$

les intégrales étant prises depuis x et y nuls jusqu'à x et y égaux à
l'infini, l'analyse du numéro cité donnera la probabilité de s proportionnelle à

$$c^{\dfrac{-s^2}{\frac{k''}{k} S\, m^{(i)2} + \frac{\bar{k}''}{\bar{k}} S\, n^{(i)2}}}.$$

Il est facile de conclure généralement de la même analyse que, si l'on
fait

$$s = S\, m^{(i)} \gamma^{(i)} + S\, n^{(i)} \lambda^{(i)} + S\, r^{(i)} \delta^{(i)} + \dots,$$

$\gamma^{(i)}$, $\lambda^{(i)}$, $\delta^{(i)}$, ... étant des erreurs dérivant de sources différentes, la probabilité de s est proportionnelle à l'exponentielle

$$c^{\frac{-s^2}{\frac{4k'}{k}\,\mathrm{S}\,m^{(i)2}+\frac{4\bar{k}'}{\bar{k}}\,\mathrm{S}\,n^{(i)2}+\frac{4\bar{\bar{k}}'}{\bar{\bar{k}}}\,\mathrm{S}\,r^{(i)2}+\ldots}},$$

en désignant par $\pi(x)$ la probabilité d'une erreur x due à la troisième source d'erreur, et faisant

$$2\int dx\,\pi(x)=\bar{\bar{k}},\qquad \int x^2\,dx\,\pi(x)=\bar{\bar{k}}'',$$

les intégrales étant prises depuis x nul jusqu'à x infini ; et ainsi des autres erreurs.

Pour déterminer, dans la question présente, les constantes $\frac{4k'}{k}$ et $\frac{4\bar{k}''}{\bar{k}}$, je supposerai d'abord la seconde nulle ou très petite, relativement à la première, comme on peut le faire dans les grandes triangulations de la méridienne. Dans ce cas, la probabilité d'une erreur s sera, en faisant $m^{(i)}=1$, proportionnelle à

$$c^{\frac{-s^2}{\frac{4k'}{k}\,n}},$$

n étant le nombre des intervalles qui séparent les stations. La probabilité d'une valeur s' de $\mathrm{S}\frac{\varepsilon-\varepsilon'}{2}$ ou de $\mathrm{S}\frac{\varepsilon+\varepsilon'}{2}$, ce qui répond à une erreur $2s'$ dans la valeur de $\mathrm{S}(\varepsilon-\varepsilon')$, sera proportionnelle à

$$c^{\frac{-4s'^2}{\frac{4k'}{k}\,n}};$$

mais, par ce qui précède, cette probabilité est proportionnelle à

$$c^{\frac{-i}{2q}\frac{s'^2}{n}};$$

on a donc

$$\frac{2q}{i}=\frac{k''}{k}\qquad\text{ou}\qquad\frac{4k''}{k}=\frac{8q}{i}=\frac{1}{114,781}.$$

Si l'on suppose maintenant $\frac{k''}{k}$ nul et $n'' = 1$, la probabilité d'une valeur s' de la somme $S\frac{\alpha' - \alpha}{2}$ sera proportionnelle à

$$c^{-\frac{4s'^2}{\frac{4\bar{k}''}{k}n}},$$

et la probabilité d'une même valeur s' de $S(\alpha + \alpha' + \alpha'')$ sera proportionnelle à

$$c^{-\frac{9s'^2}{\frac{12\bar{k}''}{k}n}}.$$

Si l'on suppose cette loi de probabilité la même que pour les erreurs de la somme des trois angles d'un triangle sphérique, dans les mesures géodésiques, et qui, par le n° 1 du deuxième Supplément, peut être supposée proportionnelle à

$$c^{-\frac{(i+2)}{2\theta^2}\frac{s'^2}{n}},$$

θ^2 étant la somme des carrés des excès observés dans la somme des erreurs des trois angles dans i triangles, on aura

$$\frac{4\bar{k}''}{k} = \frac{4\theta^2}{3(i+2)}.$$

On a, par ce que l'on a vu,

$$\frac{i+2}{\theta^2} = \frac{109}{445,217};$$

partant,

$$\frac{4\bar{k}''}{k} = \frac{4}{3}\,\frac{445,217}{109},$$

quantité qu'il faut diviser par le carré du nombre de secondes sexagésimales que ce rayon renferme, et alors on a

$$\frac{4\bar{k}''}{k} = \frac{1,2801}{10^{10}}.$$

Supposons les distances des stations consécutives égales à 1200^{m}; on trouvera qu'il y a un contre un à parier que l'erreur sur la valeur de x^{n+i} n'est pas au-dessus de $\pm\, 0^m,08555$ lorsque $n = 200$. Il y a mille contre un à parier que l'erreur n'est pas au-dessus de $\pm\, 0^m,4\iota 3$.

Méthode générale du Calcul des probabilités, lorsqu'il y a plusieurs sources d'erreurs.

La considération des deux sources d'erreur indépendantes qui existent dans les opérations du nivellement m'a conduit à examiner le cas général des observations assujetties à plusieurs sources d'erreurs. Telles sont les observations astronomiques. La plupart sont faites au moyen de deux instruments, la lunette méridienne et le cercle, dont les erreurs ne doivent pas être supposées avoir la même loi de probabilité. Dans les équations de condition que l'on déduit de ces observations, pour obtenir les éléments des mouvements célestes, ces erreurs sont multipliées par des coefficients différents pour chaque source d'erreur et pour chaque équation. Les systèmes les plus avantageux de facteurs par lesquels il faut multiplier ces équations, pour avoir les équations finales qui déterminent les éléments, ne sont plus, comme dans le cas d'une source unique d'erreurs, les coefficients de chaque élément dans les équations de condition. La facilité avec laquelle l'analyse que j'ai donnée dans le Livre II de ma *Théorie des Probabilités* s'applique à ce cas général va montrer les avantages de cette analyse.

Supposons d'abord que l'on ait un système d'équations de condition représentées par celle-ci

$$p^{(i)}y = a^{(i)} + m^{(i)}\gamma^{(i)} + n^{(i)}\lambda^{(i)} + \ldots,$$

y étant un élément dont on cherche la valeur la plus avantageuse. Si l'on multiplie l'équation précédente par un facteur $f^{(i)}$, la réunion de tous ces produits donnera pour y l'expression

$$y = \frac{S\, a^{(i)} f^{(i)}}{S\, p^{(i)} f^{(i)}} + \frac{S\, m^{(i)} f^{(i)} \gamma^{(i)} + S\, n^{(i)} f^{(i)} \lambda^{(i)} + \ldots}{S\, p^{(i)} f^{(i)}}.$$

L'erreur de y sera

$$\frac{S\,m^{(i)} f^{(i)} \gamma^{(i)} + S\,n^{(i)} f^{(i)} \gamma^{(i)} + \dots}{S\,p^{i} f^{(i)}}$$

En désignant par s cette erreur, sa probabilité sera proportionnelle, par le numéro précédent, à l'exponentielle

$$c^{-\dfrac{S s^2 f^2}{\frac{4h''}{k}\,S\,m^{(i)2} f^{(i)2} + \frac{4\bar{k}''}{k}\,S\,n^{(i)2} f^{(i)2} + \dots}}$$

Il faut déterminer $f^{(i)}$ de manière que

$$\frac{\frac{4h''}{k}\,S\,m^{(i)2} f^{(i)2} + \frac{4\bar{k}''}{k}\,S\,n^{(i)2} f^{(i)2} + \dots}{(S\,p^{(i)} f^{(i)})^2}$$

soit un minimum, car il est visible qu'alors la même erreur s devient moins probable que dans tout autre système de facteurs. Si l'on nomme A le numérateur de cette fraction, et si l'on fait varier f^i d'une quantité dq, on aura, par la condition du minimum, en égalant à zéro la différentielle de cette fraction,

$$0 = \frac{\frac{h''}{k}\,m^{(i)2} f^{(i)} + \frac{\bar{k}''}{k}\,n^{(i)2} f^{(i)} + \dots}{A} = \frac{p^{(i)}}{S\,p^{(i)} f^{(i)}}$$

ce qui donne pour $f^{(i)}$ une expression de cette forme

$$f^{(i)} = \frac{\mu\,p^{(i)}}{\frac{h''}{k}\,m^{(i)2} + \frac{\bar{k}''}{k}\,n^{(i)2} + \dots}$$

On peut faire ici $\mu = 1$, parce que, cette quantité étant indépendante de i, elle affecte également tous les multiplicateurs $f^{(i)}$; ainsi la quantité $f^{(i)}$, par laquelle on doit multiplier chaque équation de condition pour avoir le résultat le plus avantageux, est

$$\frac{p^{(i)}}{\frac{h''}{k''}\,m^{(i)2} + \frac{h''}{k''}\,n^{(i)2} + \dots}$$

et la probabilité d'une erreur s de ce résultat est proportionnelle à l'exponentielle

$$e^{-\frac{a''}{s}\,s\,\frac{p^{(i)}}{\frac{h''}{k}\,m^{(i)2} + \frac{h''}{k}\,n^{(i)2} + \dots}}$$

On aura, par la même analyse et par le n° 22 du Livre II, les facteurs par lesquels on doit multiplier les équations de condition pour avoir les résultats les plus avantageux, quels que soient le nombre des éléments à déterminer et le nombre des genres d'erreurs; on aura pareillement les lois de probabilité des erreurs de ces résultats.

Supposons que l'on ait, entre deux éléments x et y, l'équation de condition

$$l^{(i)} x + p^{(i)} y = a^{(i)} + m^{(i)} \gamma^{(i)} + n^{(i)} \lambda^{(i)} + r^{(i)} \delta^{(i)} + \dots,$$

$\gamma^{(i)}$, $\lambda^{(i)}$, $\delta^{(i)}$, ... étant des erreurs dont les sources sont différentes. En multipliant d'abord cette équation par un système $f^{(i)}$ de facteurs, la réunion de ces produits donnera l'équation finale

$$x\,\mathbf{S}\,l^{(i)} f^{(i)} + y\,\mathbf{S}\,p^{(i)} f^{(i)} = \mathbf{S}\,a^{(i)} f^{(i)} + \mathbf{S}\,m^{(i)} f^{(i)} \gamma^{(i)} + \mathbf{S}\,n^{(i)} f^{(i)} \lambda^{(i)} + \dots.$$

En multipliant ensuite l'équation de condition par un autre système $g^{(i)}$ de facteurs, la réunion des produits donnera une seconde équation finale

$$x\,\mathbf{S}\,l^{(i)} g^{(i)} + y\,\mathbf{S}\,p^{(i)} g^{(i)} = \mathbf{S}\,a^{(i)} g^{(i)} + \mathbf{S}\,m^{(i)} g^{(i)} \gamma^{(i)} + \dots.$$

On tire de ces deux équations finales

$$x = \frac{\mathbf{S}\,a^{(i)} f^{(i)}\,\mathbf{S}\,p^{(i)} g^{(i)} - \mathbf{S}\,a^{(i)} g^{(i)}\,\mathbf{S}\,p^{(i)} f^{(i)}}{L}$$
$$+ \frac{\mathbf{S}\,m^{(i)} f^{(i)} \gamma^{(i)}\,\mathbf{S}\,p^{(i)} g^{(i)} - \mathbf{S}\,m^{(i)} g^{(i)} \gamma^{(i)}\,\mathbf{S}\,p^{(i)} f^{(i)} + \dots}{L},$$

L. étant égal à

$$\mathrm{S}\, l^{(i)} f^{(i)}\, \mathrm{S}\, p^{(i)} g^{(i)} - \mathrm{S}\, l^{(i)} g^{(i)}\, \mathrm{S}\, p^{(i)} f^{(i)}.$$

Le coefficient de $\gamma^{(i)}$ dans cette valeur est

$$\frac{m^{(i)} f^{(i)}\, \mathrm{S}\, p^{(i)} g^{(i)} - m^{(i)} g^{(i)}\, \mathrm{S}\, p^{(i)} f^{(i)}}{\mathrm{L}}.$$

En changeant $m^{(i)}$ en $n^{(i)}$, $r^{(i)}$, ..., on aura les coefficients correspondants de $\lambda^{(i)}$, $\delta^{(i)}$, ... En nommant donc s la valeur de la partie de x dépendante des erreurs $\gamma^{(i)}$, $\lambda^{(i)}$, $\delta^{(i)}$, ..., la probabilité de cette valeur sera, par ce qui précède, proportionnelle à l'exponentielle

$$c^{-\frac{s^2}{\mathrm{H}}},$$

en faisant

$$\mathrm{H} = \frac{\mathrm{S}\, \mathrm{M}^{(i)} f^{(i)2} (\mathrm{S}\, p^{(i)} g^{(i)})^2 - 2\, \mathrm{S}\, \mathrm{M}^{(i)} f^{(i)} g^{(i)}\, \mathrm{S}\, p^{(i)} f^{(i)}\, \mathrm{S}\, p^{(i)} g^{(i)} + \mathrm{S}\, \mathrm{M}^{(i)} g^{(i)2} (\mathrm{S}\, p^{(i)} f^{(i)})^2}{\mathrm{L}^2},$$

$\mathrm{M}^{(i)}$ étant égal à

$$\frac{4\, k''}{k}\, m^{(i)2} + \frac{4\, \bar{k}''}{\bar{k}}\, n^{(i)2} + \frac{4\, \bar{\bar{k}}''}{\bar{\bar{k}}}\, r^{(i)2} + \ldots.$$

Il faut maintenant déterminer $f^{(i)}$ et $g^{(i)}$ de manière que H soit un minimum. Pour cela, on fera varier $f^{(i)}$, et l'on égalera à zéro le coefficient de sa différentielle; ce qui donnera, en nommant P le numérateur de l'expression de H,

$$\begin{aligned}
0 = {}& \mathrm{M}^{(i)} f^{(i)} (\mathrm{S}\, p^{(i)} g^{(i)})^2 - \mathrm{M}^{(i)} g^{(i)}\, \mathrm{S}\, p^{(i)} f^{(i)}\, \mathrm{S}\, p^{(i)} g^{(i)} \\
& - p^{(i)}\, \mathrm{S}\, \mathrm{M}^{(i)} f^{(i)} g^{(i)}\, \mathrm{S}\, p^{(i)} g^{(i)} + p^{(i)}\, \mathrm{S}\, \mathrm{M}^{(i)} g^{(i)2}\, \mathrm{S}\, p^{(i)} f^{(i)} \\
& - \frac{\mathrm{P}}{\mathrm{L}} \big(l^{(i)}\, \mathrm{S}\, p^{(i)} g^{(i)} - p^{(i)}\, \mathrm{S}\, l^{(i)} g^{(i)} \big).
\end{aligned}$$

Il est facile de voir que l'on satisfait à cette équation en supposant

$$f^{(i)} = \frac{l^{(i)}}{\mathrm{M}^{(i)}}, \qquad g^{(i)} = \frac{p^{(i)}}{\mathrm{M}^{(i)}};$$

et l'on doit en conclure que l'on satisferait, par la même supposition, à l'équation correspondante que donnerait $d\Pi = 0$, en y faisant varier g^i. On voit encore que les mêmes valeurs de $f^{(i)}$ et de $g^{(i)}$ satisfont aux équations semblables qui résultent de la considération de l'élément y.

Si l'on a, entre les éléments x, y, z, ..., des équations de condition représentées par l'équation générale

$$l^{(i)}x + p^{(i)}y + q^{(i)}z + \ldots = a^{(i)} + m^{(i)}\gamma^{(i)} + n^{(i)}\lambda^{(i)} + r^{(i)}\delta^{(i)} + \ldots$$

$\gamma^{(i)}, \lambda^{(i)}, \delta^{(i)}, \ldots$ étant des erreurs de divers genres, on trouvera par l'analyse précédente que les facteurs par lesquels on doit multiplier respectivement cette équation, pour former les équations finales qui donnent les valeurs des éléments les plus avantageuses, sont, pour la première équation finale, représentés par

$$\frac{l^{(i)}}{\dfrac{h''}{k}\,m^{(i)2} + \dfrac{\bar{k}''}{\bar{k}}\,n^{(i)2} + \dfrac{\bar{\bar{k}}''}{\bar{\bar{k}}}\,r^{(i)2} + \ldots},$$

Ils sont représentés, pour la seconde équation finale, par

$$\frac{p^{(i)}}{\dfrac{h''}{k}\,m^{(i)2} + \dfrac{\bar{k}''}{\bar{k}}\,n^{(i)2} + \dfrac{\bar{\bar{k}}''}{\bar{\bar{k}}}\,r^{(i)2} + \ldots},$$

et ainsi de suite. En appliquant donc aux équations ainsi multipliées l'analyse du n° 2 du premier Supplément, on aura les valeurs des éléments les plus avantageuses et les lois de probabilités de leurs erreurs.

Pour donner un exemple de cette application, ne considérons que deux éléments x et y. Si l'on fait

$$\mathrm{M}^{(i)} = \frac{h''}{k}\,m^{(i)2} + \frac{\bar{h}''}{\bar{k}}\,n^{(i)2} + \frac{\bar{\bar{k}}''}{\bar{\bar{k}}}\,r^{(i)2} + \ldots.$$

On multipliera l'équation de condition précédente par $\frac{p^{(i)}}{M^{(i)}}$, et l'on en tirera

$$x\, \mathrm{S}\,\frac{l^{(i)}p^{(i)}}{M^{(i)}} + y\, \mathrm{S}\,\frac{p^{(i)2}}{M^{(i)}} = \mathrm{S}\,\frac{a^{(i)}p^{(i)}}{M^{(i)}} + \mathrm{S}\,\frac{p^{(i)}}{M^{(i)}}\left(m^{(i)}\gamma^{(i)} + n^{(i)}\lambda^{(i)} + \ldots\right);$$

mais la condition de la méthode la plus avantageuse donne

$$o = \mathrm{S}\,\frac{l^{(i)}}{M^{(i)}}\left(m^{(i)}\gamma^{(i)} + n^{(i)}\lambda^{(i)} + \ldots\right),$$

$$o = \mathrm{S}\,\frac{p^{(i)}}{M^{(i)}}\left(m^{(i)}\gamma^{(i)} + n^{(i)}\lambda^{(i)} + \ldots\right);$$

on aura donc

$$y = \frac{\mathrm{S}\,\dfrac{a^{(i)}p^{(i)}}{M^{(i)}} - x\, \mathrm{S}\,\dfrac{p^{(i)}l^{(i)}}{M^{(i)}}}{\mathrm{S}\,\dfrac{p^{(i)2}}{M^{(i)}}}$$

Substituant cette valeur de y dans l'équation générale de condition, et faisant

$$l_1^{(i)} = l^{(i)} - p^{(i)} \cdot \frac{\mathrm{S}\,\dfrac{l^{(i)}p^{(i)}}{M^{(i)}}}{\mathrm{S}\,\dfrac{p^{(i)2}}{M^{(i)}}};$$

$$a_1^{(i)} = a^{(i)} - p^{(i)} \cdot \frac{\mathrm{S}\,\dfrac{l^{(i)}p^{(i)}}{M^{(i)}}}{\mathrm{S}\,\dfrac{p^{(i)2}}{M^{(i)}}};$$

on aura

$$x = \frac{\mathrm{S}\,\dfrac{a_1^{(i)}l_1^{(i)}}{M^{(i)}}}{\mathrm{S}\,\dfrac{l_1^{(i)2}}{M^{(i)}}};$$

et la probabilité d'une erreur s de cette valeur sera proportionnelle à

$$c^{-\frac{s^2}{4}\,\mathrm{S}\,\frac{l_1^{(i)2}}{M^{(i)}}}.$$

Cette analyse suppose la connaissance des constantes $\frac{k''}{k}$ et $\frac{\bar{k}''}{k}$. Mais on peut en obtenir, par les observations mêmes, des valeurs très approchées, de la manière suivante.

Concevons que l'on ait déterminé les éléments x, y, z, ... par la méthode suivant laquelle on forme les équations finales, en multipliant chaque équation de condition successivement par le coefficient correspondant de chaque élément. Si l'on substitue les valeurs des éléments ainsi déterminées dans l'équation de condition

$$l^{(i)} x + p^{(i)} y + \ldots - a^{(i)} = m^{(i)} \gamma^{(i)} + n^{(i)} \lambda^{(i)} + \ldots,$$

on aura une équation de cette forme

$$R^{(i)} = m^{(i)} \gamma^{(i)} + n^{(i)} \lambda^{(i)} + \ldots.$$

Supposons, pour plus de simplicité, que l'on n'ait que les deux genres d'erreurs $\gamma^{(i)}$ et $\lambda^{(i)}$: on multipliera d'abord l'équation précédente par $m^{(i)}$. En élevant ensuite chaque membre au carré et prenant la somme de toutes les équations ainsi formées, on aura

$$S\, m^{(i)2} R^{(i)2} = S\left(m^{(i)4} \gamma^{(i)2} + 2 m^{(i)3} n^{(i)} \gamma^{(i)} \lambda^{(i)} + n^{(i)2} m^{(i)2} \lambda^{(i)2} \right).$$

La valeur moyenne de $m^{(i)4} \gamma^{(i)2}$ est évidemment

$$\frac{m^{(i)4} \int \gamma^2\, d\gamma\, \varphi(\gamma)}{\int d\gamma\, \varphi(\gamma)},$$

les intégrales étant prises depuis $\gamma = -\infty$ jusqu'à γ infini, ce qui donne $\dfrac{2k'' m^{(i)4}}{k}$. On a pareillement $\dfrac{2\bar{k}''}{k} m^{(i)2} n^{(i)2}$ pour la valeur moyenne de $m^{(i)2} n^{(i)2} \lambda^{(i)2}$. On trouve de la même manière que la valeur moyenne de $2 m^{(i)3} n^{(i)} \gamma^{(i)} \lambda^{(i)}$ est nulle; on a donc, en substituant au lieu des quantités leurs valeurs moyennes, ce que l'on peut faire avec d'autant plus de précision que le nombre des observations est plus grand,

$$S\, m^{(i)2} R^{(i)2} = \frac{2k''}{k}\, S\, m^{(i)4} + \frac{2\bar{k}''}{k}\, S\, m^{(i)2} n^{(i)2}.$$

On aura pareillement

$$S\,n^{(i)2}R^{(i)2} = \frac{2k''}{k}S\,m^{(i)2}n^{(i)2} + \frac{2\bar{k}''}{\bar{k}}S\,n^{(i)4};$$

de là on tire

$$\frac{4k''}{k} = \frac{2S\,n^{(i)4}\,S\,m^{(i)2}R^{(i)2} - 2S\,m^{(i)2}n^{(i)2}\,S\,n^{(i)2}R^{(i)2}}{S\,m^{(i)4}\,S\,n^{(i)4} - (S\,m^{(i)2}n^{(i)2})^2},$$

$$\frac{4\bar{k}''}{\bar{k}} = \frac{2S\,m^{(i)4}\,S\,n^{(i)2}R^{(i)2} - 2S\,m^{(i)2}n^{(i)2}\,S\,m^{(i)2}R^{(i)2}}{S\,m^{(i)4}\,S\,n^{(i)4} - (S\,m^{(i)2}n^{(i)2})^2};$$

en désignant donc par 2P et 2Q les numérateurs de ces deux expressions, les facteurs par lesquels on doit multiplier l'équation de condition seront

$$\frac{l^{(i)}}{m^{(i)2}P + n^{(i)2}Q},$$

$$\frac{p^{(i)}}{m^{(i)2}P + n^{(i)2}Q},$$

$$\dots\dots\dots\dots$$

Il s'agit maintenant de faire voir que ces valeurs de $\frac{4k''}{k}$, $\frac{4\bar{k}''}{\bar{k}}$ sont fort approchées. Pour cela, ne considérons qu'un élément x : l'équation de condition

$$l^{(i)}x = a^{(i)} + m^{(i)}\gamma^{(i)} + n^{(i)}\lambda^{(i)}$$

donnera

$$x = \frac{S\,a^{(i)}l^{(i)}}{S\,l^{(i)2}} + \frac{S\,l^{(i)}m^{(i)}\gamma^{(i)} + S\,l^{(i)}n^{(i)}\lambda^{(i)}}{S\,l^{(i)2}}.$$

Substituant cette valeur dans l'équation de condition, on aura

$$R^{(i)} = \frac{l^{(i)}\,S\,a^{(i)}l^{(i)} - a^{(i)}\,S\,l^{(i)2}}{S\,l^{(i)2}},$$

$$R^{(i)} + l^{(i)}\frac{S\,(l^{(i)}m^{(i)}\gamma^{(i)} + l^{(i)}n^{(i)}\lambda^{(i)})}{S\,l^{(i)2}} = m^{(i)}\gamma^{(i)} + n^{(i)}\lambda^{(i)};$$

mais il est facile de voir que les valeurs de $S\,l^{(i)}m^{(i)}\gamma^{(i)}$ et de $S\,l^{(i)}n^{(i)}\lambda^{(i)}$

sont nulles par la supposition des erreurs négatives aussi probables que les erreurs positives : on peut donc faire, comme ci-dessus,

$$R^{(i)} = m^{(i)}\gamma^{(i)} + n^{(i)}\lambda^{(i)},$$

ce qu'il fallait établir.

QUATRIÈME SUPPLÉMENT.

1. U étant une fonction quelconque d'une variable t, si on la développe suivant les puissances de t, le coefficient de t^r, dans ce développement, sera une fonction de x que je désignerai par y_x; U est ce que j'ai nommé *fonction génératrice* de y_x. Si l'on multiplie U par une fonction T de t, pareillement développée suivant les puissances ascendantes de t, le produit UT sera une nouvelle fonction génératrice d'une fonction de x, dérivée de la fonction y_x suivant une loi qui dépendra de la fonction T. Si T est égal à $\frac{1}{t} - t$, il est facile de voir que la dérivée sera $y_{x+1} - y_x$, ou la différence finie de y_x. Désignons généralement, quel que soit T, cette dérivée par ∂y_x. Si l'on multiplie le produit UT par T, la dérivée du produit UT^2 sera une dérivée de ∂y_x semblable à la dérivée de ∂y_x en y_x; on pourra donc désigner par $\partial^2 y_x$ cette seconde dérivée; d'où il est visible généralement que UT^n sera la fonction génératrice de $\partial^n y_x$.

Si l'on multiplie U par une autre fonction Z de t, pareillement développée suivant les puissances ascendantes de t, et si l'on désigne par la caractéristique Δ ce que nous avons nommé ∂ relativement à la fonction T, UZ^n sera la fonction génératrice de $\Delta^n y_x$.

On peut concevoir T comme une fonction de Z. En développant cette fonction en série par rapport aux puissances ascendantes de Z, on aura une expression de T de cette forme

$$T = A^{(0)} + A^{(1)}Z + A^{(2)}Z^2 + \ldots$$

En multipliant cette équation par U et repassant des fonctions génératrices aux coefficients, on aura

$$\delta y_x = \Lambda^{(0)} y_x + \Lambda^{(1)} \Delta y_x + \Lambda^{(2)} \Delta^2 y_x + \ldots$$

On voit ainsi que la même équation, qui a lieu entre T et Z, a lieu entre leurs caractéristiques δ et Δ, pourvu que, dans le développement de cette équation suivant les puissances de δ et de Δ, on substitue, au lieu d'une puissance quelconque δ^r, $\delta^r y_x$; au lieu d'une puissance $\Delta^{r'}$, $\Delta^{r'} y_x$; au lieu d'un produit tel que $\delta^r \Delta^{r'}$, $\delta^r \Delta^{r'} y_x$; et que l'on multiplie par y_x les termes indépendants de δ et Δ. Ainsi, en supposant T égal à $\frac{1}{t} - 1$, $Z = \frac{1}{t^i} - 1$, δy_x sera la différence finie de y_x, x variant de l'unité; Δy_x sera la différence finie de y_x, x variant de i; on a ensuite

$$Z = (1 + T)^i - 1,$$

et, par conséquent,

$$Z^n = [(1 + T)^i - 1]^n;$$

ce qui donne

$$\Delta^n = [(1 + \delta)^i - 1]^n,$$

pourvu qu'après le développement on place y_x après les puissances des caractéristiques. Cette équation aura encore lieu en faisant n négatif, mais alors les différences se changent en intégrales. La considération des fonctions génératrices fait voir ainsi, de la manière la plus naturelle et la plus simple, l'analogie des puissances et des différences. On peut considérer cette théorie comme le calcul des caractéristiques.

Si l'on a $o = \delta y_x$, on aura une équation aux différences finies : UT devient alors un polynôme qui ne renferme que des puissances de t plus petites que la plus haute de t dans T. Désignons par Q le polynôme en t le plus général de cette nature; on aura

$$U = \frac{Q}{T}.$$

Le coefficient de t^x dans le développement de U sera l'intégrale y_x de l'équation $o = \delta y_x$; par cette raison, je nomme U fonction génératrice de cette équation.

Si l'on conçoit U fonction de deux variables t et t', le coefficient du produit $t^x t'^{x'}$, dans le développement de U, sera une fonction de x et de x' que je désigne par $y_{x,x'}$; T étant une fonction développée des mêmes variables t et t', le produit UT sera la fonction génératrice d'une dérivée de $y_{x,x'}$, que je désignerai par $\delta y_{x,x'}$; et il est facile d'en conclure que UT^n sera la fonction génératrice de $\delta^n y_{x,x'}$.

Si l'on a $0 = \delta y_{x,x'}$, on aura une équation aux différences finies partielles. Représentons cette équation par la suivante

$$
\begin{aligned}
0 = {}& a\, y'_{x,x'} + b\, y'_{x,x'+1} + c\, y'_{x,x'+2} + \dots, \\
& + a'\, y'_{x+1,x'} + b'\, y'_{x+1,x'+1} + \dots, \\
& + a''\, y'_{x+2,x'} + \dots \\
& + \dots \dots \dots \dots;
\end{aligned}
$$

il est facile de voir que la fonction génératrice de l'équation proposée sera

$$
\frac{A + B t' + C t'^2 + \dots + H t'^{n'-1} + A' + B' t + C' t^2 + \dots + H' t^{n-1}}{\left\{
\begin{aligned}
& a t^n t'^{n'} + b t^n t'^{n'-1} + c t^n t'^{n'-2} + \dots \\
& + a' t^{n-1} t'^{n'} + b' t^{n-1} t'^{n'-1} + \dots \\
& + a'' t^{n-2} t'^{n'} + \dots \\
& + \dots \dots \dots \dots \dots;
\end{aligned}
\right.}
,
$$

n et n' étant les plus grands accroissements de x et de x', dans l'équation proposée aux différences partielles; A, B, C, ..., H sont des fonctions arbitraires de t; A', B', C', ..., H' sont des fonctions arbitraires de t'. On déterminera toutes ces fonctions au moyen des fonctions génératrices de

$$
\begin{aligned}
& y'_{0,x'}, \quad y'_{1,x'}, \quad y'_{2,x'}, \quad \dots, \quad y'_{n-1,x'}, \\
& y'_{x,0}, \quad y'_{x,1}, \quad y'_{x,2}, \quad \dots, \quad y'_{x,n'-1}.
\end{aligned}
$$

Un des principaux avantages de cette manière d'intégrer les équations aux différences partielles consiste en ce que, l'analyse algébrique fournissant divers moyens pour développer les fonctions, on peut choisir celui qui convient le mieux à la question proposée. La solution des problèmes suivants, par le comte de Laplace, mon fils, et les considérations qu'il y a jointes répandront un nouveau jour sur le calcul des fonctions génératrices.

2. Un joueur A tire d'une urne, renfermant des boules blanches et noires, une boule qu'il remet après le coup, avec la probabilité p d'amener une boule blanche et la probabilité q d'en extraire une noire; un second joueur B tire ensuite, d'une autre urne, une boule qu'il remet également après le tirage, avec les probabilités p' d'une boule blanche et q' d'une noire. Ces deux joueurs continuent ainsi à extraire alternativement, chacun de leur urne respective, une boule qu'ils ont toujours soin de remettre. Si l'un des joueurs amène une boule blanche, il compte un point; si, au contraire, il fait sortir une boule noire, il ne compte rien, et le tour de jouer passe simplement à l'autre. Les joueurs ayant réglé, par les conditions de leur jeu, le nombre de points que chacun doit atteindre le premier pour gagner la partie, et ayant commencé à jouer, il manque encore au joueur A le nombre x de points pour gagner, et x' au joueur B; et le tour de jouer appartient au joueur A. On demande, dans cette position, quelle est la probabilité de l'un et l'autre joueur pour gagner la partie.

Soit $z_{x,x'}$ la probabilité de second joueur B, et représentons par $Y_{x,x'}$ sa probabilité, s'il était le premier à jouer. Le joueur A, en commençant, peut amener une boule blanche, et la probabilité de B devient $Y_{x-1,x'}$; ou le premier joueur fait sortir une noire, et alors ne compte rien, et la probabilité du second se change en $Y_{x,x'}$; mais la probabilité du premier cas est p, celle du second q; on aura donc l'équation

$$z_{x,x'} = p\,Y_{x-1,x'} + q\,Y_{x,x'};$$

par un raisonnement semblable, on aura encore celle-ci

$$Y_{x,x'} = p'\,z_{x,x'-1} + q'\,z_{x,x'};$$

d'où l'on tire

$$Y_{x-1,x'} = p'\,z_{x-1,x'-1} + q'\,z_{x-1,x'},$$

et conséquemment

$$z_{x,x'} = p\left(p'z_{x-1,x'-1} + q'z_{x-1,x'}\right) + q\left(p'z_{x,x'-1} + q'z_{x,x'}\right) \quad (1)$$

ou

$$z_{x,x'} = \frac{pq'}{1-qq'}z_{x-1,x'} + \frac{p'q}{1-qq'}z_{x,x'-1} + \frac{pp'}{1-qq'}z_{x-1,x'-1},$$

et en faisant

$$\frac{pq'}{1-qq'} = m, \qquad \frac{p'q}{1-qq'} = m' \qquad \text{et} \qquad \frac{pp'}{1-qq'} = n,$$

il viendra

$$z_{x,x'} = m\,z_{x-1,x'} + m'\,z_{x,x'-1} + n\,z_{x-1,x'-1}.$$

La fonction génératrice de $z_{x,x'}$ dans cette équation aux différences partielles, est

$$\frac{A + A'}{1 - mt - m't' - ntt'},$$

A étant une fonction arbitraire de t, et A' une autre fonction arbitraire de t' j'observe d'abord qu'en attribuant à la fonction A' le terme indépendant de t dans la fonction A, la fonction génératrice ci-dessus peut se mettre sous cette forme

$$\frac{A_1 t + A'_1}{1 - mt - m't' - ntt'},$$

A et A'_1 étant de nouvelles fonctions arbitraires de t et de t' qu'il s'agit

---

(1) On arrive encore à cette équation aux différences partielles en considérant l'ensemble des deux tirages successifs de A et B comme un coup, et en examinant les différents cas qui peuvent se présenter après ce coup joué ; or ils sont au nombre de quatre : 1° ou les deux joueurs amènent chacun une boule blanche, événement dont la probabilité est pp' ; alors la probabilité $z_{x,x'}$ se changera en celle-ci $z_{x-1,x'-1}$ 2° ou le premier joueur extrait une boule blanche et le second une noire ; dans cette hypothèse, qui a pour probabilité pq', $z_{x,x'}$ deviendra $z_{x-1,x'}$ 3° ou au contraire le premier joueur fait sortir une boule noire et le second une blanche ; dans cette hypothèse, qui a pour probabilité $p'q$, $z_{x,x'}$ deviendra $z_{x,x'-1}$ 4° ou enfin l'un et l'autre joueur tirent une boule noire, événement dont la probabilité est qq', et alors la probabilité $z_{x,x'}$ reste la même. On aura donc, par les principes connus des probabilités, l'équation

$$z_{x,x'} = pp'z_{x-1,x'-1} + pq'z_{x-1,x'} + p'q\,z_{x,x'-1} + qq'\,z_{x,x'}.$$

On obtient la fonction génératrice de $z_{x,x'}$ dans cette équation aux différences partielles, en appliquant à ce cas la règle générale qui vient d'être exposée.

de déterminer. Or, si l'on fait attention que $s_{0,x'}$ est nul, quel que soit x', la probabilité du joueur A se changeant alors en certitude, on voit que le coefficient de t^0 dans le développement de la fonction génératrice par rapport aux puissances de t doit être nul, et l'on aura

$$\frac{A'_1}{1 - m't'} = 0 \qquad \text{ou} \qquad A'_1 = 0.$$

De plus, $s_{x,0}$ est nul quand x est zéro, et égal à l'unité quand x est ou 1 ou 2, ou 3, ..., puisqu'alors la probabilité du joueur B se change en certitude; la fonction génératrice de $s_{x,0}$ est donc $\frac{t}{1-t}$; c'est le coefficient de t'^0 dans le développement de la fonction génératrice suivant les puissances de t'; on aura donc

$$\frac{A_1 t}{1 - mt} = \frac{t}{1 - t};$$

ce qui donne

$$A_1 t = \frac{t(1 - mt)}{1 - t};$$

par conséquent la fonction génératrice de $s_{x,x'}$ est

$$(a) \qquad \frac{t(1 - mt)}{(1 - t)(1 - mt - m't' - ntt')};$$

en la mettant sous cette forme

$$\frac{t}{1 - t} \cdot \frac{1}{1 - \left(\frac{m't' + nt}{1 - mt}\right)t'}$$

et la développant par rapport aux puissances de t', on a

$$\frac{t}{1 - t}\left[1 + \left(\frac{m't' + nt}{1 - mt}\right)t' + \left(\frac{m't' + nt}{1 - mt}\right)^2 t'^2 + \left(\frac{m't' + nt}{1 - mt}\right)^3 t'^3 + \dots\right].$$

Le coefficient de $t'^{x'}$ dans cette série est

$$\frac{t}{1 - t}\left(\frac{m't' + nt}{1 - mt}\right)^{x'},$$

et celui de t^x dans le développement de cette dernière fonction sera l'expression de $z_{x,x'}$. Or, si l'on réduit d'abord l'expression $t\left(\dfrac{m'+nt}{1-mt}\right)^{x'}$ en une série ordonnée selon les puissances de t, et qu'on la multiplie ensuite par le développement de $\dfrac{1}{1-t}$, il est facile de voir que le coefficient de t^x dans ce produit est ce que devient la série en y faisant $t=1$ et s'arrêtant à la puissance x de t; et l'on trouvera, pour la valeur de ce coefficient ou de $z_{x,x'}$,

$$
z_{x,x'} = m'^{x'}
\left\{
\begin{aligned}
&1 - \frac{x'}{1}\frac{n}{m'} + \frac{x'(x'-1)}{1.2}\frac{n^2}{m'^2} + \frac{x'(x'-1)(x'-2)}{1.2.3}\frac{n^3}{m'^3} + \ldots + \frac{x'(x'-1)\ldots(x'-x+2)}{1.2\ldots(x-1)}\frac{n^{x-1}}{m'^{x-1}}\\[4pt]
&+ \frac{x'}{1}m\left[1 + \frac{x'}{1}\frac{n}{m'} + \frac{x'(x'-1)}{1.2}\frac{n^2}{m'^2} + \ldots + \frac{x'(x'-1)\ldots(x'-x+3)}{1.2\ldots(x-2)}\frac{n^{x-2}}{m'^{x-2}}\right]\\[4pt]
&+ \frac{x'(x'+1)}{1.2}m^2\left[1 + \frac{x'}{1}\frac{n}{m'} + \ldots + \frac{x'(x'-1)\ldots(x'-x+4)}{1.2\ldots(x-3)}\frac{n^{x-3}}{m'^{x-3}}\right]\\[4pt]
&+ \ldots\ldots\ldots\ldots\ldots\ldots\ldots\ldots\ldots\ldots\ldots\ldots\ldots\ldots\ldots\ldots\ldots\ldots\\[4pt]
&+ \frac{x'(x'+1)\ldots(x'+x-2)}{1.2\ldots(x-1)}m^{x-1}
\end{aligned}
\right.
$$

En désignant par $y_{x,x'}$ la probabilité du joueur A, on serait conduit, par les mêmes raisonnements, à une équation semblable aux différences partielles,

$$y_{x,x'} = m\,y_{x-1,x'} + m'\,y_{x,x'-1} + n\,y_{x-1,x'-1},$$

qui donne pareillement pour la variable $y_{x,x'}$ une fonction génératrice de la forme

$$\frac{A_1 t + A'_1}{1 - mt - m't' - ntt'},$$

A_1 et A'_1 étant, comme plus haut, des fonctions arbitraires de t et de t' que l'on déterminera par les mêmes considérations. En effet la fonction génératrice de $y_{0,x'}$ est $\dfrac{1}{1-t'}$, celle de $y_{x,0}$ est l'unité : on formera donc les équations

$$\frac{A'_1}{1-m't'} = \frac{1}{1-t'},$$

d'où l'on tire

$$A'_1 = \frac{1-m't'}{1-t'}.$$

et

$$\frac{A_1 t + 1}{1 - mt} = 1;$$

d'où l'on conclut

$$A_1 t = - mt.$$

La fonction génératrice de $y_{x,x'}$ sera donc

$$(b) \qquad \frac{\dfrac{1 - m't'}{1 - t'} - mt}{1 - mt - m't' - ntt'};$$

laquelle, développée selon les puissances de t et de t', donnera, par le coefficient de $t^x t'^{x'}$, l'expression de $y_{x,x'}$ qui sera d'une forme semblable à celle de $z_{x,x'}$, quoique un peu plus compliquée.

En ajoutant les deux fonctions génératrices (a) et (b), leur somme se réduit à celle-ci

$$\frac{1}{(1 - t)(1 - t')},$$

dans laquelle le coefficient de $t^x t'^{x'}$ est l'unité ; ainsi l'on a

$$y_{x,x'} + z_{x,x'} = 1;$$

et effectivement, la partie doit être nécessairement gagnée par l'un des joueurs, car l'un et l'autre sont certains de pouvoir extraire chacun de leur urne les nombres déterminés de boules blanches.

Maintenant, supposons $p = 0$ et conséquemment $q = 1$, on a

$$m = 0, \qquad m' = 1 \qquad \text{et} \qquad n = 0;$$

alors l'expression de $z_{x,x'}$ devient l'unité ; ce qui est évident, puisque le joueur B, n'ayant plus de chances de perte, doit toujours finir par gagner.

Si, au contraire, on suppose $p = 1$ et $q = 0$, c'est-à-dire si le premier joueur A compte un point avant chaque tirage du joueur B, alors

$$m = q', \qquad m' = 0 \qquad \text{et} \qquad n = p';$$

x' étant plus grand que x ou égal, l'expression $z_{x,x'}$ se réduit à zéro ;

et, en effet, il est évidemment impossible que, dans ce cas, le joueur B puisse gagner la partie; mais, quand x est plus grand que x', la valeur de $z_{x,x'}$ prend cette forme

$$z_{x,x'} = p'^{x'}\left[1 + \frac{x'}{1} q' + \frac{x'(x'+1)}{1.2} q'^2 + \ldots + \frac{x'(x'+1)\ldots(x-2)}{1.2\ldots(x-x'-1)} q'^{x-x'-1} \right].$$

Dans cette supposition, le joueur B ne peut gagner qu'autant qu'il amènera x' boules blanches avant $x - x'$ boules noires; autrement, il est devancé par le joueur A qui compte un point à chaque coup : cette expression de $z_{x,x'}$ est donc la probabilité que le joueur B aura tiré x' boules blanches avant d'en avoir extrait $x - x'$ noires, et, par conséquent, la probabilité pour gagner, s'il faisait le pari avec le joueur A, qui compterait alors un point par la sortie de chaque boule noire tandis qu'il en compte un à la sortie d'une blanche, d'atteindre x' points avant que son adversaire en ait $x - x'$; ce qui est le *problème des partis* (¹).

(¹) La fonction génératrice de $z_{x,x'}$ se réduit dans ce cas à

$$\frac{t(1 - q't)}{(1 - t)(1 - q't - p'tt')},$$

et l'équation aux différences partielles correspondante serait

$$z_{x,x'} = q' z_{x-1,x'} + p' z_{x-1,x'-1},$$

dans laquelle $z_{x,x'}$ est une fonction de x et de x' que nous désignerons par $\varphi(x, x')$; si l'on fait $x - x' = s$, on aura

$$\varphi(x, x') = \varphi(s + x', x'),$$

et, si l'on représente par $z_{s,x'}$ cette dernière fonction, il en résulte

$$z_{x,x'} = z_{s,x'}, \qquad z_{x-1,x'} = z_{s-1,x'}, \qquad z_{x-1,x'-1} = z_{s,x'-1};$$

et l'équation aux différences partielles se change en celle-ci

$$z_{s,x'} = q' z_{s-1,x'} + p' z_{s,x'-1},$$

équation à laquelle conduirait directement le problème des partis dans les conditions énoncées ci-dessus. En faisant attention que, par suite de cette transformation, $z_{s,0} = 1$ et $z_{0,x'} = 0$, et que $z_{0,0}$ ne peut avoir lieu, il est aisé de voir que la fonction génératrice de $z_{s,x'}$ sera

$$\frac{t(1 - q't)}{(1 - t)(1 - q't - p'tt')},$$

dans le développement de laquelle le coefficient de $t^s t'^{x'}$ sera l'expression de $z_{s,x'}$.

Si l'on examine avec attention la forme de l'expression générale qui donne $z_{x,x'}$, on reconnaîtra que ce problème peut encore être résolu, et même avec simplicité, au moyen de la théorie des combinaisons : en effet, soient a le nombre des boules blanches contenues dans l'urne du joueur A, et b celui des noires; a' le nombre des boules blanches du joueur B, et b' celui des noires; en considérant, comme on l'a déjà fait, l'ensemble de deux tirages successifs de A et B comme un coup,

aa' sera le nombre des combinaisons dans lesquelles les joueurs amènent chacun une boule blanche;

ab' celui des combinaisons qui donneront une boule blanche à A et une noire à B;

$a'b$ celui des combinaisons qui donneront, au contraire, une boule noire à A et une blanche à B;

bb' celui des combinaisons dans lesquelles l'un et l'autre joueur tirent une boule noire;

Et la somme $aa' + ab' + a'b + bb'$ formera l'ensemble de toutes les combinaisons qui peuvent avoir lieu dans un coup. Les combinaisons où les joueurs amènent chacun une boule noire n'apportant aucun changement à leur position, nous pouvons en faire abstraction, et alors ne nous occuper que des coups où il sera amené au moins une boule blanche. Il est visible qu'en $x + x'$ coups semblables l'un des joueurs a nécessairement gagné, et la partie doit être décidée : or le nombre de toutes les combinaisons également possibles, suivant lesquelles ces $x + x'$ coups peuvent se présenter, sera

$$(aa' + ab' + a'b)^{x+x'};$$

la question se réduit donc à choisir dans toutes ces combinaisons celles qui font gagner le joueur B, c'est-à-dire celles dans lesquelles ce joueur aura x' boules blanches avant que le joueur A en ait amené x. Pour fixer les idées, supposons x' plus grand que x; on peut former les hypothèses suivantes : ou le joueur B aura gagné au $x'^{ième}$ coup, c'est-à-dire en tirant sans interruption une boule blanche à chaque coup, et alors le nombre des combinaisons précédentes qui se rapportent à ce cas est évidemment

$$a'^{x'}\left[b^{x'} + \frac{x'}{1}\,ab^{x'-1} + \frac{x'(x'-1)}{1.2}\,a^2 b^{x'-2} + \ldots + \frac{x'(x'-1)\ldots(x'-x+2)}{1.2\ldots(x-1)}\,a^{x-1}b^{x'-x+1}\right](aa'+ab'+a'b)\,;$$

et en le divisant par $(aa'+ab'+a'b)^{x+x'}$, nombre total des combinaisons, on aura, pour la probabilité de cette hypothèse,

$$\frac{a'^{x'}b^{x'}}{(aa'+ab'+a'b)^{x'}}\left[1 + \frac{x'}{1}\,\frac{a}{b} + \frac{x'(x'-1)}{1.2}\,\frac{a^2}{b^2} + \ldots + \frac{x'(x'-1)\ldots(x'-x+2)}{1.2\ldots(x-1)}\,\frac{a^{x-1}}{b^{x-1}}\right];$$

ou le joueur B aura gagné au $(x'+1)^{\text{ième}}$ coup, c'est-à-dire en n'ayant
tiré qu'une seule boule noire, par exemple en commençant, et alors le
nombre des combinaisons favorables à cet événement est

$$b'a'^{x'}\left[b^{x'} + \frac{x'}{1}\,ab^{x'-1} + \frac{x'(x'-1)}{1.2}\,a^2 b^{x'-2} + \ldots + \frac{x'(x'-1)\ldots(x'-x+3)}{1.2\ldots(x-2)}\,a^{x-2}b^{x'-x+2}\right](aa'+ab'+a'b)^{x-1}\,;$$

mais ce nombre est le même, que la boule noire soit amenée au premier
coup ou au deuxième, ..., ou au $x^{\text{ième}}$ coup; il faut donc le multiplier
par x' pour avoir toutes les combinaisons relatives à cette hypothèse,
dont la probabilité est, par ce moyen,

$$\frac{x'}{1}\,\frac{ab'a'^{x'}b^{x'}}{(aa'+ab'+a'b)^{x'+1}}\left[1 + \frac{x'}{1}\,\frac{a}{b} + \frac{x'(x'-1)}{1.2}\,\frac{a^2}{b^2} + \ldots + \frac{x'(x'-1)\ldots(x'-x+3)}{1.2\ldots(x-2)}\,\frac{a^{x-2}}{b^{x-2}}\right];$$

ou le joueur B aura gagné au $(x'+2)^{\text{ième}}$ coup, et l'on verrait de la
même manière que la probabilité de cette hypothèse serait

$$\frac{x'(x'+1)}{1.2}\,\frac{a^2 b'^2 a'^{x'}b^{x'}}{(aa'+ab'+a'b)^{x'+2}}\left[1 + \frac{x'}{1}\,\frac{a}{b} + \ldots + \frac{x'(x'-1)\ldots(x'-x+4)}{1.2\ldots(x-3)}\,\frac{a^{x-3}}{b^{x-3}}\right].$$

En continuant ainsi, on aura les probabilités de toutes les hypothèses
successives qui peuvent se présenter dans la supposition du gain de

la partie par le joueur B, jusqu'à celle où il ne gagnerait qu'au $(x' + x - 1)^{\text{ième}}$ coup, événement dont la probabilité serait

$$\frac{x'(x'+1)\ldots(x'+x-2)}{1 \cdot 2 \ldots (x-1)} \; \frac{a^{x-1} b'^{x-1} a'^{x'} b'^{x'}}{(aa' + ab' + a'b)^{x'+x-1}};$$

et effectivement, dans ce cas, il ne peut y avoir de coups où les joueurs amènent en même temps une boule blanche.

La somme de toutes ces probabilités donnera évidemment celle du joueur B pour gagner la partie.

Si l'on fait attention que

$$\frac{ab'}{aa' + ab' + a'b} = m, \qquad \frac{a'b}{aa' + ab' + a'b} = m' \qquad \text{et} \qquad \frac{a}{b} = \frac{n}{m'},$$

on retrouve l'expression de $z_{x,x'}$.

Concevons présentement qu'il y ait dans les urnes des boules blanches portant le n° 1, et d'autres boules, de la même couleur, qui portent le n° 2; chaque boule diminuant de son numéro, par sa sortie, le nombre de points qui manquent encore au joueur auquel elle est favorable. Le problème n'est plus susceptible d'être résolu généralement au moyen des combinaisons, au lieu que le calcul des fonctions génératrices continuera à fournir une expression générale dont le développement contiendra la solution complète de la question et pourra, dans certains cas, s'effectuer par des lois faciles à saisir, comme nous aurons occasion de le voir.

Soient p la probabilité du joueur A d'extraire une boule numérotée 1, p_1 celle d'extraire une boule numérotée 2, et q celle d'amener une boule noire; p', p'_1 et q' les probabilités correspondantes pour le joueur B; et soit toujours $z_{x,x'}$ la probabilité de ce dernier joueur pour gagner la partie. En suivant la même marche que plus haut, on sera conduit à l'équation aux différences partielles

$$z_{x,x'} = m\, z_{x-1,x'} + m_1\, z_{x-2,x'} + m'\, z_{x,x'-1} + m'_1\, z_{x,x'-2}$$
$$+ n\, z_{x-1,x'-1} + n_1\, z_{x-2,x'-1} + n'\, z_{x-1,x'-2} + n'_1\, z_{x-2,x'-2},$$

dans laquelle on fait

$$\frac{pq'}{1-qq'} = m, \qquad \frac{p_1q'}{1-qq'} = m_1, \qquad \frac{p'q}{1-qq'} = m', \qquad \frac{p'_1q}{1-qq'} = m'_1,$$

$$\frac{pp'}{1-qq'} = n, \qquad \frac{p_1p'}{1-qq'} = n_1, \qquad \frac{pp'_1}{1-qq'} = n', \qquad \frac{p_1p'_1}{1-qq'} = n'_1;$$

la fonction génératrice de la variable $z_{x,x'}$, donnée par cette équation, sera

$$(c) \qquad \frac{A + Bt' + A' + B't}{1 - mt - m_1t^2 - m't' - m'_1t'^2 - ntt' - n_1t^2t' - n'tt'^2 - n'_1t^2t'^2},$$

A et B étant des fonctions arbitraires de t, A' et B' des fonctions arbitraires de t', lesquelles seront déterminées au moyen des fonctions génératrices de

$$z_{0,x'}, \quad z_{x,0}, \quad z_{1,x'}, \quad z_{x,1}$$

qui le sont elles-mêmes par les conditions du jeu.

On trouve, comme précédemment, que la fonction génératrice de $z_{0,x'}$ est zéro et celle de $z_{x,0}$, $\dfrac{t}{1-t}$.

De l'équation générale, on déduit l'équation aux différences finies

$$z_{1,x'} = m'z_{1,x'-1} + m'_1z_{1,x'-2},$$

qui a lieu pour toutes les valeurs de x' depuis $x' = 2$ inclusivement, et qui donne conséquemment, pour la fonction génératrice de $z_{1,x'}$,

$$\frac{a + bt'}{1 - m't' - m'_1t'^2},$$

a et b étant des constantes que l'on détermine au moyen des valeurs de $z_{1,0}$ et $z_{1,1}$; et comme $z_{1,0}$ est égal à l'unité, $z_{1,1}$ est égal à $m' + m'_1$, et est en même temps le coefficient de t' dans le développement de la fonction génératrice; il en résulte

$$a = 1 \qquad \text{et} \qquad b = m'_1;$$

la fonction génératrice de $z_{1,x'}$ est donc

$$\frac{1 + m'_1t'}{1 - m't' - m'_1t'^2}.$$

Maintenant, si dans l'équation précédente on met $1 - y_{x,x'}$ à la place de $z_{x,x'}$, $y_{x,x'}$ étant toujours la probabilité du premier joueur A, elle se reforme de la même manière par rapport à cette dernière variable, et l'on en déduirait pareillement l'équation aux différences finies

$$y_{x,1} = m y_{x-1,1} + m_1 y_{x-2,1}.$$

Mais on verrait en même temps qu'elle ne commence à avoir lieu que lorsque x surpasse 2; car, x étant 2, on aurait

$$y_{2,1} = m y_{1,1} + m_1 y_{0,1} + n_1 + n'_1.$$

Il ne faut donc l'employer qu'à partir de $x = 3$, et alors la fonction génératrice de $y_{x,1}$ est de la forme

$$\frac{a + bt + ct^2}{1 - mt - m_1 t^2},$$

a, b et c étant des constantes que l'on déterminera, comme précédemment, au moyen des valeurs de $y_{1,0}$, $y_{1,1}$ et $y_{1,2}$; or $y_{1,0}$ est l'unité; $y_{1,1}$ est égal à $1 - m' - m'_1$, et est le coefficient de t dans le développement de la fonction génératrice; $y_{2,1}$ a pour valeur, comme nous venons de le voir,

$$m(1 - m' - m'_1) + m_1 + n_1 + n'_1;$$

c'est le coefficient de t^2 dans le développement de la fonction. On en conclura

$$a = 1, \qquad b = 1 - m - m' - m'_1 \qquad \text{et} \qquad c = n_1 + n'_1,$$

et la fonction génératrice de $y_{x,1}$ sera donc

$$\frac{1 + (1 - m - m' - m'_1)t + (n_1 + n'_1)t^2}{1 - mt - m_1 t^2};$$

conséquemment celle de $z_{x,1}$ est

$$\frac{1}{1 - t} - \frac{1 + (1 - m - m' - m'_1)t + (n_1 + n'_1)t^2}{1 - mt - m_1 t^2}$$

$$= \frac{(m' + m'_1)t + (n + n')t^2 + (n_1 + n'_1)t^3}{(1 - t)(1 - mt - m_1 t^2)}.$$

Reprenons actuellement la fonction génératrice (c); on peut toujours la ramener à cette forme

$$\frac{A_1 t + B_1 t^2 t' + A'_1 + B'_1 tt'}{1 - mt - m_1 t^2 - m't' - m'_1 t'^2 - ntt' - n_1 t^2 t' - n't t'^2 - n'_1 t^2 t'^2},$$

A_1 et B_1 étant les fonctions arbitraires de t, A'_1 et B'_1 les fonctions arbitraires de t'; lesquelles on détermine aisément, en égalant d'abord le coefficient de t^0 dans le développement de cette fonction à la fonction génératrice de $z_{0,x'}$ ou zéro, ensuite celui de t'^0 à la fonction génératrice de $z_{x,0}$ ou $\frac{t}{1-t}$, puis celui de t à la fonction génératrice de $z_{1,x'}$, et enfin celui de t' à la fonction génératrice de $z_{x,1}$, ce qui donnera successivement

$$A'_1 = 0, \qquad A_1 = \frac{1 - mt - m_1 t^2}{1 - t}, \qquad B'_1 = m'_1, \qquad B_1 = \frac{m'_1 + n' + n'_1 t}{1 - t},$$

et, par conséquent, pour la fonction génératrice de $z_{x,x'}$,

$$(d) \quad \frac{(1 - mt - m_1 t^2)t + m'_1 tt' + n' t^2 t' + n'_1 t^3 t'}{(1 - t)(1 - mt - m_1 t^2 - m't' - m'_1 t'^2 - ntt' - n_1 t^2 t' - n't t'^2 - n'_1 t^2 t'^2)}.$$

Si l'on suppose p et p' nuls, alors on a

$$m = 0, \qquad m' = 0, \qquad n = 0, \qquad n_1 = 0 \quad \text{et} \quad n' = 0,$$

et la fonction (d) prend cette forme

$$\frac{tt'(m'_1 + n'_1 t^2)}{(1 - t)(1 - m_1 t^2)\left[1 - \left(\frac{m'_1 + n'_1 t^2}{1 - m_1 t^2}\right)t'^2\right]} + \frac{t}{(1 - t)\left[1 - \left(\frac{m'_1 + n'_1 t^2}{1 - m_1 t^2}\right)t'^2\right]},$$

sous laquelle elle est susceptible des mêmes développements que la fonction (a). Il est à remarquer que l'on retrouvera le même coefficient pour

$$t^{2r}t'^{2r'}, \quad t^{2r-1}t'^{2r'}, \quad t^{2r}t'^{2r'-1}, \quad t^{2r-1}t'^{2r'-1};$$

ce qui se voit *a priori*, en faisant attention que les joueurs comptent toujours deux points à chaque boule blanche qu'ils font sortir.

Supposons que le joueur A ait seul des boules numérotées 1 et 2, et que l'autre joueur n'ait que des boules blanches marquées 1, ou qui ne lui comptent qu'un point en sortant ; alors

$$p'_1 = 0$$

et, par suite,

$$m'_1 = 0, \qquad n' = 0, \qquad n'_1 = 0;$$

la fonction (d) devient

$$\frac{t(1-mt-m_1 t^2)}{(1-t)(1-mt-m_1 t^2-m't'-ntt'-n_1 t^2 t')} = \frac{t}{1-t}\cdot\frac{1}{1-\left[\dfrac{m'+(n+n_1 t)t}{1-(m+m_1 t)t}\right]t'};$$

en la développant suivant les puissances de t', le coefficient de $t'^{x'}$ sera

$$\frac{t[m'+(n+n_1 t)t]^{x'}}{(1-t)[1-(m+m_1 t)t]^{x'}},$$

expression qu'il s'agit maintenant de développer par rapport aux puissances de t pour avoir le coefficient de t^x ; or ce coefficient sera la somme de tous les coefficients des puissances de t inférieures ou égales à t^{x-1}, dans le développement de l'expression

$$\frac{[m'+(n+n_1 t)t]^{x'}}{[1-(m+m_1 t)t]^{x'}},$$

laquelle, en omettant les termes où les puissances de t en dehors des binômes sont supérieures à t^{x-1}, peut être mise sous cette forme

$$m'^{x'}\left\{\begin{aligned}
&1 + \frac{x'}{1}\left(\frac{n+n_1 t}{m'}\right)t + \frac{x'(x'-1)}{1.2}\left(\frac{n+n_1 t}{m'}\right)^2 t^3 +\ldots+ \frac{x'(x'-1)\ldots(x'-x+2)}{1.2\ldots(x-1)}\left(\frac{n+n_1 t}{m'}\right)^{x-1} t^{x-1}\\
&+\frac{x'}{1}(m+m_1 t)t\left[1 + \frac{x'}{1}\left(\frac{n+n_1 t}{m'}\right)t +\ldots+ \frac{x'(x'-1)\ldots(x'-x+3)}{1.2\ldots(x-2)}\left(\frac{n+n_1 t}{m'}\right)^{x-3} t^{x-2}\right]\\
&+\frac{x'(x'+1)}{1.2}(m+m_1 t)^2 t^2\left[1 +\ldots+ \frac{x'(x'-1)\ldots(x'-x+4)}{1.2\ldots(x-3)}\left(\frac{n+n_1 t}{m'}\right)^{x-3} t^{x-3}\right]\\
&+\ldots\ldots\ldots\ldots\ldots\ldots\ldots\ldots\ldots\ldots\ldots\ldots\ldots\ldots\ldots\ldots\\
&+\frac{x'(x'+1)\ldots(x'+x-2)}{1.2\ldots(x-1)}(m+m_1 t)^{x-1} t^{x-1}.
\end{aligned}\right.$$

Si l'on rejette encore de cette série toutes les puissances de t supérieures à t^{x-1}, qui résulteront des développements des binômes, et si, dans ce qui reste, on fait $t = 1$, on aura l'expression de $z_{x,x'}$.

Examinons encore le cas où le joueur A serait certain d'extraire à chaque coup une boule qui compterait à ce joueur un point, c'est-à-dire où l'on aurait

$$p = 1, \qquad p_1 = 0, \qquad q = 0,$$

et conséquemment

$$m = q', \qquad m_1 = 0, \qquad m' = 0, \qquad m'_1 = 0,$$
$$n = p', \qquad n_1 = 0, \qquad n' = p'_1, \qquad n'_1 = 0.$$

La fonction génératrice de $z_{x,x'}$ ou la fonction (d) se réduirait alors à

$$\frac{t(1-q't) + p'_1 t^2 t'}{(1-t)(1-q't-p'tt'-p'_1 tt'^2)},$$

et celle de $y_{x,x'}$ serait, par suite,

$$\frac{1}{(1-t)(1-t')} - \frac{t(1-q't)+p'_1 t^2 t'}{(1-t)(1-q't-p'tt'-p'_1 tt'^2)}$$
$$= \frac{1}{1-t'} + \frac{tt'}{(1-t')(1-q't-p'tt'-p'_1 tt'^2)}.$$

Dans cette dernière expression, le premier terme représente la fonction génératrice de $y_{0,x'}$, qui est égal à l'unité quel que soit x', et le second donnera, en le développant par rapport aux puissances de t et de t', toutes les autres valeurs de $y_{x,x'}$; or le coefficient de t^x sera

$$\frac{t'[q'+(p'+p'_1 t')t']^{x-1}}{1-t'};$$

d'où il résulte que, si l'on rejette du développement de la série

$$q'^{x-1}\left[t' + \frac{(x-1)}{1}\left(\frac{p'+p'_1 t'}{q'}\right)t'^2 + \frac{(x-1)(x-2)}{1.2}\left(\frac{p'+p'_1 t'}{q'}\right)^2 t'^3 + \dots\right]$$

toutes les puissances de t' supérieures à $t'^{x'}$, et si l'on fait dans ce qui reste $t'=1$, on aura, en supposant x' pair et égal à $2r+2$, le coefficient de $t^x t'^{x'}$, ou

$$y_{x,2r+2} = q'^{r+1}\left\{\begin{aligned} &1+\frac{(x-1)}{1}\left(\frac{p'+p'_1}{q'}\right)+\frac{(x-1)(x-2)}{1.2}\left(\frac{p'+p'_1}{q'}\right)^2+\ldots+\frac{(x-1)(x-2)\ldots(x-r)}{1.2\ldots r}\left(\frac{p'+p'_1}{q'}\right)^r\\ &+\frac{(x-1)(x-2)\ldots(x-r-1)}{1.2\ldots(r+1)}\frac{p'^{r+1}}{q'^{r+1}}\left[1+\frac{(r+1)}{1}\frac{p'_1}{p'}+\frac{(r+1)r}{1.2}\frac{p'^2_1}{p'^2}+\ldots+\frac{(r+1)r\ldots 2}{1.2\ldots r}\frac{p'^r_1}{p'^r}\right]\\ &+\frac{(x-1)(x-2)\ldots(x-r-2)}{1.2\ldots(r+2)}\frac{p'^{r+2}}{q'^{r+2}}\left[1+\frac{(r+2)}{1}\frac{p'_1}{p'}+\ldots+\frac{(r+2)(r+1)\ldots 4}{1.2\ldots(r-1)}\frac{p'^{r-1}_1}{p'^{r-1}}\right]\\ &+\ldots\ldots\ldots\ldots\ldots\ldots\ldots\ldots\ldots\ldots\ldots\ldots\\ &+\frac{(x-1)(x-2)\ldots(x-2r-1)}{1.2\ldots(2r+1)}\frac{p'^{2r+1}}{q'^{2r+1}} \end{aligned}\right\},$$

et, dans le cas de x' impair ou égal à $2r+1$,

$$y_{x,2r+1} = q'^{r+1}\left\{\begin{aligned} &1+\left(\frac{x-1}{1}\right)\left(\frac{p'+p'_1}{q'}\right)+\frac{(x-1)(x-2)}{1.2}\left(\frac{p'+p'_1}{q'}\right)^2+\ldots+\frac{(x-1)(x-2)\ldots(x-r)}{1.2\ldots r}\left(\frac{p'+p'_1}{q'}\right)^r\\ &+\frac{(x-1)(x-2)\ldots(x-r-1)}{1.2\ldots(r+1)}\frac{p'^{r+1}}{q'^{r+1}}\left[1+\left(\frac{r+1}{1}\right)\frac{p'_1}{p'}+\frac{(r+1)r}{1.2}\frac{p'^2_1}{p'^2}+\ldots+\frac{(r+1)r\ldots 3}{1.2\ldots(r-1)}\frac{p'^{r-1}_1}{p'^{r-1}}\right]\\ &+\frac{(x-1)(x-2)\ldots(x-r-2)}{1.2\ldots(r+2)}\frac{p'^{r+2}}{q'^{r+2}}\left[1+\frac{(r+2)}{1}\frac{p'_1}{p'}+\ldots+\frac{(r+2)(r+1)\ldots 5}{1.2\ldots(r-2)}\frac{p'^{r-2}_1}{p'^{r-2}}\right]\\ &+\ldots\ldots\ldots\ldots\ldots\ldots\ldots\ldots\ldots\ldots\ldots\ldots\\ &+\frac{(x-1)(x-2)\ldots(x-2r)}{1.2\ldots 2r}\frac{p'^{2r}}{q'^{2r}} \end{aligned}\right\}.$$

Il est visible que le joueur B ne peut espérer de gagner qu'autant que x est plus grand que $r+1$, soit que x' égale $2r+2$ ou $2r+1$; et effectivement, hors de cette supposition, les valeurs précédentes de $y_{x,x'}$ deviennent toutes égales à l'unité.

Nous ferons aussi remarquer que le joueur A a nécessairement gagné la partie lorsque le joueur B aura tiré $x-r-1$ boules noires avant d'avoir atteint x' points; mais ce dernier joueur peut encore avoir perdu avant d'avoir amené la totalité de ce nombre de boules noires, ce qui fait que cette question n'est point susceptible de rentrer dans celle qui est traitée dans la Théorie analytique, à la suite du *problème des partis*, comme précédemment une supposition semblable nous a conduits à ce dernier problème.

3. Le problème des partis ayant été l'objet des recherches de deux

grands géomètres du xviie siècle (¹), et en quelque sorte le premier de
ce genre soumis à des méthodes analytiques, on sera peut-être curieux
de voir comment ce même problème se déduit encore, comme corollaire, d'une autre question de probabilité, dont la solution offrira
d'ailleurs une nouvelle application de la méthode des fonctions génératrices.

On tire successivement d'une urne, qui contient une quantité déterminée de boules blanches et noires, une boule que l'on ne remet point
après le coup, et l'on demande, après un certain nombre de tirages
connus, quelle est la probabilité de compléter la sortie de tel nombre
donné de boules blanches avant celle de tel autre nombre, également
donné, de boules noires.

Soient a et a' les nombres de boules blanches et noires contenues
primitivement dans l'urne, n le nombre de boules blanches que l'on se
propose d'atteindre avant d'avoir extrait un autre nombre n' de boules
noires; et supposons qu'après avoir tiré successivement de l'urne une
boule sans la remettre, on ait amené $n - x$ boules blanches et $n' - x'$
boules noires, x et x' étant alors les nombres de boules blanches et
noires qu'il reste à faire sortir pour décider la question. Représentons
par $y_{x,x'}$ la probabilité d'amener dans les tirages suivants x boules
blanches avant x' boules noires, ou d'atteindre la totalité des n boules
blanches avant d'avoir extrait n' noires; on aura, d'après les règles
connues des probabilités, l'équation

$$y_{x,x'} = \frac{a - n + x}{a + a' - n - n' + x + x'} y_{x-1,x'} + \frac{a' - n' + x'}{a + a' - n - n' + x + x'} y_{x,x'-1}.$$

Faisons

$$a - n + x = s, \qquad a' - n' + x' = s' \qquad \text{et} \qquad y_{x,x'} = u_{s,s'};$$

l'équation précédente devient

$$u_{s,s'} = \frac{s}{s + s'} u_{s-1,s'} + \frac{s'}{s + s'} u_{s,s'-1},$$

(¹) Pascal et Fermat.

et, en supposant

$$u = \frac{1.2.3\ldots s.1.2.3\ldots s'}{1.2.3\ldots(s+s')}\, z_{s,s'},$$

elle se ramène à cette forme

$$z_{s,s'} = z_{s-1,s'} + z_{s,s'-1},$$

équation aux différences partielles à coefficients constants, laquelle doit avoir lieu pour toutes les valeurs entières et positives de s et de s', à partir de $s = a - n$ et de $s' = a' - n'$, et donne conséquemment pour la fonction génératrice de $z_{s,s'}$

$$t^{a-n}\, t'^{a'-n'}\, \frac{A + A'}{1 - t - t'},$$

A étant une fonction arbitraire de t, et A' une fonction arbitraire de t'. On peut toujours transformer cette expression en celle-ci

$$t^{a-n}\, t'^{a'-n'}\, \frac{A_1 + A'_1 t'}{1 - t - t'},$$

dans laquelle A_1 et A'_1 sont de nouvelles fonctions arbitraires de t et de t'. Pour les déterminer, nous observerons que, $y_{0,0}$ ne pouvant avoir lieu et $y_{s,0}$ étant égal à zéro, quelles que soient les valeurs entières et positives de x, on aura

$$0 = u_{s,a'-n'} = \frac{1.2.3\ldots s.1.2\ldots(a'-n')}{1.2.3\ldots(a'-n'+s)}\, z_{s,a'-n'};$$

par conséquent la fonction génératrice de $z_{s,a'-n'}$ sera nulle, ce qui donne

$$t^{a-n}\, t'^{a'-n'}\, \frac{A_1}{1-t} = 0, \qquad \text{et par suite} \qquad A_1 = 0.$$

De plus, $y_{0,x'}$ étant égal à l'unité pour toutes les valeurs de x' depuis $x' = 1$, on aura semblablement

$$1 = u_{a-n,s'} = \frac{1.2\ldots(a-n).1.2.3\ldots s'}{1.2.3\ldots(a-n+s')}\, z_{a-n,s'};$$

d'où l'on tire, pour la valeur de $z_{a-n,s'}$ ou le coefficient de $t^{a-n}t'^{s'}$ dans le développement de sa fonction génératrice,

$$z_{a-n,s'} = \frac{(a-n+1)(a-n+2)\ldots(a-n+s')}{1.2.3\ldots s'},$$

ce qui donne

$$t^{a-n}t'^{a'-n'}\frac{N'_i\,t'}{1-t'} = t^{a-n}t'^{a'-n'}\frac{(a-n+1)\ldots(a+a'-n-n'+1)}{1.2.3\ldots(a'-n'+1)}$$

$$\times\left[t'+\frac{(a+a'-n-n'+2)t'^2}{a'-n'+2}+\ldots\right.$$
$$\left.+\frac{(a+a'-n-n'+2)\ldots(a+a'-n-n'+x')t'^{x'}}{(a'-n'+2)\ldots(a'-n'+x')}+\ldots\right].$$

Le second membre de cette équation multiplié par $\dfrac{1}{1-\frac{t'}{1-t'}}$ sera donc

la fonction génératrice de $z_{i,i'}$; en la développant par rapport aux puissances de t et ensuite par rapport à celles de t', il est aisé de voir que le coefficient de t' ou de t^{a-n+x} est

$$t'^{a'-n'}\frac{(a-n+1)\ldots(a+a'-n-n'+1)}{1.2.3\ldots(a'-n'+1)}$$

$$\times\left[t'+\frac{(a+a'-n-n'+2)}{a'-n'+2}t'^2+\ldots\right]$$

$$\times\left[1+\frac{x}{1}t'+\frac{x(x+1)}{1.2}t'^2+\ldots+\frac{x(x+1)\ldots(x+x'-2)}{1.2\ldots(x'-1)}t'^{x'-1}+\ldots\right],$$

et que celui de $t'^{x'}$, ou de $t'^{a'-n'+x'}$ dans cette dernière expression, ou $z_{i,i'}$ est égal à

$$\frac{(a-n+1)\ldots(a+a'-n-n'+1)}{1.2.3\ldots(a'-n'+1)}$$

$$\times\left[\frac{x(x+1)\ldots(x+x'-2)}{1.2\ldots(x'-1)}+\frac{a+a'-n-n'+2}{a'-n'+2}\frac{x(x+1)\ldots(x+x'-3)}{1.2\ldots(x'-2)}+\ldots\right.$$
$$\left.+\frac{(a+a'-n-n'+2)\ldots(a+a'-n-n'+x')}{(a'-n'+2)\ldots(a'-n'+x')}\right].$$

Maintenant, en multipliant cette valeur de $z_{i,i'}$ par

$$\frac{1.2.3\ldots(a'-n'+x')}{(a'-n'+x+1)\ldots(a+a'-n-n'+x+x')},$$

on aura, après toutes les réductions, pour l'expression de $y_{x,x'}$,

$$y_{x,x'} = \frac{(a-n+x)\ldots(a-n+1)}{(a+a'-n-n'+x+x')\ldots(a+a'-n-n'+x'+1)}$$
$$\times \left[1 - \frac{x}{1}\frac{a'-n'+x'}{a+a'-n-n'+x'} + \frac{x(x+1)}{1.2}\frac{(a'-n'+x')(a'-n'+x'-1)}{(a+a'-n-n'+x')(a+a'-n-n'+x'-1)} - \ldots \right.$$
$$\left. + \frac{x(x+1)\ldots(x+x'-2)}{1.2\ldots(x'-1)}\frac{(a'-n'+x')\ldots(a'-n'+2)}{(a+a'-n-n'+x')\ldots(a+a'-n-n'+2)} \right]$$

Concevons actuellement $a-n$ et $a'-n'$ dans le rapport de p à q, en sorte que l'on ait $a-n=pk$ et $a'-n'=qk$, et imaginons que k devienne un très grand nombre ou l'infini; il est clair que la probabilité de la sortie d'une boule blanche ou d'une noire dans les tirages successifs deviendra constante et sera $\frac{p}{p+q}$ pour une boule blanche et $\frac{q}{p+q}$ pour une noire, et la probabilité $y_{x,x'}$ se réduira à cette expression

$$y_{x,x'} = \left(\frac{p}{p+q}\right)^x \left[1 + \frac{x}{1}\frac{q}{p+q} + \frac{x(x+1)}{1.2}\left(\frac{q}{p+q}\right)^2 + \ldots \right.$$
$$\left. + \frac{x(x+1)\ldots(x+x'-2)}{1.2\ldots(x'-1)}\left(\frac{q}{p+q}\right)^{x'-1} \right];$$

telle est la formule à laquelle conduit le *problème des partis*, et effectivement nous rentrons dans les conditions de ce problème par la supposition de k infini.

Si l'on suppose n égal à a et n' égal à a', $y_{x,x'}$ exprimera alors la probabilité de la sortie de toutes les boules blanches restantes dans l'urne avant que toutes les noires aient été épuisées, et son expression se changera en celle-ci

$$\frac{1.2.3\ldots x}{(x+x')\ldots(x'+1)}\left[1 + \frac{x}{1} + \frac{x(x+1)}{1.2} + \ldots + \frac{x(x+1)\ldots(x+x'-2)}{1.2\ldots(x'-1)} \right],$$

laquelle se réduit elle-même à

$$\frac{x'}{x+x'}.$$

La probabilité d'extraire de l'urne la totalité des boules blanches avant celle des noires est donc à la probabilité contraire en raison inverse du nombre des boules blanches à celui des noires.

On arrive à ce dernier résultat, d'une manière extrêmement simple,
au moyen des combinaisons; en effet, la probabilité de la sortie de
toutes les boules de l'urne, dans un ordre quelconque, par couleur,
sera

$$\frac{x\left(x-1\right)\ldots 2.1\; x'\left(x'-1\right)\ldots 2.1}{\left(x+x'\right)\left(x+x'-1\right)\ldots 3.2.1} = \frac{1.2.3\ldots x'}{\left(x+1\right)\ldots\left(x+x'\right)},$$

Mais, pour que les boules blanches sortent en totalité les premières,
il faut nécessairement qu'une boule de la couleur noire sorte la dernière : en combinant $x'-1$ à $x'=1$ les $x+x'-1$ rangs de sortie qui
se trouvent avant le dernier, on formera autant de classements différents pour les boules de la couleur noire, et autant d'ordres de sortie
par couleur, qui comprendront tous ceux où une boule noire sort en
dernier lieu; or le nombre de ces combinaisons est

$$\frac{\left(x+x'-1\right)\left(x+x'-2\right)\ldots\left(x+1\right)}{1.2\ldots\left(x'-1\right)},$$

et en le multipliant par la probabilité commune à chaque ordre de
sortie par couleur, on aura la probabilité cherchée égale à

$$\frac{1.2.3\ldots x'}{\left(x+1\right)\ldots\left(x+x'\right)}\;\frac{\left(x+1\right)\ldots\left(x+x'-1\right)}{1.2.3\ldots\left(x'-1\right)} = \frac{x'}{x+x'}.$$

Remarques sur les fonctions génératrices.

4. Soit u une fonction génératrice à une ou plusieurs variables ;
toute équation entre cette fonction et ses variables, linéaire par rapport à u, rationnelle par rapport aux variables, subsistera encore si l'on
passe des fonctions génératrices aux coefficients, entre ces mêmes coefficients, et donnera lieu à une équation aux différences partielles ;
mais si, dans cette équation aux différences partielles, on repasse des
coefficients aux fonctions génératrices, on n'arrivera plus à une équation rigoureusement exacte, à moins qu'on n'y rétablisse en même

temps les fonctions des variables qui ont pu disparaître dans le premier passage. Ainsi, dans une des questions que nous avons traitées plus haut, l'équation aux différences partielles

$$z_{x,x'} = m\, z_{x-1,x'} + m'\, z_{x,x'-1} + n\, z_{x-1,x'-1}$$

donnerait, en remontant simplement des coefficients aux fonctions génératrices, celle-ci

$$u = mut + m'ut' + nutt',$$

laquelle n'est point exacte ; car il est aisé de voir que, d'après les conditions du problème, il faudrait ajouter au second membre la fonction génératrice de $z_{x,0}$ moins cette même fonction multipliée par m. Cette fonction de t, qu'il est nécessaire de rétablir dans le second membre de l'équation pour la compléter, est précisément la fonction arbitraire que nous avons eu à déterminer dans la solution de cette question. En général, les fonctions à ajouter pour avoir encore une équation dans le passage des coefficients aux fonctions génératrices sont les mêmes que les fonctions arbitraires qui forment le numérateur de la fonction génératrice intégrale, avant qu'elle soit développée.

Faute d'avoir égard à ces fonctions, on peut tomber dans des erreurs graves, en se servant de ce moyen pour intégrer les équations aux différences partielles. Par cette même raison, la marche suivie dans la solution des problèmes des n°s 8 et 10 du Livre II de la *Théorie analytique des Probabilités* n'est nullement rigoureuse, et semble impliquer contradiction en ce qu'elle établit une liaison entre les variables qui sont et doivent être toujours indépendantes. Sans entrer dans les considérations particulières qui ont pu la faire réussir ici, et qu'il est aisé de saisir, nous allons faire voir que la méthode d'intégration exposée au commencement de ce *Supplément* s'applique également à ces questions, et les résout avec non moins de simplicité.

Dans le problème du n° 8, on se propose de déterminer le sort d'un nombre n de joueurs A, B, C, ... dont p, q, r, ... représentent les probabilités respectives, c'est-à-dire leurs probabilités pour gagner un coup lorsque, pour gagner la partie, il manque x coups au joueur A,

x' coups au joueur B, x'' coups au joueur C, etc. En nommant $y_{x,x',x'...}$ la probabilité du joueur A pour gagner la partie, on a l'équation aux différences partielles

$$y_{x,x',x'',\ldots} = p\,y_{x-1,x',x'',\ldots} + q\,y_{x,x'-1,x'',\ldots} + r\,y_{x,x',x''-1,\ldots} + \ldots$$

qui donne pour $y_{x,x',x'...}$ cette fonction génératrice

$$\frac{P + Q + R + \ldots}{1 - pt - qt' - rt'' - \ldots},$$

dans laquelle P, Q, R, … sont autant de fonctions arbitraires des variables t, t', t'', … qu'il y a de ces variables, en ne comprenant point t dans la première, t' dans la deuxième, t'' dans la troisième, etc. Or, cette fonction peut être mise sous la forme

$$\frac{P' + Q't + R'tt' + S'tt't'' + \ldots}{1 - pt - qt' - rt'' - st''' - \ldots},$$

P', Q', R', … étant, comme plus haut, des fonctions arbitraires, la première de toutes les variables à l'exception de t, la deuxième de toutes les variables en exceptant t', la troisième également de toutes les variables hormis t'', et ainsi de suite. Pour les déterminer, nous observerons que, dans $y_{x,x',x',\ldots}$, deux des indices x, x', x'', … ou un plus grand nombre ne peuvent être nuls à la fois, puisque la partie cesse quand l'un des joueurs a atteint ses points; de plus, $y_{0,x',x',\ldots}$ est égal à l'unité, quels que soient x', x'', …; la fonction génératrice de cette expression, ou celle qui donne l'unité pour le coefficient d'un produit quelconque $t'^x t''^{x'} t'''^{x''}\ldots$, est

$$\frac{t'}{1 - t'}\,\frac{t''}{1 - t''}\,\frac{t'''}{1 - t'''}\cdots;$$

par conséquent, on aura

$$P' = \frac{t'}{1 - t'}\,\frac{t''}{1 - t''}\,\frac{t'''}{1 - t'''}\cdots\left(1 - qt' - rt'' - st''' - \ldots\right).$$

Toute valeur de $y_{x,x',x'...}$ dans laquelle un autre indice que x est nul étant égale à zéro, la fonction génératrice correspondante devient nulle aussi; on aura donc successivement

$$Q' = 0, \qquad R' = 0, \qquad S' = 0, \qquad \dots$$

Partant, la fonction génératrice de $y_{x,x',x'...}$ sera

$$\frac{t'}{1-t'} \frac{t''}{1-t''} \dots \frac{1-qt'-rt''-\dots}{1-pt-qt'-rt''-\dots},$$

et le coefficient de t^x, dans le développement de cette fonction par rapport aux puissances de t,

$$\frac{t'}{1-t'} \frac{t''}{1-t''} \dots \frac{p^r}{(1-qt'-rt'-\dots)^x};$$

d'où il est facile de tirer le coefficient de $t'^{x'} t''^{x''}\dots$, ou

$$y_{x,x',x'\dots} = p^x \left\{ \begin{aligned} &1 + \frac{x}{1}(q+r+\dots) \\ &+ \frac{x(x+1)}{1.2}(q+r+\dots)^2 \\ &+ \frac{x(x+1)(x+2)}{1.2.3}(q+r+\dots)^3 \\ &+ \dots \dots \dots \dots \dots \dots \dots \dots \end{aligned} \right\},$$

en ayant soin de rejeter les termes dans lesquels la puissance de q surpasse $x'-1$, ceux dans lesquels la puissance de r surpasse $x''-1$, ...

Dans le problème du n° 10, on considère deux joueurs A et B dont les adresses soient p et q, et dont le premier ait a jetons et le second b jetons; et l'on suppose qu'à chaque coup, celui qui perd donne un jeton à son adversaire, et que la partie ne finisse que lorsqu'un des joueurs aura perdu tous ses jetons. On demande la probabilité que l'un des joueurs, A par exemple, gagnera la partie avant ou au $n^{\text{ième}}$ coup.

En représentant par $y_{x,x'}$ la probabilité de ce joueur pour gagner la partie lorsqu'il a x jetons et lorsqu'il n'a plus que x' coups à jouer pour atteindre les n coups, on arrive, par les premiers principes des probabilités, à l'équation aux différences partielles

$$y_{x,x'} = p y_{x+1,x'-1} + q y_{x-1,x'-1},$$

qui donne, pour la fonction génératrice de $y_{x,x'}$,

$$\frac{A + A' + B't}{qt^2t' - t + pt'},$$

A étant une fonction arbitraire de t, A' et B' deux fonctions arbitraires de t'. Pour les déterminer plus commodément, nous transformerons cette fonction génératrice en celle-ci

$$\frac{A_1 t + A'_1 + B'_1 tt'}{qt^2t' - t + pt'},$$

dans laquelle A_1, A'_1 et B'_1 sont, comme plus haut, des fonctions arbitraires de t et de t'. Or $\frac{A'_1}{pt'}$ est le coefficient de t^0 dans le développement de la fonction par rapport aux puissances de t, ou la fonction génératrice de $y_{0,x'}$; mais, par les conditions du problème, $y_{0,x'}$ est nul quel que soit x'; par conséquent sa fonction génératrice l'est aussi; A'_1 est donc égal à zéro.

Le coefficient de t^0, dans le développement de la fonction génératrice par rapport à t', est $-A_1$, ce qui est en même temps la fonction génératrice de $y_{x,0}$, quantité qui est nulle tant que x est moindre que la somme des jetons ou $a + b$, et qui devient l'unité quand $x = a + b$; A_1 est donc une fonction de t qui a pour facteur t^{a+b}, et dont on peut ne tenir aucun compte dans le numérateur de la fonction génératrice, car elle ne doit donner que des puissances de t supérieures à t^{a+b}, et nous n'avons en vue que d'avoir une fonction génératrice composée des puissances inférieures de t, puisque x ne peut s'étendre que depuis $x = o$ jusqu'à $x = a + b$.

La fonction génératrice de $y_{x,x'}$, ainsi limitée entre ces valeurs, se réduit donc à

$$\frac{B'_1 tt'}{qt^2t' - t + pt'}$$

laquelle on peut mettre aisément sous cette forme

$$(11)\quad \frac{B_1}{p}\, t\, \frac{1}{\left(1-\dfrac{\frac{1}{t'}+\sqrt{\frac{1}{t'^2}-4pq}}{2p}\,t\right)\left(1-\dfrac{\frac{1}{t'}-\sqrt{\frac{1}{t'^2}-4pq}}{2p}\,t\right)}$$

$$=\frac{B_1}{p}\,\frac{t}{2\sqrt{\frac{1}{t'^2}-4pq}}\left\{\frac{\frac{1}{t'}+\sqrt{\frac{1}{t'^2}-4pq}}{1-\dfrac{\frac{1}{t'}+\sqrt{\frac{1}{t'^2}-4pq}}{2p}\,t}-\frac{\frac{1}{t'}-\sqrt{\frac{1}{t'^2}-4pq}}{1-\dfrac{\frac{1}{t'}-\sqrt{\frac{1}{t'^2}-4pq}}{2p}\,t}\right\};$$

d'où l'on tire, pour le coefficient de t^{a+b}, l'expression

$$\frac{B_1}{p}\,\frac{1}{(2p)^{a+b-1}}\,\frac{\left(\frac{1}{t'}+\sqrt{\frac{1}{t'^2}-4pq}\right)^{a+b}-\left(\frac{1}{t'}-\sqrt{\frac{1}{t'^2}-4pq}\right)^{a+b}}{2\sqrt{\frac{1}{t'^2}-4pq}}.$$

Mais ce coefficient est la fonction génératrice de $y_{a+b,x'}$, quantité qui est égale à l'unité; car il est certain que le joueur A a gagné la partie lorsqu'il a gagné tous les jetons de B : de plus, x' doit être ici zéro ou un nombre pair, puisque le nombre de coups dans lesquels A peut gagner la partie est égal à b plus un nombre pair; et, en effet, il doit gagner tous les jetons de B, et encore regagner chaque jeton qu'il a perdu, ce qui exige deux coups. La série

$$y_{a+b,0}\,t'^0+y_{a+b,2}\,t'^2+y_{a+b,4}\,t'^4+\ldots,$$

qui représente le coefficient de t^{a+b}, est donc égale à $\dfrac{1}{1-t'^2}$, et l'on en conclut

$$\frac{B_1}{p}=\frac{(2p)^{a+b-1}}{1-t'^2}\,\frac{2\sqrt{\frac{1}{t'^2}-4pq}}{\left(\frac{1}{t'}+\sqrt{\frac{1}{t'^2}-4pq}\right)^{a+b}-\left(\frac{1}{t'}-\sqrt{\frac{1}{t'^2}-4pq}\right)^{a+b}}.$$

Maintenant le coefficient de t^a, tiré du développement de la fonction (11), toujours par rapport aux puissances de t, sera

$$\frac{B_1}{p}\frac{1}{(2p)^{n-1}}\frac{\left(\frac{1}{t}+\sqrt{\frac{1}{t'^2}-4pq}\right)^{n}-\left(\frac{1}{t}-\sqrt{\frac{1}{t'^2}-4pq}\right)^{n}}{2\sqrt{\frac{1}{t'^2}-4pq}},$$

et en substituant pour $\frac{B_1}{p}$ sa valeur, on aura ce coefficient ou la fonction génératrice de $y_{x,x'}$ égale à

$$\frac{2^b p^b}{1-t'^2}\frac{\left(\frac{1}{t}+\sqrt{\frac{1}{t'^2}-4pq}\right)^{n}-\left(\frac{1}{t}-\sqrt{\frac{1}{t'^2}-4pq}\right)^{n}}{\left(\frac{1}{t}+\sqrt{\frac{1}{t'^2}-4pq}\right)^{n+b}-\left(\frac{1}{t}-\sqrt{\frac{1}{t'^2}-4pq}\right)^{n+b}}$$

ou

$$\frac{2^b p^b t'^b}{1-t'^2}\frac{(1+\sqrt{1-4pqt'^2})^{n}-(1-\sqrt{1-4pqt'^2})^{n}}{(1+\sqrt{1-4pqt'^2})^{n+b}-(1-\sqrt{1-4pqt'^2})^{n+b}},$$

ce qui est la formule (o) de la *Théorie analytique.*

FIN DU TOME SEPTIÈME.

9 782019 231408